JETZT INFORMIEREN & KOSTENFREI TESTEN

www.dc-software.de/download/demoversion

WIR GRÜNDEN AUF STABILITÄT

DIE SOFTWARE FÜR DEN GRUNDBAU

DC-Software bietet seit mehr als 30 Jahren umfassende Lösungen für den Grundbau an, die mit ihrer einfachen Handhabung bei zugleich hoher Leistungsfähigkeit begeistern. Unsere Programme unterstützten Sie als Geotechniker bei der effizienten Berechnung der **Standsicherheit im Baugrund** sowie bei Planung, Entwurf und **Bemessung von Gründungsbauwerken**. Dank des reichhaltigen Portfolios in der Programmgruppe **Bodenmechanik** können Sie nicht nur die geotechnischen Kennwerte des Baugrunds auf vielfältige Weise erfassen, sondern auch die Ergebnisse der Baugrunderkundungen grafisch darstellen und auswerten.

Simmer Grundbau 2

Jürgen Schmitt · Ulrich Burbaum ·
Antje Bormann

Simmer Grundbau 2

Baugruben und Gründungen

19., vollständig überarbeitete Auflage

Jürgen Schmitt
Hochschule Darmstadt
Darmstadt, Deutschland

Antje Bormann
Hochschule Darmstadt
Darmstadt, Deutschland

Ulrich Burbaum
Hochschule Darmstadt
Darmstadt, Deutschland

ISBN 978-3-8348-2003-7   ISBN 978-3-8348-2004-4 (eBook)
https://doi.org/10.1007/978-3-8348-2004-4

Die Deutsche Nationalbibliothek verzeichnet diese Publikation in der Deutschen Nationalbibliografie; detaillierte bibliografische Daten sind im Internet über http://dnb.d-nb.de abrufbar.

© Springer Fachmedien Wiesbaden GmbH, ein Teil von Springer Nature 1999, 2024

Das Werk einschließlich aller seiner Teile ist urheberrechtlich geschützt. Jede Verwertung, die nicht ausdrücklich vom Urheberrechtsgesetz zugelassen ist, bedarf der vorherigen Zustimmung des Verlags. Das gilt insbesondere für Vervielfältigungen, Bearbeitungen, Übersetzungen, Mikroverfilmungen und die Einspeicherung und Verarbeitung in elektronischen Systemen.
Die Wiedergabe von allgemein beschreibenden Bezeichnungen, Marken, Unternehmensnamen etc. in diesem Werk bedeutet nicht, dass diese frei durch jede Person benutzt werden dürfen. Die Berechtigung zur Benutzung unterliegt, auch ohne gesonderten Hinweis hierzu, den Regeln des Markenrechts. Die Rechte des/der jeweiligen Zeicheninhaber*in sind zu beachten.
Der Verlag, die Autor*innen und die Herausgeber*innen gehen davon aus, dass die Angaben und Informationen in diesem Werk zum Zeitpunkt der Veröffentlichung vollständig und korrekt sind. Weder der Verlag noch die Autor*innen oder die Herausgeber*innen übernehmen, ausdrücklich oder implizit, Gewähr für den Inhalt des Werkes, etwaige Fehler oder Äußerungen. Der Verlag bleibt im Hinblick auf geografische Zuordnungen und Gebietsbezeichnungen in veröffentlichten Karten und Institutionsadressen neutral.

Lektorat: Ralf Harms

Springer Vieweg ist ein Imprint der eingetragenen Gesellschaft Springer Fachmedien Wiesbaden GmbH und ist ein Teil von Springer Nature.
Die Anschrift der Gesellschaft ist: Abraham-Lincoln-Str. 46, 65189 Wiesbaden, Germany

Wenn Sie dieses Produkt entsorgen, geben Sie das Papier bitte zum Recycling.

Vorwort

Ebenso wie bei der Neubearbeitung des Simmer Grundbau Teil 1: „Bodenmechanik und erdstatische Berechnungen" waren auch bei der Neubearbeitung des Teils 2: „Baugruben und Gründungen", dessen letzte 18. Auflage aus dem Jahr 1999 stammt, aufgrund starker Änderungen in den Regelwerken und der Weiterentwicklung der Verfahren zur Ausführung von Grundbauwerken umfangreiche und grundlegende Arbeiten erforderlich.

Wie der Teil 1 wendet sich der Teil 2 vornehmlich an die Studierenden und an die in der Praxis tätigen Ingenieure der Fachgebiete Bauingenieurwesen, Architektur und Ingenieurgeologie.

Im Teil 2 liegt der Schwerpunkt auf den geotechnischen Bauwerken und Bauteilen z. B. Baugruben, Flach- und Tiefgründungen, hier insbesondere Pfahlgründungen, Verankerungen und Stützbauwerke. Auch auf spezielle Randbedingungen z. B. Wasserhaltung, Schutz und Abdichtung von Grundbauwerken sowie auf die Sicherung von gefährdeten Bauwerken wird ausführlich eingegangen, wobei das Thema Wasserhaltung gegenüber den vorherigen Auflagen als eigenes Kapitel behandelt wurde. Im Vordergrund steht dabei, wie im Teil 1, den jungen Ingenieur zu befähigen, grundbauspezifische Probleme zu erkennen und bewährte Lösungen an die Hand zu geben.

Bei der vorliegenden 19. Auflage des Teils 2 wurden insbesondere die aktuellen Fassungen der Empfehlungen des Arbeitskreises „Baugruben" (EAB) von 2021 und der Empfehlungen des Arbeitsausschusses „Ufereinfassungen" Häfen und Wasserstraßen (EAU) von 2020 sowie die Jahresberichte (2014 bis 2023) des Arbeitskreises „Pfähle" der DGGT berücksichtigt und mit eingearbeitet.

Bei der Neubearbeitung des Buches haben wir sehr große Unterstützung erfahren. Ein besonderer Dank gilt hierbei Herrn Dipl.-Wirtsch.-Ing. Christian Grimm (G quadrat Geokunststoffgesellschaft mbH), Herrn Dr.-Ing. Heiko Huber (CDM Smith Consult GmbH), Herrn Dipl.-Ing. Alfred Rennert (TREVI Geotechnik GmbH), Herrn Dipl.-Ing. Marcus Scheuerer (Wadle Bauunternehmung GmbH) und Herrn Dr.-Ing. Jan Schröder, M.Sc. (G quadrat Geokunststoffgesellschaft mbH), die uns mit technischen Informationen und anschaulichem Bildmaterial bei unserer Arbeit unterstützt haben.

Ebenso möchten wir uns bei Herrn Onur Aydemir, B.Eng., Herrn Marius Eric Bertsch, M.Eng., Herrn Michael Gotta, M.Eng., Herrn Kerem Kocaman, M.Eng., Herrn Julian Willy Kreß, M.Eng., Herrn Jannick Löbnitz, M.Eng., Herrn Kersten Mey, B.Eng., Herrn

Nicolas Schuhmacher, M.Eng. und Herrn Florian Zeising, M.Eng. sehr herzlich für die Mitarbeit und Unterstützung bedanken.

Darmstadt
14.02.2024

Jürgen Schmitt
Ulrich Burbaum
Antje Bormann

Inhaltsverzeichnis

1	**Baugruben**		1
	1.1	Grundlagen	1
		1.1.1 Verbaumethoden	3
		1.1.2 Wahl der Verbaumethode	3
		1.1.3 Arbeitsraumbreite der Baugrube	4
		1.1.4 Arbeitsraumbreite bei Gräben für Leitungen und Kanäle	5
		1.1.5 Allgemeine Grundsätze für den Verbau	11
		1.1.6 Abstände	12
		1.1.7 Bemessungsgrundsätze von Baugruben und Gräben	14
	1.2	Methoden der Baugrubensicherung	21
		1.2.1 Baugruben und Gräben mit geböschten Wänden	21
		1.2.2 Grabenverbau	26
		1.2.3 Trägerbohlwände	52
		1.2.4 Spundwände	77
		1.2.5 Massive Verbauarten (Ortbetonwände)	127
		1.2.6 Thixotrope Flüssigkeiten im Grundbau	143
	1.3	Baugrubenumschließung im Grundwasserbereich	160
		1.3.1 Umschließung der Baugrube durch wasserdichte Wände	161
		1.3.2 Baugrubenumschließung bei tiefliegender undurchlässiger Schicht	162
		1.3.3 Nachweis der Aufschwimmsicherheit	163
	1.4	Baugruben in offenem Wasser	167
		1.4.1 Baugrubenumschließung durch Spundwände	167
		1.4.2 Fangedämme	168
	1.5	Normen und Empfehlungen	175
		Literatur	177
2	**Flächengründungen**		179
	2.1	Begriffe und Grundlagen	179
	2.2	Flachgründung	180
		2.2.1 Einzelfundamente	182
		2.2.2 Streifenfundamente	202

		2.2.3	Gründungsstreifen und Gründungsplatten	204
		2.2.4	Flachgründung von Türmen und Masten	238
		2.2.5	Flachgründungen im Grundwasser und im offenen Wasser	239
	2.3	\multicolumn{2}{l}{Tiefgründung mittels Flächengründung . . . .}	243

    2.2.3 Gründungsstreifen und Gründungsplatten 204
    2.2.4 Flachgründung von Türmen und Masten 238
    2.2.5 Flachgründungen im Grundwasser und im offenen Wasser 239
 2.3 Tiefgründung mittels Flächengründung 243
    2.3.1 Pfeilergründung 243
    2.3.2 Brunnen- und Senkkastengründung (offene Senkkästen) 248
    2.3.3 Drucklufsenkkästen (Caissons) 256
    2.3.4 Gründung auf Schwimmkästen 260
 2.4 Maßnahmen bei unzulässigen großen Setzungsunterschieden 262
 2.5 Fugenausbildung 263
 2.6 Normen, Richtlinien und Empfehlungen 264
Literatur 266

3 Pfahlgründungen 267
 3.1 Begriffe und Grundlagen 267
 3.2 Historische Entwicklung 270
 3.3 Pfahlsysteme 271
    3.3.1 Verdrängungspfähle 272
    3.3.2 Bohrpfähle 282
    3.3.3 Mikropfähle 289
 3.4 Ausbildung der Pfahlgründungen 294
    3.4.1 Einzelpfahl und Pfahlrost 294
    3.4.2 Pfahlgruppe 295
    3.4.3 Kombinierte Pfahl-Plattengründung (KPP) 295
    3.4.4 Ausführungsbeispiele für Pfahlgründungen 296
 3.5 Einwirkungen auf Pfahlgründungen 301
    3.5.1 Herstellungsbedingte Einwirkungen 302
    3.5.2 Geotechnische Einwirkungen 302
    3.5.3 Einwirkungen aus Tragwerkslasten 306
 3.6 Charakteristisches Tragverhalten von Pfahlgründungen 307
    3.6.1 Statische Pfahlprobebelastung 309
    3.6.2 Dynamische Pfahlprobebelastung 316
    3.6.3 Axiale Pfahlwiderstände aus Erfahrungswerten 318
    3.6.4 Widerstände und Setzungsverhalten von Pfahlgruppen 345
 3.7 Nachweise der Grenzzustände 357
    3.7.1 Einzelpfähle und Pfahlroste 357
    3.7.2 Pfahlgruppen 371
    3.7.3 Gesamtstandsicherheitsnachweis (GEO-3) 376
    3.7.4 Inneres Versagen des Pfahls (STR) 376
 3.8 Pfahlroste 377
 3.9 Kombinierte Pfahl-Plattengründung 379
 3.10 Pfahl-Integritätsprüfungen 383

		3.11 Normen und Empfehlungen	385
		Literatur	386
4	**Verankerungen**		**389**
	4.1	Geschichtliche Entwicklung und Begriffe	389
	4.2	Tragwirkung	393
		4.2.1 Grundlegendes Tragprinzip eines Vorspannankers	393
		4.2.2 Krafteinleitung in den Baugrund	396
		4.2.3 Nachverpressung von Ankern	397
		4.2.4 Ankerversagen	398
		4.2.5 Zementaggressive Baugrund- und Grundwasserverhältnisse	398
	4.3	Übersicht der Arten von Ankern	399
		4.3.1 Einteilungen	399
		4.3.2 Stahlzugglieder	400
		4.3.3 Arten der Tragwirkung	401
		4.3.4 Arten der Ankerkörper	402
		4.3.5 Bauarten	403
		4.3.6 Kurzzeitanker und Daueranker	406
		4.3.7 Anker in Lockerböden und in Festgestein	406
		4.3.8 Selbstbohranker	407
	4.4	Herstellung	407
		4.4.1 Verfahren	407
		4.4.2 Lage der Anker-/Verpresskörper in nur einer Schicht	411
		4.4.3 Abstand der Verpresskörper zu Bauwerken und untereinander	413
		4.4.4 Neigung	414
		4.4.5 Grundwasser	416
	4.5	Ankerkräfte	419
		4.5.1 Maßgebende Versagensform	419
		4.5.2 Bemessung von Ankern	419
		4.5.3 Ankerkraft bzgl. Festigkeit des Ankerstahls bzw. des Stahlzuggliedes	420
		4.5.4 Abschätzung der baugrundbedingten Ankertragfähigkeit	421
		4.5.5 Ermittlung der erforderlichen Ankerlänge, Nachweis der tiefen Gleitfuge	424
		4.5.6 Nachweis der Sicherheit gegen Geländebruch	426
	4.6	Ankerprüfungen	427
		4.6.1 Grundsatz	427
		4.6.2 Prüfungen nach DIN EN 1537	427
		4.6.3 Untersuchungsprüfung nach DIN EN 1537	429
		4.6.4 Eignungsprüfung nach DIN EN 1537	435
		4.6.5 Abnahmeprüfungen nach DIN EN 1537	436
		4.6.6 Weitere Ankerprüfungen	436

4.7	Überwachungssysteme	437
4.8	Anwendungsmöglichkeiten	438
4.9	Beispiele	441
4.10	Normen und Empfehlungen	447
	Literatur	448

5 Wasserhaltung ... 449

5.1	Grundlagen	449
5.2	Rechtliche Rahmenbedingungen	450
5.3	Baugrundbedingungen	451
5.4	Trockenhaltung von Baugruben	451
	5.4.1 Arbeitsbereich/Baugruben oberhalb des Grundwasserspiegels	451
	5.4.2 Wasserdichte Baugruben	453
	5.4.3 Baugruben mit Wasserhaltung	454
5.5	Berechnung der Anströmung von Brunnen	454
	5.5.1 Grundlagen	454
	5.5.2 Brunnen im freien (ungespannten) Grundwasserleiter	455
	5.5.3 Brunnen im gespannten Grundwasserleiter	461
	5.5.4 Versickerungsbrunnen	464
	5.5.5 Unvollkommene Brunnen	465
5.6	Anlagen zur Wasserhaltung	471
	5.6.1 Allgemein	471
	5.6.2 Offene Wasserhaltung	471
	5.6.3 Schwerkraftbrunnen	472
	5.6.4 Wellpoint- oder Spülfilteranlagen bzw. Vakuumbrunnen	473
	5.6.5 Tiefliegende Dränagegräben	474
5.7	Berechnung von Wasserhaltungen bei Baugruben mit Brunnenanlagen	475
	5.7.1 Allgemein	475
	5.7.2 Anordnung der Brunnen	475
	5.7.3 Berechnung der Wassermenge	476
	5.7.4 Die Mehrbrunnenformel von Forchheimer	479
5.8	Sickerschlitze, Dränagerohre und Gräben	488
5.9	Offene Wasserhaltungen	494
5.10	Entspannungsanlagen	496
5.11	Rückbau von Gebäuden/Auftriebssicherheit	498
5.12	Wassermengen und Wirtschaftlichkeitsbetrachtungen	499
5.13	Normen und Empfehlungen	501
	Literatur	501

6 Stützbauwerke ... 503

6.1	Begriffe und Grundlagen	503
6.2	Gewichtsstützwände	504

Inhaltsverzeichnis

1 Baugruben 1
    1.1 Grundlagen 1
        1.1.1 Verbaumethoden 3
        1.1.2 Wahl der Verbaumethode 3
        1.1.3 Arbeitsraumbreite der Baugrube 4
        1.1.4 Arbeitsraumbreite bei Gräben für Leitungen und Kanäle 5
        1.1.5 Allgemeine Grundsätze für den Verbau 11
        1.1.6 Abstände 12
        1.1.7 Bemessungsgrundsätze von Baugruben und Gräben 14
    1.2 Methoden der Baugrubensicherung 21
        1.2.1 Baugruben und Gräben mit geböschten Wänden 21
        1.2.2 Grabenverbau 26
        1.2.3 Trägerbohlwände 52
        1.2.4 Spundwände 77
        1.2.5 Massive Verbauarten (Ortbetonwände) 127
        1.2.6 Thixotrope Flüssigkeiten im Grundbau 143
    1.3 Baugrubenumschließung im Grundwasserbereich 160
        1.3.1 Umschließung der Baugrube durch wasserdichte Wände 161
        1.3.2 Baugrubenumschließung bei tiefliegender undurchlässiger Schicht 162
        1.3.3 Nachweis der Aufschwimmsicherheit 163
    1.4 Baugruben in offenem Wasser 167
        1.4.1 Baugrubenumschließung durch Spundwände 167
        1.4.2 Fangedämme 168
    1.5 Normen und Empfehlungen 175
    Literatur 177

2 Flächengründungen 179
    2.1 Begriffe und Grundlagen 179
    2.2 Flachgründung 180
        2.2.1 Einzelfundamente 182
        2.2.2 Streifenfundamente 202

		2.2.3	Gründungsstreifen und Gründungsplatten	204
		2.2.4	Flachgründung von Türmen und Masten	238
		2.2.5	Flachgründungen im Grundwasser und im offenen Wasser	239
	2.3	Tiefgründung mittels Flächengründung		243
		2.3.1	Pfeilergründung	243
		2.3.2	Brunnen- und Senkkastengründung (offene Senkkästen)	248
		2.3.3	Druckluftsenkkästen (Caissons)	256
		2.3.4	Gründung auf Schwimmkästen	260
	2.4	Maßnahmen bei unzulässigen großen Setzungsunterschieden		262
	2.5	Fugenausbildung		263
	2.6	Normen, Richtlinien und Empfehlungen		264
	Literatur			266
3	**Pfahlgründungen**			267
	3.1	Begriffe und Grundlagen		267
	3.2	Historische Entwicklung		270
	3.3	Pfahlsysteme		271
		3.3.1	Verdrängungspfähle	272
		3.3.2	Bohrpfähle	282
		3.3.3	Mikropfähle	289
	3.4	Ausbildung der Pfahlgründungen		294
		3.4.1	Einzelpfahl und Pfahlrost	294
		3.4.2	Pfahlgruppe	295
		3.4.3	Kombinierte Pfahl-Plattengründung (KPP)	295
		3.4.4	Ausführungsbeispiele für Pfahlgründungen	296
	3.5	Einwirkungen auf Pfahlgründungen		301
		3.5.1	Herstellungsbedingte Einwirkungen	302
		3.5.2	Geotechnische Einwirkungen	302
		3.5.3	Einwirkungen aus Tragwerkslasten	306
	3.6	Charakteristisches Tragverhalten von Pfahlgründungen		307
		3.6.1	Statische Pfahlprobebelastung	309
		3.6.2	Dynamische Pfahlprobebelastung	316
		3.6.3	Axiale Pfahlwiderstände aus Erfahrungswerten	318
		3.6.4	Widerstände und Setzungsverhalten von Pfahlgruppen	345
	3.7	Nachweise der Grenzzustände		357
		3.7.1	Einzelpfähle und Pfahlroste	357
		3.7.2	Pfahlgruppen	371
		3.7.3	Gesamtstandsicherheitsnachweis (GEO-3)	376
		3.7.4	Inneres Versagen des Pfahls (STR)	376
	3.8	Pfahlroste		377
	3.9	Kombinierte Pfahl-Plattengründung		379
	3.10	Pfahl-Integritätsprüfungen		383

Inhaltsverzeichnis

1 Baugruben 1
   1.1 Grundlagen 1
      1.1.1 Verbaumethoden 3
      1.1.2 Wahl der Verbaumethode 3
      1.1.3 Arbeitsraumbreite der Baugrube 4
      1.1.4 Arbeitsraumbreite bei Gräben für Leitungen und Kanäle 5
      1.1.5 Allgemeine Grundsätze für den Verbau 11
      1.1.6 Abstände 12
      1.1.7 Bemessungsgrundsätze von Baugruben und Gräben 14
   1.2 Methoden der Baugrubensicherung 21
      1.2.1 Baugruben und Gräben mit geböschten Wänden 21
      1.2.2 Grabenverbau 26
      1.2.3 Trägerbohlwände 52
      1.2.4 Spundwände 77
      1.2.5 Massive Verbauarten (Ortbetonwände) 127
      1.2.6 Thixotrope Flüssigkeiten im Grundbau 143
   1.3 Baugrubenumschließung im Grundwasserbereich 160
      1.3.1 Umschließung der Baugrube durch wasserdichte Wände 161
      1.3.2 Baugrubenumschließung bei tiefliegender undurchlässiger Schicht 162
      1.3.3 Nachweis der Aufschwimmsicherheit 163
   1.4 Baugruben in offenem Wasser 167
      1.4.1 Baugrubenumschließung durch Spundwände 167
      1.4.2 Fangedämme 168
   1.5 Normen und Empfehlungen 175
   Literatur 177

2 Flächengründungen 179
   2.1 Begriffe und Grundlagen 179
   2.2 Flachgründung 180
      2.2.1 Einzelfundamente 182
      2.2.2 Streifenfundamente 202

		2.2.3	Gründungsstreifen und Gründungsplatten	204
		2.2.4	Flachgründung von Türmen und Masten	238
		2.2.5	Flachgründungen im Grundwasser und im offenen Wasser	239
	2.3	Tiefgründung mittels Flächengründung	243
		2.3.1	Pfeilergründung	243
		2.3.2	Brunnen- und Senkkastengründung (offene Senkkästen)	248
		2.3.3	Druckluftsenkkästen (Caissons)	256
		2.3.4	Gründung auf Schwimmkästen	260
	2.4	Maßnahmen bei unzulässigen großen Setzungsunterschieden	262
	2.5	Fugenausbildung	263
	2.6	Normen, Richtlinien und Empfehlungen	264
	Literatur		266
3	**Pfahlgründungen**			267
	3.1	Begriffe und Grundlagen	267
	3.2	Historische Entwicklung	270
	3.3	Pfahlsysteme	271
		3.3.1	Verdrängungspfähle	272
		3.3.2	Bohrpfähle	282
		3.3.3	Mikropfähle	289
	3.4	Ausbildung der Pfahlgründungen	294
		3.4.1	Einzelpfahl und Pfahlrost	294
		3.4.2	Pfahlgruppe	295
		3.4.3	Kombinierte Pfahl-Plattengründung (KPP)	295
		3.4.4	Ausführungsbeispiele für Pfahlgründungen	296
	3.5	Einwirkungen auf Pfahlgründungen	301
		3.5.1	Herstellungsbedingte Einwirkungen	302
		3.5.2	Geotechnische Einwirkungen	302
		3.5.3	Einwirkungen aus Tragwerkslasten	306
	3.6	Charakteristisches Tragverhalten von Pfahlgründungen	307
		3.6.1	Statische Pfahlprobebelastung	309
		3.6.2	Dynamische Pfahlprobebelastung	316
		3.6.3	Axiale Pfahlwiderstände aus Erfahrungswerten	318
		3.6.4	Widerstände und Setzungsverhalten von Pfahlgruppen	345
	3.7	Nachweise der Grenzzustände	357
		3.7.1	Einzelpfähle und Pfahlroste	357
		3.7.2	Pfahlgruppen	371
		3.7.3	Gesamtstandsicherheitsnachweis (GEO-3)	376
		3.7.4	Inneres Versagen des Pfahls (STR)	376
	3.8	Pfahlroste	377
	3.9	Kombinierte Pfahl-Plattengründung	379
	3.10	Pfahl-Integritätsprüfungen	383

	3.11	Normen und Empfehlungen	385
	Literatur		386
4	**Verankerungen**		**389**
	4.1	Geschichtliche Entwicklung und Begriffe	389
	4.2	Tragwirkung	393
		4.2.1 Grundlegendes Tragprinzip eines Vorspannankers	393
		4.2.2 Krafteinleitung in den Baugrund	396
		4.2.3 Nachverpressung von Ankern	397
		4.2.4 Ankerversagen	398
		4.2.5 Zementaggressive Baugrund- und Grundwasserverhältnisse	398
	4.3	Übersicht der Arten von Ankern	399
		4.3.1 Einteilungen	399
		4.3.2 Stahlzugglieder	400
		4.3.3 Arten der Tragwirkung	401
		4.3.4 Arten der Ankerkörper	402
		4.3.5 Bauarten	403
		4.3.6 Kurzzeitanker und Daueranker	406
		4.3.7 Anker in Lockerböden und in Festgestein	406
		4.3.8 Selbstbohranker	407
	4.4	Herstellung	407
		4.4.1 Verfahren	407
		4.4.2 Lage der Anker-/Verpresskörper in nur einer Schicht	411
		4.4.3 Abstand der Verpresskörper zu Bauwerken und untereinander	413
		4.4.4 Neigung	414
		4.4.5 Grundwasser	416
	4.5	Ankerkräfte	419
		4.5.1 Maßgebende Versagensform	419
		4.5.2 Bemessung von Ankern	419
		4.5.3 Ankerkraft bzgl. Festigkeit des Ankerstahls bzw. des Stahlzuggliedes	420
		4.5.4 Abschätzung der baugrundbedingten Ankertragfähigkeit	421
		4.5.5 Ermittlung der erforderlichen Ankerlänge, Nachweis der tiefen Gleitfuge	424
		4.5.6 Nachweis der Sicherheit gegen Geländebruch	426
	4.6	Ankerprüfungen	427
		4.6.1 Grundsatz	427
		4.6.2 Prüfungen nach DIN EN 1537	427
		4.6.3 Untersuchungsprüfung nach DIN EN 1537	429
		4.6.4 Eignungsprüfung nach DIN EN 1537	435
		4.6.5 Abnahmeprüfungen nach DIN EN 1537	436
		4.6.6 Weitere Ankerprüfungen	436

	4.7	Überwachungssysteme	437
	4.8	Anwendungsmöglichkeiten	438
	4.9	Beispiele	441
	4.10	Normen und Empfehlungen	447
		Literatur	448
5	**Wasserhaltung**		**449**
	5.1	Grundlagen	449
	5.2	Rechtliche Rahmenbedingungen	450
	5.3	Baugrundbedingungen	451
	5.4	Trockenhaltung von Baugruben	451
		5.4.1 Arbeitsbereich/Baugruben oberhalb des Grundwasserspiegels	451
		5.4.2 Wasserdichte Baugruben	453
		5.4.3 Baugruben mit Wasserhaltung	454
	5.5	Berechnung der Anströmung von Brunnen	454
		5.5.1 Grundlagen	454
		5.5.2 Brunnen im freien (ungespannten) Grundwasserleiter	455
		5.5.3 Brunnen im gespannten Grundwasserleiter	461
		5.5.4 Versickerungsbrunnen	464
		5.5.5 Unvollkommene Brunnen	465
	5.6	Anlagen zur Wasserhaltung	471
		5.6.1 Allgemein	471
		5.6.2 Offene Wasserhaltung	471
		5.6.3 Schwerkraftbrunnen	472
		5.6.4 Wellpoint- oder Spülfilteranlagen bzw. Vakuumbrunnen	473
		5.6.5 Tiefliegende Dränagegräben	474
	5.7	Berechnung von Wasserhaltungen bei Baugruben mit Brunnenanlagen	475
		5.7.1 Allgemein	475
		5.7.2 Anordnung der Brunnen	475
		5.7.3 Berechnung der Wassermenge	476
		5.7.4 Die Mehrbrunnenformel von Forchheimer	479
	5.8	Sickerschlitze, Dränagerohre und Gräben	488
	5.9	Offene Wasserhaltungen	494
	5.10	Entspannungsanlagen	496
	5.11	Rückbau von Gebäuden/Auftriebssicherheit	498
	5.12	Wassermengen und Wirtschaftlichkeitsbetrachtungen	499
	5.13	Normen und Empfehlungen	501
		Literatur	501
6	**Stützbauwerke**		**503**
	6.1	Begriffe und Grundlagen	503
	6.2	Gewichtsstützwände	504

		6.2.1	Begriffe und Ausbildungsformen 504

        6.2.1 Begriffe und Ausbildungsformen 504
        6.2.2 Entwurf und Bemessung von Gewichtsstützwänden 507
        6.2.3 Ausbildung von Stützwänden 519
  6.3 Zusammengesetzte Stützkonstruktionen 520
        6.3.1 Raumgitter-Stützkonstruktionen 520
        6.3.2 Bewehrte Erde Stützkonstruktionen 521
        6.3.3 Geokunststoffbewehrte Stützkonstruktionen 524
        6.3.4 Bodenvernagelungen (Nagelwände) 535
        6.3.5 Ankerwände 538
        6.3.6 Rippenwände 539
  6.4 Normen, Richtlinien und Empfehlungen 539
  Literatur 540

7 Schutz und Abdichtung von Grundbauwerken 541
  7.1 Begriffe und Grundlagen 541
  7.2 Schutz- und Abdichtungsverfahren 544
        7.2.1 Zement 544
        7.2.2 Beton 545
        7.2.3 Dichtungsmittel 546
        7.2.4 Schutzschicht 546
        7.2.5 Putz 546
  7.3 Abdichtung von Bauwerken 547
        7.3.1 Anforderungen 547
        7.3.2 Einwirkungen und Nutzungsklassen 548
        7.3.3 Rissklassen/Rissüberbrückungsklassen 552
        7.3.4 Raumnutzungsklassen 553
        7.3.5 Bauliche Erfordernisse 554
        7.3.6 Planungsgrundsätze 555
        7.3.7 Geeignete Abdichtungsbauarten in Abhängigkeit
              der Wassereinwirkungsklasse 556
        7.3.8 Abdichtung in Abhängigkeit der Wassereinwirkungsklasse . . . 556
        7.3.9 Übergang zwischen Boden- und Wandabdichtung 560
        7.3.10 Abdichtung von Durchdringungen 560
        7.3.11 Abdichtung von Bewegungsfugen 562
        7.3.12 Abdichtung von Lichtschächten und Gebäudeaußentreppen . . . 564
  7.4 Bahnenförmige und flüssig zu verarbeitende Abdichtungsstoffe 564
        7.4.1 Abdichtung mit bahnenförmigen Abdichtungsstoffen 564
        7.4.2 Abdichtung mit flüssig zu verarbeitbaren Abdichtungsstoffen . . . 569
  7.5 Schutz der Abdichtung 572
        7.5.1 Schutzmaßnahmen für den vorübergehenden Schutz 573
        7.5.2 Schutzschichten für den dauerhaften Schutz 573
        7.5.3 Schutzlagen für den dauerhaften Schutz 574

		7.6	Normen, Richtlinien und Empfehlungen	575
		Literatur	575
8	**Sicherung von gefährdeten Bauwerken**			577
	8.1	Sicherung der durch Baugruben gefährdeten Bauwerke		577
		8.1.1	Sicherungen bei Gründungen in gleicher Gründungstiefe	579
		8.1.2	Unterfangungen	580
	8.2	Sicherung der durch Setzungen gefährdeten Bauwerke		585
		8.2.1	Nachgründung durch Fundamentverbreiterung	585
		8.2.2	Unterfangung durch Tiefgründung	586
		8.2.3	Sicherung durch Verbesserung des Baugrundes	588
	8.3	Sicherung der durch Verschiebung gefährdeten Bauwerke		589
	8.4	Sicherung der durch untertägigen Bergbau gefährdeten Bauwerke		591
		8.4.1	Entstehung der Senkungen und die dadurch hervorgerufenen Kräfte	592
		8.4.2	Planung, Anordnung und Sicherheitsmaßnahmen	594
		8.4.3	Ausbildung der Bauwerke	595
	8.5	Sicherung der durch Tunnelbau gefährdeten Bauwerke		597
	8.6	Sicherung von durch Unterspülung gefährdeten Bauwerken		599
	8.7	Sicherung von Bauwerken gegen Erschütterungen		599
		8.7.1	Begriffe und Grundlagen	599
		8.7.2	Einwirkungen der Erschütterungen auf bauliche Anlagen	600
		8.7.3	Maßnahmen zur Verringerung der Schwingungseinwirkung auf Bauwerke	603
		8.7.4	Abdämmen von Erschütterungen infolge Maschinenbetriebs . . .	604
	8.8	Normen, Richtlinien und Empfehlungen		605
		Literatur		606

Stichwortverzeichnis 607

Baugruben

1.1 Grundlagen

Für Gründungskörper von Bauwerken, die größtenteils entweder unterhalb der Geländeoberfläche oder in offenem Wasser unterhalb der Gewässersohle liegen, ist die Erstellung von Baugruben notwendig. Nur einige Sondergründungsverfahren, z. B. die Senkkastengründung, erfordern keine Baugruben. Einschnitte in das Erdreich (Gräben) sind i. d. R. auch erforderlich, um z. B. Leitungen unterhalb der Geländeoberfläche zu verlegen.

Die Baugrubensicherung ist dafür verantwortlich, das durch den Aushub gestörte Bodengleichgewicht wiederherzustellen. Die Standsicherheit der Erd- oder Felswände kann durch Abböschen oder Verbauen gewährleistet werden.

Der Verbau muss die Erddruckkräfte sicher aufnehmen. Liegt die Baugrube im Grundwasserbereich, in offenem Wasser oder neigen die zu stützenden Böden zum Fließen, so muss der Verbau auch dicht abschließen.

Baugruben und Gräben für Leitungen und Kanäle erfordern eine sorgfältige Vorbereitung und Ausführung. Sie dürfen daher nur von Fachleuten und Unternehmen durchgeführt werden, die über die notwendigen Kenntnisse und Erfahrungen verfügen und eine einwandfreie Ausführung gewährleisten. Zur sorgfältigen Vorbereitung zählt die Beurteilung der Standsicherheit der Böschung bzw. des Verbaus.

Hierfür sind folgende Angaben und Unterlagen erforderlich:

1. Tiefe und Abmessungen der Baugrube bzw. des Grabens,
2. Einordnung in eine Geotechnische Kategorie nach EC 7 bzw. DIN 1054 im Hinblick auf Baugrund und Bauausführung,
3. Baugrundverhältnisse, anstehende Bodenarten, ihre Schichtung und ihre Bodenkenngrößen,
4. Grundwasserverhältnisse,
5. Gründungstiefe, Fundamentausbildung und Abstand angrenzender Bauwerke,

6. Belastungen und Erschütterungen innerhalb und außerhalb der Baugrube bzw. des Grabens,
7. Leitungen, Kanäle und dergleichen im Bereich der Baugrube oder des Grabens,
8. Verbauart ggf. mit Konstruktionszeichnungen,
9. Standsicherheitsnachweis.

Der rechnerische Standsicherheitsnachweis kann nach DIN 4124 für einfache Fälle entfallen, bei

a. geböschten Baugruben und Gräben, bei denen die in DIN 4124 angegebenen Böschungsneigungen eingehalten werden und im Einzelfall anwendbar sind (s. Abschn. 1.2.1),
b. Gräben, für die ein waagerechter oder senkrechter Normverbau verwendet wird und die in DIN 4124 genannten Voraussetzungen für einen Verzicht des Nachweises zutreffen (s. Abschn. 1.2.2.1 und 1.2.2.2),
c. Gräben, insbesondere bei maschinell ausgehobenen Gräben, bei denen der Verbau aus Elementen eines Verbauverfahrens bestehen, welches in sicherheitstechnischer Hinsicht überprüft und zugelassen ist (s. Abschn. 1.2.2.3).

Baugruben sind in eine Geotechnische Kategorie (vgl. Teil 1) einzuordnen. Nach DIN 1054, A 11.1.2 gehören z. B. geböschte Baugruben und nicht verbaute Gräben nach DIN 4124 ohne Einwirkung aus Grundwasser zur Geotechnischen Kategorie GK 1. Zur Geotechnischen Kategorie GK 3 zählen z. B. Baugrubenwände mit mehr als 10 m Tiefe. In Anhang 5 der Empfehlungen des Arbeitskreises Baugruben (EAB) sind Kriterien in Anlehnung an den EC 7, Band 1, A 2.1.2 zusammengestellt.

Während der gesamten Bauausführung ist auf eine sorgfältige Ausführung der Arbeiten zu achten, so dass Beschäftigte und benachbarte baulichen Anlagen nicht gefährdet werden. In Anlehnung daran sind Baugruben- und Grabenwände standsicher abzuböschen oder zu verbauen, um abrutschende Massen (freigelegte Findlinge, Bauwerksreste, Pflastersteine, o. ä.), Unterhöhlungen bzw. entstandene Überhänge zu vermeiden (s. a. DIN 4124). An den Rändern von Baugruben und Gräben, die betreten werden müssen, sind nach DIN 4124, Abschn. 4.1.7 mindestens 0,60 m breite, möglichst waagerechte Schutzstreifen anzuordnen und von Aushubmaterial, nicht benötigten Gegenständen und sonstigen Hindernissen freizuhalten. Bei bis zu 0,80 m tiefen Gräben ist die Ausführung eines einseitigen Schutzstreifens zulässig.

Weitere grundlegende Sicherheitsaspekte zur Herstellung von Baugruben und Gräben sind in den nachfolgenden Abschnitten beschrieben oder können aus der Unfallverhütungsvorschrift 38 der Deutschen Gesetzlichen Unfallversicherung (DGUV) entnommen werden.

Zu den wichtigsten Normen und Standards bezüglich Baugruben und Gräben zählen:

- DIN 4124: Baugruben und Gräben – Böschungen, Verbau, Arbeitsraumbreiten
- Eurocode 7 – Geotechnische Bemessung – Band 1

- Empfehlungen des Arbeitskreises „Baugruben" (EAB)
- Empfehlungen des Arbeitsausschusses „Ufereinfassungen" Häfen und Wasserstraßen (EAU)

1.1.1 Verbaumethoden

Bei den Verbaumethoden ist zu unterscheiden in den Grabenverbau und den Baugrubenverbau. Zum Grabenverbau zählen der waagerechte Grabenverbau (Abschn. 1.2.2.1), der senkrechte Grabenverbau (Abschn. 1.2.2.2) und der Verbau mit großflächigen Verbauplatten (Abschn. 1.2.2.3).

Zum Baugrubenverbau zählen die Trägerbohlwände (Abschn. 1.2.3), die Spundwände (Abschn. 1.2.4), die massiven Verbauarten wie Bohrpfahlwände (Abschn. 1.2.5.1), Schlitzwände (Abschn. 1.2.5.2) und Verfestigung des Bodens durch Injektionen (Abschn. 1.3.1 und Teil 1) oder Vereisung (Abschn. 1.3.1 und Teil 1).

Auf den Verbau wirken meist große Horizontalkräfte aus Erd- und Wasserdruck und Verkehrslasten. Sie können aufgenommen werden durch:

1. Absteifung, meistens waagerechte Absteifung zur gegenüberliegenden Wand (Abb. 1.12, Abb. 1.31, Abb. 1.65, Abb. 1.66), seltener durch Schrägabsteifung zur Baugrubensohle (Abb. 1.68) oder zu bereits fertiggestellten Bauteilen.
2. Rückwärtige Verankerung durch Verpressanker (Abb. 1.34, Abb. 1.67), Ankerpfähle bzw. -platten.
3. Einspannung oder Auflagerung des Stützträgers oder der Stützwand im Boden.

1.1.2 Wahl der Verbaumethode

Die Wahl der Verbaumethode erfolgt nach örtlichen, technischen und wirtschaftlichen Gesichtspunkten. Für eine sachgemäße, optimale Lösung sind neben den Einheitskosten für den Verbau und die Erdmassenbewegung alle Angaben und Unterlagen erforderlich, die oben (s. Beurteilung der Standsicherheit der Böschungen) genannt sind.

In freiem Gelände wird die Baugrubenwand abgeböscht. Werden jedoch bei großer Tiefe die Kosten für Aushub und Wiederverfüllung des Erdkörpers V höher als die Kosten eines Verbaues A (s. Abb. 1.1), so wird auch in freiem Gelände die Baugrube verbaut. Bei beschränktem Bauplatz, d. h., falls die Böschungsfläche zu dicht an ein anderes Bauwerk heranreichen würde, ist die Baugrube stets zu verbauen.

Besondere konstruktive Maßnahmen sind erforderlich, falls die Baugrubenwand durch nahestehende Bauwerke zusätzlich belastet wird.

Geben solche Wände nach, so muss mit Setzungen und Schäden an den Nachbarbauwerken gerechnet werden. In diesen Fällen ist ein verformungsarmer Verbau vorzusehen. Ferner sind die zu erwartenden Bewegungen des Verbaues durch Vorspannen der Steifen oder Anker zu verringern.

Abb. 1.1 Vergleich zwischen Abböschung und Verbau

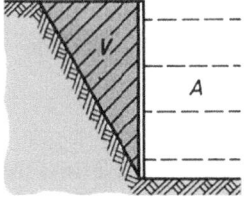

▶ Die Wahl der Verbaumethode ist von verschiedenen Randbedingungen abhängig. Wichtige Randbedingungen sind z. B. die Grundwasserverhältnisse, der Abstand zur Nachbarbebauung, Hindernisse (z. B. Findlinge) im Baugrund usw. Die Randbedingungen sind vor der Wahl der Verbaumethode zu definieren und zu klären.

1.1.3 Arbeitsraumbreite der Baugrube

Die Tiefe der Baugrube ergibt sich aus der Gründungstiefe. Bei Festlegung der Größe der Baugrube sind die Arbeitsraumbreiten zu berücksichtigen.

Gemäß DIN 4124, Abschn. 9.1.1 entspricht die Arbeitsraumbreite:

a. bei geböschten Baugruben dem waagerecht gemessenen Abstand zwischen dem Böschungsfuß und der Außenseite des Bauwerks,
b. bei verbauten Baugruben dem lichten Abstand zwischen der Luftseite der Verkleidung und der Außenseite des Bauwerks.

Dabei schließt die Außenseite des Bauwerks neben der Außenseite des Baukörpers auch alle Abdichtungs-, Vorsatz- oder Schutzschichten inkl. Schalungskonstruktion mit ein. Eventuell vorhandene Schalungen, Gerüste oder ähnliches dürfen diesen Arbeitsraum nicht einschränken.

Für eine sichere und fachgerechte Ausführung aller Arbeiten innerhalb von Baugruben und Gräben bzw. für den Durchgang, den Materialtransport, die Lagerung von Material und Werkzeugen sowie für Rettungswege und um eine einwandfreie Bauausführung sicherzustellen, ist ein ausreichender Arbeitsraum dringend notwendig.

Folgende Maße müssen in diesem Zusammenhang nach DIN 4124, Abschn. 9.1.1 mindestens eingehalten werden:

a. 0,50 m bei geböschten Baugruben (s. Abb. 1.2)
b. 0,60 m bei verbauten Baugruben

Gesonderte Arbeitsraumbreiten bei ein- und ausgeschalten Fundamenten und Sohlplatten sind aus den Abschn. 9.1.4 und 9.1.5 der DIN 4124 zu entnehmen.

1.1 Grundlagen

Abb. 1.2 Arbeitsraumbreiten bei abgeböschten Baugruben (Beispiel nach DIN 4124)

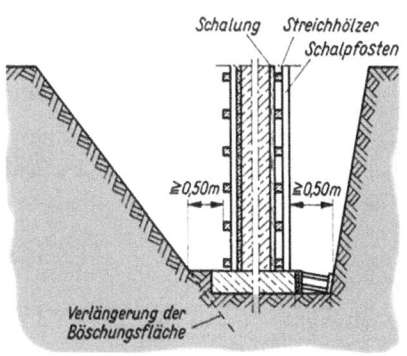

Sind waagerechte Gurte oder Steifen am Bauwerk oder an der Schalungskonstruktion maximal 2,00 m über der Baugrubensohle angebracht, was zu Behinderungen in den Arbeitsabläufen führt, so wird die erforderliche Arbeitsraumbreite ab der Vorderkante der Gurte gemessen. Werden unter anderem Anker im Abstand von weniger als 1,50 m zueinander angeordnet, so ist das freie Ende des Stahlzugglieds bzw. der Abdeckhaube maßgebend für den einzuhaltenden, lichten Abstand (vgl. DIN 4124, Abschn. 9.1.3).

Werden runde oder eckige Schächte in runden oder eckigen Baugruben hergestellt, so ist an der engsten Stelle ein Arbeitsraum von mindestens 0,50 m einzuhalten (vgl. DIN 4124, Abschn. 9.1.6).

1.1.4 Arbeitsraumbreite bei Gräben für Leitungen und Kanäle

Gräben für Leitungen und Kanäle müssen nach DIN 4124, Abschn. 9.2.1 eine lichte Mindestbreite aufweisen, um nicht nur die Sicherheit der Beschäftigten, sondern auch eine einwandfreie Bauausführung gewährleisten zu können. Die erforderliche Mindestgrabenbreite setzt sich aus der Breite der Leitung bzw. des Kanals und dem zu beiden Seiten benötigten Arbeitsraum zusammen.

Aufgrund der unterschiedlichen Lagerung der Rohre wird unterschieden in:

a. Gräben für Abwasserleitungen und -kanäle
b. Gräben für alle verbleibenden Leitungen und Kanäle

Entsprechend DIN 4124, Abschn. 9.2.2 wird die lichte Mindestgrabenbreite je nach Sicherungsform definiert. Bei geböschten Gräben bildet i. d. R. die Sohlbreite in Höhe der Rohrschaftunterkante das Maß. Bei Gräben mit senkrechten Wänden ohne oder mit teilverbauter Sicherung wird der lichte Abstand der Erdwände maßgeblich. Beim waagerechten und senkrechten Verbau gilt der lichte Abstand der Holzbohlen bzw. Kanaldielen. Bei den Grabenverbaugeräten erfolgt die Definition über den lichten Abstand der Platten. Beim Spundwandverbau ist der lichte Abstand der baugrubenseitigen Bohlenrücken entscheidend, bei Trägerbohlwänden der lichte Abstand der Verbohlung. Bei Ausführung als gestaffelter Verbau wird die Grabenbreite im Bereich der untersten Staffel gemessen.

Davon ausgenommen sind nach DIN 4124, Abschn. 9.2.3 folgende Einschränkungen:

Als lichte Mindestgrabenbreite gilt der lichte Abstand der waagerechten Gurtung, falls bei äußeren Rohrschaftdurchmessern von 0,30 m < OD < 0,60 m der Abstand zwischen Gurtunterkante und Rohroberkante höchstens 0,50 m ist bzw. die Unterkante der untersten Gurtung bei äußeren Rohrdurchmessern ab 0,60 m weniger als 2,00 m über der Grabensohle liegt. Ist der Achsabstand der Aufrichter beim waagerechten Verbau innerhalb einer Bohlenlänge kleiner als 1,50 m, so gilt der lichte Abstand der Aufrichter als lichte Mindestgrabenbreite.

Für die Verlegung und Prüfung von Abwasserleitungen und -kanälen ist die DIN EN 1610 zu beachten. Die Mindestgrabenbreiten sind den Tab. 1.1 und 1.2 zu entnehmen. Hierbei ist der größere Wert maßgebend. Der erforderliche Arbeitsraum zwischen Rohr und den beiden Grabenwänden bzw. Grabenverbauwänden (Pölzung) beträgt x/2 (vgl. DIN EN 1610).

Falls z. B. das Betreten des Grabens durch Personal verboten oder gar nicht erforderlich ist, unvermeidbare Engstellen vorliegen oder selbstverdichtende Verfüllbaustoffe verwendet werden, können an dieser Stelle geringere Werte zur Anwendung kommen. Bei der Verlegung von Rohren mit Nenndurchmessern ab 600 mm in unverbauten oder verbauten Gräben, deren Bettung und Seitenverfüllung maschinell verdichtet werden müssen, sollte die Mindestgrabenbreite x/2 = 0,50 betragen, sodass sich für min b = OD_h + 1,00 ergibt (DIN EN 1610, Abschn. 6.3.3).

Für alle weiteren Leitungen (einschließlich Abwasserdruckleitungen) und Kanäle, die in Gräben verlegt werden, sind die Regelungen der DIN 4124 zu berücksichtigen.

Tab. 1.1 Lichte Mindestbreite für Gräben mit betretbarem Arbeitsraum in Abhängigkeit von der Nennweite (DN) des Rohrs entsprechend DIN EN 1610

DN	Mindestgrabenbreite (OD_h + x) [m]		
	Graben verbaut	Graben unverbaut	
		$\beta > 60°$	$\beta \leq 60°$
≤ 225	OD_h + 0,40	OD_h + 0,40	
> 225 bis $\leq$ 350	OD_h + 0,50	OD_h + 0,50	OD_h + 0,40
> 350 bis $\leq$ 700	OD_h + 0,70	OD_h + 0,70	OD_h + 0,40
> 700 bis $\leq$ 1200	OD_h + 0,85	OD_h + 0,85	OD_h + 0,40
> 1200	OD_h + 1,00	OD_h + 1,00	OD_h + 0,40

Tab. 1.2 Lichte Mindestbreite für Gräben mit betretbarem Arbeitsraum in Abhängigkeit von der Grabentiefe entsprechend DIN EN 1610

Grabentiefe [m]	Mindestgrabenbreite [m]
< 1,00	Keine Vorgabe
$\geq$ 1,00 bis $\leq$ 1,75	0,80
> 1,75 bis $\leq$ 4,00	0,90
> 4,00	1,00

1.1 Grundlagen

Tab. 1.3 Lichte Mindestbreite für Gräben ohne betretbaren Arbeitsraum entsprechend DIN 4124

Regelverlegetiefe [m]	≤ 0,70	> 0,70 bis ≤ 0,90	> 0,90 bis ≤ 1,00	> 1,00 bis ≤ 1,25
Lichte Mindestbreite [m]	0,30	0,40	0,50	0,60

Bei bis zu 1,25 m tiefen Gräben mit senkrechten Wänden, die nur beim Ausheben und zum Verfüllen betreten werden müssen und in denen neben den Leitungen kein Arbeitsraum benötigt wird, sind je nach Regelverlegetiefe die lichten Mindestbreiten nach Tab. 1.3 festzulegen. Anwendungsbeispiele hierfür sind Drängräben oder Gräben für Endlosleitungen und Kabel. Der Abstand zwischen Geländeoberfläche und Unterkante der Leitung wird grundsätzlich als Regelverlegetiefe definiert. Bei einer planmäßig tieferen Aushebung und einer notwendigen Betretung des Grabens, um zum Beispiel unter den Rohren ein Sandbett einzubringen, wird die tatsächliche Aushubtiefe maßgebend (vgl. DIN 4124, Abschn. 9.2.4).

Ist ein Arbeitsraum zum Verlegen oder Prüfen von Leitungen oder Kanälen bei Gräben notwendig, sind die lichten Mindestgrabenbreiten der Tab. 1.4 und 1.5 einzuhalten. Hierbei ist der jeweils größere Wert maßgebend. In Abhängigkeit von der Sicherungsart und Tiefe des Grabens ist in Tab. 1.4 die lichte Mindestbreite bei betretbarem Arbeitsraum und senkrechten Wänden angegeben. In Tab. 1.5 ist die lichte Mindestgrabenbreite bei betretbarem Arbeitsraum in Abhängigkeit vom äußeren Leitungs- bzw. Rohrschaftdurchmesser aufgeführt.

Weist der Querschnitt der Leitung keine Kreisform auf, ergibt sich die lichte Mindestbreite des Grabens aus der größten Außenbreite des Rohrschaftes bzw. des Kanals und dem Arbeitsraum (vgl. DIN 4124, Abschn. 9.2.5a).

Tab. 1.4 Lichte Mindestbreite für Gräben mit Arbeitsraum und senkrechten Wänden in Abhängigkeit von der Sicherungsart und der Grabentiefe entsprechend DIN 4124

Lichte Mindestbreite [m]	Art/Tiefe Graben [m]
0,60	Geböschter Graben ≤ 1,75
0,70	Teilweise verbauter Graben ≤ 1,75
0,70	Verbauter Graben ≤ 1,75
0,80	Verbauter Graben > 1,75 bis ≤ 4,00
1,00	Verbauter Graben > 4,00

Tab. 1.5 Lichte Mindestbreite für Gräben mit betretbarem Arbeitsraum in Abhängigkeit des äußeren Leitungs- bzw. Rohrschaftdurchmessers entsprechend DIN 4124

Äußerer Leitungs- bzw. Rohrschaftdurchmesser OD [m]	Lichte Mindestbreite [m]			
	Graben verbaut		Graben geböscht	
	Regelfall	Umsteifung	β ≤ 60°	β > 60°
≤ 0,40	OD + 0,40	OD + 0,70	OD + 0,40	
> 0,40 bis ≤ 0,80	OD + 0,70		OD + 0,40	OD + 0,70
> 0,80 bis ≤ 1,40	OD + 0,85			
> 1,40	OD + 1,00			

In verbauten Gräben sind die Werte der Spalte „Umsteifung" in Tab. 1.5 nur dann anzusetzen, falls beim Herablassen von langen Einzelrohren planmäßige Umsteifarbeiten notwendig sind. Dabei verhalten sich größere Leitungs- bzw. Rohrschaftdurchmesser analog dem Regelfall. Im Zuge von Mehrfachleitungen innerhalb eines Arbeitsraumes gilt sie nur dann, wenn diese nicht nacheinander, sondern auf ganzer Breite gleichzeitig herabgelassen werden (DIN 4124, Abschn. 9.2.5b).

Die erforderliche lichte Mindestbreite für Gräben mit Mehrfachleitungen und betretbarem Arbeitsraum setzt sich in erster Linie aus den beiden halben lichten Mindestgrabenbreiten der Außenrohre sowie dem halben Rohrdurchmesser der Außenrohre zusammen. Je nach Anzahl der zu verlegenden Rohre werden Zwischenräume und die Durchmesser der innenliegenden Rohre dazu addiert (vgl. DIN 4124, Abschn. 9.2.8).

Der Abstand bzw. der Zwischenraum z, der Raum zwischen den Leitungen bzw. Kanälen, hängt von der Verlegetechnik und Verdichtungsart ab. Muss der Zwischenraum betreten werden, so richtet sich der Zwischenraum z nach dem äußeren Leitungs- bzw. Rohrschaftdurchmesser OD (vgl. DIN 4124, Abschn. 9.2.8). Der Zwischenraum z ist entsprechend Tab. 1.6 festzulegen.

Bei unterschiedlich großen Rohren wird der Abstand z anhand des größten äußeren Leitungs- bzw. Rohrschaftdurchmesser OD ermittelt (vgl. DIN 4124, Abschn. 9.2.8).

Bei Stufengräben ist die lichte Mindestbreite sinngemäß zu ermitteln. Die Leitungen befinden sich auf verschiedenen Stufen bzw. in verschiedenen Tiefen. Die jeweiligen Stufenhöhen h_n sind hierbei als Grabentiefe anzunehmen. Die Ermittlung der eingezeichneten Breiten b_n richtet sich nach den zuvor aufgeführten allgemeinen Definitionen der lichten Mindestgrabenbreite sowie deren Einschränkung (vgl. DIN 4124, Abschn. 9.2.9).

Ist für nachträglich mit Beton ummantelte Rohrleitungen eine gesonderte Schalung erforderlich, sind die Festlegungen der Arbeitsraumbreiten für Baugruben maßgebend (vgl. DIN 4124, Abschn. 9.2.12).

Tab. 1.6 Zwischenraum z entsprechend DIN 4124

Äußerer Leitungs- bzw. Rohrschaftdurchmesser OD [m]	Zwischenraum z [m]
≤ 0,40	≥ 0,20
0,40 < OD ≤ 0,80	≥ 0,35
Für 0,80 < OD ≤ 1,40	≥ 0,43
≥ 1,40	≥ 0,50

Beispiel 1.1

Ermittlung lichte Mindestgrabenbreite bei einem waagerechten Verbau für eine Stromleitung

Berechnungsgrundlagen

- Grabentiefe h = 1,80 m; OD = 0,30 m
- Waagerechter Verbau: Brusthölzer 8/16 cm; Holzbohlen l = 4,0 m; s = 0,5 m; Achsabstand der Brusthölzer innerhalb einer Bohlenlänge l_1 = 1,70 m

Zur Verlegung der Rohre muss der Graben betreten werden.
Für die Verlegung von Stromleitungen ist die DIN 4124 anzuwenden.
Aus Tab. 1.4 folgt für einen verbauten Graben im Regelfall die lichte Mindestbreite

$$\min b = 0{,}80 \, m$$

Aus Tab. 1.5 ergibt sich die lichte Mindestbreite

$$\min b = OD + 0{,}40 = 0{,}30 + 0{,}40 = 0{,}70 \, m$$

Maßgebend ist der größere Wert von min b = 0,80 m.
Daraus folgt für die Aushubbreite des Grabens

$$\min b_{Aushub} = \min b + 2 \cdot s_{Bohle} = 0{,}80 + 2 \cdot 0{,}05 = 0{,}90 \, m \quad \blacktriangleleft$$

Beispiel 1.2

Ermittlung lichte Mindestgrabenbreite bei einem waagerechten Verbau für einen Abwasserkanal

Die Berechnungsgrundlagen sind identisch mit dem vorhergehenden Beispiel.
Zur Verlegung der Rohre muss der Graben betreten werden.
Für einen Abwasserkanal ist die DIN EN 1610 als maßgebend anzuwenden.
Aus Tab. 1.1 folgt für einen verbauten Graben für einen Abwasserkanal mit DN = 300

$$\min b = OD_h + 0{,}50 = 0{,}30 + 0{,}50 = 0{,}80 \, m$$

Aus Tab. 1.2 ergibt sich bei einer Grabentiefe von h = 1,80 m

$$\min b = 0{,}90 \, m$$

Maßgebend ist der größere Wert von min b = 0,90 m.
Daraus folgt für die Aushubbreite des Grabens

$$\min b_{Aushub} = \min b + 2 \cdot s_{Bohle} = 0{,}90 + 2 \cdot 0{,}05 = 1{,}00 \, m \quad \blacktriangleleft$$

Beispiel 1.3

Ermittlung lichte Mindestgrabenbreite und Aushubbreite bei einem senkrechtem Verbau für einen Abwasserkanal

Berechnungsgrundlagen

- Grabentiefe h = 2,20 m; OD = 0,50 m
- Senkrechter Verbau: Abmessungen entsprechend Abb. 1.3

Zur Verlegung der Rohre muss der Graben betreten werden.

Für einen Abwasserkanal ist die DIN EN 1610 maßgebend.

Aus Tab. 1.1 folgt für einen verbauten Graben für einen Abwasserkanal mit DN = 500

$$\min b = OD_h + 0{,}70 = 0{,}50 + 0{,}70 = 1{,}20\,\text{m}$$

Aus Tab. 1.2 ergibt sich bei einer Grabentiefe von h = 2,20 m

$$\min b = 0{,}90\,\text{m}$$

Maßgebend ist der größere Wert von min b = 1,20 m.

Da der äußere Rohrschaftdurchmesser OD (= DN 500 = 0,50 m) zwischen 0,30 und 0,60 m liegt und sich die Unterkante der Gurtungen weniger als 0,50 m über der Oberkante des Rohrschaftes befindet, gilt der lichte Abstand der waagerechten Gurtungen rechtwinklig zur Grabenkante als lichte Mindestgrabenbreite, sodass sich eine erforderliche Aushubbreite von

$$\min b_{Aushub} = \min b + 2 \cdot d_{Gurtung} + 2 \cdot s_{Bohle} = 1{,}20 + 2 \cdot 0{,}20 + 2 \cdot 0{,}05$$
$$= 1{,}70\,\text{m}$$

ergibt. ◄

Abb. 1.3 Konstruktionsskizze des senkrechten Holzverbaus

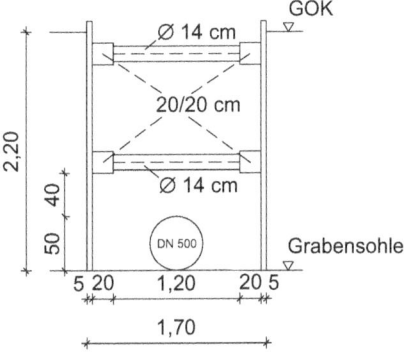

1.1.5 Allgemeine Grundsätze für den Verbau

Bei verbauten Baugruben und Gräben soll ein Überstand a abrollende Gegenstände aufhalten. Der Überstand a muss nach DIN 4124, Abschn. 4.3.1 bei einer Tiefe bis einschließlich 2,00 m um mindestens 5 cm und bei einer Tiefe von mehr als 2,00 m um mindestens 10 cm über die Geländeoberfläche hinausragen (s. Abb. 1.4).

Für Baugruben mit geringen Abmessungen und Gräben werden i. d. R. folgende Verbauverfahren ausgeführt (vgl. DIN 4124, Abschn. 4.3.2a):

- waagerechter Grabenverbau (s. Abschn. 1.2.2.1),
- senkrechter Grabenverbau (s. Abschn. 1.2.2.2),
- Grabenverbaugeräte (s. Abschn. 1.2.2.3).

Sofern diese bei größeren Baugruben bzw. Gräben, größeren erforderlichen steifenfreien Räumen, strikten Anforderungen an die Wasserdichtheit, geringeren zugelassenen Verformungen der Baugrubenwand oder kritischen Bodenverhältnissen nicht ausgeführt werden können, sind folgende Verbauarten zu wählen (vgl. DIN 4124, Abschn. 4.3.2b):

- Trägerbohlwände (Abschn. 1.2.3),
- Spundwände (Abschn. 1.2.4),
- Bohrpfahlwände (Abschn. 1.2.5.1),
- Schlitzwände (Abschn. 1.2.5.2),
- Spritzbeton.

In speziellen Fällen können auch Sonderbauweisen z. B. Unterfangungswände nach DIN 4123, Injektionswände, vernagelte Wände, Tiefreichende Bodenstabilisierung, Elementwände zum Einsatz kommen.

Prinzipiell muss der Verbau von der Geländeoberfläche bis zur Sohle reichen. Ebenso muss der Verbau dicht am Boden anliegen und vollflächig sein, damit durch Fugen und Stöße kein Boden austreten kann. Dabei darf der Verbau bei mindestens steifen bindigen Böden vorübergehend 0,50 m oberhalb der Aushubsohle enden, sofern kein Erddruck aus Bauwerkslasten und keine Einflüsse aus Fahrzeugen oder Baugeräten vorliegen. Im Fels kann dieser Bauzustand auch längerfristig bestehen bleiben, sofern die Standsicher-

Abb. 1.4 Teilweise verbauter Aushub (geringe Sicherung) nach DIN 4124

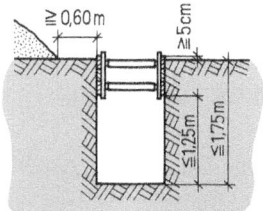

heit nachgewiesen wird oder zusätzliche Sicherungsmaßnahmen erfolgen (vgl. DIN 4124, Abschn. 4.3.3a).

In mindestens steifen bindigen Böden bzw. bei Fels und einer Geländeneigung $\leq 1:10$ darf bis zu einer Tiefe von 1,75 m ausgeschachtet werden, falls der mehr als 1,25 m über der Grabensohle liegende Bereich der Wand nach Abb. 1.4 teilweise verbaut wird (z. B. durch einen waagerechten Verbau oder mit randgestützten Grabenverbaugeräten). Ist das Betreten der Grabensohle zum Einbau des Teilverbaus erforderlich, so darf zunächst nur bis 1,25 m ausgehoben werden. Besondere Einflüsse (s. Abschn. 1.2.1.5) dürfen hierbei nicht vorliegen. Auf das Einhalten der Mindestabstände zwischen Fahrzeugen, Baumaschinen oder Baugeräten und der Verbaukante (s. Abschn. 1.1.6) ist zusätzlich zu achten (vgl. DIN 4124, Abschn. 4.3.3b).

Steifen und Streben sind nur gegen Herabfallen zu sichern. Aufrichter (Brusthölzer oder stählerne Brustträger) und Gurte müssen an ihren Berührungsflächen satt anliegen und sind gegen Herabfallen, Verdrehen und seitliches Verschieben zu sichern. Zusätzlich angebrachte Keile, Anker, Spannschlösser und Bolzen sollten jederzeit gespannt, nachgetrieben oder nachgezogen werden können (vgl. DIN 4124, Abschn. 4.3.5 bis 4.3.7).

Ein standsicherer Verbau muss während des kompletten Bauablaufes (vom Aushub bis zum Rückbau) vorhanden sein. Der Rückbau eines Verbaus darf nur dann erfolgen, falls die Baugrube bzw. der Graben wieder verfüllt oder anderweitig gesichert wird. Das Zuschütten an Ort und Stelle ist erforderlich, falls der Verbau nicht gefahrlos entfernt werden kann. Im Laufe der Zeit verrotten die Holzbauteile des Verbaus, so dass es zu Schäden (z. B. an Straßendecken) durch Sackungen der Geländeoberfläche kommen kann.

▶ Bei der Planung eines Verbaus müssen die einzelnen Bauzustände hinsichtlich ihrer Standsicherheit überprüft werden.

Zur Qualitätskontrolle und Beweissicherung können messtechnische Überprüfungen und Überwachungen erforderlich werden. Bei Baugrubenkonstruktionen der GK 2 ist im Einzelfall zu entscheiden. Bei Baugrubenkonstruktionen nach GK 3 (tiefe Baugruben oder Baugruben mit kritischen Böden) sind umfangreiche Überwachungs- und Messprogramme erforderlich.

▶ Insbesondere bei komplexen Randbedingungen bzw. bei der Anwendung der Beobachtungsmethode ist eine Überprüfung der Berechnungsannahmen bzw. des Berechnungsmodells durch messtechnische Kontrollen erforderlich.

1.1.6 Abstände

Mindestabstände zwischen (Bau-)Fahrzeugen bzw. Baugeräten (z. B. Bagger, Hebezeuge, Radlader, Walzen oder Fahrzeuge, die Ladung abkippen) und den Böschungs- bzw. Verbaukanten müssen aus Standsicherheitsgründen eingehalten werden (vgl. DIN 4124).

Ist kein fester Straßenoberbau vorhanden, der mindestens 15 cm dick ist und aus Beton- bzw. Asphaltbelag oder aus einem Pflastersteinverband besteht, müssen ausreichend große Aufstandsflächen von Fahrzeugen, Baugeräten, Pratzen, Rädern, Ketten etc. vorhanden sein oder lastverteilende Unterlagen (z. B. Baggermatratzen, Stahl- bzw. Stahlbetonplatten usw.) eingesetzt werden, die die Baugeräte zur Erhöhung der Tragfähigkeit zusätzlich abstützen (vgl. DIN 4124, Abschn. 4.1.8).

Nach DIN 4124, Abschn. 4.1.8e müssen die Aufstandsflächen folgende quadratische Abmessungen besitzen, um keinen Standsicherheitsnachweis führen zu müssen:

a. bei Baugeräten bis 12 t Gesamtgewicht mindestens $0{,}40\,\mathrm{m}^2$,
b. bei Baugeräten von mehr als 12 bis 18 t Gesamtgewicht mindestens $0{,}60\,\mathrm{m}^2$.

In der Praxis können solche Werte aus den Fahrzeugunterlagen oder der Betriebsanleitung entnommen werden oder stehen über den Achsen. Dabei ist der größte Wert als maßgebend anzusetzen.

Bei einem Gesamtgewicht von mehr als 12 t müssen gummibereifte Bagger und Hebezeuge durch eine Zwillingsbereifung oder einer ähnlich breiten Bereifung bereift sein (vgl. DIN 4124, Abschn. 4.1.8f).

Für die Bestimmung des lichten Abstands zwischen den Fahrzeugen bzw. Baugeräten und der Böschungs- bzw. Verbaukante ist entweder die Außenkante der Aufstandsflächen der Fahrzeuge bzw. Baugeräte oder der Abstützungen (Pratzen) bzw. die Maße der lastverteilenden Unterlage maßgebend (vgl. DIN 4124, Abschn. 4.1.8g).

Grundsätzlich gilt nach DIN 4124, Abschn. 4.2.5 für geböschte Baugruben, die entweder ohne Nachweis mit einem maximalen Böschungswinkel versehen werden oder ohne bzw. nur mit geringer Sicherung hergestellt werden können:

a. Bei Baugeräten mit einem Gesamtgewicht bis 12 t und Fahrzeugen, welche die nach § 34 Abs. 4 der Straßenverkehrszulassungsordnung zulässigen Achslasten nicht überschreiten (z. B. PKW, LKW, Omnibusse, Lastzüge, o. ä.), muss ein Abstand von mindestens 1,00 m zwischen der Außenkante der Aufstandsfläche und der Böschungskante eingehalten werden (s. Abb. 1.5a).
b. Bei Baugeräten mit einem Gesamtgewicht von mehr als 12 bis 40 t und Fahrzeugen, welche die nach § 34 Abs. 4 der Straßenverkehrszulassungsordnung zulässigen Achs-

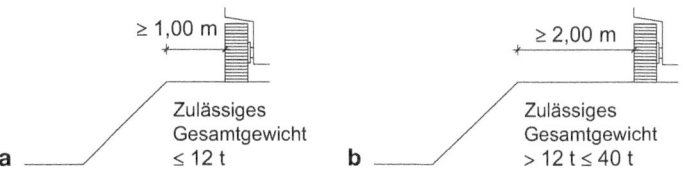

Abb. 1.5 Mindestabstände zur Böschungskante. $\mathbf{a} \leq 12\,\mathrm{t}$, $\mathbf{b} > 12\,\mathrm{t} \leq 40\,\mathrm{t}$

lasten überschreiten, muss ein Abstand von mindestens 2,00 m zwischen der Außenkante der Aufstandsfläche und der Böschungskante eingehalten werden (s. Abb. 1.5b).

Bei bis zu 1,75 m tiefen, geböschten Baugruben und Gräben gelten (nach DIN 4124, Abschn. 4.2.5) für Baumaschinen und Baugeräte mit einem Gesamtgewicht von mehr als 12 bis 18 t folgende abweichende Bestimmungen:

- Sind Baugruben und Gräben bis 1,25 m Tiefe ohne Sicherung und senkrecht ausgeschachtet, muss der Abstand mindestens der Baugruben- bzw. Grabentiefe entsprechen, falls nicht nach a. ein geringerer Abstand erforderlich ist.
- Sind gering gesicherte Baugruben- oder Grabenwände und ein fester Straßenoberbau vorhanden, der bis an die Böschungskante anschließt, so ist ein Abstand von mindestens 1,00 m erforderlich.
- In nichtbindigen oder weichen bindigen Böden und dem dafür angegebenen Böschungswinkel von $\beta \leq 45°$ ist ein Mindestabstand von 0,60 m notwendig.
- In mindestens steifen bindigen Böden und dem dafür angegebenen Böschungswinkel von $\beta \leq 60°$ ist ein Mindestabstand von 1,25 m einzuhalten.

1.1.7 Bemessungsgrundsätze von Baugruben und Gräben

1.1.7.1 Nichtverbaute Baugruben und Gräben

Entsprechend DIN 4124, Abschn. 4.2.8 ist der Standsicherheitsnachweis nicht verbauter Baugruben- und Grabenwände nach DIN EN 1997-1, DIN 1054 oder DIN 4084 zu führen, falls

a. die Böschung höher als 5,00 m ist,
b. die Bedingungen für senkrechte Wände, die in Abschn. 1.2.1.3 und 1.2.1.4 aufgeführt werden, nicht vorhanden sind,
c. die in Abschn. 1.2.1.2 angegebenen maximalen Böschungswinkel überschritten werden (Bei Böden sind Böschungswinkel > 80° bzw. bei Fels > 90° nicht zulässig),
d. einer der Abschn. 1.2.1.5 beschriebenen ungünstigen Einflüsse oder Gegebenheiten vorzufinden sind,
e. die Mindestabstände nach Abschn. 1.1.6 nicht eingehalten sind,
f. vorhandene Gebäude, Leitungen, andere bauliche Anlagen oder Verkehrsflächen gefährdet sein können,
g. das angrenzende Gelände eine höhere Steigung als 1 : 10 aufweist oder unmittelbar neben dem Schutzstreifen von 0,60 m eine steiler als 1 : 2 geneigte Erdaufschüttung bzw. Stapellasten von mehr als 10 kN/m^2 zu erwarten sind.

Der nach g. erforderliche Standsicherheitsnachweis muss nicht geführt werden, falls die Tiefe der Baugrube bzw. des Grabens bei einer bis 1 : 1 geneigten Erdaufschüttung zusammen mit der Höhe der Erdaufschüttung $\leq 5,00$ m ist.

1.1.7.2 Verbaute Baugruben und Gräben

1.1.7.2.1 Allgemeines

Die gewählte Verbauart muss die Standsicherheit der Baugrube bzw. des Grabens während des kompletten Bauablaufs gewährleisten. Für die Bemessung ist die größte Belastung bei ungünstigster Laststellung relevant. Alle Abmessungen müssen berechnet werden. Der Standsicherheitsnachweis ist nicht zu führen, sofern ein waagerechter oder senkrechter Normverbau nach Abschn. 1.2.2.1 oder 1.2.2.2 ausgeführt wird.

1.1.7.2.2 Einwirkungen

Einwirkungen werden im Handbuch Eurocode 0 definiert. Dabei können in Frage kommende Werte aus dem Eurocode 1 entnommen werden. Gemäß Eurocode 7 Teil 1 ist für die Berechnung des Baugrubenverbaus die Bemessungssituation BS-T (vorübergehende Situation) maßgebend. Ferner dürfen bei der Nachweisführung Ersatzlasten angenommen werden, sofern die tatsächlich zu erwartenden Einwirkungen der Nutzlasten nicht näher untersucht werden, die Empfehlungen des Arbeitskreises „Baugruben" (EAB) zugrunde gelegt werden oder einschlägige Sondervorschriften zu beachten sind.

In diesem Zusammenhang werden nach EB 3 (EAB) folgende veränderliche Einwirkungen als Nutzlasten bezeichnet:

1. Lasten aus Straßen- und Schienenverkehr nach EB 55 (EAB)
2. Lasten aus Baustellenverkehr und Baubetrieb nach EB 56 (EAB)
3. Lasten aus Baggern und Hebezeugen nach EB 57 (EAB)

Diese können als Ersatzlasten angesetzt werden.

Als Ersatzlast für Straßenverkehr darf eine an der Hinterkante der Wand beginnende, unbegrenzte Gleichlast von $p_k = 10\,kN/m^2$ angesetzt werden, wenn

a. es sich um einen Verkehr von allgemein zugelassenen Straßenfahrzeugen handelt,
b. eine mindestens 15 cm dicke Fahrbahndecke vorhanden ist, die einschließlich zugehöriger Tragschichten aus bituminösen Schichten, Beton oder einem festen Steinpflasterverband besteht,
c. zwischen den Aufstandsflächen der Räder und der Hinterkante der Baugrubenwand ein Abstand $a \geq 1{,}00\,m$ vorhanden ist.

Bei einem geringeren Abstand ist die Flächenlast in einem Streifen von 1,50 m Breite direkt hinter der Baugrubenwand zu erhöhen:

- $q'_k = 10\,kN/m^2$ bei einem Abstand $a \geq 0{,}60\,m$
- $q'_k = 40\,kN/m^2$ bei einem Abstand $a < 0{,}60\,m$

Die genannten Festlegungen werden in Abb. 1.6 verdeutlicht.

Abb. 1.6 Ersatzlasten für Straßenverkehr nach EAB

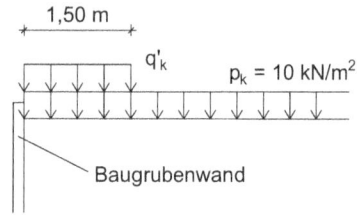

Die Ersatzlasten für Schienenfahrzeuge sind aus den Vorschriften der zuständigen Verkehrsbetriebe zu entnehmen. Bei Straßenbahnen genügt der Ansatz einer unbegrenzten Gleichlast von $p_k = 10\,kN/m^2$, wenn der Abstand a zwischen den Schwellenenden und der Baugrubenwand $a \geq 0{,}60\,m$ beträgt.

Üblich gelagerte Baumaterialien können nach EB 56 (EAB) durch eine unbegrenzte Gleichlast von $p_k = 10\,kN/m^2$ erfasst werden, sind jedoch größere Massen aus Stahl, Steinen oder dem Erdreich oder Lasten aus Silos vorhanden, so sind diese entsprechend Eurocode 1 anzunehmen.

Bagger und Hebezeuge, die nur an der Baugrube entlangfahren, sind wie Straßenfahrzeuge zu behandeln. Andernfalls ist EB 57 (EAB) zu berücksichtigen.

Zur Berücksichtigung von Lasten aus leichten Abdeckungen, Laufstegen, Verbänden u. ä. ist außer der Eigenlast der Steife und der aufzunehmenden Normalkraft eine lotrechte Nutzlast von mindestens $\bar{q}_k = 1{,}00\,kN/m$ anzusetzen, sofern nicht größere lotrechte Lasten vorgesehen sind.

Beim waagerechten oder senkrechten Grabenverbau und bei Trägerbohlwänden mit vorgehängten Bohlen ist eine Belastung der Steifen durch Nutzlasten nicht zulässig.

Als Ersatzlast für Bagger und Hebezeuge darf nach EB 57 (EAB) eine unbegrenzte Flächenlast von $p_k = 10\,kN/m^2$ angesetzt werden, falls folgende Mindestabstände in Bezug zum Gesamtgewicht des Gerätes eingehalten werden:

- $a \geq 1{,}50\,m$ bei einem Gesamtgewicht von 10 t
- $a \geq 2{,}50\,m$ bei einem Gesamtgewicht von 30 t
- $a \geq 3{,}50\,m$ bei einem Gesamtgewicht von 50 t
- $a \geq 4{,}50\,m$ bei einem Gesamtgewicht von 70 t

Zwischenwerte können durch lineare Interpolation bestimmt werden.

Bei geringerem Abstand dürfen die Einzellasten von Bagger und Hebezeugen nach Abb. 1.7 näherungsweise durch eine unbegrenzte Gleichlast p_k und eine zusätzliche Streifenlast q'_k, die sich nach Gesamtgewicht und Abstand des Gerätes in ihrer Breite unterscheidet, ersetzt werden. In diesem Fall gelten die Werte aus Tab. 1.7.

Zwischenwerte dürfen nach EAB durch lineare Interpolation ermittelt und Gewichte unter 10 t dürfen linear extrapoliert werden.

Weitere Festlegungen (z. B. zum Einsatz von Einzellasten der Geräte, Bemessung von Hilfsbrücken, o. ä.) werden in der EAB getroffen.

1.1 Grundlagen

Abb. 1.7 Ersatzlasten für Bagger und Hebezeuge nach EAB

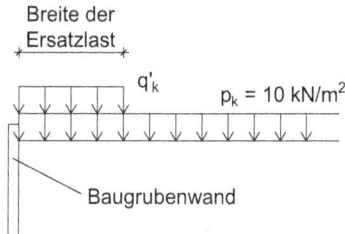

Tab. 1.7 Zusätzliche Streifenlast für Bagger und Hebezeuge nach EAB

Gesamtgewicht Gerät [t]	Zusätzliche Streifenlast q'_k [kN/m²]		Breite Streifenlast q'_k [m]
	Kein Abstand	Abstand 0,60 m	
10	50	20	1,50
30	110	40	2,00
50	140	50	2,50
70	150	60	3,00

Die Wirkung von besonderen Einflüssen wie beispielsweise Frostperioden, Quellungen, Setzungen, Erschütterungen des Baugrunds, Änderungen des Wasserstands und gestörte Bodenverhältnisse sind zu beachten.

Werden Teile des Verbaus durch lotrechte Lasten beansprucht, so sind diese darauf zu bemessen.

1.1.7.2.3 Erddruck

Ein mitentscheidender Faktor hinsichtlich des zu erwartenden Erddruckes ist der vorliegende Boden. In diesem Zusammenhang werden in DIN 1055-2 die für die Ermittlung von Erddruck und Erdwiderstand notwendigen Bodenkenngrößen aufgeführt. In Baugruben und Gräben, die tiefer als 5,0 m sind, sind bodenmechanische Untersuchungen erforderlich.

Grundsätzlich richtet sich die Größe der Erddrucklast gemäß EB 8 (EAB) nach der Verformung und Bewegung der freigelegten Baugrubenwände. Dabei ist es entscheidend, ob eine biegesteife bzw. verformungsarme (z. B. Bohrpfahl- oder Schlitzwände) oder biegeweiche Verbauart (z. B. Trägerbohl- und Spundwände) gewählt wird.

▶ Für die Bestimmung des Erddrucks ist die Verformung der Baugrubenwand zu beachten. Hierbei ist es wichtig, hinsichtlich eines biegesteifen bzw. biegeweichen Verbaus zu unterscheiden.

Prinzipiell darf ein Verbau nach EB 4 (EAB) bei unbelasteter Geländeoberfläche für den einfachen aktiven Erddruck (aus Bodeneigengewicht und ggfs. Kohäsion bei ebenen Gleitflächen sowie bei Einhaltung von Wandneigungs-, Geländeneigungs- und Erddruckneigungsgrenzen) bemessen werden. Gemäß EB 6 (EAB) dürfen für die Ermittlung der aktiven Erddrucklast aus unbegrenzten, lotrechten veränderlichen Flächenlasten

(s. Abschn. 1.1.7.2.2) die gleichen Wandreibungswinkel $\delta_{a,k}$ und Gleitflächenwinkel $\vartheta_{a,k}$ angenommen werden wie bei der Bestimmung des aktiven Erddrucks aus Bodeneigengewicht.

Ein erhöhter aktiver Erddruck (s. Teil 1, Abschn. 10.12), der jedoch in theoretischen Fällen (Einbringen des Verbaus oder Aushub ohne Bewegung und Entspannung des Erdreichs) maximal dem Ruhedruck entspricht, darf angesetzt werden, falls hinsichtlich Empfindlichkeit, Zustand und Entfernung einer angrenzenden baulichen Anlage eine gewisse Bodenspannung aufrechterhalten werden muss.

Ein senkrechter oder waagerechter Verbau mit mehreren Steifenlagen darf für einen Erddruck bemessen werden, der sich unter Berücksichtigung von Bodeneigengewicht, Kohäsion und Geländeauflasten näherungsweise in ein flächengleiches Rechteck umwandeln lässt. Diese Annahme wird durch Messungen gestützt, die im Bereich von hoch angeordneten Steifen einen viel größeren Erddruck ergeben haben, als in der klassischen Erddrucktheorie angenommen (s. a. Teil 1, Abschn. 10.12). Die ermittelten Auflagerkräfte zur Bemessung von Steifen, Gurten o. ä. sind um mindestens 20 % zu erhöhen. Im Falle einer trapezförmig angenommenen Erddruckverteilung ist auf die Erhöhung entweder ganz oder teilweise zu verzichten.

Bei statischen Untersuchungen von Spundwänden, Trägerbohlwänden, Schlitzwänden und Pfahlwänden dürfen die Empfehlungen des Arbeitskreises „Baugruben" (EAB) angewendet werden. Beispiele von Lastbildern für einmal und mehrmals gestützte Baugrubenwände sind in Teil 1, Abschn. 10.12 dargestellt.

Weiterführende Festlegungen zur Größe und Verteilung des Erddruckes sowie spezielle statische Untersuchungen der einzelnen Baugrubenverbauarten sind in den Empfehlungen des Arbeitskreises „Baugruben" (EAB) enthalten.

1.1.7.2.4 Wasserdruck

Baugrubenwände werden durch Wasserdruck belastet, wenn beispielweise die wasserdicht umschließende Wand im Grundwasserbereich in eine undurchlässige Schicht einbindet, die Baugrube wannenartig umschlossen wird oder Baugruben in offenem Wasser herzustellen sind. In den meisten Fällen wird eine Wasserhaltung erforderlich, um den Grundwasserstand kontrolliert abzusenken.

Wesentliche Festlegungen bezüglich Baugruben im Wasser sind in der DIN 4124 nicht enthalten, deshalb wird an dieser Stelle auf die Empfehlungen des Arbeitskreises „Baugruben" (EAB) verwiesen. In der EAB werden „Baugruben im Wasser" in Kap. 10 (EB 58 bis EB 66) näher thematisiert.

1.1.7.2.5 Standsicherheit

Durch den Aushub von Baugruben und Gräben ergibt sich eine Gleichgewichtsstörung des Bodens. Durch einen entsprechenden Verbau kann das Gleichgewicht wiederhergestellt werden. Sofern kein Normverbau ausgeführt wird, muss ein Standsicherheitsnachweis geführt werden. In den Empfehlungen des Arbeitskreises „Baugruben" (EAB) werden weitreichende Festlegungen zu den Standsicherheitsnachweisen des Verbaus getroffen.

1.1 Grundlagen

Für die geotechnischen Nachweise ist der Eurocode 7 Teil 1 zugrunde zu legen. Für die Materialnachweise der verschiedenen Materialien (z. B. Holz, Stahl, Stahlbeton usw.), aus denen der Verbau besteht und die infolge von Zug, Druck, Torsion, Biegung sowie Scherung beansprucht werden können, sind die entsprechend Eurocodes (EC 5, EC 3, EC 2 usw.) heranzuziehen.

Die EAB ergänzt in EB 88 Materialkenngrößen und Teilsicherheitsbeiwerte für Bauteilwiderstände. Zum Beispiel wird der Eurocode 5 bei der Bemessung von vorwiegend auf Biegung beanspruchten Holzteilen (Verbaukonstruktionen: Holzbohlen, Gurthölzer usw.) wie folgt ergänzt:

- Der Modifikationsfaktor, der von der Nutzungsklasse und der Klasse der Lasteinwirkungsdauer abhängt, darf bei Vollholz stets mit $k_{mod} = 1{,}00$ berücksichtigt werden.
- Die beim Prüfen, Überspannen oder Lösen von Steifen oder Ankern auftretenden Zusatzspannungen brauchen nicht nachgewiesen zu werden.

Die einzelnen Holzbauteile (Bohlen, Brusthölzer usw.) werden mit dem Spannungsnachweis nach Eurocode 5 dimensioniert.

Nach Eurocode 5 ergeben sich dafür folgende Gleichungen:
Grundsätzlich muss die Grenzzustandsbedingung eingehalten sein:

$$\frac{E_d}{R_d} \leq 1 \qquad (1.1)$$

Daraus ergeben sich je nach Belastung die folgenden Nachweise:

- Einachsige Biegung

$$\frac{\sigma_{m,d}}{k_h \cdot f_{m,d}} \leq 1 \qquad (1.2)$$

mit
$\sigma_{m,d}$ Bemessungswert der Biegespannung
k_h Höhenbeiwert
$f_{m,d}$ Bemessungswert der Biegefestigkeit

Der Bemessungswert der Biegespannung $\sigma_{m,d}$ wird dabei über den Quotienten aus dem Bemessungswert des Biegemoments M_d und dem Nettowiderstandsmoment W_n berechnet (s. Gl. (1.3)).

$$\sigma_{m,d} = \frac{M_d}{W_n} \qquad (1.3)$$

Für die Bestimmung des Bemessungswert der Biegesteifigkeit $f_{m,d}$ gehen in Gl. (1.4) der Modifikationsbeiwert für Lasteinwirkungsdauer und Feuchtigkeitsgehalt k_{mod}, die charakteristische Biegefestigkeit $f_{m,k}$ sowie der Teilsicherheitsbeiwert für die Baustoffeigenschaft γ_M ein.

$$f_{m,d} = \frac{k_{mod} \cdot f_{m,k}}{\gamma_M} \qquad (1.4)$$

- Mittiger Druck (in Faserrichtung)
  a. Spannungsnachweis

$$\frac{\sigma_{c,0,d}}{f_{c,0,d}} \leq 1 \qquad (1.5)$$

mit

$\sigma_{c,0,d}$ Bemessungswert der Druckspannung in Faserrichtung
$f_{c,0,d}$ Bemessungswert der Druckfestigkeit in Faserrichtung

Der Bemessungswert der Druckspannung in Faserrichtung $\sigma_{c,0,d}$ wird mittels der Gl. (1.6) über den Quotienten aus dem Bemessungswert der Druckkraft $F_{c,0,d}$ und der Nettoquerschnittsfläche A_n bestimmt.

$$\sigma_{c,0,d} = \frac{F_{c,0,d}}{A_n} \qquad (1.6)$$

Für die Bestimmung des Bemessungswerts der Druckfestigkeit in Faserrichtung $f_{c,0,d}$ (s. Gl. (1.7)) werden der Modifikationsbeiwert für Lasteinwirkungsdauer und Feuchtigkeitsgehalt k_{mod}, die charakteristische Druckfestigkeit in Faserrichtung $f_{c,0,k}$ und der Teilsicherheitsbeiwert für die Baustoffeigenschaft γ_M benötigt.

$$f_{c,0,d} = \frac{k_{mod} \cdot f_{c,0,k}}{\gamma_M} \qquad (1.7)$$

b. Knicknachweis

$$\frac{\sigma_{c,0,d}}{k_{c,y/z} \cdot f_{c,0,d}} \leq 1 \qquad (1.8)$$

mit

$\sigma_{c,0,d}$ Bemessungswert der Druckspannung in Faserrichtung
$k_{c,y/z}$ Knickbeiwert für Knicken um die y-/z-Achse
$f_{c,0,d}$ Bemessungswert der Druckfestigkeit in Faserrichtung

Die Berechnung von $\sigma_{c,0,d}$ bzw. $f_{c,0,d}$ erfolgt analog Gln. (1.6) bzw. (1.7). Allerdings wird für $\sigma_{c,0,d}$ anstatt der Nettoquerschnittsfläche A_n die Querschnittsfläche A angesetzt.

Der Knickbeiwert k_c kann rechnerisch ermittelt oder aus Tabellenwerken z. B. [1] entnommen werden. Dafür ist allerdings die Ermittlung der Schlankheit λ entsprechend Gl. (1.9) erforderlich.

$$\lambda_y = \frac{l_{ef,y}}{i_y} \quad \text{bzw.} \quad \lambda_z = \frac{l_{ef,z}}{i_z} \qquad (1.9)$$

mit

$l_{ef,y/z}$ Knicklänge für Knicken um die y-/z-Achse
$i_{y/z}$ Trägheitsradius um die y-/z-Achse

- Ausmittiger Druck (Druck und Biegung)
Spannungsnachweis

$$\left(\frac{\sigma_{c,0,d}}{f_{c,0,d}}\right)^2 + \frac{\sigma_{m,y,d}}{k_h \cdot f_{m,y,d}} + k_m \cdot \frac{\sigma_{m,z,d}}{f_{m,z,d}} \leq 1 \qquad (1.10)$$

$$\left(\frac{\sigma_{c,0,d}}{f_{c,0,d}}\right)^2 + k_m \cdot \frac{\sigma_{m,y,d}}{k_h \cdot f_{m,y,d}} + \frac{\sigma_{m,z,d}}{f_{m,z,d}} \leq 1 \qquad (1.11)$$

mit

$\sigma_{m,d}$ Bemessungswert der Biegespannung
k_h Höhenbeiwert
$f_{m,d}$ Bemessungswert der Biegefestigkeit
$k_m = 0{,}7$ für Rechteckquerschnitte aus Vollholz (VH) und Brettschichtholz (BSH)
$k_m = 1{,}0$ für alle anderen Querschnitte und Holzwerkstoffe

Sämtliche Querschnittswerte, Angaben zu Gewicht und Tragfähigkeiten von verschiedenen Materialien und Querschnittsformen können entsprechenden Tabellenwerken z. B. [1] entnommen werden.

Die Stabilitätsnachweise z. B. Knicken, Biegedrillknicken usw. sind nach EB 47 und EB 50 (EAB) sowohl für jedes einzelne Bauteil des Verbaus als auch für deren Verbund zu führen.

Nach EB 47 und EB 50 (EAB) kann die Knicklänge von Steifen durch Mittelstützungen oder durch an der Ober- bzw. Unterseite angeordnete Gurte, Verbände und dergleichen herabgesetzt werden. Diese Konstruktionen sind nach EB 51 (EAB) für eine quer zu diesen Steifen gerichtete Last zu bemessen.

1.2 Methoden der Baugrubensicherung

1.2.1 Baugruben und Gräben mit geböschten Wänden

1.2.1.1 Allgemeines

Nicht verbaute Baugruben- und Grabenwände werden nach DIN 4124, Abschn. 4.2.1 als geböscht bezeichnet.

Die Oberfläche einer Böschung kann durch Umwelteinflüsse wie Trockenheit, starke Regen- oder Schneefälle, Frost oder einsetzendes Tauwetter gefährdet werden und muss darüber hinaus auch nach längeren Arbeitsunterbrechungen, nach dem Lösen größerer Erd- oder Felsmassen und nach Sprengungen regelmäßig überprüft oder gegebenenfalls abgeräumt werden (vgl. DIN 4124, Abschn. 4.2.9 und 4.2.10). Die Standsicherheit eines abgeböschten Bodens kann vorübergehend, durch Auflegen einer Folie, gewährleistet bzw. wesentlich verbessert werden (s. Abb. 1.8).

Abb. 1.8 Aufgelegte Folie

Ab einer Tiefe von mehr als 1,25 m bzw. 1,75 m müssen Baugruben- und Grabenwände abgeböscht werden. Hierzu gibt es einige einzuhaltende Festlegungen, welche im weiteren Verlauf aufgezeigt werden. Diese müssen jedoch nicht beachtet werden, falls geböschte Baugruben und Gräben nicht betreten werden müssen oder Personen, Gebäude, Leitungen oder andere bauliche Anlagen bzw. Verkehrsflächen, Fahrzeuge oder Baugeräte nicht gefährdet werden (vgl. DIN 4124, Abschn. 4.2.11).

Die in Abschn. 1.2.1.2 bis 1.2.1.4 dargestellten Angaben setzen voraus, dass bei Baugeräten bis 12 t Gesamtgewicht sowie bei Fahrzeugen, die die nach § 34 Abs. 4 der Straßenverkehrszulassungsordnung zulässigen Achslasten nicht überschreiten, ein Abstand von mindestens 1,00 m zwischen der Außenkante der Aufstandsfläche und der Böschungskante eingehalten wird. Bei Baugeräten, die mehr als 12 t bis 40 Gesamtgewicht aufweisen sowie bei Fahrzeugen, die die nach § 34 Abs. 4 der Straßenverkehrszulassungsordnung zulässigen Achslasten überschreiten, vergrößert sich der Abstand auf mindestens 2,00 m.

1.2.1.2 Böschungswinkel ohne Standsicherheitsnachweis

Der maximale Böschungswinkel hängt von den bodenmechanischen Eigenschaften des vorliegenden Baugrunds und den äußeren Einflüssen auf die Böschung ab.

Für einfache Fälle dürfen nach DIN 4124, Abschn. 4.2.4 die in Tab. 1.8 angegebenen Böschungswinkel β in Abhängigkeit von der Bodenart nicht überschritten werden, ohne die Standsicherheit nachweisen zu müssen.

Tab. 1.8 Böschungswinkel ohne Standsicherheitsnachweis nach DIN 4124

Baugrund	Böschungswinkel β [°]
Nichtbindige oder weiche bindige Böden	45
Mindestens steife bindige Böden	60
Fels	80

DAS PROGRAMM ZUR BERECHNUNG VON BAUGRUBENWÄNDEN

DC BY ALLPLAN

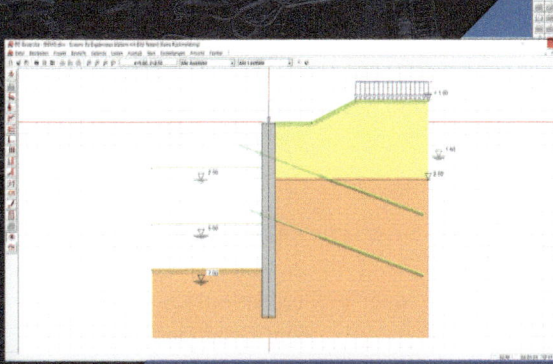

Mit dem Programm **DC-Baugrube** können Baugrubenwände berechnet werden. Dabei steht eine Auswahl von verschiedenen Wandtypen mit vordefinierten Querschnitten zur Verfügung. Es lassen sich beliebig viele Aushubzustände mit Ankerlagen oder Steifen und unterschiedlichen Wasserständen definieren. Anhand der berechneten Schnittgrößen kann mit der Zusatzoption DC-Baugrube Bemessung die Bemessung der Wandtypen, Ausfachungen, Anker und Gurtungen erfolgen.

Mit dem Programm DC-Integra 3D lassen sich außerdem ganze Baugruben inklusive Wandarten, Böschungen, Bodenschichten und Eckausbildungen detailliert dreidimensional darstellen.

Normen:
» EN 1997-1
» DIN EN 1997-1
» ÖNORM B 1997-1-1
» EN 1998-5
» DIN 1054
» DIN 4085
» SIA 267
» EAU
» EAB

Unterstützte Baugrubenwände:
» Bohrpfahlwände
» Schlitzwände
» Spundwände
» Trägerbohlwände
» Mixed in place (MIP)

JETZT INFORMIEREN & KOSTENFREI TESTEN

1.2.1.3 Aushubtiefe bis 1,25 m ohne Sicherung

Baugruben und Gräben dürfen nach DIN 4124, Abschn. 4.2.2 bis zu einer Tiefe von 1,25 m ohne besondere Sicherung senkrecht ausgeschachtet werden, falls die anschließenden Geländeoberflächenneigungen nicht überschritten werden:

a. bei nichtbindigen und weichen bindigen Böden $\leq 1:10$
b. bei mindestens steifen bindigen Böden $\leq 1:2$

Dabei dürfen besondere Einflüsse nach Abschn. 1.2.1.5 nicht vorliegen. Zudem sind die Mindestabstände nach Abschn. 1.1.6 einzuhalten.

1.2.1.4 Aushubtiefe bis 1,75 m mit geringer Sicherung

Gemäß DIN 4124, Abschn. 4.2.3 darf bei mindestens steifen bindigen Böden sowie bei Fels und einer Geländeneigung $\leq 1:10$ bis zu einer Tiefe von 1,75 m ausgeschachtet werden, wenn der mehr als 1,25 m über der Grabensohle liegende Bereich der Wand nach Abb. 1.9 abgeböscht (linke Wand) oder ein Böschungswinkel nach Abschn. 1.2.1.2 gewählt wird (rechte Wand).

1.2.1.5 Ungünstige Einflüsse und Gegebenheiten

Nach DIN 4124, Abschn. 4.2.7 gelten die Angaben in den Abschn. 1.2.1.2 bis 1.2.1.4 nicht, falls ungünstige Gegebenheiten bzw. ungünstige Einflüsse vorliegen, die die Standsicherheit gefährden würden, wie z. B.

a. Störungen im Bodengefüge (wie z. B. Klüfte oder Verwerfungen),
b. zur Baugrube hin einfallende Schichtung oder Schieferung,
c. nicht ausreichend oder nur wenig verdichtete Verfüllungen oder Aufschüttungen,
d. festigkeitsmindernde Anteile (Seeton, Beckenschluff, organische Bestandteile, o. ä.) in weichen bindigen Böden,
e. die Absenkung des Grundwasserspiegels aufgrund von offenen Wasserhaltungen,
f. einfließendes Schichtenwasser,
g. nicht entwässerte Fließsandböden,
h. ausgetrocknete, nichtbindige Böden (Verlust der Kapillarkohäsion),
i. starke Erschütterungen (dynamische Lasten), z. B. durch Verkehr, Rammarbeiten oder Sprengungen.

Abb. 1.9 Aushub mit geböschten Kanten nach DIN 4124

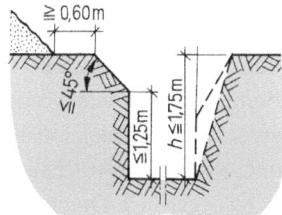

Abb. 1.10 Böschung mit Berme

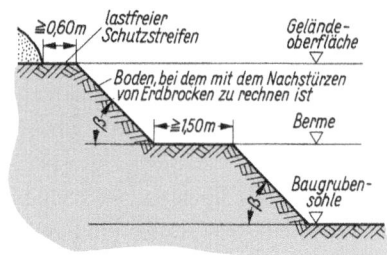

1.2.1.6 Bermen

Bermen unterteilen Böschungen von z. B. Baugruben, Dämmen oder Deichen durch einen annähernd waagerechten Absatz in zwei Böschungsteile (s. Abb. 1.10).

Bermen sollen unter anderem auch aufgrund der Befahrbarkeit durch Unterhaltungsfahrzeugen mindestens 1,50 m breit sein und in Stufen eingeteilt werden. An der Geländeoberfläche darf auf einen Schutzstreifen von mindestens 0,60 m (s. Abschn. 1.1) nicht verzichtet werden.

Hinsichtlich der Standsicherheit von Bermen soll mit deren Ausführung der Druck auf den Böschungsfuß reduziert und so das Risiko von Böschungsbrüchen verringert werden.

In der Regel werden Bermen angeordnet, um beim Ausbau von Baugruben abrutschende bzw. abstürzende Erd- oder Gesteinsbrocken auffangen zu können. Bodenmaterial aus z. B. Nachstürzen bleibt auf der Berme liegen und gelangt daher nicht in die Baugrubensohle. Im Allgemeinen wird durch die Anordnung einer Berme die mittlere Böschungsneigung reduziert. Eine Berme kann ausgebildet werden, falls eine Wasserhaltung durchgeführt wird. Außerdem kann durch eine Berme abfließendes Oberflächenwasser der Böschung aufgenommen und durch verlegte Leitungen abgeführt werden. Weiterhin kann durch eine Berme eine regelmäßige Begutachtung und Instandhaltung (z. B. bei Wasseraustritt oder Rissbildung) bei hohen Baugrubenböschungen erleichtert werden.

Seit 2012 ist die Ausführung von Bermen in der DIN 4124 nicht mehr geregelt. Es ist somit nicht erforderlich, bei tiefen, geböschten Baugruben oder Gräben eine Berme auszuführen. Trotzdem kann die Anordnung von Bermen aus statischen oder sonstigen zuvor genannten Gründen sinnvoll sein.

1.2.2 Grabenverbau

1.2.2.1 Waagerechter Grabenverbau

1.2.2.1.1 Allgemeines

Beim waagerechten Verbau erfolgt die direkte Stützung der Grabenwände mittels waagerechten Verbauelementen wie Holzbohlen, Kanaldielen o. ä. Diese werden wiederum mit senkrechten Aufrichtern aus Holz (Brusthölzer) oder mit Stahlprofilen (stählerne Aufrichter) gestützt. Durch Steifen (Spreizen, Streben) zwischen den Grabenwänden wird der

1.2 Methoden der Baugrubensicherung

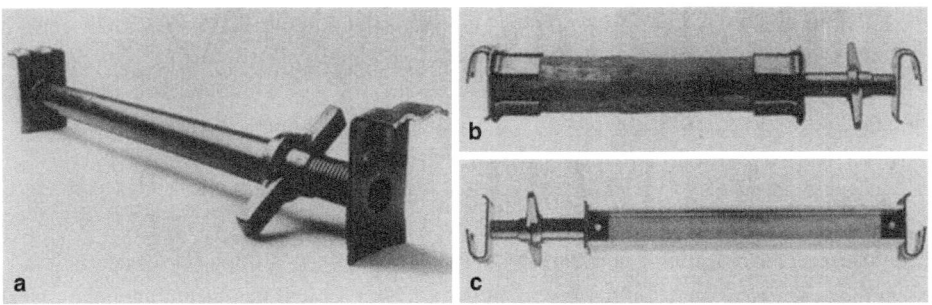

Abb. 1.11 a Kanalstrebe, b Stahlsteife mit Spindelkopf, c Holzsteife mit Spindelkopf (Fa. Ischebeck, Ennepetal)

Verbau ausgesteift bzw. abgestroft (s. Abb. 1.11). Aufgrund der höheren Tragfähigkeit und der variablen einstellbaren Länge werden i. d. R. Steifen aus Stahl eingesetzt.

Insgesamt wird der waagerechte Verbau nur noch in Gräben und grabenähnlichen Baugruben mit einem geringen Bauvolumen eingesetzt. Ansonsten kommen die effizienteren und wirtschaftlicheren maschinellen Grabenverbaugeräte zum Einsatz.

Für den Einbau der waagerechten Bohlen sind neben den im Vorfeld aufgeführten allgemeinen Regelungen (s. Abschn. 1.1 und 1.1.5) speziell die Abschn. 6.1.2 und 6.1.3 der DIN 4124 einzuhalten. Der waagerechte Verbau ist nur in Böden zulässig, die wenigstens vorübergehend auf einer Bohlenbreite frei stehen bleiben, ohne dabei auszubrechen, auszurieseln oder auszufließen. Der Einbau erfolgt mit dem Aushub fortschreitend von oben nach unten. Ab einer Tiefe von 1,25 m müssen die Bohlen eingezogen und die Aussteifung eingebracht werden. Sind hierbei die Festlegungen eines senkrechten Aushubs (s. Abschn. 1.2.1.3) nicht eingehalten oder gefährden ungünstige Einflüsse (s. Abschn. 1.2.1.5) die Standsicherheit des Grabens, so ist erforderlich, schon vorher zu verbauen. Bei nichtbindigen oder weichen bindigen Böden dürfen nur eine Bohlenbreite und bei steifen oder halbsteifen Böden dürfen nur maximal zwei Bohlenbreiten vorübergehend unverbaut bleiben. Der Rückbau ist analog durchzuführen (vgl. DIN 4124).

Konstruktionsbedingt müssen die Bohlen in den einzelnen Feldern die gleiche Länge aufweisen. Versetzte Stöße sind nicht zulässig. Auf beiden Seiten des Stoßes sind die Bohlenenden mit Brusthölzern und Streben auszusteifen (doppelte Versteifung). Bei Bohlen mit einer Länge größer als 2,50 m ist entsprechend DIN 4124, Abschn. 6.1.4 eine weitere Versteifung mittig anzubringen.

Die Holzbohlen besitzen i. d. R. eine Länge von 2,50 bis 4,50 m und sind etwa 20 bis 25 cm breit. Sie müssen parallel besäumt, scharfkantig und bei Grabentiefen von mehr als 1,25 m mindestens 5 cm dick sein. Bei bis zu 1,25 m tiefen Gräben sind geringere Bohlendicken zulässig, falls die Standsicherheit und Gebrauchstauglichkeit gewährleistet sind. Das Verhältnis Breite zu Dicke des Brustholzquerschnittes ist mit $\leq 2{,}0$ zu wählen. Die Brusthölzer werden mit der breiten Seite an die Bohlen angebracht. Brustträger sollen aus einem U-Profil bestehen (vgl. DIN 4124, Abschn. 6.1.5).

Für die Ausführung eines waagerechten Grabenverbaus sind Aufrichter, die durch mindestens zwei Steifen abzustützen sind, zwingend notwendig. Wird im Zuge des Aushubs ein wenig standfester Boden angetroffen, sind zusätzliche Aufrichter anzubringen, die von der Geländeoberkante bis zur jeweiligen Aushubsohle reichen sollten (vgl. DIN 4124, Abschn. 6.1.6).

1.2.2.1.2 Waagerechter Normverbau

Der waagerechte Normverbau darf nach DIN 4124, Abschn. 6.2.1 ohne besonderen Standsicherheitsnachweis ausgeführt werden, falls folgende Voraussetzungen eingehalten werden:

a. Die Geländeoberfläche darf nicht mehr als 1 : 10 ansteigen.
b. Es muss ein nichtbindiger oder bindiger Boden mit mindestens steifer Konsistenz vorliegen.
c. Ein Grundwasserspiegel, der den Verbau beeinträchtigt, ist durch eine Wasserhaltung bis unter die Baugrubensohle abzusenken.
d. Bauwerkslasten dürfen die Größe und Verteilung des Erddrucks nicht beeinflussen.
e. Straßenfahrzeuge und Baugeräte müssen einen ausreichend großen Abstand zur Verbaukante einhalten (vgl. DIN 4142, Abschn. 6.2.3 bis 6.2.5).

In Abb. 1.12 ist die Konstruktion des waagerechten Normverbaus in Schnitt und Ansicht veranschaulicht.

Aus Tab. 1.9 können je nach der Wahl der Brusthölzer (8/16 cm oder 12/16 cm), der Bohlendicke s und der maximalen Wandhöhe h die Feldweiten und Kragarmlängen der Bohlen und Brusthölzer (für Holz der Sortierklasse S 10 nach DIN 4074-1) sowie der Durchmesser und die zulässige Knicklänge der Rundholzsteifen (für Holz der Güteklasse II nach DIN 4074-2) entnommen werden. Werden andere Steifen (bzgl. Durchmesser oder Material) eingesetzt, so ist deren Tragkraft entsprechend der größten vorhandenen

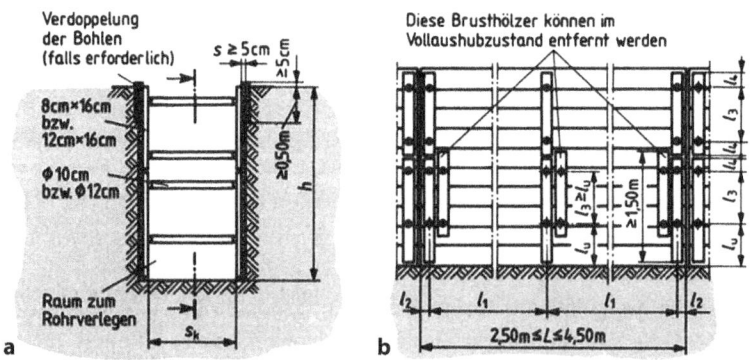

Abb. 1.12 Waagerechter Normverbau nach DIN 4124. **a** Schnitt, **b** Ansicht

1.2 Methoden der Baugrubensicherung

Tab. 1.9 Waagerechter Normverbau nach DIN 4124

Bemessungsgröße		Brusthölzer 8 × 16 cm und Rundholzsteifen ⌀ 10 cm					Brusthölzer 12 × 16 cm und Rundholzsteifen ⌀ 12 cm				
Bohlendicke s [cm]		5	6		7		5	6		7	
Wandhöhe max h [m]		3,00	3,00	4,00	5,00	5,00	3,00	3,00	4,00	5,00	5,00
Bohlen	Stützweite max l_1 [m]	1,90	2,10	2,00	1,90	2,10	1,90	2,10	2,00	1,90	2,10
	Kraglänge max l_2 [m]	0,50	0,50	0,50	0,50	0,50	0,50	0,50	0,50	0,50	0,50
Aufrichter (Brusthölzer)	Stützweite max l_3 [m]	0,70	0,70	0,65	0,60	0,60	1,10	1,10	1,00	0,90	0,90
	Kraglänge max l_4 [m]	0,30	0,30	0,30	0,30	0,30	0,40	0,40	0,40	0,40	0,40
	Kraglänge max l_u [m]	0,60	0,60	0,55	0,50	0,50	0,80	0,80	0,75	0,70	0,70
Steifen	Knicklänge max s_K [m]	1,65	1,55	1,50	1,45	1,35	1,95	1,85	1,80	1,75	1,65
	Steifenkraft max P [kN]	31	34	37	40	43	49	54	57	59	64

Knicklänge für die angegebenen Steifenkräfte P_k nachzuweisen. Die maximale Stützweite l_1 der 5 cm dicken Bohlen darf bei bis zu 2,00 m tiefen Baugruben auf 2,10 m vergrößert werden (vgl. DIN 4124, Abschn. 6.2.2).

1.2.2.1.3 Bemessung

Falls die Voraussetzungen für die Ausführung eines waagerechten Normverbaus (s. Abschn. 1.2.2.1.2) eingehalten werden, muss kein Standsicherheitsnachweis geführt werden.

Ansonsten gilt für den Nachweis der Tragfähigkeit der einzelnen Konstruktionsteile des waagerechten Verbaus EB 53 (EAB). Dabei werden

- Holzbohlen nach EB 47 wie Ausfachungen einer Trägerbohlwand unter den festgelegten Lastfiguren,
- Brusthölzer nach EB 51 sinngemäß wie Gurte und
- Steifen nach EB 52 (Tragfähigkeit von Steifen) bemessen.

Beispiel 1.4

Bemessung eines waagerechten Verbaus für einen 2,85 m tiefen Graben für einen Abwasserkanal (s. Abb. 1.13)

Berechnungsgrundlagen

- annähernd waagerechtes Gelände und keine angrenzenden Gebäude vorhanden
- Bemessungssituation BS-T ($\gamma_G = 1{,}20$; $\gamma_Q = 1{,}30$; $\gamma_{EP} = 1{,}30$)
- großflächige, ständige Geländeauflast von $p_v = 10{,}0$ kN/m^2
- Boden: steifplastischer Lehm
- Bodenkennwerte: $\gamma = 20$ kN/m^3; $\varphi' = 27{,}5°$; $c' = 0$ kN/m^2
- Erddruckbeiwert für $\alpha = \delta_a = 0°$: $K_{agh} = K_{ag} = 0{,}37$

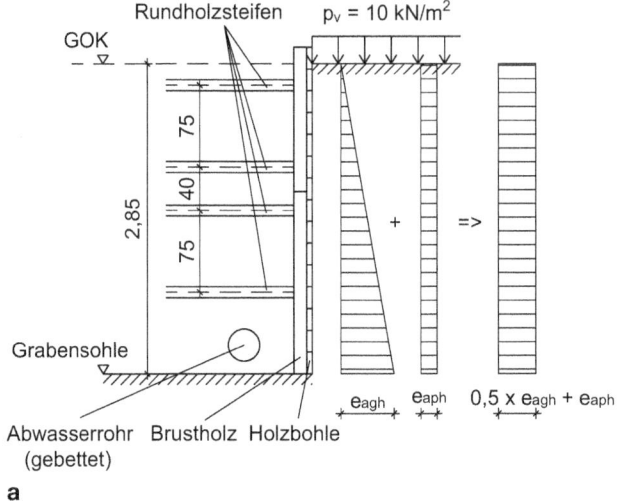

Abb. 1.13 a Waagerechter Verbau im Schnitt mit Erddruckansatz, b Belastung der Brusthölzer, c Belastung der Bohlen

- Bauholz: VH C24, S 10; Bohlen: l = 4,0 m, s ≥ 5 cm, b = 20–25 cm; Rundholzsteifen: mind. ⌀ 10 cm, $l_{ef} \approx 1{,}00$ m; Brusthölzer: z. B. 8/8–8/16, 12/12–12/24

Bevor die einzelnen Teile des Verbaus bemessen werden können, ist der vorhandene aktive Erddruck (rechteckige Verteilung) zu ermitteln. Da beim waagerechten Verbau keine vertikalen Erddruckkomponenten in den Untergrund geleitet werden können, wird $\delta_a = 0°$ angenommen.

Nach DIN 4085 ergibt sich für den aktiven Erddruck

$$e_{agh} = \gamma \cdot h \cdot K_{agh} = 20 \cdot 2{,}85 \cdot 0{,}37 = 21{,}09\,\text{kN/m}^2$$
$$0{,}5 \cdot e_{agh} = 0{,}5 \cdot 21{,}09 = 10{,}55\,\text{kN/m}^2$$
$$e_{aph} = p_v \cdot K_{agh} = 10{,}0 \cdot 0{,}37 = 3{,}70\,\text{kN/m}^2$$
$$e_{ah} = 0{,}5 \cdot e_{agh} + e_{aph} = 10{,}55 + 3{,}70 = 14{,}25\,\text{kN/m}^2$$

a) Bemessung der waagerechten Bohlen

Als statisches System dient ein Balken auf drei Stützen (vgl. Abb. 1.14), bei dem die entlastende Wirkung der Kragarme vernachlässigt wird. Belastet werden die Bohlen durch den aktiven Erddruck $e_{ah} = q_1 = 14{,}25\,\text{kN/m}^2$.

Am Auflager B ergibt sich das maximale Moment.

$$M_d = \max M \cdot \gamma_G = \frac{q \cdot l^2}{8} \cdot \gamma_G = \frac{14{,}25 \cdot 1{,}7^2}{8} \cdot 1{,}20 = 6{,}18\,\text{kNm/m Wandhöhe}$$

Für VH C 24, S 10, vollkantiges Schnittholz ergibt sich

$$f_{m,k} = 24\,\text{N/mm}^2 \triangleq 2{,}4\,\text{kN/cm}^2;\quad k_{mod} = 1{,}00 \quad \text{(nach EB 88, EAB)}$$

$$\text{erf. } W_{y,n} = \frac{M_d}{f_{m,d}} = \frac{6{,}18 \cdot 10^2}{1{,}85} = 334{,}05\,\text{cm}^3/\text{m Wandhöhe}$$

20 cm pro Bohle $\Rightarrow$ 5 Bohlen/m:

$$\text{erf. } W_{y,n,\text{einzel}} = \frac{334{,}05}{5} = 66{,}81\,\text{cm}^3$$

mit:

$$W_{y,n} = \frac{b \cdot d^2}{6} = \frac{25 \cdot 5^2}{6} = 83{,}33\,\text{cm}^3\,\text{(für Rechteckquerschnitte)}$$

Gewählt: Verbaubohle 5/20 cm $\Rightarrow$ vorh. $W_{y,n,\text{Einzel}} = 83{,}33\,\text{cm}^3\,(\geq 66{,}81\,\text{cm}^3)$
Nachweis:

$$\frac{M_d/W_n}{f_{m,d}} = \frac{6{,}18 \cdot 10^2/416{,}65}{1{,}85} = 0{,}80 \leq 1$$

Abb. 1.14 System einer Bohlenlänge mit Belastung

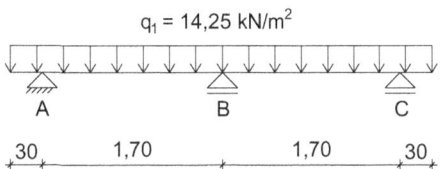

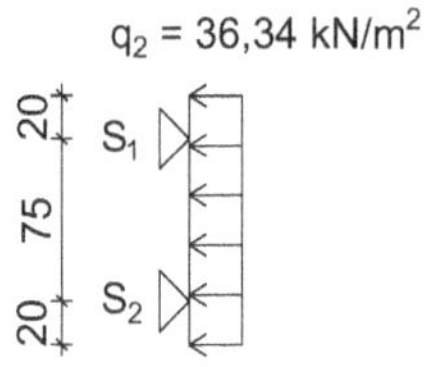

Abb. 1.15 System mit Belastung der Steifen im oberen Grabenbereich

$q_2 = 36{,}34$ kN/m²

b) Bemessung der Brusthölzer

Da das mittlere Brustholz (Auflager B) am stärksten belastet ist, werden hierfür alle Brusthölzer (u. a. aus Sicherheitsgründen und für eine einfache Bauausführung) bemessen.

$$B_k = 1{,}25 \cdot q_1 \cdot 1 = 1{,}25 \cdot 14{,}25 \cdot 1{,}70 = 30{,}28 \text{ kN/m}$$

Aufgrund der Annahme einer rechteckigen Erddruckverteilung ist die Auflagerkraft um mindestens 20 % zu erhöhen.

$$B'_k = q_2 = 1{,}2 \cdot 30{,}28 = 36{,}34 \text{ kN/m}$$

Im oberen Bereich wird das statische System entsprechend Abb. 1.15 definiert.

Die Auflagerkräfte ergeben sich zu

$$S_{1,k} = S_{2,k} = \frac{36{,}34 \cdot 1{,}15}{2} = 20{,}90 \text{ kN}$$

Das maximale Moment im Feld beträgt

$$M_d = \max M \cdot \gamma_G = \left(20{,}90 \cdot \frac{0{,}75}{2} - 36{,}34 \cdot \frac{(0{,}375 + 0{,}2)^2}{2}\right) \cdot 1{,}20 = 2{,}20 \text{ kNm}$$

Das Widerstandsmoment ergibt sich damit zu

$$\text{erf. } W_n = \frac{M_d}{f_{m,d}} = \frac{2{,}20 \cdot 10^2}{1{,}85} = 118{,}92 \text{ cm}^3$$

Für den oberen Bereich wäre demnach ein Brustholz der Maße 8/10 ($W_{y,n,\text{Einzel}} = 106{,}66$ cm³) ausreichend. Jedoch wird zwecks einheitlicher Bauausführung (s. u.) ein Brustholz der Maße 12/14 ($W_{y,n,\text{Einzel}} = 336$ cm³) gewählt.

Nachweis:

$$\frac{M_d/W_n}{f_{m,d}} = \frac{2{,}20 \cdot 10^2/336}{1{,}85} = 0{,}35 \leq 1$$

Abb. 1.16 System mit Belastung der Steifen im unteren Grabenbereich

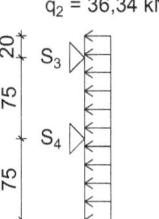

Im unteren Bereich wird das statische System entsprechend Abb. 1.16 definiert. Durch die Gleichgewichtsbedingungen ergeben sich folgende Auflagerkräfte

$$S_{3,k} = 8{,}24\,\text{kN}$$
$$S_{4,k} = 53{,}54\,\text{kN}$$

Das größte Moment ergibt sich am Kragarm an S_4

$$M_d = \max M \cdot \gamma_G = \frac{36{,}34 \cdot 0{,}75^2}{2} \cdot 1{,}20 = 12{,}26\,\text{kNm}$$

$$\text{erf. } W_n = \frac{M_d}{f_{m,d}} = \frac{12{,}26 \cdot 10^2}{1{,}85} = 662{,}70\,\text{cm}^3$$

Da $336\,\text{cm}^3 < 662{,}70\,\text{cm}^3$ und $662{,}70 / 336 = 1{,}97 \sim 2$ ergeben sich zwei anzubringende Brusthölzer der Maße 12/14.

Nachweis:
$$\frac{M_d/W_n}{f_{m,d}} = \frac{12{,}26 \cdot 10^2/(2 \cdot 336)}{1{,}85} = 0{,}99 \leq 1$$

c) Bemessung der Steifen

Oberer Bereich:

Entsprechend der zuvor ausgeführten Berechnungen ergibt sich

$$N_d = S_{1,d} = 20{,}9 \cdot 1{,}20 = 25{,}08\,\text{kN}$$

$$f_{c,0,d} = 1{,}20 \cdot \frac{k_{mod} \cdot f_{c,0,k}}{\gamma_M} = 1{,}20 \cdot \frac{1{,}0 \cdot 21 \cdot 10^{-1}}{1{,}3} = 1{,}94\,\text{kN/cm}^2$$

Für ungeschwächte Rundholzquerschnitte darf $f_{c,0,d}$ um 20 % erhöht werden.

1) Allgemeiner Spannungsnachweis:
Durch Umstellung der Formel für den allgemeinen Spannungsnachweis ergibt sich eine Dimensionierung der Querschnittsfläche der Rundholzsteife zu

$$A \geq \frac{N_d}{f_{c,0,d}} = \frac{25{,}08}{1{,}94} = 12{,}93 \, cm^2$$

$$A \geq \pi \cdot \left(\frac{d}{2}\right)^2 \geq 12{,}93 \, cm^2$$

$$d \geq 4{,}06 \, cm$$

Gewählt: ⌀ 10 cm (mind.)

$$A = 78{,}5 \, cm^2; \quad I_y = 491 \, cm^4; \quad i_y = 2{,}50 \, cm$$

Nachweis:
$$\frac{N_d/A}{f_{c,0,d}} = \frac{25{,}08/78{,}5}{1{,}94} = 0{,}16 \leq 1$$

2) Stabilitätsnachweis

$$\lambda = \frac{l_{ef}}{i} = \frac{100}{2{,}50} = 40$$

$$k_c = 0{,}885$$

Nachweis:
$$\frac{N_d/A}{f_{c,0,d} \cdot k_c} = \frac{25{,}08/78{,}5}{1{,}94 \cdot 0{,}885} = 0{,}19 \leq 1$$

Unterer (Rohr-)Bereich:
Aufgrund der zweifachen Anordnung von Brusthölzern (12/14 cm) verringert sich die aufzunehmende maximale Steifenkraft

$$S^*_{4,d} = \frac{S_{4,k}}{2} \cdot \gamma_G = \frac{53{,}54}{2} \cdot 1{,}20 = 32{,}12 \, kN$$

Nachweis:
$$\frac{N_d/A}{f_{c,0,d} \cdot k_c} = \frac{31{,}12/78{,}5}{1{,}94 \cdot 0{,}885} = 0{,}23 \leq 1 \quad \blacktriangleleft$$

Beispiel 1.5

Bemessung eines waagerechten Normverbaus

Berechnungsgrundlagen

- 3,10 m tiefer Graben für einen Mischwasserkanal (DN 300)
- annähernd waagerechtes Gelände
- Gebäudelasten haben keinen Einfluss
- keine Geländeauflasten vorhanden
- (Bau-)Fahrzeuge halten die erforderlichen Abstände zur Grabenkante ein
- Baugrund: sandiger Ton
- Bauholz: VH C 24, S 10; Holzbohlen: l_{Bohle} = 4,0 m, b_{Bohle} = 20 cm; Brusthölzer: 8/16; Rundholzsteifen $\varnothing$ 10 cm

Für die Berechnung wird angenommen, dass sämtliche Voraussetzungen zur Anwendung des waagerechten Normverbaus nach Abschn. 1.2.2.1.2 eingehalten werden.

Zur Bestimmung der lichten Mindestgrabenbreite ist für einen Mischwasserkanal die DIN EN 1610 anzuwenden. Es können aus den Tab. 1.1 und 1.2 zwei Werte ermittelt werden.

- Nach Tab. 1.1 in Abhängigkeit von DN 300 min: b = OD + 0,50 $\geq$ 0,30 + 0,50 $\geq$ 0,80 m
- Nach Tab. 1.2 in Abhängigkeit von Grabentiefe t = 3,10: min b = 0,90 m

Der größere Wert min b = 0,90 m ist maßgebend.

Aus Tab. 1.9 können für Brusthölzer 8/16 cm bzw. Rundholzsteifen $\varnothing$ 10 cm bei einer Grabentiefe von max h = 4,00 m und einer Bohlendicke s von 6 cm folgende Werte entnommen werden:

Bohlen: max l_1 = 2,00 m; max l_2 = 0,50 m
Brusthölzer: max l_3 = 0,65 m; max l_4 = 0,30 m; max l_u = 0,55 m
Steifen: max s_k = 1,50 m; max P_k = 37 kN

Die Summe der maximalen Brustholzlängen muss mindestens so groß sein wie die Grabentiefe. Damit ergeben sich für die Anordnung der Steifen folgende Summen:

Summe unterer Steifenbereich: $l_u + l_3 + l_4$ = 0,55 + 0,65 + 0,30 = 1,50 m
Summe oberer Steifenbereich: $l_4 + l_3 + l_4$ = 0,30 + 0,65 + 0,30 = 1,25 m

Die Gesamtsumme beträgt 2,75 m und ist damit geringer als die Grabentiefe von t = 3,10 m. Dadurch wird die Anordnung eines weiteren Steifenbereichs erforderlich.

Mit dem zusätzlichen Steifenbereich ergeben sich folgende Summen:

Summe unterer Steifenbereich: $l_u + l_3 + l_4 = 0{,}55 + 0{,}65 + 0{,}30 = 1{,}50\,\text{m}$
Summe oberer Steifenbereich: $l_4 + l_3 + l_4 = 0{,}30 + 0{,}65 + 0{,}30 = 1{,}25\,\text{m}$
Summe mittlerer Steifenbereich: $l_4 + l_3 + l_4 = 0{,}30 + 0{,}65 + 0{,}30 = 1{,}25\,\text{m}$

Damit beträgt die Gesamtsumme 4,00 m und ist größer als die Grabentiefe.

Pro Steifenbereich sind zwei Steifen vorgesehen, sodass in diesem Fall sechs Steifen eingebaut werden müssen.

Gewählte Abmessungen:

- Bohlen:
$$l_1 = 1{,}75\,\text{m} \quad (\leq 2{,}00\,\text{m} = \max l_1)$$
$$l_2 = 1/2 \cdot (l_{Bohle} - 2 \cdot l_1) = 1/2 \cdot (4{,}00 - 2 \cdot 1{,}75)$$
$$= 0{,}25\,\text{m} \quad (\leq 0{,}50\,\text{m} = \max l_2)$$

- Brusthölzer:
$$l_4 = 0{,}15\,\text{m} \quad (\leq 0{,}30\,\text{m} = \max l_4)$$
$$l_u = 0{,}55\,\text{m} \quad (\leq 0{,}55\,\text{m} = \max l_u)$$
$$l_3 = 0{,}60\,\text{m} \quad (\leq 0{,}65\,\text{m} = \max l_3)$$

Die Bedingung $l_u = 0{,}55\,\text{m} \leq 0{,}60\,\text{m} = l_3$ ist eingehalten.

- Steifen:
$$\max s_k = 1{,}50\,\text{m}$$

Als lichte Mindestgrabenbreite (min b = 0,90 m) gilt der Abstand zwischen den beiden Innenkanten der Holzbohlen ($l_1 \geq 1{,}50\,\text{m}$). Die untere Grenze der gewählten Aushubbreite ist unter anderem von der lichten Mindestgrabenbreite abhängig, während für die obere Grenze hauptsächlich die maximale Steifenlänge entscheidend wird, sodass sich folgende Aushubbreiten ergeben:

$$\min b_{Aushub} = \min b + 2 \cdot s_{Bohle} = 0{,}90 + 2 \cdot 0{,}06 = 1{,}02\,\text{m}$$

$$\max b_{Aushub} = \max s_k + 2 \cdot d_{Brustholz} + 2 \cdot s_{Bohle} = 1{,}50 + 2 \cdot 0{,}08 + 2 \cdot 0{,}06$$
$$= 1{,}78\,\text{m}$$

Der Graben kann mit einer Breite zwischen 1,02 und 1,78 m ausgehoben werden.

Gewählt: $b_{Aushub} = 1{,}10\,\text{m}$ (mit lichter Grabenbreite b = 1,10 − 2 · 0,06 m = 0,98 m).

In Abb. 1.17 ist der gewählte waagerechte Normverbau mit seinen Abmessungen skizziert. ◄

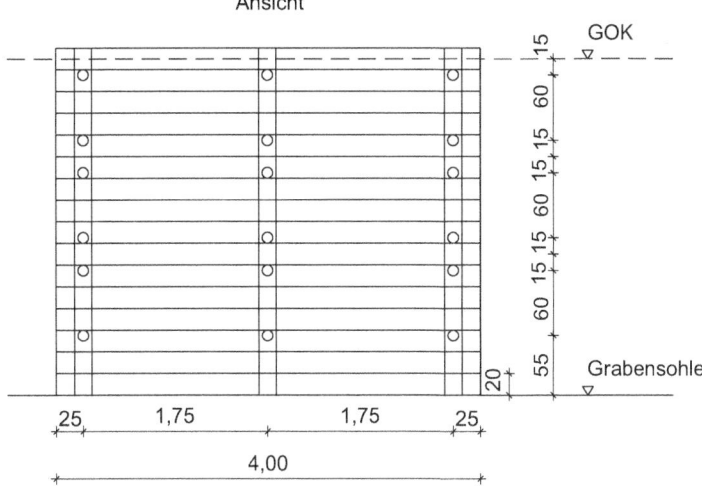
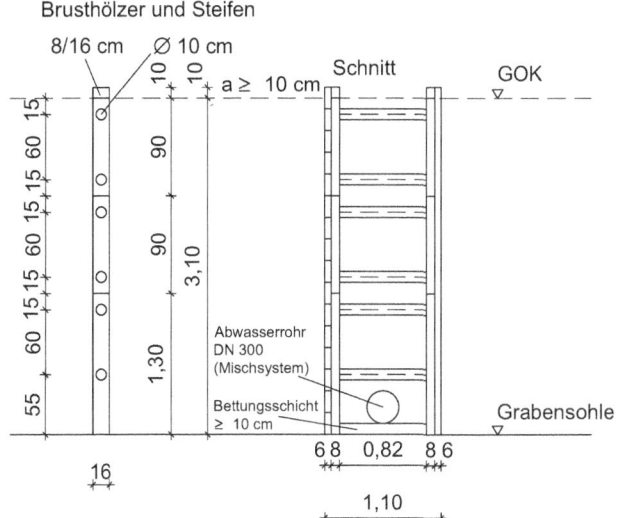

Abb. 1.17 Bemaßung des waagerechten Normverbaus

1.2.2.2 Senkrechter Grabenverbau

1.2.2.2.1 Allgemeines

Beim senkrechten Grabenverbau erfolgt die direkte Stützung durch senkrecht stehende Verbauelemente wie Kanaldielen, Spundbohlen oder in Sonderfällen auch Holzbohlen. Diese werden mit waagerechten Gurten aus Holz (Rahmenhölzer) oder Stahl (Gurtträger) zusammengehalten. Durch Steifen wird der Verbau zwischen den Grabenwänden gestützt. Für den waagerechten und senkrechten Grabenverbau werden die gleichen Steifen verwendet.

Die Gurthölzer oder -träger sind entsprechend DIN 4124, Abschn. 7.1.6 mit Hängeeisen, Ketten o. ä. Vorrichtungen so anzubringen, dass sie beim Schrumpfen oder Kriechen des vorliegenden Baugrunds nicht herunterfallen.

Wie der waagerechte Verbau wird der senkrechte Verbau heutzutage nur noch in Gräben und grabenähnlichen Baugruben mit einem geringen Bauvolumen eingesetzt, da ansonsten die effizienteren und wirtschaftlicheren maschinellen Grabenverbaugeräte den Vorzug erhalten (vgl. Abschn. 1.2.2.1.1).

Grundsätzlich eignet sich der senkrechte Verbau dann, wenn der waagerechte Verbau z. B. an Ecken und Versprüngen der Grabenwand sowie bei Böden, die nicht auf die Länge und Breite einer Bohle freigelegt werden können, nicht ausgeführt werden kann und darf oder größere zulässige freie Höhen zwischen der untersten Steifenlage und der Aushubsohle erforderlich sind (vgl. DIN 4124, Abschn. 7.1.2).

Die Anforderungen zum Einbau des senkrechten Grabenverbaus sind in DIN 4124, Abschn. 7.1.3 bis 7.1.4 geregelt. Der Verbau mit Holzbohlen kann nur dann erfolgen, wenn ein vorübergehend standfester Boden vorliegt und der Aushub dem Einbringen der Bohlen somit vorauseilen kann. Ein vorauseilender Aushub ist bei steifen oder halbfesten bindigen Böden und einer Länge von maximal 5,00 m auf 0,50 m und bei vorübergehend standfesten nichtbindigen oder weichen bindigen Böden auf 0,25 m und auf höchstens drei Bohlen nebeneinander zu begrenzen und bei nicht standfestem, gleichkörnigem, nichtbindigem Boden, z. B. reinem Kies weiter zu reduzieren (vgl. DIN 4124, Abschn. 7.1.3). Der senkrechte Verbau wird daher i. d. R. mit Kanaldielen ausgeführt. Vor dem Aushub werden diese entweder am Stück oder abschnittsweise bis zur geplanten Tiefe in den Boden gerammt oder gerüttelt. Anstelle von Kanaldielen können auch Leichtspundwände, Tafelprofile, Rammbleche o. ä. eingesetzt werden. Diese müssen allerdings gleiche Länge und Form aufweisen und gut miteinander verbunden werden (vgl. DIN 4124, Abschn. 7.1.4).

Zur Veranschaulichung eines senkrechten Grabenverbaus zeigen Abb. 1.18 und 1.19 eine mögliche Konstruktion mit Kanaldielen. Bezüglich der einzelnen Konstruktionsteile sind nach DIN 4124, Abschn. 7.1.5 einige Vorgaben einzuhalten, die im Folgenden dargestellt werden.

Beim senkrechten Holzverbau muss mindestens Bauholz der Sortierklasse S 10 nach DIN 4074-1 verwendet werden. Dabei müssen die Holzbohlen mindestens 5 cm dick, parallel besäumt und vollkantig sein. Für Güte und Maße von Spundbohlen und Kanaldielen sind DIN EN 10248-1, DIN EN 10248-2, DIN EN 10249-1 und DIN EN 10249-2 zugrunde zu legen. Während Gurthölzer einen nahezu quadratischen Querschnitt von mindestens 12×16 cm haben und mit der breiten Seite an den Bohlen anliegen müssen, sollten Gurtträger nach DIN 1025-2 mindestens aus dem Profil HEB 100 gefertigt sein. Grundsätzlich müssen alle verwendeten Stahlteile mindestens der Stahlsorte S235JR nach DIN EN 10025-1 und DIN EN 10025-2 entsprechen (vgl. DIN 4124, Abschn. 7.1.5).

1.2 Methoden der Baugrubensicherung

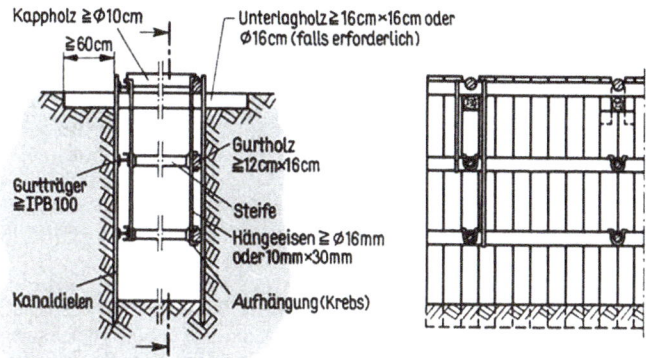

Abb. 1.18 Senkrechter Verbau mit Kanaldielen

Abb. 1.19 Senkrechter Verbau mit Kanaldielen und Aussteifung (© Wadle Bauunternehmung GmbH)

Abb. 1.20 Gestaffelter Verbau

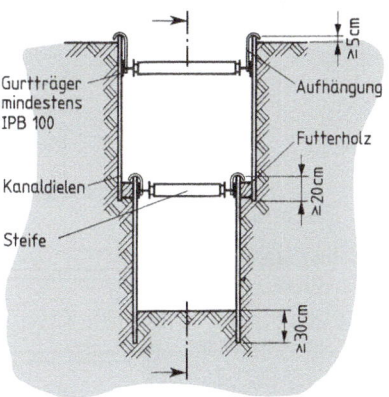

Der senkrechte Verbau kann außerdem auch mit gestaffelten Holzbohlen oder Kanalstreben ausgeführt werden (s. Abb. 1.20), wobei die Überdeckungen im Gurtbereich liegen und mindestens 0,20 m betragen müssen (DIN 4124, Abschn. 7.1.7).

1.2.2.2.2 Senkrechter Normverbau

Der senkrechte Normverbau darf nach DIN 4124, Abschn. 7.2.1 ohne besonderen Standsicherheitsnachweis ausgeführt werden, falls folgende Voraussetzungen eingehalten werden:

a. Die Geländeoberfläche darf nicht mehr als 1 : 10 ansteigen.
b. Es muss ein nichtbindiger oder bindiger Boden mit mindestens steifer Konsistenz vorliegen.
c. Ein Grundwasserspiegel, der den Verbau beeinträchtigt, ist durch eine Wasserhaltung bis unter die Baugrubensohle abzusenken.
d. Bauwerkslasten dürfen die Größe und Verteilung des Erddrucks nicht beeinflussen.
e. Straßenfahrzeuge und Baugeräte müssen einen ausreichend großen Abstand zur Verbaukante einhalten (vgl. DIN 4142, Abschn. 7.2.3 bis 7.2.5)

In Abb. 1.21 ist die Konstruktion des senkrechten Normverbaus in Schnitt und Ansicht veranschaulicht.

Aus Tab. 1.10 können je nach Wahl der Gurthölzer (16/16 cm oder 20/20 cm), der maximalen Wandhöhe h und der sich daraus ergebenden Bohlendicke s erforderliche Bemessungsgrößen wie die Feldweiten und Kragarmlängen der Bohlen und Gurthölzer (für Holz der Sortierklasse S 10 nach DIN 4074-1) sowie der Durchmesser und die zulässige Knicklänge der Rundholzsteifen (für Holz der Güteklasse II nach DIN 4074-2) entnommen werden. Werden andere Steifen (bzgl. Durchmesser oder Material) eingesetzt, so ist deren Tragkraft entsprechend der größten vorhandenen Knicklänge für die angegebenen Steifenkräfte P_k nachzuweisen (vgl. DIN 4124, Abschn. 7.2.2). Dabei darf der Steifenabstand l_2 um ein Drittel erhöht werden, sofern die Steifen in den äußeren Fünftelpunkten der Gurtlänge angebracht werden. Holzbohlen dürfen durch Kanaldielen und Gurthölzer

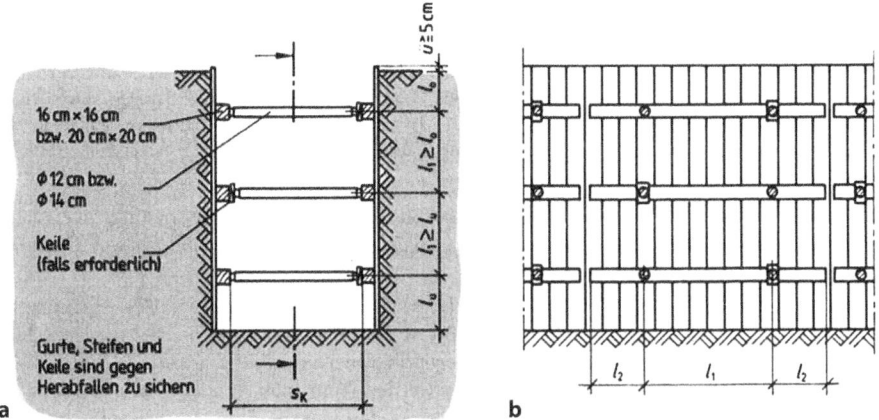

Abb. 1.21 Senkrechter Normverbau nach DIN 4124. **a** Schnitt, **b** Ansicht

1.2 Methoden der Baugrubensicherung

Tab. 1.10 Senkrechter Normverbau nach DIN 4124

Bemessungsgröße		Gurthölzer 16 × 16 cm und Rundholzsteifen ⌀ 12 cm				Gurthölzer 20 × 20 cm und Rundholzsteifen ⌀ 14 cm				
Bohlendicke s [cm]		5	6		7	5	6			7
Wandhöhe max h [m]		3,00	3,00	4,00	5,00	5,00	3,00	3,00	4,00	5,00	5,00
	Kraglänge max l_0 [m]	0,50	0,60	0,60	0,60	0,70	0,50	0,60	0,60	0,60	0,70
Bohlen	Stützweite max l_1 [m]	1,80	2,00	1,90	1,80	2,00	1,80	2,00	1,90	1,80	2,00
	Kraglänge max l_u [m]	1,20	1,40	1,30	1,20	1,40	1,20	1,40	1,30	1,20	1,40
Gurthölzer	Stützweite max l_2 [m]	1,60	1,50	1,40	1,30	1,20	2,30	2,20	2,00	1,80	1,70
	Kraglänge max l_3 [m]	0,80	0,75	0,70	0,65	0,60	1,15	1,10	1,00	0,90	0,85
Steifen	Knicklänge max s_K [m]	1,70	1,65	1,50	1,30	1,25	1,90	1,85	1,65	1,45	1,40
	Steifenkraft max P [kN]	61	62	70	79	80	88	91	100	111	114

durch Stahlprofile ersetzt werden, falls sie gleich große Biegemomente aufnehmen können. Hierbei ist eine Staffelung der Kanaldielen zulässig, wobei die Überdeckung jedoch im Bereich eines Gurtes liegen und mindestens 0,20 m betragen muss.

1.2.2.2.3 Bemessung

Falls die Voraussetzungen für die Ausführung eines senkrechten Normverbaus (s. Abschn. 1.2.2.2.2) nicht eingehalten werden, muss der Standsicherheitsnachweis geführt werden.

Ansonsten gilt für den Nachweis der Tragfähigkeit der einzelnen Konstruktionsteile des senkrechten Verbaus EB 53 (EAB). Dabei werden

- Kanaldielen, Rammbleche, Tafelprofile oder Leichtspundwände nach EB 49 (EAB) sinngemäß wie Spundbohlen,
- Gurte aus Stahlprofilen oder Holz (wie Brusthölzer des waagerechten Verbaus) nach EB 51 (EAB) (Tragfähigkeit von Gurten) und
- Steifen nach EB 52 (EAB) (Tragfähigkeit von Steifen) bemessen.

Die Einbindetiefe des senkrechten Verbaus kann i. Allg. vereinfacht nach dem in Abb. 1.22 dargestellten System unter Beachtung der Gleichgewichtsbedingungen ermittelt werden.

Grundsätzlich gilt:

$$E_{p,h,d} \geq U_{h,d} \tag{1.12}$$

Daraus ergibt sich:

$$t \geq \sqrt{\frac{2 \cdot U_{h,d} \cdot \gamma_{R,e}}{\gamma \cdot K_{ph,k} \cdot \eta_{EP}}} \tag{1.13}$$

Der Bemessungswert der unteren Auflagerkraft der Wand im Boden $U_{h,d}$ kann vereinfacht mit Gl. (1.14) ermittelt werden:

$$U_{h,d} = \frac{(e_{agh,k} \cdot \gamma_G + e_{aph,k} \cdot \gamma_Q) \cdot a}{2} \tag{1.14}$$

Abb. 1.22 Erforderliche Einbindetiefe des senkrechten Verbaus

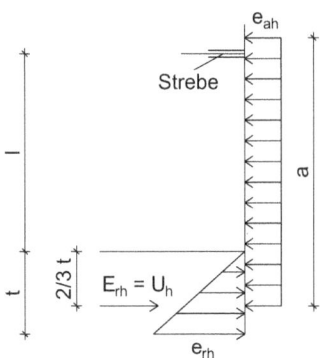

Die erforderliche Einbindetiefe t kann somit über die folgende Gleichung (1.15) bestimmt werden:

$$t \geq \sqrt{\frac{(e_{agh,k} \cdot \gamma_G + e_{aph,k} \cdot \gamma_Q) \cdot a \cdot \gamma_{R,e}}{\gamma \cdot K_{ph,k} \cdot \eta_{EP}}} \qquad (1.15)$$

Nach den Empfehlungen des Arbeitskreises „Baugruben" (EAB) sind für Trägerbohlwände („Holzwände") folgende Anpassungsfaktoren η_{EP} nach EB 14 (EAB), EB 15 (EAB) bzw. EB 22 (EAB) zu berücksichtigen:

- η_{EP} = 0,8 bei erlaubten Verschiebungen der Wand
- η_{EP} = 0,6 bei reduzierten Verformungen (z. B. neben Gebäuden)

Für Spundwände sind die Angaben nach EB 19 (EAB), EB 22 (EAB), EB 26 (EAB) bzw. EB 96 (EAB) zu beachten.

Beispiel 1.6

Bemessungsgrößen eines senkrechten Grabenverbaus mit Kanaldielen (s. Abb. 1.23)

Berechnungsgrundlagen

- Senkrechter Verbau Grabentiefe h = 4,00 m; Einbindetiefe t = 1,50 m
- Bodenkennwerte (s. Abb. 1.23)
- Erddruckbeiwerte für $\alpha = \beta = 0°$ und $\delta_a = 2/3\,\varphi'$; $\delta_p = -2/3\,\varphi'$
- Bemessungssituation BS-T (γ_G = 1,20; γ_Q = 1,30; $\gamma_{R,e}$ = 1,30; η_{EP} = 0,80)
- Aushub mit Bagger (15 to) im Abstand von a = 1,50 m zur Verbaukante

Der aktive Erddruck wirkt bis $2/3 \cdot t = 2/3 \cdot 1{,}50 = 1{,}00$ m unter der Baugrubensohle (s. Abb. 1.22), sodass sich für den Boden 2 die unterste Kote zu $-5{,}00$ m ergibt.

Der aktive Erddruck resultiert aus Bodeneigengewicht Tab. 1.11 und Nutzlasten.

1.2 Methoden der Baugrubensicherung

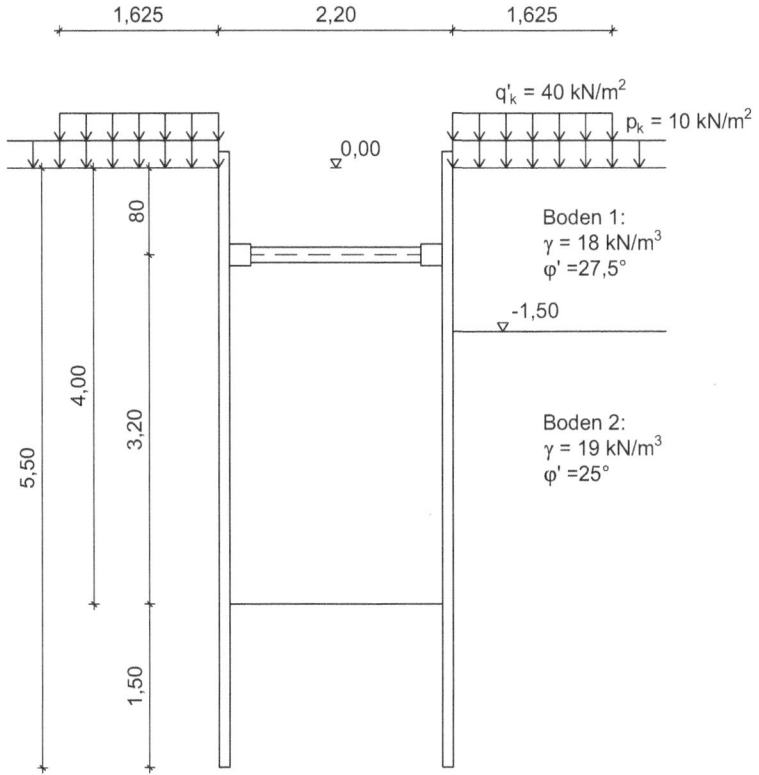

Abb. 1.23 Senkrechter Verbau mit Kanaldielen

Tab. 1.11 Ermittlung des aktiven Erddrucks aus Bodeneigengewicht

Boden	Kote	Δh	γ	$\Delta h \cdot \gamma$	σ	K_{agh}	$e_{agh} = K_{agh} \cdot \sigma$
[–]	[m]	[m]	[kN/m³]	[kN/m²]	[kN/m²]	[–]	[kN/m²]
1	±0,00	1,50	18	27	0,0	0,313	0,0
	−1,50				27,0		8,5
2	−1,50	3,50	19	66,5	27,0	0,345	9,3
	−5,00				93,5		32,3

Für den Bagger (15 to), der den Graben mit einem Abstand von 2,00 m zum Verbau aushebt, muss nach Tab. 1.7 zur unbegrenzten Flächenlast von $p_k = 10\,\text{kN/m}^2$ eine 1,625 m breite Streifenlast von 40 kN/m² angesetzt werden. Die Bestimmung der Werte der Streifenlast erfolgte durch Interpolation.

Aus der unbegrenzten, ständigen Flächenlast $p_k = p = 10\,\text{kN/m}^2$ ergibt sich

$$e_{aph,1} = 10 \cdot 0{,}313 = 3{,}1\,\text{kN/m}^2$$
$$e_{aph,2} = 10 \cdot 0{,}345 = 3{,}5\,\text{kN/m}^2$$

Für die veränderliche Streifenlast $q'_k = p' = 40\,\text{kN/m}^2$ muss der Gleitflächenwinkel ϑ_a bestimmt werden. Vereinfachend wird die Berechnung des Gleitflächenwinkels ϑ_a mit einem mittleren Reibungswinkel φ'_M aus beiden Bodenschichten gerechnet

$$\varphi'_M = \frac{27{,}5° + 25°}{2} = 26{,}3°$$

$$\tan\vartheta_a = \frac{\sin\varphi' + \sqrt{\frac{\tan\varphi'}{\tan\varphi' + \tan\delta_a}}}{\cos\varphi'} = \frac{\sin 26{,}3° + \sqrt{\frac{\tan 26{,}3°}{\tan 26{,}3° + \tan\frac{2}{3}\cdot 26{,}3}}}{\cos 26{,}3°} = 1{,}3707$$

$$\vartheta_a = 53{,}9°$$

Aus dem aktiven Erddruckbeiwert für Streifenlasten K_{ap}

$$K_{ap} = \frac{\sin(\vartheta_a - \varphi')}{\sin(90° - \vartheta_a + \varphi' + \delta_a)} = \frac{\sin(53{,}9° - 26{,}3°)}{\sin(90° - 53{,}9° + 26{,}3° + \frac{2}{3}\cdot 26{,}3°)} = 0{,}471$$

und der Einflusshöhe $h_{p'} = b \cdot \tan(\vartheta_a) = 1{,}625 \cdot \tan(53{,}9°) = 2{,}23\,\text{m}$ ergibt sich

$$e_{ap'} = \frac{p' \cdot b \cdot K_{ap}}{h_{p'}} = \frac{40 \cdot 1{,}625 \cdot 0{,}471}{2{,}23} = 13{,}7\,\text{kN/m}^2$$

In Abb. 1.24 sind die aktiven Erddrucklasten und deren Umlagerung dargestellt.

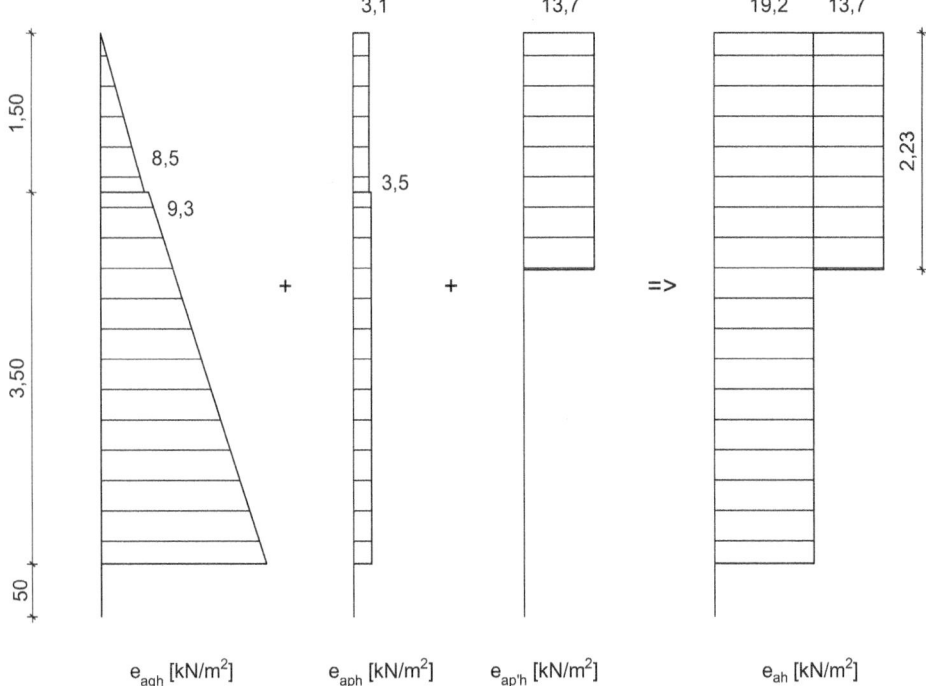

Abb. 1.24 Zusammenstellung der aktiven Erddrucklasten und deren Umlagerung

Abb. 1.25 Statisches System des Grabenverbaus mit Belastung

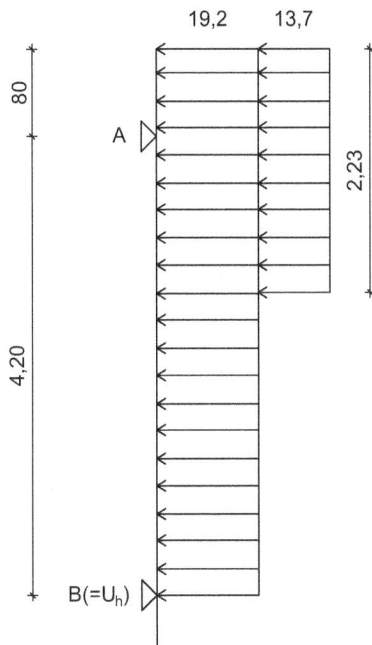

Am vorliegenden statischen System (s. Abb. 1.25) werden die Auflagerkräfte aus ständigen und veränderlichen Einwirkungen durch die Betrachtung des Momentengleichgewichts bestimmt.

Aus ständigen Einwirkungen betragen die Auflagerkräfte

$A_{g,k} = 57{,}1\,\text{kN/m}$ bzw. $A_{g,d} = 1{,}20 \cdot 57{,}1 = 68{,}5\,\text{kN/m}$

$B_{g,k} = 19{,}2 \cdot 5 - 57{,}1 = 38{,}9\,\text{kN/m}$ bzw. $B_{g,d} = 1{,}20 \cdot 38{,}9 = 46{,}7\,\text{kN/m}$

Aus den veränderlichen Einwirkungen ergeben sich die Auflagerkräfte

$A_{p',k} = 28{,}3\,\text{kN/m}$ bzw. $A_{p',d} = 1{,}30 \cdot 28{,}3 = 36{,}8\,\text{kN/m}$

$B_{p',k} = 2{,}3\,\text{kN/m}$ bzw. $B_{p',d} = 1{,}30 \cdot 2{,}3 = 3{,}0\,\text{kN/m}$

Insgesamt können die Auflagerkräfte zu

$$A_{g+p',d} = 68{,}5 + 36{,}8 = 105{,}3\,\text{kN/m}$$
$$B_{g+p',d} = 46{,}7 + 3{,}0 = 49{,}7\,\text{kN/m}$$

bestimmt werden.

Für den Nachweis der erforderlichen Einbindetiefe t sind die Kennwerte des Bodens 2 mit $\alpha = \beta = 0°$, $\varphi' = 25°$, $\gamma = 19\,\text{kN/m}^2$ maßgebend.

Für $|\delta_p| \geq 2/3\,\varphi$ muss mit gekrümmten Gleitflächen gerechnet werden. Nach dem Modell von Sokolovsky/Pregl nach DIN 4085, Anhang F, Bild F.1 ergibt sich für $\delta_p = -2/3\,\varphi'$ ein Erddruckbeiwert von $K_{pgh} = 3{,}7$.

Die erforderliche Einbindetiefe erf. t beträgt damit

$$\text{erf. t} \geq \sqrt{\frac{2 \cdot U_{h,d} \cdot \gamma_{R,e}}{\gamma \cdot K_{ph,k} \cdot \eta_{EP}}} \geq \sqrt{\frac{2 \cdot (1,20 \cdot 38,9 + 1,30 \cdot 2,3) \cdot 1,30}{19 \cdot 3,7 \cdot 0,80}} \geq 1,5 \text{ m}$$

und ist somit gleich der vorhandenen Einbindetiefe von 1,50 m.

Das Stützmoment am Auflager A wird maximal, wenn g und p' gleichzeitig wirken und berechnet sich zu

$$\max M_{A,d} = (1,20 \cdot 19,2 + 1,30 \cdot 2,3) \cdot \frac{0,8^2}{2} = 13,1 \text{ kNm/m}$$

Das maximale Feldmoment entsteht an der Stelle x_0, wenn g und p' gleichzeitig wirken

$$x_0 = \frac{B_{g+p',d}}{e_{agh,d}} = \frac{49,7}{1,20 \cdot 19,2} = 2,16 \text{ m}$$

$$\max M_{Feld,d} = 49,7 \cdot 2,16 - 23,0 \cdot \frac{2,16^2}{2} = 53,7 \text{ kNm/m}$$

Für die Bemessung ist das Feldmoment max $M_{Feld,d}$ = 53,7 kNm/m maßgebend.

Der Bemessungswert für die Steifenkraft ergibt sich durch die maximale Auflagerkraft $A_{g+p',d}$ = 105,3 kN/m (s. o.). ◄

Beispiel 1.7

Bemessung eines senkrechten Normverbaus

Berechnungsgrundlagen

- 4,20 m tiefer Graben für einen Abwasserkanal (DN 700)
- annähernd waagerechtes Gelände
- keine Geländeauflasten vorhanden

(Bau-)Fahrzeuge und Baugeräte halten einen Abstand von mind. 1,00 m zur Verbaukante ein.

Für die Konstruktion ist Bauholz (VH C 24) der Sortierklasse S 10 zu verwenden.

Für die Berechnung wird angenommen, dass sämtliche Voraussetzungen zur Anwendung des senkrechten Normverbaus nach Abschn. 1.2.2.2.2 eingehalten werden.

- Nach Tab. 1.1 in Abhängigkeit von DN 700 min: b = OD + 0,70 ≥ 0,70 + 0,70 ≥ 1,40 m
- Nach Tab. 1.2 in Abhängigkeit von der Grabentiefe t = 4,20: min b = 1,00 m

Der größere Wert min b = 1,40 m ist maßgebend.

Da OD = 0,7 ≥ 0,60 und die Unterkante der untersten Gurtung höchstens 2,00 m über der Grabensohle $l_u \leq 2{,}00$ m liegt, gilt als lichte Mindestgrabenbreite der Abstand zwischen den waagerechten Gurtungen. Das bedeutet, dass die vorhandene Knicklänge der Steifen vorh. s_k mindestens 1,40 m betragen muss.

An dieser Stelle wird für die weiteren Abmessungen von der lichten Grabenbreite von 1,40 m ausgegangen. Für einen 4,20 m ($\leq 5{,}00$ m) tiefen Graben ist nach Tab. 1.10 die Konstruktion mit Gurthölzern 20/20 cm, Rundholzsteifen ⌀ 14 und 6 cm dicken Bohlen auszuführen. Daraus ergeben sich die weiteren Abmessungen:

Bohlen: max $l_o = 0{,}60$ m ≥ 0,60 m; max $l_1 = 1{,}80$ m ≥ 1,30 m; max $l_u = 1{,}20$ m ≥ 1,00 m
Gurthölzer: $l_2 = 1{,}80$ m ≥ 1,50 m; max $l_3 = 0{,}90$ m ≥ 0,75 m
Rundholzsteifen: $s_k = 1{,}45$ m ≥ 1,40 m; max $P_k = 111$ kN

Die Bedingungen $l_1 \geq l_o$ sowie $l_1 \geq l_u$ sind eingehalten.

Die Aushubbreite des Grabens beträgt

$$b_{Aushub} = \min b + 2 \cdot d_{Gurtung} + 2 \cdot s_{Bohle} = 1{,}40 + 2 \cdot 0{,}20 + 2 \cdot 0{,}06 = 1{,}92 \, m$$

In Abb. 1.26 ist der gewählte senkrechte Normverbau mit seinen Abmessungen abgebildet. ◄

Abb. 1.26 Konstruktionszeichnung des senkrechten Holzverbaus

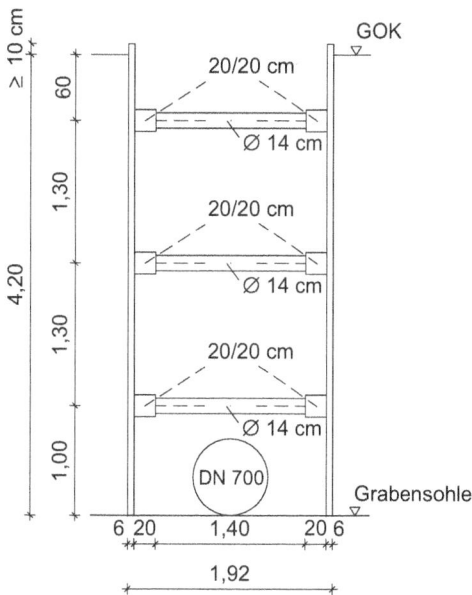

1.2.2.3 Verfahren zum Verbau maschinell ausgehobener Gräben

1.2.2.3.1 Allgemeines

Grabenverbaugeräte sind nach DIN 4124 Konstruktionen, die die Sicherung von senkrechten Grabenwänden gewährleisten und den fertigen Verbau eines Grabenteilstücks bilden.

Ein Verbaugerät setzt sich aus zwei großflächigen Wandelementen zusammen, die über Aufrichter bzw. Gleitschienen durch Stützbauteile (z. B. Streben oder Stützrahmen) miteinander verbunden sind. Während die Stützbauteile zur Aufnahme von Druck- und Zugkräften bestimmt sind, bildet der Aufrichter das senkrecht angeordnete Verbindungsteil zwischen Platten und Streben. Die Gleitschienen sind senkrecht angeordnete Profilträger, die nur bei den Gleitschienen-Grabenverbaugeräten zu finden sind und zur Führung und Stützung der Platten dienen.

Zu den unterschiedlichen Abstützungsformen gehören nach DIN 4124, Abschn. 5.1.1:

a) Mittig gestützte Grabenverbaugeräte, bei welchen die Platten über mittig angeordnete Aufrichter und Stützbauteile verbunden sind (s. Abb. 1.27a).
b) Randgestützte Grabenverbaugeräte, bei welchen die Platten über an den Rändern angeordnete Aufrichter und Stützbauteile verbunden sind (s. Abb. 1.27b und Abb. 1.28).
c) Schleppboxen, die den randgestützten Grabenverbaugeräten ähneln, aber waagerecht gezogen werden können.
d) Rahmengestützte Grabenverbaugeräte, deren Platten aus Sonderprofilen bestehen können und durch waagerecht angeordnete Rahmen gestützt sind.
e) Gleitschienen-Grabenverbaugeräte, deren Platten in einfachen oder mehrfachen Gleitschienenpaaren geführt werden und durch gelenkige oder steife Stützbauteile verbunden sind (s. Abb. 1.27c).
f) Gleitschienen-Grabenverbaugeräte mit Stützrahmen, bei denen die Stützrahmen vertikal verschieblich sind, was dazu führt, dass sich der Abstand gegenüberliegender Gleitschienen und Platten zueinander beim Absenkvorgang nicht verändert.

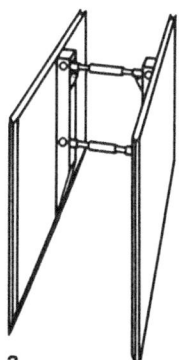
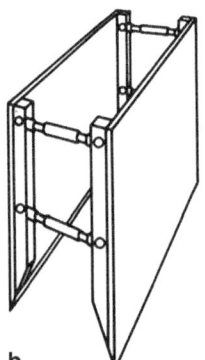
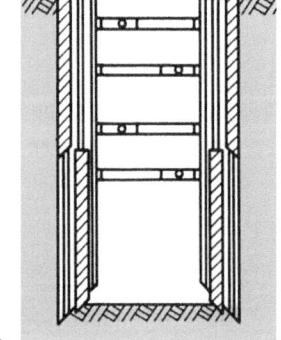

Abb. 1.27 Verbauplatten. **a** Mittig gestützt, **b** randgestützt, **c** in Doppelgleitschienen geführt

Abb. 1.28 Randgestützte Verbauplatten

Abb. 1.29 Elotrac beim Einrammen von KD III in ein Kammerelement (Krupp-Werkfoto)

g) Dielenkammer-Grabenverbaugeräte, bei welchen Kammerelemente die Führung und obere Abstützung von Kanaldielen, Spundbohlen oder Sonderprofilen bilden. Sie sind durch Stützbauteile rahmenartig miteinander verbunden (s. Abb. 1.29).

Im Vorfeld der Nutzung muss geprüft werden, welches bzw. ob das eingesetzte Verbaugerät in der Lage ist, die zu erwartenden Erddruckbelastungen aufzunehmen. Die Bemessung von Grabenverbaugeräten ist nach EB 53 (EAB) in DIN EN 13331-1 und DIN EN 13331-2 geregelt.

Hinsichtlich sämtlicher Einsatzvoraussetzungen und -bedingungen ist die DIN 4124, Abschn. 5.2 zu beachten. Danach dürfen nur Grabenverbaugeräte verwendet werden, die von der Prüf- und Zertifizierungsstelle des Fachbereichs Bauwesen im DGUV-Test gemäß DIN EN 13331-1 bewertet wurden. Dabei wird anhand von Prüfergebnissen ein charakteristischer Widerstand ermittelt, der aus der Verwendungsanleitung oder den technischen Datenblättern des Herstellers entnommen werden kann.

Ebenso sind in der Verwendungsanleitung des Herstellers weitere Einsatzvoraussetzungen, wie z. B. die Mindestabstände zwischen Verbaugeräten und Fahrzeugen bzw. Baugeräten, geregelt (vgl. DIN 4124, Abschn. 5.2.3).

Grabenverbaugeräte können in allen nicht ausfließenden Bodenarten zum Einsatz kommen, ohne bodenstabilisierende Maßnahmen vornehmen zu müssen. Bei einem über der Baugrubensohle liegenden Grundwasserspiegel muss zuerst eine Absenkung vorgenommen werden (vgl. DIN 4124, Abschn. 5.2.5).

In der DIN 4124, Abschn. 5.5 und 5.6 sind Einzelheiten zum Einbau einer Verbaueinheit in senkrechter oder waagerechter Richtung geregelt. Rand- oder rahmengestützte Grabenverbaugeräte dürfen nur bis zu einer Grabentiefe von 6,00 m und mittig gestützte Grabenverbaugeräte bis zu einer Tiefe von 4,00 m eingesetzt werden. Bei tiefen Gräben können mehrere Verbaueinheiten oder Aufsatzgeräte eingebaut werden, die fest miteinander zu verbinden sind. Dabei dürfen höchstens zwei mittig gestützte Verbaueinheiten übereinandergestellt werden. Grabenverbaugeräte mit nur einer Strebe pro Aufrichter dürfen nur als Aufsatzgerät verwendet werden, wenn bereits Verbaueinheiten mit zwei Streben je Aufrichter im Einsatz sind.

Die Stirnseite des Grabens ist z. B. mit Stahlplatten zu verbauen oder abzuböschen. In mindestens steifem bindigem Boden darf außerdem bis zu 1,75 m tief und 1,25 m breit senkrecht abgeschachtet werden. Falls die Breite des Grabens größer ist als die Länge einer Verbaueinheit und der Stirnbereich aufgrund einer Absperrung nicht betreten werden kann, so darf die Stirnseite senkrecht und unverbaut abgeschachtet werden. Die Grabenverbaugeräte müssen so weit eingebaut werden, bis ein höchstens 1,25 m tiefer, ungesicherter Bereich entsteht (u. a. durch Verfüllung), in dem alle nachfolgenden Arbeiten durchgeführt werden können. Beim Einbau von mittig gestützten Verbaueinheiten ist zu beachten, dass sie beidseits auf ihrer Gesamtlänge am Erdreich anliegen. Zudem dürfen diese nicht einzeln eingesetzt werden, wobei andere Grabenverbaugeräte im Falle von beidseitigem Stirnverbau einzeln eingebracht werden dürfen. Treten bei Leitungskreuzungen oder Richtungsänderungen unvermeidbare Lücken auf, so werden diese zumeist mit Holzbohlen verbaut (vgl. DIN 4124, Abschn. 5.6).

Weitere Einschränkungen zum Einbau von Grabenverbaugeräten können in der Verwendungsanleitung der jeweiligen Hersteller aufgeführt sein.

1.2.2.3.2 Einbauverfahren

Die jeweiligen Grabenverbaugeräte können entweder im Einstell- oder im Absenkverfahren eingebaut werden. Die Einzelheiten zu beiden Verfahren sind in DIN 4124, Abschn. 5.3 und 5.4 geregelt und werden im weiteren Verlauf dargestellt.

Beim Einstellverfahren werden die Verbauelemente nach dem Bodenaushub in den Grabenabschnitt eingestellt. Dabei richtet sich die Länge des vorübergehend ungesi-

1.2 Methoden der Baugrubensicherung

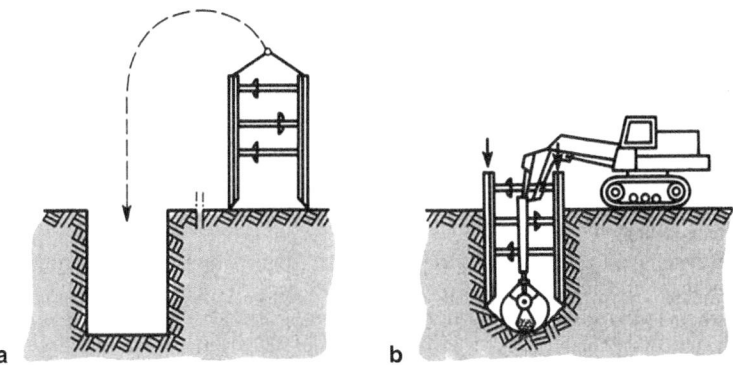

Abb. 1.30 Arbeitsweisen beim Einsatz großflächiger Stahlverbauplatten. **a** Einstellverfahren, **b** Absenkverfahren

chert ausgeschachteten Grabenabschnittes nach dem einzelnen Verbaugerät (DIN 4124, Abschn. 5.3.3). Abschließend muss der entstandene Spalt zwischen Grabenwand und Verbaugerät verfüllt werden, bevor das Verbaugerät z. B. durch Ausspindeln der Streben gegen die Grabenwände gepresst werden (DIN 4124, Abschn. 5.3.4).

Das Einstellverfahren (s. Abb. 1.30a) ist gemäß DIN 4124, Abschn. 5.3.2 nur unter folgenden Voraussetzungen zulässig:

- Ein vorübergehend standfester Boden liegt vor.
- Grabenwände sind senkrecht ausgeschachtet.
- Eine konstante Grabenbreite bezogen auf die Länge einer Verbaueinheit ist gegeben.
- Ungesicherte Grabenkanten dürfen weder betreten noch belastet werden.
- Der Graben darf erst betreten werden, wenn die Verbaueinheit eingebracht worden ist.
- Es befinden sich keine Leitungen, Gebäude oder andere bauliche Anlagen bzw. Verkehrsflächen im Einflussbereich des Grabens, die bezüglich zu erwartender Setzungen, Auflockerungen und Verschiebungen wesentlich gefährdet werden könnten.

Beim Absenkverfahren (s. Abb. 1.30b) wird das Grabenverbaugerät mit dem Aushub nach und nach in den Boden gedrückt, falls es nicht durch sein Eigengewicht von selbst nachrutscht. Dabei darf der vorauseilende Bodenaushub unterhalb der Platten maximal 0,5 m betragen (vgl. DIN 4124, Abschn. 5.4.1 und 5.4.2).

Beim Erreichen der vorgesehenen Grabentiefe wird es durch Ausspindeln der Streben gegen die Erdwände gepresst (vgl. DIN 4124, Abschn. 5.4.5).

Während das Absenkverfahren mit gleitschienengestützten Platten nur mit waagerechten Streben zulässig ist, dürfen mittig gestützte Verbaueinheiten generell nicht eingesetzt werden (vgl. DIN 4124, Abschn. 5.4.4 und 5.4.6).

1.2.3 Trägerbohlwände

Für tiefe Baugruben ist der waagerechte Verbau wegen der ständigen Umsteifungen unzweckmäßig. In diesen Fällen ist die Trägerbohlwand wirtschaftlicher. Bei dieser Verbauart stützt sich die Verbohlung auf Stahlträgern ab, die vor dem Baugrubenaushub eingebracht werden (s. Abb. 1.31 und 1.32). Trägerbohlwände sind bei örtlichen Schwierigkeiten wie z. B. kreuzenden Versorgungsleitungen oder dergleichen sehr anpassungsfähig, da die Abstände der Bohlträger den Hindernissen im Boden angepasst und die Ausfachungsmethode variiert werden kann (s. Abb. 1.31d bis f). Daher kommt die Trägerbohlwand sehr häufig zum Einsatz. Für Trägerbohlwände gibt es keine spezifischen Ausführungsnormen, die die Anforderungen an Konstruktion und Herstellung regeln. Daher dienen die EAB und die DIN 4124 als Orientierung. In der DIN 4124 ist die Ausführung und Konstruktion von Trägerbohlwänden in Abschn. 8.2 geregelt.

1.2.3.1 Bohlträger

Als Bohlträger kommen sowohl I-, IPE-, HEB- als auch zusammengesetzte Profile wie zum Beispiel doppelte U-Profile zum Einsatz. Aufgrund ihrer größeren Steifigkeit werden HEB-Profile meist den I-Profilen vorgezogen.

Das Einbringen der Stahlträger (Abstand etwa 1 bis 3 m, Steg jeweils senkrecht zur Baugrubenwand) erfolgt meist durch Rammen, seltener durch Einrütteln. Sind die beim

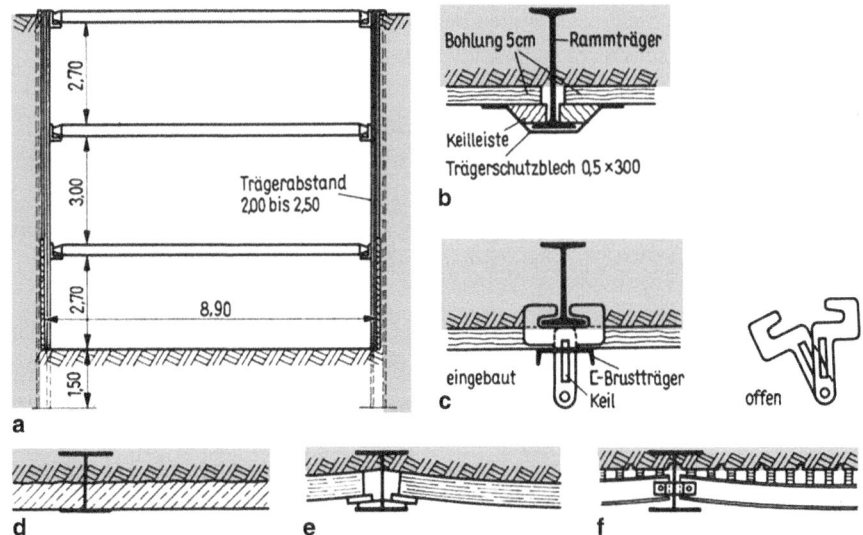

Abb. 1.31 Rammträgerverbau. **a** Querschnitt, **b** Verkeilen der Bohlen an den Rammträgern, **c** vorgehängter Verbau (Befestigung mit Schipplie-Eisen), **d** Ausfachung mit bewehrtem Ortbeton oder mit Spritzbeton, **e** vorgespannte waagerechte Verbohlung, **f** vorgespannte senkrechte Ausfachung mit Kanaldielen

Abb. 1.32 Trägerbohlwand

Rammen auftretenden Erschütterungen oder Geräusche unzulässig groß, können die Bohlträger eingepresst oder in vorgebohrte Löcher eingesetzt und festgelegt werden. Die Einbindetiefe von Bohlträgern hängt von statischen Erfordernissen ab und liegt zumeist 1,5 bis 3 m unter der Baugrubensohle.

Werden die Bohlträger zwangsweise in ungleichen Abständen eingebaut, so sind besondere Maßnahmen vorzunehmen, um ein Verdrehen der Träger infolge unterschiedlicher Belastung durch die Ausfachung zu vermeiden (s. DIN 4124, Abschn. 8.2.1).

Die senkrechten Tragglieder müssen nicht nur horizontale, sondern auch vertikale Lasten (z. B. aus der Vertikalkomponente des Erddrucks oder der Ankerkräfte und ggfs. aus Abdeckungen der Baugrube usw.) aufnehmen. In diesem Zusammenhang wird der Trägerfuß zumeist mit einer Stahlplatte versehen und im vorgebohrten Loch einbetoniert, wodurch eine Erhöhung der vertikalen Tragfähigkeit erreicht wird. Der verbleibende Hohlraum zwischen Träger und Bohrlochwandung wird zum Beispiel mit Magerbeton, Sand, Kalkmörtel oder ähnlichem wieder verfüllt, sodass ein kraftschlüssiger Anschluss zum Erdreich bestehen bleibt. Das Einsetzen in vorgebohrte Löcher ist auch dann erforderlich, wenn der Baugrund nicht rammfähig ist.

I-Träger müssen der DIN 1025 und doppelte U-Profile der DIN 1026 entsprechen und mindestens aus der Stahlsorte S235JR gemäß DIN EN 10025-1 beziehungsweise DIN EN 10025-2 hergestellt sein (s. DIN 4124, Abschn. 5.4.4). Dabei können die Anker in die Lücke zwischen den beiden U-Profilen gelegt werden, sodass auf eine Gurtung verzichtet werden kann, woraus eine oftmals erforderliche, glatte Verbauwand resultiert. Anstelle von Bohlträgern können auch Bohrrohre oder -pfähle verwendet werden, falls bei der

Herstellung oder beim Ausschachten entsprechende Vorrichtungen zur Auflagerung der Ausfachung vorgesehen werden (vgl. DIN 4124, Abschn. 8.2.1).

Mit dem Einbau der Ausfachung (auch als Verbohlung bezeichnet) ist spätestens bei einer Aushubtiefe von 1,25 m zu beginnen. Der Einbau der weiteren Verbohlung darf hinter dem Aushub i. d. R. höchstens 0,50 m zurück sein, bei mindestens steifen, bindigen Böden sogar bis maximal 1,00 m (s. DIN 4124, Abschn. 8.2.3). Vorausgesetzt wird, dass der Boden auf der genannten Höhe frei steht. Die Ausfachung muss fest am Erdreich anliegen. Dies wird z. B. durch Ankeilen der Verbohlung erreicht. Nach der Art der Ausfachung wird unterschieden in waagerechte und senkrechte Ausfachung.

Durch die Anordnung eines durchlaufenden Zugglieds wird sowohl der Bohlträgerabstand gesichert als auch ein möglicher Ausfall von Steifen oder Anker kompensiert. Dies wird zumeist von der obersten Gurtung übernommen. Ansonsten ist im Wandkopfbereich ein leichtes, gespanntes Stahlzugband (Flachstahl oder Winkelprofil) anzubringen. Hierbei soll die Querschnittsfläche des gewählten Profils bei bis zu 5,0 m tiefen Baugruben mindestens 5 cm^2 und bei größeren Tiefen mindestens 10 cm^2 betragen. Im Zweifelsfall entscheidet ein statischer Nachweis (vgl. DIN 4124, Abschn. 8.2.9). Gurtungen sind bei Abweichungen in der Trägerachse grundsätzlich kraftschlüssig, durch den Einbau von Futterblechen, herzustellen.

Ein Kran mit Flachfundamenten darf am Baugrubenrand erst aufgestellt werden, wenn der Verbau fertiggestellt worden ist, eine ausreichende Tragfähigkeit des Untergrunds vorliegt und die zusätzlichen Erddruckkräfte aufgenommen werden können. Bei einem Kran mit Tiefgründung müssen die Pfähle mindestens bis zum Bohlträgerfuß geführt werden. Aus dem Kran ergeben sich waagerechte Kräfte, die am Pfahlkopf in die Bohlträger abgeleitet werden, und senkrechte Kräfte, die unterhalb der Baugrubensohle in den Untergrund abgetragen werden. Falls die waagerechten Kräfte bzw. Mantelreibungskräfte von der Ausfachung oberhalb der Baugrubensohle aufgenommen werden sollen, so ist nicht nur ein statischer Nachweis zu führen, sondern auch nach Erreichen der Baugrubensohle eine Überprüfung der Bodenbeschaffenheit erforderlich (vgl. DIN 4124, Abschn. 8.2.11).

Im Zuge des Rückbaus können die Bohlträger mittels sogenannten Pfahlziehern, Rüttelziehgeräten oder hydraulischen Ziehgeräten wiedergewonnen werden. Auf eine Rückgewinnung der Tragglieder neben setzungsempfindlichen Bauwerken sollte dabei verzichtet werden. Während die Ausfachung beim Hamburger Verbau zurückgebaut und wiederverwendet werden kann, ist sie beim Berliner Verbau verloren.

1.2.3.1.1 Waagerechte Ausfachung
Die Ausfachungselemente können aus

- Holzbohlen,
- Kanthölzern,
- Kanaldielen,
- Stahlbetonfertigteilen,

- Ortbeton und
- durch Injektion verfestigtem Boden

bestehen. Sie sind waagerecht gespannt und stützen sich auf den Bohlträgern ab (s. Abb. 1.32).

Die hölzernen Ausfachungselemente müssen mindestens der Sortierklasse S 10 nach DIN 4074-1 entsprechen. Holzbohlen müssen mindestens 5 cm dick und wie Kanthölzer parallel besäumt und scharfkantig sein. Wiederverwendetes Holz muss einen einwandfreien Zustand aufweisen (s. DIN 4124, Abschn. 8.2.2).

Der Boden wird bei dem Berliner Verbau (s. Abschn. 1.2.3.3) zwischen den Rammträgern etwa auf Bohlenhöhe von Hand herausgestochen, die auf Länge abgeschnittenen Bohlen oder dergleichen hinter die Trägerflansche geschoben und durch Keile fest an das Erdreich angepresst (s. Abb. 1.31b).

Wird an den Verbau anbetoniert oder angemauert, so müssen die Flansche der Rammträger mit Blechen übernagelt werden (s. Abb. 1.31b), damit die Träger wiedergewonnen werden können.

Die Bohlen werden bei dem sogenannten Hamburger Verbau (s. Abschn. 1.2.3.3) durch Anker, zum Beispiel Schipplie-Eisen (s. Abb. 1.31c) oder geschlitzte Hakenbleche, die jeweils hinter den Trägerflansch fassen, mit Hilfe von kurzen Brustträgern und Keilen außen am Rammträger befestigt. Die Bohlen brauchen hierbei i. Allg. nicht von Hand angepasst zu werden. Nachteilig ist, dass sie nicht nachgekeilt werden können. Stark belastete Baugrubenwände werden daher meist nach der ersten Methode, dem Berliner Verbau, verbaut.

Abb. 1.33 Trägerbohlwand (oberer Bereich mit Holzausfachung/unterer Bereich mit Spritzbetonausfachung)

Eine Ausfachung aus Ortbeton (s. Abb. 1.31d) kann verwendet werden, falls bindiger, zeitweise standfester Boden ansteht. Je nach den Bodenverhältnissen wird die Baugrube im Bereich der Wand abschnittsweise auf ca. 1,00 m Höhe ausgeschachtet und als Ausfachung meist bewehrter Ortbeton eingebracht. Der Beton kann auch als Spritzbeton aufgetragen werden (s. Abb. 1.33). Der Verbau mit Ortbeton liegt satt am Erdreich an. In der Regel ist diese Methode weniger lohnintensiv und wird meist für dauerhafte Bauwerke eingesetzt.

Eine Ausfachung kann auch aus verfestigtem Boden bestehen. In nicht standfesten Böden, wie beispielsweise sandig bis kiesigen Böden, kann das Erdreich zwischen den Bohlträgern durch Injektionen verfestigt werden. Nach der Ausschachtung bildet sich im injizierten Bodenkörper ein Stützgewölbe aus. Dieses Verfahren wurde in Norddeutschland erfolgreich an einer 5,00 m hohen Wand ausgeführt. Die Dicke des injizierten Streifens betrug 1,00 m. Eine Verfestigung mittels Injektion kann auch angewendet werden, wenn das Ausrieseln von rolligem Boden beim Einbringen der Verbohlung verhindert werden soll. In diesem Fall ist die Verfestigung statisch unwirksam und es wird eine Beschränkung der Druckfestigkeit des injizierten Bodens auf ein Mindestmaß vorgenommen.

1.2.3.1.2 Senkrechte Ausfachung

Die senkrechte Ausfachung ist erforderlich, falls der Boden nicht auf Bohlenhöhe frei steht. Die lotrecht eingebauten Verbauelemente bestehen meist aus

- Kanaldielen,
- Bohlen,
- Rundhölzern oder
- Kanthölzern

und stützen sich auf Gurtträgern ab, die am Bohlträger angeschlossen sind.

Das Anpressen der Verbohlung erfolgt ebenfalls mit Hilfe von Keilen (s. Abb. 1.31f). Bei Höhen über circa 4,00 m muss die Verbohlung gepfändet werden. Steht im oberen Bereich der Baugrube standfester Boden an, so kann hier waagerecht ausgefacht werden. In diesem Fall wird die waagerechte Verbohlung zweckmäßig hinter dem hinteren Flansch des Bohlträgers eingebaut und damit Arbeitsraum für das Einrammen der senkrechten Verbohlung gewonnen.

1.2.3.2 Verformungsarmer Verbau

Ein verformungsarmer Verbau ist bei Baugruben neben bestehenden, setzungsempfindlichen Gebäuden erforderlich und wird i. d. R. durch mehrere, wenig nachgiebige Aussteifungen erreicht. Bezüglich der Biegesteifigkeit sind nach EB 8 (EAB) Trägerbohlwände als biegeweich anzusehen. Ist ein biegesteifer Verbau erforderlich, kommen i. d. R. Ortbetonwände zum Einsatz.

Bei waagerechter Verbohlung werden die Bohlen entsprechend der zu erwartenden Durchbiegung gekrümmt eingebaut, was einer Vorspannung entspricht (s. Abb. 1.31e).

Das Erdreich muss hierbei nach einer gekrümmten Lehre abgeschachtet und die Bohlen müssen durch Doppelkeile angekeilt werden.

Bei senkrechter Verbohlung sind die Kanaldielen so stark gegen die Gurtträger anzukeilen, dass die rechnerisch zu erwartenden Verformungen vorweggenommen werden (s. Abb. 1.31f). In bindigem, standfestem Boden kann die Ausfachung auch durch bewehrten Ortbeton erfolgen (s. Abb. 1.31d).

Die Aussteifung der Bohlträger erfolgt durch Steifen, Gurtungen oder rückwärtige Verankerungen und wird dem Baugrubenaushub folgend eingebaut.

Steifen können unmittelbar zwischen gegenüberliegenden Bohlträgern oder zwischen Gurte gesetzt und vorgespannt werden (s. DIN 4124, Abschn. 8.6.3). Die Steifen sind gegen Herunterfallen zu sichern. Dies kann erfolgen, indem Rundhölzer mit abgefasten Enden bei kleineren Baugruben mit Abständen von maximal 8 bis 10 m in ringförmige Halterungen oder U-Profile eingesetzt werden. Durch seitlich der Steifen angeschweißte L-Profile werden diese gegen seitliches Verschieben gesichert. Stahlprofile sitzen auf Gurtwinkeln auf und werden durch Knaggen gesichert.

Stahlrohrsteifen, die gegebenenfalls an den Enden verjüngt sind, müssen durch Spezialhalterungen gesichert werden.

Gurte werden, auch mehrere Lagen, gleichzeitig mit der Ausfachung angebracht. Die genaue Lage der Gurtung wird in der Statik vorgegeben. Sie dienen zum Ausrichten der Wand und als Auflager für die Steifen oder Anker. Zum Vorspannen der Steifen werden bei Holzsteifen Hartholzkeile und bei Stahlsteifen Stahlkeile verwendet.

Die Bemessung und Anordnung von Gurten und Zugbändern ist in EB 51 (EAB) geregelt. Es ist die Sicherheit gegen Materialversagen nachzuweisen. Dementsprechend müssen die Einwirkungen kleiner sein als der maximal aufnehmbare Widerstand.

In DIN EN 1993-1-1 werden die Teilsicherheitsbeiwerte und Materialkenngrößen für Gurtungen aus Stahlträgern geregelt. Werden Spundwandprofile als Gurtung eingesetzt, sind die Regelungen aus DIN EN 1993-5 zu berücksichtigen.

Bei der Ausführung von doppelten I- und U-Profilen sind diese durch Bindebleche auf den beiden Seiten der Trägerbohlwand in geringem Abstand zu verbinden. Ist der Abstand kleiner als 1,50 m, darf von einem Nachweis der Torsionsbeanspruchung abgesehen werden. Ein Nachweis der Flanschbiegung darf nach EAB entfallen, wenn die Flanschbreiten bei einfach und doppelten I- und U-Profilen maximal 300 mm betragen, andernfalls wird auf DIN EN 1993-5, Anhang D, verwiesen.

Nach DIN 4124, Abschn. 8.6 sollten Aussteifungen, in Abhängigkeit ihres Werkstoffs, den Normen gemäß Tab. 1.12 entsprechen.

Eine rückwärtige Verankerung wird angeordnet, falls die Baugrube zu breit ist oder falls die Steifen den Bauvorgang erheblich behindern.

Bei Profil-Bohlträgern setzt man die Anker gegen Gurte, die ihrerseits die Bohlträger stützen, bei Bohlträgern aus doppeltem U-Profil auch zwischen die beiden U-Profile. Eingesetzt werden meist Verpressanker nach DIN EN 1537.

Die erforderliche Zahl der Steifen- oder der Ankerlagen liefert die statische Berechnung. In Abb. 1.34 ist eine 20 m tiefe und maximal 24 m breite Baugrube abgebildet, die

Tab. 1.12 Werkstoffe und die regelnden Normen

Werkstoff	Regelwerk
Rundhölzer der Güteklasse II	DIN 4074-2
Walzprofile	DIN 1025
Stahlrohre	DIN EN 10220
Stahlbeton	DIN 1045-1 (nicht mehr gültig) bzw. DIN EN 1992-1-1

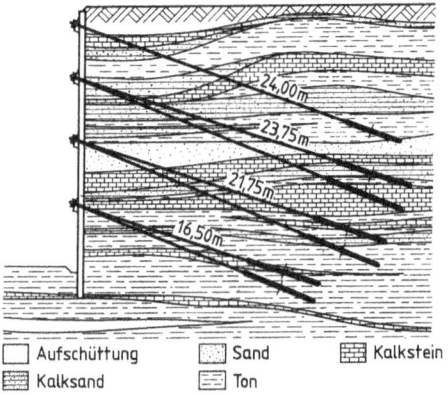

Abb. 1.34 Rückwärtige Verankerung einer Trägerbohlwand

durch vier Ankerlagen ausgesteift wurde. Der waagerechte Abstand der in der senkrechten Ebene gefächerten Anker betrug 0,60 m.

1.2.3.3 Sonderbauweisen

Der Berliner Verbau bildet die ursprüngliche Form des Trägerbohlverbaus und wurde nach dem Bau der Berliner U-Bahn um die Jahrhundertwende entwickelt. Er ist die am häufigsten verwendete Bauweise des Trägerbohlverbaus. Als Verbauträger kamen I-Profile zum Einsatz und die Holzbohlen wurden mittels Holzkeilen an den baugrubenseitigen Flanschen dazwischen eingekeilt. Heutzutage werden oft steifere HEB-Profile bevorzugt eingesetzt.

Bei breiten Baugruben in weichen bis breiigen Böden ist eine Verankerung der Baugrubenwand schwierig. Steht unter solchen Böden standfester Baugrund an und ist ausreichend Platz vorhanden, so können die Rammträger nur in den Boden eingespannt und zur Abminderung des Erddrucks schräg eingebaut werden. Man spricht von einer geneigten Trägerbohlwand. Als Ausfachung eignet sich besonders der Betonverbau, da hier eine geschlossene Verbauwand entsteht. Bei der geneigten Trägerbohlwand (s. Abb. 1.35) werden parabelförmig gekrümmte Betonschalen gewählt.

Die Verbauwand des Essener Verbaus kann ebenfalls geneigt sein und die Besonderheit ist der Einsatz von verschweißten U-Profilen als Träger. Bei großen Aushubtiefen kann von einer zusätzlichen horizontalen Gurtung abgesehen werden und zwischen den U-Profilen kann die rückwärtige Verankerung wie z. B. Verpressanker durchgeführt werden. Die

1.2 Methoden der Baugrubensicherung

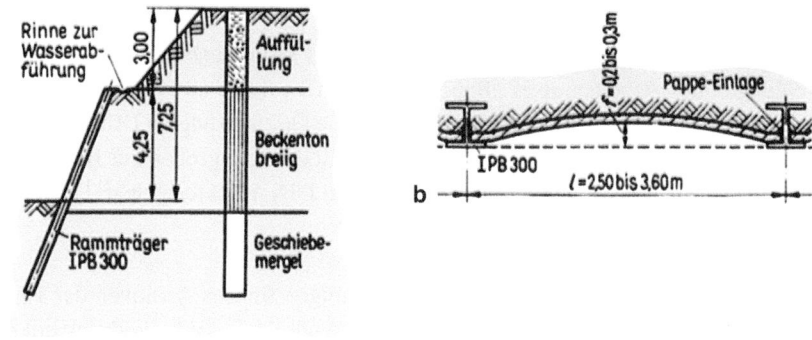

Abb. 1.35 Geneigte Trägerbohlwand. **a** Geländeschnitt, **b** Betonausfachung

Baugrube sollte abschnittsweise mit steiler Böschung ausgeschachtet, mit Maschendraht und Baustahlgewebe abgedeckt und durch aufgelegte Träger, die rückwärts verankert werden, gesichert werden.

Voraussetzung für die Anwendung dieser Methode mit Neigung ist, dass eine steile Böschung für kurze Zeit steht. Die Methode hat sich in den Fällen gut bewährt, bei denen die Böschungsflächen hinreichend gegen Erosion und das Gelände am oberen Böschungsrand auf ausreichender Breite gegen Eindringen von Regenwasser z. B. geschützt wurden.

Eine inzwischen selten vorkommende Variante ist der Hamburger Verbau. Hierbei werden die Holzbohlen nicht wie bei dem Berliner Verbau zwischen die Verbauträger gekeilt, sondern vor den Trägern angebracht. Die Holzbohlen verbleiben als verlorene Schalung im Erdreich und die Verbauträger werden nach dem Verfüllen gezogen und können wiederverwendet werden.

1.2.3.4 Vor- und Nachteile bei der Anwendung

Die Vor- und Nachteile für den Einsatz von Trägerbohlwänden lassen sich wie folgt zusammenfassen.

Vorteile:

- kostengünstige Herstellung möglich
- flexibel im Grundriss und Art der Ausfachung
- Ausfachung und Bohlträger sind i. d. R. wiederverwendbar
- einfache Herstellung der Aussparungen für querende Leitungen

Nachteile:

- meist verformungsintensiv
- wasserdurchlässig (ohne weitere Maßnahmen)
- erdseitige Auflockerungen i. d. R. nicht vermeidbar

1.2.3.5 Berechnung von Trägerbohlwänden

Die Berechnungen für Trägerbohlwände erfolgen auf Grundlage der DIN 4124 und den Empfehlungen des Arbeitskreises „Baugruben" (EAB), da keine explizite Ausführungsnorm existiert. Bei gerammten Verbauträgern gilt die Orientierung an DIN EN 12699 und bei vorgebohrten Verbauträgern an DIN EN 1536. Bodenkenngrößen zur Berechnung der Standsicherheitsnachweise werden gemäß EC 7 und DIN 4020 festgelegt.

1.2.3.5.1 Lastbildermittlung und Lastfiguren

Liegen die in EB 8 (EAB) genannten Voraussetzungen für das Absinken des Erddrucks vom Erdruhedruck auf den aktiven Erddruck vor, so wird der aktive Erddruck mit E_a nach EB 4 (EAB) und EB 6 (EAB) unter Berücksichtigung des Bodeneigengewichts, großflächiger Gleichlast $p_k \leq 10\,kN/m^2$ und ggf. der Kohäsion nach EB 4 (EAB) von der Geländeoberkante bis zur Baugrubensohle angesetzt.

Wirken auf die Baugrubenwand Gebäudelasten setzungsempfindlicher Gebäude oder liegen die Voraussetzungen für das Absinken des Erddrucks nicht vor, so ist ein erhöhter Erddruck gemäß EB 22 (EAB) zu berücksichtigen.

Gemäß Handbuch EC 7-1, Abs. 9.5.1, und EB 24 (EAB) dürfen Flächenlasten bis $p_k = 10\,kN/m^2$ als ständige Lasten betrachtet werden. Dies gilt auch vereinfacht für veränderlichen Lasten. Liegen die veränderlichen Lasten über $10\,kN/m^2$, so ist der Anteil, der über $10\,kN/m^2$ liegt, als veränderliche Last q_k zu berücksichtigen.

Die Verteilung des aktiven Erddrucks bei nicht gestützten Trägerbohlwänden erfolgt entsprechend EB 12 (EAB) nach dem Ansatz der klassischen Erddruckverteilung. Es gilt die Beachtung einer eventuell entstehenden Zwangsgleitfläche. Sie muss nur bei nicht gestützten Wänden behandelt werden, da sich diese um den Fußpunkt drehen können.

Nach EB 24 (EAB) ist für gestützte Trägerbohlwände ein wirklichkeitsnaher Erddruckansatz bei ständigen Einwirkungen anzusetzen und der Erddruck wird umgelagert.

▶ Bei einer nicht gestützten Wand stellt sich der klassische dreiecksförmige Verlauf des Erddrucks ein. Bei einer gestützten Wand ergibt sich dagegen ein davon abweichender Verlauf. Es ist eine Umlagerung des klassischen dreiecksförmigen Verlaufs des Erddrucks durch einen wirklichkeitsnahen Erddruckansatz vorzunehmen.

Diese Lastfiguren, z. B. in Abb. 1.37 für eine einmal gestützte Trägerbohlwand dargestellt, dürfen dann als wirklichkeitsnah angenommen werden, wenn entsprechend EB 69 (EAB) folgende Voraussetzungen erfüllt sind:

- wenig nachgiebige Stützung entsprechend EB 67 (EAB),
- waagerechte Geländeoberfläche,
- mindestens mitteldichter, nichtbindiger oder steifer, bindiger Boden,
- vor Einbau der jeweils nächsten Steifen- oder Ankerlage kein tieferer Aushub, als in Bild EB 69-1 (EAB) definiert (vgl. Abb. 1.36).

1.2 Methoden der Baugrubensicherung

Abb. 1.36 Aushubgrenze vor Einbau einer Stützung nach EB 69 (EAB)

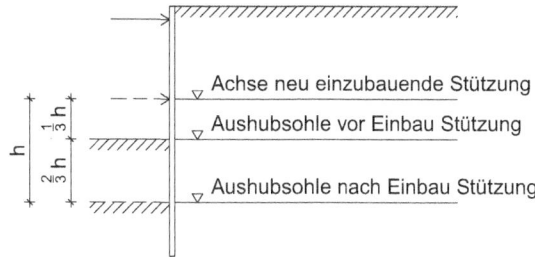

In Tab. 1.13 sind die Verhältnisse zwischen e_{ho} und e_{hu} dargestellt, die zur Ermittlung des Erddrucks für die in Abb. 1.37 dargestellten Fälle benötigt werden. h_1 steht für den Abstand zwischen der Oberkante der Baugrube und der Aussteifung bzw. Verankerung.

Für mehrfach ausgesteifte Trägerbohlwände sind in der EAB weitere Lastfiguren enthalten.

Nach EB 89 (EAB) sind für den Ansatz der Erddruckneigungswinkel bzw. Wandreibungswinkel vier Fälle a) „verzahnt" / b) „rau" / c) „weniger rau" / d) „glatt" zu unterscheiden. Entsprechend EB 89 (EAB) können insbesondere die Oberflächen von Bohlträgern und von Ausfachungen als „rau" angesehen werden. Für den aktiven Erddruck darf der Erddruckneigungswinkel i. Allg. bei Trägerbohlwänden mit $\delta_{a,k} = 2/3\,\varphi'_k$ berücksichtigt werden. Der Erdwiderstand vor einer Trägerbohlwand ist immer geringer als der Erdwiderstand vor einer Spundwand, sofern aufgrund der Gegebenheiten mit einem nega-

Tab. 1.13 Verhältnis Erddruck oben und unten bei einfach ausgesteiften Trägerbohlwänden und Spundwänden/Ortbetonwänden

Nach Abb. 1.37	Stützung bei	e_{ho}/e_{hu} bei Trägerbohlwänden	e_{ho}/e_{hu} bei Spundwänden/Ortbetonwänden
a)	$h_1 \leq 0{,}1 \cdot h$	1,0	1,0
b)	$0{,}1 \cdot h < h_1 \leq 0{,}2 \cdot h$	1,5	1,2
c)	$0{,}2 \cdot h < h_1 \leq 0{,}3 \cdot h$	2,0	1,5

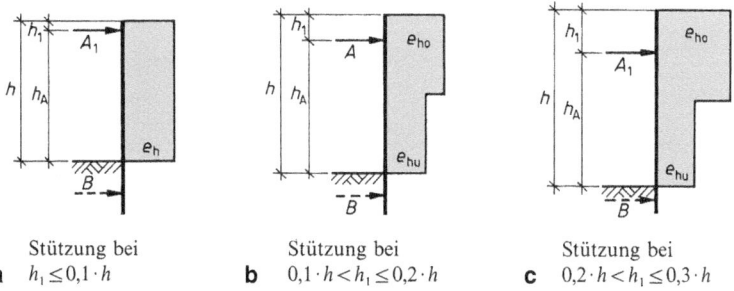

a Stützung bei $h_1 \leq 0{,}1 \cdot h$
b Stützung bei $0{,}1 \cdot h < h_1 \leq 0{,}2 \cdot h$
c Stützung bei $0{,}2 \cdot h < h_1 \leq 0{,}3 \cdot h$

Abb. 1.37 Wirklichkeitsnahe Erddruckverteilung für Trägerbohlwände **a–c** einfach ausgesteift nach EAB

tiven Erddruckneigungswinkel $\delta_{p,k}$ gerechnet werden darf (s. [2]). Der Erdwiderstand vor dem Trägerflansch kann bestenfalls mit $\delta_{p,k} = -27{,}5°$ ermittelt werden (s. [2]). Daher ist bei Berücksichtigung von gekrümmten Gleitflächen der Erdwiderstand mit $\delta_{p,k} = -27{,}5°$ bzw. $\delta_{p,k} = -(\varphi'_k - 2{,}5°)$ anzusetzen (vgl. EB 89 (EAB)).

1.2.3.5.2 Bemessung der Bohlträger

Angaben zur Bemessung der Bohlträger sind in EB 48 (EAB) enthalten. Die Eigenlast der Baugrubenkonstruktion kann vernachlässigt werden. Da auf den Träger auch große Querkräfte wirken, sind neben den Normalspannungen in allen Fällen auch die Schubspannungen und die Vergleichsspannungen zu betrachten. Die Bohlträger müssen eine große Vertikalkomponente aufgrund des Erddrucks und der Ankerkräfte aufnehmen.

1.2.3.5.3 Standsicherheitsnachweise

Nachfolgend werden die Standsicherheitsnachweise aufgeführt, die notwendig sind, um die Standfestigkeit von Trägerbohlwänden rechnerisch zu prüfen.

1.2.3.5.3.1 Im Boden frei aufgelagerte Trägerbohlwände

Die Betrachtung des Erdwiderstands ist für die Bemessung von Trägerbohlwänden sehr wichtig und wird nachfolgend behandelt. Unterhalb der Baugrubensohle soll ein Erdauflager $B_{h,k}$ durch eine ausreichend tiefe Einbringung der Bohlträger entstehen. Die Tiefe der Resultierenden kann mit 60 % der Einbindetiefe t_0 unterhalb der Baugrubensohle angenommen werden.

Der Erdwiderstand ist bei Trägerbohlwänden räumlich verteilt (s. Abb. 1.38), da keine geschlossene Wand vorliegt. Es werden in diesem Sinne nur die Bohlträger als Wand betrachtet. Es ist zu prüfen, ob eine Überschneidung der Bruchkörper vor den Bohlträgern vorliegt.

▶ Bei der Bemessung von Trägerbohlwänden ist zu beachten, dass keine geschlossene Wand in den Untergrund einbindet und damit eine räumliche Verteilung des Erdwiderstands vorhanden ist.

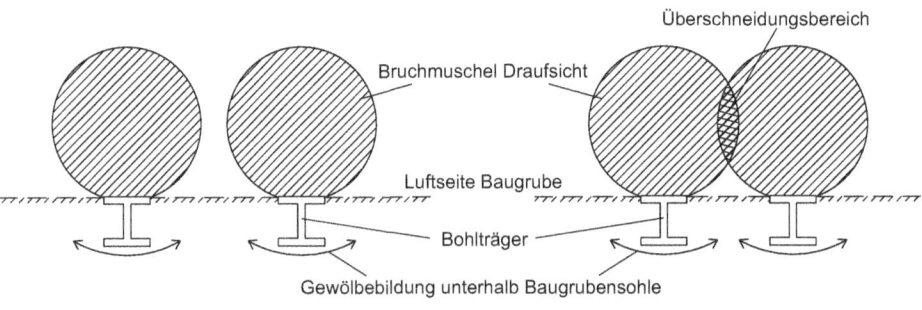

Abb. 1.38 Räumliche Bruchkörper im Bereich Bohlträger unterhalb der Baugrubensohle: **a** ohne Überschneidung, **b** mit Überschneidung

1.2 Methoden der Baugrubensicherung

Folgende Bedingung muss erfüllt sein:

$$B_{h,d} \leq E_{ph,d} \quad (1.16)$$

mit

$B_{h,d}$ Horizontalkomponente aus der resultierenden Auflagerkraft
$E_{ph,d}$ Horizontalkomponente des Erdwiderstands

Nach DIN 4085 gilt:
Der räumlicher Erdwiderstand E_{pgh}^r setzt sich aus drei Teilen entsprechend der Gleichung

$$E_{pgh}^r = E_{pgh}^r + E_{pph}^r + E_{pch}^r \quad (1.17)$$

zusammen.

Mit dem Anteil des Bodeneigengewichts ergibt sich die folgende Gleichung:

$$E_{pgh}^r = \frac{1}{2} \cdot \gamma \cdot h^2 \cdot K_{pgh} \cdot \mu_{pgh}^{(res)} \quad (1.18)$$

Der Anteil aus großflächigen Gleichlasten wird über

$$E_{pph}^r = p_v \cdot h \cdot K_{pph} \cdot \mu_{pph}^{(res)} \quad (1.19)$$

bestimmt.

Der Anteil aus Kohäsion lässt sich über

$$E_{pch}^r = c \cdot h \cdot K_{pch} \cdot \mu_{pch}^{(res)} \quad (1.20)$$

berechnen.

In die Gln. (1.18) bis (1.20) gehen die Höhe h der Wand beziehungsweise Einbindetiefe des Bohlträgers, Formbeiwerte μ nach Tab. 1.14, Erdwiderstandsbeiwerte $K_{pgh}/K_{pph}/K_{pch}$ für den ebenen Fall und die Kohäsion c ein.

In Tab. 1.14 sind die drei Formbeiwerte zur Berechnung des räumlichen Erdwiderstandes in Anlehnung an [3] dargestellt. In DIN 4085 sind im Anhang F.2 Diagramme zur Bestimmung der Formbeiwerte für den räumlichen passiven Erddruck enthalten.

Bei der Anordnung mehrerer schmaler Wände der Breite b nebeneinander (Flanschbreite des Bohlträgers) muss die Gl. (1.21) des passiven räumlichen Erddrucks auf die

Tab. 1.14 Formbeiwert beim räumlichen Erdwiderstand in Anlehnung an [3]

	b < 0,3 h	b ≥ 0,3 h
$\mu_{pgh}^{(res)}$	$0{,}55 \cdot (1 + 2 \cdot \tan \varphi) \cdot \sqrt{h/b}$	$1 + 0{,}6 \cdot (h/b) \cdot \tan \varphi$
$\mu_{pph}^{(res)}$	$\mu_{pgh}^{(res)}$	$\mu_{pgh}^{(res)}$
$\mu_{pch}^{(res)}$	$1{,}1 \cdot (1 + 0{,}75 \cdot \tan \varphi) \cdot \sqrt{h/b}$	$1 + 0{,}30 \cdot (h/b) \cdot (1 + 1{,}5 \cdot \tan \varphi)$

Einzelflächen mit der passiven Erddruckkraft auf eine gedachte, durchgehende Wand verglichen werden. Maßgebend ist der kleinere Wert.

$$E_p^{durchg} = E_p^I \cdot \frac{a-b}{a} + E_p^{II} \cdot \frac{b}{a} \tag{1.21}$$

Dabei sind

a Abstand der Systemachsen der Wände
b Flanschbreite des Bohlträgers
E_p^I passive Erddruckkraft im ebenen Fall, bezogen auf die vertikale Schnittfläche $(a-b) \cdot h$ im Boden für $\delta_p = 0°$ bei nichtbindigen Böden und für δ_p gemäß dem ebenen Fall nach DIN 4085, Abs. 7.1
E_p^{II} passive Erddruckkraft im ebenen Fall für eine schmale Wandfläche $b \cdot h$ für δ_p entsprechend DIN 4085, Abs. 7.1

Die Erddruckkraft greift bei der Höhe y über dem Wandfuß unter folgenden Bedingungen an:
  Im Gebrauchszustand, entsprechend etwa halber Bruchlast

$$y = \frac{h}{3} \tag{1.22}$$

und im passiven Bruchzustand bei

$$b \leq h: y = \frac{h}{4} \tag{1.23}$$

$$b \geq 10 \cdot h: y = \frac{h}{3} \tag{1.24}$$

Es darf geradlinig interpoliert werden, wenn

$$h < b < 10 \cdot h \tag{1.25}$$

zutreffend ist (vgl. DIN 4085).

Die Einbindetiefe beschreibt die Länge, die der Bohlträger unterhalb der Baugrubensohle in den Boden einbindet. Sie muss der folgenden Bedingung entsprechen und ist bei der Berechnung zu prüfen:

$$E_{ph,d} = \frac{E_{ph,k}}{\gamma_{R,e}} \cdot \eta_{EP} \geq B_{h,d} \tag{1.26}$$

Nach EB 14 (EAB), EB 15 (EAB) bzw. EB 22 (EAB) gelten für die Abminderung die Anpassungsfaktoren η_{EP}. Bei einer erlaubten Wandverschiebung ist $\eta_{EP} = 0,8$ anzusetzen und bei reduzierten Verformungen, wie z. B. bei benachbarter Bebauung ist η_{EP} auf 0,6 zu reduzieren.

Für den Horizontalnachweis (Nachweis des Gleichgewichts der Horizontalkräfte) ist aufzuzeigen, dass die horizontalen Einwirkungen geringer sind als der Widerstand der

1.2 Methoden der Baugrubensicherung

Abb. 1.39 Spannungsverteilung und Resultierende für den Nachweis des Gleichgewichts der Horizontalkräfte bei frei aufgelagerten Trägerbohlwänden

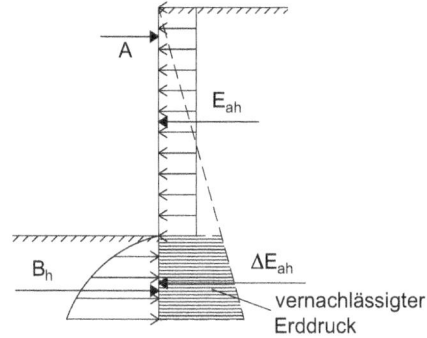

Bohlträgerwand. Zur Ermittlung der Schnittkräfte darf der Erddruck i. Allg. unterhalb der Baugrubensohle vernachlässigt werden. Voraussetzung ist hierbei, dass der vernachlässigte Erddruck mit der Auflagerkraft des Bohlträgers von dem gesamten zur Verfügung stehenden Erdwiderstand aufgenommen wird.

Der bislang vernachlässigte aktive unterhalb der Baugrubensohle wirkende Erddruck ΔE_{ah} wird für eine durchgängige geschlossene Wand aus der nicht umgelagerten Erddruckfigur bestimmt (s. Abb. 1.39).

Es ist nachzuweisen, dass die Einwirkungen im Grenzzustand der Tragfähigkeit (ULS) nach EB 15 (EAB) nicht größer als der Widerstand sind.

$$B_{h,d} + \Delta E_{ah,d} \leq E_{ph,d} \tag{1.27}$$

Hierbei setzen sich die Einwirkungen aus der Resultierenden des aktiven Erddrucks unterhalb der Baugrubensohle und den Auflagerkräften aus ständiger und veränderlicher Last zusammen.

Kann dieser Nachweis nicht erbracht werden, so wird i. d. R. die Einbindetiefe vergrößert. In EB 15 (EAB), Abs. 5 bis 7 sind weitere Angaben hierzu enthalten. In EB 15 (EAB), Abs. 9 sind Fälle dargestellt, bei denen auf diesen Nachweis verzichtet werden kann.

Der ausführliche Nachweis erfolgt über die Gleichung (1.28).

$$\gamma_G \cdot \left(B_{gh,k} + \Delta E_{agh,k}\right) + \gamma_Q \cdot \left(B_{qh,k} + \Delta E_{aqh,k}\right) \leq \frac{E_{pgh,k}}{\gamma_{R,e}} \cdot \eta_{EP} \tag{1.28}$$

mit

$$E_{pgh,k} = \frac{K_{pgh} \cdot \gamma \cdot t_0^2}{2} \tag{1.29}$$

Nach EB 9 (EAB) ist bei verhältnismäßig geringen vertikalen Einwirkungen (s. Abb. 1.40) zu überprüfen, dass der negative Neigungswinkel beim Erdwiderstand mobilisiert wird

Abb. 1.40 Vertikalkräfte bei Trägerbohlwänden für den Nachweis der Vertikalkomponente des mobilisierten Erdwiderstandes

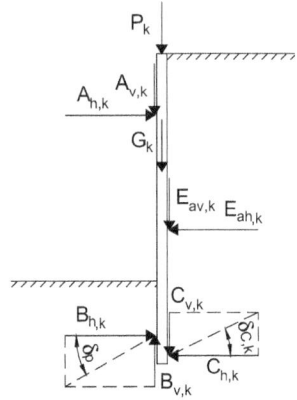

(Nachweis der Vertikalkomponente des mobilisierten Erdwiderstandes). Es muss folgende Bedingung eingehalten werden

$$V_k \geq B_{v,k} \qquad (1.30)$$

mit

V_k die Summe aller von oben nach unten gerichteten charakteristischen Einwirkungen
$B_{v,k}$ die Vertikalkomponente der charakteristischen Auflagerkraft B_k

Für die von oben nach unten gerichteten charakteristischen Einwirkungen sind z. B. das Eigengewicht der Wand G_k, die direkt auf die Wand wirkenden ständigen Auflasten P_k, die vertikale Komponente des Erddrucks $E_{av,k}$ und falls vorhanden die vertikale Komponente $A_{v,k}$ einer Ankerkraft zu berücksichtigen.

Die charakteristische Vertikalkomponente $B_{v,k}$ wird für im Boden frei aufgelagerte Trägerbohlwände nach EB 9 (EAB), Abs. 2c wie folgt bestimmt

$$B_{v,k} = B_{h,k} \cdot \tan \delta_{p,k} \qquad (1.31)$$

mit

$B_{h,k}$ charakteristische Horizontalkomponente der Auflagerkraft B_k
Der Neigungswinkel $\delta_{p,k}$ ist immer mit dem Wert für gekrümmte Gleitflächen zu berücksichtigen.

Es ist der Nachweis (Nachweis der Abtragung von Vertikalkräften in den Untergrund) zu erbringen, dass die von oben nach unten gerichteten lotrechten Einwirkungen (s. Abb. 1.41) unabhängig ihrer Größe vom Boden aufgenommen werden können und die Wand nicht versinkt (s. EB 84 (EAB) und EB 85 (EAB)).

$$\sum V_{d,i} \leq R_d \qquad (1.32)$$

1.2 Methoden der Baugrubensicherung

Abb. 1.41 Vertikalkräfte bei Trägerbohlwänden für den Nachweis der Abtragung von Vertikalkräften in den Untergrund

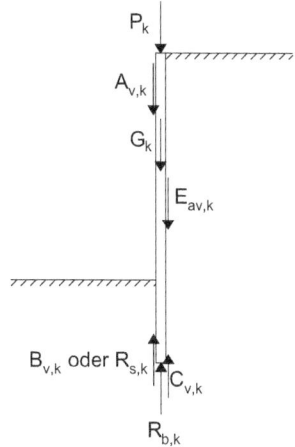

Die Summe V_d steht für die Bemessungswerte der vertikalen Komponenten der Einwirkungen und darf nicht größer werden als die Summe R_d der Bemessungswerte der Widerstände.

Ausführlich stellt sich die Gl. (1.32) wie folgt dar

$$\gamma_G \cdot (G_k + E_{agv,k} + A_{gv,k} + P_{G,k}) + \gamma_Q \cdot (E_{aqv,k} + A_{qv,k} + P_{Q,k}) \leq \frac{R_{b,k}}{\gamma_b} + \frac{R_{v,k}}{\gamma_s} \quad (1.33)$$

mit

- G_k Eigenlast der Trägerbohlwand (Bohlträger + Verbaubohlen)
- $E_{av,k}$ vertikaler Erddruck
- $A_{v,k}$ vertikale Komponente einer Ankerkraft
- P_k direkt auf die Wand wirkende Auflast (z. B. aus Baugrubenabdeckung oder Hilfsbrücken)
- R_k charakteristischer Widerstand im Bereich der Einbindetiefe

Der charakteristische Widerstand im Bereich der Einbindetiefe R_k setzt sich zusammen aus

$$R_k = R_{b,k} + R_{v,k} = A_b \cdot q_{b,k} + A_s \cdot q_{s,k} \quad (1.34)$$

mit

- $R_{b,k}$ charakteristischer Fußwiderstand
- A_b Fuß- bzw. Aufstandsfläche
- $q_{b,k}$ Spitzendruck im Bruchzustand
- $R_{v,k}$ charakteristischer Mantelwiderstand
- A_s Abwicklung der Fläche
- $q_{s,k}$ Mantelreibung im Bruchzustand

Alternativ kann bzw. darf für den Mantelwiderstand $R_{v,k}$ die Vertikalkomponente der Auflagerkraft B_k (s. Gl. (1.35)) angesetzt werden (s. EB 84 (EAB)). Wird $R_{v,k}$ mittels Gl. (1.35) bestimmt, so ist für den Bemessungswert die Teilsicherheit $\gamma_{R,e}$ für den Erdwiderstand zu berücksichtigen.

$$R_{v,k} = B_{h,k} \cdot \tan \delta_{p,k} \tag{1.35}$$

Für den charakteristischen Fußwiderstand ist bei einbetonierten Bohlträgern die tatsächliche vorhandene Fuß- bzw. Aufstandsfläche zu berücksichtigen. Bei gerammten Bohlträgern ergibt sich die maßgebende Aufstandsfläche aus der vorhandenen Stahlquerschnittsfläche. Für den charakteristischen Mantelwiderstand wird bei einbetonierten Bohlträgern die tatsächliche vorhandene Mantelfläche unter der Baugrubensohle zum Ansatz gebracht. Bei gerammten Bohlträgern ist die Abwicklung des Walzprofils zu betrachten. Dabei darf nur die Mantelfläche auf der Baugrubenseite herangezogen werden. Ein zusätzlicher Ansatz der Mantelfläche auf der Erdseite darf unterhalb des theoretischen Fußpunktes vorgenommen werden (vgl. [4]).

Die charakteristischen Widerstände können, falls keine Probebelastungen durchgeführt werden, auf Grundlage von Erfahrungswerten festgelegt werden. Bei gerammten bzw. in Bohrlöcher gesetzte, im Fußbereich vermörtelten Bohlträgern können die Erfahrungswerte aus Empfehlungen des Arbeitskreises „Pfähle" (EA-Pfähle) oder [4, 5] und EAB (s. Tab. 1.15 und 1.16) entnommen werden.

Wirken nur die Eigengewichtslasten und der Vertikalanteil des Erddrucks, so ist bei Baugruben bis 10 m Tiefe und günstigen Bodenverhältnissen eine Einbindetiefe von 1,50 m ohne das Führen eines weiteren Nachweises ausreichend. Ist die Baugrube tiefer als 10 m oder steht ein nicht ausreichend tragfähiger Baugrund unter der Baugrubensohle

Tab. 1.15 Erfahrungswerte für den charakteristischen Spitzendruck $q_{b,k}$ und für die charakteristische Mantelreibung $q_{s,k}$ in nichtbindigen Böden für Bohlträger nach [5] und EAB

Mittlerer Spitzenwiderstand q_c der Drucksonde [MN/m^2]	Spitzendruck $q_{b,k}$ im Bruchzustand [MN/m^2]	Mantelreibung $q_{s,k}$ im Bruchzustand [kN/m^2]
7,5	9	40
15	18	80
≥ 25	25	105

Tab. 1.16 Erfahrungswerte für den charakteristischen Spitzendruck $q_{b,k}$ und für die charakteristische Mantelreibung $q_{s,k}$ in bindigen Böden für Bohlträger nach [4] und EAB

Scherfestigkeit $c_{u,k}$ des undränierten Bodens [kN/m^2]	Spitzendruck $q_{b,k}$ im Bruchzustand [MN/m^2]	Mantelreibung $q_{s,k}$ im Bruchzustand [kN/m^2]
60	–	20
100	1,00	27
150	1,75	35
≥ 250	2,50	50

1.2 Methoden der Baugrubensicherung

an oder wirken weitere Vertikalkräfte, so ist der Nachweis der Abtragung der Vertikalkräfte immer zu führen. Bei zusätzlichen Lasten sind geringere Einbindetiefe als $t_g = 3{,}00$ m bei gerammten Bohlträgern bzw. $t_g = 2{,}50$ m bei einbetonierten Bohlträgern ohne genaueren Nachweis nicht zulässig (s. EB 85 (EAB)). Sind beim Nachweis der Abtragung der Vertikalkräfte aus Eigengewicht und Erddruck die zuvor angegebenen Einbindetiefen von 3,00 bzw. 2,50 m nicht vorhanden, so ist eine Reduzierung des Fußwiderstandes mittels des Anpassungsfaktors η_t erforderlich. Der Anpassungsfaktor wird bei gerammten Bohlträgern über Gl. (1.36) und bei einbetonierten Bohlträgern über Gl. (1.37) bestimmt.

$$\eta_t = \frac{t_g - 0{,}5\,\text{m}}{2{,}50\,\text{m}} \qquad (1.36)$$

$$\eta_t = \frac{t_g - 0{,}5\,\text{m}}{2{,}00\,\text{m}} \qquad (1.37)$$

Für den Fall, dass der Nachweis nicht erbracht ist, können folgende Änderungen betrachtet werden:

- Ableitung der Vertikalkräfte auf andere Konstruktionsteile,
- Vergrößerung der Einbindetiefe t_0,
- Vergrößerung der Aufstandsfläche (z. B. durch Einbetonieren des Trägerfußes).

Beispiel 1.8

Berechnung einer Trägerbohlwand mit waagerechter Verbohlung, 6 m Tiefe, 6 m Breite, einfach ausgesteift (s. Abb. 1.42)

Berechnungsgrundlagen

- Bemessungssituation BS-T ($\gamma_G = 1{,}20$; $\gamma_{R,e} = 1{,}30$; $\gamma_b = 1{,}10$; $\gamma_s = 1{,}10$; $\gamma_{M0} = 1{,}0$)
- großflächige, ständige Geländeauflast von $p = 20$ kN/m^2
- Boden: Sand
- Bodenkennwerte: $\gamma_k = 18$ kN/m^3; $\varphi'_k = 32{,}5°$; $c'_k = 0$ kN/m^2; $\delta_{a,k} = 2/3\ \varphi'_k = 21{,}67°$; $\delta_{p,k} = -27{,}5°$; $q_c = 15$ MN/m^2
- Kennwerte Bohlträger: HEB 260, Stahlgüte S235 mit $f_{y,k} = 235$ N/mm^2; Trägerabstand $a_t = 2{,}25$ m; Trägerbreite $b = 0{,}26$ m; Steifenlage bei $h_s = 1{,}00$ m unter Gelände; Bohlträgerlänge 7,85 m; Einbindetiefe $t = 1{,}85$ m
- Kennwerte Holzbohlen (Ausfachung): Querschnitt 80×200 mm; NH C24
- Kennwerte Aussteifung: HEB 180, Stahlgüte S235 mit $f_{y,k} = 235$ N/mm^2; Steifenabstand $a_s = 2{,}25$ m
- Erddruckbeiwert: K_{agh} ($\delta_{a,k} = 21{,}67°$) $= 0{,}251$ (ebene Gleitfläche)

Abb. 1.42 Trägerbohlwand.
a Geländeschnitt, **b** Umgelagerter Erddruck

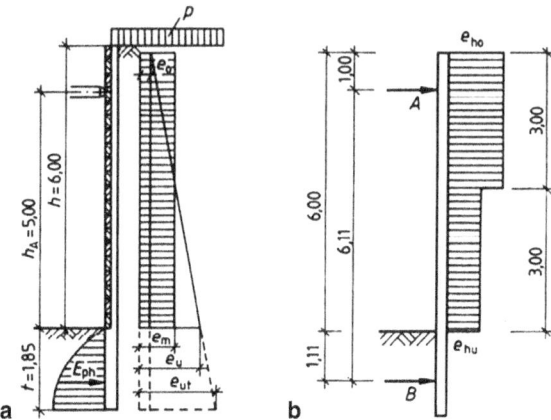

Ermittlung Erddruck:

$$e_{ah,k(0\,m)} = p \cdot K_{agh} = 20 \cdot 0{,}251 = 5{,}02\,kN/m^2$$

$$e_{ah,k(-6\,m)} = \gamma_k \cdot h \cdot K_{agh} + p \cdot K_{agh} = 18 \cdot 6 \cdot 0{,}251 + 20 \cdot 0{,}251$$
$$= 32{,}13\,kN/m^2$$

$$e_{ah,k(-7{,}85\,m)} = \gamma_k \cdot h \cdot K_{agh} + p \cdot K_{agh} = 18 \cdot 7{,}85 \cdot 0{,}251 + 20 \cdot 0{,}251$$
$$= 40{,}49\,kN/m^2$$

Erddruckkraft

hinter der Verbohlung $\quad E_{ah,k} = \dfrac{5{,}02 + 32{,}13}{2} \cdot 6{,}0 = 111{,}45\,kN/m$

unterhalb der Baugrube $\quad \Delta E_{ah,k} = \dfrac{32{,}13 + 40{,}49}{2} \cdot 1{,}85 = 67{,}17\,kN/m$

Umlagerung Erddruck nach EAB (s. Abb. 1.37 und Tab. 1.13):

Abstand Aussteifung $h_1 = 1{,}0\,m$, Tiefe Baugrube $h = 6{,}0\,m$

$$0{,}1 \cdot h = 0{,}1 \cdot 6{,}0\,m = 0{,}6\,m \leq 1{,}0\,m = h_1 \leq 0{,}2 \cdot h$$
$$= 0{,}2 \cdot 6{,}0\,m = 1{,}2\,m$$

Fall b) entsprechend Abb. 1.37 und Tab. 1.13 maßgebend.

e_{hu} und e_{ho} wirken jeweils auf 3 m und als Resultierende ergibt sich 111,45 kN/m:

$$3 \cdot e_{hu} + 3 \cdot e_{ho} = 111{,}45\,kN/m$$

Entsprechend Fall b) ist

$$e_{ho} = 1{,}5 \cdot e_{hu}$$

1.2 Methoden der Baugrubensicherung

Die untere Gleichung in die obere Gleichung eingesetzt, ergibt

$$3 \cdot e_{hu} + 3 \cdot 1{,}5 \cdot e_{hu} = 111{,}45 \, \text{kN/m}$$
$$e_{hu} = 14{,}86 \, \text{kN/m}^2; \, e_{ho} = 22{,}29 \, \text{kN/m}^2$$

Kontrolle: $\quad E_{ah,k} = 22{,}29 \cdot 3{,}0 + 14{,}86 \cdot 3{,}0 = 111{,}45 \, \text{kN/m}$

Bestimmung Auflagerkräfte:

Auflager B bei $0{,}6 \cdot t = 0{,}6 \cdot 1{,}85 = 1{,}11$ m unter Baugrubensohle

$$A_{h,k} = 2{,}25 \cdot \frac{(22{,}29 \cdot 3{,}0) \cdot (4{,}5 + 1{,}11) + (14{,}86 \cdot 3{,}0) \cdot (1{,}5 + 1{,}11)}{6{,}11}$$
$$= 180{,}99 \, \text{kN/Bohlträger}$$

$$B_{h,k} = 2{,}25 \cdot 3 \cdot (22{,}29 + 14{,}86) - 180{,}99 = 69{,}77 \, \text{kN/Bohlträger}$$

Ermittlung maximales Moment:

Das maximale Feldmoment liegt an der Stelle Querkraft V = 0 bei 3,91 m unter Oberkante Bohlträger.

$$M_{k,max} = 180{,}99 \cdot 2{,}91 - 2{,}25 \cdot (22{,}29 \cdot 3 \cdot 2{,}41 + 14{,}86 \cdot 0{,}91 \cdot 0{,}46)$$
$$= 150{,}08 \, \text{kNm/Bohlträger}$$

Nachweis des Erd- bzw. Fußauflagers:

Es werden die beiden Fälle mit und ohne Überschneidung des Bruchkörpers betrachtet und gegenübergestellt. Maßgebend ist der kleinere Wert.

a) Berechnung der räumlichen passiven Erddruckkraft ohne Überschneidung
Bestimmung der Beiwerte nach Tab. 1.14

$$b = 0{,}26 \, \text{m} \leq 0{,}3 \cdot h = 0{,}3 \cdot 1{,}85 \, \text{m} = 0{,}55 \, \text{m}$$

$$\mu_{pgh}^{(res)} = 0{,}55 \cdot (1 + 2 \cdot \tan \varphi) \cdot \sqrt{h/b} = 0{,}55 \cdot (1 + 2 \cdot \tan 32{,}5) \cdot \sqrt{1{,}85/0{,}26}$$
$$= 3{,}34$$

- Erddruckbeiwert: K_{pgh} ($\delta_{p,k} = -27{,}5°$) = 6,73 (gekrümmte Gleitfläche) nach DIN 4085 bzw. [6]

$$E_{ph}^r = E_{pgh}^r = \frac{1}{2} \cdot \gamma \cdot h^2 \cdot K_{pgh} \cdot \mu_{pgh}^{(res)} = \frac{1}{2} \cdot 18 \cdot 1{,}85^2 \cdot 6{,}73 \cdot 3{,}34 = 692{,}38 \, \text{kN/m}$$

Ohne Überschneidung wirkt auf den einzelnen Bohlträger:

$$E_{ph}^{r*} = E_{ph}^r \cdot b = 751{,}03 \cdot 0{,}26 = 180{,}02 \, \text{kN/Bohlträger}$$

b) Berechnung der Erddruckkraft für eine gedachte durchgehende Wand (mit Überschneidung)

$$E_p^{durchg} = E_p^I \cdot \frac{a-b}{a} + E_p^{II} \cdot \frac{b}{a}$$

Die Ermittlung des Anteils aus dem Bodeneigengewicht mit
- Erddruckbeiwerte: K_{pgh} ($\delta_p = 0°$) = 3,32 (gekrümmte Gleitfläche) und K_{pgh} ($\delta_p = -27,5°$) = 6,73 (gekrümmte Gleitfläche) nach DIN 4085 bzw. [6]

$$E_{pgh}^I = 0{,}5 \cdot \gamma \cdot h^2 \cdot K_{pgh(\delta p=0°)} = 0{,}5 \cdot 18 \cdot 1{,}85^2 \cdot 3{,}32 = 102{,}26\,\text{kN/m}$$

$$E_{pgh}^{II} = 0{,}5 \cdot \gamma \cdot h^2 \cdot K_{pgh(\delta p=-27{,}5°)} = 0{,}5 \cdot 18 \cdot 1{,}85^2 \cdot 6{,}73 = 207{,}30\,\text{kN/m}$$

Damit ergibt sich

$$E_p^{durchg} = 102{,}26 \cdot \frac{2{,}25 - 0{,}26}{2{,}25} + 207{,}30 \cdot \frac{0{,}26}{2{,}25} = 114{,}40\,\text{kN/m}$$

Mit Überschneidung wirkt auf den einzelnen Bohlträger:

$$E_{ph}^{durchg\,*} = E_{ph}^{durchg} \cdot a = 114{,}40 \cdot 2{,}25 = 257{,}40\,\text{kN/Bohlträger}$$

$$E_{ph}^{r*} = 180{,}02\,\text{kN/Bohlträger} < E_{ph}^{durchg\,*} = 257{,}40\,\text{kN/Bohlträger}$$

Für den Nachweis des Erdauflagers ist der kleinere Wert maßgebend. Für das Beispiel wird der Fall ohne Überschneidung maßgebend.

- Bemessungswert für die Beanspruchung Auflager B

$$B_{h,d} = B_{h,k} \cdot \gamma_G = 69{,}77 \cdot 1{,}20 = 83{,}72\,\text{kN/Bohlträger}$$

- Bemessungswert für den Widerstand

$$E_{ph,d} = \frac{E_{ph,k}}{\gamma_{R,e}} = \frac{180{,}02}{1{,}3} = 138{,}48\,\text{kN/Bohlträger}$$

$$E_{ph,d} = 138{,}48\,\text{kN/Bohlträger} \geq 83{,}72\,\text{kN/Bohlträger} = B_{h,d}$$

Damit ist der Nachweis des Erdauflagers erbracht.

Nachweis des Gleichgewichts der Horizontalkräfte:

- Vernachlässigter charakteristischer Erddruck unter der Baugrubensohle

$$\Delta E_{ah,k} = 61{,}17 \cdot 2{,}25 = 137{,}63\,\text{kN/Bohlträger}$$

- Charakteristische Beanspruchung

$$\Delta E_{ah,k} + B_{h,k} = 137{,}63 + 69{,}77 = 207{,}40\,\text{kN/Bohlträger}$$

1.2 Methoden der Baugrubensicherung

- Charakteristischer Erdwiderstand

$$E_{ph,k} = 0{,}5 \cdot \gamma_k \cdot t^2 \cdot K_{pgh} \cdot a = 0{,}5 \cdot 18 \cdot 1{,}85^2 \cdot 6{,}73 \cdot 2{,}25 = 466{,}43 \text{ kN/Bohlträger}$$

- Bemessungswert für die Beanspruchung

$$\Delta E_{ah,k} \cdot \gamma_G + B_{h,k} \cdot \gamma_G = 137{,}63 \cdot 1{,}2 + 69{,}77 \cdot 1{,}2 = 248{,}88 \text{ kN/Bohlträger}$$

- Bemessungswert für den Widerstand

$$E_{ph,d} = \frac{E_{ph,k}}{\gamma_{R,e}} = \frac{466{,}43}{1{,}3} = 358{,}79 \text{ kN/Bohlträger}$$

$$\Delta E_{ah,d} + B_{h,d} = 248{,}88 \text{ kN/Bohlträger} \leq 358{,}80 \text{ kN/Bohlträger} = E_{ph,d}$$

Somit ist der Nachweis des Gleichgewichts der Horizontalkräfte erfüllt.

Nachweis der Vertikalkomponente des mobilisierten Erdwiderstandes:

- Vertikalanteil der aktiven Erddruckkraft

$$E_{av,k} = E_{ah,k} \cdot \tan \delta_{a,k} \cdot a_t = 111{,}45 \cdot \tan 21{,}67° \cdot 2{,}25 = 99{,}62 \text{ kN/Bohlträger}$$

- Eigengewicht des Bohlträgers
  Querschnittfläche HEB 260 A = 118,44 cm²; Länge Bohlträger l = 7,85 m; Wichte Stahl γ_{Stahl} = 78,5 kN/m³

$$V_{Bohlträger,k} = 78{,}5 \cdot 7{,}85 \cdot 118{,}44 \cdot 10^{-4} = 7{,}30 \text{ kN/Bohlträger}$$

- Eigengewicht der Bohlen (Ausfachung)
  Holzbohlen 80 × 200 mm, Anzahl n = 31 Stück, γ = 0,08 kN/m

$$V_{Bohlen \text{ (Ausfachung)},k} = 0{,}08 \cdot 31 \cdot 2{,}25 = 5{,}58 \text{ kN/Bohlträger}$$

$$B_{v,k} = B_{h,k} \cdot \tan \delta_{p,k} = 69{,}77 \cdot \tan 27{,}5° = 36{,}32 \text{ kN/Bohlträger}$$

$$V_k = 99{,}62 + 7{,}30 + 5{,}58$$
$$= 112{,}50 \text{ kN/Bohlträger} > 36{,}32 \text{ kN/Bohlträger} = B_{v,k}$$

Damit ist der Nachweis der Vertikalkomponente des mobilisierten Erdwiderstandes erbracht.

Nachweis der Abtragung von Vertikalkräften in den Untergrund:

- Charakteristische vertikale Einwirkungen

$$V_{Bohlträger,k} = 7{,}30 \text{ kN/Bohlträger}$$
$$V_{Bohlen \text{ (Ausfachung)},k} = 5{,}58 \text{ kN/Bohlträger}$$

- Eigengewicht Aussteifung
  Querschnittfläche HEB 180 A = 65,04 cm²; Länge Aussteifung l = 6,00 m; Wichte Stahl γ_{Stahl} = 78,5 kN/m³

$$V_{Aussteifung,k} = 0,5 \cdot 78,5 \cdot 6,00 \cdot 65,04 \cdot 10^{-4} = 1,53 \text{ kN/Bohlträger}$$

$$E_{av,k} = 111,45 \cdot \tan\left(\frac{2}{3} \cdot 32,5°\right) \cdot 2,25 = 99,62 \text{ kN/Bohlträger}$$

- Charakteristischer Widerstand im Bereich der Einbindetiefe

$$A_b = 0,01184 \text{ m}^2$$

$q_{b,k}$ = 18.000 kN/m² nach [5] bzw. Tab. 1.15

$$A_s = 1,85 \cdot (1,499 - 0,26) = 2,292 \text{ m}^2$$

$q_{s,k}$ = 80 kN/m² nach [5] bzw. Tab. 1.15

$$\eta_t = \frac{t_g - 0,5 \text{ m}}{2,50 \text{ m}} = \frac{1,85 - 0,5}{2,50} = 0,54$$

$$R_k = A_b \cdot q_{b,k} + A_s \cdot q_{s,k} = 0,54 \cdot 0,01184 \cdot 18.000 + 2,292 \cdot 80$$
$$= 115,08 + 183,36 = 298,44 \text{ kN/Bohlträger}$$

- Bemessungswert für die Beanspruchung

$$\sum V_{d,i} = 1,2 \cdot (7,30 + 5,58 + 1,53 + 99,62) = 136,84 \text{ kN/Bohlträger}$$

- Bemessungswert für den Widerstand

$$R_d = \frac{R_{b,k}}{\gamma_b} + \frac{R_{v,k}}{\gamma_s} = \frac{115,08}{1,1} + \frac{183,36}{1,1} = 271,31 \text{ kN/Bohlträger}$$

$$\sum V_{d,i} = 136,84 \text{ kN/Bohlträger} < 273,31 \text{ kN/Bohlträger} = R_d$$

Die Abtragung von Vertikalkräften in den Untergrund ist damit nachgewiesen.
Nachweis der Tragfähigkeit der Bohlträger:

- Bohlträger HEB 260, S235, Querschnittfläche A = 118,44 cm²; Widerstandmoment $W_{el,y}$ = 1150 cm³
- Biegespannungsnachweis
  Eigengewicht Bauteile für die Ermittlung der Normalkraft für das maximale Moment bei 3,91 m unter Oberkante Trägerbohlwand

$$V_{Bohlträger,k} = 78,5 \cdot 7,85 \cdot 118,44 \cdot 10^{-4} = 3,63 \text{ kN/Bohlträger}$$

$$V_{Bohlen\,(Ausfachung),k} = 0,08 \cdot 20 \cdot 2,25 = 3,60 \text{ kN/Bohlträger}$$

$$V_{Aussteifung,k} = 1,53 \text{ kN/Bohlträger}$$

- Vertikaler Anteil Erddruck

$$E_{av,k} = (22{,}29 \cdot 3{,}0 + 14{,}86 \cdot 0{,}91) \cdot \tan\left(\frac{2}{3} \cdot 32{,}5°\right) \cdot 2{,}25 = 71{,}86 \text{ kN/Bohlträger}$$

- Schnittgrößen Bohlträger

$$N_{Ed} = 1{,}2 \cdot (3{,}63 + 3{,}60 + 1{,}53 + 71{,}86) = 80{,}62 \text{ kN/Bohlträger}$$
$$M_{y,Ed} = 1{,}2 \cdot 150{,}08 = 180{,}10 \text{ kNm/Bohlträger}$$

- Bemessungswert für die Beanspruchung

$$\sigma_{y,Ed} = \frac{N_{Ed}}{A} + \frac{M_{y,Ed}}{W_{el,y}} = \frac{80{,}62}{118{,}44} + \frac{18{.}010}{1150} = 16{,}34 \text{ kN/cm}^2$$

- Bemessungswert für den Widerstand

$$\sigma_{y,Rd} = \frac{f_y}{\gamma_{M0}} = \frac{23{,}5}{1{,}0} = 23{,}50 \text{ kN/cm}^2$$
$$\sigma_{y,Ed} = 16{,}34 \text{ kN/cm}^2 < 23{,}50 \text{ kN/cm}^2 = \sigma_{y,Rd}$$

Der Nachweis ist erfüllt.

Nachweis der Tragfähigkeit der Ausfachung:

- Holzbohlen 80 × 200 mm
- Zulässige Biegespannung
- Nach EB 88 (EAB) $k_{mod} = 1$
- Nach Anhang 9 (EAB) $f_{m,k} = 24 \text{ N/mm}^2$
- Teilsicherheitsbeiwert für Holz $\gamma_M = 1{,}3$

$$\text{zul. } \sigma = \frac{k_{mod} \cdot f_{m,k}}{\gamma_M} = \frac{1 \cdot 2{,}4}{1{,}3} = 1{,}85 \text{ kN/cm}^2$$

- Biegemoment Holzausfachung

$$M_d = \frac{22{,}29 \cdot 2{,}25^2}{8} = 14{,}10 \text{ kNm/m}$$

- Erforderliches Widerstandsmoment

$$\text{erf. } W = \frac{M_d}{\text{zul. } \sigma} = \frac{1410}{1{,}85} = 762{,}16 \text{ cm}^3/\text{m}$$

- Erforderliche Dicke d Holzausfachung
- Höhe Holz h = 20 cm, 5 Hölzer/m

$$\text{erf. d} = \sqrt{\frac{6 \cdot W}{5 \cdot h}} = \sqrt{\frac{6 \cdot 762{,}16}{5 \cdot 20}} = 6{,}8 \text{ cm}$$

$$\text{erf. } \sigma = \frac{1410}{5 \cdot 213} = 1{,}32 \text{ kN/cm}^2 < 1{,}85 \text{ kN/cm}^2 = \text{zul. } \sigma$$

Der Nachweis für die Holzausfachung ist erfüllt.

Nachweis der Tragfähigkeit der Aussteifung nach EB 52 (EAB):

Da die Aussteifung nur durch das Eigengewicht und den Erddruck beansprucht wird, kann das Biegemoment vernachlässigt werden. Der Biegeknicknachweis der Normalkraft mit dem Ersatzstabverfahren ist für den Nachweis der Tragfähigkeit ausreichend.

- Charakteristische Beanspruchung

$$A_{h,k} = 180{,}99 \text{ kN/Bohlträger}$$

- Bemessungswert für die Beanspruchung

  Die Bemessungssituation BS-T gilt nicht für Steifen. Bei Steifen sind die Teilsicherheitsbeiwerte für die Bemessungssituation BS-P zu berücksichtigen oder die für einen anderen Lastfall ermittelten Bemessungsschnittgrößen um 15 % zu erhöhen (vgl. EB 52 (EAB)).

$$E_d = \gamma_G \cdot A_{h,k} = 1{,}35 \cdot 180{,}99 = 244{,}34 \text{ kN/Bohlträger}$$

- Bemessungswert für den Widerstand
  Nach [7, Bild 147] bzw. [2, Bild 18.4] ergibt sich

$$R_{M,d} = 375{,}00 \text{ kN/Bohlträger}$$
$$E_d = 244{,}34 \text{ kN/Bohlträger} < 375{,}00 \text{ kN/Bohlträger} = R_{M,d}$$

Der Nachweis für die Aussteifung ist erbracht. ◀

1.2.3.5.3.2 Im Boden eingespannte Trägerbohlwände

Zur Berechnung kann i. d. R. der Berechnungsansatz nach Blum gewählt werden (s. [8] und Abschn. 1.2.4.9.4). Dabei wird die Trägerbohlwand als durchlaufende Wand berechnet. Der Erddruck wird nur bis in Höhe der Baugrubensohle von der Ausfachung aufgenommen, da diese nicht tiefer verbaut ist.

Für den Nachweis der Vertikalkomponente des mobilisierten Erdwiderstandes gilt für im Boden eingespannte Trägerbohlwände der vereinfachte Nachweis (Gl. (1.38)) gemäß EB 9 (EAB), Abs. 3.

$$V_k = G_k + E_{av,k} + A_{v,k} + C_{v,k} \geq B_{v,k} \tag{1.38}$$

Für den genaueren Nachweis (Gl. (1.39)) darf die rechnerische Auflagerkraft um die Hälfte der zugehörigen Kraft $C_{h,k}$ (s. Abb. 1.40) reduziert werden. Die vertikale Komponente $C_{v,k}$ darf nur mit der Hälfte berücksichtigt werden.

$$V_k = G_k + E_{av,k} + A_{v,k} + \frac{1}{2} \cdot C_{v,k} \geq \left(B_{h,k} - \frac{1}{2} \cdot C_{h,k}\right) \cdot \tan \delta_{p,k} \qquad (1.39)$$

C_k ist bei beiden Nachweisen auf $\delta_C \leq 1/3 \cdot \varphi'_k$ zu begrenzen.

Für den Nachweis der Abtragung von Vertikalkräften in den Untergrund ist für im Boden eingespannte Trägerbohlwände für den Wandwiderstand die Ersatzkraft C_k zu berücksichtigen. Hier wirkt die Vertikalkomponente $C_{v,k}$ nach oben (Abb. 1.41) und ist über die Gl. (1.40) zu bestimmen (s. EB 84 (EAB))

$$C_{v,k} = C_{h,k} \cdot \tan \delta_{C,k} \qquad (1.40)$$

Der Neigungswinkel $\delta_{C,k}$ der Ersatzkraft C darf maximal so groß wie der Wandreibungswinkel nach Abschn. 1.2.3.5.1 sein.

Nach EB 9 (EAB) ist die charakteristische Auflagerkraft $B_{h,k}$ um die Hälfte der charakteristischen Ersatzkraft $C_{h,k}$ zu reduzieren. Damit kommt es ebenso zur Verringerung der vertikalen Komponenten $B_{v,k}$. Ebenso darf die Ersatzkraft $C_{h,k}$ nur mit der Hälfte berücksichtigt werden. Damit ergibt sich als Bemessungswert für den Widerstand für den Nachweis der Abtragung von Vertikalkräften in den Untergrund für im Boden eingespannte Trägerbohlwände Gl. (1.41).

$$R_d = \frac{R_{b,k}}{\gamma_b} + \frac{0{,}5 \cdot C_{v,k} + (B_{h,k} - 0{,}5 \cdot C_{h,k}) \cdot \tan \delta_{p,k}}{\gamma_{R,e}} \qquad (1.41)$$

1.2.4 Spundwände

Spundwände werden sowohl vorübergehend zur Baugrubensicherung als auch als Teile von endgültigen Bauwerken und ihren Gründungen verwendet. Im Folgenden werden die Spundwände und ihre Berechnung allgemein behandelt und ihr Einsatz zur Baugrubensicherung und zur dauerhaften Abfangung von Geländesprüngen an Beispielen veranschaulicht.

Der Spundwandverbau ist i. d. R. mit höheren Kosten als für Trägerbohlwände verbunden und ist weniger anpassungsfähig. So müssen zum Beispiel kreuzende Versorgungsleitungen meist vor Beginn der Rammarbeiten verlegt werden, da die Durchführung der Leitung durch die Spundwand nur mit Hilfe von Aussparungen möglich ist. Im Unterschied zu Trägerbohlwänden können Stahlspundwände als nahezu wassersperrender Verbau ausgebildet werden. Sie werden daher bevorzugt zur Umschließung von Baugruben im Grundwasserbereich und als Stützwände in offenem Wasser eingesetzt.

In der DIN EN 12063 werden Spundwandkonstruktionen sowohl für bleibende als auch temporäre Bauwerke geregelt.

Spundbohlen können aus verschiedenen Werkstoffen bestehen. Dadurch sind sie für verschiedene örtliche Gegebenheiten und vielfältige Einsatzzwecke geeignet. Nachfolgend werden die unterschiedlichen Spundwände mit ihren Eigenschaften und Einsatzgebieten erläutert.

1.2.4.1 Holzspundwände

Holzspundwände (s. EAU) kommen aufgrund ihres natürlichen Fäulnisprozesses nur noch selten zum Einsatz. Sie werden vor allem als Fußspundwände vor Uferböschungen, als untergeordnete Wasserbauten (z. B. Sportboothäfen) und als einfache Baugrubenumschließungen und Gründungen eingesetzt. Hölzerne Spundwände (Normalbreite 25 cm, größte Länge 15 m, Bohlendicken zwischen 6 und 30 cm) können angewendet werden, wenn

- rammgünstiger Untergrund ansteht,
- die Widerstandsmomente nicht zu groß sind oder
- keine anderen Baustoffe aufgrund der örtlichen Gegebenheiten verwendet werden können.

Es ist die DIN EN 1995 anzuwenden.

Für Spundbohlen eignet sich am besten das harzreiche Kiefernholz, sie können jedoch auch aus Fichten- oder Tannenholz hergestellt werden. Trockenes Holz muss vor dem Rammen einige Tage in Wasser gelegt werden, sonst spaltet es sich leicht. Zudem kann die Spundwand Schäden bekommen, wenn das Holz nach dem Rammen quillt.

Nach einer anderen Faustregel (s. E 22 (EAU 2012)) soll bei längeren Bohlen die Bohlendicke in cm gleich der doppelten Bohlenlänge in m sein (z. B. l = 10 m, d = 20 cm). Bei beiden Regeln wird vorausgesetzt, dass statisch keine größere Dicke erforderlich ist.

Am gebräuchlichsten ist die Quadratspundung (s. Abb. 1.43) mit Nut und Feder, da sie am wenigsten durchlässig ist. Bei nicht zu starkem Wasserandrang kann auch die einfachere Gratspundung (s. Abb. 1.44) angewendet werden.

Abb. 1.43 Quadratspundung

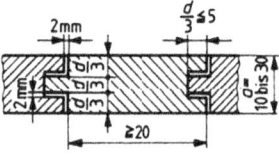

Abb. 1.44 Gratspundung

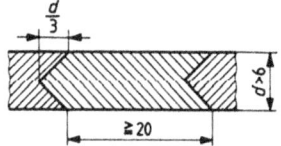

1.2 Methoden der Baugrubensicherung

Abb. 1.45 Holzspundbohle (Rammeinheit aus zwei Bohlen)

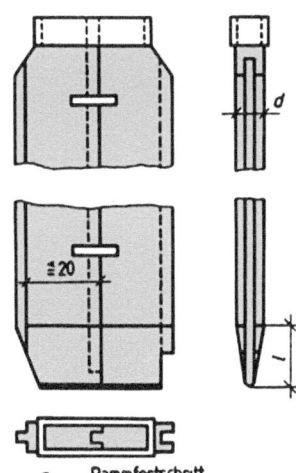

Bei der Quadratspundung beträgt die Dicke und Höhe der Feder 1/3 der Bohlendicke, bei Bohlen > 15 cm Dicke bleibt die Federhöhe 5 cm. Die Nut soll, um beim Rammen ein Auseinandertreiben der Bohlen zu verhindern, 3 bis 4 mm breiter und 2 bis 4 mm flacher sein, damit sie von der Feder ganz ausgepresst und ausgeräumt wird.

Die Schneide (Fußausbildung) der Spundbohlen (s. Abb. 1.45) entspricht in der Breite dem ein- bis dreifachen der Bohlendicke und ist umso kürzer, d. h. stumpfer, je schwerer der Boden zu durchrammen ist (l = 1 bis 1,5 d in schwererem Boden, l = 2 bis 3 d in leicht rammbarem Boden). Sie erhält eine Schmiege an der Federseite, damit die Bohle beim Rammen unbedingt gegen die vorhergeschlagene Bohle gepresst wird.

Die Bohlenköpfe werden während des Rammens gegen Zersplittern durch einen 2 cm dicken, 8 bis 10 cm breiten konischen Flachstahlring geschützt. Dabei werden, um an Rammarbeit zu sparen, zwei Spundbohlen zusammengefasst (s. Abb. 1.45), die durch Spitzklammern miteinander verklammert werden.

Ein Brennstempel an der Innenseite, ca. 30 cm unter dem Kopf, ermöglicht noch nachträglich festzustellen, ob die Bohle wirklich ganz eingerammt wurde und nicht etwa wegen schlechten Ziehens abgeschnitten worden ist.

An den Ecken der Baugrube (s. Abb. 1.46) werden Eckpfähle mit Nuten beiderseits erforderlich. Sie sind gewöhnlich von quadratischem Querschnitt, doppelt so dick und 0,50 bis 1 m länger als die Spundbohlen. Für stumpfe und spitze Ecken wird eine Schmiege angeschnitten und mit Nut versehen. Die beiderseits angeordneten, zangenartigen Holme werden an den Ecken durch stählerne Laschen verbunden. Die Stahllaschen müssen nach E 22 (EAU 2012) mindestens feuerverzinkt oder mit gleichwertigem Korrosionsschutz versehen sein.

In sehr steinigem Boden sind Holzbohlen auch mit Pfahlschuhen nicht zu verwenden. Hier werden Stahlspundwände gewählt. Hölzerne Spundwände sind nur angebracht, wenn sie bei Dauerbauwerken zur Vermeidung von Fäulnis unter dem Grundwasserspiegel, im

Abb. 1.46 Eckverbindung von Spundwand-Holmen durch Stahllaschen

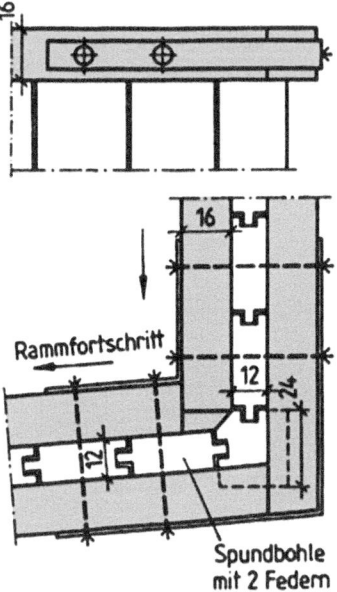

freien Wasser unter niedrigsten Wasserstand (im Tidegebiet auf der Mitte zwischen dem mittleren Höchstwasserstand und mittleren Niedrigwasserstand) enden oder aus tropischen Spezialhölzern wie Bongossi oder Basralocus bestehen. Optional können die Hölzer auch mit umweltverträglichem Imprägniermittel geschützt werden. In Zonen mit Gefahr des Befalls durch Holzbohrtiere (Wasser mit einem Salzgehalt $\geq 9\text{‰}$) dürfen ungetränkte (Steinkohlenteeröl ist umweltschädlich) tropische Spezialhölzer (s. E 22 (EAU 2012), Tab. E 22-1) verwendet werden. Sie eignen sich auch für Uferbauwerke, an denen chemische, stahl- beziehungsweise betonangreifende Stoffe umgeschlagen werden.

1.2.4.2 Stahlbetonspundwände

Stahlbetonspundwände können nur verwendet werden, wenn die Bohlen mit Sicherheit ohne Beschädigung und dichtschließend in den Boden gerammt werden können. Die Anwendung von Stahlbetonspundwänden sollte aber auf Bauwerke beschränkt werden, bei denen es nicht auf hohe Anforderungen der Dichtheit ankommt (vgl. E 21 (EAU 2012)), wie z. B. bei Buhnen.

Stahlbetonspundwände müssen aus einem möglichst festen und dichten Beton hergestellt werden. Gemäß DIN EN 1992-1-1, Abschn. 4.2, sind bei der Auswahl der Betone die jeweiligen Expositionsklassen unter Beachtung der Umgebungsbedingungen zu berücksichtigen.

Die Bohlendicke ist i. d. R. $\geq 14\,\text{cm}$, aus Gewichtsgründen i. Allg. jedoch kleiner als 40 cm. Neben den Rammbedingungen richtet sich die Dicke nach den statischen und baulichen Erfordernissen. Die übliche Bohlenbreite beträgt 50 cm und zur Anpassung an die normale Rammhaube am Kopf nur ca. 33 cm. Ihre Länge kann bis 15 m betragen und in Ausnahmefällen sogar bis zu 20 m.

1.2 Methoden der Baugrubensicherung

Abb. 1.47 Stahlbetonspundbohle

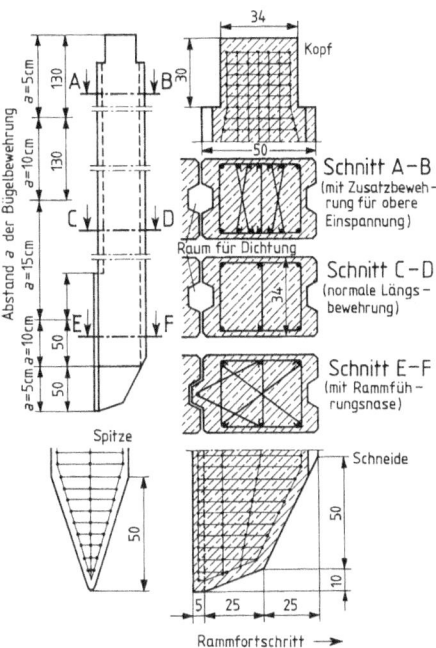

Die Nut auf der Seite des Rammfortschritts (s. Abb. 1.47) verläuft über die ganze Länge der Bohle. Die Breite der Nut beträgt bis zu einem Drittel der Spundbohlendicke, jedoch nicht mehr als 10 cm. Auf der anderen Seite erhält der Fuß auf 1,5 m eine zur Nut passende Feder, an die sich oben eine Nut anschließt. Die Feder soll den Bohlenfuß beim Einbringen führen. Darüber ist durch die doppelte Nut ein ausreichender Querschnitt zur Fugendichtung gewonnen. Der Nutenraum wird nach Ausspülen mit einer guten Betonmischung im Kontraktorverfahren gefüllt, bei großen Nuten durch Herablassen eines plastischen Betons in einem Jutesack. Hierbei wird Beton von unten nach oben mit einem Kontraktorrohr eingebracht.

Bei elastischer Dichtung kann die Nut durch bituminierten Sand und Steingrus gefüllt werden. Wahlweise kann die Feder auch über die gesamte Länge der Spundwand angeordnet werden. Schwierigkeiten bereitet hierbei die Dichtung. Eine Selbstdichtung der Bohlen mit durchlaufender Nut und Feder ist bei Stahlbetonspundwänden selten möglich. Späteres Nachdichten ist bei Stahlbetonspundwänden sehr kostenintensiv (vgl. EAU 2012).

Die Überdeckung der tragenden Bewehrung soll im Süß- und im Seewasser als Mindestmaß c_{min} = 50 mm und das Nennmaß c_{nom} = 60 mm betragen. Damit sind beide Maße größer, als in DIN EN 1992-1-1 angegeben ist. Die Stärke der Bewehrung richtet sich nach den Beanspruchungen beim Transport, beim Einbau und im fertig eingebauten Zustand. Die Stahlbetonspundbohlen sind nach DIN EN 1992-1-1 zu bemessen. Hierbei sind die Lastfälle „Anheben der Bohle beim Entformen" sowie „Hochheben vor der Ramme" und DIN EN 12699 zu beachten. Im Allgemeinen erhalten die Bohlen als tragende Längsbewehrung BSt 500 S. Als Wendel erhalten die Bohlen eine ausgebildete Querbewehrung aus BSt 500 S oder M oder aus Walzdraht mit einem Durchmesser von 5 mm.

Stahlbetonspundbohlen werden stets als Einzelbohlen gerammt. Sind Feder und Nut vorhanden, mit der Nutseite voraus. Bei Verwendung von Fallbären sind Rammhauben zu benutzen, um die Rammschläge möglichst gleichmäßig zu verteilen. Es soll mit schweren Bären bei geringer Fallhöhe (0,50 bis 1,0 m) gerammt werden. Rammhämmer sind weniger geeignet. Ebenfalls sind entsprechend gewählte hydraulische Rammbären einsetzbar, bei denen die Schlagenergien regelbar sind. Bei feinsandigem und schluffigem Boden wird das Rammen durch Einspülen erleichtert.

Stahlbeton- oder Spannbetonbohlen werden vor allem bei Sandschliffgefahr, insbesondere im Seebuhnenbau, angewendet.

1.2.4.3 Stahlspundwände

Seit vielen Jahrzehnten dominiert der Baustoff Stahl bei Spundwandbauwerken (s. Abb. 1.48 und Abb. 1.49). Spundwände aus Stahl als U-Bohle (s. Abb. 1.50) oder Z-Bohle (s. Abb. 1.51) haben gegenüber Holz- und Stahlbetonspundwänden einige Vorzüge. Infolge des geringen Querschnitts lassen sich diese leichter rammen, verursachen dabei geringere Bodenerschütterungen und können deshalb unter günstigen Bedingungen noch in der Nähe bestehender Bauten gerammt werden. Stahlspundwände können sehr häufig ohne Bedenken wegen etwaiger Setzungen des Baugrunds, gegebenenfalls unter kraftschlüssigem Verpressen des verbleibenden Spalts, wieder herausgezogen und mehrfach verwendet werden, soweit sie nicht zum Schutz des Bauwerks im Baugrund verbleiben.

Im Gegensatz zu Holz- und Stahlbetonspundwänden können wellenförmige Stahlspundwände aus Einzelprofilen mit gewissen Einschränkungen Quer- und Zugkräfte übertragen, so dass sich aus statischer Sicht ein Vorteil ergibt. Die Quersteifigkeit wird mittels Gurten, Überbauten und Holmen weiter verbessert.

In Abb. 1.52 sind verschiedene Spundwandprofile dargestellt. Die Tab. 1.17, 1.18 und 1.19 enthalten Spundwandprofile aus Stahl mit ihren technischen Daten.

Abb. 1.48 Spundwandverbau

Abb. 1.49 Spundwandverbau (© Wadle Bauunternehmung GmbH)

Abb. 1.50 Stahlspundwandbohle U-Profil

Abb. 1.51 Stahlspundwandbohle Z-Profil

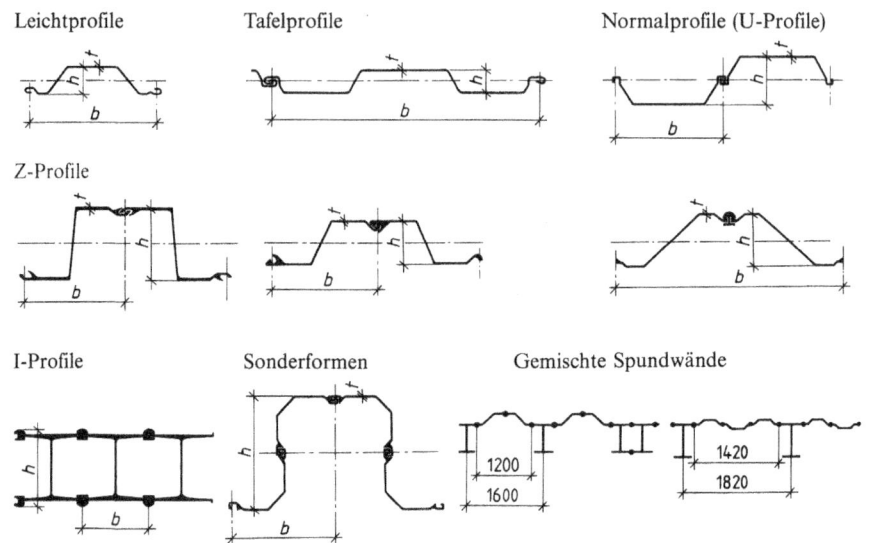

Abb. 1.52 Beispiele Spundwandprofile

Tab. 1.17 U-Profile Lieferprogramm von ArcelorMittal [9]

Profil	Abmessungen				A	G_{sp}	G_w	I_y	$W_{el,y}$	S_y	$W_{pl,y}$
	b	h	t	s							
	mm	mm	mm	mm	cm²/m	kg/m	kg/m²	cm⁴/m	cm³/m	cm³/m	cm³/m
AU 14	750	408	10,0	8,3	132,3	77,9	103,8	28.680	1405	820	1663
AU 16	750	411	11,5	9,3	146,5	86,3	115,0	32.850	1600	935	1891
AU 18	750	441	10,5	9,1	150,3	88,5	118,0	39.300	1780	1030	2082
AU 20	750	444	12,0	10,0	164,6	96,9	129,2	44.440	2000	1155	2339
AU 23	750	447	13,0	9,5	173,4	102,1	136,1	50.700	2270	1285	2600
AU 25	750	450	14,5	10,2	187,5	110,4	147,2	56.240	2500	1420	2866
PU 12	600	360	9,8	9,0	140,0	66,1	110,1	21.600	1200	715	1457
PU 12S	600	360	10,0	10,0	150,8	71,0	118,4	22.660	1260	755	1543
PU 18^{-1}	600	430	10,2	8,4	154,2	72,6	121,0	35.950	1670	980	1988
PU 18	600	430	11,2	9,0	163,3	76,9	128,2	38.650	1800	1055	2134
PU 18^{+1}	600	430	12,2	9,5	172,3	81,1	135,2	41.320	1920	1125	2280
PU 22^{-1}	600	450	11,1	9,0	173,9	81,9	136,5	46.380	2060	1195	2422
PU 22	600	450	12,1	9,5	182,9	86,1	143,6	49.460	2200	1275	2580
PU 22^{+1}	600	450	13,1	10,0	192,0	90,4	150,7	52.510	2335	1355	2735

1.2 Methoden der Baugrubensicherung

Tab. 1.17 (Fortsetzung)

Profil	Abmessungen				A	G_{sp}	G_w	I_y	$W_{el,y}$	S_y	$W_{pl,y}$
	b	h	t	s							
	mm	mm	mm	mm	cm²/m	kg/m	kg/m²	cm⁴/m	cm³/m	cm³/m	cm³/m
PU 28⁻¹	600	452	14,2	9,7	206,8	97,4	162,3	60.580	2680	1525	3087
PU 28	600	454	15,2	10,1	216,1	101,8	169,6	64.460	2840	1620	3269
PU 28⁺¹	600	456	16,2	10,5	225,6	106,2	177,1	68.380	3000	1710	3450
PU 32⁻¹	600	452	18,5	10,6	233,3	109,9	183,2	69.210	3065	1745	3525
PU 32	600	452	19,5	11,0	242,0	114,1	190,2	72.320	3200	1825	3687
PU 32⁺¹	600	452	20,5	11,4	251,3	118,4	197,3	75.410	3340	1905	3845
GU 6N	600	309	6,0	6,0	89,0	41,9	69,9	9670	625	375	765
GU 7N	600	310	6,5	6,4	93,7	44,1	73,5	10.450	675	400	825
GU 7S	600	311	7,2	6,9	98,2	46,3	77,1	11.540	740	440	900
GU 7HWS	600	312	7,3	6,9	100,7	47,4	79,1	11.620	745	445	910
GU 8N	600	312	7,5	7,1	103,1	48,5	80,9	12.010	770	460	935
GU 8S	600	313	8,0	7,5	107,8	50,8	84,6	12.800	820	490	995
GU 10N	600	316	9,0	6,8	118,5	55,8	93,0	15.700	995	565	1160
GU 11N	600	318	10,0	7,4	127,9	60,2	100,4	17.450	1095	630	1280
GU 12N	600	320	11,0	8,0	137,2	64,6	107,7	19.220	1200	690	1400
GU 13N	600	418	9,0	7,4	127,2	59,9	99,8	26.590	1270	755	1535
GU 14N	600	420	10,0	8,0	136,5	64,3	107,1	29.410	1400	830	1685
GU 15N	600	422	11,0	8,6	145,9	68,7	114,5	32.260	1530	910	1840
GU 16N	600	430	10,2	8,4	154,2	72,6	121,0	35.950	1670	980	1988
GU 18N	600	430	11,2	9,0	163,3	76,9	128,2	38.650	1800	1055	2134
GU 20N	600	430	12,2	9,5	172,3	81,1	135,2	41.320	1920	1125	2280
GU 21N	600	450	11,1	9,0	173,9	81,9	136,5	46.380	2060	1195	2422
GU 22N	600	450	12,1	9,5	182,9	86,1	143,6	49.460	2200	1275	2580
GU 23N	600	450	13,1	10,0	192,0	90,4	150,7	52.510	2335	1355	2735
GU 27N	600	452	14,2	9,7	206,8	97,4	162,3	60.580	2680	1525	3087
GU 28N	600	454	15,2	10,1	216,1	101,8	169,6	64.460	2840	1620	3269
GU 30N	600	456	16,2	10,5	225,6	106,2	177,1	68.380	3000	1710	3450
GU 31N	600	452	18,5	10,6	233,3	109,9	183,2	69.210	3065	1745	3525
GU 32N	600	452	19,5	11,0	242,0	114,1	190,2	72.320	3200	1825	3687
GU 33N	600	452	20,5	11,4	251,3	118,4	197,3	75.410	3340	1905	3845
GU 16-400	400	290	12,7	9,4	197,3	62,0	154,9	22.580	1560	885	1815
GU 18-400	400	292	15,0	9,7	220,8	69,3	173,3	26.090	1785	1015	2080

Breite b / Höhe h / Wanddicke t / Wanddicke s / Stahlquerschnittsfläche A / Masse je Einzelbohle G_{sp} / Masse je Spundwand G_w / Trägheitsmoment I_y bezogen auf die Neutralachse y-y / Elastisches Widerstandsmoment $W_{el,y}$ bezogen auf die Neutralachse y-y / statisches Moment S_y / plastisches Moment $W_{pl,y}$

Tab. 1.18 Z-Profile Lieferprogramm von ArcelorMittal [9]

Profil	Abmessungen				A	G_{sp}	G_w	I_y	$W_{el,y}$	S_y	$W_{pl,y}$
	b	h	t	s							
	mm	mm	mm	mm	cm²/m	kg/m	kg/m²	cm⁴/m	cm³/m	cm³/m	cm³/m
AZ 18-800	800	449	8,5	8,5	129	80,7	100,9	41.320	1840	1065	2135
AZ 20-800	800	450	9,5	9,5	141	88,6	110,7	45.050	2000	1165	2330
AZ 22-800	800	451	10,5	10,5	153	96,4	120,5	48.790	2165	1260	2525
AZ 23-800	800	474	11,5	9,0	151	94,6	118,2	55.260	2330	1340	2680
AZ 25-800	800	475	12,5	10,0	163	102,6	128,2	59.410	2500	1445	2890
AZ 27-800	800	476	13,5	11,0	176	110,5	138,1	63.570	2670	1550	3100
AZ 28-750	750	509	12,0	10,0	171	100,8	134,4	71.540	2810	1620	3245
AZ 30-750	750	510	13,0	11,0	185	108,8	145,0	76.670	3005	1740	3485
AZ 32-750	750	511	14,0	12,0	198	116,7	155,6	81.800	3200	1860	3720
AZ 12-770	770	344	8,5	8,5	120	72,6	94,3	21.430	1245	740	1480
AZ 13-770	770	344	9,0	9,0	126	76,1	98,8	22.360	1300	775	1546
AZ 14-770	770	345	9,5	9,5	132	79,5	103,2	23.300	1355	805	1611
AZ 14-770-10/10	770	345	10,0	10,0	137	82,9	107,7	24.240	1405	840	1677
AZ 12-700	700	314	8,5	8,5	123	67,7	96,7	18.880	1205	710	1415
AZ 13-700	700	315	9,5	9,5	135	74,0	105,7	20.540	1305	770	1540
AZ 13-700-10/10	700	316	10,0	10,0	140	77,2	110,2	21.370	1355	800	1600
AZ 14-700	700	316	10,5	10,5	146	80,3	114,7	22.190	1405	835	1665
AZ 17-700	700	420	8,5	8,5	133	73,1	104,4	36.230	1730	1015	2027
AZ 18-700	700	420	9,0	9,0	139	76,5	109,3	37.800	1800	1060	2116
AZ 19-700	700	421	9,5	9,5	146	80,0	114,3	39.380	1870	1105	2206
AZ 20-700	700	421	10,0	10,0	152	83,5	119,3	40.960	1945	1150	2296
AZ 24-700	700	459	11,2	11,2	174	95,7	136,7	55.820	2430	1435	2867
AZ 26-700	700	460	12,2	12,2	187	102,9	146,9	59.720	2600	1535	3070
AZ 28-700	700	461	13,2	13,2	200	110,0	157,2	63.620	2760	1635	3273
AZ 36-700N	700	499	15,0	11,2	216	118,6	169,5	89.610	3590	2055	4110
AZ 38-700N	700	500	16,0	12,2	230	126,4	180,6	94.840	3795	2180	4360
AZ 40-700N	700	501	17,0	13,2	244	134,2	191,7	100.080	3995	2305	4605
AZ 42-700N	700	499	18,0	14,0	259	142,1	203,1	104.930	4205	2425	4855
AZ 44-700N	700	500	19,0	15,0	273	149,9	214,2	110.150	4405	2550	5105
AZ 46-700N	700	501	20,0	16,0	287	157,7	225,3	115.370	4605	2675	5350
AZ 48-700	700	503	22,0	15,0	288	158,5	226,4	119.650	4755	2745	5490
AZ 50-700	700	504	23,0	16,0	303	166,3	237,5	124.890	4955	2870	5735
AZ 52-700	700	505	24,0	17,0	317	174,1	248,7	130.140	5155	2990	5985
AZ 18	630	380	9,5	9,5	150	74,4	118,1	34.200	1800	1050	2104
AZ 18 10/10	630	381	10,0	10,0	157	77,8	123,4	35.540	1870	1095	2189
AZ 26	630	427	13,0	12,2	198	97,8	155,2	55.510	2600	1530	3059

Breite b / Höhe h / Wanddicke t / Wanddicke s / Stahlquerschnittsfläche A / Masse je Einzelbohle G_{sp} / Masse je Spundwand G_w / Trägheitsmoment I_y bezogen auf die Neutralachse y-y / Elastisches Widerstandsmoment $W_{el,y}$ bezogen auf die Neutralachse y-y / statisches Moment S_y / plastisches Moment $W_{pl,y}$

1.2 Methoden der Baugrubensicherung

Tab. 1.19 Flachprofile Lieferprogramm von ArcelorMittal [9]

Profil	Abmessungen		U	A	G_{sp}	G_w	I_y	$W_{el,y}$	A_L^*
	b	t							
	mm	mm	cm	cm²	kg/m	kg/m²	cm⁴	cm³	cm²/m
AS 500-9.5	500	9,5	138	81,3	63,8	128	168	46	0,58
AS 500-11.0	500	11,0	139	89,4	70,2	140	186	49	0,58
AS 500-12.0	500	12,0	139	94,6	74,3	149	196	51	0,58
AS 500-12.5	500	12,5	139	97,2	76,3	153	201	51	0,58
AS 500-12.7	500	12,7	139	98,2	77,1	154	204	51	0,58
AS 500-13.0	500	13,0	140	100,6	79,0	158	213	54	0,58

Breite b / Wanddicke t / Stahlquerschnittsfläche A / Umfang U / Masse je Einzelbohle G_{sp} / Masse je Spundwand G_w / Trägheitsmoment I_y bezogen auf die Neutralachse y-y / Elastisches Widerstandsmoment $W_{el,y}$ bezogen auf die Neutralachse y-y / Anstrichfläche A_L^* eine Seite ohne Innenseite des Schlosses

Ihre krallenartigen Schlösser (s. Abb. 1.53) sind i. Allg. weitgehend dicht, eventuell springen die Spundbohlen bei sehr schweren Hemmnissen aus dem Schloss (Schlosssprengung) und rollen sich möglicherweise sogar auf. Auch beim Rammen in Feinsand besteht diese Gefahr. In Abb. 1.54 sind verschiedene Schlossformen dargestellt.

Abb. 1.53 Spundwandschloss

Abb. 1.54 Schlossformen

Abb. 1.55 Beschädigte Spundwandbohle aufgrund eines Findlings

Infolge ihrer Festigkeit werden Stahlspundwandbohlen in steinigem Boden nicht so leicht beschädigt und durchschlagen selbst Holz, altes Mauerwerk, Beton und leichten Fels. Bei sehr großen und harten Findlingen können jedoch Probleme auftreten und zu einer Beschädigung der Spundwandbohle führen (s. Abb. 1.55).

Die Lebensdauer der Baugrubenspundwände hängt unter anderem vom Verschleiß beim Rammen und Ziehen ab (Beschädigungen am Kopf und am Fuß). Die Lebensdauer von Spundwänden, die Bestandteile des Bauwerks bleiben, ist erschöpft, wenn die Bohlen durch Korrosion oder Sandschliff soweit geschwächt sind, dass sie die vorhandenen Kräfte nicht mehr aufnehmen können. Im Süßwasser haben sich Stahlspundwände bewährt, soweit sie weder Sandschliff noch chemischen Angriffen ausgesetzt sind. Die mittlere Schwächung durch Korrosion beträgt im Süßwasser 0,01 mm/Jahr, im Seewasser in deutschen Häfen an der Hauptangriffszone (im Bereich des Mittelwassers und etwas unterhalb des mittleren Tideniedrigwassers) im Mittel 0,12 mm/Jahr. Angaben zum Wanddickenverlust in Abhängigkeit von ihrer Standzeit im Süß- und Meerwasser können der EAU entnommen werden. Als Schutzmaßnahmen werden Beschichtungen, Verzinkung und kathodischer Korrosionsschutz verwendet. Alternativ kann es zweckmäßig sein, Profile mit einer größeren statischen Reserve zu wählen.

Stahlspundwände können eingestellt, eingepresst, eingerammt oder einvibriert werden. Einstellen und Einpressen von Spundwandbohlen sind im Gegensatz zur Schlag- und Vibrationsrammung erschütterungsfreie Verfahren und werden daher oft in Wohngebieten eingesetzt.

Bei dem Einbringen der Stahlspundbohlen durch Rammen werden die Stahlbohlen durch eine Rammhaube aus Stahlguss (s. Abb. 1.56) geschützt. Diese ist unten dem Boh-

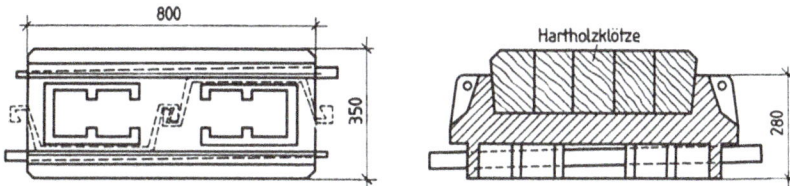

Abb. 1.56 Doppelrammhaube (*Links* Untersicht, *rechts* Längsschnitt)

lenquerschnitt angepasst und oben mit Hartholz ausgekeilt. Als Rammen werden meistens schnellschlagende Rammhämmer mit kleinem Bärgewicht verwendet.

Meist werden zwei zusammengezogene Bohlen der Wellenprofile (sogenannte Doppelbohlen) geliefert und gerammt. Um bei den Bohlen mit offenen Klauen ein Eindringen des Bodens von unten zu verhindern, kann, je nach Hersteller, bei dem Bohlenpaar die offene Klaue durch einen Dorn geschlossen werden. Eingedrungener Boden wird jedoch fast immer beim Rammen der folgenden Bohle ausgeräumt.

In Abb. 1.57 und 1.58 ist ein Mäkler an einem Rammgerät dargestellt. Hierbei handelt es sich um eine Führungseinrichtung, um die Spundbohlen durch Vibration in den Boden

Abb. 1.57 Mäkler beim Einbringen von Stahlspundbohlen (© Wadle Bauunternehmung GmbH)

Abb. 1.58 Detailaufnahme Einbringen von Stahlspundbohlen (© Wadle Bauunternehmung GmbH)

einzubringen. Es wird eine größere Genauigkeit erreicht als bei der Verwendung eines freien Vibrationsgerätes, welches als Anbauteil an viele Bagger anbracht werden kann.

1.2.4.4 Kombinierte Stahlspundwände

Das Einsatzgebiet von kombinierten Stahlspundwänden (s. Abb. 1.52) ist meist bei großen Geländesprüngen und bei Kaimauern für Schiffe mit sehr großem Tiefgang. Diese befinden sich i. d. R. in Bereichen mit schwierigen Umweltbedingungen (z. B. Wellen und Wind).

Sie bestehen aus langen Tragbohlen und kürzeren sowie leichteren Zwischenbohlen, die im Wechsel angeordnet werden. Hierbei ist von Bedeutung, dass die Tragbohlen lotrecht eingebracht werden, um die Schlossverbindung mit den Zwischenbohlen ordnungsgemäß herstellen zu können. Tragbohlen bestehen meistens aus gewalzten oder geschweißten Stahlspundpfählen mit einem I-Profil.

Werden Tragbohlen mit einer Länge von mehr als 20 m eingesetzt, sollten diese als Doppelbohlen oder Kastenpfähle verwendet werden, um eine ausreichend große Biege- und Torsionssteifigkeit zu gewährleisten. Hierbei ist der Mehraufwand beim Rammen nicht zu verhindern.

1.2.4.5 Kunststoffspundwände

Der Einsatz von Stahlspundwänden ist nicht immer technisch erforderlich. Eine Alternative sind Kunststoffspundbohlen (s. Abb. 1.59) aus weichmacherfreiem Polyvinylchlorid (PVC-U). Typische Anwendungsgebiete für Kunststoffspundwände (vgl. [10] und [11]) sind:

- Innendichtungen in Deichen an Fließgewässern,
- Ufersicherungen zur Verhinderung von Erosionserscheinungen an Deichen, Dämmen und Böschungen,
- Einsatz als Wurzel- oder Wühltiersperre,
- Sicherungen von Uferbereichen mit schwankendem Wasserstand,
- Vertikalabdichtungen im Deponie- und Erdbau,

Seit 2017 sind in der DIN 16456 Teil 1 bis 3 Regelungen zu extrudierten Spundbohlen aus weichmacherfreiem Polyvinylchlorid festgelegt. In der DIN 16456-2 finden sich neben den reinen Berechnungsgrundlagen zur Bemessung von Kunststoffspundwänden auch technische Randbedingungen und Verweise zu anderen zu berücksichtigenden Normen.

Wie bei den Stahlspundwänden werden auch die klassischen Profilformen (U- und Z-Profile) als Kunststoffwände in unterschiedlichen Pressformen und Wandstärken hergestellt (s. Tab. 1.20). Ebenso werden neue Profilarten z. B. DuoLock® Profile entwickelt, die als Hohlkammerprofile ausgebildet sind (s. Abb. 1.59).

Die Schlösser von Kunststoffspundwänden (s. Abb. 1.60) sind ähnlich ausgebildet wie bei Stahlspundwänden. Ebenso ist es möglich, die Schlösser wie bei Stahlspundwänden wasserundurchlässig auszubilden (s. Abb. 1.61).

Abb. 1.59 Kunststoffspundwand (© G quadrat Geokunststoffgesellschaft mbH)

Tab. 1.20 U-Profile Lieferprogramm von G quadrat [12]

Profil	Abmessungen			A	G	I_y	$W_{el,y}$
	b	h	t				
	mm	mm	mm	cm²	kg/m²	cm⁴/m	cm³/m
DL 270/3,5	270	155,5	3,5	11,74	6,74	480	65
DL 270/5,5	270	155,5	5,5	18,45	10,59	2626	357
DL 300/5,5	300	115	5,5	27,74	14,33	1800	320
DL 460/5,5	460	130	5,5	43,34	14,57	2413	380
DL 580/7	290	240	7,0	38,71	20,69	15.652	1229
DL 580/9	290	240	9,0	49,68	26,55	22.223	1745
DL 580/11	290	240	11,0	60,65	32,41	24.847	1951
DL 610/6,4	610	180	6,4	57,99	14,36	5174	580
DL 610/7,2	610	200	7,2	69,29	17,72	7895	780
DL 610/9	610	230	9,0	83,03	21,24	12.576	1100

Breite b / Höhe h / Wanddicke t / Kunststoffquerschnittsfläche A / Masse G / Trägheitsmoment I_y bezogen auf die Neutralachse y-y / Elastisches Widerstandsmoment $W_{el,y}$ bezogen auf die Neutralachse y-y

Kunststoffspundbohlen können eingerammt (s. Abb. 1.62), einvibriert oder eingegraben werden. Bei Böden, die für ein direktes Rammen ungeeignet sind, werden die Kunststoffspundbohlen mit einer vorlaufenden oder mit einer mitlaufenden Mutterbohle aus Stahl eingerammt. Bei der vorlaufenden Mutterbohle wird das Stahlprofil über das Spundwandschloss mit der Kunststoffbohle zu einer Doppelbohle verbunden und eingerammt

Abb. 1.60 Schloss Kunststoffspundwand (© G quadrat Geokunststoffgesellschaft mbH)

Abb. 1.61 Schloss Kunststoffspundwand mit werkseitiger Dichtung (© G quadrat Geokunststoffgesellschaft mbH)

Abb. 1.62 Einbringen Kunststoffspundwand (© G quadrat Geokunststoffgesellschaft mbH)

(vgl. [11]). Ebenso ist es möglich die Kunststoffbohle mit der mitlaufenden Mutterbohle aus Stahl zu einer Bohle zu verbinden. Am Fußpunkt erfolgt ein Verbund der beiden Bohlen mit Stahlklammern, die nach dem Ziehen im Untergrund verbleiben. Die Stahlklammern dienen sowohl als Verbindungselement als auch als Rammschuh (vgl. [11]). Bei Bodenschichten, die ein Einrammen behindern, können diese Schichten durch Spülen, Vorbohren und Schlitzen aufgelockert werden. Ebenso können Kunststoffbohlen durch Eingraben in sehr steinigen oder felsigen Böden eingebaut werden. Dazu werden die Spundwandbohlen in einen ausgehobenen Schlitz (bis ca. 6 m) eingestellt (vgl. [11]).

Wie bei Stahlspundwänden (vgl. Abschn. 1.2.4.4) sind auch Kombinationssysteme aus Kunststoffformprofilen möglich. Kombinationssysteme aus Kunststoffformprofilen nutzen die Vorteile des Kunststoffes bei gleichzeitiger Steigerung der Tragfähigkeit, wobei der Materialeinsatz der Träger für die zu erwartenden Belastungen optimiert wird, um so überflüssiges Material einzusparen oder auf ein kostengünstigeres Material bei ausreichender Tragfähigkeit zurückgreifen zu können. Die Kunststoffformprofile in Wabenform oder als Bohle mit angesetzten rechteckigen Trägereinhausungen lassen sich durch ihre seitlichen Spundwandschlösser aneinanderreihen. Hierbei sind kurvige Verläufe und Höhensprünge ausführbar. Als Trägersystem lassen sich Kunststoffpfosten, Holz- oder Betonpfähle oder Stahlrohre verwenden (s. Abb. 1.63). Die Träger werden in die dafür vorgesehenen Hohlräume eingepresst oder gerammt. Dieses Hybridsystem findet bevorzugt Anwendung als Ufereinfassung im Wasserbau, da sich hier die Vorteile des Kunststoffes besonders gut nutzen lassen. Die Beständigkeit des Kunststoffes lassen eine lange Nutzungsdauer zu, was gerade bei streckenmäßig langen und in die Umgebungsbebauung integrierten Bauwerken zu deutlichen langfristigen Kosteneinsparungen führen kann.

Abb. 1.63 Kombinationssystem (© G quadrat Geokunststoffgesellschaft mbH)

1.2.4.6 Absteifen der Spundwandbaugruben

Spundwandbaugruben werden in der Art und Weise ausgesteift wie die Baugruben mit Trägerbohlwänden.

Bei schmalen Spundwandbaugruben können die Wände wie beim Grabenverbau gegeneinander abgesteift sein.

In rechteckigen Baugruben werden die Steifen oft kreuzweise oder als Rahmenkonstruktion angeordnet (s. Abb. 1.64), wobei die Steifen einer Richtung gestoßen werden. Damit die gestoßenen Steifen nicht in die durchlaufenden eindrücken, werden kurze Abschnitte mit U-Stahl eingebaut. Dies erfolgt ebenso bei dem Stoß der Steifen gegen die Holme. Zwischen den Kreuzsteifen sind in Abb. 1.64 noch Sprengwerke angeordnet, wodurch in den mittleren Steifenfeldern ein größerer Arbeitsraum entsteht. Die obere Absteifung ist an Stahlträgern, die über den Spundwänden liegen, die untere an der oberen Absteifung aufgehängt. Außerdem sind beide Absteifungen gegeneinander versteift. Nahezu quadratische Baugruben können über Eck ausgesteift werden. Hier bleibt im Vergleich zur kreuzweisen Aussteifung erheblich mehr Arbeitsraum frei.

Bei großer Baugrubenbreite reichen Holzsteifen nicht aus. In diesen Fällen können Profilstähle (s. Abb. 1.65), Fachwerkstahlstützen (s. Abb. 1.66), Stahlpfähle, Stahlrohre oder dgl. eingebaut werden.

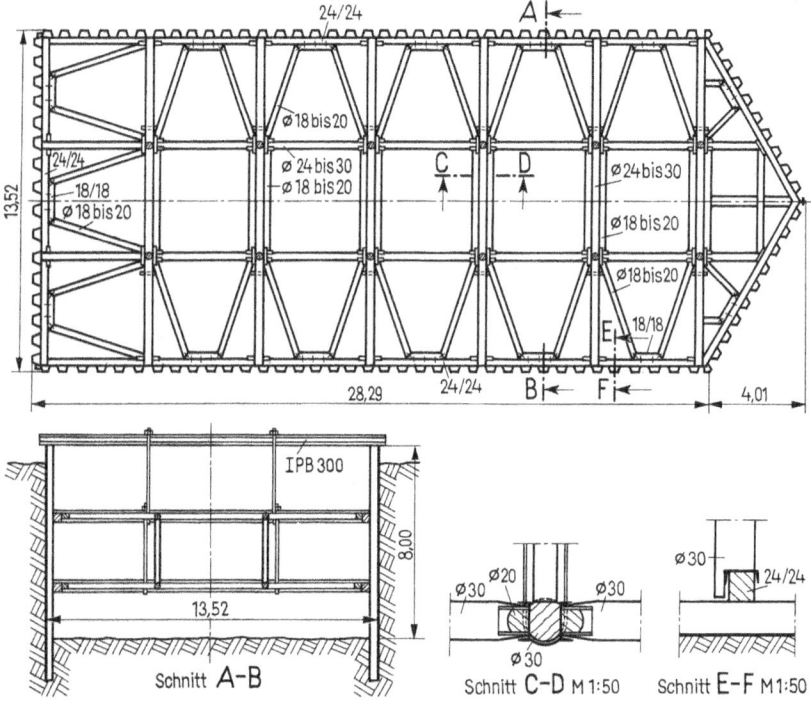

Abb. 1.64 Baugrube eines Brückenpfeilers mit kreuzweiser Aussteifung

1.2 Methoden der Baugrubensicherung

Abb. 1.65 Baugrube mit Profilstäben ausgesteift

Abb. 1.66 Baugrube mit Fachwerk-Stahlträgern ausgesteift

Anstelle einer Stahlkonstruktion können auch Holme und Steifen aus Stahlbeton angeordnet werden. Vorteilhaft ist, dass man diese, wenn es die Form des zu errichtenden Baukörpers gestattet, einbetonieren kann und somit ein Umsteifen entfällt, wie es bei Holz und Stahl erforderlich ist. Stahlbetongurte und Holme stützen die Spundwände gleichmäßig, da sie an diese anbetoniert werden.

Die Baugrubenwände breiterer Baugruben können erdseitig rückverankert oder durch Schrägsteifen abgestützt werden. Die rückwärtige Verankerung erfolgt meist durch Injektionsanker (s. Abb. 1.67), seltener durch schräg eingebrachte Ankerpfähle und wird überwiegend angewandt. Schrägabsteifen kann für kurzzeitige Bauzustände ratsam sein.

In Abb. 1.68 ist der Einbau von Steifen in vertikalen Schlitzen mit begrenzter Länge dargestellt, die vor dem Gesamtaushub hergestellt wurden. Der Bodenkern, gegen den sich die Steifen abstützen, wurde erst ausgehoben, nachdem die Bauwerksmauern betoniert waren und so den Spundwänden Halt gaben.

Abb. 1.67 Rückwärtige Verankerung einer Spundwandbaugrube

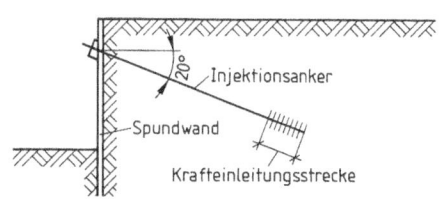

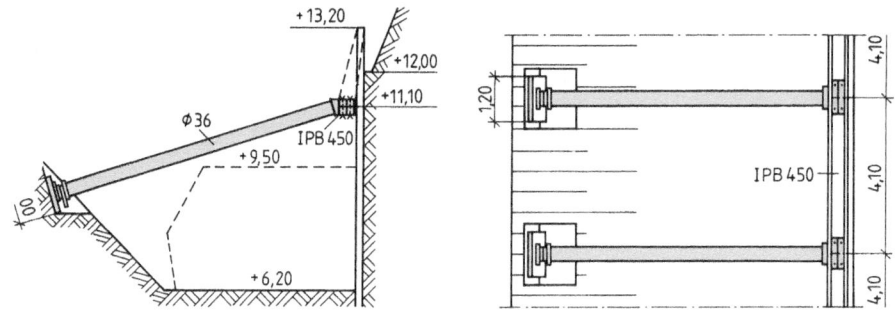

Abb. 1.68 Schrägabsteifung einer großen Baugrube

1.2.4.7 Vor- und Nachteile bei der Anwendung

Die Vor- und Nachteile bei der Anwendung von Spundwänden können wie folgt zusammengefasst werden:

Vorteile:

- kostengünstige Herstellung
- Spundbohlen sind wiederverwendbar
- wasserdichte Herstellung mittels Schlossabdichtung möglich

Nachteile:

- Lärm und Erschütterungen beim Einbringen der Spundbohlen in den Boden
- Große Steine und Findlinge können das Einbringen der Spundbohlen behindern bzw. verhindern
- Herstellung von Aussparungen bei querenden Leitungen aufwändig
- Korrosion bei Stahlspundwänden im Süß- und Salzwasser

1.2.4.8 Berechnungsansätze für Spundwände

Spundwände werden sowohl als endgültige Bauwerke als auch vorübergehende Baugrubenwände erstellt und mit teilweise unterschiedlichen Ansätzen berechnet. Während für einen Baugrubenverbau die EAB relevant ist, bildet bei endgültigen Bauwerken z. B. im Hafenbau die EAU die Grundlage.

Die zutreffenden Lastannahmen und die korrekte Schnittkraftberechnung bilden die Grundlage für die Dimensionierung von Spundwänden. Nach der Schnittkraftermittlung werden sie gemäß den gängigen Regeln des Holz-, Stahlbeton-, Spannbeton- oder Stahlbaus bemessen.

Häufig wurde das Verfahren von Blum (s. [8] und Abschn. 1.2.4.9.4) für die Ermittlung der Einbindetiefe und der Schnittgrößen von Spundwänden verwendet. Hierbei wird der aktive Erddruck (gegebenenfalls mit Umlagerung) und der abgeminderte Erdwiderstand (mit Globalsicherheitsbeiwert) ermittelt. Die Lastfigur, die sich durch die Überlagerung

1.2 Methoden der Baugrubensicherung

der beiden Erddrücke ergibt, ist noch unabhängig von der Einbindetiefe der Spundwand. Diese lässt sich anschließend, neben der Lage des Belastungsnullpunktes, als theoretische Einbindetiefe t bestimmen.

Aufgrund der getrennten Betrachtung von Einwirkungen und Widerständen bei der Anwendung des Teilsicherheitskonzepts, entfällt der Belastungsnullpunkt, der als Bezugspunkt für die Erddruckumlagerung bzw. Einbindetiefe benötigt wird. Nach Weißenbach und Hettler (s. [13]) ist es möglich, mit einer Schätzung der theoretischen Einbindetiefe zu rechnen und diese gegebenenfalls durch Iteration wirtschaftlich zu berechnen. Hier ist der Einsatz von entsprechenden Berechnungsprogrammen bzw. numerischen Methoden sinnvoll, um den Berechnungsaufwand zu reduzieren. Ebenso lautet die Vereinfachung der EB 104 (EAB), dass i. d. R. alle Abmessungen vorab anzunehmen und auf dem Weg der Iteration zu optimieren sind.

1.2.4.8.1 Bodenkenngrößen

Die erforderlichen Bodenkenngrößen für Standsicherheitsnachweise sind gemäß DIN EN 1997-2 einschließlich dem zugehörigen Nationalen Anhang DIN EN 1997-2/NA sowie DIN 4020 festzulegen. Aufgrund der Ungenauigkeit der Versuchsdurchführung sind die ermittelten Werte entsprechend anzupassen. Insbesondere gilt dies für die Scherfestigkeit. Weitere Information sind in EB 2 (EAB) erläutert.

Für Vorentwürfe von Spundwandbaugruben und -bauwerken können die Erfahrungswerte gemäß Tab. 3.1 bis 3.3 der EAU verwendet werden.

1.2.4.8.2 Wasserdruck/Baugruben im Wasser

Spundwände für Baugruben und Bauwerke, die in undurchlässige Schichten einbinden, werden nicht unterströmt. Ein vorhandener Wasserüberdruck wirkt hier bis zur Unterkante der Spundwand. Dieser Ansatz gilt bei umströmten Wänden nur näherungsweise (vgl. EAU).

Bei einer Grundwasserabsenkung treten sowohl waagerechte als auch nach unten gerichtete Strömungsdrücke auf. Diese wirken in dem maßgebenden Boden mit der Belastung der Baugrubenkonstruktion. Kommt es zu einer Umströmung des Wandfußes, treten nach oben gerichtete Strömungsdrücke auf. Ist die Bodenschicht unterhalb der Baugrubensohle undurchlässig für Wasser, wirkt der hydrostatische Wasserdruck (vgl. Teil 1, Abschn. 10.13).

Durch eine Verformung der Wand und einem Boden mit geringer seitlicher Verformbarkeit kann es vorkommen, dass sich zwischen der Baugrubenwand und dem Boden Wasser ansammelt. Seine Steighöhe kann den vollen hydrostatischen Druck auf die Wand ausüben. Bei nichtbindigen und weichen bis steifen, bindigen Böden darf davon ausgegangen werden, dass der Kontakt zwischen Boden und Baugrubenwand nicht verloren geht und dieser Effekt nicht auftritt (vgl. EB 58 (EAB)).

Bei Bauwerken an Gewässern und Küsten ist der anzusetzende Wasserüberdruck $w_ü$ in Richtung Wasserseite von den Schwankungen des Außenwasserstandes, der Größe des Grundwasserzuflusses, der Durchlässigkeit des Bodens und von der Leistungsfähigkeit etwa vorhandener Entwässerungen abhängig. Dieser ergibt sich bei einer Höhendifferenz Δh zwischen dem maßgebenden Außenwasser- und dem zugehörigen Grundwasserspiegel und der Wichte γ_w des Wassers zu:

$$w_{ü} = \Delta h \cdot \gamma_w \qquad (1.42)$$

In Abs. 3.2.2 (EAU) ist eine Situation bei durchlässigem Boden im Nicht-Tidegebiet und im Tidegebiet dargestellt. Es gelten die zutreffenden Bemessungssituationen BS-P, BS-T und BS-A. Bei einer Durchlaufentwässerung aufgrund Wasserüberdrucks muss eine durchgehende Funktionsfähigkeit sichergestellt sein. Es wird die Annahme einer ebenen Umströmung getroffen und eine Wellenbildung vernachlässigt. Die ermittelten Wasserstände sind als charakteristische Werte einzubringen.

Die konstruktive Ausbildung der Wand eines Uferbauwerks und die anstehenden Bodenschichten besitzen großen Einfluss auf den Grundwasserstand. Messungen können die Abhängigkeit zwischen Grundwasser- und Tidewasserstand erfassen, da der Grundwasserstand bei durchlässigem Boden mehr oder weniger gedämpft der Tide folgt.

Mit der Änderung vom November 2015 in DIN 1054 (Tab. A 2.1) wurden die Teilsicherheitsbeiwerte γ_H sowohl für Strömungskräfte bei günstigem Untergrund als auch bei ungünstigem Untergrund erhöht. Diese Änderungen sind im Handbuch EC 7, Band 1 (Ausgabe 2011) oder in der 5. Auflage der EAB (Ausgabe 2012) jedoch noch nicht berücksichtigt.

Wurde auf eine Grundwasserabsenkung verzichtet und durch geeignete Maßnahmen die Umströmung des Spundwandfußes verhindert, so ist nach EB 63 (EAB) bei der Berechnung der Baugrubenwände der volle hydrostatische Wasserdruck anzusetzen. Dieser wirkt von dem Grundwasserspiegel bis zum Wandfuß. Dieser Ansatz gilt i. d. R. auch für einen umströmten Wandfuß.

Bei umströmten Baugrubenwänden ist es hingegen zulässig, den Druckabfall durch das Strömungsgefälle in Rechnung zu setzen, sofern eine Erhöhung des Erddrucks berücksichtigt wird (vgl. Teil 1, Abschn. 10.13).

Nach EB 63 (EAB) ist anzunehmen, dass der Wasserdruck mit zunehmender Tiefe auf der Außenseite der Baugrubenwand ab- und auf der Innenseite zunimmt. Der Erddruck nimmt infolge der erhöhten Wichte durch die Strömungskraft bei einem umströmten Wandfuß zu, da die Auswirkung jedoch so klein ist, kann sie vernachlässigt werden. Aufgrund der Verringerung der Wichte wird der Erddruck auf der Wandinnenseite stark abnehmen. Die Verringerung des Erdwiderstandes darf nicht vernachlässigt werden. Des Weiteren wird in EB 63 (EAB) darauf hingewiesen, dass die Wasserdruckdifferenz zwischen der Wasserdruckbelastung auf der Außenseite und der Innenseite der Baugrubenwand nach EC 7, Band 1, Abs. 9.6 A(8) als eine einzige ständige charakteristische Einwirkung behandelt wird.

1.2.4.8.3 Erddruck und Erddruckverteilung

Spundwandbauwerke werden i. Allg. für den aktiven Erddruck bemessen. Bei Baugruben mit Spundwandverbau ist die Größe des anzusetzenden Erddrucks abhängig von der zulässigen Verformung des Bodens, insbesondere mit Rücksicht auf die benachbarte Bebauung und von der Vorspannung der Steifen oder Anker.

Nicht gestützte Spundwandbauwerke und Baugrubenwände können sich verformen. Hier wird deshalb die klassische dreiecksförmige Erddruckverteilung nach EB 16 (EAB) angesetzt.

Bei gestützten Spundwänden darf entsprechend EB 70 (EAB) eine Umlagerung des Erddrucks, analog wie bei Trägerbohlwänden (vgl. Abschn. 1.2.3.5.1), vorgenommen werden, wenn folgende Voraussetzungen erfüllt sind:

- wenig nachgiebige Stützung entsprechend EB 67 (EAB),
- waagerechte Geländeoberfläche,
- mindestens mitteldichter, nichtbindiger oder steifer, bindiger Boden,
- vor Einbau der jeweils nächsten Steifen- oder Ankerlage kein tieferer Aushub, als in Bild EB 69-1 (EAB) definiert (vgl. Abb. 1.36).

Für einfach gestützte Spundwände ist eine Erddruckverteilung wie in Abb. 1.69 anzunehmen. Die Verhältnisse zwischen e_{ho} und e_{hu} für die in Abb. 1.69 dargestellten Fälle sind Tab. 1.13 zu entnehmen.

Für mehrfach ausgesteifte Spundwände sind in der EAB weitere Lastfiguren enthalten.

Bei Anwendung der EAU wird bei eingespannten Spundwänden auch die klassische dreiecksförmige Erddruckverteilung berücksichtigt. Um dennoch die eintretende Erddruckumlagerung zu berücksichtigen, erfolgt für die Ermittlung der Biegemomente eine Reduzierung der Teilsicherheitsbeiwerte für den Erdwiderstand (s. Abs. 8.2.1.2 (EAU)).

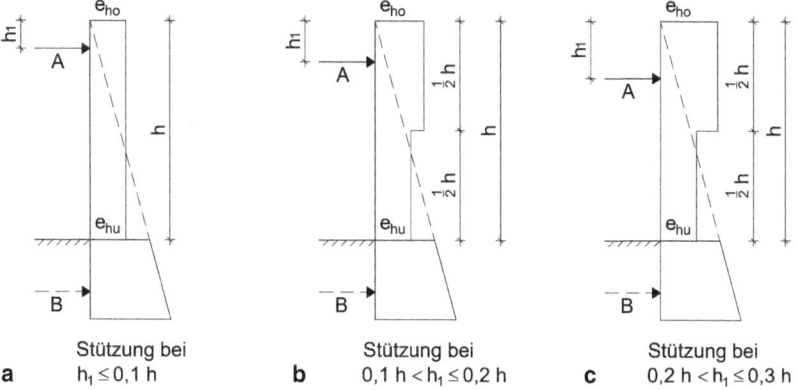

Abb. 1.69 Wirklichkeitsnahe Erddruckverteilung für Spundwände und Ortbetonwände **a–c** einfach ausgesteift nach EAB

Bei einfach verankerten und im Boden eingespannten Spundwänden wird eine Erddruckumlagerung vorgenommen. Dabei wird hinsichtlich der Herstellverfahren in „Abgrabung vor der Wand" und „Verfüllung hinter der Wand" unterschieden (s. Abs. 8.2.3.2 (EAU)).

Für den Erddruckneigungswinkel bzw. Wandreibungswinkel δ_k kann entsprechend EB 89 (EAB) die Wandrückseite für eingerammte, eingerüttelte oder eingepresste Spundwände als „verzahnt" angesehen werden. Damit ergibt sich beim Ansatz gekrümmter Gleitflächen $-\varphi'_k \leq \delta_{a,k} \leq \varphi'_k$ und beim Ansatz ebener Gleitflächen $-2/3 \cdot \varphi'_k \leq \delta_{a,k} \leq 2/3 \cdot \varphi'_k$. Nach Abs. 8.2.5.1 der EAU gilt für den aktiven Erddruck nur der Ansatz für die ebene Gleitfläche $-2/3 \cdot \varphi'_k \leq \delta_{a,k} \leq 2/3 \cdot \varphi'_k$. Für den Erdwiderstand sind die Ansätze der EAU identisch mit den Ansätzen der EAB. Bei im Boden frei aufgelagerten Spundwänden darf der Ansatz für ebene Gleitflächen für den Erdwiderstand nach EB 19 (EAB) nur dann angenommen werden, wenn die Geländeoberfläche nicht ansteigt, der Reibungswinkel φ'_k nicht größer als 35° ist und der Erddruckneigungswinkel von $\delta_{p,k} = -\varphi'_k$ auf $\delta_{p,k} = -2/3 \cdot \varphi'_k$ reduziert wird.

1.2.4.8.4 Standsicherheitsnachweise

Allgemeine Festlegungen der Standsicherheitsnachweise für Spundwandbauwerke sind in EB 81 (EAB) erläutert. Demnach sind in allen Konstruktionsbereichen die relevanten, charakteristischen Schnittgrößen $E_{G,k}$ und $E_{Q,k}$ zu ermitteln. In jedem maßgebenden Fall ergeben sich mit den entsprechenden Teilsicherheitsbeiwerten γ_G und γ_Q die Bemessungswerte der Beanspruchungen in den Kontaktflächen zur Gl. (1.43).

$$E_d = E_{G,d} + E_{Q,d} = E_{G,d} \cdot \gamma_G + \sum E_{Q,k,i} \cdot \gamma_Q \qquad (1.43)$$

Außer den charakteristischen Beanspruchungen müssen auch die charakteristischen Widerstände $R_{k,i}$ aus dem Boden und den Konstruktionsteilen ermittelt werden. Mit den zugehörigen Teilsicherheitsbeiwerten γ_R lassen sich die Bemessungswerte nach Gl. (1.44) ermitteln.

$$R_{d,i} = \frac{R_{k,i}}{\gamma_R} \qquad (1.44)$$

Für alle relevanten Konstruktionsschnitte muss mit den ermittelten Bemessungswerten für jede maßgebende Einwirkungskombination Gl. (1.45) bzw. (1.46) erfüllt sein. Bei $\mu > 1$ ist die Konstruktion in ihren Abmessungen zu vergrößern und bei $\mu < 1$ (unwirtschaftlich) entsprechend zu verkleinern.

$$\sum E_{d,i} \leq \sum R_{d,i} \qquad (1.45)$$

$$\mu = \frac{\sum E_{d,i}}{\sum R_{d,i}} \leq 1 \qquad (1.46)$$

1.2.4.8.5 Gebrauchstauglichkeitsnachweise

In DIN 1054 Abs. 9.8 wird bei dem Nachweis der Gebrauchstauglichkeit von Spundwänden zwischen

- dem Nachweis auf der Grundlage von Erfahrungen und
- Verschiebungen

unterschieden.

Demnach können die zu erwartenden Verformungen und Verschiebungen von der Spundwand und ihrer Umgebung aufgenommen werden, sofern die Tragfähigkeitsnachweise in den Grenzzuständen GEO-2 und GEO-3 erbracht wurden. Zudem muss ein mindestens mitteldicht gelagerter, nichtbindiger Boden bzw. mindestens steifer, bindiger Boden anstehen. Auf einen gesonderten Nachweis der Gebrauchstauglichkeit kann verzichtet werden, falls keine erhöhten Ansprüche gestellt werden.

Gesonderte Gebrauchstauglichkeitsnachweise sind zu führen, falls andere Bauwerke durch große Verschiebungen einer herzustellenden Spundwand gefährdet sein könnten.

1.2.4.9 Berechnung der Spundwände

Es wird zwischen drei Arten der Stützung von Spundwänden anhand ihrer Auflagerbedingungen differenziert (s. Abb. 1.70):

- einfach gestützte, im Boden frei aufgelagerte Spundwand
- nicht gestützte, im Boden eingespannte Spundwand
- ein- oder mehrfach gestützte, im Boden eingespannte Spundwand

Diese werden in den nachfolgenden Kapiteln beschrieben.

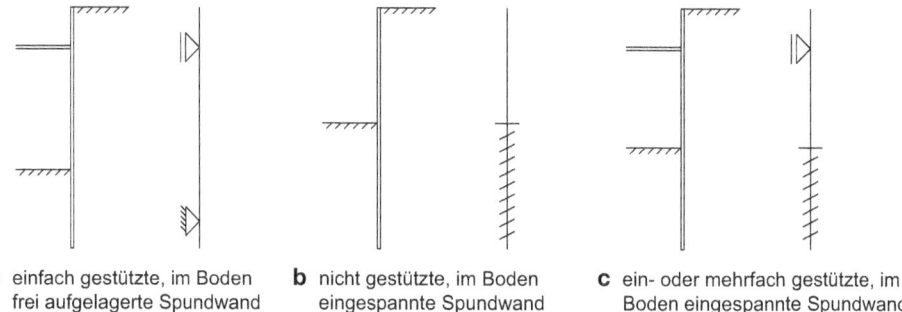

a einfach gestützte, im Boden frei aufgelagerte Spundwand
b nicht gestützte, im Boden eingespannte Spundwand
c ein- oder mehrfach gestützte, im Boden eingespannte Spundwand

Abb. 1.70 Arten der Stützung von Spundwänden

1.2.4.9.1 Einfach gestützte, im Boden frei aufgelagerte Spundwand

In diesem Fall ist die Einbindelänge kleiner und das Biegemoment größer als bei einem gestützten und eingespannten System. Eine Verankerung ist i. d. R. notwendig.

Die Erddrucklast auf die Spundwand wird durch die Ankerkraft und die Auflagerkraft im Boden (teilmobilisierter Erdwiderstand) aufgenommen. Für diesen Fall kann die erforderliche Rammtiefe aus der Bedingung, dass das Drehmoment um den Ankerpunkt gleich Null und die Ankerkraft aus der Bedingung der Horizontalkräfte gleich Null ist, errechnet werden. Das maximale Moment wird über die Querkraft ermittelt.

In DIN 1054, Abs. 9.7.4, ist das Versagen des Erdwiderlagers einer Spundwand, ausgelöst durch den mobilisierten Erdwiderstand, geregelt. Die Einbindetiefe der Wand muss so groß sein, dass im Grenzzustand GEO-2 (Versagen des Bodens) die Tragfähigkeit gegen Verschieben oder Verdrehen der Stützkonstruktion gesichert ist. Dazu muss das innere Gleichgewicht (Gl. (1.47)) erfüllt sein.

$$B_{h,d} \leq E_{ph,d} \tag{1.47}$$

mit

$B_{h,d}$ Horizontalkomponente aus der resultierenden Auflagerkraft
$E_{ph,d}$ Horizontalkomponente des Erdwiderstands

Für den Angriffspunkt der Auflagerkraft B_h darf bei einer freien Auflagerung entsprechend EB 19 (EAB) für nichtbindige Böden z' mit $0{,}6 \cdot t$ und für mindestens steife bindige Böden z' mit $0{,}5 \cdot t$ angenommen werden. Steht unterhalb der Baugrubensohle ein mindestens mitteldicht gelagerter nichtbindiger bzw. ein mindestens steifer bindiger Boden an und es wird eine geradlinige mit der Tiefe zunehmende Verteilung zugrunde gelegt, so darf für die Bestimmung der Schnittkräfte und der Auflagerkräfte eine verringerte Einbindetiefe t_0 bzw. eine Teileinspannung mit der Tiefe t'_1 nach EB 26 (EAB) berücksichtigt werden.

Ebenso muss wie bei Trägerbohlwänden (s. Abb. 1.40) die Bedingung Gl. (1.48) als Teil des Sicherheitsnachweises gegen das Versagen des Erdwiderlagers (Nachweis der Vertikalkomponente des mobilisierten Erdwiderstandes) nach EB 9 (EAB) erfüllt sein.

$$V_k \geq B_{v,k} \tag{1.48}$$

mit

V_k die Summe aller von oben nach unten gerichteten charakteristischen Einwirkungen
$B_{v,k}$ die Vertikalkomponente der charakteristischen Auflagerkraft B_k

Für die von oben nach unten gerichteten charakteristischen Einwirkungen sind z. B. das Eigengewicht der Wand G_k, die direkt auf die Wand wirkenden ständigen Auflasten P_k,

1.2 Methoden der Baugrubensicherung

die vertikale Komponente des Erddrucks $E_{av,k}$ und falls vorhanden die vertikale Komponente $A_{v,k}$ einer Ankerkraft zu berücksichtigen.

Die charakteristische Vertikalkomponente $B_{v,k}$ wird für im Boden frei aufgelagerte Spundwände nach EB 9 (EAB), Abs. 2c wie folgt bestimmt

$$B_{v,k} = B_{h,k} \cdot \tan \delta_{p,k} \quad (1.49)$$

mit

$B_{h,k}$ charakteristische Horizontalkomponente der Auflagerkraft B_k

Der Neigungswinkel $\delta_{p,k}$ ist immer mit dem Wert für gekrümmte Gleitflächen zu berücksichtigen.

Eine Kraft, die nach unten gerichtet und parallel zur Spundwand wirkt, muss in den Baugrund abgetragen werden. Hierbei ist ein Versinken der Wand in den Boden zu verhindern. Eine entsprechende Sicherheit ist nachgewiesen (Nachweis der Abtragung von Vertikalkräften in den Untergrund), wenn Gl. (1.50) erfüllt ist.

$$\sum V_{d,i} \leq R_d \quad (1.50)$$

mit

V_d lotrechte Beanspruchungen am Wandfuß
R_d Widerstand der Wand in axialer Richtung

Die Summe V_d steht für die Bemessungswerte der vertikalen Komponenten der Einwirkungen und darf nicht größer werden als die Summe R_d der Bemessungswerte der Widerstände. Die vertikalen Komponenten der Einwirkungen sind vergleichbar mit den Komponenten bei Trägerbohlwänden (vgl. Abb. 1.41).

Die Gl. (1.50) lässt sich wie folgt darstellen

$$\gamma_G \cdot (G_k + E_{agv,k} + A_{gv,k} + P_{G,k}) + \gamma_Q \cdot (E_{aqv,k} + A_{qv,k} + P_{Q,k}) \leq \frac{R_{b,k}}{\gamma_b} + \frac{R_{v,k}}{\gamma_s} \quad (1.51)$$

mit

G_k Eigenlast der Spundwand
$E_{av,k}$ vertikaler Erddruck
$A_{v,k}$ vertikale Komponente einer Ankerkraft
P_k direkt auf die Wand wirkende Auflast (z. B. aus Baugrubenabdeckung oder Hilfsbrücken)
R_k charakteristischer Widerstand im Bereich der Einbindetiefe

Der charakteristische Widerstand im Bereich der Einbindetiefe R_k setzt sich zusammen aus

$$R_k = R_{b,k} + R_{v,k} = A_b \cdot q_{b,k} + A_s \cdot q_{s,k} \qquad (1.52)$$

mit

$R_{b,k}$ charakteristischer Fußwiderstand
A_b Aufstandsfläche
$q_{b,k}$ Spitzendruck im Bruchzustand
$R_{v,k}$ charakteristischer Mantelwiderstand
A_s Abwicklung der Mantelfläche
$q_{s,k}$ Mantelreibung im Bruchzustand

Alternativ kann bzw. darf für den Mantelwiderstand $R_{v,k}$ die Vertikalkomponente der Auflagerkraft B_k (s. Gl. (1.53)) angesetzt werden (s. EB 84 (EAB)). Bei der Ermittlung von $R_{v,k}$ mittels Gl. (1.53) ist für den Bemessungswert die Teilsicherheit $\gamma_{R,e}$ für den Erdwiderstand zu berücksichtigen.

$$R_{v,k} = B_{h,k} \cdot \tan \delta_{p,k} \qquad (1.53)$$

Bei Spundwänden ergibt sich die maßgebende Aufstandfläche aus der vorhandenen Stahlquerschnittsfläche. Für den charakteristischen Mantelwiderstand wird bei Spundwänden die tatsächliche vorhandene Mantelfläche unter der Baugrubensohle zum Ansatz gebracht (vgl. [4] und EAB).

Für Spundwände können die charakteristischen Widerstände als Erfahrungswerte aus [4, 5] und EAB (s. Tab. 1.21 und 1.22) entnommen werden.

Tab. 1.21 Erfahrungswerte für den charakteristischen Spitzendruck $q_{b,k}$ und für die charakteristische Mantelreibung $q_{s,k}$ in nichtbindigen Böden für Spundwände nach [4] und EAB

Mittlerer Spitzenwiderstand q_c der Drucksonde [MN/m^2]	Spitzendruck $q_{b,k}$ im Bruchzustand [MN/m^2]	Mantelreibung $q_{s,k}$ im Bruchzustand [kN/m^2]
7,5	9	20
15	18	40
≥ 25	25	50

Tab. 1.22 Erfahrungswerte für den charakteristischen Spitzendruck $q_{b,k}$ und für die charakteristische Mantelreibung $q_{s,k}$ in bindigen Böden für Spundwände nach [4] und EAB

Scherfestigkeit $c_{u,k}$ des undränierten Bodens [kN/m^2]	Spitzendruck $q_{b,k}$ im Bruchzustand [MN/m^2]	Mantelreibung $q_{s,k}$ im Bruchzustand [kN/m^2]
60	–	15
100	1,00	20
150	1,75	25
≥ 250	2,50	35

1.2 Methoden der Baugrubensicherung

Wirken nur die Eigengewichtslasten und der Vertikalanteil des Erddrucks, so ist bei Baugruben bis 10 m Tiefe und günstigen Bodenverhältnissen eine Einbindetiefe von 1,50 m ohne das Führen eines weiteren Nachweises ausreichend.

Der Nachweis der Abtragung von Vertikalkräften ist immer zu führen, falls die Baugrube tiefer als 10 m ist oder falls ein nicht ausreichender tragfähiger Baugrund unter der Baugrubensohle ansteht oder falls weitere Vertikalkräfte wirken. Bei zusätzlichen Lasten sind geringere Einbindetiefe von $t_g = 3{,}00$ m bei gerammten Spundwänden ohne genaueren Nachweis nicht zulässig (s. EB 85 (EAB)). Ist beim Nachweis der Abtragung der Vertikalkräfte aus Eigengewicht und Erddruck die zuvor angegebene Einbindetiefe von 3,00 m nicht vorhanden, so ist eine Reduzierung des Fußwiderstandes mittels des Anpassungsfaktors η_t erforderlich. Der Anpassungsfaktor wird bei gerammten Spundwänden über Gl. (1.54) bestimmt.

$$\eta_t = \frac{t_g - 0{,}5 \text{ m}}{2{,}50 \text{ m}} \qquad (1.54)$$

Für den Fall, dass der Nachweis nicht erbracht ist, können folgende Änderungen betrachtet werden:

- Ableitung der Vertikalkräfte auf andere Konstruktionsteile,
- Vergrößerung der Einbindetiefe t_0.

Beispiel 1.9

Berechnung einer Spundwand, 6 m Tiefe, 6 m Breite, einfach ausgesteift, im Boden frei gelagert (s. Abb. 1.71)

Berechnungsgrundlagen

- Bemessungssituation BS-T ($\gamma_G = 1{,}20$; $\gamma_{R,e} = 1{,}30$; $\gamma_b = 1{,}10$; $\gamma_s = 1{,}10$; $\gamma_{M0} = 1{,}0$)
- großflächige, ständige Geländeauflast von $p = 20 \text{ kN/m}^2$
- Boden: Sand
- Bodenkennwerte: $\gamma_k = 18 \text{ kN/m}^3$; $\varphi'_k = 32{,}5°$; $c'_k = 0 \text{ kN/m}^2$; $\delta_{a,k} = 2/3 \, \varphi'_k = 21{,}67°$; $\delta_{p,k} = -\varphi'_k = -32{,}5°$; $q_c = 15 \text{ MN/m}^2$
- Kennwerte Spundwandbohlen: Spundwandprofil U-Profil PU 18, Stahlgüte S240GP mit $f_{y,k} = 240 \text{ N/mm}^2$; Steifenlage bei $h_s = 1{,}00$ m unter Gelände

Die Spundwandbohlen werden eingerammt.

- Kennwerte Aussteifung: HEB 180, Stahlgüte S235 mit $f_{y,k} = 235 \text{ N/mm}^2$; Steifenabstand $a_s = 2{,}25$ m
- Erddruckbeiwert: K_{agh} ($\delta_{a,k} = 21{,}67°$) = $K_{aph} = 0{,}251$ (ebene Gleitfläche)

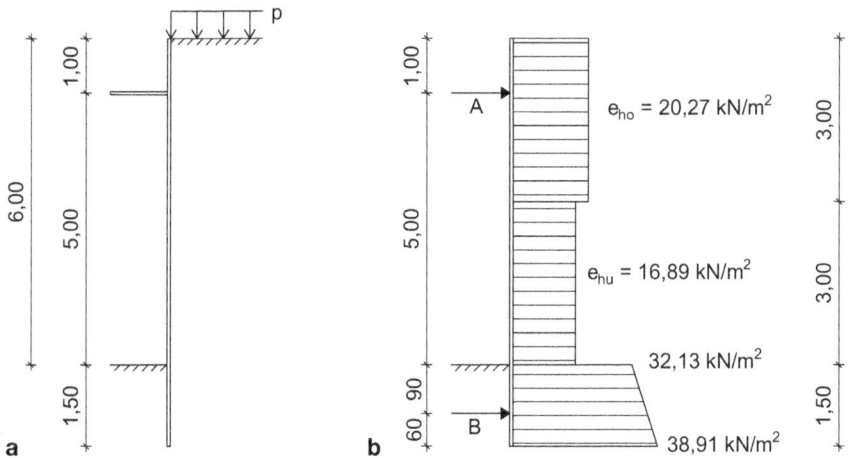

Abb. 1.71 Einfach ausgesteifte und im Boden freigelagerte Spundwand. **a** Geländeschnitt, **b** Umgelagerter Erddruck

Ermittlung Erddruck:

$$e_{ah,k(0\,m)} = p \cdot K_{aph} = 20 \cdot 0{,}251 = 5{,}02\,\text{kN/m}^2$$

$$e_{ah,k(-6\,m)} = \gamma_k \cdot h \cdot K_{agh} + p \cdot K_{aph} = 18 \cdot 6 \cdot 0{,}251 + 20 \cdot 0{,}251 = 32{,}13\,\text{kN/m}^2$$

Die erforderliche Einbindetiefe t soll im Rahmen der Berechnung bestimmt werden.

$$e_{ah,k(-6\,m+t)} = \gamma_k \cdot (h+t) \cdot K_{agh} + p \cdot K_{aph} = 18 \cdot (6+t) \cdot 0{,}251 + 20 \cdot 0{,}251$$
$$= 32{,}13 + 4{,}52 \cdot t\,\text{kN/m}^2$$

Erddruckkraft

oberhalb der Baugrubensohle $\quad E_{ah,k} = \dfrac{5{,}02 + 32{,}13}{2} \cdot 6{,}0 = 111{,}45\,\text{kN/m}$

Umlagerung Erddruck nach EAB (s. Abb. 1.69 und Tab. 1.13):

Abstand Aussteifung $h_1 = 1{,}0\,\text{m}$, Tiefe Baugrube $h = 6{,}0\,\text{m}$

$$0{,}1 \cdot h = 0{,}1 \cdot 6{,}0\,\text{m} = 0{,}6\,\text{m} \leq 1{,}0\,\text{m} = h_1$$
$$\leq 0{,}2 \cdot h = 0{,}2 \cdot 6{,}0\,\text{m} = 1{,}2\,\text{m}$$

Fall b) entsprechend Abb. 1.69 und Tab. 1.13 maßgebend.

e_{hu} und e_{ho} wirken jeweils auf 3 m und als Resultierende ergibt sich 111,45 kN/m:

$$3 \cdot e_{hu} + 3 \cdot e_{ho} = 111{,}45\,\text{kN/m}$$

1.2 Methoden der Baugrubensicherung

Entsprechend Fall b) ist

$$e_{ho} = 1{,}2 \cdot e_{hu}$$

Die untere Gleichung in die obere Gleichung eingesetzt, ergibt

$$3 \cdot e_{hu} + 3 \cdot 1{,}2 \cdot e_{hu} = 111{,}45 \, \text{kN/m}$$
$$3 \cdot e_{hu} + 3 \cdot 1{,}2 \cdot e_{hu} = 111{,}45 \, \text{kN/m}$$

Kontrolle: $E_{ah,k} = 20{,}27 \cdot 3{,}0 + 16{,}88 \cdot 3{,}0 = 111{,}45 \, \text{kN/m}$

Bestimmung Auflagerkräfte bzw. Einbindetiefe:
Auflager B bei $0{,}6 \cdot t$ unter Baugrubensohle

$$B_{h,k} \cdot (5 + 0{,}6 \cdot t) = 20{,}27 \cdot 3 \cdot 0{,}5 + 16{,}88 \cdot 3 \cdot 3{,}5 + 32{,}13 \cdot t \cdot \left(5 + \frac{t}{2}\right)$$
$$+ \, 0{,}5 \cdot 4{,}52 \cdot t \cdot t \cdot \left(5 + \frac{2}{3} \cdot t\right)$$

$$B_{h,k} = \frac{207{,}64 + 160{,}65 \cdot t + 27{,}36 \cdot t^2 + 1{,}51 \cdot t^3}{5 + 0{,}6 \cdot t}$$

Bemessungswert für die Beanspruchung Auflager B (Bestimmungsgleichung a)

$$B_{h,d} = B_{h,k} \cdot \gamma_G = \frac{207{,}64 + 160{,}65 \cdot t + 27{,}36 \cdot t^2 + 1{,}51 \cdot t^3}{5 + 0{,}6 \cdot t} \cdot 1{,}20$$

Für den Nachweis des Erd- bzw. Fußauflagers gilt

$$B_{h,d} \leq E_{ph,d}$$

Ermittlung Erdwiderstand

- Erddruckbeiwert: K_{pgh} ($\delta_{p,k} = -32{,}5°$) = 7,30 (gekrümmte Gleitfläche) nach DIN 4085 bzw. [6]

$$E_{ph,k} = 0{,}5 \cdot \gamma_k \cdot t^2 \cdot K_{pgh} = 0{,}5 \cdot 18 \cdot t^2 \cdot 7{,}30 = 65{,}70 \cdot t^2$$

- Bemessungswert für den Widerstand (Bestimmungsgleichung b)

$$E_{ph,d} = \frac{E_{ph,k}}{\gamma_{R,e}} = \frac{65{,}70 \cdot t^2}{1{,}3} = 50{,}54 \cdot t^2$$

Durch Iteration über die Bestimmungsgleichungen a und b ergibt sich eine Einbindetiefe $t = 1{,}42$ m. Gewählt wird eine Einbindetiefe $t = 1{,}50$ m.

Damit ergibt sich für

$$B_{h,k} = \frac{207{,}64 + 160{,}65 \cdot 1{,}50 + 27{,}36 \cdot 1{,}50^2 + 1{,}51 \cdot 1{,}50^3}{5 + 0{,}6 \cdot 1{,}50} = 87{,}33\,\text{kN/m}$$

$$A_{h,k} = 20{,}27 \cdot 3 + 16{,}88 \cdot 3 + (32{,}13 + 32{,}13 + 4{,}52 \cdot 1{,}50) \cdot 0{,}5 \cdot 1{,}50 - 87{,}33$$
$$= 77{,}40\,\text{kN/m}$$

Die Erddruckkraft über die gesamte Spundwand beträgt

$$E_{ah,k} = 77{,}40 + 87{,}33 = 164{,}73\,\text{kN/m}$$

Ermittlung maximales Moment:

Das maximale Feldmoment liegt an der Stelle Querkraft V = 0 bei 3,98 m unter Oberkante Spundwand.

$$M_{k,\max} = 77{,}40 \cdot 2{,}98 - (20{,}27 \cdot 3 \cdot 2{,}48 + 16{,}88 \cdot 0{,}98 \cdot 0{,}49) = 71{,}74\,\text{kNm/m}$$

Nachweis der Vertikalkomponente des mobilisierten Erdwiderstandes:

- Vertikalanteil der aktiven Erddruckkraft

$$E_{av,k} = E_{ah,k} \cdot \tan \delta_{a,k} = 164{,}73 \cdot \tan 21{,}67° = 65{,}45\,\text{kN/m}$$

- Eigengewicht der Spundwand
  Querschnittfläche U-Profil PU 18 A = 163 cm²/m; Länge Spundwand l = 7,50 m; Wichte Stahl γ_{Stahl} = 78,5 kN/m³

$$V_{Spundwand,k} = 78{,}5 \cdot 7{,}50 \cdot 163 \cdot 10^{-4} = 9{,}60\,\text{kN/m}$$

$$B_{v,k} = B_{h,k} \cdot \tan \delta_{p,k} = 87{,}33 \cdot \tan 32{,}5° = 55{,}63\,\text{kN/m}$$

$$V_k = 65{,}45 + 9{,}60 = 75{,}05\,\text{kN/m} > 55{,}63\,\text{kN/m} = B_{v,k}$$

Damit ist der Nachweis der Vertikalkomponente des mobilisierten Erdwiderstandes erbracht.

Nachweis der Abtragung von Vertikalkräften in den Untergrund:

- Charakteristische vertikale Einwirkungen

$$V_{Spundwand,k} = 9{,}60\,\text{kN/m}$$

- Eigengewicht Aussteifung
  Querschnittfläche HEB 180 A = 65,04 cm²; Länge Aussteifung l = 6,00 m; Wichte Stahl γ_{Stahl} = 78,5 kN/m³, Trägerabstand a_t = 2,25 m

$$V_{Aussteifung,k} = \frac{0,5 \cdot 78,5 \cdot 6,00 \cdot 65,04 \cdot 10^{-4}}{2,25} = 0,68 \, kN/m$$

$$E_{av,k} = 164,73 \cdot \tan\left(\frac{2}{3} \cdot 32,5°\right) = 65,45 \, kN/m$$

- Charakteristischer Widerstand im Bereich der Einbindetiefe

$$A_b = 0,0163 \, m^2/m$$

$q_{b,k}$ = 18.000 kN/m² nach [5] bzw. Tab. 1.21

$$A_s = 2 \cdot (1,43 \cdot 1,5) = 4,29 \, m^2$$

mit 1,43 m²/m Anstrichfläche entsprechend Herstellerangaben
$q_{s,k}$ = 40 kN/m² nach [5] bzw. Tab. 1.21

$$\eta_t = \frac{t_g - 0,5 \, m}{2,50 \, m} = \frac{1,50 - 0,5}{2,50} = 0,40$$

$$R_k = A_b \cdot q_{b,k} + A_s \cdot q_{s,k} = 0,40 \cdot 0,0163 \cdot 18.000 + 4,29 \cdot 40$$
$$= 117,36 + 171,60 = 288,96 \, kN/m$$

- Bemessungswert für die Beanspruchung

$$\sum V_{d,i} = 1,2 \cdot (9,60 + 0,68 + 65,45) = 90,88 \, kN/m$$

- Bemessungswert für den Widerstand

$$R_d = \frac{R_{b,k}}{\gamma_b} + \frac{R_{v,k}}{\gamma_s} = \frac{117,36}{1,1} + \frac{171,60}{1,1} = 262,69 \, kN/m$$

$$\sum V_{d,i} = 90,88 \, kN/m < 262,69 \, kN/m = R_d$$

Die Abtragung von Vertikalkräften in den Untergrund ist damit nachgewiesen.
Nachweis der Tragfähigkeit der Spundwand:

- Spundwandprofil U-Profil PU 18, S240GP, Querschnittfläche A = 163 cm²/m; Widerstandmoment $W_{el,y}$ = 1800 cm³/m

- Biegespannungsnachweis
  Eigengewicht Bauteile für die Ermittlung der Normalkraft für das maximale Moment bei 3,98 m unter Oberkante Spundwand

  $$V_{Spundwand,k} = 78{,}5 \cdot 3{,}98 \cdot 163 \cdot 10^{-4} = 5{,}09 \, kN/m$$

  $$V_{Aussteifung,k} = 0{,}68 \, kN/m$$

  Vertikaler Anteil Erddruck für die Ermittlung der Normalkraft für das maximale Moment bei 3,98 m unter Oberkante Spundwand

  $$E_{av,k} = (20{,}27 \cdot 3{,}0 + 16{,}89 \cdot 0{,}98) \cdot \tan\left(\frac{2}{3} \cdot 32{,}5°\right) = 30{,}73 \, kN/m$$

- Schnittgrößen Spundwand

  $$N_{Ed} = 1{,}2 \cdot (5{,}09 + 0{,}68 + 30{,}73) = 43{,}80 \, kN/m$$

  $$M_{y,Ed} = 1{,}2 \cdot 71{,}74 = 86{,}09 \, kNm/m$$

- Bemessungswert für die Beanspruchung

  $$\sigma_{y,Ed} = \frac{N_{Ed}}{A} + \frac{M_{y,Ed}}{W_{el,y}} = \frac{43{,}80}{163} + \frac{8609}{1800} = 5{,}05 \, kN/cm^2$$

- Bemessungswert für den Widerstand

  $$\sigma_{y,Rd} = \frac{f_y}{\gamma_{M0}} = \frac{24{,}0}{1{,}0} = 24{,}00 \, kN/cm^2$$

  $$\sigma_{y,Ed} = 5{,}05 \, kN/cm^2 < 24{,}00 \, kN/cm^2 = \sigma_{y,Rd}$$

Der Nachweis ist erfüllt.

Nachweis der Tragfähigkeit der Aussteifung nach EB 52 (EAB):

Da die Aussteifung nur durch das Eigengewicht und den Erddruck beansprucht wird, kann das Biegemoment vernachlässigt werden. Der Biegeknicknachweis der Normalkraft mit dem Ersatzstabverfahren ist für den Nachweis der Tragfähigkeit ausreichend.

- Charakteristische Beanspruchung

  $$A_{h,k} = 77{,}40 \, kN/m$$

- Bemessungswert für die Beanspruchung
  Die Bemessungssituation BS-T gilt nicht für Steifen. Bei Steifen sind die Teilsicherheitsbeiwerte für die Bemessungssituation BS-P zu berücksichtigen oder die für einen anderen Lastfall ermittelten Bemessungsschnittgrößen um 15 % zu erhöhen (vgl. EB 52 (EAB)).
  Mit einem Trägerabstand a_t = 2,25 m ergibt sich

  $$E_d = \gamma_G \cdot A_{h,k} \cdot a_t = 1{,}35 \cdot 77{,}40 \cdot 2{,}25 = 235{,}10 \, kN/Steife$$

- Bemessungswert für den Widerstand
  Nach [7, Bild 147] bzw. [2, Bild 18.4] ergibt sich

$$R_{M,d} = 375{,}00 \, \text{kN/Steife}$$
$$E_d = 235{,}10 \, \text{kN/Steife} < 375{,}00 \, \text{kN/Steife} = R_{M,d}$$

Der Nachweis für die Aussteifung ist erbracht. ◂

1.2.4.9.2 Nicht gestützte, im Boden eingespannte Spundwand

Nach DIN 1054 kann eine ungestützte (unverankerte) im Boden eingespannte Spundwand mit einem Kragträger verglichen werden.

Das Moment, das die Spundwand beansprucht, wird durch die Einspannung im Boden aufgenommen. Die aktiven und passiven Erddrücke sind bei der Berechnung nach dem Teilsicherheitskonzept getrennt zu behandeln.

Der Erdwiderstand wird nach EB 19 Abs. 6.3 (EAB) bestimmt. Es sind aufgrund der fehlenden Stützung Kopfbewegungen insbesondere bei locker gelagerten, nichtbindigen oder nur annähernd steifen, bindigen Böden zu erwarten. Um Schäden an benachbarter Bebauung zu vermeiden, ist die Einbindetiefe entsprechend anzupassen oder ein Spundprofil mit einer höheren Materialstärke zu verwenden. Mit den endgültigen Abmessungen der Spundwand kann der Nachweis der Gebrauchstauglichkeit nach EB 83 Abs. 4.10 (EAB) geführt werden.

Näherungsweise kann die Gesamtlänge der Einbindetiefe mit einer Sicherheit von 20 % nach der Gl. (1.55) ohne rechnerischen Nachweis ermittelt werden (s. Bild EB 26-1 (EAB)).

$$t = t_1 + \Delta t_1 = t_1 + 0{,}20 \cdot t_1 = 1{,}20 \cdot t_1 \tag{1.55}$$

Diese Gleichung basiert auf der Verwendung eines Nomogramms nach Blum (s. [8] und Abschn. 1.2.4.9.4), welches den Wert t_1 liefert. Nach EB 26 (EAB) kann die Einspannung mit Hilfe des Lastansatzes von Blum (s. [8] und Abschn. 1.2.4.9.4) erfasst werden und kann bei ungestützten sowie am Fuß eingespannten Spundwänden angewendet werden.

Beim Führen eines genaueren Nachweises ist trotzdem eine Sicherheit von 10 % zu berücksichtigen. Der genauere Nachweis kann nach EB 26 (EAB) entsprechend Lackner [14] über Gl. (1.56) geführt werden.

$$\Delta t_1 \geq \frac{C_{h,d}}{2} \cdot e_{phC,d} \tag{1.56}$$

mit

$$C_{h,d} = C_{Gh,d} \cdot \gamma_G + C_{Qh,d} \cdot \gamma_Q$$

$$e_{phC,d} = \frac{e_{phC,k}}{\gamma_{R,e}}$$

$$e_{phC,k} = (g_k + p_k) \cdot K_{pghC} + c'_k \cdot K_{pch}$$

Dabei ist die Vertikalspannung g_k in Höhe des theoretischen Fußpunktes aus dem Gewicht der aufliegenden Schichten und ggf. unter Ansatz des Auftriebs zu bestimmen. Die Größe und das Vorzeichen des Neigungswinkels $\delta_{C,k}$ ergeben sich aus dem Nachweis der Vertikalkomponente des mobilisierten Erdwiderstandes (vgl. EB 9 (EAB)).

In tragfähigem Boden entsteht bei nicht gestützten Wänden immer eine volle Einspannung. Die Wand kann sich bis zum Erreichen des Gleichgewichtszustandes um einen Punkt oberhalb des Wandfußes drehen.

Bei gestützten Wänden ist hingegen der Grad der Einspannung abhängig vom Verformungsverhalten der Wand und des Bodens. Eine volle Einspannung bedeutet im rechnerischen Sinne, dass im theoretischen Fußpunkt keine Bewegung auftritt. Es kommt weder zu einer Verdrehung noch zu einer Verschiebung (s. EB 26 (EAB)).

Eine ungestützte Spundwand ist nach EB 20 Abs. 9.1 und EB 101 Abs. 12.12 (EAB), bei Baugruben in weichem, bindigem Boden oder im Bereich von Fundamentlasten normalerweise unzulässig.

Für den Nachweis der Vertikalkomponente des mobilisierten Erdwiderstandes (s. EB 9 (EAB)) gelten für im Boden eingespannte Spundwände analog wie für eingespannte Trägerbohlwände der vereinfachte Nachweis Gl. (1.38) sowie der genauere Nachweis Gl. (1.39). Auch hier ist C_k bei beiden Nachweisen auf $\delta_C \leq 1/3 \cdot \varphi'_k$ zu begrenzen.

Beim Nachweis der Abtragung von Vertikalkräften in den Untergrund ist für im Boden eingespannte Spundwände der charakteristische Vertikalanteil $C_{v,k}$ analog wie für eingespannte Trägerbohlwände über die Gl. (1.40) zu bestimmen (s. EB 84 (EAB)). Der Neigungswinkel $\delta_{C,k}$ der Ersatzkraft C darf maximal so groß wie der Wandreibungswinkel nach Abschn. 1.2.4.8.3 sein. Ebenso ist für den Nachweis der Widerstand entsprechend Gl. (1.41) zu berechnen.

Beispiel 1.10

Berechnung einer Spundwand, 6 m Tiefe, im Boden eingespannt (s. Abb. 1.72)

Berechnungsgrundlagen

- Bemessungssituation BS-T ($\gamma_G = 1{,}20$; $\gamma_{R,e} = 1{,}30$; $\gamma_b = 1{,}10$; $\gamma_s = 1{,}10$; $\gamma_{M0} = 1{,}0$)
- großflächige, ständige Geländeauflast von $p = 20\,\text{kN/m}^2$
- Boden: Sand
- Bodenkennwerte: $\gamma_k = 18\,\text{kN/m}^3$; $\varphi'_k = 32{,}5°$; $c'_k = 0\,\text{kN/m}^2$; $\delta_{a,k} = 2/3\,\varphi'_k = 21{,}67°$; $\delta_{C,k} = 1/3\,\varphi'_k = 10{,}83°$; $\delta_{p,k} = -\varphi'_k = -32{,}5°$; $q_c = 15\,\text{MN/m}^2$
- Kennwerte Spundwandbohlen: Spundwandprofil U-Profil PU 28, Stahlgüte S240GP mit $f_{y,k} = 240\,\text{N/mm}^2$
- Erddruckbeiwerte: K_{agh} ($\delta_{a,k} = 21{,}67°$) = K_{aph} = 0,251 (ebene Gleitfläche); K_{agh} ($\delta_{C,k} = 10{,}83°$) = 0,273 (ebene Gleitfläche)

1.2 Methoden der Baugrubensicherung

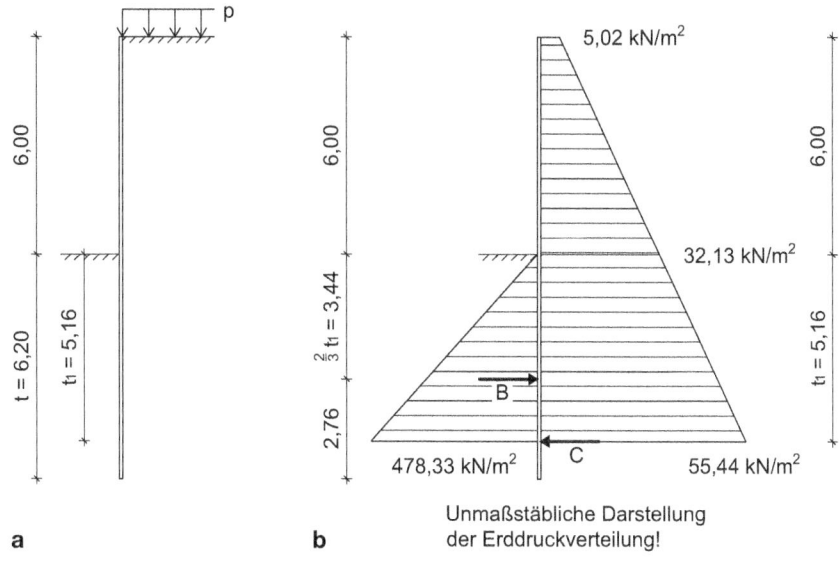

Abb. 1.72 Spundwand. **a** Geländeschnitt, **b** Erddruckverteilung

Ermittlung Erddruck:

$$e_{ah,k(0\,m)} = p \cdot K_{aph} = 20 \cdot 0{,}251 = 5{,}02 \, \text{kN/m}^2$$

$$e_{ah,k(-6\,m)} = \gamma_k \cdot h \cdot K_{agh} + p \cdot K_{aph} = 18 \cdot 6 \cdot 0{,}251 + 20 \cdot 0{,}251$$
$$= 32{,}13 \, \text{kN/m}^2$$

$$e_{ahC,k(-6\,m+t_1)} = \gamma_k \cdot (h + t_1) \cdot K_{agh} + p \cdot K_{aph} = 18 \cdot (6 + t_1) \cdot 0{,}251 + 20 \cdot 0{,}251$$
$$= 32{,}13 + 4{,}52 \cdot t_1 \, \text{kN/m}^2$$

- Erddruckbeiwert: K_{pgh} ($\delta_{p,k} = -32{,}5°$) = 7,30 (gekrümmte Gleitfläche) nach DIN 4085 bzw. [6]

Ermittlung Erdwiderstand:

$$e_{ph,k(-6\,m)} = 0 \, \text{kN/m}^2$$

$$e_{ph,k(-6\,m+t_1)} = \gamma_k \cdot t_1 \cdot K_{pgh} = 18 \cdot t_1 \cdot 7{,}30 = 131{,}40 \cdot t_1 \, \text{kN/m}^2$$

Ermittlung der Einbindetiefe:

Im theoretischen Auflagerpunkt C wird für die Einspannung der Spundwand angenommen, dass das Moment $M_{C,d}$ in der Tiefe t_1 null ist. Das Moment $M_{EC,d}$ im theoretischen Auflagerpunkt C ergibt sich aus den Einwirkungen bzw. dem aktiven

Erddruck. Das Moment $M_{RC,d}$ im theoretischen Auflagerpunkt C ergibt sich aus dem Erdwiderstand. Das Moment $M_{EC,d}$ und das Moment $M_{RC,d}$ müssen im Gleichgewicht sein.

$$M_{C,d} = M_{EC,d} - M_{RC,d} = 0$$

$$M_{EC,k} = 5{,}02 \cdot 6 \cdot \left(\frac{6}{2} + t_1\right) + 27{,}11 \cdot 6 \cdot 0{,}5 \cdot \left(\frac{6}{3} + t_1\right) + 32{,}12 \cdot t_1 \cdot \frac{t_1}{2}$$
$$+ 4{,}52 \cdot t_1 \cdot t_1 \cdot 0{,}5 \cdot \frac{t_1}{3}$$
$$= 0{,}75 \cdot t_1^3 + 16{,}06 \cdot t_1^2 + 111{,}45 \cdot t_1 + 253{,}02$$

$$M_{RC,k} = 131{,}40 \cdot t_1 \cdot t_1 \cdot 0{,}5 \cdot \frac{t_1}{3} = 21{,}90 \cdot t_1^3$$

Bemessungswert für das Moment $M_{EC,d}$ (Bestimmungsgleichung a)

$$M_{EC,d} = M_{EC,k} \cdot \gamma_G = \left(0{,}75 \cdot t_1^3 + 16{,}06 \cdot t_1^2 + 111{,}45 \cdot t_1 + 253{,}02\right) \cdot 1{,}20$$

Bemessungswert für das Moment $M_{RC,d}$ (Bestimmungsgleichung b)

$$M_{RC,d} = \frac{M_{RC,d}}{\gamma_{R,e}} = \frac{21{,}90 \cdot t_1^3}{1{,}3}$$

Durch Iteration über die Bestimmungsgleichungen a und b ergibt sich eine Tiefe $t_1 = 4{,}25$ m. Damit ergibt sich eine Einbindetiefe von

$$t = t_1 + \Delta t_1 = t_1 + 0{,}20 \cdot t_1 = 1{,}20 \cdot 4{,}25 = 5{,}10 \text{ m}$$

Die zuvor durchgeführte Berechnung der Einbindetiefe dient nur als Vorberechnung. Der erforderliche Standsicherheitsnachweis wird in den nächsten Schritten durchgeführt.

Bei der klassischen dreiecksförmigen Verteilung des Erdwiderstandes wird die Lage des Auflager B im Schwerpunkt der Erdwiderstandsfläche bei $2/3 \, t_1 = 2/3 \cdot 4{,}25 = 2{,}83$ m unter Baugrubensohle festgelegt.

Bestimmung Auflagerkräfte:

$$B_{h,k} = \frac{5{,}02 \cdot 10{,}25 \cdot \frac{10{,}25}{2} + (51{,}34 - 5{,}02) \cdot 10{,}25 \cdot 0{,}5 \cdot \frac{10{,}25}{3}}{1{,}42} = 756{,}39 \text{ kN/m}$$

Die Erddruckkraft über die gesamte Spundwand beträgt

$$E_{ah,k} = \frac{5{,}02 + 51{,}34}{2} \cdot 10{,}25 = 288{,}84 \text{ kN/m}$$

$$C_{h,k} = 756{,}39 - 288{,}84 = 467{,}55 \text{ kN/m}$$

1.2 Methoden der Baugrubensicherung

Der resultierende Erdwiderstand beträgt

$$E_{ph,k} = 131{,}40 \cdot \frac{4{,}25}{2} \cdot 4{,}25 = 1186{,}71 \text{ kN/m}$$

Nachweis des Erdauflagers:

- Bemessungswert für die Beanspruchung Auflager B

$$B_{h,d} = B_{h,k} \cdot \gamma_G = 756{,}39 \cdot 1{,}2 = 907{,}67 \text{ kN/m}$$

- Bemessungswert für den Widerstand

$$E_{ph,d} = \frac{E_{ph,k}}{\gamma_{R,e}} = \frac{1186{,}71}{1{,}3} = 912{,}85 \text{ kN/m}$$

$$E_{ph,d} = 912{,}85 \text{ kN/m} \geq 907{,}67 \text{ kN/m} = B_{h,d}$$

Damit ist der Nachweis des Erdauflagers erbracht.

Nachweis der Vertikalkomponente des mobilisierten Erdwiderstandes:

- Vertikalanteil der aktiven Erddruckkraft

$$E_{av,k} = E_{ah,k} \cdot \tan \delta_{a,k} = 288{,}84 \cdot \tan 21{,}67° = 114{,}77 \text{ kN/m}$$

- Eigengewicht der Spundwand
  Querschnittfläche U-Profil PU 28 A = 216 cm²/m; Länge Spundwand l = 11,10 m;
  Wichte Stahl γ_{Stahl} = 78,5 kN/m³

$$V_{Spundwand,k} = 78{,}5 \cdot 11{,}10 \cdot 216 \cdot 10^{-4} = 18{,}82 \text{ kN/m}$$

- Vertikalanteil Auflager C

$$C_{v,k} = C_{h,k} \cdot \tan \delta_{C,k} = 467{,}55 \cdot \tan 10{,}83° = 89{,}44 \text{ kN/m}$$
$$B_{v,k} = B_{h,k} \cdot \tan \delta_{p,k} = 756{,}39 \cdot \tan 32{,}5° = 481{,}87 \text{ kN/m}$$
$$V_k = 114{,}77 + 18{,}82 + 89{,}44 = 223{,}03 \text{ kN/m} < 481{,}87 \text{ kN/m} = B_{v,k}$$

Damit ist der Nachweis der Vertikalkomponente des mobilisierten Erdwiderstandes nicht erbracht. Das bedeutet, dass der volle Erdwiderstand nicht mobilisiert wird und aufgrund dessen nicht angesetzt werden darf. Es muss ein geringerer Neigungswinkel des Erdwiderstandes berücksichtigt werden.

Die vorhergehenden Schritte müssen wiederholt berechnet werden. Mit einem Neigungswinkel des Erdwiderstandes $\delta_{p,k} = -15°$ ist der Nachweis der Vertikalkomponente des mobilisierten Erdwiderstandes erfüllt. Damit ergeben sich veränderte Ergebnisse bzw. Parameter, insbesondere die erforderliche Einbindelänge t vergrößert sich. Die veränderten Ergebnisse bzw. Parameter ergeben sich zu

$$t_1 = 5{,}16 \, \text{m}$$
$$t = 6{,}20 \, \text{m}$$
$$e_{ahC,k(-11,16\,m)} = 55{,}44 \, \text{kN/m}^2$$
$$K_{pgh}(\delta_{p,k} = -15°) = 5{,}15 \quad \text{(gekrümmte Gleitfläche)}$$
$$e_{ph,k(-11,16\,m)} = 478{,}33 \, \text{kN/m}^2$$
$$B_{h,k} = 790{,}25 \, \text{kN/m}$$
$$C_{h,k} = 452{,}88 \, \text{kN/m}$$
$$E_{ah,k} = 337{,}37 \, \text{kN/m}$$
$$E_{ph,k} = 1234{,}10 \, \text{kN/m}$$
$$V_{Spundwand,k} = 20{,}69 \, \text{kN/m}$$

Die weiteren Nachweise werden mit den veränderten Ergebnissen durchgeführt. Nachweis der Abtragung von Vertikalkräften in den Untergrund:

- Charakteristische vertikale Einwirkungen

$$V_{Spundwand,k} = 20{,}69 \, \text{kN/m}$$
$$E_{av,k} = 337{,}37 \cdot \tan\left(\frac{2}{3} \cdot 32{,}5°\right) = 134{,}05 \, \text{kN/m}$$

- Charakteristischer Widerstand

$$A_b = 0{,}0216 \, \text{m}^2/\text{m}$$

$q_{b,k} = 18.000 \, \text{kN/m}^2$ nach [5] bzw. Tab. 1.21

$$R_{b,k} = 0{,}0216 \cdot 18.000 = 388{,}80 \, \text{kN/m}$$
$$R_{s,k} = 0{,}5 \cdot C_{v,k} + (B_{h,k} - 0{,}5 \cdot C_{h,k}) \cdot \tan\delta_{p,k}$$
$$= 0{,}5 \cdot 452{,}88 \cdot \tan 10{,}83° + (790{,}25 - 0{,}5 \cdot 452{,}88) \cdot \tan 15° = 194{,}39 \, \text{kN/m}$$

- Bemessungswert für die Beanspruchung

$$\sum V_{d,i} = 1{,}2 \cdot (20{,}69 + 134{,}05) = 185{,}69 \, \text{kN/m}$$

- Bemessungswert für den Widerstand

$$R_d = \frac{R_{b,k}}{\gamma_b} + \frac{R_{s,k}}{\gamma_{R,e}} = \frac{388{,}8}{1{,}1} + \frac{194{,}39}{1{,}3} = 502{,}98 \, \text{kN/m}$$
$$\sum V_{d,i} = 185{,}69 \, \text{kN/m} < 502{,}98 \, \text{kN/m} = R_d$$

Die Abtragung von Vertikalkräften in den Untergrund ist damit nachgewiesen.
Ermittlung maximales Moment:

- Für die Schnittkraftermittlung wurde die ermittelte Erdauflagerkraft $B_{h,k}$ als trapezförmige Bettungsreaktion berücksichtigt.
- Das maximale Feldmoment liegt an der Stelle Querkraft V = 0 bei 7,99 m unter Oberkante Spundwand.

$$e_{ah,k(-7,99\,m)} = 5{,}02 + 18 \cdot 7{,}99 \cdot 0251 = 41{,}12\,kN/m^2$$

$$e_{ph,k(-7,99\,m)} = 18 \cdot 1{,}99 \cdot 5{,}15 = 184{,}47\,kN/m^2$$

$$M_{k,max} = 5{,}02 \cdot 7{,}99 \cdot \frac{7{,}99}{2} + (41{,}12 - 5{,}02) \cdot 7{,}99 \cdot 0{,}5 \cdot \frac{7{,}99}{3}$$
$$- 184{,}47 \cdot 1{,}99 \cdot 0{,}5 \cdot \frac{1{,}99}{3}$$
$$= 420{,}61\,kNm/m$$

Nachweis der Tragfähigkeit der Spundwand:

- Spundwandprofil U-Profil PU 28, S240GP, Querschnittfläche A = 216 cm²/m; Widerstandmoment $W_{el,y}$ = 2840 cm³/m
- Biegespannungsnachweis
  Eigengewicht Bauteile für die Ermittlung der Normalkraft für das maximale Moment bei 7,99 m unter Oberkante Spundwand

$$V_{Spundwand,k} = 78{,}5 \cdot 7{,}99 \cdot 216 \cdot 10^{-4} = 13{,}54\,kN/m$$

Vertikaler Anteil Erddruck für die Ermittlung der Normalkraft für das maximale Moment bei 7,99 m unter Oberkante Spundwand

$$E_{av,k} = (0{,}5 \cdot 18 \cdot 7{,}99 \cdot 0{,}251 + 5{,}02) \cdot 7{,}99 \cdot \tan\left(\frac{2}{3} \cdot 32{,}5°\right) = 73{,}23\,kN/m$$

- Schnittgrößen Spundwand

$$N_{Ed} = 1{,}2 \cdot (13{,}54 + 73{,}23) = 104{,}08\,kN/m$$
$$M_{y,Ed} = 1{,}2 \cdot 420{,}61 = 504{,}73\,kNm/m$$

- Bemessungswert für die Beanspruchung

$$\sigma_{y,Ed} = \frac{N_{Ed}}{A} + \frac{M_{y,Ed}}{W_{el,y}} = \frac{104{,}08}{216} + \frac{504{,}73}{2840} = 18{,}57\,kN/cm^2$$

- Bemessungswert für den Widerstand

$$\sigma_{y,Rd} = \frac{f_y}{\gamma_{M0}} = \frac{24{,}0}{1{,}0} = 24{,}00 \, \text{kN/cm}^2$$

$$\sigma_{y,Ed} = 18{,}57 \, \text{kN/cm}^2 < 24{,}00 \, \text{kN/cm}^2 = \sigma_{y,Rd}$$

Der Nachweis ist erfüllt. ◄

1.2.4.9.3 Ein- oder mehrfach gestützte, im Boden eingespannte Spundwand

Für die ein- oder mehrfach gestützte und eingespannte Spundwand gelten prinzipiell die gleichen Festlegungen wie für die einfach gestützte Spundwand (s. Abschn. 1.2.4.9.1). Allerdings ist das Biegemoment am Fußpunkt ungleich Null. Falls die Bedingungen nach EB 69 (EAB) erfüllt sind, darf eine Erddruckumlagerung stattfinden. In der Regel wird eine Einspannung des Fußpunktes mit dem Verfahren nach Blum (s. [8] und Abschn. 1.2.4.9.4) berechnet.

Unter einer vollständigen Einspannung wird eine erhöhte Einbindetiefe gegenüber den frei aufgelagerten Wänden verstanden. Daher sind diese nicht zwingend mit einer rückwärtigen Verankerung zu versehen (vgl. [13]).

1.2.4.9.4 Berechnungsverfahren nach Blum

Nach Blum [8] und [15] kann die Belastungsfläche infolge des Erdwiderstandes, homogenen Boden im Einspannbereich vorausgesetzt, idealisiert werden. Blum nimmt die Erdwiderstandsfläche als rechtwinkliges Dreieck mit der theoretischen Rammtiefe t_0 an und setzt die Ersatzkraft C in der Tiefe t_0 an (s. Abb. 1.73a). Da die Ersatzkraft die Resultierende des hier wirkenden Erdwiderstandes ist, muss die Spundwand tiefer als t_0 reichen. Die erforderliche Rammtiefe ist $t \approx 1{,}2 \cdot t_0$ (vgl. Gl. (1.55)).

Für die mit einer horizontalen Linienlast belastete im Boden eingespannte Spundwand lassen sich nach den oben erläuterten Vereinfachungen nachstehende einfache Beziehungen ableiten:

Moment in der Tiefe z unter Gelände

$$M_z = P \cdot (h + z) - \gamma \cdot K_{rh} \cdot \frac{z^3}{6} \tag{1.57}$$

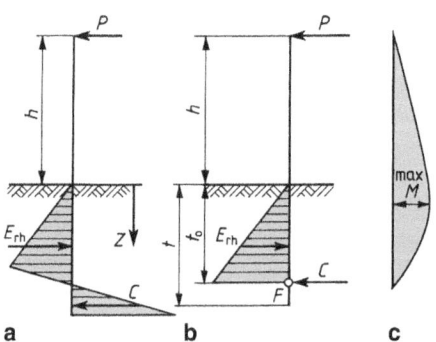

Abb. 1.73 Im Boden eingespannte Spundwand (Belastung durch Linienlast). **a** Wirkliche Belastung, **b** ideelle Belastung, **c** Biegemomente

1.2 Methoden der Baugrubensicherung

Lage des maximalen Momentes aus der Bedingung $dM_z/d_z = 0$

$$0 = P - \gamma \cdot K_{rh} \cdot \frac{z^2}{2} \tag{1.58}$$

oder

$$z = \sqrt{\frac{2 \cdot P}{\gamma \cdot K_{rh}}} \tag{1.59}$$

Damit wird

$$\max M = P \cdot \left(h + \frac{2}{3}\sqrt{\frac{2 \cdot P}{\gamma \cdot K_{rh}}}\right) = P \cdot h + 0{,}9428 \cdot P^{3/2} \cdot (\gamma \cdot K_{rh})^{-1/2} \tag{1.60}$$

Die theoretische Rammtiefe t_0 aus der Bedingung $\sum M_F = 0$ (s. Abb. 1.73b)

$$P(h + t_0) = \gamma \cdot K_{rh} \cdot \frac{t_0^3}{6} \tag{1.61}$$

oder

$$t_0^3 = \frac{6P}{\gamma \cdot K_{rh}}(h + t_0) \tag{1.62}$$

Diese kubische Gleichung kann rechnerisch wie folgt oder mit Hilfe des von Blum entwickelten Nomogramms gelöst werden.

Mit $\xi = t_0/h$ ergibt sich

$$\xi^3 = \frac{6P}{\gamma \cdot K_{rh} \cdot h^2}(1 + \xi) \tag{1.63}$$

und mit

$$m_{11} = \frac{6P}{\gamma \cdot K_{rh} \cdot h^2} \tag{1.64}$$

ergibt sich

$$\xi^3 = m_{11}(1 + \xi) \tag{1.65}$$

Zur vereinfachten Lösung der Gleichung hat Blum ein Nomogramm entwickelt, das allgemein für eingespannte Spundwände verwendet werden kann (s. Abb. 1.74).

Die Gleichung lautet für den allgemeinen Fall

$$\xi^3 = m_{11}(1 + \xi) - n_{11} \tag{1.66}$$

Abb. 1.74 Nomogramm zur Berechnung unverankerter Spundwände nach Blum

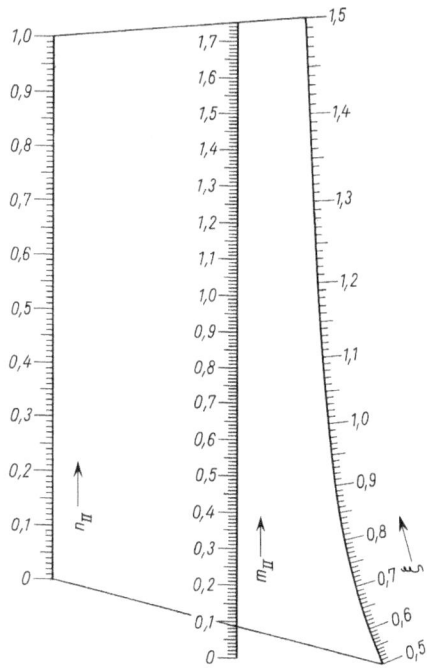

Für den hier dargestellten Sonderfall der durch eine Linienlast beanspruchten Spundwand (s. Abb. 1.73) ist $n_{II} = 0$.

Für die verankerte und im Boden voll eingespannte Spundwand wurden für die Belastungsflächen von Blum ebenfalls Vereinfachungen zugrunde gelegt, d. h. die Form der Fläche des passiven Erddrucks ist ein rechtwinkliges Dreieck und die Ersatzkraft C greift in der rechnerischen Rammtiefe t_0 an.

Die Berechnung der verankerten, eingespannten Wand ist schwieriger. So kann z. B. die Rammtiefe nicht durch Drehen um den rechnerischen Fußpunkt F bestimmt werden, da die Auflagerkraft (Ankerkraft) A ebenfalls unbekannt ist. Hier muss die zusätzliche Bedingung Durchbiegung im Auflager A = 0 angesetzt werden.

Blum hat auch für diesen Fall, wiederum gleichmäßigem Boden unterhalb des Belastungsnullpunktes N vorausgesetzt, Gleichungen aufgestellt, die den obengenannten Gleichungen ähnlich sind und zur Vereinfachung der Berechnung ein Nomogramm entwickelt (s. Abb. 1.75).

Die Gleichung (1.67) zur Berechnung des Hilfswertes ξ lautet $h'_A = 1$ und kann mit dem Nomogramm (s. Abb. 1.75) gelöst werden.

$$\xi^3\left[0{,}8\xi^2 + 2{,}5\xi + 2{,}0\right] = (1+\xi)^2 \cdot m_I - n_I \tag{1.67}$$

1.2 Methoden der Baugrubensicherung

Abb. 1.75 Nomogramm zur Berechnung verankerter und im Boden eingespannter Spundwände nach Blum

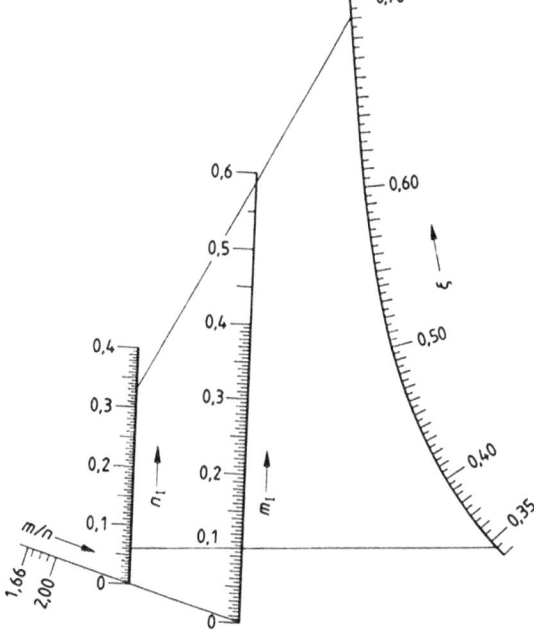

mit

$$m_1 = \frac{6}{\gamma \cdot K_{th} \cdot l^3} \sum_{-h_0}^{1}(P \cdot a) \tag{1.68}$$

$$n_1 = \frac{6}{\gamma \cdot K_{rh} \cdot l^5} \sum_{0}^{1}(P \cdot a^3) \tag{1.69}$$

Die Hilfsgröße x beträgt $x = \xi \cdot l$ und die erforderliche Rammtiefe $t = u + x + \Delta x \approx u + 1{,}2\,x$.

Die Ankerkraft ist

$$A = \sum_{-h_0}^{1} P - \frac{1}{1+x} \sum_{-h_0}^{1}(P \cdot a) - \frac{\gamma \cdot K_{th} \cdot x^3}{6(1+x)} \tag{1.70}$$

Das Maximalmoment tritt an der Stelle Q = 0 auf und wird aus der Querkraft errechnet.

$$\max M = \sum_{Q_1}^{Q=0}(Q \cdot \Delta a) \tag{1.71}$$

Abb. 1.76 Nomogramm zur Berechnung verankerter und im Boden frei gelagerter Spundwände nach Blum

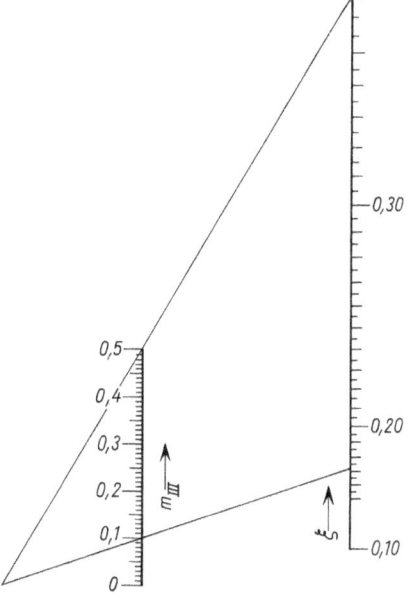

Bei der verankerten, im Boden frei gelagerten Spundwand (Balken auf zwei Stützen) wird die Erddrucklast auf die Spundwand durch die Ankerkraft und die Auflagerkraft im Boden (teilmobilisierter Erdwiderstand) aufgenommen. Für diesen Fall kann die erforderliche Rammtiefe aus der Bedingung $\sum M = 0$ um den Ankerpunkt A und die Ankerkraft aus der Bedingung $\sum H = 0$ errechnet werden. Das maximale Moment wird, wie bei der verankerten, im Boden eingespannten Bohlwand, über die Querkraft ermittelt.

Blum hat auch für diesen Fall, gleichmäßigen Boden unterhalb des Belastungsnullpunktes vorausgesetzt, fertige Lösungsformeln aufgestellt und die Berechnung durch ein Nomogramm vereinfacht (s. Abb. 1.76).

Die Formeln sind denen der übrigen Belastungsfälle ähnlich und lauten: für den Hilfswert ξ mit $h'_A = 1$

$$\xi^2(2\xi + 3) = m_{111} \tag{1.72}$$

mit

$$m_{111} = \frac{6}{\gamma \cdot K_{rh} \cdot l^3} \sum_{-l_0}^{+1}(P \cdot a) \tag{1.73}$$

Für $x = \xi \cdot l$ wird die erforderliche Rammtiefe t für die Sicherheit 1 (bei Ansatz der Kräfte nach Blum)

$$t = u + x \tag{1.74}$$

Die Ankerkraft berechnet sich zu

$$A = \sum_{-l_0}^{+1} P - \frac{1}{1 + \frac{2}{3}x} \sum_{-l_0}^{+1}(P \cdot a) \qquad (1.75)$$

und das maximale Moment lässt sich über

$$\max M = \sum_{Q_1}^{Q=0}(Q \cdot \Delta a) \qquad (1.76)$$

bestimmen.

1.2.4.10 Ermittlung der Schnittgrößen mittels Berechnungsprogrammen

Bei dem Einsatz von marktüblichen Berechnungsprogrammen kann der Aushub schrittweise modelliert und entsprechend der aktuellen Normung berechnet werden. Der teilmobilisierte Erdwiderstand kann auch wegabhängig in Form einer elastischen Bettung berücksichtigt werden.

Die Software stößt jedoch bei der Verformungsprognose an ihre Grenzen. Demnach muss eine Abschätzung auf Grundlage von Messungen für vergleichbare Situationen getroffen werden bzw. kommen hier numerische Berechnungsmodelle zum Einsatz.

Im nachfolgenden Beispiel wird die Anwendung von numerischen Methoden für die Berechnung einer eingespannten Spundwand aufgezeigt.

Beispiel 1.11

Das Beispiel beruht auf dem im Abschn. 1.2.4.9.2 dargestellten Beispiel Berechnung einer Spundwand, Spundwandprofil U-Profil PU 28, 6 m Tiefe, im Boden eingespannt (s. Abb. 1.72). Die im Beispiel angesetzte Auflast wird für das Beispiel der numerischen Berechnung nicht mit berücksichtigt.

Als Software für die Erstellung und Berechnung des numerischen Modells wird die Software PLAXIS [16] verwendet.

Im ersten Schritt müssen die Materialparameter für das numerisches Modell definiert werden. Als Stoffmodell kommt hierbei ein Stoffmodell mit linearelastisch-idealplastischem Spannungsdehnungsverhalten mit einem Fließ- bzw. Bruchkriterium nach Mohr-Coulomb zur Anwendung. Im Vergleich zum analytischen Beispiel in Abschn. 1.2.4.9.2 müssen neben den Scherfestigkeiten des Untergrunds die elastischen Stoffparameter Elastizitätsmodul E bzw. Steifemodul E_s und die Querdehnzahl ν berücksichtigt werden. Für den Baugrund (Sand), der durch dreieckige Elemente mit 15 Knoten modelliert wird, werden die in Tab. 1.23 dargestellten Kennwerte berücksichtigt.

Tab. 1.23 Kennwerte für das Material Sand für die numerische Berechnung

Kennwert	Einheit	Wert
Trockenwichte γ'	kN/m³	18
Steifemodul E_s	kN/m²	80.000
Querdehnzahl ν	–	0,3
Reibungswinkel φ'_k	°	32,5
Dilatanzwinkel ψ'_k	°	0

Die eingespannte Spundwand wird mittels eines Plattenelements diskretisiert. Die Spundwand wird mit einem elastischem Spanungsdehnungsverhalten simuliert. Dafür müssen in der Software PLAXIS die Dehnsteifigkeit EA und die Biegesteifigkeit EI eingegeben werden.

Damit ergibt sich für die Dehnsteifigkeit

$$EA = 210.000.000 \cdot 0{,}02161 = 4.538.100\,\text{kN/m}$$

mit

E   Elastizitätsmodul Stahl
A   Querschnittsfläche Spundwand pro lfdm

und für die Biegesteifigkeit

$$EI = 210.000.000 \cdot 6{,}446 \cdot 10^{-4} = 139.537\,\text{kNm}^2/\text{m}$$

mit

I   Trägheitsmoment Spundwand pro lfdm

Die Querdehnzahl ν für den Stahl wird mit 0,3 angesetzt.

Die Abmessungen des Berechnungsmodell werden entsprechend den Empfehlungen des Arbeitskreises „Numerik in der Geotechnik" (EANG) gewählt (s. Abb. 1.77).

Das erzeugte FE-Netz ist in Abb. 1.78 dargestellt.

Für die Berechnung werden die folgenden Berechnungszustände/Bauzustände berücksichtigt:

- Initialisierungszustand/Primärspannungszustand
- Einbau/Aktivierung Spundwand
- Aushub Baugrube

Die ermittelten Schnittgrößen sowie die horizontalen Verschiebungen für die Spundwand sind in Abb. 1.79 für den letzten Bauzustand visualisiert. Die berechneten horizontalen Spannungen bzw. die Erddruckverteilung im Bereich der Spundwand sind in Abb. 1.80 für den letzten Bauzustand dargestellt.

1.2 Methoden der Baugrubensicherung

Abb. 1.77 Abmessungen numerisches Berechnungsmodell eingespannte Spundwand

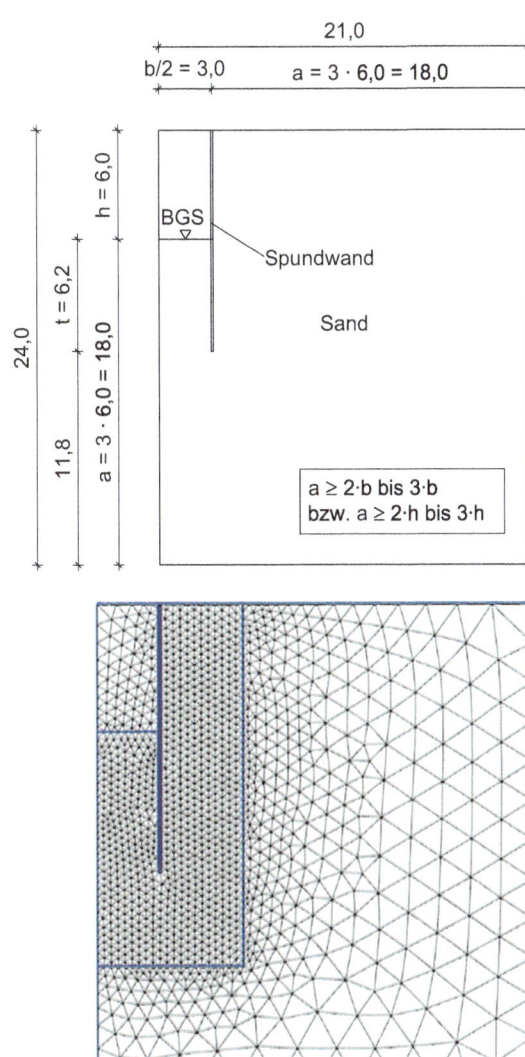

Abb. 1.78 FE-Netz eingespannte Spundwand

Im Vergleich zu den analytischen Berechnungen ergeben sich in der numerischen Berechnung z. B. geringere Momente und ebenso lässt sich ein deutlicher Unterschied in den horizontalen Spannungen bzw. in der Erddruckverteilung feststellen. Dies ist auf verschiedene Faktoren zurückzuführen. Auf der einen Seite sind die Rand- bzw. Lagerbedingungen unterschiedlich. Auf der anderen Seite spielt die Verformung des Systems bzw. der Verbauwand eine wesentliche Rolle. In der analytischen Berechnung werden Grenzzustände betrachtet. In der numerischen Berechnung ist die sich für die Wand einstellende Verformung das maßgebende Kriterium. Das bedeutet, solange das Versagen

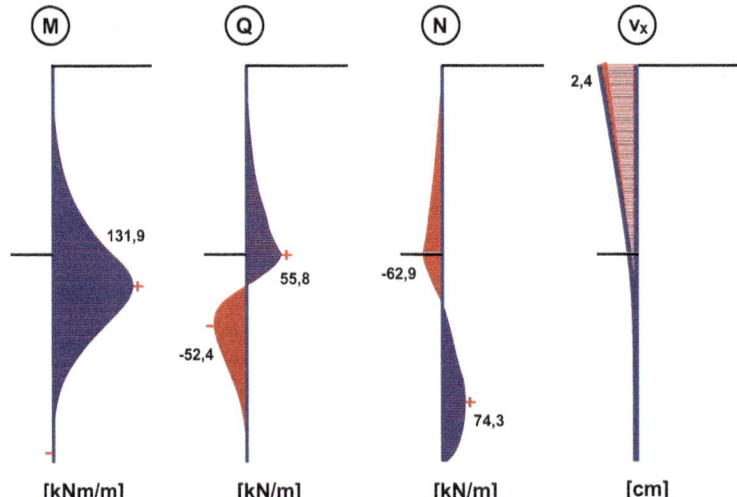

Abb. 1.79 Schnittgrößen und horizontale Verschiebungen numerische Berechnung eingespannte Spundwand

Abb. 1.80 Horizontale Spannungsverteilung bzw. Erddruckverteilung numerische Berechnung eingespannte Spundwand

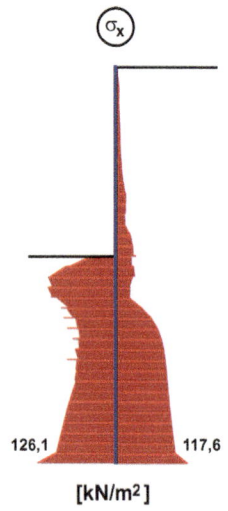

des Systems, der Grenzzustand, nicht erreicht ist, ist der aktive Erddruck in der numerischen Berechnung größer als in der analytischen Berechnung bzw. ist der passiver Erddruck in der numerischen Berechnung geringer als in der analytischen Berechnung. Wird die Wandverformung in der numerischen Berechnung größer, so gleichen sich auch die Ergebnisse der numerischen Berechnung den Ergebnissen der analytischen Berechnung an. Wie in Teil 1, Kap. 9 beschrieben, ist die Größe des Erddrucks abhängig von der Wandbewegung. Dieser Zustand lässt sich in der numerischen Berechnung dadurch erzeugen, in dem z. B. eine Phi-c-Reduktion durchgeführt wird, bei der die Sicherheit des Systems durch eine Reduzierung der Scherfestigkeiten entsprechend der Fellenius-Regel ermittelt werden kann. ◄

1.2.5 Massive Verbauarten (Ortbetonwände)

Zur Gruppe der massiven Verbauarten zählen Bohrpfahl- und Schlitzwände. Der besondere Vorteil dieser Verbaumethoden ist, dass sie auch gleichzeitig als Umfassungswände der Bauwerke (s. Abb. 1.81b) oder als Stützbauwerke (s. Abb. 1.81a und Abb. 1.81j) dienen können. Bohrpfahl- und Schlitzwände sind verformungsarm. Sie werden daher bevorzugt zur Sicherung tiefer Baugruben neben bestehender Bebauung angeordnet. Weitere Vorteile sind ihre erschütterungsfreie und geräuscharme Herstellung.

1.2.5.1 Bohrpfahlwände

Bohrpfahlwände werden aus nebeneinanderstehenden, einzeln hergestellten Bohrpfählen gebildet. Die Herstellung von Bohrpfählen ist in Kap. 3 beschrieben. Es können sowohl gerade als auch gekrümmt verlaufende Bohrpfahlwände hergestellt werden. Die Anpassung an den Grundriss ist flexibel möglich.

Nach der Anordnung der Bohrpfähle wird unterschieden in

- mit Abstand angeordnete Pfähle, auch aufgelöste Pfahlwand genannt (s. Abb. 1.82a, Abb. 1.82d und Abb. 1.84),
- tangierende Pfähle (s. Abb. 1.82b und Abb. 1.85) und
- überschnittene Pfähle (s. Abb. 1.82c und Abb. 1.86).

Während bei der Anordnung nach Abb. 1.82a und Abb. 1.82b alle Pfähle bewehrt werden, wird bei Anordnung gemäß Abb. 1.82c nur jeder zweite Pfahl (Sekundärpfahl) bewehrt. In der Regel werden die Pfähle vertikal hergestellt. In Ausnahmefällen ist dies auch bis zu einer Neigung von etwa 1 : 10 möglich (s. Abb. 1.83).

Bei aufgelösten Pfahlwänden beträgt der Pfahlabstand ca. 1,50 bis 3,50 m. Die Pfahlzwischenräume werden dem Aushub folgend verbaut. Die Ausfachung kann durch Ort- oder Spritzbeton erfolgen (s. Abb. 1.82d und Abb. 1.84). Es wird empfohlen, für die Herstellung von aufgelösten Pfahlwänden als Führungshilfe Bohrschablonen einzusetzen.

Tangierende Pfahlwände (s. Abb. 1.85) bestehen aus bewehrten Pfählen, die herstellungsbedingt in einem Abstand von etwa 2 bis 10 cm nebeneinander stehen. Ist eine Rückverankerung notwendig, so kann diese durch die Zwischenräume der Pfähle nach hinten geführt und an der Vorderseite mit einem Gurt versehen werden. Da die tangierte Pfahlwand nicht wasserdicht ist, sind die gleichen Maßnahmen wie bei der aufgelösten Pfahlwand erforderlich, sofern dies gewünscht ist. Es kann erforderlich sein, Schablonen einzusetzen.

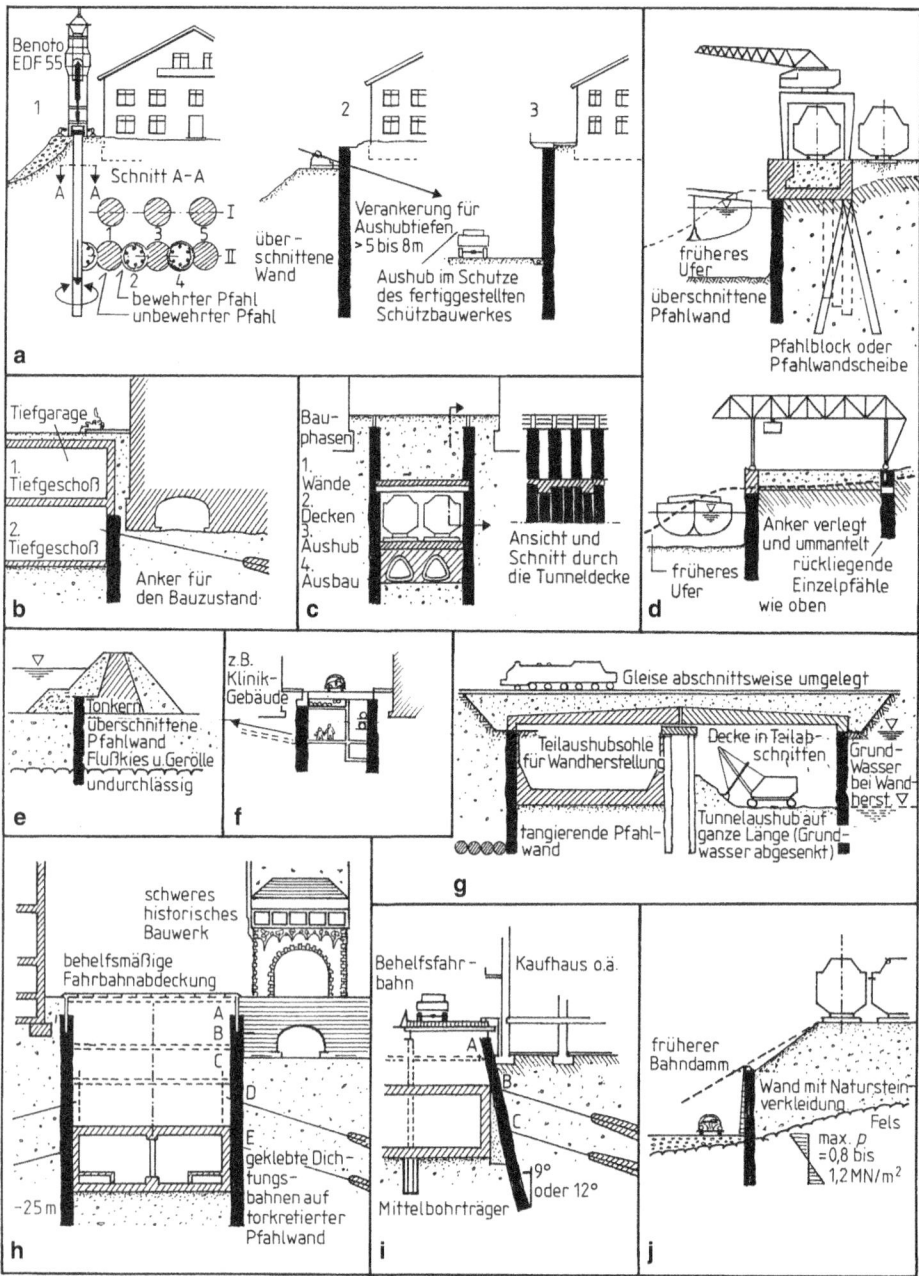

Abb. 1.81 Anwendungsbeispiele für Verbauwandsysteme: **a** Herstellungsphasen einer Hangsicherung mit nachfolgendem Aushub, **b** Sicherungswand wird in das Bauwerk einbezogen, **c** Baugrubenumschließung und Tunnelwand für U-Bahn oder U-Strab, **d** Kaimauerkonstruktionen in Binnenhäfen, **e** Dichtungsschürze unter einem Stauwerk, **f** Unterirdische Verkehrs- und Rohrleitungsgänge, **g** Tunnelwand für eine Autobahnunterführung unter einem Bahnhof, **h** Haussicherungswände für eine U-Bahnstation, **i** schräge Pfahlwand als Haussicherungswand, **j** Stützmauer gegen Bahndamm für einen Straßeneinschnitt

1.2 Methoden der Baugrubensicherung

Abb. 1.82 Bohrpfahlwände: **a** mit Abstand angeordnete Pfähle, **b** tangierende Pfähle, **c** überschnittene Pfähle unbewehrte Pfähle (ungerade Nummer)/bewehrte Zwischenpfähle (gerade Nummer), **d** aufgelöste Pfahlwände

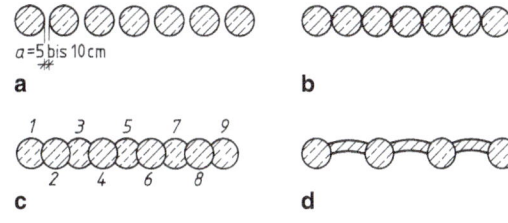

Abb. 1.83 Geneigte Bohrpfahlwand

Abb. 1.84 Aufgelöste Bohrpfahlwand

Abb. 1.85 Tangierende Bohrpfahlwand

Abb. 1.86 Überschnittene Bohrpfahlwand (© Wadle Bauunternehmung GmbH)

Sehr häufig werden überschnittene Pfahlwände ausgeführt (s. Abb. 1.86). Jeder zweite Pfahl, Primärpfahl genannt, ist unbewehrt, da dieser bei der Herstellung des bewehrten Sekundärpfahls angeschnitten wird. Entsprechend Abb. 1.82c werden zuerst die unbewehrten Pfähle 1, 3, 5, 7 und 9 hergestellt und im Anschluss die bewehrten Zwischenpfähle Nummer 2, 4, 6 und 8. Diese Herstellungsart wird als Pilgerschrittverfahren bezeichnet. Der Achsabstand ist kleiner als der Bohrpfahldurchmesser. Das Überschneidungsmaß beträgt i. d. R. 10 bis 20 % des Pfahldurchmessers. Dadurch bilden überschnittene Pfahlwände, meist für den temporären Einsatz, einen nahezu wasserdichten Verbau. Entscheidend für die Wasserdichtigkeit ist ein geringes Auseinanderlaufen der Pfähle, das mit größerer Tiefe zunimmt. Die Lotabweichungen dürfen nach DIN EN 1536, Abs. 8.1, maximal 2 % betragen. Je größer die Bohrtiefe, desto größer muss folglich das Überschneidungsmaß gewählt werden. Um das gewählte Überschneidungsmaß im Bohransatzpunkt sicherzustellen, werden bei überschnittenen Pfahlwänden meist Bohrschablonen (s. Abb. 1.87 und 1.88) aus Beton eingesetzt, die die Verrohrung führen. Die Bohrschablone wird i. d. R.

Abb. 1.87 Bohrschablone
(© Archivio Trevi Group)

Abb. 1.88 Schalung Bohrschablone

aus Ortbeton mit einem niedrigen Bewehrungsgrad hergestellt. Manche Schablonen bestehen anstelle des Ortbetons aus einem Stahlbetonfertigteil oder sogar komplett aus Stahl.

Die Bohrlöcher können durch Verrohrung oder durch Flüssigkeitsstützung gegen Einsturz gesichert werden. Bei beiden Methoden werden zur Herstellung von überschnittenen Pfahlwänden zunächst Bohrungen in einem Abstand e ≤ 2d (d = Durchmesser der Bohrpfähle) niedergebracht und die Pfähle betoniert. Anschließend erfolgen die Bohrungen für die Sekundärpfähle, ihre Bewehrung und Betonierung. Da beim Bohren der Sekundärpfähle der erhärtete Pfahlbeton der Nachbarpfähle (Primärpfähle) angeschnitten wird, sollte der Beton keine Unterschiede in der Anfangserhärtung aufweisen. Die günstigste zeitliche Aufeinanderfolge von Pfahlherstellung und Pfahlanschneiden ist im Einzelfall zu ermitteln.

1.2.5.1.1 Verrohrt gebohrte Bohrpfahlwände

Die verrohrt gebohrten Bohrpfahlwände können in allen Bodenarten, unabhängig vom Grundwasser und auch geneigt ausgeführt werden. Die Bohrungen sind maßhaltig niederzubringen. Verrohrtes Bohren und Verfahren mit durchgehender Endlosschnecke sind vor allem bei überschnittenen Bohrpfahlwänden sinnvoll, um das Einschneiden sicher zu gewährleisten. Verrohrtes Bohren wird in DIN EN 1536, Abs. 8.2.3, geregelt.

Abb. 1.89 zeigt einen kombinierten Baugrubenverbau. Der untere Bereich besteht aus einer Bohrpfahlwand. Im oberen Bereich ist eine Trägerbohlwand angeordnet.

1.2.5.1.2 Unverrohrt gebohrte Bohrpfahlwände

Sofern es die Bodenverhältnisse erfordern, werden bei diesem Verfahren die Wandungen des Bohrlochs durch eine thixotrope Flüssigkeit gestützt. Eigenschaften der thixotropen Flüssigkeiten und Standsicherheit der Wände sind in Abschn. 1.2.6 beschrieben.

Der von Sand und Kies gereinigte Schlamm wird in den Kreislauf zurück gepumpt und das Bohrgut abgefahren. Wie bei den mit Verrohrung gebohrten Bohrpfahlwänden werden auch hier zunächst die Primärbohrungen mit einem Abstand $e < 2d$ niedergebracht und die Pfähle unbewehrt betoniert. Das Betonieren erfolgt mit dem Kontraktorverfahren. Hierbei wird die Suspension durch den Beton verdrängt und oben abgepumpt (s. DIN EN 1536, Abs. 8.4.3). Das Bohren, Bewehren und Betonieren der Zwischenpfähle erfolgt in einem zweiten Arbeitsgang.

Abb. 1.89 Kombinierter Baugrubenverbau (unterer Bereich Bohrpfahlwand/oberer Bereich Trägerbohlwand)

1.2 Methoden der Baugrubensicherung

Es hat sich gezeigt, dass i. d. R. auch längere Schlitze durch thixotrope Flüssigkeiten standsicher abgestützt werden können. Dies führte zur Entwicklung der Schlitzwände. Die oben beschriebene Bentonit-Bohrpfahlwand wird daher in dieser Art heute eher selten angewendet.

1.2.5.1.3 Vor- und Nachteile bei der Anwendung von Bohrpfahlwänden

Die Vor- und Nachteile bei der Anwendung von Bohrpfahlwänden können wie folgt zusammengefasst werden:

Vorteile:

- Verformungsarm
- Wasserdicht
- anwendbar bei nahezu jeder Grundrissform
- Verzicht auf Stützflüssigkeit i. d. R. möglich
- Herstellung von Aussparungen bei kreuzenden Leitungen möglich
- Bestandteil als konstruktives Element für das endgültige Bauwerk möglich

Nachteile:

- hohe Herstellungskosten gegenüber Trägerbohlwänden und Spundwänden
- Ausführungstiefe bei verrohrten Bohrpfählen aufgrund des notwendigen Drehmoments des Bohrgeräts begrenzt

1.2.5.2 Schlitzwände

Schlitzwände (s. Abb. 1.90) sind Wände im Baugrund, die abschnittsweise aus Stahlbeton, Beton oder anderen meist zementgebundenen Stoffen hergestellt werden. Ihr Einsatz erfolgt sowohl temporär als auch langfristig. Die Stützung der im Boden hergestellten Schlitze findet durch thixotrope Flüssigkeiten statt (s. Abschn. 1.2.6.2). Bei sehr standfesten

Abb. 1.90 Schlitzwand

Böden kann nach DIN EN 1538 auch die sogenannte trockene Herstellung möglich sein. Der große Vorteil der Schlitzwände gegenüber den Bohrpfahlwänden ist, dass kein erhärteter Pfahlbeton angeschnitten wird. Ferner können größere Wandlängen durchgehend bewehrt werden. Die zulässige Länge der Schlitzwände ist abhängig von der Bodenart, der Tiefe der Schlitze, dem Grundwasserstand und der Wichte der stützenden Flüssigkeit.

Übliche Arbeitslängen des Aushubwerkzeuges sind ca. 2,50 bis 3,40 m, zum Teil auch 1,80 bis 4,20 m. In der Regel liegen die Wanddicken zwischen 0,40 und 2,00 m. Schlitzwandfräsen ermöglichen sogar Wanddicken bis 3,00 m und Tiefen von 100 bis 150 m. In der Regel betragen die Wandtiefen jedoch ca. 20 bis 40 m.

In Höhe des Flüssigkeitsspiegels ist die stützende Wirkung der Suspension gleich Null. Der obere Rand des Schlitzes ist daher im Regelfall durch ausgesteifte Leitwände (Höhe 0,70 bis 1,50 m, Dicke 0,20 bis 0,40 m) gegen Nachbruch aus der Wand zu sichern.

Die Leitwände dienen auch zur Führung des Aushubwerkzeugs und zum Ausgleich von Belastungsänderungen bei wechselndem Flüssigkeitsspiegel. Sie werden in Ortbeton (s. Abb. 1.91) hergestellt oder als Fertigteil aus Beton (s. Abb. 1.92), Holz oder Stahl eingebaut. Bei reinen Dichtwänden werden sie auch zugleich als Bestandteil des Dichtwandkopfes verwendet.

Die verschiedenen in der Praxis angewendeten Verfahren unterscheiden sich in der Art der Herstellung der Schlitze. Diese können z. B. durch Seil- oder Hydraulikgreifer, deren Breite gleich der Wandstärke der Schlitzwand ist, ausgehoben werden. Es können auch Fräsen mit Nassförderung eingesetzt werden.

Bei der gegreiferten Wand erfolgt das Lösen und Fördern mittels Tieflöffelbagger oder Seilgreifer (s. Abb. 1.93 und 1.94). Ersteres ermöglicht in Abhängigkeit des Gerätetyps und der Bodenverhältnisse Tiefen von etwa 10 m und Breiten von 0,40 bis 0,80 m. Es gibt mechanische und hydraulische Seilgreifer. Hydraulische Schließgreifer haben ihre Stärke in der hohen Schließkraft und werden somit bevorzugt bei harten und dicht gelagerten Böden eingesetzt.

Abb. 1.91 Leitwand als Ortbetonkonstruktion (© Archivio Trevi Group)

1.2 Methoden der Baugrubensicherung

Abb. 1.92 Leitwand als Fertigteil aus Beton

Abb. 1.93 Schlitzwandgreifer (© Archivio Trevi Group)

Die gefräste Schlitzwand wird mit einer Schlitzwandfräse (s. Abb. 1.95 und 1.96) hergestellt, indem zwei gegeneinander drehende, hydraulisch angetriebene Schneidräder mit Felsmeißeln den Boden lösen. Über eine Pumpe wird das Gemisch von Fräsgut und Stützflüssigkeit an die Geländeoberfläche gefördert. Mittels Zyklonen und Sieben wird dort der Boden von der Stützflüssigkeit getrennt und diese wieder in den Kreislauf zurückgeführt. Schlitzwandfräsen können mittels Felsmeißel Fels und Gesteinsblöcke zerkleinern.

Werden die Schlitze durch überschnittene Bohrungen geschaffen, so gleichen die fertigen Wände den Bohrpfahlwänden. Der Unterschied liegt darin, dass sie über größere Breite durchgehend bewehrt sind. Abb. 1.97 zeigt die Herstellung einer Schlitzwand. Der Aushub erfolgt hier durch einen Seilgreifer.

Abb. 1.94 Schlitzwandgreifer Detail (© Archivio Trevi Group)

Abb. 1.95 Schlitzwandfräse

1.2 Methoden der Baugrubensicherung

Abb. 1.96 Schlitzwandfräse Detail (© Archivio Trevi Group)

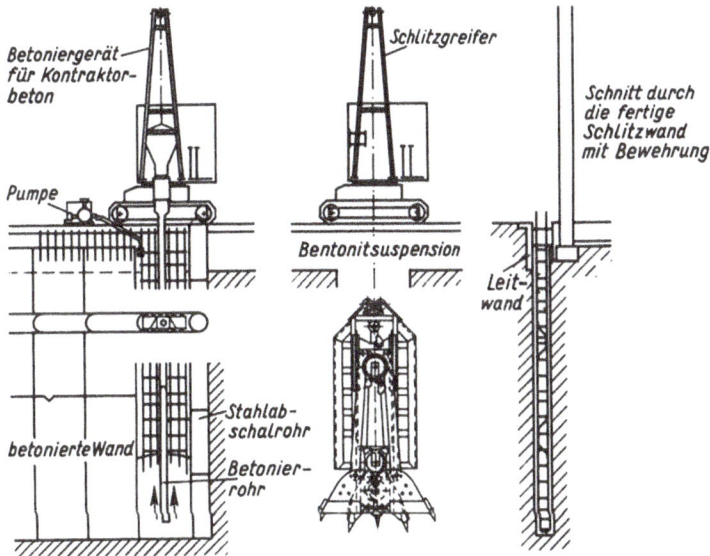

Abb. 1.97 Herstellung einer Schlitzwand

Abb. 1.98 Schlitzwandherstellung in unmittelbarer Nähe einer bestehenden Bebauung (© Archivio Trevi Group)

Schlitzwände können in unmittelbarer Nähe bestehender Bauwerke (s. Abb. 1.98) und im Grundwasserbereich erstellt werden. Ihre Herstellung ist geräuscharm und erschütterungsfrei.

1.2.5.2.1 Sicherheitsvorkehrungen

Wird bei der Herstellung der Schlitzwände eine Rohrleitung zerstört oder eine natürliche Abflussöffnung, z. B. ein Spalt, freigelegt, kann die Stützflüssigkeit oft schnell abfließen. Da ein entleerter Schlitz i. Allg. sofort einbricht, muss das Loch umgehend verstopft werden. Dies kann unter anderem durch in Säcke eingefüllten Beton oder Boden erfolgen, der in den Schlitz eingeworfen und angestampft wird. Eine ausreichende Zahl von Säcken und genügend Reserve an Suspension ist hierzu erforderlich.

Die Bentonitsuspensionen sind stabil, was bedeutet, dass sie sich i. Allg. nicht selbst entmischen. Sie können jedoch durch Chemikalien, die sie zum Beispiel aus der Erdwand oder dem Grundwasser aufnehmen, restlos zerstört werden. Vorsicht ist deshalb unter anderem bei Schlitzen im Bereich anthropogener Anschüttungen und im Bereich von Böden in sulfathaltigem oder huminsaurem Untergrund geboten. Ist die chemisch wirksame Beimengung des Bodens bekannt, kann die Suspension durch Zusatz meist kostspieliger Additive geschützt werden. Beratung durch den Hersteller des Bentonits ist in diesen Fällen erforderlich.

1.2.5.2.2 Ausbildung der Schlitzwände

Nach der Art der Wand wird zwischen der Ortbeton-Schlitzwand, der Fertigteil-Schlitzwand und der Dichtwand unterschieden.

1.2.5.2.3 Ortbeton-Schlitzwände

Ortbeton-Schlitzwände werden unter anderem zur Baugrubensicherung, als Schachtauskleidung und als Bestandteile der Bauwerke (zum Beispiel Umfassungsmauern, Widerlager für Anker oder als Stützbauwerke) angewendet. Der nach einer der oben beschriebenen Methoden geschaffene und durch Bentonitsuspension gestützte Schlitz wird nach Einbringen der Bewehrung (s. Abb. 1.99) im Kontraktorverfahren betoniert (s. Abb. 1.97). Als seitliche Schalung dienen für den Schlitz Abstellrohre (auch Abschalrohre genannt) oder Fugenelemente, die nach dem Abbindevorgang des Betons entsprechend gezogen werden. Sie bewirken eine gute Verbindung der einzelnen Wandabschnitte. Schlitzwände aus wasserdichtem Beton bilden eine nahezu dichte Wand.

Zwischen den einzelnen Lamellen der Schlitzwände entstehen Arbeitsfugen, die die Dichtheit und die Standsicherheit gefährden können. Aus diesem Grund ist die Wahl des richtigen Fugensystems von großer Wichtigkeit. Durch das Schwinden des Betons kann die gesamte Wandflächen nicht in einem Arbeitsgang betoniert werden. Die Fugen müssen Bewegungen der Lamellen aufnehmen können und deswegen unterschiedliche Verformungseigenschaften aufweisen.

Bei dem Zweiphasenverfahren ist, unabhängig vom Fugensystem, die Bildung eines bis zu 8 mm starkem Bentonitfilms in dem Bereich der Fugen möglich.

Zurzeit kommen bei Ortbeton-Schlitzwänden häufig Abstellrohre (Wanddicke maximal 1,00 m), Flachfugen (ab 1,20 m Wanddicke) und Fugenbänder zum Einsatz. Das Ziehen der Abstellrohre muss zum richtigen Zeitpunkt erfolgen, da der Beton einerseits eine ausreichende Festigkeit aufweisen muss, andererseits nicht vollständig abgebunden sein darf. Flachfugen verbleiben im Baugrund. Fugenbänder bieten eine hohe Wasserdichtheit. Beim Ziehen des Abschalelements verbleibt das Fugenband im Schlitz und wird zur Hälf-

Abb. 1.99 Bewehrungskorb Schlitzwand (© Archivio Trevi Group)

te freigelegt. Beim Betonieren des Sekundärschlitzes wird das Fugenband in den Beton eingebunden.

1.2.5.2.4 Fertigteilschlitzwand

Im Unterschied zu den Ortbetonwänden werden bei diesem Verfahren Fertigteile in den durch die Suspension gestützten Schlitz eingestellt. Sie werden zur Baugrubensicherung und als Bestandteil von Bauwerken ausgeführt. Gegenüber den Ortbetonwänden bieten sie, durch die Fertigung im Werk, den Vorteil höherer und garantierter Festigkeit sowie einen schnelleren Baufortschritt. Zudem entfallen die durch Material- und Bentoniteinschlüsse verursachten Fehlstellen, was glattere und maßhaltigere Wände ermöglicht. In DIN EN 1538, Abs. 7.4, sind Angaben zur Fertigteilschlitzwand enthalten.

Nach DIN 1538, Abs. 8.7, dürfen Fertigteile oder andere Einbauteile nicht auf der Aushubsohle abgesetzt werden, sondern müssen an den Leitwänden aufgehängt werden.

In DIN EN 1538, Tab. B.2, sind besondere Kontrollen für Fertigteilschlitzwände übersichtlich aufgeführt. Alle Planungs- und Ausführungsschritte müssen mit allen Teilen der DIN EN 1992 übereinstimmen.

1.2.5.2.5 Dichtwände

Dichtwände werden ebenfalls nach dem Schlitzwandverfahren hergestellt und haben keine tragende, sondern nur eine abdichtende Funktion. Die Herstellung kann im Ein- oder Zweiphasenverfahren erfolgen. Bei Einphasenverfahren verbleibt die Suspension im Schlitz. Beim Einphasenverfahren ist die Schlitztiefe aufgrund der systembedingten kurzen Zeit bis zum Ansteifen und Abbinden der Suspension begrenzt. Bei größerer Schlitztiefe ist es erforderlich, die Dichtwand im Zweiphasenverfahren herzustellen.

Als Dichtwandbaustoff wird im Zweiphasenverfahren ein Erdbeton verwendet. Er besteht aus Wasser, Bentonit, Zement, Füller (Ton- und Gesteinsmehl) und einer Gesteinskörnung aus Sand und Kies.

Dichtwände und Ortbetonwände können auch als Dichtungsschürze unter einem Stauwerk dienen (s. Abb. 1.81e). Weitere Anwendungsmöglichkeiten sind in Abschn. 1.2.5.2.9 Schmalwände dargestellt.

1.2.5.2.6 Vor- und Nachteile bei der Anwendung von Schlitzwänden

Die Vor- und Nachteile bei der Anwendung von Schlitzwänden können wie folgt zusammengefasst werden.

Vorteile:

- Verformungsarm
- i. d. R. wasserdicht
- erschütterungsarme Herstellung
- Herstellung ohne Zwischenraum vor Fundamenten und Gebäuden möglich
- rückwärtige Verankerung und Bewehrungsgrad quasi ohne Einschränkungen möglich

Nachteile:

- hohe Herstellkosten, erst bei großen Wandflächen rentabel
- große Baustelleneinrichtungsfläche notwendig
- hoher Materialverbrauch (Bewehrung, Beton, Stützflüssigkeit)
- Herstellung von Aussparungen bei querenden Leitungen i. d. R. problematisch

1.2.5.2.7 Mixed-in-Place-Wände

Mixed-in-Place (MIP-Verfahren) steht für ein Verfahren zur Herstellung von Säulen oder Wandelementen, die vor Ort hergestellt werden (s. a. Teil 1). Der anstehende Boden wird direkt an der Stelle des herzustellenden Bauteils mit einer Zement- oder Zement-Bentonit-Suspension durch Mischwerkzeuge vermörtelt. Das zu vermischende Volumen wird vor Beginn der Herstellung festgelegt, um die berechnete Menge an Bindemittel in den Boden einzubringen. Es entsteht aufgrund des zeitgleichen Lösens und Mischens des Bodens eine Art Erdbeton.

Werden mehrere Mixed-in-Place-Elemente aneinandergestellt (auch mit Überschneidung möglich), entstehen Mixed-in-Place-Wände, die sowohl temporär als auch für permanente Zwecke hergestellt werden. Ihre Hauptanwendungsgebiete sind

- Dichtwände,
- Baugrubenwände,
- Gründungselemente und
- Immobilisierung (Binden von Schadstoffen).

In Abhängigkeit vom Verfahren und Baugrund sind Tiefen bis 25 m bei Wanddicken zwischen 0,40 und 1,00 m möglich.

Angaben zur Bemessung und Ausführung sind in DIN EN 14679 und DIN 4093 enthalten.

Die Vorteile von Mixed-in-Place-Wände sind

- geringe Mengen an Bohrgut
- verformungsarm
- Wirtschaftlichkeit, aufgrund der preiswerten Herstellung
- anwendbar bei nahezu jeder Grundrissform

Als Nachteile sind aufzuführen

- große Baustelleneinrichtungsfläche notwendig
- Begrenzung der Ausführungstiefe

1.2.5.2.8 FMI-Dichtwände

Das Fräs-Misch-Injektionsverfahren (FMI-Verfahren) kann eingesetzt werden, um Schlitz- und Dichtwände herzustellen (s. a. Teil 1). Beim FMI-Verfahren wird in einem Arbeitsschritt durch die rotierenden Messer und das Austreten der Suspension am Fußpunkt des Frässchwertes der anstehende Boden vermischt und verbessert.

Das FMI-Verfahren besitzt die allgemeine Zulassung Nr. 21/97/04 des Eisenbahn-Bundesamtes und ist in der DIN EN 14679 beschrieben.

1.2.5.2.9 Schmalwände

Schmalwände sind Dichtwände mit einer geringen Wandstärke. Statt eines Aushubs findet eine Verdrängung des Bodens statt und das Verfahren besitzt dadurch wirtschaftliche Vorteile. Schmalwände können für temporäre und dauerhafte Zwecke verwendet werden.

Die Herstellung von Schmalwänden erfolgt vertikal. Es kann eine Stahlprofil-Bohle oder ein Tiefenrüttler in den Boden mittels Vibration eingebracht werden. Dieser verpresst den beim Ziehen entstehenden Hohlraum mit einer Dichtwandmasse. In Abhängigkeit vom anstehenden Boden sind Schmalwände nur 5 bis 20 cm dick. Um eine Bodenverflüssigung aufgrund der Vibrationen zu vermeiden, ist bei Böden mit einer Ungleichförmigkeitszahl $C_u < 5$ sowie bei schluffigen Böden Vorsicht geboten.

Gegenüber der herkömmlichen Dichtwand erfüllt die Schmalwand ausschließlich eine abdichtende und keine statische Funktion. Die Ausführungstiefe ist auf 25 m begrenzt.

In Deutschland gibt es derzeit keine spezifischen Vorschriften bezüglich der Herstellung von Schmalwänden. DIN EN 1538 schließt diese Wandart im Gültigkeitsbereich aus.

Die Vorteile von Schmalwänden sind

- vielseitig einsetzbar
- wassersperrend aufgrund der Dichtwandmasse
- wirtschaftlich aufgrund des geringen Materialverbrauchs
- umweltfreundlich durch Bindemittel auf Zementbasis

Nachteile:

- Begrenzung der Ausführungstiefe
- im festen Fels nicht ausführbar
- hohe Erschütterungen
- Vibrationsrammverfahren nur bei rammbaren Bodenarten

1.2.5.3 Berechnung der Ortbetonwände als Stützwände

Nach DIN 1054, Abs. A 9.7.1.1, entspricht die Berechnung von Ortbetonwänden als Stützwände der der Spundwände (s. Abschn. 1.2.4). Es wird zwischen den Fällen

- nicht gestützte, im Boden eingespannte Wände,
- ausgesteift oder verankerte, im Boden frei aufgelagerte Wände und
- ausgesteift oder verankerte, im Boden ganz oder teilweise eingespannte Wände

unterschieden.

1.2 Methoden der Baugrubensicherung

Ebenso wie bei Spundwänden sind bei Ortbetonwänden die Empfehlungen des Arbeitskreises „Baugruben" (EAB) zu beachten.

Bei Schlitzwänden ist zu beachten, dass nach EB 89 (EAB) die Oberfläche einer Schlitzwand als „weniger rau" betrachtet werden kann, sofern die Filterkuchenbildung gering ist. Das ist bei Schlitzwänden in bindigen Böden der Fall und gilt erfahrungsgemäß auch bei Schlitzwänden in nichtbindigen Böden. Daher ist mit einem geringeren Wandreibungswinkel zu rechnen. Beim Ansatz von gekrümmten oder ebenen Gleitflächen ist der Wandreibungswinkel mit $-1/2 \cdot \varphi'_k \leq \delta_k \leq 1/2 \cdot \varphi'_k$ zu berücksichtigen. Wird bei der Schlitzwandherstellung durch geeignete Maßnahmen die Ausbildung eines Filterkuchens vermieden oder wird eine stark unebene Wandoberfläche erreicht, so darf nach EAB auch ein betragsmäßig höherer Erddruckneigungswinkel berücksichtigt werden.

Entsprechend EB 12 (EAB) sind aufgelöste Pfahlwände sinngemäß wie Trägerbohlwände zu behandeln.

Nach der Ermittlung der Schnittkräfte wird die Ortbetonwand entsprechend den Regeln des Stahlbetonbaus dimensioniert.

1.2.6 Thixotrope Flüssigkeiten im Grundbau

Die stützende Wirkung wässriger Tonsuspensionen auf die Erdwände von unverrohrten Bohrungen ist in der Tiefbohrtechnik seit langem bekannt. Ihre praktische Anwendung in der Bautechnik wurde von Lorenz [17] und Veder [18] unabhängig entwickelt und patentrechtlich geschützt. Zur Stützung werden thixotrope Suspensionen, Polymersuspensionen oder Wasser verwendet.

1.2.6.1 Zusammensetzung und Eigenschaften thixotroper Flüssigkeiten

Unter Thixotropie wird der zeitabhängige Übergang vom flüssigen in einen gallertartigen Zustand und umgekehrt verstanden. Dieses Verhalten weisen bestimmte tonige Suspensionen auf, die schlagartig ihren Aggregatzustand wechseln. Werden diese z. B. Schwingungen oder auch Bewegungen ausgesetzt werden, dann gehen diese unvermittelt in den flüssigen Zustand über. Dieser Vorgang wird als thixotroper Zusammenbruch bezeichnet. Im Ruhezustand bildet sich wieder der feste, gallertartige Zustand aus (thixotrope Verfestigung). Diese Vorgänge können sich beliebig oft wiederholen.

In DIN 4127 werden Stützflüssigkeiten für den Schlitzwandbau und deren Prüfverfahren geregelt. Die Nachweise der Standsicherheit von Schlitzwänden sind in DIN 4126 beschrieben. In der DIN EN 1538, Abs. 6, sind die nachfolgend beschriebenen Baustoffe geregelt.

1.2.6.1.1 Schlitzwandtone

Schlitzwandtone sind Tone zum Herstellen von Suspensionen, die als Stützflüssigkeiten verwendet werden. Meist werden für thixotrope Suspensionen Na-Bentonite verwendet. Bentonit ist ein überwiegend aus Montmorillonit (Silicat mit Blattstruktur) bestehendes Tonmehl, das sich ähnlich verwenden lässt wie Zement.

Im Anlieferungszustand besitzen Schlitzwandtone nach DIN 4127 einen Wassergehalt w und dürfen vor ihrer Verwendung nicht getrocknet werden. Alle Massenangaben (wie beispielsweise der Tongehalt g der Suspension) beziehen sich auf die Masse des Tones einschließlich des Wassergehalts im Anlieferungszustand.

1.2.6.1.2 Suspensionen

Mit Wasser angemischt quillt der Bentonit. Es bildet sich eine stützende Flüssigkeit, die als Suspension bezeichnet wird. Ihr wesentlicher Unterschied zu den nicht stützenden Flüssigkeiten, wie beispielsweise Wasser, ist eine, wenn auch geringe Scherfestigkeit im Ruhezustand. Sie wird als Scherfestigkeit gemessen und mit der Fließgrenze τ_F bezeichnet (s. Abschn. 1.2.6.1.3).

Für die Stützung von Erdwänden können die nachfolgend aufgeführten Stützflüssigkeiten verwendet werden.

Tonsuspensionen beziehungsweise Bentonitsuspensionen (s. DIN EN 1538, Abs. 6.2.1):

Bentonit besteht im Wesentlichen aus dem Mineral Montmorillonit und ist ein quellfähiger Ton. Im Wasser quillt der Montmorillonit um ein Vielfaches seines Volumens auf. Für die Stützung von Schlitzwänden sollte in Abhängigkeit vom anstehenden Boden die erforderliche Fließgrenze ca. $3\,\text{N/m}^2 < \tau_F < 30\,\text{N/m}^2$ betragen. Die Fließgrenze ist von dem Tongehalt und der Sorte des Bentonits abhängig. Eine Fließgrenze entsteht aufgrund der Ausbildung einer Gerüststruktur in der Suspension, eine sogenannte Kartenhausstruktur. Diese Gerüste bauen einen gewissen Widerstand gegenüber Scherkräften auf, bis der kritische Wert der Fließgrenze überschritten wird.

Bentonit-Zement-Suspensionen (s. DIN EN 1538, Abs. 6.2.3):

Sie kommen zum Einsatz bei der Herstellung von Dichtwänden, die im Einphasenverfahren hergestellt werden. Die zähflüssige Bentonit-Zement-Suspension ist selbsterhärtend und verbleibt im Schlitz.

Polymersuspensionen (s. DIN EN 1538, Abs. 6.2.2):

Das Einsatzgebiet ist überwiegend in feinkörnigen Böden, da sich durch das Vermischen mit dem Wasser die Viskosität erhöht, ohne jedoch eine Eigenfestigkeit (entsprechend der Fließgrenze) zu entwickeln. Der Nachteil ist, dass mit zunehmender Fließbewegung die Viskosität abfällt, da es sich um keine Newton'sche Flüssigkeit handelt. Wichtig ist bei der Verwendung von Polymeren auch die Beachtung des Grundwasserschutzes.

Wasser:

Der Einsatz von Wasser als Stützflüssigkeit kann nur unter bestimmten, sehr günstigen Bedingungen stattfinden. Wichtig ist ein fast wasserundurchlässiger Boden, damit das Wasser trotz fehlender Fließgrenze und geringer Viskosität nur sehr langsam versickert.

1.2.6.1.3 Prüfungen

Ein Schlitzwandton wird anhand von mindestens vier Suspensionen mit unterschiedlichem Tongehalt geprüft. Es ist darauf zu achten, dass diese nicht austrocknen. Zudem müssen die Fließgrenzen $0 < \tau_F \leq 100\,\text{N/m}^2$ und die Filtratwasserabgaben $0 < f \leq 20\,\text{cm}^3$ betragen. Sie werden durch Dispergieren mit einem Rührgerät 10 min vermischt. Die Größenverhältnisse zwischen der Füllhöhe, dem Gefäßdurchmesser und weiteren Bedingungen sind in DIN 4127, Abs. 5.3.1, näher beschrieben. Zu beachten ist, dass die Suspensionen voll ausgequollen sind, da die Fließgrenze mit der Quellzeit ansteigt. Die Quellzeit beträgt i. d. R. mindestens 8 h. Ändern sich ihre Fließgrenzen innerhalb von 6 h maximal um 10 %, dann gelten Suspensionen nach DIN 4127 als vollständig ausgequollen. Innerhalb von 21 Tagen müssen die Herstellung und die Prüfungen beendet sein.

Nach DIN 4127 kann eine vollständige Prüfung oder eine Kurzprüfung durchgeführt werden. Der Umfang der jeweiligen Prüfung ist in Tab. 1.24 dargestellt.

Bei den in Tab. 1.24 angegebenen Kenngrößen handelt es sich um

w	Wassergehalt, Bestimmung entsprechend DIN 18121-2
ρ_s	Korndichte des Schlitzwandtons, Bestimmung entsprechend DIN EN ISO 17892-3
w(Cl)	Massenanteil an Chlorid in % (bei bewehrten Ortbetonschlitzwänden)
τ_F, $\tau_{F(10°)}$, $\tau_{F(30°)}$, stat $\tau_F = \tau_{F(16h)}$	Fließgrenze
τ_{500}	Scherspannung in einer Stützflüssigkeit beim Geschwindigkeitsgefälle $D = 500\,\text{s}^{-1}$ und der Temperatur 20 °C
f	Filtratwasserabgabe

Alle in Tab. 1.24 aufgeführten Kenngrößen und ihre Bestimmung werden nachfolgend erläutert.

Der Massenanteil an Chlorid wird nach der Gleichung (1.77) nach dem Verfahren nach Volhard

$$w(Cl) = 0{,}49634 \cdot (5 - A) \qquad (1.77)$$

bestimmt. Die Durchführung erfolgt nur für die Herstellung von Ortbetonschlitzwänden mit Bewehrung. Dabei gibt A den Verbrauch an NH_4SCN-Lösung, 0,1 mol/l, in ml an. Die Versuchsdurchführung erfolgt nach DIN 4127, Abs. 5.2.3.

Tab. 1.24 Übersicht der Prüfungen am Schlitzwandton und an Suspensionen nach DIN 4127

		Vollständige Prüfung	Kurzprüfung
Schlitzwandton		w	w
		ρ_s	–
		w(Cl)	–
Suspensionen		τ_F, $\tau_{F(10°)}$, $\tau_{F(30°)}$, stat $\tau_F = \tau_{F(16h)}$	τ_F
		τ_{500}	–
		f	f

Die Dichte des nicht getrockneten Tons ρ'_s berechnet sich gemäß Gl. (1.78). Da alle Massenangaben auf den Ton im Anlieferungszustand bezogen sind, wird zweckmäßig mit der Dichte ρ'_s als Rechenwert des nicht getrockneten Tones bezogen auf das Feststoff- und Wasservolumen gerechnet.

$$\rho'_s = \frac{\rho_s \cdot \rho_w \cdot (1 + w)}{\rho_w + \rho_s \cdot w} \qquad (1.78)$$

mit

ρ_w Dichte des Wassers
ρ_s Korndichte
w Wassergehalt des Tons

Die Gl. (1.78) lässt für $\rho_w = 1$ t/m³ vereinfachen zu

$$\rho'_s = \frac{\rho_s \cdot (1 + w)}{1 + \rho_s \cdot w} \qquad (1.79)$$

Die Fließgrenze $\tau_{F(t,T)}$ ist die Scherspannung (Bruchscherspannung), ab der das Fließen eintritt. Sie ist abhängig von der Zeit t der thixotropen Verfestigung und von der Temperatur T der Suspension. Die thixotrope Verfestigung beschreibt die Zunahme der Fließgrenze einer thixotropen Flüssigkeit während der Ruhezeit nach Abschluss einer Fließbewegung. Diese verhält sich entsprechend der Darstellung in Abb. 1.100. Die Fließgrenze τ_F kann an der aufgetragenen Linie der thixotropen Verfestigung direkt ermittelt werden.

Darüber hinaus gibt es die Versuche mit dem Kugelharfengerät (s. Abschn. 1.2.6.1.3.1) und dem Pendelgerät (s. Abschn. 1.2.6.1.3.2) zur Bestimmung der Fließgrenze τ_F.

Entsprechend der Darstellung in Abb. 1.100 weist die Fließgrenze beim Abschluss der Fließbewegung (t = 0) ihren niedrigsten Wert bei dyn τ_F auf. Dieser Punkt wird als dynamische Fließgrenze bezeichnet und ist ein Minimalwert. Während der Ruhezeit nähert sie sich asymptotisch dem maximalen Grenzwert stat τ_F. Dieser Maximalwert nennt sich statische Fließgrenze. Der Verlauf der Kurve und die beiden Grenzwerte sind temperaturabhängig.

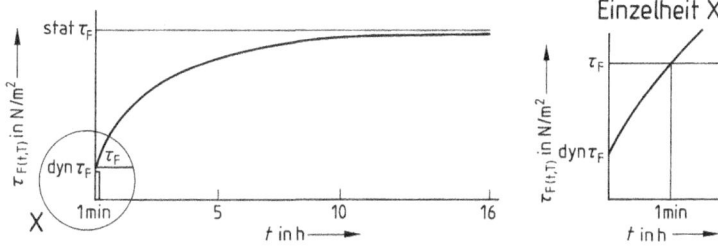

Abb. 1.100 Thixotrope Verfestigung nach DIN 4127

1.2 Methoden der Baugrubensicherung

Im Index stehen zur Kennzeichnung der Fließgrenze

- die gemessene Zeit t der thixotropen Verfestigung und
- die Temperatur T während der thixotropen Verfestigung und der Messung.

Von besonderer praktischer Bedeutung ist die Fließgrenze τ_F für eine Verfestigungszeit t = 1 min und die Versuchstemperatur T = 20 °C. Sie wird mit τ_F ohne Zusatz im Index bezeichnet.

Entsprechend DIN 4127, Abs. 3.2.3, wird die statische Fließgrenze stat τ_F bei Tonsuspensionen durch $\tau_{F(16\,h)}$ ausreichend genau angenähert.

1.2.6.1.3.1 Versuch mit dem Kugelharfengerät

An einer Scheibe hängen Kugeln aus Stahl oder Glas mit unterschiedlichem Durchmesser an Fäden aus Baumwolle oder Nylon. Die trockenen Kugeln werden gleichzeitig auf die Suspension in einem Behälter abgesenkt, die zuvor kräftig umgerührt wurde. Maßgebend für die Ermittlung von τ_F ist jene Kugel, die noch eingetaucht ist und deren Faden noch gespannt ist. Die Kugeln sind nummeriert. Aufgeschrieben wird die kleinste Nummer der eingetauchten Kugeln mit gespanntem Faden.

Die Fließgrenzen aller Kugeln sind normativ in einer Tabelle für Dichten zwischen $\rho_F = 1{,}02$ und $1{,}32$ g/cm^3 angegeben (s. DIN 4127, Tab. 3). Der Versuch dient primär der Kontrolle auf der Baustelle.

1.2.6.1.3.2 Versuch mit dem Pendelgerät

In Abb. 1.101 ist ein Pendelgerät nach DIN 4127 zur Messung der Fließgrenze dargestellt. Das Volumen des Behälters ist abhängig von dem Durchmesser d der Kugel.

Die in einem Behälter befindliche zu prüfende thixotrope Flüssigkeit mit der Wichte γ_F wird mit einem Quirl eine Minute gerührt, um eine kräftige Fließbewegung zu erzeugen. Sobald die Flüssigkeit stillsteht, wird eine Stoppuhr gestartet und es wird eine an einem annähernd gewichtslosen Faden hängende Kugel eingebracht. Der Behälter muss

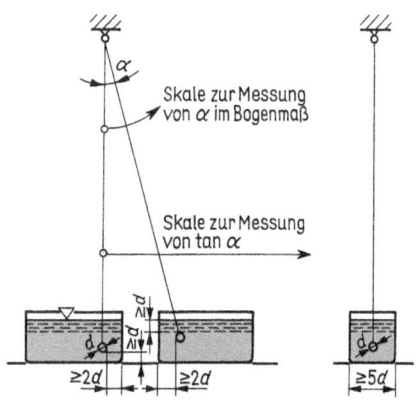

Abb. 1.101 Pendelgerät nach DIN 4127, d = Durchmesser der Kugel

innerhalb von 8 bis 30 s mit einer Geschwindigkeit von 3 cm/s ohne Erschütterungen in die Endstellung nach rechts verschoben werden. Der Faden sollte in der Flüssigkeit einen Weg von mindestens 150 mm zurückgelegt haben. An einer Skala kann die Auslenkung α des Pendels abgelesen werden und die Fließgrenze über die Gl. (1.80) ermittelt werden.

$$\tau_{F(f,T)} = 0{,}15 \cdot d \cdot (\gamma - \gamma_F) \cdot \sin \alpha \tag{1.80}$$

Dabei ist γ die Wichte der Kugel im Pendelgerät. Nach 16 h Ruhezeit kann die Fließgrenze stat τ_F gemessen werden.

1.2.6.1.3.3 Messung der Scherspannung τ_{500}

Die Scherspannung τ_{500} wird bei einem Geschwindigkeitsgefälle D = 500 s^{-1} und bei einer Temperatur von 20 °C durch Interpolation über und unter dem Geschwindigkeitsgefälle D = 500 s^{-1} ermittelt. Die Messung mit einem Zylinder-Rotationsviskosimeter erfolgt gemäß DIN 53019-1, Abs. 9.

$$\tau_{500} = k \cdot \tau' + D \cdot (1-k) \cdot \frac{\tau_1 - \tau_2}{D_1 - D_2} = k \cdot \tau' + 500 \cdot (1-k) \cdot \frac{\tau_1 - \tau_2}{D_1 - D_2} \tag{1.81}$$

$$\tau' = \tau_1 - \frac{\tau_1 - \tau_2}{D_1 - D_2} \cdot (D_1 - D) = \tau_1 - \frac{\tau_1 - \tau_2}{D_1 - D_2} \cdot (D_1 - 500) \tag{1.82}$$

$$k = \frac{R^2 - r^2}{2 \cdot R^2 \cdot \ln \frac{R}{r}} \tag{1.83}$$

mit

$D_1 > D = 500\,s^{-1}$	das höhere Geschwindigkeitsgefälle
τ_1	die zugehörige Scherspannung
$D_2 < D = 500\,s^{-1}$	das niedrigere Geschwindigkeitsgefälle
τ_2	die zugehörige Scherspannung
k	Gerätekonstante
R	Radius äußerer Zylinder im Rotationsviskosimeter
r	Radius innerer Zylinder im Rotationsviskosimeter

1.2.6.1.3.4 Messung der Marsh-Zeiten

Die Marsh-Zeit t_M gibt eine Zeit in Sekunden an, die ein bestimmtes Volumen einer Stützflüssigkeit mit einer Temperatur von 20 °C benötigt, um aus dem Marsh-Trichter auszulaufen. Aufgrund der unterschiedlichen Dichten der Flüssigkeiten variiert die Marsh-Zeit. Lässt man unterschiedliche Volumina derselben Flüssigkeit durch den Marsh-Trichter laufen, können Rückschlüsse auf deren Fließfähigkeit geschlossen werden. Im Index wird die Menge des Volumens der Stützflüssigkeit angegeben, die aus dem Marsh-Trichter ausläuft.

In der Regel fließen 1000 cm³ oder 1500 cm³ die entsprechend als $t_{M,1000}$ beziehungsweise $t_{M,1500}$ bezeichnet werden. Wasser benötigt $t_{M,1000} = 28{,}0$ s und $t_{M,1500} = 47{,}5$ s. Für eine Flüssigkeit mit dyn $\tau_F = 44$ N/m² wird $t_{M,1000} \to \infty$. Flüssigkeiten mit dyn $\tau_F \geq 57{,}5$ N/m² zeigen keine Bewegung mehr im Marsh-Trichter.

Für die Versuchsdurchführung werden mindestens 2000 cm³ der Stützflüssigkeit kräftig aufgerührt und ohne Arbeitspause werden davon 1500 cm³ in das eingebaute Sieb eingefüllt. Ohne Zeitverzögerung wird der Trichter geöffnet und die Stoppuhr eingeschaltet. Die Marsh-Zeit $t_{M,1000}$ wird bei Erreichen der 1000 cm³-Marke abgelesen und $t_{M,1500}$ entsprechend bei 1500 cm³.

Die Aussagekraft der Messungen ist aufgrund der Einfachheit begrenzt, jedoch sinnvoll für Routinemessungen.

1.2.6.1.3.5 Filterpressversuch

Die Filtratwasserabgabe f wird im Filterpressversuch nach DIN 4127, Abs. 5.3.5, ermittelt und dient als Indexversuch zur Prüfung der Stabilität der Suspension.

Im Allgemein können Suspensionen durch Sedimentation, synärese Konsolidation oder durch Filtration (Abgabe von Wasser an freien Flächen und unter Druck) zerfallen. Synärese Konsolidation beschreibt eine Zusammenziehung, bei der die suspendierten Teilchen ein Gerüst bilden, das sich unter dem Einfluss der Schwerkraft bei gleichzeitiger Abgabe von Wasser zusammendrückt.

In die Filterpresse wird die Suspension mit dem Tongehalt g bis 10 mm unter dem oberen Rand eingefüllt, anschließend der Deckel aufgesetzt und das Druckgas (beispielsweise Druckluft) eingeleitet. Die Filterpresse besteht aus einem Zylinder mit einem Durchmesser von 76,2 mm und einer Höhe $h \geq 63{,}5$ mm. Der Boden besteht aus einem mittelschnellen Filterpapier mit den Kenngrößen:

- Dicke 0,19 mm
- Gewicht 85 g/m²
- Durchmesser 90 mm

Die freie Fläche des Filters sollte exakt eine Größe von 45,1 cm² aufweisen. Der Filtrationsdruck muss $7 \pm 0{,}35$ bar, die Filtrationszeit 7,5 min und die Temperatur T (20 ± 2) °C betragen. Gemessen wird die Filtratwasserabgabe f in cm³. Die Standardabweichung beträgt unter Vergleichsbedingungen 2,0 cm³.

Für Standsicherheitsuntersuchungen ist der Wert τ_F der flüssigen Phase maßgebend. Sind die Poren des Bodens kleiner als die Bentonitteilchen, so bildet sich vor der durch thixotrope Flüssigkeit gestützten Wand ein Filterkuchen, der das Nachfallen einzelner Körner aus der Wand verhindert. Bei Böden, etwa ab Feinsandbereich, dringt die Stützflüssigkeit in die Poren ein und verfestigt sich hier thixotrop (sekundärer Filterkuchen). In beiden Fällen wird die Durchlässigkeit im Wandbereich des Bodens verringert.

1.2.6.2 Anwendung thixotroper Flüssigkeiten im Grundbau

Thixotrope Flüssigkeiten werden insbesondere zur Stützung unverbauter Erdwände bei Bohrungen (s. Abschn. 1.2.5.1.2), bei Schlitzwänden (s. Abschn. 1.2.5.2) und im Tunnelbau verwendet. Wird die stützende Flüssigkeit beim Absenken von Brunnen und Senkkästen (s. Abschn. 2.3.2) oder Caissons (s. Abschn. 2.3.3) bzw. beim Rohrvortrieb zwischen dem Bauwerk und dem Erdreich eingebracht, so verhindert sie das Nachstürzen von Erdreich. Ferner wird die Reibung zwischen Bauwerk und Erdreich wesentlich verringert, so dass die Absenkung erleichtert wird. Entsprechend dient die stützende Flüssigkeit auch als Stütz- und Gleitmittel beim Rohrvortrieb. Thixotrope Flüssigkeiten sind praktisch undurchlässig. Diese Eigenschaft wird bei Dichtwänden (s. Abschn. 1.2.5.2.5) genutzt. Mit Bentonit gefüllte Schlitze werden auch zur Abschirmung von Gebäuden gegen Erschütterungen angewendet. Auch die Hebung ganzer Bauwerke durch Unterpressen von thixotropen Flüssigkeiten ist schon vorgenommen worden.

1.2.6.3 Standsicherheit des mit stützender Flüssigkeit gefüllten Schlitzes

Für suspensionsgestützte Erdwände wurden die regelnden Normen DIN EN 1538 und DIN 4126 in den letzten Jahren vollständig überarbeitet. Die zu führenden Standsicherheitsnachweise wurden an das Konzept der Teilsicherheitsbeiwerte gemäß DIN 1054 angeglichen.

Eine flüssigkeitsgestützte Erdwand muss nach DIN EN 1538 und DIN 4126 für eine ausreichende Standsicherheit folgende vier Bedingungen erfüllen:

- der statisch erforderliche Flüssigkeitsspiegel darf nicht unterschritten werden
- in den Schlitz darf kein Grundwasser eintreten
- die Stützflüssigkeit muss ein Abgleiten von Einzelkörnern oder Korngruppen aus der Wand verhindern (innere Standsicherheit) (DIN 4126, Abs. 5.3)
- der wirksame Stützdruck der Flüssigkeit muss eine Gleitflächenbildung im Boden verhindern (äußere Standsicherheit) (DIN 4126, Abs. 5.4).

In den Abschn. 1.2.6.3.1 bis 1.2.6.3.4 werden die aufgeführten Bedingungen erläutert.

1.2.6.3.1 Voraussetzungen zum Führen des Nachweises der Standsicherheit

Voraussetzungen für den Nachweis der Standsicherheit ist die Gewährleistung, dass der angesetzte Flüssigkeitsspiegel gehalten werden kann und nicht abfällt (s. DIN 4126, Abs. 5.1). Durch Hohlräume im Boden oder querende Leitungen kann es zu einem Abfall kommen. Die Eindringtiefe s der Flüssigkeit wird mit der Gl. (1.84) berechnet.

$$s = \frac{\Delta p \cdot d_{10}}{2 \cdot \tau_F} \qquad (1.84)$$

1.2 Methoden der Baugrubensicherung

mit

Δp Druckdifferenz zwischen der Stützflüssigkeit und dem Grundwasser
d_{10} maßgebende Korngröße
τ_F Fließgrenze der Tonsuspension

Durch die Multiplikation mit einem Porenanteil n des Bodens kann das Volumen des Hohlraums abgeschätzt werden (s. DIN 4126, Abs. 5.1).

1.2.6.3.2 Sicherheit gegen den Zutritt von Grundwasser in den Schlitz und gegen Verdrängen der Stützflüssigkeit

Bei der Sicherheit gegen Eindringen von Grundwasser in den Schlitz ist nachzuweisen, dass bei Zutritt von Grundwasser eine Verdünnung der Suspension verhindert wird (s. DIN 4126, Abs. 5.2). Die Bedingung gilt als erfüllt, wenn an jeder beliebigen Stelle des Schlitzes die Gl. (1.85) erfüllt wird.

$$p_{w,k} \cdot \gamma_{G,dst} \leq p_{F,k} \cdot \gamma_{G,stb} \tag{1.85}$$

mit

$p_{w,k}$ charakteristischer Wert hydrostatischer Druck Grundwasser
$p_{F,k}$ charakteristischer Wert hydrostatischer Druck Stützflüssigkeit
$\gamma_{G,dst}$ Teilsicherheitsbeiwert für destabilisierende ständige Einwirkungen im Grenzzustand HYD bzw. UPL in der Bemessungssituation BS-A nach DIN 1054 ($\gamma_{G,dst}$ = 1,00)
$\gamma_{G,stb}$ Teilsicherheitsbeiwert für stabilisierende ständige Einwirkungen im Grenzzustand HYD bzw. UPL in der Bemessungssituation BS-A nach DIN 1054 ($\gamma_{G,stb}$ = 0,95)

Durch entsprechende Umformungen der Gl. (1.85) ergibt sich für den ungünstigsten Fall die maximal zulässige Schlitztiefe nach DIN 4126, Abs. 5.2:

$$\text{zul. } t \leq \frac{\gamma_W \cdot t_W - 0{,}95 \cdot \gamma_{F,k} \cdot t_F}{\gamma_W - 0{,}95 \cdot \gamma_{F,k}} \tag{1.86}$$

Ebenso kann für bei bekannter Schlitztiefe die erforderliche charakteristische Wichte der Stützflüssigkeit über Gl. (1.87) ermittelt werden.

$$\text{erf. } \gamma_{F,k} \geq \frac{\gamma_W \cdot (t - t_W)}{0{,}95 \cdot (t - t_F)} \tag{1.87}$$

1.2.6.3.3 Sicherheit gegen Abgleiten von Einzelkörpern oder Korngruppen

Die innere Standsicherheit nach DIN 4126, Abs. 5.3, gegen Abgleiten von Einzelkörnern oder Korngruppen muss nachgewiesen werden. Diese ist erbracht, wenn Gl. (1.88) erfüllt ist.

$$\gamma_k'' \cdot \gamma_G \leq \frac{2 \cdot \eta_F \cdot \tau_F}{d_{10}} \cdot \frac{\tan \varphi_k'}{\gamma_\varphi} \tag{1.88}$$

mit

γ_k'' charakteristischer Wert Wichte des Bodens unter Auftrieb der Stützflüssigkeit
η_F = 0,6 Anpassungsfaktor
γ_G Teilsicherheitsbeiwert für ständige Einwirkungen im Grenzzustand GEO-3 in der Bemessungssituation BS-T nach DIN 1054 ($\gamma_{G,dst}$ = 1,00)
γ_φ Teilsicherheitsbeiwert für den Reibungsbeiwert $\tan \varphi_k'$ im Grenzzustand GEO-3 in der Bemessungssituation BS-T nach DIN 1054 (γ_φ = 1,15)

Die Wichte γ_k'' wird über die Gl. (1.89) bestimmt.

$$\gamma_k'' = (1 - n) \cdot (\gamma_s - \gamma_F) \tag{1.89}$$

mit

n Porenanteil des Bodens
γ_s Kornwichte des Bodens
γ_F Wichte der Stützflüssigkeit

Näherungsweise darf für γ_k'' auch die Wichte des Bodens unter Auftrieb γ_k' gesetzt werden.

Wenn eine Tonsuspension mit einem Tongehalt $\geq g_{15}$ verwendet wird und $d_{10} \leq$ 0,2 mm ist, muss der Nachweis der Gl. (1.88) nicht geführt werden. g_{15} ist der Tongehalt der Suspension in kg/m³, der eine Filterwasserabgabe von 15 cm³ im Filterpressversuch ergibt. d_{10} wird an der Körnungslinie bei 10 % Siebdurchgang abgelesen.

Für Kies- und Steinschichten mit d_{10} > 5 mm und einer Mächtigkeit > 0,50 m muss die Fließgrenze τ_F > 70 N/m² sein. Ersatzweise können Sondermaßnahmen nach DIN 4126, Abs. 5.3, durchgeführt werden.

Des Weiteren kann der Nachweis der Standsicherheit unter folgenden Bedingungen erbracht werden, wenn:

- in einem für die Bauarbeiten repräsentativen Bereich ein Versuchsschlitz hergestellt wird. Benötigt wird der Wert der Fließgrenze, der für die Standsicherheit erforderlich ist. Dieser ergibt sich aus dem erfolgreichen Versuch durch die Multiplikation eines Sicherheitsbeiwerts von 1,5.
- an ≥ 20 Schlitzwandelementen in mindestens gleichartigen Böden positive Erfahrungen vorliegen. Die Arbeitsweise ist ohne Veränderung (einschließlich der Eigenschaften der Stützflüssigkeit) zu übernehmen (DIN 4126, Abs. 5.3).

Für die Bestimmung der erforderlichen Fließgrenze erf. τ_F kann die Gl. (1.88) in Gl. (1.90) umgeformt werden.

$$\text{erf. } \tau_F \geq \frac{\gamma_k'' \cdot \gamma_G}{2 \cdot \eta_F} \cdot \frac{d_{10} \cdot \gamma_\varphi}{\tan \varphi_k'} \tag{1.90}$$

Tab. 1.25 Mindestfließgrenzen in Abhängigkeit von der Bodenart nach DIN 4126 Beiblatt 1

d_{10} [mm]	Mindestfließgrenzen während der Aushubarbeiten [N/m^2]	Bodenart (Beispiele)
≤ 0,6	10	Mittelsand
≤ 2	30	Kies mit mindestens 10 % Sand
≤ 5	70	Kies mit weniger als 10 % Sand, aber mit mindestens 15 % Feinkies

Entsprechend DIN 4126 Beiblatt 1 ist die erforderliche Sicherheit nach Gl. (1.88) gegeben, wenn die Mindestfließgrenzen nach Tab. 1.25 während der Aushubarbeiten nicht unterschritten werden.

1.2.6.3.4 Sicherheit gegen den Schlitz gefährdende Gleitflächen im Boden

Die äußere Standsicherheit wird in DIN 4126, Abs. 5.4, geregelt. Gleitflächen bewirken ein Zusammendrücken des Schlitzes. Die ungünstige ständige Einwirkung der Erddruckkraft E_{ah} steht der günstigen ständigen Einwirkung der Stützkraft S gegenüber. Die Grenzzustandsbedingung Gl. (1.91) muss mit jeder Aushubtiefe erfüllt sein.

$$E_{ah,k} \cdot \gamma_{G,dst} \leq S_k \cdot \gamma_{G,stb} \quad (1.91)$$

mit

$E_{ah,k}$ charakteristischer Wert aktive Erddruckkraft

S_k charakteristischer Wert hydrostatischer Druck Stützflüssigkeit

$\gamma_{G,dst}$ Teilsicherheitsbeiwert für destabilisierende ständige Einwirkungen im Grenzzustand HYD bzw. UPL in den Bemessungssituationen BS-P und BS-T nach DIN 1054 ($\gamma_{G,dst}$ = 1,05)

$\gamma_{G,stb}$ Teilsicherheitsbeiwert für stabilisierende ständige Einwirkungen im Grenzzustand HYD bzw. UPL in den Bemessungssituationen BS-P und BS-T nach DIN 1054 ($\gamma_{G,stb}$ = 0,95)

Sind Lasten aus baulichen Anlagen im kritischen Bereich nach Abb. 1.102 vorhanden, dann ist nach DIN 4126, Abs. 5.4.1, die Erddruckkraft im Sinne eines erhöhten aktiven Erddrucks bei einer geringeren Bewegung der Wand mit einem Anpassungsfaktor $\eta_0 = 1,2$ zu erhöhen.

Die Stützkraft S_k darf dem um die Druckkraft des Grundwassers reduzierten charakteristischen Wert der hydrostatischen Druckkraft $S_{H,k}$ der Stützflüssigkeit gleichgesetzt werden (s. Gl. (1.92) und DIN 4126, Abs. 5.4.2).

$$S_k = S_{H,k} - W_k \quad (1.92)$$

Abb. 1.102 Kritischer Bereich eines Schlitzes nach DIN 4126 mit der Länge l_s, *linker Bereich*: rechteckiger Abschluss, *rechter Bereich*: abgerundeter Abschluss

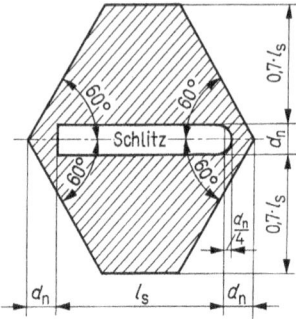

In jeder Aushubtiefe muss Gl. (1.93) oder (1.94) erfüllt sein.

$$S_k \geq 0{,}95 \cdot (S_{H,k} - W_k) \tag{1.93}$$

$$f_{s0} \geq 200 \, \text{kN/m}^3 \tag{1.94}$$

Bei Tonsuspensionen und selbsterhärtenden Suspensionen darf, sofern nicht genauer bestimmt, das Druckgefälle f_{s0} vereinfacht mit Gl. (1.95) ermittelt werden.

$$f_{s0} = \frac{2 \cdot \tau_F}{d_{10}} \tag{1.95}$$

Nach DIN 4126, Abs. 5.4.2, darf die Stützkraft S_k (s. Gl. (1.96)) anhand der Anpassungsfaktoren η_2 nach Tab. 1.26 ebenfalls berechnet werden.

$$S_k = \eta_2 \cdot (S_{H,k} - W_k) \tag{1.96}$$

Für Lasten aus baulichen Anlagen mit durchgehend tragfähiger Gründung darf ein verminderter Lastansatz gewählt werden. Lasten aus Baufahrzeugen sind vernachlässigbar, wenn die Leitwände und ihre Aussteifung für den Erddruck aus diesen Lasten bemessen sind.

Der Erddruck darf nach dem Bruchkörper in Abb. 1.103 ermittelt werden, sofern kein genaueres Verfahren zur Erfassung des räumlichen Spannungs- und Bruchzustands anwendbar ist. In den Flankenflächen dürfen stützende parallel zur Gleitfläche gerichtete

Tab. 1.26 Anpassungsfaktoren nach DIN 4126

f_{s0} [kN/m^3]	η_2
$100 \leq f_{s0} < 200$	0,85
$50 \leq f_{s0} < 100$	0,80
$f_{s0} < 50$	0,70

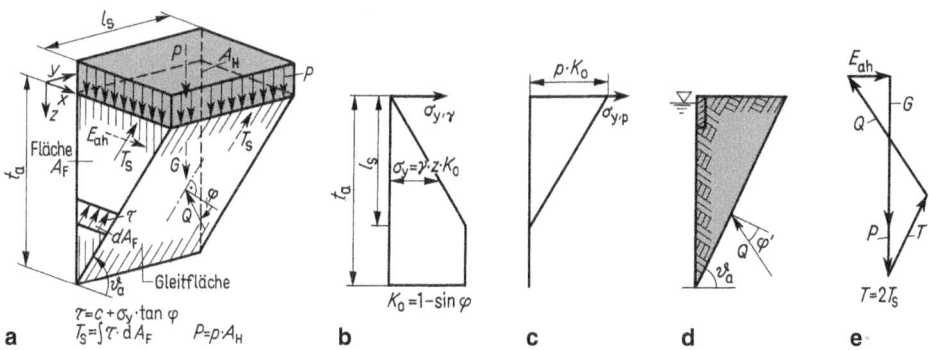

Abb. 1.103 Ansatz zur Ermittlung des räumlichen Erddrucks nach DIN 4126. **a** Bruchkörper, **b** Normalspannung $\sigma_{y,\gamma}$ auf die dreieckförmigen Flankenflächen infolge Bodeneigenlast, **c** Normalspannung $\sigma_{y,p}$ auf die dreieckförmigen Flankenflächen infolge Auflast, **d** Schnitt durch den Gleitkeil, **e** Krafteck

Schubspannungen T (s. Abb. 1.103) berücksichtigt werden. Dabei sind folgende Einschränkungen nach DIN 4126, Abs. 5.4.3 zu beachten:

- Für die Reibung darf maximal durch einen bilinearen Ansatz für die Normalspannung $\sigma_{y,g}$ aus Bodeneigenlast und durch einen dreieckförmigen Ansatz für die Normalspannung $\sigma_{y,p}$ aus seitlichen Auflasten p nach Abb. 1.103 angenähert werden.
- Die Kohäsion darf nur mit 2/3 des charakteristischen Wertes c_k berücksichtigt werden.
- Der Gleitflächenwinkel ϑ_a ist zur Bestimmung des Maximalwertes der Erddruckkraft $E_{ah,k}$ für jede Aushubtiefe zu variieren.

In DIN 4126, Abs. 5.4.4, sind Fallbeispiele aufgeführt, die die Standsicherheitsnachweise nicht erfordern.

1.2.6.3.5 Stützkraft der Suspension

Die Berechnung der Stützkraft S der Suspension ist in DIN 4126, Abs. 3.6 erläutert. Es sind zwei Fälle zu unterscheiden:

Fall 1: Vor der stützenden Wand bildet sich eine Membran, die als Filterkuchen bezeichnet wird, aus (s. Abb. 1.104). Auf die Wand wirkt der volle hydrostatische Druck

a) ohne Grundwasser

$$S_H = 0{,}5 \cdot \gamma_F \cdot h_1^2 \qquad (1.97)$$

mit
γ_F Wichte der Stützflüssigkeit
h_1 Höhe der Stützflüssigkeit in m

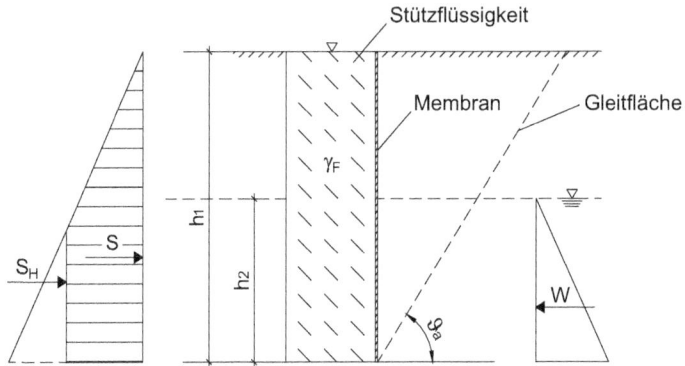

Abb. 1.104 Membranwirkung bei $f_{s0} \to \infty$ nach DIN 4126

b) mit Grundwasser

$$S = S_H - W \quad (1.98)$$

mit

$$W = 0{,}5 \cdot \gamma_W \cdot h_2^2 \quad (1.99)$$

γ_W Wichte des Wassers
h_2 Grundwasserhöhe in m

Fall 2: Die stützende Flüssigkeit dringt in den Boden ein (s. Abb. 1.105). Die Eindringtiefe s errechnet sich wie folgt

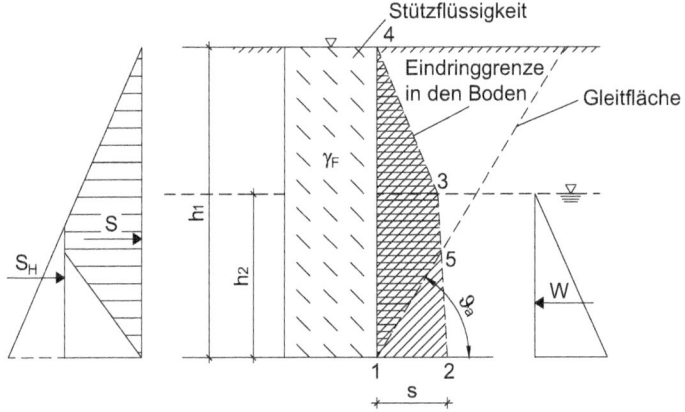

Abb. 1.105 Stagnation der Stützflüssigkeit im Korngerüst bei $0 < f_{s0} < \infty$ nach DIN 4126

1.2 Methoden der Baugrubensicherung

a) bei fehlendem Grundwasser

$$s = \frac{h_1 \cdot \gamma_F}{f_{s0}} \tag{1.100}$$

f_{s0} Druckgefälle
h_1 Höhe der stützenden Flüssigkeit in m
γ_F Wichte der Stützflüssigkeit

b) bei Grundwasser im Schlitzwandbereich

$$s = \frac{h_1 \cdot \gamma_F - h_2 \cdot \gamma_W}{f_{s0}} \tag{1.101}$$

mit
f_{s0} Druckgefälle
h_1 Höhe der stützenden Flüssigkeit in m
h_2 Grundwasserhöhe in m
γ_F Wichte der Stützflüssigkeit
γ_w Wichte des Wassers

Die Berechnung des Druckgefälles f_{s0} einer aufgrund ihrer Fließgrenze τ_F im Porenraum eines Bodens zum Stillstand gekommenen Stützflüssigkeit ist DIN 4126, Abs. 3.5 dargestellt.

Die Strömungskraft im Gleitkörper wird nach DIN 4126, Abs. 3.6, am Ende des Strömungsvorganges nach Gl. (1.102) berechnet.

$$S = (S_H - W) \cdot \frac{A_s}{A} \tag{1.102}$$

Die Fläche A_S setzt sich aus den Teilflächen 1-5-3-4-1 und A aus 1-2-5-3-4-1 (s. Abb. 1.105) zusammen.

Beispiel 1.12

Berechnung der Standsicherheit für einen flüssigkeitsgestützten Schlitz (kein Grundwasser) (s. Abb. 1.106)

Berechnungsgrundlagen

- Boden: Sand, mitteldicht
- Bodenkennwerte: $\gamma_k = 19\,\text{kN/m}^3$; $\gamma'_k = 11\,\text{kN/m}^3$; $\varphi'_k = 32{,}5°$; $c'_k = 0\,\text{kN/m}^2$; $d_{10} = 0{,}4\,\text{mm}$
- Stützende Flüssigkeit $\gamma_F = 10{,}3\,\text{kN/m}^3$
- Aushubtiefe $t_a = 10{,}00\,\text{m}$
- Schlitzlänge $l_s = \infty$ (angenommen)

Abb. 1.106 Standsicherheitsnachweis für einen flüssigkeitsgestützten Schlitz

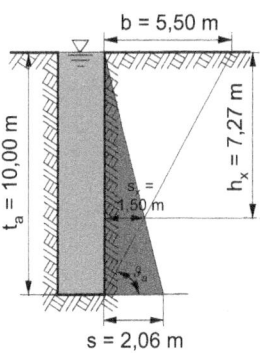

- Sicherheit gegen den Zutritt von Grundwasser:
  Entfällt, da kein Grundwasser vorhanden ist.
- Sicherheit gegen Abgleiten von Einzelkörpern oder Korngruppen:
  Bemessungssituation BS-T ($\gamma_G = 1{,}00$; $\gamma_\varphi = 1{,}15$)

$$\text{erf. } \tau_F \geq \frac{\gamma_k'' \cdot \gamma_G}{2 \cdot \eta_F} \cdot \frac{d_{10} \cdot \gamma_\varphi}{\tan \varphi_k'} = \frac{11 \cdot 10^3 \cdot 1{,}00 \cdot 0{,}4 \cdot 10^{-3} \cdot 1{,}15}{2 \cdot 0{,}6 \cdot \tan 32{,}5°} = 6{,}6\, \text{N/m}^2$$

mit

$$\gamma_k'' = \gamma_k'$$

Nach Tab. 1.25 ist eine Mindestfließgrenze von $\tau_F = 10\,\text{N/m}^2$ erforderlich und ist daher maßgebend.

- Sicherheit gegen Unterschreiten der statisch erforderlichen Spiegelhöhe der Stützflüssigkeit:
  Näherungsweise wird der Spiegel der stützenden Flüssigkeit um das Maß $t_F = 0{,}20\,\text{m}$ unterhalb Geländehöhe angesetzt.
- Sicherheit gegen den Schlitz gefährdende Gleitflächen im Boden:
  Ermittlung Erddruck:
  Erddruck für einen unendlich langen Schlitz (ohne Berücksichtigung der räumlichen Wirkung) Erddruckbeiwert: K_{agh} ($\delta_{a,k} = 0°$) = 0,301 (ebene Gleitfläche), $\vartheta_a = 61{,}2°$
  (s. Teil 1)

$$E_{ah,k} = E_{agh,k} = \frac{1}{2} \cdot \gamma_k \cdot t_a^2 \cdot K_{agh} = \frac{1}{2} \cdot 19 \cdot 10{,}00^2 \cdot 0{,}301 = 285{,}95\,\text{kN/m}$$

Ermittlung Stützkraft:
Da im Bereich der Aushubtiefe kein Grundwasser ansteht ist $W = 0$.

$$S_k = S_{H,k} - W_k = S_{H,k} - 0 = S_{H,k}$$

a) Nachweis mit vollem Ansatz der Stützkraft

$$S_k = S_H = 0{,}5 \cdot \gamma_F \cdot h_1^2 = 0{,}5 \cdot 10{,}3 \cdot (10{,}00 - 0{,}20)^2 = 494{,}61 \text{ kN/m}$$

Bemessungssituation BS-T ($\gamma_{G,dst} = 1{,}05$; $\gamma_{G,stb} = 0{,}95$)

$$E_{ah,k} \cdot \gamma_{G,dst} = 285{,}95 \cdot 1{,}05 = 300{,}25 \leq 469{,}88 = 494{,}61 \cdot 0{,}95 = S_k \cdot \gamma_{G,stb}$$

Die Standsicherheit in der Tiefe $t_a = 10{,}00$ m ist nachgewiesen.

b) Nachweis mit abgeminderter Stützkraft
- Variante b1) Abminderung mit dem Anpassungsfaktor

$$S_k = \eta_2 \cdot (S_{H,k} - W_k)$$

Druckgefälle:

$$f_{s0} = \frac{2 \cdot \tau_F}{d_{10}} = \frac{2 \cdot 10 \cdot 10^{-3}}{0{,}4 \cdot 10^{-3}} = 50 \text{ kN/m}^3$$

$\eta_2 = 0{,}80$ entsprechend Tab. 1.26

$$S_k = 0{,}80 \cdot (494{,}61 - 0) = 395{,}69 \text{ kN/m}$$

$$E_{ah,k} \cdot \gamma_{G,dst} = 285{,}95 \cdot 1{,}05 = 300{,}25 \leq 375{,}90 = 395{,}69 \cdot 0{,}95 = S_k \cdot \gamma_{G,stb}$$

Die Standsicherheit in der Tiefe $t_a = 10{,}00$ m ist nachgewiesen.

- Variante b2) Abminderung mit der Stützkraft durch den Faktor A_s/A

Voll gefüllter Schlitz $h_1 = t_a$

Eindringtiefe:

$$s = \frac{h_1 \cdot \gamma_F}{f_{s0}} = \frac{10{,}00 \cdot 10{,}3}{50} = 2{,}06 \text{ m}$$

Obere Breite b des Erddruckkeils (vgl. Abb. 1.106)

$$b = \frac{t_a}{\tan \vartheta_a} = \frac{10{,}00}{\tan 61{,}2°} = 5{,}50 \text{ m}$$

Vertikaler Abstand Schnittpunkt Erdkeil/Eindringtiefe Stützflüssigkeit Erdkeil (vgl. Abb. 1.106)

$$h_x = \frac{b \cdot t_a}{s + b} = \frac{5{,}50 \cdot 10{,}00}{2{,}06 + 5{,}50} = 7{,}27 \text{ m}$$

Horizontaler Abstand Schnittpunkt Erdkeil/Eindringtiefe Stützflüssigkeit Erdkeil (vgl. Abb. 1.106)

$$s_x = \frac{h_x \cdot s}{t_a} = \frac{7{,}27 \cdot 2{,}06}{10{,}00} = 1{,}50 \text{ m}$$

Abminderungsfaktor:

$$A_s = \frac{1}{2} \cdot 10{,}00 \cdot 2{,}06 = 10{,}30 \, m^2$$

$$A_s = \frac{1}{2} \cdot 10{,}00 \cdot 1{,}50 = 7{,}50 \, m^2$$

$$\frac{A_s}{A} = \frac{7{,}50}{10{,}30} = 0{,}73$$

Alternativ:

$$\frac{A_s}{A} = \frac{f_{s0}}{f_{s0} + \gamma_F \cdot \tan \vartheta_a} = \frac{50}{50 + 10{,}3 \cdot \tan 61{,}2°} = 0{,}73$$

Wirksame Stützkraft:

$$S_k = S_{H,k} \cdot \frac{A_s}{A} = 494{,}61 \cdot 0{,}73 = 361{,}06 \, kN/m$$

$$E_{ah,k} \cdot \gamma_{G,dst} = 285{,}95 \cdot 1{,}05 = 300{,}25 \leq 343{,}01 = 361{,}06 \cdot 0{,}95 = S_k \cdot \gamma_{G,stb}$$

Die Standsicherheit in der Tiefe $t_a = 10{,}00$ m ist nachgewiesen. ◂

1.3 Baugrubenumschließung im Grundwasserbereich

Im Grundwasserbereich bieten sich nachstehende Möglichkeiten zur Baugrubenumschließung:

1. Absenken des Grundwassers und Erstellen der Baugrube im Trockenen.
2. Wasserdichte Umschließung der Baugrube in weitestem Sinne.

Die Grundwasserabsenkung wird in Kap. 5 behandelt. Die nach Absenkung des Grundwassers trockene Baugrube kann nach einer der in Abschn. 1.2 besprochenen Methoden gesichert werden, so dass hierauf an dieser Stelle nicht näher eingegangen wird. Eine wasserdichte Umschließung der Baugrube unterbindet den Wasserzufluss zur Baugrube. Sie kann durch wasserdichte Wände erfolgen, die in den undurchlässigen Untergrund einbinden. Nach EB 62 (EAB) gilt eine Bodenschicht relativ als annähernd wasserundurchlässig, wenn sie einen Wasserdurchlässigkeitsbeiwert k_f aufweist, der um mindestens zwei Zehnerpotenzen kleiner ist als die Durchlässigkeit des übrigen Bodens. Bei tiefliegender undurchlässiger Schicht muss die Baugrube einschließlich Baugrubensohle wannenartig abgedichtet werden. Dies kann z. B. durch Injektionen (Injektionswanne), durch das Düsenstrahlverfahren oder Vereisung oder durch Einbau von Unterwasserbeton zwischen Spund- bzw. massiven Verbauwänden erfolgen.

Innerhalb der wasserdichten Umschließung wird dann das Wasser wie aus einer Wanne abgepumpt und so die Baugrube trockengelegt.

1.3.1 Umschließung der Baugrube durch wasserdichte Wände

Wasserdichte Wände können gleichzeitig die Baugrubenwand stützen (wasserdichte stützende Wände) oder nur den Zufluss des Grundwassers unterbinden (wasserdichte nichtstützende Wände). Die Standsicherheit der Baugrubenwand wird im letzten Fall durch Abböschen der Baugrubenwände gewährleistet.

Bei beiden Methoden muss die wasserdichte Wand ausreichend tief in den dichten Untergrund einbinden. Die Baugrubenwand wird umsickert. Das in die Baugrube aufsteigende Grundwasser ist in Dränagen zu fassen. Da die aufwärts gerichtete Strömung einen hydraulischen Grundbruch begünstigt, müssen diese Fälle kritisch überprüft werden (hydraulischer Grundbruch s. Teil 1).

Als wasserdichte stützende Wände kommen massive Verbauarten und Spundwände zur Anwendung.

Massive Verbauarten sind aus technischer Sicht uneingeschränkt anwendbar, da selbst Findlinge und Gesteinsblöcke einwandfrei durchteuft werden. Ferner kann anhand des Bohrguts festgestellt werden, wann die Wand ausreichend tief in den dichten Untergrund einbindet.

Spundwände werden eingerüttelt oder gerammt. Letzteres setzt rammfähigen Boden voraus. Sind im Boden Rammhindernisse, so können die Bohlen beim Auftreffen auf diese seitlich abgelenkt werden. Dasselbe geschieht beim Auftreffen auf eine Felsschicht, die Bohle rollt sich unter Umständen spiralförmig auf. In beiden Fällen reißen i. d. R. die Schlösser auf, die Wand wird undicht. Wird nun die Baugrube im Schutze der undichten Wand ausgehoben, besteht die Gefahr eines Wassereinbruchs. Will man bei Böden, in denen Rammhindernisse vermutet werden, nicht auf die Umschließung durch Spundwände verzichten und kein Risiko eingehen, so können die Spundwände in einen unter Flüssigkeitsstützung mit einer Bentonit-Zementsuspension ausgehobenen Schlitz eingestellt werden, solange die Suspension noch nicht abbindet. Diese Verfahrensweise hat eine Methode, bei der die Spundwand in einen mit Sand verfüllten Schlitz eingerüttelt oder eingepresst wird, weitgehend ersetzt. Der mit Sand gefüllte Schlitz entsteht durch überschneidende Bohrungen. Der Vorteil dieser Methoden ist die weitgehend erschütterungsfreie und geräuscharme Herstellung. Die Ausbildung und Berechnung stützender Wände ist in den Abschn. 1.2.4 und 1.2.5 dargestellt.

Die wasserdichte nichtstützende Wand hat nur die Aufgabe, den Wasserzufluss zu unterbinden. Sie muss in eine tieferliegende, schwerdurchlässige Schicht einbinden. Nach der Art der Herstellung der wasserdichten Wand wird unterschieden in Dichtwände, Abdichtung durch Injektionen und Abdichtung durch Baugrundvereisung.

Bei Dichtwänden wird der durchlässige Boden wandartig durch undurchlässiges Material ersetzt (s. Abb. 1.107). Der hierzu erforderliche Schlitz im Boden kann nach dem Schlitzwand- oder nach dem Schmalwandverfahren (s. Abschn. 1.2.5.2.5 und 1.2.5.2.9) geschaffen werden bzw. können auch Mixed-in-Place-Wände (s. Abschn. 1.2.5.2.8) sowie FMI-Dichtwände (s. Abschn. 1.2.5.2.8) zum Einsatz kommen. Wichtig ist, dass das verwendete Dichtwandmaterial ausreichende Festigkeit besitzt und erosionsstabil ist.

Abb. 1.107 Baugrubenumschließung durch wasserdichte, nicht stützende Wände

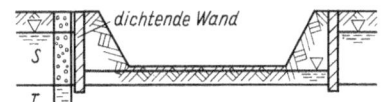

Ebenfalls der Abdichtung von Baugruben dienen in undurchlässige Schichten einbindende Injektionsschleier (s. Teil 1). Häufig werden dichtende Injektionen in Verbindung mit solchen zur Sicherung von Nachbargebäuden angewendet. Injektionen können ferner zur Dichtung von Leckstellen wasserdichter Wände herangezogen werden.

Bei einer Abdichtung durch Baugrundvereisung kann, nachdem die Umschließung der Baugrube abgeschlossen ist, das Wasser aus der Baugrube wie aus einer Wanne abgepumpt werden.

1.3.2 Baugrubenumschließung bei tiefliegender undurchlässiger Schicht

Liegt die undurchlässige Schicht so tief, dass die Dichtwände nicht mit wirtschaftlich vertretbarem Aufwand einbinden, so muss auch die Sohle der Baugrube abgedichtet werden. Hierzu bestehen zwei Möglichkeiten:

- wannenförmige Dichtung der Baugrube vor Beginn des Baugrubenaushubs,
- seitliche Umschließung der Baugrube, Aushub unter Grundwasser und anschließende Dichtung der Sohle durch Unterwasserbeton.

Beide Methoden sind sehr kostspielig. Sie werden aus Gründen des Umweltschutzes angewandt, oder falls

- eine Grundwasserabsenkung wegen starken Grundwasserandranges (z. B. Baugruben in Kiesen neben offenen Gewässern) und langer Bauzeit unwirtschaftlich ist,
- bei großer und weitreichender Absenkung erhebliche Folgeschäden zu erwarten sind,
- in einer Spundwandbaugrube im wassergesättigten Feinsand und starkem Grundwasserandrang die Gefahr besteht, dass die Baugrubensohle aufgetrieben wird,
- wegen salzhaltigen Grundwassers eine Wasserhaltung nicht zugelassen wird.

Die wannenförmige Dichtung der Baugrube kann durch Injektionen (s. Teil 1) oder durch Baugrundvereisung (s. Teil 1) erfolgen. Bei Abdichtung mittels Injektionen schließt die injizierte Sohlfläche entweder an eine seitliche dichte Baugrubenwand an (Baugrubenumschließung mit gedichteter Sohle) oder die Seitenflächen werden ebenfalls durch Injektionen gedichtet (Injektionswanne). Auf die gedichtete Sohle wirkt der Sohlwasserdruck. Ihr Gewicht einschließlich demjenigen der darüberliegenden nicht injizierten Erdmassen muss ein Aufbrechen oder Auftreiben der Sohle verhindern. Die Sohle kann bei kiesigen Böden durch Injektion von Zementen, bei grob- und mittelsandigen Böden auch

1.3 Baugrubenumschließung im Grundwasserbereich

durch Injektion von Feinstbindemitteln hergestellt werden. Aus technischer Sicht können Mittel- und Feinsande durch chemische Injektionen abgedichtet werden. Da bei diesen Injektionen Stoffe in den Grundwasserbereich eingeleitet werden, ist die Erlaubnis der zuständigen Wasser- bzw. Umweltbehörden erforderlich. Die tiefliegenden Abdichtungssohlen sind auch durch sich überschneidende, zylinderförmige Injektionskörper mittels Düsenstrahlverfahren (s. Teil 1) herstellbar.

Beim Abdichten durch Unterwasserbeton erfolgt der Aushub des Bodens bis zur Baugrubensohle meistens mit Greifbaggern unter Wasser. Nach Aushub der Baugrube wird eine Betonplatte unter Wasser eingebaut. Wird zur Auftriebssicherung neben der Eigenlast der Unterwasserbetonsohle auch die Eigenlast der vertikalen Baugrubenumschließung und die nach unten wirkende vertikale Erddruckkomponente angesetzt, so muss neben dem Nachweis der Aufschwimmsicherheit (s. Teil 1 und Abschn. 1.3.3) auch sichergestellt werden, dass die Sohle nach dem Abpumpen des Wassers nicht aufbricht. Nachzuweisen ist zusätzlich, dass die am Anschluss Betonsohle/Spundwand auftretende Querkraft auf die Wand übertragen werden kann. Wird die erforderliche Dicke der Betonplatte zu groß, so kann eine Verankerung der Sohle durch Zugpfähle oder Verpressanker erwogen werden.

1.3.3 Nachweis der Aufschwimmsicherheit

Der Nachweis der Aufschwimmsicherheit wird im Teil 1 behandelt.

Für Trogbaugruben ist nach EB 62 (EAB) der Nachweis der Aufschwimmsicherheit zu erbringen, wenn die Baugrubenwände zusammen mit einer in Höhe der Baugrubensohle oder darunter liegenden, den Wasserzutritt stark behindernden Schicht einen geschlossenen trogartigen Baukörper bilden. Nach EB 26 (EAB) trifft dies für die folgenden Fälle zu:

- Baugrubenwände, die so tief geführt werden, dass eine Einbindung in einen annähernd wasserundurchlässigen Boden in Höhe der Baugrubensohle vorhanden ist, die von einem durchlässigen Boden unterlagert wird.
- Unter der Baugrubensohle ist eine ausreichend dicke, annähernd wasserundurchlässige Bodenschicht in größerer Tiefe vorhanden, die von einer durchlässigen Bodenschicht unterlagert wird.
- In einer ausreichenden Tiefe unter der Baugrubensohle wird eine ausreichend mächtige Dichtungsschicht eingebaut (z. B. mit Injektionsverfahren, Düsenstrahlverfahren oder Vereisung).
- Es wird eine verankerte oder unverankerte Unterwasserbetonsohle eingebaut.
- Unterhalb der Baugrubensohle wird eine mit Boden überdeckte mittelhochliegende und verankerte Injektionssohle oder eine mit dem Düsenstrahlverfahren hergestellte Sohle eingebracht.

Die EAB definiert eine annähernd wasserundurchlässige Schicht als eine Schicht, die eine Durchlässigkeit aufweist, die um mindestens zwei Zehnerpotenzen geringer ist als die Durchlässigkeit des übrigen Bodens.

Für die Ermittlung des charakteristischen Wertes der Eigenlast bestehen nach EB 62 (EAB) folgende Vorgaben:

- Für Beton bzw. Stahlbeton darf die Wichte höchstens mit 23 kN/m^3 bzw. mit 24 kN/m^3 berücksichtigt werden.
- Innerhalb der Baugrube ist für den charakteristischen Wert der Eigenlast des Bodens oberhalb des Wasserspiegels die Wichte des feuchten Bodens und unterhalb die Sättigungswichte anzusetzen. Auf der sicheren Seite liegend ist der Wasserstand in der Baugrube als niedrig zu berücksichtigen.
- Für den charakteristischen Wert der Eigenlast der Baugrubenwand ist bei einer Spundwand das Stahlgewicht der Wand anzunehmen. Bei einer Schlitz- oder Bohrpfahlwand ist die Eigenlast anhand der Grundrissfläche und der Höhe zu ermitteln. Für Aussteifungen ist mit dem Gewicht der Steifen und der Gurtung zu rechnen, die im jeweiligen Bauzustand wirken.
- Bei Injektions- und Düsenstrahlkörpern ist die Wichte des Bodens anzunehmen, wenn die Wichte nicht gesondert nachgewiesen wird.

Beispiel 1.13

Für eine einfach verankerte, mit Spundwänden eingefasste Baugrube (s. Abb. 1.108) ist der Nachweis gegen Aufschwimmen

Variante a)   bei einer tiefliegenden Injektionssohle (DSV-Sohle oder Weichgelsohle),
Variante b)   bei einer mit Rüttelinjektionspfählen (Raster 2,6 m × 2,6 m) verankerten, hochliegenden Unterwasserbetonsohle

zu führen.

Bis in große Tiefen stehen Sande mit einer Durchlässigkeit von $k = 10^{-4}$ m/s an.

Berechnungsgrundlagen

- Bodenkennwerte: $\gamma_k = 17$ kN/m^3; $\gamma'_k = 10$ kN/m^3; $\varphi'_k = 32{,}5°$

Variante a)

Scherkräfte bzw. Reibungskräfte T_k für die Baugrubenwände werden nicht angesetzt, da der hierfür zwischen Sohle und Wand erforderliche querkraftschlüssige Anschluss und eine ausreichende Biegesteifigkeit der Sohle nicht vorausgesetzt werden können. Der Nachweis erfolgt pro m^2 Grundrissfläche der Baugrube.

Charakteristischer Wert ständiger destabilisierender vertikaler Einwirkungen

$$G_{dst,k} = \gamma_w \cdot h_w = 10 \cdot (16{,}5 - 2{,}0) = 145{,}00 \text{ kN/m}^2$$

1.3 Baugrubenumschließung im Grundwasserbereich

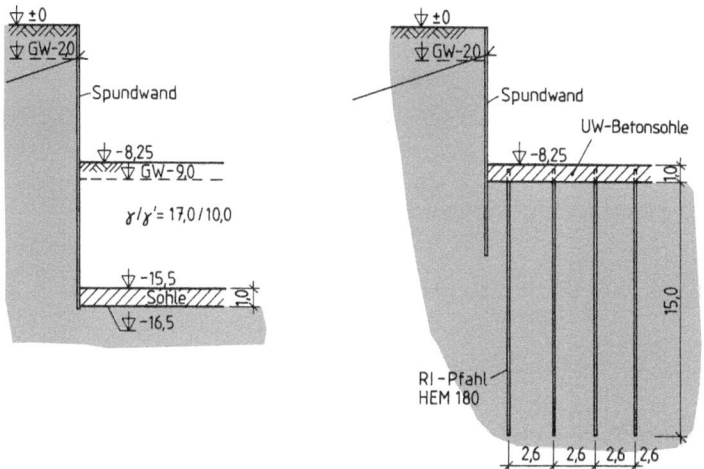

Abb. 1.108 Bemessungssituation

Unterer charakteristischer Wert stabilisierender, ständiger vertikaler Einwirkungen des Bauwerks

$$G_{stb,k} = 17{,}0 \cdot 0{,}75 + 20{,}0 \cdot (16{,}5 - 9{,}0) = 162{,}75\,\text{kN/m}^2$$

Da der Boden unterhalb $-9{,}0$ m voll wassergesättigt ist, wird für die Wichte des Bodens mit $\gamma_{Boden} = \gamma' + \gamma_w = 10{,}0 + 10{,}0 = 20\,\text{kN/m}^2$ gerechnet. Für die Weichgelsohle wird die wassergesättigte Wichte des Bodens angesetzt.

$$G_{dst,k} \cdot \gamma_{G,dst} = 145{,}00 \cdot 1{,}05 = 152{,}25\,\text{kN/m}^2 \leq 154{,}25\,\text{kN/m}^2 = 162{,}75 \cdot 0{,}95$$
$$= G_{stb,k} \cdot \gamma_{G,stb}$$

Der Nachweis ist damit erfüllt.

Variante b)

Es werden 15 m lange (unterhalb der Unterwasserbetonsohle) Rüttelinjektionspfähle Profil HEM 180 im Raster 2,6 m × 2,6 m angeordnet.

Beim Nachweis müssen zwei Grenzfälle, 1) Sicherheit des einzelnen Zugelementes gegen Herausziehen 2) Sicherheit gegen Abheben unter Annahme, dass Zugelemente und Boden wegen Gruppenwirkung einen geschlossenen Bodenblock bilden, betrachtet werden.

Sicherheit des einzelnen Zugelementes gegen Herausziehen:

Der Nachweis erfolgt pro m² Grundrissfläche der Baugrube.

Charakteristischer Wert der Zugbeanspruchung eines Pfahls oder einer Pfahlgruppe infolge von ständigen Einwirkungen

$$F_{t,G,k} = \gamma_w \cdot h_w = 10 \cdot (9{,}5 - 2{,}0) = 72{,}50\,\text{kN/m}^2$$

Charakteristischer Wert einer gleichzeitig wirkenden Druckbeanspruchung infolge von ständigen Einwirkungen

$$F_{c,G,k} = \gamma_{Beton} \cdot h_{Beton} = 24{,}0 \cdot 1{,}0 = 24{,}00 \, kN/m^2$$

Bemessungswert der Zugbeanspruchung

$$F_{t,d} = F_{t,G,k} \cdot \gamma_G - F_{c,G,k} \cdot \gamma_{G,inf} = 72{,}5 \cdot 1{,}2 - 24{,}0 \cdot 1{,}0 = 63 \, kN/m^2$$

Bemessungswert Herausziehwiderstand

- Umrissener Pfahlumfang $U_{Zugpfahl}$ (HEM 180) = 1,09 m²/m nach [1]
- Erfahrungswert für die charakteristische Pfahlmantelreibung $q_{s,k}$ = 90 kN/m² für Rüttelinjektionspfähle nach Tab. 5.28 (EA-Pfähle)

Da der Nachweis pro m² Grundrissfläche der Baugrube erfolgt, wird $R_{t,d}$ auf einen Pfahl n_z = 1 und in eine Flächenkraft, die dem Rasterabstand entspricht, umgerechnet.

$$R_{t,d} = \frac{q_{s,k} \cdot L \cdot U_{Zugpfahl} \cdot n_z}{\gamma_{s,t}} = \frac{90 \cdot 15 \cdot 1{,}09 \cdot 1}{1{,}5} \cdot \frac{1}{2{,}6 \cdot 2{,}6} = 145{,}12 \, kN/m^2$$

$$F_{t,d} = 63 \, kN/m^2 \leq 145{,}12 \, kN/m^2 = R_{t,d}$$

Der Nachweis ist erfüllt.

Sicherheit gegen Abheben unter Annahme, dass Zugelemente und Boden wegen Gruppenwirkung einen geschlossenen Bodenblock bilden:

Der Nachweis erfolgt pro m² Grundrissfläche der Baugrube.

Charakteristischer Wert ständiger destabilisierender vertikaler Einwirkungen

$$G_{dst,k} = \gamma_w \cdot h_w = 10 \cdot (9{,}5 - 2{,}0) = 72{,}50 \, kN/m^2$$

Unterer charakteristischer Wert stabilisierender, ständiger vertikaler Einwirkungen des Bauwerks unter Vernachlässigung der Eigenlast der Zugpfähle

$$G_{stb,k} = \gamma_{Beton} \cdot h_{Beton} = 24{,}0 \cdot 1{,}0 = 24{,}00 \, kN/m^2$$

Da der Nachweis pro m² Grundrissfläche der Baugrube erfolgt, wird $G_{E,k}$ auf einen Pfahl n_z = 1 und in eine Flächenkraft, die dem Rasterabstand entspricht, umgerechnet. Mit einer Pfahllänge von 15 m und einem Raster von 2,6 m × 2,6 m ergibt sich eine

Abb. 1.109 Am Pfahl hängender Bodenkörper

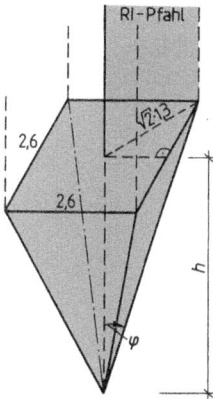

charakteristische Gewichtskraft $G_{E,k}$ des angehängten Bodens (s. Abb. 1.109) von

$$G_{E,k} = n_z \cdot \left[l_a \cdot l_b \left(L - \frac{1}{3} \sqrt{l_a^2 + l_b^2} \cdot \cot \varphi \right) \right] \cdot \eta_z \cdot \gamma$$

$$= 1 \cdot \left[2{,}6 \cdot 2{,}6 \left(15 - \frac{1}{3} \sqrt{2{,}6^2 + 2{,}6^2} \cdot \cot 32{,}5° \right) \right] \cdot 0{,}8 \cdot 10{,}0 \cdot \frac{1}{2{,}6 \cdot 2{,}6}$$

$$= 104{,}61 \, \text{kN/m}^2$$

$$G_{dst,k} \cdot \gamma_{G,dst} = 104{,}61 \cdot 1{,}05 = 109{,}84 \, \text{kN/m}^2 \leq 122{,}18 \, \text{kN/m}^2$$
$$= 24{,}00 \cdot 0{,}95 + 104{,}61 \cdot 0{,}95 = G_{stb,k} \cdot \gamma_{G,stb} + G_{E,k} \cdot \gamma_{G,stb}$$

Der Nachweis ist erfüllt. ◄

1.4 Baugruben in offenem Wasser

In offenem Wasser werden die Baugruben durch wasserdichte Spundwände oder durch Fangedämme umschlossen. Ihre Oberkante muss mit Rücksicht auf den Wellenschlag 0,3 bis 0,5 m über den höchsten, während der Bauzeit zu erwartenden Wasserstand reichen. In fließendem Wasser ist zusätzlich der Aufstau infolge der Querschnittseinengung zu berücksichtigen. Bei Baugruben, die an das Ufer anschließen, sind die seitlichen Wände so weit in das Ufer einzubinden, dass ein Umlauf verhindert wird. Ist der Untergrund durchlässig, so muss die Baugrube auch an der Landseite geschlossen werden.

1.4.1 Baugrubenumschließung durch Spundwände

Diese Methode (s. Abb. 1.110) erfordert rüttel- bzw. rammfähigen Boden bzw. Sondermaßnahmen bei nicht rammfähigem Boden (s. Abschn. 1.3). Die Spundwände sichern

Abb. 1.110 Spundwandumschließung für die Gründung eines Brückenpfeilers

Abb. 1.111 Baugrubenumspundung für Brückenpfeiler (Abstand Wasserspiegel-Baugrubensohle 9 m)

gegen Wasserdruck und stützen gleichzeitig die Baugrubenwand. Sie binden, falls möglich, in eine undurchlässige Schicht ein. Liegt diese zu tief, muss der Wasserspiegel in der Baugrube z. B. durch eine offene Wasserhaltung abgesenkt (s. Kap. 5) oder die Sohle gedichtet werden (s. Abschn. 1.3.2). Die Spundwände werden durch Aussteifungen (aus Stahl oder Stahlbeton) gestützt (s. Abb. 1.111).

Öffnungen über der Gewässersohle lassen sich manchmal von außen abdichten durch Vorhängen einer Kunststofffolie, die mit einem Streifen auf der Sohle aufliegt, dort mit Sandsäcken beschwert und durch den Wasserdruck gegen die Fugen gepresst wird. Unterhalb der Gewässersohle können Spundwände auch durch Injektionen (s. Teil 1) gedichtet werden.

1.4.2 Fangedämme

Die Aufgabe von Fangedämme ist es, das Wasser zu fangen, d. h. abzuhalten. Im Schutz des Fangedamms wird die umschlossene Fläche trockengelegt und die Baugrube z. B. mit geböschten Wänden ausgehoben. Fangedämme umschließen i. Allg. größere Flächen (s. Abb. 1.112). Ihre Linienführung muss den Strömungsverhältnissen angepasst sein, damit keine Kolke entstehen. Da der Abflussquerschnitt nur teilweise verbaut werden darf,

1.4 Baugruben in offenem Wasser

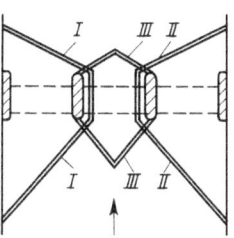

Abb. 1.112 Wehrbaustelle mit drei Bauabschnitten (schematisch)

ergeben sich bei Stauwerken mindestens zwei Bauabschnitte. Nach dem Abschluss der Bauarbeiten eines Abschnitts werden die nicht mehr erforderlichen Fangedämme abgetragen und die neuen erstellt. Fangedämme sind, soweit möglich, in eine undurchlässige Schicht einzubinden. In allen anderen Fällen müssen sie wenigstens so tief reichen, dass ihre Standsicherheit nicht durch Untersickerung gefährdet wird. Nach ihrer Ausbildung wird unterschieden zwischen Dämmen, Spundwänden, Kasten- und Zellenfangedämmen.

Geschüttete Fangedämme bestehen aus einheitlichem dichtendem Material oder Dichtung und die Standsicherheit wird durch unterschiedliche Materialien bewirkt.

Dämme aus einheitlichem Material können bei kleinen Wassergeschwindigkeiten und Höhen bis etwa 3 bis 4 m angewendet werden.

Das undurchlässige Schüttmaterial (Gerölle, Kiese und Sande mit einem großen Anteil an bindigen Bestandteilen) wird lagenweise eingebaut und gut verdichtet. Die Böschungsneigung beträgt ca. 1 : 2. Die Kronenbreite ergibt sich i. d. R. aus den eingesetzten Geräten. Am luftseitigen Böschungsfuß sollte ein Filter eingebaut werden, damit der Damm bei einer Durchsickerung nicht gefährdet wird.

Schotterdämme erfordern eine zusätzliche Dichtung. Ihre Böschungsneigung beträgt etwa 1 : 1,5.

Bei den Schotterdämmen im Bereich der Baustelle der Stauanlage am Eisernen Tor (s. Abb. 1.113 und [19]) erfolgte die Dichtung durch eine Spundwand, die nach Schüttung der Dämme durch die max 12 m hohe Schotterschicht gerammt wurde und ca. 0,1 bis 0,4 m in den Fels einband. In Bereichen mit Wassergeschwindigkeiten v > 2,5 m/s musste zunächst stromseitig ein unterbrochener Steinwurfgürtel aus sortierten Blöcken (Masse 1 bis 2 t) gebildet werden, der die weiteren Schüttungen schützte.

Spundwandfangedämme erfordern rüttel- oder rammfähigen Untergrund. Wände ohne obere Abstützung können bis max 2,5 bis 3 m Wassertiefe angeordnet werden. Bei höherem Wasserdruck ist es wirtschaftlicher, sie wenigstens einmal abzustützen. Bei Ver-

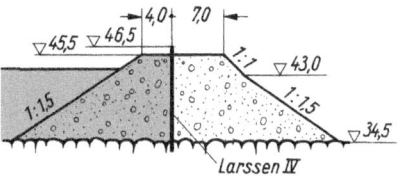

Abb. 1.113 Schotterdamm mit Spundwanddichtung

Abb. 1.114 Verankerte Spundwand

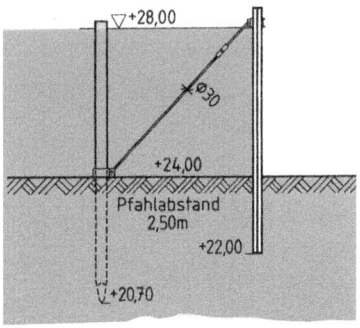

Abb. 1.115 Durch Zugpfahl gestützter Spundwandfangedamm

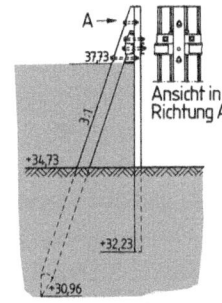

Abb. 1.116 Durch Druckpfahl gestützter Spundwandfangedamm

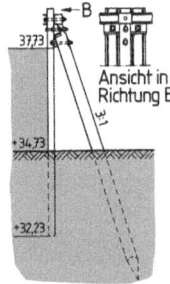

ankerung nach außen (z. B. durch Anker und Ankerpfähle (s. Abb. 1.114) oder Zugpfähle (s. Abb. 1.115)) bleibt die Baugrube frei.

Ist dies wegen Platzmangels oder Behinderung des Schiffsverkehrs nicht durchführbar, so bleibt noch die Innenabstützung der Wände durch Schrägpfähle (s. Abb. 1.116), Pfahlböcke oder stützende Kiesschüttungen, die aber eine Vergrößerung der Baugrube bedingen.

Durch die Belastung verformen sich die Spundwände. In nichtbindigen und in weichen tonigen Böden kann angenommen werden, dass hierbei der dichte Anschluss zwischen Baugrund und Spundwand und damit auch das Strömungsnetz erhalten bleibt. Steht jedoch hinter der Spundwand ein felsartiger oder halbfester bindiger Boden an, so muss bei Verformung der Wand mit einer Spaltbildung zwischen Wand und Boden gerechnet werden. In diesem Spalt bildet sich der volle hydrostatische Druck aus. Hier hat sich nach

1.4 Baugruben in offenem Wasser

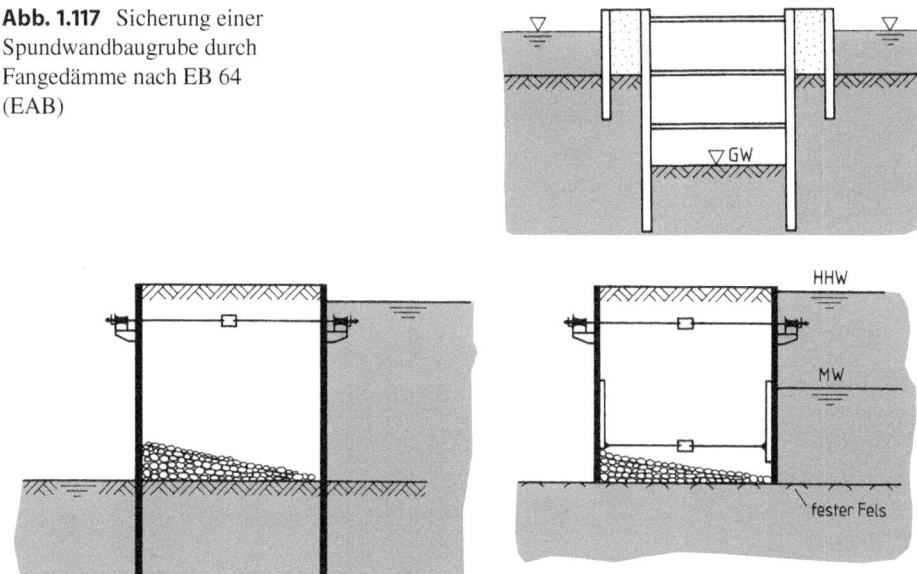

Abb. 1.117 Sicherung einer Spundwandbaugrube durch Fangedämme nach EB 64 (EAB)

Abb. 1.118 Kastenfangedamm (Parallelfangedamm) Quelle: Hoesch Spundwandhandbuch

EB 64 (EAB) ein Fangedamm gem. Abb. 1.117 bewährt. Zumindest sollte die Gewässersohle entlang der Baugrubenwand lückenlos mit Sandsäcken gesichert werden.

Bei Kastenfangedämmen befindet sich als tragendes Element die Füllung aus rolligem Boden (s. Abb. 1.118) zwischen zwei einfach oder mehrfach gegenseitig verankerten, parallel verlaufenden wellenförmigen Spundwänden. Über dem gewachsenen Baugrund der Flusssohle wird eine Filterschüttung angeordnet, die durch Schlitze in der luftseitigen Spundwand zur Baugrube hin entwässern kann. Hierdurch wird der Aufstau von Wasser im Verfüllmaterial des Fangedammes vermieden, so dass bei den erdstatischen Nachweisen (z. B. Gleiten, Grundbruch) mit der erdfeuchten Bodenwichte gerechnet werden kann.

Die Gurtung wird, soweit ein Unterhaken von Schiffen nicht zu befürchten ist, auf der Außenseite der Spundwände als Druckgurt angeordnet. Die Spundwandbohlen werden entweder von einem Ponton oder von einem festen Gerüst aus eingerüttelt oder eingerammt. Gelegentlich finden sich Kastenfangedämme auch als Dauerbauwerke. So zeigt die Abb. 1.119 die schematische Darstellung eines Molenbauwerkes in Kastenfangedammbauweise.

Betonfangedämme sind eine Sonderform des Kastenfangedammes, die gelegentlich bei Gründung auf Fels angewendet wird. Damit keine Untersickerung auftritt, muss der Beton dicht an den gesäuberten Fels anschließen.

Abb. 1.120 zeigt eine Ausführung für größere Höhen. In vorgebohrte Löcher werden zunächst Stahlträger einbetoniert. Sie dienen zum Befestigen der Schalung und erhöhen durch ihre Einspannung in den Fels die Standsicherheit der schmalen Wand, die zusätzlich durch Schrägabsteifung gestützt wird.

Abb. 1.119 Molenbauwerk in Kastenfangedammbauweise

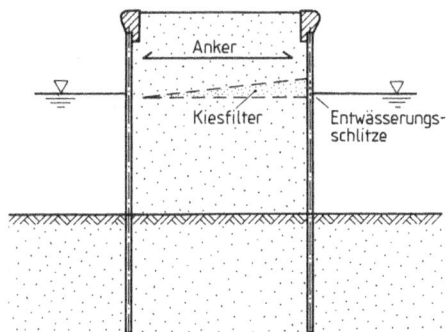

Abb. 1.120 Abgestützter Betonfangedamm bei felsigem Untergrund

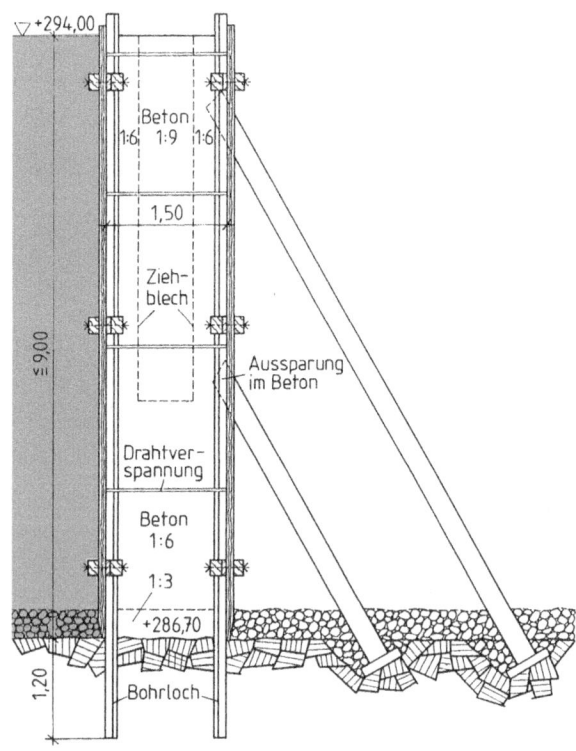

Zellenfangedämme dienen der Baugrubenumschließung bei großen Wassertiefen auf felsigem und auf rammfähigem Untergrund. In Verbindung mit Stahlbetonaufbauten werden sie im Seehafenbau auch als Dauerbauten (z. B. Molen) erstellt.

Zur Umschließung, die hier auf Zug beansprucht wird, dienen Flachprofile, deren Schlösser große Zugkräfte übertragen können (s. Abb. 1.124). Anker und Gurtungen sind nicht erforderlich. Nach der Grundrissgestaltung wird unterschieden in Kreiszellen- und Flachzellenfangedämme.

1.4 Baugruben in offenem Wasser

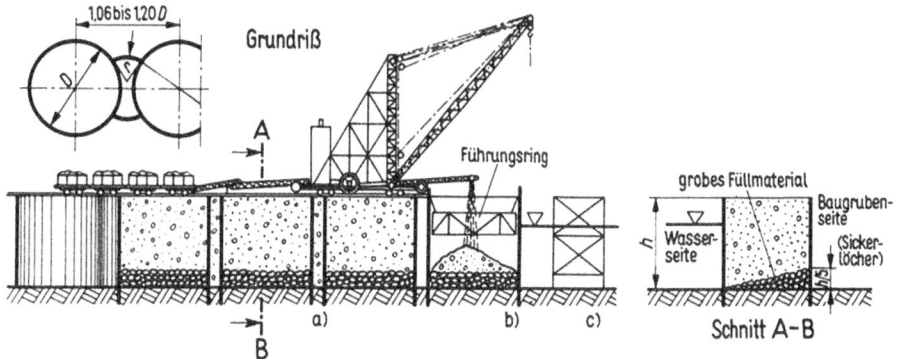

Abb. 1.121 Bauvorgang bei einem Kreiszellenfangedamm. **a** Fertige Kreiszelle, **b** Verfüllen einer durch Führungsring ausgesteiften Kreiszelle, **c** Führungsgerüst für den Bau der nächsten Zelle Kreiszelle

Abb. 1.122 Kreiszellenfangedamm

Kreiszellenfangedämme (s. Abb. 1.121 und 1.122) bestehen aus einzelnen Hohlzylindern, die unabhängig voneinander verfüllt werden können, was die Standsicherheit während des Aufbaues wesentlich erhöht. Untereinander sind sie durch kleine Verbindungszellen, deren Durchmesser ca. das 0,6fache des Durchmessers der Hauptzellen beträgt, verbunden. Die Wand der Verbindungszelle schließt senkrecht an die der Hauptzelle an. Der Anschluss erfolgt durch Spezialbohlen (s. Abb. 1.123), während im Übrigen für beide Zellen Flachprofile (s. Abb. 1.124) verwendet werden.

Flachzellenfangedämme (s. Abb. 1.125) benötigen zwar weniger Spundwandmaterial als Kreiszellenfangedämme, haben jedoch den Nachteil, dass die geradlinig verlaufenden Trennwände (Spundwände, Fachwerke oder Anker) nur geringen einseitigen Druck aufnehmen können. Es sind daher hier stets mehrere Zellen gleichzeitig in Arbeit, damit diese vorsichtig gefüllt werden können.

Abb. 1.123 Anordnung der Abzweigbohlen bei Kreiszellen

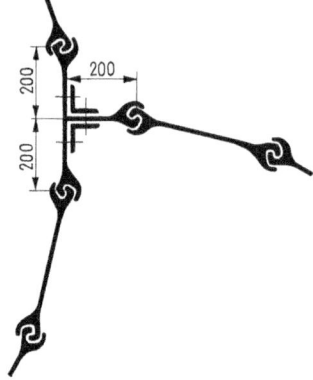

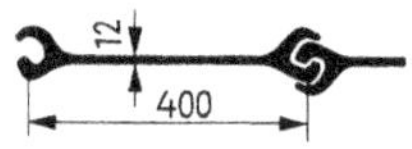

Abb. 1.124 Flachprofil

Abb. 1.125 Flachzellen-Fangedamm (Grundriss)

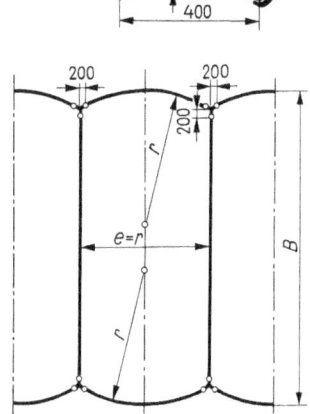

Der Aufbau der Zellenfangedämme erfolgt um ein Führungsgerüst (s. Abb. 1.121) und um einen Führungsring (s. Abb. 1.121b). Anstelle der Gerüste können auch spezielle Hubinseln eingesetzt werden.

Den dichten Abschluss bewirkt die vordere Spundwand. Sie muss dicht in den undurchlässigen Untergrund einbinden.

In Fels binden Spundwände selten dicht ein. Die Fuge zwischen Spundwand und Fels muss daher i. d. R. gesondert gedichtet werden.

Bei fehlender oder nur geringer Felsüberdeckung kann dies z. B. durch Vorsatzbeton, der auf die gesäuberte Felsoberfläche vor der Spundwand aufgebracht wird oder durch Injektionen an der Rückseite der vorderen Spundwand erfolgen.

Bei hoher Felsüberdeckung kann die Dichtung durch Injektionen erfolgen.

Maßgebend für die Standsicherheit ist die Eigenlast der Füllung (Sand und Kies mit möglichst hoher Wichte). Damit dieses nicht durch Auftrieb abgemindert wird, erhält etwa jede vierte Bohle an der Innenseite Sickerlöcher.

Angaben zur Berechnung und Bemessung von Fangedämmen sind in Abs. 8.2.17 (EAU) enthalten.

1.5 Normen und Empfehlungen

- DIN EN 1536:2015-10: Ausführung von Arbeiten im Spezialtiefbau – Bohrpfähle; Deutsche Fassung EN 1536:2010+A1:2015.
- DIN EN 1537:2014-07: Ausführung von Arbeiten im Spezialtiefbau – Verpressanker; Deutsche Fassung EN 1537:2013.
- DIN EN 1538:2015-10: Ausführung von Arbeiten im Spezialtiefbau – Schlitzwände; Deutsche Fassung EN 1538:2010+A1:2015.
- DIN EN 1610:2015-12: Einbau und Prüfung von Abwasserleitungen und -kanälen; Deutsche Fassung EN 1610:2015.
- DIN EN 1992-1-1:2011-01: Eurocode 2: Bemessung und Konstruktion von Stahlbeton- und Spannbetontragwerken – Teil 1-1: Allgemeine Bemessungsregeln und Regeln für den Hochbau; Deutsche Fassung EN 1992-1-1:2004+AC:2010.
- DIN EN 1993-1-1:2010-12: Eurocode 3: Bemessung und Konstruktion von Stahlbauten – Teil 1-1: Allgemeine Bemessungsregeln und Regeln für den Hochbau; Deutsche Fassung EN 1993-1-1:2005+AC:2009.
- DIN EN 1993-5:2010-12: Eurocode 3: Bemessung und Konstruktion von Stahlbauten – Teil 5: Pfähle und Spundwände; Deutsche Fassung EN 1993-5:2007+AC:2009.
- DIN EN 1995-1-1:2010-12: Eurocode 5: Bemessung und Konstruktion von Holzbauten – Teil 1-1: Allgemeines – Allgemeine Regeln und Regeln für den Hochbau; Deutsche Fassung EN 1995-1-1:2004+AC:2006+A1:2008.
- DIN EN 1997-1:2014-03: Eurocode 7 – Entwurf, Berechnung und Bemessung in der Geotechnik – Teil 1: Allgemeine Regeln; Deutsche Fassung EN 1997-1:2004+AC:2009+A1:2013.
- DIN EN 1997-1/NA:2010-12: Nationaler Anhang – National festgelegte Parameter – Eurocode 7: Entwurf, Berechnung und Bemessung in der Geotechnik – Teil 1: Allgemeine Regeln.
- DIN EN 10025-1:2005-02: Warmgewalzte Erzeugnisse aus Baustählen – Teil 1: Allgemeine technische Lieferbedingungen; Deutsche Fassung EN 10025-1:2004.
- DIN EN 10025-2:2019-10: Warmgewalzte Erzeugnisse aus Baustählen – Teil 2: Technische Lieferbedingungen für unlegierte Baustähle; Deutsche Fassung EN 10025-2:2019.
- DIN EN 10220:2003-03: Nahtlose und geschweißte Stahlrohre, Allgemeine Tabellen für Maße und längenbezogene Masse; Deutsche Fassung EN 10220:2002.
- DIN EN 10248-1:1995-08: Warmgewalzte Spundbohlen aus unlegierten Stählen, Teil 1: Technische Lieferbedingungen; Deutsche Fassung EN 10248-1:1995.
- DIN EN 10248-2:1995-08: Warmgewalzte Spundbohlen aus unlegierten Stählen, Teil 2: Grenzabmaße und Formtoleranzen; Deutsche Fassung EN 10248-2:1995.
- DIN EN 10249-1:1995-08: Kaltgeformte Spundbohlen aus unlegierten Stählen, Teil 1: Technische Lieferbedingungen; Deutsche Fassung EN 10249-1:1995.
- DIN EN 10249-2:1995-08: Kaltgeformte Spundbohlen aus unlegierten Stählen, Teil 2: Grenzabmaße und Formtoleranzen; Deutsche Fassung EN 10249-2:1995.

- DIN EN 12063:1999-05: Ausführung von besonderen geotechnischen Arbeiten (Spezialtiefbau) – Spundwandkonstruktionen; Deutsche Fassung EN 12063:1999.
- DIN EN 12063:2020-07: Ausführung von Arbeiten im Spezialtiefbau – Spundwandkonstruktionen; Deutsche und Englische Fassung prEN 12063:2020.
- DIN EN 12699:2015-07: Ausführung von Arbeiten im Spezialtiefbau – Verdrängungspfähle; Deutsche Fassung EN 12699:2015.
- DIN EN 13331-1:2002-09: Grabenverbaugeräte Teil 1: Produktfestlegungen; Deutsche Fassung EN 13331-1:2002.
- DIN EN 13331-2:2002-09: Grabenverbaugeräte Teil 2: Nachweis durch Berechnung oder Prüfung; Deutsche Fassung EN 13331-2:2002.
- DIN EN 14679:2005-07: Ausführung von besonderen geotechnischen Arbeiten (Spezialtiefbau) – Tiefreichende Bodenstabilisierung.
- DIN EN 14679:2006-09: Ausführung von besonderen geotechnischen Arbeiten (Spezialtiefbau) – Tiefreichende Bodenstabilisierung, Berichtigung 1.
- DIN 1025-2:1995-11: Warmgewalzte I-Träger, Teil 2: I-Träger, IPB-Reihe, Maße, Masse, statische Werte.
- DIN 1054:2021-04: Baugrund – Sicherheitsnachweise im Erd- und Grundbau – Ergänzende Regelungen zu DIN EN 1997-1.
- DIN 1055-2:2010-11: Einwirkungen auf Tragwerke – Teil 2: Bodenkenngrößen.
- DIN 4020:2010-12: Geotechnische Untersuchungen für bautechnische Zwecke – Ergänzende Regelungen zu DIN EN 1997-2
- DIN 4074-1:2012-06: Sortierung von Holz nach der Tragfähigkeit – Teil 1: Nadelschnittholz.
- DIN 4074-2:1958-12: Bauholz für Holzbauteile Gütebedingungen für Baurundholz (Nadelholz).
- DIN 4084:2009-01: Baugrund – Geländebruchberechnungen.
- DIN 4084:2012-07: Baugrund – Geländebruchberechnungen – Beiblatt 1: Berechnungsbeispiele.
- DIN 4084:2017-08: Baugrund – Geländebruchberechnungen; Änderung 1.
- DIN 4085:2017-08: Baugrund – Berechnung des Erddrucks.
- DIN 4093:2015-11: Bemessung von verfestigten Bodenkörpern – Hergestellt mit Düsenstrahl-, Deep-Mixing- oder Injektions-Verfahren.
- DIN 4123:2013-04: Ausschachtungen, Gründungen und Unterfangungen im Bereich bestehender Gebäude.
- DIN 4124:2012-01: Baugruben und Gräben – Böschungen, Verbau, Arbeitsraumbreiten.
- DIN 4126:2013-09: Nachweis der Standsicherheit von Schlitzwänden.
- DIN 4126 Beiblatt 1:2013-09: Nachweis der Standsicherheit von Schlitzwänden – Beiblatt 1: Erläuterungen.
- DIN 4127:2014-02: Erd- und Grundbau – Prüfverfahren für Stützflüssigkeiten im Schlitzwandbau und für deren Ausgangsstoffe.

- DIN 16456-1:2017-10: Kunststoffspundbohlen – Extrudierte Spundbohlen aus weichmacherfreiem Polyvinylchlorid (PVC-U) – Teil 1: Produkt.
- DIN 16456-2:2017-10: Kunststoffspundbohlen – Extrudierte Spundbohlen aus weichmacherfreiem Polyvinylchlorid (PVC-U) – Teil 2: Bemessung.
- DIN 16456-3:2017-10: Kunststoffspundbohlen – Extrudierte Spundbohlen aus weichmacherfreiem Polyvinylchlorid (PVC-U) – Teil 3: Ausführung von Spundwandbauwerken aus Kunststoffspundbohlen.
- DIN 53019-1:2008-09: Viskosimetrie – Messung von Viskositäten und Fließkurven mit Rotationsviskosimetern – Teil 1: Grundlagen und Messgeometrie.
- Deutsche Gesellschaft für Geotechnik e. V. (2012): Empfehlungen des Arbeitskreises „Baugruben" (EAB), 5. Auflage, Ernst & Sohn Verlag, Berlin.
- Deutsche Gesellschaft für Geotechnik e. V. (2021): Empfehlungen des Arbeitskreises „Baugruben" (EAB), 6. Auflage, Ernst & Sohn Verlag, Berlin.
- Deutsche Gesellschaft für Geotechnik e. V. (2012): Empfehlungen des Arbeitsausschusses „Ufereinfassungen" Häfen und Wasserstraßen (EAU), 11. Auflage, Ernst & Sohn Verlag, Berlin.
- Deutsche Gesellschaft für Geotechnik e. V. (2020): Empfehlungen des Arbeitsausschusses „Ufereinfassungen" Häfen und Wasserstraßen (EAU), 12. Auflage, Ernst & Sohn Verlag, Berlin.
- Deutsche Gesellschaft für Geotechnik e. V. (2012): Empfehlungen des Arbeitskreises „Pfähle" (EA-Pfähle), 2. Auflage, Ernst & Sohn Verlag, Berlin.
- Deutsche Gesellschaft für Geotechnik e. V. (2014): Empfehlungen des Arbeitskreises „Numerik in der Geotechnik" (EANG), 1. Auflage, Ernst & Sohn Verlag, Berlin.
- Deutsche Gesetzliche Unfallversicherung e. V. (DGUV): Vorschrift 38 Unfallverhütungsvorschrift Bauarbeiten, 2019-11.

Literatur

1. Vismann, U. (2018): Wendehorst Bautechnische Zahlentafeln, 36. Auflage, Springer Vieweg Verlag, Wiesbaden.
2. Hettler, A.; Triantafyllidis, T.; Weißenbach, A. (2018): Baugruben, 3. Auflage, Ernst & Sohn Verlag, Berlin.
3. Weißenbach, A. (1975): Baugruben, Teil II Berechnungsgrundlagen, Ernst & Sohn Verlag, Berlin-München-Düsseldorf.
4. Hettler, A.; Becker, P.; Kinzler, S. (2018): Bericht des Arbeitskreises Baugruben: Entwurf EB 85 und Anhang A 10, Äußere Tragfähigkeit von Bohlträgern, Spundwänden und Ortbetonwänden, Bautechnik 95 (2018), Heft 9, S. 684–692.
5. Hettler, A.; Becker, P.; Borchert. K.-M.; Kinzler, S. (2020): Bericht des Arbeitskreises Baugruben: Hinweise zur 6. Auflage der EAB, Bautechnik 97 (2020), Heft 9, S. 664–672.
6. Pregl, O. (2002): Bemessung von Stützbauwerken, Handbuch der Geotechnik, Band 16, Eigenverlag des Instituts für Geotechnik, Universität für Bodenkultur, Wien.
7. Witt, K. J. (2017): Baugrubensicherung in: Grundbau-Taschenbuch, Teil 3: Gründungen und geotechnische Bauwerke, 8. Auflage, Ernst & Sohn Verlag, Berlin.

8. Blum, H. (1931): Einspannungsverhältnisse bei Bohlwerken, Ernst & Sohn Verlag, Berlin.
9. ArcelorMittal; Firmenprospekt: Stahlspundwände Gesamtkatalog 2019.
10. Grimm, C.; Krebs, V.; Schröder, J. (2017): Kunststoffspundwände im Wasserbau, Wasser und Abfall, Heft 10/2017, S. 44–46.
11. Grimm, C.; Schüttrumpf, H. (2019): Innovative Kunststoffspundbohlen für den Klima- und Umweltschutz, GeoResources Zeitschrift, Band 5 (2019), Heft 3-2019, S. 7–10.
12. G quadrat Geokunststoffgesellschaft mbH; Firmenprospekt: DuoLock® Spundwände aus Kunststoff.
13. Weißenbach, A.; Hettler, A. (2003): Berechnung von Baugrubenwänden nach der neuen DIN 1054, Bautechnik 80 (2003), Heft 12, S. 857–874.
14. Lackner, E. (1950): Berechnung mehrfach gestützter Spundwände, 3. Auflage, Ernst & Sohn Verlag, Berlin.
15. Blum, H. (1950): Beitrag zur Berechnung von Bohlwerken, Bautechnik 27 (1950), Heft 2, S. 45–52.
16. PLAXIS CONNECT Edition V21.00, Manuals, Bentley Sytems, 2020.
17. Lorenz, H. (1953): Erfahrungen mit thixotropen Flüssigkeiten im Grundbau, Bautechnik (1953), Heft 8, S. 313.
18. Veder, C. (1973): Die Verwendung von Bentonit im Bauwesen, Bauingenieur (1973), Heft 12.
19. Galt, T. (1970): Die Stauanlage am „Eisernen Tor", Baumaschine und Bautechnik (1970), Heft 6 und 7.

Flächengründungen 2

2.1 Begriffe und Grundlagen

▶ Unter dem Begriff Flächengründungen sind Gründungskörper definiert, die äußere Einwirkungen über ihre Sohlfuge in den Baugrund ableiten. Dabei wird unterschieden in Flachgründung und Tiefgründung (s. Abb. 2.1). Flachgründungen werden als Einzel- oder Streifenfundamente bzw. Plattengründung ausgeführt und weisen eine geringe Einbindetiefe auf. Die Bauwerkslasten werden über die Sohlflächen auf die oberflächennahen tragfähigen Baugrundschichten übertragen. Bei der Tiefgründung liegen die tragfähigen Baugrundschichten tiefer unterhalb der Bauwerkssohle. Hier erfolgt die Lastübertragung auf die tiefliegende tragfähige Schicht z. B. durch Pfähle (vgl. Kap. 3). Die Lastübertragung kann auch als Flächengründung als Pfeilergründung, mit Senkkästen oder Brunnengründung erfolgen (s. Abb. 2.1).

Die im Einzelfall zu wählende Gründungsart wird durch die Baugrundverhältnisse, insbesondere die zu erwartenden Setzungen (s. Teil 1, Kap. 9) und die Grundbruchsicherheit (s. Teil 1, Kap. 9), durch die Größe der Belastung und von wirtschaftlichen Gesichtspunkten bestimmt.

Flächengründungen sind in eine Geotechnische Kategorie (vgl. Teil 1) einzuordnen. Nach DIN 1054, Tab. AA.1 können z. B. Einzel- und Streifenfundamente von Bauwerken entsprechend A 2.1.2 A (16c), bei denen die Voraussetzungen für den vereinfachten Tragfähigkeitsnachweis nach A 6.10 A (1) a) bis c) erfüllt sind oder Gründungsplatten für maximal zweigeschossige, gut ausgesteifte Bauwerke in die Geotechnische Kategorie GK 1 eingeordnet werden. Übliche Einzelfundamente, Streifenfundamente und Fundamentplatten, soweit sie nicht in die Geotechnische Kategorie GK 1 eingestuft werden dürfen, werden der Geotechnischen Kategorie GK 2 zugeordnet. In die Geotechnische Kategorie GK 3 fallen z. B. Bauwerke mit besonders hohen Lasten, Maschinenfundamente mit hohen dynamischen Lasten, Gründungen für hohe Türme wie Sendemasten und In-

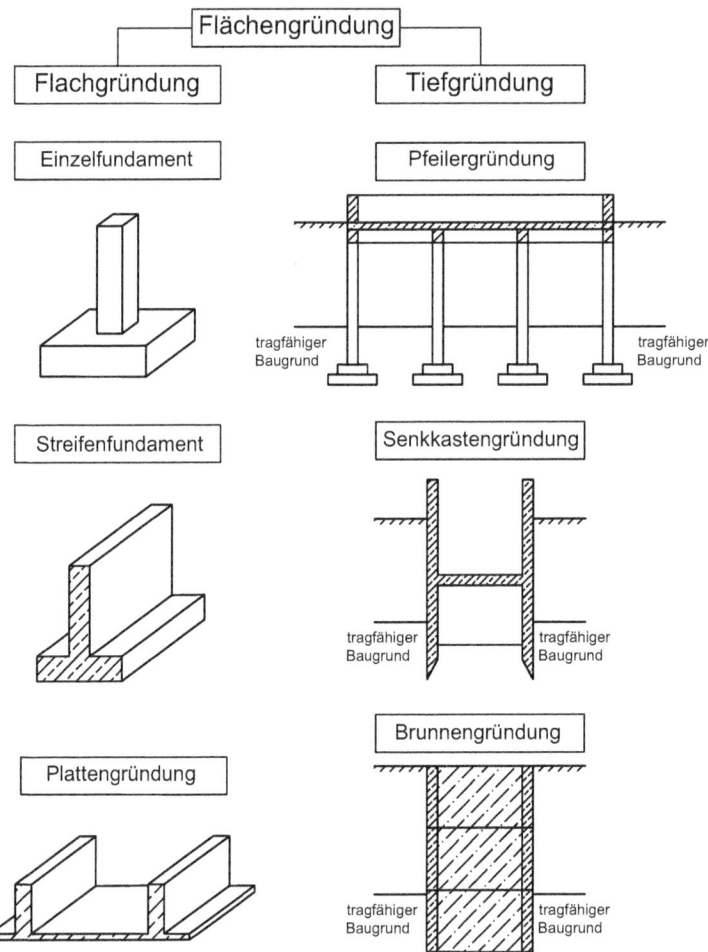

Abb. 2.1 Übersicht Gründungsarten

dustrieschornsteine, ausgedehnte Plattengründungen auf Baugrund mit unterschiedlichen Steifigkeiten im Grundriss oder Kombinierte Pfahl-Plattengründungen.

Die geotechnischen Nachweise für Flach- und Flächengründung werden ausführlich im Teil 1 behandelt und erläutert.

2.2 Flachgründung

Eine Flachgründung wird angeordnet, wenn unmittelbar unter dem Bauwerk eine ausreichend mächtige, tragfähige Schicht ansteht oder durch Bodenaustausch bzw. verdichtete Anschüttung geschaffen wird. Flachgründungen sind Flächengründungen. Nach

2.2 Flachgründung

DIN 1054 muss die Gründungssohle frostfrei bzw. mindestens aber 0,8 m unter Gelände liegen.

Der Baugrund muss gegen Auswaschen oder Verringerung seiner Lagerungsdichte durch strömendes Wasser, bindiger Baugrund während der Bauzeit gegen Aufweichen und Auffrieren gesichert sein.

Bei Aushub der Baugrube und der Fundamente wird der Boden meistens in Höhe der Gründungssohle gelockert. Es empfiehlt sich daher, den Baugrund unter höher belasteten Fundamenten zunächst mit einem Verdichtungsgerät wieder zu verdichten.

Entsprechend DIN EN 1992-1, Abschn. 4.4.1.3 ist für ein bewehrtes Bauteil, bei dem der Beton gegen unebene Flächen geschüttet wird, das Nennmaß der Betondeckung grundsätzlich um eine zulässige Abweichung zu vergrößern. Die Erhöhung sollte das Differenzmaß der Unebenheit, jedoch mindestens k_1 bei Herstellung auf vorbereiteten Baugrund (z. B. Sauberkeitsschicht) bzw. mindestens k_2 bei Herstellung unmittelbar auf den Baugrund betragen. Nach DIN EN 1992-1-1/NA beträgt k_1 = 20 mm bei unebener Sauberkeitsschicht und k_2 = 50 mm.

Nach DIN 1045-3, Abschn. 2.6.1 ist unter bewehrten Fundamenten und Gründungsplatten eine mindestens 5 cm dicke Schicht aus Beton einzubauen. Eine Sauberkeitsschicht ist auch unter unbewehrten Betonfundamenten ratsam, um einer Verschmutzung und damit einer geringeren Tragfähigkeit der untersten tragenden Schicht vorzubeugen. Bei unfertigen Bauten, die überwintern, ist darauf zu achten, dass Bauteile, die während dieser Zeit nicht frostfrei gegründet sind (z. B. infolge noch fehlender Anschüttung, Innenwände von Häusern), vor Frosteinwirkung geschützt werden.

Bei Hochbauten verläuft die Gründungssohle i. d. R. waagerecht. Wirken auf das Bauwerk Horizontalkräfte, wie z. B. bei Stützmauern, so kann die Fundamentsohle zur Erhöhung der Gleitsicherheit geneigt angeordnet werden.

Bei Gründungsstreifen und Gründungsplatten ist DIN 4018 zu beachten (s. Abschn. 2.2.3). Grundsätzlich sind Gründungskörper für alle denkbaren Lastfälle nachzurechnen.

In fallendem Fels wird die Sohle, um an Brucharbeit zu sparen, abgetreppt, im Hochbau jedoch nur, soweit es die Ausbildung des untersten Geschosses zulässt (s. Abb. 2.2).

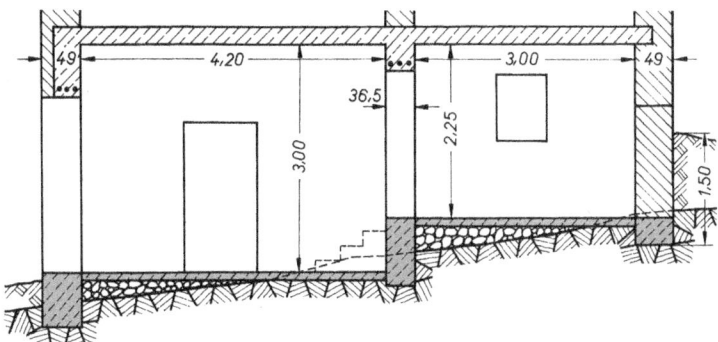

Abb. 2.2 Abtreppen der Bausohle im Fels

Je nach der Tragfähigkeit des Baugrundes, der Ausbildung des Gebäudes und der Größe der Belastung werden die Lasten des Bauwerks durch Einzelfundamente, Streifenfundamente oder Gründungsplatten übertragen. Die lastübertragende Fläche (Grundfläche) der Fundamente hängt von der Größe der Belastung und der zulässigen Bodenpressung ab. Die Höhe der Fundamente wird von der Art der Ausbildung (bewehrt oder unbewehrt) und den zulässigen Spannungen bestimmt.

2.2.1 Einzelfundamente

Einzelfundamente (s. Abb. 2.3) leiten die punktförmigen Belastungen, die aus einer Stütze oder Pfeiler stammen, in den Baugrund ein. Da der Baugrund geringere Beanspruchungen aufnehmen kann als der Beton, verteilt das Einzelfundament die Lasten gleichmäßig über eine größere Sohlfläche in den Baugrund weiter. Bei geringen Einwirkungen werden Einzelfundamente ohne Bewehrung ausgeführt. Liegt eine hohe Belastung vor, sodass die erforderlichen Fundamentabmessungen zu groß werden, ist eine Ausführung mit Bewehrung sinnvoller und wirtschaftlicher.

Kleinere Fundamentverbreiterungen werden gemäß Abb. 2.4a ausgeführt. Bei größeren Verbreiterungen können die Fundamente abgetreppt (s. Abb. 2.4b) oder abgeschrägt werden (s. Abb. 2.4c). Zu beachten ist, dass eine schräg liegende Schalung am unteren Teil des Fundamentes verankert oder belastet werden muss, da diese sonst durch den Beton hochgedrückt werden kann.

Abb. 2.3 Einzelfundament

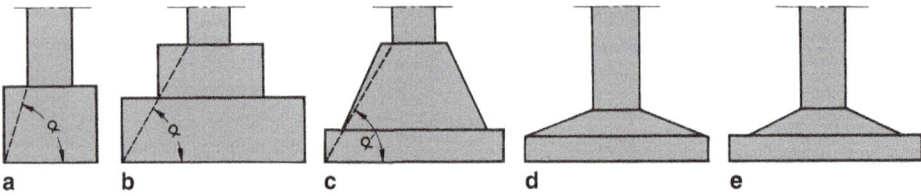

Abb. 2.4 Einzelfundamente (Ansichten) aus unbewehrtem Beton. **a** Rechteckig, **b** abgetreppt, **c** abgeschrägt aus Stahlbeton; **a** rechteckig, **d**, **e** abgeschrägt

2.2 Flachgründung

Abb. 2.5 Bezeichnung unbewehrtes Stützenfundament

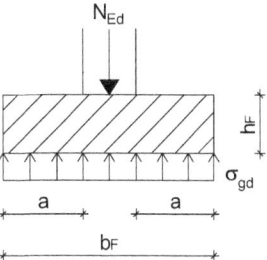

Nach DIN EN 1992-1, Abschn. 12.9.3 dürfen zentrisch belastete Einzel- und Streifenfundamente als unbewehrte Bauteile berechnet und ausgeführt werden, wenn die Bedingung der Gl. (2.1) eingehalten wird.

$$\frac{0{,}85 \cdot h_F}{a} \geq \sqrt{\frac{3\sigma_{gd}}{f_{ctd,pl}}} \qquad (2.1)$$

mit

h_f die Fundamenthöhe in [m]
a   der Fundamentüberstand von der Stützenseite an in [m] (vgl. Abb. 2.5)
σ_{gd} der Bemessungswert des Sohldrucks in [kN/m²]
$f_{ctd,pl}$ der Bemessungswert der Betonzugfestigkeit in [N/mm²]

Der Bemessungswert der Betonzugfestigkeit ist über Gl. (2.2) definiert.

$$f_{ctd,pl} = \frac{\alpha_{ctd,pl} \cdot f_{ctk;0{,}05}}{\gamma_c} \qquad (2.2)$$

mit

$\alpha_{ct,pl}$ Beiwert zur Berücksichtigung Langzeitauswirkungen auf die Betonzugfestigkeit und von ungünstigen Auswirkungen durch die Art der Beanspruchung
$f_{ctk;0,05}$ charakteristischer Wert der zentrischen Zugfestigkeit des Betons (5 % Quantil) in [N/mm²]
γ_c Teilsicherheitsbeiwert für Beton

Aufgrund der geringen Verformungsfähigkeit des unbewehrten Betons ist nach DIN EN 1992-1-1/NA für ständige und vorübergehende Bemessungssituationen $\gamma_c = 1{,}50$ und für außergewöhnliche Bemessungssituationen $\gamma_c = 1{,}30$ anzusetzen. Der Beiwert $\alpha_{ct,pl}$ ist mit 0,7 zu berücksichtigen. Nach DIN EN 1992-1-1/NA darf rechnerisch keine höhere Festigkeitsklasse des Betons als C35/45 bzw. LC20/22 angesetzt werden.

Durch Umstellung der Gl. (2.1) ergibt sich als Mindesthöhe für das Fundament Gl. (2.3).

$$h_F = \frac{a}{0{,}85} \cdot \sqrt{\frac{3\sigma_{gd} \cdot \gamma_c}{0{,}7 \cdot f_{ctk;0{,}05}}} \tag{2.3}$$

Vereinfacht darf nach DIN EN 1992-1, Abschn. 12.9.3 auch durch das Verhältnis $h_F/a \geq 2$ der Nachweis erfolgen.

Zu beachten ist, dass das Fundamenteigengewicht keine Biegemomente für die Bemessung, sondern nur eine Sohldruckbeanspruchung erzeugt.

Bewehrte Fundamente bzw. Stahlbetonfundamente werden eingesetzt, wenn unbewehrte Fundamente unwirtschaftlich werden bzw. eine geringere Querschnittshöhe des Fundamentes erforderlich ist. Die Lastverteilung wird durch Gewölbebildung im Beton begünstigt (vgl. Abb. 2.6a). Damit sich das Gewölbe ausbilden kann, ist eine untere Bewehrung erforderlich, die an den Rändern aufgebogen ist und im Bruchzustand als Zugband wirkt. Bei höheren Belastungen ist ferner eine äußere zusätzliche Ringbewehrung notwendig. Bei ständiger ausmittiger Belastung werden die Fundamente so entworfen, dass die Resultierende „R" annähernd durch den Schwerpunkt der Fundamentfläche verläuft (vgl. Abb. 2.6b).

In der Praxis haben sich quadratische, rechteckige und kreisförmige Querschnitte bewährt. Zweckmäßig können Einzelfundamente auch mit achteckigem Querschnitt hergestellt werden (vgl. Abb. 2.7). Diese Ausführungsform wirkt sich günstig auf die Bildung der Rissbreiten aus.

Eine Variante von Einzelfundamenten sind Köcherfundamente bzw. Becherfundamente (s. Abb. 2.8). Diese dienen zur Gründung von Fertigteilstützen und werden i. d. R. für den Bau von Industriehallen eingesetzt. Sie können glatt oder profiliert hergestellt werden. Zu beachten ist, dass bei der Ausführung von Köcherfundamenten mit einer glatten Oberfläche, die Kräfte über die Reibung zwischen Füllbeton und Stütze übertragen werden. Fun-

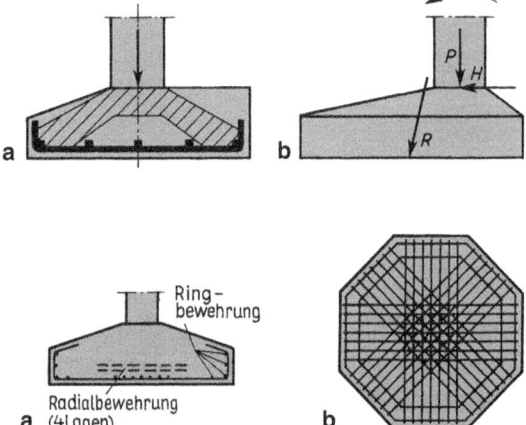

Abb. 2.6 Rechteckige Fundamente (*links* abgeschrägt, *rechts* rechteckig). **a** Gewölbebildung bei mittiger Belastung, **b** Ausbildung bei Belastung durch Normalkraft, Horizontalkraft und Moment

Abb. 2.7 Achteckiges Fundament. **a** Schnitt, **b** Grundriss

Abb. 2.8 Becher- bzw. Köcherfundament

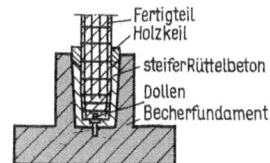

damente mit einer profilierten Oberfläche können als monolithisch angenommen werden, da die Kräfte über die Verzahnung übertragen werden. Vereinfacht darf der Durchstanznachweis für monolithische Fundamente geführt werden. Die Köcherfundamente werden mittig hohl ausgeführt. Dies dient zur Aufnahme von Fertigteilstützen. Diese werden nach dem Einsetzen an der Oberkante mittels Holzkeilen und an der Unterkante mittels Dollen ausgerichtet. Anschließend wird der Hohlraum bzw. der Zwischenraum mit Vergussmörtel verfüllt.

Eine weitere Variante sind Stahlstützen auf Einzelfundamenten. Werden diese in Betonfundamenten ausgeführt, ist darauf zu achten, dass die Verankerung ausreichend tief eingeführt wird. Um zu gewährleisten, dass die Kraftübertragung ungestört erfolgt, werden die Ankerstäbe in gewellte Hüllrohre eingebaut und mit Füllbeton gefüllt. Nachdem der Füllbeton ausgehärtet ist, können die Zugkräfte in das Fundament eingeleitet werden. Um bei starken Belastungen das Versagen des Betons zu verhindern, werden an den Ankerbolzen plastische Anstriche aufgebracht.

Bei Stahlbetonfundamenten ist eine Biegebemessung gemäß Eurocode 2 und DAfStb-Heft 631 erforderlich. Dabei ist zu unterscheiden zwischen einer zentrischen und exzentrischen Belastung sowie einer monolithischen und einer nicht monolithischen Verbindung zwischen dem Fundament und der Stütze.

Bei einer zentrischen Belastung wird angenommen, dass die Sohlnormalspannung konstant über die Grundfläche des Fundamentes wirkt und über die Gl. (2.4) ermittelt werden kann.

$$\sigma = \frac{N}{A} \qquad (2.4)$$

mit

σ Sohlnormalspannung
N   Einwirkende Normalkraft N
A   Grundfläche des Fundamentes

Für die Biegebemessung wird dabei die Sohlnormalspannung mit den Bemessungswerten ermittelt.

Bei der Bestimmung des Biegemomentes ist die Unterscheidung zwischen monolithischer und nicht monolithischer Verbindung von wichtiger Bedeutung (s. Abb. 2.9). Bei einer monolithischen Verbindung bildet sich zwischen dem Fundament und der Stahlbetonstütze eine Einheit aus. Das Biegemoment wird vereinfacht am Anschnitt der Stütze

Abb. 2.9 Monolithische Verbindung (*links*), keine monolithische Verbindung (*rechts*)

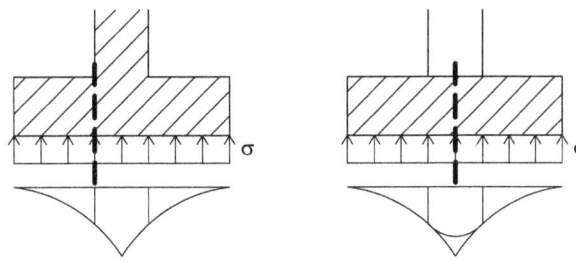

ermittelt. Bei einer nicht monolithischen Verbindung besteht keine Einheit aus dem Fundament und der Stütze. Das Biegemoment wird im Bereich der Stützenmitte berechnet und es kann eine Ausrundung des Biegemomentes vorgenommen werden.

Die Gln. (2.5) und (2.6) gelten für Stahlbetonfundamente mit einer monolithischen Verbindung.

$$M_y = \frac{N \cdot b_y}{8} \cdot \left(1 - \frac{c_y}{b_y}\right)^2 \quad (2.5)$$

$$M_x = \frac{N \cdot b_x}{8} \cdot \left(1 - \frac{c_x}{b_x}\right)^2 \quad (2.6)$$

mit

M_y Biegemoment um die y-Achse
M_x Biegemoment um die x-Achse
N einwirkende Normalkraft
b_y Abmessung des Fundaments in y-Richtung
c_y Abmessung der Stütze in y-Richtung
b_x Abmessung des Fundaments in x-Richtung
c_x Abmessung der Stütze in x-Richtung

Die Gln. (2.7) und (2.8) gelten für Stahlbetonfundamente mit einer nicht monolithischen Verbindung.

$$M_y = \frac{N \cdot b_y}{8} \cdot \left(1 - \frac{c_y}{b_y}\right) \quad (2.7)$$

$$M_x = \frac{N \cdot b_x}{8} \cdot \left(1 - \frac{c_x}{b_x}\right) \quad (2.8)$$

Bei einer exzentrischen Belastung wirken tangentiale Kräfte sowie Momente. Durch die exzentrische Belastung entsteht eine Ausmitte. Damit ist der Verlauf der Sohlnormal-

2.2 Flachgründung

spannung nicht mehr konstant in Vergleich zu einer zentrischen Belastung. Einzel- und Streifenfundamente werden in diesem Fall oft nach dem Spannungstrapezverfahren bemessen (vgl. Teil 1).

Die wichtige Voraussetzung zur Anwendung des Spannungstrapezverfahrens ist, dass die Lage der resultierenden Kraft aus ständiger und veränderlicher Einwirkung innerhalb oder am Rand der ersten Kernweite liegen muss. Es dürfen nur Druckkräfte auftreten. Zudem wird die Lage der resultierenden Kraft nicht mit den charakteristischen Werten, sondern mit den Bemessungswerten ermittelt.

Neben der Bemessung der Biegebewehrung kann es auch erforderlich werden, dass eine Querkraft- bzw. Durchstanzbewehrung einzubauen ist. Bei der Bemessung gegen Durchstanzen ist nachzuweisen, dass die auf einen sogenannte kritischen Rundschnitt $u_1 \cdot d$ um die Einzellast bezogene einwirkende Querkraft V_{Ed} kleiner ist als der Bemessungswiderstand V_{Rd}. Wenn hierfür Durchstanzbewehrung erforderlich ist, müssen zusätzlich auf mehreren Rundschnitten u_I weitere Querkraftnachweise durchgeführt werden.

Beispiel 2.1

Beispiel für ein zentrisch belastetes Stahlbeton-Stützenfundament
Die Abmessungen b_x, b_y sollen nach den zulässigen Spannungen bei gleichem Seitenverhältnis wie bei der Stütze bestimmt werden.

Berechnungsgrundlagen

- Einwirkungen: Ständige Lasten $P_{G,k} = 220\,kN$; Veränderliche Lasten $P_{Q,k} = 300\,kN$
- Fundament (s. Abb. 2.10): Dicke $d = 0{,}60\,m$; Wichte $\gamma_{Beton} = 25\,kN/m^3$; Gründungstiefe $t = 1{,}0\,m$
- Baugrund: Schluff, tonig; Konsistenz halbfest; Wichte $\gamma = 19\,kN/m^3$

Der vereinfachte Nachweis erfolgt nach DIN 1054 für den Grenzzustand GEO-2 und für die Bemessungssituation BS-P ($\gamma_G = 1{,}35$; $\gamma_Q = 1{,}50$).

Abb. 2.10 Stahlbeton-Stützenfundament

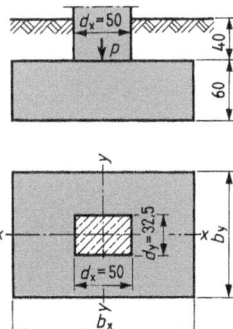

Ermittlung Bemessungswert Sohlwiderstand:

- zulässiger Sohlwiderstand $\sigma_{R,d}$ nach DIN 1054, Tab. A 6.7: $\sigma_{R,d} = 290 \, \text{kN/m}^2$
- Angestrebtes Seitenverhältnis $b_x/b_y \sim d_x/d_y = 0{,}5/0{,}325 = 1{,}5 < 2 \Rightarrow$ Erhöhung des Sohlwiderstands $\sigma_{R,d}$ nach DIN 1054, A 6.10.3.2 um 20 %: $\sigma_{R,d} = 1{,}2 \cdot 290 = 348 \, \text{kN/m}^2$

Bemessungswert vertikale Beanspruchung ohne Fundamenteigengewicht und Erdauflast:
$$V_d = P_{G,k} \cdot \gamma_G + P_{Q,k} \cdot \gamma_Q = 220 \cdot 1{,}35 + 300 \cdot 1{,}50 = 747 \, \text{kN}$$

Bemessungswerte Sohldruckspannung aus Erdauflast und Fundament:
$$\sigma_{\text{Fundament},d} = 25 \cdot 0{,}60 \cdot 1{,}35 = 20{,}25 \, \text{kN/m}^2$$
$$\sigma_{\text{Erdauflast},d} = 19 \cdot 0{,}40 \cdot 1{,}35 = 10{,}26 \, \text{kN/m}^2$$

Erforderliche Gründungsfläche:

Um die erforderliche Gründungsfläche A zu ermitteln, wird die Gleichung der Sohldruckbeanspruchung mit der Gleichung des Sohlwiderstands gleichgesetzt.

$$\sigma_{R,d} = \sigma_{E,d} = \frac{V_d}{A}$$
$$348 - 20{,}25 - 10{,}26 = 317{,}49 = \frac{747}{A}$$

Damit ergibt sich eine Gründungsfläche A = 2,35 m².

Ermittlung der erforderlichen Seitenlängen des Fundaments:

$$A = b_x \cdot b_y = 1{,}50 \cdot b_y \cdot b_y = 1{,}50 \cdot b_y^2$$
$$b_y = \sqrt{\frac{A}{1{,}50}} = \sqrt{\frac{2{,}35}{1{,}50}} = 1{,}25 \, \text{m}$$
$$b_x = \frac{2{,}35}{1{,}25} = 1{,}88 \, \text{m}$$

Nachrechnung:

- Ständige Lasten der Stütze: $V_{G,d} = P_{G,k} \cdot \gamma_G = 220 \cdot 1{,}35 = 297 \, \text{kN}$
- Veränderliche Lasten der Stütze: $V_{Q,d} = P_{Q,k} \cdot \gamma_Q = 300 \cdot 1{,}50 = 450 \, \text{kN}$
- Eigengewicht des Fundaments: $G_{F,d} = \gamma_B \cdot (b_x \cdot b_y) \cdot d \cdot \gamma_G = 25 \cdot (1{,}88 \cdot 1{,}25) \cdot 0{,}60 \cdot 1{,}35 = 47{,}59 \, \text{kN}$
- Erdauflast: $G_{E,d} = \gamma \cdot (A - d_x \cdot d_y) \cdot d \cdot \gamma_G = 19 \cdot (2{,}35 - 0{,}5 \cdot 0{,}325) \cdot 0{,}40 \cdot 1{,}35 = 22{,}44 \, \text{kN}$

2.2 Flachgründung

Bemessungswert der vertikalen Beanspruchung:

$$V_d = V_{G,d} + V_{Q,d} + G_{F,d} + G_{E,d} = 297 + 450 + 47{,}59 + 22{,}44 = 817{,}03\,\text{kN}$$

Bemessungswert der Sohldruckbeanspruchung:

$$\sigma_{E,d} = \frac{V_d}{A} = \frac{817{,}03}{2{,}35} = 347{,}67\,\text{kN/m}^2$$

Nachweis:

$$\sigma_{E,d} = 347{,}67\,\text{kN/m}^2 < 348\,\text{kN/m}^2 = \sigma_{R,d}$$

Ermittlung Biegemomente:
Die Verbindung zwischen der Stütze und Fundament ist monolithisch ausgebildet. Das Biegemoment wird am Stützenanschnitt ermittelt. Das Eigengewicht des Fundaments und die Erdauflast werden bei der Berechnung nicht berücksichtigt, da sie kein Biegemoment erzeugen.

Bemessungswert der einwirkenden Normalkraft ohne Eigengewicht des Fundaments und Erdauflast:

$$N_{Ed} = V_d - G_{F,d} - G_{E,d} = 817{,}03 - 47{,}59 - 22{,}44 = 747\,\text{kN}$$

Biegemoment um die x-Achse:

$$M_{Ed,x} = \frac{N_{Ed} \cdot b_x}{8} \cdot \left(1 - \frac{d_x}{b_x}\right)^2 = \frac{747 \cdot 1{,}88}{8} \cdot \left(1 - \frac{0{,}50}{1{,}88}\right)^2 = 94{,}59\,\text{kNm}$$

Biegemoment um die y-Achse:

$$M_{Ed,y} = \frac{N_{Ed} \cdot b_y}{8} \cdot \left(1 - \frac{d_y}{b_y}\right)^2 = \frac{747 \cdot 1{,}25}{8} \cdot \left(1 - \frac{0{,}325}{1{,}25}\right)^2 = 63{,}92\,\text{kNm} \blacktriangleleft$$

Beispiel 2.2

Nachweis für ein exzentrisch belastetes Stahlbeton-Fundament
Die erforderlichen Abmessungen (b_x und b_y) sind für ein exzentrisch belastetes Stahlbeton-Fundament zu bestimmen (s. Abb. 2.11a und Abb. 2.11b). Der Verlauf der Sohlnormalspannung ist mit dem Spannungstrapezverfahren zu bestimmen.

Berechnungsgrundlagen

- Einwirkungen: Ständige Lasten (einschließlich Fundamenteigenlast und Erdauflast): $F_{G,k} = 255\,\text{kN}$ / $M_{G,k} = 50\,\text{kNm}$; Veränderliche Lasten (können gemeinsam oder einzeln auftreten): $F_{Q,k} = 255\,\text{kN}$ / $M_{Q,k} = 103\,\text{kNm}$

Abb. 2.11 Exzentrisch belastetes Stahlbeton-Stützenfundament. **a** Schnitt, **b** Ansatz der Sohlspannung beim vereinfachten Nachweis, **c** Ansatz der Sohlspannung bei der Ermittlung der Schnittgrößen, **d** Grundriss

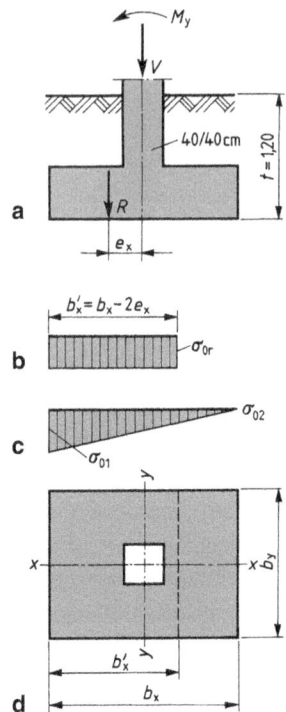

- Fundament: Gründungstiefe t = 1,2 m
- Baugrund: Gemischtkörniger Boden; Konsistenz halbfest

Die Nachweise erfolgen für die Bemessungssituation BS-P (γ_G = 1,35; γ_Q = 1,50; $\gamma_{G,stb}$ = 0,90; $\gamma_{G,dst}$ = 1,10).

Nachweis der Kippsicherheit:

Für den Nachweis der Kippsicherheit muss

$$M_{dst,d} \leq M_{stb,d}$$

erfüllt sein.

$$M_{dst,d} = M_{G,k} \cdot \gamma_{G,dst} + M_{Q,k} \cdot \gamma_Q = 50 \cdot 1,10 + 103 \cdot 1,50 = 209{,}50\,\text{kNm}$$

$$M_{stb,d} = F_{G,k} \cdot \frac{b_x}{2} \cdot \gamma_{G,stb} = 255 \cdot \frac{b_x}{2} \cdot 0{,}90$$

$$M_{dst,d} = 209{,}50 = 255 \cdot \frac{b_x}{2} \cdot 0{,}90 = M_{stb,d}$$

$$b_x = \left(\frac{\frac{209{,}50}{255}}{0{,}90}\right) \cdot 2 = 1{,}83\,\text{m} = 1{,}85\,\text{m}$$

2.2 Flachgründung

Damit der Nachweis eingehalten wird, muss die Breite b_x mindestens 1,85 m betragen.

Nachweis der Fundamentverdrehung und Begrenzung der klaffenden Fuge:

Die Sohldruckresultierende aus ständiger Einwirkung darf maximal am Rand der ersten Kernweite liegen, damit der Nachweis eingehalten wird.

Lage der Sohldruckresultierenden aus ständiger Einwirkung:

$$e = \frac{M_{G,k}}{F_{G,k}} = \frac{50}{255} = 0{,}20\,\text{m}$$

Zulässige Ausmittigkeit für Rechteckfundamente bei ständiger Einwirkung:

$$e \leq \frac{b_x}{6}$$

Damit ergibt sich

$$b_x = e \cdot 6 = 0{,}20 \cdot 6 = 1{,}20\,\text{m}$$

Die Sohldruckresultierende aus ständigen und veränderlichen Einwirkungen darf maximal am Rand der zweiten Kernweite liegen, damit der Nachweis eingehalten wird. Die veränderliche Last $F_{Q,k} = 255$ kN wird beim Nachweis nicht berücksichtigt, da sie günstig wirkt und somit die Ausmitte reduziert.

Lage der Sohldruckresultierenden aus ständigen und veränderlichen Einwirkungen:

$$e = \frac{M_k}{V_k} = \frac{M_{G,k} + M_{Q,k}}{F_{G,k}} = \frac{50 + 103}{255} = 0{,}60\,\text{m}$$

Zulässige Ausmittigkeit für Rechteckfundamente bei ständiger und veränderlicher Einwirkung:

$$e \leq \frac{b_x}{3}$$

Damit ergibt sich

$$b_x = e \cdot 3 = 0{,}60 \cdot 3 = 1{,}80\,\text{m}$$

In dem Fall ist die Breite aus dem Nachweis der Kippsicherheit mit $b_x = 1{,}85$ m maßgebend. Nachfolgend wird die erforderliche Breite b_y durch den vereinfachten Nachweis ermittelt.

Vereinfachter Nachweis:

Für den Nachweis wird die veränderliche Last $F_{Q,k}$ mit berücksichtigt.
Ermittlung Bemessungswert Sohlwiderstand:

- zulässiger Sohlwiderstand $\sigma_{R,d}$ nach DIN 1054, Tab. A 6.6: $\sigma_{R,d} = 418\,\text{kN/m}^2$
- Annahme Seitenverhältnis: $b_x/b_y < 2 \Rightarrow$ Erhöhung des Sohlwiderstands $\sigma_{R,d}$ nach DIN 1054, A 6.10.3.2 um 20 %: $\sigma_{R,d} = 1{,}2 \cdot 418 = 501{,}6\,\text{kN/m}^2$

Bemessungswerte der Beanspruchungen:

$$V_d = F_{G,k} \cdot \gamma_G + F_{Q,k} \cdot \gamma_Q = 255 \cdot 1{,}35 + 255 \cdot 1{,}50 = 726{,}75 \, \text{kN}$$

$$M_d = M_{G,k} \cdot \gamma_G + M_{Q,k} \cdot \gamma_Q = 50 \cdot 1{,}35 + 103 \cdot 1{,}50 = 222 \, \text{kNm}$$

Ermittlung der erforderlichen Fläche:

Lage der resultierenden Kraft aus ständiger und veränderlicher Einwirkung:

$$e = \frac{M_d}{V_d} = \frac{222}{726{,}75} = 0{,}305 \, \text{m}$$

Ermittlung der erforderlichen Breite b_y:

Um die erforderliche Breite b_y zu bestimmen, kann die Sohldruckbeanspruchung mit dem Sohlwiderstand gleichgesetzt werden.

$$\sigma_{R,d} = \sigma_{E,d} = \frac{V_d}{A'} = \frac{V_d}{b'_x \cdot b_y} = \frac{V_d}{(b_x - 2 \cdot e) \cdot b_y}$$

$$b'_x = b_x - 2 \cdot e = 1{,}85 - 2 \cdot 0{,}305 = 1{,}24 \, \text{m}$$

$$\sigma_{R,d} = 501{,}6 = \frac{726{,}75}{1{,}24 \cdot b_y} = \sigma_{E,d}$$

$$b_y = \frac{726{,}75}{501{,}60 \cdot 1{,}24} = 1{,}17 \, \text{m}$$

Für die Breite b_y wird 1,2 m angesetzt.

Ermittlung der reduzierten Sohlfläche:

$$A' = (b_x - 2 \cdot e) \cdot b_y = (1{,}85 - 2 \cdot 0{,}305) \cdot 1{,}20 = 1{,}49 \, \text{m}^2$$

Bemessungswert der Sohldruckbeanspruchung:

$$\sigma_{E,d} = \frac{V_d}{A'} = \frac{726{,}75}{1{,}49} = 487{,}75 \, \text{kN/m}^2$$

Nachweis:

$$\sigma_{E,d} = 487{,}75 \, \text{kN/m}^2 < 501{,}60 \, \text{kN/m}^2 = \sigma_{R,d}$$

Bestimmung Sohlnormalspannungen zur Ermittlung von Schnittgrößen:

Bemessungswerte der einwirkenden Normalkraft und Moment:

$$N_{Ed} = V_d = 726{,}75 \, \text{kN}$$

$$M_{Ed} = M_d = 222 \, \text{kNm}$$

Lage der resultierenden Kraft aus ständiger und veränderlicher Einwirkung:

$$e = \frac{M_{Ed}}{N_{Ed}} = \frac{222}{726{,}75} = 0{,}305 \, \text{m} \approx \frac{b_x}{6} = \frac{1{,}85}{6}$$

2.2 Flachgründung

Die Lage der resultierenden Kraft liegt am Rand der ersten Kernweite.
Die Sohlnormalspannungen betragen

$$\sigma_{01} = \frac{2 \cdot N}{a \cdot b} = \frac{2 \cdot N_{Ed}}{b_x \cdot b_y} = \frac{2 \cdot 726{,}75}{1{,}85 \cdot 1{,}20} = 654{,}73 \, kN/m^2$$

$$\sigma_{02} = 0 \, kN/m^2$$

Der Verlauf der Sohlnormalspannung ist in Abb. 2.11c dargestellt. ◂

Beispiel 2.3

Beispiel für den Ansatz der Sohlnormalspannung bei einem exzentrisch belasteten, kreisförmigen Stahlbeton-Fundament

Für ein exzentrisch belastetes, kreisförmiges Stahlbeton-Fundament (s. Abb. 2.12) ist der Verlauf der Sohlnormalspannung zu bestimmen.

Berechnungsgrundlagen

- Einwirkungen: Ständige Lasten (einschließlich Fundamenteigenlast und Erdauflast): $V_{G,k} = 6000 \, kN$ / $M_{G,k} = 3000 \, kNm$
- Fundament: Durchmesser $\varnothing = d = 5{,}0 \, m$; Fläche $A = \pi \cdot 2{,}5^2 = 16{,}63 \, m^2$; Gründungstiefe $t = 1{,}5 \, m$
- Baugrund: Gemischtkörniger Boden; Konsistenz fest

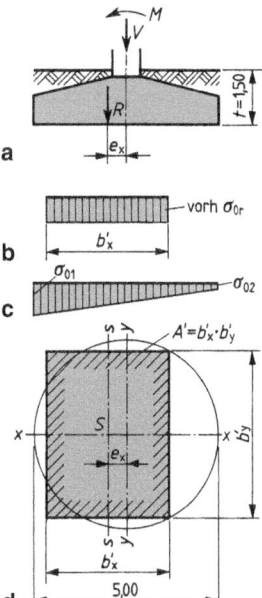

Abb. 2.12 Exzentrisch belastetes, kreisförmiges Fundament. **a** Schnitt, **b** rechnerisch vorhandene Sohldruckbeanspruchung, **c** Ansatz der Sohlspannung bei der Ermittlung der Schnittgrößen, **d** Grundriss, rechnerisch belastete Teilfläche und Ersatzfläche A'

Die Nachweise erfolgen für die Bemessungssituation BS-P (γ_G = 1,35; γ_Q = 1,50; $\gamma_{G,stb}$ = 0,90; $\gamma_{G,dst}$ = 1,10).

Nachweis der Fundamentverdrehung und Begrenzung der klaffenden Fuge:
Lage der Sohldruckresultierenden aus ständiger Einwirkung:

$$e = \frac{M_{G,k}}{V_{G,k}} = \frac{3000}{6000} = 0{,}50\,\text{m}$$

Zulässige Ausmittigkeit für Kreisfundamente bei ständiger Einwirkung:

$$r_e = 0{,}25 \cdot r = 0{,}25 \cdot 2{,}50 = 0{,}625\,\text{m}$$

Nachweis:

$$e = 0{,}50\,\text{m} < 0{,}625\,\text{m} = r_e$$

Nachweis der Kippsicherheit:

$$M_{dst,d} = M_{G,k} \cdot \gamma_{G,dst} = 3000 \cdot 1{,}10 = 3300\,\text{kNm}$$
$$M_{stb,d} = V_{G,k} \cdot \frac{d}{2} \cdot \gamma_{G,stb} = 6000 \cdot 2{,}50 \cdot 0{,}90 = 13.500\,\text{kNm}$$

Nachweis:

$$M_{stb,d} = 13.500\,\text{kNm} > 3300\,\text{kNm} = M_{dst,d}$$

Vereinfachter Nachweis:
Bemessungswert der vertikalen Beanspruchung:

$$V_d = V_{G,k} \cdot \gamma_G = 6000 \cdot 1{,}35 = 8100\,\text{kN}$$

Reduzierte Sohlfläche:
Zur Bestimmung der reduzierten Sohlfläche A′ (s. Abb. 2.12d) bei einer Kreisfläche gibt es verschiedene Möglichkeiten (vgl. [1]). Im Rahmen des Beispiels sollen zwei Möglichkeiten aufgezeigt werden.

Variante A nach [2]:
Die Resultierende liegt im Kern.

$$e = 0{,}50\,\text{m} = 0{,}2 \cdot r$$
$$e/r = 0{,}2$$

Nach Tab. 2.1 ergibt sich

$$A'/r^2 = 2{,}42$$
$$A' = 2{,}42 \cdot 2{,}5^2 = 15{,}12\,\text{m}^2$$

2.2 Flachgründung

Tab. 2.1 Hilfswerte zur Berechnung der zulässigen Bodenpressung und der Grundbruchsicherheit ausmittig belasteter Fundamente mit kreisförmiger Sohlfläche nach [2]

Lage der Resultierenden		Im Kern					
Ausmittigkeit	e/r	0,00	0,05	0,10	0,15	0,20	0,25
Teilfläche	A'/r²	3,14	2,96	2,79	2,59	2,42	2,23
Reduzierte Seitenlänge	b'_y/r	(1,77)	1,80	1,82	1,82	1,82	1,81
	b'_x/r	(1,77)	1,64	1,54	1,42	1,33	1,23
Lage der Resultierenden		Außerhalb des Kerns					
Ausmittigkeit	e/r	0,30	0,35	0,40	0,45	0,50	0,55	0,59
Teilfläche	A'/r²	2,04	1,85	1,65	1,50	1,30	1,10	1,00
Reduzierte Seitenlänge	b'_y/r	1,80	1,77	1,72	1,74	1,66	1,55	1,57
	b'_x/r	1,14	1,04	0,96	0,86	0,78	0,71	0,64

Die reduzierten Seitenlängen betragen nach Tab. 2.1

$$b'_y/r = 1{,}82$$

$$b'_y = 1{,}82 \cdot 2{,}5 = 4{,}55 \,\text{m}$$

$$b'_x/r = 1{,}33$$

$$b'_x = 1{,}33 \cdot 2{,}5 = 3{,}32 \,\text{m}$$

Variante B nach [3]:

$$A' = 2 \cdot \left[R^2 \cdot \arccos\left(\frac{e}{R}\right) - e \cdot \sqrt{R^2 - e^2}\right]$$

$$= 2 \cdot \left[2{,}50^2 \cdot \arccos\left(\frac{0{,}50}{2{,}50}\right) - 0{,}50 \cdot \sqrt{2{,}50^2 - 0{,}50^2}\right] = 14{,}67 \,\text{m}^2$$

Reduzierte Seitenlängen nach [3]:

$$b_e = 2 \cdot (R - e) = 2 \cdot (2{,}50 - 0{,}50) = 4 \,\text{m}$$

$$l_e = 2 \cdot R \cdot \sqrt{1 - \left(1 - \frac{b_e}{2 \cdot R}\right)^2} = 2 \cdot 2{,}50 \cdot \sqrt{1 - \left(1 - \frac{4}{2 \cdot 2{,}50}\right)^2} = 4{,}90 \,\text{m}$$

$$b'_y = \sqrt{A' \cdot \frac{l_e}{b_e}} = \sqrt{14{,}67 \cdot \frac{4{,}90}{4}} = 4{,}24 \,\text{m}$$

$$b'_x = \frac{b'_y}{l_e} \cdot b_e = \frac{4{,}24}{4{,}90} \cdot 4 = 3{,}46 \,\text{m}$$

Ermittlung Bemessungswert Sohlwiderstand:

- Zulässiger Sohlwiderstand $\sigma_{R,d}$ nach DIN 1054, Tab. A 6.6: $\sigma_{R,d} = 620 \, \text{kN/m}^2$
- Größere Fundamentbreite $b'_y = 4{,}55$ m, da dies den ungünstigeren Fall darstellt.
- Verminderung des Sohlwiderstands $\sigma_{R,d}$ nach DIN 1054, A 6.10.3.3 A (1) um 25,5 %: $\sigma_{R,d} = 0{,}745 \cdot 620 = 461{,}9 \, \text{kN/m}^2$
- Seitenverhältnis: $b'_y / b'_x = 4{,}55 / 3{,}32 = 1{,}37 < 2 \Rightarrow$ Erhöhung des Sohlwiderstands $\sigma_{R,d}$ nach DIN 1054, A 6.10.3.2 um 20 %: $\sigma_{R,d} = 1{,}2 \cdot 461{,}9 = 601{,}92 \, \text{kN/m}^2$

Bemessungswert der Sohldruckbeanspruchung:

$$\sigma_{E,d} = \frac{V_d}{A'} = \frac{8100}{15{,}12} = 535{,}71 \, \text{kN/m}^2$$

Nachweis:

$$\sigma_{E,d} = 535{,}71 \, \text{kN/m}^2 < 601{,}92 \, \text{kN/m}^2 = \sigma_{R,d}$$

Bestimmung Sohlnormalspannungen zur Ermittlung von Schnittgrößen:
Bemessungswerte der einwirkenden Normalkraft und Moment:

$$N_{Ed} = V_d = 8100 \, \text{kN}$$

$$M_{Ed} = M_{G,k} \cdot \gamma_G = 3000 \cdot 1{,}35 = 4050 \, \text{kNm}$$

Lage der resultierenden Kraft aus ständiger und veränderlicher Einwirkung:

$$e = \frac{M_{Ed}}{N_{Ed}} = \frac{4050}{8100} = 0{,}50 \, \text{m} < 0{,}625 \, \text{m}$$

Die Lage der resultierenden Kraft liegt in der ersten Kernweite.
Die Sohlnormalspannungen betragen

$$\sigma_{01,0} = \frac{N}{a \cdot b} \pm \frac{M}{W} = \frac{N_{Ed}}{\pi \cdot r^2} \pm \frac{M_{Ed}}{\frac{\pi \cdot d^3}{32}}$$

$$\sigma_{01} = \frac{8100}{\pi \cdot 2{,}50^2} + \frac{4050}{\frac{\pi \cdot 5{,}0^3}{32}} = 742{,}55 \, \text{kN/m}^2$$

$$\sigma_2 = \frac{8100}{\pi \cdot 2{,}50^2} - \frac{4050}{\frac{\pi \cdot 5{,}0^3}{32}} = 82{,}51 \, \text{kN/m}^2$$

Der Verlauf der Sohlnormalspannung ist in Abb. 2.12c dargestellt. ◄

2.2 Flachgründung

Beispiel 2.4

Beispiel für die überschlägliche Ermittlung der Gründungsflächen zweier Stützenfundamente mit unterschiedlicher Gesamtlast bei geforderter gleicher Setzung

Berechnungsgrundlagen

- Einwirkungen: Ständige Lasten Fundament 1 $V_{G1,k}$ = 1200 kN / Fundament 2 $V_{G2,k}$ = 1500 kN
- Fundament: Gründungstiefe t = 1,5 m
- Baugrund: tonig-schluffiger Boden; Konsistenz halbfest

Die Nachweise erfolgen für die Bemessungssituation BS-P (γ_G = 1,35; γ_Q = 1,50).
Ermittlung der Abmessungen der Fundamente bei geforderter gleicher Setzung:
Erforderliche Fläche für Fundament 1:
Ermittlung des Bemessungswerts des Sohlwiderstands:

- Zulässiger Sohlwiderstand $\sigma_{R,d}$ nach DIN 1054, Tab. A 6.7: $\sigma_{R,d}$ = 350 kN/m²
- Annahme Seitenverhältnis: b_x/b_y < 2 $\Rightarrow$ Erhöhung des Sohlwiderstands $\sigma_{R,d}$ nach DIN 1054, A 6.10.3.2 um 20 %: $\sigma_{R,d}$ = 1,2 · 350 = 420 kN/m²

Bemessungswert der Beanspruchung:

$$V_d = V_{G1,k} \cdot \gamma_G = 1200 \cdot 1{,}35 = 1620\,\text{kN}$$

Zur Ermittlung der erforderlichen Fundamentfläche kann der Sohlwiderstand der Sohldruckbeanspruchung gleichgesetzt werden.

$$\sigma_{R,d} = \sigma_{E,d} = \frac{V_d}{A}$$

$$420 = \frac{1620}{A}$$

$$A = \frac{1620}{420} = 3{,}86\,\text{m}^2$$

Gewählt wird ein quadratisches Fundament mit einer Seitenlänge von 2,0 m.
Ermittlung der erforderlichen Fläche für Fundament 2 bei gleicher Setzung:
Die Setzung kann über

$$s = \sigma \cdot b \cdot \frac{f}{E_s}$$

bestimmt werden (s. Teil 1).
Die Setzung von Fundament 1 kann der Setzung von Fundament 2 gleichgesetzt werden:

$$\sigma_1 \cdot b_1 \cdot \frac{f_1}{E_{s1}} = \sigma_2 \cdot b_2 \cdot \frac{f_2}{E_{s2}}$$

Durch die Annahme, dass der Steifemodul E_s und der Setzungseinflussbeiwert f, unter der Bedingung, dass beide Fundamente quadratisch sind, für beide Fundamente gleich sind, vereinfacht sich die Gleichung zu:

$$\sigma_1 \cdot b_1 = \sigma_2 \cdot b_2$$

Diese Gleichung lässt sich auch über

$$\frac{V_{G1,k}}{a_1 \cdot b_1} \cdot b_1 = \frac{V_{G2,k}}{a_2 \cdot b_2} \cdot b_2$$

$$\frac{V_{G,k1}}{a_1} = \frac{V_{G,k2}}{a_2}$$

definieren.

Damit ergibt sich

$$a_2 = \frac{V_{G,k2}}{\frac{V_{G,k1}}{a_1}} = \frac{1500}{\frac{1200}{2,0}} = 2{,}50 \text{ m}$$

Gewählt wird ein quadratisches Fundament mit einer Seitenlänge von 2,5 m.
Ermittlung Bemessungswert Sohlwiderstand für Fundament 2:

- Zulässiger Sohlwiderstand $\sigma_{R,d}$ nach DIN 1054, Tab. A 6.7: $\sigma_{R,d} = 350 \text{ kN/m}^2$
- Fundamentbreite $b_2 = 2{,}50$ m
- Verminderung des Sohlwiderstands $\sigma_{R,d}$ nach DIN 1054, A 6.10.3.3 A (1) um 5 %: $\sigma_{R,d} = 0{,}95 \cdot 350 = 332{,}5 \text{ kN/m}^2$
- Seitenverhältnis: $a_2 / b_2 = 2{,}50 / 2{,}50 = 1 < 2 \Rightarrow$ Erhöhung des Sohlwiderstands $\sigma_{R,d}$ nach DIN 1054, A 6.10.3.2 um 20 %: $\sigma_{R,d} = 1{,}2 \cdot 332{,}5 = 399 \text{ kN/m}^2$

Bemessungswert der vertikalen Beanspruchung:

$$V_d = V_{G2,k} \cdot \gamma_G = 1500 \cdot 1{,}35 = 2025 \text{ kN}$$

Bemessungswert der Sohldruckbeanspruchung:

$$\sigma_{E,d} = \frac{V_d}{A} = \frac{2025}{2{,}5 \cdot 2{,}5} = 324 \text{ kN/m}^2$$

Nachweis:

$$\sigma_{E,d} = 324 \text{ kN/m}^2 < 399 \text{ kN/m}^2 = \sigma_{R,d}$$

In Sonderfällen ist eine Überprüfung durch Setzungsberechnungen ratsam. Für die im Beispiel gewählten Fundamente wurden bei einer Vergleichsrechnung gleichgroße Setzungen ermittelt. ◄

Beispiel 2.5

Nachweise Stahlbeton-Fundament für ein setzungsempfindliches Gebäude

Für ein Stahlbeton-Fundament (s. Abb. 2.13) für ein setzungsempfindliches Gebäude sind die geotechnischen Nachweise (Vereinfachter Nachweis, Nachweise der Tragfähigkeit und Gebrauchstauglichkeit) durchzuführen.

Berechnungsgrundlagen

- Einwirkungen: Ständige Lasten (einschließlich Fundamenteigenlast) $N_{G,k} = 150$ kN/ $T_{G,k} = 25$ kN
- Fundament: Dicke d = 1,25 m; Gründungstiefe t = 1,25 m
- Baugrund: Sand; $\gamma_k = 18$ kN/m³; $\gamma'_k = 8$ kN/m³; $\varphi'_k = 32{,}5°$; $q_c = 10$ MN/m²

Direkt auf Höhe der Fundamentsohle steht Grundwasser an.

Die Nachweise erfolgen nach DIN 1054 für den Grenzzustand EQU bzw. GEO-2 und für die Bemessungssituation BS-P ($\gamma_G = 1{,}35$; $\gamma_{G,stb} = 0{,}90$; $\gamma_{G,dst} = 1{,}10$; $\gamma_{R,v} = 1{,}40$; $\gamma_{R,h} = 1{,}10$).

Vereinfachter Nachweis:

$$\tan\delta = \frac{H_k}{V_k} = \frac{25}{150} = 0{,}17 \leq 0{,}2$$

$$M_{G,k} = 25 \cdot 1{,}95 = 48{,}75 \text{ kNm}$$

$$e = \frac{M_{G,k}}{N_{G,k}} = \frac{48{,}75}{150} = 0{,}325 \text{ m} \leq 0{,}42 \text{ m} = \frac{2{,}5}{6} = \frac{b}{6}$$

Die Voraussetzungen zum Führen des vereinfachten Nachweises sind erfüllt.

Bemessungswerte der vertikalen und horizontalen Beanspruchungen:

$$V_d = V_{G,k} \cdot \gamma_G = 150 \cdot 1{,}35 = 202{,}5 \text{ kN}$$

$$H_d = H_{G,k} \cdot \gamma_G = 25 \cdot 1{,}35 = 33{,}75 \text{ kN}$$

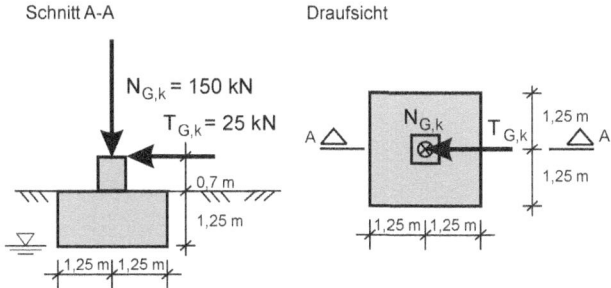

Abb. 2.13 Stahlbeton-Fundament für ein setzungsempfindliches Gebäude

Ermittlung Bemessungswert Sohlwiderstand:

- Voraussetzung nach DIN 1054, Tab. A 6.3 für die Anwendung der Bemessungswerte $\sigma_{R,d}$ der Tab. A 6.1 und A 6.2 $q_c \geq 7,5$ MN/m^2; $q_{c,vorh.}$ = 10 MN/m^2 $\Rightarrow$ Voraussetzung ist erfüllt.

$$a' = a = 2,5 \text{ m}$$
$$b' = b - 2 \cdot e = 2,5 - 2 \cdot 0,325 = 1,85 \text{ m}$$

- Zulässiger Sohlwiderstand $\sigma_{R,d}$ für ein setzungsempfindliches Bauwerk mit b' = 1,85 m nach DIN 1054, Tab. A 6.2: $\sigma_{R,d}$ = 476 kN/m^2
- Seitenverhältnis: a'/b' = 2,5/1,85 = 1,35 < 2 $\Rightarrow$ Erhöhung des Sohlwiderstands $\sigma_{R,d}$ nach DIN 1054, A 6.10.2.2 um 20 %: $\sigma_{R,d}$ = 1,2 · 476 = 571,2 kN/m^2
- Zulässiger Sohlwiderstand $\sigma_{R,d}$ für ein setzungsunempfindliches Bauwerk mit b' = 1,85 m nach DIN 1054, Tab. A 6.1: $\sigma_{R,d}$ = 808 kN/m^2
- Seitenverhältnis: a'/b' = 2,5/1,85 = 1,35 < 2 $\Rightarrow$ Erhöhung des Sohlwiderstands $\sigma_{R,d}$ nach DIN 1054, A 6.10.2.2 um 20 %: $\sigma_{R,d}$ = 1,2 · 808 = 969,6 kN/m^2
- Verminderung des Sohlwiderstands $\sigma_{R,d}$ nach DIN 1054, A 6.10.2.3 A (1) um 40 %: $\sigma_{R,d}$ = 0,6 · 969,6 = 581,76 kN/m^2, da Grundwasser auf der Höhe der Gründungssohle ansteht.
- Verminderung des Sohlwiderstands $\sigma_{R,d}$ nach DIN 1054, A 6.10.2.4 A (1) um den Faktor $(1 - H_k / V_k)^2 = (1 - 25/150)^2 = 0,69$: $\sigma_{R,d}$ = 0,69 · 581,76 = 401,41 kN/m^2, da eine waagrechte Beanspruchung vorhanden ist.

Für den Nachweis ist nach DIN 1054, A 6.10.2.3 A (4) bzw. A 6.10.2.4 A (2) der kleinere Wert mit $\sigma_{R,d}$ = 401,41 kN/m^2 maßgebend.

Bemessungswert der Sohldruckbeanspruchung:

$$\sigma_{E,d} = \frac{V_d}{A'} = \frac{202,5}{2,5 \cdot 1,85} = 43,78 \text{ kN/m}^2$$

Nachweis:

$$\sigma_{E,d} = 43,78 \text{ kN/m}^2 < 401,41 \text{ kN/m}^2 = \sigma_{R,d}$$

Nachweis der Kippsicherheit:

$M_{dst,d} \leq M_{stb,d}$

$M_{dst,d} = T_{G,k} \cdot \gamma_{G,dst} \cdot (1,25 + 0,7) = 25 \cdot 1,10 \cdot (1,25 + 0,7) = 53,62$ kNm

$M_{stb,d} = N_{G,k} \cdot \gamma_{G,stb} \cdot 1,25 = 150 \cdot 0,90 \cdot 1,25 = 168,75$ kNm

Nachweis:

$$M_{dst,d} = 53,62 \text{ kNm} < 168,75 \text{ kNm} = M_{stb,d}$$

2.2 Flachgründung

Nachweis der Grundbruchsicherheit:

Der Ansatz einer Bodenreaktion B_k wird vernachlässigt.

Ermittlung Grundbruchwiderstand:

Für den Grundbruchwiderstand entfällt der Anteil aus Kohäsion. Die Geländeneigungs- und Sohlneigungsbeiwerte betragen 1,0. Damit ergibt sich die vereinfachte Gleichung für den Grundbruchwiderstand:

$$R_{n,k} = a' \cdot b' \cdot \left(\gamma_2 \cdot b' \cdot N_{b0} \cdot \upsilon_b \cdot i_b + \gamma_1 \cdot d \cdot N_{d0} \cdot \upsilon_d \cdot i_d\right)$$

Ermittlung der Grundwerte der Tragfähigkeitsbeiwerte:

$$N_{d0} = \tan^2\left(45° + \frac{\varphi}{2}\right) \cdot e^{\pi \cdot \tan \varphi} = \tan^2\left(45° + \frac{32{,}5°}{2}\right) \cdot e^{\pi \cdot \tan 32{,}5} = 25$$

$$N_{b0} = (N_{d0} - 1) \cdot \tan \varphi = (25 - 1) \cdot \tan 32{,}5° = 15$$

Ermittlung der Formbeiwerte:

$$\upsilon_b = 1 - 0{,}3 \cdot \frac{b'}{a'} = 1 - 0{,}3 \cdot \frac{1{,}85}{2{,}5} = 0{,}75$$

$$\upsilon_d = 1 + \frac{b'}{a'} \cdot \sin \varphi = 1 + \frac{1{,}85}{2{,}5} \cdot \sin 32{,}5° = 1{,}40$$

Ermittlung der Lastneigungsbeiwerte:

$$\tan \delta = 0{,}17$$

$$\delta = 9{,}64° < 32{,}5° = \varphi$$

$$\varpi = 90°$$

$$m = m_b = \frac{2 + \frac{b'}{a'}}{1 + \frac{b'}{a'}} = \frac{2 + \frac{1{,}85}{2{,}5}}{1 + \frac{1{,}85}{2{,}5}} = 1{,}57$$

$$i_b = (1 - \tan \delta)^{m+1} = (1 - \tan 9{,}64°)^{1{,}57+1} = 0{,}62$$

$$i_d = (1 - \tan \delta)^m = (1 - \tan 9{,}64°)^{1{,}57} = 0{,}75$$

Bemessungswert Grundbruchwiderstand:

$$R_{n,d} = \frac{R_{n,k}}{\gamma_{R,v}} = \frac{2{,}5 \cdot 1{,}85 \cdot (8 \cdot 1{,}85 \cdot 15 \cdot 0{,}75 \cdot 0{,}62 + 18 \cdot 1{,}25 \cdot 25 \cdot 1{,}40 \cdot 0{,}75)}{1{,}40}$$

$$= 2292{,}2 \text{ kN}$$

Nachweis:

$$V_d = 202{,}5 \text{ kN} < 2292{,}2 \text{ kN} = R_{n,d}$$

Nachweis der Gleitsicherheit:
Der Ansatz einer Bodenreaktion B_k wird vernachlässigt.
Ermittlung Gleitwiderstand:
Ansatz des Sohlreibungswinkels δ mit dem charakteristischen Reibungswinkel $\varphi'_k = 32{,}5°$ entsprechend DIN 1054, A 6.5.3 A (10) für Ortbetonfundamente.

$$R_{t,k} = V'_k \cdot \tan \delta_k = 150 \cdot \tan 32{,}5° = 95{,}56 \text{ kN}$$

Bemessungswert Gleitwiderstand:

$$R_{t,d} = \frac{R_{t,k}}{\gamma_{R,h}} = \frac{95{,}56}{1{,}10} = 86{,}87 \text{ kN}$$

Nachweis:
$$H_d = 33{,}75 \text{ kN} < 86{,}87 \text{ kN} = R_{t,d}$$

Nachweis der Fundamentverdrehung und Begrenzung einer klaffenden Fuge:
Lage der Sohldruckresultierenden aus ständiger Einwirkung:

$$e = \frac{M_{G,k}}{N_{G,k}} = \frac{48{,}75}{150} = 0{,}325 \text{ m} \leq 0{,}42 \text{ m} = \frac{2{,}5}{6} = \frac{b}{6}$$

Nachweis der Verschiebungen in der Sohlfläche:
Der Nachweis gegen Verschieben in der Sohlfläche gilt nach DIN 1054, A 6.6.6 A (1) als erbracht, da beim Nachweis der Gleitsicherheit auf der Stirnseite des Fundamentes keine Bodenreaktion angesetzt wurde. ◄

2.2.2 Streifenfundamente

Zur Abtragung von Linienlasten von Wänden werden Streifenfundamente (vgl. Abb. 2.14) angeordnet, wenn der Baugrund ausreichend tragfähig ist. Dabei ist die Kontaktfläche zwischen Fundament und Wand kleiner als die Sohlfläche. Streifenfundamente werden unbewehrt oder bewehrt hergestellt. Die sockelförmige Verbreiterung und die Querschnitte (s. Abb. 2.15) entsprechen etwa denen der Einzelfundamente.

Für Streifenfundamente, die aus unbewehrtem Beton und Stahlbeton hergestellt werden, gelten für die Bemessung die Vorgaben wie für Einzelfundamente (s. Abschn. 2.2.1). Bei der Nachweisführung der Querkraft wird angestrebt, dass keine Schubbewehrung eingesetzt wird und somit die Bedingung $V_{E,d} \leq V_{Rd,c}$ eingehalten wird. Angenommen wird dabei unter anderem, dass die Querschnitte eben bleiben und ein starrer Verbund zwischen Beton und Stahl vorhanden ist.

Eine besondere und seltene Art von Streifenfundamenten sind einseitig auskragende Fundamente (auch Stiefelfundamente genannt). Da sie statisch wenig sinnvoll sind,

Abb. 2.14 Streifenfundament

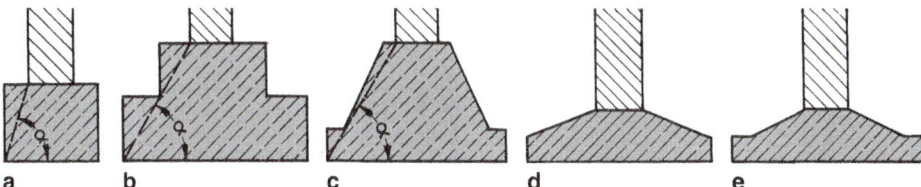

Abb. 2.15 Streifenfundamente (Ansichten) aus unbewehrtem Beton. **a** Rechteckig, **b** abgetreppt, **c** abgeschrägt aus Stahlbeton; **a** rechteckig, **d**, **e** abgeschrägt

werden diese selten und eher an Grundstücksgrenzen aus Platzgründen ausgeführt. Die Druckübertragung führt hierbei zu einer ungünstigen Sohldruckverteilung. Um die Sohldruckverteilung zu verbessern, wird die Wand biegesteif mit dem Fundament verbunden (s. Abb. 2.16). Eine konstruktive Möglichkeit wäre die Aussteifung mit Rippen auszuführen. Diese Ausführung verbessert die Sohldruckverteilung, erfordert aber eine Torsionsbewehrung. Eine weitere Möglichkeit ist die Aussteifung durch kurze Querwände (Abstand ca. 12fache Dicke des Fundamentes). Dies erhöht die Steifigkeit gegen ein Verdrehen.

Sind unterhalb des Bauwerks stark voneinander abweichende Setzungen zu erwarten, werden Stahlbetonträgerroste angeordnet, um die Setzungsdifferenzen zu kompensieren. Bei dieser Ausführung werden die Stahlbetonstreifenfundamente mittels rostartigem Verbund verknüpft. Die auftretenden Setzungen verlaufen geradlinig. Setzungssprüngen wird entgegengewirkt. Die Steifigkeit kann, falls notwendig erhöht werden, indem die aufstehenden Wände monolithisch verbunden werden (s. Abb. 2.17).

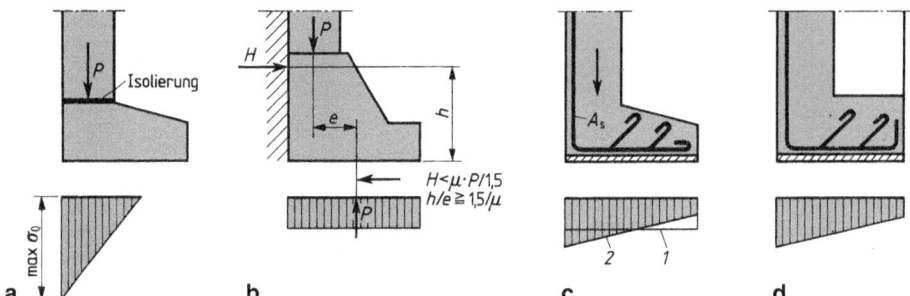

Abb. 2.16 Druckverteilung unter einseitig auskragenden Streifenfundamenten. **a** Wand sitzt ohne Verbund auf, Fundament verkantet sich, **b** Wand sitzt ohne Verbund auf, Fundament stützt sich am Nachbargebäude ab, **c** biegesteife Verbindung zwischen Fundament und aufgehender Wand Bodenpressung: *1* ohne, *2* mit Berücksichtigung der Fundamentverdrehung, **d** zusätzliche Aussteifung durch Rippen

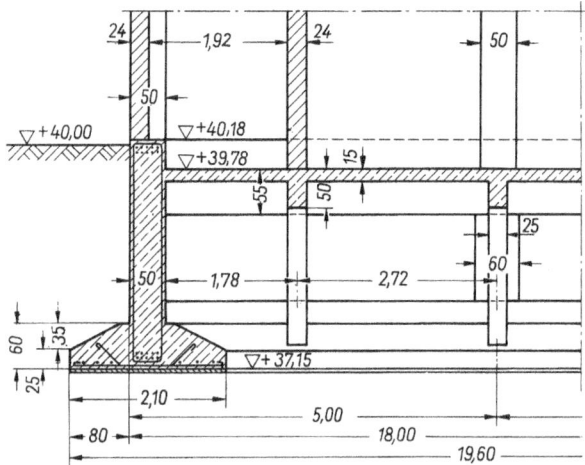

Abb. 2.17 Stahlbetonrost unter einem Industriebau

2.2.3 Gründungsstreifen und Gründungsplatten

Gründungsstreifen unterscheiden sich von Streifenfundamenten dadurch, dass sie durch Einzellasten beansprucht werden. Bei der Ausführung von Gründungsstreifen sind statisch nachzuweisende Längsbewehrungen erforderlich. Die Querschnittsformen können quadratisch, rechteckig oder trapezförmig ausgebildet sein (s. Abb. 2.18). Die Grundfläche wird meist so entworfen, dass Resultierende und Flächenschwerpunkt der Sohlfläche zusammenfallen.

Gründungsplatten (vgl. Abb. 2.19) kommen dann zum Einsatz, wenn aufgrund unzureichender Tragfähigkeit des Baugrunds Streifen- bzw. Einzelfundamente nicht eingesetzt werden können. Die Besonderheit dieser Ausführungsart ist, dass die Setzungen, die hervorgerufen werden, nahezu geradlinig verlaufen. Daraus resultieren kleinere Set-

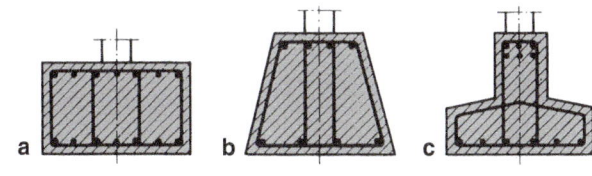

Abb. 2.18 Querschnittsformen von Gründungsstreifen. **a** Rechteckig, **b** trapezförmig, **c** auskragend

Abb. 2.19 Gründungsplatte

zungsunterschiede im Vergleich zu Einzel- oder Streifenfundamenten. Vorteile in der Bauausführung sind beispielsweise einfache Aushubarbeiten oder reduzierter Aufwand für Schalungsarbeiten. Bei den Gründungsplatten wird zwischen Platten mit einer konstanten Dicke und örtlich verstärkt Platten unterschieden.

In der Regel werden Platten mit konstanter Dicke eingesetzt. Hierdurch ergeben sich Vorteile bei der Herstellung sowie bei der Ermittlung des Widerstandsmoments für die Bemessung. Bei dieser Ausführung werden die Platten einfach bzw. doppelt bewehrt. Bei dünnen Platten wird die Bewehrung im oberen Bereich des Querschnitts angeordnet. In der Praxis wurde festgestellt, dass es sinnvoll ist, zusätzlich unterhalb der Stütze oder Wände Bewehrungen anzuordnen.

Bei größeren Spannweiten werden die Platten örtlich durch Rippen (Balken) verstärkt. Der Zwischenraum kann mit Sand verfüllt werden. Mögliche Querschnittsformen sind in Abb. 2.20 dargestellt.

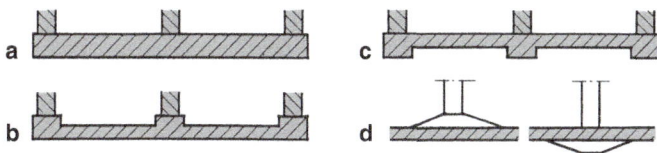

Abb. 2.20 Querschnitte von Gründungsplatten. **a** Platte gleicher Dicke, **b**, **c** durch Balken verstärkte Platten, **d** Verstärkung unter Stützen

Die erforderliche Dicke d_0 von Gründungsplatten kann über die folgenden Gln. (2.9) bis (2.11) abgeschätzt werden.

nichtausgesteifte, starre Platten mit der Systemsteifigkeit $K \geq 0{,}1$

$$d_0 > 1{,}06 \cdot 1 \cdot \sqrt[3]{\frac{E_s}{E_b}} \tag{2.9}$$

einachsig ausgesteifte, starre Platten mit $b/l < 0{,}67$ mit der Systemsteifigkeit $K \geq 0{,}05$

$$d_0 > 0{,}84 \cdot b \cdot \sqrt[3]{\frac{E_s}{E_b}} \tag{2.10}$$

elastische Platten mit einfacher Bewehrung

$$d_0 = \sqrt{\frac{\max M}{1{,}1}} \tag{2.11}$$

mit

d_0	Dicke Gründungsplatte in [m]
l	Länge Gründungsplatte in [m]
b	Breite Gründungsplatte in [m]
E_s	Steifemodul Boden in [MN/m²]
E_b	Elastizitätsmodul Beton in [MN/m²]
max M	maximal aufzunehmendes Moment in [MNm/m]

Zahlenwerte für den Elastizitätsmodul E_b des Betons können Tab. 2.2 entnommen werden.

Die Berechnung von Gründungsstreifen und Gründungsplatten ist eine hochgradig statisch unbestimmte Aufgabe. Hier kommen Näherungslösungen zum Einsatz. Es werden Verfahren mit vorgegebener und mit verformungsabhängiger Sohldruckverteilung nach DIN 4018 verwendet.

Bei den Verfahren mit vorgegebener Sohldruckverteilung führen die Vereinfachung i. d. R. zu einer Überbemessung. Mögliche Sohldruckverteilungen sind:

- Geradlinig begrenzte Sohlnormalspannung,
- Sohldruckverteilung nach Boussinesq,
- Belastungsgleiche Sohlspannungsverteilung.

Der Ansatz der geradlinig begrenzte Sohlnormalspannung (s. Teil 1) ist geeignet für Bauwerke mit einer gleichmäßigen Lastverteilung. Bei einer symmetrischen Belastung wie z. B. bei der Spannung aus dem Fundamenteigengewicht verläuft die Sohldruckspan-

Tab. 2.2 Rechenwerte des Elastizitätsmoduls E_b (mittlerer E-Modul E_{cm}) für Beton

Betongüte	C16/20	C20/25	C25/30	C30/37
Elastizitätsmodul [MN/m²]	29.000	30.000	31.000	33.000

2.2 Flachgründung

nung konstant. Für Lasten, die ausmittig angreifen, verlaufen die Sohldruckspannungen i. d. R. trapezförmig. Bei einem solchen Verlauf wird die Sohlverteilung zur Ermittlung der Schnittkräfte in drei- und rechteckige Belastungsflächen unterteilt.

Bei sehr biegesteifen Gründungen mit einem konstanten Steifemodul des Untergrunds und einer tiefreichenden zusammendrückbaren Schicht empfiehlt es sich die Sohldruckverteilung nach Boussinesq (s. Teil 1) zu ermitteln. Mit abnehmender Schichtmächtigkeit nähert sich die Verteilung einer gleichmäßigen Sohlspannung.

Der Ansatz der belastungsgleichen Sohlspannungsverteilung ist für schlaffe Fundamente auf weichen Baugrund bzw. für starre Fundamente auf Fels geeignet. Dabei sind die Flächenlasten und Sohlnormalspannung identisch. Die Setzungen, die dabei unter den Lasten entstehen, entsprechen den Biegeverformungen.

Beispiel 2.6

Beispiel für die Berechnung einer Gründungsplatte mit geradliniger Sohlspannungsverteilung (Spannungstrapez-Verfahren)

Für eine Gründungsplatte (s. Abb. 2.21) sind die erforderlichen Standsicherheitsnachweise durchzuführen. Mit dem Spannungstrapezverfahren sind die Sohlnormalspannungen zu ermitteln. Zusätzlich ist noch das Biegemoment zu ermitteln.

Berechnungsgrundlagen

- Einwirkungen: Ständige Lasten $P_{G,k}$ = 2400 kN / M_G = 300 kNm; Veränderliche Lasten $P_{Q,k}$ = 3600 kN / M_Q = 300 kNm; Die veränderlichen Lasten können gleichzeitig oder einzeln auftreten.
- Plattenfundament: Festigkeitsklasse C 20/25; Elastizitätsmodul E_{cm} = 30.000 MN/m^2; Wichte Beton γ_{Beton} = 25 kN/m^3; Einbindetiefe d = 0,80 m; Exzentrizität e = 0,30 m
- Baugrund: Sand; Lagerungsdichte: mitteldicht; Wichte Boden γ_k = 19 kN/m^3; Steifemodul E_s = 100.000 kN/m^2

Die Nachweise erfolgen nach DIN 1054 für den Grenzzustand EQU bzw. GEO-2 und für die Bemessungssituation BS-P (γ_G = 1,35; $\gamma_{G,stb}$ = 0,90; $\gamma_{G,dst}$ = 1,10).

Abb. 2.21 Plattenfundament unter einer Stütze Grundriss und Schnitte

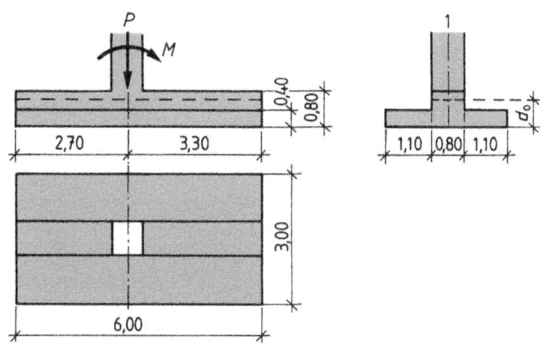

Ermittlung der Einwirkungen in der Kontaktfläche Boden-Bauwerk:

Eigengewicht des Plattenfundaments:

$$G_{F,k} = V \cdot \gamma_B = (6 \cdot 3 \cdot 0{,}40 + 6 \cdot 0{,}80 \cdot 0{,}40) \cdot 25 = 228 \, \text{kN}$$

Vertikale Beanspruchung:

$$V_{G,k} = P_{G,k} + G_{F,k} = 2400 + 228 = 2628 \, \text{kN}$$

$$V_{Q,k} = P_{Q,k} = 3600 \, \text{kN}$$

$$V_k = V_{G,k} + V_{Q,k} = 2628 + 3600 = 6228 \, \text{kN}$$

Momentenbeanspruchung:

$$M_{G,k} = P_{G,k} \cdot e - M_G = 2400 \cdot 0{,}30 - 300 = 420 \, \text{kNm}$$

$$M_{Q,k} = P_{Q,k} \cdot e - M_Q = 3600 \cdot 0{,}30 - 600 = 480 \, \text{kNm}$$

$$M_k = M_{G,k} + M_{Q,k} = 420 + 480 = 900 \, \text{kNm}$$

Nachweis der Begrenzung der klaffenden Fuge:

Der Nachweis der Begrenzung der klaffenden Fuge erfolgt nach DIN 1054 für den Grenzzustand SLS und für die Bemessungssituation BS-P.

Lage der Sohldruckresultierenden aus ständiger Einwirkung:

$$e = \frac{M_{G,k}}{V_{G,k}} = \frac{420}{2628} = 0{,}16 \, \text{m}$$

Nachweis:

$$e = 0{,}16 \, \text{m} \leq 1 \, \text{m} = \frac{6}{6} = \frac{b}{6}$$

Lage der Sohldruckresultierenden aus ständiger und veränderlicher Einwirkung:

Das veränderliche Moment $M_Q = 600 \, \text{kNm}$ wird beim Nachweis nicht berücksichtigt, da es günstig wirkt und somit die Ausmitte e reduziert.

$$e = \frac{M_k}{V_k} = \frac{M_{G,k} + V_{Q,k} \cdot e}{V_k} = \frac{420 + 3600 \cdot 0{,}30}{6228} = 0{,}24 \, \text{m}$$

Nachweis:

$$e = 0{,}24 \, \text{m} \leq 2 \, \text{m} = \frac{6}{3} = \frac{b}{3}$$

Nachweis der Kippsicherheit:

Der Nachweis der Kippsicherheit erfolgt nach DIN 1054:2021-04 für den Grenzzustand EQU und für die Bemessungssituation BS-P.

$$M_{dst,d} = M_G \cdot \gamma_{G,dst} + M_Q \cdot \gamma_Q = 300 \cdot 1{,}10 + 600 \cdot 1{,}50 = 1230 \, \text{kNm}$$

$$M_{stb,d} = P_{G,k} \cdot 3{,}30 \cdot \gamma_{G,stb} + G_{F,k} \cdot 3{,}0 \cdot \gamma_{G,stb}$$
$$= 2400 \cdot 3{,}30 \cdot 0{,}90 + 228 \cdot 3{,}0 \cdot 0{,}90 = 7743{,}6 \, \text{kNm}$$

Nachweis:

$$M_{stb,d} = 7743{,}60 \, \text{kNm} > 1230 \, \text{kNm} = M_{dst,d}$$

2.2 Flachgründung

Vereinfachter Nachweis:

Der vereinfachte Nachweis erfolgt nach DIN 1054 für den Grenzzustand GEO-2 und für die Bemessungssituation BS-P.

Bemessungswerte der vertikalen Beanspruchung und Momentenbeanspruchung:

Das veränderliche Moment $M_Q = 600\,\text{kNm}$ wird nicht berücksichtigt, da es günstig wirkt und somit die Ausmitte reduziert.

$$V_d = V_{G,k} \cdot \gamma_G + V_{Q,k} \cdot \gamma_Q = 2628 \cdot 1{,}35 + 3600 \cdot 1{,}50 = 8947{,}80\,\text{kN}$$

$$M_d = M_{G,k} \cdot \gamma_G + P_{Q,k} \cdot e \cdot \gamma_Q = 420 \cdot 1{,}35 + 3600 \cdot 0{,}30 \cdot 1{,}50 = 2187\,\text{kNm}$$

Lage der resultierenden Kraft aus ständiger und veränderlicher Einwirkung:

$$e = \frac{M_d}{V_d} = \frac{2187}{8947{,}80} = 0{,}244\,\text{m}$$

reduzierte Sohlfläche:

$$A' = a' \cdot b = (a - 2 \cdot e) \cdot b$$
$$a' = a - 2 \cdot e = 6 - 2 \cdot 0{,}244 = 5{,}51\,\text{m}$$
$$b = 3\,\text{m}$$
$$A' = 5{,}51 \cdot 3 = 16{,}53\,\text{m}^2$$

Ermittlung des Bemessungswerts des Sohlwiderstands:

- Zulässiger Sohlwiderstand $\sigma_{R,d}$ für $b = 1{,}85\,\text{m}$ nach DIN 1054, Tab. A 6.1: $\sigma_{R,d} = 760\,\text{kN/m}^2$
- Eine Erhöhung des Sohlwiderstands $\sigma_{R,d}$ nach DIN 1054, A 6.10.2.2 um 20 % ist nicht möglich, da nach DIN 1054, A 6.10.2.2 A (2) die Einbindetiefe kleiner 1,80 m ist ($0{,}6 \cdot b = 0{,}6 \cdot 3 = 1{,}80\,\text{m}$).

Bemessungswert der Sohldruckbeanspruchung:

$$\sigma_{E,d} = \frac{V_d}{A'} = \frac{8947{,}80}{16{,}53} = 541{,}31\,\text{kN/m}^2$$

Nachweis:

$$\sigma_{E,d} = 541{,}31\,\text{kN/m}^2 < 760\,\text{kN/m}^2 = \sigma_{R,d}$$

Sohlnormalspannungen:

Mit dem Spannungstrapezverfahren werden die Sohlnormalspannungen ermittelt. Die Ermittlung der Schnittgrößen erfolgt nach DIN EN 1992-1-1:2011-01.

Bemessungswerte der einwirkenden Normalkraft und Moment:
Das veränderliche Moment $M_Q = 600$ kNm wird hier berücksichtigt.

$$N_{Ed} = V_d = 8947{,}80 \text{ kN}$$
$$M_{Ed} = M_{G,k} \cdot \gamma_G + M_{Q,k} \cdot \gamma_Q = 420 \cdot 1{,}35 + 480 \cdot 1{,}50 = 1287 \text{ kNm}$$

Lage der resultierenden Kraft aus ständiger und veränderlicher Einwirkung:

$$e = \frac{M_{Ed}}{N_{Ed}} = \frac{1287}{8947{,}80} = 0{,}144 \text{ m} < \frac{6}{6} = \frac{b}{6} = 1$$

Die Lage der resultierenden Kraft liegt in der ersten Kernweite.
Ermittlung der Sohlnormalspannungen:

$$\sigma_{1,2} = \frac{N}{a \cdot b} \pm \frac{M}{W} = \frac{N_{Ed}}{a \cdot b} \pm \frac{M_{Ed}}{\frac{a^2 \cdot b}{6}}$$

$$\sigma_1 = \frac{8947{,}80}{6 \cdot 3} + \frac{1287}{\frac{6^2 \cdot 3}{6}} = 568{,}60 \text{ kN/m}^2$$

$$\sigma_2 = \frac{8947{,}80}{6 \cdot 3} - \frac{1287}{\frac{6^2 \cdot 3}{6}} = 425{,}60 \text{ kN/m}^2$$

Für die Ermittlung des Biegemomentes wird das Eigengewicht des Plattenfundaments nicht angesetzt. Dadurch reduzieren sich die Sohlnormalspannungen.
Spannungen infolge Eigengewicht Plattenfundament:

$$\sigma_{F,d} = \frac{G_{F,k} \cdot \gamma_G}{A} = \frac{228 \cdot 1{,}35}{6 \cdot 3} = 17{,}10 \text{ kN/m}^2$$

Maßgebende Sohlnormalspannungen zur Ermittlung des Biegemomentes:

$$\sigma_1 = \sigma_1 - \sigma_{F,d} = 568{,}60 - 17{,}10 = 551{,}50 \text{ kN/m}^2$$
$$\sigma_2 = \sigma_2 - \sigma_{F,d} = 425{,}60 - 17{,}10 = 408{,}50 \text{ kN/m}^2$$

Der Verlauf der Sohlnormalspannung ist in Abb. 2.22 dargestellt.
Biegemoment:
Die Ermittlung des Biegemoments erfolgt nach DIN EN 1992-1-1:2011-01. Das Biegemoment wird unter der Stütze für ein Meter Streifen ermittelt.

$$M_{Ed,re} = 408{,}50 \cdot 3{,}30 \cdot 1{,}65 + (487{,}15 - 408{,}50) \cdot 3{,}30 \cdot \frac{1}{2} \cdot 1{,}10$$
$$= 2367 \text{ kNm/m}$$

$$M_{Ed,li} = 487{,}15 \cdot 2{,}70 \cdot 1{,}35 + (551{,}50 - 487{,}15) \cdot 2{,}70 \cdot \frac{1}{2} \cdot 1{,}80$$
$$= 1932 \text{ kNm/m} \quad \blacktriangleleft$$

2.2 Flachgründung

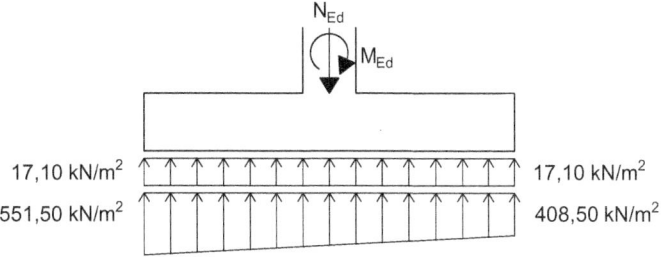

Abb. 2.22 Verlauf der Sohlnormalspannungen

Bei den Verfahren mit verformungsabhängiger Sohldruckverteilung wird gemäß DIN 4018 zwischen Bettungsmodul-, Steifemodul- und kombiniertem Verfahren unterschieden (s. auch Teil 1).

Im Bettungsmodulverfahren wird angenommen, dass die vorhandene Spannung σ proportional zur Setzung s ist. Dieses Verhältnis wird unter dem Begriff Bettungsmodul k_s (s. Gl. (2.12)) zusammengefasst.

$$k_s = \frac{\sigma}{s} \qquad (2.12)$$

Der Bettungsmodul k_s ist abhängig von der Geometrie des Gründungskörpers, der Bodenschichtung und dem Steifemodul E_s. Das Bettungsmodulverfahren führt entsprechend DIN 4018 „zu hinreichend genauen Ergebnissen bei langen biegsamen Gründungsbalken und ausgedehnten biegsamen Gründungsplatten mit jeweils wenigen Einzellasten, deren Angriffspunkte in ihrer Höhenlage gegeneinander verschieblich sind, sowie bei mit der Tiefe linear von Null zunehmendem Steifemodul oder bei dünnen weichen Schichten auf harter Unterlage".

Der Nachteil dieses Verfahrens ist jedoch, dass die benachbarten Sohldrücke nicht berücksichtigt werden. Der Bettungsmodul k_s kann mittels Feldversuche beispielsweise aus Lastplattenversuchen ermittelt werden. Alternativ darf die Setzungsberechnung zur Ermittlung des Bettungsmoduls k_s herangezogen werden (vgl. Gl. (2.13)).

$$s = \frac{\sigma * b}{E_s} * f \qquad (2.13)$$

Durch Einsetzen von Gl. (2.12) in Gl. (2.13) ergibt sich Gl. (2.14).

$$k_s = \frac{E_s}{b * f} \qquad (2.14)$$

Das Verfahren wurde 1888 erstmals von Zimmermann zur Berechnung unendlich langer Balken (Eisenbahnoberbau) angewendet. Gründungskörper haben endliche Abmessungen. Für ihre Berechnung entwickelten u. a. Wölfer [4] und Dimitrov [5] Zahlenwerte für Einflusslinien und u. a. Müllersdorf [6], Graßhoff [7, 8] Einflusslinien. Aufbauend auf den genannten Veröffentlichungen wurden Diagramme (s. Abb. 2.24 bis 2.49) mit Linien gleicher Einflusszahlen entwickelt. Sie gelten für Einwirkungen durch Einzellasten P (kN) bzw. P' (kN/m) und durch Momente M (kN/m) bzw. M' (kNm/m).

Bei der Berechnung werden die Einflusswerte ζ für den Sohldruck und η für das Biegemoment bestimmt. Diese werden aus den entwickelten Diagrammen (s. Abb. 2.24 bis 2.49) abgelesen und sind abhängig vom Längenverhältnis λ. In Abb. 2.23 sind die Abstände x_k und x_l vom linken äußeren Rand des Fundaments bis zum Angriffspunkt der Einwirkungen dargestellt.

Die Berechnung der Sohlspannungen in kN/m² erfolgt anhand der Gln. (2.15) bis (2.20).

$$\sigma_i = \sigma_g + \sum \sigma_{ik} + \sum \sigma_{il} \qquad (2.15)$$

$$\sigma_g = \gamma_B \cdot d \qquad (2.16)$$

$$\sigma_{ik} = \zeta_{ik} \cdot K_{\sigma P} \qquad (2.17)$$

$$\sigma_{il} = \zeta_{il} \cdot K_{\sigma M} \qquad (2.18)$$

$$K_{\sigma P} = \frac{P_k}{l \cdot b} = \frac{P'_k}{l} \qquad (2.19)$$

$$K_{\sigma M} = \frac{M_l}{l^2 \cdot b} = \frac{M'_l}{l^2} \qquad (2.20)$$

mit

σ_i Gesamtsohlspannung an der Stelle x_i

σ_g Sohlspannung infolge Eigenlast

σ_{ik} Sohlspannung bei x_i infolge der Einwirkung P an der Stelle x_k

σ_{il} Sohlspannung bei x_i infolge des Moments M an der Stelle x_l

ζ_{ik} Einflusszahl der Einwirkung P_k an der Stelle x_k (Abb. 2.24, 2.25, 2.26, 2.27, 2.28, 2.29 und 2.30)

ζ_{il} Einflusszahl des Moments M_l an der Stelle x_k (Abb. 2.37, 2.38, 2.39, 2.40, 2.41, 2.42 und 2.43)

$K_{\sigma P}$ Lastfaktor aus P_k bzw. $P'_k = P_k / b$

$K_{\sigma M}$ Lastfaktor aus M_l bzw. $M'_l = M_l / b$

Abb. 2.23 Bezeichnungen bei der Berechnung nach dem Bettungsmodulverfahren

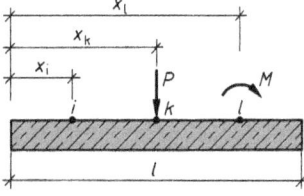

2.2 Flachgründung

Die Berechnung der Momente in kNm/m erfolgt anhand der Gln. (2.21) bis (2.25).

$$M_i = \sum M_{ik} + \sum M_{il} \qquad (2.21)$$

$$M_{ik} = \eta_{ik} \cdot K_{MP} \qquad (2.22)$$

$$M_{il} = \eta_{il} \cdot K_{MM} \qquad (2.23)$$

$$K_{MP} = P_k \cdot \frac{1}{b} = \frac{P'_k}{b} \qquad (2.24)$$

$$K_{MM} = \frac{M_l}{b} = M'_l \qquad (2.25)$$

mit

M_i	Gesamtmoment an der Stelle x_i
M_{ik}	Moment bei x_i infolge der Einwirkung P an der Stelle x_k
M_{il}	Moment bei x_i infolge des Moments M an der Stelle x_l
η_{ik}	Einflusszahl der Einwirkung P_k an der Stelle x_k (Abb. 2.31, 2.32, 2.33, 2.34, 2.35 und 2.36)
η_{il}	Einflusszahl des Moments M_l an der Stelle x_k (Abb. 2.44, 2.45, 2.46, 2.47, 2.48 und 2.49)
K_{MP}	Lastfaktor aus P_k bzw. $P'_k = P_k / b$
K_{MM}	Lastfaktor aus M_l bzw. $M'_l = M_l / b$

Das Längenverhältnis und die Elastische Länge werden über die Gln. (2.26) und (2.27) bestimmt.

$$\lambda = \frac{l}{L} \qquad (2.26)$$

$$L = \sqrt[4]{\frac{E_{cm} \cdot d^3}{3 \cdot k_s}} \qquad (2.27)$$

mit

λ	Längenverhältnis
L	Elastische Länge, Ansatz für 1 m breiten Streifen
E_{cm}	Elastizitätsmodul des Betons in [kN/m^2]
d	Dicke der Platte in [m]
k_s	Bettungsmodul in [kN/m^3]

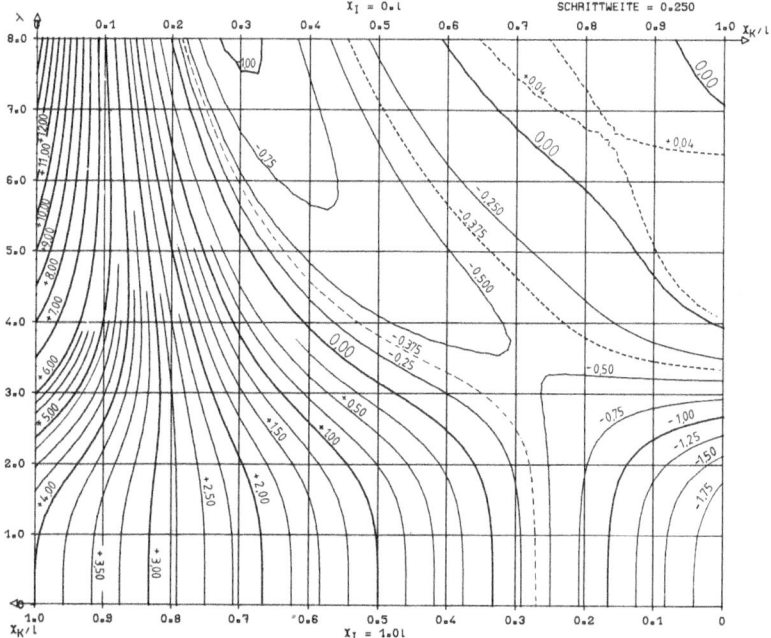

Abb. 2.24 Linien gleicher Einflusszahlen ζ zur Ermittlung der Sohlnormalspannungen infolge Einzellasten $\overline{P}$ nach dem Bettungsmodulverfahren. Schnittstelle $x_i/l = 0$ und $x_i/l = 1$

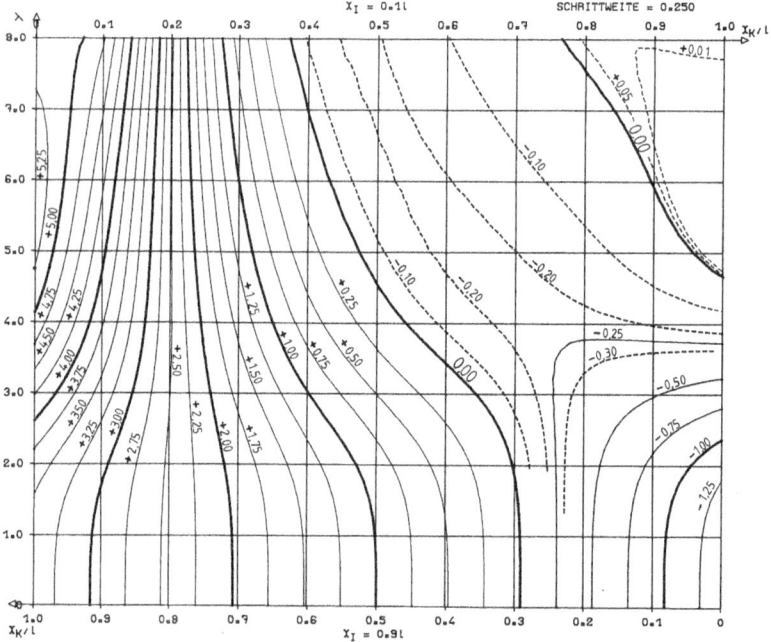

Abb. 2.25 Linien gleicher Einflusszahlen ζ zur Ermittlung der Sohlnormalspannungen infolge Einzellasten $\overline{P}$ nach dem Bettungsmodulverfahren. Schnittstelle $x_i/l = 0{,}1$ und $x_i/l = 0{,}9$

2.2 Flachgründung 215

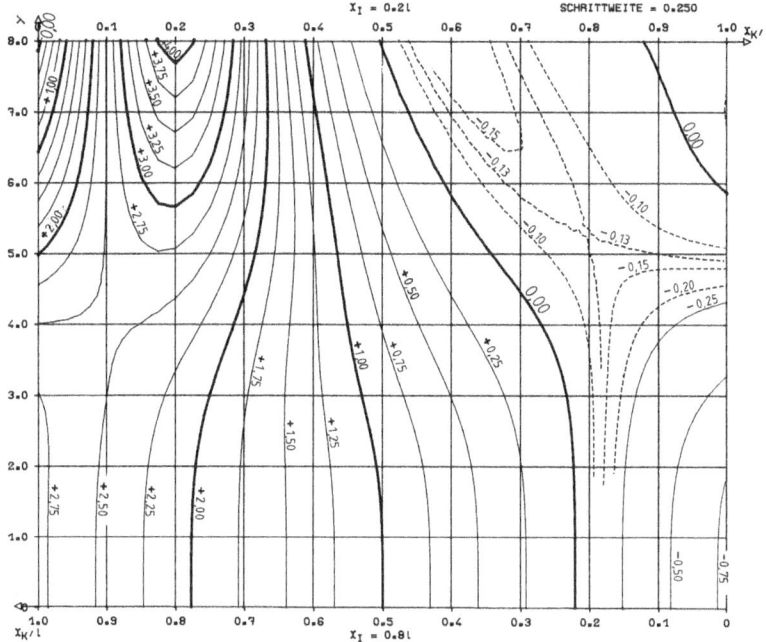

Abb. 2.26 Linien gleicher Einflusszahlen ζ zur Ermittlung der Sohlnormalspannungen infolge Einzellasten $\overline{P}$ nach dem Bettungsmodulverfahren. Schnittstelle $x_i/l = 0{,}2$ und $x_i/l = 0{,}8$

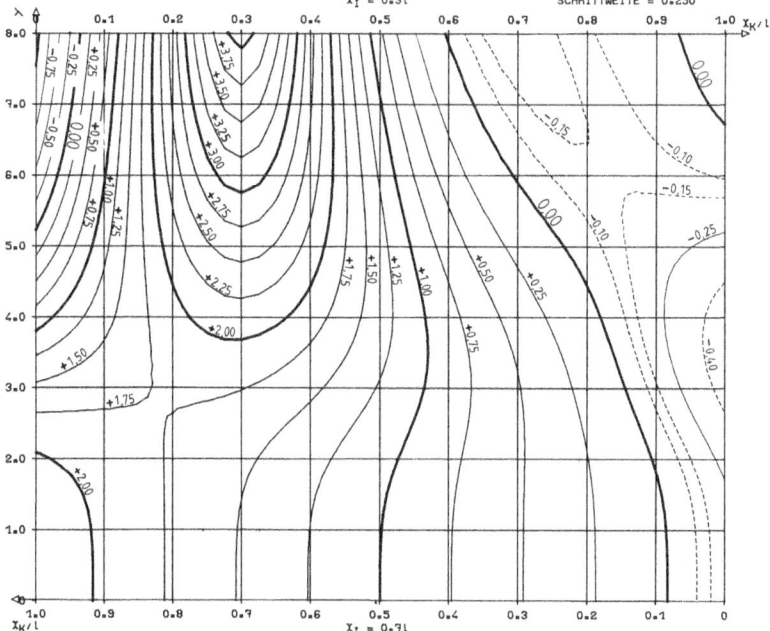

Abb. 2.27 Linien gleicher Einflusszahlen ζ zur Ermittlung der Sohlnormalspannungen infolge Einzellasten $\overline{P}$ nach dem Bettungsmodulverfahren. Schnittstelle $x_i/l = 0{,}3$ und $x_i/l = 0{,}7$

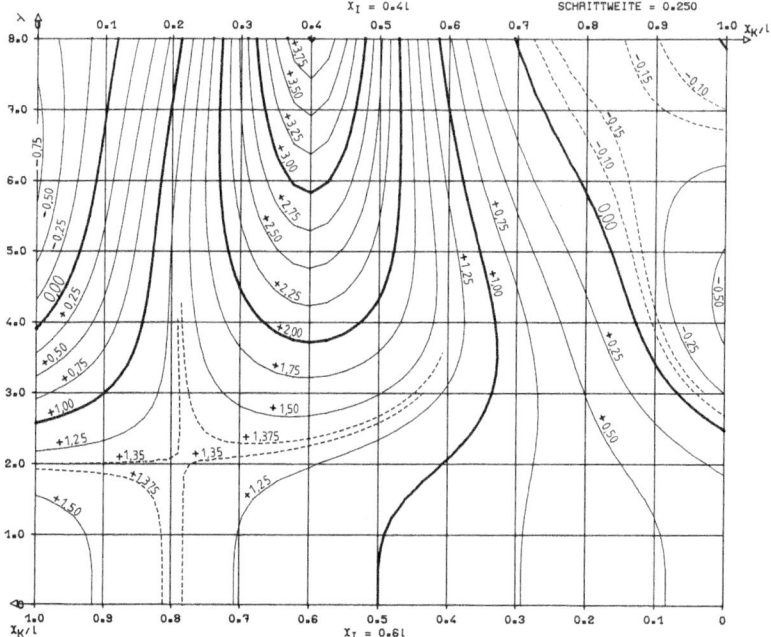

Abb. 2.28 Linien gleicher Einflusszahlen ζ zur Ermittlung der Sohlnormalspannungen infolge Einzellasten $\overline{P}$ nach dem Bettungsmodulverfahren. Schnittstelle $x_i/l = 0{,}4$ und $x_i/l = 0{,}6$

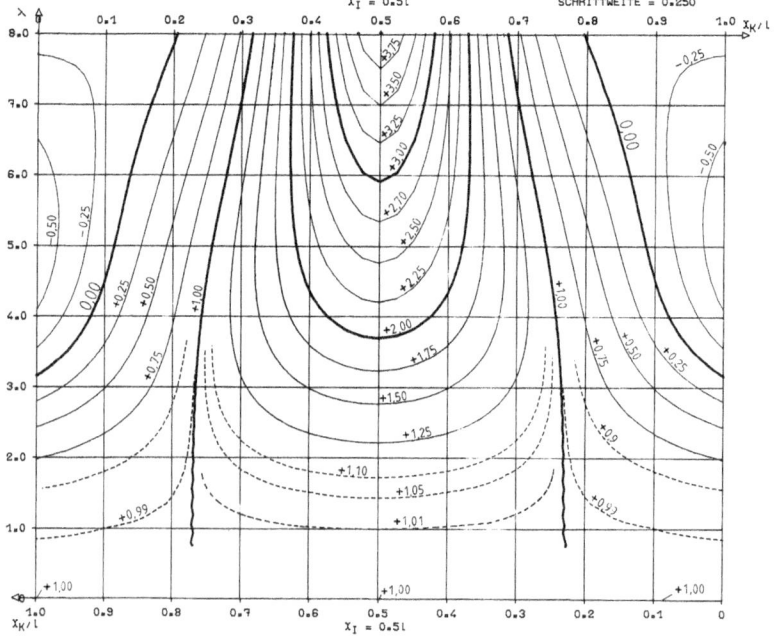

Abb. 2.29 Linien gleicher Einflusszahlen ζ zur Ermittlung der Sohlnormalspannungen infolge Einzellasten $\overline{P}$ nach dem Bettungsmodulverfahren. Schnittstelle $x_i/l = 0{,}5$

2.2 Flachgründung

Abb. 2.30 Linien gleicher Einflusszahlen ζ zur Ermittlung der Sohlnormalspannungen infolge Einzellasten $\bar{P}$ nach dem Bettungsmodulverfahren. Schnittstelle x_i = Laststelle x_i

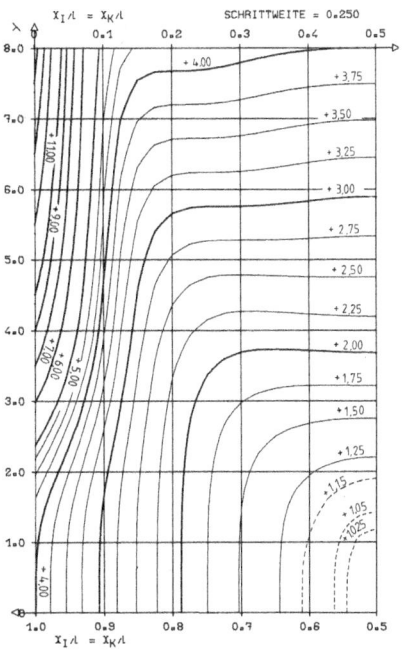

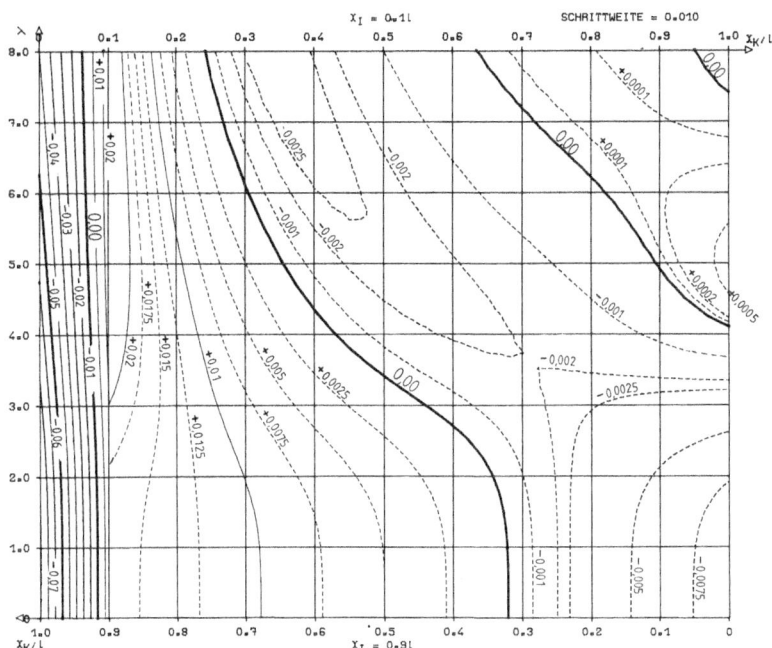

Abb. 2.31 Linien gleicher Einflusszahlen η zur Ermittlung der Biegemomente infolge Einzellasten $\bar{P}$ nach dem Bettungsmodulverfahren. Schnittstelle $x_i/l = 0{,}1$ und $x_i/l = 0{,}9$

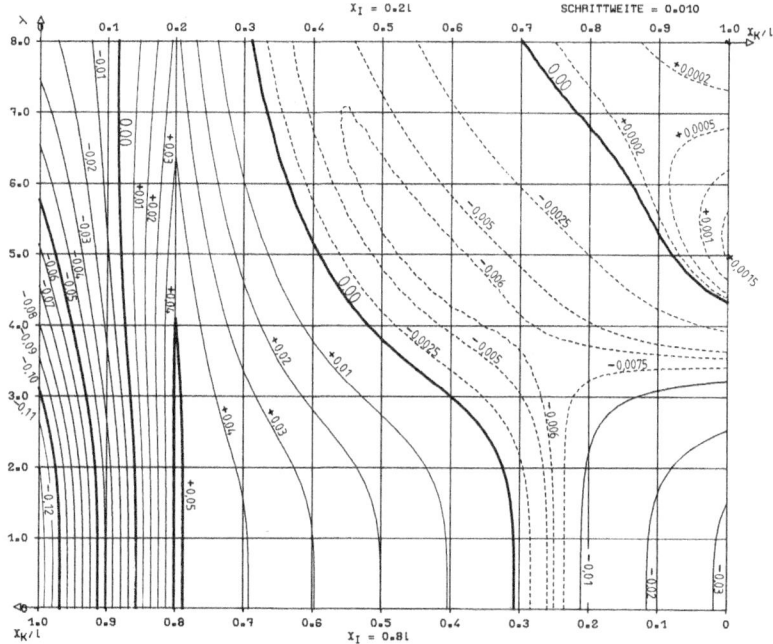

Abb. 2.32 Linien gleicher Einflusszahlen η zur Ermittlung der Biegemomente infolge Einzellasten $\overline{P}$ nach dem Bettungsmodulverfahren. Schnittstelle $x_i/l = 0{,}2$ und $x_i/l = 0{,}8$

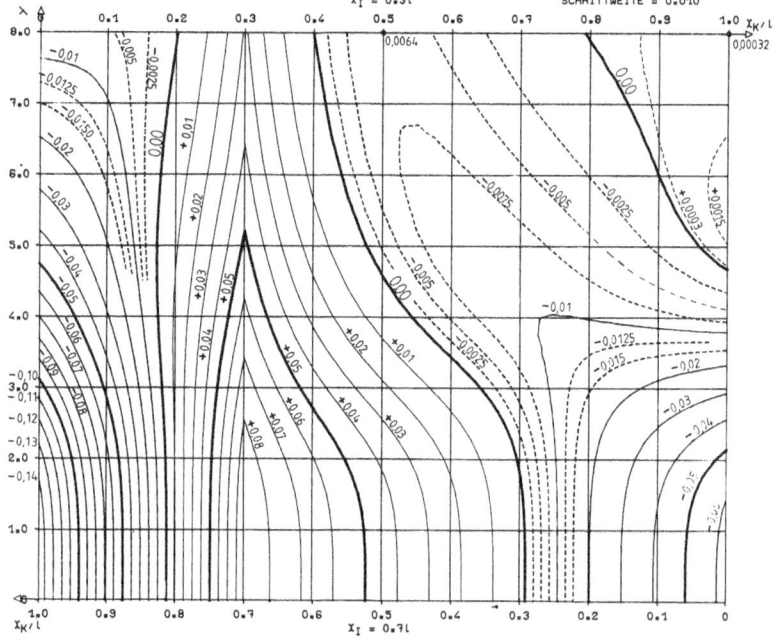

Abb. 2.33 Linien gleicher Einflusszahlen η zur Ermittlung der Biegemomente infolge Einzellasten $\overline{P}$ nach dem Bettungsmodulverfahren. Schnittstelle $x_i/l = 0{,}3$ und $x_i/l = 0{,}7$

2.2 Flachgründung

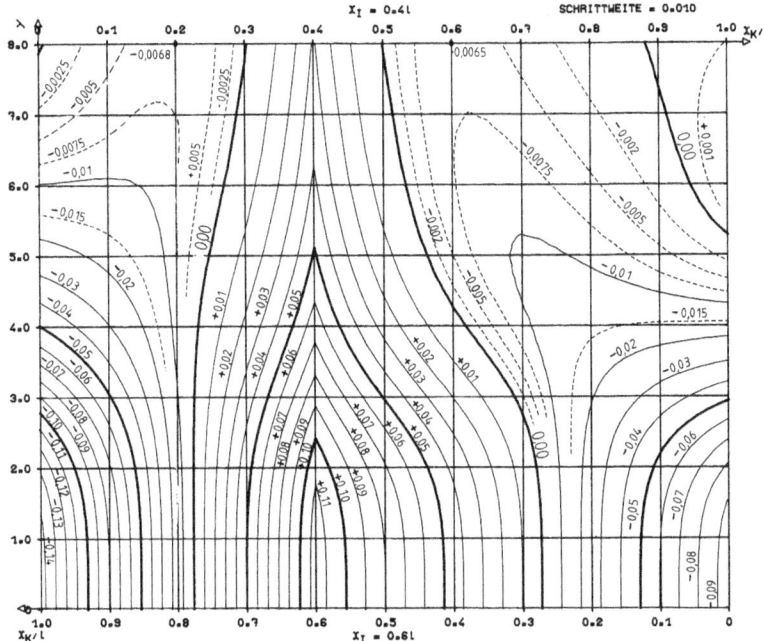

Abb. 2.34 Linien gleicher Einflusszahlen η zur Ermittlung der Biegemomente infolge Einzellasten $\bar{P}$ nach dem Bettungsmodulverfahren. Schnittstelle $x_i/l = 0{,}4$ und $x_i/l = 0{,}6$

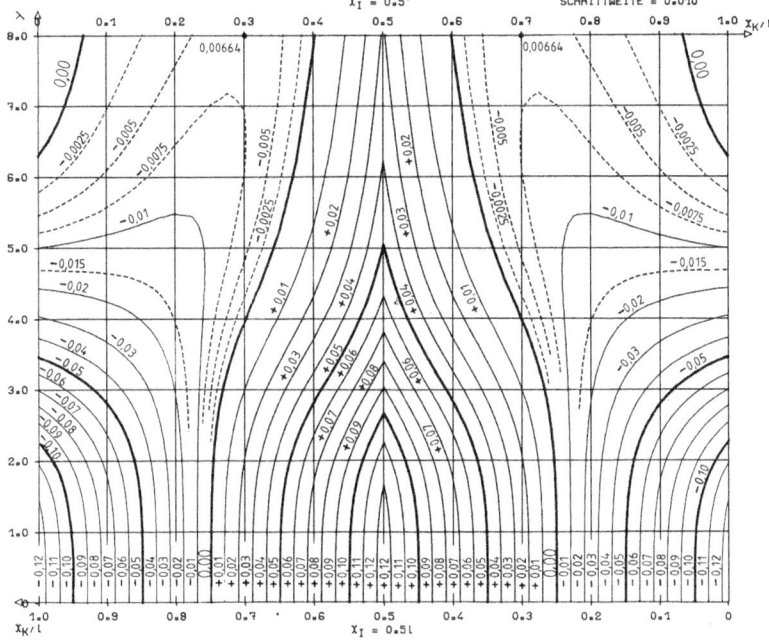

Abb. 2.35 Linien gleicher Einflusszahlen η zur Ermittlung der Biegemomente infolge Einzellasten $\bar{P}$ nach dem Bettungsmodulverfahren. Schnittstelle $x_i/l = 0{,}5$

Abb. 2.36 Linien gleicher Einflusszahlen η zur Ermittlung der Biegemomente infolge Einzellasten $\overline{P}$ nach dem Bettungsmodulverfahren. Schnittstelle x_i = Laststelle x_i

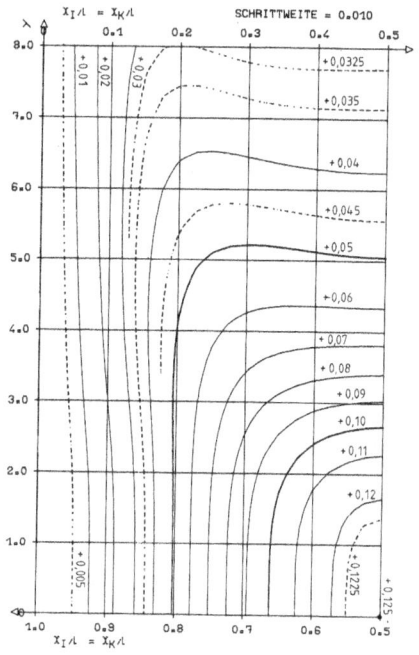

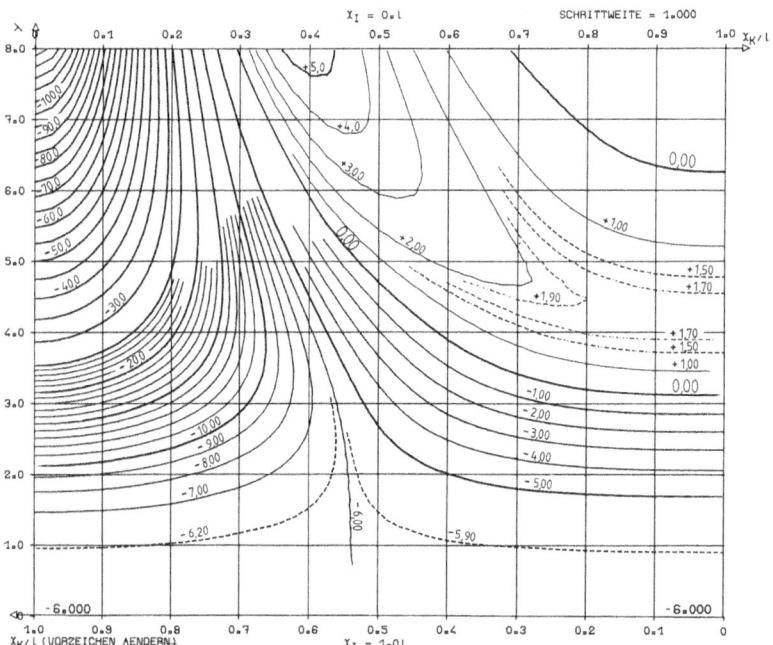

Abb. 2.37 Linien gleicher Einflusszahlen ζ zur Ermittlung der Sohlnormalspannungen infolge Moments $\overline{M}$ nach dem Bettungsmodulverfahren. Schnittstelle $x_i/l = 0$ und $x_i/l = 1$

2.2 Flachgründung

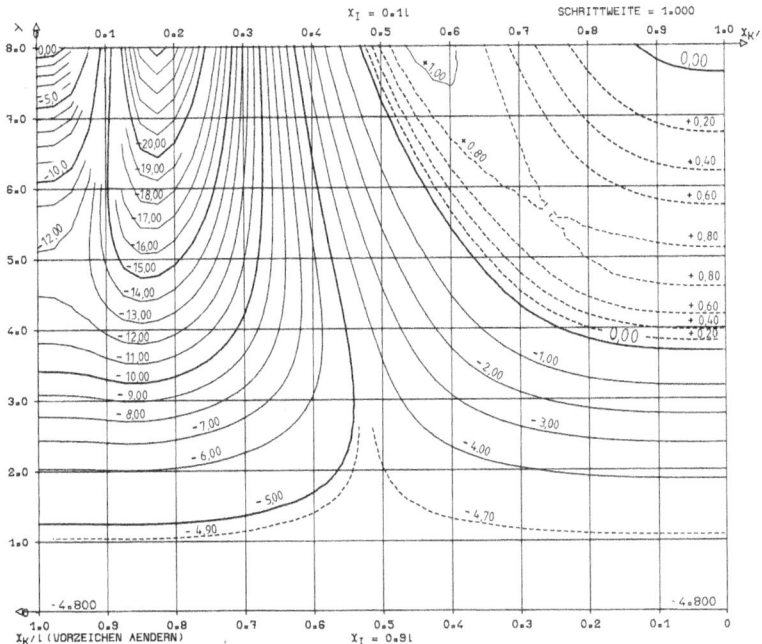

Abb. 2.38 Linien gleicher Einflusszahlen ζ zur Ermittlung der Sohlnormalspannungen infolge Moments $\overline{M}$ nach dem Bettungsmodulverfahren. Schnittstelle $x_i/l = 0{,}1$ und $x_i/l = 0{,}9$

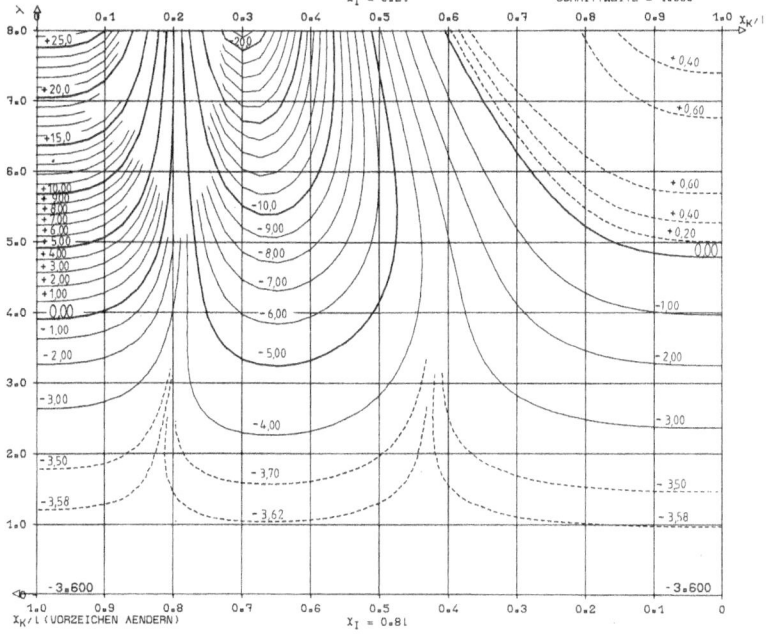

Abb. 2.39 Linien gleicher Einflusszahlen ζ zur Ermittlung der Sohlnormalspannungen infolge Moments $\overline{M}$ nach dem Bettungsmodulverfahren. Schnittstelle $x_i/l = 0{,}2$ und $x_i/l = 0{,}8$

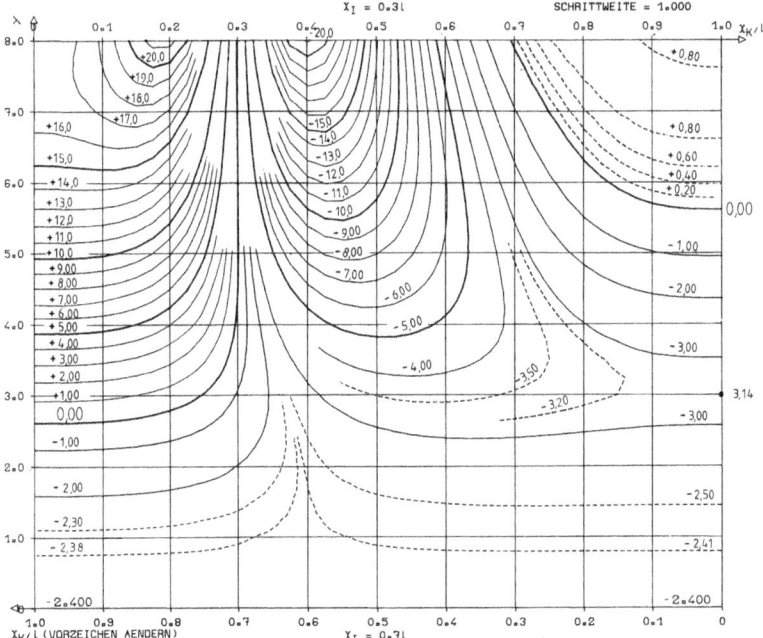

Abb. 2.40 Linien gleicher Einflusszahlen ζ zur Ermittlung der Sohlnormalspannungen infolge Moments $\overline{M}$ nach dem Bettungsmodulverfahren. Schnittstelle $x_i/l = 0{,}3$ und $x_i/l = 0{,}7$

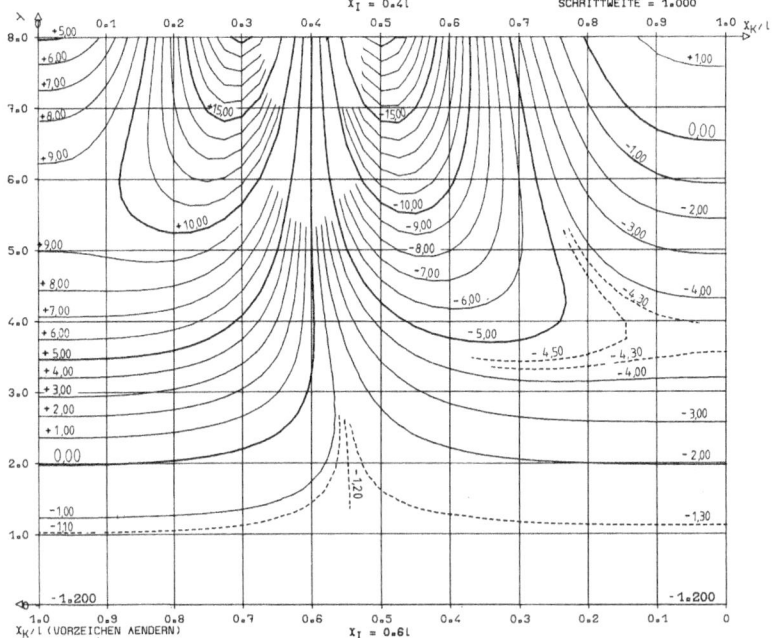

Abb. 2.41 Linien gleicher Einflusszahlen ζ zur Ermittlung der Sohlnormalspannungen infolge Moments $\overline{M}$ nach dem Bettungsmodulverfahren. Schnittstelle $x_i/l = 0{,}4$ und $x_i/l = 0{,}6$

2.2 Flachgründung

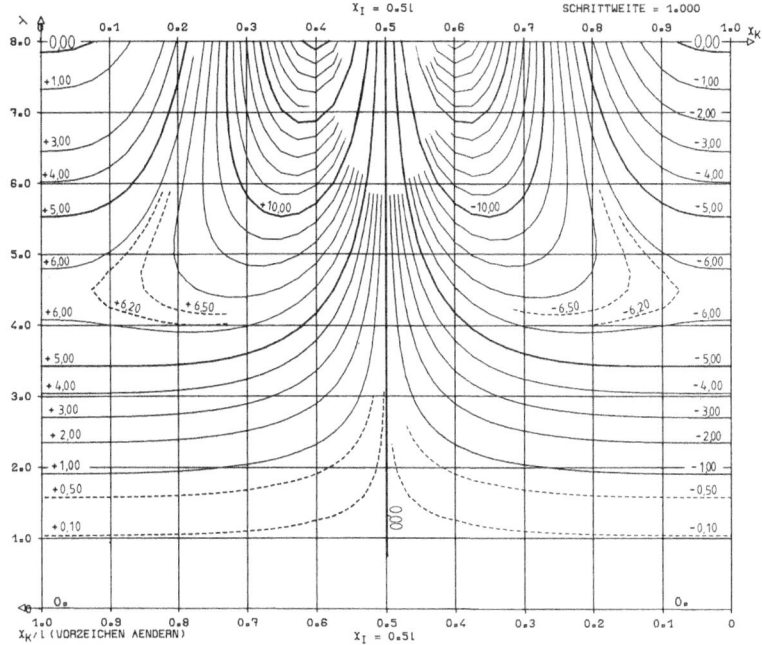

Abb. 2.42 Linien gleicher Einflusszahlen ζ zur Ermittlung der Sohlnormalspannungen infolge Moments $\overline{M}$ nach dem Bettungsmodulverfahren. Schnittstelle $x_i / l = 0{,}5$

Abb. 2.43 Linien gleicher Einflusszahlen ζ zur Ermittlung der Sohlnormalspannungen infolge Moments $\overline{M}$ nach dem Bettungsmodulverfahren. Schnittstelle x_i = Laststelle x_i

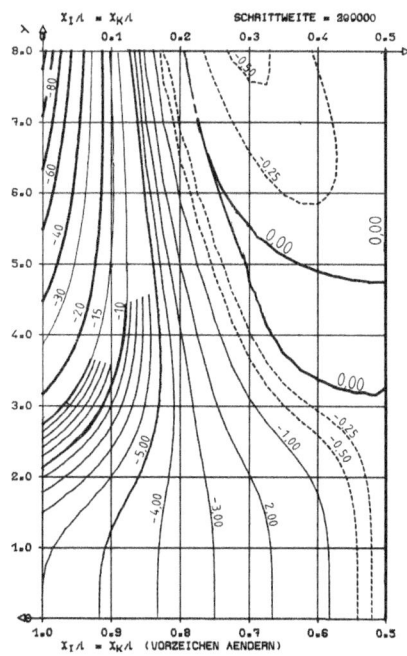

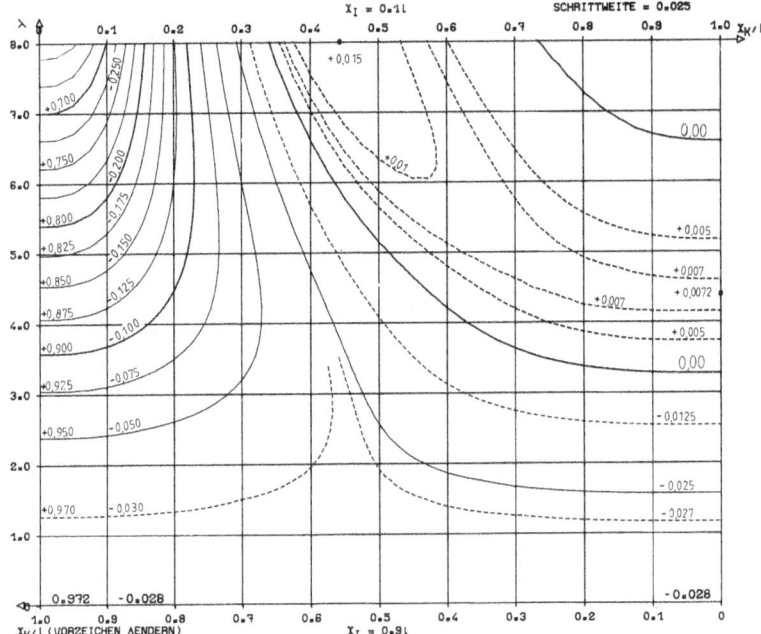

Abb. 2.44 Linien gleicher Einflusszahlen η zur Ermittlung der Biegemomente infolge Moments $\overline{M}$ nach dem Bettungsmodulverfahren. Schnittstelle $x_i/l = 0{,}1$ und $x_i/l = 0{,}9$

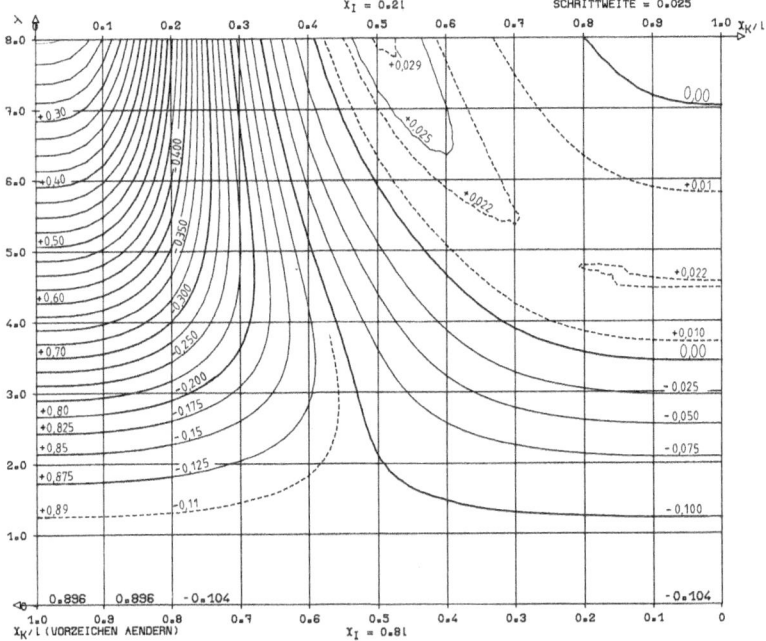

Abb. 2.45 Linien gleicher Einflusszahlen η zur Ermittlung der Biegemomente infolge Moments $\overline{M}$ nach dem Bettungsmodulverfahren. Schnittstelle $x_i/l = 0{,}2$ und $x_i/l = 0{,}8$

2.2 Flachgründung 225

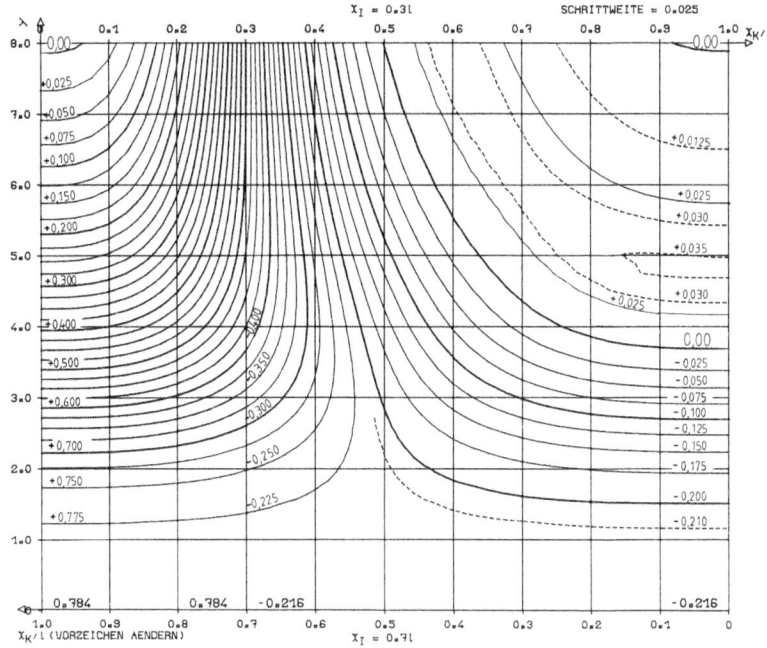

Abb. 2.46 Linien gleicher Einflusszahlen η zur Ermittlung der Biegemomente infolge Moments $\overline{M}$ nach dem Bettungsmodulverfahren. Schnittstelle $x_i/l = 0{,}3$ und $x_i/l = 0{,}7$

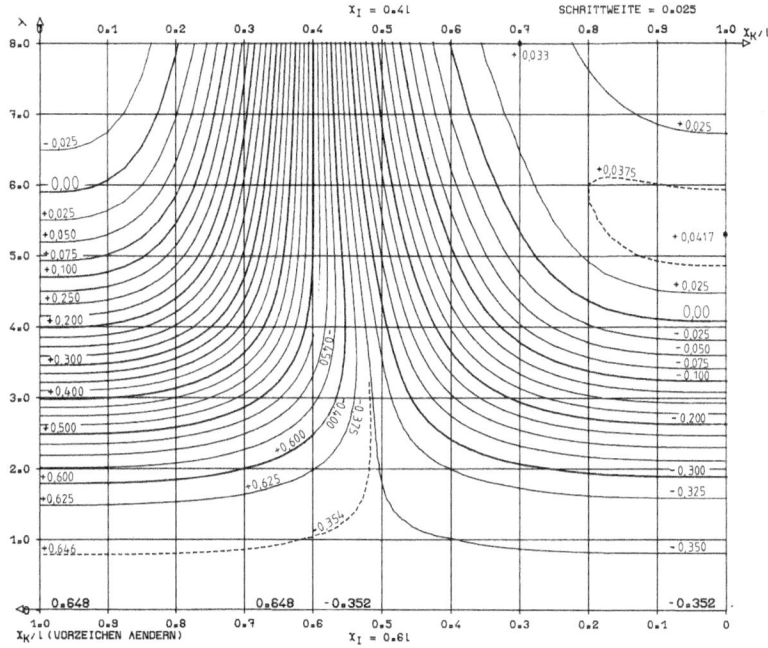

Abb. 2.47 Linien gleicher Einflusszahlen η zur Ermittlung der Biegemomente infolge Moments $\overline{M}$ nach dem Bettungsmodulverfahren. Schnittstelle $x_i/l = 0{,}4$ und $x_i/l = 0{,}6$

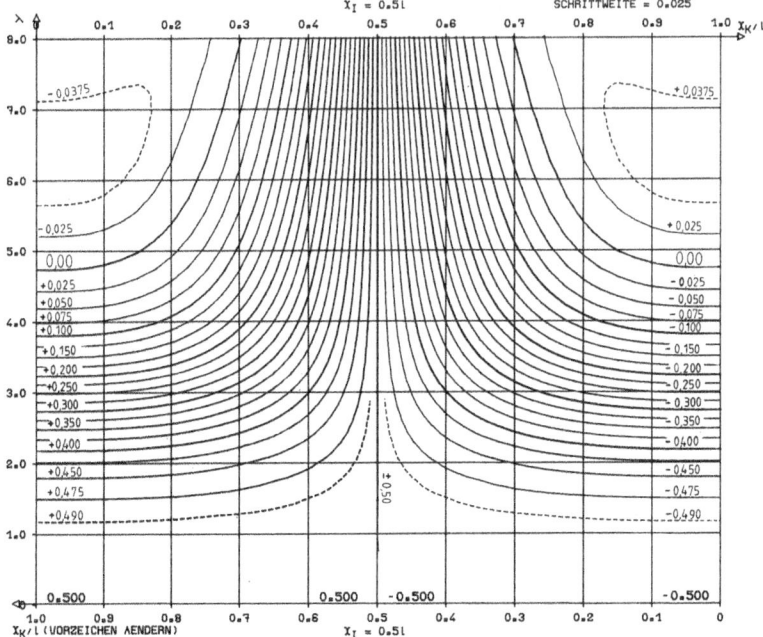

Abb. 2.48 Linien gleicher Einflusszahlen η zur Ermittlung der Biegemomente infolge Moments $\overline{M}$ nach dem Bettungsmodulverfahren. Schnittstelle $x_i / l = 0{,}5$

Abb. 2.49 Linien gleicher Einflusszahlen η zur Ermittlung der Biegemomente infolge Moments $\overline{M}$ nach dem Bettungsmodulverfahren. Schnittstelle x_i = Laststelle x_i

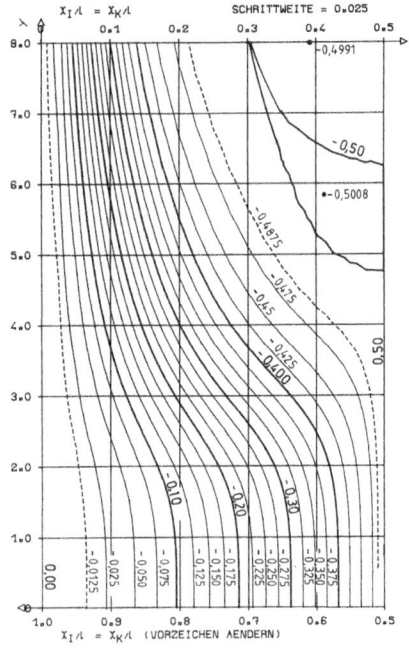

2.2 Flachgründung

Beim Steifemodulverfahren (s. a. Teil 1) ist die Annahme, dass die Setzungsmulde und die Verformung des Gründungskörpers übereinstimmen. Dieses Verfahren ist uneingeschränkt anwendbar. Bei bindigen Böden ist die Annahme eines konstanten Steifemoduls i. d. R. zulässig, bei nichtbindigen Böden gilt dies nur näherungsweise. Tafeln zur Vereinfachung der Berechnung und Berechnungsbeispiele sind in [9] enthalten. Berechnungsbeispiele sind im Beiblatt 1 zur DIN 4018 dargestellt.

Für spezielle Fälle wurden Kombinierte Verfahren entwickelt, bei denen der Steifemodul linear, aber nicht von Null beginnend, mit der Tiefe zunimmt. Diese Berechnungsmethode wurde 1967 von Repnikov [10] vorgeschlagen und 1970 von Schultze [11] weiter ausgebaut.

Beispiel 2.7

Beispiel für die Berechnung der Spannungen und der Biegemomente nach dem Bettungsmodulverfahren für das Fundament wie im vorherigen Beispiel (vgl. Abb. 2.21)

Berechnungsgrundlagen

- Einwirkungen: Ständige Lasten $P_{G,k}$ = 2400 kN / M_G = 300 kNm; Veränderliche Lasten $P_{Q,k}$ = 3600 kN / M_Q = 300 kNm; Die veränderlichen Lasten können gleichzeitig oder einzeln auftreten.
- Plattenfundament: Festigkeitsklasse C 20/25; Elastizitätsmodul E_{cm} = 30.000 MN/m²; Wichte Beton γ_{Beton} = 25 kN/m³; Einbindetiefe d = 0,80 m; Exzentrizität e = 0,30 m
- Baugrund: Sand; Lagerungsdichte: mitteldicht; Wichte Boden γ_k = 19 kN/m³; Steifemodul E_s = 100.000 kN/m²

Die Nachweise erfolgen nach DIN 1054 für die Bemessungssituation BS-P (γ_G = 1,35; γ_Q = 1,50).

Berechnung der rechnerischen Plattendicke d_0 des rechteckigen Ersatzquerschnitts:
Abstand des Flächenschwerpunktes e der T-förmigen Fläche von der Fundamentsohle:

$$e = \frac{3 \cdot 0{,}40 \cdot 0{,}20 + 0{,}80 \cdot 0{,}40 \cdot 0{,}60}{3 \cdot 0{,}40 + 0{,}80 \cdot 0{,}40} = 0{,}284 \, m$$

$$I = \frac{(3 \cdot 0{,}284^3 + 2{,}20 \cdot 0{,}116^3 + 0{,}80 \cdot 0{,}516^3)}{3} = 0{,}6069 \, m^3$$

rechnerische Plattendicke d_0:

$$d_0 = \sqrt[3]{4 \cdot 0{,}06069} = 0{,}624 \, m$$

Bestimmung der Systemsteifigkeit:

$$K = \frac{E}{12 \cdot E_s} \cdot \left(\frac{d}{L}\right)^3$$

x-Richtung:

$$K_x = \frac{30.000.000}{12 \cdot 100.000} \cdot \left(\frac{0{,}624}{6}\right)^3 = 0{,}028 < 0{,}1 \rightarrow \text{elastisch}$$

y-Richtung:

$$K_y = \frac{30.000.000}{12 \cdot 100.000} \cdot \left(\frac{0{,}40}{3}\right)^3 = 0{,}059 < 0{,}1 \rightarrow \text{elastisch}$$

Nachfolgend wird nur die elastische Bettung in x-Richtung aufgeführt.
 Ermittlung der Setzung:
 Die Setzung wird für den kennzeichnenden Punkt ermittelt.
 Eigengewicht des Plattenfundaments entsprechend dem vorherigen Beispiel $G_{F,k}$ = 228 kN.
 Vorhandene Sohlnormalspannung:

$$\sigma_0 = \frac{P_{G,k} + P_{Q,k} + G_{F,k}}{A} = \frac{2400 + 3600 + 228}{6 \cdot 3} = 346 \, \text{kN/m}^2$$

Maßgebende Sohlnormalspannung:

$$\sigma_1 = \sigma_0 - \gamma \cdot d = 346 - 19 \cdot 0{,}80 = 330{,}80 \, \text{kN/m}^2$$

Setzungseinflusstiefe:

$$z = 2 \cdot b = 2 \cdot 3{,}0 = 6{,}0 \, \text{m}$$

Verhältnis der Lastfläche:

$$\frac{a}{b} = \frac{6}{3} = 2{,}0$$

Tiefenverhältnis:

$$\frac{z}{b} = \frac{6}{3} = 2{,}0$$

Setzungseinflussbeiwert f_k = 0,78 nach Diagramm DIN 4019 bzw. Teil 1.
 Setzung:

$$s = \sigma_1 \cdot b \cdot \frac{f}{E_s} = 330{,}80 \cdot 3{,}0 \cdot \frac{0{,}78}{100.000} = 0{,}00774 \, \text{m} = 8 \, \text{mm}$$

2.2 Flachgründung

Bestimmung Bettungsmodul:

$$k_s = \frac{\sigma_0}{s} = \frac{346}{0,008} = 43.250 \, kN/m^3$$

Elastische Länge:

$$L = \sqrt[4]{\frac{E_{cm} \cdot d_0{}^3}{3 \cdot k_s}} = \sqrt[4]{\frac{30.000.000 \cdot 0,624^3}{3 \cdot 43.250}} = 2,74 \, m$$

Längenverhältnis:

$$\lambda = \frac{l}{L} = \frac{6}{2,74} = 2,19$$

Die Ermittlung der Schnittgrößen erfolgt nach DIN EN 1992-1-1:2011-01.

Ermittlung der Bemessungswerte der einwirkenden Normalkraft und Moment in Stützenachse:

$$N_{Ed} = P_{G,k} \cdot \gamma_G + P_{Q,k} \cdot \gamma_Q = 2400 \cdot 1,35 + 3600 \cdot 1,50 = 8640 \, kN$$
$$M_{Ed} = M_{G,k} \cdot \gamma_G + M_{Q,k} \cdot \gamma_Q = 300 \cdot 1,35 + 600 \cdot 1,50 = 1305 \, kNm$$

Berechnung der Sohlnormalspannungen:

$$\sigma_i = \sigma_g + \sigma_{ik} + \sigma_{il}$$

Spannung infolge Eigengewichts des Plattenfundaments entsprechend dem vorherigen Beispiel $\sigma_g = \sigma_{F,d} = 17,10 \, kN/m^2$

Lastfaktor aus P bei $x_k = 2,70 \, m$:

$$K_{\sigma P} = \frac{P}{l \cdot b} = \frac{N_{Ed}}{l \cdot b} = \frac{8640}{6 \cdot 3} = 480 \, kN/m^2$$

Lastfaktor aus M bei $x_l = 2,70 \, m$:

$$K_{\sigma M} = \frac{M}{l^2 \cdot b} = \frac{M_{Ed}}{l^2 \cdot b} = \frac{1305}{6^2 \cdot 3} = 12,10 \, kN/m^2$$

Einflusszahl ζ_{ik} für P nach Abb. 2.24 bis 2.30:

$$\text{für } \lambda = 2,19 \text{ und } \frac{x_k}{l} = \frac{2,70}{6} = 0,45$$

Einflusszahl ζ_{il} für M nach Abb. 2.37 bis 2.43:

$$\text{für } \lambda = 2,19 \text{ und } \frac{x_l}{l} = \frac{2,70}{6} = 0,45$$

Exemplarische Ermittlung der Sohlnormalspannung im Punkt 0:

$$\sigma_{i,1} = \sigma_{ik} = \zeta_{ik} \cdot K_{\sigma P} = 0{,}99 \cdot 480 = 475{,}20\,\text{kN/m}^2$$

$$\sigma_{i,2} = \sigma_{il} = \zeta_{il} \cdot K_{\sigma M} = -6{,}03 \cdot 12{,}10 = -72{,}96\,\text{kN/m}^2$$

$$\sigma_{i,d} = \sigma_{i,1} + \sigma_{i,2} = 475{,}20 - 72{,}96 = 402{,}24\,\text{kN/m}^2$$

$$\sigma_{G,d} = \sigma_{i,d} + \sigma_g = 402{,}24 + 17{,}10 = 419{,}34\,\text{kN/m}^2$$

Die weitere Berechnung erfolgt tabellarisch. Die Ergebnisse sind in Tab. 2.3 dargestellt.
Berechnung der Biegemomente:

$$M_i = M_{ik} + M_{il}$$

Lastfaktor aus P bei $x_k = 2{,}70$ m:

$$K_{MP} = \frac{P \cdot l}{b} = \frac{N_{Ed} \cdot l}{b} = \frac{8640 \cdot 6{,}00}{3{,}00} = 17{,}280\,\text{kNm/m}$$

Lastfaktor aus M bei $x_l = 2{,}70$ m:

$$K_{MM} = \frac{M}{b} = \frac{M_{Ed}}{b} = \frac{1305}{3{,}00} = 435\,\text{kNm/m}$$

Tab. 2.3 Berechnung der Sohlnormalspannungen nach dem Bettungsmodulverfahren

Last	$N_{Ed} = 8640$ kN		$M_{Ed} = 1305$ kNm		Sohlnormalspannungen	
x_k/l	0,45		0,45		Infolge	Gesamt
Lastfaktor K	480 kN/m²		12,10 kN/m²		Lasten	
Punkt i mit x/l	ζ_{ik}	$\sigma_{i,1}$	ζ_{il}	$\sigma_{i,2}$	$\sigma_{i,d}$	$\sigma_{G,d} = \sigma_{i,d} + \sigma_g$
	–	kN/m²	–	kN/m²	kN/m²	
1	2	3	4	5	6	7
0	0,99	475,20	−6,03	−72,96	402,24	419,34
0,1	1,07	513,60	−5,00	−60,50	453,10	470,20
0,2	1,19	571,20	−3,82	−46,22	524,98	542,08
0,3	1,24	595,20	−2,70	−32,67	562,53	579,63
0,4	1,27	609,60	−1,20	−14,52	595,08	612,18
0,45	1,28	614,40	−0,32	−3,87	610,53	627,63
0,5	1,25	600,00	0,50	6,05	606,05	623,15
0,6	1,12	537,60	1,90	23	560,60	577,70
0,7	0,92	441,60	2,87	34,73	476,33	493,43
0,8	0,78	374,40	3,62	43,80	418,20	435,30
0,9	0,59	283,20	4,28	51,79	335	352,10
1,00	0,38	182,40	5,00	60,50	242,90	260,00

2.2 Flachgründung

Einflusszahl η_{ik} für P nach Abb. 2.31 bis 2.36:

$$\text{für } \lambda = 2{,}19 \text{ und } \frac{x_k}{l} = \frac{2{,}70}{6} = 0{,}45$$

Einflusszahl η_{il} für M nach Abb. 2.44 bis 2.49:

$$\text{für } \lambda = 2{,}19 \text{ und } \frac{x_l}{l} = \frac{2{,}70}{6} = 0{,}45$$

Exemplarische Ermittlung der Biegemomente im Punkt 0,1:

$$\frac{x_i}{l} = \frac{0{,}60}{6{,}00} = 0{,}10$$

$$M_{ik} = \eta_{ik} \cdot K_{MP} = 0{,}0048 \cdot 17.280 = 82{,}94 \text{ kNm/m}$$

$$M_{il} = \eta_{il} \cdot K_{MM} = -0{,}0288 \cdot 435 = -12{,}53 \text{ kNm/m}$$

$$M_{Ed} = M_i = M_{ik} + M_{il} = 82{,}94 - 12{,}53 = 70{,}41 \text{ kNm/m}$$

Die weitere Berechnung erfolgt tabellarisch. Die Ergebnisse sind in Tab. 2.4 dargestellt.
Vergleich der Sohlnormalspannungen und Biegemomente nach dem Spannungstrapezverfahren und Bettungsmodulverfahren:

Tab. 2.4 Berechnung der Biegemomente nach dem Bettungsmodulverfahren

Last	N_{Ed} = 8640 kN		M_{Ed} = 1305 kNm		Biegemoment
$x_{k/l}$	0,45		0,45		
Lastfaktor K	17.280 kNm/m		435 kNm/m		
Punkt i mit x_i/l	η_{ik}	M_{ik}	η_{il}	M_{il}	M_{Ed}
	–	kNm/m	–	kNm/m	kNm/m
1	2	3	4	5	6
0	0	0	0	0	0
0,1	0,0048	82,94	−0,0288	−12,53	70,41
0,2	0,021	362,88	−0,108	−46,98	315,90
0,3	0,048	829,44	−0,225	−97,88	731,56
0,4	0,087	1503,36	−0,368	−160,08	1343,28
0,45li	0,11	1900,80	−0,429	−186,62	1714,18
0,45re	0,11	1900,80	0,571	248,39	2149,18
0,5	0,087	1503,36	0,480	208,80	1712,16
0,6	0,05	864	0,329	143,12	1007,12
0,7	0,025	432	0,192	83,52	515,52
0,8	0,01	172,80	0,0875	38,06	210,86
0,9	0,0022	38,02	0,020	8,70	46,72
1,0	0	0	0	0	0

Tab. 2.5 Vergleich der Sohlnormalspannungen [kN/m^2]

x_i/l	0,00	0,1	0,2	0,3	0,4	0,45	0,5	0,6	0,7	0,8	0,9	1,0
Starr	568,60	554,30	540,00	525,70	511,40	504,25	497,10	482,80	468,50	454,20	439,90	425,60
Elastisch	419,34	470,20	542,08	579,63	612,18	627,63	623,15	577,70	493,43	435,30	352,10	260,00

Tab. 2.6 Vergleich der Biegemomente [kNm/m]

x_i/l	0,1	0,2	0,3	0,4	$0,45_{li}$	$0,45_{re}$	0,5	0,6	0,7	0,8	0,9
Starr	97,84	385,64	854,83	1496,81	1932	2367	1945,50	1267,98	700,37	305,55	74,96
Elastisch	70,41	315,90	731,56	1343,28	1714,18	2149,18	1712,16	1007,12	515,52	210,86	46,72

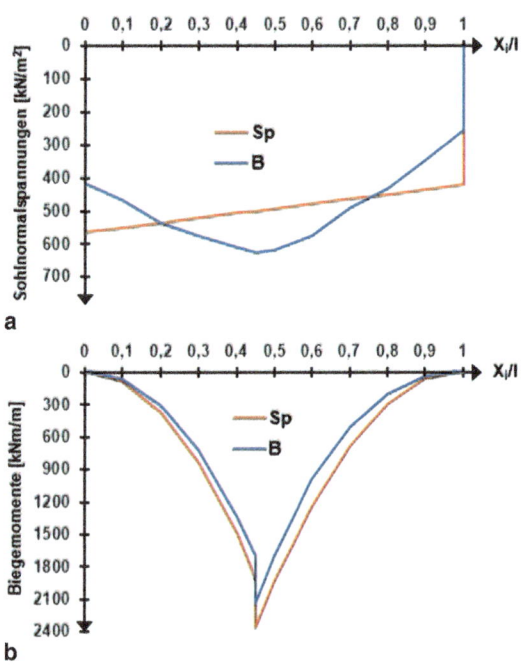

Abb. 2.50 Zusammenstellung der Ergebnisse. **a** Sohlnormalspannung, **b** Biegemomente; B Bettungsmodulverfahren, Sp Spannungstrapezverfahren

Zum Vergleich werden die Ergebnisse für die elastisch gebettete Fundamentplatte denen der starren Fundamentplatte aus dem vorherigen Beispiel gegenübergestellt. In Tab. 2.5 ist der Vergleich der Sohlnormalspannungen und in Tab. 2.6 der Vergleich der Biegemomente tabellarisch dargestellt. Der grafische Vergleich der Sohlnormalspannungen und der Biegemomente ist Abb. 2.50 abgebildet. ◄

2.2 Flachgründung

Beispiel 2.8

Beispiel für die Berechnung der Spannungsverteilung und der Biegemomente nach dem Bettungsmodulverfahren für eine Stahlbetonplatte (s. Abb. 2.51). Die Berechnung erfolgt für den kennzeichnenden Querschnitt.

Berechnungsgrundlagen

- Einwirkungen: Ständige Lasten Wandlasten $\overline{P}_1 = 320\,\text{kN/m}$ / $\overline{P}_2 = 620\,\text{kN/m}$ / $\overline{P}_3 = 220\,\text{kN/m}$ / $\overline{P}_4 = 320\,\text{kN/m}$
- Plattenfundament: Abmessungen $b_x = 12{,}04\,\text{m}$ / $b_y = 24{,}00\,\text{m}$; Plattendicke $d_0 = 0{,}60\,\text{m}$; Festigkeitsklasse C 20/25; Elastizitätsmodul $E_{cm} = 30.000\,\text{MN/m}^2$; Wichte Beton $\gamma_{Beton} = 25\,\text{kN/m}^3$; Einbindetiefe $d = 0{,}80\,\text{m}$
- Baugrund: halbfester Lehm; Wichte Boden $\gamma_k = 21\,\text{kN/m}^3$; Steifemodul $E_s = 15.000\,\text{kN/m}^2$; Schichtstärke $z = 7\,\text{m}$

Die Nachweise erfolgen nach DIN 1054 für die Bemessungssituation BS-P ($\gamma_G = 1{,}35$; $\gamma_Q = 1{,}50$).

Bestimmung der Systemsteifigkeit:

$$K = \frac{E}{12 \cdot E_s} \cdot \left(\frac{d}{L}\right)^3$$

x-Richtung:

$$K_x = \frac{30.000.000}{12 \cdot 15.000} \cdot \left(\frac{0{,}60}{12{,}04}\right)^3 = 0{,}021 < 0{,}1 \rightarrow \text{elastisch}$$

y-Richtung:

$$K_y = \frac{30.000.000}{12 \cdot 15.000} \cdot \left(\frac{0{,}60}{24}\right)^3 = 0{,}0026 \approx 0 \rightarrow \text{schlaff}$$

Abb. 2.51 Grundplatte in Stahlbeton unter einem Gebäude

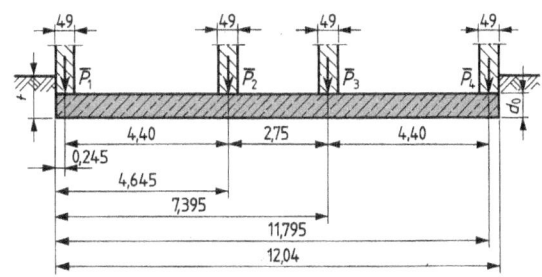

Ermittlung der Setzung:
Die Setzung wird für den kennzeichnenden Punkt ermittelt.
Vorhandene Sohlnormalspannung:

$$\sigma_0 = \frac{P_1 + P_2 + P_3 + P_4}{b_x} + d_0 \cdot y_B = \frac{320 + 620 + 220 + 320}{12,04} + 0,60 \cdot 25$$
$$= 137,9 \, kN/m^2$$

Maßgebende Sohlnormalspannung:

$$\sigma_1 = \sigma_0 - y \cdot d = 137,9 - 21 \cdot 0,80 = 121,10 \, kN/m^2$$

Setzungseinflusstiefe:

$$z = 7,0 \, m$$

Verhältnis der Lastfläche:

$$\frac{a}{b} = \frac{24}{12,04} = 1,99$$

Tiefenverhältnis:

$$\frac{z}{b} = \frac{7}{12,04} = 2,0$$

Setzungseinflussbeiwert $f_k = 0,407$ nach Diagramm DIN 4019 bzw. Teil 1.
Setzung:

$$s = \sigma_1 \cdot b \cdot \frac{f}{E_s} = 121,10 \cdot 12,04 \cdot \frac{0,407}{15.000} = 0,040 \, m = 4 \, cm$$

Bestimmung Bettungsmodul:

$$k_s = \frac{\sigma_0}{s} = \frac{121,10}{0,04} = 3027,50 \, kN/m^3$$

Elastische Länge (Berechnungsansatz für einen 1 m breiten Streifen):

$$L = \sqrt[4]{\frac{E_{cm} \cdot d_0^3}{3 \cdot k_s}} = \sqrt[4]{\frac{30.000.000 \cdot 0,60^3}{3 \cdot 3027,50}} = 5,17 \, m$$

Längenverhältnis:

$$\lambda = \frac{l}{L} = \frac{12,04}{5,17} = 2,33$$

Ermittlung der Bemessungswerte der einwirkenden Normalkräfte:

$$F_{d1} = \overline{P}_1 \cdot \gamma_G = 320 \cdot 1,35 = 432 \, kN/m$$
$$F_{d2} = \overline{P}_2 \cdot \gamma_G = 620 \cdot 1,35 = 837 \, kN/m$$
$$F_{d3} = \overline{P}_3 \cdot \gamma_G = 220 \cdot 1,35 = 297 \, kN/m$$
$$F_{d4} = \overline{P}_4 \cdot \gamma_G = 320 \cdot 1,35 = 432 \, kN/m$$

2.2 Flachgründung

Berechnung der Sohlnormalspannungen:

$$\sigma_i = \sigma_{g,d} + \sum \sigma_{i,d}$$

$$\sigma_{i,d} = \zeta_{ik} \cdot K_{\sigma,Fd}$$

$$K_{\sigma,Fd} = \frac{F_d}{l \cdot b}$$

Lastfaktor für F_{d1} bei $x_k = 0{,}245$ m:

$$K_{\sigma,Fd1} = \frac{F_d}{l \cdot b} = \frac{432}{12{,}04} = 35{,}90\,kN/m^2$$

Lastfaktor für F_{d2} bei $x_k = 4{,}645$ m:

$$K_{\sigma,Fd2} = \frac{F_d}{l \cdot b} = \frac{837}{12{,}04} = 69{,}50\,kN/m^2$$

Lastfaktor für F_{d3} bei $x_k = 7{,}395$ m:

$$K_{\sigma,Fd3} = \frac{F_d}{l \cdot b} = \frac{297}{12{,}04} = 24{,}70\,kN/m^2$$

Lastfaktor für F_{d4} bei $x_k = 11{,}795$ m:

$$K_{\sigma,Fd4} = \frac{F_d}{l \cdot b} = \frac{432}{12{,}04} = 35{,}90\,kN/m^2$$

Einflusszahl ζ_{ik} für P nach Abb. 2.24 bis 2.30:

$$\text{für } \lambda = 2{,}33 \text{ und } F_{d1}: \quad \frac{x_k}{l} = \frac{0{,}245}{12{,}04} = 0{,}02$$

$$F_{d2}: \quad \frac{x_k}{l} = \frac{4{,}645}{12{,}04} = 0{,}39$$

$$F_{d3}: \quad \frac{x_k}{l} = \frac{7{,}395}{12{,}04} = 0{,}61$$

$$F_{d4}: \quad \frac{x_k}{l} = \frac{11{,}795}{12{,}04} = 0{,}98$$

Eigengewicht der Platte:

$$\sigma_{g,d} = \gamma_B \cdot d_0 \cdot \gamma_G = 25 \cdot 0{,}60 \cdot 1{,}35 = 20{,}25\,kN/m^2$$

Die Berechnung erfolgt tabellarisch. Die Ergebnisse sind in Tab. 2.7 dargestellt.

Tab. 2.7 Berechnung der Sohlnormalspannungen nach dem Bettungsmodulverfahren

Last	1		2		3		4		Sohlnormalspannung	
F_d	432 kN/m		837 kN/m		297 kN/m		432 kN/m		Infolge Lasten	Gesamt
x_k/l	0,02		0,39		0,61		0,98			
$K_{\sigma,Fd}$	35,90 kN/m²		69,50 kN/m²		24,70 kN/m²		35,90 kN/m²			
Punkt i mit x_i/l	$\zeta_{i,1}$ –	$\sigma_{i,1}$ kN/m²	$\zeta_{i,2}$ –	$\sigma_{i,2}$ kN/m²	$\zeta_{i,3}$ –	$\sigma_{i,3}$ kN/m²	$\zeta_{i,4}$ –	$\sigma_{i,4}$ kN/m²	$\sum \sigma_{i,d}$ kN/m²	σ_i
1	2	3	4	5	6	7	8	9	10	11
0	4,73	169,8	1,24	86,2	0,01	0	−1,25	−44,9	211,1	231,4
0,1	3,70	132,8	1,30	90,4	0,28	6,9	−0,95	−34,1	196,0	216,3
0,2	2,74	98,4	1,37	95,2	0,59	14,6	−0,64	−23,0	185,2	205,5
0,3	1,88	67,5	1,38	95,9	0,80	19,8	−0,27	−9,7	173,5	193,8
0,4	1,20	43,1	1,37	95,2	1,05	25,9	0,11	3,9	168,1	188,4
0,5	0,60	21,5	1,25	86,9	1,25	30,9	0,60	21,5	160,8	181,1
0,6	0,11	4,0	1,05	73,0	1,37	33,8	1,20	43,1	153,9	174,2
0,7	−0,27	−9,7	0,80	55,6	1,38	34,1	1,88	67,5	147,5	167,8
0,8	−0,64	−23,0	0,59	41,0	1,37	33,8	2,74	98,4	150,2	170,5
0,9	−0,95	−34,1	0,28	19,5	1,30	32,1	3,70	132,8	150,3	170,6
1,0	−1,25	−44,9	0,01	0,70	1,24	30,6	4,73	169,8	156,2	176,5

Berechnung der Biegemomente:

$$M_i = \sum M_{i,d}$$

$$M_{i,d} = \eta_{i,k} \cdot K_{M,Fd}$$

$$K_{M,Fd} = F_d \cdot l$$

Lastfaktor für F_{d1} bei $x_k = 0{,}245$ m:

$$K_{M,Fd1} = F_{d1} \cdot l = 432 \cdot 12{,}04 = 5202 \, \text{kNm/m}$$

Lastfaktor für F_{d2} bei $x_k = 4{,}645$ m:

$$K_{M,Fd2} = F_{d2} \cdot l = 837 \cdot 12{,}04 = 10.078 \, \text{kNm/m}$$

Lastfaktor für F_{d3} bei $x_k = 7{,}395$ m:

$$K_{M,Fd3} = F_{d3} \cdot l = 297 \cdot 12{,}04 = 3576 \, \text{kNm/m}$$

Lastfaktor für F_{d4} bei $x_k = 11{,}795$ m:

$$K_{M,Fd4} = F_{d4} \cdot l = 432 \cdot 12{,}04 = 5202 \, \text{kNm/m}$$

2.2 Flachgründung

Einflusszahl η_{ik} für P nach Abb. 2.31 bis 2.36:

für $\lambda = 2{,}33$ und F_{d1}: $\dfrac{x_k}{l} = \dfrac{0{,}245}{12{,}04} = 0{,}02$

F_{d2}: $\dfrac{x_k}{l} = \dfrac{4{,}645}{12{,}04} = 0{,}39$

F_{d3}: $\dfrac{x_k}{l} = \dfrac{7{,}395}{12{,}04} = 0{,}61$

F_{d4}: $\dfrac{x_k}{l} = \dfrac{11{,}795}{12{,}04} = 0{,}98$

Die Berechnung erfolgt tabellarisch. Die Ergebnisse sind in Tab. 2.8 dargestellt.

In Abb. 2.52 ist der Verlauf der Sohlnormalspannungen und der Biegemomente dargestellt. ◄

Tab. 2.8 Berechnung der Biegemomente nach dem Bettungsmodulverfahren

Last	1		2		3		4		Biegemomente
F_d	432 kN/m		837 kN/m		297 kN/m		432 kN/m		Infolge Lasten
x_k/l	0,02		0,39		0,61		0,98		
$K_{M,Fd}$	5202 kNm/m		10.078 kNm/m		3576 kNm/m		5202 kNm/m		
Punkt i mit x_i/l	$\eta_{i,1}$	$M_{i,1}$	$\eta_{i,2}$	$M_{i,2}$	$\eta_{i,3}$	$M_{i,3}$	$\eta_{i,4}$	$M_{i,4}$	$M_{Ed} = \sum M_{i,d}$
	–	kNm/m	–	kNm/m	–	kNm/m	–	kNm/m	kNm/m
1	2	3	4	5	6	7	8	9	10
0	0	0	0	0	0	0	0	0	0
0,02	0,001	5,2	0,001	10,1	0,000	0	−0,001	−5,2	10,1
0,1	−0,058	−301,7	0,006	60,5	0,000	1,4	−0,006	−32,3	−272,1
0,2	−0,100	−520,2	0,026	262,1	0,003	12,5	−0,021	−109,2	−354,8
0,3	−0,111	−577,4	0,059	594,6	0,012	42,9	−0,043	−223,7	−163,6
0,39	−0,107	−558,7	0,099	997,7	0,026	94,4	−0,065	−336,1	197,3
0,4	−0,107	−556,6	0,093	937,3	0,028	100,1	−0,067	−348,5	132,3
0,5	−0,091	−473,4	0,055	554,3	0,055	196,7	−0,091	−473,4	−195,8
0,6	−0,067	−348,5	0,028	282,2	0,093	332,6	−0,107	−556,6	−290,3
0,61	−0,065	−336,0	0,026	266,1	0,099	354,0	−0,107	−558,7	−274,6
0,7	−0,043	−223,7	0,012	120,9	0,059	211,0	−0,111	−577,4	−469,2
0,8	−0,021	−109,2	0,003	35,3	0,026	93,0	−0,10	−520,2	−501,1
0,9	−0,006	−32,3	0,000	4,1	0,006	21,5	−0,058	−301,7	−308,4
0,98	−0,001	−5,2	0,000	1,0	0,001	3,6	0,001	5,2	4,6
1,0	0	0	0	0	0	0	0	0	0

Abb. 2.52 Verlauf.
a Sohlnormalspannung, **b** Biegemomente

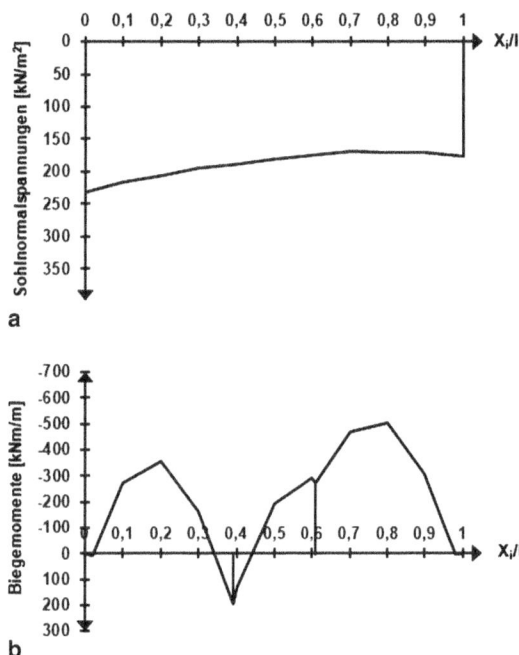

2.2.4 Flachgründung von Türmen und Masten

Die Gründungsfläche von Türmen ist i. d. R. kreisförmig. Da die Fundamente grundsätzlich durch Wind belastet werden, kann dies zur Schiefstellung des Bauwerks führen. Um dies entgegenzuwirken, wurde festgelegt, dass Gründungen dieser Art mittels Ringfundamenten herzustellen sind. Günstig an dieser Ausführung ist, dass die Kernweite vergrößert wird und dadurch die Wirkung des Windes auf die Sohlspannung reduziert wird. Ein Beispiel hierfür ist die Gründung des Fernsehturms in Stuttgart. Das Fundament wurde mittels Scheiben mit dem äußeren Ring verbunden (s. Abb. 2.53). Der Durchmesser des Fundaments ist größer als der Durchmesser des Turms.

Maste mit kleinem Momentenangriff werden mittels Einzelfundamenten gegründet. Bei großem Momentenangriff ist es zweckmäßig, auf vier Einzelfundamenten zu gründen,

Abb. 2.53 Fundament des Stuttgarter Fernsehturms (schematisch)

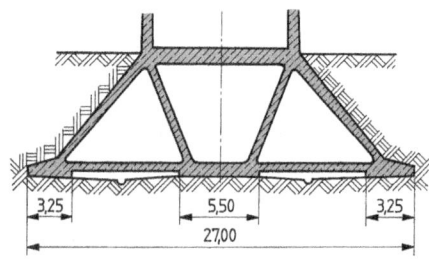

2.2 Flachgründung

die je nach Art der Belastung ggf. auch auf Zug beansprucht werden. Bei nur einachsiger großer Horizontalkraft ist es möglich, auch auf zwei oben durch einen Balken verbundene Fundamente zu gründen.

In [12] beschreibt Steckner ein Berechnungsverfahren für eingespannte Blockfundamente, mit dem es möglich ist, leicht auskragende Konstruktionen mit vergleichsweiser hoher Momentenbeanspruchung zu dimensionieren.

2.2.5 Flachgründungen im Grundwasser und im offenen Wasser

Die Gründung des Bauwerks erfolgt im Schutze einer Wasserhaltung oder auf Unterwasserbeton (vgl. Abschn. 1.3 und 1.4 sowie Kap. 5).

2.2.5.1 Gründung unter Wasserhaltung

Im Grundwasserbereich kann die Baugrube geböscht oder durch einen Verbau (z. B. eine Spundwand) gesichert werden. Die Wasserhaltung erfolgt je nach Verbau und Schichtung des Untergrundes durch eine offene Wasserhaltung oder durch eine Grundwasserabsenkung. Das Grundwasser kann temporär oder permanent abgesenkt werden. Um die Standsicherheit von Baugruben zu gewährleisten, müssen diese so dimensioniert werden, dass ein Versagen infolge des Grundwassers (hydraulischer Grundbruch und Auftrieb) ausgeschlossen ist.

Bei einer temporären Absenkung steigt das Grundwasser nach Abschluss der Bauarbeiten wieder an, so dass das Bauwerk zur Trockenhaltung z. B. durch eine wasserdruckhaltende Außen- oder Innendichtung bzw. durch einen wasserdichten Beton („weiße Wanne") abgedichtet werden muss. Die „weiße Wanne" wird nach der WU-Richtlinie des DAfStb als WU-Wanne bezeichnet und bemessen. Erfolgt die Trockenhaltung durch eine Abdichtung sind die Vorgaben der DIN 18533-1 bis DIN 18533-3 zu beachten. Anhand von Wassereinwirkungsklassen erfolgen in der DIN 18533-1 Vorgaben zu Abdichtung bzw. Dränung. Zur Festlegung der Wassereinwirkungsklasse werden die Bodenverhältnisse sowie die Wasserbelastung berücksichtigt. Der Durchlässigkeitsbeiwert k stellt dabei einen wichtigen Kennwert zur Klassifizierung der Bodenverhältnisse sowie der Wasserbeanspruchungsart dar. Ist z. B. der Durchlässigkeitsbeiwert $k \geq 10^{-4}$ m/s, so ist der Boden stark durchlässig und eine Dränung ist nicht erforderlich (Wassereinwirkungsklasse W1.1-E – Bodenfeuchte und nicht drückendes Wasser bei Bodenplatten und erdberührten Wänden). Eine ausführliche Darstellung zum Thema Schutz und Abdichtung von Grundbauwerken ist in Kap. 7 enthalten.

Bei einer permanenten Grundwasserabsenkung können Dränschichten mit den jeweiligen Dränelementen nach DIN 4095 eingebaut werden. Das Ziel einer Dränanlage ist zum einen der Schutz der Bodenteilchen vor Ausspülung. Zum anderen wird mit dieser Anlage verhindert, dass drückendes Wasser eintritt. Die Dränanlage besteht aus Drän (Dränleitung und Dränschicht), Kontroll- und Spüleinrichtungen sowie Ableitungen. Die Dränschicht kann eine filterfeste Sickerschicht (Mischfilter) oder eine getrennte Filterschicht

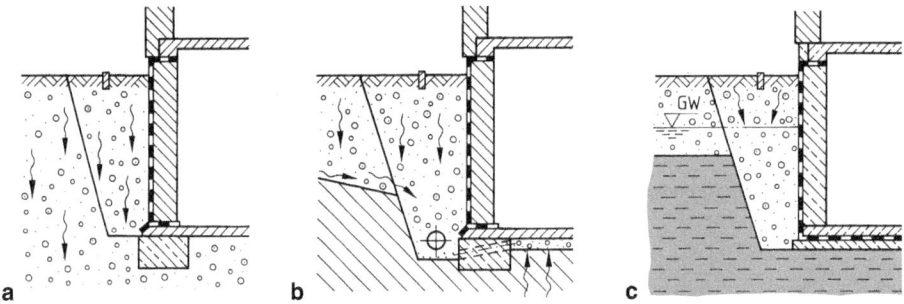

Abb. 2.54 Fälle zur Festlegung der Dränung nach DIN 4095. **a** Abdichtung ohne Dränung (Bodenfeuchtigkeit in stark durchlässigen Böden), **b** Abdichtung mit Dränung (Stau- und Sickerwasser in schwach durchlässigen Böden), **c** Abdichtung ohne Dränung (mit Grundwasser)

(nimmt das Wasser auf) und eine Sickerschicht (leitet das Wasser ab) sein. Dränelemente sind Einzelteile für die Herstellung eines Dräns, wie z. B. Dränrohre, Dränplatten, Dränsteine, Geotextilien und Dränmatten (Verbundelemente). Eine Trennschicht zwischen Bodenplatte und Dränschicht verhindert das Einschlämmen von Zementleim beim Betonieren. Abb. 2.54 zeigt Fälle zur Festlegung der Dränmaßnahmen (nach DIN 4095). Die DIN 4095 bildet die Grundlage für die Entscheidung, ob eine Dränung erforderlich ist.

a) In einem stark durchlässigen Boden ohne Grundwasser tritt nur Bodenfeuchtigkeit auf. Maßnahme: Abdichtung.
b) Kann das anfallende Stau- und Sickerwasser in einem schwach durchlässigen Boden sicher über eine Dränung beseitigt werden, ohne dass Wasserdruck auftritt, so lautet die Maßnahme: Abdichtung mit Dränung.
c) Steht drückendes Grundwasser an oder ist eine Ableitung des anstehenden Stau- oder Sickerwassers über eine Dränung nicht möglich, so lautet die Maßnahme: Abdichtung ohne Dränung.

Abb. 2.55 zeigt Dränageanlagen nach DIN 4095. Bei der Dränageanlage mit mineralischer Dränschicht (s. Abb. 2.55a) kann vor der Wand an Stelle der 50 cm dicken Kiesschicht Körnung $\varnothing\,0/8$ mm (Mischfilter) alternativ eine 10 cm dicke Filterschicht Körnung $\varnothing\,0/4$ mm und eine 20 cm dicke Sickerschicht Körnung $\varnothing\,4/16$ mm gewählt werden. Unter Bodenplatten ist im Regelfall bei Flächen $>200\,m^2$ zusätzlich zur Ringdränung (s. Abb. 2.55c) ein Flächendrän zu planen, der zur Ringdränung entwässert.

Anzustreben ist eine Ableitung des Wassers mit natürlicher Vorflut. Ist dies nicht möglich, müssen die Dränanlagen in einen Pumpensumpf einmünden, aus dem Wasser abgepumpt wird.

Nach DIN 4095 ist möglichst eine Ringleitung anzustreben. Dränrohre $\varnothing \geq 100$ mm, Sohlgefälle $I \geq 0{,}5\,\%$, Sickerpackungen $I \geq 1\,\%$. Ständige Absenkungen erfordern oft

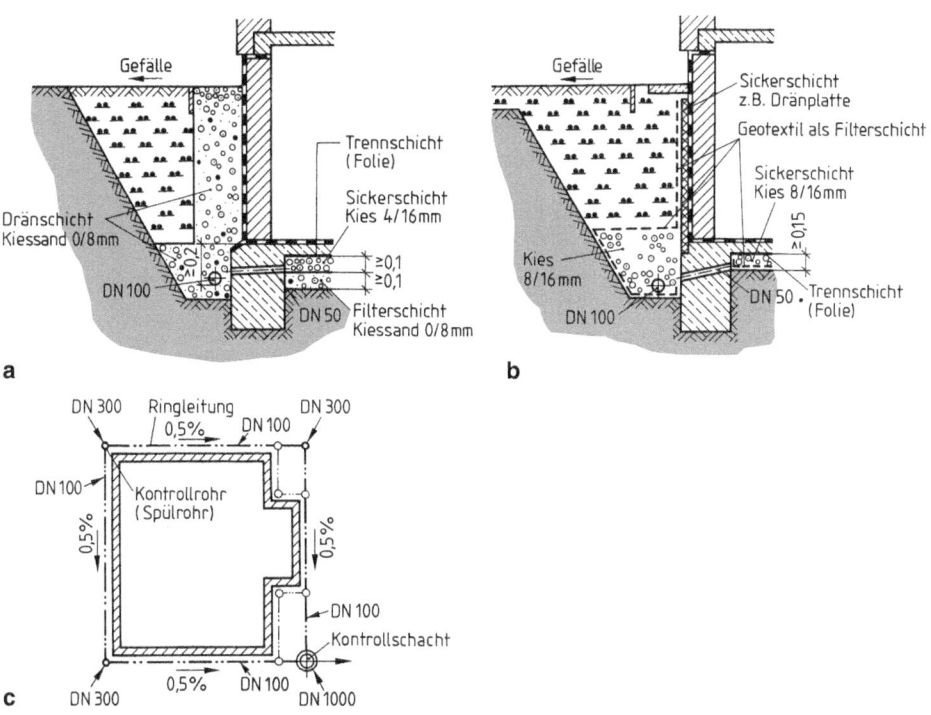

Abb. 2.55 Dränanlagen nach DIN 4095. **a** Mit mineralischer Dränschicht, **b** mit Dränelementen, **c** Ringdränung mit Kontroll- und Reinigungseinrichtungen

eine Genehmigung im Sinne des Wasserhaushaltsgesetzes. Bei Einleitung in einen Kanal können ggf. Kanalgebühren gefordert werden.

2.2.5.2 Gründung mit Unterwasserbeton

Für eine wasserdichte Baugrube können die Wände wasserdicht z. B. durch eine Spundwand oder Schlitzwand gesichert werden. Für eine wasserdichte Sohle kann ein Unterwasserbeton eingebracht werden. Der Bodenaushub erfolgt unter Wasser (meist durch Greifbagger). Nach Abschluss des Aushubs wird die Sohle unter Wasser betoniert. Für das Betonieren wird ein Frischbeton mittels Fallrohre (Kontraktorverfahren/Hop-Dobber-Verfahren), Spezialkübeln (Kübelverfahren), Fallschläuchen (Hydroventilverfahren), Säcken (Sackschüttung) oder Pumpleitungen (Pumpverfahren) eingebracht. Bewährt hat sich das Kontraktorverfahren (s. Abb. 2.56). Beim Kontraktorverfahren wird ein Trichter mit einem bis auf den Boden reichendem dichten Schüttrohr (Durchmesser 20 bis 30 cm) höhenverschieblich eingestellt. Zu Beginn des Betoniervorgangs wird das aus Stahl bestehende Schüttrohr mit einem Stopper z. B. Gummiball verschlossen, um das Durchfallen des Betons zu verhindern. Nachdem der Trichter mit ausreichend Beton aufgefüllt ist, wird der Stopper losgelassen, so dass der Beton im Schüttrohr absinken kann. Durch das leichte

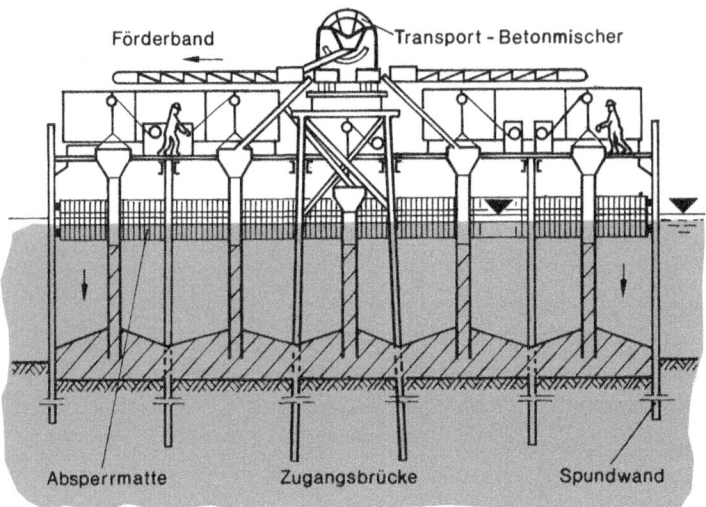

Abb. 2.56 Herstellen von Unterwasserbeton im Kontraktorverfahren

Ziehen des Schüttrohrs kann der Beton seitlich entweichen. Dabei ist darauf zu achten, dass das Schüttrohr ca. 1 m in den Frischbeton hineinreicht, um ein Entmischen zu verhindern. Nach dem Lenzen der Baugrube ist zu beachten, dass die Sohle unter Auftrieb steht und gegebenenfalls eine Auftriebssicherung z. B. durch eine Rückverankerung mittels Rüttelinjektionspfähle und Verpressanker erforderlich wird.

Unterwasserbeton kommt i. d. R. nur für unbewehrte Bauteile in Betracht. Zur Erhöhung der Duktilität und der Tragfähigkeit des Betons können dem Unterwasserbeton Stahlfasern zugegeben werden (s. a. [13]). Nach DIN 1045-2 Abs. 5.3.4 werden an einen Unterwasserbeton verschiedene Anforderungen gestellt. Zum Beispiel darf der Wasserzementwert 0,60 mit überschritten werden und der Mindestgehalt an Zement muss bei Gesteinskörnungen mit einem Größtkorn von 32 mm mindestens 350 kg/m^3 betragen.

Bei der Planung einer Unterwasserbetonsohle sind auf alle Fälle Maßtoleranzen zu berücksichtigen. Diese können in einer Größenordnung von ± 5 bis ± 10 cm liegen.

Weitere Angaben z. B. zum Einbauverfahren, zur Planung oder zu Eigenschaften und Zusammensetzung des Betons sind im DBV-Merkblatt Unterwasserbeton enthalten. Im Leitfaden Kontraktorbeton für Tiefgründungen der Arbeitsgruppe „Beton" der „European Federation of Foundation Contractors" (EFFC) und des „Deep Foundations Institute" (DFI) finden sich Informationen zum Kontraktorbeton.

2.3 Tiefgründung mittels Flächengründung

Liegen die tragfähigen Baugrundschichten tiefer unterhalb der Bauwerkssohle, können die Lasten als Tiefgründung mittels Flächengründung abgetragen werden. Nach der Art der Lastübertragung wird unterschieden in Gründung auf einzelnen Pfeilern und Gründung auf großflächigen Gründungskörpern.

Pfeilergründungen unterscheiden sich nach der Art und Weise der Sicherung der Schächte beim Abteufen (s. Abschn. 2.3.1).

Großflächige Gründungskörper können bei zunächst fehlender Sohlplatte durch Abgraben im Innern (ggf. auch unter Druckluft) abgesenkt (Senkkästen, s. Abschn. 2.3.2 und 2.3.3) oder bei Gründung in offenem Wasser als Fertigteil auf eine vorbereitete Gründungsfläche abgesetzt werden (Schwimmkastengründung, s. Abschn. 2.3.4).

2.3.1 Pfeilergründung

Pfeiler (Grundpfeiler) eignen sich zum Abtragen von überwiegend vertikalen Lasten. Die Lastübertragung erfolgt in der Gründungssohle. Zur Erhöhung der Tragfähigkeit wird der Pfeilerfuß meist verbreitert. Mehrere in gemeinsamer offener Baugrube erstellte Pfeiler können auch auf durchlaufenden Stahlbetonstreifenfundamenten gegründet werden. In einfachen Fall kann der Bemessungswert des Sohlwiderstandes nach DIN 1054 angesetzt werden. In allen anderen Fällen ist nachzuweisen, dass die Grundbruchsicherheit erfüllt ist und dass die zu erwartenden Setzungen zulässig sind (s. a. Abschn. 2.3.2.5). Unter dem Bauwerk werden die Pfeiler so verteilt, dass zunächst an den Stellen, an denen Kraftangriffspunkte sind, Grundpfeiler vorgesehen werden. Die so entstehenden Abstände sind durch Anordnung weiterer Pfeiler so zu teilen, dass die Pfeilerabstände je nach Belastung und Konstruktion $\approx$ 2 bis 4 m und mehr betragen. Bei Gebäuden sollten Pfeiler nicht unter größeren Öffnungen stehen. An ihrem oberen Ende werden die Pfeiler durch Stahlbetonbalken (s. Abb. 2.57) miteinander verbunden.

Die Herstellungsmethoden unterscheiden sich nach der Art der Sicherung der Baugrube bzw. Schächte.

Geböschte Baugruben sind im Allgemeinen sehr aufwendig und werden selten ausgeführt. Wirtschaftlicher ist meist die Errichtung der Pfeiler in durchlaufenden, kanalmäßig ausgesteiften Baugruben (s. Abb. 2.57).

In vorübergehend standfestem Boden können senkrechte Schächte mit Drehbohrgeräten bzw. mit Tiefschachteinrichtungen mehrere Meter tief ohne Ausbau geschachtet werden. Diese ungesicherten Schächte dürfen entsprechend den Unfallverhütungsvorschriften nicht betreten werden. Eine fußartige Verbreiterung ist daher nicht möglich. Diese sind sofort nach Aushub mit Beton zu verfüllen. Der Einbau des Betons erfolgt zweckmäßig mit Trichtern, deren Verlängerungsrohr bis zur Sohle reicht. Bei der Verwendung von Fertigbeton wird das Transportrohr bis zur Sohle geführt. Damit wird erreicht, dass der Beton im Schacht aufsteigt und einfallende Erdbrocken auf der Oberfläche des Betons bleiben.

Abb. 2.57 Gründung eines Hauses auf einzelnen Grundpfeilern

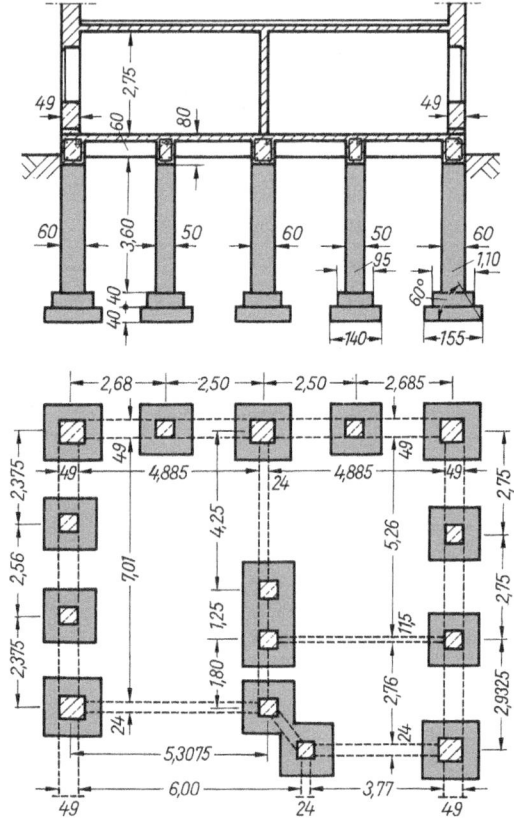

Baugruben und Gräben dürfen nach DIN 4124, Abschn. 4.2.2 bis zu einer Tiefe von 1,25 m ohne besondere Sicherung senkrecht ausgeschachtet werden (vgl. Abschn. 1.2.1.3). Sollen größere Tiefen bei betretbaren Schächten ausgeschachtet werden, müssen diese abschnittsweise verbaut werden. Dafür können folgende Verfahren zum Einsatz kommen:

- Sicherung durch Spritzbeton,
- Sicherung durch mit Schalung eingebauten Beton,
- Sicherung durch Frostkörper (s. Teil 1, Abschn. 11.6),
- Erstellung im Schutze abgesenkter zylindrischer Körper,
- Erstellung im Schlitzwandverfahren (s. Abschn. 1.2.5).

Bei der Sicherung durch Spritzbeton wird die Schachtwand dem Aushub folgend abschnittsweise durch bewehrten Spritzbeton (Dicke d $\approx$ 15 bis 25 cm) gesichert. Das Fehlen sämtlicher Aussteifungen erlaubt einen zügigen Arbeitsfortschritt. Abb. 2.58 zeigt die durch bewehrten Spritzbeton gesicherte Ausschachtung für die Grundpfeiler einer Brücke ($\varnothing$ 2,5 m, Tiefe 10 m) durch locker gelagerte Moräne. In Abb. 2.59 ist die Gründung von zwei Pfeilern der Kochertalbrücke zu sehen. Hier wurden jeweils zwei kreisförmige

Abb. 2.58 Schachtaushub mit Spritzbetonbauweise

Abb. 2.59 Gründung eines Brückenpfeilers auf zwei Grundpfeilern

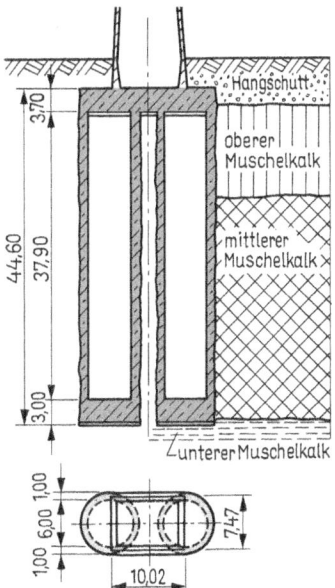

Schächte (∅ 8,30 m, Achsabstand 10,02 m) ca. 44 m tief abgeteuft und durch eine bewehrte Spritzbetonschale gesichert (vgl. [14]). Nach Verpressen von Klüften unterhalb der Gründungssohle mit Zementmörtel wurde eine 3 m dicke Gründungsplatte betoniert. Die Übertragung der Lasten erfolgt durch Hohlzylinder (Wandstärke 1,00 m). Diese sind oben durch eine 3,70 m dicke Kopfplatte verbunden. Diese trägt die über 90 m hohen Brückenpfeiler. Die Hohlräume der Gründungspfeiler wurden mit Aushubboden verfüllt.

Bei der Sicherung durch mit Schalung eingebauten Beton wird nach Ausschachtung eines Abschnitts die Schalung eingebaut und der Ringraum zwischen Schalung und Schachtwand betoniert.

Soll die Baugrube im Schutze abgesenkter zylindrischer Körper hergestellt werden, so werden i. Allg. Rohre als Sicherung eingebracht. Diese sollten dem Aushub im Rohrinnern möglichst voreilen, damit örtliche Einbrüche am unteren Rohrkranz vermieden werden. Die Rohre können im Boden verbleiben (Brunnengründung s. Abschn. 2.3.2) oder wiedergewonnen werden (Gründung auf Bohrpfeilern). Gründung auf Bohrpfeilern. Bei der Gründung auf Bohrpfeilern entspricht die Herstellung von Bohrpfeilern in etwa derjenigen von Großbohrpfählen. Sie sind oft kürzer als Pfähle und übertragen die Lasten nur in der Gründungssohle. Zur Erhöhung der Tragfähigkeit erhalten diese i. d. R. eine Fußverbreiterung.

Beispiel 2.9

Für die Grundpfeiler eines Hauses (s. Abb. 2.60) sollen die Abmessungen des Einzelfundamentes bestimmt werden.

Berechnungsgrundlagen

- Einwirkungen: Ständige Lasten auf das Einzelfundament $V_k = 830\,\text{kN}$
- Fundament: Dicke $d_0 = 0{,}40\,\text{m}$; Einbindetiefe $d = 3{,}40\,\text{m}$; Wichte Beton $\gamma_{\text{Beton}} = 25\,\text{kN/m}^3$; setzungsempfindliches Bauwerk
- Baugrund: Grobsand; Lagerungsdichte: mitteldicht
- Auffüllung: Wichte $\gamma = 17\,\text{kN/m}^3$

Der vereinfachte Nachweis erfolgt nach DIN 1054 für den Grenzzustand GEO-2 und für die Bemessungssituation BS-P ($\gamma_G = 1{,}35$; $\gamma_Q = 1{,}50$).

Zur Einsparung von Kosten werden die Einzelfundamente in kanalmäßig ausgesteiften Gräben mit rechteckiger Sohlfläche erstellt.

Gewählt: $b_x = 1{,}0\,\text{m}$

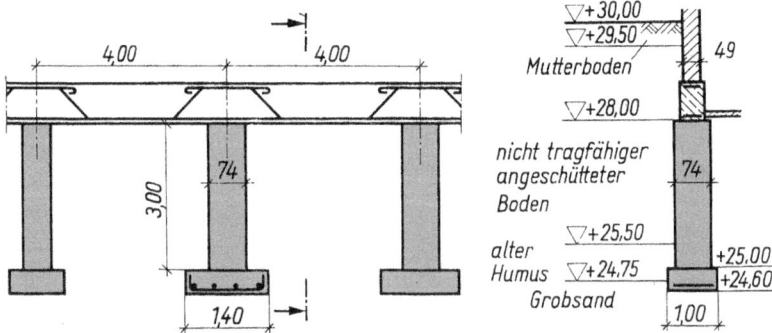

Abb. 2.60 Hausmauer auf Grundpfeilern

2.3 Tiefgründung mittels Flächengründung

Ermittlung Bemessungswert Sohlwiderstand:

- zulässiger Sohlwiderstand $\sigma_{R,d}$ nach DIN 1054, Tab. A 6.2: $\sigma_{R,d} = 700\,\text{kN/m}^2$
- Annahme Seitenverhältnis: $b_y/b_x < 2 \Rightarrow$ Erhöhung des Sohlwiderstands $\sigma_{R,d}$ nach DIN 1054, A 6.10.2.2 um 20 %: $\sigma_{R,d} = 1{,}2 \cdot 700 = 840\,\text{kN/m}^2$

Einbindetiefe $d > 2{,}00\,\text{m} \Rightarrow$ Erhöhung des Sohlwiderstands $\sigma_{(R,d)}$ nach DIN 1054, A 6.10.1 A (5) um das 1,40-fache der Bodenentlastung ab 2 m Tiefe: Die Einbindetiefe beträgt 3,40 m. Maßgebende Tiefe ab 2,0 m: $d = 3{,}40 - 2 = 1{,}40\,\text{m}$.
Maßgebender Sohlwiderstand:

$$\sigma_{R,d} = \sigma_{R,d} + 1{,}40 \cdot d \cdot y = 840 + 1{,}40 \cdot 1{,}40 \cdot 17 = 873{,}32\,\text{kN/m}^2$$

Erforderliche Seitenlänge b_y des Fundaments:
Um die erforderliche Seitenlänge b_y zu bestimmen, kann die Gleichung der Sohldruckbeanspruchung

$$V_d = V_k \cdot \gamma_G + G_{F,k} \cdot \gamma_G + G_{E,k} \cdot \gamma_G$$

mit

V_k Einwirkung auf das Einzelfundament
$G_{F,k}$ Eigengewicht des Fundaments
$G_{E,k}$ Erdauflast

der Gleichung des Sohlwiderstands

$$\sigma_{R,d} = \sigma_{E,d} = \frac{V_d}{b_x \cdot b_y}$$

gleichgesetzt werden.
Für die Sohldruckbeanspruchung ergibt sich

$$V_d = V_k \cdot \gamma_G + y_B \cdot d_o \cdot b_x \cdot b_y \cdot \gamma_G + h \cdot y \cdot (b_x \cdot b_y - 0{,}74^2) \cdot \gamma_G$$
$$V_d = 830 \cdot 1{,}35 + 25 \cdot 0{,}40 \cdot 1{,}0 \cdot b_y \cdot 1{,}35 + 3{,}0 \cdot 17 \cdot (1{,}0 \cdot b_y - 0{,}74^2) \cdot 1{,}35$$
$$V_d = 82{,}35 \cdot b_y + 1082{,}80$$

Durch Einsetzen in die Gleichung des Sohlwiderstandes ergibt sich damit

$$873{,}32 = \frac{82{,}35 \cdot b_y + 1082{,}80}{1{,}0 \cdot b_y}$$

Durch Auflösen nach b_y ergibt sich eine Breite von

$$b_y = \frac{1082{,}80}{790{,}47} = 1{,}37\,\text{m} = 1{,}40\,\text{m}$$

Nachrechnung:
Beanspruchung des Fundaments:

$$V_k = 830\,\text{kN}$$

Eigengewicht des Fundaments:

$$G_{F,k} = \gamma_B \cdot d_0 \cdot b_x \cdot b_y = 25 \cdot 0{,}40 \cdot 1{,}0 \cdot 1{,}40 = 14\,\text{kN}$$

Erdauflast:

$$G_{E,k} = h \cdot \gamma \cdot (b_x \cdot b_y - 0{,}74^2) = 3{,}0 \cdot 17 \cdot (1{,}0 \cdot 1{,}40 - 0{,}74^2) = 43{,}47\,\text{kN}$$

Bemessungswert der vertikalen Beanspruchung:

$$V_d = V_k \cdot \gamma_G + G_{F,k} \cdot \gamma_G + G_{E,k} \cdot \gamma_G = 830 \cdot 1{,}35 + 14 \cdot 1{,}35 + 43{,}47 \cdot 1{,}35$$
$$= 1198{,}10\,\text{kN}$$

Bemessungswert der Sohldruckbeanspruchung:

$$\sigma_{E,d} = \frac{V_d}{b_x \cdot b_y} = \frac{1198{,}10}{1{,}0 \cdot 1{,}40} = 855{,}79\,\text{kN/m}^2$$

Nachweis:

$$\sigma_{E,d} = 855{,}79\,\text{kN/m}^2 < 873{,}32\,\text{kN/m}^2 = \sigma_{R,d} \quad \blacktriangleleft$$

2.3.2 Brunnen- und Senkkastengründung (offene Senkkästen)

Bei dieser Gründungsmethode (auch Senkbrunnengründung genannt) erfolgt die Stützung des Erdreichs durch vorgefertigte Umfassungswände, die durch Ausheben des Bodens im Innern in den tragfähigen Baugrund abgesenkt werden. Hierbei wird die Reibung an der abzusenkenden Umfassungswand durch die Eigenlast der Wand (und ggf. aufgebrachte Zusatzlasten oder hydraulische Pressen) überwunden.

Früher wurde versucht die Reibungskräfte dadurch zu verringern, dass die Brunnen nach oben um etwa 1/15 bis 1/7,5 ihrer Höhe verjüngt wurden. Dabei sackte das außen anstehende Erdreich nach, was zu Schäden an Nachbargebäuden führte und das maßgerechte Einbringen erschwerte. Heute werden Brunnen und Senkkästen meist mit Hilfe der schmierenden Wirkung von Bentonitsuspensionen abgesenkt, die in den vom Schneidenabsatz gebildeten Ringspalt eingepresst werden. Dadurch werden die Reibungskräfte erheblich verringert und Schäden an benachbarten Bauwerken weitgehend ausgeschlossen und die Führung i. Allg. nicht beeinträchtigt.

2.3 Tiefgründung mittels Flächengründung

Das Verfahren dient zur Erstellung von Gründungen und zum Herstellen von offenen Schächten wie z. B. Brunnen oder Klärgruben. Die Ausführung ist bei geeignetem Boden auch im Grundwasser und in offenem Wasser möglich.

Abb. 2.61 zeigt einen Schachtbrunnen, der im Schutze einer thixotropen Flüssigkeit abgesenkt wurde. Dies verkleinerte die Wandreibung, ersparte eine zusätzliche Belastung und verhinderte eine Senkung bzw. ein Abfließen des umgebenden Erdreiches beim Absenken. Die Breite des mit Bentonitsuspension gefüllten Ringspaltes betrug 10 cm. Die Flüssigkeit wurde unter Verwendung von Führungsblechen (s. Abb. 2.62) eingefüllt oder eingepresst.

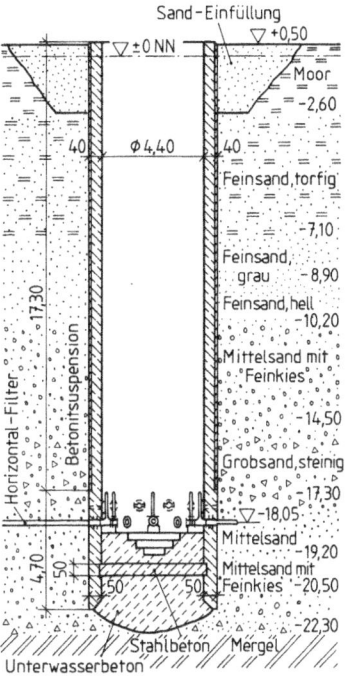

Abb. 2.61 Schachtbrunnen mit einem mit Bentonitsuspension gefüllten Ringspalt

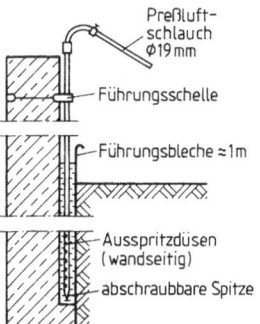

Abb. 2.62 Einpressen der Bentonitsuspension bei einer Brunnenabsenkung

Abb. 2.63 Absenken der Brunnen für eine Ufermauer

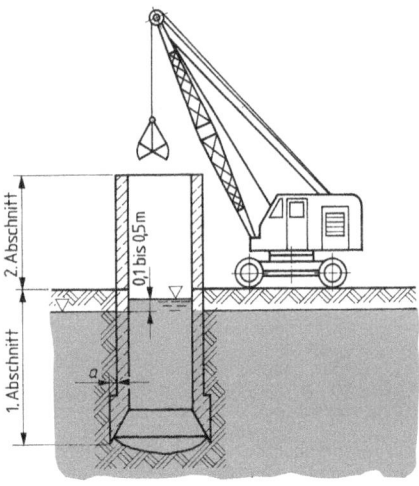

2.3.2.1 Größe und Form der offenen Senkkästen (Senkbrunnen)

Die erforderliche Größe der Grundfläche von Einzelbrunnen errechnet sich aus der aufzunehmenden Belastung, der Eigenlast des Gründungskörpers und des zulässigen Sohlwiderstandes des Baugrundes. Eine Mitwirkung der Mantelreibung wird nicht in Rechnung gestellt. Von Vorteil ist ein Querschnitt als Kreisring. Der Kreisring weist den kleinsten Umfang auf und es ergeben sich dadurch die kleinsten Reibungskräfte bei vorgegebener Grundfläche. Ebenso ist der Kreisring von der statischen Bemessung ideal und er lässt sich i. d. R. am genauesten absenken, da der Boden beim Baggern in der Mitte von allen Seiten gleichmäßig zufällt.

Bei Senkkästen sind rechteckige oder auch doppelt-symmetrische Querschnitte anzustreben, da sich unsymmetrische Querschnitte meist nur schwer gleichmäßig absenken lassen.

Der Längsschnitt ist rechteckig. Nach einer unteren Führungsstrecke wird ein Absatz von der Breite a (s. Abb. 2.63) vorgesehen. Der dadurch geschaffene Ringraum zwischen Erdreich und Senkkasten wird beim Absenken durch eine Bentonitsuspension gestützt und nach Abschluss der Absenkung meist mit Zementmörtel ausgepresst.

Bei Verringerung der Reibung durch Spülen ist das Schneidenabsatzmaß geringer. Die Düsen sind aufwärtsgerichtet und bei großen Absenkungshöhen und großen Wasserverlusten in mehreren Höhen angeordnet.

2.3.2.2 Bauarten der offenen Senkkästen (Senkbrunnen)

Früher wurden Senkbrunnen aus Mauerwerk hergestellt. Heutzutage kommen Beton, Stahlbeton und Stahl zum Einsatz.

Senkbrunnen aus Beton- und Stahlbetonringen kommen hauptsächlich für kleinere Durchmesser in Frage. Sie haben den Vorteil, dass ihre Verlängerung durch einzelne Ringe sowie die Ausbildung der Schneide sehr einfach ist (s. Abb. 2.64). Infolge der dünnen Wandungen ist der Arbeitsraum groß, ihre Eigenlast jedoch verhältnismäßig gering, so

Abb. 2.64 Brunnenringe mit Bewehrung der Schneide und Sicherung des Stoßes

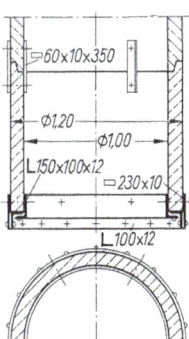

Abb. 2.65 Fertigteile für eine Brunnengründung

dass bei der Absenkung häufig eine Zusatzlast erforderlich ist. Sie können als Fertigteile (s. Abb. 2.65) aus Betonwerken bezogen werden.

Senkbrunnen aus Stahlbeton werden meist an der Absenkungsstelle betoniert. Die Schneiden ruhen während dieser Zeit auf Hilfsfundamenten. Bei leichtem Boden genügt eine normale Bewehrung der Schneide (s. Abb. 2.66a). In schwerem Boden wird die Schneide durch Profilstahl (s. Abb. 2.66b) oder Bleche verstärkt.

Senkbrunnen aus Stahl sind zwar teuer, sie eignen sich aber wegen ihrer großen Festigkeit und ihrer verhältnismäßig geringen Eigenlast für große Wassertiefen, da sie sich leicht bewegen und aufhängen lassen, insbesondere für Seebauten, die starkem Wellenschlag ausgesetzt sind.

Abb. 2.66 Schneideform.
a Bei leichtem Boden, **b** verstärkte Schneide

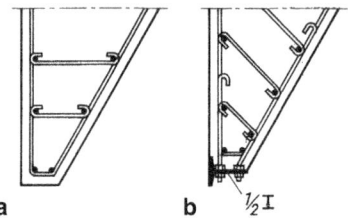

2.3.2.3 Absenken der offenen Senkkästen (Senkbrunnen)

Die Brunnen sinken unter ihrer Eigenlast (ggf. unterstützt durch Zusatzlasten) in den Boden ein. Hierbei bildet sich unter der Schneide ein Grundbruch aus. Der Boden im Innern wird stetig gefördert. Bei kleinen Brunnen erfolgt der Aushub meist durch Greifbagger, seltener von Hand.

Wichtig ist, dass der Boden gleichmäßig abgebaut wird, damit Schiefstellungen vermieden werden. Beginnt eine Schiefstellung, so ist der Abbau an der hängenden Seite zu verstärken, bis sich der Kasten wieder geradestellt. Reicht diese Maßnahme nicht aus, muss die voreilende Seite zusätzlich abgestützt werden.

Beim Durchteufen weicher Schichten ist eine zugfeste Längsverbindung erforderlich. Dies gilt besonders für Brunnen aus Beton (z. B. Fertigteilrohre). Ferner muss die vorgefertigte Länge ausreichend groß sein, damit der Brunnen nicht im Boden verschwindet.

Bei Brunnen in einer engen Reihe wird zunächst jeder zweite ausgelassen und versenkt diese erst nachträglich, da nun der Boden an beiden Seiten gleich stark gelockert ist und sie nicht mehr nach einer Seite ausweichen können. Bei einem lichten Abstand $\geq$ Brunnendurchmesser ist das gleichzeitige Versenken zweier Nachbarbrunnen i. Allg. nicht mehr bedenklich.

Bei Aushub des Bodens unter Wasser muss der Wasserspiegel im Brunnen ständig ≈ 10 bis 50 cm über dem Grundwasserstand liegen, da sonst zufließendes Wasser Bodenteile in den Brunnen schlämmt und einen hydraulischen Grundbruch begünstigt.

In offenem Wasser kann bei geringer Wassertiefe zunächst eine künstliche Insel geschüttet werden, auf der der Senkbrunnen erstellt und abgesenkt wird. In stärkerer Strömung ist die Schüttung stromauf durch Streichwände unter 45° aus Faschinen zwischen Pfählen oder aus Spundbohlen zu sichern. Nach beendetem Bau wird die Schüttung wieder weggebaggert. Bei großer Wassertiefe ist die Herstellung an Land und das Absenken von Gerüsten oder Hubinseln meist wirtschaftlicher. Für den Transport können die Senkkästen unten verschlossen und dann eingeschwommen werden. Der Verschluss muss sich jedoch leicht z. B. durch Taucher wieder ausbauen lassen.

Höhere Brunnen können in mehreren Arbeitsgängen hergestellt und abgesenkt werden (s. Abb. 2.63). Nach Absenken des unteren Teilstückes wird die Wandung erhöht und der Brunnen nach Erhärten des Betons weiter abgesenkt.

2.3.2.4 Ausfüllen und Verbinden der offenen Senkkästen (Senkbrunnen)

Brunnen für Gründungskörper werden nach ihrer Absenkung verfüllt.

Einzelgründungskörper für Stützen bzw. Wandlasten o. dgl. erhalten eine Betonfüllung. Im Grundwasser werden sie, nachdem das Wasser im Innern auf Höhe des Außenwassers steht, mit Unterwasserbeton (s. Abschn. 2.2.5.2) entweder voll ausbetoniert oder es wird zunächst nur unter Wasser eine Betonsohle eingebracht. Nach Erhärtung der Betonsohle wird der Brunnen ausgepumpt und dann im Trocknen weiter betoniert. Für kleine Brunnen ist die volle Ausbetonierung unter Wasser vorzuziehen.

Bei Gründungen für Gebäude werden die Brunnen oben durch Stahlbetonbalken verbunden. Ihre Anordnung entspricht derjenigen für Pfeilergründungen (s. Abschn. 2.3.1). Bei Gründungen für Ingenieurbauten wie z. B. Brücken wird oben eine möglichst tiefliegende Platte angeordnet.

Abb. 2.67 zeigt die Gründung eines Silos auf Brunnen mit vergrößerter Sohlfläche. Die Brunnenwandung bildeten Stahlzylinder ⌀ 800 bis 2500 mm. Die maximale Belastung eines Brunnens beträgt ca. 10 MN.

Ufermauern werden meist mit Sand verfüllt (s. Abb. 2.68). Hier müssen die Zwischenräume zwischen den einzelnen Brunnen, wie auch bei allen Uferbauten, gegen die Hinterfüllung abgeschlossen werden. Dies kann durch Spundwände oder durch fugenartige Verbindung der Brunnen erfolgen (s. Abb. 2.68).

Senkkästen für Bauwerke erhalten eine tragende Betonsohle, während die Kellergeschosse frei bleiben. Im Grundwasserbereich wird zunächst die Sohle mit Unterwasserbeton abgedichtet und dann die Gründung (meist eine Gründungsplatte) eingebaut.

Abb. 2.67 Gründung eines Silos auf Brunnen

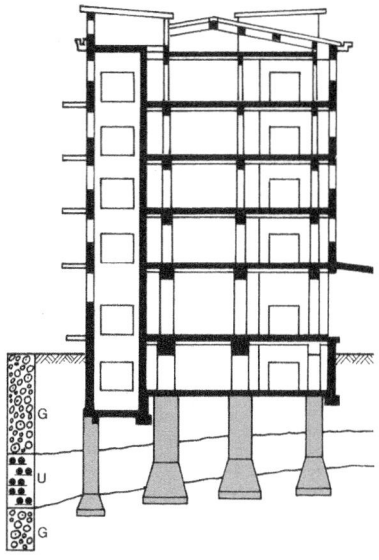

Abb. 2.68 Kaimauer auf Betonsenkkästen

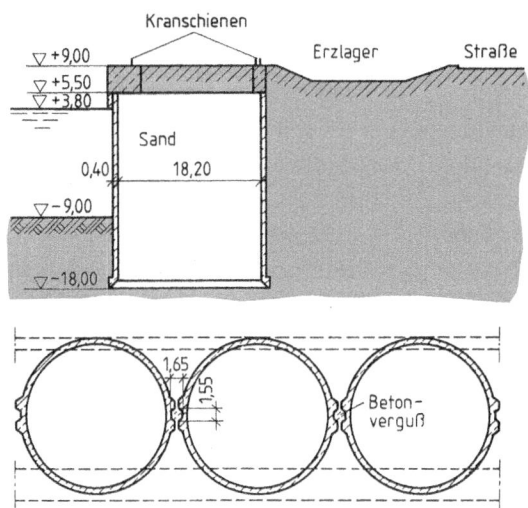

2.3.2.5 Berechnungshinweise

Die Wandungen der Brunnen werden beim Absenken durch Erddruck und Reibungskräfte beansprucht.

Brunnengründungen sind Flächengründungen. In einfachen Fällen kann die erforderliche Gründungsfläche aus der aufzunehmenden Last, der Eigenlast des Senkbrunnens und dem zulässigen Sohlwiderstandes ermittelt werden. In nicht einfachen Fällen ist der Nachweis der Grundbruchsicherheit und der Setzungen erforderlich.

> **Beispiel 2.10**
>
> Für die in Abb. 2.69 dargestellte Brunnengründung sind die erforderlichen Nachweise durchzuführen. Der Verlauf der Sohlnormalspannung wird mit dem Spannungstrapezverfahren bestimmt.

Abb. 2.69 Stahlstütze auf Brunnengründung

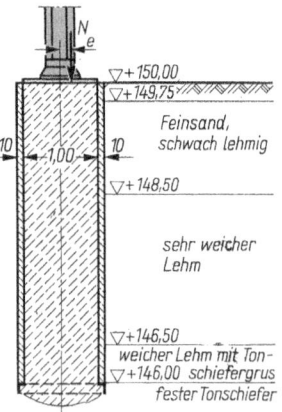

2.3 Tiefgründung mittels Flächengründung

Berechnungsgrundlagen

- Einwirkungen: Ständige Lasten Stützenlast $N_{G,k}$ = 330 kN / Ausmittigkeit e = 0,16 m
- Brunnen: Durchmesser innen d_1 = 1,00 m; Durchmesser außen d_2 = 1,20 m; Höhe h = 4,0 m; Wichte Beton γ_{Beton} = 24 kN/m³
- Baugrund: Tonschiefer; Einaxiale Druckfestigkeit > 50 MN/m²; Kluftabstand 60 bis 200 mm

Ermittlung der Einwirkungen in der Brunnensohle:

- Eigengewicht des Brunnens:

$$G_{B,k} = \pi \cdot (r_2^2 - r_1^2) \cdot h \cdot \gamma_B + \pi \cdot r_1^2 \cdot h \cdot \gamma_B$$
$$= \pi \cdot (0{,}60^2 - 0{,}50^2) \cdot 4{,}0 \cdot 24 + \pi \cdot 0{,}50^2 \cdot 4{,}0 \cdot 24 = 108{,}57 \text{ kN}$$

- Vertikale Beanspruchung:

$$V_k = N_{G,k} + G_{B,k} = 330 + 108{,}57 = 438{,}57 \text{ kN}$$

- Momentenbeanspruchung:

$$M_k = N_{G,k} \cdot e = 330 \cdot 0{,}16 = 52{,}80 \text{ kNm}$$

Nachweis der Begrenzung der klaffenden Fuge:
Der Nachweis der Begrenzung der klaffenden Fuge erfolgt nach DIN 1054 für den Grenzzustand SLS und für die Bemessungssituation BS-P.
Lage der Sohldruckresultierenden aus ständiger Einwirkung:

$$e = \frac{M_k}{V_k} = \frac{52{,}80}{438{,}57} = 0{,}12 \text{ m}$$

Zulässige Ausmittigkeit für Kreisfundamente bei ständiger Einwirkung:

$$r_e = 0{,}25 \cdot r = 0{,}25 \cdot 0{,}60 = 0{,}15 \text{ m}$$

Nachweis:

$$e = 0{,}12 \text{ m} < 0{,}15 \text{ m} = r_e$$

Vereinfachter Nachweis:
Der vereinfachte Nachweis erfolgt nach DIN 1054:2021-04 für den Grenzzustand GEO-2 und für die Bemessungssituation BS-P.

$$A' = 2 \cdot \left[R^2 \cdot \arccos\left(\frac{e}{R}\right) - e \cdot \sqrt{R^2 - e^2} \right]$$
$$A' = 2 \cdot \left[0{,}60^2 \cdot \arccos\left(\frac{0{,}12}{0{,}60}\right) - 0{,}12 \cdot \sqrt{0{,}60^2 - 0{,}12^2} \right] = 0{,}845 \text{ m}^2$$

Ermittlung des Bemessungswerts des Sohlwiderstands:

Der zulässiger Sohlwiderstand $\sigma_{R,d}$ für Fels beträgt nach dem Diagramm der DIN 1054, A 6.10.4 Bild A 6.3 $\sigma_{R,d} \approx 1000\,\text{kN/m}^2$.

Bemessungswert der vertikalen Beanspruchung:

$$V_d = V_k \cdot \gamma_G = 438{,}57 \cdot 1{,}35 = 592{,}07\,\text{kN}$$

Bemessungswert der Sohldruckbeanspruchung:

$$\sigma_{E,d} = \frac{V_d}{A'} = \frac{592{,}07}{0{,}845} = 700{,}67\,\text{kN/m}^2$$

Nachweis:

$$\sigma_{E,d} = 700{,}67\,\frac{\text{kN}}{\text{m}^2} < 1400\,\text{kN/m}^2 = \sigma_{R,d}$$

Sohlnormalspannungen:

Mit dem Spannungstrapezverfahren werden die Sohlnormalspannungen ermittelt.
Bemessungswerte der einwirkenden Normalkraft und Moment:

$$N_{Ed} = V_d = 592{,}07\,\text{kN}$$

$$M_{Ed} = M_k \cdot \gamma_G = 52{,}80 \cdot 1{,}35 = 71{,}28\,\text{kNm}$$

Lage der resultierenden Kraft aus ständiger Einwirkung:

$$e = \frac{M_{Ed}}{N_{Ed}} = \frac{71{,}28}{592{,}07} = 0{,}12\,\text{m} < 0{,}15 = r_e$$

Die Lage der resultierenden Kraft liegt in der ersten Kernweite.

$$\sigma_{1,2} = \frac{N}{a \cdot b} \pm \frac{M}{W} = \frac{N_{Ed}}{\pi \cdot r^2} \pm \frac{M_{Ed}}{\frac{\pi \cdot d^3}{32}}$$

$$\sigma_1 = \frac{592{,}07}{\pi \cdot 0{,}60^2} + \frac{71{,}28}{\frac{\pi \cdot 1{,}20^3}{32}} = 943{,}67\,\text{kN/m}^2$$

$$\sigma_2 = \frac{592{,}07}{\pi \cdot 0{,}60^2} - \frac{71{,}28}{\frac{\pi \cdot 1{,}20^3}{32}} = 103{,}34\,\text{kN/m}^2 \;\blacktriangleleft$$

2.3.3 Druckluftsenkkästen (Caissons)

Bei Druckluftsenkkästen, die auch als Caissons bezeichnet werden, erfolgen die Arbeiten in offenem Wasser und im Grundwasserbereich im Schutze von Druckluft, die in einer unten offenen Arbeitskammer erzeugt und gehalten wird (s. Abb. 2.70a). Der im Innern der

2.3 Tiefgründung mittels Flächengründung

Arbeitskammer erforderliche Luftdruck ist gleich dem jeweiligen Wasserdruck in Höhe Unterkante Arbeitskammer.

Für Arbeiten in Druckluft gilt die Druckluftverordnung. Als höchster Überdruck in der Arbeitskammer sind 3,6 bar (360 kN/m^2) zugelassen. Dies entspricht einer Gründungstiefe von $\approx$ 36 m unter Wasser.

Druckluftsenkkästen werden wie offene Senkkästen durch Abtragen des Bodens im Innern der Arbeitskammer abgesenkt und sind Bestandteil des Bauwerks (s. Abb. 2.70b). Abgesenkt werden Gründungskörper (z. B. für Pfeilergründungen (s. Abb. 2.71 und 2.72) oder für aufgelagerte U-Bahn-Tunnel) und Bauwerke bzw. Bauwerksteile (wie Pump-, Einlauf- (s. Abb. 2.73) und Auslaufbauwerke, Tunnelelemente und dgl.). Die Absenkung erfolgt je nach Zweck und örtlichen Verhältnissen bis zum tragfähigen Untergrund

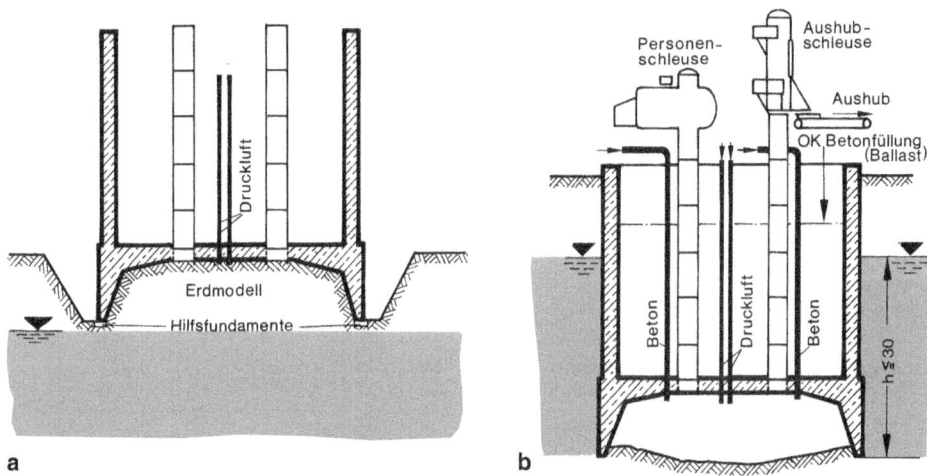

Abb. 2.70 Druckluftsenkkasten (schematisch). **a** Über Erdmodell der Arbeitskammer betonierter Senkkasten im Rohbau, **b** abgesenkter Druckluftsenkkasten

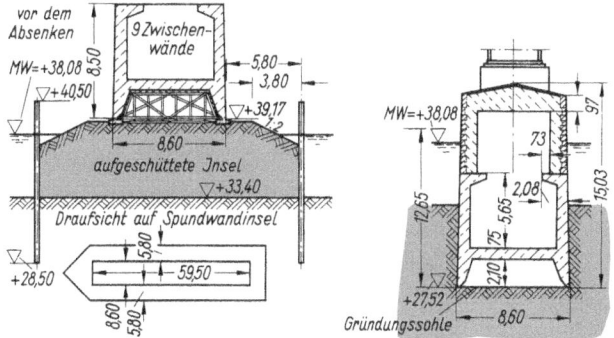

Abb. 2.71 Pfeilergründung auf einem Druckluftsenkkasten (Absenkung von geschütteter und eingespundeter Insel)

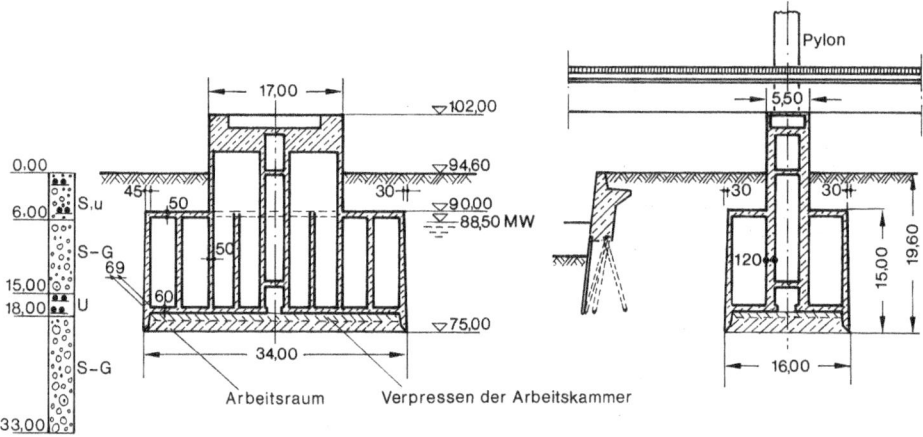

Abb. 2.72 Druckluftsenkkasten als Gründungskörper für einen Brückenpfeiler mit 80 m hohem Pylon

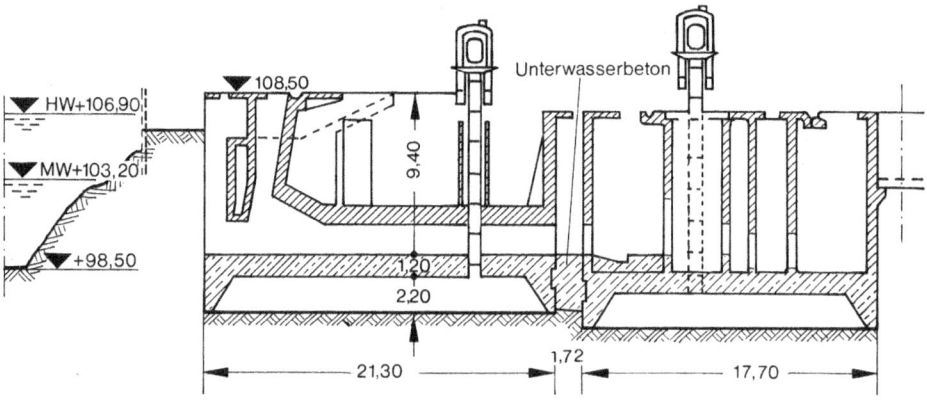

Abb. 2.73 Aus zwei Druckluftsenkkästen bestehendes Auslaufbauwerk

oder (bei Bauwerken) bis zur erforderlichen Gründungstiefe. Im Allgemeinen werden Druckluftsenkkästen senkrecht abgesenkt. Eine Schrägabsenkung kann durchgeführt werden, wenn der Gründungskörper, wie z. B. bei Widerlagern, ständig schräg belastet wird. Zur Schrägabsenkung erhalten die Senkkästen zwei gegenüberliegende schräge Wände.

Die Vorteile der Caissonbauweise sind, dass die im Baugrund liegenden Bauteile oberirdisch (d. h. unter optimalen Arbeitsbedingungen) erstellt werden, die angetroffenen Bodenschichten besichtigt und geprüft werden können und die Gründungstiefe angepasst werden kann. Da die Grundwasserverhältnisse ungestört bleiben und keine Erschütterungen in den Boden eingeleitet werden, ist die Bauweise auch umweltfreundlich.

Druckluftsenkkästen werden heute überwiegend aus Stahlbeton (s. Abb. 2.70) hergestellt. Bei Absenkung in offenem Wasser können die Senkkästen an der Absenkstelle

2.3 Tiefgründung mittels Flächengründung

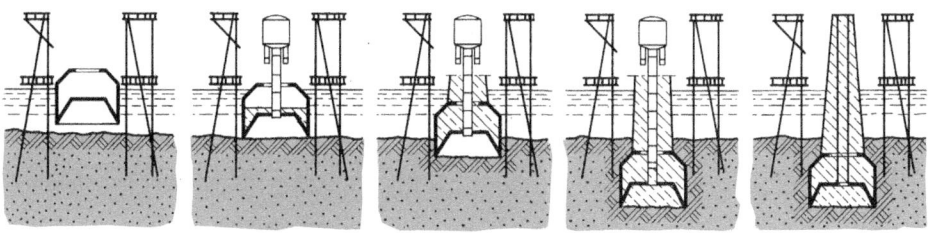

Abb. 2.74 Gründung eines Brückenpfeilers auf einem eingeschwommenen Druckluftsenkkasten

gefertigt oder als Fertigteil angeliefert werden. Die Herstellung an der Einbaustelle kann auf schwimmenden oder festen Gerüsten bzw. Hubinseln erfolgen. Bei Herstellung an Land auf einer Ablaufbahn (s. a. Abschn. 2.3.4) bzw. im Trockendock werden sie meist schwimmend antransportiert.

An der Absenkstelle muss ggf. die Strömungsgeschwindigkeit durch Stromabweiser verringert und die Gewässersohle, z. B. durch eine abgeglichene Kiesschüttung, eingeebnet werden. Das Absetzen des Caissons auf die Gewässersohle erfordert Führungsgerüste (s. Abb. 2.74). An der Einbaustelle hergestellte Caissons werden an das Führungsgerüst angehängt und mittels Spindeln abgelassen. Schwimmend transportierte Caissons werden durch Aufbringen von Ballast und Dirigieren mittels Seilwinden abgesenkt (s. Abb. 2.74).

Bei nur kleiner Wassertiefe kann zunächst eine künstliche Insel geschüttet werden (s. Abb. 2.71). Die Herstellung der Senkkästen erfolgt wie im Fall Absenkung an Land. Nach Abschluss der Absenkung ist die künstliche Insel zu entfernen.

Bei Absenkung an Land (bzw. von einer künstlichen Insel aus) wird der Druckluftsenkkasten an der Absenkstelle hergestellt.

Zum Absenken wird der Boden im Innern der Arbeitskammer so abgetragen, dass sich der Senkkasten möglichst gleichmäßig bewegt.

Ist der Erddruck auf zwei gegenüberliegenden Seiten des Senkkastens verschieden groß, wie z. B. häufig bei Absenkungen am Ufer eines Flusses, so weicht der Kasten leicht nach der Flussseite hin aus, da dort der geringere Erddruck wirkt. Dies lässt sich durch entsprechende Formgebung des Senkkastens, Anbringen von Leitwerken, die i. d. R. nur eine geringe Wirkung haben u. a. verhindern. Sollte sich der Senkkasten schiefstellen, so wird durch Abgraben auf der höheren Seite die Aufsitzfläche der Senkkastenschneide verkleinert, damit sich dieser wieder geraderichtet (s. Abb. 2.75).

Abb. 2.75 Geraderichten eines schiefstehenden Senkkastens

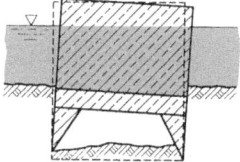

Abb. 2.76 Absenken eines Druckluftsenkkastens, der von einer Bentonitsuspension umgeben ist. **a** Beginn der Absenkung, **b** beendete Absenkung

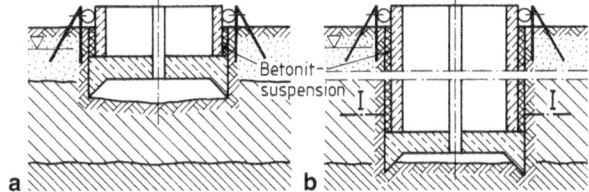

Beim Absenken muss die Mantelreibung durch die um den Auftrieb verminderte Eigenlast überwunden werden.

Zur Verringerung der Mantelreibung werden, wie bei den offenen Senkkästen, Bentonitsuspensionen (s. Abb. 2.76) und aufwärts gerichtete Spülhilfen angewendet. Sitzt ein Senkkasten fest, können Zusatzlasten aufgebracht werden. In einigen Fällen half auch das Freilegen der Schneide in Verbindung mit einer plötzlichen Verminderung des Auftriebs durch Ablassen der Druckluft aus der Arbeitskammer (Hierbei sind die Sicherheitsvorschriften zu beachten!).

Der Aushub kann durch Lösen, Laden und Fördern (Trockenförderung) oder durch Spülen (Nassförderung) erfolgen.

Gleichlaufend mit der Absenkung werden bei Gründungskörpern die Pfeilerschäfte bzw. bei Bauwerken die Außen- und Innenwände hochgeführt, soweit sie nicht vor dem Absenken in endgültiger Höhe gefertigt wurden. Ist das Absenkziel erreicht, kann der angetroffene Baugrund in Augenschein genommen und die Gründungstiefe, falls erforderlich vergrößert werden.

Nach Abschluss der Absenkung wird die Arbeitskammer voll ausbetoniert. Wichtig ist hierbei ein dichter Anschluss des Betons an die Wände und die Decke der Arbeitskammer.

2.3.4 Gründung auf Schwimmkästen

Schwimmkästen sind schwimmfähige Gründungskörper, die in offenem Wasser auf einer vorbereiteten, eben abgeglichenen Gründungsfläche (z. B. Kiesschüttung) durch Belastung abgesenkt werden. Ihre Herstellung erfolgt in einem Trockendock oder an Land auf einer Helling (schräge Ablaufbahn). In der Regel kommt als Baustoff Stahlbeton zum Einsatz.

Schwimmkästen kommen für Ufereinfassungen, Molen, Pierköpfe (s. Abb. 2.77) und als Gründungskörper für frei im Wasser stehende Bauwerke wie Leuchttürme, Bohrplattformen zur Anwendung.

Nach dem Fluten des Docks bzw. Ablauf von der Helling (ähnlich dem Stapellauf eines Schiffes) (s. Abb. 2.78) werden diese ggf. an einer Reede zwischengelagert, an die Absenkstelle geschleppt, mittels Seilwinden ausgerichtet, durch Belastung abgesenkt und anschließend meist voll verfüllt. Sie besitzen daher i. Allg. hohe Eigenlasten und vermö-

2.3 Tiefgründung mittels Flächengründung

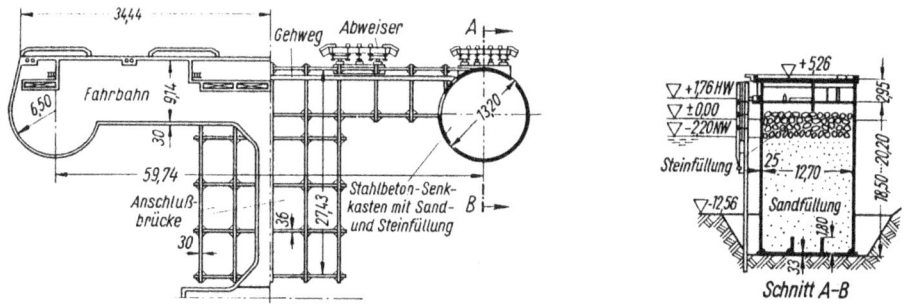

Abb. 2.77 Stahlbeton-Schwimmkästen als Pierköpfe in einem Ölhafen

Abb. 2.78 Ablauf eines Schwimmkastens

gen auch größere Horizontalkräfte aufzunehmen, soweit die Sohlfuge rau bleibt und nicht durch Schlammablagerungen während der Bauzeit schmierig wird. Zum Schutz gegen Auskolkungen und zur Erhöhung der Gleitsicherheit sind die Schwimmkästen 1,0 m in den Boden einzubinden und durch Steinschüttungen am Fuß zu sichern. Bei Gefahr von Ausspülungen unter Gründungsplatten von Ufereinfassungen u. dgl. ist an der Wasserseite eine durch Steinschüttung gesicherte Filterschüttung erforderlich (s. a. EAU). Größere Schwimmkästen werden quer und längs (z. B. durch Wände) ausgesteift. Bei langen Bauwerken wie Kaimauern und Molen werden Schwimmkästen aneinandergereiht und meist nach Abschluss der Setzungen, seltener durch direkte Verzahnung, verbunden.

2.4 Maßnahmen bei unzulässigen großen Setzungsunterschieden

Sind infolge unterschiedlicher Baugrundverhältnisse oder stark unterschiedlicher Belastungen innerhalb eines Gebäudekomplexes unzulässig große Setzungsunterschiede zu erwarten, können folgende Maßnahmen erwogen werden:

- Trennen der Bauwerksteile durch Bewegungsfugen,
- Verbinden der Bauwerksteile durch Gelenkplatten,
- Aufsetzen aller Gebäudeteile auf eine biegesteife Platte,
- Tiefgründung der Gebäudeteile z. B. auf Pfählen.

Beim Trennen der Bauwerksteile durch Bewegungsfugen verlaufen die Fugen durch das gesamte Gebäude einschließlich Grundbauwerk. Die Setzungsunterschiede stellen sich an der Fuge ein. Abb. 2.79 zeigt eine Lösungsmöglichkeit bei unterschiedlichem Baugrund und unterschiedlicher Gründung. Werden bei einer Flachgründung an den Fugen Doppelwände angeordnet, so können die Wandlasten auf Einzelfundamente abgesetzt werden, die abwechselnd jeweils mittig unter den Wänden angeordnet werden (vgl. [15]). Die genannte Ausführung vermeidet ausmittig belastete Grenzfundamente.

Beim Verbinden der Bauwerksteile durch Gelenkplatten (s. Abb. 2.80 und vgl. [16]) werden die einzelnen Gebäudeteile getrennt voneinander gegründet. Zwischen ihnen ist zunächst ein mehrere Meter breiter freier Raum. Vor Fertigstellung des Rohbaues werden die Gebäudeteile durch eingelegte Gelenkplatten verbunden. Will man willkürliche Riss-

Abb. 2.79 Durch Bewegungsfuge getrennte Bauteile (schematisch)

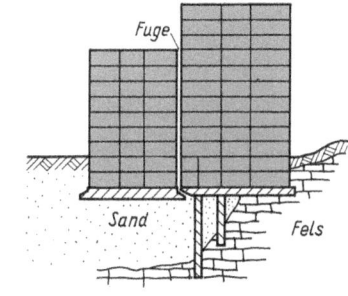

Abb. 2.80 Durch Gelenkplatten verbundene Bauteile (schematisch)

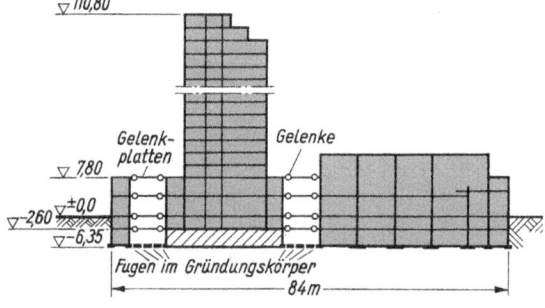

Abb. 2.81 Gründung unterschiedlicher Baukörper auf gemeinsamer Gründungsplatte (schematisch)

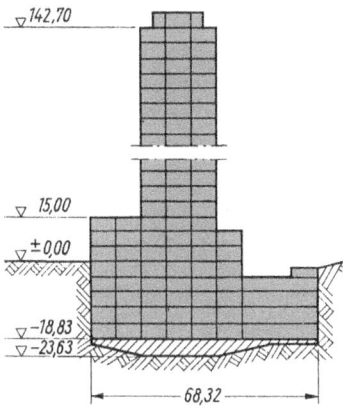

bildungen in der Sohle vermeiden, kann man im Übergangsbereich die hier unbelastete Sohlplatte durch Fugen unterteilen.

Das Aufsetzen aller Gebäudeteile auf eine biegesteife Gründungsplatte (s. Abb. 2.81 und vgl. [17]) empfiehlt sich nur in Sonderfällen, wie z. B. bei kurzer Länge der niedrigen Gebäudeteile und im Grundwasserbereich. Hier bereitet die Dichtung der Fugen häufig Schwierigkeiten.

Bei allen genannten Ausführungsmöglichkeiten sollten zur Verringerung der Setzungsunterschiede die Gebäudeteile mit größeren zu erwartenden Setzungen bei der Errichtung vorauseilen.

2.5 Fugenausbildung

Ausgedehnte Baukörper erfahren durch Temperaturschwankungen und durch Schwinden und Kriechen des Betons Längenänderungen. Soll eine unbeherrschbare Rissbildungen vermieden werden, müssen diese Gebäude durch Dehnfugen unterteilt werden.

Dehnfugen, die Raumfugen (lichte Weite 10 bis 30 mm) sein müssen, werden empfohlen bei Gebäudelängen bzw. -breiten > 25 m, bei Stütz- und Ufermauern > 10 bis 30 m Länge. Für linienförmig ausgedehnte Bauwerke wie Tunnel u. dgl. werden nach [18] und [19] als Fugenabstände ≈ 10 bis 15 m bei Bauwerken aus wasserundurchlässigem Beton bzw. ≈ 25 bis 30 m bei Bauwerken mit Hautabdichtungen empfohlen. Die Fugenbreite beträgt bei überwiegenden Dehnbewegungen mit Wasserdruck ≤ 2 cm, bei überwiegenden Scherbewegungen bis zu 4 bis 5 cm.

Das Füllmaterial der Raumfugen muss nachgiebig sein, darf nicht schwinden, quellen oder verrotten. Auch darf es beim Betonieren nicht zusammengedrückt werden und keine Zementmilch aufnehmen, damit es nicht erhärtet. Zur Vermeidung unterschiedlicher Setzungen an den Dehnfugen und zur Vermeidung von Stiefelfundamenten werden Fundamente i. Allg. nicht getrennt (s. Abb. 2.82a). Ist eine Trennung bis zur Sohlplatte er-

Abb. 2.82 Fundamentausbildung an Dehnfugen. **a** Übliche Ausführung, **b** Ausführung bei unterteilter Sohlplatte

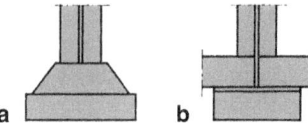

forderlich, kann unter der Gründungsplatte ein zusätzlicher Fundamentbalken angeordnet werden (s. Abb. 2.82b).

Die Ausbildung von Bewegungs- und Dehnfugen in Stahlbetonbauten ist in [19] und [20] näher beschrieben.

Bei Gebäuden sollten Banderder (Fundamenterder) in die äußeren Fundamente oder Bodenplatte eingelegt werden. Angaben zur Planung, Ausführung und Dokumentation von Erdungsanlagen sind in der DIN 18014 enthalten.

2.6 Normen, Richtlinien und Empfehlungen

- DIN EN 1992-1-1:2011-01: Eurocode 2: Bemessung und Konstruktion von Stahlbeton- und Spannbetontragwerken – Teil 1-1: Allgemeine Bemessungsregeln und Regeln für den Hochbau; Deutsche Fassung EN 1992-1-1:2004+AC:2010.
- DIN EN 1992-1-1:2021-10 – Entwurf: Eurocode 2: Bemessung und Konstruktion von Stahlbeton- und Spannbetontragwerken – Teil 1-1: Allgemeine Regeln – Regeln für Hochbauten, Brücken und Ingenieurbauwerke; Deutsche und Englische Fassung prEN 1992-1-1:2021.
- DIN EN 1992-1-1/NA:2013-04: Nationaler Anhang – National festgelegte Parameter – Eurocode 2: Bemessung und Konstruktion von Stahlbeton- und Spannbetontragwerken – Teil 1-1: Allgemeine Bemessungsregeln und Regeln für den Hochbau.
- DIN EN 1997-1:2014-03: Eurocode 7 – Entwurf, Berechnung und Bemessung in der Geotechnik – Teil 1: Allgemeine Regeln; Deutsche Fassung EN 1997-1:2004+AC: 2009+A1:2013.
- DIN EN 1997-1/NA:2010-12: Nationaler Anhang – National festgelegte Parameter – Eurocode 7: Entwurf, Berechnung und Bemessung in der Geotechnik – Teil 1: Allgemeine Regeln.
- DIN 1045-2:2008-08: Tragwerke aus Beton, Stahlbeton und Spannbeton – Teil 2: Beton – Festlegung, Eigenschaften, Herstellung und Konformität – Anwendungsregeln zu DIN EN 206-1.
- DIN 1045-3:2012-03: Tragwerke aus Beton, Stahlbeton und Spannbeton – Teil 3: Bauausführung – Anwendungsregeln zu DIN EN 13670.
- DIN 1054:2021-04: Baugrund – Sicherheitsnachweise im Erd- und Grundbau – Ergänzende Regelungen zu DIN EN 1997-1.
- DIN 4017:2006-03: Baugrund – Berechnung des Grundbruchwiderstands von Flachgründungen.

2.6 Normen, Richtlinien und Empfehlungen

- DIN 4018:1974-09: Baugrund, Berechnung der Sohldruckverteilung unter Flächengründungen.
- DIN 4018 Beiblatt 1:1981-05: Baugrund, Berechnung der Sohldruckverteilung unter Flächengründungen, Erläuterungen und Berechnungsbeispiele.
- DIN 4019:2015-05: Baugrund – Setzungsberechnungen.
- DIN 4019 Beiblatt 1:1979-04: Baugrund, Setzungsberechnungen bei lotrechter, mittiger Belastung, Erläuterung und Berechnungsbeispiele.
- DIN 4019 Beiblatt 2:1981-02: Baugrund, Setzungsberechnungen bei schräg und bei außermittig wirkender Belastung, Erläuterung und Berechnungsbeispiele.
- DIN 4095:1990-06: Baugrund, Dränung zum Schutz baulicher Anlagen, Planung, Bemessung und Ausführung.
- DIN 18014:2014-03: Fundamenterder – Planung, Ausführung und Dokumentation.
- DIN 18014:2021-01: Entwurf, Erdungsanlagen für Gebäude – Planung, Ausführung und Dokumentation.
- DIN 18533-1:2017-07: Abdichtung von erdberührten Bauteilen – Teil 1: Anforderungen, Planungs- und Ausführungsgrundsätze.
- DIN 18533-1/A1:2018-09: Abdichtung von erdberührten Bauteilen – Teil 1: Anforderungen, Planungs- und Ausführungsgrundsätze; Änderung A1.
- DIN 18533-2:2017-07: Abdichtung von erdberührten Bauteilen – Teil 2: Abdichtung mit bahnenförmigen Abdichtungsstoffen.
- DIN 18533-2/A1:2020-11: Abdichtung von erdberührten Bauteilen – Teil 2: Abdichtung mit bahnenförmigen Abdichtungsstoffen; Änderung A1.
- DIN 18533-3:2017-07: Abdichtung von erdberührten Bauteilen – Teil 3: Abdichtung mit flüssig zu verarbeitenden Abdichtungsstoffen.
- DIN 18533-3/A1:2018-09: Abdichtung von erdberührten Bauteilen – Teil 3: Abdichtung mit flüssig zu verarbeitenden Abdichtungsstoffen; Änderung A1.
- Deutscher Ausschuss für Stahlbeton (DAfStb): Heft 631: Hilfsmittel zur Schnittgrößenermittlung und zu besonderen Detailnachweisen bei Stahlbetontragwerken, Beuth Verlag, Berlin, 2019.
- Deutscher Ausschuss für Stahlbeton (DAfStb): DAfStb-Richtlinie – Wasserundurchlässige Bauwerke aus Beton (WU-Richtlinie), Beuth Verlag, Berlin, 2017-12.
- Deutscher Beton- und Bautechnik-Verein E. V. (DBV) (2014): DBV-Merkblatt Unterwasserbeton:2014-10.
- Arbeitsgruppe Beton der European Federation of Foundation Contractors (EFFC) und des Deep Foundations Institute (DFI) (2018): Leitfaden Kontraktorbeton für Tiefgründungen, 2. Ausgabe 2018.
- Verordnung über Arbeiten in Druckluft (Druckluftverordnung), Bundesrecht, vom 4. Oktober 1972 (BGBl. I S. 1909), zuletzt geändert durch Artikel 103 des Gesetzes vom 29. März 2017 (BGBl. I S. 626).
- Deutsche Gesellschaft für Geotechnik e. V. (2020): Empfehlungen des Arbeitsausschusses „Ufereinfassungen" Häfen und Wasserstraßen (EAU), 12. Auflage, Ernst & Sohn Verlag, Berlin.

Literatur

1. Witt, K. J. (2017): Flachgründungen in: Grundbau-Taschenbuch, Teil 3: Gründungen und geotechnische Bauwerke, 8. Auflage, Ernst & Sohn Verlag, Berlin.
2. Simmer, K.; Harth, F.-P.: Umdruck Fachhochschule Koblenz.
3. Buß, J. (2021): GGU-FOOTING, Berechnung von Fundamenten nach DIN 4017, DIN 4019, DIN 1054 und EC 7, Version 9.06.
4. Wölfer, K.-H. (1978): Elastisch gebettete Balken und Platten. Zylinderschalen. 4. Auflage, Bauverlag, Wiesbaden, Berlin.
5. Dimitrov, N. (1955): Der Balken und die Platte als Gründungskörper, Habilitationsschrift, TH Karlsruhe.
6. Müllersdorf, U. (1963): Einflußlinien für Balken auf elastischer Bettung, Bautechnik (1963), Heft 2, S. 52–55.
7. Graßhoff, H. (1970): Berechnung von Gründungsbalken mit Hilfe von Einflußlinien, Studieninformationen des Erdbaulaboratoriums Wuppertal, Heft 4.
8. Graßhoff, H. (1978): Einflußlinien für Flächengründungen, Ernst & Sohn Verlag, Berlin.
9. Kany, M. (1974): Berechnung von Flächengründungen, Band 1 und 2, 2. Auflage, Ernst & Sohn Verlag, Berlin, München, Düsseldorf.
10. Repnikov, L. N. (1967): Calculation of beams on an elastic base combining the deformative properties of a Winkler base and an elastic mass, Soil Mechanics and Foundation Engineering, Ausgabe 4, S. 384–389.
11. Schultze, E. (1970): Die Kombination von Bettungszahl- und Steifezahlverfahren, Mitteilungen des Instituts für Verkehrswasserbau, Grundbau und Bodenmechanik (VGB), Technische Hochschule Aachen, Heft 48.
12. Steckner, S. (1989): Gebrauchstauglichkeits- und Standsicherheitsnachweis für eingespannte Blockfundamente, Bautechnik 66 (1989), Heft 2, S 55–62.
13. Falkner, H.; Henke, V.; Hinke, U. (1997): Stahlfaserbeton für tiefe Baugruben im Grundwasser, Unterwasserbetonsohlen am Potsdamer Platz, Bauingenieur 72 (1997), Heft 1, S. 47–52.
14. Tautenhahn, J. (1978): Spezialgründungen für die Kochertalbrücke Geislingen, Tiefbau-Berufsgenossenschaft (1978), Heft 3, S. 136.
15. Gravert, F. W; Eisert, H. D. (1972): Konstruktiver Entwurf des Hessischen Landestheaters in Darmstadt, Beton- und Stahlbetonbau (1972), Heft 5, S. 97–108.
16. Jundt, E.; Lege, K.-H.; Poetsch, D. (1974): Hotelhochhaus Maritim in Travemünde, Beton- und Stahlbetonbau (1974), Heft 4.
17. Bonarens, R. (1974): Baugrubensicherung und Sohlplatte des BfG-Hochhauses in Frankfurt, Bauingenieur (1974), Heft 6, S. 214–218.
18. Girnau, G.; Klawa, N. (1972): Fugen und Fugenbänder, Forschung und Praxis. U-Verkehr und unterirdisches Bauen Band 13, Düsseldorf.
19. Girnau, G.; Klawa, N. (1973): Empfehlungen zur Fugengestaltung im unterirdischen Bauen, Bautechnik 50 (1973), Heft 10, S. 325–332.
20. Klawa, N., Haack, A. (1990): Tiefbaufugen: Fugen und Fugenkonstruktionen im Beton- und Stahlbetonbau, Ernst & Sohn Verlag, Berlin.

Pfahlgründungen 3

3.1 Begriffe und Grundlagen

Bei einem tiefliegenden tragfähigen Baugrund werden die Lasten der Bauwerke i. d. R. durch Pfähle in den Untergrund übertragen.

▶ Die Wirkungsweise von Pfahlgründungen basiert auf der Lastübertragung, bei der die Einwirkungen auf den Pfahl mit dem Pfahlspitzendruck, der Pfahlmantelreibung oder einer Kombination aus beiden den resultierenden Belastungen entgegenwirken und diese in den Untergrund ableiten (s. Abb. 3.1).

Pfähle werden auf Druck, Zug, in einer dynamischen Wechselwirkung aber auch durch Biegebeanspruchungen belastet. Unterschieden wird übergeordnet nach dem Spitzendruck- und Mantelreibungspfahl (s. Abb. 3.1a). Beide Parameter stehen in direkter Abhängigkeit des tragfähigen Baugrunds und dessen Scherfestigkeit. Weitere einflussreiche

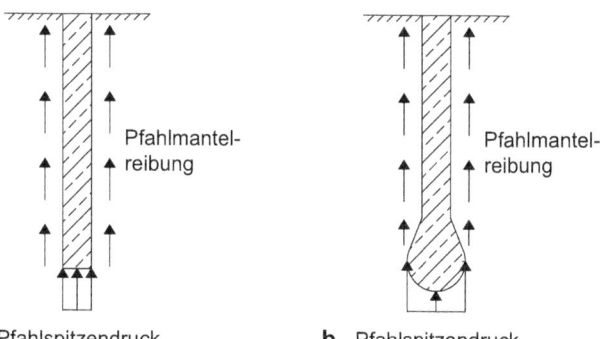

Abb. 3.1 Wirkprinzip System Pfahl. **a** Mantelreibungs- oder Spitzendruckpfahl, **b** Spitzendruckpfahl mit Fußaufweitung

© Der/die Autor(en), exklusiv lizenziert an Springer Fachmedien Wiesbaden GmbH, ein Teil von Springer Nature 2024
J. Schmitt, U. Burbaum, A. Bormann, *Simmer Grundbau 2*,
https://doi.org/10.1007/978-3-8348-2004-4_3

Faktoren bilden etwa einzurechnende Setzungen, der Grundwasserspiegel im Baufeld aber auch die Geometrie des Pfahls, der beispielsweise mit einem aufgeweitetem Pfahlfuß (s. Abb. 3.1b) ausgeführt werden kann. Fußaufweitungen von Pfählen werden dann angewendet, falls die tragfähigen Bodenschichten in zu großen Tiefen liegen, eine konventionelle Ausführung und die daraus resultierenden großen Pfahllängen nicht mehr wirtschaftlich sind oder eine Zugbelastung vorliegt. Eine Fußaufweitung erhöht den Oberflächenanteil des Pfahlfußes und führt folglich zu einer Erhöhung des Spitzendrucks und minimiert die auftretenden Setzungen auf ein Minimum.

Unterschieden wird darüber hinaus nach den sogenannten stehenden Pfählen (Spitzendruckpfähle), die so tief in den Untergrund getrieben werden, bis eine tragfähige Bodenschicht erreicht wird und die resultierenden Einwirkungen sicher abgeleitet werden können. Im Gegensatz hierzu können schwimmende Pfähle aufgrund homogener schlechter Untergrundverhältnisse oder aus wirtschaftlichen Aspekten in keine ausreichend tragfähige Schicht vorgetrieben werden. Sie schwimmen in einer weichen Bodenschicht, z. B. in einer Tonschicht, und verbleiben allein aufgrund der Reibung zwischen Pfahlschaft und Boden (Mantelreibungspfähle) in ihrer geforderten Position.

Pfähle bestehen aus verschiedenen Materialien und werden je nach Pfahlsystem mit einem zugehörigen Bauverfahren in den Untergrund eingebracht. Die axiale Beanspruchung einer Tiefgründung auf Druck wird über den Spitzendruck und die Mantelreibung abgebaut. Eine axiale Zugbeanspruchung wird hingegen größtenteils mit aufgeweiteten Pfahlfüßen und einer erhöhten Mantelreibung abgeleitet. Die Reibung zwischen Pfahlschaft und dem Boden kann hierbei mit einer Verpressung oder durch wendelförmige Pfahlschäfte erhöht werden. Einwirkende resultierende Biegemomente auf eine Tiefgründung leiten sich über die spezifische Biegesteifigkeit des Pfahls ab, die beispielsweise durch einen großen Durchmesser und durch Verwendung einer entsprechende Biegebewehrung erhöht wird.

Pfahlgründungen werden je nach Anforderung der Geotechnischen Kategorie GK 2 bzw. GK 3 zugeordnet.

Zur Geotechnischen Kategorie GK 2 zählen nach DIN 1054:

- Ermittlung der Pfahlwiderstände auf Druck aus Erfahrungswerten nach DIN EN 1997-1:2009-09, Abschn. 7.6.2.3,
- übliche zyklische, dynamische oder stoßartige Einwirkungen,
- Einwirkungen auf Pfähle quer zur Pfahlachse am Pfahlkopf.
- Pfähle mit negativer Mantelreibung.

In die Geotechnische Kategorie GK 3 werden Pfahlkonstruktionen nach DIN 1054 aufgrund folgender Merkmale eingeordnet:

- erhebliche zyklische, dynamische oder stoßartige Einwirkungen,
- Geneigte Zugpfähle mit einer Neigung flacher als 45°,
- Zugpfahlgruppen,

3.1 Begriffe und Grundlagen

- verpresste Pfahlsysteme als Verankerungselemente,
- Ermittlung der Pfahlwiderstände auf Zug aus Erfahrungswerten nach DIN EN 1997-1:2009-09, Abschn. 7.6.3.3,
- Beanspruchungen quer zur Pfahlachse aus Seitendruck oder Setzungsbedingungen,
- hoch ausgelastete Pfähle in Verbindung mit sehr geringen zulässigen Setzungen,
- Pfähle mit einer Mantel- und/oder Fußverpressung,
- Kombinierte Pfahl-Plattengründungen (KPP).

Mit der aktuell gültigen DIN 1997:2014-03 sind die Tabellen der Erfahrungswerte komplett in die EA-Pfähle (2. Ausgabe) ausgelagert worden.

Zu den wichtigsten Normen und Standards bezüglich der Dimensionierung und Bemessung von Pfählen zählen:

- Eurocode 7, Teil 1 – Geotechnische Bemessung,
- DIN 1054 Baugrund – Sicherheitsnachweise im Erd- und Grundbau,
- DIN EN 1993-5: Bemessung und Konstruktion von Stahlbauten – Teil 5: Pfähle und Spundwände,
- Empfehlungen des Arbeitskreises „Pfähle" (EA-Pfähle),
- Richtlinie für den Entwurf, die Bemessung und den Bau von Kombinierten Pfahl-Plattengründungen (KPP-Richtlinie).

Für die Ausführung und Herstellung von Pfählen sind die folgenden Normen maßgebend:

- DIN EN 1536: Ausführung von besonderen geotechnischen Arbeiten (Spezialtiefbau) – Bohrpfähle,
- DIN SPEC 18140: Ergänzende Festlegungen zu DIN EN 1536,
- DIN EN 12699: Ausführung spezieller geotechnischer Arbeiten (Spezialtiefbau) – Verdrängungspfähle,
- DIN SPEC 18538: Ergänzende Festlegungen zu DIN EN 12699,
- DIN EN 14199: Ausführung von besonderen geotechnischen Arbeiten (Spezialtiefbau),
- Pfähle mit kleinen Durchmessern (Mikropfähle),
- DIN SPEC 18539: Ergänzende Festlegungen zu DIN EN 14199,
- DIN 12794: Betonfertigteile – Gründungspfähle.

Auch Schlitzwandelemente können bei Pfahlgründungen zum Einsatz kommen. Dabei sind dann die Normen:

- DIN EN 1538: Ausführung von Arbeiten im Spezialtiefbau – Schlitzwände,
- DIN 4126: Nachweis der Standsicherheit von Schlitzwänden

zu berücksichtigen.

3.2 Historische Entwicklung

Pfähle werden seit Jahrtausenden für die Gründungen von Bauwerken verwendet. Die ersten historisch nachweisbaren Pfahlgründungen wurden vor über 4000 Jahren errichtet. Aus angespitzten Baumstämmen wurden die ersten Holzpfähle als Gründungen von Häusern und Brücken in den Untergrund gerammt. Zum Beispiel ist die Hamburger Speicherstadt oder das Hamburger Rathaus auf Holzpfählen gegründet. Ein weiteres Beispiel ist die Lagunenstadt Venedig, die auf ca. 1 Mio. von Holzpfählen errichtet wurde (vgl. [1]).

Der Fortschritt in der Technik veränderte auch die Art und Weise der Herstellung von Pfählen. Ab Mitte des 19 Jahrhunderts wurden Rammpfähle verstärkt aus Gusseisen und schließlich aus Stahl beziehungsweise Stahlbeton anstatt Holz hergestellt. Der Nachteil der natürlichen Verrottung von Holzpfählen konnte durch die neuen Materialien vermieden werden. Die damalige übliche Herstellungsmethode bestand darin, den Pfahl ohne Bodenförderung in den Untergrund zu rammen und in Kombination mit der Mantelreibung bzw. dem Pfahlspitzendruck einen ausreichenden Widerstand gegenüber den resultierenden Lasteinwirkungen zu erzielen. Ab dem Jahr 1940 ging man dazu über, Pfähle nicht nur zu rammen, sondern auch in den Untergrund zu bohren. Die bis dahin konventionellen Rammpfähle wurden mit dem neuen Pfahlsystem Bohrpfahl (s. Abb. 3.2) erweitert. Bei dieser Methode wird ein temporärer Hohlraum im Erdreich gebildet und mit einem Bodenaustausch eine Verbesserung der Standfestigkeit erzielt. Die Bodenverbesserung kann mit Schotter, aus Beton aber auch mit einem Bewehrungskorb aus Stahl und einer Auffüllung des Hohlraums mit fließfähigem Beton erfolgen.

Abb. 3.2 Bohrpfahlgründung zur Untertunnelung der Alten Bahndirektion in Stuttgart

Die möglichen Durchmesser und Bohrtiefen haben sich analog dem technologischen Fortschritt weiterentwickelt. Gegenwärtig sind mit modernen Großbohrgeräten maximale Pfahldurchmesser von bis zu ca. 4,5 m bzw. 4,6 m in Bohrtiefen von maximal 120 bis 150 m möglich (vgl. [2] und [3]). In Hamburg wurden z. B. für den Bau des Elbtowers 111 m lange Großbohrpfähle als Probepfähle hergestellt (s. [4]).

3.3 Pfahlsysteme

▶ Es gibt vielfältige Verwendungsmöglichkeiten für Pfähle im Bauwesen. Im Anhang 3 der Empfehlungen des Arbeitskreises „Pfähle" (EA-Pfähle) sind die verschiedenen Pfahlsysteme zusammengestellt (s. a. Tab. 3.1). Dabei wird zwischen der Art der Herstellung und dem Durchmesser unterschieden. Ver-

Tab. 3.1 Pfahlsysteme nach EA-Pfähle

Verdrängungspfähle (keine relevante Bodenförderung) DIN EN 12699	
Fertigrammpfähle (Einbringung, dynamisch)	– Stahlbeton – Spannbeton – Stahl – Gusseisen – Holz
Ortbetonrammpfähle (Einbringung, dynamisch)	– Innenrohrrammung (z. B. Frankipfahl) – Kopframmung (z. B. Simplexpfahl)
Schraubpfähle (Vollverdrängungsbohrpfähle) (Einbringung statisch durch Drehen oder Drücken)	– z. B. Atlaspfahl – z. B. Fundexpfahl
Verpresste Verdrängungspfähle	– z. B. Verpressmörtelpfahl – z. B. Rüttelinjektionspfahl
Bohrpfähle 0,3 m ≤ D ≤ 3,0 m/Schlitzwand/Barette A ≤ 15 m² DIN EN 1536	
Ungestützt	– zylindrisch
Verrohrt (Rohreinbringung statisch oder dynamisch)	– zylindrisch – mit Fuß- oder Schaftaufweitung – teleskopiert
Suspensionsgestützt	– zylindrisch – Schlitzwandelement/Barette
Erdgestützt	– mit vollständig durchgehender Bohrschnecke – teilweise durchgehende Bohrschnecke und großes Seelenrohr (Teilverdrängungsbohrpfahl)
Mikropfähle D < 0,3 m DIN EN 14199	
Ortbetonpfähle	
Verbundpfähle	– z. B. Rohr- oder Stabverpresspfahl
Fertigpfähle ≤ 0,15 m (in DIN EN 12699 geregelt)	

drängungspfähle werden ohne nennenswerte Bodenförderung in den Untergrund gerammt bzw. einvibriert und unterscheiden sich somit in der Art der Herstellung von dem System Bohrpfahl. Bei dieser Methode wird ein Hohlraum im Untergrund erstellt, der im Nachgang mit Bewehrung und Ortbeton ausgefüllt wird. Pfähle mit einem Durchmesser kleiner 0,30 m werden als Mikropfähle klassifiziert. Deren Herstellung ähnelt dem Grundprinzip der Bohr- und Verdrängungspfähle und unterscheidet sich lediglich im Durchmesser und der Bewehrung des Pfahls.

3.3.1 Verdrängungspfähle

Verdrängungspfähle sind in der DIN EN 12699 genormt. Die Einbringung erfolgt durch Rammen, Rütteln, Eindrehen oder Einpressen. In kontaminierten Böden ist bei diesem Pfahlsystem von Vorteil, dass kein nennenswerter Bodenaushub gefördert wird und somit eine kostenintensive Entsorgung belasteter Böden entfällt. Bei der Herstellung wird der Baugrund durch die Pfähle verdrängt und verdichtet, so dass sich Reibung über den Pfahlmantel vergrößert. Die Materialien und Querschnitte der Verdrängungspfähle sind vielfältig und abhängig vom jeweiligen Einsatzbereich und -zweck. Die Geometrien von Verdrängungspfählen aus Stahl sind sehr variabel und abhängig vom gewählten genormten Stahlprofil. Darüber hinaus können die Querschnitte aus den konventionellen Ausführungsvarianten rund, quadratisch oder rechteckig ausgebildet sein (vgl. [1]).

Die Einbringung in den Untergrund erfolgt vertikal und in Sonderfällen mit einem variablen Neigungswinkel. Resultierende Einwirkungen auf Verdrängungspfähle werden aufgrund der geringen Durchmesser überwiegend axial aufgenommen.

3.3.1.1 Fertigrammpfähle

Fertigrammpfähle werden in einem Fertigteilwerk als Fertigteile hergestellt und zum Einsatzort transportiert. Die Länge des Verdrängungspfahls entspricht im Einbauzustand der bemessenen erforderlichen Einbindetiefe in den Baugrund. Die Ausführungslängen sind davon abhängig, wie der Transport auf die Baustelle realisiert werden kann (z. B. als Schwertransport oder über den Schienenweg). Durch die Weiterentwicklung der Systeme und Materialien können gegenwärtig der Großteil der Fertigrammpfähle über kraftschlüssige Kupplungen, formschlüssige Muffen oder stoffschlüssige Schweißverbindungen auf der Baustelle verlängert werden.

Fertigrammpfähle wirken i. d. R. als Mantelreibungspfähle und können aus Holz, Beton/Stahlbeton, Gusseisen oder Stahl hergestellt werden. Die Herstellung von Holz-, Beton-/Stahlbeton- oder Stahlrammpfählen unterscheidet sich nicht wesentlich in der Herstellungsmethode. Die Pfähle werden mit einem kombinierten Ramm-/Bohrgerät oder einem spezifischen Rammgerät in den Boden eingerüttelt (Nieder- oder Hochfrequenzrütteln) oder eingerammt. Die vorgefertigten Pfahllängen werden über kraftschlüssige Kupplungen, formschlüssige Muffenverbindungen oder stoffschlüssige Schweißverbin-

3.3 Pfahlsysteme

dungen während des Ramm-/Rüttelvorganges verlängert, bis die Einbindetiefe des Pfahls erreicht ist (vgl. EA-Pfähle).

Ausgenommen sind hierbei Holzpfähle, bei denen von einer Pfahlkupplung abgeraten wird. Die Anwendung von Holzrammpfählen ist in der heutigen Baupraxis eine Methode, die lediglich bei temporären Maßnahmen wie Hilfsbrücken oder Schalungsgerüsten angewendet wird. Notwendig ist hierfür ein gesunder Stamm ohne Astgabeln mit einer Länge von 6 m und einem Mindestdurchmesser von 0,25 m.

Die verschiedenen Herstellungsmaterialien der Verdrängungspfähle und deren jeweilige Spezifikationen sind nachfolgend dargestellt.

Der Verdrängungspfahl aus Holz ist wie Abschn. 3.2 beschrieben, die älteste Variante einer Pfahltiefgründung. Derzeit ist die Bedeutung des Baustoffes Holz für Verdrängungspfähle nur von untergeordneter Rolle. Die geringen aufnehmbaren Traglasten und die natürliche Verrottung oder die Zerstörung durch tierische Schädlinge z. B. den Bohrwurm (s. Abb. 3.3) lassen einen Holzpfahl lediglich bei temporären Sicherungsmaßnahmen oder bei der Anwendung aus gestalterischen Gründen, im Kontext des Denkmal- oder Naturschutzes, als Verwendung zu. Anwendbare Holzarten für Holzpfahlgründungen sind vielfältig. Neben den heimischen Holzarten wie Kiefern, Fichten, Tannen, Lärchen, Douglasien und Eichen werden auch Holzarten aus dem Ausland wie z. B. Bongossi verwendet. Die präferierte Holzart besteht bei der heutigen Verwendung von Holzrammpfählen aus dem Stamm der Kiefer.

Die Holzpfähle bestehen im Querschnitt aus einem natürlichen Rundprofil mit angespitzter Pfahlspitze (s. Abb. 3.4). Die Pfahldurchmesser variieren zwischen 0,15 bis 0,35 m. Der homogene Holzpfahl wird bei kiesigen Böden oder anzutreffendem Wurzelwerk an der Pfahlspitze mit einem Pfahlschuh (s. Abb. 3.5) für den Rammvorgang zusätzlich stabilisiert. Dieser mit Stahllaschen und einer Stahlspitze ausgestattete Pfahlschuh kann somit widerstandsfähig in rolligen Böden in den Baugrund getrieben werden,

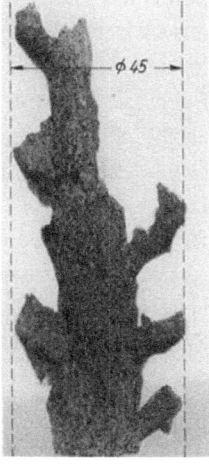

Abb. 3.3 Durch Bohrwurm zerfressener Holzpfahl (Nordische Kiefer, alte Pfahldicke 45 cm, Einbauzeit 24 Jahre)

Abb. 3.4 Pfahlspitze

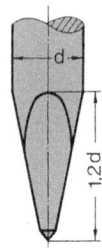

Abb. 3.5 Pfahlschuh

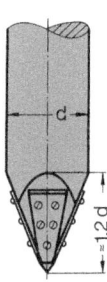

sofern die Stahlspitze exakt axial in der Pfahlmitte angeordnet ist. Eine exzentrisch angeordnete Pfahlspitze führt beim Rammvorgang zu Spannungen und Biegungen im Pfahl und schlussendlich zu dessen Zerstörung. Die Einsatzgrenzen von Holzpfählen sind limitiert, da beispielsweise ein Einbringen in felsigen Untergrund oder Geröll zu Stauchungen und folglich zu verminderter Tragfähigkeit führt. Damit der Holzpfahl beim Rammvorgang im Kopfbereich nicht auseinanderbricht, wird dieser mit einem Pfahlring am oberen Ende zusammengehalten und stabilisiert.

Verdrängungspfähle aus Beton oder Stahlbeton werden als Fertigteile in einem Fertigteilwerk produziert. Bei Großprojekten kann es wirtschaftlich von Vorteil sein, eine Feldfabrik für die Fertigteile direkt auf der Baustelle zu errichten. Die Querschnitte bestehen aus einem Rundprofil mit Durchmessern zwischen 35 bis 55 cm oder aus einem quadratischen Profil mit üblichen Kantenlängen von 20 bis 45 cm. Der limitierende Faktor der Fertigpfähle besteht lediglich in den 6 bis 16 m ausführbaren Fertigungslängen. Bei einem Schwertransport auf die Baustelle oder einer Feldfabrik auf der Baustelle sind auch Pfahllängen von bis zu 25 m möglich. Alternativ besteht die Möglichkeit durch vom Deutschen Institut für Bautechnik (DiBt) zugelassene Kupplungssysteme (s. Abb. 3.6) die Fertigteile kraftschlüssig unter gleichbleibenden statischen Eigenschaften im Hinblick auf die Druck-, Zug- und Biegesteifigkeiten des gesamten Pfahls auf bis zu 80 m verlängern.

Die charakteristische Materialeigenschaft von Beton zeichnet sich durch seine sehr hohe Druckfestigkeit aus. Im Gegensatz dazu sind die aufnehmbaren Belastungen auf Zug sehr gering. Die technisch bedingten auftretenden Belastungen beim Einrammen des Pfahls in den Untergrund führen neben der Druckbeanspruchung mit zunehmender Pfahllänge auch zu einer Beanspruchung auf Biegung (Spaltzugbelastung). Daher werden i. d. R. Rammpfähle mit Längs- und Querbewehrung ausgeführt. Die Querbewehrung

Abb. 3.6 Pfahlkupplungssystem eines Stahlbetonfertigpfahls

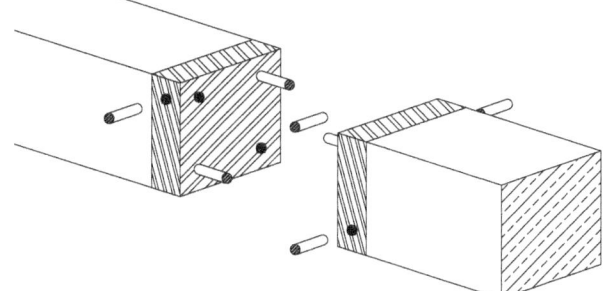

Abb. 3.7 Bewehrung Stahlbetonrammpfahl

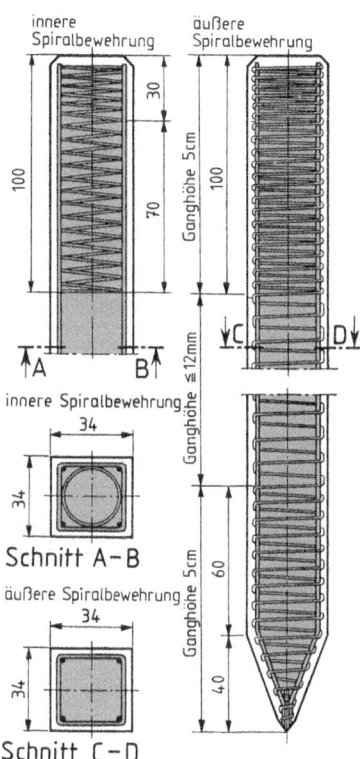

wird hierbei insbesondere in den besonders stark beanspruchten Bereichen am Pfahlfuß und -kopf in engeren Abständen verlegt (s. Abb. 3.7).

In Sonderfällen werden die Fertigrammpfähle vorgespannt aus Spannbeton gefertigt. Die Vorspannung sollte $\geq 3{,}5\,\text{MN/m}^2$ betragen und wird mit einer weiteren schlaffen Zusatzbewehrung ergänzt. Die Vorspannung kann vor dem Verguss im Spannbett oder nach dem Erhärten mit einem zusätzlichen Verbund erfolgen. Bei der Bemessung der Vorspannung ist zu beachten, dass diese den dynamischen Belastungen beim Rammvorgang standhält und der Pfahl ohne Materialschäden in den Untergrund gerammt werden kann (vgl. [5]).

Abb. 3.8 Ausführungsformen von Beton/Stahlbeton Rammpfählen (© Julian Willy Kreß)

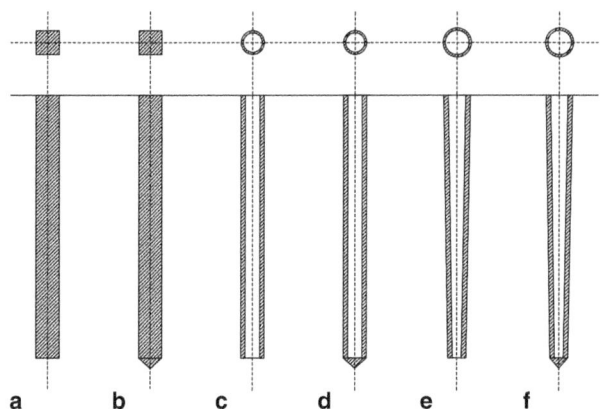

Die Betonfestigkeit ist mit einer Güteklasse C50/60 oder höher zu wählen. Die Ausführung quadratischer Rammpfähle kann je nach anzutreffendem Untergrund mit einem stumpfen Pfahlfuß (s. Abb. 3.8a) oder mit einer angespitzten Pfahlfußform (s. Abb. 3.8b) ausgebildet werden. Anwendung finden die Fertigteilrammpfähle vor allem in bindigen bzw. organischen Böden oder als Tiefgründungen von Brücken und Offshore-Windenergieanlagen (vgl. EA-Pfähle).

Neben den quadratischen Fertigteilrammpfählen werden diese auch in Varianten mit einem rohrförmigen Hohlprofil ausgeführt. Diese werden als Hohlkörperquerschnitt aus Schleuderbeton hergestellt (s. [6]). Die Ausbildung des Pfahls kann in seiner Achse zylindrisch (s. Abb. 3.8c) oder konisch (s. Abb. 3.8e) erfolgen. Die zylindrische Geometrie weist ähnliche Eigenschaften wie der quadratische Rammpfahl auf, ist jedoch weitaus wirtschaftlicher aufgrund des Hohlkörpers und der dadurch geringeren einzubringenden Menge von Beton und Stahl. Konisch geformte Rammpfähle sind in der Anwendung die präferierte Pfahlvariante, wenn es sich um eine schwimmende Pfahlgründung handelt. Eine konische Mantelfläche besitzt im Gegensatz zu den zylindrischen und quadratischen Pfählen eine größere Fläche und weist folglich eine größere resultierende Mantelreibung auf, die insbesondere bei schwimmend gelagerten Pfahlgründungen erforderlich ist. Die Vorteile der Schleuderbetonausführung gegenüber dem quadratischen Rammpfahl basieren auf der hohen aufnehmbaren Traglast bei geringem Gewicht und der Möglichkeit der Pfahlkontrolle aufgrund des hohlen Pfahlkerns. Die Kontrolle des Pfahls auf eventuell entstandene Schäden beim Rammvorgang kann hierbei über eine Kamerabefahrung, mit einem Senkblei oder einem Lichtstrahl erfolgen. Beide Rundprofilausführungsvarianten können, analog zum quadratischen Rammpfahl, bei schwierigem Baugrund zusätzlich mit einer Pfahlspitze versehen werden (s. Abb. 3.8d und Abb. 3.8f).

Rammpfähle aus Stahl unterscheiden sich in ihrem Querschnittsprofil und den verschiedenen Wandstärken. H-Profile, Spundwand- und Trägerprofile (s. Abb. 3.9) sind die konventionellen Varianten eines Stahlrammpfahls. Zur Erhöhung des Widerstands werden Verstärkungen in Platten- oder Flügelform stoffschlüssig am Pfahl verschweißt. Stahl-

3.3 Pfahlsysteme

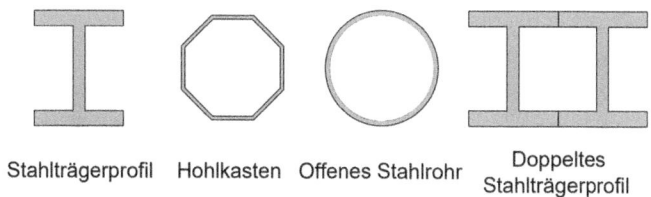

Abb. 3.9 Stahlprofile nach EA-Pfähle

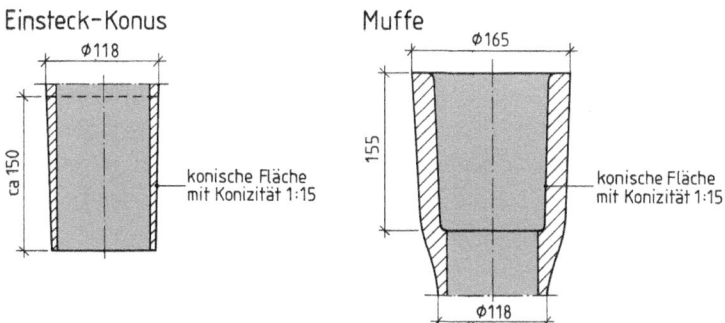

Abb. 3.10 Muffenverbindung des Duktilpfahles

pfähle sind kostenintensive Varianten von Tiefgründungen und finden deshalb nur dann Verwendung, wenn eine hohe dauerhafte Belastung auf Zug abzuleiten und ein hoher Widerstand gegen Materialzersetzung (z. B. Offshore-Windenergieanlagen oder Hafenbau) notwendig ist (s. EA-Pfähle).

Duktile Rammpfähle aus Gusseisen sind vorgefertigte Pfähle mit Durchmessern zwischen 118 und 170 mm. Analog zu den Stahlpfählen sind die Pfähle, hergestellt im Schleudergussverfahren, in verschiedenen Wandstärken und als Fertigteil in Längen zwischen 5 und 6 m erhältlich. Am Einsatzort können die duktilen Gusseisenrammpfähle mit einer am jeweiligen Pfahlende befindlichen konischen Muffe formschlüssig gekuppelt (s. Abb. 3.10) und auf die notwendig bemesse Pfahllänge im Zuge des Rammvorganges verlängert werden (vgl. [7]).

3.3.1.2 Ortbetonrammpfähle

Eine weitere Variante bei den Verdrängungspfählen ist der Ortbetonrammpfahl. Hierbei wird ebenso kein nennenswerter Bodenaushub gefördert. Der Baugrund wird verdrängt und im Bereich des Pfahlmantels verdichtet. Je nach anzutreffendem Baugrund wird der Ortbetonrammpfahl in den Varianten mit Innenrohrrammung (Frankipfahl) beziehungsweise über eine Kopframmung ausgeführt.

Der Ortbetonrammpfahl mit Innenrohrrammung kommt dann zum Einsatz, falls der tragfähige Untergrund in großen Tiefen liegt. Der Frankipfahl kann einen maximalen charakteristischen Pfahlwiderstand von bis zu ca. 12 MN erreichen. Die Einbringung in den

Baugrund kann lotrecht oder in einem Neigungswinkel im Verhältnis 4 : 1 erfolgen und mit einer weiteren zusätzlichen Aufweitung des Pfahlfußes für die Aufnahme hoher Zuglasten optimiert werden. Den patentierten Frankipfahl (s. [8]) zeichnet seine Innenrohrrammung aus.

Für die Herstellung eines Frankipfahls (vgl. Abb. 3.11) werden ein Trägergerät, eine Franki-Ramme und ein Freifallbär benötigt. Bevor die Rammung erfolgen kann, sind vorbereitende Maßnahmen zu treffen. Nach den Vorbereitungsmaßnahmen wird die Franki-Ramme ausgerichtet und ein Pfropfen aus Beton oder Kies im Vortreibrohr ausgerammt und somit ein wasserdichter Pfahlfuß hergestellt (s. Abb. 3.11a). Nach der Pfropfenherstellung wird das Vortreibrohr mit dem innenliegenden Freifallbär aus Beton (Normalfallhöhe bis zu 7 m) durch die resultierende Lastübertragung auf den Pfahlfuß in den Untergrund getrieben (s. Abb. 3.11b). Nach Erreichen der tragfähigen Bodenschicht und der bemessenen Solltiefe wird der zuvor hergestellte Pfahlfuß ausgestampft bis sich ein kugeliger Pfahlfuß bildet (s. Abb. 3.11c). Im Anschluss an diesen Prozess wird der vorgefertigte Bewehrungskorb in den hergestellten Hohlraum eingestellt und ausgerichtet. Das Beto-

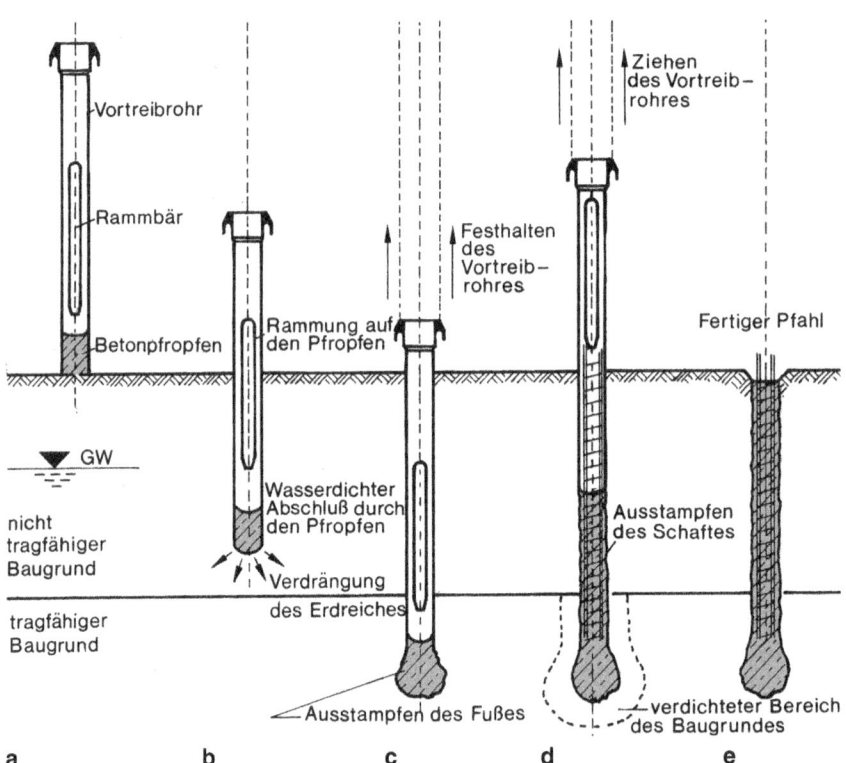

Abb. 3.11 Herstellung eines Frankipfahls

3.3 Pfahlsysteme

nieren des Pfahls erfolgt unter gleichzeitigem Ziehen des Vortreibrohrs (s. Abb. 3.11d). Anschließend wird nach dem Erhärten des Betons der Pfahlkopf gekappt (s. Abb. 3.11e).

Der Ortbetonrammpfahl mit Innenrohrrammung ist aufgrund seiner hohen aufnehmbaren Einwirkungen eine sehr wirtschaftliche Methode einer Tiefgründung und wird seit über einem Jahrhundert für Gründungen von Brücken, Schwerlastflächen und vielen weiteren Bauwerksarten angewendet. Bezüglich Lärmemissionen ist die Innenrohrrammung, im Gegensatz zur Kopframmung, eine geräuscharme Methode, um einen Ortbetonrammpfahl herzustellen.

Ortbetonrammpfähle mit Kopframmung (z. B. Simplexpfahl s. [9]) werden mit einem Diesel-, Hydraulik- oder Vibrationsbär von der Pfahlkopfspitze aus in den Baugrund gerammt. Die vorbereitenden Maßnahmen erfolgen analog zur Methode Innenrohrrammung. Das Vortreibrohr wird im Gegensatz zu einem Pfropfen aus Beton oder Kies mit einer stählernen lösbaren Pfahlspitze gegen eindringendes Grundwasser gesichert. Im ersten Arbeitsschritt wird das Stahlrohr angesetzt und ausgerichtet. Die Einbringung kann lotrecht wie auch mit einem Neigungswinkel im Verhältnis von 4 : 1 erfolgen. Der Pfahlschuh wird hierbei stumpf bis in die tragfähige Bodenschicht gerammt. Nach Erreichen der Solltiefe wird der Bewehrungskorb eingestellt. Der Pfahlschuh verbleibt als verlorene Fußplatte im Boden und wird beim Ziehen des Vortreibrohrs zeitgleich mit Beton verfüllt. Nach dem Ziehen des Vortreibrohrs und Erhärten des Betons werden die Pfahlköpfe gekappt. Eine Ausrammung des Pfahlfußes kann wie bei einem Simplexpfahl auch bei einem Frankipfahl ausgeführt werden. Im Gegensatz zur Innenrohrrammung ist diese Methode der Kopframmung sehr geräusch- sowie erschütterungsintensiv und kann insbesondere bei Baumaßnahme im städtischen Bereich von sehr großem Nachteil sein.

Ortbetonrammpfähle weisen aufgrund der vollkommenen Bodenverdrängung beim Rammvorgang sehr gute Reibungseigenschaften im Bereich des Pfahlschafts auf. Eine Ausstampfung des Pfahlfußes erhöht zusätzlich den aufnehmbaren Spitzendruck. Um die Tragfähigkeit eines Frankipfahls weiter zu erhöhen, kann im Bereich des einzubringen Pfahls ein Bodenaustausch mit einer Kiesvorverdichtung ausgeführt werden. Die Herstellung erfolgt nahezu analog der reinen Pfahlherstellung. Das Vortreibrohr wird im Bereich des herzustellenden Pfahls bis zur Solltiefe eingerammt und anschließend weiter maximal bis zu 2 m unterhalb der bemessenen Pfahlabsetztiefe eingestampft. Hierbei agiert der Pfahlfuß wieder als abdichtendes Element gegenüber einem potenziellen Grundwassereinbruch. Der Pfahlfuß wird ausgestampft und das Vortreibrohr unter gleichzeitiger Verfüllung und Ausstampfung des Bohrlochs mit Kies gezogen. Der entstandene Hohlraum besteht nach dieser Vorverdichtung aus einer Kiessäule, die beim nachfolgenden Herstellungsprozess des Ortbetonrammpfahls zu höheren Tragfähigkeiten führt. Die weitere Herstellung des Pfahls erfolgt schließlich analog zu der zuvor beschriebenen Herstellungsweise des Frankipfahls (vgl. [8]).

3.3.1.3 Schraubpfähle

Schraubpfähle sind gemäß DIN EN 12699 als Verdrängungspfähle definiert. Im Vergleich zu den Fertig- und Ortbetonrammpfählen erfolgt die Einbringung ohne Erschütterungen und geräuscharm. Der Schraubpfahl wird mit einem definierten Vorschub und einer durchgehenden Rotation in den Untergrund eingebracht. Der Pfahl wird, ähnlich dem Prinzip beim Verschrauben mit einer Holzschraube, in den Boden eingedreht und verdrängt den anstehenden Untergrund. Die Einsatzgrenzen in dichter gelagerten Bodenschichten sind begrenzt. Die Pfahlgeometrie wird durch zwei Durchmesser dem reinen Pfahlschaftinnendurchmesser und den schraubenförmigem Pfahlaußendurchmesser definiert.

Der Atlaspfahl (s. [10]) zählt zu den Vollverdrängungspfählen und findet im städtischen Bereich Verwendung, in dem eine geräusch- und erschütterungsarme Pfahlherstellung i. d. R. erforderlich wird. Der Pfahlschaft ist gewindeförmig ausgebildet, sodass sich der fertig hergestellte Pfahl mit dem Untergrund regelrecht verzahnt. Atlaspfähle definieren sich über die Mantelreibung ($\geq 60\%$) und können maximale charakteristische Pfahlwiderstände von bis ca. 4 MN erreichen.

Bei der Herstellung des Atlaspfahls (s. Abb. 3.12) wird durch das Bohrrohr mit dem Schneidkopf die Pfahlherstellung gegen eindringendes Grundwasser absichert und mit einer definierten Vorschubgeschwindigkeit und einer Rotation in den Untergrund gedrückt. Der aufzubringende Antriebsdruck wird beim Eindrehen kontinuierlich gemessen und mit den Angaben des geotechnischen Gutachtens oder dem Sondierdiagramm des Baugrunds abgeglichen. Nach Erreichen des erforderlichen Antriebsdrucks ist die Solltiefe des Atlaspfahls erzielt und der Bewehrungskorb wird im nächsten Schritt eingestellt.

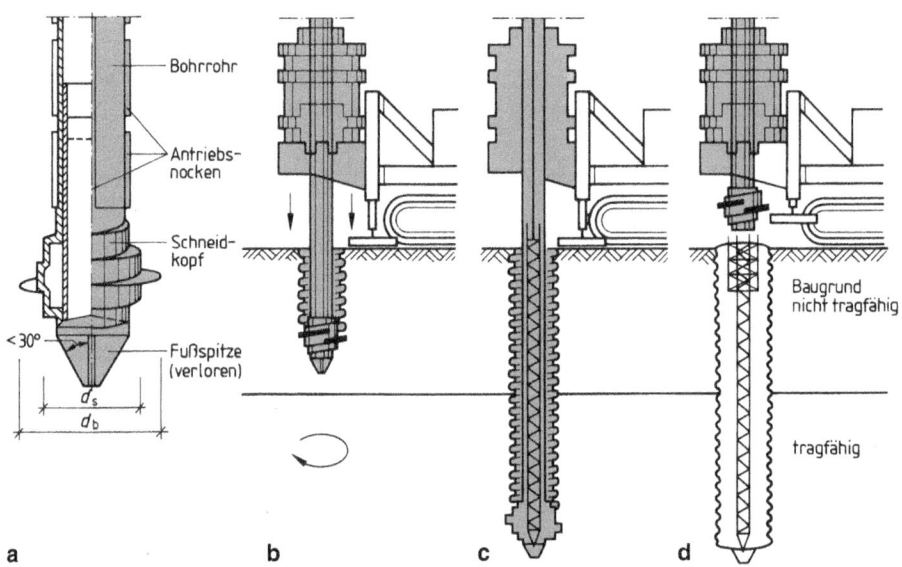

Abb. 3.12 Herstellung eines Atlaspfahls

Im folgenden Arbeitsschritt werden das Bohrrohr und der Vorratsbehälter mit fließfähigem Beton verfüllt und der Schneidkopf entgegen der Eindrehrichtung kontinuierlich herausgedreht. Die Spitze löst sich hierbei und verbleibt im Untergrund als verlorene Fußspitze. Der wendelförmige Schneidkopf generiert beim Herausdrehen das charakteristische schraubenförmige Aussehen des Atlaspfahls mit einer circa 5 cm mächtigen Wulst. Der entstehende Hohlraum, der beim Herausdrehen entsteht, wird direkt aufgrund des herrschenden statischen Überdrucks, der sich durch die räumliche Distanz zwischen dem Vorratsbehälter und dem Pfahlfußes des Bohrrohrs bildet, mit Beton verfüllt und generiert somit die charakteristische hohe Mantelreibung. Im Nachgang wird der Pfahlkopf gekappt (vgl. [10]).

Die Herstellung des Fundexpfahls (s. [10]) erfolgt fast identisch wie die eines Atlaspfahls. Wesentlicher Unterschied liegt in der fertigen Pfahlform des Fundexpfahls. Der Schneidkopf löst sich beim Herausdrehen und verbleibt bei dieser Schraubpfahl-Methode komplett im Bohrloch. Das Vortreibrohr wird sukzessive gezogen und der entstehende Hohlraum gleichzeitig mit Beton verfüllt, sodass ein glatter Pfahlschaft aus Beton entsteht. Die Belastung erfolgt aufgrund der geringeren Verzahnung des Pfahlschaftes überwiegend durch den Pfahlspitzendruck. Die maximalen charakteristischen Pfahlwiderstände sind mit ca. 3 MN geringer als bei einem Atlaspfahl. Beide Schraubpfahl-Typen können lotrecht wie auch mit einem Neigungswinkel im Verhältnis 4 : 1 in den Untergrund geschraubt werden.

3.3.1.4 Verpresste Verdrängungspfähle

Verpresste Verdrängungspfähle nach DIN EN 12699 werden mit Stahlprofilen in den Untergrund getrieben. Unterschieden wird zwischen dem Verpressmörtel- und dem Rüttelinjektionspfahl.

Die Verpressmörtelpfähle (VM-Pfahl) wurden in der Vergangenheit als Mantelverpresspfahl (MV-Pfahl) oder Rammverpresspfahl (RV-Pfahl) bezeichnet. Für Verpressmörtelpfähle werden Stahlrammpfähle mit verschiedensten Profilquerschnitten z. B. H-, U-, Doppel-U- oder Rundstahlprofil verwendet. Der Pfahlschaft besteht aus dem gewählten Stahlprofil und wird mit einem angeschweißten Pfahlfuß stoffschlüssig verbunden Der Pfahlfuß wird je nach anzutreffendem Baugrund spitz oder stumpf ausgebildet und weist einen größeren Durchmesser als der Pfahlschaft auf. Beim Rammvorgang wird ein Zwischenraum erzeugt, der im weiteren Arbeitsablauf mit Zementmörtel verpresst wird. Die hohen Mantelreibungskräfte, die aufgrund der Vermörtelung mit Zement entstehen, führen zu einer hohen Zugfestigkeit. Aus diesem Grund, wie auch aufgrund seiner Dauerhaftigkeit, findet dieser Pfahl häufig Anwendung im Hafenbau oder im Bereich von Offshore-Windenergieanlagen (vgl. [11]).

Rüttelinjektionspfähle (RI-Pfahl) sind vergleichbar mit den Verpressmörtelpfählen. Beim RI-Pfahl kommen konventionelle HEB- oder HEA-Profile zum Einsatz. Ein aufwendig ausgebildeter Pfahlfuß ist bei einem RI-Pfahl nicht erforderlich. Am unteren Pfahlschaft wird eine stählerne Aufdopplung um das gewählte Stahlprofil geschweißt. Der beim Einrammen entstehende Zwischenraum (ca. 2 cm) ist dadurch wesentlich kleiner als der eines VM-Pfahls und wird anstatt mit einem Zementmörtel mit einer Zementsuspension verfüllt. Die Verwendung des VM-Pfahls ist aufgrund der Dauerhaftigkeit des Stahlpfahls und der erhöhten Mantelreibung ebenfalls für den Hafenbau und den Offshore-Bereich geeignet (vgl. [11]). Die charakteristischen Pfahlwiderstände mit max 1,5 MN fallen etwas geringer als bei den VM-Pfählen aus.

3.3.2 Bohrpfähle

Bohrpfähle sind nach DIN EN 1536 klassifiziert und variieren gemäß der Eingruppierung nach EA-Pfähle (vgl. Tab. 3.1) zwischen Durchmessern von 0,3 bis 3,0 m. Bohrpfähle werden unterteilt nach der Stützung des Bohrlochs, welches mit bodenfördernden Werkzeugen hergestellt wird. Die Unterteilung erfolgt über die Art und Weise, wie das Bohrloch gegen Einfallen gestützt wird. Bohrpfähle können bei standfesten Böden ungestützt (s. Abschn. 3.3.2.1) in das Erdreich eingebracht werden. Ist der Boden nicht ausreichend standfest, erfolgt die Sicherung des temporär hergestellten Hohlraums über eine zusätzliche Verrohrung (s. Abschn. 3.3.2.2). Weitere Möglichkeiten bestehen in einer suspensionsgestützten (s. Abschn. 3.3.2.3) oder erdgestützten (s. Abschn. 3.3.2.4) Sicherungsmethode des Bohrlochs entgegen dem Erddruck bzw. gegenüber eindringendem Grundwasser.

Im Gegensatz zum Verdrängungspfahl (vgl. Abschn. 3.3.1) wird bei diesem Pfahlsystem kein Boden verdrängt, sodass nahezu das gesamte Volumen des Bohrlochs ausgehoben (s. Abb. 3.13 und 3.14) und der entstandene Aushub gefördert, transportiert, eventuell zwischengelagert und entsorgt werden muss. Ausnahme bildet hierbei der Teilverdrängungsbohrpfahl. In den hergestellten Hohlraum wird i. d. R. im nächsten Arbeitsschritt der Bewehrungskorb eingestellt (s. Abb. 3.15) und ein fließfähiger Beton eingebracht (s. Abb. 3.16). Die Vorteile der Bohrpfähle gegenüber den Verdrängungspfählen sind vielfältig. Einwirkungen können gezielt und zum Teil mit einer weitaus geringeren Anzahl von Pfählen aufgenommen werden. Die Bohrpfahldurchmesser von bis zu 3 m sind variabel wählbar und spezifisch auf die späteren Einwirkungen zu bemessen. Während des Bohrvorgangs kann darüber hinaus der Boden bei Aushub direkt angesprochen und analysiert werden. Ebenso können Großbohrpfähle aufgrund ihrer vergleichsweisen großen Durchmesser höhere Biegebeanspruchungen aufnehmen. Diese wirtschaftlichen Aspekte werden mit dem Herstellungsverfahren und den Varianten der Bodenförderung ergänzt. Der Aushub kann kontinuierlich oder diskontinuierlich aus dem Bohrloch gefördert werden. Auch können Störzonen im Gegensatz zu den Verdrängungspfählen durchörtert werden. Das Einbringen in den Untergrund erfolgt vertikal und in Sonderfällen mit einem variablen Neigungswinkel. Einwirkungen werden bei Bohrpfählen axial und horizontal über Biegemomente aufgenommen (vgl. [1]).

Die Geometrie eines Bohrpfahls besteht überwiegend aus einem kreisrunden Querschnitt (s. Abb. 3.17a). Die Anordnung dieser Tiefgründung kann freistehend oder in einer gemeinsam wirkenden Pfahlgruppe erfolgen, wie z. B. bei einer Kombinierten Pfahl-

3.3 Pfahlsysteme

Abb. 3.13 Aushub Bohrloch Bohrpfahl mit Kellybohrverfahren (© Archivio Trevi Group)

Abb. 3.14 Aushub Bohrloch Bohrpfahl mit Endlosschnecke (© Archivio Trevi Group)

Abb. 3.15 Bewehrungskorb Bohrpfahl (© Archivio Trevi Group)

Abb. 3.16 Betonieren Bohrpfahl (© Archivio Trevi Group)

Abb. 3.17 Querschnitte von Bohrpfählen nach DIN EN 1536 (© Julian Willy Kreß)

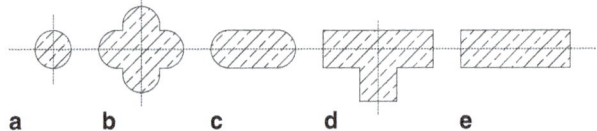

Plattengründung (KPP). Neben Tiefgründungen von Bauwerken werden auch Baugrubensicherungen mit Bohrpfählen realisiert. Bohrpfahlwände aus einzelnen runden Pfählen können als überschnittene, tangierende oder aufgelöste Bohrpfahlwand ausgeführt werden (s. Abschn. 1.2.5.1). Nicht kreisrunde Querschnitte bestehen nach DIN EN 1536 bei Baretten (s. Abb. 3.17d, e) und Schlitzwänden (s. Abb. 3.17b, c). Die Herstellung dieser länglichen Querschnitte erfolgt anstatt mit den üblicherweise verwendeten Drehbohrgeräten mit einem Schlitzwandgreifer und einer Suspensionsstützung.

Neben dem Querschnitt klassifiziert die DIN EN 1536 weiter die Ausbildung des Pfahlschafts eines konventionellen kreisförmigen Bohrpfahls. Diese werden mit über die gesamte Länge konstantem Schaft (s. Abb. 3.18a) wie auch mit einem teleskopartig veränderlichen Schaft (s. Abb. 3.18b) über den Durchmesser D definiert. Pfähle mit einer Fuß- (s. Abb. 3.18c) oder Schaftaufweitung (s. Abb. 3.18d) definiert die Norm mit den jeweiligen Durchmessern D_B beziehungsweise D_E. Die endgültige Form dieser Aufweitungen hängt hierbei von dem gewählten Aushubwerkzeug ab.

Der fertig hergestellte Bohrpfahl kann aus verschiedenen Materialien bestehen. Sofern keine Zug- und Biegebeanspruchungen auf den endgültigen Pfahl einwirken, ist es möglich, diesen Pfahl als unbewehrten Bohrpfahl herzustellen. Bei wirkenden Zugspannungen und Biegemomenten ist der Pfahl mit einem Bewehrungskorb (s. Abb. 3.15) auszustatten. Die Bewehrung kann bei Sonderlösungen mit Stahlrohren oder Stahlprofilen wie auch mit Stahlfasern ausgeführt werden (vgl. [1]).

Bohrpfähle werden mit speziell entwickelten Drehbohrgeräten (s. Abb. 3.19) gefertigt. Das Herstellungsverfahren und die Auswahl eines Bohrwerkzeugs sind abhängig

Abb. 3.18 Bohrpfahlschäfte nach DIN EN 1536 (© Julian Willy Kreß)

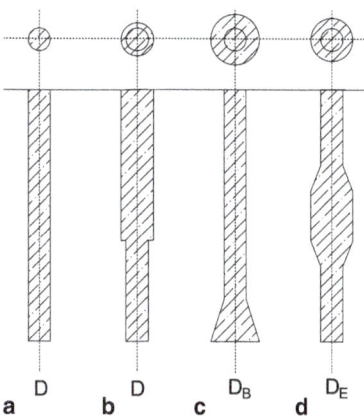

Abb. 3.19 Drehbohrgerät (© Wadle Bauunternehmung GmbH)

vom Baugrund sowie von der auszuführenden Bohrlochtiefe und dem Bohrdurchmesser. Die konventionelle Methode in der Bohrpfahlherstellung beschreibt das Kellybohren, bei dem der Baugrund intermittierend, mit oder ohne stützende Verrohrung, gefördert wird. Das Schneidwerkzeug wird in verschiedenen Varianten ausgeführt, wie beispielsweise mit Bohrschnecken (s. Abb. 3.20), Bohreimern (s. Abb. 3.21), Kernbohrern und speziellen Bohrern für Pfahlfußaufweitungen. Weitere Varianten bestehen mit den kontinuierlichen Bodenförderungsmethoden Endlosschnecken-, Vollverdränger- und dem Doppelkopfbohrverfahren. Bei letzterem erfolgt der Bohrvorgang mit einer innenliegenden Endlosschnecke und einem außenliegenden Bohrrohr, die beide gegenläufig in den Untergrund vorgetrieben bzw. nach Herstellung des Bohrloches gleichzeitig gezogen werden. Auch zählen Spülsysteme zur kontinuierlichen Bodenförderung, die den Aushub über ein Spülverfahren aus dem Bohrloch befördern. Bei Pfahlgründungen im mittelhartem und hartem Festgestein besteht die Möglichkeit, mit einem Imlochhammer den temporären Hohlraum über dieses Schlagbohrverfahren herzustellen.

Abb. 3.20 Bohrschnecke

Abb. 3.21 Bohreimer mit Flachzähnen und Pilotbohrer (*links*), mit progressiv angeordneten Rundschaftmeißeln und Pilotbohrer (*Mitte*) und mit Räumerleiste (*rechts*) (© Jannick Löbnitz)

3.3.2.1 Ungestützte Bohrpfähle

Wenn der umgebende Boden ausreichend standfest ist, kann ohne weitere Sicherungsmaßnahmen ungestützt in den Untergrund gebohrt werden. Für einen optimalen Ansatzpunkt des Bohrgeräts ist im Bereich des Bohrlochmundes eine Verrohrung als Führung und Stabilisierung des Bohrlochs vorzusehen. Sofern der Boden aus heterogenen Schichten besteht, sind die zu durchfahrenden nicht standfesten Zonen zusätzlich zu stützen.

3.3.2.2 Verrohrte Bohrpfähle

Bei verrohrten Bohrpfähle kommt eine Sicherung mittels eines Stahlrohrs (s. Abb. 3.22) zum Einsatz. Das Stahlrohr stützt den Hohlraum gegenüber Erddruck und eindringendem Grundwasser. Im Schutze dieser Verrohrung wird der Aushub mit bodenfördernden Werkzeugen durchgeführt. Das Einbringung des Bohrrohrs erfolgt über Rammen, Drehen/Drücken oder mit oszillierenden Bewegungen. Bei ausreichend standfesten Böden kann eine nacheilende Stützung erfolgen. Bei nicht ausreichend standfesten Böden ist vorauseilend zu sichern. Die Tiefe des Bohrrohrs ist durch die Mantelreibung begrenzt. In

Abb. 3.22 Verrohrung (© Heiko Huber)

Sonderfällen kann mit einer teleskopierbaren Sicherung gearbeitet werden, bei der ab bestimmten Bohrlochtiefen das Bohrrohr durch ein kleineres Bohrrohr ersetzt wird. Analog zu Ortbetonrammpfählen besteht nach Erreichen der Solltiefe die Möglichkeit, eine zusätzliche Aufweitung im Bereich des Pfahlfußes auszuführen. Dabei wird mit speziellen Schneidgeräten ohne oder mit einer Stützung des Aufweitungsbereiches ein aufgeweiteter Pfahlfuß für eine Erhöhung des Spitzendruckes ausgebildet. Ebenso können die Schaftbereiche mit einer ergänzenden Aufweitung hergestellt werden. Die charakteristischen Pfahlwiderstände unterliegen einer hohen Varianz, aufgrund der großen Bandbreite von Bohrpfahldurchmessern zwischen 0,3 bis 3,0 m sowie dem umgebenden Baugrund, und liegen in Bereichen von etwa 1 bis 10 MN (s. EA-Pfähle).

3.3.2.3 Suspensionsgestützte Bohrpfähle

Bei der Herstellung konventioneller zylindrischer Bohrpfähle mit Durchmessern von bis zu 3,0 m bzw. maximal 4,5 m oder bei Baretten und Schlitzwände kann die Stützung des Bohrlochs mit einer Suspension erfolgen. In der Praxis wird i. d. R. eine Bentonitsuspension verwendet. Die Suspension füllt den gesamten Hohlraum des Bohrlochs aus und stützt dieses gegen den umgebenden Erddruck und eindringendes Grundwasser. Die Stützung erfolgt durch ein ständiges Einbringen des Bentonits während des Bohrvorgangs, um den Füllstand dynamisch während des Aushubvorgangs auf einem Niveau zu halten und dadurch einen dauerhaften ausreichenden Überdruck sicherzustellen. Die Anwendung von Bentonit basiert darauf, dass diese Suspension schwerer als Wasser ist und folglich geringere potenzielle Geschwindigkeiten der Schwebepartikel zulässt. Auch bei der Unterbrechung des Bohrvorgangs ist die Stützung des Bohrlochs gewährleistet. Die För-

Abb. 3.23 Kugelgreifer
(© Jannick Löbnitz)

derung des Bodens erfolgt diskontinuierlich über eine Vielzahl von Abbauwerkzeugen, wie etwa Bohrgreifern (s. Abb. 3.23) oder Bohreimern (s. Abb. 3.21). Für die Herstellung von Baretten und Schlitzwänden werden Schlitzwandgreifer oder -fräsen verwendet (vgl. Abschn. 1.2.5.2).

3.3.2.4 Erdgestützte Bohrpfähle

Bei erdgestützten Bohrpfählen, die auch als Schneckenbohrpfähle bezeichnet werden, wird eine durchgehende Bohrschnecke (s. Abb. 3.14) bis zur Solltiefe des Bohrlochs eingebracht und stützt, mit dem geförderten Material auf dem wendelförmigen Schaft, zeitgleich die Bohrlochwandung. Es wird zwischen Bohrschnecken mit kleinem und großen Seelenrohr unterschieden. Für die Unterscheidung wird das Verhältnis D_i/D_a betrachte. Dabei steht D_i für den Seelenrohrdurchmesser und D_a für den Außendurchmesser der Bohrschnecke. Befindet sich das Verhältnis in einem Bereich von $D_i/D_a > 0{,}6$, handelt es sich um ein großes Seelenrohr und die damit hergestellte Schneckenbohrpfähle werden auch als Teilverdrängungsbohrpfähle bezeichnet. Typische Außendurchmesser der Bohrschnecke liegen zwischen 0,4 bis 1,2 m. Die Einsatzgrenzen sind insoweit limitiert, als der Baugrund eine reine erdgestützte Bohrlochsicherung zulässt. Sowohl bindige wie auch nichtbindige Böden sind gemäß Tab. 3.2 bis zu definierten Einsatzgrenzen für die Gründung mit einem Schneckenbohrpfahl zulässig. Die charakteristischen Pfahlwiderstände variieren je nach Durchmesser und umgebenden Baugrund zwischen 0,5 bis 2,0 MN (vgl. EA-Pfähle und [12]).

Tab. 3.2 Einsatzgrenzen von erdgestützten Bohrpfählen nach EA-Pfähle und [12]

Gleichförmige, nichtbindige Böden	Locker gelagerte, nichtbindige Böden	Weiche, bindige Böden
$d_{60}/d_{10} < 1{,}5$ (unter GW)	$q_c < 7{,}5\,\text{MN/m}^2$	$C_u = 15\,\text{kN/m}^2$

3.3.3 Mikropfähle

Mikropfähle, die auch als „Wurzelpfähle" bezeichnet werden, werden nach DIN EN 14199 klassifiziert und unterscheiden sich nach der Systemeinteilung der EA-Pfähle (s. Tab. 3.1) von den Bohrpfählen (Abschn. 3.3.2) über einen Pfahldurchmesser < 0,30 m. Mit großen, aber auch kompakten Bohrgeräten können die kreisrunden Pfähle unter beengten Verhältnissen (s. Abb. 3.24) lärm- und erschütterungsarm hergestellt werden. Die Herstellung kann über Bohren, Verdrängen oder einer Kombination aus beiden Verfahren erfolgen. Bei einem Verdrängungsmikropfahl ist der Schaftdurchmesser bzw. die Kantenlänge auf mindestens 0,15 m limitiert. Die Herstellungsmethoden werden unverrohrt, verrohrt (s. Abb. 3.25) oder vollverdrängend mit vorgefertigten Pfählen ausgeführt. In Abb. 3.26 sind exemplarische Längsformen von Mikropfählen dargestellt. Die Pfahlmantelformen unterteilen sich, ähnlich wie bei den Bohrpfählen, über einen konstanten (s. Abb. 3.26a) wie auch teleskopartigen (s. Abb. 3.26b) Längsschnitt. Aufweitungen in den Bereichen des Pfahlmantels (s. Abb. 3.26c) und Pfahlfußes (s. Abb. 3.26d) ergeben eine zusätzliche erhöhte Mantelreibung und Spitzendruck.

Abb. 3.24 Herstellung Mikropfahl unter beengten Verhältnissen (© Archivio Trevi Group)

Abb. 3.25 Herstellung Mikropfahl im verrohrten Bohrverfahren (© Archivio Trevi Group)

Abb. 3.26 Pfahlfuß-/mantelformen von Mikropfählen nach DIN EN 14199 (© Julian Willy Kreß)

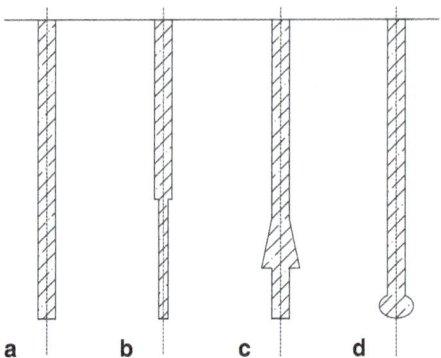

Die Pfähle werden bis zur bemessenen Einbindetiefe in den tragfähigen Untergrund, dem bemessenen Gründungsniveau oder bis zur endgültigen Einbringung der ermittelten Pfahllänge in den Boden eingebracht. Die Einbringung in den Untergrund ist in allen Neigungswinkeln möglich und unterliegt keinen weiteren Beschränkungen. Die aufnehmbaren Lasten können von allen Mikropfählen über Druck- und Zugbeanspruchungen wie auch in einer dynamischen Wechselwirkung aufgenommen werden. Die Lastabtragung erfolgt überwiegend über die Mantelreibung, so dass große Einbindelängen erforderlich sind. Bei der Ausführung langer Mikropfähle ist insbesondere die Knickstabilität des Mikropfahls zu beachten.

Unterschieden werden nach der Norm drei verschiedene Pfahltypen, die in Tab. 3.3 mit den zugehörigen Herstellungsverfahren beschrieben werden. Die Ortbeton-Mikropfähle wie auch die Verbundpfähle werden über Bohr- und Schlagbohrverfahren in den Baugrund eingebracht. Der Fertigpfahl wird, analog der Herstellung der Verdrängungspfähle, in den Untergrund gerammt und gegebenenfalls nachverpresst. Die EA-Pfähle weist hierbei allerdings daraufhin, dass dieser Pfahltyp aus dem Pfahlsystem Mikropfahl (DIN EN 14199) in einer aktualisierten Norm in DIN EN 12699 (Verdrängungspfähle) verschoben wird.

3.3 Pfahlsysteme

Tab. 3.3 Mikropfahltypen nach DIN EN 14199

Mikropfahltyp	Ortbeton-Mikropfahl	Verbundpfahl	Fertigpfahl
Herstellungsverfahren	Bohren (< 0,30 m)	Bohren (< 0,30 m)	–
	Verdrängen ($\leq 0,15$ m)	Verdrängen ($\leq 0,15$ m)	Verdrängen ($\leq 0,15$ m)

Abb. 3.27 Rückverankerung Baugrubensohle (© Wadle Bauunternehmung GmbH)

Mikropfähle werden für die verschiedensten Bereiche des Bauwesens angewendet. Sie können als Gründungselemente (s. Abb. 3.27), für nachträgliche Gründungen von Bestandsbauwerken oder für Rückverankerungen von Spundwänden verwendet werden. Die Lasteinwirkung erfolgt ausschließlich axial.

3.3.3.1 Ortbeton-Mikropfahl

Der Ortbeton-Mikropfahl weist einen Schaftdurchmesser zwischen 0,15 bis 0,30 m auf und wird mit Beton oder Zementmörtel über die gesamte Pfahllänge und einer durchgehenden Längsbewehrung ausgeführt. Das Bohrloch wird nach Erreichen der Solltiefe mit einer Bewehrung ausgestattet und mit fließfähigem Beton vergossen. Im Grunde handelt es sich hierbei um einen konventionellen bewehrten Bohrpfahl mit lediglich kleinerem Schaftdurchmesser. Die charakteristischen Pfahlwiderstände variieren je nach Untergrund und Pfahldurchmesser und können maximal 1,0 MN betragen (vgl. EA-Pfähle). Aufgrund des geringen Pfahldurchmessers in Kombination mit der Pfahllänge kann es zu einer ungenügenden Verfüllung und Verdichtung des Bohrlochs kommen. Diese Fehleranfälligkeit führt zu kostenintensiven Pfahlsanierungen, die beispielsweise mit einem Verbundpfahl von vornehrein ausgeschlossen werden können.

3.3.3.2 Verbundpfahl

Der Verbundpfahl besteht aus einem durchgehenden stählernen Tragglied, welches über die gesamte Pfahlmantelfläche mit Zementmörtel verpresst wird. Das Tragglied kann als Vollrohr oder aus einem selbstbohrenden Hohlprofil bestehen und verbleibt gänzlich im Bohrloch. Hierbei verzahnt sich der Pfahl mit dem Boden und ist für die Aufnahme von

Zugkräften besonders geeignet. Das stählerne Tragglied wird in der gegenwärtigen Praxis bei der Verwendung von Verbundpfählen in den Mikropfahlvarianten GEWI und TITAN ausgeführt.

Der GEWI-Pfahl (s. a. [13]) ist ein gewindeartiger Mikropfahl aus Vollmetall und wird schlaff in das maximal 0,30 m breite Bohrloch eingelassen und mit den am Pfahl befindlichen Abstandshaltern zentrisch ausgerichtet. Die Herstellung von Mikropfählen (s. Abb. 3.28) erfolgt mit einem kompakten Bohrgerät, welches ab einer Arbeitshöhe von 2,50 m die Gründungsarbeiten ausführen kann. Je nach anzutreffendem Baugrund ist das Bohrloch mit einer Verrohrung gegen den anstehenden Erddruck zu stützen. Die Herstellung des temporären Hohlraums erfolgt mit dem Schlag- und Drehbohrverfahren oder mit dem Ramm- und Rüttelverfahren, bis die tragfähige Bodenschicht erreicht wird. Sofern sich die Einbindetiefe des Bohrlochs im Bereich des Grundwasserspiegels befindet, muss eine Überdruck-Spülbohrung angewendet werden, um ein Eintreiben des umgebenden Bodens im Fußbereich zu unterbinden. Nach der Herstellung des Bohrlochs wird der GEWI-Pfahl eingestellt und zentrisch ausgerichtet. Die notwendige Mantelreibung des Mikropfahls wird über eine Verpressung des Zwischenraumes erzielt. Nach dem Abbinden des verpressten Betons oder Zementmörtels wird der GEWI-Pfahl ein weiteres Mal verpresst. Die Intention dieses Nachverpressens besteht darin, Risse aus der ersten Verpressung zu verschließen und eine flächige Mantelreibung zu erzielen. Die Verpressdrücke liegen mit 10 bis 60 bar weitaus höher als beim ersten Verpressvorgang. Eine Nachverpressung zur weiteren Erhöhung der Mantelreibung ist nicht mehr zulässig, sofern der Mikropfahl unter Last steht. Bei einer verrohrten Bohrlochsicherung ist während des Verpressvorgangs des Bohrlochzwischenraums das Bohrrohr sukzessive zu ziehen. Die Pfahllänge kann am Einsatzort mit Muffenverbindungen und weiteren GEWI-Pfählen verlängert (s. Abb. 3.29) werden.

Abb. 3.28 Herstellung GEWI-Pfahl

Abb. 3.29 Verlängerung GEWI-Pfahl

Der TITAN-Pfahl ist ein selbstbohrender Mikropfahl aus einem gewindeförmigen Hohlkörper. Die selbstschneidende Bohrkrone ist in verschiedenen Ausführungen für alle Bodenarten lieferbar. Das Stahltragglied ist für die Aufnahme von Zug- und Druckbelastungen wie auch für dynamische Wechselwirkungen bemessen. Die Herstellung des Bohrlochs erfolgt in einem Arbeitsschritt, indem durch den drehschlagenden Einbau die Bohrkrone in den Untergrund eingebracht wird. Durch das hohle Gestänge wird während des Bohrvorgangs eine Spül- und Stützflüssigkeit in das Bohrloch eingeleitet, welche die Bohrlochwandung sichert und den abgetragenen Boden an die Oberfläche fördert. Mit Kupplungsmuffen werden die TITAN-Stäbe verlängert und über Abstandshalter zentrisch im Bohrloch ausgerichtet. Die Verpressung bzw. Injektion erfolgt mit bis zu 250 bar durch den innenliegenden Hohlkörper des TITAN-Stabes, der somit die Aufgabe eines Injektionsrohrs übernimmt. Nach Erhärtung der Verpresssuspension bildet der TITAN-Stab die Bewehrung des Mikropfahls. Charakteristische Pfahlwiderstände variieren je nach Untergrund und Pfahldurchmesser und können Lasten zwischen 135 bis 2170 kN aufnehmen (vgl. [14]).

3.3.3.3 Fertigpfahl

Die Fertigpfähle mit Durchmessern bzw. Kantenlängen $\leq 0{,}15$ m werden thematisch als Verdrängungspfähle in Abschn. 3.3.1.1 behandelt. Der Pfahl verdrängt während des Rammvorgangs den Boden und wird ohne Verpressen bis zur Endtiefe vorgetrieben. Gegebenenfalls findet ein Nachverpressen zwischen Pfahl und Erdreich nach Erreichen der bemessenen Einbindetiefe statt. Der Fertigpfahl überträgt die einwirkenden axialen Lasten über ein vorgefertigtes Tragglied aus Stahlbeton, Stahl oder duktilem Gusseisen in den Untergrund. In den EA-Pfähle wird des Weiteren daraufhin gewiesen, dass in einer künftigen Neufassung der Norm dieser Mikropfahltyp endgültig den Verdrängungspfählen zugeordnet wird.

3.4 Ausbildung der Pfahlgründungen

Pfähle können separiert für sich als Einzelpfahl oder über einen Pfahlrost als Tiefgründung zum Einsatz kommen. In gemeinsam wirkenden Systemen wie einer Pfahlgruppe oder als Kombinierte Pfahl-Plattengründung werden die Einzelpfähle über eine Stahlbetonplatte verbunden, so dass alle Pfähle über eine gemeinsame Gruppenwirkung den Widerstand beeinflussen.

3.4.1 Einzelpfahl und Pfahlrost

Einzelpfähle sind für sich eigene Gründungselemente (s. Abb. 3.30), die in eine tragfähige Bodenschicht eingebracht und lediglich durch den umgebenden Boden und die resultierenden Einwirkungen beeinflusst werden. Mögliche weitere benachbarte Pfähle sind in einem ausreichenden Abstand angeordnet, um eine gegenseitige Beeinflussung auszuschließen. Lasten können hierbei axial auf Druck oder Zug aufgenommen und abgetragen werden. Das Prinzip eines Pfahlrosts ähnelt dem des Einzelpfahls (s. Abb. 3.31). Im Verbund mit mindestens drei Einzelpfählen wirken diese ebenfalls für sich selbst und es findet keine gegenseitige Beeinflussung trotz einer gemeinsamen Stahlbeton-Kopfplatte statt. Häufig werden Pfahlroste mit Fertigrammpfählen hergestellt, da sich diese effektiver mit einem Neigungswinkel in den Untergrund einbringen lassen. Die Lastabtragung erfolgt vertikal und horizontal für Einzelpfähle wie auch Pfahlroste über den Pfahlmantelwiderstand, den Pfahlfußwiderstand oder einer Kombination aus beiden.

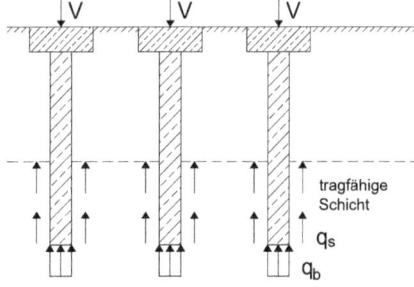

Abb. 3.30 Schematische Darstellung Einzelpfahl

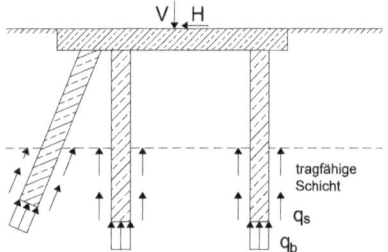

Abb. 3.31 Schematische Darstellung Pfahlrost

3.4.2 Pfahlgruppe

In der Praxis wirken die Pfähle überwiegend in Kombination mit einer Kopfplatte und weiteren Pfählen in einem gemeinsamen Verbund (s. Abb. 3.32). Die Gruppe beeinflusst somit als Ganzes die Tragfähigkeit der Gründung bzw. beeinflusst sich gegenseitig über das Setzungsverhalten. Eine Gruppenwirkung ist i. d. R. dann gegeben, wenn der Pfahlachsabstand das 6- bis 8-fache des Pfahldurchmessers beträgt. Die Lasten werden über den Pfahlmantel- und Pfahlfußwiderstand oder auch durch eine Kombination aus beiden in den Untergrund abgetragen. Damit sich die Einzelpfähle nicht gegenseitig negativ in ihrer Tragfähigkeit beeinflussen, sind sie in einem definierten Abstand zueinander anzuordnen. Die Lasten können vertikal auf Druck und Zug wie auch horizontal aufgenommen und in den Baugrund abgeleitet werden.

3.4.3 Kombinierte Pfahl-Plattengründung (KPP)

Die Kombinierte Pfahl-Plattengründung (KPP) stellt den konventionellen Fall einer Tiefgründung dar. Speziell bei hohen repräsentativen Einwirkungen aus den ständigen und temporären Gebäudelasten in setzungsanfälligen Böden bietet die KPP die Besonderheit, die Lasten über die Pfähle und, im Gegensatz zum Einzelpfahl und zur Pfahlgruppe, die Kopfplatte gemeinsam sicher in den Baugrund abzuleiten. Die Pfähle wirken mit dem Pfahlmantel- und Pfahlfußwiderstand oder einer Kombination aus beiden gemeinsam mit der Sohlspannung der Kopfplatte, die als KPP eine spezielle Form einer Flachgründung darstellt (s. Abb. 3.33). Diese Besonderheit dient vor allem dem Zweck, die prognosti-

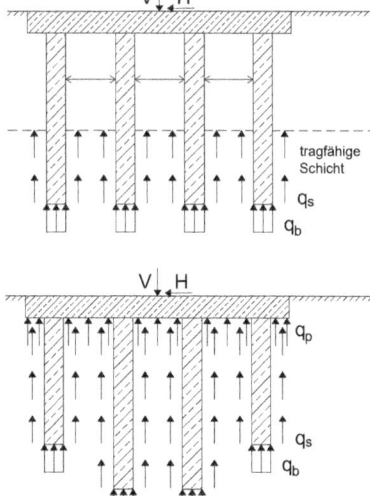

Abb. 3.32 Schematische Darstellung Pfahlgruppe

Abb. 3.33 Schematische Darstellung Kombinierte Pfahl-Plattengründung

zierten Setzungen auf ein Minimum zu begrenzen. Die Einwirkungen erfolgen bei einer KPP wie bei einer Pfahlgruppe axial auf Druck- oder Zugbelastung. Eine KPP ist widerstandsfähig gegen horizontale Einwirkungen, was vor allem bei Hochhausgründungen von Vorteil ist.

3.4.4 Ausführungsbeispiele für Pfahlgründungen

Nachfolgend werden verschiedene Ausführungsbeispiel bzw. Einsatzbereich für Pfahlgründungen dargestellt.

Abb. 3.34 zeigt für den Bereich Hochbauten die Gründung eines Kaufhauses (Abmessungen 144 × 132 m) auf Ortbetonbohrpfählen (s. [15]). Die Stützenlasten betragen 2,5 bis 11,5 MN. Der Pfahldurchmesser liegt zwischen 1,0 bis 1,5 m. Im Bereich des Pfahlfußes wurde eine Pfahlfußverbreiterung von bis zu 2,15 m ausgeführt. Der weniger tragfähige Baugrund (im Bereich der Kohlenflöze) wurde bis max 10 m unter Pfahlfuß durch Zementinjektionen verfestigt.

Bei schräg einfallender tragfähiger Schicht können Gebäude auch nur teilweise auf Pfähle gegründet werden (s. Abb. 3.35).

In Abb. 3.36 ist die Gründung der Stützen einer Rundsporthalle (∅ 50 m) auf etwa 7 m langen Pfählen dargestellt. Der Abstand der Stützen beträgt 6,63 m.

Auch im Brückenbau sind Pfahlgründungen eine bewährte Gründungskonstruktion, um die Lasten in den tragfähigen Baugrund einzuleiten. Abb. 3.37 zeigt die Gründung eines etwa 122 m hohen Brückenpfeilers auf Großbohrpfählen (vgl. [16]). Abb. 3.38 zeigt die Gründung eines Brückenwiderlagers auf Pfähle (vgl. [17]).

Im Hafenbau kommen Pfahlrostkonstruktionen zum Einsatz. Dabei sind bei der Dimensionierung der Konstruktion neben Erd- und Wasserdruck, Einwirkungen wie Schiffslasten (Anlegedruck und Pollerzug) und Verkehrslasten aus den Containerbrücken und mögliche Stapellasten zu berücksichtigen. Einen Pfahlrost mit vorderer tragender Spund-

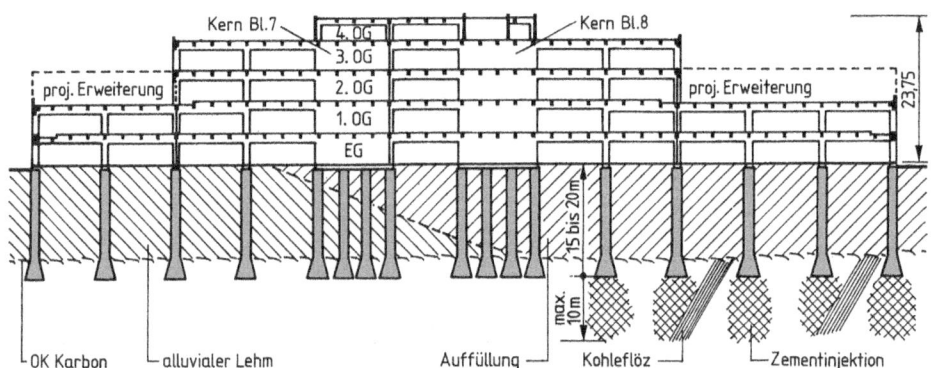

Abb. 3.34 Gründung eines Kaufhauses auf Bohrpfählen

3.4 Ausbildung der Pfahlgründungen

Abb. 3.35 Gründung eines Hauses bei schrägeinfallender tragfähiger Schicht

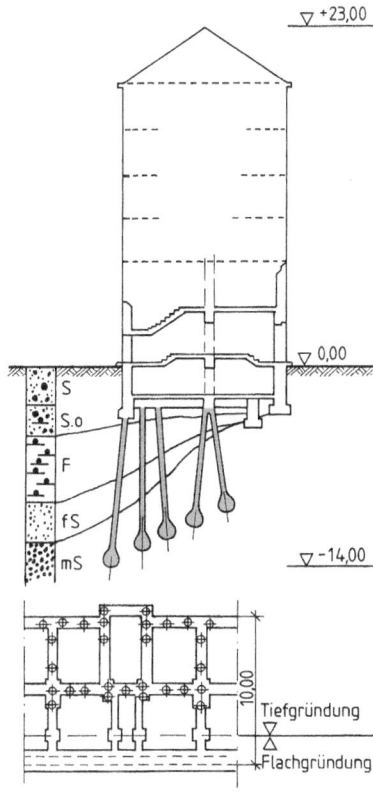

Abb. 3.36 Gründung der Stützen einer Rundsporthalle

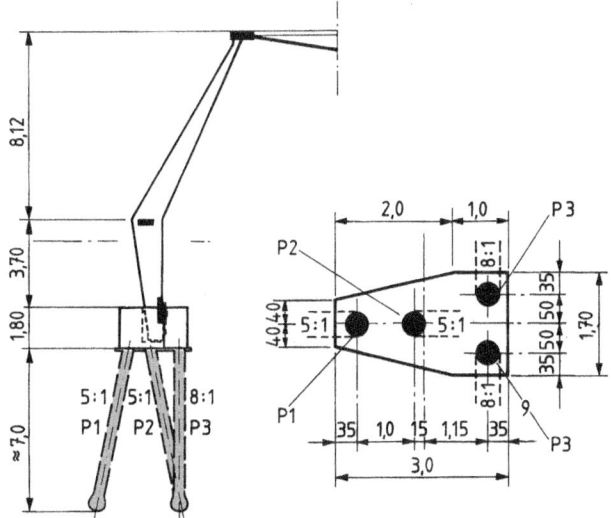

Abb. 3.37 Gründung eines Brückenpfeilers auf Großbohrpfählen

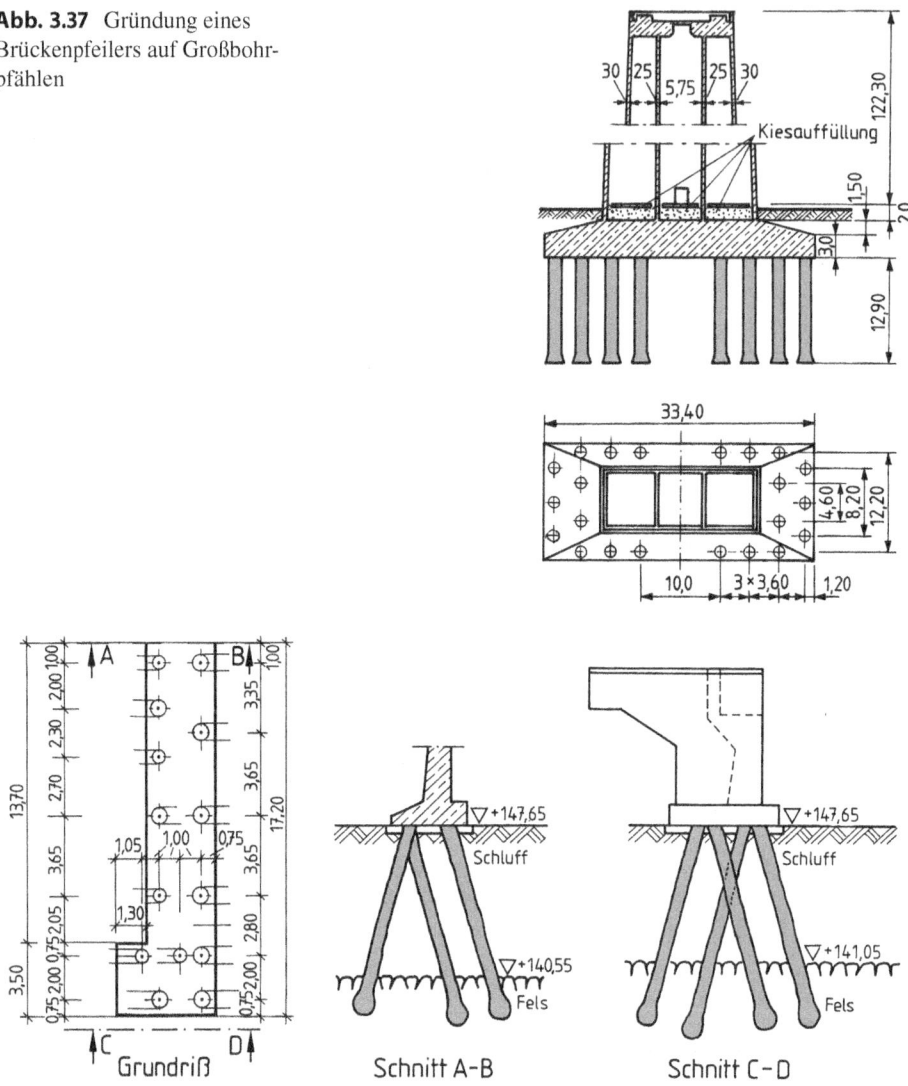

Abb. 3.38 Gründung eines Brückenwiderlagers

wand und aufgesetzter Winkelstützmauer zeigt Abb. 3.39 (s. [18]). Eine Kaimauer mit hintenliegender Spundwand ist in Abb. 3.40 (s. [19]) dargestellt. Abb. 3.41 zeigt die Stromkaje am Containerkreuz in Bremerhaven (s. [20]).

Türme und Maste sind durch ihre große Höhe empfindlich gegenüber unterschiedliche Setzungen, so dass die Lasten immer in gut tragfähige Schichten abgesetzt werden müssen. Die Pfähle werden im äußeren Bereich der Gründung angeordnet, damit die Pfahlkräfte aus den exzentrischen Kräften gering bleiben. Einzelpfähle werden am häu-

3.4 Ausbildung der Pfahlgründungen

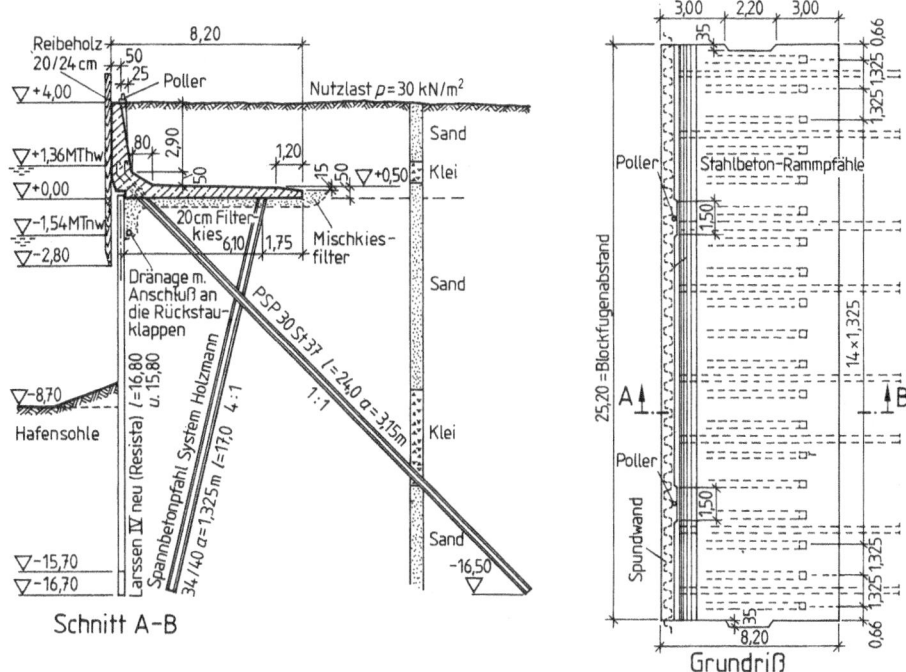

Abb. 3.39 Pfahlrost mit tragender Spundwand und aufgesetzter Winkelstützmauer

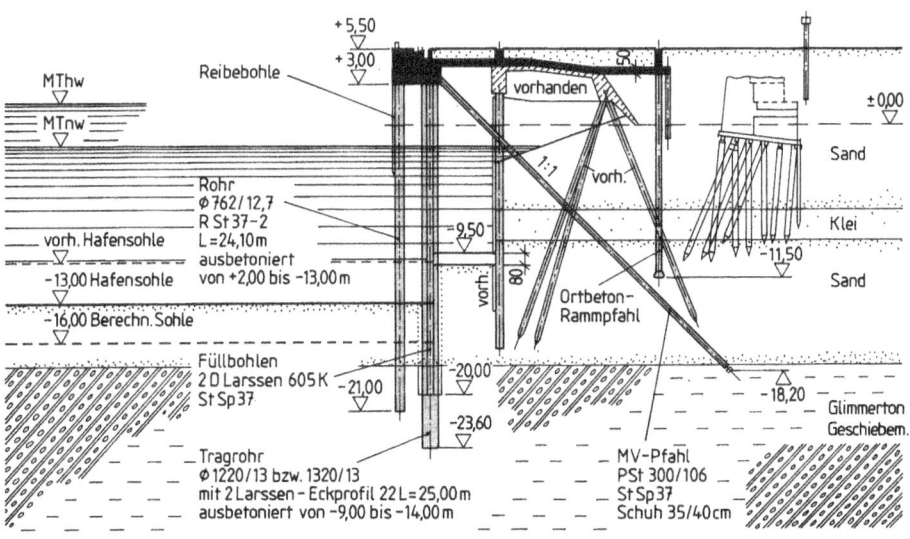

Abb. 3.40 Kaimauer auf Rammpfählen – Umstrukturierung O'Swaldkai, Hamburg

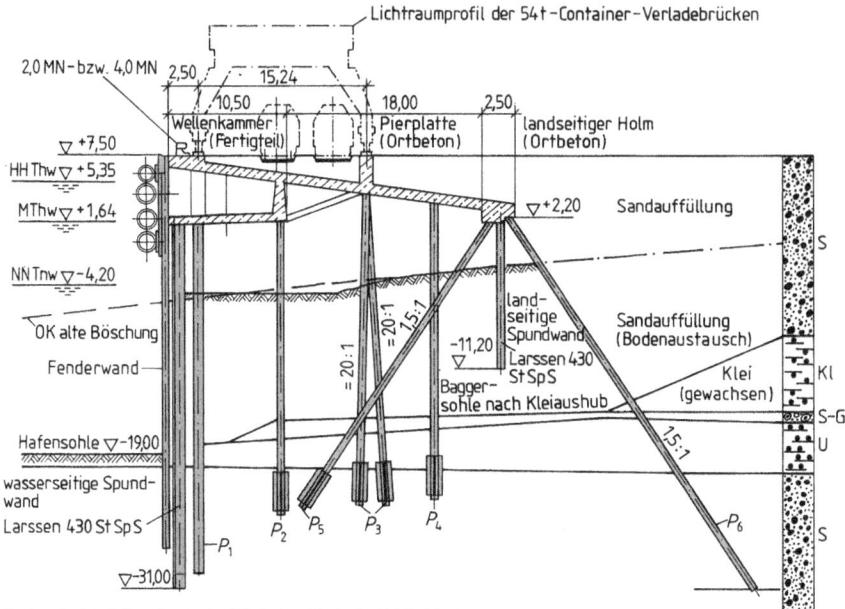

Abb. 3.41 Stromkaje am Containerkreuz in Bremerhaven

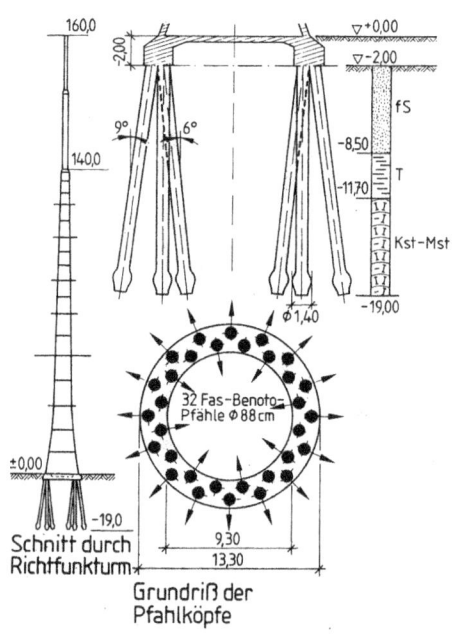

Abb. 3.42 Turmgründung auf Einzelpfählen

Abb. 3.43 Gründung eines Hochspannungsmastes

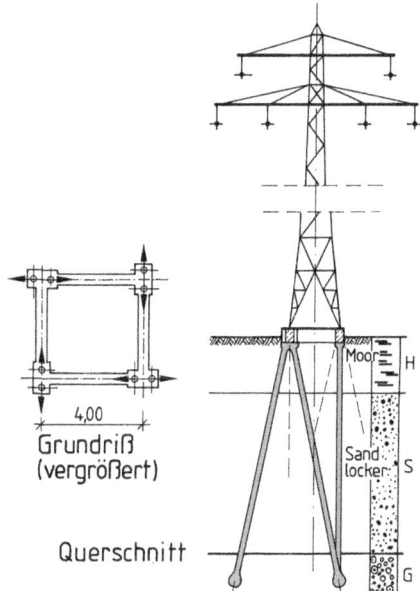

figsten angewendet. Sie bilden Pfahlböcke und binden oben in einen kreisringförmigen Gründungsbalken (Rostbalken, Jochbalken) ein. Üblicherweise stehen die Pfahlböcke in Radialanordnung (s. Abb. 3.42). Nachteilig ist bei dieser Anordnung, dass sowohl die Horizontallasten als auch die maximalen vertikalen Pfahllasten infolge Windmoments von den äußeren Pfahlböcken aufgenommen werden müssen. Maste mit großer Höhe werden meist auf vier Pfahlböcken gegründet. Die einzelnen Pfahlböcke stehen jeweils senkrecht zu den benachbarten Pfahlböcken und sind oben durch einen Fundamentbalken verbunden (s. Abb. 3.43).

3.5 Einwirkungen auf Pfahlgründungen

Pfahlgründungen werden bei schwierigen Baugrundverhältnissen als Gründungselement verwendet und sind zum Teil während wie auch nach ihrer Herstellung ständigen „Geotechnischen" Einwirkungen ausgesetzt. Nach Fertigstellung der eigentlichen Baumaßnahme wirken darüber hinaus zusätzliche ständige und temporäre Einwirkungen aus dem auflastenden Gebäude auf die Tiefgründung ein. Um diese Einwirkungen dauerhaft sicher aufnehmen und in den Boden ableiten zu können, sind diese Belastungen im Vorfeld zu bestimmen und bei der Bemessung bzw. bei den Grenzzustandsnachweisen zu berücksichtigen.

3.5.1 Herstellungsbedingte Einwirkungen

Herstellungsbedingte Einwirkungen sind insbesondere für den Transport von Fertigrammpfählen zu berücksichtigen. Die Wirkungsweise dieser Verdrängungspfähle basiert auf der Aufnahme von axialen Druck- und Zugkräften. Durch den Transport auf die Baustelle sowie den Verladevorgängen wirken für eine gewisse Zeit temporäre Beanspruchungen quer zur Pfahlachse, die in die Bemessung und den Bewehrungsplan miteinbezogen werden müssen. Darüber hinaus ist der Pfahlkopf so zu bemessen, dass während des Rammvorgangs keine strukturellen Schädigungen am Pfahlkopf auftreten und dieser seine im Vorfeld bemessene Tragfähigkeit nach dem Rammvorgang erzielen kann.

Bei Bohrpfählen sind Maßnahmen während des Bohrvorgangs zu treffen, um ein vermindertes Pfahltragverhalten aufgrund des Herstellungsprozesses zu vermeiden. Der Bohrvorgang führt zu Auflockerungen in den Bodenschichten, die durch geeignete Stützungen des Bohrlochs auf ein Minimum zu begrenzen sind. Mit der Wahl des geeigneten Bohrwerkzeugs kann die potenzielle Auflockerung weiter reduziert und das definierte Pfahltragverhalten erzielt werden.

3.5.2 Geotechnische Einwirkungen

Geotechnische Einwirkungen können die Tragfähigkeit des Pfahls positiv und negativ beeinflussen. Nach EC 7 und den darin beschriebenen Pfahlgründungen werden drei zu berücksichtigende Einwirkungen beschrieben, die durch die negative Mantelreibung, über den Seitendruck und durch die Hebungen das Tragverhalten beeinflussen. Vor dem Nachweis von Grenzzuständen sind diese Einwirkungen als Eingangsdaten zu ermitteln. Im Laufe der Berechnung können sich die Geotechnischen Einwirkungen verändern, so dass bei diesem iterativen Prozess die Eingangsdaten auch als Schätzungen in die Berechnung miteinfließen können.

3.5.2.1 Negative Mantelreibung

Der den Pfahl umgebende Baugrund kann durch zusätzliche Auflasten, Konsolidierungsvorgänge in bindigen Böden oder durch Änderungen des Grundwasserspiegels absinken. In heterogenen Böden setzt sich infolge dieser Einwirkungen der Boden in einer vorhandenen Weichschicht stärker als die eigentliche Pfahlgründung. Die positive Pfahlmantelreibung $q_{s,k}$ wird in diesem Bereich unterbrochen, was zu einer Reduzierung der Pfahltragfähigkeit führt. Dieser Vorgang wird als negative Mantelreibung definiert, die als Geotechnische Einwirkung zu berücksichtigen ist. Das Gewicht der sich setzenden Bodenschicht inklusive der darüber liegenden Schichten zieht den Pfahl nach unten und beeinflusst in diesem Bereich die Pfahlmantelreibung $R_{s,k}$ negativ. Die Setzung der negativen Mantelreibung ist abgeklungen, wenn diese negativen Einwirkungen im Gleichgewicht mit dem Pfahlwiderstand stehen. Die Ermittlung der negativen Mantelreibung

3.5 Einwirkungen auf Pfahlgründungen

erfolgt mit effektiven und totalen Spannungen. Maßgebende Parameter für die Berechnung sind der Pfahldurchmesser und die Mächtigkeit der jeweiligen nichtbindigen und bindigen Bodenschichten. Des Weiteren sind Angaben für die Wichten γ_k bei nichtbindigen Böden und der charakteristische Wert der Scherfestigkeit des undränierten Bodens $c_{u,k}$ bei bindige Böden notwendig. Die negative Mantelreibung ist als dauerhafter Zustand in der Bemessungssituation BS-P für den Grenzzustand der Gebrauchstauglichkeit (SLS) und Tragfähigkeit (ULS) zu führen. Die Bestimmung des neutralen Punkts erfolgt in einem Vergleich der Grenzsetzung s_g mit der Setzung der Weichschicht s_n. Hierbei stehen die Setzungen aus der negativen Mantelreibung $\tau_{n,k}$ und der Pfahlmantelreibung $q_{s,k}$ im Gleichgewicht. Der Übergangsbereich von negativer und positiver Mantelreibung wird als neutrale Zone (s. a. EA-Pfähle) bezeichnet, die für die vereinfachte Berechnung als definierte Grenze angenommen wird. Die Lage des neutralen Punkts kann überschlägig nach EA-Pfähle für Spitzendruckpfähle unterhalb und für Mantelreibungspfähle oberhalb der Pfahlmitte abgeschätzt werden.

Die Berechnung der ständig wirkenden negativen Mantelreibung erfolgt getrennt für die effektiven Spannungen (s. Gl. (3.1)) und totalen Spannungen (s. Gl. (3.2)).

Die effektive Vertikalspannung σ'_v setzt sich aus der spezifischen Wichte γ_k und der Mächtigkeit der jeweiligen Bodenschicht zusammen. Das Produkt wird aus dem Faktor σ'_v und einem zu definierenden Faktor β_n, der zwischen 0,1 bis 1,0 liegen kann, gebildet. Die Ermittlung dieses Faktors wird vereinfacht nach EA-Pfähle angenommen und liegt bei allen nichtbindigen Böden zwischen 0,25 bis 0,30.

$$\tau_{n,k} = K_0 \cdot \tan \varphi'_k \cdot \sigma'_v = \beta_n \cdot \sigma'_v \tag{3.1}$$

mit

K_0 der Erdruhedruckbeiwert
φ'_k der charakteristischer Wert des Reibungswinkels

Bindige Böden definieren die setzungsanfällige Weichschicht bei einer negativen Mantelreibung, deren Produkt aus der charakteristischen Scherfestigkeit und dem Faktor α_n gebildet wird. Die Streuung dieses Faktors variiert zwischen 0,15 bis 1,60. Vereinfacht angenommen wird nach EA-Pfähle für $\alpha_n = 1,00$ bei allen bindigen Böden.

$$\tau_{n,k} = \alpha_n \cdot c_{u,k} \tag{3.2}$$

mit

$c_{u,k}$ der charakteristischer Wert der Scherfestigkeit des undränierten Bodens

3.5.2.2 Hebung

Neben der negativen Mantelreibung erzeugt zugleich eine Hebung des Bodens eine weitere hemmende Wirkung auf das Tragverhalten des Pfahls. Eine Hebung des umgebenden Bodens um den Pfahl kann aufgrund verschiedener Einflüsse entstehen. Ein Anstieg des Bodenniveaus kann durch Entlastung oder Bodenabtrag, auffrierendes Porenwasser, ansteigendes Grundwasser nach Beendigung einer Wasserhaltung oder auch bei herzustellenden benachbarten Rammpfählen auftreten. Die spezifischen Einflüsse können während der Bauzeit oder nach der endgültigen Fertigstellung wirken und sind nach dem Grenzzustand der Tragfähigkeit für die Innere Tragfähigkeit (STR) und mit dem Nachweis gegen Aufschwimmen (UPL) zu führen. Die Hebung führt durch Zugbelastung zu einer Dehnung bei Pfählen aus Beton und ist nach EA-Pfähle bis zu 0,3 ‰ zu erwarten, was zu einer Überschreitung der Zugfestigkeit des Betons führt. Die Berechnung von potenziellen Hebungen und Dehnungen des Pfahls wird mit numerischen Verfahren empfohlen. Eine analytische Berechnung kann nach EA-Pfähle analog der Methode der negativen Mantelreibung geführt werden.

3.5.2.3 Seitendruck

Eine weitere Geotechnische Einwirkung ist der Seitendruck, der in weichen bindigen Böden den Pfahl über die gesamte Länge negativ in seiner Tragfähigkeit und Standsicherheit belastet. Zu berücksichtigen sind folgende Ausgangssituationen, die zu einem resultierenden Seitendruck führen:

- unterschiedliche Auflasten seitlich der Pfahlgründung (s. Abb. 3.44a),
- unterschiedliche Aushubtiefen seitlich der Pfahlgründung (s. Abb. 3.44b),
- Pfahlgründung in einem Kriechhang,
- Schrägpfähle in sich setzendem Boden oder auch
- Pfahlgründungen in einer seismisch aktiven Zone.

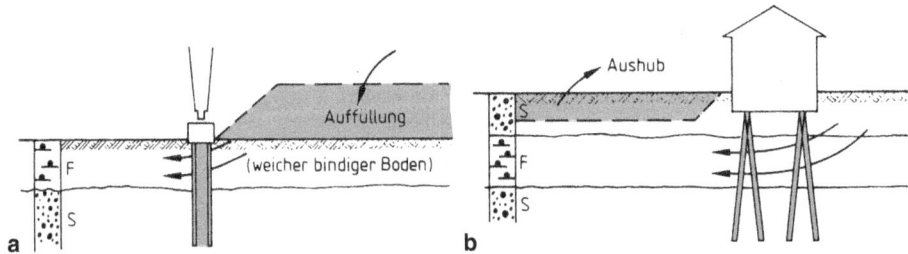

Abb. 3.44 Beispiele für Seitendruck auf Pfähle (nach [21] und [22]). **a** Bei einseitiger Auflast (Auffüllung), **b** bei einseitigem Aushub

3.5 Einwirkungen auf Pfahlgründungen

Abb. 3.45 Vereinfachter Geländeschnitt zur Bestimmung der Sicherheit gegen Geländebruch (nach [21] und [22])

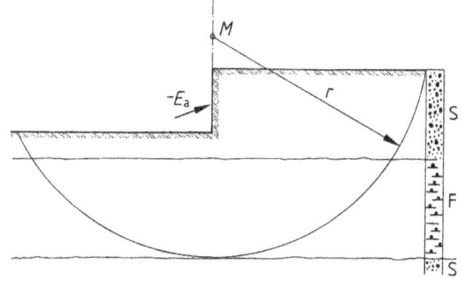

Tab. 3.4 Grenzwerte für den Ausnutzungsgrad μ des Bemessungswiderstands der Gesamtstandsicherheit nach DIN 4084 am „entkleideten" System nach EA-Pfähle und [23]

Ausnutzungsgrad μ	Weichschichten in denen ein Seitendruck auf Pfähle wirken kann
0,80	Nichtorganische oder gering, organische, bindige Böden
0,75	Stark organische Böden mit $V_{gl} > 15\,\%$ und $w_n > 75\,\%$ (z. B. Klei, Torf usw.)

Die Berechnung des Seitendrucks wird in DIN 1054 insoweit thematisiert, als die Vorgehensweise von der Norm in die EA-Pfähle ausgelagert und dort weiter beschrieben wird. Grundsätzlich ist für einen potenziellen Seitendruck eine Geländebruchberechnung nach DIN 4084 durchzuführen (s. Abb. 3.45).

Die Berechnungsergebnisse liefern einen Ausnutzungsgrad μ, der bei einer Überschreitung die Berücksichtigung einer zusätzlichen Beanspruchung auf Seitendruck voraussetzt. Die Grenzwerte sind in Tab. 3.4 definiert. Ein Nachweis des potenziellen Seitendrucks schließt gleichzeitig den Nachweis des Grenzzustands der Tragfähigkeit GEO-3 mit ein.

Bei einer Überschreitung des jeweiligen Ausnutzgrads sollte überprüft werden, ob entsprechende Verformungen der Weichschichten zu Seitendruckbeanspruchungen der Pfähle führen können (vgl. [23]).

Um wirklichkeitsnahe Prognosen bzgl. der Querkraft- und Biegemomentenbeanspruchung von seitendruckbeanspruchten Pfählen zu erhalten, wurde der Abschn. 4.5 Seitendruck der EA-Pfähle mit dem Jahresbericht 2020 des Arbeitskreises „Pfähle" der DGGT überarbeitet (vgl. [23]).

In [23] werden zwei Möglichkeiten beschrieben. Eine Möglichkeit besteht in der Anwendung von numerischen Verfahren, umso die komplexe Wechselwirkung berücksichtigen zu können. Dabei sind die charakteristischen Einwirkungen und Bodenkennwerte zu berücksichtigen. Eine weitere Möglichkeit besteht in der Anwendung eines vereinfachten Ansatzes. Diese Möglichkeit war schon in der EA-Pfähle angegeben. Hier wurde unterschieden zwischen dem Ansatz des charakteristischen Fließdruck $p_{f,k}$ und dem Ansatz des charakteristischen resultierenden Erddrucks Δe_k. Dabei war der jeweils geringere Seitendruck maßgebend. Nach [23] stellt sich der resultierende Erddruck für bestimmte Randbedingungen wenig realitätsnah dar und ist auf einige Anwendungsfälle nicht anwendbar (vgl. [24]). Daher sollte der Fließdruckansatz beim vereinfachten Nachweis berücksichtigt werden, der in [23] dargestellt ist.

3.5.3 Einwirkungen aus Tragwerkslasten

Weitere Einwirkungen auf die Pfahlgründung resultieren aus dem aufbauenden Tragwerk und dessen Nutzungsansprüchen. Alle potenziell auftretenden Einwirkungen sind während der Nutzungsdauer permanent sicher in den Untergrund abzuleiten und spielen eine zentrale Rolle. Eine wirtschaftliche Bemessung ist beispielsweise dann gegeben, wenn aufgrund einer exakten Ermittlung der kritischen Lasteinwirkung nicht alle vorab angenommenen Pfähle ausgeführt werden müssen oder die ursprünglich festgelegte Einbindetiefe geringer ausfallen kann.

Die Ermittlung der Einwirkungen ist vom Tragwerksplaner durchzuführen und für den maßgebenden kritischen Lastfall und der relevanten Bemessungssituation zu bestimmen. Die Ermittlungen dieser Lasten wird in Eurocode 1 thematisiert und ist mit den spezifischen Baustoffnormen nach Eurocode 2, 3, 4, 5, 6 und 9 zu kombinieren. Alternativ werden diese Einwirkungen als repräsentative Werte angenommen und für die Nachweisverfahren der Grenzzustände als vorgegebene Eingangsdaten angenommen. Unterschieden wird zwischen ständigen und veränderlichen Einwirkungen, die zusammen mit den Kombinationsregeln und den Lasteinwirkungen zum maßgebenden maximalen Bemessungswert führen. Unter ständigen Lasten sind die unveränderlichen Gebäudelasten zu verstehen. Diese ständigen Einwirkungen wirken wie die potenziellen veränderlichen Einwirkungen über den gesamten Nutzungszeitraum in axialer wie auch horizontaler Richtung oder als Biegemoment auf die Tiefgründung ein. Zu untersuchen ist mit den Kombinationsregeln der maßgebende Bemessungsfall, der ein gesamtheitliches oder unabhängiges Wirken der veränderlichen Lasten berücksichtigt. Die daran anknüpfende Schnittgrößenermittlung ist am Pfahlkopf anzusetzen.

Die Einwirkungen aus Tragwerkslasten werden nach EC 7 mit den zyklischen, dynamischen und stoßartigen Belastungen auf die Pfahlgründungen erweitert. Zu berücksichtigen sind diese besonderen Belastungen, da sie die Pfahltragfähigkeit vermindern und die weitere Nutzung des gegründeten Bauwerks einschränken oder gar ausschließen können. Eurocode 7 definiert diese Einwirkungen wie folgt:

- Zyklische Einwirkungen: Einwirkungen, die wiederholt auftreten und Einwirkungen wechselnder Stärke müssen im Hinblick auf fortgesetzte Bewegungen, Bodenverflüssigungen, veränderte Steifigkeit und Festigkeit des Untergrunds usw. besonders beachtet werden (z. B. langsam veränderliche Nutzlasten, Wind).
- Dynamische Einwirkungen: Einwirkungen, die im Bauwerk und im Baugrund eine dynamische Reaktion hervorrufen, müssen besonders beachtet werden (z. B. Schienen- und Straßenverkehr).
- Stoßartige Einwirkungen: Einwirkungen, bei denen Kräfte des Grundwassers und des offenen Wassers vorherrschen, müssen im Hinblick auf Verformungen, Rissbildungen, Veränderungen der Durchlässigkeit und Erosion besonders beachtet werden (z. B. Explosion, Anprall).

Hervorzuheben ist, dass eine klare Trennung hierbei nicht vorgenommen werden kann. Vielmehr gehen die Einwirkungen in sich nahtlos in die verschiedenen Belastungskategorien über.

Differenziert wird weiterhin nach DIN 1054 zwischen den üblichen und erheblichen zyklischen, dynamischen und stoßartigen Einwirkungen, die den Geotechnischen Kategorien 2 und 3 zuzuordnen sind.

- Geotechnische Kategorie 2: Übliche zyklische, dynamische und stoßartige Einwirkungen auf den Baugrund und Regellasten auf Bauwerke und Verkehrsflächen oder aus dem Baubetrieb dürfen als veränderliche statische Einwirkungen berücksichtigt werden.
- Geotechnische Kategorie 3: Bei erheblichen zyklischen, dynamischen stoßartigen Einwirkungen auf Bauteile, z. B. infolge von Stößen oder Aufprall, Anprall nach DIN EN 1991-1-7, Druckwellen in Luft oder Wasser oder durch Schwingungen, z. B. durch Maschinen, ist zu prüfen, ob diese durch statische Ersatzlasten berücksichtigt werden dürfen oder ob besondere Untersuchungen zur Erfassung von Trägheits- und Entfestigungseffekten bzw. von Verformung- oder Porenwasserdruckakkumulation notwendig sind. Zur Berücksichtigung von Erdbebeneinwirkungen ist DIN EN 1998-5/NA zu beachten.

3.6 Charakteristisches Tragverhalten von Pfahlgründungen

▶ Die Ermittlung des charakteristischen Pfahltragverhaltens unterliegt nach Eurocode keinem allgemein gültigen Berechnungsverfahren und erfolgt stattdessen über Pfahlprobebelastungen, deren Art und Durchführung im Geotechnischen Entwurfsbericht zu beschreiben ist.

Der sich aus der Pfahlprobebelastung ableitende Pfahlwiderstand ist für die Bemessung und die rechnerischen Grenzzustandsnachweise notwendig, um die Pfahltragfähigkeit den Einwirkungen auf die Tiefgründung gegenüberzustellen. Die Tragfähigkeit eines Pfahls setzt sich aus dem Pfahlmantel- und/oder dem Pfahlfußwiderstand zusammen.

▶ Die Pfahlwiderstände werden gemäß EC 7 über Pfahlprobebelastungen und in Ausnahmefällen über Berechnungsverfahren mit Zuhilfenahme von Erfahrungswerten bestimmt (s. Abb. 3.46).

Die charakteristische Tragfähigkeit des Pfahls wird über Probebelastungen mit zwei verschiedenen Methoden abgeleitet. Statische und dynamische Pfahlprobebelastungen ermitteln das spezifische Pfahltragverhalten über eine resultierende Widerstands-Setzungs-Linie (WSL) respektive Widerstands-Hebungs-Linie (WHL), woraus sich das jeweilige Tragverhalten bestimmen lässt. Die Einsatzmöglichkeiten von dynamischen Pfahlprobe-

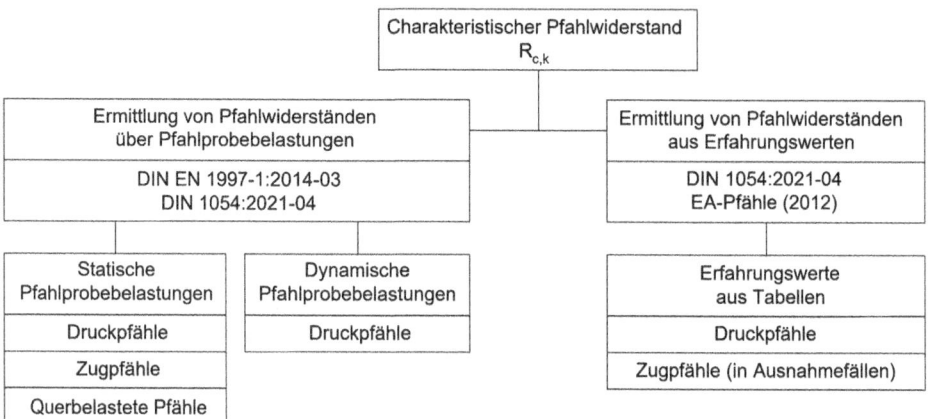

Abb. 3.46 Ermittlung des charakteristischen Pfahlwiderstandes nach EC 7 und DIN 1054

belastungen sind insoweit limitiert, als dieses Verfahren nur für druckbelastete Pfahlgründungen zulässig ist. Im Gegensatz hierzu sind statische Kontrollbelastungen für druck- und zugbelastete wie auch für auf Biegung beanspruchte Pfähle geeignet. Gegenüber der dynamischen Kontrollbelastung erfolgt die Lasteinwirkung auf einen statisch probebelasteten Pfahl über einen längeren Zeitraum und kann somit repräsentativere Aussagen über dessen Setzungsverhalten liefern. Eine Pfahlprobebelastung kann bei einem maximalen Pfahldurchmesser von bis zu 4,50 m in der Ausführung und Dimensionierung des Versuchsaufbaus zu technischen und wirtschaftlichen Problemen führen. Unter gewissen Voraussetzungen gibt der Eurocode 7 die Ausnahmeregelung an, einen Probepfahl mit dem maximal halben Durchmesser anzuwenden, wenn dieser im Herstellungsprozess und in der Einbindetiefe exakt dem späteren Tragwerkspfahl entspricht. Der charakteristische Pfahlwiderstand ist so zu bestimmen, dass mit dem gewählten Versuchsaufbau eine spätere Aufteilung in den Pfahlmantel- und Pfahlfußwiderstand möglich ist.

Zusätzlich zu den Probebelastungen gibt der Eurocode 7 die Möglichkeit, Erfahrungswerte aus vorherigen durchgeführten Kontrollpfählen zu wählen, wenn die Lasteinwirkungen und Baugrundverhältnisse vergleichbar mit denen des herzustellenden Pfahls sind. Die notwendigen Tabellenwerte gibt die EA-Pfähle an, die diese charakteristischen Pfahlwiderstände mithilfe von empirischen Werten für eine Vielzahl von Pfahlgründungen bestimmt.

Probebelastungen sind gemäß Eurocode 7 für Pfähle anzuwenden, um die charakteristischen Widerstände abzuleiten. Diese sind unbedingt durchzuführen, wenn für die zu verwendende Pfahlart oder das Herstellungsverfahren keine gleichartigen Erfahrungswerte vorliegen. Auch ist eine Probebelastung notwendig, wenn eine Pfahlherstellung unter vergleichbaren Bodenverhältnissen noch keiner vorherigen Kontrollbelastung unterzogen wurde. Die Methoden beziehen sich überwiegend auf axiale Lasteinwirkungen über Druck- oder Zugbelastung. Sofern besondere Einwirkungen auf die Pfahlgründung

3.6 Charakteristisches Tragverhalten von Pfahlgründungen

zu erwarten sind und für diese besondere Situation keine ausreichenden Erfahrungen im Kontext der Bemessungssicherheit vorliegen, ist ebenfalls eine Probebelastung unter möglichst vergleichbaren Bedingungen durchzuführen. Auch sieht der Eurocode 7 eine Kontrollbelastung vor, wenn bereits bei dem Herstellungsprozess des Pfahls ungünstig wirkende Pfahleigenschaften ersichtlich sind, die von den vorab erfolgten Baugrunderkundungen und dem prognostizierten Pfahlsetzungsverhalten abweichen.

Pfähle werden in der Praxis überwiegend mit weiteren Pfählen als eine gesamtheitliche Pfahlgründung eingesetzt. Eine Mindestangabe der auszuführenden Anzahl von Probepfählen legt der EC 7 lediglich für Mikropfähle fest. Diese sind entweder an mindestens 3 % der vorgesehen Mikropfähle bzw. an mindestens zwei Pfählen durchzuführen. Die auszuführenden Pfahlprobebelastungen von Verdrängungs- und Bohrpfählen unterliegen weiteren Kriterien wie den anzutreffenden Bodenverhältnissen, der Geotechnischen Kategorie des Bauwerks, eventuell vorliegenden Erfahrungswerten oder auch der Anzahl und Art des zu verwendenden Pfahlsystems. Alternativ kann entsprechend der Norm eine Probebelastung in dem Bereich durchgeführt werden, in dem die ungünstigsten Baugrundverhältnisse zu erwarten und repräsentative Aussagen zur Tragfähigkeit der Pfähle in dem jeweiligen Baufeld anzutreffen sind. Dem Probepfahl wird nach dessen Herstellung die notwendige Zeit gegeben, seine bemessene Festigkeit zu erreichen. Bei Rammpfählen kann hierbei der Zeitraum maßgebend sein, bis die Fuß- oder Mantelverpressung vollständig ausgehärtet ist. Für Ortbetonpfähle ist die Abbindezeit des Betons einzuhalten bevor mit der Probebelastung begonnen werden kann. In bindigen Böden ist der Zeitraum zu berücksichtigen ist, in dem der durch den Herstellungsprozess angestiegene Porenwasserdruck sich auf sein Ursprungsniveau wieder einstellen kann. Der Abbau des Porenwasserdrucks ist bei speziellen Gegebenheiten dazu gesondert zu messen, um den Beginn der Pfahlprobebelastung zu bestimmen.

Gemäß EC 7 und den Ergänzungen aus DIN 1054 sollen das Setzungsverhalten und die Tragfähigkeit mit der Probebelastung verlässlich ermittelt werden. Dies setzt zuverlässige Messinstrumente voraus, um übereinstimmende Messergebnisse zu erzielen. Der zu ermittelnde Pfahlmantelwiderstand erfolgt in möglichst vielen Bereichen über den gesamten Pfahlschaft, um die wirkende Stauchung bzw. Dehnung des Probepfahls zu messen. Die gegenwärtige Praxis sieht hierfür drei Verfahren vor und erfolgt entweder mit einem Mehrfachstangenextensometer, einem Gleitmikrometer oder einem Dehnungsaufnehmer. Für die Ermittlung des Pfahlfußwiderstands wird ein Druckkissen im Bereich des Pfahlfußes verwendet (vgl. [25]).

3.6.1 Statische Pfahlprobebelastung

Durch statische Pfahlprobebelastungen kann für Pfähle das Verformungsverhalten des Baugrunds sowie dessen Kriechverhalten und Verhaltensweise nach einer Ent- und der anschließenden Wiederbelastung bestimmt werden. Voraussetzung für eine ordnungsgemäße Versuchsdurchführung bei Druck- oder Zugpfählen ist eine möglichst axiale Lasteinwirkung auf den Probepfahl. Der Versuchspfahl ist so weit zu belasten, dass nach Abschluss der Probebelastung die resultierende Grenzlast abgeleitet werden kann. Indiz für das Erreichen der Grenzlast ist unter anderem eine absolute Setzung des Druckpfahls, die 10 % des Pfahlfußdurchmessers beträgt. Auch ist die Tragfähigkeit erreicht, wenn der Pfahl ohne eine zusätzliche Laststeigerung weiterhin Setzungen aufweist oder der Pfahl seine strukturelle Tragfähigkeit aufgrund von Materialversagen verliert. Die Versuchsdurchführung von Zugpfählen erfolgt im Gegensatz zu den Druckpfählen insoweit, als dass die zugbelasteten Probepfähle bis zum Versagenszustand belastet werden, um den repräsentativen Wert des Grenzzustands zu ermitteln (vgl. [25]).

3.6.1.1 Durchführung

Druckpfähle können sukzessive mit einer „Totlast" ballastiert (s. Abb. 3.47) und die resultierenden Setzungen aufgezeichnet werden. Die Methode mit hydraulischen Pressen ist für Druck- und Zugpfähle geeignet, wobei letztere bis zum Versagenszustand aus dem Boden gezogen werden. Die Lastableitung erfolgt über eine stählerne Traverse, die wiederum die Lasten auf zwei bzw. vier weitere zugbelastete Reaktionspfähle ableitet (s. Abb. 3.48). Eine weitere Möglichkeit der statischen Pfahlprobebelastung eines Druckpfahls besteht darin, Anker in den Untergrund einzubringen. Über einen Belastungsstuhl sind diese mit einer hydraulischen Presse auf dem Pfahlkopf fixiert und belasten somit den Probepfahl.

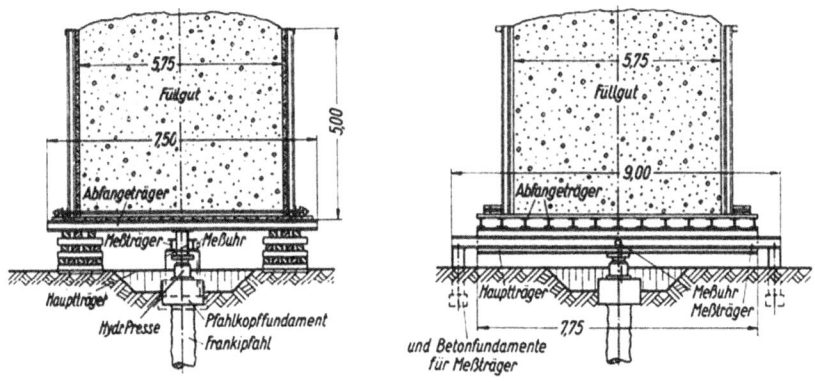

Abb. 3.47 Probebelastung eines Frankipfahles mit hydraulischer Presse

Abb. 3.48 Belastungsvorrichtung für Zugpfähle (schematisch)

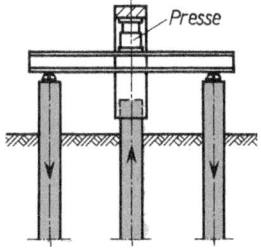

Tab. 3.5 Streuungsfaktoren ξ_i zur Ableitung charakteristischer Werte aus statischen Pfahlprobebelastungen nach DIN 1054, Tab. A 7.1

n	1	2	3	4	≥ 5
ξ_1	1,35	1,25	1,15	1,05	1,00
ξ_2	1,35	1,15	1,00	1,00	1,00

n Anzahl der probebelasteten Pfähle

Eine statische Probebelastung generiert den charakteristischen Gesamtwiderstand $R_{c,k}$, bestehend aus dem Widerstand des Pfahlmantels $R_{s,k}$ und dem Pfahlfuß $R_{b,k}$. Mit Hilfe von spezifischen Messinstrumenten ist eine Gewichtung des Gesamtwiderstands auf Mantelreibung und Fußwiderstand im Nachgang möglich. Bei zugbelasteten Pfählen entspricht der Gesamtwiderstand dem Pfahlmantelwiderstand, da keine Widerstände über den Pfahlfuß generiert werden.

Für die aufzubringenden Versuchs- bzw. Prüfkräfte schreibt die DIN 1054 nachfolgende Bedingungen (Gln. (3.3) bis (3.6)) vor, die auf den jeweiligen Probefahl mindestens einwirken sollen. Differenziert wird nach dem Druck- und Zugpfahl sowie dem verpressten Zug- und Verdrängungspfahl. Der einwirkende Bemessungswert ($F_{c,d}/F_{t,d}/F_{tr,d}$) wird mit dem jeweiligen Teilsicherheitsbeiwert ($\gamma_t/\gamma_{s,t}/\gamma_{R,e}$) und dem zu ermittelnden Streuungsfaktor ξ_1 nach Tab. 3.5 multipliziert. Für die verpressten Zug- und Verdrängungspfähle beträgt der Modellfaktor unabhängig von der Pfahlneigung $\eta_M = 1{,}25$. Sofern von einem Pfahl Querbeanspruchungen aufzunehmen sind, ist zur Ermittlung des charakteristischen Querwiderstands die Prüflast P_p nach EA-Pfähle zu wählen.

- Druckpfähle

$$P_p = F_{c,d} \cdot \gamma_t \cdot \xi_1 \qquad (3.3)$$

- Zugpfähle

$$P_p = F_{t,d} \cdot \gamma_{s,t} \cdot \xi_1 \qquad (3.4)$$

- Verpresste Zug- und Verdrängungspfähle

$$P_p = F_{t,d} \cdot \gamma_{s,t} \cdot \xi_1 \cdot \eta_M \qquad (3.5)$$

- Querwiderstand

$$P_p = F_{tr,d} \cdot \gamma_{R,e} \qquad (3.6)$$

3.6.1.2 Auswertung

Die Auswertung der Messergebnisse unterliegt der Anzahl an durchgeführten statischen Pfahlprobebelastungen n. Differenziert wird nach dem gemittelten Messwert $(R_{c,m})_{mitt}$ respektive dem kleinsten Messwert $(R_{c,m})_{min}$. Beide Messwerte werden durch einen Streuungsfaktor nach Tab. 3.5 dividiert, der in Abhängigkeit der Anzahl probebelasteter Pfähle gewählt wird. Der schlussendlich resultierende kleinere Wert gibt den charakteristischen

Pfahlwiderstand der Tiefgründung an. Die Gln. (3.7) und (3.8) werden nach EC 7 für Druck- und Zugpfahlprobebelastungen angewendet.

$$R_{c,k} = \text{MIN}\left\{\frac{(R_{c,m})_{\text{mitt}}}{\xi_1}, \frac{(R_{c,m})_{\text{min}}}{\xi_2}\right\} \qquad (3.7)$$

$$R_{t,k} = \text{MIN}\left\{\frac{(R_{t,m})_{\text{mitt}}}{\xi_1}, \frac{(R_{t,m})_{\text{min}}}{\xi_2}\right\} \qquad (3.8)$$

Sofern es sich um eine weiche Pfahlgründung handelt, sind die gewählten Streuungsfaktoren zusätzlich mit einem Zahlenwert von 1,10 zu dividieren. Das Vorgehen ist so zu wählen, dass der schlussendliche Streuungsfaktor nicht unter einem Wert von 1,00 liegt. Anzuwenden ist diese Methodik lediglich bei Druckpfählen. Eine Differenzierung in weiche und starre Pfahlgründungen wird bei Zugpfählen nicht vorgenommen. Unter weichen Pfahlgründungen sind nach EC 7 Einzelpfähle definiert, die unabhängig bzw. isoliert von anderen Tiefgründungen wirken.

Die Bemessungswerte der Pfahlwiderstände setzen sich nach EC 7 aus den charakteristischen Widerständen und den Teilsicherheitsbeiwerten für Druckpfähle (Gl. (3.9)) und Zugpfähle (Gl. (3.10)) zusammen.

$$R_{c,d} = \frac{R_{c,k}}{\gamma_t} = \frac{R_{b,k}}{\gamma_b} + \frac{R_{s,k}}{\gamma_s} \qquad (3.9)$$

$$R_{t,d} = \frac{R_{t,k}}{\gamma_{s,t}} \qquad (3.10)$$

Beispiel 3.1

Versuchsaufbau einer statischen Pfahlprobebelastung
Für den in Abb. 3.49 dargestellten Versuchsaufbau einer statischen Pfahlprobebelastung, bestehend aus einem Probepfahl und zwei Reaktionspfählen, sind folgende Punkte zu bestimmen:

- Nachweis des skizzierten Versuchsaufbaus über die Einhaltung der Kriterien nach DIN EN ISO 22477-1
- Bestimmung der aufzubringenden Prüfkraft P_P für eine axiale Einwirkung $F_{c,d} = 2,00\,\text{MN}$
- Nachweis der Gebrauchstauglichkeit der zugbelasteten Reaktionspfähle

Probepfahl: Durchmesser $D = 0,9\,\text{m}$; Einbindelänge $l = 12,0\,\text{m}$
Reaktionspfähle: Durchmesser $D = 0,6\,\text{m}$; Einbindelänge $l = 8,0\,\text{m}$
Baugrund: Bodenart UL; Wichte $\gamma = 18\,\text{kN/m}^3$; $c_{u,k} = 155\,\text{kN/m}^2$ / Bodenart GW; Wichte $\gamma = 16\,\text{kN/m}^3$; $q_c = 16\,\text{MN/m}^2$

3.6 Charakteristisches Tragverhalten von Pfahlgründungen

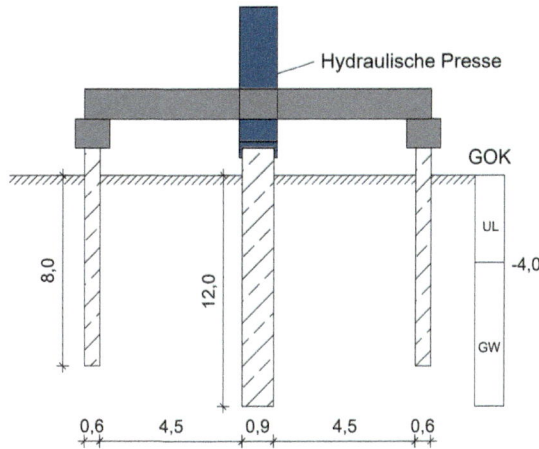

Abb. 3.49 Versuchsaufbau einer statischen Pfahlprobebelastung (© Julian Willy Kreß)

Abgleich nach DIN EN ISO 22477-1:2019-12:

Die DIN EN ISO 22477-1 beschreibt die statische axiale Pfahlprobebelastung auf Druck. Der Mindestabstand beträgt, um den Einfluss des Widerlagers auf den Probepfahl möglichst gering zu halten, für den Fall, dass der Probepfahl länger als die Reaktionspfähle ist, $\geq 2{,}5 \cdot D$ bzw. $\geq 2{,}5$ m. Dabei ist der maximale Wert maßgebend. Für den 2,5-fachen Pfahldurchmesser ergibt sich ein Abstand von 2,25 m. Damit ist der gewählte Pfahlabstand von 4,50 m ausreichend.

Aufzubringende Prüfkraft P_P: Die aufzubringende Prüfkraft der hydraulischen Presse ist für eine Druckkraft von 2,00 MN auszulegen und für die Berechnung mit dem Streuungsfaktor ξ_1 (s. Tab. 3.5) sowie dem Teilsicherheitsbeiwert γ_t für Pfahlwiderstände aus Erfahrungswerten zu bestimmen und setzt sich für P_P wie folgt zusammen:

$$P_P = F_{c,d} \cdot \gamma_t \cdot \xi_1 = 2{,}00 \cdot 1{,}10 \cdot 1{,}35 = 2{,}970\,\text{MN}$$

Nachweis der ausreichenden Einbindelänge der beiden Reaktionspfähle: Damit die Prüfkraft von 2,970 MN aufgebracht werden kann, müssen die beiden zugbelasteten Reaktionspfähle einen ausreichenden Herausziehwiderstand aufweisen. Nachfolgend wird die Pfahlmantelreibung bzw. der Bemessungswert des Pfahlwiderstands eines Reaktionspfahls ermittelt und mit der Prüfkraft verglichen. Es gilt folgendes Kriterium:

$$P_P \leq R_{c,d}$$

Die Pfahlmantelreibung wird mit den unteren Erfahrungswerten der EA Pfähle (vgl. Abschn. 3.6.3) für den axialen Pfahlwiderstand eines Zugpfahls bestimmt (s. Tab. 3.6).

Der Bemessungswert setzt sich für einen zugbelasteten Reaktionspfahl wie folgt zusammen:

$$R_{t,d} = \frac{R_{t,k}}{\gamma_{s,t}} = \frac{R_{s,k}}{\gamma_{s,t}} = \frac{1{,}207}{1{,}50} = 0{,}804\,\text{MN}$$

Tab. 3.6 Charakteristischer Pfahlmantelwiderstand eines Reaktionspfahls

Bodenschicht	Schichtdicke [m]	$c_{u,k}/q_c$ [MN/m²]	A_s [m²]	$q_{s,k}$ [MN/m²]	$R_{s,k,i}$ [MN]
UL	4,0	0,155	7,540	0,051	0,385
GW	4,0	16,5	7,540	0,109	0,822
				$R_{s,k}$	1,207

Für die beiden Reaktionspfähle ergibt sich somit ein Pfahlwiderstand von 1,608 MN, der kleiner als die aufzubringende Prüfkraft von 2,97 MN ist. Für die Mindesteinbindelänge eines Reaktionspfahls ergibt sich:

$$x = \frac{\frac{2{,}970}{2} \cdot 1{,}50 - 0{,}385}{\pi \cdot 0{,}6 \cdot 0{,}109} + 4 = 12{,}98 \text{ m}$$

Gewählt wird eine Einbindelänge von 13 m (s. Abb. 3.50).

Entsprechend Abb. 3.50 ergibt sich die Situation, dass die Reaktionspfähle tiefer eingebunden sind als der zu prüfende Probepfahl. Hierfür ist wiederum das Kriterium nach DIN EN ISO 22477-1 zu beachten, da die Pfahlabstände im nun vorliegenden Fall $\geq 5 \cdot D$ bzw. $\geq 4{,}00$ m entsprechen müssen. Gewählt wird der 5-fache Pfahldurchmesser, der dem angenommenen Pfahlabstand von 4,50 m entspricht. In Tab. 3.7 ist die Pfahlmantelreibung mit einer Einbindelänge von 13 m dargestellt.

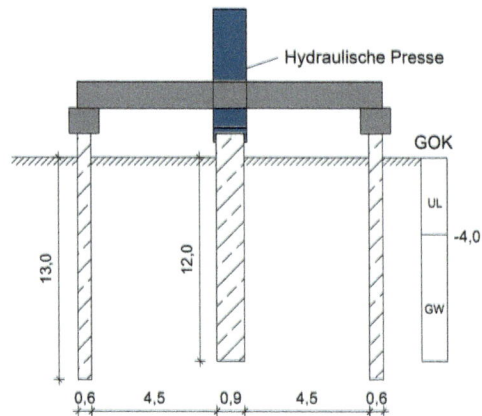

Abb. 3.50 Optimierter Versuchsaufbau einer statischen Pfahlprobebelastung (© Julian Willy Kreß)

Tab. 3.7 Charakteristischer Pfahlmantelwiderstand eines Reaktionspfahls

Bodenschicht	Schichtdicke [m]	$c_{u,k}/q_c$ [MN/m²]	A_s [m²]	$q_{s,k}$ [MN/m²]	$R_{s,k,i}$ [MN]
UL	4,0	0,155	7,540	0,051	0,385
GW	9,0	16,5	16,965	0,109	1,849
				$R_{s,k}$	2,234

3.6 Charakteristisches Tragverhalten von Pfahlgründungen

Der Bemessungswert setzt sich für einen zugbelasteten Reaktionspfahl wie folgt zusammen:

$$R_{t,d} = \frac{2{,}234}{1{,}50} = 1{,}489\,\text{MN}$$

Der Gesamtwiderstand beider Reaktionspfähle beträgt somit 2,978 MN. Der geforderte Nachweis eines größeren Widerstands gegenüber der Prüfkraft ist somit erfüllt.

$$2{,}970\,\text{MN} \leq 2{,}978\,\text{MN} \quad \blacktriangleleft$$

Beispiel 3.2

Im dem in Abb. 3.51 dargestellten Baufeld sind für eine Kombinierte Pfahl-Plattengründung statische Pfahlprobebelastungen durchzuführen. Für eine repräsentative Aussage über die Tragfähigkeit der KPP sind in Summe acht Probepfähle, die gleichzeitig als Tragwerkspfähle wirken, mit einer Pfahlprobebelastung bis zum Grenzzustand der Tragfähigkeit zu belasten. Die Bohrpfähle sind mit einem Durchmesser von 1,20 m und einer Einbindelänge von 12,0 m bemessen. Zu ermitteln ist der charakteristische Pfahlwiderstand $R_{c,k}$ sowie der Bemessungswert $R_{c,d}$ eines Einzelpfahls.

In der Tab. 3.8 sind die ermittelten Pfahlwiderstände aus den statischen Pfahlprobebelastungen aufgeführt.

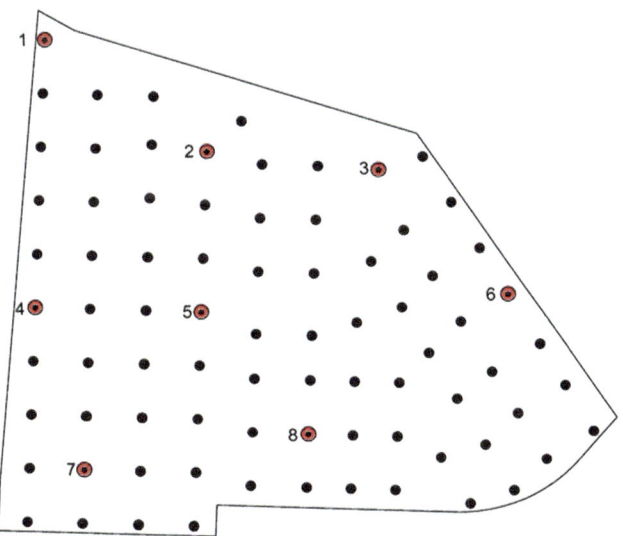

Abb. 3.51 Grundriss Anordnung Pfähle (© Julian Willy Kreß)

Tab. 3.8 Pfahlwiderstände aus den statischen Pfahlprobebelastungen

Pfahl-Nr.	1	2	3	4	5	6	7	8
$R_{m,i}$ [MN]	6,089	5,857	5,802	6,013	5,923	6,008	5,987	6,120

Die Auswertung der statischen Pfahlprobebelastung resultiert aus dem kleinsten Wert des gemittelten oder des kleinsten gemessenen Pfahlwiderstands. Die Streuungsfaktoren ξ_1 und ξ_2 sind entsprechend Tab. 3.5 bei mehr als fünf Probepfählen mit dem Faktor 1,00 zu wählen. Dadurch ist der kleinste gemessene Pfahlwiderstand maßgebend.

$$(R_{c,m})_{\min} = \left\{ \frac{5{,}802}{1{,}00} \right\} = 5{,}802\,\text{MN} = R_{c,k}$$

Für den Bemessungswert $R_{c,d}$ eines Einzelpfahls ist dieser mit dem Teilsicherheitsbeiwert γ_t für auf Druck belastete Pfähle bei der Ermittlung aus statischen Pfahlprobebelastungen abzumindern.

$$R_{c,d} = \frac{5{,}802\,\text{MN}}{1{,}10} = 5{,}275\,\text{MN} \blacktriangleleft$$

3.6.2 Dynamische Pfahlprobebelastung

Eine weitere Möglichkeit zur Ermittlung der Pfahltragfähigkeit ist die dynamische Pfahlprobebelastung. Im Gegensatz zur statischen Variante wird i. d. R. ein Fallgewicht oder Rammbär verwendet, dessen Aufprallenergie auf den Probepfahl einwirkt. Die resultierende Pfahlbewegung sowie der Stoßkraftzeitverlauf wird hierbei aufgezeichnet und der generierte Messwert wird, ähnlich wie bei der statischen Probebelastung, mit Streuungs- und Modellfaktoren modifiziert. Der Einsatz ist im Gegensatz zur statischen Probebelastung insoweit limitiert, als eine Anwendung in bindigen Böden nur unter gewissen Voraussetzungen zulässig ist. Für den Fall, dass der Probepfahl in kriechfähigen bindigen Böden eingebracht wurde, ist der Messwert grundsätzlich an einer auf dem Baufeld erfolgten vergleichbaren statischen Pfahlprobebelastung zu kalibrieren. In wassergesättigten bindigen Böden mit etwaigen Porenwasserüberdrücken ist dieses Verfahren zur Ermittlung des charakteristischen Pfahlwiderstands nach EC 7 nicht zulässig. Die EA-Pfähle definiert hierzu eine Ausnahmeregelung, die greift, falls bei ausreichenden regionalen Erfahrungswerten und einer Zulassung dieses Verfahrens durch einen Geotechnischen Sachverständigen eine dynamische Pfahlprobebelastung in bindigen Böden zulässig ist.

3.6.2.1 Durchführung

Differenziert wird bei dieser Art der Kontrollbelastung nach DIN 1054 zwischen den Stoßversuchen und den dynamischen Probebelastungen. Die Intention eines Stoßversuchs besteht darin, die axiale statische Pfahltragfähigkeit zu bestimmen. Durch eine kraftvoll einwirkende stoßartige Belastung mit einem Fallgewicht oder einem Rammbär wird mit drei verschiedenen Methoden der Widerstand ermittelt. Gemäß Tab. 3.9 wird zwischen der einfachen und verbesserten Rammformel wie auch nach dem Wellengleichungsverfahren differenziert. Mit den jeweiligen Eingangsparametern und dem gewählten Verfahren

3.6 Charakteristisches Tragverhalten von Pfahlgründungen

Tab. 3.9 Differenzierung der Stoßversuche in Anlehnung an DIN 1054

Verfahren	Einfache Rammformel	Verbesserte Rammformel	Wellengleichungsverfahren
Eingangsparameter	Setzung je Schlag	Setzung je Schlag	Setzung je Schlag
	Hammerenergie	Hammerenergie	–
	–	Maximale elastische Verformung am Pfahlkopf	–
	–	–	Daten des Rammgerätes
	Pfahleigenschaften	Pfahleigenschaften	Pfahleigenschaften
	Empirische Werte (Boden, Ramm-/Pfahlsystem)	Empirische Werte (Boden, Ramm-/Pfahlsystem)	–
	–	–	Empirische Werte für die elastische Grenzdehnung und Dämpfung des Bodens
Ergebnis	Axialer Pfahlwiderstand	Axialer Pfahlwiderstand	Axialer Pfahlwiderstand

wird bei allen drei Verfahren der axiale Pfahlwiderstand bestimmt. Die Verwendung der als Stoßversuche kategorisierten Rammformeln sollte gemäß EC 7 nur in Ausnahmefällen erfolgen, da mit geringem Mehraufwand genauere Ableitungen des Pfahlwiderstandes durch dynamische Pfahlprobebelastungen möglich sind. Weitere Einsatzgrenzen liegen in den potenziellen probebelastbaren Pfählen, da lediglich Druckpfähle geprüft werden können. Eine Pfahlprobebelastung von Zugpfählen ist ausschließlich über die statische Verfahrensweise durchzuführen.

Dynamische Pfahlprobebelastungen werden in das direkte Verfahren bzw. in das erweiterte Verfahren mit vollständiger Modellbildung unterteilt (s. Tab. 3.10). Die Messung zeichnet die zeitliche Krafteinwirkung und die daraus resultierende Bewegung am Pfahlkopf bei einer Stoßdauer ($\ll 1$ s) auf (vgl. EA-Pfähle und DIN 1054). Eingangsparameter

Tab. 3.10 Differenzierung der dynamischen Pfahlprobebelastung in Anlehnung an EA-Pfähle und DIN 1054

Verfahren	Direktes Verfahren (CASE-/TNO-Verfahren)	Erweitertes Verfahren mit vollständiger Modellbildung (CAPWAP-/TNOWAVE-Verfahren)
Eingangsparameter	Pfahlquerschnitt	Pfahlquerschnitt
	Material	Material
	Pfahllänge	Pfahllänge
Ergebnis	Axialer Pfahlwiderstand	Widerstands-Setzungs-Linie und Verteilung von Pfahlmantel- und Pfahlfußwiderstand

sind bei beiden Verfahren der jeweilige Pfahlquerschnitt, der gewählte Baustoff des Pfahls sowie dessen bemessene Länge bzw. Einbindetiefe. Nach Beendigung beider Verfahren resultiert daraus entweder der axiale Pfahlwiderstand oder eine Widerstands-Setzungs-Linie (WSL).

3.6.2.2 Auswertung

Die Auswertung der Messwerte von Stoßversuchen und dynamischen Pfahlprobebelastungen erfolgt mit den Streuungsfaktoren ξ_5 und ξ_6, die für den gemittelten Messwert $(R_{c,m})_{mitt}$ und für den kleinsten Messwert $(R_{c,m})_{min}$ zu bestimmen sind. Der schlussendliche charakteristische Pfahlwiderstand $R_{c,k}$ setzt sich nach Gl. (3.11) gemäß EC 7 aus dem kleinsten oder dem gemittelten Messwert zusammen.

$$R_{c,k} = \text{MIN}\left\{\frac{(R_{c,m})_{mitt}}{\xi_5}, \frac{(R_{c,m})_{min}}{\xi_6}\right\} \tag{3.11}$$

Bei den zu ermittelnden Streuungsfaktoren (vgl. Gl. (3.12)) geht der Erhöhungsfaktor $\Delta\xi$ ein, der beschreibt, ob die Kalibrierung im gleichen Baufeld, an einer vergleichbaren Baumaßnahme oder aufgrund von Erfahrungswerten, erfolgt. Ebenso wird die Anzahl der probebelasteten Pfähle durch die Grundwerte $\xi_{0,5}$ und $\xi_{0,6}$ berücksichtigt. Über den Modellfaktor η_D wird zudem das Auswertungsverfahren bzw. die Rammformel berücksichtigt. Angaben zur Wahl des Erhöhungsfaktors, der Grundwerte und des Modellfaktor sind der DIN 1054 zu entnehmen.

$$\xi_i = (\xi_{0,i} + \Delta\xi) \tag{3.12}$$

3.6.3 Axiale Pfahlwiderstände aus Erfahrungswerten

Das charakteristische Tragverhalten von Pfahlgründungen wird wie zuvor dargestellt in der Praxis mit statischen bzw. dynamischen Pfahlprobebelastungen ermittelt. Eine weitere Methode beschreibt die Bestimmung des Pfahlwiderstands mit Erfahrungswerten, die wesentlich für die Ermittlung der Pfahlwiderstände auf Druck zu verwenden ist. Die Einsatzgrenzen dieses Verfahrens bestehen bei der Anwendung von Zug- und Mikropfählen, die grundsätzlich einer statischen Probebelastung zu unterziehen sind.

Die Tabellenwerte für den Pfahlspitzendruck q_b und für die Pfahlmantelreibung q_s, die der EA-Pfähle und [26] entnommen und in den nachfolgenden Abschn. 3.6.3.1 bis 3.6.3.3 dargestellt sind, basieren auf der statistischen Auswertung von Pfahlprobebelastungen. In den Tabellen werden ein unterer und ein oberer Tabellenwert angegeben. Der untere Tabellenwert entspricht ca. dem 10 % Quantil und der obere Tabellenwert (Mittelwert) ca. dem 50 % Quantil. Nach den EA-Pfähle sollte der Ansatz des unteren Tabellenwerts der Regelfall sein. Dabei wird vorausgesetzt, dass eine entsprechende Baugrunduntersuchung nach EC 7 vorliegt. Auch für Vorentwürfe kann der untere Tabellenwert angesetzt werden, falls

3.6 Charakteristisches Tragverhalten von Pfahlgründungen

noch kein entsprechende Baugrunduntersuchung nach EC 7 durchgeführt wurde. Werden Pfahlwiderstände über den unteren Wert in Richtung des oberen Wertes gewählt, so ist dies mit einem Sachverständigen für Geotechnik abzustimmen.

Zu bestimmen ist der Pfahlfußwiderstand $R_{b,k}$, der sich aus der Querschnittsfläche des Pfahlfußes A_b und dem Pfahlspitzendruck $q_{b,k}$ zusammensetzt (s. Gl. (3.13)). Der Pfahlmantelwiderstand $R_{s,k}$ ist für jede Bodenschicht mit der jeweiligen Pfahlmantelfläche $A_{s,i}$ und der zugehörigen Mantelreibung $q_{s,i}$ zu ermitteln. Der Gesamtwiderstand $R_{s,k}$ setzt sich aus der Summe der Pfahlmantelwiderstände der einzelnen Bodenschichten zusammen (s. Gl. (3.14)). Der Gesamtwiderstand für Druckpfähle $R_{c,k}$ setzt sich aus dem Pfahlfuß- und dem Pfahlmantelwiderstand zusammen (s. Gl. (3.15)). Der Gesamtwiderstand von zugbelasteten Pfählen $R_{t,k}$ beinhaltet lediglich die Komponente des Pfahlmantelwiderstands $R_{s,k}$ (s. Gl. (3.16)). Die Gln. (3.13) bis (3.16) sind nach EC 7-1 für Druck- und Zugpfähle anzuwenden.

$$R_{b,k} = A_b \cdot q_{b,k} \qquad (3.13)$$

$$R_{s,k} = \sum_i A_{s,i} \cdot q_{s,i} \qquad (3.14)$$

$$R_{c,k} = R_{b,k} + R_{s,k} \qquad (3.15)$$

$$R_{t,k} = R_{s,k} \qquad (3.16)$$

Der Pfahlspitzendruck ist mit der jeweiligen bezogenen Pfahlkopfsetzung und dem Sondierwiderstand der Bodenschicht, in der sich die Pfahlspitze befindet, zu bestimmen. Die Tabellenwerte dürfen linear interpoliert werden.

Für die Verwendung von Erfahrungswerten sind die Bodenkenngrößen aus Tab. 3.11 für nichtbindige und bindige Böden zu bestimmen bzw. erforderlich. In nichtbindigen Böden sind die Parameter des mittleren Spitzenwiderstandes der Drucksonde q_c zu ermitteln, wohingegen in bindigen Böden die charakteristische undränierte Scherfestigkeit $c_{u,k}$ der relevante Bodenparameter ist. In Fels wird die charakteristische einaxiale Druckfestigkeit $q_{u,k}$ des Gesteins maßgebend. Die Parameter werden aus Baugrunduntersuchungen sowie über Tabellenwerte ermittelt und sind gegebenenfalls linear zu interpolieren. Differenziert wird nachfolgend zwischen den Verdrängungs-, Bohr- und Mikropfählen sowie den jeweiligen spezifischen Pfahlsystemen und der Bodenart.

Tab. 3.11 Kenngrößen (Bodenart/Fels) als Grundlage von charakteristischen Pfahlwiderständen aus Erfahrungswerten

Baugrund	Kenngröße	Formelzeichen
Nichtbindige Böden	Mittlerer Spitzenwiderstand der Drucksonde	q_c
Bindige Böden	Charakteristische Scherfestigkeit des undränierten Bodens	$c_{u,k}$
Fels	Charakteristische einaxiale Druckfestigkeit	$q_{u,k}$

3.6.3.1 Verdrängungspfähle

Die nachfolgenden Erfahrungswerte von Verdrängungspfählen beziehen sich auf folgende Pfahltypen:

- Fertigrammpfähle
- Ortbetonrammpfähle
- Schraubpfähle
- Verpresste Verdrängungspfähle

3.6.3.1.1 Fertigrammpfähle

Die nachfolgenden Erfahrungswerte dürfen für Fertigrammpfähle aus Stahl bzw. Beton verwendet werden. Für die Bemessung von Gusseisen- und Holzpfählen verweist die EA-Pfähle auf die DIN 4026 von 1975-08 (Rammpfähle – Herstellung, Bemessung und zulässige Belastung). Der gegenwärtige Status dieser Norm besagt allerdings, dass diese zurückgezogen wurde und somit nicht mehr verwendbar ist. In diesem Kapitel werden somit lediglich die Pfahlwiderstände mit Erfahrungswerten für die Stahl- und Betonfertigrammpfähle behandelt.

In Abb. 3.52 ist die charakteristische Widerstands-Setzungs-Linie eines Fertigrammpfahls bis zur Grenzsetzung s_g dargestellt, die dem Setzungsverhalten im Grenzzustand der Tragfähigkeit (ULS) entspricht. Die Grenzsetzung s_g wird auch als s_{ult} beschrieben. Diese setzt sich aus einem Zehntel des äquivalenten Pfahlfußdurchmessers D_{eq} zusammen und wird nach EA-Pfähle über die Gl. (3.17) definiert.

$$s_{ult} = s_g = 0{,}10 \cdot D_{eq} \tag{3.17}$$

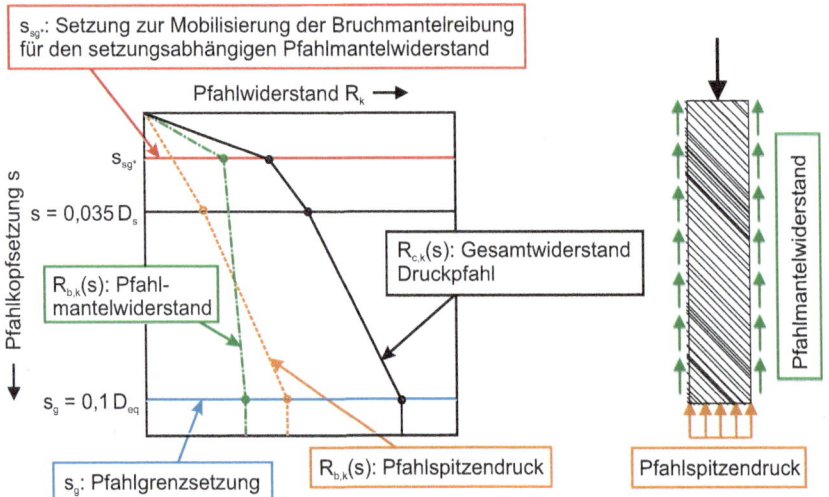

Abb. 3.52 Charakteristische Widerstands-Setzungs-Linie für Fertigrammpfähle

3.6 Charakteristisches Tragverhalten von Pfahlgründungen

Der äquivalente Pfahldurchmesser wird nach EA-Pfähle für quadratische und rechteckige Rammpfähle sowie Stahlprofile ermittelt. Maßgebend ist hierbei der Parameter a_s, der bei quadratischen Pfählen (s. Gl. (3.18)) die Kantenlänge und bei rechteckigen Pfählen (Gl. (3.19)) die kürzere Seite des Rechteckquerschnitts beschreibt. Im Gegensatz dazu definiert der Parameter a_L die längere Kante eines rechteckigen Pfahlquerschnitts.

$$D_{eq} = 1{,}13 \cdot a_s \tag{3.18}$$

$$D_{eq} = 1{,}13 \cdot a_s \cdot \sqrt{a_L/a_s} \tag{3.19}$$

Die Widerstands-Setzungs-Linie gibt für den Pfahlfußwiderstand $R_{b,k}$ die bezogenen Pfahlsetzungen s für $s = 0{,}035 \cdot D_{eq}$ und die Grenzsetzung mit $s_g = 0{,}10 \cdot D_{eq}$ an. Die charakteristische Setzung s_{sg*} zur Mobilisierung der Bruchmantelreibung für den setzungsabhängigen charakteristischen Pfahlmantelwiderstand wird über Gl. (3.20) bestimmt.

$$s_{sg*}\,[\text{cm}] = 0{,}5 \cdot R_{s,k}(s_{sg*})\,[\text{MN}] \leq 1\,[\text{cm}] \tag{3.20}$$

Der charakteristische axiale Pfahlwiderstand setzt sich aus dem Pfahlfußwiderstand $R_{b,k}$ und Pfahlmantelwiderstand $R_{s,k}$ zusammen. Das Maximum des Pfahlwiderstandes ist bei der Grenzsetzung s_g erreicht.

Der axiale Pfahlwiderstand von Stahlrohrpfählen von offenen Profilen (Stahlrohrpfähle, einfache oder doppelte Stahlträgerprofile) konnte nach den EA-Pfählen und alternativ nach den Empfehlungen der EAU (Ausgabe von 2012) bemessen werden (vgl. [26]). Dies führte insbesondere hinsichtlich der Propfenbildung zu unterschiedlichen Ergebnissen, so dass mit [26] der Abs. 5.4.4 der EA-Pfähle auf Grundlage von [27] ergänzt bzw. überarbeitet wurden. In [26] wird unterschieden in Fertigrammpfählen a) aus Stahlbeton, Spannbeton und geschlossenen Stahlrohrpfählen und b) offene Stahlrohre, Hohlkästen, Stahlträgerprofile und doppelte Stahlträgerprofile.

Bei Fertigrammpfählen aus Stahlbeton, Spannbeton und geschlossenen Stahlrohrpfählen ist für die Ermittlung des Pfahlwiderstands mit Erfahrungswerten ein zusätzlicher Korrekturfaktor η_b und η_s miteinzubeziehen (vgl. Gl. (3.21)).

$$R_{c,k}(s) = R_{b,k}(s) + R_{s,k}(s) = \eta_b \cdot q_{b,k} \cdot A_b + \sum_i \eta_s \cdot q_{s,k,i} \cdot A_{s,i} \tag{3.21}$$

mit

η_b Modellfaktor des Pfahlspitzendrucks
$q_{b,k}$ Charakteristischer Pfahlspitzendruck, abgeleitet nach Tab. 3.12 und 3.14
A_b Nennwert der Pfahlfußfläche
η_s Modellfaktor der Pfahlmantelreibung
$q_{s,k,i}$ Charakteristische Pfahlmantelreibung in der Schicht i, abgeleitet nach Tab. 3.13 und 3.15
$A_{s,i}$ Nennwert der Pfahlmantelfläche in der Schicht i

Tab. 3.12 Spannen der Erfahrungswerte für den charakteristischen Pfahlspitzendruck $q_{b,k}$ für Fertigrammpfähle aus Stahlbeton und Spannbeton in nichtbindigen Böden nach EA-Pfähle bzw. [26]

Bezogene Pfahlkopf-setzung s/D_{eq}	Pfahlspitzendruck $q_{b,k}$ [kN/m^2]		
	Bei einem mittleren Spitzenwiderstand q_c der Drucksonde [MN/m^2]		
	7,5	15	25
0,035	2200–5000	4000–6500	4500–7500
0,100	4200–6000	7600–10.200	8750–11.500

Zwischenwerte dürfen geradlinig interpoliert werden.

Tab. 3.13 Spannen der Erfahrungswerte für die charakteristische Pfahlmantelreibung $q_{s,k}$ für Fertigrammpfähle aus Stahlbeton und Spannbeton in nichtbindigen Böden nach EA-Pfähle bzw. [26]

Setzung	Pfahlmantelreibung $q_{s,k}$ [kN/m^2]		
	Bei einem mittleren Spitzenwiderstand q_c der Drucksonde [MN/m^2]		
	7,5	15	25
$s_{sg}*$	30–40	65–90	85–120
$s_{sg} = s_g = 0{,}1 \times D_{eq}$	40–60	95–125	125–160

Zwischenwerte dürfen geradlinig interpoliert werden.

Tab. 3.14 Spannen der Erfahrungswerte für den charakteristischen Pfahlspitzendruck $q_{b,k}$ für Fertigrammpfähle aus Stahlbeton und Spannbeton in bindigen Böden nach EA-Pfähle bzw. [26]

Bezogene Pfahlkopfsetzung s/D_{eq}	Pfahlspitzendruck $q_{b,k}$ [kN/m^2]		
	Scherfestigkeit $c_{u,k}$ des undränierten Bodens [kN/m^2]		
	60	150	250
0,035	350–450	550–700	800–950
0,100	600–750	850–1100	1150–1500

Zwischenwerte dürfen geradlinig interpoliert werden.

Tab. 3.15 Spannen der Erfahrungswerte für die charakteristische Pfahlmantelreibung $q_{s,k}$ für Fertigrammpfähle aus Stahlbeton und Spannbeton in bindigen Böden nach EA-Pfähle bzw. [26]

Setzung	Pfahlmantelreibung $q_{s,k}$ [kN/m^2]		
	Scherfestigkeit $c_{u,k}$ des undränierten Bodens [kN/m^2]		
	60	150	250
$s_{sg}*$	20–30	35–50	45–65
$s_{sg} = s_g = 0{,}1 \times D_{eq}$	20–35	40–60	55–80

Zwischenwerte dürfen geradlinig interpoliert werden.

Für vorgefertigte Stahlbeton- und Spannbeton-Rammpfähle werden die Modellfaktoren mit $\eta_b = 1{,}00$ und $\eta_s = 1{,}00$ berücksichtigt. Für geschlossene Stahlrohrpfähle werden die Modellfaktoren $\eta_b = 0{,}80$ und $\eta_s = 0{,}80$ angesetzt. Die Tab. 3.12 bis Tab. 3.15 gelten für vorgefertigte Stahlbeton- und Spannbeton-Rammpfähle von $D_{eq} = 0{,}25$ bis $0{,}50$ m und für geschlossene Stahlrohrpfähle mit einem Durchmesser bis 800 mm. Bei einvibrierten Pfählen müssen die Tabellenwerte reduziert werden (s. EA-Pfähle). Zu beachten ist, dass bei

3.6 Charakteristisches Tragverhalten von Pfahlgründungen

Anwendung der Erfahrungswerte die Pfähle mindesten 2,5 m in eine tragfähige Schicht einbinden müssen.

Bei der Bestimmung des mittleren Spitzenwiderstandes q_c bzw. der charakteristischen undränierten Scherfestigkeit $c_{u,k}$ ist nach EA-Pfähle bzw. [26] der Pfahlspitzendruck $1 \cdot D_{eq}$ ober- bis $4 \cdot D_{eq}$ unterhalb des Pfahlfußes und für die Pfahlmantelreibung im maßgebenden Bereich, d. h. der Mittelwert der betreffenden Schicht, zu ermitteln. Ergibt sich durch die Bodenschichtung ein großer Einfluss auf den Spitzenwiderstand der Drucksonde bzw. auf die undränierte Scherfestigkeit, so ist nach EA-Pfähle bzw. [26] die Pfahlmantelreibung für zwei oder mehrere mittlere Bereiche getrennt zu definieren.

Für die Anwendung der Werte nach Tab. 3.12 und 3.14 ist die Voraussetzung zu erfüllen, dass die Dicke der tragfähigen Schicht unterhalb des Pfahlfußes mindestens fünf Pfahlersatzfußdurchmesser entspricht bzw. mindestens 1,5 m beträgt. Ebenso ist in diesem Bereich ein $q_c \geq 7{,}5\,\text{MN/m}^2$ bzw. $c_{u,k} \geq 100\,\text{kN/m}^2$ nachzuweisen (vgl. EA-Pfähle bzw. [26]). In nichtbindigen Böden wird darüber hinaus empfohlen, die Pfahlfüße in Bereich mit $q_c \geq 10\,\text{MN/m}^2$ abzusetzen.

Bei offenen Stahlrohren, Hohlkästen und doppelte Stahlträgerprofilen kann es beim Rammen in nichtbindigen Böden zu einer Verspannung des Bodens zwischen den inneren Mantelflächen im Pfahlfußbereich kommen (vgl. [26]). Dadurch ergibt sich eine erhöhte innere Pfahlmantelreibung über eine begrenzte Höhe. Die Verspannung wird auch als Pfropfen bezeichnet. Zusätzlich kann es bei einfachen und doppelten Stahlträgerprofilen mit geringen Profilhöhen zwischen den gegenüberliegenden Innenflanschflächen Verspannungen und damit eine erhöhte äußere Pfahlmantelreibung geben (vgl. [26]).

In [26] wird ein vereinfachtes Nachweisverfahren dargestellt, mit dem die axiale Tragfähigkeit aus Erfahrungswerten für offene Stahlrohre, Hohlkästen, Stahlträgerprofile und doppelte Stahlträgerprofile in nichtbindigen Böden abgeschätzt werden kann. Da in bindigen Böden nur eine geringe Datenbasis von Pfahlprobebelastungen vorhanden ist, liegen hierfür keine Tabellen mit Erfahrungswerten vor. Sollten das Nachweisverfahren auch für in die nichtbindigen Schichten eingelagerten bindigen Schichten angewendet werden, so sollten nach [26] die Mantelreibungswerte für die bindigen Schichten nach den örtlichen Erfahrungen in Abstimmung mit dem Sachverständigen für Geotechnik gewählt werden.

Für das vereinfachte Nachweisverfahren werden zwei Modelle unterschieden. Bei offenen Stahlrohrpfählen und Hohlkästen mit Pfahldurchmesser $D \leq 0{,}5\,\text{m}$ wird im Modell 1 eine vollständige Pfropfenbildung angenommen und es wird eine äußere Pfahlmantelreibung q_s, ein Spitzendruck auf die Profilaufstandsfläche q_b und ein Spitzendruck im Bereich des Pfropfens $q_{Pfropfen}$ angesetzt. Beim Modell 2 für Pfahldurchmesser $D \geq 1{,}5\,\text{m}$ wird anstatt des Spitzendrucks im Bereich des Pfropfens eine innere Pfahlmantelreibung q_{is} berücksichtigt. Dabei werden die obersten 20 % der Pfahleinbindetiefe nicht mit angesetzt. Für doppelte Stahlträgerprofile und näherungsweise einfache Stahlträgerprofile wird nur das Modell 1 zum Ansatz gebracht (vgl. [26]).

Die Nennwerte der Pfahlfußflächen und Pfahlmantelflächen von offenen Stahlrohrpfählen und Stahlträger, die für das vereinfachte Nachweisverfahren anzusetzen sind, sind in Abb. 3.53 dargestellt.

Abb. 3.53 Nennwerte Pfahlfußfläche und Pfahlmantelfläche von offenen Stahlrohrpfählen und Stahlträgerprofilpfählen. **a** Stahlrohrpfahl, **b** Doppelte Stahlträgerprofile, **c** Stahlträgerprofil nach [27]

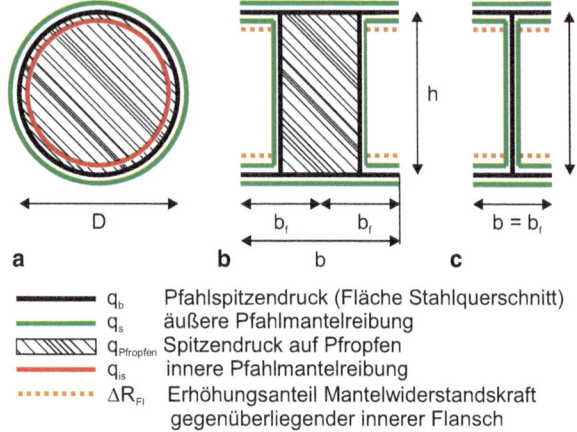

Der charakteristische axiale Pfahlwiderstand für das Modell 1 für einen Pfahldurchmesser $D \leq 0,5$ m für offene Stahlrohrpfähle (vgl. Abb. 3.53a) wird nach [26] über die Gl. (3.22) bestimmt.

$$R_{c,k,\text{Modell 1}}(s) = \eta_{\text{Pfropfen}} \cdot q_{\text{Pfropfen},k} \cdot A_{\text{Pfropfen}} + q_{b,k} \cdot A_b + \sum \eta_s \cdot q_{s,k,j} \cdot A_{s,j} \quad (3.22)$$

mit

η_{Pfropfen}	Modellfaktor des Pfropfens nach Gl. (3.23)
$q_{\text{Pfropfen},k}$	Charakteristischer Pfahlspitzendruck Pfropfen, abgeleitet nach Tab. 3.16
A_{Pfropfen}	Nennwert der Pfropfenaufstandsfläche nach Abb. 3.53
$q_{b,k}$	Charakteristischer Pfahlspitzendruck Profilaufstandsfläche, abgeleitet nach Tab. 3.18
A_b	Nennwert der Profilaufstandsfläche
η_s	Modellfaktor der Pfahlmantelreibung nach Gl. (3.24)
$q_{s,k,j}$	Charakteristische äußere Pfahlmantelreibung in der Schicht j, abgeleitet nach Tab. 3.17
$A_{s,j}$	Nennwert der äußeren Pfahlmantelfläche in der Schicht j

$$\eta_{\text{Pfropfen}} = 2{,}52 \cdot e^{-1{,}85 \cdot D} \quad (3.23)$$

$$\eta_s = 1{,}53 \cdot e^{-0{,}85 \cdot D} \quad (3.24)$$

In die Gln. (3.23) und (3.24) geht der äußere Pfahldurchmesser D bzw. der äquivalente Pfahlfußdurchmesser D_{eq} ein.

3.6 Charakteristisches Tragverhalten von Pfahlgründungen

Tab. 3.16 Spannen der Erfahrungswerte für den charakteristischen Pfahlspitzendruck auf den Pfropfen $q_{Pfropfen,k}$ für offene Stahlrohrpfähle, Hohlkastenpfähle und doppelte Stahlträgerprofilpfähle in nichtbindigen Böden bei Anwendung von Modell 1 nach [26]

Bezogene Pfahlkopfsetzung s/D$_{eq}$	Pfahlspitzendruck $q_{Pfropfen,k}$ [kN/m^2]		
	Spitzenwiderstand q_c der Drucksonde [MN/m^2]		
	7,5	15	25
0,035	1200–3300	2100–4000	2500–4750
0,100	2250–4000	4000–6250	4750–7250

Zwischenwerte dürfen geradlinig interpoliert werden.

Tab. 3.17 Spannen der Erfahrungswerte für die charakteristische äußere Pfahlmantelreibung $q_{s,k}$ für offene Stahlrohrpfähle, Hohlkastenpfähle und doppelte Stahlträgerprofilpfähle in nichtbindigen Böden bei Anwendung von Modell 1 nach [26]

Setzung	Äußere Pfahlmantelreibung $q_{s,k}$ [kN/m^2]		
	Spitzenwiderstand q_c der Drucksonde [MN/m^2]		
	7,5	15	25
s_{sg}*	15–25	35–50	40–70
$s_{sg} = s_g = 0,1 \times D_{eq}$	25–35	50–70	60–90

Zwischenwerte dürfen geradlinig interpoliert werden.

Über die Gl. (3.25) wird nach [26] für das Modell 2 für einen Pfahldurchmesser $D \geq 1,5$ m für offene Stahlrohrpfähle (vgl. Abb. 3.53a) der charakteristische axiale Pfahlwiderstand abgeschätzt.

$$R_{c,k,Modell\,2}(s) = q_{b,k} \cdot A_b + \sum q_{s,k,j} \cdot A_{s,j} + \sum q_{is,k,j} \cdot A_{is,j} \qquad (3.25)$$

In die Gl. (3.25) gehen folgende Parameter ein:

$q_{b,k}$ Charakteristischer Pfahlspitzendruck Profilaufstandsfläche, abgeleitet nach Tab. 3.18

A_b Nennwert der Profilaufstandsfläche

$q_{s,k,j}$ Charakteristische äußere Pfahlmantelreibung in der Schicht j, abgeleitet nach Tab. 3.19

$A_{s,j}$ Nennwert der äußeren Pfahlmantelfläche in der Schicht j

$q_{is,k,j}$ Charakteristische innere Pfahlmantelreibung in der Schicht j, abgeleitet nach Tab. 3.20

$A_{is,j}$ Nennwert der inneren Pfahlmantelfläche in der Schicht j, abzgl. der oberen 20 % aufgrund Pfropfenbildung und Sackungseffekte im Pfahlinneren

Tab. 3.18 Spannen der Erfahrungswerte für den charakteristischen Pfahlspitzendruck der Profilaufstandsfläche $q_{b,k}$ für offene Stahlrohrpfähle, Hohlkastenpfähle und doppelte Stahlträgerprofilpfähle in nichtbindigen Böden bei Anwendung von Modell 1 und Modell 2 nach [26]

Bezogene Pfahlkopfsetzung s/D_{eq}	Pfahlspitzendruck Profilaufstandsfläche $q_{b,k}$ [kN/m²]		
	Spitzenwiderstand q_c der Drucksonde [MN/m²]		
	7,5	15	25
0,035	3900–7500	7900–11.500	10.300–16.300
0,100	7500–9000	15.000–18.000	20.000–25.000

Zwischenwerte dürfen geradlinig interpoliert werden.

Tab. 3.19 Spannen der Erfahrungswerte für die charakteristische äußere Pfahlmantelreibung $q_{s,k}$ für offene Stahlrohrpfähle, Hohlkastenpfähle und doppelte Stahlträgerprofilpfähle in nichtbindigen Böden bei Anwendung von Modell 2 nach [26]

Setzung	Äußere Pfahlmantelreibung $q_{s,k}$ [kN/m²]		
	Spitzenwiderstand q_c der Drucksonde [MN/m²]		
	7,5	15	25
$s_{sg}*$	15–20	30–45	35–60
$s_{sg} = s_g = 0,1 \times D_{eq}$	20–30	50–80	50–80

Zwischenwerte dürfen geradlinig interpoliert werden.

Tab. 3.20 Spannen der Erfahrungswerte für die charakteristische innere Pfahlmantelreibung $q_{is,k}$ für offene Stahlrohrpfähle, Hohlkastenpfähle und doppelte Stahlträgerprofilpfähle in nichtbindigen Böden bei Anwendung von Modell 2 nach [26]

Setzung	Innere Pfahlmantelreibung $q_{is,k}$ [kN/m²]		
	Spitzenwiderstand q_c der Drucksonde [MN/m²]		
	7,5	15	25
$s_{sg}*$	5–10	10–20	15–25
$s_{sg} = s_g = 0,1 \times D_{eq}$	10–15	20–30	25–40

Zwischenwerte dürfen geradlinig interpoliert werden.

Für offene Stahlrohrpfähle mit einem Durchmesser von $D = D_{eq}$ von $\geq 0,5$ bis $\leq 1,5$ m ist die charakteristische axiale Pfahlwiderstand durch eine Interpolation über die Gl. (3.26) zu bestimmen (vgl. [26]).

$$R_{c,k}(s) = \psi \cdot R_{c,k,\text{Modell 1}}(s) + \chi \cdot R_{c,k,\text{Modell 2}}(s) \qquad (3.26)$$

Die Interpolationsfaktoren ψ und χ werden über die Gln. (3.27) und (3.28) und dem äußeren Pfahldurchmesser D berechnet.

$$\psi = -D + 1,5 \qquad (3.27)$$

$$\chi = -0,52 \cdot D^2 + 2,04 \cdot D - 0,89 \qquad (3.28)$$

3.6 Charakteristisches Tragverhalten von Pfahlgründungen

Die Gln. (3.22) bis (3.28) und die Tab. 3.16 bis Tab. 3.20 dürfen analog näherungsweise für offene nicht runde Hohlkästen verwendet werden (s. [26]). Dafür ist der äquivalente Pfahlfußdurchmesser D_{eq} zu berücksichtigen.

Für einfache und doppelte Stahlträgerprofile (Flanschbreite b_f von 290 bis 500 mm / Trägerhöhe 300 bis 1000 mm) ist der charakteristische axiale Pfahlwiderstand für einfache Stahlträgerprofile über Gl. (3.29) und für doppelte Stahlträgerprofile über Gl. (3.30) zu bestimmen. Hierbei wird nur das Modell 1 berücksichtigt (vgl. [26]).

$$R_{c,k}(s) = R_{b,k}(s) + R_{s,k}(s) + \Delta R_{Fl,k}(s)$$
$$= q_{b,k} \cdot A_b + \sum(q_{s,k,j} \cdot A_{s,j}) + \eta \cdot \sum(q_{s,k,j} \cdot A_{s,Fl,j}) \quad (3.29)$$

$$R_{c,k}(s) = R_{b,k}(s) + R_{Pfropfen,k}(s) + R_{s,k}(s) + \Delta R_{Fl,k}(s)$$
$$= q_{b,k} \cdot A_b + \eta \cdot q_{Pfropfen,k} \cdot A_{Pfropfen} + \sum(q_{s,k,j} \cdot A_{s,j}) + \eta \cdot \sum(q_{s,k,j} \cdot A_{s,Fl,j}) \quad (3.30)$$

mit

$q_{b,k}$	Charakteristischer Pfahlspitzendruck Profilaufstandsfläche, abgeleitet nach Tab. 3.18
A_b	Nennwert der Profilaufstandsfläche
$q_{s,k,j}$	Charakteristische äußere Pfahlmantelreibung in der Schicht j, abgeleitet nach Tab. 3.17
$A_{s,j}$	Nennwert der äußeren Pfahlmantelfläche in der Schicht j
$A_{s,Fl,j}$	Nennwert der inneren Flanschfläche in der Schicht j nach Abb. 3.53
$\Delta R_{Fl,k}$	Erhöhungsanteil der Mantelreibungskraft gegenüberliegender innerer Flansche nach Abb. 3.53
$q_{Pfropfen,k}$	Charakteristischer Pfahlspitzendruck Pfropfen, abgeleitet nach Tab. 3.16
$A_{Pfropfen}$	Nennwert der Pfropfenaufstandsfläche nach Abb. 3.53
η	Modellfaktor zur Berücksichtigung von Verspannungseffekten nach Gl. (3.31)

$$\eta = 0{,}65 \cdot e^{-2{,}2 \cdot h \cdot b} \quad (3.31)$$

In die Gl. (3.31) gehen die Trägerhöhe h und die Flanschbreite b_f eines einzelnen Stahlträgerprofis bzw. die Breite B des Stahlträgerprofis mit $b = b_f$ bzw. die Breite B des doppelten Stahlträgerprofils mit $b = 2 \cdot b_f$ ein.

3.6.3.1.2 Ortbetonrammpfähle

Ortbetonrammpfähle können über eine Kopframmung oder mit einer Innenrohrrammung hergestellt werden. Bei kopfgerammten Simplexpfählen verbleibt die Fußplatte als verlorene Pfahlspitze im Boden. Die Besonderheit eines innenrohrgerammten Frankipfahls besteht in dem aufgeweiteten Pfahlfuß und einem daraus resultierenden erhöhten Pfahlfußwiderstand. Die Widerstands-Setzungs-Linie entspricht Abb. 3.52. Differenziert wird bei Ortbetonrammpfählen nach dem Durchmesser, der jeweils durch den Durchmesser D_b der Fußplatte bei Simplexpfählen und dem Durchmesser D_s des Vortreibrohrs bei Frankipfählen bestimmt wird.

Die nachfolgenden Tabellenwerte gelten für Ortbetonrammpfähle mit Kopframmung. Sofern die Pfähle einvibriert werden, sind die Tabellenwerte abzumindern und durch einen Geotechnischen Sachverständigen zu bestätigen. Zwischenwerte dürfen linear interpoliert werden.

Der charakteristische axiale Pfahlwiderstand $R_{c,k}$ vom Simplexpfählen wird über Gl. (3.32) definiert und setzt sich aus dem Pfahlfußwiderstand $R_{b,k}$ und dem Pfahlmantelwiderstands $R_{s,k}$ zusammen. Die Grenzsetzung s_g und s_{sg*} werden analog wie in Abschn. 3.6.3.1.1 bestimmt. Der Durchmesser $A_{s,i}$ leitet sich über den Durchmesser des Vortreibrohrs ab.

$$R_{c,k}(s) = R_{b,k}(s) + R_{s,k}(s) = q_{b,k} \times A_b + \sum_i q_{s,k,i} \times A_{s,i} \qquad (3.32)$$

mit

$q_{b,k}$ Charakteristischer Pfahlspitzendruck, abgeleitet nach Tab. 3.21
A_b Nennwert der Pfahlfußfläche, maßgeblich ist der Durchmesser der Fußplatte D_b
$q_{s,k,i}$ Charakteristische Pfahlmantelreibung in der Schicht i, abgeleitet nach Tab. 3.22 und 3.23
$A_{s,i}$ Nennwert der Pfahlmantelfläche in der Schicht i, maßgeblich ist der Durchmesser des Vortreibrohres D_s

Tab. 3.21 Spannen der Erfahrungswerte für den charakteristischen Pfahlspitzendruck $q_{b,k}$ für Simplexpfähle in nichtbindigen Böden nach EA-Pfähle

Bezogene Pfahlkopfsetzung s/D_{eq}	Pfahlspitzendruck $q_{b,k}$ [kN/m²]		
	Bei einem mittleren Spitzenwiderstand q_c der Drucksonde [MN/m²]		
	7,5	15	25
0,035	2200–5000	4000–6500	4500–7500
0,100	4200–6000	7600–10.200	8750–11.500

Zwischenwerte dürfen geradlinig interpoliert werden.

Tab. 3.22 Spannen der Erfahrungswerte für die charakteristische Pfahlmantelreibung $q_{s,k}$ für Simplexpfähle in nichtbindigen Böden nach EA-Pfähle

Setzung	Pfahlmantelreibung $q_{s,k}$ [kN/m²]		
	Bei einem mittleren Spitzenwiderstand q_c der Drucksonde [MN/m²]		
	7,5	15	25
s_{sg*}	55–70	105–135	130–165
$s_{sg} = s_g = 0,1 \times D_{eq}$	55–70	105–135	130–165

Zwischenwerte dürfen geradlinig interpoliert werden.

Tab. 3.23 Spannen der Erfahrungswerte für die charakteristische Pfahlmantelreibung $q_{s,k}$ für Simplexpfähle in bindigen Böden nach EA-Pfähle

Setzung	Pfahlmantelreibung $q_{s,k}$ [kN/m²]		
	Scherfestigkeit $c_{u,k}$ des undränierten Bodens [kN/m²]		
	60	150	250
$s_{sg}*$	25–40	45–65	60–85
$s_{sg} = s_g = 0{,}1 \times D_{eq}$	25–40	45–65	60–85

Zwischenwerte dürfen geradlinig interpoliert werden.

Bei der Bestimmung des mittleren Spitzenwiderstandes q_c bzw. der charakteristischen undränierten Scherfestigkeit $c_{u,k}$ ist nach EA-Pfähle der Pfahlspitzendruck $1 \cdot D_{eq}$ oberbis $4 \cdot D_{eq}$ unterhalb des Pfahlfußes und für die Pfahlmantelreibung im maßgebenden Bereich, d. h. der Mittelwert der betreffenden Schicht, zu ermitteln. Ergibt sich durch die Bodenschichtung ein großer Einfluss auf den Spitzenwiderstand der Drucksonde bzw. auf die undränierte Scherfestigkeit, so ist nach EA-Pfähle die Pfahlmantelreibung für zwei oder mehrere mittlere Bereiche getrennt zu definieren.

Für die Anwendung der Werte nach Tab. 3.21 ist die Voraussetzung zu erfüllen, dass die Dicke der tragfähigen Schicht unterhalb des Pfahlfußes mindestens fünf Pfahlersatzfußdurchmesser entspricht bzw. mindestens 1,5 m beträgt. Ebenso ist in diesem Bereich ein $q_c \geq 7{,}5\,\text{MN/m}^2$ nachzuweisen (vgl. EA-Pfähle). In nichtbindigen Böden wird darüber hinaus empfohlen, die Pfahlfüße in Bereich mit $q_c \geq 10\,\text{MN/m}^2$ abzusetzen.

Der charakteristische axiale Pfahlwiderstand $R_{c,k}$ im Grenzzustand der Tragfähigkeit (USL) von Frankipfählen wird über Gl. (3.33) definiert und setzt sich aus dem Pfahlfußwiderstand $R_{b,k}$ und dem Pfahlmantelwiderstand $R_{s,k}$ zusammen. Im Gegensatz zu Simplexpfählen wird dabei keine Setzungsabhängigkeit berücksichtigt. Frankipfähle sind charakterisiert durch einen ausgerammten Pfahlfuß, der mit Vergussbeton ausgefüllt wird. Der somit erhöhte Pfahlfußwiderstand $R_{b,k}$ wird über Nomogramme (EA-Pfähle: Bilder 5.6 bis 5.11) in Abhängigkeit vom dem Volumen V, dem Norm-Rammarbeit-Anteil W und dem Sondierwiderstand q_c bzw. der undränierten Scherfestigkeit $c_{u,k}$ bestimmt. Tab. 3.24 gibt die Norm-Rammarbeit W_{norm} an, die in Relation zur tatsächlichen Rammarbeit W_{ist} gesetzt wird. Hierüber ist das Verhältnis W_{ist}/W_{norm} zu bilden. Dieses Verhältnis wird als Norm-Rammarbeit-Anteil W definiert. Aus dem Norm-Rammarbeit-Anteil W und dem ermittelten Pfahlfußwiderstand ist das Volumen des ausgestampften Pfahlfußes aus dem spezifischen Nomogramm abzuleiten.

$$R_{c,k} = R_{b,k} + R_{s,k} = R_{b,k} + \sum_i q_{s,k,i} \times A_{s,i} \qquad (3.33)$$

mit

$q_{s,k,i}$ Charakteristische Pfahlmantelreibung in der Schicht i, abgeleitet nach Tab. 3.26 und 3.27

$A_{s,i}$ Nennwert der Pfahlmantelfläche in der Schicht i oberhalb von 0,8 m über der Rammtiefe, maßgeblich ist der Durchmesser des Vortreibrohres D_s

Tab. 3.24 Norm-Rammarbeit W_{norm} bei lotrechten Frankipfählen nach EA-Pfähle

Rohrdurchmesser D_s [cm]	Bärgewicht [kN]	Fallhöhe [m]	Anzahl Rammschläge/2 m	Norm-Rammarbeit W_{norm} [kNm]
42	22,0	6,5	125	17.875
51	30,0	6,5	125	24.375
56	37,5	6,5	125	30.469
61	45,0	6,5	125	36.563

Tab. 3.25 Abminderungsfaktor f für die Rammarbeit bei geneigten Frankipfählen nach EA-Pfähle

Pfahlneigung	Von	Bis	Abminderungsfaktor f für die Norm-Rammarbeit W_{norm}
Pfahlneigung	Lotrecht	10:1	1,00
Pfahlneigung		8:1	0,95
Pfahlneigung		6:1	0,90
Pfahlneigung		4:1	0,85

Sofern die Frankipfähle mit einem Neigungswinkel in den Untergrund eingebracht werden, ist die definierte Norm-Rammarbeit aus Tab. 3.24 mit einem Abminderungsfaktor aus Tab. 3.25 zu modifizieren.

Als Voraussetzung der Anwendung der Nomogramme (EA-Pfähle: Bilder 5.6 bis 5.11) gilt nach EA-Pfähle, dass für den Pfahlfußwiderstand ein maßgebender Bereich von $2 \cdot D_s$ oder mindestens 1,0 m ober- bis $3 \cdot D_s$ oder mindestens 1,5 m unterhalb der Rammtiefe berücksichtigt wird. Ebenso gilt, dass auf den letzten zwei Rammmetern der Norm-Rammarbeit-Anteil $W \geq 0,5$ ist und der Rohrhub für die Fußherstellung 0,8 m beträgt. Des Weiteren ist zu beachten, dass die Pfahlmantelreibung erst oberhalb von 0,8 m über der Rammtiefe gemäß Tab. 3.26 und 3.27 berücksichtigt wird.

Tab. 3.26 Spannen der Erfahrungswerte für die charakteristische Pfahlmantelreibung $q_{s,k}$ für Frankipfähle in nichtbindigen Böden nach EA-Pfähle

Mittlerer Spitzenwiderstand q_c der Drucksonde [MN/m²]	Bruchwert $q_{s,k}$ der Pfahlmantelreibung [kN/m²]
7,5	70–95
15	115–150
≥ 25	135–180

Zwischenwerte dürfen geradlinig interpoliert werden.

Tab. 3.27 Spannen der Erfahrungswerte für die charakteristische Pfahlmantelreibung $q_{s,k}$ für Frankipfähle in bindigen Böden nach EA-Pfähle

Scherfestigkeit $c_{u,k}$ des undränierten Bodens [kN/m²]	Bruchwert $q_{s,k}$ der Pfahlmantelreibung [kN/m²]
60	35–45
150	55–70
≥ 250	70–90

Zwischenwerte dürfen geradlinig interpoliert werden.

3.6.3.1.3 Schraubpfähle

Schraubpfähle definiert die EA-Pfähle als Verdrängungspfähle, die drehend oder drückend in den Untergrund eingebracht werden und einen geringen Bodenanteil fördern. Für die Ermittlung der Widerstände aus Erfahrungswerten wird die Widerstands-Setzungs-Linie nach Abb. 3.56 maßgebend. Das Verfahren zur Bestimmung des charakteristischen Pfahlwiderstands erfolgt analog für Atlas- und Fundexpfähle. Die Tabellenwerte unterscheiden sich nach dem Pfahlsystem, dem maßgebenden Durchmesser und dem Boden.

Der charakteristische axiale Pfahlwiderstand für Schraubpfähle wird nach EA-Pfähle über die Gl. (3.34) bestimmt.

$$R_{c,k}(s) = R_{b,k}(s) + R_{s,k}(s) = q_{b,k} \cdot A_b + \sum q_{s,k,i} \cdot A_{s,i} \qquad (3.34)$$

mit

$q_{b,k}$ Charakteristischer Pfahlspitzendruck, abgeleitet nach Tab. 3.28, Tab. 3.30 und 3.32

A_b Nennwert der Pfahlfußfläche

$q_{s,k,i}$ Charakteristische Pfahlmantelreibung in der Schicht i, abgeleitet nach Tab. 3.29, Tab. 3.31 und 3.33

$A_{s,i}$ Nennwert der Pfahlmantelfläche in der Schicht i

Tab. 3.28 Spannen der Erfahrungswerte für den charakteristischen Pfahlspitzendruck $q_{b,k}$ für Atlaspfähle in nichtbindigen Böden nach EA-Pfähle

Bezogene Pfahlkopfsetzung s/D_s	Pfahlspitzendruck $q_{b,k}$ [kN/m²]		
	Bei einem mittleren Spitzenwiderstand q_c der Drucksonde [MN/m²]		
	7,5	15	25
0,02	950–1400	1600–2300	2650–3450
0,03	1200–1850	2150–2950	3350–4450
0,10 ($\hat{=} s_g$)	2750–4000	4750–6500	6000–8000

Zwischenwerte dürfen geradlinig interpoliert werden.
D_s: bezogen auf äußeren Wendeldurchmesser

Tab. 3.29 Spannen der Erfahrungswerte für die charakteristische Pfahlmantelreibung $q_{s,k}$ für Atlaspfähle in nichtbindigen Böden nach EA-Pfähle

Mittlerer Spitzenwiderstand q_c der Drucksonde [MN/m²]	Bruchwert $q_{s,k}$ der Pfahlmantelreibung [kN/m²]
7,5	85–105
15	160–200
≥ 25	200–245

Zwischenwerte dürfen geradlinig interpoliert werden.
Pfahlmantelfläche A_s: bezogen auf äußeren Wendeldurchmesser D_s

Tab. 3.30 Spannen der Erfahrungswerte für den charakteristischen Pfahlspitzendruck $q_{b,k}$ für Atlaspfähle in bindigen Böden nach EA-Pfähle

Bezogene Pfahlkopfsetzung s/D_s	Pfahlspitzendruck $q_{b,k}$ [kN/m²]		
	Scherfestigkeit $c_{u,k}$ des undränierten Bodens [kN/m²]		
	100	150	250
0,02	600–800	900–1250	1300–1950
0,03	750–950	1050–1500	1650–2350
0,10 ($\hat{=} s_g$)	1350–1750	1800–2500	2200–3250

Zwischenwerte dürfen geradlinig interpoliert werden.
D_s: bezogen auf äußeren Wendeldurchmesser

Tab. 3.31 Spannen der Erfahrungswerte für die charakteristische Pfahlmantelreibung $q_{s,k}$ für Atlaspfähle in bindigen Böden nach EA-Pfähle

Scherfestigkeit $c_{u,k}$ des undränierten Bodens [kN/m²]	Bruchwert $q_{s,k}$ der Pfahlmantelreibung [kN/m²]
60	40–60
150	75–95
≥ 250	95–120

Zwischenwerte dürfen geradlinig interpoliert werden.
Pfahlmantelfläche A_s: bezogen auf äußeren Wendeldurchmesser D_s

Tab. 3.32 Spannen der Erfahrungswerte für den charakteristischen Pfahlspitzendruck $q_{b,k}$ für Fundexpfähle in nichtbindigen Böden nach EA-Pfähle

Bezogene Pfahlkopfsetzung s/D_b	Pfahlspitzendruck $q_{b,k}$ [kN/m²]		
	Bei einem mittleren Spitzenwiderstand q_c der Drucksonde [MN/m²]		
	7,5	15	25
0,02	1300–1900	2500–3100	3650–4350
0,03	1650–2500	3250–3950	4650–5500
0,10 ($\hat{=} s_g$)	3800–5500	7200–8800	8300–10.000

Zwischenwerte dürfen geradlinig interpoliert werden.
D_b: Durchmesser der Fußplatte

Tab. 3.33 Spannen der Erfahrungswerte für die charakteristische Pfahlmantelreibung $q_{s,k}$ für Fundexpfähle in nichtbindigen Böden nach EA-Pfähle

Mittlerer Spitzenwiderstand q_c der Drucksonde [MN/m²]	Bruchwert $q_{s,k}$ der Pfahlmantelreibung [kN/m²]
7,5	35–50
15	85–115
≥ 25	115–145

Zwischenwerte dürfen geradlinig interpoliert werden.

3.6 Charakteristisches Tragverhalten von Pfahlgründungen

Die Grenzsetzung s_g sowie die charakteristische Setzung zur Mobilisierung der Bruchmantelreibung für den setzungsabhängigen Pfahlmantelwiderstand s_{sg} für Schraubpfähle werden nach EA-Pfähle über die Gln. (3.35) und (3.36) berechnet.

$$s_{ult} = s_g = 0{,}10 \cdot D_{b/s} \qquad (3.35)$$

$$s_{sg}\,[\text{cm}] = 0{,}5 \cdot R_{s,k}(s_{sg})\,[\text{MN}] + 0{,}5\,[\text{cm}] \leq 3\,[\text{cm}] \qquad (3.36)$$

Für die Bestimmung des mittleren Spitzenwiderstandes q_c bzw. der charakteristischen undränierten Scherfestigkeit $c_{u,k}$ ist nach EA-Pfähle der Pfahlspitzendruck $1 \cdot D_{eq}$ ober- bis $4 \cdot D_{eq}$ unterhalb des Pfahlfußes und für die Pfahlmantelreibung im maßgebenden Bereich, d. h. der Mittelwert der betreffenden Schicht, zu ermitteln. Ergibt sich durch die Bodenschichtung ein großer Einfluss auf den Spitzenwiderstand der Drucksonde bzw. auf die undränierte Scherfestigkeit, so ist nach EA-Pfähle die Pfahlmantelreibung für zwei oder mehrere mittlere Bereiche getrennt zu definieren.

Für die Anwendung der Werte nach Tab. 3.28, Tab. 3.30 und 3.32 ist die Voraussetzung zu erfüllen, dass die Dicke der tragfähigen Schicht unterhalb des Pfahlfußes mindestens drei Pfahldurchmesser entspricht bzw. mindestens 1,5 m beträgt. Ebenso ist in diesem Bereich ein $q_c \geq 7{,}5\,\text{MN/m}^2$ bzw. $c_{u,k} \geq 100\,\text{kN/m}^2$ nachzuweisen (vgl. EA-Pfähle). Darüber hinaus wird empfohlen, die Pfahlfüße in Bereich mit $q_c \geq 10\,\text{MN/m}^2$ abzusetzen.

Für bindige Böden ist bei Fundexpfähle die Datengrundlage so gering, dass hierfür in der EA-Pfähle noch keine Erfahrungswerte angegeben werden.

3.6.3.1.4 Verpresste Verdrängungspfähle

Verpresste Verdrängungspfähle sind für die Bestimmung des charakteristischen Pfahlwiderstands $R_{c,k}$ bzw. $R_{t,k}$ mit Pfahlprobebelastungen auszuführen. Sofern keine Probebelastung durchgeführt werden kann, ist das Tragverhalten über Erfahrungswerte für den Grenzzustandsnachweis zu ermitteln.

Unterschieden wird übergeordnet zwischen den Verpressmörtelpfählen (VM-Pfähle) und den Rüttelinjektionspfählen (RI-Pfähle), deren charakteristisches Tragverhalten auf Grundlage von Erfahrungswerten bestimmbar ist. Eine Ausnahme bilden zugbelastete verpresste Verdrängungspfähle, die grundsätzlich einer Pfahlprobebelastung zu unterziehen sind. In Ausnahmefällen sind Tabellenwerte verwendbar, die von einem Geotechnischen Sachverständigen geprüft und bestätigt werden müssen.

Der charakteristische axiale Pfahlwiderstand für verpresste Verdrängungspfähle wird nach EA-Pfähle über die Gl. (3.37) definiert.

$$R_{c,k} = R_{t,k} = R_{s,k} = \sum_i q_{s,k,i} \cdot A_{s,i} \qquad (3.37)$$

mit

$q_{s,k,i}$ Charakteristische Pfahlmantelreibung in der Schicht i, abgeleitet nach Tab. 3.34 bis Tab. 3.36

$A_{s,i}$ Nennwert der Pfahlmantelfläche in der Schicht i

Tab. 3.34 Spannen der Erfahrungswerte für die charakteristische Pfahlmantelreibung $q_{s,k}$ für Verpressmörtelpfähle (VM-Pfähle) in nichtbindigen Böden nach EA-Pfähle

Mittlerer Spitzenwiderstand q_c der Drucksonde [MN/m^2]	Bruchwert $q_{s,k}$ der Pfahlmantelreibung [kN/m^2]
7,5	105–135
15	180–230
≥ 25	225–275

Zwischenwerte dürfen geradlinig interpoliert werden.

Tab. 3.35 Spannen der Erfahrungswerte für die charakteristische Pfahlmantelreibung $q_{s,k}$ für Verpressmörtelpfähle (VM-Pfähle) in bindigen Böden nach EA-Pfähle

Scherfestigkeit $c_{u,k}$ des undränierten Bodens [kN/m^2]	Bruchwert $q_{s,k}$ der Pfahlmantelreibung [kN/m^2]
60	40–50
150	80–90
≥ 250	95–105

Zwischenwerte dürfen geradlinig interpoliert werden.

Tab. 3.36 Spannen der Erfahrungswerte für die charakteristische Pfahlmantelreibung $q_{s,k}$ für Rüttelinjektionspfähle (RI-Pfähle) in nichtbindigen Böden nach EA-Pfähle

Mittlerer Spitzenwiderstand q_c der Drucksonde [MN/m^2]	Bruchwert $q_{s,k}$ der Pfahlmantelreibung [kN/m^2]
7,5	90–115
15	150–195
≥ 25	180–220

Zwischenwerte dürfen geradlinig interpoliert werden.

Die nachfolgenden Erfahrungswerte gelten für Verpressmörtelpfähle in bindigen und nichtbindigen Böden. Für die Bestimmung des Pfahlmantelwiderstands ist für die Pfahlmantelfläche $A_{s,i}$ der Umfang des Pfahlschuhs relevant. Bei Druckpfählen kann darüber hinaus der Pfahlspitzendruck angesetzt werden, der analog zu den Tabellenwerten der Fertigteilrammpfählen Tab. 3.12 und 3.14 zu entnehmen ist. Damit der Pfahlspitzendruck angesetzt werden darf, ist die Voraussetzung zu erfüllen, dass die Dicke der tragfähigen Schicht unterhalb des Pfahlfußes mindestens drei Pfahldurchmesser entspricht bzw. mindestens 1,5 m beträgt. Ebenso ist in diesem Bereich ein $q_c \geq 7,5\,\text{MN/m}^2$ nachzuweisen (vgl. EA-Pfähle). Darüber hinaus wird empfohlen, die Pfahlfüße in Bereich mit $q_c \geq 10\,\text{MN/m}^2$ abzusetzen. Die Pfahlmantelreibung wird für nichtbindige Böden (Tab. 3.34) und bindige Böden (Tab. 3.35) bestimmt.

Als Erfahrungswerte für Rüttelinjektionspfählen werden in der EA-Pfähle nur Werte für die Pfahlmantelreibung in nichtbindigen Böden (Tab. 3.36) angegeben. Der Pfahlfußwiderstand ist grundsätzlich mit einer Pfahlprobebelastung zu ermitteln. Die Pfahlmantelfläche $A_{s,i}$ leitet sich vom umrissenen RI-Pfahl ab und ist in heterogenen Schichten mit der jeweiligen Pfahlmantelreibung $q_{s,k}$ zu multiplizieren.

3.6 Charakteristisches Tragverhalten von Pfahlgründungen

Beispiel 3.3

Für die in Abb. 3.54 dargestellten Verdrängungspfähle ist der charakteristische Pfahlwiderstand auf Grundlage von Erfahrungswerten (untere Tabellenwerte) zu bestimmen und zu analysieren. Alle Pfähle besitzen näherungsweise gleiche Abmessungen, sind schwimmend gelagert 6 m in den sandigen Boden eingebunden und erfahren die identischen ständigen und veränderlichen Einwirkungen.

Berechnungsgrundlagen

- Einwirkungen: Ständige Lasten $F_{G,k} = 1{,}0\,\text{MN}$; Veränderliche Lasten $F_{Q,\text{rep}} = 0{,}25\,\text{MN}$
- Bemessungssituation BS-P ($\gamma_G = 1{,}35$; $\gamma_Q = 1{,}50$)
- Boden: Sand
- Bodenkennwerte: $q_c = 15\,\text{MN/m}^2$

Fertigrammpfahl: Für die Ermittlung des charakteristischen Pfahlwiderstands aus Erfahrungswerten ist für einen Fertigrammpfahl zunächst der äquivalente Pfahlfußdurchmesser D_{eq} zu bestimmen. Dieser setzt sich wie folgt zusammen:

$$D_{eq} = 1{,}13 \cdot 0{,}40\,\text{m} = 0{,}45\,\text{m}$$

Im nächsten Schritt wird der Pfahlfußwiderstand $R_{b,k}$ für die bezogene Pfahlkopfsetzung bei $0{,}035 \cdot D_{eq}$ sowie für die Grenzsetzung s_g bei $0{,}10 \cdot D_{eq}$ auf Grundlage des Pfahlspitzendrucks $q_{b,k}$ entsprechend Tab. 3.12 für nichtbindige Böden ermittelt. Des Weiteren ist für Fertigrammpfähle ein Modellfaktor $\eta_b = 1{,}0$ für den Pfahlspitzendruck

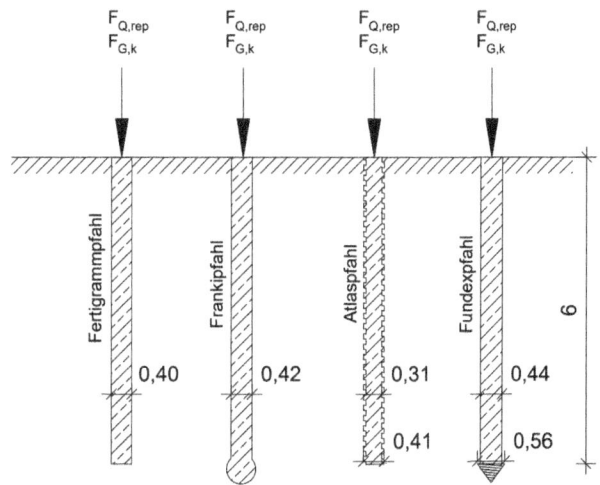

Abb. 3.54 Verdrängungspfähle in homogenem Baugrund (© Julian Willy Kreß)

Tab. 3.37 Fertigrammpfahl Pfahlfußwiderstand $R_{b,k}$

Bezogene Pfahlkopfsetzung s/D_{eq}	Setzung s	Mittlerer Spitzenwiderstand q_c	Pfahlfußfläche A_b	Pfahlspitzendruck $q_{b,k}$	Modellfaktor η_b	Pfahlfußwiderstand $R_{b,k}$
[–]	[cm]	[MN/m²]	[m²]	[MN/m²]	[–]	[MN]
0,035	1,6	15	0,160	4,000	1,0	0,640
0,10	4,5	15	0,160	7,600	1,0	1,216

Tab. 3.38 Fertigrammpfahl Pfahlmantelwiderstand $R_{s,k}$

Pfahlmantelwiderstand	Setzung s	Mittlerer Spitzenwiderstand q_c	Pfahlmantelfläche A_s	Pfahlmantelreibung $q_{s,k}$	Modellfaktor η_s	Pfahlmantelwiderstand $R_{s,k}$
	[cm]	[MN/m²]	[m²]	[MN/m²]	[–]	[MN]
$R_{s,k}(s_{sg*})$	0,8	15	9,600	0,065	1,0	0,624
$R_{s,k}(s_g)$	4,5	15	9,600	0,095	1,0	0,912

bzw. ein Modellfaktor $\eta_s = 1,0$ für die Pfahlmantelreibung zu berücksichtigen. Damit ergibt sich der in Tab. 3.37 aufgeführte Pfahlfußwiderstand.

Der Pfahlmantelwiderstand $R_{s,k}$ wird für die Setzung zur Mobilisierung der Bruchmantelreibung für den setzungsabhängigen Pfahlmantelwiderstand s_{sg*} sowie für die Grenzsetzung s_g auf Grundlage der Pfahlmantelreibung $q_{s,k}$ entsprechend Tab. 3.13 für nichtbindige Böden bestimmt (s. Tab. 3.38).

Für den quadratischen Fertigrammpfahl ergibt sich somit aus dem Pfahlfuß- und Pfahlmantelwiderstand der charakteristische Pfahlwiderstand $R_{c,k} = 1,216 + 0,912 = 2,128$ MN.

Frankipfahl: Die Bestimmung des Pfahlmantelwiderstands eines Ortbetonrammpfahls mit Innenrammung erfolgt auf Grundlage der Pfahlmantelreibung $q_{s,k}$ entsprechend Tab. 3.26 für nichtbindige Böden. Weitere notwendige Eingangsparameter sind hierbei die tatsächlich geleistete Rammarbeit für die Herstellung des ausgestampften Pfahlfußes sowie die prognostizierten Einwirkungen auf die Pfahlgründung. Die Pfahlmantelfläche A_s leitet sich aus der Größe des Vortreibrohrs ab. Für den Frankipfahl ergibt sich damit ein Pfahlmantelwiderstand $R_{s,k} = 0,911$ MN (s. Tab. 3.39).

Für die Bestimmung des Pfahlfußwiderstands eines Franki-Pfahls ist mit Hilfe der ständigen und veränderlichen Einwirkungen der mindestens erforderliche charakteris-

Tab. 3.39 Frankipfahl Pfahlmantelwiderstand $R_{s,k}$

Pfahlmantelwiderstand	Mittlerer Spitzenwiderstand q_c	Pfahlmantelfläche A_s	Pfahlmantelreibung $q_{s,k}$	$R_{s,k}$
	[MN/m²]	[m²]	[MN/m²]	[MN]
$R_{s,k}$	15	7,917	0,115	0,910

tische Pfahlfußwiderstand $R_{b,k}$ zu bestimmen. Hierbei gilt

$$F_{c,d} \leq R_{c,d}$$

Mit dem zuvor bestimmten Pfahlmantelwiderstand ist die Ungleichung aufzulösen

$$1{,}00 \, \text{MN} \cdot 1{,}35 + 0{,}25 \, \text{MN} \cdot 1{,}50 \leq \frac{R_{b,k}}{1{,}40} + \frac{0{,}910 \, \text{MN}}{1{,}40}$$

Der notwendige charakteristische Pfahlfußwiderstand beträgt für $R_{b,k} = 1{,}505$ MN bei einer ermittelten tatsächlichen Rammarbeit $W_{ist} = 19.650$ kNm. Für die Bestimmung des Volumens des ausgestampften Pfahlfußes ist das Verhältnis W zwischen der tatsächlichen Rammarbeit W_{ist} und der Norm-Rammarbeit W_{norm} zu ermitteln. Entsprechend Tab. 3.24 ergibt sich für einen Rohrdurchmesser $D_s = 42$ cm eine Norm-Rammarbeit $W_{norm} = 17.875$ kNm.

$$W = \frac{19.650 \, \text{kNm}}{17.875 \, \text{kNm}} = 1{,}10$$

Nach Bild 5.6 der EA-Pfähle ergibt sich aus W = 1,10 und $R_{b,k} = 1{,}505$ MN für die unteren Erfahrungswerte in einem nichtbindigen Boden ein erforderliches Fußvolumen von ca. 0,24 m³. Der charakteristische Pfahlwiderstand setzt sich aus dem ausgestampften Pfahlfuß- und dem Pfahlmantelwiderstand zusammen und ergibt $R_{c,k} = 1{,}505 + 0{,}910 = 2{,}415$ MN.

Atlaspfahl: Der Pfahlfuß- und Pfahlmantelwiderstand $R_{b,k}$ und $R_{s,k}$ des wendelförmigen Atlaspfahls wird bei Ansatz des äußeren Wendeldurchmesser $D_s = 0{,}41$ m auf Grundlage des Pfahlspitzendrucks $q_{b,k}$ entsprechend Tab. 3.28 und Pfahlmantelreibung $q_{s,k}$ entsprechend Tab. 3.29 für nichtbindige Böden ermittelt (vgl. Tab. 3.40 und 3.41).

Tab. 3.40 Atlaspfahl Pfahlfußwiderstand $R_{b,k}$

Bezogene Pfahlkopfsetzung s/D_s	Setzung s	Mittlerer Spitzenwiderstand q_c	Pfahlfußfläche A_b	Pfahlspitzendruck $q_{b,k}$	Pfahlfußwiderstand $R_{b,k}$
[–]	[cm]	[MN/m²]	[m²]	[MN/m²]	[MN]
0,02	0,82	15	0,132	1,600	0,211
0,03	1,23	15	0,132	2,150	0,284
0,10	4,10	15	0,132	4,750	0,627

Tab. 3.41 Atlaspfahl Pfahlmantelwiderstand $R_{s,k}$

Mittlerer Spitzenwiderstand q_c	Pfahlmantelfläche A_s	Pfahlmantelreibung $q_{s,k}$	Pfahlmantelwiderstand $R_{s,k}$
[MN/m²]	[m²]	[MN/m²]	[MN]
15	7,73	0,160	1,237

Tab. 3.42 Fundexpfahl Pfahlfußwiderstand $R_{b,k}$

Bezogene Pfahlkopfsetzung s/D_b	Setzung s	Mittlerer Spitzenwiderstand q_c	Pfahlfußfläche A_b	Pfahlspitzendruck $q_{b,k}$	Pfahlfußwiderstand $R_{b,k}$
[–]	[cm]	[MN/m^2]	[m^2]	[MN/m^2]	[MN]
0,02	1,12	15	0,246	2,500	0,615
0,03	1,68	15	0,246	3,250	0,799
0,10	5,60	15	0,246	7,200	1,771

Tab. 3.43 Fundexpfahl Pfahlmantelwiderstand $R_{s,k}$

Mittlerer Spitzenwiderstand q_c	Pfahlmantelfläche A_s	Pfahlmantelreibung $q_{s,k}$	Pfahlmantelwiderstand $R_{s,k}$
[MN/m^2]	[m^2]	[MN/m^2]	[MN]
15	10,556	0,085	0,897

Der Atlas-Pfahl wird aufgrund seines rauen und wendelförmigen Schafts als Mantelreibungspfahl definiert. Der Pfahlmantelwiderstand beträgt im betrachteten Fall ca. 66 % des charakteristischen Pfahlwiderstands.

Für den Atlaspfahl ergibt sich somit aus dem Pfahlfuß- und Pfahlmantelwiderstand der charakteristische Pfahlwiderstand $R_{c,k}$ = 0,627 + 1,237 = 1,864 MN.

Fundexpfahl: Der charakteristische Pfahlwiderstand des Fundexpfahls wird analog zum Atlaspfahl über Erfahrungswerte bestimmt. Maßgebender Durchmesser ist der im Boden verbleibenden Schneidkopf (D_b = 0,56 m), der die bezogene Setzung des Pfahlfußwiderstands definiert.

Zur Bestimmung des Pfahlfuß- und Pfahlmantelwiderstands $R_{b,k}$ und $R_{s,k}$ (vgl. Tab. 3.42 und 3.43) bilden die Tab. 3.32 und 3.33 für nichtbindige Böden die Grundlage.

Für den Fundexpfahl ergibt sich somit aus dem Pfahlfuß- und Pfahlmantelwiderstand der charakteristische Pfahlwiderstand $R_{c,k}$ = 1,771 + 0,897 = 2,668 MN.

Zusammenfassung:

Es wurden vier Verdrängungspfähle mit nahezu identischen Querschnitten 6 m in sandigen Boden eingebracht. Nach der Auswertung der charakteristischen Pfahlwiderstände lässt sich im vorliegenden Fall für die charakteristische Tragfähigkeit von druckbelasteten Verdrängungspfählen eine Spanne zwischen 1,864 bis 2,668 MN bestimmen. Drei von vier Verdrängungspfahltypen definieren sich hierbei über den Spitzendruck respektive den Pfahlfußwiderstand. Lediglich der Atlaspfahl ist als reiner Mantelreibungspfahl zu definieren, da sich seine raue und wendelförmige Mantelfläche gut mit dem Boden verzahnt und somit höhere Reibungswerte aufweist als zum Beispiel ein eher glatter Fertigrammpfahl (s. Abb. 3.55). ◄

3.6 Charakteristisches Tragverhalten von Pfahlgründungen

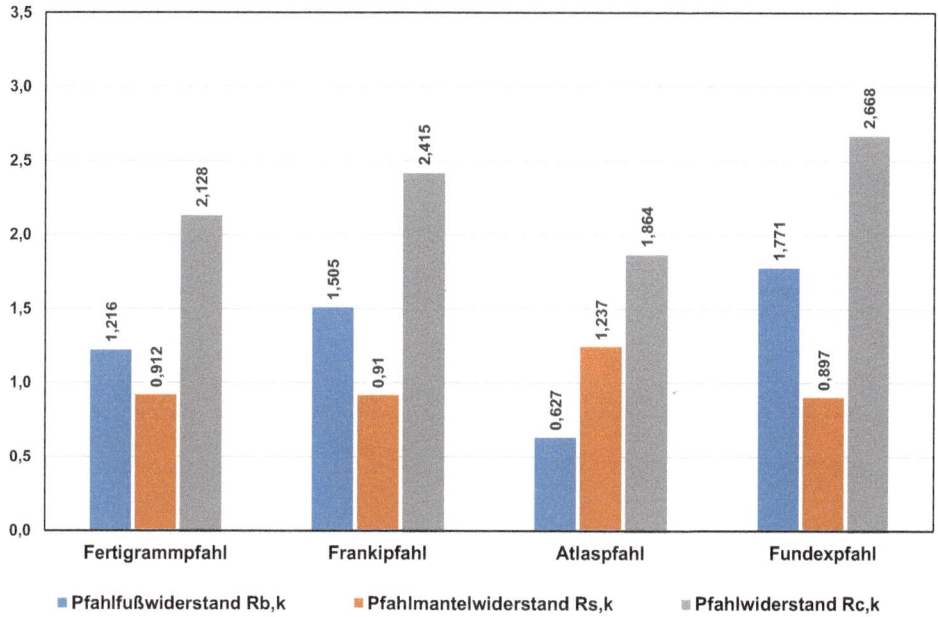

Abb. 3.55 Charakteristische Widerstände Verdrängungspfähle

3.6.3.2 Bohrpfähle

Die nachfolgenden Erfahrungswerte dürfen für Bohrpfähle, die mit den Verfahren, die in Abschn. 3.3.2 beschrieben werden, angewendet werden.

In Abb. 3.56 ist eine charakteristische Widerstands-Setzungs-Linie für Bohrpfähle bis zur definierten Grenzsetzung s_g dargestellt. Wie bei den Fertigrammpfählen (s. Abschn. 3.6.3.1.1) setzt sich diese aus einem Zehntel des Pfahlfußdurchmessers zusammen. Die Grenzzustandsnachweise sind mit dem Pfahlschaftdurchmesser D_s oder bei aufgeweiteten Pfahlfüßen mit D_b zu berechnen.

Der charakteristische axiale Pfahlwiderstand $R_{c,k}$ von Bohrpfählen ist entsprechend EC 7-1 über Gl. (3.38) definiert und setzt sich aus dem Pfahlfußwiderstand $R_{b,k}$ und Pfahlmantelwiderstand $R_{s,k}$ zusammen. Das Maximum des Pfahlwiderstandes ist bei der Grenzsetzung s_g erreicht.

$$R_{c,k}(s) = R_{b,k}(s) + R_{s,k}(s) = q_{b,k} \cdot A_b + \sum_i q_{s,k,i} \cdot A_{s,i} \qquad (3.38)$$

mit

$q_{b,k}$ Charakteristischer Pfahlspitzendruck, abgeleitet nach Tab. 3.44 und 3.46
A_b Nennwert der Pfahlfußfläche
$q_{s,k,i}$ Charakteristische Pfahlmantelreibung in der Schicht i, abgeleitet nach Tab. 3.45 und 3.47
$A_{s,i}$ Nennwert der Pfahlmantelfläche in der Schicht i

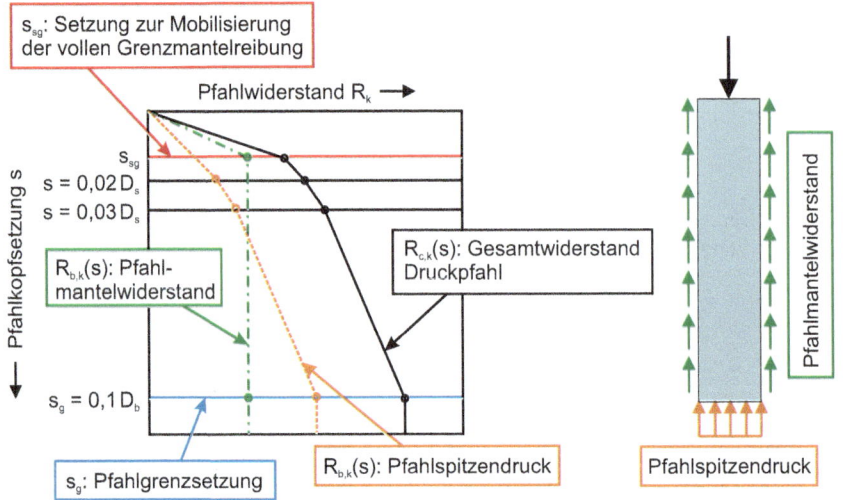

Abb. 3.56 Charakteristische Widerstands-Setzungs-Linie für Bohrpfähle

Tab. 3.44 Spannen der Erfahrungswerte für den charakteristischen Pfahlspitzendruck $q_{b,k}$ für Bohrpfähle in nichtbindigen Böden nach EA-Pfähle

Bezogene Pfahlkopfsetzung s/D$_s$ bzw. s/D$_b$	Pfahlspitzendruck $q_{b,k}$ [kN/m²]		
	Bei einem mittleren Spitzenwiderstand q_c der Drucksonde [MN/m²]		
	7,5	15	25
0,02	550–800	1050–1400	1750–2300
0,03	700–1050	1350–1800	2250–2950
0,10 ($\hat{=} s_g$)	1600–2300	3000–4000	4000–5300

Zwischenwerte dürfen geradlinig interpoliert werden.
Bei Bohrpfählen mit Fußverbreiterung ist eine Reduzierung der Werte auf 75 % vorzunehmen.

Tab. 3.45 Spannen der Erfahrungswerte für die charakteristische Pfahlmantelreibung $q_{s,k}$ für Bohrpfähle in nichtbindigen Böden nach EA-Pfähle

Mittlerer Spitzenwiderstand q_c der Drucksonde [MN/m²]	Bruchwert $q_{s,k}$ der Pfahlmantelreibung [kN/m²]
7,5	55–80
15	105–140
≥ 25	130–170

Zwischenwerte dürfen geradlinig interpoliert werden.

3.6 Charakteristisches Tragverhalten von Pfahlgründungen

Tab. 3.46 Spannen der Erfahrungswerte für den charakteristischen Pfahlspitzendruck $q_{b,k}$ für Bohrpfähle in bindigen Böden nach EA-Pfähle

Bezogene Pfahlkopfsetzung s/D_s bzw. s/D_b	Pfahlspitzendruck $q_{b,k}$ [kN/m²]		
	Scherfestigkeit $c_{u,k}$ des undränierten Bodens [kN/m²]		
	100	150	250
0,02	350–450	600–750	950–1200
0,03	450–550	700–900	1200–1450
0,10 ($\hat{=} s_g$)	800–1000	1200–1500	1600–2000

Zwischenwerte dürfen geradlinig interpoliert werden.
Bei Bohrpfählen mit Fußverbreiterung ist eine Reduzierung der Werte auf 75 % vorzunehmen.

Tab. 3.47 Spannen der Erfahrungswerte für die charakteristische Pfahlmantelreibung $q_{s,k}$ für Bohrpfähle in bindigen Böden nach EA-Pfähle

Scherfestigkeit $c_{u,k}$ des undränierten Bodens [kN/m²]	Bruchwert $q_{s,k}$ der Pfahlmantelreibung [kN/m²]
60	30–40
150	50–65
≥ 250	65–85

Zwischenwerte dürfen geradlinig interpoliert werden.

Die Kriterien für die Grenzsetzung s_g sowie die Setzung zur Mobilisierung der vollen Grenzmantelreibung s_{sg} sind nach EA-Pfähle über Gln. (3.39) und (3.40) zu bestimmen.

$$s_{ult} = s_g = 0{,}10 \cdot D_b \tag{3.39}$$

$$s_{sg}\,[\text{cm}] = 0{,}5 \cdot R_{s,k}(s_{sg})\,[\text{MN}] + 0{,}5\,[\text{cm}] \leq 3\,[\text{cm}] \tag{3.40}$$

3.6.3.2.1 Bohrpfähle in bindigen und nichtbindigen Böden

Die nachfolgenden Tabellenwerte gelten für Bohrpfähle mit Pfahldurchmessern zwischen 0,3 bis 3 m, die mindestens 2,50 m in eine tragfähige Bodenschicht eingebunden sind (vgl. EA-Pfähle).

Bei der Bestimmung des mittleren Spitzenwiderstandes q_c bzw. der charakteristischen undränierten Scherfestigkeit $c_{u,k}$ ist nach EA-Pfähle der Pfahlspitzendruck $1 \cdot D_b$ ober- bis $4 \cdot D_b$ unterhalb des Pfahlfußes und für die Pfahlmantelreibung im maßgebenden Bereich, d. h. der Mittelwert der betreffenden Schicht, zu ermitteln. Ergibt sich durch die Bodenschichtung ein großer Einfluss auf den Spitzenwiderstand der Drucksonde bzw. auf die undränierte Scherfestigkeit, so ist nach EA-Pfähle die Pfahlmantelreibung für zwei oder mehrere mittlere Bereiche getrennt zu definieren.

Für die Anwendung der Werte nach Tab. 3.44 und 3.46 ist die Voraussetzung zu erfüllen, dass die Dicke der tragfähigen Schicht unterhalb des Pfahlfußes mindestens drei Pfahldurchmesser entspricht bzw. mindestens 1,5 m beträgt. Ebenso ist in diesem Bereich ein $q_c \geq 7{,}5\,\text{MN/m}^2$ bzw. $c_{u,k} \geq 100\,\text{kN/m}^2$ nachzuweisen (vgl. EA-Pfähle). Darüber hinaus wird empfohlen, die Pfahlfüße in Bereich mit $q_c \geq 10\,\text{MN/m}^2$ abzusetzen.

Beispiel 3.4

In einem homogenen sandigen Boden sind für Versuchszwecke die charakteristischen Pfahlwiderstände von im Kellydrehbohrverfahren hergestellter Bohrpfähle zu ermitteln. Für vier verschiedene Pfahldurchmesser (s. Abb. 3.57 und Tab. 3.48) ist der Pfahlfuß- und Pfahlmantelwiderstand auf Grundlage von Erfahrungswerten (untere Tabellenwerte) nach EA-Pfähle zu bestimmen.

Berechnungsgrundlagen

- Boden: Sand
- Bodenkennwerte: $q_c = 15\,\text{MN/m}^2$

Zur Bestimmung des Pfahlfuß- und Pfahlmantelwiderstands $R_{b,k}$ und $R_{s,k}$ (vgl. Tab. 3.49 und 3.50) bilden die Tab. 3.44 und 3.45 für nichtbindige Böden die Grundlage.

Die Ergebnisse der Bohrpfähle und deren Durchmesser werden für den Pfahlfuß- und Pfahlmantelwiderstand in der Abb. 3.58 gegenübergestellt.

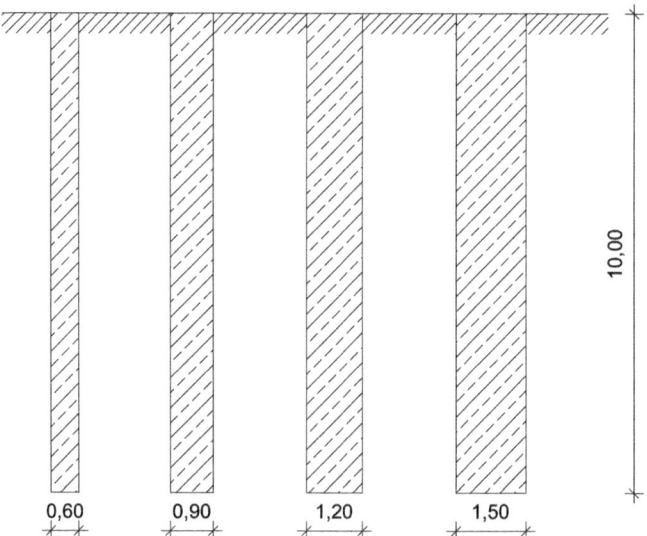

Abb. 3.57 Bohrpfähle verschiedener Durchmesser im homogenen sandigen Baugrund (© Julian Willy Kreß)

Tab. 3.48 Kennwerte Geometrie Pfähle (Pfahllänge 10 m)

Durchmesser D	[m]	0,60	0,90	1,20	1,50
Pfahlfußfläche A_b	[m²]	0,283	0,636	1,131	1,767
Pfahlmantelfläche A_s	[m²]	18,849	28,274	37,699	47,124

3.6 Charakteristisches Tragverhalten von Pfahlgründungen

Tab. 3.49 Pfahlfußwiderstände von Bohrpfählen mit verschiedenen Durchmessern

Bezogene Pfahlkopf-setzung s/D_b	Mittlerer Spitzen-widerstand q_c	Pfahlspitzen-druck $q_{b,k}$	Pfahlfußwiderstand $R_{b,k}$			
			Für $D = 0,6$ m	Für $D = 0,9$ m	Für $D = 1,2$ m	Für $D = 1,5$ m
[–]	[MN/m^2]	[MN/m^2]	[MN]	[MN]	[MN]	[MN]
0,02	15	1,050	0,297	0,668	1,188	1,855
0,03	15	1,350	0,382	0,859	1,527	2,385
0,10	15	3,000	0,849	1,908	3,393	5,301

Tab. 3.50 Pfahlmantelwiderstände von Bohrpfählen mit verschiedenen Durchmessern

Durchmesser D	Mittlerer Spitzen-widerstand q_c	Pfahlmantelrei-bung $q_{s,k}$	Pfahlmantelwi-derstand $R_{s,k}$	Setzung zur Mobili-sierung der vollen Grenzmantelreibung s_{sg}
[m]	[MN/m^2]	[MN/m^2]	[MN]	[cm]
0,60	15	0,105	1,979	1,49
0,90	15	0,105	2,969	1,98
1,20	15	0,105	3,958	2,48
1,50	15	0,105	4,948	2,97

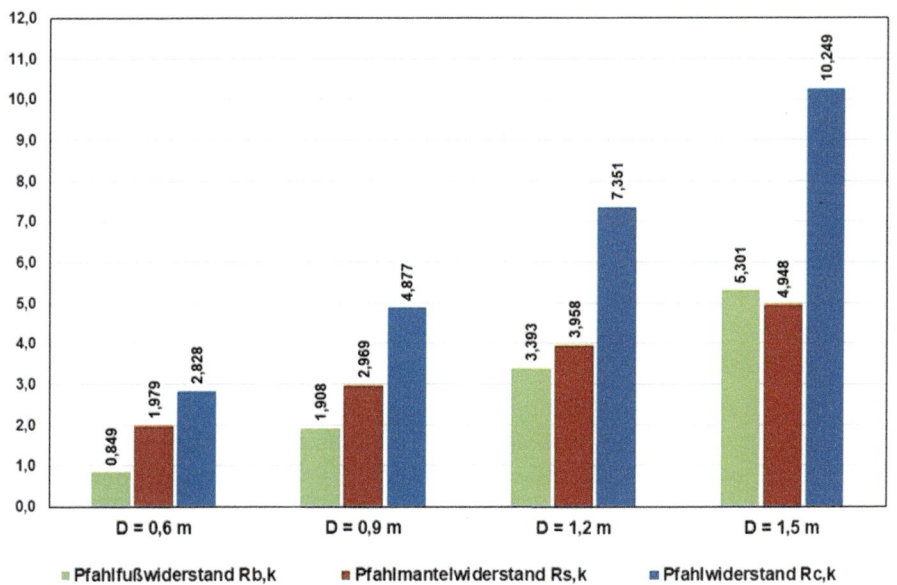

Abb. 3.58 Charakteristische Widerstände Bohrpfähle

Wie in der Abb. 3.58 deutlich zu erkennen ist, wird der Pfahlwiderstand $R_{c,k}$ für den Bohrpfahldurchmesser 0,60 m hauptsächlich über den Pfahlmantelwiderstand $R_{s,k}$ beeinflusst. Mit zunehmenden Bohrpfahldurchmesser wird der Einfluss des Pfahlfußwiderstandes $R_{b,k}$ zunehmend größer. Bei einem Großbohrpfahl von 1,50 m Bohrpfahldurchmesser ist schließlich der Pfahlfußwiderstand $R_{b,k}$ die größere der beiden Komponenten. ◄

3.6.3.2.2 Bohrpfähle im Fels und felsähnliche Böden

Die vorhandenen Daten zur Bestimmung von Erfahrungswerten für Bohrpfähle im Fels und felsähnlichen Böden sind sehr gering. Entsprechend der EA-Pfähle wird hierfür die Durchführung von Pfahlprobebelastungen empfohlen.

3.6.3.3 Mikropfähle

Gemäß DIN 1054 sind die Pfahlwiderstände von Mikropfählen im Regelfall aus statischen Pfahlprobebelastungen zu ermitteln. In begründeten Ausnahmefällen sind für diesen Pfahltyp Berechnungen über Erfahrungswerte zulässig, wobei auf der Widerstandsseite lediglich die charakteristische Pfahlmantelreibung $R_{s,k}$ angesetzt werden darf. Der charakteristische Pfahlwiderstand $R_{c,k}/R_{t,k}$ besteht somit für Druck- und Zugpfähle aus dem Pfahlmantelwiderstand $R_{s,k}$. Der Umfang des Verpresskörpers entspricht dem Durchmesser des Bohrwerkzeugs, des Bohrrohrs oder der Abteufung. Mit dem Herstellungsverfahren Außenspülung (Verbundpfähle) wird nach EA-Pfähle bzw. bei verpressten Mikropfählen nach DIN SPEC 18539 der jeweilige maximale Durchmesser mit einem Aufschlag von 20 mm belegt. Der charakteristische Pfahlwiderstand setzt sich nach EC 7 für Druck- und Zugpfähle entsprechend Gl. (3.41) zusammen.

$$R_{c,k} = R_{t,k} = R_{s,k} = \sum_i q_{s,k,i} \cdot A_{s,i} \tag{3.41}$$

mit

$q_{s,k,i}$ Charakteristische Pfahlmantelreibung in der Schicht i, abgeleitet nach Tab. 3.51, 3.52, 3.53 und 3.54
$A_{s,i}$ Nennwert der Pfahlmantelfläche in der Schicht i

Bei verpressten zugbelasteten Mikropfählen ist der Pfahlwiderstand $R_{t,d}$ mit einem Modellfaktor zu berechnen. Dieser Modellfaktor ist unabhängig von der Pfahlneigung mit $\eta_m = 1,25$ zu verwenden. Der Der Bemessungswert von verpressten zugbelasteten Mikropfählen erfolgt gemäß EC 7 nach Gl. (3.42).

$$R_{t,d} = \frac{R_{t,k}}{\gamma_{s,t} \cdot \eta_m} \tag{3.42}$$

3.6 Charakteristisches Tragverhalten von Pfahlgründungen

Tab. 3.51 Spannen der Erfahrungswerte für die charakteristische Pfahlmantelreibung $q_{s,k}$ für verpresste Mikropfähle ($D_s \leq 0{,}30$ m) in nichtbindigen Böden nach EA-Pfähle

Mittlerer Spitzenwiderstand q_c der Drucksonde [MN/m²]	Bruchwert $q_{s,k}$ der Pfahlmantelreibung [kN/m²]
7,5	135–175
15	215–280
≥ 25	255–315

Zwischenwerte dürfen geradlinig interpoliert werden.

Tab. 3.52 Spannen der Erfahrungswerte für die charakteristische Pfahlmantelreibung $q_{s,k}$ für verpresste Mikropfähle ($D_s \leq 0{,}30$ m) in bindigen Böden nach EA-Pfähle

Scherfestigkeit $c_{u,k}$ des undränierten Bodens [kN/m²]	Bruchwert $q_{s,k}$ der Pfahlmantelreibung [kN/m²]
60	55–65
150	95–105
≥ 250	115–125

Zwischenwerte dürfen geradlinig interpoliert werden.

Tab. 3.53 Spannen der Erfahrungswerte für die charakteristische Pfahlmantelreibung $q_{s,k}$ für Verbundpfähle in nichtbindigen Böden nach EA-Pfähle

Mittlerer Spitzenwiderstand q_c der Drucksonde [MN/m²]	Bruchwert $q_{s,k}$ der Pfahlmantelreibung [kN/m²]
7,5	170–210
15	255–320
≥ 25	305–365

Zwischenwerte dürfen geradlinig interpoliert werden.

Tab. 3.54 Spannen der Erfahrungswerte für die charakteristische Pfahlmantelreibung $q_{s,k}$ für Verbundpfähle in bindigen Böden nach EA-Pfähle

Scherfestigkeit $c_{u,k}$ des undränierten Bodens [kN/m²]	Bruchwert $q_{s,k}$ der Pfahlmantelreibung [kN/m²]
60	70–80
150	115–125
≥ 250	140–150

Zwischenwerte dürfen geradlinig interpoliert werden.

3.6.4 Widerstände und Setzungsverhalten von Pfahlgruppen

Die Ermittlung des charakteristischen Tragverhaltens einer Pfahlgruppe kann nach EA-Pfähle über zwei verschiedene Varianten erfolgen.

Variante 1 beschreibt den vereinfachten Nachweis einer Pfahlgruppe, indem die gesamte Gruppe als ein großer Einzelpfahl betrachtet wird. Die Pfahlfußfläche $A_{b,i}$ entspricht hierbei der Fläche aller Einzelpfähle. Die Pfahlmantelfläche $A_{s,j}^*$ definiert sich über eine fiktive Mantelfläche, die die Randpfähle umschließt. Der alternative Pfahlgruppenwiderstand ergibt sich nach EA-Pfähle über Gl. (3.43).

$$R_{c,k,G} = q_{b,k} \cdot \sum A_{b,i} + \sum q_{s,k,j} \cdot A_{s,j}^* \qquad (3.43)$$

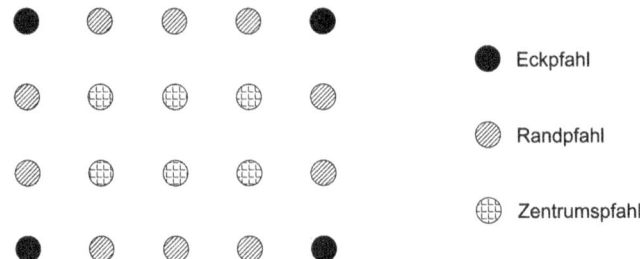

Abb. 3.59 Pfahlkategorien in einer Pfahlgruppe

Die Variante 2 berücksichtigt hingegen alle Einzelpfähle einer Gruppe. Diese werden aufgrund ihrer Lage definiert, da sich aufgrund der jeweiligen Pfahlposition das jeweilige Setzungsverhalten unterscheidet. Die Ausführung von Pfahlgruppen kann mit einer quadratischen oder rechteckigen Anordnung erfolgen. Gemäß Abb. 3.59 ist bei der Nachweisführung zwischen drei Pfählen zu differenzieren. Es wird zwischen den vier Eck-, den Rand- und den innenliegenden Zentrumspfählen bei der Widerstandsermittlung unterschieden.

Für die Bestimmung der Pfahlwiderstände wird für die Eck-, Rand- und Zentrumspfähle jeweils der Gruppenpfahlwiderstand R_G ermittelt. Dieser setzt sich aus dem Widerstand eines vergleichbaren Einzelpfahls R_E und dem widerstandsbezogenen Gruppenfaktor G_R zusammen und wird in der EA-Pfähle über Gl. (3.44) definiert.

$$R_{G,i} = R_E \cdot G_{R,i} \qquad (3.44)$$

3.6.4.1 Widerstände von Bohrpfahlgruppen

Der Gruppenfaktor G_R für Bohrpfahlgruppen (s. Gl. (3.45)) ist nach EA-Pfähle über Nomogramme abzuleiten. Eingangsparameter ist hierbei das Verhältnis zwischen dem Pfahlachsabstand a und der Einbindetiefe der Pfahlgründung d. Mit dem Parameter a/d wird anhand von Nomogrammen der jeweilige Faktor bestimmt. Die Nomogramme sind so strukturiert, dass für bindige und nichtbindige Böden mit dem spezifischen Steifemodul E_s des Bodens die jeweiligen Parameter λ_1 und λ_2 zu bestimmen sind. Der Einflussfaktor λ_3 resultiert aus der Pfahlart und ist für Verdrängungs- und Mikropfähle zu bestimmen, wobei die Ermittlung dieser Parameter in den EA-Pfähle nicht weiter beschrieben wird.

$$G_{R,i} = \lambda_1 \cdot \lambda_2 \cdot \lambda_3 \qquad (3.45)$$

mit

λ_1 Einflussfaktor Bodenart, Gruppengeometrie
λ_2 Einflussfaktor Gruppengröße der Zentrumpfähle
λ_3 Einflussfaktor Pfahlart

Beispiel 3.5

Für die Verbindung zweier Terminals ist auf einem Flughafengelände ein neues Personen-Transport-System (PTS) zu realisieren (s. Abb. 3.60). Die zweigleisige Trasse folgt der Linienführung einer Bestandsstraße und ist auf einem Tragwerk aufgeständert. Die Tragkonstruktion ist über die sich seitlich befindlichen Stützen auf zwei Pfahlgruppen mit je vier Einzelpfählen (D = 0,60 m) gegründet. Die Einwirkungen resultieren aus dem Eigengewicht der Stützen und dem Eigengewicht des Segments. Inklusive der festen Fahrbahn betragen die ständigen Einwirkungen F_G = 6,85 MN. Für die maßgebende veränderliche Einwirkung wurde vom Tragwerksplaner der Begegnungsfall beider Schienenfahrzeuge auf dem skizzierten Abschnitt ermittelt. Nachzuweisen ist der Grenzzustand der Tragfähigkeit (GEO-2).

Berechnungsgrundlagen

- Einwirkungen: Ständige Lasten $F_{G,k}$ = 6850 kN; Veränderliche Lasten $F_{Q,k}$ = 300 kN
- Baugrund: Sand/Kies
- Bodenkennwerte: $q_{c,Sand}$ = 16,5 MN/m^2; $q_{c,Kies}$ = 25 MN/m^2

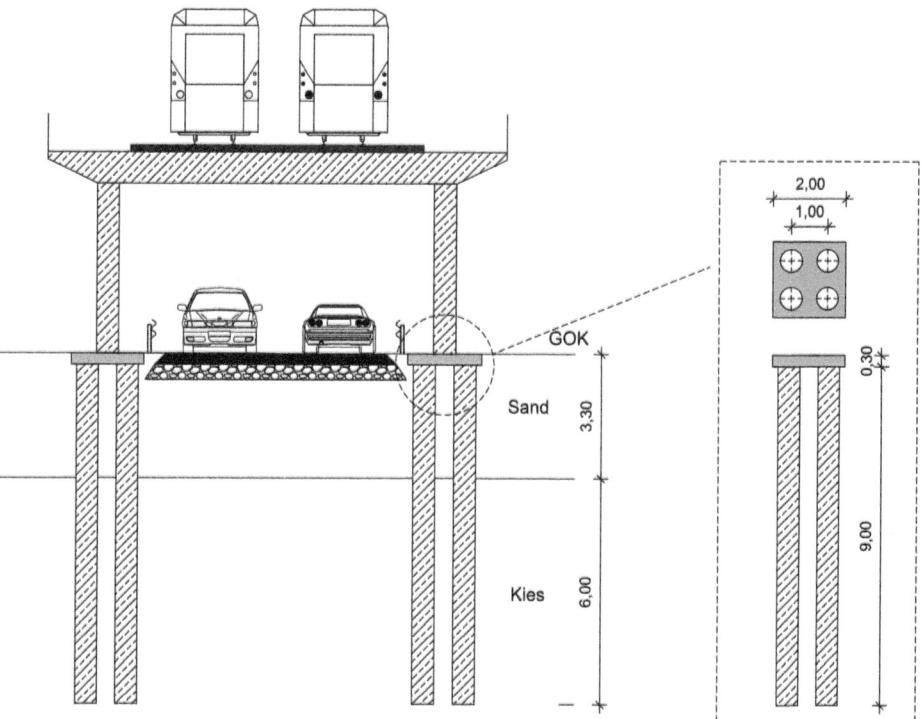

Abb. 3.60 Tragkonstruktion PTS über Bestandsstraße (© Julian Willy Kreß)

Die symmetrisch wirkenden ständigen und veränderlichen Einwirkungen sind für den Grenzzustand der Tragfähigkeit GEO-2 für eine Pfahlgruppe zu ermitteln. Die veränderlichen Einwirkungen beziehen sich auf den Fall, dass zeitgleich beide Schienenfahrzeuge die skizzierte Situation in Abb. 3.60 befahren.

$$F_{c,d}(ULS) = 1{,}35 \cdot 6{,}85\,\text{MN} + 1{,}50 \cdot (2 \cdot 0{,}30\,\text{MN}) = 10{,}15\,\text{MN}$$

$$F_{c,d}(ULS) = \frac{10{,}15\,\text{MN}}{2} = 5{,}08\,\text{MN}$$

Die Widerstandsermittlung wird, analog zu Abschn. 3.6.4, mit zwei verschiedenen Varianten durchgeführt. Das vereinfachte Verfahren beschreibt die Nachweisführung über einen großen Ersatzpfahl. Das zweite Verfahren erfolgt mit dem gruppenbezogenen Widerstand.

Variante 1: Widerstandsermittlung der Pfahlgruppe als großer Ersatzpfahl: Der gruppenbezogene Widerstand wird mit einer imaginären Ersatzmantelfläche für einen großen Ersatzpfahl betrachtet. Nach EA-Pfähle ist die Ersatzmantelfläche vereinfacht als quadratische Umgrenzung anzusehen. Im vorliegenden Fall wird die Ersatzmantelfläche mit dem genaueren Nachweis nach Abb. 3.61 berechnet.

Der Umfang U und die Pfahlfußfläche A_b ergeben sich zu:

$$U = 4 \cdot 1{,}00\,\text{m} + \pi \cdot 0{,}60\,\text{m} = 5{,}88\,\text{m}$$

$$A_b = 4 \cdot \pi \cdot 0{,}30^2\,\text{m} = 1{,}13\,\text{m}^2$$

Zur Bestimmung des Pfahlfuß- und Pfahlmantelwiderstands $R_{b,k}$ und $R_{s,k}$ (vgl. Tab. 3.55 und 3.56) bilden die Tab. 3.44 und 3.45 für nichtbindige Böden die Grundlage.

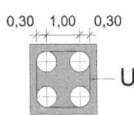

Abb. 3.61 Ersatzmantelfläche der Pfahlgruppe (© Julian Willy Kreß)

Tab. 3.55 Pfahlfußwiderstand des großen Ersatzpfahls

Bezogene Pfahl-kopfsetzung s/D_b	Mittlerer Spitzen-widerstand q_c	Pfahlfußfläche A_b	Pfahlspitzen-druck $q_{b,k}$	Pfahlfußwider-stand $R_{b,k}$
[–]	[MN/m^2]	[m^2]	[MN/m^2]	[MN]
0,02	25	1,13	1,750	1,977
0,03	25	1,13	2,250	2,542
0,10	25	1,13	4,000	4,520

3.6 Charakteristisches Tragverhalten von Pfahlgründungen

Tab. 3.56 Pfahlmantelwiderstand des großen Ersatzpfahls

Bodenschicht	Schichtdicke d	Pfahlmantelfläche A_s	Mittlerer Spitzenwiderstand q_c	Pfahlmantelreibung $q_{s,k}$	Pfahlmantelwiderstand $R_{s,k}$
	[m]	[m²]	[MN/m²]	[MN/m²]	[MN]
Sand	3,0	17,64	16,5	0,109	1,923
Kies	6,0	35,28	25	0,130	4,586
				$\sum R_{s,k}$	6,509

Der gruppenbezogene Widerstand setzt sich für den Grenzzustand der Gebrauchstauglichkeit wie folgt zusammen:

$$R_{c,k,G1}(\text{ULS}) = 6,509\,\text{MN} + 4,520\,\text{MN} = 11,029\,\text{MN}$$

$$R_{c,d,G1}(\text{ULS}) = \frac{11,029\,\text{MN}}{1,40} = 7,878\,\text{MN}$$

$$F_{c,d}(\text{ULS}) \leq R_{c,d,G1}(\text{ULS})$$

$$5,08\,\text{MN} \leq 7,878\,\text{MN}$$

Der Grenzzustand GEO-2 ist für den Nachweis der Tragfähigkeit mit dem großen Ersatzpfahl erfüllt.

Variante 2: Gruppenbezogener Pfahlwiderstand: Die Bestimmung des gruppenbezogenen Pfahlwiderstands erfolgt analog zu Abschn. 3.6.4 bzw. 3.6.4.1 und wird zunächst für einen vergleichbaren Einzelpfahl der Pfahlgruppe (s. Tab. 3.57 und 3.58) bestimmt.

Tab. 3.57 Pfahlfußwiderstand eines Einzelpfahls der Pfahlgruppe

Bezogene Pfahlkopfsetzung s/D_b	Mittlerer Spitzenwiderstand q_c	Pfahlfußfläche A_b	Pfahlspitzendruck $q_{b,k}$	Pfahlfußwiderstand $R_{b,k}$
[–]	[MN/m²]	[m²]	[MN/m²]	[MN]
0,02	25	0,28	1,750	0,490
0,03	25	0,28	2,250	0,630
0,10	25	0,28	4,000	1,120

Tab. 3.58 Pfahlmantelwiderstand eines Einzelpfahls der Pfahlgruppe

Bodenschicht	Schichtdicke d	Pfahlmantelfläche A_s	Mittlerer Spitzenwiderstand q_c	Pfahlmantelreibung $q_{s,k}$	Pfahlmantelwiderstand $R_{s,k}$
	[m]	[m²]	[MN/m²]	[MN/m²]	[MN]
Sand	3,0	5,65	16,5	0,109	0,616
Kies	6,0	11,31	25	0,130	1,470
				$\sum R_{s,k}$	2,086

Der charakteristische Pfahlwiderstand des Einzelpfahls ergibt sich zu:

$$R_{c,k,E} = R_{b,k} + R_{s,k} = 1,120\,\text{MN} + 2,086\,\text{MN} = 3,206\,\text{MN}$$

Die quadratische Pfahlgruppe besteht aus vier Eckpfählen, für die lediglich der Parameter λ_1 zu bestimmen ist. Das maßgebende Nomogramm definiert sich über das Verhältnis zwischen Pfahlachsabstand a und Einbindetiefe d.

$$\frac{a}{d} = \frac{1,00\,\text{m}}{9,00\,\text{m}} = 0,11$$

Weiter wird in den Nomogrammen nach dem Steifemodul E_s in bindigen und nichtbindigen Böden differenziert. Für λ_1 gilt: λ_1 (ULS) = 0,59 (s. EA-Pfähle Bild 8.10).

Der Gesamtwiderstand der Pfahlgruppe R_G setzt sich für den Grenzzustand der Tragfähigkeit wie folgt zusammen:

$$R_{c,k,G2}(\text{ULS}) = 4 \cdot 3,206\,\text{MN} \cdot 0,59 = 7,566\,\text{MN}$$

$$R_{c,d,G2}(\text{ULS}) = \frac{7,566\,\text{MN}}{1,40} = 5,404\,\text{MN}$$

Der Grenzzustandsnachweis GEO-2 ist mit der Variante 2 damit ebenfalls erfüllt.

$$F_{c,d}(\text{ULS}) \leq R_{c,d,G2}(\text{ULS})$$

$$5,08\,\text{MN} \leq 5,404\,\text{MN}$$

Zusammenfassend ist festzuhalten, dass die Grenzzustandsbedingungen der Tragfähigkeit für GEO-2 mit beiden Varianten erfüllt werden. Variante 1 unterscheidet sich hierbei um ca. 33 % von der Variante des gruppenbezogenen Pfahlwiderstands. Eine genauere und wirtschaftlichere Ausführung der Pfahlgründung ist im vorliegenden Fall über Variante 2 zu führen, da sich die Einwirkungen nur unwesentlich vom Pfahlwiderstand abheben. Für eine erste Abschätzung kann es allerdings hilfreich sein, Variante 1 zu betrachten. ◄

3.6.4.2 Setzungsverhalten von Bohrpfahlgruppenpfählen

Für den Nachweis der Gebrauchstauglichkeit kann alternativ ein Setzungsvergleich zwischen der vorhandenen und der zulässigen Setzung erfolgen. Die zulässige Setzung resultiert aus den Nutzungsansprüchen und wird als vorgegebene Größe angenommen. Die vorhandene Setzung einer Pfahlgruppe setzt sich analog zum Vorgehen bei der Widerstandsermittlung aus Abschn. 3.6.4.1 zusammen. Die mittlere Setzung einer Bohrpfahlgruppe s_g (s. Gl. (3.46)) wird mit einer vergleichbaren Setzung eines Einzelpfahls s_E und einem aus Nomogrammen (s. EA-Pfähle) ermittelten setzungsbezogenen Gruppenfaktor G_s (s. Gl. (3.47)) ermittelt.

$$s_G = s_E \cdot G_s \quad (3.46)$$

$$G_s = S_1 \cdot S_2 \cdot S_3 \quad (3.47)$$

3.6 Charakteristisches Tragverhalten von Pfahlgründungen

mit

S_1 Einflussfaktor Bodenart
S_2 Einflussfaktor Gruppengröße
S_3 Einflussfaktor Pfahlart

Die Nomogramme werden für die Parameter S_1 und S_2 bestimmt. Ein relevanter Eingangswert beziffert das Pfahlachsabstand-Einbindetiefe-Verhältnis a/d. Für den Grenzzustand der Gebrauchstauglichkeit werden die ständigen und veränderlichen Einwirkungen für F_G ermittelt und durch die Anzahl der Einzelpfähle n_G mit dem Widerstand eines Einzelpfahls $R_{E,s}$ im Grenzzustand der Gebrauchstauglichkeit ($s_g = 0{,}1 \cdot D$) multipliziert. Der Einflussfaktor Pfahlart S_3 wird nicht weiter in den EA-Pfähle thematisiert.

Beispiel 3.6

Ein Brückenwiderlager ist mit einer Bohrpfahlgruppe in einem mittelplastischen Schluff schwimmend zu gründen (s. Abb. 3.62). Die ständigen Einwirkungen $F_{G,k}$ setzen sich aus dem Eigengewicht des Widerlagers sowie der auflastenden Brücke zusammen. Die veränderlichen Einwirkungen resultieren aus den Verkehrs-, den Wind-

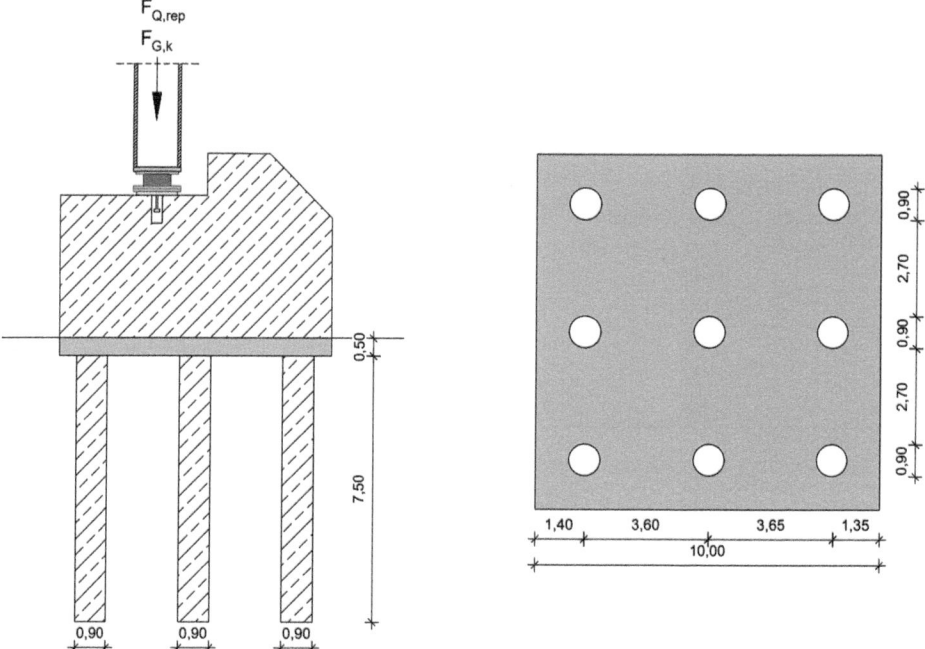

Abb. 3.62 Gründung eines Brückenwiderlagers auf einer Bohrpfahlgruppe (© Julian Willy Kreß)

und den Schneelasten. Es ist ein Vergleich zu ziehen, zwischen der zulässigen Setzung (zul. s = 2,5 cm) und der tatsächlichen Setzung der Bohrpfahlgruppe.

Berechnungsgrundlagen

- Einwirkungen: Ständige Lasten $F_{G,k}$ = 12 MN; Veränderliche Lasten $F_{Q,rep}$ = 1,5 MN
- Baugrund: mittelplastischer Schluff
- Bodenkennwerte: $c_{u,k}$ = 0,135 MN/m²; E_s = 15 MN/m²

Zunächst ist mit Hilfe der Erfahrungswerte nach EA-Pfähle der charakteristische Pfahlwiderstand eines Einzelpfahls, gesondert für den Pfahlfuß- (s. Tab. 3.59) und dem Pfahlmantelwiderstand (s. Tab. 3.60), auf Grundlage der Tab. 3.46 und 3.47, zu ermitteln.

Der charakteristische Pfahlwiderstand des Einzelpfahls ergibt sich zu:

$$R_{c,k} = 0,691\,\text{MN} + 0,997\,\text{MN} = 1,688\,\text{MN}$$

Die Einwirkung auf einen Einzelpfahl der Bohrpfahlgruppe setzt sich wie folgt zusammen:

$$F_{c,k} = \frac{12{,}0\,\text{MN} + 1{,}50\,\text{MN}}{9} = 1{,}50\,\text{MN}$$

Für die Bestimmung der Setzung des Einzelpfahls wird die Widerstands-Setzungs-Linie konstruiert (s. Tab. 3.61 und Abb. 3.63).

Tab. 3.59 Pfahlfußwiderstand eines Einzelpfahls der Pfahlgruppe

Bezogene Pfahlkopfsetzung s/D_b	Scherfestigkeit des undränierten Bodens $c_{u,k}$	Pfahlfußfläche A_b	Pfahlspitzendruck $q_{b,k}$	Pfahlfußwiderstand $R_{b,k}$
[–]	[MN/m²]	[m²]	[MN/m²]	[MN]
0,02	0,135	0,64	0,525	0,336
0,03	0,135	0,64	0,625	0,400
0,10	0,135	0,64	1,080	0,691

Tab. 3.60 Pfahlmantelwiderstand eines Einzelpfahls der Pfahlgruppe

Bodenschicht	Schichtdicke d	Pfahlmantelfläche A_s	Scherfestigkeit des undränierten Bodens $c_{u,k}$	Pfahlmantelreibung $q_{s,k}$	Pfahlmantelwiderstand $R_{s,k}$
	[m]	[m²]	[MN/m²]	[MN/m²]	[MN]
Schluff	7,5	21,21	0,135	0,047	0,997
				$\sum R_{s,k}$	0,997

3.6 Charakteristisches Tragverhalten von Pfahlgründungen

Tab. 3.61 Pfahlwiderstand in Abhängigkeit von der Pfahlkopfsetzung

Bezogene Pfahl-kopfsetzung s/D_b [–]	Setzung s [cm]	Pfahlfußwider-stand $R_{b,k}$ [MN]	Pfahlmantelwi-derstand $R_{s,k}$ [MN]	Pfahlwider-stand $R_{c,k}$ [MN]
s_{sg}	1,0	0,187	0,997	1,184
0,02	1,8	0,336	0,997	1,333
0,03	2,7	0,400	0,997	1,397
0,10	9,0	0,691	0,997	1,688

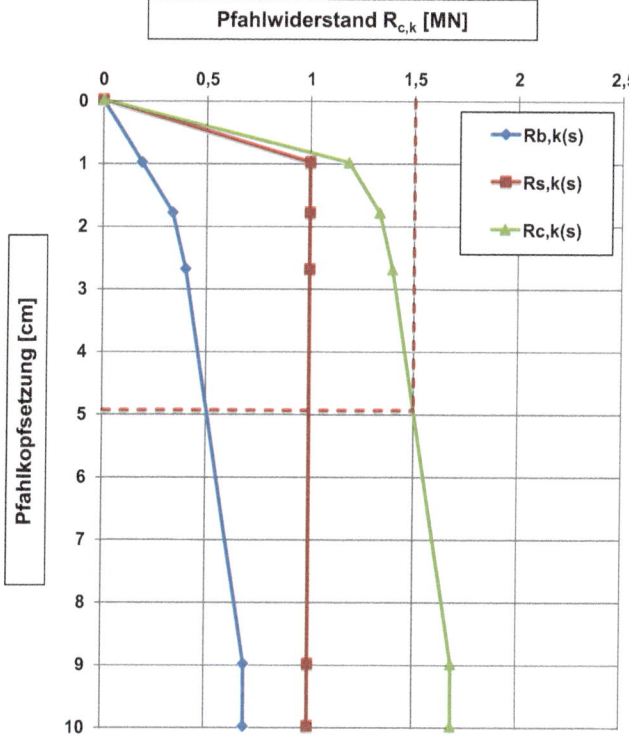

Abb. 3.63 Widerstands-Setzungs-Linie

Die Setzung zur Mobilisierung der vollen Grenzmantelreibung beträgt

$$s_{sg} = 0{,}5 \cdot 0{,}997 + 0{,}5 = 1{,}0\,\text{cm}$$

Als Setzung für den Einzelpfahl ergibt sich $s_E = 4{,}9$ cm (s. Abb. 3.63).

Zur Bestimmung der gruppenbezogenen Setzung sind zunächst zwei Verhältnisse zu definieren, um die zugehörigen Nomogramme auswerten zu können. Das Verhältnis zwischen Pfahlachsabstand a und Einbindetiefe d ergibt sich wie folgt:

$$\frac{a}{d} = \frac{3{,}60\,\text{m}}{7{,}50\,\text{m}} = 0{,}48$$

Ebenso sind die charakteristischen Werte der ständigen und vorübergehenden Einwirkungen durch die Anzahl der Gruppenpfähle und der Setzung eines Einzelpfahls im Grenzzustand der Gebrauchstauglichkeit zu dividieren.

$$\frac{F_{G,k}}{(n_G \cdot R_{E,s=0{,}1 \times D})} = \frac{13{,}50\,\text{MN}}{9 \cdot 1{,}686\,\text{MN}} = 0{,}89$$

Über diese beiden Verhältnisse können die Parameter s_1 und s_2 über die zugehörigen Nomogramme für einen bindigen Boden mit einem Steifemodul von $E_s = 15{,}0\,\text{MN/m}^2$ bestimmt werden (s. EA-Pfähle, Bilder 8.2 und 8.4). Danach ergibt sich für $s_1 = 1{,}25$ und für $s_2 = 0{,}98$.

Die mittlere Setzung der Bohrpfahlgruppe beträgt:

$$s_g = 4{,}9\,\text{cm} \cdot 1{,}25 \cdot 0{,}98 = 6{,}0\,\text{cm}$$

Der Vergleich zwischen der zulässigen Setzung und der prognostizierten mittleren Setzung der Bohrpfahlgruppe resultiert in einem übermäßigen Setzungsverhalten. Der Grenzzustand der Gebrauchstauglichkeit ist somit nicht erbracht.

$$\text{zul. } s \leq s_g = 2{,}5\,\text{cm} \leq 6{,}0\,\text{cm}$$

Anpassung der Einbindelänge: Damit der Gebrauchstauglichkeitsnachweis erbracht werden kann, ist die Einbindelänge zu vergrößern. Auf eine Erhöhung des Pfahldurchmessers wird verzichtet. Damit gelten die Werte der Tab. 3.59. Der Pfahlmantelwiderstand wird für angenommene Einbindelänge von 10,50 m erneut berechnet (s. Tab. 3.62).

Für die Bestimmung der Setzung des Einzelpfahls wird die Widerstands-Setzungs-Linie konstruiert (s. Tab. 3.63 und Abb. 3.64).

Tab. 3.62 Pfahlmantelwiderstand eines Einzelpfahls der Pfahlgruppe, Einbindelänge 10,5 m

Bodenschicht	Schichtdicke d	Pfahlmantelfläche A_s	Scherfestigkeit des undränierten Bodens $c_{u,k}$	Pfahlmantelreibung $q_{s,k}$	Pfahlmantelwiderstand $R_{s,k}$
	[m]	[m²]	[MN/m²]	[MN/m²]	[MN]
Schluff	10,5	29,69	0,135	0,047	1,395
				$\sum R_{s,k}$	1,395

3.6 Charakteristisches Tragverhalten von Pfahlgründungen

Tab. 3.63 Pfahlwiderstand in Abhängigkeit von der Pfahlkopfsetzung, Einbindelänge 10,5 m

Bezogene Pfahl-kopfsetzung s/D_b [–]	Setzung s [cm]	Pfahlfußwiderstand $R_{b,k}$ [MN]	Pfahlmantelwiderstand $R_{s,k}$ [MN]	Pfahlwiderstand $R_{c,k}$ [MN]
s_{sg}	1,2	0,224	1,395	1,619
0,02	1,8	0,336	1,395	1,731
0,03	2,7	0,400	1,395	1,795
0,10	9,0	0,691	1,395	2,086

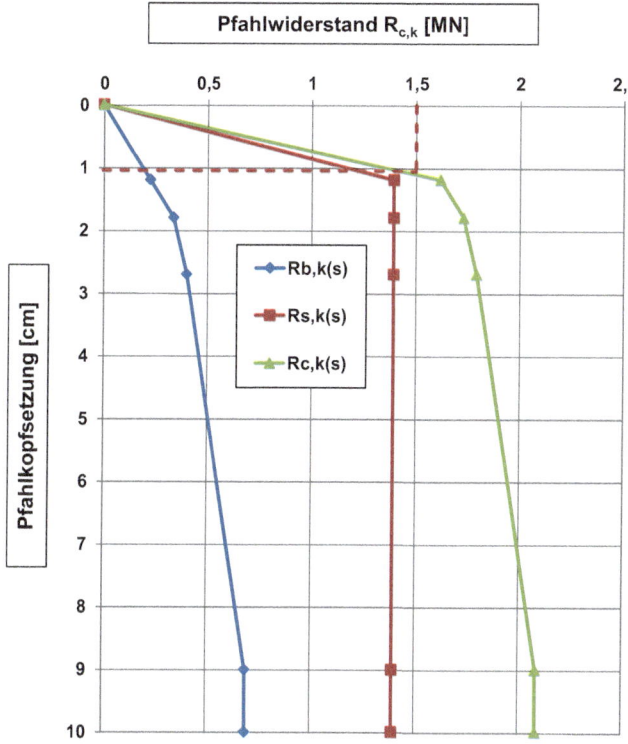

Abb. 3.64 Widerstands-Setzungs-Linie, Einbindelänge 10,5 m

Die Setzung zur Mobilisierung der vollen Grenzmantelreibung beträgt

$$s_{sg} = 0.5 \cdot 1{,}395 + 0{,}5 = 1{,}2 \, \text{cm}$$

Als Setzung für den Einzelpfahl ergibt sich $s_E = 1{,}1$ cm (s. Abb. 3.64).

Die Bestimmung der notwendigen Verhältniswerte erfolgt analog zur vorherigen Vorgehensweise:

$$\frac{a}{d} = \frac{3{,}60\,\text{m}}{10{,}50\,\text{m}} = 0{,}34$$

$$\frac{F_{G,k}}{(n_G \cdot R_{E,s=0{,}1\times D})} = \frac{13{,}50\,\text{MN}}{9 \cdot 2{,}086\,\text{MN}} = 0{,}72$$

Über die zugehörigen Nomogramme ergibt sich für $s_1 = 2{,}4$ und für $s_2 = 0{,}8$.

Die mittlere Setzung der Bohrpfahlgruppe mit einer Einbindelängen von 10,5 m beträgt:

$$s_g = 1{,}1\,\text{cm} \cdot 2{,}4 \cdot 0{,}8 = 2{,}1\,\text{cm}$$

Der Vergleich zwischen der zulässigen Setzung und der prognostizierten mittleren Setzung der Bohrpfahlgruppe ist eingehalten. Der Grenzzustand der Gebrauchstauglichkeit ist somit mit der verlängerten Einbindelänge von 10,5 m erbracht.

$$\text{zul. } s \leq s_g = 2{,}5\,\text{cm} > 2{,}1\,\text{cm} \quad \blacktriangleleft$$

3.6.4.3 Zusätzliche Setzungen infolge einer Momentenbeanspruchung

Sofern eine Pfahlgruppe neben den axialen Druck- oder Zugkräften eine Momenteneinwirkung erfährt, tritt ein ungleichmäßiges Setzungsverhalten der Einzelpfähle auf. Diese Momentenbeanspruchung resultiert dabei in einer Schiefstellung der gesamten Tiefgründung. Die Gruppensetzung wird nach Abschn. 3.6.4.2 ermittelt und als gleichmäßige Setzung angenommen. Infolge einer Momenteneinwirkung setzen sich die Pfähle einer Seite unweigerlich stärker, wodurch sich infolge der Schiefstellung die gegenüberliegenden Pfähle heben. Die Ermittlung dieser Schiefstellung erfolgt mit Nomogrammen der EA-Pfähle. Die Momenteneinwirkung M wird hierbei mit der Anzahl der Pfähle einer Pfahlgruppe n_G multipliziert und ist durch die axiale Einwirkung F_G sowie die Anzahl der Pfähle einer Pfahlreihe n und dem Pfahlachsabstand a zu dividieren. Nach EA-Pfähle ergibt sich damit Gl. (3.48) für den Faktor der relativen Größe einer Momenteneinwirkung η_M.

$$\eta_M = \frac{M \cdot n_G}{F_G \cdot n \cdot a} \tag{3.48}$$

Mit dem aus den Nomogrammen abgeleiteten Verformungsgrad $\tan \varphi$ für die Verdrehung der Pfahlgruppe kann mit dem Maß des Pfahlachsabstands die zusätzliche Setzung bzw. Hebung infolge der Momenteneinwirkung der Pfahlgruppe bestimmt werden.

3.7 Nachweise der Grenzzustände

Mit den in Abschn. 3.5 beschriebenen Einwirkungen auf die Tiefgründung und den Pfahlwiderständen aus Abschn. 3.6 sind die Nachweise der Grenzzustände der Gebrauchstauglichkeit und der Tragfähigkeit zu führen. Die Pfähle können axiale Einwirkungen über Druck- und Zugbelastungen wie auch horizontale Lasteinwirkungen aufnehmen. Differenziert wird hierbei nach dem spezifischen Setzungsverhalten des jeweiligen Pfahlgründungssystems (vgl. Abschn. 3.4).

▶ Die Tragfähigkeit eines Einzelpfahls oder Pfahlrosts unterscheidet sich nicht wesentlich voneinander, wohingegen sich Einzelpfähle einer Pfahlgruppe gegenseitig beeinflussen und über eine gemeinsame Gruppenwirkung zu berechnen sind.

3.7.1 Einzelpfähle und Pfahlroste

Die axialen Einwirkungen durch Druck- und Zugkräfte sowie auch die horizontalen Belastungen werden von den Pfählen aufgenommen und in den Untergrund abgeleitet. Die nach Eurocode 7 definierten Nachweise werden gegenüber den drei verschiedenen Belastungen nachfolgend erläutert.

3.7.1.1 Druckbelasteter Einzelpfahl

Druckkräfte werden über die innere und äußere Tragfähigkeit des Pfahls abgeleitet. Die Nachweise sind für den Grenzzustand der Tragfähigkeit (GEO-2/STR) und Gebrauchstauglichkeit (SLS) zu erbringen. Sofern die Ungleichung nicht erfüllt wird, ist der Pfahlwiderstand durch eine Optimierung der Einbindelänge und/oder einen größeren Pfahldurchmesser zu vergrößern.

Für den Nachweis GEO-2 sind alle ständigen und veränderlichen Einwirkungen mit dem Nachweisverfahren 2 dem charakteristischem Tragverhalten des Einzelpfahls gegenüberzustellen. Die Gl. (3.49) setzt sich nach EA-Pfähle aus den ständigen und veränderlichen Lasten mit den jeweiligen Teilsicherheitsbeiwerten zusammen. Der charakteristische Pfahlwiderstand ist mit einem weiteren Teilsicherheitsbeiwert abzumindern.

$$F_{G,k} \cdot \gamma_G + F_{Q,rep} \cdot \gamma_Q \leq \frac{R_{c,k}}{\gamma_t} \qquad (3.49)$$

Nach EC 7-1 wird die Grenzzustand mit den Bemessungswerten nach Gl. (3.50) geprüft. Hierbei ist der Nachweis des Grenzzustands GEO-2 zu erbringen, dass der Bemessungswert der Einwirkung kleiner oder gleich dem Bemessungswert des Pfahlwiderstands ist.

$$F_{c,d} \leq R_{c,d} \qquad (3.50)$$

Das Eigengewicht der Pfähle und der Überlagerungsdruck des Bodens auf der Gründungssohle sind auf der Einwirkungs- und Widerstandsseite zu berücksichtigen, sofern sich beide nicht gegenseitig aufheben. Dies ist der allgemeine Regelfall und nach EC 7 nur dann weiter zu beachten und in die Berechnung aufzunehmen, wenn

- eine wesentliche negative Mantelreibung wirkt,
- der Boden eine sehr geringe Wichte aufweist,
- die Pfähle über die Geländeoberfläche hinausragen.

Für den Nachweis der Gebrauchstauglichkeit werden nach EC 7 zwei Verfahren beschrieben. Verfahren 1 beschreibt die Gl. (3.51) über die Einwirkung E_d mit dem maßgebenden Kriterium der Gebrauchstauglichkeit C_d. Vereinfacht handelt es sich um einen Vergleich der Einwirkung und dem Widerstand mit den jeweiligen Teilsicherheitsbeiwerten für den Grenzzustand der Gebrauchstauglichkeit.

$$E_d \leq C_d \qquad (3.51)$$

Alternativ wird mit dem Verfahren 2 über die Gl. (3.52) nach EA-Pfähle ein Vergleich mit der zulässigen Setzung und der vorhandenen Setzung herangezogen. Der Vergleich erfolgt mit der Widerstands-Setzungs-Linie, die die charakteristischen Widerstände aus Pfahlfuß und/oder Pfahlmantelwiderstand sowie den gesamten Pfahlwiderstand beinhaltet.

$$\text{vorh. } s_k \leq \text{zul. } s_k \qquad (3.52)$$

Die zulässigen Setzungen sind für die späteren Nutzungsansprüche des auf der Pfahlgründung aufbauenden Bauwerks grundsätzlich in der Planung zu ermitteln. Maßgebende Norm ist hierfür DIN 4019. Die ungleichmäßigen Setzungen resultieren in einer Setzungsdifferenz, die in einer Winkelverdrehung und einer daraus folgenden strukturellen Schädigung am Bauwerk führt (s. a. Teil 1).

Beispiel 3.7

Ein quadratischer Pfahlrost bestehend aus vier Bohrpfählen (D = 0,6 m) erfährt durch das aufbauende Tragwerk gleichmäßig verteilte ständige und veränderliche Einwirkungen (s. Abb. 3.65). Die Gründung soll in heterogenem Baugrund bis in 9,50 m Tiefe erfolgen. Zu ermitteln ist der charakteristische Pfahlwiderstand mit den unteren Erfahrungswerten nach EA-Pfähle. Nachzuweisen sind der Grenzzustand der Tragfähigkeit (GEO-2) und Gebrauchstauglichkeit (SLS) mit zul. s = 2,5 cm. Bei einer eventuellen Unterschreitung eines Grenzzustandes ist die Pfahlgründung so zu bemessen, dass diese den resultierenden Einwirkungen aus dem Tragwerk standhält.

3.7 Nachweise der Grenzzustände

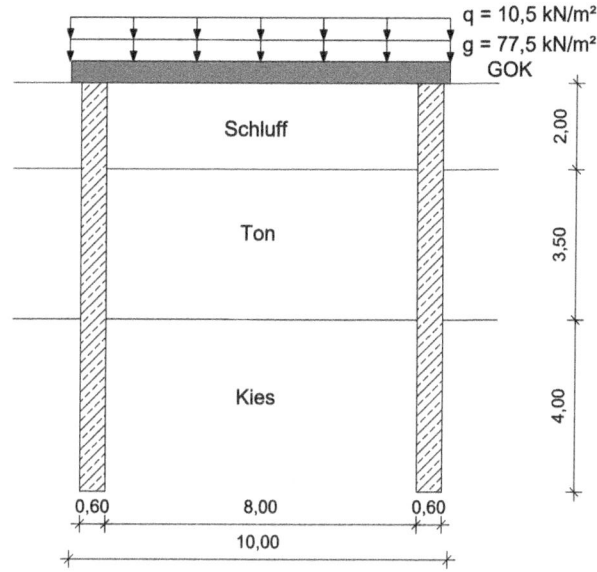

Abb. 3.65 Pfahlrost (© Julian Willy Kreß)

Berechnungsgrundlagen

- Einwirkungen: Ständige Lasten $g_k = 77{,}5\,\text{kN/m}^2$; Veränderliche Lasten $q_k = 10{,}5\,\text{kN/m}^2$
- Baugrund: Schluff/Ton/Kies
- Bodenkennwerte: $c_{u,k,\text{Schluff}} = 150\,\text{kN/m}^2$; $c_{u,k\text{Ton}} = 200\,\text{kN/m}^2$; $q_{c,\text{Kies}} = 16\,\text{MN/m}^2$

Die ständigen und veränderlichen Einwirkungen sind für den Grenzzustand der Gebrauchstauglichkeit und der Tragfähigkeit für einen Einzelpfahl zu ermitteln.

$$F_{c,d}(\text{SLS}) = 1{,}00 \cdot (77{,}5 \cdot 10 \cdot 10) + 1{,}00 \cdot (10{,}50 \cdot 10 \cdot 10) = 8{,}80\,\text{MN}$$

$$F_{c,d}(\text{SLS}) = \frac{8{,}80\,\text{MN}}{4} = 2{,}20\,\text{MN}$$

$$F_{c,d}(\text{ULS}) = 1{,}35 \cdot (77{,}5 \cdot 10 \cdot 10) + 1{,}50 \cdot (10{,}50 \cdot 10 \cdot 10) = 12{,}038\,\text{MN}$$

$$F_{c,d}(\text{ULS}) = \frac{12{,}038\,\text{MN}}{4} = 3{,}001\,\text{MN}$$

Zur Bestimmung des Pfahlfuß- und Pfahlmantelwiderstands $R_{b,k}$ und $R_{s,k}$ (vgl. Tab. 3.64 und 3.65) bilden die Tab. 3.44 und 3.45 für nichtbindige Böden bzw. die Tab. 3.47 für nichtbindige Böden die Grundlage.

Für die Bestimmung der Setzung des Einzelpfahls wird die Widerstands-Setzungs-Linie konstruiert (s. Tab. 3.66 und Abb. 3.66).

Tab. 3.64 Pfahlfußwiderstand Einzelpfahl Pfahlrost

Bezogene Pfahlkopfsetzung s/D_b	Mittlerer Spitzenwiderstand q_c	Pfahlfußfläche A_b	Pfahlspitzendruck $q_{b,k}$	Pfahlfußwiderstand $R_{b,k}$
[–]	[MN/m^2]	[m^2]	[MN/m^2]	[MN]
0,02	16	0,28	1,120	0,314
0,03	16	0,28	1,440	0,403
0,10	16	0,28	3,100	0,868

Tab. 3.65 Pfahlmantelwiderstand Einzelpfahl Pfahlrost

Bodenschicht	Schichtdicke d	Pfahlmantelfläche A_s	Scherfestigkeit des undränierten Bodens $c_{u,k}$/mittlerer Spitzenwiderstand q_c	Pfahlmantelreibung $q_{s,k}$	Pfahlmantelwiderstand $R_{s,k}$
	[m]	[m^2]	[MN/m^2]	[MN/m^2]	[MN]
Schluff	2,0	3,77	0,15	0,050	0,189
Ton	3,5	6,60	0,20	0,055	0,363
Kies	4,0	7,54	16	0,108	0,814
				$\sum R_{s,k}$	1,366

Tab. 3.66 Pfahlwiderstand in Abhängigkeit von der Pfahlkopfsetzung Einzelpfahl Pfahlrost

Bezogene Pfahlkopfsetzung s/D_b	Setzung s	Pfahlfußwiderstand $R_{b,k}$	Pfahlmantelwiderstand $R_{s,k}$	Pfahlwiderstand $R_{c,k}$
[–]	[cm]	[MN]	[MN]	[MN]
s_{sg}	1,2	0,314	1,366	1,680
0,02	1,2	0,314	1,366	1,680
0,03	1,8	0,403	1,366	1,769
0,10	6,0	0,868	1,366	2,234

Die Setzung zur Mobilisierung der vollen Grenzmantelreibung beträgt

$$s_{sg} = 0{,}5 \cdot 1{,}366 + 0{,}5 = 1{,}2\,\text{cm}$$

Für eine Setzung von s = 2,5 cm ergibt sich ein charakteristischer Pfahlwiderstand $R_{c,k}$ = 1,86 MN (vgl. Abb. 3.66). Für den Grenzzustand der Gebrauchstauglichkeit beträgt der Pfahlwiderstand $R_{c,d}(\text{SLS})$ = 1,86 MN.

Nachweis des Pfahlrosts im Grenzzustand der Gebrauchstauglichkeit:

$$F_{c,d}(\text{SLS}) \leq R_{c,d}(\text{SLS})$$

$$2{,}20\,\text{MN} \leq 1{,}88\,\text{MN}$$

3.7 Nachweise der Grenzzustände

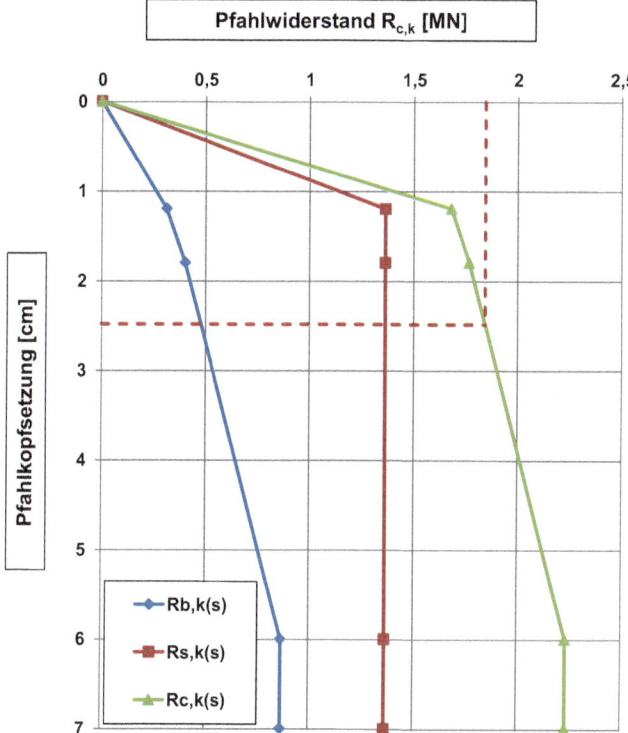

Abb. 3.66 Widerstands-Setzungs-Linie Pfahlrost

Damit ist der Nachweis im Grenzzustand der Gebrauchstauglichkeit nicht erbracht und eine Anpassung der Pfahldimensionen ist erforderlich. Für den Einzelpfahl wird der Pfahldurchmesser auf D = 0,9 festgelegt und die Einbindetiefe wird 10,5 m vergrößert. Damit werden Pfahlfuß- und der Pfahlmantelwiderstand erneut bestimmt (vgl. Tab. 3.67 und 3.68).

Für die Bestimmung der Setzung des Einzelpfahls wird die Widerstands-Setzungs-Linie konstruiert (s. Tab. 3.69 und Abb. 3.67).

Tab. 3.67 Pfahlfußwiderstand Einzelpfahl Pfahlrost, optimierte Einbindetiefe und Pfahldurchmesser

Bezogene Pfahl-kopfsetzung s/D_b	Mittlerer Spitzen-widerstand q_c	Pfahlfußfläche A_b	Pfahlspitzen-druck $q_{b,k}$	Pfahlfußwider-stand $R_{b,k}$
[–]	[MN/m^2]	[m^2]	[MN/m^2]	[MN]
0,02	16	0,64	1,120	0,717
0,03	16	0,64	1,440	0,922
0,10	16	0,64	3,100	1,984

Tab. 3.68 Pfahlmantelwiderstand Einzelpfahl Pfahlrost, optimierte Einbindetiefe und Pfahldurchmesser

Boden-schicht	Schicht-dicke d	Pfahlmantel-fläche A_s	Scherfestigkeit des undränierten Bodens $c_{u,k}$/mittlerer Spitzenwiderstand q_c	Pfahlmantel-reibung $q_{s,k}$	Pfahlmantel-widerstand $R_{s,k}$
	[m]	[m²]	[MN/m²]	[MN/m²]	[MN]
Schluff	2,0	5,65	0,15	0,050	0,283
Ton	3,5	9,90	0,20	0,055	0,495
Kies	5,0	14,14	16	0,108	1,527
				$\sum R_{s,k}$	2,305

Tab. 3.69 Pfahlwiderstand in Abhängigkeit von der Pfahlkopfsetzung Einzelpfahl Pfahlrost, optimierte Einbindetiefe und Pfahldurchmesser

Bezogene Pfahl-kopfsetzung s/D_b	Setzung s	Pfahlfußwider-stand $R_{b,k}$	Pfahlmantelwi-derstand $R_{s,k}$	Pfahlwider-stand $R_{c,k}$
[–]	[cm]	[MN]	[MN]	[MN]
s_{sg}	1,6	0,637	2,305	2,942
0,02	1,8	0,717	2,305	3,022
0,03	2,7	0,922	2,305	3,227
0,10	9,0	1,984	2,305	4,289

Die Setzung zur Mobilisierung der vollen Grenzmantelreibung beträgt

$$s_{sg} = 0,5 \cdot 2,305 + 0,5 = 1,6 \, \text{cm}$$

Für eine Setzung von s = 2,5 cm ergibt sich jetzt ein charakteristischer Pfahlwiderstand $R_{c,k}$ = 3,181 MN (vgl. Abb. 3.67). Für den Grenzzustand der Gebrauchstauglichkeit beträgt der Pfahlwiderstand $R_{c,d}$(SLS) = 3,181 MN.

Nachweis des Pfahlrosts im Grenzzustand der Gebrauchstauglichkeit:

$$F_{c,d}(\text{SLS}) \leq R_{c,d}(\text{SLS})$$

$$2,20 \, \text{MN} \leq 3,181 \, \text{MN}$$

Für die Pfahlgrenzsetzung von s_g = 9,0 cm beträgt der charakteristische Pfahlwiderstand $R_{c,k}$ = 4,289 MN (vgl. Tab. 3.69 und Abb. 3.67). Damit ist der Pfahlwiderstand für den Grenzzustand der Tragfähigkeit bei Ansatz eines Teilsicherheitsbeiwertes von γ_t = 1,40 mit $R_{c,d}$(ULS) = 3,064 MN zu berücksichtigen.

Nachweis des Pfahlrosts im Grenzzustand der Tragfähigkeit:

$$F_{c,d}(\text{ULS}) \leq R_{c,d}(\text{ULS})$$

$$3,001 \, \text{MN} \leq 3,064 \, \text{MN}$$

Damit sind die Nachweise für die Grenzzustände der Gebrauchstauglichkeit und Tragfähigkeit erbracht. ◄

3.7 Nachweise der Grenzzustände

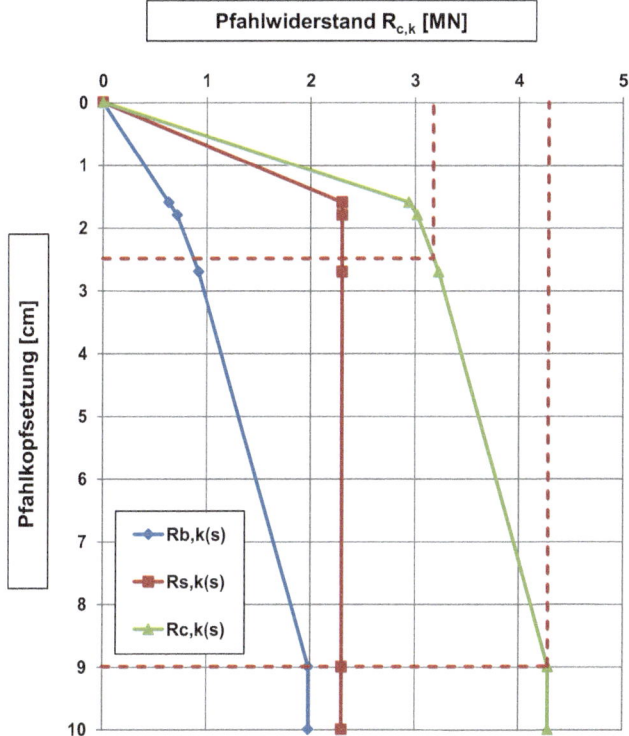

Abb. 3.67 Widerstands-Setzungs-Linie Pfahlrost, optimierte Einbindetiefe und Pfahldurchmesser

3.7.1.2 Zugbelasteter Einzelpfahl

Zugkräfte werden über die äußere Tragfähigkeit des Pfahls abgeleitet. Die Nachweise sind für den Grenzzustand der Tragfähigkeit für GEO-2 und UPL zu erbringen. Sofern die Ungleichung aus den Einwirkungen und dem Pfahlwiderstand nicht erfüllt wird, ist der Pfahlwiderstand durch eine Optimierung der Einbindelänge, einen verpressten Pfahlmantelschaft oder einen ausgestampften Pfahlfuß zu erhöhen.

Die ständigen und veränderlich wirkenden Zugkräfte $F_{t,d}$ werden über den Pfahlwiderstand $R_{t,d}$ bzw. dem Pfahlmantelwiderstand $R_{s,d}$ in den Untergrund übertragen. Die ständigen und veränderlichen Einwirkungen sind über die Gl. (3.53) nach EA-Pfähle mit den jeweiligen Teilsicherheitsbeiwerten zu multiplizieren. Der charakteristische Pfahlwiderstand ist mit dem Teilsicherheitsbeiwert abzumindern.

$$F_{G,k} \cdot \gamma_G + F_{Q,\text{rep}} \cdot \gamma_Q \leq \frac{R_{t,k}}{\gamma_{s,t}} \quad (3.53)$$

Für den Nachweis des Grenzzustands der Tragfähigkeit GEO-2 ist nach EC 7 die Gl. (3.54) zu erfüllen, die sich aus dem Bemessungswert der Einwirkung und dem

Bemessungswert des Pfahlwiderstands zusammensetzt.

$$F_{t,d} \leq R_{t,d} \tag{3.54}$$

Die Einwirkungen im Grenzzustand der Tragfähigkeit können günstig wirkende Druckkräfte berücksichtigen, welche die sich eigentlich negativ auswirkende Zugkraft abmindern. Hierunter fällt das Eigengewicht des Pfahls $F_{c,G,k}$, der über das Pfahlvolumen und die Wichte mit dem Teilsicherheitsbeiwert $\gamma_{inf} = 1{,}0$ für günstige ständige Einwirkungen zu ermitteln ist. Nach DIN 1054 ist die Einwirkung über Gl. (3.55) zu bestimmen.

$$F_{t,d} = F_{t,G,k} \cdot \gamma_G + F_{t,Q,rep} \cdot \gamma_Q - F_{c,G,k} \cdot \gamma_{inf} \tag{3.55}$$

Eine weitere günstig wirkende Druckkraft beschreibt die Scherkraft des den Pfahl umgebenden Bodens. Mit Gl. (3.56) wird nach DIN 1054 die günstige Einwirkung der Scherkraft T_k von den ständigen und veränderlichen Einwirkungen abgezogen.

$$F_{t,d} = F_{t,G,k} \cdot \gamma_G + F_{t,Q,rep} \cdot \gamma_Q - (F_{c,G,k} + T_k) \cdot \gamma_{inf} \tag{3.56}$$

Ein Nachweis gegen potenzielles Abheben der Pfahlgründung ist bei Zugpfählen mit dem Nachweis UPL über Gl. (3.57) nach DIN 1054 zu führen (s. a. Teil 1). Die Ungleichung setzt sich aus den ständigen und veränderlichen destabilisierenden Einwirkungen und den ständigen stabilisierenden Einwirkungen zusammen. Auf die Berücksichtigung des angehängten Bodenblocks kann nach EA-Pfähle verzichtet werden, da dieser nur bei Zugpfahlgruppen zu berücksichtigen ist.

$$G_{dst,k} \cdot \gamma_{G,dst} + Q_{dst,rep} \cdot \gamma_{Q,dst} \leq G_{stb,k} \cdot \gamma_{G,stb} \tag{3.57}$$

Wie bei dem Nachweis GEO-2 kann die günstige wirkende Scherkraft T_k für den Grenzzustandsnachweis UPL die stabilisierenden Einwirkungen vergrößern (s. a. Teil 1). Die Gl. (3.58) setzt sich für den Grenzzustand der Tragfähigkeit GEO-2 nach DIN 1054 wie folgt, ohne den angehängten Bodenblock bei einem Einzelpfahl oder Pfahlrost, zusammen.

$$G_{dst,k} \cdot \gamma_{G,dst} + Q_{dst,rep} \cdot \gamma_{Q,dst} \leq G_{stb,k} \cdot \gamma_{G,stb} + T_k \cdot \gamma_{G,stb} \tag{3.58}$$

3.7.1.3 Horizontal belasteter Einzelpfahl

Eine weitere Belastung kann über horizontale bzw. quer zur Pfahlachse wirkenden Lasten erfolgen. Die Einsatzgrenzen sind nach DIN 1054 insoweit limitiert, als lediglich Pfähle mit einem Durchmesser zwischen 0,3 bis 3,0 m Querbelastungen aufnehmen dürfen. Die Tragfähigkeitsnachweise von schlanken und biegeweichen Pfählen nach GEO-2 und STR sind nicht erforderlich, falls die Pfähle vollständig im Boden eingebettet sind und die charakteristische horizontale Einwirkung in der Bemessungssituation BS-P maximal 5 % bzw. in der Bemessungssituation BS-T maximal 3 % gegenüber der axialen Einwirkung beträgt.

3.7 Nachweise der Grenzzustände

Der Nachweis im Grenzzustand der Tragfähigkeit wird über Gl. (3.59) nach EC 7 definiert. Die Querbelastung $F_{tr,d}$ greift am Pfahlkopf an.

$$F_{tr,d} \leq R_{tr,d} \qquad (3.59)$$

Der charakteristische Querwiderstand setzt sich aus dem eingebundenen Pfahl zusammen und wird über das Bettungsmodul $k_{s,k}$ abgebildet. Dieses wird i. d. R. aus einer Pfahlprobebelastung bestimmt, welche die zulässige Horizontalverschiebung prüft. Die Anwendung der vereinfachten Gl. (3.60) für die Bestimmung des Bettungsmoduls ist auf eine maximal zulässige horizontale Verschiebung von 2,0 cm oder $0,3 \times D_s$ limitiert und definiert sich nach DIN 1054 über das charakteristische Steifemodul $E_{s,k}$ der jeweiligen Bodenschicht und dem Pfahlschaftdurchmesser D_s.

$$k_{s,k} = \frac{E_{s,k}}{D_s} \qquad (3.60)$$

Für den Nachweis des Querwiderstands sind nach der Bestimmung von $k_{s,k}$ die Schnittgrößen bzw. Spannungen am Pfahl zu ermitteln und in Bemessungswerte umzuwandeln. Weiter ist ein vereinfachter Nachweis nach Gl. (3.61) zu führen, welche die Normalspannung $\delta_{h,k}$ zwischen Boden und Pfahl sowie der charakteristischen Erdwiderstandsspannung $e_{ph,k}$ gegenübergestellt.

$$\delta_{h,k} \leq e_{ph,k} \qquad (3.61)$$

Darüber hinaus ist ein zusätzlicher Nachweis zu führen, um zu prüfen, ob der Bemessungswert der seitlichen Bodenwiderstandskraft nicht größer angesetzt worden ist, als es der Bemessungswert der räumlichen Erdwiderstandskraft für den entsprechenden Teil der Einbindetiefe bis zum Drehpunkt zulässt. Abschließend ist ein Nachweis der inneren Tragfähigkeit bzw. gegen Materialversagen STR zu führen.

3.7.1.4 Negative Mantelreibung

Die Geotechnische Einwirkung der negativen Mantelreibung ist für den Grenzzustand der Gebrauchstauglichkeit (SLS) und der Tragfähigkeit (ULS) zu beachten.

Für den Nachweis der Gebrauchstauglichkeit (SLS) ist zusätzlich zu den ständigen und veränderlichen Einwirkungen die negative Mantelreibung $F_{n,k}$ in der Gl. (3.62), nach EA-Pfähle, zu berücksichtigen.

$$F_d = F_k = F_{G,k} + F_{n,k}(SLS) + F_{Q,rep} \qquad (3.62)$$

Der Nachweis der Tragfähigkeit (ULS) ist grundsätzlich nach STR bzw. GEO-2 zu führen. Die negative Mantelreibung wird auf die ständigen Einwirkungen aufsummiert (s. Gl. (3.63)).

$$F_d = (F_{G,k} + F_{n,k}(ULS)) \cdot \gamma_G + F_{Q,rep} \cdot \gamma_Q \qquad (3.63)$$

Beispiel 3.8

Für einen quadratischen Fertigrammpfahl (Kantenlänge: 0,45 m) wurde mit einer statischen Pfahlprobebelastung der Messwert $R_{c,m}$ = 3,503 MN ermittelt, der in einen Bemessungswert umzuwandeln ist.

Mit den Erfahrungswerten von Fertigrammpfählen ist hierfür eine Plausibilitätskontrolle des Pfahlwiderstands im Nachgang durchzuführen und die Grenzzustandsnachweise SLS und GEO-2 zu führen. Die zulässige Setzung für den Grenzzustand der Gebrauchstauglichkeit ist vom Tragwerksplaner mit 1,5 cm vorgegeben.

Des Weiteren sind nach der Herstellung der Tiefgründung große Verkehrslasten, um den Fertigrammpfahls zu erwarten (s. Abb. 3.68), die zu einer weiteren zusätzlichen Setzung der Weichschicht führen und den Pfahlmantelwiderstand negativ beeinflussen. Aus vorab erfolgten Prognosen ist der neutrale Punkt der negativen Mantelreibung 3,3 m unter der Geländeoberkante zu erwarten und für den Grenzzustandsnachweis SLS zu berücksichtigen. Im Grenzzustand der Tragfähigkeit ist der neutrale Punkt 4 m unter der Geländeoberkante anzunehmen.

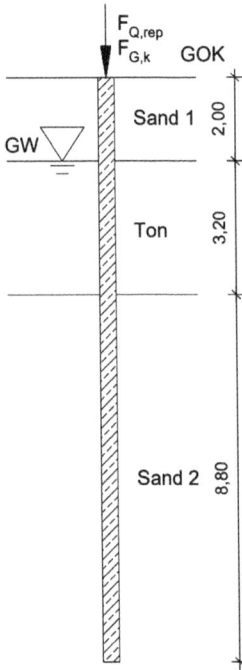

Abb. 3.68 Verdrängungspfahl im heterogenen Baugrund
(© Julian Willy Kreß)

3.7 Nachweise der Grenzzustände

Berechnungsgrundlagen

- Einwirkungen: Ständige Lasten $F_{G,k} = 0{,}85\,\text{MN}$; Veränderliche Lasten $F_{Q,rep} = 0{,}125\,\text{MN}$
- Baugrund: Sand 1/Ton/Sand 2
- Bodenkennwerte: $\gamma_{k,Sand\,1} = 17{,}5\,\text{kN/m}^3$; $q_{c,Sand\,1} = 12{,}5\,\text{MN/m}^2$; $c_{u,k,Ton} = 125\,\text{kN/m}^2$; $q_{c,Sand\,2} = 15\,\text{MN/m}^2$

Auswertung der statischen Pfahlprobebelastung: Für die Auswertung ist die durchgeführte Pfahlprobebelastung mit dem Streuungsfaktor für einen Probepfahl abzumindern, um den charakteristischen Pfahlwiderstand zu ermitteln.

$$R_{c,k} = \frac{3{,}503}{1{,}35} = 2{,}595\,\text{MN}$$

Dieser ist mit dem Teilsicherheitsbeiwert in einen Bemessungswert umzurechnen.

$$R_{c,d} = \frac{2{,}595}{1{,}10} = 2{,}359\,\text{MN}$$

Plausibilitätskontrolle der statischen Pfahlprobebelastung: Mit den Erfahrungswerten aus den EA-Pfähle ist die Pfahlprobebelastung auf Plausibilität zu prüfen. Für quadratische Fertigrammpfähle ist hierfür zunächst der äquivalente Pfahldurchmesser D_{eq} zu bestimmen.

$$D_{e,q} = 1{,}13 \times 0{,}45\,\text{m} = 0{,}51\,\text{m}$$

Mit dem äquivalenten Durchmesser sind der Pfahlfuß- und Pfahlmantelwiderstand (s. Tab. 3.70, 3.71 und 3.72) auf Grundlage von Tab. 3.12, Tab. 3.13 und 3.15 zu ermitteln. Die Modellfaktoren η_b und η_s betragen für Stahlbetonpfähle 1,00.

Für die Bestimmung der Setzung des Fertigrammpfahl wird die Widerstands-Setzungs-Linie konstruiert (s. Tab. 3.73 und Abb. 3.69).

Tab. 3.70 Pfahlfußwiderstand Fertigrammpfahl $R_{b,k}$

Bezogene Pfahl-kopfsetzung s/D_{eq}	Mittlerer Spitzen-widerstand q_c	Pfahlfußfläche A_b	Pfahlspitzen-druck $q_{b,k}$	Pfahlfußwider-stand $R_{b,k}$
[–]	[MN/m^2]	[m^2]	[MN/m^2]	[MN]
0,035	15	0,20	4,000	0,800
0,10	15	0,20	7,600	1,520

Tab. 3.71 Pfahlmantelwiderstand Fertigrammpfahl $R_{s,k}(s_{sg*})$

Boden-schicht	Schicht-dicke d	Pfahlmantel-fläche A_s	Scherfestigkeit des undränierten Bodens $c_{u,k}$/mittlerer Spitzenwiderstand q_c	Pfahlmantel-reibung $q_{s,k}$	Pfahlman-telwider-stand $R_{s,k}$
	[m]	[m²]	[MN/m²]	[MN/m²]	[MN]
Sand 1	1,5	2,70	12,5	0,053	0,143
Ton	3,2	5,76	0,125	0,031	0,179
Sand 2	8,8	15,84	15	0,065	1,030
				$\sum R_{s,k}(s_{sg*})$	1,352

Tab. 3.72 Pfahlmantelwiderstand Fertigrammpfahl $R_{s,k}(s_g)$

Boden-schicht	Schicht-dicke d	Pfahlmantel-fläche A_s	Scherfestigkeit des undränierten Bodens $c_{u,k}$/mittlerer Spitzenwiderstand q_c	Pfahlmantel-reibung $q_{s,k}$	Pfahlman-telwider-stand $R_{s,k}$
	[m]	[m²]	[MN/m²]	[MN/m²]	[MN]
Sand 1	1,5	2,70	12,5	0,077	0,208
Ton	3,2	5,76	0,125	0,034	0,196
Sand 2	8,8	15,84	15	0,095	1,505
				$\sum R_{s,k}(s_g)$	1,909

Tab. 3.73 Pfahlwiderstand in Abhängigkeit von der Pfahlkopfsetzung Fertigrammpfahl

Bezogene Pfahl-kopfsetzung s/D_{eq}	Setzung s	Pfahlfußwider-stand $R_{b,k}$	Pfahlmantel-widerstand $R_{s,k}$	Pfahlwider-stand $R_{c,k}$
[−]	[cm]	[MN]	[MN]	[MN]
s_{sg*}	0,7	0,311	1,352	1,663
0,035	1,8	0,800	1,491	2,291
0,10	5,1	1,520	1,909	3,429

Die Setzung zur Mobilisierung der Bruchmantelreibung für den setzungsabhängigen Pfahlmantelwiderstand beträgt

$$s_{sg*} = 0{,}5 \cdot 1{,}352 = 0{,}7 \, \text{cm}$$

Für eine Setzung von s = 1,5 cm ergibt sich jetzt ein charakteristischer Pfahlwiderstand von $R_{c,k}$ = 2,161 MN (vgl. Abb. 3.69). Für den Grenzzustand der Gebrauchstauglichkeit beträgt der Pfahlwiderstand $R_{c,d}$(SLS) = 2,161 MN.

Für die Pfahlgrenzsetzung von s_g = 5,1 cm beträgt der charakteristische Pfahlwiderstand $R_{c,k}$ = 3,429 MN (vgl. Tab. 3.73 und Abb. 3.69). Damit ist der Pfahlwiderstand für den Grenzzustand der Tragfähigkeit bei Ansatz eines Teilsicherheitsbeiwertes von γ_t = 1,40 mit $R_{c,d}$(ULS) = 2,449 MN zu berücksichtigen.

3.7 Nachweise der Grenzzustände

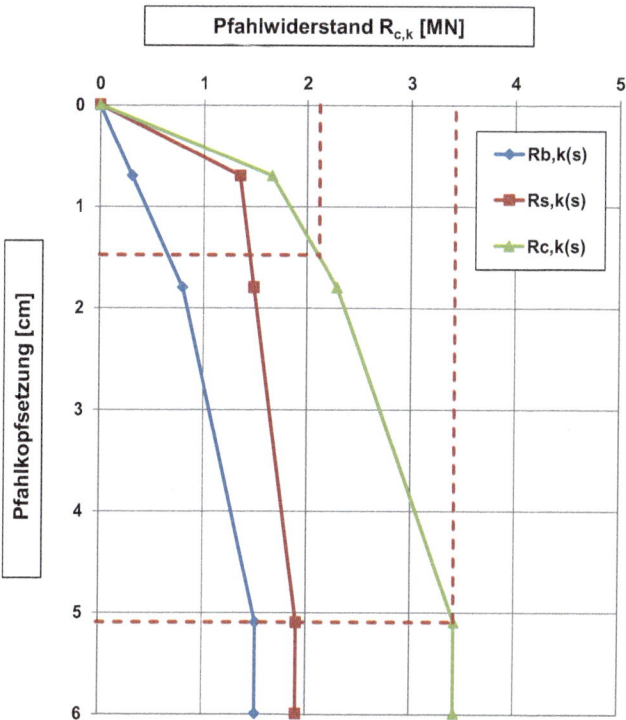

Abb. 3.69 Widerstands-Setzungs-Linie Fertigrammpfahl

Die Bemessungswerte der statischen Pfahlprobebelastung und die Werte aus der Ermittlung des Pfahlwiderstands mit Erfahrungswerten für den Grenzzustand der Tragfähigkeit weisen geringfüge Abweichungen auf und sind als plausible Pfahlwiderstände zu klassifizieren. Für die zu führenden Grenzzustandsnachweise sind im vorliegenden Fall die Erfahrungswerte weiter zu verwenden.

- Statische Pfahlprobebelastung $R_{c,d}(ULS) = 2,359$ MN
- Pfahlwiderstand mit Erfahrungswerten $R_{c,d}(ULS) = 2,449$ MN

Berücksichtigung der negativen Mantelreibung: Aufgrund großer Verkehrslasten um den Pfahl sind im weiteren Bauablauf zusätzliche Setzungen der Weichschicht zu berücksichtigen. Aus einer im Vorfeld getroffenen Annahme dieser Geotechnischen Einwirkung ist die Lage des neutralen Punkts, die den Übergang der positiven hin zur negativen Mantelreibung definiert, für beide Grenzzustände definiert. Die Setzung der bindigen Weichschicht sowie die daraus resultierende Setzung der darüber liegenden nichtbindigen Schicht führt zu einer ständigen negativen Einwirkung, die das Pfahltragverhalten mindert.

Bestimmung der Negativen Mantelreibung: Für die nichtbindige Schicht Sand 1 wird für den Faktor β_n nach EA-Pfähle der gemittelte Wert von 0,27 angenommen. Damit ergibt sich für die charakteristische negative Mantelreibung bei einer Schichtdicke von 2 m und einer Wichte der Schicht Sand 1 von 17,5 kN/m³ von

$$\tau_{n,k} = \beta_n \cdot \sigma'_v = 0{,}27 \cdot 17{,}5 \cdot 2 = 9{,}45\,\text{kN/m}^2$$

Für die bindige Schicht Ton wird vereinfacht nach EA-Pfähle für α_n ein Wert von 1,00 angenommen. Damit beträgt die charakteristische negative Mantelreibung

$$\tau_{n,k} = \alpha_n \cdot c_{u,k} = 1{,}0 \cdot 125 = 125\,\text{kN/m}^2$$

Die negative Mantelreibung wird differenziert nach dem jeweiligen Grenzzustand und der Lage des neutralen Punkts. Tab. 3.74 enthält die zu berücksichtigenden Einwirkungen aus der negativen Mantelreibung $F_{n,k}$ für den Gebrauchstauglichkeitsnachweis. Die Einwirkungen der negativen Mantelreibung $F_{n,k}$ für den Tragfähigkeitsnachweis sind Tab. 3.75 zu entnehmen.

Nachweis des Grenzzustands der Gebrauchstauglichkeit und Tragfähigkeit: Die negative Mantelreibung ist als ständige Einwirkung zu betrachten und wird nach Gl. (3.62) für den Grenzzustand der Gebrauchstauglichkeit wie folgt berücksichtigt:

$$F_{c,d}(\text{SLS}) = F_{c,k} = 0{,}85 + 0{,}326 + 0{,}125 = 1{,}301\,\text{MN}$$

Für den Grenzzustand der Tragfähigkeit wird die ständige Einwirkung $F_{n,k}$ mit Gl. (3.63) ebenfalls auf der Einwirkungsseite betrachtet:

$$F_{c,d}(\text{ULS}) = (0{,}85 + 0{,}484) \cdot 1{,}35 + 0{,}125 \cdot 1{,}50 = 1{,}988\,\text{MN}$$

Tab. 3.74 Negative Mantelreibung im Grenzzustand der Gebrauchstauglichkeit

Bodenschicht	Charakteristische negative Mantelreibung $\tau_{n,k}$ [kN/m²]	Pfahlmantelfläche $A_{s,i}$ [m²]	Negative Mantelreibung $F_{n,k}(\text{SLS})$ [kN]
Sand 1	9,45	3,60	34,02
Ton	125	2,34	292,50
		$\sum F_{n,k}(\text{SLS})$	326,52

Tab. 3.75 Negative Mantelreibung im Grenzzustand der Tragfähigkeit

Bodenschicht	Charakteristische negative Mantelreibung $\tau_{n,k}$ [kN/m²]	Pfahlmantelfläche $A_{s,i}$ [m²]	Negative Mantelreibung $F_{n,k}(\text{ULS})$ [kN]
Sand 1	9,45	3,60	34,02
Ton	125	3,60	450,00
		$\sum F_{n,k}(\text{ULS})$	484,02

Damit sind die Grenzzustandsnachweise der Gebrauchstauglichkeit (SLS) und der Tragfähigkeit (ULS/GEO-2) nachgewiesen.

$$F_{c,d}(SLS) \leq R_{c,d}(SLS) = 1,301\,MN \leq 2,161\,MN$$
$$F_{c,d}(ULS) \leq R_{c,d}(ULS) = 1,988\,MN \leq 2,449\,MN \quad \blacktriangleleft$$

3.7.2 Pfahlgruppen

Entsprechend den Einzelpfählen und den Pfahlrosten können Pfahlgruppen eine axiale Druck- und Zugbelastung wie auch eine Querbelastung aufnehmen. Die Vorgehensweise entspricht annähernd dem in Abschn. 3.7.1 beschriebenen Vorgehen mit der Besonderheit, dass der Pfahlwiderstand mit einer Gruppenwirkung zu berechnen ist.

3.7.2.1 Druckbelastete Pfahlgruppen

Axiale Druckkräfte werden über die innere und äußere Tragfähigkeit der Pfahlgruppe abgeleitet. Für den Grenzzustand der Tragfähigkeit sind die Nachweise nach GEO-2 zu führen. Ein Nachweis über den Grenzzustand der Gebrauchstauglichkeit (SLS) bedarf dazu einer Überprüfung, inwiefern das Wirken einer potenziellen negativen Mantelreibung das Tragverhalten vermindert. Das Setzungsverhalten der Einzelpfähle einer Pfahlgruppe ist ungleichmäßig und wird spezifisch für die Rand-, Eck- und Zentrumspfähle differenziert (vgl. Abschn. 3.6.4.1).

Die Grenzzustände SLS und ULS sind nach EC 7 nachgewiesen, wenn die Einwirkungen $F_{c,d}$ geringer bzw. gleich dem gruppenbezogenen Widerstand $R_{c,d}$ sind (vgl. Gl. (3.64)).

$$F_{c,d} \leq R_{c,d} \tag{3.64}$$

Für den Nachweis einer druckbelasteten Pfahlgruppe beschreibt der EC 7 zwei Möglichkeiten. Die Pfahlgruppe kann vereinfacht als ganzer Block oder mit dem Setzungsverhalten der Einzelpfähle berechnet werden (vgl. Abschn. 3.6.4.1). Weiter gibt die EA-Pfähle eine Möglichkeit an, über eine gruppenbezogene Setzung den Grenzzustand der Gebrauchstauglichkeit nachzuweisen (Abschn. 3.6.4.2).

3.7.2.2 Zugbelastete Pfahlgruppen

Das Nachweisverfahren für zugbelastete Pfahlgruppen erfolgt analog zu Abschn. 3.7.2.1. Für den Grenzzustand der Tragfähigkeit ULS ist der Nachweis für die äußere Tragfähigkeit GEO-2 und der Nachweis gegen ein potenzielles Abheben UPL zu führen.

Die Einwirkungen im Grenzzustand der Tragfähigkeit berücksichtigen günstig wirkende Druckkräfte, welche die sich eigentlich negativ auswirkende Zugkraft abmindert. Hierunter fällt das Eigengewicht der Einzelpfähle $F_{c,G,k}$, welches über das Pfahlvolumen mit der Wichte sowie mit dem Teilsicherheitsbeiwert $\gamma_{inf} = 1{,}0$ für günstige ständige Einwirkungen zu ermitteln sind. Nach DIN 1054 ist diese günstig wirkende Einwirkung über Gl. (3.65) zu bestimmen.

$$F_{t,d} = F_{t,G,k} \cdot \gamma_G + F_{t,Q,rep} \cdot \gamma_Q - F_{c,G,k} \cdot \gamma_{inf} \tag{3.65}$$

Der Grenzzustandsnachweis GEO-2 (s. Gl. (3.66)) setzt sich nach EC 7 aus dem Bemessungswert der Zugbelastung $F_{t,d}$ und dem gruppenbezogenen Widerstand (s. Abschn. 3.6.4.1) der Pfahlgruppe $R_{c,d}$ zusammen.

$$F_{t,d} \leq R_{t,d} \tag{3.66}$$

Ein Nachweis gegen potenzielles Abheben der Pfahlgründung ist bei Zugpfahlgruppen mit dem Nachweis UPL über Gl. (3.67) nach DIN 1054 zu führen (s. a. Teil 1 und Abschn. 1.3.3). Die Ungleichung setzt sich aus den ständigen und veränderlichen destabilisierenden Einwirkungen und den ständigen stabilisierenden Einwirkungen sowie der charakteristischen Gewichtskraft des an einer Zugpfahlgruppe angehängten Bodens zusammen.

$$G_{dst,k} \cdot \gamma_{G,dst} + Q_{dst,rep} \cdot \gamma_{Q,dst} \leq G_{stb,k} \cdot \gamma_{G,stb} + G_{E,k} \cdot \gamma_{G,stb} \tag{3.67}$$

Die notwendige Gewichtskraft des angehängten Bodens $G_{E,k}$ ist über Gl. (3.68) nach DIN 1054 zu berechnen. Eine schematische Darstellung wie sich der angehängte Boden mitsamt den Bezugsgrößen abbildet, ist Abschn. 1.3.3 zu entnehmen.

$$G_{E,k} = n_z \cdot \left[l_a \cdot l_b \left(L - \frac{1}{3} \cdot \sqrt{l_a^2 + l_b^2} \cdot \cot \varphi \right) \right] \cdot \eta_z \cdot \gamma \tag{3.68}$$

mit

n_Z Anzahl Zugpfähle
l_a größere Rastermaß einer Pfahlgruppe
l_b kleinere Rastermaß einer Pfahlgruppe
L Länge Zugpfähle
η_Z Anpassungsfaktor für die Wichte, $\eta_Z = 0{,}80$
γ Wichte des angehängten Bodens

Analog zum Nachweisverfahren GEO-2 kann die günstig wirkende Scherkraft T_k für den Grenzzustandsnachweis UPL die stabilisierenden Einwirkungen begünstigen (s. Gl. (3.69)).

$$G_{dst,k} \cdot \gamma_{G,dst} + Q_{dst,rep} \cdot \gamma_{Q,dst} \leq G_{stb,k} \cdot \gamma_{G,stb} + (G_{E,k} + T_k) \cdot \gamma_{G,stb} \tag{3.69}$$

3.7 Nachweise der Grenzzustände

Beispiel 3.9

Die Dachkonstruktion eines Fußballstadions ist aus atmosphärischen Gründen freitragend zu planen. Hierfür sind in definierten Abständen Rückverankerungen der gesamten Dachkonstruktion vorzusehen. Diese Lasten werden über eine jeweilige Zugpfahlgruppe in den tragfähigen Boden dauerhaft abgeleitet. Die Pfahlgruppe besteht aus sechs Einzelpfählen mit einem Durchmesser von D = 0,60 m. Die rechteckige Pfahlkopfplatte weist Kantenlängen von 5 bzw. 3 m auf und besitzt eine Mächtigkeit von 0,50 m. Vom Tragwerksplaner sind die ständigen Lasten der Dachkonstruktion für die nach Abb. 3.70 skizzierte Situation mit $F_{t,G,k}$ = 1,75 MN ermittelt worden. Die veränderlichen Einwirkungen aus Wind- und Schneelasten sind für den maßgebenden Lastfall mit $F_{t,Q,rep}$ = 0,65 MN vorgegeben. Für den vorliegenden Fall sind die Grenzzustandsnachweise der Zugpfahlgruppe für GEO-2 und UPL zu führen.

Berechnungsgrundlagen

- Baugrund: Schluff/Kies
- Bodenkennwerte: Schluff: γ_k = 17,5 kN/m³; φ = 17,5°; $c_{u,k}$ = 130 kN/m² / Kies: γ_k = 19 kN/m³; γ'_k = 9 kN/m³; φ = 35°; q_c = 25 MN/m²

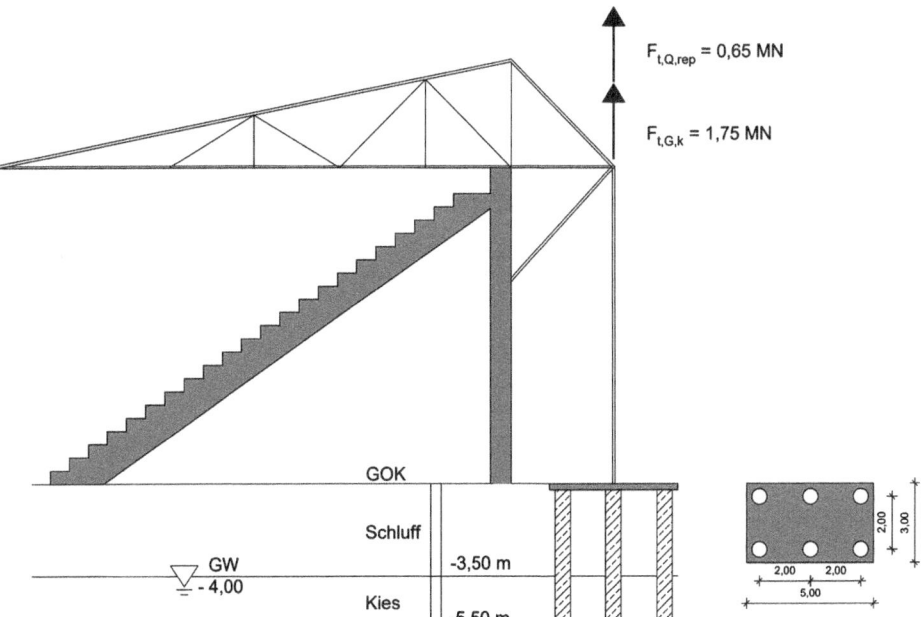

Abb. 3.70 Rückverankerung eines freitragenden Stadiondachs mit einer Zugpfahlgruppe (© Julian Willy Kreß)

Nachweis Grenzzustand GEO-2: Die Ermittlung des Bemessungswerts der ständigen und veränderlichen Einwirkungen erfolgt nach Gl. (3.65). Hierbei ist das günstig wirkende Eigengewicht der Pfahlgruppe zu berücksichtigen, welches separiert für die Pfahlkopfplatte und die sechs Gruppenpfähle ermittelt wird. Die Wichte ist nach DIN 1055-1 für den Werkstoff Stahlbeton mit $\gamma = 25\,\text{kN/m}^3$ zu wählen.

$$V_{\text{Platte}} = 5 \cdot 3 \cdot 0{,}50\,\text{m} = 7{,}50\,\text{m}^3$$

$$F_{\text{c,G,k,Platte}} = 7{,}50 \cdot 25 = 187{,}50\,\text{kN}$$

$$V_{\text{Pfähle}} = 6 \cdot (\pi \cdot 0{,}30^2 \cdot 5) = 8{,}482\,\text{m}^3$$

$$F_{\text{c,G,k,Pfähle}} = 8{,}482 \cdot 25 = 212{,}05\,\text{kN}$$

Der Bemessungswert der Zugbelastung auf die Gruppe setzt sich aus den ständigen und veränderlichen Einwirkungen und den Teilsicherheitsbeiwerten zusammen.

$$F_{t,d} = 1{,}75 \cdot 1{,}35 + 0{,}65 \cdot 1{,}50 - (0{,}188 + 0{,}212) \cdot 1{,}0 = 2{,}938\,\text{MN}$$

Die Widerstandsseite der Pfahlgruppe besteht aus den Mantelwiderständen der Gruppenpfähle. Der Pfahlmantelwiderstand eines Einzelpfahls auf Grundlage der Tab. 3.45 und 3.47 ist in Tab. 3.76 dargestellt.

Für die Zugpfahlgruppe sind die Gruppenpfähle mit dem Pfahlmantelwiderstand eines Einzelpfahls zu multiplizieren und mit dem Teilsicherheitsbeiwert für Pfahlwiderstände aus Erfahrungswerten zu reduzieren.

$$R_{t,d} = \frac{6 \cdot 0{,}750\,\text{MN}}{1{,}50} = 3{,}00\,\text{MN}$$

Für den Grenzzustand GEO-2 ist der Nachweis der Tragfähigkeit erbracht. Die ständigen und veränderlichen Einwirkungen auf die Dachkonstruktion bzw. auf die Zugpfahlgruppe sind kleiner als der gegenüberstehende Widerstand der Pfahlgruppe.

$$2{,}938\,\text{MN} \leq 3{,}00\,\text{MN}$$

Nachweis Grenzzustand UPL: Der Nachweis im Grenzzustand UPL setzt sich nach Gl. (3.67) aus den stabilisierenden und destabilisierenden Einwirkungen zusammen.

Tab. 3.76 Charakteristischer Pfahlmantelwiderstand eines Einzelpfahls der Pfahlgruppe

Bodenschicht	Schichtdicke d	Pfahlmantelfläche A_s	Scherfestigkeit des undränierten Bodens $c_{u,k}$/mittlerer Spitzenwiderstand q_c	Pfahlmantelreibung $q_{s,k}$	Pfahlmantelwiderstand $R_{s,k}$
	[m]	[m²]	[MN/m²]	[MN/m²]	[MN]
Schluff	3,0	5,65	0,130	0,046	0,260
Kies	2,0	3,77	25	0,130	0,490
				$\sum R_{s,k}$	0,750

3.7 Nachweise der Grenzzustände

Die Wichte des angehängten Bodens ist für die Bodenwichte unter Auftrieb zu wählen. Für Zugpfahlgruppen ist die Gewichtskraft des angehängten Bodens als zusätzliche stabilisierende Gewichtskraft zu berücksichtigen, die sich nach Gl. (3.68) wie folgt bestimmen lässt:

$$G_{E,k} = 6 \cdot \left[4{,}60 \cdot 2{,}60 \left(5{,}00 - \frac{1}{3} \times \sqrt{4{,}60^2 + 2{,}60^2} \cdot \cot 35° \right) \right] \cdot 0{,}8 \cdot 9{,}00$$

$$= 0{,}663\,\text{MN}$$

Die stabilisierenden Einwirkungen resultieren aus dem Eigengewicht der Zugpfahlgruppe (Pfahlkopfplatte und Einzelpfähle) und der Gewichtskraft des angehängten Bodens.

$$G_{dst,k} \cdot \gamma_{G,dst} + Q_{dst,rep} \cdot \gamma_{Q,dst} \leq G_{stb,k} \cdot \gamma_{G,stb} + G_{E,k} \cdot \gamma_{G,stb}$$

$$1{,}75 \cdot 1{,}05 + 0{,}65 \cdot 1{,}50 \leq (0{,}188 + 0{,}212) \cdot 0{,}95 + 0{,}663 \cdot 0{,}95$$

$$2{,}813\,\text{MN} \leq 1{,}010\,\text{MN}$$

Der Nachweis im Grenzzustand UPL ist mit dem vorliegenden Entwurf nicht erfüllt. Die destabilisierenden Einwirkungen betragen ca. das Dreifache der stabilisierenden Einwirkungen. Damit die Dachkonstruktion dauerhaft den einwirkenden Kräften standhält, ist die Zugpfahlgruppe in ihrer Einbindelänge zu optimieren. Die Berechnung der stabilisierenden Einwirkung der Gruppenpfähle wird mit der Variablen L gebildet.

$$F_{c,G,k,\text{Pfähle}} = \frac{6 \times (\pi \cdot 0{,}30^2 \cdot L) \cdot 25}{1000}$$

$$F_{c,G,k,\text{Pfähle}} = L \cdot 0{,}042$$

Für die stabilisierende Gewichtskraft des angehängten Bodens einer Zugpfahlgruppe ist die Formel ebenfalls nach der Variablen L umzustellen.

$$G_{E,k} = 6 \cdot \left[4{,}60 \cdot 2{,}60 \left(L - \frac{1}{3} \cdot \sqrt{4{,}60^2 + 2{,}60^2} \cdot \cot 35° \right) \right] \cdot 0{,}8 \cdot 9{,}00$$

$$G_{E,k} = (L - 3{,}717) \cdot 0{,}517$$

Die Bestimmung der notwendigen Einbindelänge erfolgt mit einer Gegenüberstellung der stabilisierenden und destabilisierenden Einwirkung und Auflösung mit der Variablen L.

$$1{,}75 \cdot 1{,}05 + 0{,}65 \cdot 1{,}50 \leq [0{,}188 + (L \cdot 0{,}042)] \cdot 0{,}95 + [(L - 3{,}717) \cdot 0{,}517] \cdot 0{,}95$$

$$2{,}813 \leq [0{,}188 + (L \cdot 0{,}042)] \cdot 0{,}95 + [(L - 3{,}717) \cdot 0{,}517] \cdot 0{,}95$$

$$L = 8{,}40\,\text{m}$$

Aufgrund des Nachweises im Grenzzustand der Tragfähigkeit UPL sind die Einzelpfähle der Zugpfahlgruppe 8,40 m in den Untergrund einzubinden. ◄

Tab. 3.77 Gruppenwirkung G_R für Verdrängungspfahlgruppen in Anlehnung an die EA-Pfähle

	Pfahlabstand-Einbindetiefe-Verhältnis a/d	Gruppenfaktor G_R	Besondere Einflüsse
Nichtbindige Böden	0,3–0,7	1,5	–
	≤ 0,5	< 1,0	–
Bindige Böden	–	1,0	$c_u \geq 100\,\mathrm{kN/m^2}$
	0,1	0,7	–
	–	0,4	Porenwasserdruck

3.7.2.3 Horizontal belastete Pfahlgruppen

Das Vorgehen bzgl. der Widerstandsseite von quer belasteten Pfahlgruppen ist in EC 7 und DIN 1054 lediglich allgemein beschrieben und es wird auf die EA-Pfähle verwiesen.

3.7.2.4 Verdrängungspfahlgruppen

Eine Gruppenwirkung und das sich daraus ableitende Tragverhalten von Voll- und Teilverdrängungsbohrpfählen ist in EC 7 und DIN 1054 nicht beschrieben. Alternativ trifft die EA-Pfähle allgemeine Aussagen über den Gruppenfaktor G_R in bindigen und nichtbindigen Böden. Für den Praxisfall ist generell ein Geotechnischer Sachverständiger hinzuzuziehen. Tab. 3.77 fasst die Aussagen der EA-Pfähle insoweit zusammen, als der Gruppenfaktor von Verdrängungspfahlgruppen annähernd bestimmt werden kann.

3.7.2.5 Mikropfahlgruppen

Mikropfahlgruppen sind in Zusammenarbeit mit einem Geotechnischen Sachverständigen zu bemessen. Die Nachweise sind für den Grenzzustand der Tragfähigkeit GEO-2 und UPL zu erbringen.

3.7.2.6 Negative Mantelreibung

Wie bei den Einzelpfählen kann auch auf Pfahlgruppen eine negative Mantelreibung wirken. Diese ist analog zu Abschn. 3.7.1.4 über die Einwirkungsseite zu bestimmen.

3.7.3 Gesamtstandsicherheitsnachweis (GEO-3)

Der Gesamtstandsicherheitsnachweis GEO-3 ist mit dem Nachweisverfahren 3 für Pfahlgründungen oder auch Flachgründungen zu führen, sofern ein potenzieller Geländebruch die Gründung beeinträchtigen kann.

3.7.4 Inneres Versagen des Pfahls (STR)

Ein Nachweis der inneren Tragfähigkeit ist bei Druck, Zug, Biegen, Knicken oder Schub zu führen. Die innere Tragfähigkeit des Pfahls wird über die resultierenden Einwirkungen und die Materialkenngrößen $R_{M,d}$ bestimmt, die wiederum über die jeweiligen Bauartnormen z. B. Stahlbetonbauten (EC 2) und Stahlbauten (EC 3) geregelt werden. Die EA-Pfähle gibt zur Bestimmung der Grenzzustandsbedingung die Gl. (3.70) an.

$$E_d \leq R_{M,d} \tag{3.70}$$

Zusätzlich ist ein Knicknachweis zu führen, der bei schlanken Pfählen bzw. Mikropfählen in Böden mit einer geringen Scherfestigkeit ($c_u \geq 10\,kN/m^2$) nachzuweisen ist. Für nichtvollständig über die Pfahllänge eingebundene Pfähle oder Pfähle, die von Wasser umgeben sind, muss ebenso ein Knicknachweis geführt.

3.8 Pfahlroste

Pfahlroste nehmen, im Unterschied zu horizontal belasteten Großbohrpfählen, alle Kräfte biegespannungsfrei auf. Sie sind i. A. räumliche Systeme. Unter langgestreckten Bauwerken (z. B. Streifenfundamenten, Stützmauern und Kaimauern) werden die Lasten durch sich wiederholende Pfahlanordnungen abgetragen (s. Abb. 3.71). Diese können normalerweise als ebene Systeme berechnet werden. Hierbei wird vorausgesetzt, dass beim

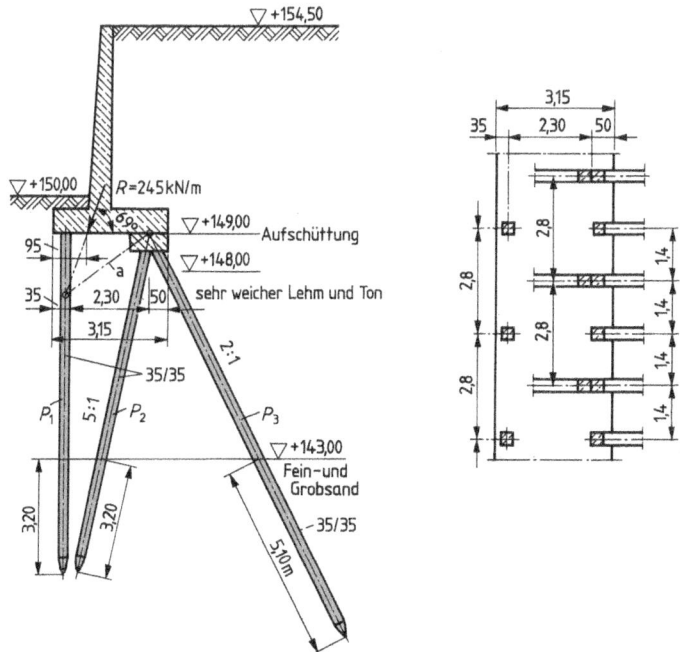

Abb. 3.71 Winkelstützmauer auf Stahlbetonrammpfählen

Überleiten der Kräfte von der Konstruktion (Rostplatte) auf die Pfähle keine zusätzlichen Zwangskräfte eingeleitet werden.

Unter Einzelgründungen können oft Pfahlanordnungen mit einer bzw. zwei Symmetrieebenen gewählt werden. Diese werden sie in beide Richtungen als ebenes System abgebildet und es wird eine Überlagerung der Ergebnisse vorgenommen.

Zur Berechnung der Pfahlkräfte müssen vereinfachende Annahmen bezüglich des Verhaltens der Pfähle und der Pfahlkopfkonstruktion getroffen werden. Die Pfahlkopfkonstruktion wird i. A. als starr angenommen. Die Pfähle werden als Pendelstützen, die an Kopf und Fuß gelenkig gelagert sind, im statischen System definiert. Die Pfähle werden als linear elastische Federn abgebildet. Dabei wird die Nachgiebigkeit des Baugrunds in den Federsteifigkeiten berücksichtigt.

Nach der Art der Berechnung sind statisch bestimmte und statisch unbestimmte Pfahlsysteme zu unterscheiden.

Zu Gruppe der statisch bestimmten Pfahlsysteme zählen alle ebenen (in Sonderfällen auch räumliche) Pfahlsysteme, deren Pfahlkräfte unabhängig von der Steifigkeit der Rostplatte und der Steifigkeit der Pfähle sind. Die Pfahlkräfte werden für diesen Fall durch einfache Kräftezerlegung oder Berechnung bestimmt. Die Pfahlkräfte können nach dem Verfahren von Culmann bestimmt werden (Berechnungsbeispiele s. [28]).

Bei statisch unbestimmten Systemen werden die Pfahlkräfte von den Abmessungen der Pfähle und der Steifigkeit der Pfahlkopfkonstruktion bzw. des Bauwerks beeinflusst. Näherungsweise kann auch hier bei Pfahlrosten mit maximal drei verschiedenen Pfahlrichtungen das Verfahren von Culmann (s. Abb. 3.72) zum Einsatz kommen.

Bei ebenen statisch unbestimmten Pfahlrosten bei einer beliebigen Belastung und einer beliebigen Anordnung der Pfähle kann das Verfahren nach Nökkentved (s. [29]) angewendet werden.

Für die Berechnung statisch unbestimmter räumlicher Pfahlroste steht das Verfahren nach Schiel zur Verfügung (s. [30]).

Abb. 3.72 Culmann'sches Verfahren bei Pfahlrosten bei Pfählen mit drei Pfahlrichtungen

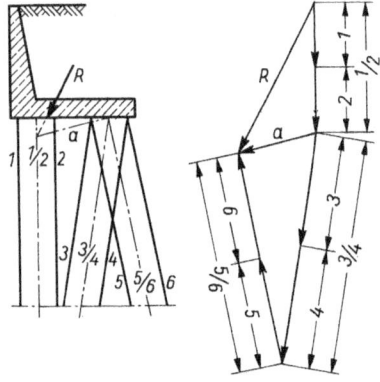

3.9 Kombinierte Pfahl-Plattengründung

Die Kombinierte Pfahl-Plattengründung (KPP) ist ein Pfahlgründungssystem, dass sehr gut geeignet ist, um sehr hohe Einwirkungen aus den ständigen und temporären Gebäudelasten in setzungsanfälligen Böden sicher in den Baugrund abzuleiten. Die KPP ist ein Gründungssystem, dass sehr häufig im Hochhausbau in Frankfurt am Main (s. Abb. 3.73) zum Einsatz kam und kommt.

Erstmals berichtet wurde über diese Gründungsmethode von Burland (s. [31]). Danach wurde diese Methode angewendet bei der Gründung eines 16-geschossigen Gebäudes im Londoner Ton, eines 30-geschossigen Hochhauses im Frankfurter Ton und des 60-geschossigen Messeturms in Frankfurt.

Abb. 3.74 zeigt den Frankfurter Messeturm nach [32]. Die zu erwartenden Setzungen wurden für Plattengründung mit 40 cm berechnet. Durch die Pfahl-Platten-Gründung reduzierten sie sich auf ca. 15 bis 20 cm. Die 64 Pfähle mit Pfahldurchmessern von jeweils d = 1,3 m wurden auf drei konzentrischen Ringen angeordnet. Die Pfähle übertragen die Lasten überwiegend durch Mantelreibung. Die Pfahlabstände betragen 3 bis 6 d. Um eine gleichmäßigere Pfahlausnutzung zu erzielen, wurden die Pfähle des inneren Ringes länger, die des äußeren kürzer ausgeführt. Da noch keine gesicherten Berechnungswerte vorlagen, wurden für den Ansatz der Mantelreibung und für die Aufteilung der Bauwerkslast auf Pfähle und Platte obere und untere Grenzwerte angesetzt. Bis Mai 1990 hatte sich der Turm um 9 cm gesetzt. Die Durchbiegung der Gründungsplatte betrug max 3,5 cm. Nach leichten Winkelverdrehungen bei Herstellung der Gründungsplatte hatte sich das aufgehende Hochhaus nicht verkantet.

Das primäre Ziel einer KPP ist die Reduzierung von Setzungen und die Verringerung der Setzungsdifferenzen, um die Schiefstellung des Bauwerks zu beschränken.

Abb. 3.73 Hochhaus-Skyline Frankfurt am Main

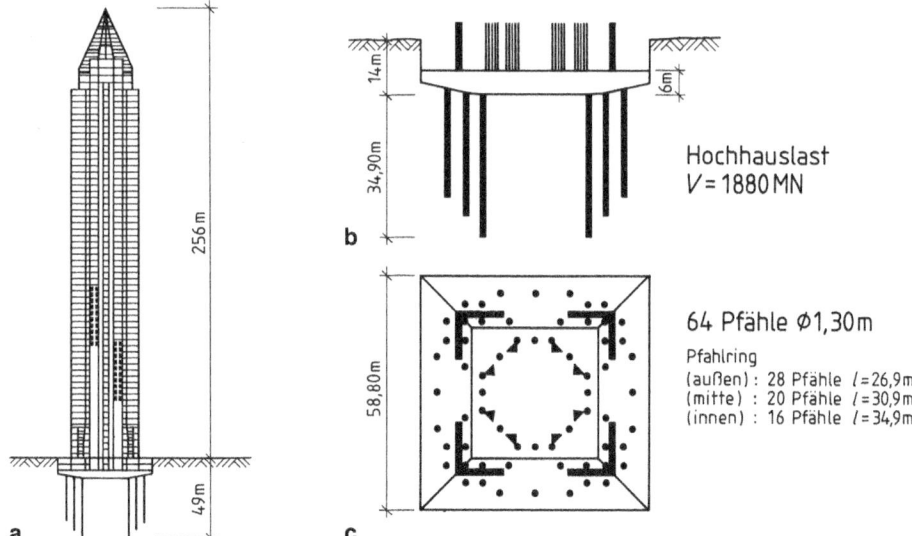

Abb. 3.74 Pfahl-Platten-Gründung des Frankfurter Messeturmes. **a** Schnitt des Gebäudes, **b** Schnitt durch die Gründung, **c** Lageplan

Durch die Reduzierung der Setzungen lassen sich auch die Setzungseinflüsse auf die Nachbarbebauung reduzieren. Ebenso können durch die Reduzierung der Setzungen bei hohen Beanspruchungsübergängen zwischen Hochhaus und Flachtrakten besser beherrscht werden (vgl. [33]).

Ein weiterer Punkt ist die Reduzierung der inneren Beanspruchung der Bodenplatte. Dies erfolgt durch die Anordnung und die Positionierung einer bestimmten Anzahl von Pfählen unterhalb der Bodenplatte, was zu einer Reduzierung der Biegebeanspruchung führen kann und sich somit auch wirtschaftliche Vorteile ergeben (vgl. [33]).

Ein positiver Nebeneffekt bei einer geplanten KPP ist, dass dadurch eine Bodenverbesserung erreicht werden kann. Im Zuge der Herstellung der Baugrube können bereits zuvor hergestellte Gründungpfähle Hebungen im Bereich der Baugrube verringern. Die Pfähle verhindern in dieser Phase durch ihre Wirkung als Zugpfähle eine Entspannung im Baugrund und führen hierdurch zu einer Vermeidung der Entfestigung der oberen Baugrundschichten (vgl. [33]).

Auch kann bei einer KPP die Anwendung von Bauwerks- oder Setzungsfugen durch eine Zentrierung der resultierenden Reaktionskräfte aus dem Baugrund in der Achse der resultierenden Bauwerkslasten bei einem asymmetrischen Gründungskörper vermieden werden (vgl. [33]).

Die größtmögliche Wirkung erzielt eine KPP in einem Baugrund dessen Steifigkeit mit der Tiefe zunimmt. Hierbei gelingt es einen Teil der Bauwerkslast durch die Gründungs-

Abb. 3.75 Interaktionen einer KPP: Pfahl-Boden *(1)* / Pfahl-Pfahl *(2)* / Platte-Boden *(3)* / Pfahl-Platte *(4)*

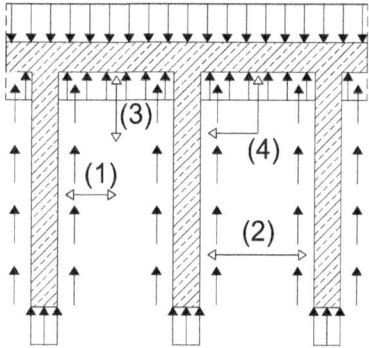

pfähle in tiefere und steifere Schichten zu übertragen, ohne dabei die Tragwirkung der Bodenplatte im oberen Teil des Baugrundes zu verlieren.

Die aktuelle europäische Normung bzgl. einer KPP ist limitiert. Eurocode 7 und DIN 1054 behandeln lediglich Grundlagen, mit deren Inhalt keine Bemessung möglich ist. Es wird vielmehr auf die KPP-Richtlinie verwiesen, die den Entwurf, die Bemessung und den Bau einer KPP regelt.

Für die Berechnung einer KPP wird nach den Interaktionen zwischen dem Boden, den Pfählen und der Platte differenziert, wobei diese in der Berechnung gleichzeitig zu berücksichtigen sind. Entsprechend Abb. 3.75 sind Wechselwirkungen in vier Fällen zu berücksichtigen. Es treten gegenseitige Beeinflussungen zwischen Pfahl-Boden (1), Pfahl-Pfahl (2), Platte-Boden (3) und Pfahl-Platte (4) auf.

Der Gesamtwiderstand wird nach EC 7 über Gl. (3.71) beschrieben und muss die Interaktionen zwischen Baugrund, Fundamentplatte und den Pfählen berücksichtigen.

$$R_{c,tot,d} = \frac{R_{c,tot,k}}{\gamma_{R,V}} \tag{3.71}$$

Abb. 3.76 Interaktionen einer KPP: Pfahlwiderstände und Widerstand der Fundamentplatte

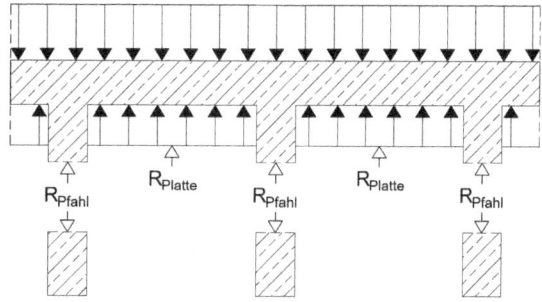

$R_{c,tot,k}$ setzt aus der Summe der jeweiligen Pfahlwiderstände und dem Widerstand der Fundamentplatte zusammen (s. Gl. (3.72) und Abb. 3.76).

$$R_{c,tot,k} = \sum_{n=1}^{m} R_{Pfahl,n}(s) + R_{Platte}(s) \tag{3.72}$$

Der Nachweis der Einzelelemente Sohlplatte und Einzelpfähle darf für den Grenzzustand GEO-2 entsprechend DIN 1054 entfallen.

Weiter beschreibt eine charakteristische Kenngröße die KPP über den Pfahl-Platten-Koeffizienten α_{KPP}. Dieser wird über Gl. (3.73) ermittelt.

$$\alpha_{KPP}(s) = \frac{\sum_{n=1}^{m} R_{Pfahl,n}(s)}{R_{c,tot,k}} \tag{3.73}$$

Ein Koeffizient von 0,0 entspricht einer reinen Flachgründung, wohingegen $\alpha_{KPP} = 1,0$ einer konventionellen Pfahlgründung entspricht. Die KPP-Richtlinie ist gemäß EA-Pfähle bis zu $\alpha_{KPP} \leq 0,9$ anzuwenden und dient einer ersten Abschätzung des potenziellen Setzungsverhaltens.

Die KPP-Richtlinie gilt entsprechend EA-Pfähle für überwiegend vertikal belastete KKP. In Fällen, in denen unter der Platte Baugrundschichten mit relativ geringer Steifigkeit anstehen oder bei denen geschichteter Baugrund mit einem Steifigkeitsverhältnis der oberen zur unteren Schicht von $E_{S,oben}/E_{S,unten} \leq 1/10$ ansteht oder in Fällen in denen $\alpha_{KPP} > 0,9$ ist, besteht nach EA-Pfähle keine Gültigkeit der KPP-Richtlinie.

Der Grenzzustandsnachweis einer KPP ist aufgrund der komplexen Interaktionen zwischen Boden, Pfahl und Platte mit analytischen Verfahren nicht empfehlenswert. Für die Modellierung und Bemessung sind hier numerische Verfahren sinnvoll und haben sich als geeignet erwiesen (s. Abb. 3.77, 3.78 und 3.79).

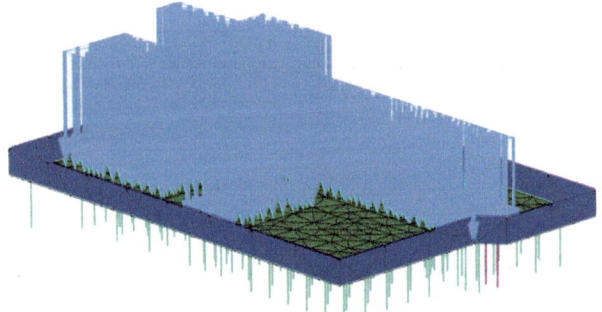

Abb. 3.77 Numerisches Berechnungsmodell einer KPP: Einwirkungen auf die Fundamentplatte

3.10 Pfahl-Integritätsprüfungen

Abb. 3.78 Numerisches Berechnungsmodell einer KPP: Darstellung Fundamentplatte und Pfähle

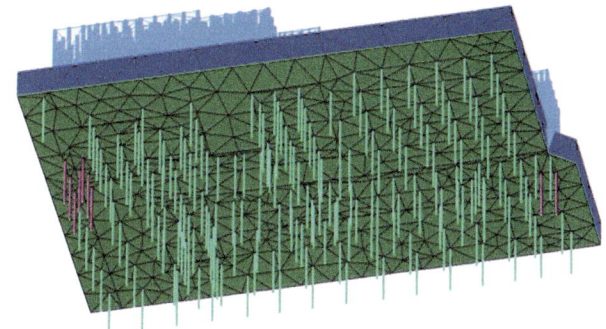

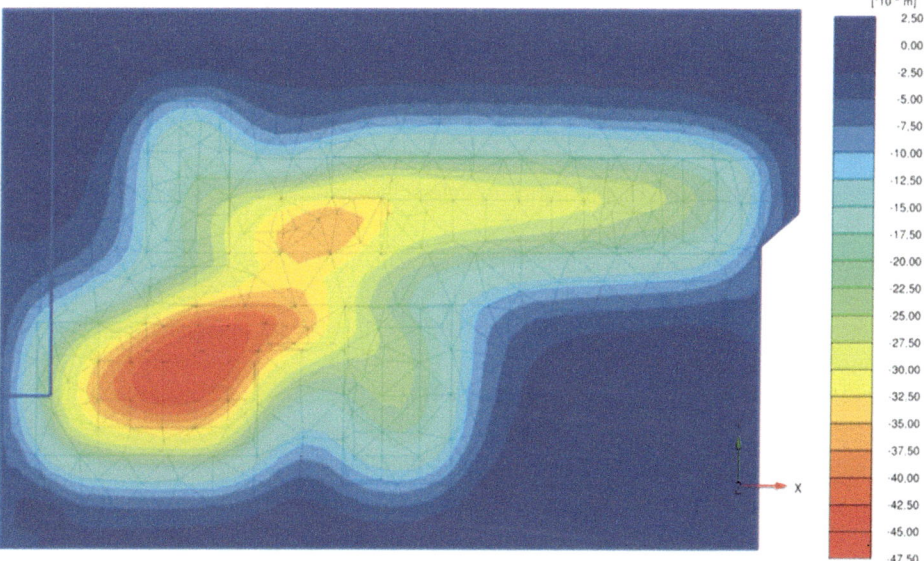

Abb. 3.79 Numerisches Berechnungsmodell einer KPP: Darstellung der Setzungen

3.10 Pfahl-Integritätsprüfungen

Pfähle können die ihnen übertragenen Lasten nur dann sicher in den Baugrund übertragen, wenn sie fehlerfrei sind. Rammpfähle dürfen z. B. beim Einrammen nicht beschädigt werden, Ortbetonpfähle müssen sachgemäß hergestellt sein. Werden statische Probebelastungen (s. Abschn. 3.6.1) durchgeführt, so wird hierbei auch die Integrität der Pfähle geprüft. Da statische Probebelastungen sehr aufwendig und kostspielig sind, wurden andere Methoden z. B. dynamische Pfahltestverfahren entwickelt, die eine einfachere Überprüfung ermöglichen.

Bei den dynamische Pfahltestverfahren wird der Pfahlkopf durch einen Schlag (Stoß) dynamisch belastet und am Pfahlkopf eine Stoßwelle ausgelöst. Sie wird nach Durchlaufen des Pfahles als Zugwelle reflektiert. Bei gebrochenen Pfählen erfolgt eine Teilreflektion an der Bruchstelle, bei Ortbetonpfählen bewirken z. B. Änderungen der Pfahldicke und der Betongüte Abweichungen.

Gemessen werden die Geschwindigkeit der Stoßwelle, die Intensität der Reflexionen sowie die zugehörigen Laufzeiten der Stoßwellen im Pfahl bis zum Pfahlkopf.

Nach der Prüfmethode sind neben der rammbegleitenden Prüfung die Prüfung mit Handhammerschlag (Low-Strain-Prüfung) und die Prüfung mit Rammhammerstoß (High-Strain-Prüfung, s. Abschn. 3.6.2 und EA-Pfähle) zu unterscheiden. Neben der Bezeichnung Prüfung mit Hammerschlag sind auch die Bezeichnungen impact echo testing oder TNO-Methode gebräuchlich.

Ebenso können zur Integritätsprüfung die zerstörungsfreie Ultraschallmethode zur Prüfung des Betons im Pfahlschaft (Cross-Hole-Methode) oder Kernbohrungen im Pfahl mit Kernentnahme zum Einsatz kommen (s. EA-Pfähle).

Mit der Low-Strain-Prüfung können nach [34] folgende Schäden bzw. Unregelmäßigkeiten erfasst werden:

- Fehlstellen entlang des Pfahlschaftes in unterschiedlichen Ausprägungsformen,
- Scherflächen unbewehrter Pfähle,
- Querschnittsminderungen, beispielsweise an Schichtgrenzen,
- Abweichungen von der planmäßigen Solllänge,
- Geringe Wellenausbreitungsgeschwindigkeit als Hinweis auf mangelhafte
- Betonqualität,
- Einschnürungen infolge fehlerhafter Herstellung.

Für die Prüfung muss der Pfahlkopf frei zugänglich sein. Dazu wird bis auf den gesunden Beton abgestemmt. Aufzunehmen sind normalerweise mehrere Messsignale an verschiedenen Stellen der horizontalen Pfahloberfläche und miteinander zu vergleichen.

In der Regel wird die aus einer gemessenen Beschleunigung berechnete Geschwindigkeit des Pfahlkopfes ausgewertet. Zur Beurteilung werden die Daten als Geschwindigkeits-Zeit-Diagramm aufbereitet.

Nach EA-Pfähle wird empfohlen bei der Beurteilung in 4 Ergebnisklassen zu unterscheiden:

- Klasse A1: Die Messung zeigt keine Impedanzveränderung.
- Klasse A2: Die Messung zeigt keine Impedanzminderung.
- Klasse A3: Das Signal zeigt einen unvollständigen Wellendurchgang aufgrund einer unplanmäßigen geringen Impedanzabnahme.
- Klasse B: Die Messung weist auf einen erheblichen Mangel hin.
- Klasse 0: Das Signal ist nicht auswertbar.

Die Auswertung der Messergebnisse erfordert bei den Prüfverfahren große Erfahrung. Sie sollte daher nur durch einen Fachmann erfolgen.

Nach dieser Methode können kostengünstig und schnell zahlreiche Pfähle pro Tag geprüft werden. Es ist daher allein durch Vergleich der Ergebnisse (bei gleichen Pfählen in gleichem Baugrund) möglich auf Fehlstellen in den Einzelpfählen zu schließen.

3.11 Normen und Empfehlungen

- DIN EN 1536:2015-10: Ausführung von Arbeiten im Spezialtiefbau – Bohrpfähle; Deutsche Fassung EN 1536:2010+A1:2015.
- DIN EN 1538:2015-10: Ausführung von Arbeiten im Spezialtiefbau – Schlitzwände; Deutsche Fassung EN 1538:2010+A1:2015.
- DIN EN 1991-1-7:2010-12: Eurocode 1: Einwirkungen auf Tragwerke – Teil 1-7: Allgemeine Einwirkungen – Außergewöhnliche Einwirkungen; Deutsche Fassung EN 1991-1-7:2006+AC:2010.
- DIN EN 1993-5:2010-12: Eurocode 3: Bemessung und Konstruktion von Stahlbauten – Teil 5: Pfähle und Spundwände; Deutsche Fassung EN 1993-5:2007+AC:2009.
- DIN EN 1993-5/NA:2010-12: Nationaler Anhang – National festgelegte Parameter – Eurocode 3: Bemessung und Konstruktion von Stahlbauten – Teil 5: Pfähle und Spundwände.
- DIN EN 1997-1:2014-03: Eurocode 7 – Entwurf, Berechnung und Bemessung in der Geotechnik – Teil 1: Allgemeine Regeln; Deutsche Fassung EN 1997-1:2004+AC: 2009+A1:2013.
- DIN EN 1997-1/NA:2010-12: Nationaler Anhang – National festgelegte Parameter – Eurocode 7: Entwurf, Berechnung und Bemessung in der Geotechnik – Teil 1: Allgemeine Regeln.
- DIN EN 1998-5:2010-12: Eurocode 8: Auslegung von Bauwerken gegen Erdbeben – Teil 5: Gründungen, Stützbauwerke und geotechnische Aspekte; Deutsche Fassung EN 1998-5:2004.
- DIN EN 1998-5/NA:2021-07: Nationaler Anhang – National festgelegte Parameter – Eurocode 8: Auslegung von Bauwerken gegen Erdbeben – Teil 5: Gründungen, Stützbauwerke und geotechnische Aspekte.
- DIN EN 12699:2015-07: Ausführung von Arbeiten im Spezialtiefbau – Verdrängungspfähle; Deutsche Fassung EN 12699:2015.
- DIN EN 14199:2015-07: Ausführung von Arbeiten im Spezialtiefbau – Mikropfähle; Deutsche Fassung EN 14199:2015, Berichtigung zu DIN EN 14199:2015-07.
- DIN EN 14199 Berichtigung 1:2016-09: Ausführung von Arbeiten im Spezialtiefbau – Mikropfähle; Deutsche Fassung EN 14199:2015.
- DIN EN ISO 22477-1:2019-12: Geotechnische Erkundung und Untersuchung – Prüfung von geotechnischen Bauwerken und Bauwerksteilen – Teil 1: Statische axiale Pfahlprobebelastungen auf Druck (ISO 22477-1:2018, korrigierte Fassung 2019-03); Deutsche Fassung EN ISO 22477-1:2018.

- DIN EN ISO 22477-4:2018-07: Geotechnische Erkundung und Untersuchung – Prüfung von geotechnischen Bauwerken und Bauwerksteilen – Teil 4: Pfahlprüfungen: Dynamische Pfahlprobebelastung (ISO 22477-4:2018); Deutsche Fassung EN ISO 22477-4:2018.
- DIN EN ISO 22477-10:2017-10: Geotechnische Erkundung und Untersuchung – Prüfung von geotechnischen Bauwerken und Bauwerksteilen – Teil 10: Pfahlprüfungen: Schnellprüfung mit axialer Druckbelastung (ISO 22477-10:2016); Deutsche Fassung EN ISO 22477-10:2016.
- DIN SPEC 18140:2012-02: Ergänzende Festlegungen zu DIN EN 1536:2010-12, Ausführung von Arbeiten im Spezialtiefbau – Bohrpfähle.
- DIN SPEC 18538:2012-02: Ergänzende Festlegungen zu DIN EN 12699:2001-05, Ausführung spezieller geotechnischer Arbeiten (Spezialtiefbau) – Verdrängungspfähle.
- DIN SPEC 18539:2012-02: Ergänzende Festlegungen zu DIN EN 14199, Ausführung von besonderen geotechnischen Arbeiten (Spezialtiefbau) – Pfähle mit kleinen Durchmessern (Mikropfähle).
- DIN 1054:2021-04: Baugrund – Sicherheitsnachweise im Erd- und Grundbau – Ergänzende Regelungen zu DIN EN 1997-1.
- DIN 4019:2015-05: Baugrund – Setzungsberechnungen.
- DIN 4126:2013-09: Nachweis der Standsicherheit von Schlitzwänden.
- DIN 4126 Beiblatt 1:2013-09: Nachweis der Standsicherheit von Schlitzwänden – Beiblatt 1: Erläuterungen.
- DIN 12794:2007-08: Betonfertigteile – Gründungspfähle; Deutsche Fassung EN 12794:2005+A1:2007.
- DIN 12794 Berichtigung 1:2009-04: Betonfertigteile – Gründungspfähle; Deutsche Fassung EN 12794:2005+A1:2007, Berichtigung zu DIN EN 12794:2007-08; Deutsche Fassung EN 12794:2005+A1:2007/AC:2008.
- Deutsche Gesellschaft für Geotechnik e. V. (2012): Empfehlungen des Arbeitskreises „Pfähle" (EA-Pfähle), 2. Auflage, Ernst & Sohn Verlag, Berlin.
- Richtlinie für den Entwurf, die Bemessung und den Bau von Kombinierten Pfahl-Plattengründungen (KPP-Richtlinie), Verlag Ernst & Sohn, Berlin, 2002.

Literatur

1. Seitz, J. M.; Schmidt, H.-G. (2000): Bohrpfähle, Ernst & Sohn Verlag, Berlin.
2. Liebherr; Firmenprospekt: Lösungen für den Spezialtiefbau, 2020.
3. Bauer; Firmenprospekt: Geräteprogramm / Equipment Programme, 2021/2022.
4. Kaya-Sandt, H.; Borchert, K.-M.; von Quillfeldt, M.; Wedenig, A. (2020): 111 m, 74 m und 37 m lange Probepfähle für den Elbtower in Hamburg, Die längsten Großbohrpfähle Deutschlands für das höchste Bauwerk Hamburgs, Geotechnik 43 (2020), Heft 4, S. 318–324.
5. Maybaum, G.; Mieth, P.; Oltmanns, W.; Vahland, R. (2011): Verfahrenstechnik und Baubetrieb im Grund- und Spezialtiefbau, 2. Auflage, Vieweg + Teubner Verlag, Wiesbaden.

6. SACDAC; Firmenprospekt: HOHLPFÄHLE Weil Qualität nicht nur Vertrauenssache ist, 2005.
7. PAM; Firmenprospekt: DUKTILPFÄHLE EINFACH · WIRTSCHAFTLICH · SICHER, 2018.
8. Stump-Franki Spezialtiefbau GmbH; Firmenprospekt: Frankipfahl NG, 06/2021.
9. Stump-Franki Spezialtiefbau GmbH; Firmenprospekt: Simplexpfahl, 04/2021.
10. Stump-Franki Spezialtiefbau GmbH; Firmenprospekt: Schraubpfahl, 05/2021.
11. Witt, K. J. (2017): Pfahlgründungen in: Grundbau-Taschenbuch, Teil 3: Gründungen und geotechnische Bauwerke, 8. Auflage, Ernst & Sohn Verlag, Berlin.
12. Moormann, C. (2016): Jahresbericht 2016 des Arbeitskreises „Pfähle" der Deutschen Gesellschaft für Geotechnik (DGGT), Bautechnik 93 (2016), Heft 12, S. 956–972.
13. DYWIDAG-SYSTEMS INTERNATIONAL; Firmenprospekt: DYWIDAG Geotechnische Systeme, 04170-0/08.09-web s, ohne Datum.
14. ISCHEBECK TITAN; Firmenprospekt: Mikropfahl TITAN, 481.10.00.16.1/2106/Juni 2021, 06/2021.
15. Dywidag Berichte: Neubau des Karstadt-Hauses im Rhein-Ruhr-Einkaufszentrum Mülheim-Ruhr, Heft 4, 1973.
16. Gebhardt, H.: Deutschlands höchste Brückenpfeiler stehen an der Mosel, Sonderdruck der Fa. Züblin AG, Stuttgart.
17. Steins, L.; Schindler, K. (1968): Fünf Jahre Erfahrung mit der Ausführung von Mast-Sprengpfählen, Baumaschine und Bautechnik, Heft 12.
18. Schenck, W. (1959): Neuzeitliche Uferwände und Kaimauern (nach 1945), Technische Berichte Philipp Holzmann AG, Frankfurt.
19. Böttger, H.; Dücker, H. D. (1992): Umstrukturierung O'Swaldkai, Hansa (1992), Heft 8, S. 804–810.
20. Agatz, A. (1972): Bau der Stromkaje für das Containerkreuz in Bremerhaven, Bautechnik (1972), Heft 5, S. 145–151.
21. Feders, H. (1978): Seitendruck auf Pfähle durch Bewegung von weichen bindigen Böden, Empfehlung für Bemessung, Geotechnik (1978), Heft 2, S. 100–104.
22. Feders, H. (1980): Zuschrift zu Seitendruck auf Pfähle durch Bewegung von weichen bindigen Böden, Empfehlung für Bemessung, Geotechnik (1980), Heft 4, S. 209–210.
23. Moormann, C. (2021): Jahresbericht 2020 des Arbeitskreises „Pfähle" der Deutschen Gesellschaft für Geotechnik (DGGT), Bautechnik 98 (2020), Heft 2, S. 163–185.
24. Bauer, J. (2016): Seitendruck auf Pfahlgründungen in bindigen Böden infolge quer zur Pfahlachse wirkender Bodenverschiebungen, Schriftenreihe Geotechnik, Universität Kassel, Heft 26.
25. Fecker, E. (2018): Geotechnische Messgeräte und Feldversuche im Fels, 2. Auflage, Springer Spektrum.
26. Moormann, C. (2014): Jahresbericht 2014 des Arbeitskreises „Pfähle" der Deutschen Gesellschaft für Geotechnik (DGGT), Bautechnik 91 (2014), Heft 12, S. 922–932.
27. Lüking, J.; Becker, B. (2015): Harmonisierung der Berechnungsverfahren der axialen Tragfähigkeit für offene Profile nach EA-Pfähle und EAU, Bautechnik 92 (2015), Heft 2, S. 161–176.
28. Simmer, K. (1999): Grundbau Teil 2 Baugruben und Gründungen, 18. Auflage, B. G. Teubner, Stuttgart, Leipzig.
29. Nökkentved, C. (1928): Berechnung von Pfahlrosten, Ernst & Sohn Verlag, Berlin.
30. Schiel, F. (1960): Statik der Pfahlwerke, Springer Verlag, Berlin, Heidelberg, New York, Tokyo.
31. Burland, J. B.; Broms, B. B.; De Mello, V. F. B. (1977): Behaviour of Foundations and Structures, Proc. 9th, ISSMFE-Conference, Tokyo, S. 495–546.
32. Sommer, H., Katzenbach, R. (1990): Last-Verformungsverhalten des Messeturmes Frankfurt/Main, Vorträge der Baugrundtagung 1990 in Karlsruhe, S. 371–380.

33. Katzenbach, R. (1993): Zur technisch-wirtschaftlichen Bedeutung der Kombinierten Pfahl-Plattengründung, dargestellt am Beispiel schwerer Hochhäuser, Bautechnik (1993), Heft 3, S. 161–170.
34. Stahlmann, J.; Kirsch, F.; Schallert, M.; Klingmüller, O.; Elmer, K. H. (2004): Pfahltests – modern dynamisch und/oder konservativ statisch?, 5. Kolloquium Bauen in Boden und Fels, Technische Akademie Esslingen, 24.01.–25.01.2006, S. 361–366.

Verankerungen 4

4.1 Geschichtliche Entwicklung und Begriffe

Mit (Baugrund-)Ankern oder Nägeln können große Zugkräfte in den Baugrund eingeleitet werden, so dass das Eigengewicht des Baugrundes bzw. der Baugrundwiderstand im Bereich eines Ankerelementes als Tragwerkselement eingesetzt werden kann.

Die ersten Anker wurden im Bergbau im 19. Jahrhundert verwendet. Im Bauwesen wurden sie ab den 1930er Jahren zunächst in Projekten des Felsbaus bei Bau von Talsperren eingesetzt. Anker für die Anwendung in Lockergesteinen wurden ab 1958 entwickelt, nachdem bei einem Bauprojekt in München festgestellt wurde, dass die Reibungswiderstände beim Herausziehen von fehlgebohrten Ankern in der Größenordnung der planmäßigen Ankerkräfte lagen. In den folgenden Untersuchungen zeigte sich, dass mit Zement ummantelte Stahlstangen im Baugrund ingenieurtechnisch zuverlässig berechenbar hoch belastet und daher planmäßig zum Lastabtrag eingesetzt werden konnten. Damit war es möglich, Baugrubensicherungen ohne Abstützungen innerhalb der Baugrube (z. B. Stahlträger als Aussteifungen) auszuführen. Dies bedeutete eine enorme baubetriebliche Vereinfachung bei der Herstellung der Untergeschosse, da dadurch beim Schalen, Bewehren, Betonieren und anderen Herstellvorgängen keine Stahlstützen mehr im Weg waren.

Die Entwicklung von mit Zement ummantelten Stahlzuggliedern im Baugrund als Tragelemente wurde daher anschließend rasch vorangetrieben. Waren die ersten Anker noch für vorübergehende Zwecke – eben Baugrubensicherungen – entwickelt, folgten bald auch Anwendungen, bei denen solche Anker auch als dauerhafte Tragelemente (sog. Daueranker) eingesetzt werden konnten. Das entscheidende Kriterium hierbei ist die Korrosion des Stahlzugelementes bzw. dessen Schutz davor. Mit solchen Ankern wurden viele Projekte überhaupt erst realisierbar. Eine sehr gute Darstellung der Entwicklung von Ankern ist Ostermayer (vgl. [1] und [2]) enthalten.

Bei den zuvor genannten Ankern handelt sich um vorgespannte Anker, d. h. um Zugglieder aus Stahl, die vergleichbar mit Spannstahl in Spannbetonkonstruktionen aktiv gespannt werden. Ein vorgespannter Anker benötigt somit keine Verschiebungen (des

Baugrundes) um seine Tragwirkung zu entfalten. Verankerungselement ist der im Bohrlochtiefsten liegende Ankerkörper oder Verpresskörper. Dieser besteht üblicherweise aus Zement.

Damit sich der Anker nicht am zu verankernden Bauteil (z. B. Baugrubensicherung) abstützen kann, muss er sich im vorderen Bereich frei bewegen, d. h. dehnen können. Der Ankerkörper muss mechanisch vom Rest einer Zementummantelung des Ankers getrennt sein. Die Länge dieses Ankerkörpers ist beschränkt. Die Länge ergibt sich aus der erforderlichen Ankerkraft. Die übliche Länge von Ankerkörpern beträgt zwischen 3 bis 8 m. Er muss gänzlich außerhalb des zu haltenden Bruchkörpers des Baugrundes liegen.

Für Baugrubensicherungen ist der vorgespannte Verpressanker die Standardlösung zum Abtrag von Lasten aus Erd- und/oder Wasserdruck. Dazu muss aber im Regelfall der Baugrund des Nachbargrundstückes in Anspruch genommen werden. Erst wenn dies aufgrund der Bebauung des Nachbargrundstückes oder aus genehmigungsrechtlichen Gründen nicht möglich ist, werden wieder Aussteifungen zur Sicherung der Baugrubenwände eingesetzt. In Abb. 4.1 ist die Sicherung einer Trägerbohlwand mit einem (freigegrabenen) Anker dargestellt.

Etwa in den 1980er Jahren wurden auch sog. „Nägel" zur Sicherung von z. B. Baugruben eingesetzt. Dazu werden mit Zement ummantelte Stabstähle mit Durchmessern üblicherweise zwischen 16 und 63,5 mm in den Baugrund eingebaut. Bodennägel werden im Gegensatz zu „Vorspannankern" aber nicht aktiv gespannt, sondern sie entfalten erst durch die (kleinen) Bewegung des Baugrundes (Entwicklung des aktiven Erddruckes), vergleichbar mit der („Schlaff"-)Stahlbewehrung von Stahlbetonelementen, ihre Tragwirkung.

Anker und Nägel werden definitorisch nur in Richtung ihrer Längsachse auf Zug beansprucht. Werden solche Tragelemente – hier besonders Nägel – ausschließlich oder auch zusätzlich normal zu ihrer Längsachse auf Schub beansprucht, spricht man eher von einem Dübel.

Abb. 4.1 Freigegrabener vorderer Teil eines Verpressankers zur Sicherung einer Trägerbohlwand

Kostenloses Bemessungstool
www.mygeobrugg.com

NACHHALTIGE BÖSCHUNGSSICHERUNG

TECCO® STAINLESS aus hochfestem Stahldraht

Die rostfreie Variante unseres bewährten TECCO®- Geflechts besticht durch Langlebigkeit. Ob für Fels oder Lockergestein mit dem eigens entwickelten kostenlosen Bemessungstool RUVOLUM® ermitteln Sie schnell die beste Systemkonfiguration.

Weitere Informationen
geobrugg.com/Böschung

Safety is our nature

Bei größeren Durchmessern von auf Zug beanspruchten Bodennägeln oder auch bei Einsatz von Stahlträgern (z. B. I-Profile) handelt es sich um Zugpfähle (Kap. 3). Der Unterschied zwischen Verpressankern und Nägeln oder Zugpfählen ist, dass bei Nägeln und Zugpfählen über deren gesamte Länge durch den sie ummantelnden Zementkörper ein kraftschlüssiger Verbund zum Baugrund hergestellt ist, während dies bei Vorspannankern/Verpressankern nur im Bereich des Anker-/Verpresskörpers der Fall ist.

▶ Wesentliche Herausforderung bei Ankerungen ist, insbesondere bei Dauerankern, der Schutz der hochfesten – und daher sehr korrosionsempfindlichen – Spannstähle gegen Korrosion.

Allen Ankern ist gemein, dass sie in Bohrlöcher im Baugrund eingebaut werden. Dazu stehen verschiedene Arten von Ankerbohrgeräten zur Verfügung. Je nach Standsicherheit bzw. Standzeit des ungesicherten Bohrloches werden diese Bohrungen verrohrt oder unverrohrt ausgeführt. In Lockerböden werden sie im Regelfall daher aber zur Sicherung des Bohrloches gegen Einsturz verrohrt eingesetzt.

4.2 Tragwirkung

4.2.1 Grundlegendes Tragprinzip eines Vorspannankers

▶ Anker können per Definition als Zugelemente definitorisch nur Zugkräfte in Richtung ihrer Längsachse aufnehmen. Sie bewirken keine Veränderung des Baugrundes bzw. seiner Eigenschaften im Sinne einer „Verbesserung" des Baugrundes oder im Sinne einer Erhöhung der Festigkeit des Baugrundes. Die Tragwirkung von Ankern beruht ausschließlich auf einer Beeinflussung des Spannungszustandes des Baugrundes.

Der Zusammenhang soll am Beispiel einer Baugrube verdeutlicht werden. In Abb. 4.2 ist ein Bodenelement in einer Tiefe h unterhalb der Geländeoberfläche dargestellt. Die-

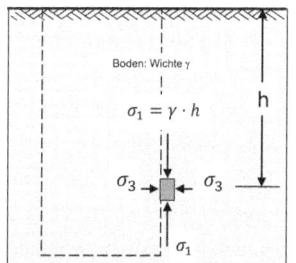
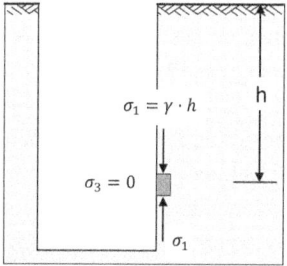
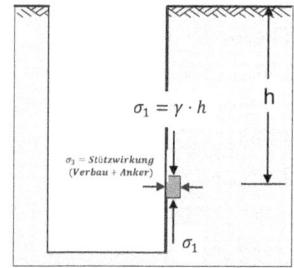

Abb. 4.2 Beispiel Baugrubensicherung, Spannungen am Bodenelement

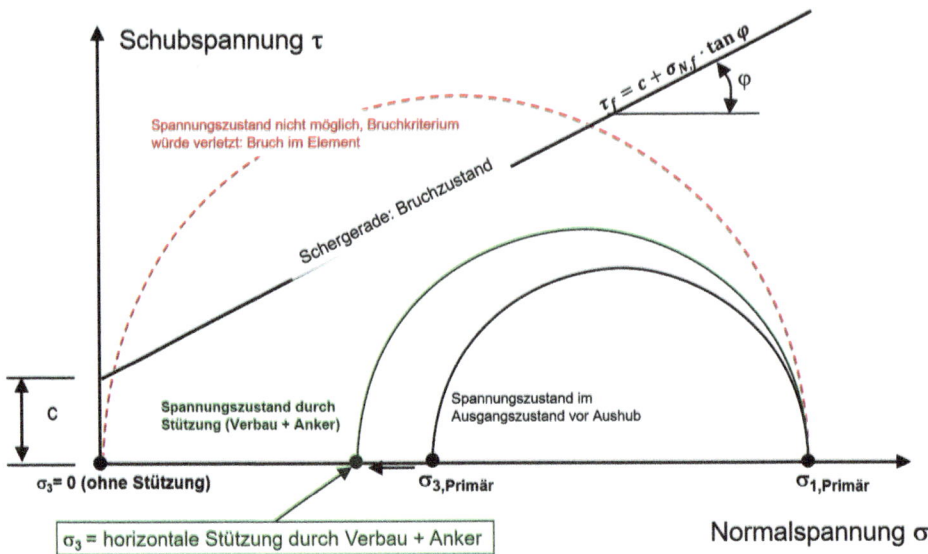

Abb. 4.3 Spannungszustand am Bodenelement im Ausgangszustand (*P*), ohne Stützung (*Rot*), mit Stützung durch Ankerung (*Grün*)

ses Bodenelement wird durch das Gewicht des Bodens oberhalb des Elementes mit einer vertikalen Spannung σ_1 belastet. Infolge des umgebenden Bodens wird die Seitendehnung behindert, das Element wird also auch durch eine horizontale Spannung σ_3 belastet (vgl. auch Teil 1). Dieser Spannungszustand ist der sogenannte Ausgangsspannungszustand. Bei normalkonsolidierten Böden entspricht dies dem Primärspannungszustand. In Abb. 4.3 ist dieser durch seinen Mohr'schen Spannungskreis veranschaulicht.

Im Beispiel wird nun der Boden unmittelbar neben dem Bodenelement für den Aushub einer Baugrube ausgehoben. Dadurch wird dem Bodenelement die horizontale Stützung entzogen, die horizontale Spannung σ_3 wird entsprechend dem Aushub verringert und beträgt im Endaushubzustand Null. Allerdings wird der Boden oberhalb des Elementes nicht verändert, damit bleibt die vertikale Spannung σ_1 unverändert. Auch dieser Spannungszustand ist in Abb. 4.3 dargestellt.

Verletzt der Spannungszustand nun das Bruchkriterium (die Bruchgerade nach Mohr-Coulomb) des jeweiligen Bodens, entsteht ein Bruch, d. h. ein Versagenszustand. Dieser Zusammenhang ist in Abb. 4.3 dargestellt.

Ein solcher Zustand darf aber gar nicht zulassen werden. Es wird dann aus diesem Grund eine Stützung des Bodens (eine Baugrubensicherung/Baugrubenverbau) benötigt. Diese sorgt für eine horizontale Stützung, so dass die horizontale Spannung σ_3 nicht Null wird, sondern einen größeren Wert annimmt. Der Spannungszustand wird somit beeinflusst. Die erforderliche Größe dieser Stützung, in diesem Fall der Verbau, hängt vom

4.2 Tragwirkung

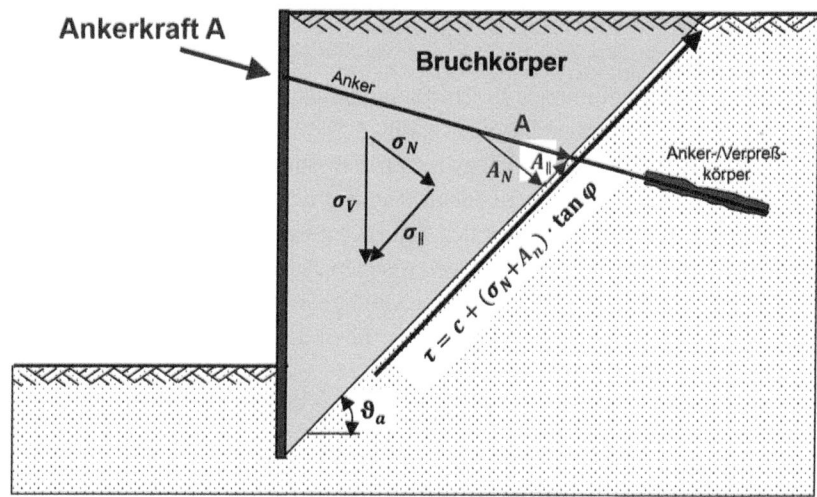

Abb. 4.4 Tragwirkung eines Ankers an einem potenziellen Bruchkörper einer Baugrubensicherung

jeweiligen Boden (d. h. von dessen Festigkeit) und von der Baugrubentiefe ab. Die Stützwirkung, d. h. die horizontale Spannung σ_3 kann nun durch den Einsatz von Ankerkräften auf den Verbau erhöht werden bzw. eine Stützung des Baugrundes kann durch Anker überhaupt erst realisiert werden.

Dieser Gedanke soll nun auf eine Baugrubensicherung übertragen werden. Das Prinzip ist in Abb. 4.4 dargestellt. Wird eine Baugrube ausgehoben, bildet sich aus der Kombination aus der Festigkeit des Baugrundes (Festigkeitsparameter: Reibungswinkel φ und Kohäsion c), dem Erddruck und dem Wandreibungswinkel ein geometrisch definierter Bruchkörper aus. Reicht der aus der Festigkeit des Bodens resultierende Scherwiderstand in der Gleitfläche nicht aus, muss eine zusätzliche Stützung hergestellt werden. Dazu werden im Regelfall (s. o.) Anker eingesetzt.

Bei einem Vorspannanker wird das Stahlzugglied im Bohrlochtiefsten mit Zement verankert. Dieser Ankerkörper muss außerhalb des potenziellen Bruchkörpers liegen. Das Stahlzugglied wird am Kopf an der Baugrubensicherung gespannt. Das Spannwiderlager ist dabei die Baugrubensicherung (der Verbau). Dadurch wird die Spannkraft des Stahlzuggliedes auf den Verbau und damit auch auf den Bruchkörper übertragen. Der Bruchkörper wird durch die Ankerkraft auf die Gleitfläche gepresst. Dadurch wird der Scherwiderstand aus der Reibung in der sich einstellenden Gleitfläche des Bruchkörpers durch den Anteil der Ankerkraft normal zur Gleitfläche erhöht.

Die erforderliche Tragkraft eines Ankers, deren Anzahl und Abstände ergibt sich daher aus der Größe des Bruchkörpers, d. h. der Größe des Erddruckes, und dem ggf. vorhandenen Wasserdruck sowie aus der Festigkeit des Baugrundes.

4.2.2 Krafteinleitung in den Baugrund

Die Zugkräfte des Ankers müssen in den Baugrund eingeleitet werden, das Prinzip soll an einem Verbundanker erläutert werden (Abb. 4.5). Wird der Anker gespannt, werden die Zugkräfte über den Scherverbund zwischen Baugrund und Ankerkörper in den Baugrund eingetragen. Die aufnehmbare Schubspannung und damit die mögliche Ankerkraft hängt also, außer vom Durchmesser des Ankerkörpers und dessen Länge von diesem Scherverbund, also vom Reibungswinkel zwischen Ankerkörper und Boden oder vom Reibungswinkel des Bodens selber ab. Der kleinere Wert ist dabei maßgebend, in der Regel ist das der Reibungswinkel des Bodens. In Böden mit höheren Reibungswinkeln (Kiessande, Kiese und Sande) können bei ansonsten gleichen Verhältnissen daher größere Ankerkräfte realisiert werden als in Böden mit kleinen Reibungswinkeln.

▶ Die aufnehmbare Schubspannung und damit die mögliche Ankerkraft hängt, außer vom Durchmesser des Ankerkörpers und dessen Länge von diesem Scherverbund, vom Reibungswinkel zwischen Ankerkörper und Boden oder vom Reibungswinkel des Bodens selbst ab.

Der Scherverbund hängt wesentlich von der Radialspannung bzw. von der radialen Verspannung des Anker-/Verpresskörpers im Baugrund ab. Die radialen Spannungen werden entweder von den Verpressdrücken durch die Ankerherstellung und/oder durch die Dilatanz des Baugrundes bei der Belastung eines Ankers erzeugt und sind unterhalb einer bestimmten Mindesttiefe unterhalb der Geländeoberfläche weitgehend unabhängig von der Höhe der

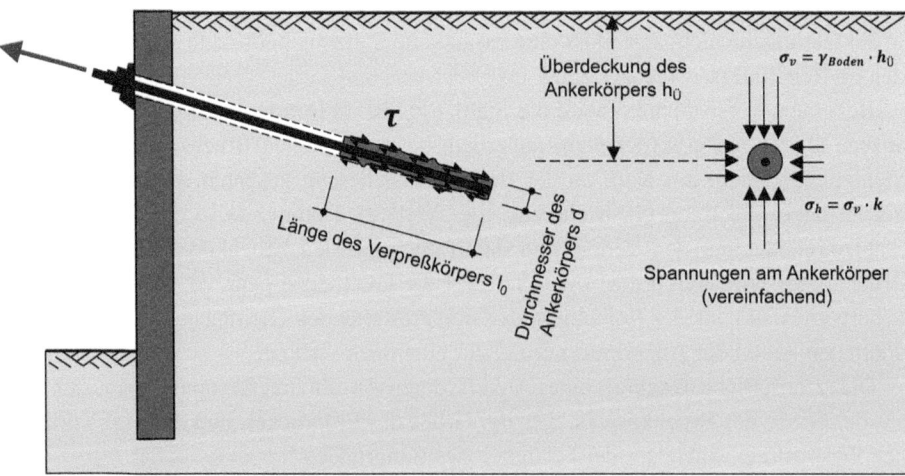

Abb. 4.5 Einleitung der Ankerkräfte in den Baugrund

Überdeckung des Ankerkörpers. Anker benötigen daher immer eine Mindestüberdeckung (s. Abb. 4.5).

Als Erfahrungswert hierfür werden meist vier Meter angenommen.

4.2.3 Nachverpressung von Ankern

Zur Erhöhung des Scherwiderstandes zwischen Anker-/Verpresskörper und dem Boden werden Anker ggf. nachverpresst. Dazu werden eine oder mehrere Verpressleitungen aus Kunststoffschläuchen zusammen mit dem Anker in das Bohrloch eingebaut. Nachdem der Zement des Anker-/Verpresskörpers bereits etwas ausgehärtet ist, im Regelfall etwa einen Tag nach der Herstellung der Anker-/Verpresskörpers (der sog. „Erstverpressung") wird über diese Leitungen Zementsuspension in den Anker-/Verpresskörpers mit Drücken zwischen 5 bis 30 bar eingepresst. Der Anker-/Verpresskörper wird dadurch aufgesprengt. Es bilden sich Längsrisse aus. Die Zementsuspension dringt in die Risse ein, füllt diese und drückt durch den hohen Injektionsdruck den bestehenden Anker-/Verpresskörpers gegen den umgebenden Baugrund. Dadurch wird der Scherwiderstand zwischen Anker-/Verpresskörper und Baugrund erhöht. Außerdem wird Zementsuspension in den Zwischenraum zwischen Boden und Anker-/Verpresskörper eingepresst, wodurch die Verzahnung zwischen Boden und Anker-/Verpresskörper verbessert wird. Das Prinzip der Nachverpressung ist in Abb. 4.6 dargestellt.

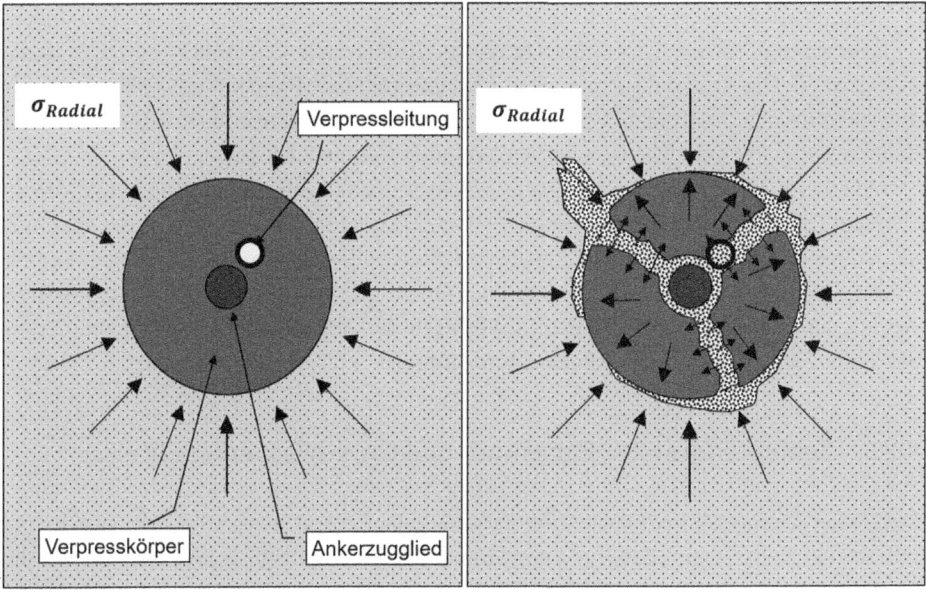

Abb. 4.6 Nachverpressung

▶ Durch Nachverpressen eines Ankers können, besonders in bindigen Böden, die Ankerkräfte durch deutlich vergrößert werden.

Ein Anker-/Verpresskörper kann, je nach Zementsorte, w/z-Wert und der planmäßigen Ankerkraft, in der Regel nach fünf bis sieben Tagen belastet werden. Diese Fristen sind – vergleichbar mit den Ausschalfristen für Stahlbetonelemente – unbedingt einzuhalten und in der baubetrieblichen Planung/Bauzeitenplan zu berücksichtigen.

Da beim Nachverpressen mehr noch als bei der Erstverpressung mit z. T. sehr hohen Drücken gearbeitet wird, müssen Injektionsmenge und Injektionsdrücke überwacht werden, falls in der Umgebung der Verpresskörper Bauwerke (Fundamente, Bodenplatten, Leitungen, Kanäle etc.) vorhanden sind. Auch kann die Geländeoberfläche durch die Nachverpressung angehoben werden. Es sind daher in solchen Fällen Abbruchkriterien für die Nachverpressung zu definieren.

4.2.4 Ankerversagen

Der Scherwiderstand zwischen Ankerkörper und Boden kann bei ausreichend großen Zugkräften überschritten werden. Der Anker wird dann mit dem Ankerkörper aus dem Baugrund herausgezogen. Der Widerstand des Ankers gegen das Herausziehen wird als Herausziehwiderstand bezeichnet.

Neben dem Scherverbund zwischen Ankerkörper und Baugrund kann der Ankerstahl selbst aus dem Anker-/Verpresskörper herausgezogen werden, das bedeutet der Scherverbund zwischen Ankerstahl und Zementkörper überschritten werden.

Weiterhin kann der Ankerstahl selbst durch Überschreiten seiner Zugfestigkeit reißen.

Eine weitere Versagensform besteht an der Auflagerung des Ankers auf oder in der Verbauwand. Die Ankerkräfte müssen durch lastverteilende Platten (sog. Ankerplatten) in die Verbauwände übertragen werden, hierbei ist z. B. bei Betonwänden (Bohrpfahl- und Schlitzwände) das Durchstanzen der Ankerplatten zu untersuchen.

Jede dieser Versagensformen muss in jedem Einzelfall einzeln untersucht und die Sicherheit gegen Versagen nachgewiesen werden. Der ungünstigste Versagensfall bestimmt dann die Bemessung des Verbaus, respektive die Anzahl/den Abstand der Anker. Hierfür sind ggf. Variantenuntersuchungen bzgl. der Größe der Ankerkräfte, der Ankerabstände/Anzahl der Anker, der Ankerlängen, der Längen der Ankerkörper etc. zur Optimierung der Wirtschaftlichkeit eines Verbaus durchzuführen.

4.2.5 Zementaggressive Baugrund- und Grundwasserverhältnisse

Der Anker-/Verpresskörper besteht im Regelfall aus Zement. Dieser befindet sich im unmittelbaren Kontakt zum Baugrund und Grundwasser. Enthält der Baugrund und/oder das Grundwasser zementangreifende Inhaltsstoffe, muss eine entsprechende Zementsorte gewählt werden.

Aggressive Baugrundverhältnisse liegen vor allem dann vor, wenn der Baugrund/das Grundwasser

- Sulfat,
- Kalklösende Kohlensäure,
- Andere organische bzw. Carbonsäuren (z. B. Huminsäuren),
- Mineralsäuren (besonders: Salzsäure, Schwefelsäure, Salpetersäure),
- Ammonium oder
- Magnesium

enthält.

In stark und sehr stark wasserdurchlässigen Böden (Durchlässigkeitsbeiwert $k_f >$ ca. 1×10^{-4} m/s) mit hohen Strömungsgeschwindigkeiten und insbesondere bei Grundwasser, welches kalklösende Kohlensäue enthält, ist der Einsatz von Daueranker meist nicht möglich oder nicht sinnvoll.

Bei sulfathaltigen Baugrund/Grundwasser muss eine sulfatbeständige Zementsorte gewählt werden. Bei Vorliegen von Ammonium (bis zu einer Konzentration von ca. 120 mg NH_4/l) sollte ein Hochofenzementzement eingesetzt werden (vgl. [1]). In anderen Verhältnissen lässt sich die Korrosion des Zementes des Verpresskörpers im Wesentlichen nur über den Zutritt des Sicker-/Grundwassers zum Verpesskörper und damit über die Wasserdurchlässigkeit des Baugrundes vermindern/verhindern.

▶ Bei der Baugrunderkundung sind Untersuchungen auf aggressive Zement- bzw. Stahlinhaltsstoffe und der Grundwasserströmungsverhältnisse einzuplanen.

4.3 Übersicht der Arten von Ankern

4.3.1 Einteilungen

Anker werden nach verschiedenen Kriterien eingeteilt bzw. bezeichnet:

1. Nach der Art des Stahlzuggliedes:
   - Litzenanker
   - Einstabanker
   - Nägel
   - Bündelanker
2. Nach der Art der Tragwirkung:
   - Vorspannanker
   - Schlaffstahlanker bzw. Nägel

3. Nach der Art der Ankerkörpers:
   - Nachverpressbare Anker
   - Nicht nachverpressbare Anker
4. Nach der Bauart:
   - Verbundanker
   - Druckrohranker
5. Nach der Dauer der Nutzung:
   - Kurzzeitanker oder Temporäranker
   - Daueranker
6. Nach der Art des Baugrundes:
   - Bodenanker bzw. Anker im Lockergestein
   - Felsanker bzw. Anker im Fels/Festgestein

4.3.2 Stahlzugglieder

Litzenanker bestehen aus Bündeln aus runden, glatten, kaltgezogenen Drähten aus hochfestem, bauaufsichtlich zugelassenem Stahl (Spannstahl) mit einem Durchmesser im Regelfall von jeweils 5 mm. Jeweils sieben Drähte werden zu einer geseilten Litze gebündelt (s. Abb. 4.7). Der Durchmesser einer Litze beträgt in der Regel 0,6 Zoll (etwa 15,2 mm). Die Stahlgüte ist in der Regel St 1570/1770. Es gibt aber auch Litzenanker mit Stahlgüten St 1760/1860.

Einstabanker bestehen aus runden Einzelstählen mit Durchmessern zwischen 26,5 bis 36,5 mm der Stahlgüte St 835/1030 bis St 1080/1230 mit einem aufgewalzten Rechtsgrobgewinde.

Nägel bestehen im Gegensatz zu Einstabankern aus Betonstabstählen der Stahlgüte St 500 S mit Durchmessern zwischen 20 und 63,5 mm und einem Linksgrobgewinde

Abb. 4.7 Litzenanker mit zwei Litzen

Abb. 4.8 Einbau eines Nagels (GEWI-Anker) in ein Bohrloch

(Stähle mit Durchmesser 63,5 mm haben die Stahlgüte St 555/700). Sie werden in der Praxis häufig auch als GEWI-Anker bezeichnet. In Abb. 4.8 ist der Einbau eines solchen Ankers in ein Bohrloch abgebildet.

Bündelanker (oder Mehrstabanker) bestehen aus Bündeln von einzelnen Rundstählen (Drei bis zwölf Stück) der Stahlgüte St 1420/1570.

4.3.3 Arten der Tragwirkung

Vorspannanker werden, vergleichbar mit Spannstahl in Spannbetonkonstruktionen, vor der Einwirkung aus Erd- und ggf. Wasserdruck aktiv gespannt. Der potenzielle Bruchkörper wird dadurch auf die potenzielle Gleitfläche gepresst, wodurch dort der Scherwiderstand gegen dessen Abgleiten infolge der Erhöhung der Normalspannungen vergrößert wird. Das Verankerungselement ist der im Bohrlochtiefsten liegende Anker-/Verpresskörper.

Im Gegensatz dazu entwickeln nicht vorgespannte Anker ihre Tragwirkung erst durch Bewegungen des Baugrundes in Richtung der Längsachse der Anker. Sie sind in der Regel vollständig mit dem Zement des Ankerkörpers ummantelt. Die Erddruckkräfte werden dann über die gesamte Länge durch Reibung auf den Anker übertragen. Es werden im Regelfall Stabstähle als Zugglieder verwendet. Die beiden Tragprinzipien sind in Abb. 4.9 dargestellt.

Abb. 4.9 Prinzipien der Tragwirkung

Bezeichnungen von im Regelfall nicht vorgespannten Ankern in der Praxis sind:

- Bodennägel,
- GEWI-Anker,
- Felsnägel, auch als Felsanker oder Gebirgsanker bezeichnet.

Diese im deutschen Sprachraum in der Praxis verbreiteten Bezeichnungen sind insbesondere im Fall der Felsnägel ggf. irreführend, da es zu Verwechslungen mit vorgespannten Ankern im Fels kommen kann, die eben auch als „Felsanker" bezeichnet werden. Die englische Bezeichnung Bolzen („Bolt", „Rock bolt") drückt hier wesentlich besser die Tragwirkung aus.

Vorspannanker können nur in Richtung ihrer Längsachse auf Zug beansprucht werden, Nägel auch senkrecht zu ihrer Achse auf Schub dazu, so dass sie als Dübel wirken.

4.3.4 Arten der Ankerkörper

Zunächst wird bei allen Ankern ein Ankerkörper dadurch hergestellt, dass Zementsuspension in das Bohrloch gepresst wird. Man spricht hier von der sog. „Erstverpressung" oder dem „Verpresskörper". Wird in diesen Anker-/Verpresskörper nochmals Zementsuspension eingepresst, handelt es sich um eine „Nachverpressung" (vgl. Abschn. 4.2.3).

Das Wirkprinzip nachverpresster Anker im Vergleich zu nicht nachverpressten liegt in der Vergrößerung der Ankertragfähigkeit infolge der Erhöhung der Radialspannungen (Abschn. 4.2.3, Abb. 4.6).

Bei nicht nachverpressten Ankern wird die Verbundwirkung ausschließlich durch die Erstverpressung gewährleistet. Damit ist die Herstellung des Ankerkörpers gemeint.

In grobkörnigen Boden mit nur geringem Anteil an Feinkorn (Sande und Kiese) wird durch die Erstverpressung in der Regel eine ausreichend hohe Verbundwirkung zwischen dem Zementstein des Anker-/Verpresskörpers und dem Boden erzielt. Mögliche Steigerungen der Ankertragfähigkeit in solchen Böden stehen meist nicht im wirtschaftlichen Verhältnis zum Aufwand einer Nachverpressung.

In Böden oder Festgesteinen, die vergleichsweise stärker verformbar und deren Spannungs-Dehnungsverhalten mehr oder weniger ausgeprägt zeitabhängig ist, kann die Ankertragfähigkeit mit ein- oder auch mehrfacher Nachverpressung deutlich erhöht werden. Erfahrungsgemäß beträgt die Erhöhung 20 bis 40 %. Sinnvoller im Hinblick auf die Erhöhung der Tragfähigkeit ist meist ein mehrmaliges Nachverpressen statt einem einmaligen. Allerdings entsteht dadurch ein größerer Aufwand. Ebenso muss der Baufortschritt beachtet werden. Die Nachteile in Bezug auf die Wirtschaftlichkeit und die Bauzeit im Vergleich zu den Vorteilen der Erhöhung der Tragfähigkeit müssen in jedem Projekt einzeln betrachtet werden.

4.3.5 Bauarten

Bei Verpressankern werden zwei Bauarten unterschieden:

- Verbundanker
- Druckrohranker

Diese unterscheiden sich im Wesentlichen durch die Art der Kraftübertragung zwischen Stahlzugglied und Zementkörper. Die Bauarten sind in Abb. 4.10 dargestellt.

Bei Verbundankern wird die Ankerkraft durch den Formschluss/Verbund zwischen Ankerstahl und Zementstein des Anker-/Verpresskörpers auf diesen übertragen. Durch die planmäßige Zugdehnung des Ankerstahls im Zementkörper entstehen in diesem Zugrisse quer zur Längsachse des Ankers (s. Abb. 4.11). Diese Risse sind Hinblick auf den Korrosionsschutz kritisch. Daher werden Verbundanker meist für vorübergehende Zwecke (Temporäranker, Kurzzeitanker) z. B. bei der Sicherung von Baugruben eingesetzt.

Bei Druckrohrankern wird der Verbund zwischen dem Zement des Anker-/Verpresskörpers durch den Einbau eines Druckrohres (geripptes Stahlrohr) um den Ankerstahl herum vermieden. Zur Kraftübertragung wird am Ende des Ankers eine Bodenplatte befestigt. Diese überträgt die Ankerkräfte als Druckkräfte über das Druckrohr auf den Anker-/Verpresskörper, so dass keine Zugspannungen in diesem entstehen können und somit auch keine Zugrisse auftreten (Abb. 4.12). Damit ist ein deutlich besserer Schutz gegen Korrosion des Stahlzuggliedes konstruktionsbedingt gegeben.

Druckrohranker sind aufwändiger in der Herstellung und aufwändiger einzubauen, so dass sie meistens für dauerhafte Zwecke, bei denen der Korrosionsschutz eine entscheidende Rolle spielt, eingesetzt werden.

Verbundanker

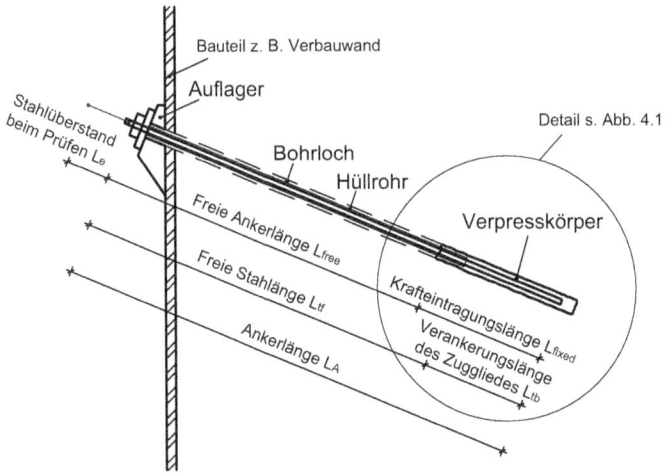

Druckrohranker

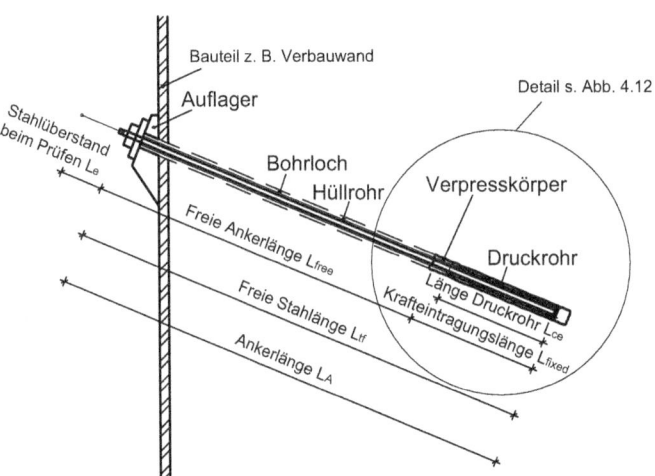

Abb. 4.10 Schema Verbund- und Druckrohranker

4.3 Übersicht der Arten von Ankern

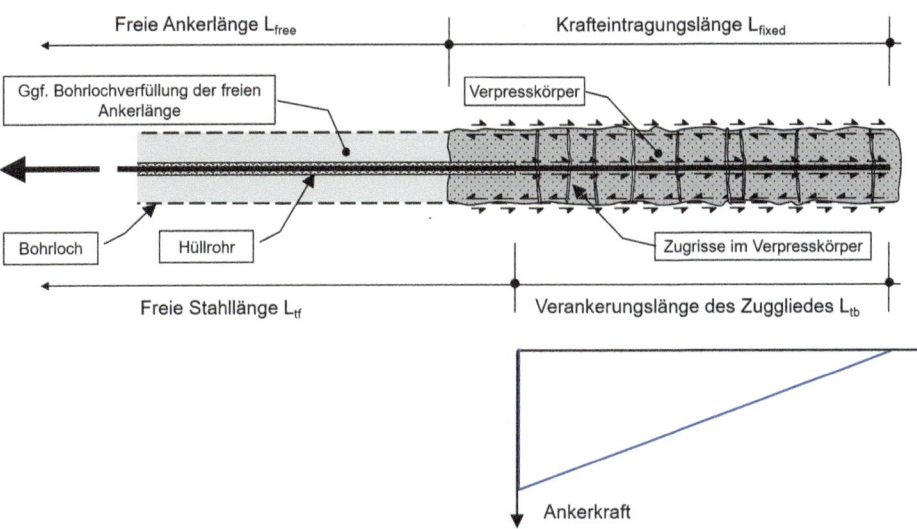

Abb. 4.11 Prinzip Verbundanker

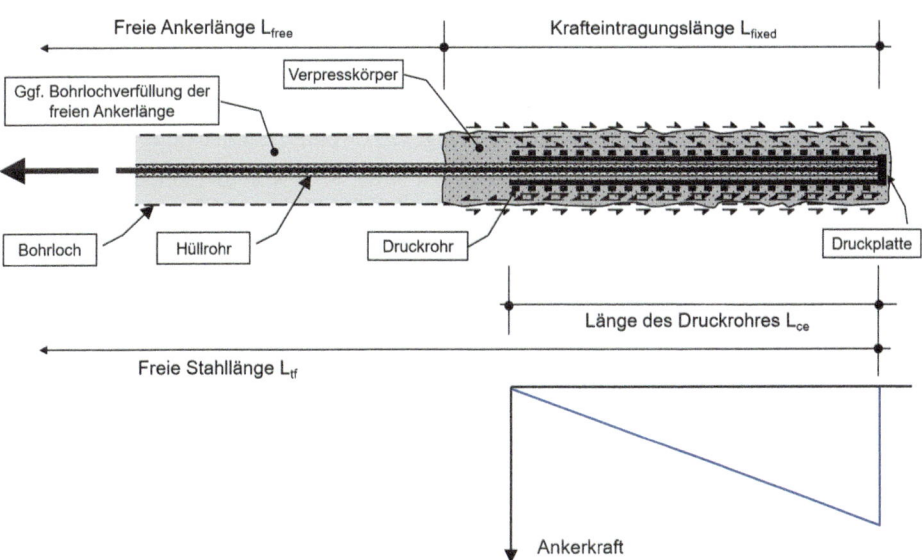

Abb. 4.12 Prinzip Druckrohranker

4.3.6 Kurzzeitanker und Daueranker

Es wird zwischen Ankern für vorübergehende Zwecke, den sog. Kurzzeitankern (Temporärankern) und Ankerungen für dauerhafte Zwecke unterschieden. Der wesentliche Unterschied liegt im Schutz des Stahlzuggliedes vor Korrosion. Die zeitliche Grenze zwischen Kurzzeit- und Daueankern liegt bei zwei Jahren.

Bei Daueankern muss nach DIN EN 1537:2014-07 der Korrosionsschutz um das Zugglied aus mindestens einer einzelnen durchgehenden Schicht eines Korrosionsschutzmaterials bestehen, das während der geplanten Nutzungsdauer des Ankers nicht zersetzt wird.

Das Gesamtsystem des Korrosionsschutzes besteht aus entweder einer einzelnen Schutzhülle, deren Unversehrtheit dann an jedem eingebauten Anker in-situ geprüft werden muss oder aus zwei Schutzhüllen, bei denen die zweite unversehrt bleibt, falls die erste Schutzhülle beim Ankereinbau oder beim Spannen beschädigt wird (sog. „Doppelter Korrosionsschutz").

Bei Kurzzeitankern sind alle Stahlteile, insbesondere aber die Stahlzugglieder, mit einem Korrosionsschutz so herzustellen, dass während einer planmäßigen Nutzungsdauer von mindestens zwei Jahren Korrosionsprozesse gehemmt oder verhindert werden (vgl. DIN EN 1537:2014-07). Enthält der Boden oder das Grundwasser beton- und/oder stahlaggressive Inhaltsstoffe, sind für alle Teile des Verpressankers geeignete Maßnahmen für den Korrosionsschutz zu ergreifen. Beispiele für Maßnahmen zum Korrosionsschutz sind im Anhang C der DIN EN 1537:2014-07 aufgeführt.

Falls Kurzzeitanker unplanmäßig länger eingesetzt werden müssen (z. B. durch Verzögerungen in der Bauausführung, Baustopps o. ä.) oder Veränderungen der Umgebungsbedingungen (z. B. beton- und/oder stahlaggressive Inhaltsstoffe) eintreten, muss die Funktionstüchtigkeit/die Tragfähigkeit der Anker geprüft und regelmäßig überwacht werden. Ein Prüf- und Überwachungsplan muss für jeden Einzelfall aufgestellt werden.

4.3.7 Anker in Lockerböden und in Festgestein

Vorspannanker in Lockerböden und in Festgesteinen unterscheiden sich hinsichtlich der Bohrtechnik der Ankerbohrungen. Vorgespannte Verbund- oder Druckrohranker werden ansonsten so ausgeführt wie im Lockergestein. Auch Stabanker/Nägel werden in Festgesteinen sowie Lockerböden hergestellt.

Besondere Beachtung müssen aber die im Gebirge vorhandenen Trennflächen (Schichtfugen, Klüfte oder Schieferungsfugen) im Hinblick auf die benötigte Menge der Zementsuspension zur Herstellung der Verpresskörper finden. Sind z. B. offene Klüfte mit großen Öffnungsweiten vorhanden, kann die Zementsuspension bei Erst- und Nachverpressung des Verpresskörpers darin eingepresst werden. Der Verpresskörper wird dann nicht vollständig ausgebildet.

Beim Bohren in veränderlichen Gesteinen (häufig sind dies Tonsteine) wird bei Verwendung von Wasser als Bohrspülung ggf. eine Art Schmierfilm aus Bohrmehl an der

Bohrlochwand abgelagert. Dies kann zu einer erheblichen Verringerung des Scherverbundes zwischen Anker-/Verpresskörper und damit zu einer erheblichen Verringerung der Ankerkraft führen. In solchen Gesteinen muss dann ggf. Druckluft als Bohrspülung gewählt werden. Dies ist mit einer erheblichen Staubentwicklung verbunden.

Werden Nägel in Festgesteinen eingesetzt, stehen aufgrund der meist, zumindest kurzzeitig, stabilen Bohrlöcher eine Reihe von anderen Möglichkeiten der Verankerung zur Verfügung. Die einfachste Art des Felsankers sind meist 3 bis 8 m lange Einstabanker, die auf der ganzen Länge mit Zementmörtel kraftschlüssig mit dem Gebirge verbunden werden. Sie werden in der Praxis auch als Gebirgsanker oder SN-Anker (nach dem ersten Projekt, bei dem sie eingesetzt wurden, dem Kraftwerk Store-Norfors in Schweden) bezeichnet. Übernehmen solche Anker auch oder ausschließlich Kräfte senkrecht zu ihrer Längsachse werden sie auch als Spieße bezeichnet. Daneben werden, wenn eine Ankertragwirkung sehr schnell vorhanden sein muss, Kunstharzklebeanker eingesetzt. Der Ankerkörper besteht dann nicht aus Zement, sondern aus Kunstharz. Ebenfalls können Spreizhülsenanker eingesetzt werden, wenn eine Ankertragwirkung sehr schnell vorhanden sein muss. Anstatt eines Ankerkörpers aus Zement befindet sich am Ende des Ankers eine Spreizhülse aus Stahl, die durch Drehen des Ankers aufgespreizt wird und dann sofort belastet werden kann. Voraussetzung hierfür ist, dass das Gestein die Spreizkräfte aufnehmen kann.

Diese Art der Anker wird im Regelfall nicht vorgespannt. Sie haben an ihrem Kopf ein Gewinde und werden dann mit einer Kopfmutter fest angezogen. Die genannten Anker finden ihr Haupteinsatzgebiet im Tunnelbau.

Für eine ausführliche Darstellung von Felsankern wird auf weiterführende Literatur [1–3] verwiesen.

4.3.8 Selbstbohranker

Für Anker bzw. Bohrungen in nicht standsicheren Baugrundsituationen können auch sog. Selbstbohranker eingesetzt werden. Das Bohrgestänge, besser: das Bohrrohr, ist gleichzeitig das Zugglied. Die Bohrung wird unmittelbar nach dem Bohrvorgang über das Bohrrohr verpresst. Auch die Bohrkrone verbleibt in der Bohrung und wird mitverpresst. Solche Anker werden vor allem für temporäre Zwecke eingesetzt.

4.4 Herstellung

4.4.1 Verfahren

Anker werden in Bohrungen im Baugrund hergestellt. Die Bohrungen dazu werden je nach Art des Bodens/Gesteins i. A. im Schlag-, Dreh-, Spül- oder Schneckenbohrverfahren hergestellt. Je nach Standsicherheit bzw. Standzeit des ungesicherten Bohrloches werden

Abb. 4.13 Verpressanker (Temporäranker) mit Abstandhaltern

diese Bohrungen verrohrt oder unverrohrt ausgeführt. In Lockerböden werden sie im Regelfall zur Sicherung des Bohrloches gegen Einsturz aber verrohrt ausgeführt.

Für Standardanker beträgt der Durchmesser der Bohrungen i. d. R. zwischen 70 bis 150 mm. Nach Herstellung der Bohrung wird das Zugglied in das Bohrloch eingeführt. Damit sichergestellt ist, dass das Zugglied zentrisch in der Bohrung liegt, werden in regelmäßigen Abständen Abstandhalter angebracht (s. Abb. 4.13).

Im Anschluss wird der Anker-/Verpresskörper durch Einpressen von Zementsuspension/-mörtel hergestellt. Je nach Ausführung und Schutz des Ankers kann die freie Ankerlänge auch noch mit Zementsuspension verfüllt werden. Jedoch muss dieser Abschnitt des Ankers mechanisch wirksam vom Anker-/Verpresskörper getrennt bleiben. Die ggf. vorhandene Verrohrung kann jetzt gezogen werden. Nachdem der Zement des Anker-/Verpresskörpers bereits etwas ausgehärtet ist, kann ggf. eine erforderliche Nachverpressung beginnen. Nach der Herstellung und ggf. Nachverpressung des Anker-/Verpresskörpers kann der Anker gespannt und anschließend festgelegt werden. Die Arbeitsschritte sind in den Abb. 4.14a–d dargestellt.

In Abb. 4.15 ist das Bohren eines Ankers abgebildet. Die Abb. 4.16 zeigt das Einführen eines Ankers in ein verrohrtes Bohrloch. Der Anker liegt gewickelt auf einer drehbaren Haspel. In Abb. 4.17 ist ein Litzenanker mit vier Litzen bereits verpresst und der Ankerkopf aufgesteckt. Die Abb. 4.18 zeigt eine Spannpresse beim Anspannen eines Litzenankers.

4.4 Herstellung

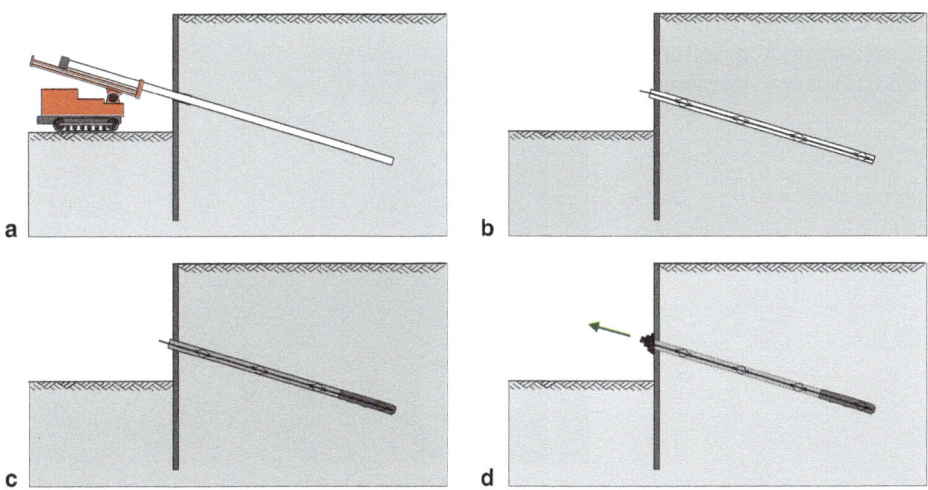

Abb. 4.14 Arbeitsschritte zur Herstellung eines Ankers. **a** Bohren, **b** Einführen des Zuggliedes, **c** Herstellen des Verpresskörpers, **d** Ziehen der Verrohrung

Abb. 4.15 Bohren eines Ankers an einer Trägerbohlwand

Abb. 4.16 Einführen eines Ankers in eine verrohrte Ankerbohrung

Abb. 4.17 Ankerkopf nach Herstellung des Verpresskörpers und vor dem Anspannen

Abb. 4.18 Spannen eines Ankers, Spannpresse

4.4 Herstellung

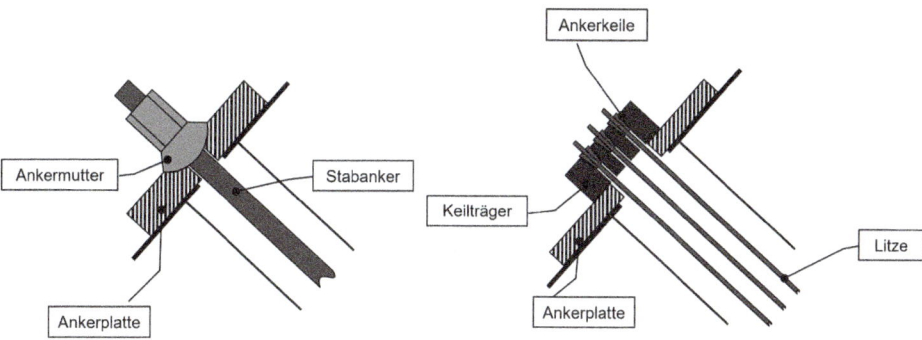

Abb. 4.19 Ankerköpfe, Prinzipdarstellung

Abb. 4.20 Keilträger und Ankerkeile für Litzenanker

Die Ankerkräfte werden bei Stabanker i. A. über ein Gewinde mit Muttern, bei Litzenanker mit Ankerkeilen eingeleitet. Die Ankerkeile bei Litzenanker sind konusförmig und innen geriffelt. Bei Zugbeanspruchung werden die Kräfte über die Riffelung von den Litzen auf die Keile und durch die Konusform auf den Keilträger übertragen.

Die beiden Prinzipien der Ausbildung eines Ankerkopfs sind in Abb. 4.19 dargestellt. In Abb. 4.20 sind ein Keilträger und die konusförmigen Ankerkeile abgebildet.

4.4.2 Lage der Anker-/Verpresskörper in nur einer Schicht

Die Verpresskörper von Vorspannankern sollen vollständig in einer Bodenschicht liegen (s. Abb. 4.21). Sie sollten nicht in zwei unterschiedlichen Bodenschichten zu liegen kommen (s. Abb. 4.22).

Bei stark heterogenen Baugrundverhältnissen wird dies ggf. nicht umzusetzen sein. Die möglichen Ankerkräfte richten sich dann meistens nach den Baugrundschichten mit der geringsten Tragfähigkeit bzgl. der möglichen Ankerkräfte. In schwierigen Baugrundverhältnissen können die Ankerkräfte ggf. mit Tests an Versuchsanker ermittelt werden.

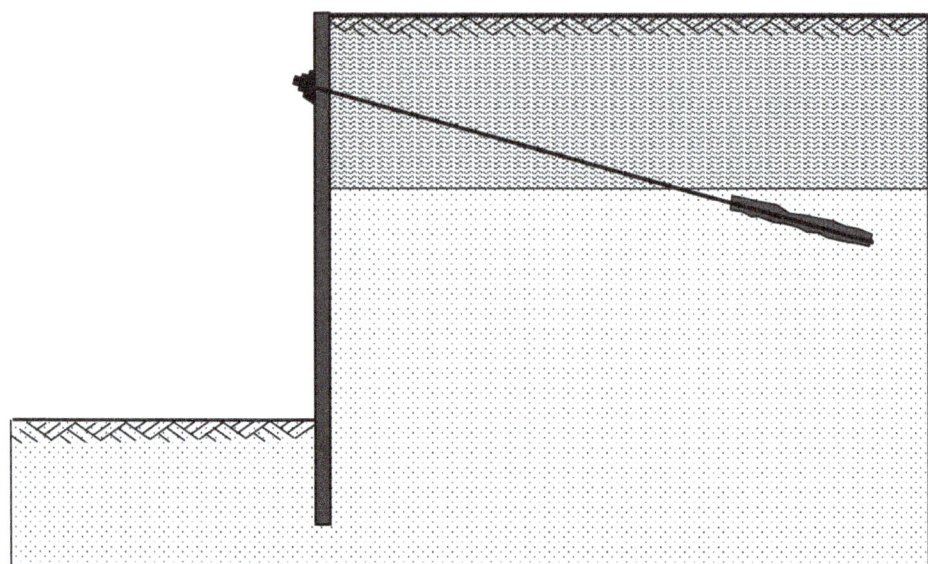

Abb. 4.21 Lage des Verpresskörpers in einer Bodenschicht

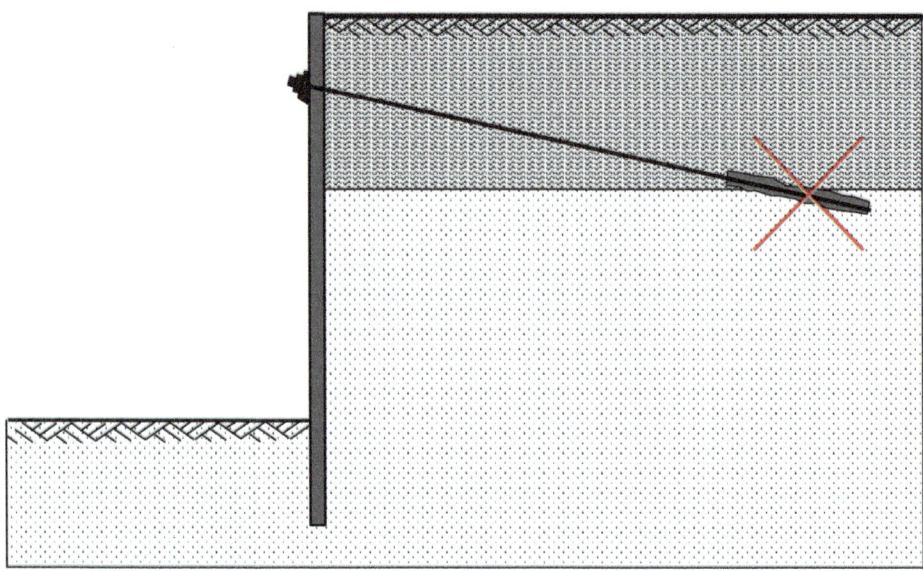

Abb. 4.22 Im Regelfall zu vermeiden: Lage des Verpresskörper in zwei Bodenschichten

4.4.3 Abstand der Verpresskörper zu Bauwerken und untereinander

▶ Aufgrund der Verpressung, insbesondere der ggf. erforderlichen Nachverpressung von Ankern und der Einleitung der Ankerkräfte über Scherkräfte in den Baugrund, ist es notwendig, dass die Anker-/Verpresskörper einen bestimmten Abstand zu anderen Bauwerken oder auch untereinander einhalten.

Der erforderliche Abstand zu Bauwerken, wie Fundamenten, Bodenplatten, Kanälen etc. beträgt erfahrungsgemäß mindestens 3 m, besser aber mindestens 4 m (s. Abb. 4.23).

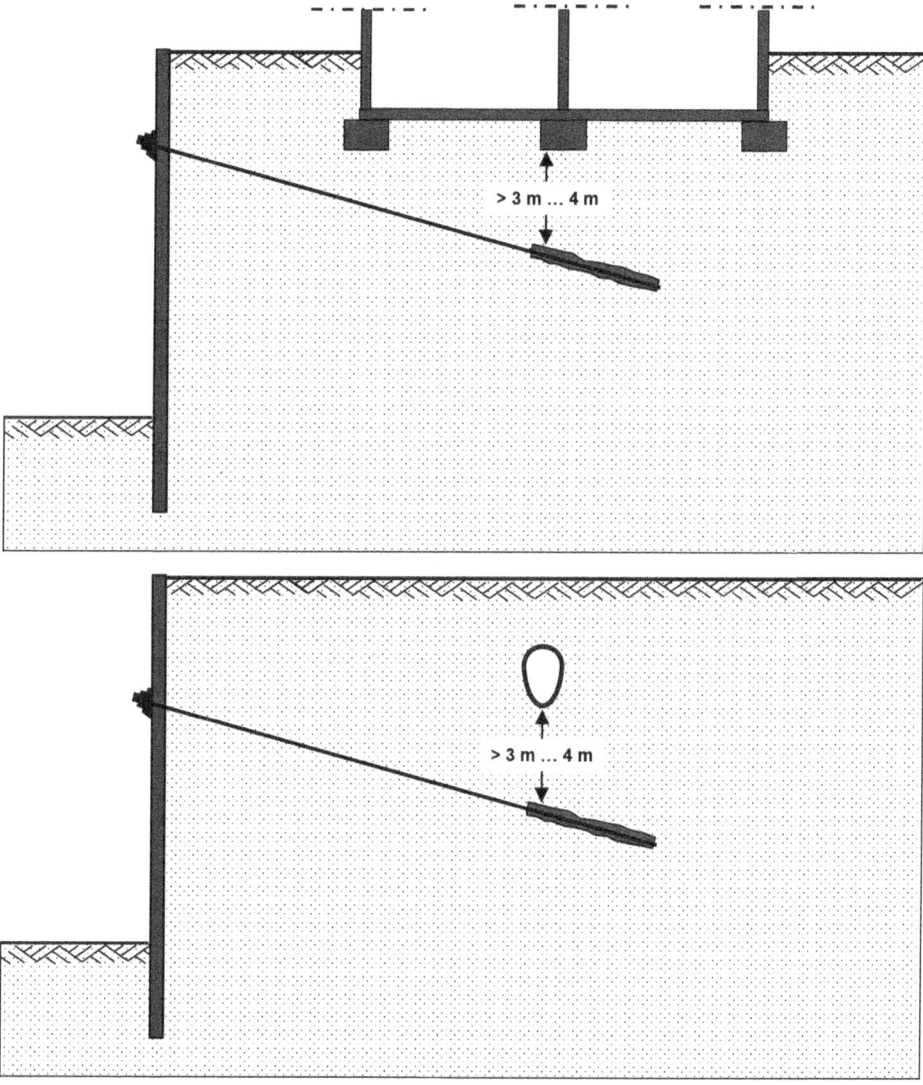

Abb. 4.23 Abstand der Anker-/Verpresskörper zu Bauwerken

Bei der Planung der Lage der Anker bzw. der Bohrungen sollte berücksichtigt werden, dass die Bohrlochachse verfahrensbedingt Abweichungen aufweisen wird. Bei guter handwerklicher Ausführung beträgt die Abweichung der tatsächlichen Bohrlochachse ca. 2 bis 3 % von der Solllage.

Bei einfachen Geometrien von Baugruben o. a. ist die Komplexität der geometrischen Planung der Ankerbohrungen überschaubar. Aber schon bei geringeren Verschwenkungen, mehreren Ankerlagen und insbesondere in der Nachbarschaft bestehender Bauwerke, wie es z. B. in den Innenstädten regelmäßig der Fall ist, ist die geometrische Planung der Ankerlagen sehr komplex. Es sind einige Schadensfälle bekannt, bei denen in die bestehenden Nachbarbauwerke gebohrt wurde. Hier bietet sich der Einsatz von BIM (Building Information Modelling) zur Konfliktsuche und -eliminierung als Planungselement an.

Auch untereinander sollten die Anker-/Verpresskörper einen Mindestabstand einhalten. Dieser liegt erfahrungsgemäß bei mindestens 1,5 m (s. Abb. 4.24), um eine gegenseitige Beeinflussung der Anker auszuschließen.

4.4.4 Neigung

Anker können in jeder beliebigen Neigung ausgeführt werden. Bei Baugrubensicherungen ist zu beachten, dass Horizontalanker theoretisch das beste Verhältnis der horizontal nutzbaren Ankerkraft zur Gesamtankerkraft bieten.

Aus handwerklichen Gründen sind jedoch Anker sinnvoll mit einer Neigung nach unten auszuführen, um z. B. beim Einführen des Zuggliedes oder bei der Verpressung die Schwerkraft zu nutzen. Bei Baugrubensicherung, wenn keine besonderen Randbedingungen aus vorhandenen Bauwerken (s. o.) vorliegen, werden meistens Ankerneigungen zwischen ca. 10 bis 25° ausgeführt (s. Abb. 4.25).

Bei besonderen Randbedingungen können bzw. müssen auch größere Neigungen gewählt werden (s. Abb. 4.26). Das Verhältnis der horizontal nutzbaren Ankerkraft zur Gesamtankerkraft sinkt jedoch mit zunehmender Ankerneigung und ist bei Vertikalankern gleich Null. Zu beachten ist weiterhin, dass der Nachweis der Ableitung der Vertikalkräfte bei Baugrubensicherungen zu führen ist. Je stärker Anker geneigt werden, umso größer wird der Anteil der Vertikalkräfte.

Horizontalanker oder nach oben geneigte Anker sind ausführbar, aber handwerklich schwieriger in der Herstellung und daher aufwändig.

4.4 Herstellung

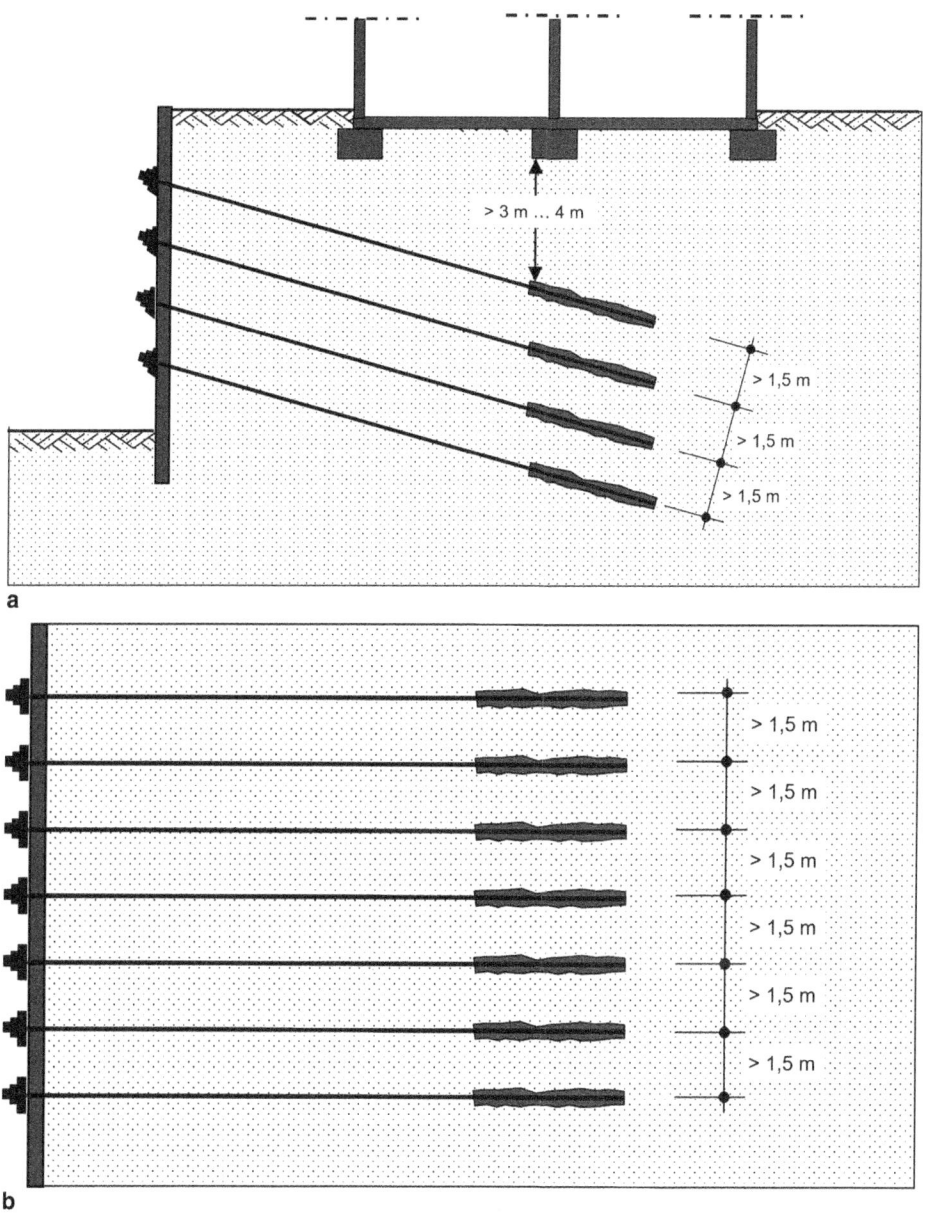

Abb. 4.24 Abstand der Anker untereinander. **a** Vertikalschnitt, **b** Horizontalschnitt/Draufsicht

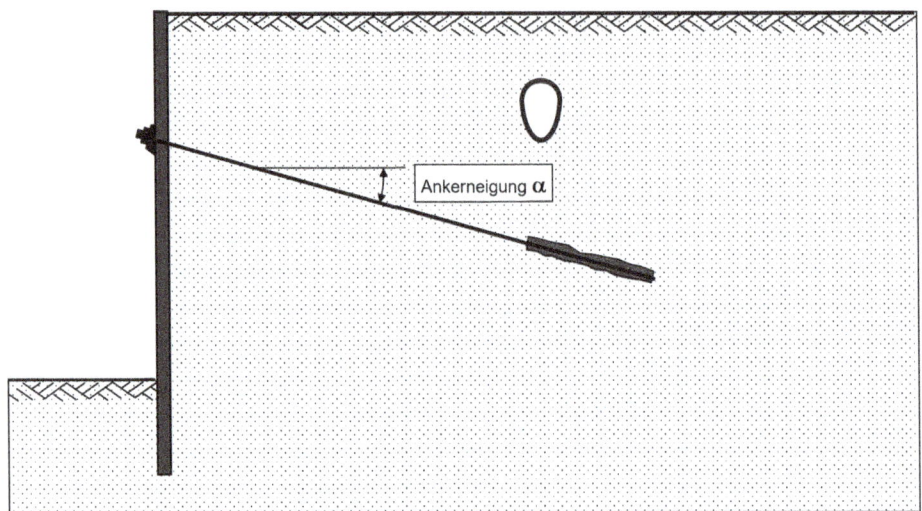

Abb. 4.25 Ankerneigung bei Baugrubensicherungen: i. d. R. nach unten geneigt

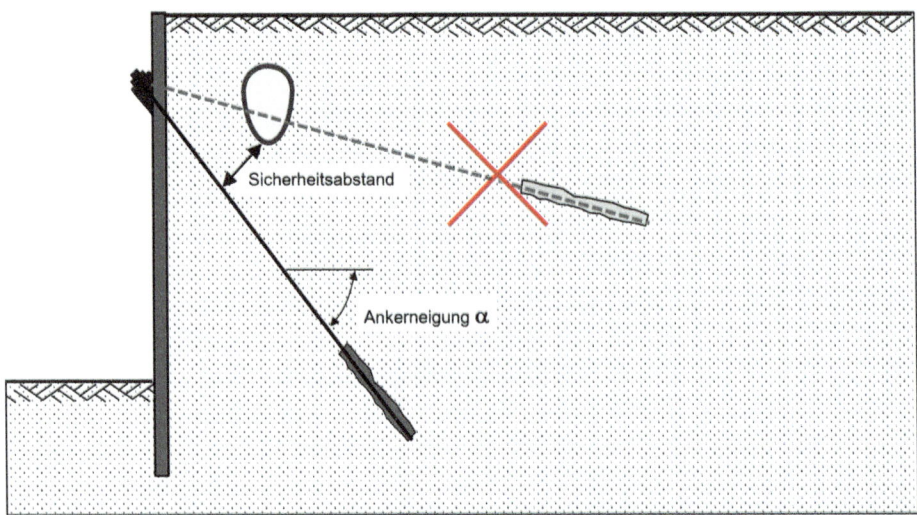

Abb. 4.26 Beispiele Ankerneigung bei Baugrubensicherungen in besonderen Fällen

4.4.5 Grundwasser

Die Herstellung eines Ankers in einem Aquifer, bei dem der Ansatzpunkt der Bohrung unterhalb des Grundwasserspiegels liegt, bedeutet, dass die Bohrung und der Ankereinbau (Verpressen des Zementes) gegen drückendes Grundwasser bzw. gegen eine Grundwasserströmung ausgeführt werden muss (s. Abb. 4.27). Falls der Baugrund unter diesen Bedingungen standsicher und erosionsstabil ist und der Grundwasserstrom/die Strömungs-

4.4 Herstellung

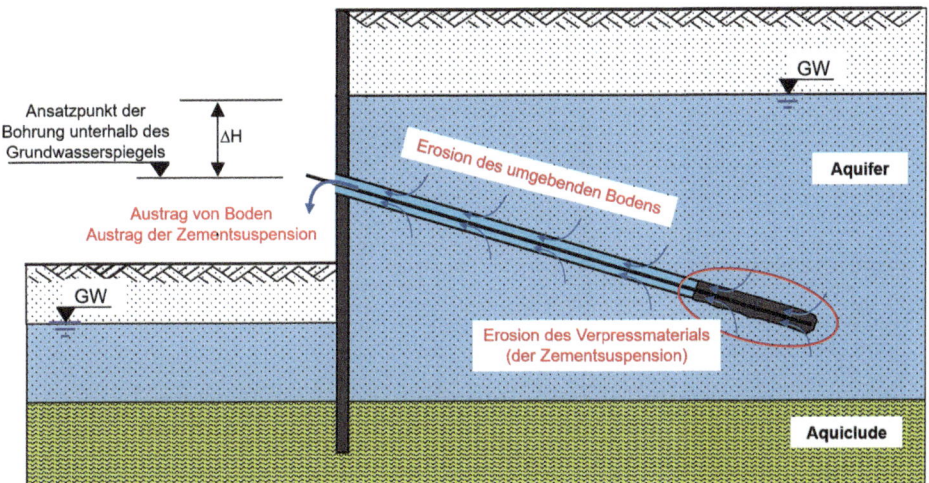

Abb. 4.27 Grundwasserströmung in einer Ankerbohrung

geschwindigkeit des Wassers sehr gering ist, kann diese Situation ggf. mit Maßnahmen zur Wasserableitung (Wasserhaltung) und ggf. durch die Wahl eines erosionsstabilen Zementes beherrscht werden.

In der Regel ist dies aber nicht möglich. Beim Bohren in wasserdurchlässigen und erosionsgefährdeten Böden, hier insbesondere in Schluffen bis Sanden, würde der Boden in der Umgebung der Ankerbohrung durch die Grundwasserströmung erodiert und aus dem Bohrloch ausgetragen werden (s. Abb. 4.27). Die Bodenmengen können, selbst bei kleinen Bohrlochdurchmessern (oder auch Leckagen), erheblich sein, der dadurch eintretende Verlust des Bodens in der Umgebung der Ankerbohrung führt dann ggf. zu einer Gefährdung der Standsicherheit von Bauwerken in der Umgebung. Außerdem ist die Herstellung des Anker-/Verpresskörpers nicht möglich, da der Grundwasserstrom auch die (frische) Zementsuspension ausspült. Beides muss unbedingt vermieden werden.

Die Situation ist umso schwieriger, je tiefer der Bohransatzpunkt unterhalb des Grundwasserspiegels liegt, also je größer der Potenzialunterschied ΔH bzw. je größer der hydraulische Gradient i ist.

Die einfachste Möglichkeit dies zu vermeiden, falls dies möglich ist, ist die Ansatzpunkte der Bohrungen oberhalb des Grundwasserspiegels zu legen (s. Abb. 4.28). In diesem Fall stellt sich keine Grundwasserströmung zum Bohrloch hinein. Zu beachten ist dann aber immer noch die Grundwasserströmung im Aquifer selbst, die ggf. das noch frische Verpressgut (die Zementsuspension) erodiert. Die Grundwasserströmungsgeschwindigkeiten und -richtungen müssen im Rahmen der Baugrunderkundung und -beurteilung ermittelt werden.

Ist es nicht möglich, den Ansatzpunkt der Ankerbohrung günstig zu wählen (das ist aus statischen Gründen häufig der Fall), muss die Bohrung und die Durchführung des

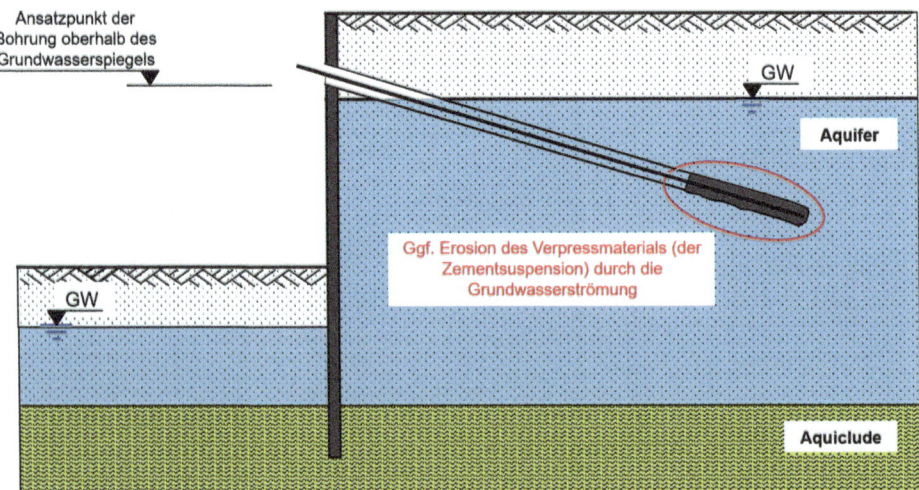

Abb. 4.28 Wahl des Ansatzpunktes der Ankerbohrung oberhalb des Grundwasserspiegels

Abb. 4.29 Vorbereitete wasserdichte Durchführung für eine Ankerbohrung durch eine Spundwand

Bohrloches durch z. B. die Baugrubenwand abgedichtet werden. Dazu können z. B. vor der Herstellung/dem Einbau der Baugrubenwände wasserdichte Durchführungen vorbereitet werden, in denen dann das Bohrrohr/die Verrohrung eingeführt wird. In Abb. 4.29 ist die wasserdichte Durchführung des Bohrloches durch eine Spundwand dargestellt.

Der Wasserstrom durch den Ringraum muss während des Bohrvorganges dann weiterhin durch den Einsatz eines Packersystems (sog. Preventer) abgedichtet werden.

4.5 Ankerkräfte

4.5.1 Maßgebende Versagensform

Die Tragfähigkeit von Ankern hängt, wie oben bereits ausgeführt (s. Abschn. 4.2.2 und 4.2.4)

- vom bodenmechanisch möglichen Scherwiderstand zwischen Ankerkörper und Boden (Herausziehwiderstand),
- vom Haftverbund zwischen Stahlzugglied und Zementkörper und
- von der Festigkeit des Ankerstahls/des Stahlzuggliedes selbst ab.

Der jeweils ungünstigste Wert ist maßgebend.

Eine weitere Versagensform besteht an der Auflagerung des Ankers auf oder in der Verbauwand. Die Ankerkräfte müssen durch lastverteilende Platten (sog. Ankerplatten) in die Verbauwände übertragen werden. Hierbei ist z. B. bei Betonwänden (Bohrpfahl- und Schlitzwände) das Durchstanzen der Ankerplatten zu untersuchen.

Der Haftverbund zwischen Stahlzugglied und Zementkörper wird im Regelfall in Grundsatzprüfungen nachgewiesen.

Für die Bemessung im Grenzzustand der Gebrauchstauglichkeit nach DIN EN 1997 muss der Anker als Feder angesehen werden.

4.5.2 Bemessung von Ankern

Anker werden i. A. auf den bodenmechanischen Herausziehwiderstand, d. h. auf den Grenzzustand der Tragfähigkeit (ULS) unter Berücksichtigung des Haftverbundes zwischen Stahlzugglied und Zementkörper und der Festigkeit des Ankerstahls/des Stahlzuggliedes bemessen. Um zu erreichen, dass der Ankerwiderstand unter den Bedingungen des Grenzzustandes der Gebrauchstauglichkeit (SLS) mit akzeptablen Ankerkopfbewegungen mobilisiert wird, muss nach EN 1997 eine ausreichende Festlegekraft angewendet werden. Die Festlegekraft eines Ankers richtet sich nach dem Verwendungszweck und der Konstruktion im Einzelfall.

Konstruktionen, die nachgiebig sein dürfen, d. h. bei denen Verformungen in geotechnisch üblichen Größenordnungen (von meist einigen Zentimeter) zulässig sind, erfordern im Regelfall keine Vorspannung, können also mit nicht vorgespannten Ankern geplant werden. Hier wird von „schlaffen" Konstruktionen gesprochen.

Sobald aber wenig bis unnachgiebige Konstruktionen notwendig sind, ist eine Vorspannung erforderlich. Bei „wenig nachgiebigen" Konstruktionen (z. B. bei Baugrubenwänden, die auf aktiven Erddruck bemessen werden) werden Vorspannungen (Festlegekräfte) in der Regel zwischen 80 bis 100 % der erforderlichen, d. h. der charakteristischen Ankerkraft P_k gewählt. Bei Konstruktionen, die praktisch nicht nachgiebig sein dürfen (z. B.

bei Baugrubenwänden, die auf erhöhten aktiven Erddruck bemessen werden) beträgt die Vorspannung (d. h. die Festlegekraft P_0) 100 % der charakteristischen, Ankerkraft P_k.

Der Bemessungswert der Ankerkraft P_d wird nach Gl. (4.1) ermittelt.

$$P_d = P_{G,k} \cdot \gamma_G + P_{Q,k} \cdot \gamma_Q \qquad (4.1)$$

mit

P_d Bemessungswert der Ankerkraft
$P_{G,k}$ charakteristische Wert der erforderlichen Ankerkraft aus ständigen Einwirkungen
$P_{Q,k}$ charakteristische Wert der erforderlichen Ankerkraft aus veränderlichen Einwirkungen
γ_G Teilsicherheitsbeiwert für ständige Einwirkungen
γ_Q Teilsicherheitsbeiwert für veränderliche Einwirkungen

4.5.3 Ankerkraft bzgl. Festigkeit des Ankerstahls bzw. des Stahlzuggliedes

Bei der sog. inneren Bemessung wird nachgewiesen, dass der Materialwiderstand des Zuggliedes nicht überschritten wird (Gl. (4.3))

$$R_{a,d} \leq R_{t,d} \qquad (4.2)$$

mit

$R_{a,d}$ der Bemessungswert des Herausziehwiderstandes
$R_{t,d}$ der Bemessungswert des Widerstandes des Stahlzuggliedes

Der Bemessungswert des Widerstandes des Stahlzuggliedes errechnet sich aus den Gln. (4.3) bzw. (4.4).

$$R_{t,d} = \frac{f_{t,0.1,k} \cdot A_t}{\gamma_M} \quad \text{(für Spannstahl)} \qquad (4.3)$$

$$R_{t,d} = \frac{f_{t,0.2,k} \cdot A_t}{\gamma_M} \quad \text{(für Betonstahl)} \qquad (4.4)$$

mit

$f_{t,k}$ charakteristische Zugfestigkeit des Stahlzuggliedes
A_t Querschnittsfläche des Stahlzuggliedes

4.5.4 Abschätzung der baugrundbedingten Ankertragfähigkeit

Die notwendige Ankerkraft („äußere Ankertragfähigkeit") wird als Bemessungswert des Herausziehwiderstandes bezeichnet (s. Gl. (4.6)) und ergibt sich aus der erforderlichen Stützkraft für die gewählte Konstruktion unter Berücksichtigung der Ankerneigung und des Ankerabstandes.

Der Bemessungswert des Herausziehwiderstandes muss die Grenzzustandsbedingung nach Gl. (4.5) erfüllen.

$$P_d \leq R_{a,d} \tag{4.5}$$

Der Bemessungswert des Herausziehwiderstandes wird nach Gl. (4.6) ermittelt.

$$R_{a,d} = \frac{R_{a,k}}{\gamma_a} \tag{4.6}$$

mit

$R_{a,d}$ Bemessungswert des Herausziehwiderstandes
$R_{a,d}$ charakteristische des Herausziehwiderstandes
γ_a Teilsicherheitsbeiwert für den Herausziehwiderstand des Ankers (DIN EN 1997 bzw. DIN 1054)

Für die baugrundbedingte Tragfähigkeit, d. h. den Herausziehwiderstand eines Ankers, ist, wie erläutert, der Scherverbund zwischen Ankerkörper und Baugrund maßgebend. Das Verbundverhalten und damit das Tragverhalten von Ankern kann a priori nicht abgesichert berechnet werden, sondern muss durch Untersuchungsprüfungen (s. Abschn. 4.6.3) ermittelt werden.

Allerdings liegen aus den vergangenen Jahrzehnten zahlreiche Erfahrungen aus Ankerprüfungen und verschiedenen Projekten vor, so dass es möglich ist, die bodenmechanische Ankertragfähigkeit für die meisten Baugrundsituationen abzuschätzen. Liegen in einem Projekt für die speziellen Bedingungen keine oder keine ausreichenden Erfahrungen vor, sind Untersuchungsprüfungen meist unumgänglich.

Eine sehr gute Darstellung solcher Erfahrungswerte aus Grundsatzprüfungen und Forschungsversuchen hat Ostermayer (s. [4]) vorgelegt. Diese können als Richtwerte für die Grenzlast beim Versagen des Schubverbundes Anker-/Verpresskörper – Baugrund dienen.

Die Diagramme von Ostermayer [4] sind in den Abb. 4.30, 4.31 und 4.32 wiedergegeben. Dabei ist zu beachten, dass die in den Diagrammen beschriebenen Werte unter sehr gut kontrollierten Randbedingungen hergestellt wurden, die auf Baustellen meist so nicht reproduzierbar sind. Sie ersetzen keine Untersuchungsprüfungen, sie dienen der Abschätzung. Für die Abschätzung von Gebrauchslasten sollten die Werte abgemindert werden. In [2] wird hierfür eine Abminderung um 50 % vorgeschlagen.

Abb. 4.30 Grenzlast von Ankern in grobkörnigen (rolligen) Böden nach Ostermayer, verändert

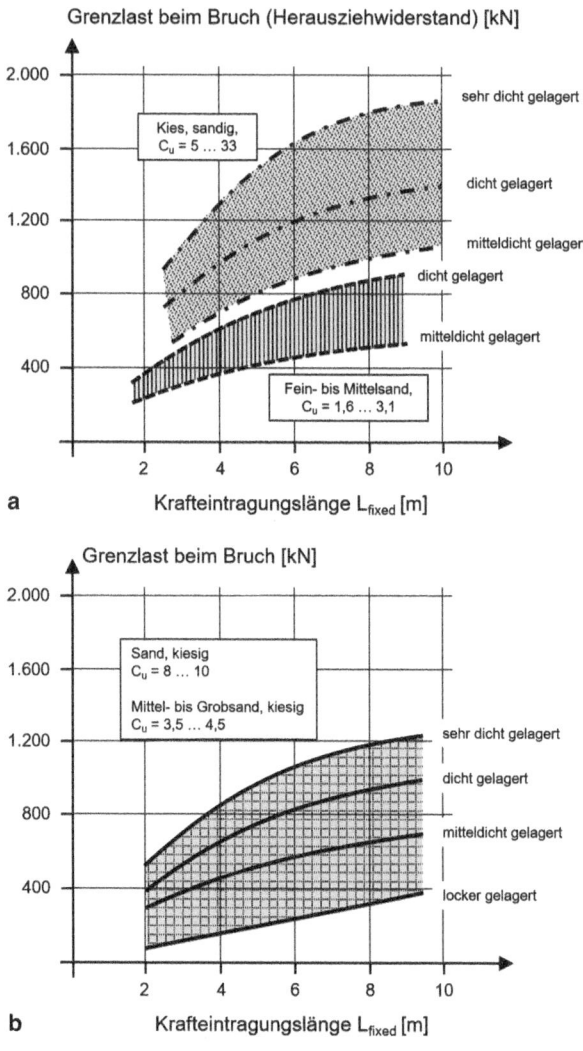

Die tatsächlich möglichen Ankerkräfte werden daher i. d. R. durch Versuche auf der Baustelle (Untersuchungs-, Eignungs- und Abnahmeprüfungen, s. Abschn. 4.6.3, Abschn. 4.6.4 und 4.6.5) bestimmt.

Aus den Diagrammen Abb. 4.30 bis 4.32 lassen sich folgende Aussagen ableiten:

- Bei bindigen Böden in fester Konsistenz und dicht gelagerten rolligen Böden ist ab einer Krafteintragungslänge größer ca. 7 bis 8 m eine nur noch geringe Zunahme der Ankertragfähigkeit zu beobachten. Größere Krafteintragungslänge sind daher in den meisten Fällen unwirtschaftlich.

4.5 Ankerkräfte

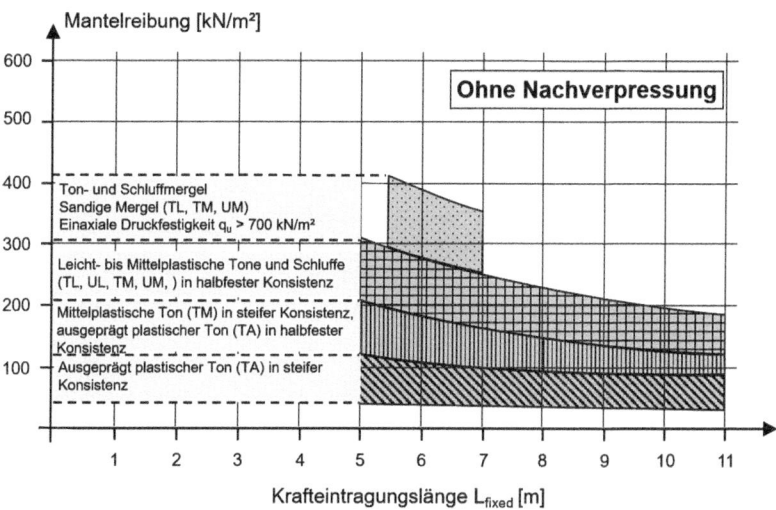

Abb. 4.31 Grenzlast von Ankern in feinkörnigen (bindigen) Böden ohne Nachverpressung, nach Ostermayer, verändert

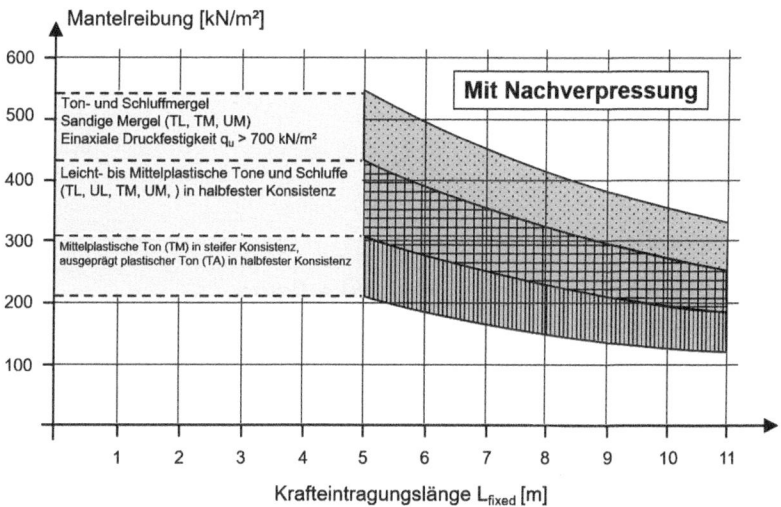

Abb. 4.32 Grenzlast von Ankern in feinkörnigen (bindigen) Böden mit Nachverpressung, nach Ostermayer, verändert

- In bindigen Böden kann die Tragfähigkeit durch Nachverpressung erheblich gesteigert werden.

Für die Einschätzung der baugrundbedingten Tragfähigkeit von Anker in Festgesteinen liegen ebenfalls Anhaltswerte von Ostermayer vor (s. [5]). Diese sind in Tab. 4.1 wiedergegeben.

Tab. 4.1 Anhaltswerte für die Gebrauchsmantelreibung von Felsankern

	Massige Erstarrungs- und Umwandlungsgesteine, z. B. Granite, Diorite, Gneise, Basalte, Porphyre, Quarzite, Gabbro, Melaphyre, Diabase	Feste Sedimentgesteine, z. B. Konglomerate, Brekzien, Arkosen, Sandsteine, Kalksteine, Dolomite, Tonschiefer, Grauwacken	Weichere oder veränderlich feste Gesteine, z. B. Mergelsteine, Schluffsteine, Tonsteine
– Unverwittert – Sehr gute mineralische Bindung – Trennflächenabstände größer als 0,5 bis 1 m	1,5 MPa	1 MPa	0,7 MPa
– Anverwittert – Gute mineralische Bindung – Trennflächenabstände im Bereich weniger Dezimeter	1 MPa	0,7 MPa	0,4 MPa
– Stark verwittert – Mäßige mineralische Bindung – Trennflächenabstände im Bereich einiger Zentimeter	0,5 MPa	0,3 MPa	0,15 MPa (oder Anhaltswerte für bindige Böden mit Sicherheitsbeiwert)

4.5.5 Ermittlung der erforderlichen Ankerlänge, Nachweis der tiefen Gleitfuge

Die Lage und die statisch erforderliche Länge von Ankern zur Sicherung von Stützwänden wird durch Nachweise der Sicherheit des Systems gegen Geländebruch/gegen Umkippen nachgewiesen bzw. untersucht. Das mögliche Versagensbild ist in Abb. 4.33 dargestellt.

Dazu werden bei einfachen Systemen in der Regel vereinfachend Bruchkörper mit ebenen Gleitflächen untersucht. Der Nachweis wird i. A. als „Nachweis der tiefen Gleitfuge" bezeichnet und wird i. A. mit dem Krafteckverfahren gelöst. Systeme mit mehreren und/oder bei geschichtetem Baugrund sind verschiedene tiefe Gleitfugen bzw. ein mehrfach geknickter Gleitfugenverlauf zu untersuchen. Das statische Modell zum Nachweis der tiefen Gleitfuge und das Prinzip des Kraftecks ist in Abb. 4.34 und 4.35 dargestellt.

Die Größe des Bruchkörpers ergibt sich aus der Lage des Ankers bzw. der Lage des Anker-/Verpresskörpers. Von dessen Mitte wird eine senkrechte Verbauwand bis zur Ge-

4.5 Ankerkräfte

Abb. 4.33 Versagensbild beim Versagen der tiefen Gleitfuge

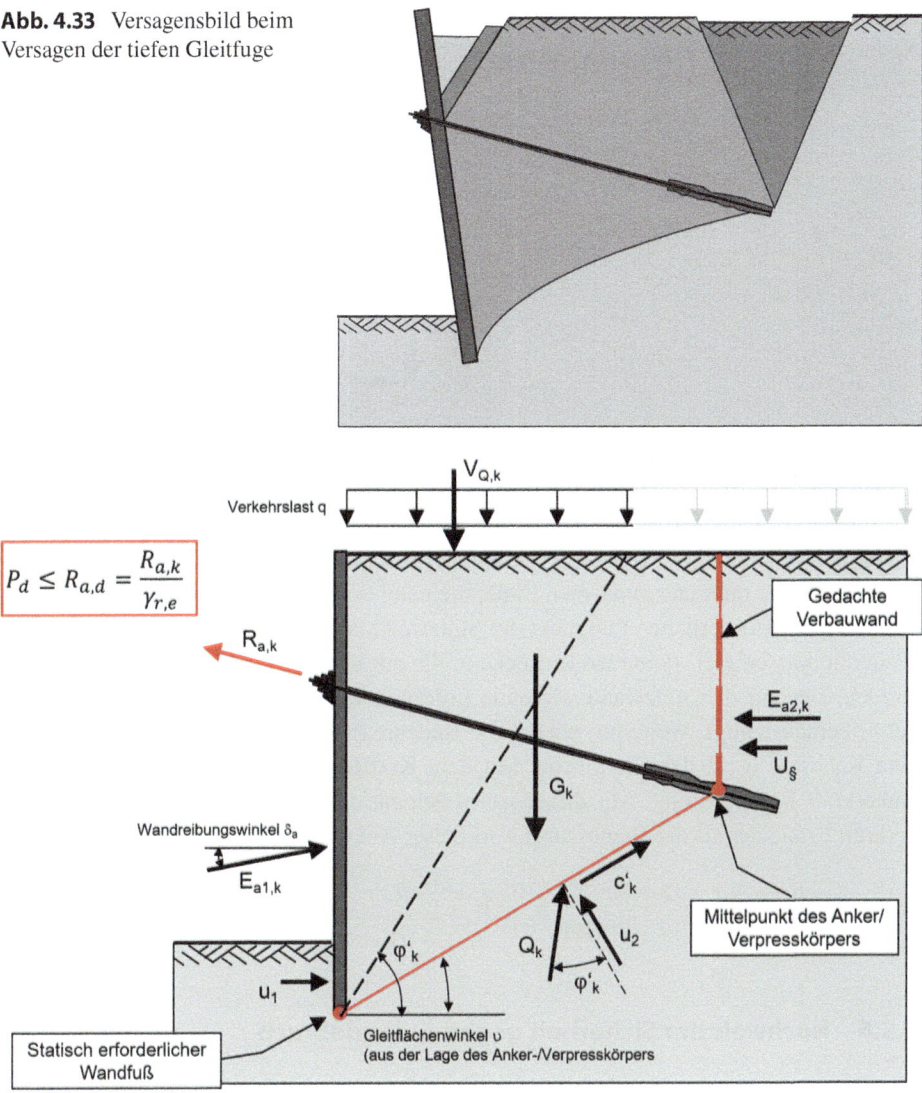

Abb. 4.34 Statisches Modell zum Nachweis der tiefen Gleitfuge

ländeoberfläche angesetzt. Diese wird als virtuelle Ankerwand angenommen, auf diese wirkt ein aktiver Erddruck $E_{a,2}$. Die Gleitfläche ergibt sich aus der Verbindungslinie vom Mittelpunkt des Anker-/Verpresskörpers bis zum statisch erforderlichen Fußpunkt der Stützwand. Damit ist der Bruchkörper geometrisch definiert.

Abb. 4.35 Krafteck zum Nachweis der tiefen Gleitfuge

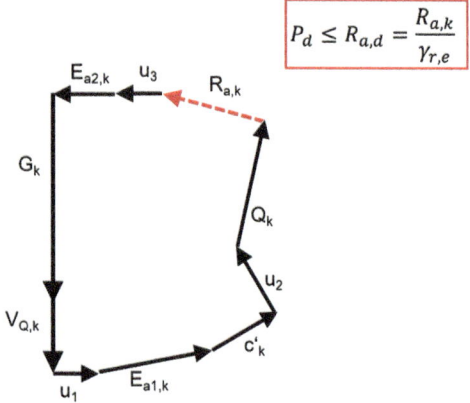

Aus der Geometrie des Bruchkörpers wird das Eigengewicht G_k ermittelt. Sind Auflasten auf der Geländeoberfläche vorhanden, sind diese ebenfalls anzusetzen, jedoch nur der Anteil der Verkehrslasten von der Rückseite der Stützwand bis zum Schnittpunkt der Geländeoberfläche mit einer gedachten Linie, die unter dem Reibungswinkel des Bodens ϕ'_k vom statisch erforderlichen Fußpunkt der Stützwand aus nach oben verlängert wird. Des Weiteren müssen evtl. Porenwasserdrücke u, die auf den Bruchkörper wirken, angesetzt werden. Der auf die Stützwand wirkende Erddruck wird unter dem Wandreibungswinkel δ_a berücksichtigt. Weiterhin wirken die Bodenreaktionskraft Q_k und falls vorhanden eine Kohäsion c'_k in der Gleitfläche. Mit dem Krafteck wird für diesen Nachweis die Ankerkraft $R_{a,k}$ bestimmt. Mit dieser ist zu zeigen, dass der Bemessungswert der Ankerkraft P_d kleiner als der Bemessungswert dieser Ankerkraft ist (s. Gl. (4.7)).

$$P_d \leq R_{a,d} = \frac{R_{a,k}}{\gamma_{R,e}} \tag{4.7}$$

4.5.6 Nachweis der Sicherheit gegen Geländebruch

Der Nachweis der tiefen Gleitfuge dient in erster Linie dazu, die erforderliche Länge eines Ankers zu bestimmen bzw. dem Nachweis, dass die gewählte Länge ausreichend ist. Daneben ist i. A. auch ein Nachweis der Sicherheit gegen Geländebruch zu führen. Die Versagensform ist Abb. 4.36 dargestellt. Die Möglichkeiten der Nachweisverfahren sind z. B. Teil 1 beschrieben.

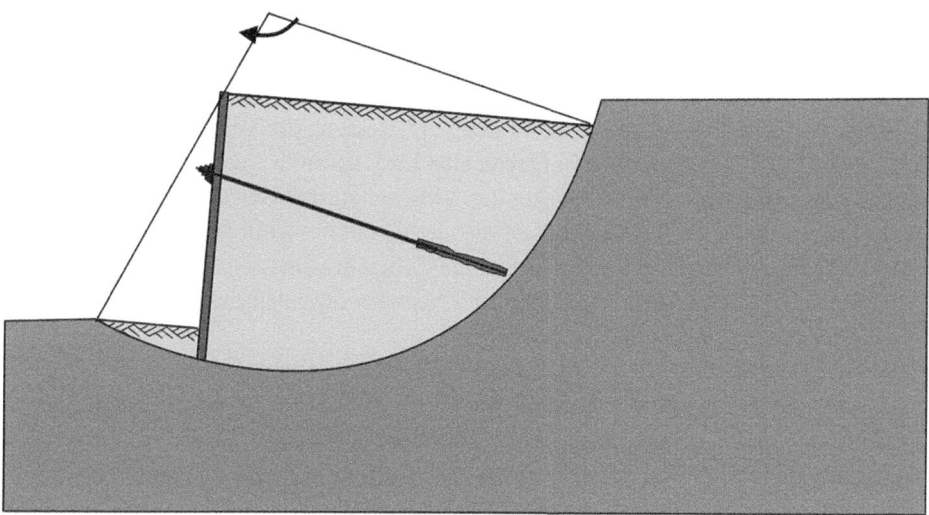

Abb. 4.36 Versagensform Geländebruch bei verankerten Stützwänden

4.6 Ankerprüfungen

4.6.1 Grundsatz

▶ Wesentliches Element von Ankerprüfungen ist der Zugversuch am Anker. Dazu wird mittels einer hydraulischen Presse (s. Abb. 4.18) am Zugglied gezogen (Belastungsprüfung). Messwerte sind in der Regel die Ankerkraft und die zugehörige Verschiebung.

Bei allen Ankerprüfungen wird in der Regel in mehreren Laststufen bis zur Prüflast am Anker gezogen. Bei der Messung muss das mehr oder weniger ausgeprägte zeitabhängige Spannungsdehnungsverhalten des Baugrundes berücksichtigt werden. Dies geschieht durch die Einhaltung von Mindestwartezeiten bei jeder Laststufe, in denen die Prüfkraft gehalten wird.

Die durch das zeitabhängige Spannungsdehnungsverhalten verursachten zeitabhängigen Verschiebungen bei konstanter Last werden als Kriechen bezeichnet.

4.6.2 Prüfungen nach DIN EN 1537

Nach DIN EN 1537 werden drei Klassen von Prüfungen unterschieden:

- Untersuchungsprüfung,
- Eignungsprüfung,
- Abnahmeprüfung.

Für alle diese Prüfungen sind in DIN EN 1537 und DIN EN ISO 22477-5 drei Prüfverfahren vorgesehen bzw. beschrieben. Bei jedem Prüfverfahren wird der Verpressanker in Zyklen stufenweise von der Vorbelastung P_A bis zur Prüflast P_P belastet.

Beim Prüfverfahren 1 umfasst die Prüfung die Messung der Verschiebung des Verankerungspunktes als Funktion der aufgebrachten Last, sowie, bei der höchsten Last jedes Zyklus, die Messung der Verschiebung des Verankerungspunktes als Funktion der Zeit. Beim Prüfverfahren 2 wird für jeden Zyklus der Abfall der Kraft am Ankerkopf bei der maximalen Spannkraft über einen bestimmten Zeitraum gemessen. Das Prüfverfahren 3 beschreibt die Messung der Verschiebung des Verankerungspunktes in jeder Laststufe bei jeweils konstant zu haltender Ankerkraft.

In Deutschland wird nach DIN 1054 das Prüfverfahren 1 verwendet.

Die Durchführung und Auswertung von Eignungs- und Untersuchungsprüfungen an Dauerankern sind in Deutschland immer von einer anerkannten Stelle zu überwachen. Außerdem sind der Einbau von Dauerankern in das Bohrloch und insbesondere die Ausführung der Maßnahmen zum Korrosionsschutz von dieser Stelle stichprobenartig zu überwachen.

In DIN EN ISO 22477-5 sind die Versuchsaufbauten/-anordnungen für die Prüfverfahren 1 und 2 für Ankerprüfungen beschrieben.

Zur besseren Übersicht der Bezeichnungen sind die Darstellung am Beispiel eines Verbundankers vereinfacht in Abb. 4.37 zusammengefasst.

Die nachfolgenden Beschreibungen der Prüfungen beziehen sich auf das in Deutschland vorgesehene Prüfverfahren 1. Die Prüflast P_P wird aus dem Bemessungswert P_d der aus der Tragwerksplanung ermittelten Ankerbeanspruchung unter Berücksichtigung des Teilsicherheitsbeiwertes γ_a (Teilsicherheitsbeiwert nach DIN 1054 für den Herausziehwi-

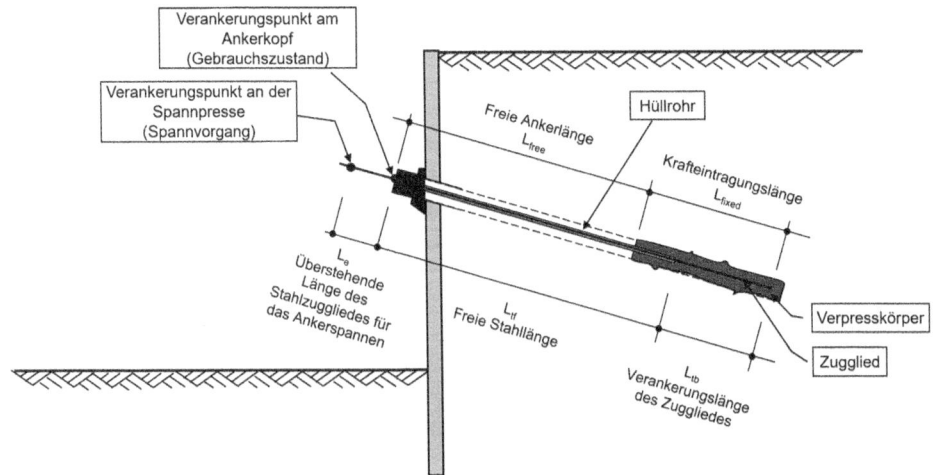

Abb. 4.37 Schematische Darstellung der Bezeichnungen

derstand eines Verpresskörpers eines Verpressankers, für alle Bemessungssituationen ist $\gamma_a = 1{,}10$) errechnet (s. Gl. (4.8)).

$$P_P = \gamma_a \cdot P_d = 1{,}10 \cdot P_d \tag{4.8}$$

mit

P_P Prüflast
P_d Bemessungswert der Ankerbeanspruchung

Der Bemessungswert P_d der Ankerbeanspruchung beruht auf der charakteristischen Ankerkraft und damit auf der bodenmechanischen Tragfähigkeit des Ankers bzw. dem Herausziehwiderstand. Da der Herausziehwiderstand bei Untersuchungsprüfungen a priori nicht bekannt ist, beruht die Vorgabe der Prüfkraft P_P dann in der Regel wiederum auf einer Abschätzung derselben.

Die Vorbelastung P_A (s. Gl. (4.9)) beträgt i. A. 10 % der Prüfkraft P_P.

$$P_A = 0{,}1 \cdot P_P \tag{4.9}$$

Das Stahlzugglied muss wiederum so bemessen werden, dass Werte der Gl. (4.10) eingehalten werden.

$$P_P \leq 0{,}80 \cdot P_{t,k} = 0{,}80 \cdot f_{t,k} \cdot A_t \tag{4.10}$$

mit

$P_{t,k}$ charakteristische Zugkraft des Stahlzuggliedes
$f_{t,k}$ charakteristische Zugfestigkeit des Stahlzuggliedes
A_t Querschnittsfläche des Stahlzuggliedes

Ebenfalls müssen folgende Werte der Gln. (4.11) bzw. (4.12) eingehalten werden.

$$P_P \leq 0{,}95 \cdot P_{t,0.1,k} = 0{,}95 \cdot f_{t,0.1,k} \cdot A_t \quad \text{(für Spannstahl)} \tag{4.11}$$
$$P_P \leq 0{,}95 \cdot P_{t,0.2,k} = 0{,}95 \cdot f_{t,0.2,k} \cdot A_t \quad \text{(für Betonstahl)} \tag{4.12}$$

Der jeweils kleinere Wert nach den Gln. (4.10) bis (4.12) ist maßgebend.

4.6.3 Untersuchungsprüfung nach DIN EN 1537

Untersuchungsprüfungen haben den Zweck der Ermittlung des maximalen Herausziehwiderstandes eines Ankers an der Kontaktfuge Baugrund-Verpresskörper einerseits und der Eigenschaften des Ankers im Gebrauchslastbereich andererseits. Sie findet in der Regel im Rahmen der Planung von Verankerungen statt. Untersuchungsprüfungen sind u. a. dann sinnvoll, wenn

- Anker in Bedingungen, insbesondere Baugrundbedingungen, eingesetzt werden, zu denen keine oder nur geringe Erfahrungen bzgl. der Ankerkräfte bzw. des Ankerverhaltens vorliegen oder wenn
- höhere Gebrauchslasten als bisher unter vergleichbaren Baugrundbedingungen erforderlich sind.

Untersuchungsprüfungen haben konkret den Zweck

- den Herausziehwiderstand R_a des Ankers an der Baugrund-Verpressmörtel-Fuge
- die kritische Kriechlast des Ankersystems oder
- das Kriechverhalten des Ankersystems bis zum Bruch oder
- den Spannkraftabfall des Ankersystems im Grenzzustand der Gebrauchstauglichkeit P_0;
- eine rechnerische freie Stahllänge L_{app}

zu ermitteln.

Bei Untersuchungsprüfungen sollte der Anker in mindestens sechs Belastungszyklen von der Vorbelastung P_A bis zur Prüfkraft P_P belastet werden.

Die Beobachtungsdauer/Haltezeit ist in Abhängigkeit der Bodenart zu wählen. Das Belastungsprogramm für nichtbindigen Boden oder Fels ist in Abb. 4.38 dargestellt. In Tab. 4.2 ist das Belastungsprogramm tabellarisch zusammengestellt. Jede Zwischenlaststufe sowohl bei Be- als auch bei der Entlastung ist jeweils 1 min zu halten. Die Zeitinter-

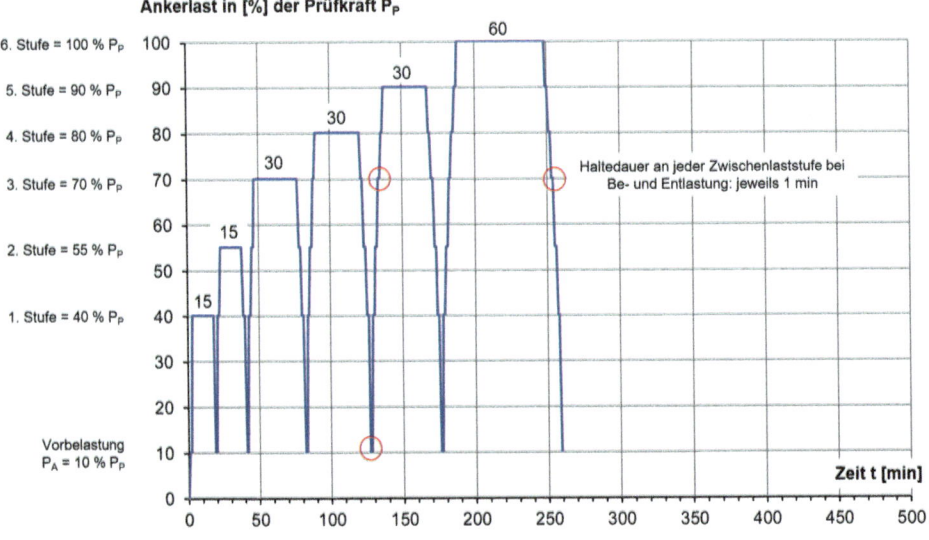

Abb. 4.38 Belastungsprogramm Untersuchungsprüfung für nichtbindigen Boden oder Fels

4.6 Ankerprüfungen

Tab. 4.2 Belastungsprogramm für Untersuchungsprüfungen

Lastzyklus	Maximale Last	Mindestbeobachtungszeit bei der maximalen Last der Spannzyklen in [min]	
		Nichtbindiger Boden Fels	Bindiger Boden
0	$P_A = 10\,\% \ P_P$	1	1
1	$40\,\% \ P_P$	15	15
2	$55\,\% \ P_P$	15	15
3	$70\,\% \ P_P$	30	60
4	$80\,\% \ P_P$	30	60
5	$90\,\% \ P_P$	30	60
6	$100\,\% \ P_P$		180

valle können bzw. müssen ggf. an den Versuchsverlauf angepasst werden. Bei Eignungs- und Abnahmeprüfungen müssen sie angepasst werden, wenn die zulässigen Verschiebungen für die Mindestbeobachtungszeiten überschritten werden.

Als Ergebnis der Ankerprüfung ergibt sich eine Last-Verschiebungslinie (s. Abb. 4.39).

Aus den Messungen der Verschiebung während der jeweiligen Laststufen erhält man eine Zeit-Verschiebungslinie (Abb. 4.40). Damit wird aus dem jeweils letzten, linearen Bereich für jede Laststufe das Kriechmaß a ermittelt, die Gleichung und das Prinzip der Ermittlung ist in Abb. 4.41 dargestellt. Die jeweiligen Kriechmaße α werden nun wiederum als Funktion der Laststufen aufgetragen.

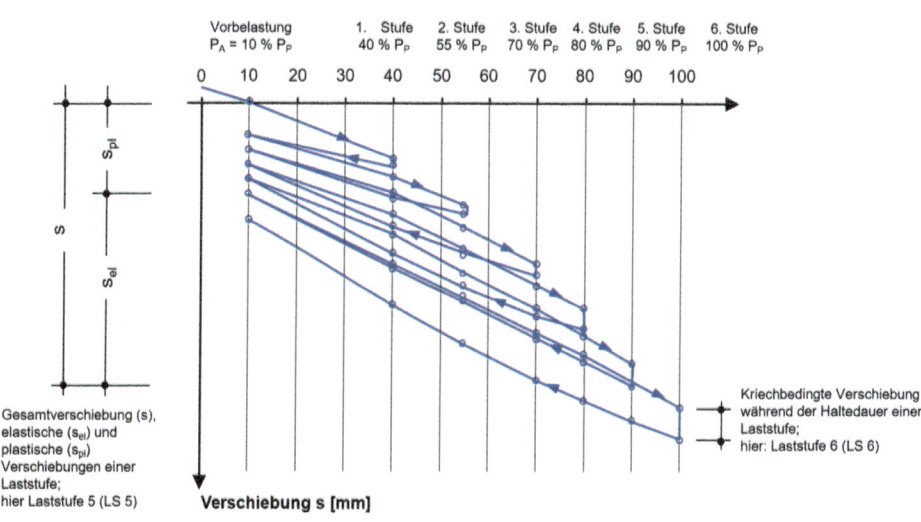

Abb. 4.39 Last-Verschiebungslinie einer Untersuchungsprüfung

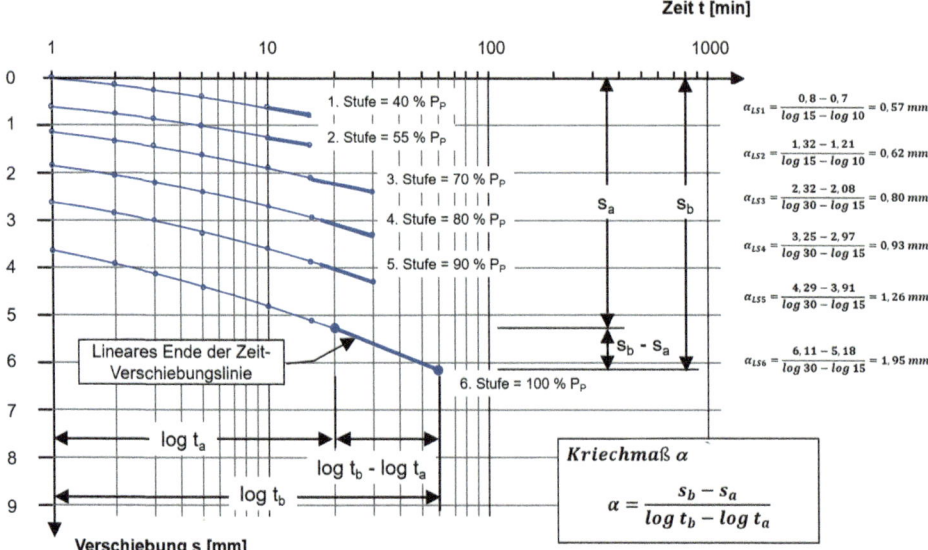

Abb. 4.40 Zeit-Verschiebungslinie, Zahlenbeispiel

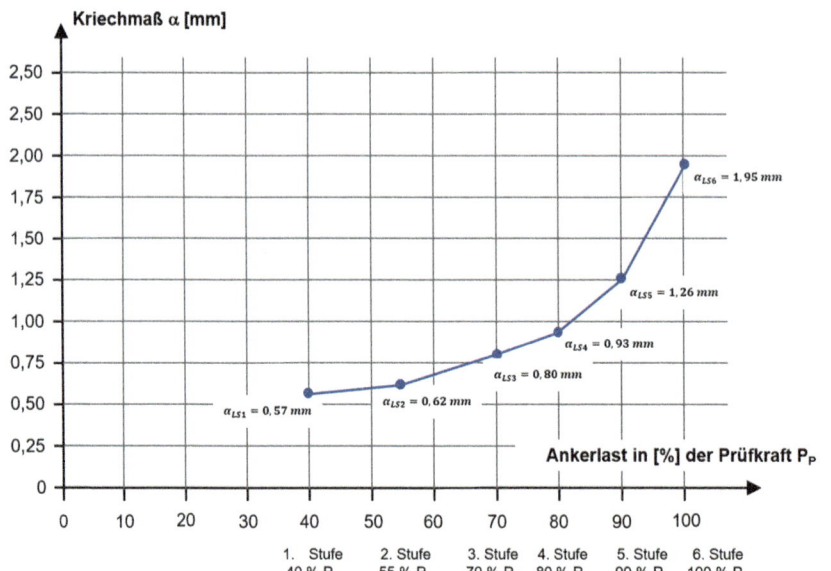

Abb. 4.41 Kriechmaß als Funktion der Prüfkraft, Zahlenbeispiel

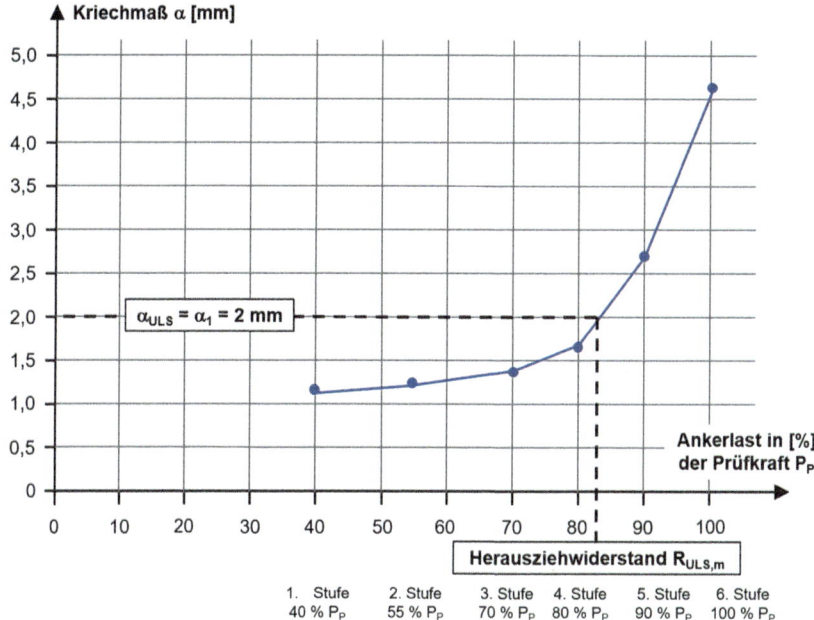

Abb. 4.42 Definition des Herausziehwiderstandes

Grenzwert des Kriechmaßes α sind 2 mm. Dieser Wert wird als Grenzwert der Ankerkraft bzw. als Herausziehwiderstand definiert (s. Abb. 4.42). Bei Untersuchungsprüfungen darf dieser Wert erreicht bzw. überschritten werden, damit der Herausziehwiderstand bestimmt werden kann. Wird das Grenzkriechmaß bei Eignungs- und Abnahmeprüfungen überschritten, ist der Entwurf anzupassen.

Schließlich ist noch die rechnerische freie Stahllänge L_{app} zu ermitteln. Diese muss bestimmte Grenzwerte einhalten. Für die Überprüfung der Einhaltung der zulässigen Grenzwerte der freien Stahllänge L_{app} ist die Last-Verschiebungslinie auszuwerten. Für jede Laststufe ist dabei die elastische Verschiebung s_{el} und die plastische Verschiebung s_{pl} zu ermitteln und einem Last-Verschiebungsdiagramm aufzutragen (s. Abb. 4.43). Für die Auswertung wird nur der elastische Anteil der Verschiebungen benötigt (s. Abb. 4.44).

Bei der Überprüfung werden die Grenzwerte der elastischen Verschiebungen s_{el} für die obere Grenze der rechnerischen freien Stahllänge L_{app} für den oberen Grenzwert und für den unteren Grenzwerte nach Abb. 4.44 errechnet. Die Versuchsergebnisse für die Werte größer bzw. gleich 70 % der Prüfkraft müssen zwischen diesen Grenzlinie a und b liegen.

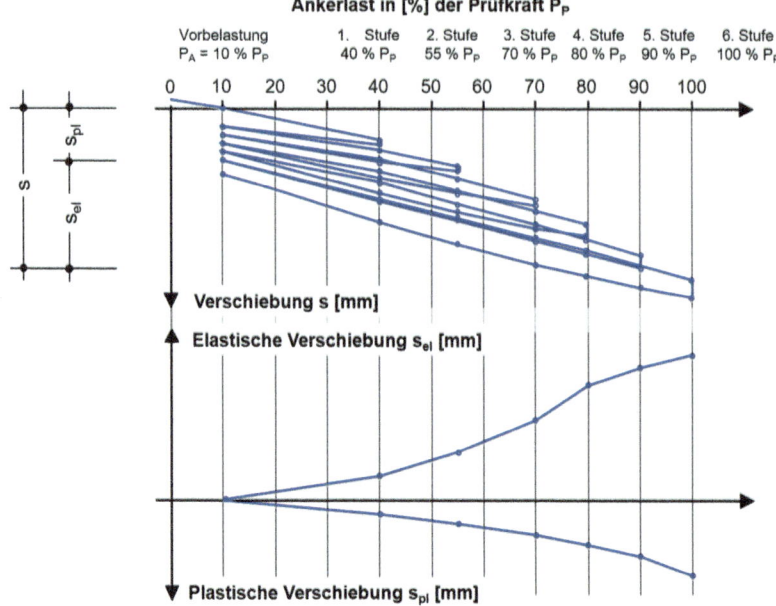

Abb. 4.43 Elastische und plastische Verschiebungen

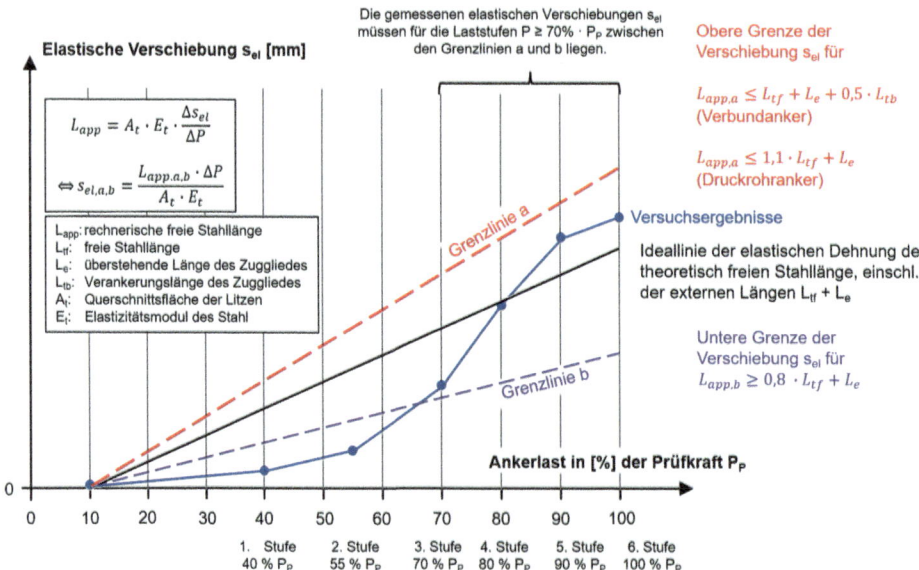

Abb. 4.44 Überprüfung der Einhaltung der zulässigen Grenzwerte der elastischen Verschiebungen

4.6.4 Eignungsprüfung nach DIN EN 1537

Die Eignungsprüfung dient der Bestätigung der Eignung einer bestimmten Ankerkonstruktion für bestimmte Baugrundbedingungen.

Eignungsprüfungen haben konkret den Zweck

- die Tragfähigkeit bei der Prüflast P_p,
- das Kriechverhalten oder den Spannkraftabfall bis zur Prüflast des Ankersystems,
- eine rechnerische freie Stahllänge L_{app}

zu ermitteln.

Die Prüfungen werden

- vor und während der Ankerarbeiten,
- an in der Regel mindestens drei Ankern,
- an der nach den Baugrundbedingungen ungünstigsten Stelle des Bauwerks durchgeführt.

Ein Kriechmaß von $\alpha = 2$ mm darf nach EN 1997 nicht überschritten werden.

Das Belastungsschema für Eignungsprüfungen unterscheidet sich etwas von dem für Untersuchungsprüfungen. In Tab. 4.3 ist das Belastungsprogramm tabellarisch zusammengestellt. Die Zeitintervalle müssen ggf. an den Versuchsverlauf angepasst werden, wenn die zulässigen Verschiebungen für die Mindestbeobachtungszeiten überschritten werden. Jede Zwischenlaststufe sowohl bei Be- als auch bei der Entlastung ist jeweils 1 min zu halten. Bzgl. der erforderlichen Verlängerung der Beobachtungszeiten wird auf die DIN EN ISO 22477-5 verwiesen. Die Auswertung erfolgt analog zu den Auswertungen für die Untersuchungsprüfung.

Tab. 4.3 Belastungsprogramm für Eignungsprüfungen

Lastzyklus	Maximale Last	Mindestbeobachtungszeit bei der maximalen Last der Spannzyklen in [min]			
		Kurzzeitanker		Daueranker	
		Nichtbindiger Boden Fels	Bindiger Boden	Nichtbindiger Boden Fels	Bindiger Boden
0	$P_A = 10\% P_P$	1	1	1	1
1	$40\% P_P$	1	1	15	15
2	$55\% P_P$	1	1	15	15
3	$70\% P_P$	5	10	30	60
4	$85\% P_P$	5	10	30	60
5	$100\% P_P$	30	60	60	180

4.6.5 Abnahmeprüfungen nach DIN EN 1537

Abnahmeprüfungen sind Belastungsprüfungen an jedem Anker zur Überprüfung der Einhaltung der planmäßigen Annahmekriterien.

Abnahmeprüfungen haben konkret den Zweck

- die Tragfähigkeit des Ankers bei der Prüflast zu bestätigen,
- das Kriechverhalten oder den Spannkraftabfall im Grenzzustand der Gebrauchstauglichkeit (sofern erforderlich) zu bestätigen,
- die rechnerische freie Stahllänge L_{app} zu bestätigen,
- zu bestätigen, dass die Festlegekraft dem Bemessungswert entspricht (ausgenommen Reibung).

Die Prüfungen werden während der Ankerarbeiten an jedem Anker vorgenommen.

Das Belastungsschema für Abnahmeprüfungen unterscheidet sich in zeitlicher Hinsicht von dem für Untersuchungs- und Eignungsprüfungen. In Tab. 4.4 ist das Belastungsprogramm tabellarisch zusammengestellt. Die Zeitintervalle müssen ggf. an den Versuchsverlauf angepasst werden, wenn die zulässigen Verschiebungen für die Mindestbeobachtungszeiten überschritten werden. Jede Zwischenlaststufe sowohl bei Be- als auch bei der Entlastung ist jeweils 1 min zu halten. Bzgl. der erforderlichen Verlängerung der Beobachtungszeiten wird auf die DIN EN ISO 22477-5 verwiesen. Die Auswertung erfolgt analog zu den Auswertungen für die Untersuchungsprüfung.

4.6.6 Weitere Ankerprüfungen

Grundsatzprüfungen werden im Rahmen eines Zulassungsverfahrens für Ankersysteme durchgeführt. Dazu wird eine bestimmte Anzahl Anker unter Baustellenbedingungen hergestellt und nach – meist sehr hoher Belastung – ausgegraben und untersucht. Wesentli-

Tab. 4.4 Belastungsprogramm für Abnahmeprüfungen

Lastzyklus	Maximale Last	Mindestbeobachtungszeit bei der maximalen Last der Spannzyklen in [min]	
		Nichtbindiger Boden Fels	Bindiger Boden
0	$P_A = 10\,\% \; P_P$	1	1
1	$40\,\% \; P_P$	1	1
2	$55\,\% \; P_P$	1	1
3	$70\,\% \; P_P$	1	1
4	$85\,\% \; P_P$	1	1
5	$100\,\% \; P_P$	5	15

ches Untersuchungsziel ist die Funktionsfähigkeit des Korrosionsschutzsystems des Ankers.

Gruppenprüfungen sind zweckmäßig, wenn der gegenseitige Abstand der Anker-/Verpresskörper so gering ist, dass eine gegenseitige Beeinflussung möglich ist. Erfahrungsgemäß ist dies unterhalb dem 10- bis 15-fachen Durchmesser des Bohrloches bzw. dem Durchmesser des Anker-/Verpresskörpers der Fall, bei üblichen Durchmessern also etwa 1,5 m (vgl. Abschn. 4.4.3). Im Regelfall werden mindestens drei benachbarte Anker gleichzeitig belastet.

Abhebeversuche dienen – in der Regel bei Dauerankern – der langfristigen Nachprüfung der Ankerkraft. Dazu werden die Ankerzugglieder verlängert und diese mittels einer hydraulischen Presse belastet, die sich über einen Spannsattel/Spannglocke auf der Ankerplatte abstützt. Beim Versuch wird zunächst nur die Zuggliedverlängerung gedehnt. Bei Erreichen der Ankerkraft, wenn die Zugkraft weiter gesteigert wird, heben sich die Ankermuttern (Stabanker) bzw. die Ankerkeile (Litzenanker) ab. Die Zugkraft entspricht in diesem Zustand der Ankerkraft. Bei weiterer Laststeigerung wird das Zugglied bis zum Anker-/Verpresskörper gedehnt. Die Ankerkraft wird in der Regel aus der unterschiedlichen Charakteristik der Spannungs-Dehnungskurven der ersten Phasen (Dehnung der Zuggliedverlängerung) und der zweiten Phase (nach Abheben der Ankermuttern (Stabanker) bzw. die Ankerkeile (Litzenanker)) ermittelt. Für die Durchführung eines Abhebeversuches wird auf weiterführende Literatur verwiesen (s. [1] und [2]).

Die in der heute nicht mehr gültigen DIN 4125 beschrieben Prüfverfahren sind den Prüfverfahren der DIN EN 1537 ähnlich. Eine gute Übersicht über die Gemeinsamkeiten und Unterschiede zwischen diesen Normensystemen hat z. B. Moormann in [6] zusammenfassend dargestellt.

4.7 Überwachungssysteme

Für die Überwachung von mit Ankern gesicherten Stützkonstruktionen können, außer den üblichen Verschiebungsmessungen an Bauwerken:

- Optische Verfahren mit Glasfaserkabeln,
- Ankerkraftmessungen mit Potenzialmessungen,
- Ankerkraftmessungen mit Kraftmessdosen,
- Extensometer,
- Inklinometer

eingesetzt werden. Eine Übersicht und eine Beschreibung solcher Systeme ist z. B. in [1, 2] enthalten.

4.8 Anwendungsmöglichkeiten

Eine Standardanwendung für Anker ist, wie bereits erwähnt, die Sicherung von Baugruben. Die Abb. 4.45 zeigt eine Baugrubensicherung mit einem einfach rückverankerten Trägerbohlverbau. In Abb. 4.46 ist eine vierfach rückverankerte Kombination aus Trägerbohlverbau und überschnittener Bohrpfahlwand dargestellt.

Auch die Bauwerke selbst können mit Ankern gesichert werden. In Abb. 4.47 ist die Sicherung eines Trockendocks mit Verpressankern im Grundwasserbereich gegen Auftrieb

Abb. 4.45 Baugrubensicherung mit einem einfach rückverankerten Trägerbohlverbau

Abb. 4.46 Vierfach rückverankerte Kombination aus Trägerbohlverbau und überschnittener Bohrpfahlwand

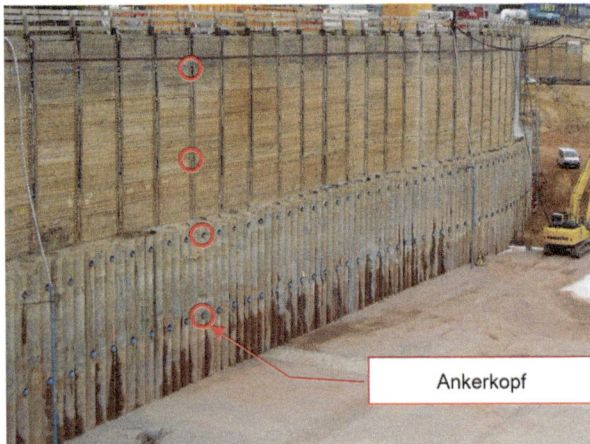

4.8 Anwendungsmöglichkeiten

dargestellt. Der erforderliche Querschnitt bei Auftriebssicherung durch die Eigenlast ist zum Vergleich eingezeichnet.

In Abb. 4.48 ist die Sicherung der Schwergewichtsmauer einer Talsperre mit Felsankern im Querschnitt dargestellt. Durch die Anker wird durch die Vorspannung die Sohlnormalspannung so erhöht, dass selbst unter ungünstiger Belastung keine klaffende Sohlfuge auftritt.

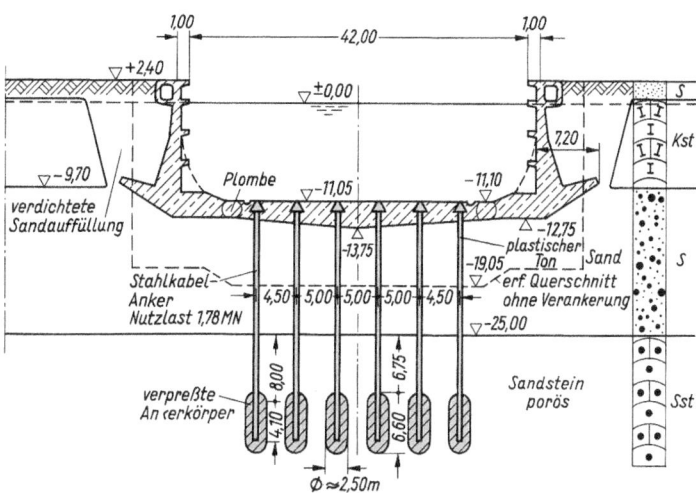

Abb. 4.47 Sicherung eines Trockendocks gegen Auftrieb

Abb. 4.48 Sicherung einer Schwergewichtsmauer einer Talsperre

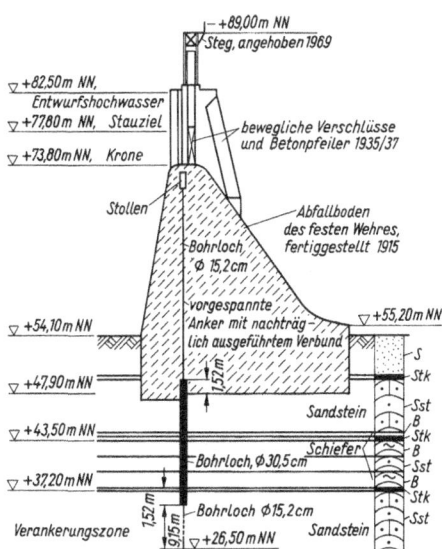

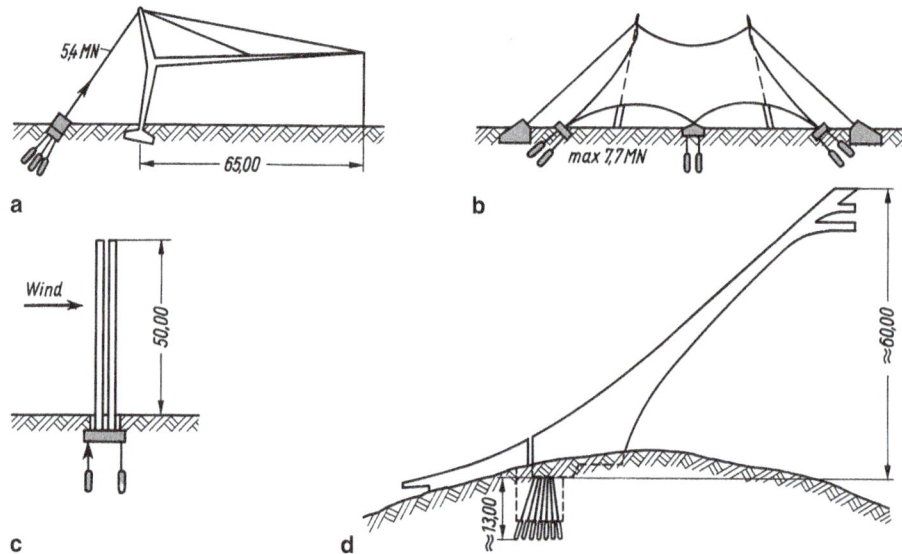

Abb. 4.49 Beispiele für verankerte Bauten (schematisch). **a** Flugzeughalle, **b** Stadion, **c** Turmfundament, **d** Skiflugschanze

Abb. 4.50 Hangsicherung an einer Autobahn mit Dauerankern

Die Abb. 4.49a–d zeigen schematisch verschiedene andere Anwendungen bei Bauwerken.

Für Sicherungen von Verkehrswegen können Ankersystem z. B. für die Gewährleistung der Sicherheit gegen Böschungsbruch eingesetzt werden. In Abb. 4.50 ist die Hangsicherung mit Dauerankern an einer Autobahn und in Abb. 4.51 die temporäre Böschungssicherung für den Voreinschnitt für einen Tunnelvortrieb dargestellt.

Abb. 4.51 Böschungssicherung eines Voreinschnittes für einen Tunnelvortrieb

4.9 Beispiele

Beispiel 4.1

Die Bemessung eines Ankers und die Auswertung einer Eignungsprüfung werden im nachfolgenden Beispiel dargestellt. Es soll eine einfach rückverankerte Stützwand nachgewiesen werden. Das System soll annähernd unnachgiebig sein. Es wird ein Litzenanker als Verbundanker eingesetzt. Das System und die Einwirkungen sind in Abb. 4.52 abgebildet.

Die für die Nachweise und die Auswertung der Eignungsprüfung erforderlichen Angaben für den Anker sind:

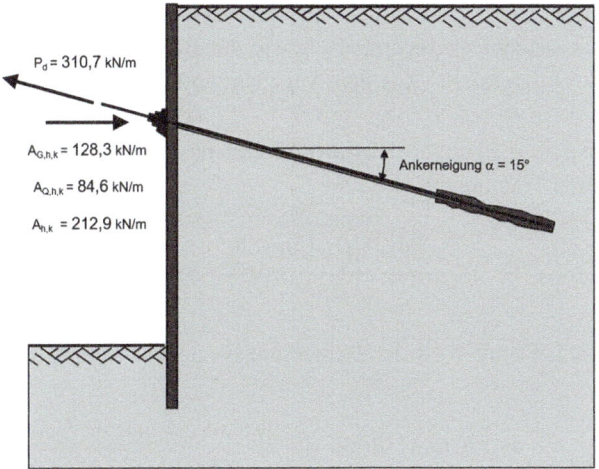

Abb. 4.52 System

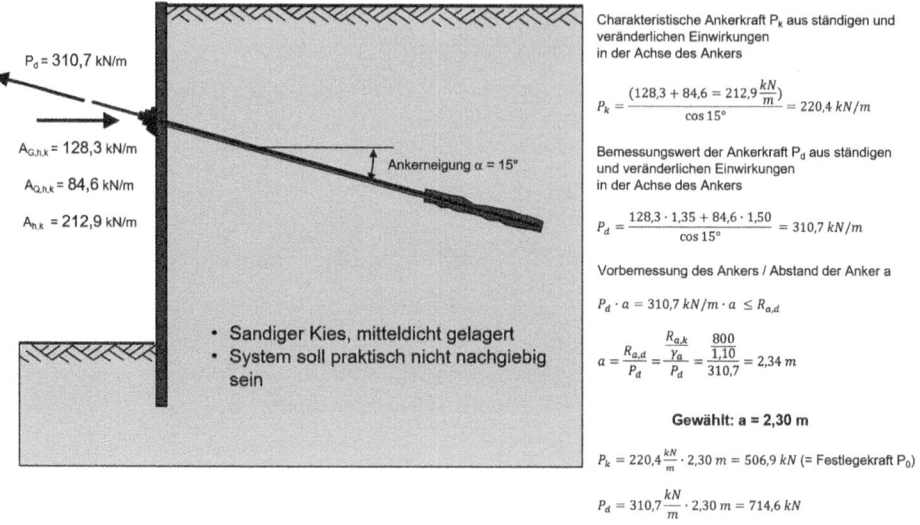

Abb. 4.53 Bemessung des Ankers

- Abschätzung des Herausziehwiderstandes $R_{a,k} \sim 800$ kN
- Litzenanker St 1570/1770
- Querschnittsfläche einer Litze: $A_t = 140$ mm^2
- Charakteristische Spannung bei 0,1 % Dehnung $f_{t,0.1,k} = 1500$ N/mm^2
- Länge des Verpresskörpers (Krafteintragungslänge) $L_{fixed} = 5{,}2$ m
- Verankerungslänge des Zuggliedes $L_{tb} = 5{,}0$ m
- Freie Stahllänge $L_{tf} = 10{,}0$ m
- Überstehende Länge des Zuggliedes $L_e = 0{,}5$ m

Die Ermittlung der charakteristischen Ankerkraft P_k sowie der Bemessungswert der Ankerkraft P_d ist in Abb. 4.53 dargestellt. Aus den Angaben wird der Ankerabstand mit a = 2,30 m ermittelt.

Aus den Berechnungen in Abb. 4.53 ergibt sich die erforderliche Anzahl n der Litzen aus der Bemessung der inneren Tragfähigkeit:

$$P_d = 714{,}6\,\text{kN} \leq R_{t,d} = \frac{A_t \cdot f_{t,0.1,k}}{\gamma_M} = \frac{n \cdot 140\,\text{mm}^2 \cdot 1500\,\frac{N}{\text{mm}^2}}{1{,}15} \rightarrow n = 3{,}9\,\text{Litzen}$$

Gewählt werden n = 4 Litzen. Damit wird der Bemessungswert des Stahlzugliedes errechnet:

$$R_{t,d} = \frac{A_t \cdot t_{t,0.1,k}}{\gamma_M} = \frac{4 \cdot 140\,\text{mm}^2 \cdot 1500\,\frac{N}{\text{mm}^2}}{1{,}15} = 730{,}4\,\text{kN}$$

4.9 Beispiele

Für die Eignungsprüfung müssen nun die entsprechenden Parameter ermittelt werden. Die Prüflast P_P ist

$$P_P = \gamma_a \cdot P_d = 1{,}10 \cdot 714{,}6 \text{ kN} = 786{,}1 \text{ kN}$$

Die Vorbelastung P_A ist

$$P_A = 0{,}1 \cdot P_P = 0{,}1 \cdot 786{,}1 \text{ kN} = 78{,}6 \text{ kN}$$

Außerdem ist zu überprüfen, ob die zulässigen Spannungen im Zugglied bei der Ankerprüfung eingehalten werden:

$$P_P = 786{,}1 \text{ kN} \leq 0{,}80 \cdot P_{t,k} = 0{,}80 \cdot f_{t,k} \cdot A_t = 0{,}80 \cdot 1770 \cdot 4 \cdot 140 = 793{,}0 \text{ kN}$$

$$P_P = 786{,}1 \text{ kN} \leq 0{,}95 \cdot P_{t,0.1,k} = 0{,}80 \cdot f_{t,0.1,k} \cdot A_t = 0{,}95 \cdot 1500 \cdot 4 \cdot 140 = 798 \text{ kN}$$

Damit sind beide Kriterien erfüllt, so dass die Eignungsprüfung beginnen kann. Dabei wurden die in der Tab. 4.5 zusammengestellten Verschiebungen gemessen.

Die Ergebnisse sind als Last-Verschiebungsdiagramm in Abb. 4.54 dargestellt.

Tab. 4.5 Ergebnisse der Eignungsprüfung

Anteil an der Prüfkraft P_P [–]	Ankerlast [kN]	Beobachtungszeit [min]	Verschiebung [mm]
0,1	78,6		0,00
0,1	78,6		0,00
0,4	314,4	0,0	18,12
0,4	314,4	1,0	18,12
0,1	78,6		5,86
0,1	78,6		5,86
0,4	314,4	0,0	22,88
0,4	314,4	1,0	22,88
0,55	432,4	0,0	31,78
0,55	432,4	1,0	31,78
0,4	314,4	0,0	27,22
0,4	314,4	1,0	27,22
0,1	78,6		8,75
0,1	78,6		8,75
0,4	314,4	0,0	25,09
0,4	314,4	1,0	25,09
0,55	432,4		35,12
0,55	432,4		35,12
0,7	550,3	0,0	56,97
0,7	550,3	1,0	57,00
0,7	550,3	3,0	57,06
0,7	550,3	5,0	57,12

Tab. 4.5 (Fortsetzung)

Anteil an der Prüfkraft P_P [–]	Anker-last [kN]	Beobachtungs-zeit [min]	Verschiebung [mm]
0,55	432,4		46,00
0,55	432,4		46,00
0,4	314,4	0,0	34,99
0,4	314,4	1,0	34,99
0,1	78,6		10,77
0,1	78,6		10,77
0,4	314,4	0,0	29,00
0,4	314,4	1,0	29,00
0,55	432,4		41,96
0,55	432,4		41,96
0,7	550,3		57,01
0,7	550,3		57,01
0,85	668,2	0,0	72,23
0,85	668,2	1,0	72,25
0,85	668,2	3,0	72,29
0,85	668,2	5,0	72,39
0,7	550,3		62,78
0,7	550,3		62,78
0,55	432,4		51,23
0,55	432,4		51,23
0,4	314,4	0,0	42,12
0,4	314,4	1,0	42,12
0,1	78,6		12,22
0,1	78,6		12,22
0,4	314,4	0,0	33,91
0,4	314,4	1,0	33,91
0,55	432,4		45,61
0,55	432,4		45,61
0,7	550,3		58,89
0,7	550,3		58,89
0,85	668,2		71,23
0,85	668,2		71,23
1	786,1	0,0	86,02
1	786,1	1,0	86,08
1	786,1	3,0	86,13
1	786,1	5,0	86,40
1	786,1	10,0	86,44
1	786,1	15,0	86,60
1	786,1	20,0	86,70
1	786,1	30,0	86,87
0,85	668,2		83,89
0,85	668,2		83,98

4.9 Beispiele

Tab. 4.5 (Fortsetzung)

Anteil an der Prüfkraft P_P [–]	Ankerlast [kN]	Beobachtungszeit [min]	Verschiebung [mm]
0,7	550,3		77,45
0,7	550,3		77,45
0,55	432,4		68,64
0,55	432,4		68,64
0,4	314,4	0,0	56,02
0,4	314,4	1,0	56,02
0,1	78,6		15,24
0,1	78,6		15,25

Zunächst muss geprüft werden, ob die Beobachtungszeit ausreicht, oder ob sie verlängert werden muss. Dazu muss nach DIN EN ISO 22477-5 folgendes Kriterium erfüllt sein

$$\Delta s = s_b - s_a \leq 0{,}5\,\text{mm}$$

Nach den Ergebnissen der Prüfung wird für Δs folgendes Maß ermittelt

$$\Delta s = 86{,}87 - 86{,}44 = 0{,}43\,\text{mm} \leq 0{,}5\,\text{mm}$$

Das Kriterium ist also erfüllt, die Beobachtungszeit muss nicht verlängert werden.

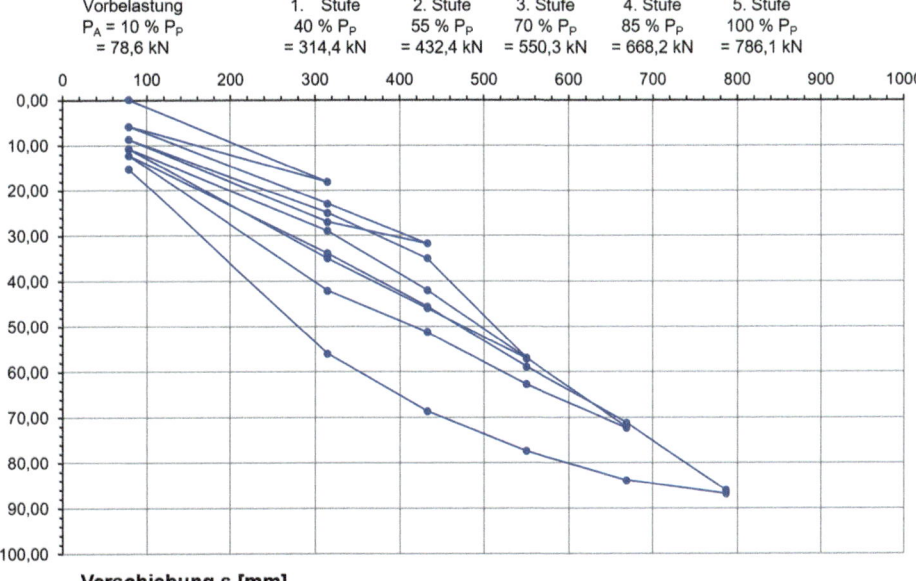

Abb. 4.54 Last-Verschiebungsdiagramm der Eignungsprüfung

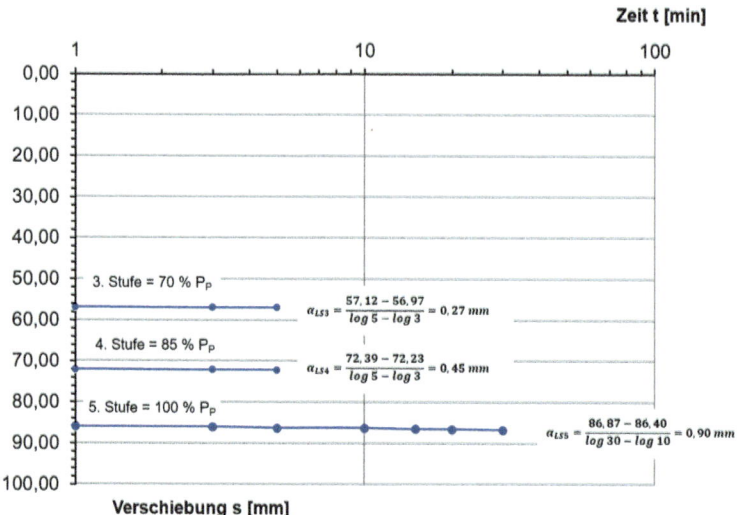

Abb. 4.55 Zeit-Verschiebungsdiagramm

Aus den letzten drei Laststufen (70 %, 85 und 100 % der Prüflast) wird das Kriechmaß ermittelt. Die Ermittlung ist in den Zeit-Verschiebungskurven für diese Laststufen ist in Abb. 4.55 dargestellt, das Kriechmaß in Abhängigkeit der Laststufe in Abb. 4.56. Das zulässige Kriechmaß von $\alpha = 2$ mm wird also eingehalten.

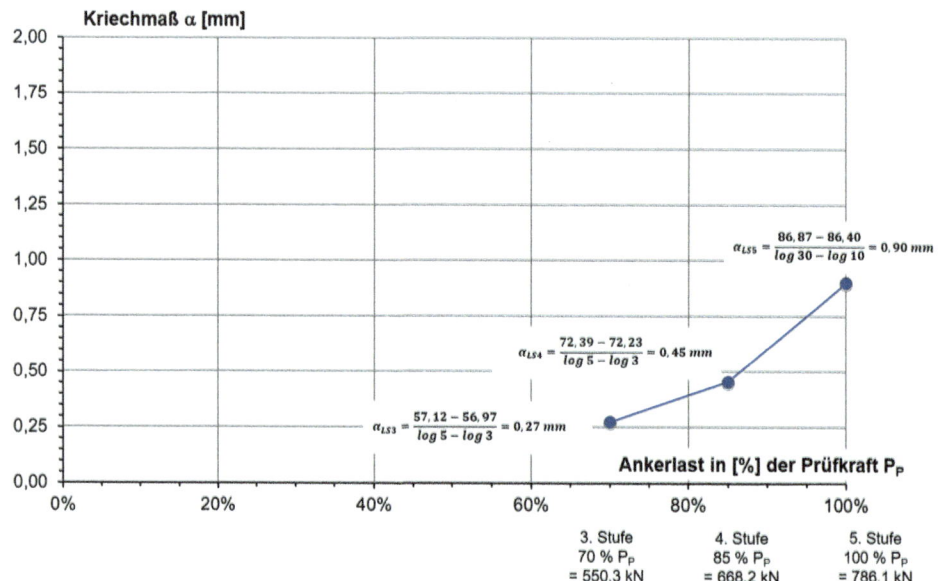

Abb. 4.56 Kriechmaß

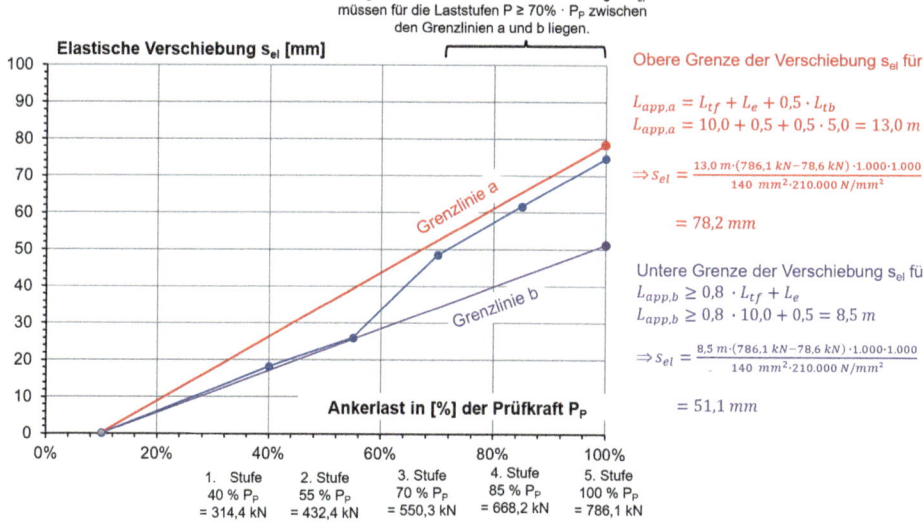

Abb. 4.57 Nachweis der Einhaltung der elastischen Verschiebungen

Im letzten Schritt muss nachgewiesen werden, dass die elastische Verschiebung innerhalb der Grenzlinie a und b liegt. Der Nachweis ist in Abb. 4.57 dargestellt.

Insgesamt werden alle Kriterien für die Eignungsprüfung eingehalten. Der Anker hat somit diese Prüfung bestanden. ◄

4.10 Normen und Empfehlungen

- DIN EN 1991-1-7:2010-12: Eurocode 1: Einwirkungen auf Tragwerke – Teil 1-7: Allgemeine Einwirkungen – Außergewöhnliche Einwirkungen; Deutsche Fassung EN 1991-1-7:2006+AC:2010.
- DIN EN 1997-1:2014-03: Eurocode 7 – Entwurf, Berechnung und Bemessung in der Geotechnik – Teil 1: Allgemeine Regeln; Deutsche Fassung EN 1997-1:2004+AC:2009+A1:2013.
- DIN EN 1997-1/NA:2010-12: Nationaler Anhang – National festgelegte Parameter – Eurocode 7: Entwurf, Berechnung und Bemessung in der Geotechnik – Teil 1: Allgemeine Regeln.
- DIN 1054:2021-04: Baugrund – Sicherheitsnachweise im Erd- und Grundbau – Ergänzende Regelungen zu DIN EN 1997-1.
- DIN EN 1537: 2014-07: Ausführung von Arbeiten im Spezialtiefbau – Verpressanker, Deutsche Fassung EN 1537: 2013.

- DIN EN ISO 22477-5:2019-05: Geotechnische Erkundung und Untersuchung – Prüfung von geotechnischen Bauwerken und Bauwerksteilen – Teil 5: Prüfung von Verpressankern (ISO 22477-5:2018); Deutsche Fassung EN ISO 22477-5:2018.
- DIN EN 14490:2010-11: Ausführung von Arbeiten im Spezialtiefbau – Bodenvernagelung: Deutsche Fassung EN 14490:2010.

Literatur

1. Wichter, L.; Meiniger, W. (2000): Verankerungen und Vernagelungen im Grundbau, Ernst & Sohn.
2. Wichter, L.; Meiniger, W. (2017): Verpressanker, Bodennägel und Zugpfähle, in: Grundbau-Taschenbuch, Hrsg. Witt, K. J., 8. Auflage 2017, Ernst & Sohn.
3. Habenicht, H. (1976): Anker und Ankerungen zur Stabilisierung des Gebirges, Springer-Verlag, Wien 1976.
4. Ostermayer, H. (1991): Verpreßanker, in: Grundbau-Taschenbuch, 4. Auflage, Ernst & Sohn Verlag, Berlin.
5. Ostermayer, H. (1996): Verpreßanker, in: Grundbau-Taschenbuch, 5. Auflage, Ernst & Sohn Verlag, Berlin.
6. Moormann, C.; Crienitz, S.; Ries, S. (2014): Prüfung von Ankern, Nägeln und Mikropfählen nach Einführung der neuen Normen, 9. Kolloquium Bauen und Boden und Fels, Technische Akademie Esslingen, Ostfildern.

Weiterführende Literatur

7. Dietz, K. (2017): Beitrag zur Einführung der neuen Normenausgaben DIN SPEC 18537 und DIN ISO 22477-5 für Verpressanker, 11. Kolloquium Bauen in Boden und Fels, Technische Akademie Esslingen, Ostfildern.

Wasserhaltung 5

5.1 Grundlagen

Bei fast allen Bauprojekten, bei denen in das Grundwasser eingegriffen wird, bestimmt dies sowohl den Bauentwurf als auch den Bauprozess in Bezug auf den Schutz gegen Grundwasserzutritt bzw. auch den Schutz des Grundwassers vor Verunreinigung durch die Bautätigkeit oder das Bauwerk.

Die Bedeutung des Schutzes des Grundwassers ist bereits auch im Teil 1 dargelegt worden. Dort sind auch die physikalischen Grundlagen der Bewegung des Grundwassers/der Grundwasserströmung im Baugrund beschrieben.

Sieht man von seltenen Ausnahmen, z. B. bei Bauwerken im Offshorebereich, ab, werden Bauwerke immer im „Trockenen" hergestellt, d. h. Wasser, also Regenwasser, insbesondere aber eben Grundwasser, wird aus dem Arbeitsbereich ferngehalten. Die Maßnahmen dazu werden als Wasserhaltung bezeichnet. Darunter werden Maßnahmen zur Absenkung oder Entspannung des Grundwasserspiegels oder des Wasserdrucks und/oder das Abpumpen von Grund-, Schicht-, Oberflächen- oder Regenwasser verstanden. Solche Maßnahmen sind i. d. R., u. a. aus den genannten Gründen des Grundwasserschutzes, zeitlich beschränkt. Die häufigste Anwendung im Bauwesen stellt die Wasserhaltung zur Trockenhaltung einer Baugrube dar, die so lange betrieben werden muss, bis das Bauwerk auftriebssicher ist.

Bei Maßnahmen oder Einrichtungen, die den Grundwasserspiegel dauerhaft auf eine bestimmte Höhe einstellen, handelt es sich um Dauerdränagen, die eine entsprechende Auswirkung auf die Umwelt haben. Beispiele dafür sind z. B. dränierte Tunnelbauwerke (In Deutschland heute meist nicht mehr zulässig) oder (alte) Bergwerksstollen, die hydrogeologisch gesehen Dränageleitungen im Gebirge darstellen und dieses entwässern. In weiten Teilen z. B. der Niederlande wird der Grundwasserspiegel durch Abpumpen dauerhaft unterhalb des Meereswasserspiegels gehalten. Ebenso muss im Ruhrgebiet der Grundwasserspiegel durch dauerhaftes Abpumpen kontrolliert werden, da sich sonst infolge der großräumigen bergbaubedingten Senkungen der Geländeoberfläche (in der Größenordnung einiger Meter) der Wasserspiegel oberhalb des Geländes einstellen würde.

Grundlagen für die Planung einer Wasserhaltung ist die rechnerische Abschätzung der zu fördernden Wassermenge, die Dauer der Maßnahmen, die dafür nötigen Einrichtungen, die Auswirkungen auf den Grundwasserhaushalt bzw. den Grundwasserspiegel, der Transport und die Ableitung dieses Wassers, evtl. Maßnahmen zur Entfernung von Schadstoffen aus dem Grundwasser (Wasserreinigung) und evtl. eine Wiedereinleitung von Grundwasser.

Grundsätzlich ist allen Verfahren zur Berechnung des Wasserandrangs bei Wasserhaltungen gemein, dass sie auf einem Modell zum Baugrund und zur Wasserströmung basieren und sowohl auf empirischen, halbempirischen und theoretischen Erkenntnissen bzw. Überlegungen basieren und daher keine exakten mathematischen-physikalischen Gleichungen darstellen. Alle Ergebnisse haben daher in der Natur der Sache liegende Unsicherheiten.

Der wesentliche bestimmende Einfluss auf eine Wasserhaltung ist die Wasserdurchlässigkeit des Baugrundes, mithin also der Wasserdurchlässigkeitsbeiwert ist. Einer sorgfältigen Abschätzung/Ermittlung des Wasserdurchlässigkeitsbeiwertes kommt daher die höchste Bedeutung zu (s. Abschn. 5.12).

5.2 Rechtliche Rahmenbedingungen

Nach der Richtlinie 2000/60/EG vom 23. Oktober 2000 der EU („Wasserrahmenrichtlinie") ist „Wasser keine übliche Handelsware, sondern ein ererbtes Gut ist, welches geschützt, verteidigt und entsprechend behandelt werden muss". Daher sind die Schutzmaßnahmen sehr streng, dies betrifft auch das Grundwasser. Eine Verunreinigung eines Gewässers, dazu zählt auch das Grundwasser, stellt eine Umweltstraftat im Sinne des Umweltstrafrechts (§ 324 bis § 330 StGB, hier besonders § 324: Gewässerverunreinigung) dar.

Die Wasserrahmenrichtlinie wird in Deutschland durch Bundes- und Landesgesetzgebungen (Wasserhaushaltsgesetz des Bundes und Wasserhaushaltsgesetze der Länder) näher geregelt.

Die meist bauzeitlichen Maßnahmen zum Fernhalten des Grundwassers stellen eine Gewässerbenutzung dar und unterliegen der wasserbehördlichen Aufsicht. Sie bedürfen, analog zu einer Baugenehmigung, einer entsprechenden Genehmigung. Zuständig sind hier i. d. R. die unteren Wasserbehörden, bei großräumigen Projekten/Vorhaben die oberen Wasserbehörden, ggf. auch die zuständigen Landesministerien.

Außer den Bundes- und Landeswassergesetzen sind bei Wasserhaltungen ggf. noch die Gesetze und Verordnungen bzgl.

- Trinkwasserschutzgebieten,
- Heilquellenschutzgebieten,

- Trinkwasserverordnungen,
- Wasser-/Abwassersatzungen von Städten und Gemeinden

zu beachten. Ergänzend sind die einschlägigen EN-/ISO-/DIN-Normen sowie die Empfehlungen und Merkblätter von Fachverbänden, z. B. die der Fachsektion Hydrogeologie der Deutschen Geologischen Gesellschaft-Geologische Vereinigung (FH-DGGV e. V.) oder des Deutschen Vereins des Gas- und Wasserfaches (DVWK) zu beachten.

Die Grundlagen und Bezeichnungen bzgl. Wasser, Wasserströmung im Boden und Wasserdurchlässigkeit von Böden sind in Teil 1 beschrieben.

5.3 Baugrundbedingungen

Die nachfolgenden Ausführungen beziehen sich auf Wasserhaltungen in Lockerböden, d. h. in Kiesen, Sanden, Schluffen und Tonen.

Wasserhaltungen in Festgesteinen können bei hydrogeologisch mehr oder weniger homogenen und isotropen Gebirgsverhältnissen vergleichbar betrachtet werden. Dies trifft häufig, insbesondere in stark zerlegten Gebirgsverhältnissen auch zu.

In sehr vielen Fällen treffen die Voraussetzungen aber auch nicht zu, die Gebirgsverhältnisse sind dann in hydrogeologischer Hinsicht inhomogen und anisotrop. In solchen Situationen sind besondere Überlegungen erforderlich, hierfür wird auf weiterführende Literatur verwiesen [1–3]

5.4 Trockenhaltung von Baugruben

Bei der Planung von Baustellen/Baugruben ist in Bezug auf die Trockenhaltung für

- das Ableiten von Regenwasser (sog. Tagwasser) und
- das Fernhalten von Grundwasser

zu sorgen. In der Umgebung von Flüssen ist darüber hinaus noch die Hochwassergefährdung zu beachten. Hierfür ist festzulegen, bis zu welchen Hochwasserständen die Baugrube/der Arbeitsbereich sicher ist (entspricht dem Zustand der Gebrauchstauglichkeit) bzw. ab welchen Hochwasserereignissen Maßnahmen, wie z. B. Evakuierung oder Flutung der Baugrube, ergriffen werden müssen. Dabei ist auch die Auftriebssicherheit des Gebäudes im Bauzustand zu berücksichtigen.

5.4.1 Arbeitsbereich/Baugruben oberhalb des Grundwasserspiegels

Solange der Arbeitsbereich (z. B. die Baugrubensohle) oberhalb des Grundwasserspiegels liegt, ist lediglich für die Ableitung des Regenwassers zu sorgen. Die Maßnahmen dazu

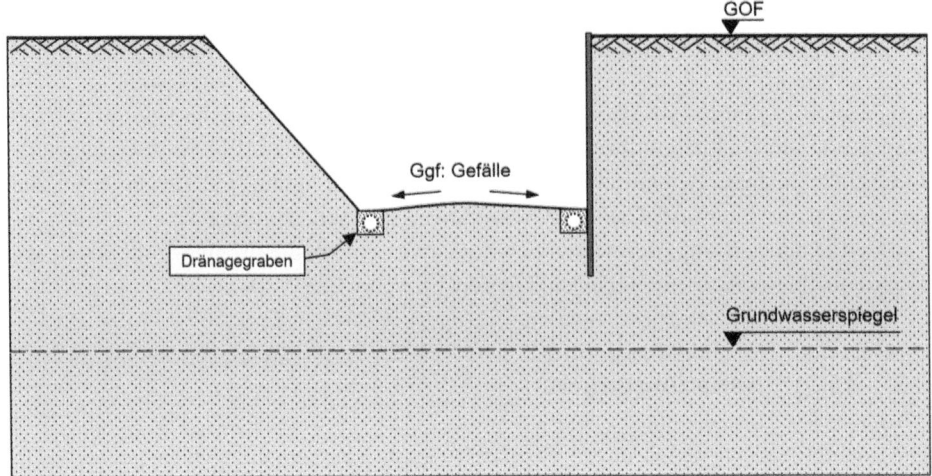

Abb. 5.1 Tagwasserhaltung

werden in der Praxis meist als „Tagwasserhaltung" bezeichnet (s. Abb. 5.1). Stehen im Baufeld gut wasserdurchlässige Böden (Sande und Kiese) an, sind hier meist keine besonderen Einrichtungen erforderlich. Das Regenwasser versickert einfach im Baugrund.

Stehen jedoch gering durchlässige bis undurchlässige Böden an, müssen Maßnahmen zur schnellen Ableitung von Regenwasser eingerichtet werden, die sog. „Tagwasserhaltung". Dazu werden meist Dränagerohre in Dränagegräben angelegt. Diese entwässern i. d. R. in als „Pumpensümpfe" bezeichnete Gruben. Das Wasser wird dort aus dem Arbeitsbereich abgepumpt. Die Oberfläche des Bodens, das sog. Planum, muss dazu i. d. R. mit einem geringen Gefälle in Richtung Dränagegraben angelegt werden. Bei großen Abmessungen der Baugruben kann dies allerdings einen nicht unerheblichen, in der Kalkulation zu berücksichtigenden Mehraushub und den Einbau von entsprechenden Ausgleichsschichten bedingen. Insbesondere bei den sehr wasserempfindlichen gemischtkörnigen Böden mit hohem Anteil an Feinkorn und leicht plastischen Böden können nicht oder schlecht abgeleitete Regenwässer in die Bodenmatrix einsickern und die Konsistenz in den obersten Zenti- bis Dezimetern nachteilig verändern, d. h. die Böden liegen dann oberflächennah in weicher bis breiiger Konsistenz vor. In der Regel sind dann zusätzliche Maßnahmen erforderlich, um den Baugrund wieder in den Bereich ausreichender Tragfähigkeit zu verbessern, z. B. der Austausch dieser nun ungeeigneten Bodenschicht oder das Einarbeiten von Kalk- oder Zement. Eine geeignete Schutzmaßnahme wäre auch, die obersten Dezimeter des Bodens über der Gründungssohle erst unmittelbar vor dem Einbau der Sauberkeitsschicht (oder einer anderen geeigneten Schutzschicht) auszuheben. In diesem Fall sind die Schnittstellen/Verantwortlichkeiten bei der Gestaltung der Bauverträge zu beachten. Ebenso sind die Schnittstellen/Verantwortlichkeiten bzgl. des Betriebs der Tagwasserhaltung bei der Gestaltung der Bauverträge zu beachten.

5.4.2 Wasserdichte Baugruben

Liegt der Arbeitsbereich/die Baugrubensohle in wasserdurchlässigen Böden unterhalb des Grundwasserspiegels, kann ein wasserdichter Verbau eingesetzt werden. Dieser muss in einen Grundwassernichtleiter/wasserundurchlässige Bodenschicht einbinden.

Steht keine solche wasserundurchlässige Bodenschicht in erreichbarer Tiefe an, kann eine horizontale, abdichtende Schicht durch Injektion oder durch Einbau einer Unterwasserbetonsohle hergestellt werden (s. a. Abschn. 1.3).

In der Regel benötigen auch wasserdichte Baugruben eine sog. Restwasserhaltung, da der wasserdichte Verbau meist nicht vollständig wasserdicht ist. Vielmehr strömen, z. B. durch die Arbeitsfugen von Schlitzwänden oder infolge von Unterströmung des Verbaus u. v. a., sehr geringe Wassermengen in die Baugruben ein und müssen aus dieser abgepumpt werden. Der Erfahrungswert für solche Restwassermengen liegt bei sorgfältiger Ausführung des Verbaus bei ca. 1,5 l/s je 1000 m^2 benetze Verbaufläche. Auch ist i. d. R. eine Tagwasserhaltung erforderlich.

Beispiele für wasserdichte Baugruben sind in Abb. 5.2 in Prinzipschnitten dargestellt. Bzgl. der Planung solcher wasserdichten Baugruben wird auf Kap. 1 und weiterführende Literatur verwiesen.

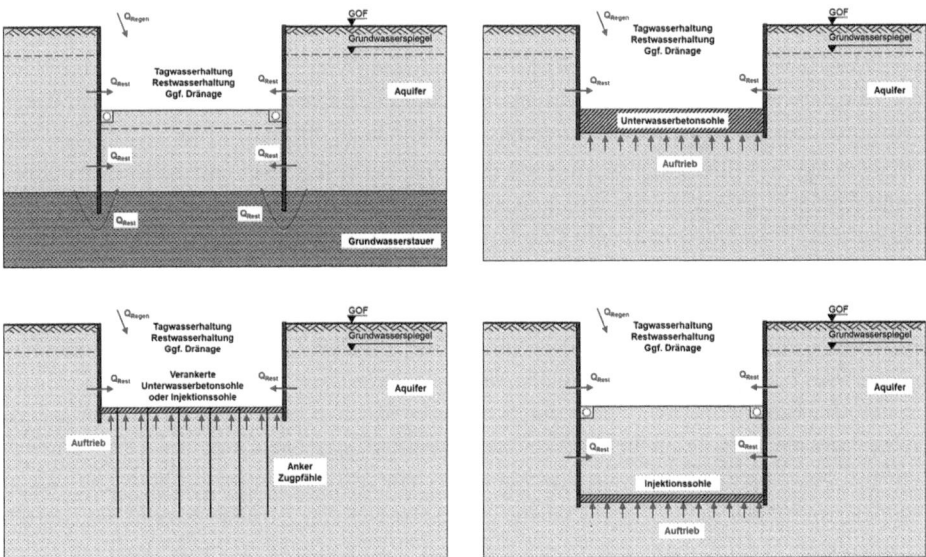

Abb. 5.2 Wasserdichte Baugruben

5.4.3 Baugruben mit Wasserhaltung

In allen anderen Fällen muss das Grundwasser mittels einer Wasserhaltung aus dem Arbeitsbereich/der Baugrube ferngehalten werden. Dazu stehen, je nach Abmessungen der Baugrube, nach den Grundwasser- und Baugrundverhältnissen und ggf. weiteren Randbedingungen mehrere Möglichkeiten zur Verfügung.

Die am häufigsten eingesetzte Möglichkeit ist, mittels von Brunnen bzw. Brunnenanlagen das Grundwasser aus dem Baugrund abzupumpen und dadurch den Grundwasserspiegel im Arbeitsbereich unter die Baugrubensohle abzusenken. Die Möglichkeiten dazu werden in Abschn. 5.6 im Einzelnen vorgestellt.

Die Grundlagen zur rechnerischen Ermittlung der abzupumpenden Wassermengen werden in Abschn. 5.5 erläutert.

5.5 Berechnung der Anströmung von Brunnen

5.5.1 Grundlagen

Die Grundlagen zur ingenieurtechnischen Berechnung von Brunnen wurden zwischen etwa dem letzten Drittel des 19. bis zum ersten Drittel des 20. Jahrhunderts geschaffen und gehen im Wesentlichen auf die Arbeiten von Thiem (1906) [4] zurück, der wiederum auf die Arbeiten von Dupuit (1863) [5] aufbaut. Zur Würdigung der Leistungen beider wird die entwickelte analytische Lösung im praktischen Sprachgebrauch auch als „Brunnenformel von Dupuit-Thiem" bezeichnet. Später legte Sichardt (1928) [6] die ersten Arbeiten zur Ermittlung der Reichweite der Absenkung des Grundwasserspiegels durch einen Brunnen und zu dessen Fassungsvermögen vor. Die „Brunnenformel von Dupuit-Thiem" beruht wiederum auf dem Gesetz von Darcy (1856) [7].

Die „Brunnenformel von Dupuit-Thiem" beschreibt den sog. stationären Zustand. Dieser ist für Wasserhaltungen i. d. R. maßgebend. Der Zeitraum vom Beginn der Wasserhaltung bis zur benötigen/geplanten Absenkung wird als instationäre Phase bezeichnet. Die Grundwasserströmung wird dementsprechend als instationäre Strömung definiert.

Für die Ermittlung der Durchlässigkeitsbeiwertes in Feldversuchen werden i. d. R. Pumpversuche eingesetzt, bei denen das Verhalten/die Absenkung des Grundwasserspiegels bei Abpumpen des Grundwassers aus einem Brunnen beobachtet wird. Dazu können sowohl stationäre Pumpversuche eingesetzt werden, die nach den hier erläuterten Gleichungen geplant, bzw. ausgewertet werden. Es kann aber auch die sog. „instationäre" Phase, die Phase des Absenkens des Grundwasserspiegels bis zum Erreichen des geplanten Endzustandes ausgewertet werden. Bzgl. der Planung solcher stationärer als auch instationärer Pumpversuche zur Ermittlung des Durchlässigkeitsbeiwertes wird auf weiterführende Literatur verwiesen [1, 2, 8].

5.5.2 Brunnen im freien (ungespannten) Grundwasserleiter

Die Brunnenformel nach Dupuit-Thiem wird mit Hilfe eines Vertikalschnittes durch einen Brunnen erläutert (s. Abb. 5.3). Betrachtet wird ein Aquifer mit freier Grundwasseroberfläche. Unter dem Aquifer steht in einiger Tiefe eine Bodenschicht aus wasserundurchlässigem Boden (Grundwasserstauer) an. Der Abstand zwischen der Grundwasseroberfläche und der Oberfläche des Grundwasserstauers wird als Höhe des unbeeinflussten Grundwasserstandes H bezeichnet.

In diesem Aquifer wird ein runder Brunnen mit dem Durchmesser d bzw. dem Radius r hergestellt. Aus dem Brunnen wird die konstante Wassermenge Q gefördert. Es stellt sich dabei eine radialsymmetrische, trichterförmige Absenkung des Grundwasserspiegels ein. Der Abstand von der Achse des Brunnens zum nicht mehr durch die Absenkung beeinflussten Grundwasserspiegel wird als die Reichweite R der Absenkung definiert.

Die Absenkung des Grundwasserspiegels am Rand des Brunnens wird als Absenkung s bezeichnet. Die Höhe des Grundwasserspiegels am Rand des Brunnens, d. h. der Abstand zwischen der abgesenkten Grundwasseroberfläche am Rand des Brunnens und der Oberfläche des Grundwasserstauers wird als Höhe des Grundwasserspiegels am Brunnenrand h definiert.

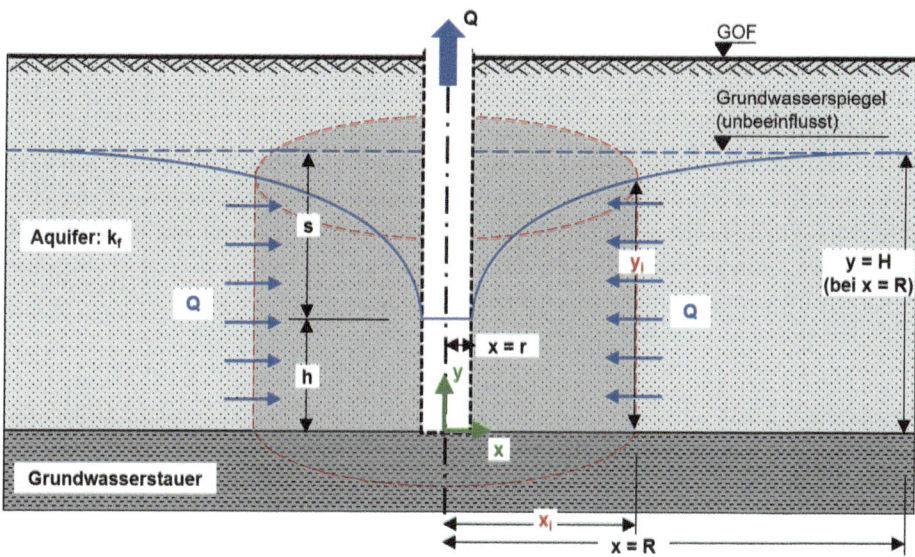

Abb. 5.3 Brunnen in einem freien Aquifer

Für die Herleitung der Brunnenanströmung müssen nun verschiedene Randbedingungen definiert bzw. angenommen werden:

1. Der Aquifer ist homogen und besitzt isotrope Eigenschaften.
2. Die Zuflussmenge vom Trichterrand ist gleich der Entnahmemenge.
3. Der Aquifer, d. h. der Boden zwischen der Grundwasseroberfläche und der Oberfläche des Grundwasserstauers, ist vollständig wassergesättigt.
4. Es gibt keine positiven oder negativen Randbedingungen (z. B. Quellen).
5. Es wird ein vollkommener Brunnen betrachtetet, d. h. die Brunnensohle steht auf der Oberfläche des Grundwasserstauers.
6. Es gilt das Gesetz von Darcy (s. Teil 1).
7. Der Aquifer ist horizontal unendlich ausgedehnt.
8. Der Kapillarsaum und die gesättigte Zone bleiben unberücksichtigt.
9. Das Wasser tritt der Brunnenanlage in horizontaler Strömung zu.
10. Es werden laminare Strömungsverhältnisse angenommen.

Die meistens dieser Randbedingungen treffen in der Praxis mehr oder weniger auch zu, bzw. geringe Abweichungen davon sind für die Ermittlung eines zutreffenden Ergebnisses unerheblich.

Zur Herleitung wird ein lokales Koordinatensystem eingeführt. Der Koordinatenursprung liegt am Schnittpunkt der Achse des Brunnens mit der Oberfläche des Grundwasserstauers. Alle horizontalen Entfernungen (r, R) oder Abstände x beziehen sich immer auf die Achse des Brunnens, alle vertikalen Abstände werden auf die Höhenlage des Grundwasserstauers bezogen.

Es wird der Volumenstrom des Grundwassers in einer beliebigen Entfernung x von der Brunnenachse (aber innerhalb der Reichweite R der Absenkung) betrachtet. Da das System radialsymmetrisch ist, handelt es sich um einen radialsymmetrischen Volumenstrom durch einen Zylinder. Der Radius des Zylinders ist x und die Höhe des Zylinders ist y. Der Volumenstrom wird durch die allgemeine Gleichung

$$Q = v_f \cdot A \qquad (5.1)$$

beschrieben. Darin ist v_f die Filtergeschwindigkeit und A die durchströmte Fläche des Zylinders. Die Fläche des Zylinders beträgt

$$A = 2 \cdot \pi \cdot x \cdot y \qquad (5.2)$$

Die Filtergeschwindigkeit kann mit dem Gesetz von Darcy beschrieben werden

$$v_f = k_f \cdot i \qquad (5.3)$$

Darin ist k_f der Wasserdurchlässigkeitsbeiwert des Bodens und i der hydraulische Gradient an der Stelle x. Werden die Gln. (5.2) und (5.3) in die Gl. (5.1) eingesetzt ergibt sich

$$Q = k_f \cdot i \cdot 2 \cdot \pi \cdot x \cdot y \qquad (5.4)$$

5.5 Berechnung der Anströmung von Brunnen

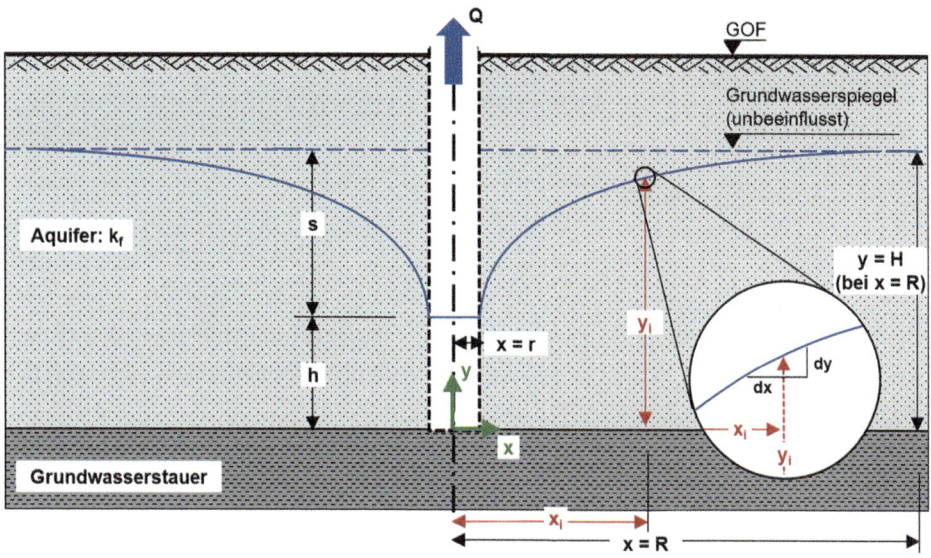

Abb. 5.4 Hydraulischer Gradient i an der Stelle x_i

Der hydraulische Gradient i an der Stelle x_i kann als die Steigung der Absenktrichters (in zweidimensionalen Schnitt die Steigung der Absenkkurve) aufgefasst werden (s. Gl. (5.5)). Der Zusammenhang ist in Abb. 5.4 dargestellt.

$$i = \frac{dy}{dx} \tag{5.5}$$

Wird Gl. (5.5) in der Gl. (5.4) für den hydraulischen Gradienten eingesetzt erhält man

$$Q = k_f \cdot \frac{dy}{dx} \cdot 2 \cdot \pi \cdot x \cdot y \tag{5.6}$$

Durch die Umstellung der Gl. (5.6) nach y bzw. dy und x bzw. dx ergibt sich

$$\frac{1}{x} \cdot dx = \frac{1}{Q} \cdot k_f \cdot 2 \cdot \pi \cdot y \cdot dy \tag{5.7}$$

Die Gleichung kann durch Integration beider Seiten gelöst werden:

$$\frac{Q}{2 \cdot \pi \cdot k_f} \cdot \int_{x_1}^{x_2} \frac{1}{x} \cdot dx = \int_{y_1}^{y_2} y \cdot d_y \tag{5.8}$$

Die Integrale reichen von x_1 bis x_2 und von y_1 bis y_2. Nach Lösen der Integrale erhält man

$$\frac{Q}{2 \cdot \pi \cdot k_f} \cdot (\ln x_2 - \ln x_1) = \frac{1}{2} \cdot (y_2^2 - y_1^2)$$

$$\frac{Q}{\pi \cdot k_f} \cdot (\ln x_2 - \ln x_1) = (y_2^2 - y_1^2)$$

$$Q = \pi \cdot k_f \cdot \frac{(y_2^2 - y_1^2)}{\ln x_2 - \ln x_1} \tag{5.9}$$

Diese Gleichung beschreibt, je nach Umstellung, allgemein die Höhenlage des Grundwasserspiegels an jeder Stelle des Systems innerhalb des Absenktrichters oder auch den Volumenstrom Q.

Ersetzt man nun für die bekannten Ränder des Systems, also an den Stellen $x_1 = r$ und $x_2 = R$, die jeweiligen Höhen des Grundwassers bei ($x_1 = r$): $y_1 = h$ und bei ($x_2 = R$): $y_2 = H$, so erhält man die Brunnenformel in ihrer verbreiteten Form:

$$Q = \pi \cdot k_f \cdot \frac{(H^2 - h^2)}{\ln R - \ln r} \tag{5.10}$$

Mit der so hergeleiteten Formel kann z. B. bei gegebenem Aquifer und Brunnen der erforderliche Volumenstrom (d. h. die abzupumpende Wassermenge) Q für eine bestimmte Absenkung ermittelt werden.

Für die Ermittlung des Durchlässigkeitsbeiwertes k_f werden häufig Dauerpumpversuche durchgeführt. Dazu wird die Absenkung des Grundwasserspiegels an mehreren Stellen innerhalb des Absenktrichters gemessen. Wenn für zwei Stellen mit Entfernung x_1 und x_2 vom Brunnenrand die Absenkung gemessen wird, kann der Durchlässigkeitswert k_f aus der Gl. (5.9) bestimmt werden.

In der Gleichung gibt es allerdings noch eine Unbekannte. Während der Brunnenradius r bekannt ist bzw. gewählt werden kann und die Höhenlage h des Grundwasserspiegels dort gemessen oder eingestellt werden kann, ist dies bei der Reichweite der Absenkung R nicht der Fall. Diese stellt sich entsprechend der Absenkung s und der Durchlässigkeit des Bodens k_f frei ein. Hierfür hat Sichardt (1928) eine empirische Lösung für sandig-kiesige Grundwasserleiter gefunden.

$$R = 3000 \cdot s \cdot \sqrt{k_f} \tag{5.11}$$

Mit dieser Gleichung kann die Reichweite R mit für die meisten Fälle hinreichender Genauigkeit abgeschätzt werden. Es handelt sich hierbei um eine empirisch gefundene Gleichung, die sich physikalisch nicht begründen lässt. Zu beachten ist, dass der Durchlässigkeitsbeiwert k_f und die Absenkung s in den Einheiten m/s und m eingesetzt werden müssen, da der Faktor „3000" aufgrund eben des empirischen Charakters einheitenbehaftet ist, um das Ergebnis für die Reichweite R auch in der Einheit m zu erhalten.

Später haben andere Autoren (Kussakin [9], Weber [10], Bear [11]) weitere Gleichungen für die Abschätzung der Reichweite R vorgeschlagen, die bekannteste ist die von Kussakin (1935)

$$R = 575 \cdot s \cdot \sqrt{k_f \cdot H} \tag{5.12}$$

Mit der Brunnenformel und den Formeln zur Abschätzung der Reichweite R ist es, wie bereits erwähnt, möglich, die abzupumpende Wassermenge Q für eine bestimmte Absenkung zu ermitteln. Allerdings ermittelt man mit der Gleichung den Volumenstrom Q durch den Aquifer zwischen dem Brunnenrand, gekennzeichnet durch den Brunnenradius r, und der Reichweite R. Nicht berücksichtigt ist, dass das Grundwasser auch dem Brunnen zuströmen können muss, um aus dem System abgepumpt werden zu können. Hierfür hat ebenfalls Sichardt eine Lösung gefunden, um die Leistungsfähigkeit eines Brunnens abzuschätzen. Die dem Brunnen zuströmbare Wassermenge wird als Fassungsvermögen Q_F bezeichnet. Das Fassungsvermögen errechnet sich aus der vom Grundwasser benetzen Fläche des Brunnenrandes (die sog. Filtereintrittsfläche) A_F multipliziert mit der Filtergeschwindigkeit $v_{f,Rand}$ am Brunnenrand.

$$Q_F = A_F \cdot v_{f,Rand} \tag{5.13}$$

Die Filtereintrittsfläche ist die wasserbenetzte Umfangsfläche des Brunnens. Sie beträgt bei der Höhe des Grundwasserspiegels am Brunnenrand h:

$$A_F = 2 \cdot \pi \cdot r \cdot h \tag{5.14}$$

Die Filtergeschwindigkeit $v_{f,Rand}$ am Brunnenrand wurde von Sichardt empirisch bestimmt mit der Gleichung

$$v_{f,Rand} = \frac{\sqrt{k_f}}{15} \tag{5.15}$$

Auch hierbei handelt es sich, wie beschrieben, um einen empirisch gefundenen Zusammenhang, der sich physikalisch nicht begründen lässt. Zu beachten ist auch hier, dass der Durchlässigkeitsbeiwert k_f in der Einheit m/s eingesetzt werden muss, da der Faktor „15" aufgrund eben des empirischen Charakters einheitenbehaftet ist, um das Ergebnis für die Filtergeschwindigkeit $v_{f,Rand}$ am Brunnenrand auch in der Einheit m/s zu erhalten. Werden die beiden Gleichungen zusammengeführt, so erhält man die Gleichung für das Fassungsvermögen eines Brunnens in ihrer verbreiteten Form:

$$Q_F = 2 \cdot \pi \cdot r \cdot h \cdot \frac{\sqrt{k_f}}{15} \tag{5.16}$$

Der Zusammenhang ist auch in Abb. 5.5 dargestellt.

Es handelt sich um eine lineare Gleichung, die von der Höhe des Grundwasserspiegels am Brunnenrand h abhängt. Daraus wird deutlich, dass

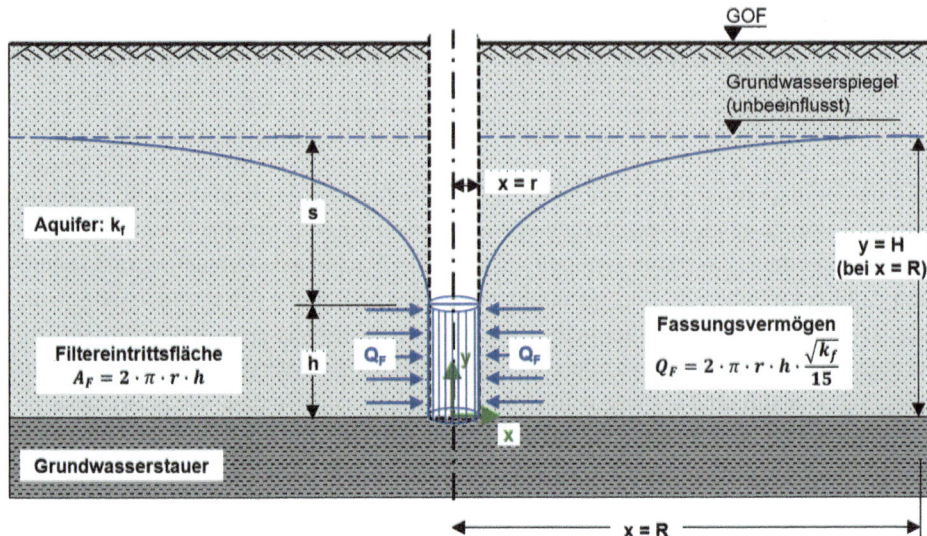

Abb. 5.5 Fassungsvermögen eines Brunnens

- das Fassungsvermögen einen Maximalwert annimmt, wenn die Höhe des Grundwasserspiegels am Brunnenrand h den maximalen möglichen Wert annimmt, also den Wert der Höhe des Grundwasserstandes H. Dafür ist die Absenkung s = 0.
- dass das Fassungsvermögen den Wert 0 annimmt, wenn die Höhe des Grundwasserspiegels am Brunnenrand h = 0 ist, die Absenkung s also den Wert der Höhe H des Grundwassers annimmt.

Weder der Maximal- noch der Minimalwert für Q_F existieren in der Praxis, da beim Maximalwert die Absenkung am Brunnenrand Null wäre, das bedeutet gar kein Wasser aus dem Brunnen abgepumpt wird und beim Minimalwert kein Wasser dem Brunnen zuströmen könnte, da keine Filtereintrittsfläche mehr existiert.

Für die Beurteilung eines Brunnens müssen daher die Brunnenformel (Gl. (5.10)) und die Gleichung für das Fassungsvermögen (Gl. (5.16)) in einen Zusammenhang gesetzt werden. Dies ist in Abb. 5.6 dargestellt. Diese Grafik wird auch als Brunnenkennlinie bezeichnet.

Der Schnittpunkt der Kurven wird auch als optimaler Betriebspunkt eines Brunnens bezeichnet, da hier die abpumpbare Wassermenge maximal ist und somit der Brunnen unter Berücksichtigung der Wirtschaftlichkeit optimal betrieben wird. Unterhalb dieses Niveaus der Absenkung ist ein Betrieb des Brunnens nicht möglich, da dem Brunnen die nach der Brunnenformel größere Wassermenge unter Berücksichtigung des Fassungsvermögens nicht mehr zuströmen kann. In der Praxis würde die Pumpe im Brunnen dann Luft ansaugen. Oberhalb des Niveaus ist ein Betrieb möglich, aber nicht optimal (bzw. nicht wirtschaftlich).

5.5 Berechnung der Anströmung von Brunnen

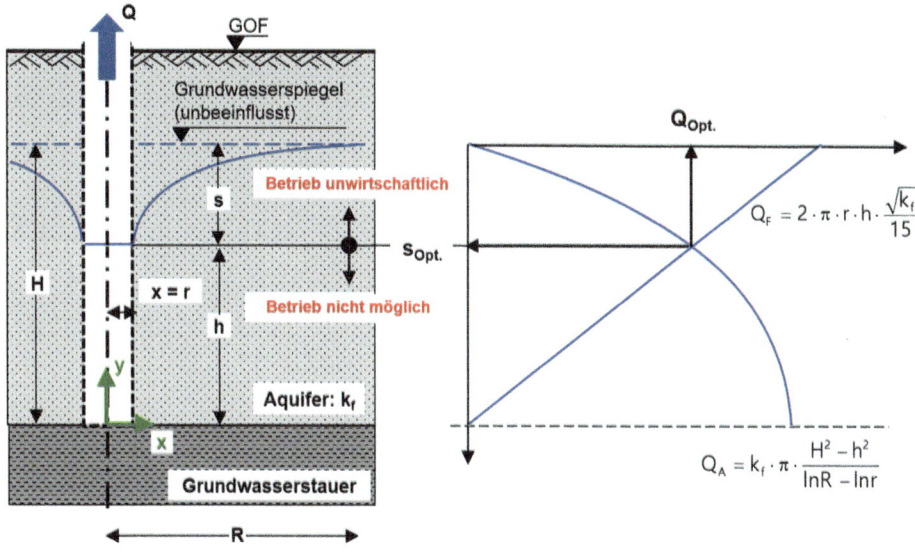

Abb. 5.6 Brunnenkennlinie

5.5.3 Brunnen im gespannten Grundwasserleiter

Für einen Brunnen, der Wasser aus einem gespannten Grundwasserleiter fördern soll, ist die Herleitung der Brunnenformel ähnlich. Die durchströmte Fläche A des Zylinders in einer Umgebung um den Brunnen ist bei einem gespannten Grundwasserleiter aber nicht wie einem freien Grundwasserleiter veränderlich, sondern konstant entsprechend der Mächtigkeit m des gespannten Grundwasserleiters. Der Zusammenhang ist in Abb. 5.7 veranschaulicht.

Die Fläche des Zylinders an der Stelle x beträgt

$$A = 2 \cdot \pi \cdot x \cdot m \tag{5.17}$$

Wird die Gl. (5.17) zusammen mit der Gl. (5.3) in die Gl. (5.1) eingesetzt, erhält man

$$Q = k_f \cdot i \cdot 2 \cdot \pi \cdot x \cdot m \tag{5.18}$$

Auch hier kann der Gradient i an der Stelle x_i als die Steigung der Druckspiegellinie aufgefasst werden (analog Abb. 5.4):

$$i = \frac{dy}{dx} \tag{5.19}$$

Wird Gl. (5.19) in die Gl. (5.18) für den hydraulischen Gradienten eingesetzt, ergibt sich

$$Q = k_f \cdot \frac{dy}{dx} \cdot 2 \cdot \pi \cdot x \cdot m \tag{5.20}$$

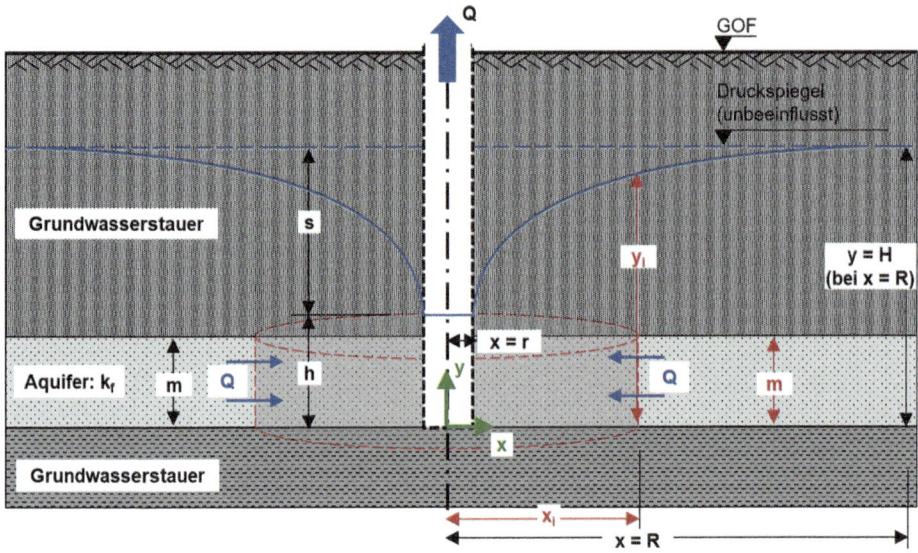

Abb. 5.7 Brunnen im gespanntem Grundwasserleiter

Stellt man die Gleichung nach y bzw. dy und x bzw. dx um, so erhält man

$$\frac{1}{x} \cdot dx = \frac{1}{Q} \cdot k_f \cdot 2 \cdot \pi \cdot m \cdot dy \tag{5.21}$$

Die Gleichung kann durch Integration beider Seiten gelöst werden:

$$\frac{Q}{2 \cdot \pi \cdot m \cdot k_f} \cdot \int_{x_1}^{x_2} \frac{1}{x} \cdot dx = \int_{y_1}^{y_2} dy \tag{5.22}$$

Die Integrale reichen von x_1 bis x_2, und von y_1 bis y_2. Nach Lösen der Integrale erhält man

$$\frac{Q}{2 \cdot \pi \cdot m \cdot k_f} \cdot (\ln x_2 - \ln x_1) = (y_2 - y_1)$$

$$Q = 2 \cdot \pi \cdot m \cdot k_f \cdot \frac{(y_2 - y_1)}{\ln x_2 - \ln x_1} \tag{5.23}$$

Diese Gleichung beschreibt nun, je nach Umstellung, allgemein die Höhenlage des Grundwasserspiegels an jeder Stelle des Systems innerhalb des Absenktrichters oder auch den Volumenstrom Q. Ersetzt man nun für die bekannten Ränder des Systems, also an den Stellen $x_1 = r$ und $x_2 = R$, die jeweiligen Höhen des Grundwassers bei ($x_1 = r$): $y_1 = h$ und bei ($x_2 = R$): $y_2 = H$, so erhält man die Brunnenformel für einen gespannten Aquifer in ihrer verbreiteten Form:

$$Q = 2 \cdot \pi \cdot m \cdot k_f \cdot \frac{(H - h)}{\ln R - \ln r} \tag{5.24}$$

5.5 Berechnung der Anströmung von Brunnen

Das Fassungsvermögen Q_F eines Brunnens in einem gespannten Grundwasserleiter kann analog dem Fassungsvermögen für einen freien Grundwasserleiter bestimmt werden. Die Höhe, der vom Grundwasser benetzen Fläche des Brunnenrandes (die sog. „Filtereintrittsfläche") A_F, ist durch die Mächtigkeit des Aquifers m gegeben.

$$A_F = 2 \cdot \pi \cdot r \cdot m \tag{5.25}$$

Die Gleichung für das Fassungsvermögen eines solchen Brunnens ist dann:

$$Q_F = 2 \cdot \pi \cdot r \cdot m \cdot \frac{\sqrt{k_f}}{15} \tag{5.26}$$

Die sich daraus ergebende Brunnenkennlinie für einen gespannten Aquifer ist in Abb. 5.8 dargestellt.

Es ist natürlich möglich, den Druckspiegel in einem gespannten Grundwasserleiter soweit abzusenken, dass die Drucklinie des Wasserspiegels unter der Grenzfläche teilweise zwischen Grundwasserstauer und Aquifer zu liegen kommt (s. Abb. 5.9). Dort herrschen dann wieder ungespannte Grundwasserverhältnisse. In diesen Fällen wird von halbgespannten Grundwasserverhältnissen gesprochen. Für die Berechnung solcher Systeme wird auf weiterführende Literatur verwiesen [1, 2, 8].

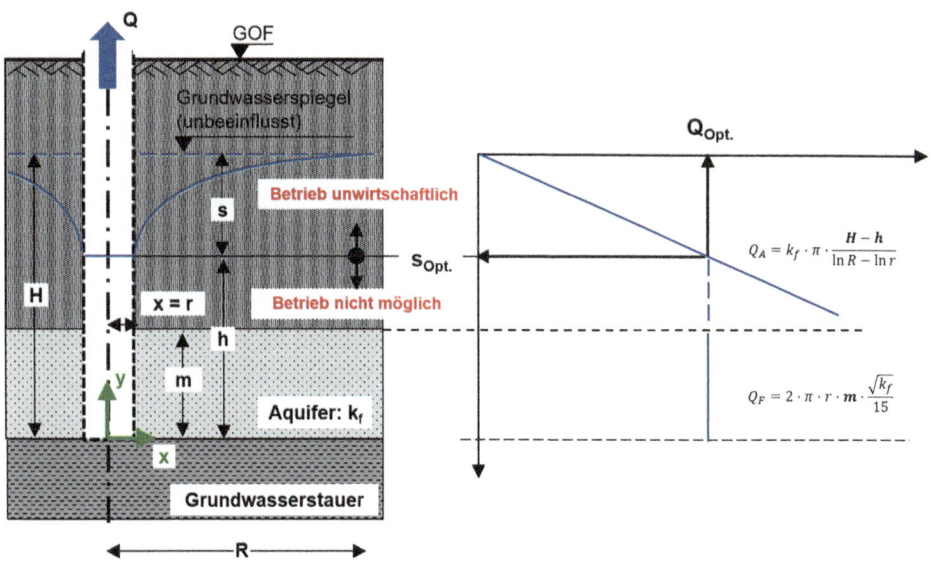

Abb. 5.8 Brunnenkennlinie für einen gespannten Aquifer

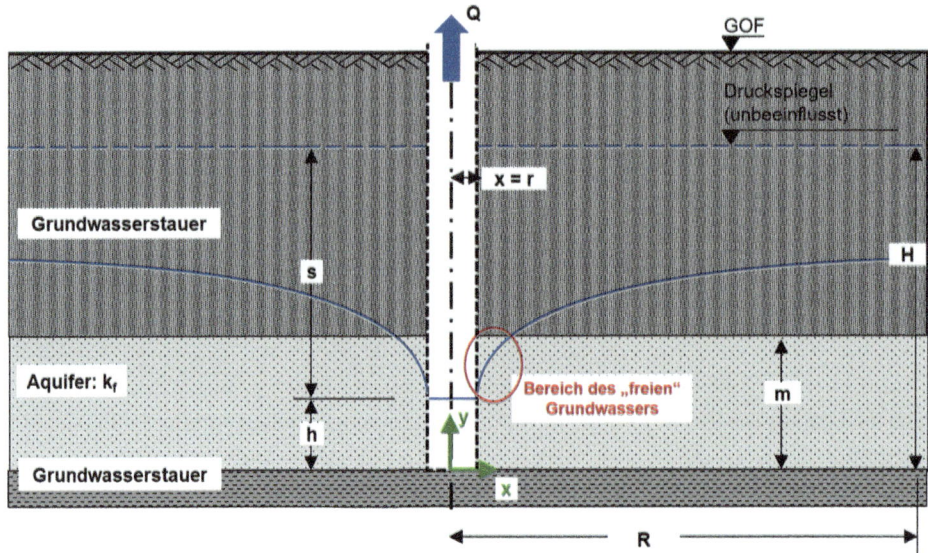

Abb. 5.9 Halbgespannte Grundwasserverhältnisse

5.5.4 Versickerungsbrunnen

Die Brunnengleichungen beschreiben die Volumenstrom des Grundwassers durch den Aquifer, nicht aber dessen Richtung, d. h. die Formeln können nicht nur für eine Entnahme von Grundwasser, sondern auch für die Berechnung der Einleitung von Wasser in den Aquifer verwendet werden. Die Zusammenhänge sind in Abb. 5.10 im Vertikalschnitt dargestellt.

Für die Einleitung/Versickerung von Wasser in einen gespannten Aquifer gelten die Angaben analog.

Mit diesen Überlegungen können nun Versickerungsanlagen, die z. B. bei der Wiedereinleitung von Grundwasser aus Wasserhaltungen berechnet werden. Zu beachten ist, dass bei Versickerungsbrunnen in der Praxis Abschläge für die Durchlässigkeit des Bodens vorgenommen werden. Damit wird die erfahrungsgemäß mit der Zeit zunehmende Verringerung der Durchlässigkeit bei Versickerungsbrunnen berücksichtigt. Herth/Arndts [2] schlagen eine Verringerung des Durchlässigkeitsbeiwertes auf $\frac{1}{4}$ des Wertes vor (vgl. Gl. (5.27)).

$$k_{f,\text{Vers.}} = \frac{1}{4} \cdot k_f \quad (5.27)$$

Die Berechnung von Versickerungsanlagen, z. B. für die Versickerung von Regenwasser, mittels Schächte, Rigolen, Versickerungsbecken o. a. wird hier nicht weiter behandelt. Es wird dazu auf weiterführende Literatur (z. B. [8]) verwiesen.

5.5 Berechnung der Anströmung von Brunnen

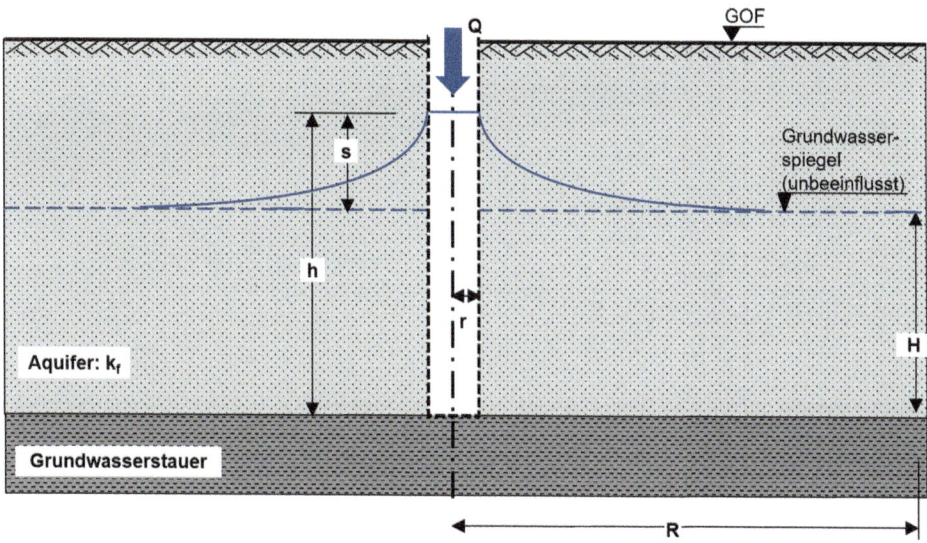

Abb. 5.10 Einleitung von Wasser in einen freien Aquifer (Versickerungsbrunnen)

5.5.5 Unvollkommene Brunnen

Die in Abschn. 5.5.2 und 5.5.3 hergeleiteten Gleichungen gelten für sog. vollkommene Brunnen. Dabei strömt das Grundwasser horizontal dem Brunnen zu. Die Brunnensohle eines vollkommenen Brunnens steht dazu auf der Sohle des Aquifers. Das ist in der Praxis aber häufig nicht möglich, z. B. wenn die Aquifersohle sehr tief liegt und die Herstellung eines solchen tiefen Brunnens nicht möglich oder nicht sinnvoll wäre. In solchen Fällen strömt das Wasser dem Brunnen auch von unterhalb des Brunnens zu. Solche Brunnen werden als unvollkommene Brunnen bezeichnet (s. Abb. 5.11).

Für die Berechnung solcher Brunnen wird in der Praxis ein wasserundurchlässiger Horizont auf Höhe der Brunnensohle angenommen (Fiktiver undurchlässiger Horizont). Hierfür wird dann eine fiktive Höhe des Grundwassers H_{fiktiv} eingeführt. Der Abstand zwischen dem fiktiven Horizont und dem tatsächlichen Grundwasserstauer wird als Abstand a bezeichnet.

Für dieses System wird dann der Brunnen nach Abschn. 5.5.2 oder 5.5.3 wie für einen vollkommenen Brunnen berechnet und die damit ermittelte Wassermenge $Q_{vollk.}$ um einen Faktor zwischen 1,1 und 1,3 in Abhängigkeit der Verhältnisses a und H_{fiktiv} erhöht (s. Gln. (5.28) bis (5.30)), um die Wassermenge für den jeweiligen unvollkommenen Brunnen $Q_{unvollk.}$ zu erhalten.

$$a \leq 1{,}0 \cdot H_{fiktiv}: \quad Q_{unvollk.} = 1{,}1 \cdot Q_{vollk.} \tag{5.28}$$

$$1{,}0 \cdot H_{fiktiv} < a < 2{,}0 \cdot H_{fiktiv}: \quad Q_{unvollk.} = 1{,}2 \cdot Q_{vollk.} \tag{5.29}$$

$$a \geq 2{,}0 \cdot H_{fiktiv}: \quad Q_{unvollk.} = 1{,}3 \cdot Q_{vollk.} \tag{5.30}$$

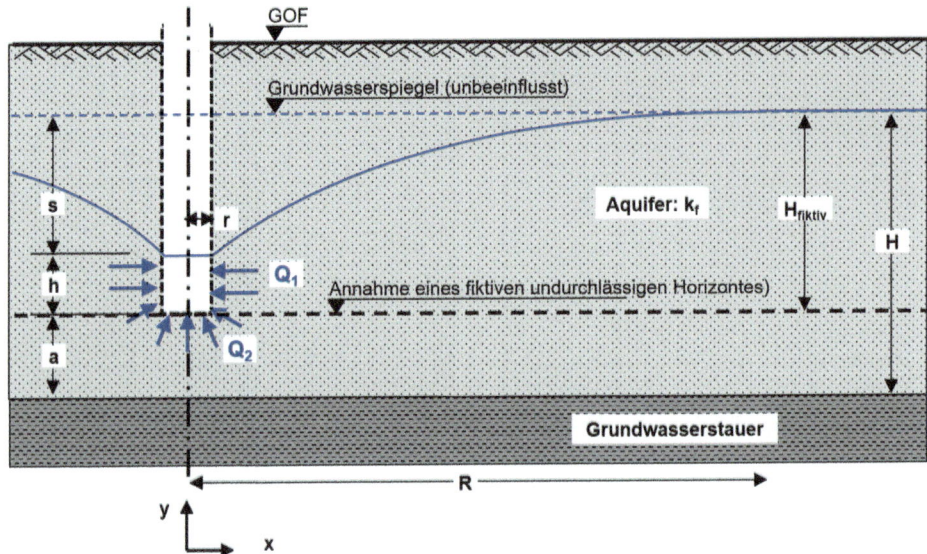

Abb. 5.11 Unvollkommener Brunnen

Es wird betont, dass die so ermittelten Wassermengen Abschätzungen darstellen, die in einfachen Fällen ausreichend zutreffend sind. In komplexeren Fällen reichen diese einfachen Abschätzungen aber nicht aus. In solchen Projekten müssen hydrogeologische Modellierungen der Wasserströmung/der Grundwasserabsenkung mit numerischen Methoden durchgeführt werden.

Die Berechnung von Brunnen sollen in nachfolgenden Beispielen erläutert werden.

Beispiel 5.1

Es wird ein Brunnen mit einem Durchmesser von 60 cm in einem freien Grundwasserleiter hergestellt. Das System in Abb. 5.12 in einer Skizze dargestellt. Es soll eine Absenkung s = 2,2 m im Brunnen erreicht werden.

Die Reichweite R beträgt damit

$$R = 3000 \cdot s \cdot \sqrt{k_f} = 3000 \cdot 2,2 \cdot \sqrt{6,4 \cdot 10^{-4}} = 167 \, \text{m}$$

Die erforderliche Wassermenge beträgt

$$Q = \pi \cdot k_f \cdot \frac{(H^2 - h^2)}{\ln R - \ln r} = \pi \cdot 6,4 \cdot 10^{-4} \cdot \frac{8,5^2 - 6,3^2}{\ln 167 - \ln 0,3} = 0,0104 \, \frac{\text{m}^3}{\text{s}} = 37,3 \, \frac{\text{m}^3}{\text{h}}$$

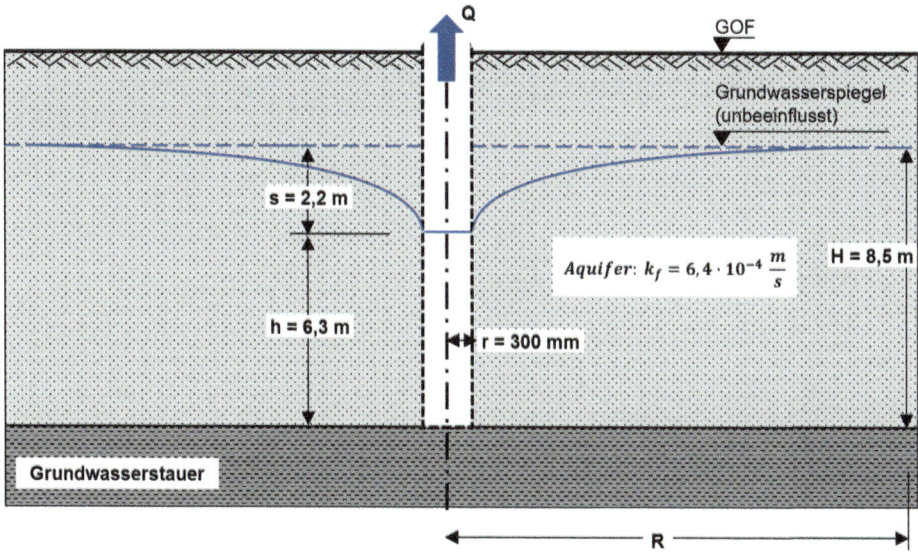

Abb. 5.12 Systemskizze Beispiel 5.1

Das Fassungsvermögen des Brunnens beträgt bei dieser Absenkung

$$Q_F = 2 \cdot \pi \cdot r \cdot h \cdot \frac{\sqrt{k_f}}{15} = 2 \cdot \pi \cdot 0{,}3 \cdot 6{,}5 \cdot \frac{\sqrt{6{,}4 \cdot 10^{-4}}}{15} = 0{,}02003 \, \frac{m^3}{s} = 72{,}1 \, \frac{m^3}{h}$$

Das Fassungsvermögen ist deutlich größer als die erforderliche abzupumpende Wassermenge. Diese Wassermenge und damit das Absenkziel von 2,2 m kann erreicht werden, der Entwurf muss nicht geändert werden. ◄

Beispiel 5.2

Für den Brunnen im Beispiel 5.1 wird die Brunnenkennlinie ermittelt und damit der optimale Betriebspunkt gefunden. Die Brunnenkennlinie ist in Abb. 5.13 dargestellt.
Der optimale Betriebspunkt liegt bei einer Absenkung von

$$s = 3{,}85 \, m$$

Hierfür ist eine abzupumpende Wassermenge von

$$Q = 0{,}0148 \, m^3/s = 53{,}2 \, m^3/h$$

erforderlich. Die Reichweite bei dieser Absenkung beträgt

$$R = 292{,}2 \, m \quad ◄$$

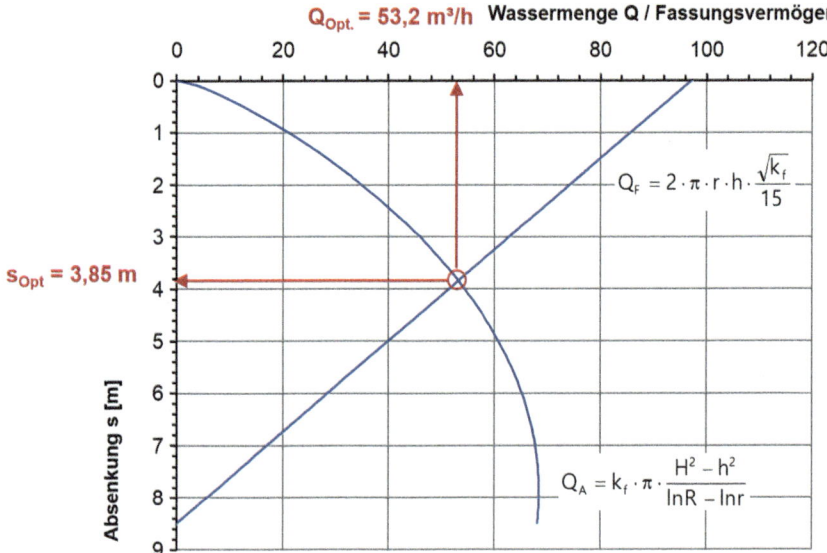

Abb. 5.13 Beispiel 5.2: Brunnenkennlinie für den Brunnen aus Beispiel 5.1

Beispiel 5.3

Mit der allgemeinen Gleichung für die Höhenlage des Grundwasserspiegels nach Gl. (5.9) soll für den Brunnen im Beispiel 5.1 beim optimalen Betrieb nach Beispiel 5.2 die Höhe des Wasserspiegels in einer Entfernung von der Achse des Brunnens von x = 13 m ermittelt werden.

Als Bezugspunkt für das Wertepaar x_1 und y_1 wird der Brunnenrand gewählt. Es gilt

Brunnenrand: $x_1 = r = 0{,}3\,\text{m}$ und $y_1 = h = H - s = 8{,}50\,\text{m} - 3{,}85\,\text{m} = 4{,}65\,\text{m}$

Die Wassermenge beträgt nach Beispiel 5.2

$$Q = 0{,}0148\,\text{m}^3/\text{s} = 53{,}2\,\text{m}^3/\text{h}$$

Für die Entfernung $x_2 = 13\,\text{m}$ beträgt die Höhe des Wasserspiegels y_2:

$$\frac{Q}{\pi \cdot k_f} \cdot (\ln x_2 - \ln x_1) = (y_2^2 - y_1^2)$$

$$\sqrt{\frac{Q}{\pi \cdot k_f} \cdot (\ln x_2 - \ln x_1) + y_1^2} = y_2$$

$$\sqrt{\frac{0{,}0148}{\pi \cdot 6{,}4 \cdot 10^{-4}} \cdot (\ln 13 - \ln 0{,}3) + 4{,}65^2} = y_2$$

$$7{,}03\,\text{m} = y_2$$

Die Absenkung dort beträgt somit

$$s_{(x=13\,\text{m})} = 8{,}5\,\text{m} - 7{,}03\,\text{m} = 1{,}47\,\text{m} \quad \blacktriangleleft$$

Beispiel 5.4

In einem anderen Brunnen mit einem Durchmesser von 80 cm wird ein Pumpversuch zur Ermittlung des Wasserdurchlässigkeitsbeiwertes k_f durchgeführt. Das System ist in Abb. 5.14 dargestellt. Die Absenkung des Grundwasserspiegels wird in drei Grundwassermessstellen (GWM) beobachtet. Die Fördermenge beträgt Q = 14,1 m³/h = 0,00392 m³/s. Die Absenkung am Brunnenrand beträgt s = 3,6 m.

Die Absenkung des Grundwasserspiegels in den drei Grundwassermessstellen beträgt:

GWM 1 (Entfernung 17 m):   s = 1,04 m
GWM 2 (Entfernung 42 m):   s = 0,50 m
GWM 3 (Entfernung 84 m):   s = 0,10 m

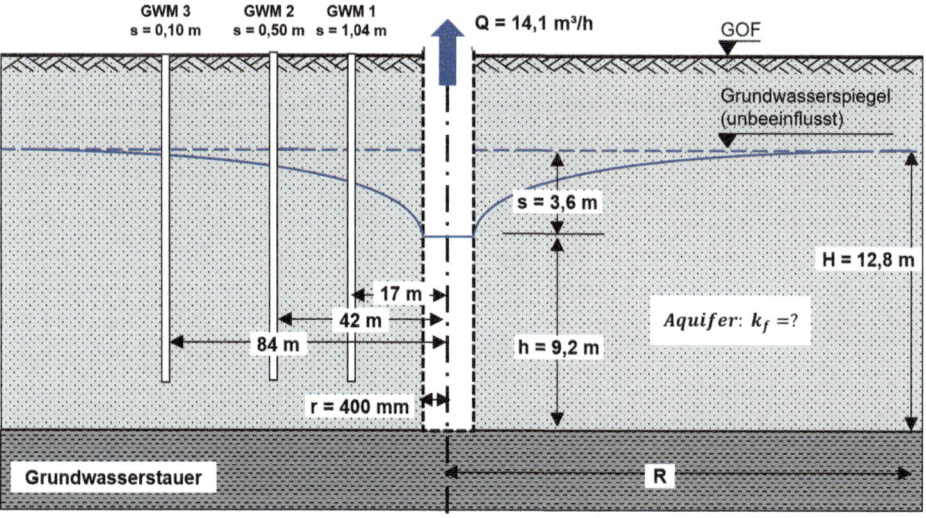

Abb. 5.14 Beispiel 5.2: Pumpversuch, Systemskizze und Messwerte der Absenkung

Zunächst soll aus den Ergebnissen der Messungen der GWM 1 und GWM 2 der Wasserdurchlässigkeitsbeiwert ermittelt werden. Die jeweiligen Werte x_1 und y_1 sowie x_2 und y_2 betragen dann

GWM 1: $x_1 = 17\,\text{m}$, $y_1 = 12{,}8\,\text{m} - 1{,}04 = 11{,}76\,\text{m}$
GWM 2: $x_2 = 42\,\text{m}$, $y_2 = 12{,}8\,\text{m} - 0{,}50 = 12{,}30\,\text{m}$

Die Gl. (5.9) wird umgestellt nach dem Wasserdurchlässigkeitsbeiwert k_f:

$$\frac{Q}{\pi \cdot k_f} \cdot (\ln x_2 - \ln x_1) = (y_2^2 - y_1^2)$$

$$\iff \quad \frac{Q}{\pi} \cdot \frac{(\ln x_2 - \ln x_1)}{(y_2^2 - y_1^2)} = k_f$$

$$k_f = \frac{0{,}00392}{\pi} \cdot \frac{(\ln 42 - \ln 17)}{(12{,}3^2 - 11{,}76^2)}$$

$$k_f = 8{,}69 \cdot 10^{-5} \approx 8{,}7 \cdot 10^{-5}\,\frac{\text{m}}{\text{s}}$$

Nun wird aus den Ergebnissen der Messungen der GWM 2 und GWM 3 der Wasserdurchlässigkeitsbeiwert ermittelt. Die jeweiligen Werte x_1 und y_1 sowie x_2 und y_2 betragen dann

GWM 2: $x_1 = 42\,\text{m}$, $y_1 = 12{,}8\,\text{m} - 0{,}50 = 12{,}30\,\text{m}$
GWM 3: $x_2 = 84\,\text{m}$, $y_2 = 12{,}8\,\text{m} - 0{,}10 = 12{,}70\,\text{m}$

Der Wasserdurchlässigkeitsbeiwert k_f wird nach dem gleichen Verfahren berechnet. Er beträgt hier

$$k_f = \frac{0{,}00392}{\pi} \cdot \frac{(\ln 84 - \ln 42)}{(12{,}7^2 - 12{,}3^2)}$$

$$k_f = 8{,}65 \cdot 10^{-5} \approx 8{,}7 \cdot 10^{-5}\,\frac{\text{m}}{\text{s}} \quad \blacktriangleleft$$

5.6 Anlagen zur Wasserhaltung

5.6.1 Allgemein

Ziel der Wasserhaltung bei Baugruben ist es, den Grundwasserspiegel innerhalb der Baugrube/des Arbeitsbereiches unterhalb eines bestimmten Niveaus durch ständige Entnahme von Grundwasser abzusenken. Die Entnahmemenge und der seitliche Nachstrom von Grundwasser müssen dabei im Gleichgewicht stehen, damit der Grundwasserspiegel auf dem gewünschten Niveau bleibt.

Bei Baugruben ist die zu fördernde Wassermenge entscheidend. Je tiefer der Grundwasserspiegel abgesenkt werden muss, umso größer ist die zu fördernde Wassermenge. Die Betriebskosten für die Ableitung, Einleitung und ggf. Reinigung des Wassers steigen aber mit der Wassermenge. Je nach Wassermenge und der Bauzeit können die Betriebskosten erheblich werden. Dann wird ggf. eine wasserdichte Baugrube wirtschaftlicher.

Die am häufigsten in der Praxis eingesetzten Verfahren sind

- die Absenkung mittels einer offenen Wasserhaltung,
- die Absenkung mittels Schwerkraftbrunnen,
- die Absenkung mittels Wellpointbrunnen/Vakuumbrunnen (Absaugung),
- die Absenkung über tiefliegende Dränagegräben.

Die Wasserhaltung mittels Brunnenanlagen (Schwerkraft oder Wellpoint/Vakuumbrunnen) wird auch als geschlossene Wasserhaltung bezeichnet.

Außerdem kann eine Wasserhaltung noch mittels Elektroosmose durchgeführt werden. Dabei handelt es sich ein Verfahren zur Entwässerung schlecht durchlässiger, toniger, schluffiger Böden. Dieses Verfahren wurde versuchsweise zur Dränage eines Hanges zur Sicherung gegen Böschungsbruch eingesetzt, nicht aber zur Wasserhaltung bei Baugruben und wird im Folgenden daher nicht weiter behandelt.

5.6.2 Offene Wasserhaltung

Offene Wasserhaltungen können nur in Kiesen bis Grobsanden bei nur geringen Absenktiefen (bis max 1 m, meist jedoch nur bis 50 cm) eingesetzt werden. Bei größeren Absenktiefen wird durch das große hydraulische Gefälle der Boden erodiert. Es kommt dann zum Versagen, z. B. der Böschungen (s. Abb. 5.15). Offene Wasserhaltungen werden durch offene Dränagegräben realisiert (s. Abb. 5.15).

Offene Wasserhaltungen werden im Rahmen des Aushubs für die Baugrube hergestellt.

Die Berechnung solcher Anlagen kann mit dem Verfahren von Davidenkoff (Abschn. 5.9) vorgenommen werden.

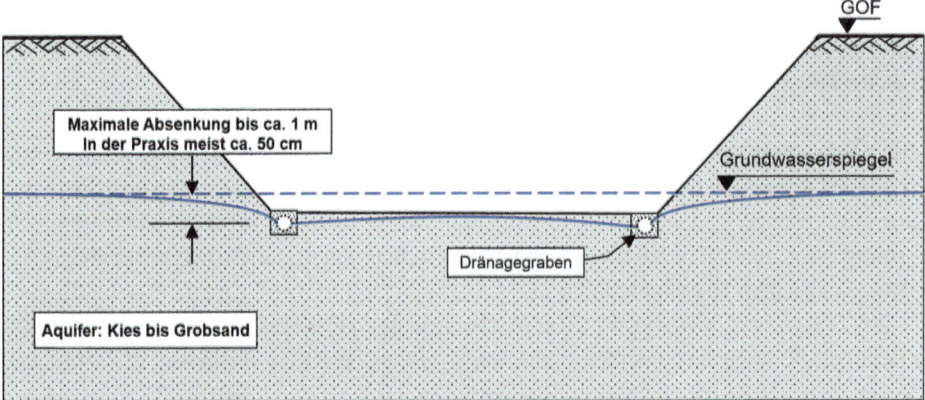

Abb. 5.15 Offene Wasserhaltung

5.6.3 Schwerkraftbrunnen

Grundwasserhaltungen mit Schwerkraftbrunnen (s. Abb. 5.16) sind die häufigsten Verfahren. Schwerkraftbrunnen sind Brunnen, bei denen Das Grundwasser innerhalb der Brunnen mittels einer Tauchpumpe abgepumpt wird. Das Grundwasser fließt dann ausschließlich aus dem Baugrund durch die Einwirkung der Schwerkraft dem Brunnen zu.

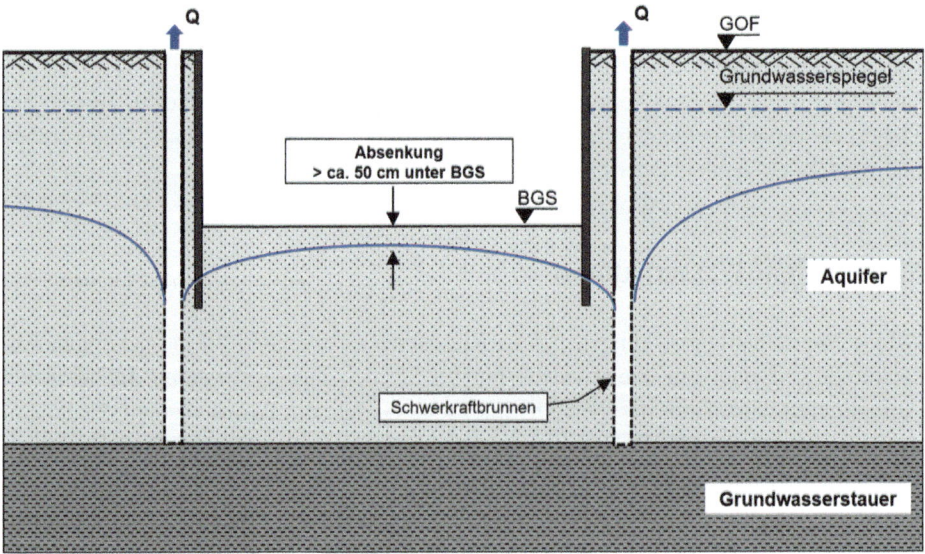

Abb. 5.16 Schwerkraftbrunnen

5.6 Anlagen zur Wasserhaltung

Für Baugruben werden Wasserhaltungen i. d. R. mit einer Vielzahl von Schwerkraftbrunnen realisiert. Es handelt sich dann um sog. Mehrbrunnenanlagen. Die Berechnung solcher Anlagen wird in Abschn. 5.7 erläutert.

Die erreichbare Absenktiefe solcher Schwerkraftbrunnenanlagen ist theoretisch nicht begrenzt. Für Tagebaue z. B. werden solche Brunnenanlagen mit Schwerkraftbrunnen (meist in einer Staffelung) eingesetzt. Damit können Absenktiefen im Bereich von Deka- bis Hektometern erreicht werden.

5.6.4 Wellpoint- oder Spülfilteranlagen bzw. Vakuumbrunnen

Wellpointbrunnen (s. Abb. 5.17) sind Brunnen mit einem Durchmesser von 1″, meist aber 2″ bis 4″ (5 bis 10 cm), die mit einer Spülpumpe und einem Hydraulikhammer in den Baugrund eingebracht werden. In diesen Brunnen können keine Tauchpumpen eingebaut werden. Das Waser wird aus den Brunnen abgesaugt. Das Verfahren ist für Feinkiese bis Sande und Schluffe geeignet. Insbesondere feinkörnige Böden, also Schluffe, deren Entwässerung mit Schwerkraft alleine schwierig ist, können mit Vakuumbrunnen gut entwässert werden.

Die maximale Absenktiefe des Wassers im Brunnen entspricht theoretisch dem maximal möglichen Unterdruck von 1 bar (= 10 m Wassersäule). In der Praxis ist sie jedoch

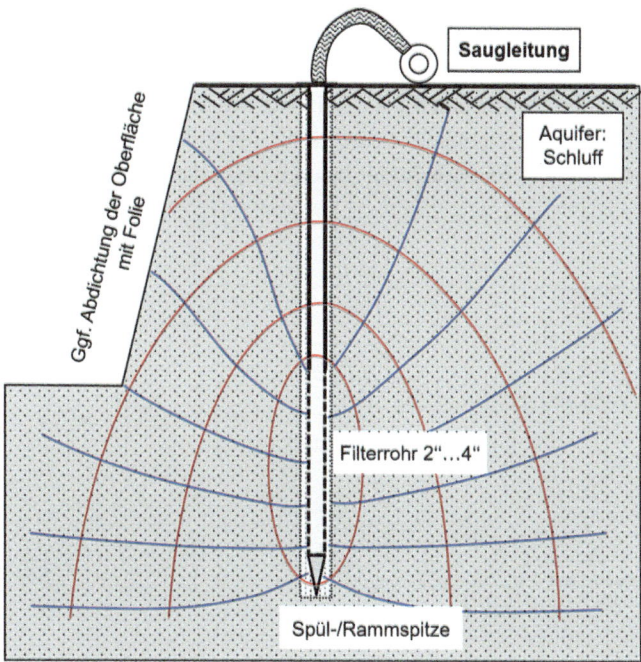

Abb. 5.17 Wellpoint/Vakuumbrunnen in einem schlecht durchlässigen Aquifer

aufgrund von Prozessverlusten etc. bei dem Vakuumanlage auf ca. 6 bis 7 m Wassersäule (= 0,6 bis 0,7 bar) begrenzt.

Auch hierbei werden Wasserhaltungen i. d. R. mit einer Vielzahl von Wellpoint-/Vakuumbrunnen realisiert, die alle mit einer Saugleitung verbunden werden. Es handelt sich dann um sog. Wellpointanlagen.

Mit Unterdruck ist der (Luft-)Druck p unterhalb des Niveaus des normal wirkenden Luftdrucks gemeint. Dieser liegt bei p = ca. 1000 mbar = 1 bar = 10 m Wassersäule. Ein Luftdruck von p = 0 entspricht einem totalen Vakuum, das aber nur theoretisch erreicht werden kann. In der Praxis der Grundwasserhaltung sind infolge von Prozessverlusten Luftdrücke im Baugrund von 300 bis 400 mbar erreichbar. Die Differenz zwischen dem normal wirkenden Luftdruck von 1000 mbar und diesem erreichbaren Luftdruck entsprich der Förderhöhe des Wassers mit Vakuumverfahren, umgerechnet ca. 6 bis 7 m.

5.6.5 Tiefliegende Dränagegräben

Auch durch den Einsatz von Dränageleitungen in Gräben kann das Grundwasser, insbesondere bei langgestreckten Baugruben für z. B. Leitungen, Kanal- oder Tunnelbauwerken, die in offener Bauweise hergestellt werden, abgesenkt werden (s. Abb. 5.18).

Dazu werden Dränagerohre i. d. R. mittels Grabenfräsen oder im Rohrvortriebs- oder HDD-Verfahren in den Baugrund eingebaut. Der Einsatz von Grabenfräsen ist – bei ausreichendem Platz und frei zugänglicher Geländeoberfläche ohne querende Bauwerke oder Leitungen – besonders wirtschaftlich. Die Tiefenlage der Dränageleitungen wird durch die Kapazität der Grabenfräse bestimmt. Übliche Frästiefen betragen bis 6 m.

Die Dränagerohre können auch als Horizontalfilterbrunnen aufgefasst werden. Das Grundwasser fließt entsprechend der Schwerkraft den Rohren zu. Das System unterscheidet sich von der offenen Wasserhaltung dadurch, dass die Dränagerohre vor Beginn der

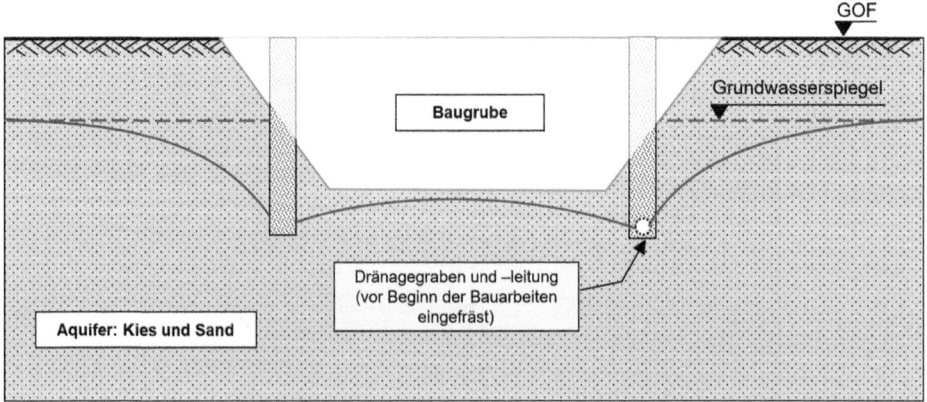

Abb. 5.18 Tiefliegende Dränagerohre

Aushubarbeiten zur Herstellung der Baugrube eingefräst werden können. Die Pumpenschächte zum Abpumpen des Grundwassers liegen außerhalb der Baugruben und behindern den Baubetrieb somit nicht.

Dränagegräben, Dränagerohre oder auch Gräben für offene Wasserhaltungen können z. B. wie Sickerschlitze (s. Abschn. 5.8) berechnet werden.

5.7 Berechnung von Wasserhaltungen bei Baugruben mit Brunnenanlagen

5.7.1 Allgemein

Die häufigste Art der Wasserhaltung ist, das Grundwasser mittels Schwerkraftbrunnen zu fördern und so den Grundwasserspiegel abzusenken.

Für die Planung von Wasserhaltungen ist die zur Trockenhaltung abzupumpende/zu fördernde Wassermenge rechnerisch zu ermitteln.

Dazu müssen die Abmessungen der Baugrube oder präziser die geometrische Anordnung der Brunnen und die erforderliche Absenktiefe ermittelt werden. Die erforderliche Absenktiefe richtet sich nach der Baugrubentiefe. In der Regel wird noch ein Sicherheitszuschlag von 50 cm dazu addiert, so dass der abgesenkte Grundwasserspiegel i. d. R. dann 50 cm unter dem Niveau der tiefsten Baugrubensohle liegt.

Mit der dazu erforderlichen Wassermenge können dann die Planungen bzgl. der Wasserableitung oder auch planerische Alternativen, z. B. eine wasserdichte Baugrube, überlegt werden.

5.7.2 Anordnung der Brunnen

Das Grundwasser muss solange angesenkt werden, bis das Eigengewicht des Bauwerks größer ist als die Auftriebskräfte. Das kann bedeuten, dass die Wasserhaltung auch dann noch betrieben werden muss, wenn die Untergeschosse bereits fertiggestellt sind. Liegen die Brunnen zur Wasserhaltung innerhalb der Baugruben/des Arbeitsbereiches, müssen z. B. die Bodenplatten dort ausgespart werden. Diese Aussparungen können erst nach Beendigung der Wasserhaltung und Rückbau der Brunnen geschlossen werden. Dort entstehen dann Arbeitsfugen, die potenzielle Wasserwegsamkeiten darstellen. dies stellt häufig aber erst nach einigen Jahren der Nutzung heraus. Diese Arbeitsfugen müssen daher besonders sorgfältig ausgeführt werden.

Aus diesen Gründen bedeuten Brunnen innerhalb des Arbeitsbereiches eine baubetriebliche Erschwernis und eine potenzielle Ursache für das Eindringen von Grundwasser in die Untergeschosse. Daher werden in der Praxis die Brunnen, wenn immer möglich, außerhalb des Arbeitsbereiches, von Bodenplatten/Kellerbauwerken bzw. außerhalb der Baugruben oder an ihren Rändern angeordnet. Bei großen Baugrubenflächen ist das in

5.7.3 Berechnung der Wassermenge

Für die Berechnung einer Wasserhaltung für eine Baugrube mit einer mehr oder weniger gedrungenen Grundfläche wird die Baugrube selbst als Brunnen angesehen und nach der Brunnengleichung von Dupuit-Thiem berechnet.

Dazu ist es zunächst erforderlich, die meist (recht-)eckige Fläche in einen kreisrunden Brunnen mit gleicher Fläche („Ersatzbrunnen") umzurechnen, da die Brunnengleichung eine kreisförmige Anströmung des Brunnens voraussetzt. Für den Ersatzbrunnen wird ein äquivalenter Brunnenradius („Ersatzbrunnenradius") r_{AE} ermittelt. Die Umrechnung ist in Abb. 5.19 erläutert.

Zu beachten ist hierbei, dass nicht die Fläche der Baugrube selbst maßgebend ist, sondern die Fläche, die von den einzelnen Brunnen umschlossen wird, da nur hier das Wasser abgepumpt wird. In der Praxis wird die Anordnung der Brunnen meist an der Geometrie der Baugruben ausgerichtet (s. o.).

Weiterhin ist zu beachten, dass die Fläche, die von den Brunnen eingenommen wird, nicht notwendigerweise rechteckig sein muss. Es sind auch beliebig andere geometrische Anordnungen der Brunnen möglich. Die Ersatzfläche ist dann entsprechend anders zu ermitteln, ein Beispiel ist in Abb. 5.20 dargestellt.

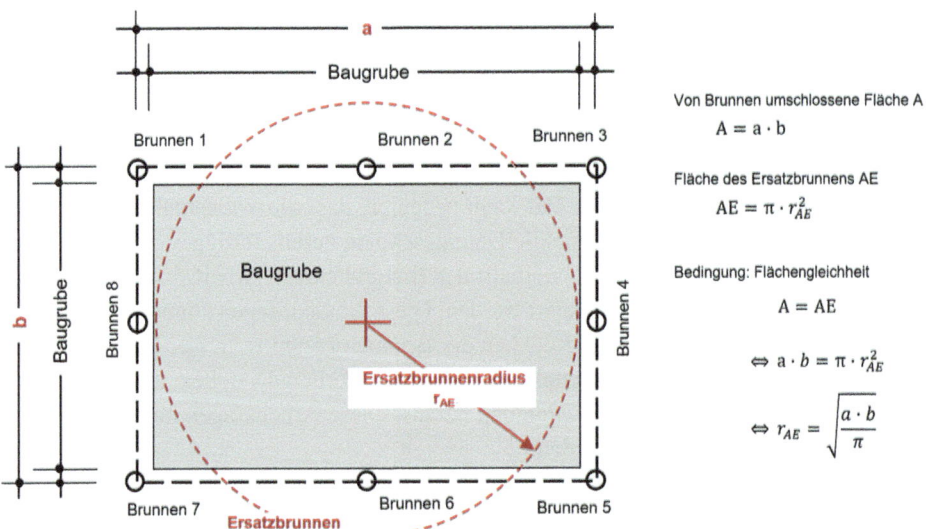

Abb. 5.19 Ermittlung eines äquivalenten Radius (Ersatzbrunnenradius r_{AE})

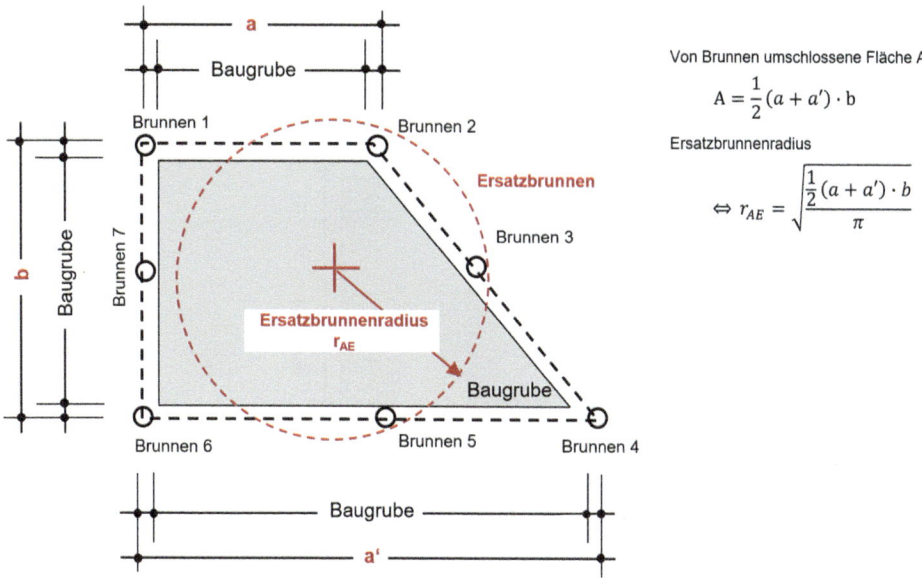

Abb. 5.20 Ersatzbrunnen mit trapezförmiger Anordnung der Brunnen

Idealerweise ist die Anordnung der Brunnen quadratisch, da dies die geringste Abweichung von einem Ersatzkreis (Ersatzbrunnen) darstellt. Je gestreckter die Geometrie der Brunnenanordnung ist, umso größer wird die Abweichung bzw. der Fehler. Für die Berechnung des Ersatzbrunnenradius ab einem Längen-/Breitenverhältnis etwa größer drei wird auf weiterführende Literatur verwiesen [2]. Eine sehr langgestreckte Anordnung der Brunnen kann mit dem hier beschriebenen Verfahren nicht mehr berechnet werden. Hier handelt es sich dann eher um Gräben. Die Berechnung solcher Anlagen ist in Abschn. 5.8 beschrieben.

Mit dem so ermittelten Ersatzbrunnenradius r_{AE} kann nun die Brunnenformel von Dupuit-Thiem nach dem in Abschn. 5.5.2 erläuterten Verfahren angewendet werden (s. Gl. (5.31)).

$$Q = \pi \cdot k_f \cdot \frac{(H^2 - h^2)}{\ln R - \ln r_{AE}} \quad (5.31)$$

Die Gleichungen zur Ermittlung der Reichweite R gelten auch hierfür.

Beispiel 5.5

Eine rechteckige Baugrube mit den Abmessungen Länge = 16 m und Breite = 11 m und einer Tiefe von 4,8 m soll mittels Schwerkraftbrunnen durch Absenkung des Grundwasserspiegels trocken gehalten werden. Die Brunnen werden in einem Abstand von 2 m zum Rand der Baugrube angeordnet.

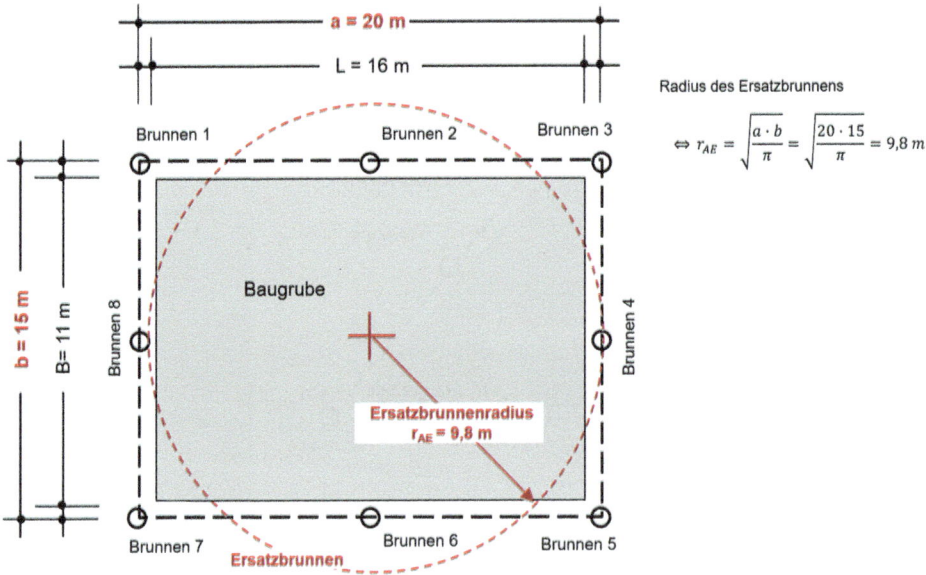

Abb. 5.21 Grundriss: Baugrube und Brunnen

Es handelt sich um einen freien Grundwasserleiter, der Grundwasserspiegel liegt 1,5 m unter der Geländeoberfläche. Die Oberfläche des Grundwasserstauers liegt im 8,8 m Tiefe. Der Durchlässigkeitsbeiwert des Aquifers wurde im Rahmen der Baugrunderkundung bestimmt. Er beträgt $k_f = 7{,}8 \times 10^{-5}$ m/s. Die Situation ist in Abb. 5.21 im Grundriss und in Abb. 5.22 im Schnitt dargestellt.

Die geplante Bauzeit bis zum Erreichen der Auftriebssicherheit des Gebäudes soll 8 Monate betragen.

Es soll der Volumenstrom Q berechnet werden, der zur Absenkung des Grundwasserspiegels erforderlich ist sowie die gesamte Wassermenge V, die während der Bauzeit zu fördern ist.

Das Grundwasser muss unter Berücksichtigung des Sicherheitszuschlages auf ein Niveau von

$$4{,}8\,\text{m} + 0{,}5\,\text{m} = 5{,}3\,\text{m}$$

unter GOF abgesenkt werden. Die Absenkung s des Grundwasserspiegels beträgt

$$s = 5{,}3\,\text{m} - 1{,}5\,\text{m} = 3{,}8\,\text{m}$$

Die Reichweite R nach Sichardt beträgt

$$R = 3000 \cdot s \cdot \sqrt{k_f} = 3000 \cdot 3{,}8 \cdot \sqrt{7{,}8 \cdot 10^{-5}} = 100{,}7\,\text{m}$$

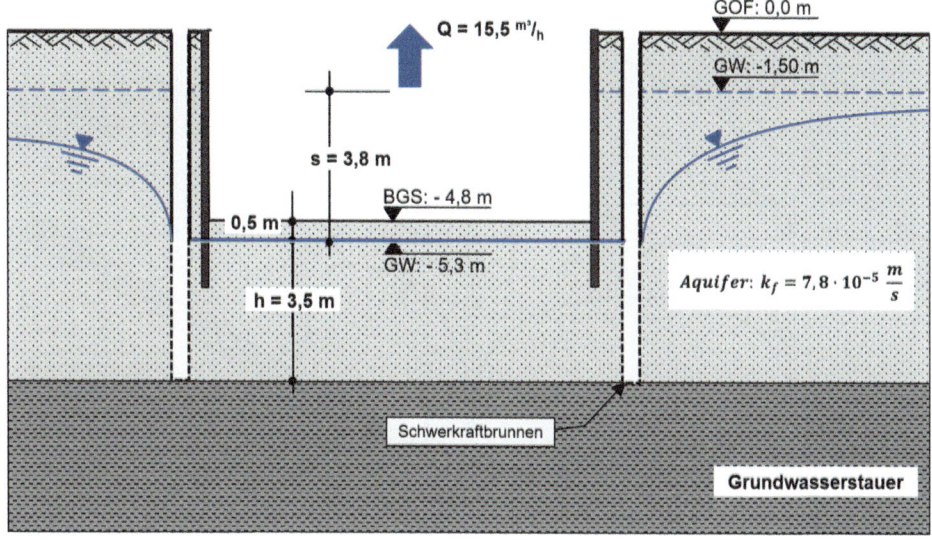

Abb. 5.22 Schnitt: Baugrube

Der Radius des Ersatzbrunnens r_{AE} beträgt

$$r_{AE} = \sqrt{\frac{a \cdot b}{\pi}} = \sqrt{\frac{20 \cdot 15}{\pi}} = 9,8\,\text{m}$$

Der erforderliche Volumenstrom Q beträgt damit

$$Q = \pi \cdot k_f \cdot \frac{(H^2 - h^2)}{\ln R - \ln r_{AE}} = \pi \cdot 7,8 \cdot 10^{-5} \cdot \frac{(7,3^2 - 3,5^2)}{\ln 100,7 - \ln 9,8} = 0,00432\,\frac{\text{m}^3}{\text{s}}$$
$$= 15,5\,\frac{\text{m}^3}{\text{h}}$$

Die gesamte zu fördernde Wassermenge V beträgt

$$V = 8\,\text{Monate} \cdot 30\,\frac{\text{d}}{\text{Monat}} \cdot 24\,\frac{\text{h}}{\text{d}} \cdot 15,5\,\frac{\text{m}^3}{\text{h}} = 89.509\,\text{m}^3 \quad \blacktriangleleft$$

5.7.4 Die Mehrbrunnenformel von Forchheimer

Die rechnerische Betrachtung einer Baugrube als Ersatzbrunnen gibt an, wie viel Wasser gefördert werden muss, um den Grundwasserspiegel auf ein bestimmtes Maß abzusenken. Es wird dazu ein allerdings gleichmäßiger Grundwasserspiegel im Ersatzbrunnen angenommen. Es wird hierbei nichts darüber ausgesagt,

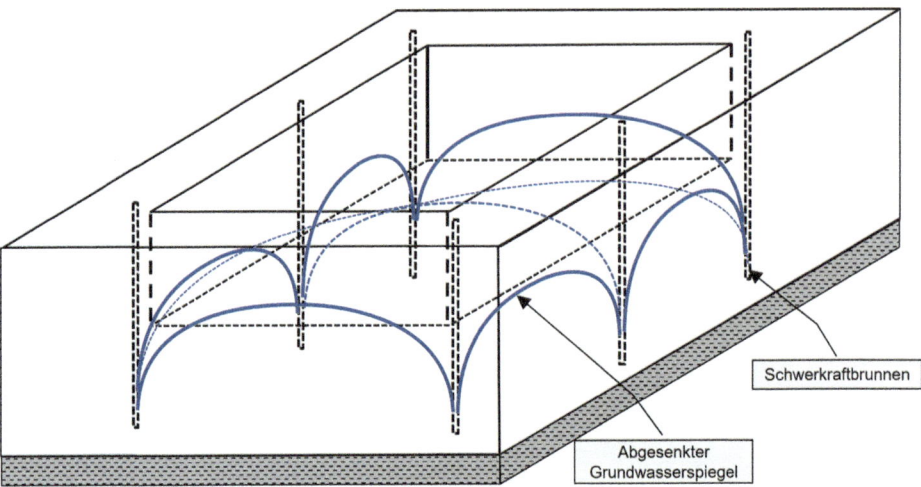

Abb. 5.23 Mit Brunnen abgesenkte Grundwasseroberfläche

- wie die Brunnen angeordnet werden müssen,
- wie viele Brunnen erforderlich sind bzw.
- welche Abstände die Brunnen haben dürfen und
- ob die Leistungsfähigkeit der Brunnen ausreichend ist.

Für eine Wasserhaltung werden aber immer mehrere Brunnen notwendig, wobei sich die jeweiligen Absenktrichter überlagern und addieren. Ein gleichmäßiger Grundwasserspiegel existiert daher gar nicht. Der Grundwasserspiegel „verformt" sich unter der Einwirkung von Brunnen vielmehr ähnlich einem Deckengewölbe, welches man z. B. in Kirchen findet, wobei jede Stütze einen Brunnen repräsentiert. In Abb. 5.23 ist die mit Brunnen angesenkte Grundwasseroberfläche räumlich dargestellt.

Das Grundwasser muss aber jeder Stelle der Baugrube unter das erforderliche Niveau abgesenkt werden und jeder Brunnen muss ein ausreichendes Fassungsvermögen aufweisen, d. h. die vom Grundwasser benetze Fläche des Brunnenrandes muss ausreichend groß sein.

Für die Berechnung der Grundwasseroberfläche hat Forchheimer 1898 [12] eine Lösung vorgestellt. Der Methode liegt folgendes Modell zugrunde:

1. Die Zuflussmenge vom Trichterrand ist gleich der Entnahmemenge.
2. Die betrachteten Brunnen sind vertikale Brunnen.
3. Die betrachteten Brunnen sind vollkommen.
4. Aus jedem Brunnen wird die gleiche Wassermenge entnommen.
5. Der Grundwasserkörper ist unendlich ausgedehnt.
6. Das Wasser tritt der Brunnenanlage in horizontaler Strömung laminar zu.

5.7 Berechnung von Wasserhaltungen bei Baugruben mit Brunnenanlagen

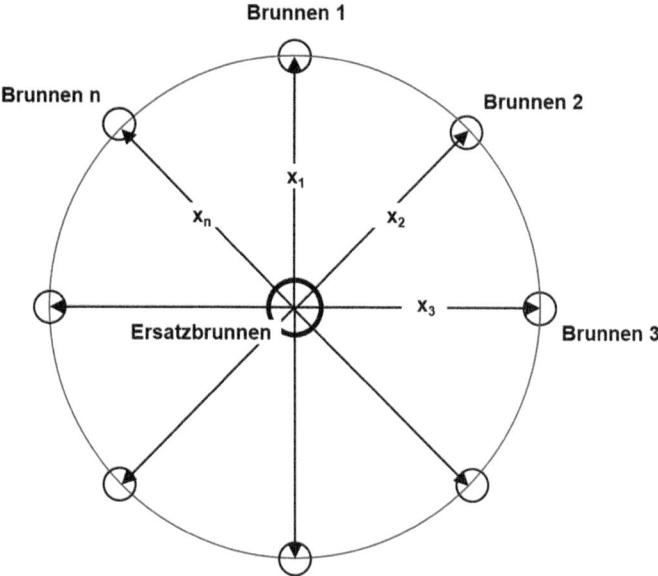

Abb. 5.24 Modell für die Mehrbrunnenanlage nach Forchheimer

Wobei die anderen Voraussetzungen für die Brunnengleichungen nach Dupuit-Thiem (s. Abschn. 5.5) auch hier vorliegen müssen. Es wird ein Punkt P betrachtet, die Brunnen Nr. 1 bis n sind um diesen Punkt herum mit den Abständen x_1 bis x_n angeordnet (s. Abb. 5.24).

Analog der Brunnenformel von Dupuit-Thiem (vgl. Abschn. 5.5), wenn nur ein Brunnen in Betrieb sein soll, lässt mit

$y_1, y_2 \dots y_n$ der Wasserstand im Ersatzbrunnen bzw. der Wasserstand im Bezugspunkt
$q_1, q_2 \dots q_n$ die Entnahmemenge der Einzelbrunnen und mit
$R_1, R_2 \dots R_n$ die Reichweiten der Einzelbrunnen
H   die Höhe des unbeeinflussten Grundwasserstandes

die Gleichung des Grundwasserspiegels für jeden Brunnen 1 bis n wie folgt beschreiben

$$H^2 - y_1^2 = \frac{q_1}{\pi \cdot k_f} \cdot (\ln R_1 - \ln x_1)$$

$$H^2 - y_2^2 = \frac{q_2}{\pi \cdot k_f} \cdot (\ln R_1 - \ln x_2)$$

$$\vdots$$

$$H^2 - y_n^2 = \frac{q_n}{\pi \cdot k_f} \cdot (\ln R_n - \ln x_n) \tag{5.32}$$

Die Gleichung des Grundwasserspiegels für den Punkt P bei gleichzeitigem Betrieb aller Brunnen wird durch additive Überlagerung erreicht

$$H^2 - y_P^2 = \frac{q_1}{\pi \cdot k_f} \cdot (\ln R_1 - \ln x_1) + \frac{q_2}{\pi \cdot k_f} \cdot (\ln R_2 - \ln x_2) + \ldots + \frac{q_n}{\pi \cdot k_f} \cdot (\ln R_n - \ln x_n) \tag{5.33}$$

Hierbei ist h_P zunächst unbekannt. Wenn, wie beschrieben, die Entnahmemenge bei allen Brunnen gleich ist, ist auch die Reichweite für alle Brunnen gleich. Die Gl. (5.33) vereinfacht sich wie folgt

$$H^2 - y_P^2 = \frac{n \cdot q_i}{\pi \cdot k_f} \cdot \left(\ln R - \frac{1}{n} \cdot \sum_{i=1}^{n} (x_i) \right) \tag{5.34}$$

Für jeden beliebigen Punkt innerhalb des Systems kann die Gleichung des Grundwasserspiegels allgemein durch folgende Gleichung beschrieben werden

$$y_2^2 - y_1^2 = \frac{n \cdot q_i}{\pi \cdot k_f} \cdot \left(\frac{1}{x} \sum_{i=1}^{n} (x_{1i}) - \frac{1}{n} \cdot \sum_{i=1}^{n} (x_{2i}) \right) \tag{5.35}$$

Wird ein Ersatzbrunnen nach Abschn. 5.7.3 betrachtet, so ergibt sich hierfür die Reichweite R z. B. nach der bereits bekannten Gl. (5.11). Die gesamte Entnahmemenge Q entspricht dabei der Entnahme aus dem Einzelbrunnen

$$Q = n \cdot q_i \tag{5.36}$$

Die Gleichung vereinfacht sich wie folgt

$$H^2 - y_A^2 = \frac{Q}{\pi \cdot k_f} \cdot \left(\ln R - \frac{1}{n} \cdot \sum_{i=1}^{n} (x_{Ai}) \right) \tag{5.37}$$

Diese Gleichung ist auch als „Mehrbrunnenformel von Forchheimer" bekannt. Mit dieser lässt sich die Höhe des Grundwasserspiegels für jeden beliebigen Punkt A des Systems ermitteln. Es ist zu erkennen, dass die Gleichung eine ähnliche Struktur wie die bereits erläuterte Brunnenformel von Dupuit-Thiem aufweist. Für einen gespannten Grundwasserleiter lässt sich die Gleichung analog herleiten. Es gilt

$$H - y = \frac{Q}{2 \cdot \pi \cdot k_f \cdot m} \cdot \left(\ln R - \frac{1}{n} \cdot \sum_{i=1}^{n} (x_i) \right) \tag{5.38}$$

Die Überlegungen zum Unterschied zwischen vollkommenen Brunnen und unvollkommenen Brunnen (s. Abschn. 5.5.5) gelten auch für die hier vorgestellte Mehrbrunnenanlagen. Für weiterführende Betrachtungen und Überlegungen zu Mehrbrunnenanlagen wird auf weiterführende Literatur (s. [2]) verwiesen.

5.7 Berechnung von Wasserhaltungen bei Baugruben mit Brunnenanlagen

Beispiel 5.6

Die Berechnung einer Grundwasserhaltung mit der Mehrbrunnenformel soll an einem einfachen Beispiel erläutert werden.

In einem freien Aquifer soll eine rechteckige Baugrube mit den Abmessungen Länge = 26 m und Breite = 16 m und einer Tiefe von 5,3 m mittels Schwerkraftbrunnen durch Absenkung des Grundwasserspiegels trocken gehalten werden.

Der Grundwasserspiegel liegt 3,6 m unter der Geländeoberfläche. Die Oberfläche des Grundwasserstauers liegt im 10,4 m Tiefe. Der Durchlässigkeitsbeiwert des Aquifers wurde im Rahmen der Baugrunderkundung bestimmt. Er beträgt $k_f = 1{,}2 \times 10^{-4}$ m/s. Die Situation ist in Abb. 5.25 im Grundriss und in Abb. 5.26 im Schnitt dargestellt.

Es werden acht Brunnen mit einem Durchmesser von d = 700 mm symmetrisch um die Baugrube herum in einem Abstand von 2 m zum Rand der Baugrube angeordnet. Für die Planung der Wasserhaltung ist

1. Das Fassungsvermögen der Brunnen
2. Die ausreichende Absenkung des Grundwasserspiegels

zu überprüfen. Das Grundwasser muss unter Berücksichtigung des Sicherheitszuschlages auf ein Niveau von
$$5{,}3\,\text{m} + 0{,}5\,\text{m} = 5{,}8\,\text{m}$$

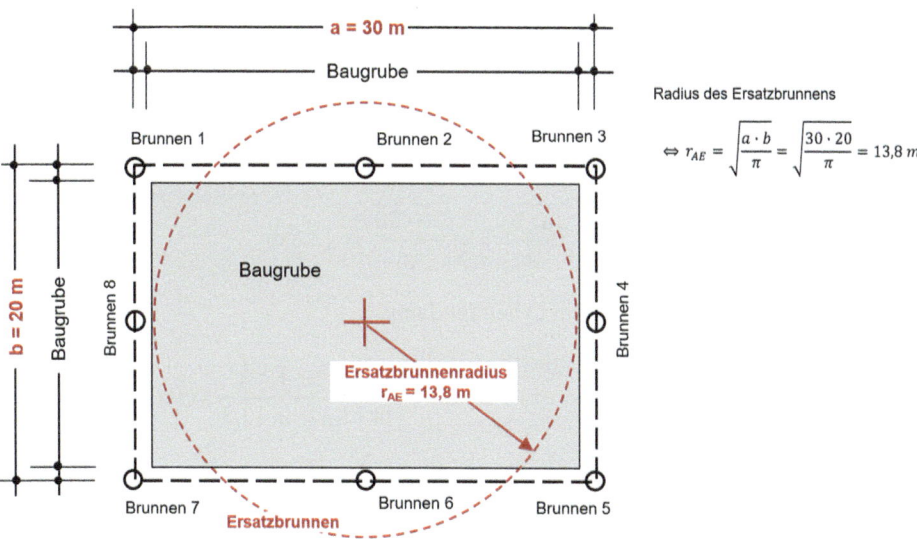

Radius des Ersatzbrunnens
$$\Leftrightarrow r_{AE} = \sqrt{\frac{a \cdot b}{\pi}} = \sqrt{\frac{30 \cdot 20}{\pi}} = 13{,}8\,m$$

Abb. 5.25 Beispiel: Grundriss Mehrbrunnenanlage

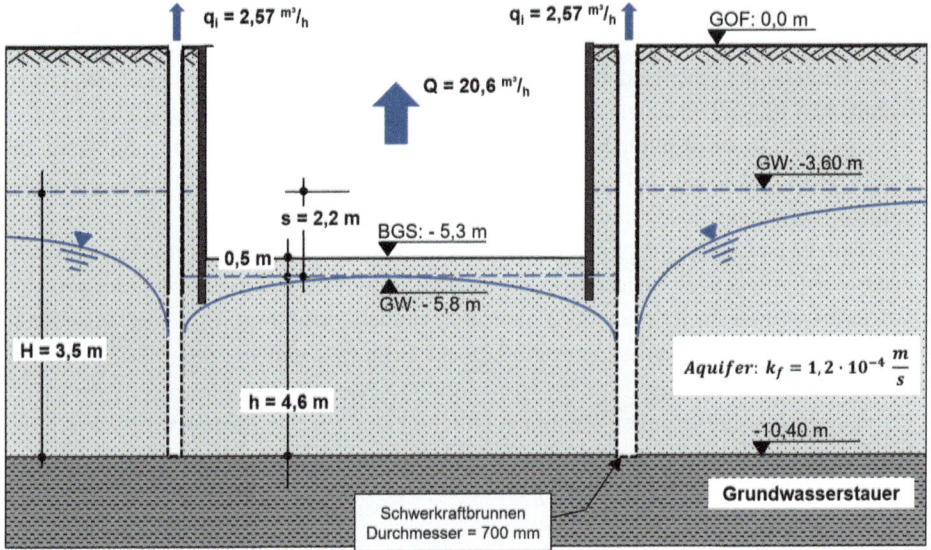

Abb. 5.26 Beispiel: Schnitt Mehrbrunnenanlage

unter GOF abgesenkt werden. Die Absenkung s des Grundwasserspiegels beträgt

$$s = 5{,}8\,\text{m} - 3{,}6\,\text{m} = 2{,}2\,\text{m}$$

Die Reichweite R beträgt nach Sichardt

$$R = 3000 \cdot s \cdot \sqrt{k_f} = 3000 \cdot 2{,}2 \cdot \sqrt{1{,}2 \cdot 10^{-4}} = 72{,}3\,\text{m}$$

Der Radius des Ersatzbrunnens r_{AE} beträgt

$$r_{AE} = \sqrt{\frac{a \cdot b}{\pi}} = \sqrt{\frac{30 \cdot 20}{\pi}} = 13{,}8\,\text{m}$$

Der erforderliche Volumenstrom Q beträgt damit

$$Q = \pi \cdot k_f \cdot \frac{(H^2 - h^2)}{\ln R - \ln r_{AE}} = \pi \cdot 1{,}2 \cdot 10^{-4} \cdot \frac{(6{,}8^2 - 4{,}6^2)}{\ln 72{,}3 - \ln 13{,}8} = 0{,}0057\,\frac{\text{m}^3}{\text{s}}$$
$$= 20{,}6\,\frac{\text{m}^3}{\text{h}}$$

Jeder der acht Brunnen muss somit einen Volumenstrom q_i von

$$q_i = \frac{1}{8} \cdot Q = \frac{1}{8} \cdot 0{,}0057 = 0{,}00071\,\frac{\text{m}^3}{\text{s}} = 2{,}57\,\frac{\text{m}^3}{\text{h}}$$

5.7 Berechnung von Wasserhaltungen bei Baugruben mit Brunnenanlagen

fördern. Mit diesen Daten wird das Fassungsvermögen der Brunnen überprüft. Dazu wird mit der Mehrbrunnenformel von Forchheimer die Höhe des Wasserspiegels am Rand eines Brunnens betrachtet. Hierfür wird der Brunnen 4 ausgewählt. Als Punkt A wird dementsprechend der Rand des Brunnens gewählt. Der Abstand der Achse des Brunnens 4 zum Rand des Brunnens entspricht dem Radius r des Brunnens. Für die Anwendung der Mehrbrunnenformel von Forchheimer wird der Abstand x_{Ai} der Brunnen (genau: der Brunnenachsen) ermittelt (s. Abb. 5.27).

Die Summe der Logarithmen der Abstände wird mit der Tab. 5.1 ermittelt.

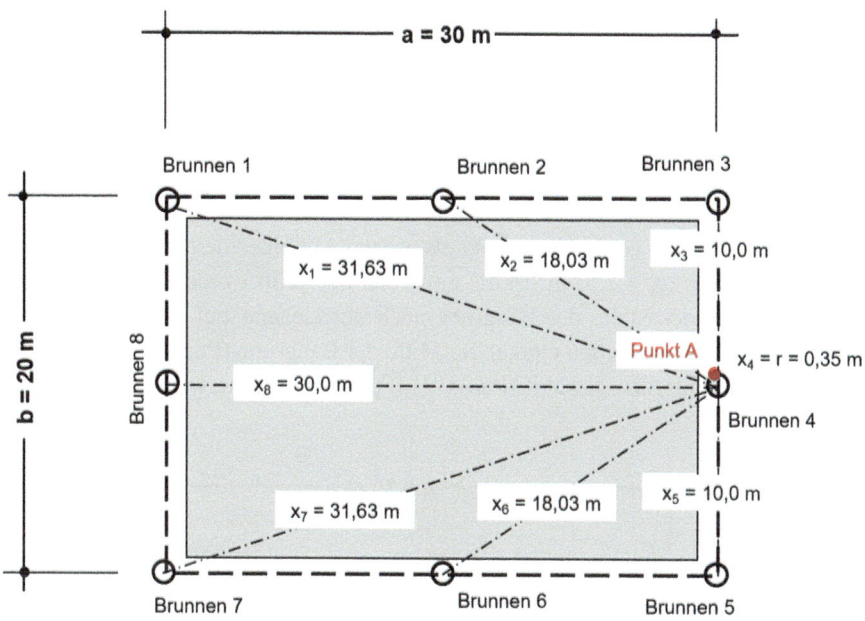

Abb. 5.27 Abstand der Brunnen vom Brunnen 4 (Brunnenrand/Brunnenachse)

Tab. 5.1 Abstände der Brunnenachsen zum Punkt A/ Logarithmus der Abstände

Brunnen	Abstand der Brunnenachsen zum Punkt A [m]	Logarithmus der Abstände
x_{A1}	31,63	3,45
x_{A2}	18,03	2,89
x_{A3}	10,00	2,30
x_{A4}	0,35 (= r)	−1,05
x_{A5}	10,00	2,30
x_{A6}	18,03	2,89
x_{A7}	31,63	3,45
x_{A8}	30,00	3,40
	Summe	19,63

Die Gl. (5.37) wird nun nach dem Wasserstand y_A im Punkt A umgestellt:

$$\sqrt{H^2 - \frac{Q}{\pi \cdot k_f} \cdot \left(\ln R - \frac{1}{n} \cdot \sum_{i=1}^{n}(x_{Ai}) \right)} = \sqrt{y_A^2}$$

$$y_A = \sqrt{6{,}8^2 - \frac{0{,}0057}{\pi \cdot 1{,}2 \cdot 10^{-4}} \cdot \left(\ln 72{,}3 - \frac{1}{8} \cdot 19{,}63 \right)}$$

$$y_A = 4{,}32\,\text{m}$$

Das bedeutet, der Wasserstand am Rand des Brunnens 4 beträgt 4,32 m. Mit diesem Wert kann das Fassungsvermögen des Brunnens nach Gl. (5.16) ermittelt werden.

$$Q_F = 2 \cdot \pi \cdot r \cdot h \cdot \frac{\sqrt{k_f}}{15} = 2 \cdot \pi \cdot 0{,}35 \cdot 4{,}32 \cdot \frac{\sqrt{1{,}2 \cdot 10^{-4}}}{15} = 0{,}00694\,\frac{\text{m}^3}{\text{s}} = 24{,}9\,\frac{\text{m}^3}{\text{h}}$$

Die Brunnen können bei dem errechneten Wasserstand am Rand der Brunnen deutlich mehr Wasser fördern ($Q_F = 24{,}9\,\text{m}^3/\text{h}$), als es zum Absenken des Grundwasserspiegels erforderlich wäre ($q_i = 2{,}57\,\text{m}^3/\text{h}$). Es muss nun überprüft werden, ob der Grundwasserspiegel an jeder Stelle der Baugrube auch ausreichend tief abgesenkt wird. Als Bezugspunkt hierfür werden einmal die Mitte der Baugrube (Punkt M) und ein Punkt am Rand der Baugrube gewählt (Punkt R). Für diese Punkte werden die Höhen des

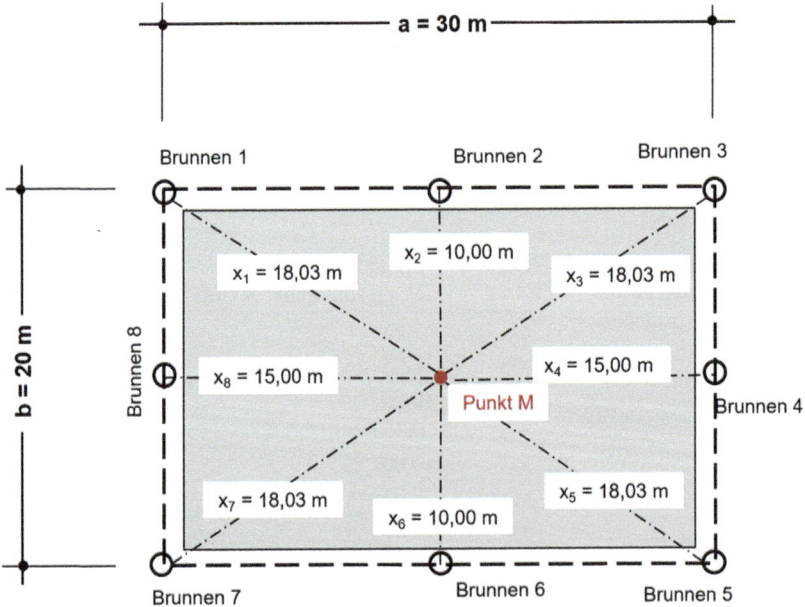

Abb. 5.28 Abstand der Brunnen vom Mittelpunkt der Baugrube

Tab. 5.2 Abstände der Brunnenachsen zum Punkt M/ Logarithmus der Abstände

Brunnen	Abstand der Brunnenachsen zum Punkt M [m]	Logarithmus der Abstände
x_{M1}	18,03	2,89
x_{M2}	10,00	2,30
x_{M3}	18,03	2,89
x_{M4}	15,00	2,71
x_{M5}	18,03	2,89
x_{M6}	10,00	2,30
x_{M7}	18,03	2,89
x_{M8}	15,00	2,71
	Summe	21,58

Grundwasserspiegels der Mehrbrunnenformel (wie zuvor) ermittelt. Die Abstände zum Punkt M sind in Abb. 5.28 dargestellt, die Summe der Logarithmen der Abstände wird mit der Tab. 5.2 ermittelt.

Damit beträgt der Wasserstand im Punkt M

$$y_M = \sqrt{6{,}8^2 - \frac{0{,}0057}{\pi \cdot 1{,}2 \cdot 10^{-4}} \cdot \left(\ln 72{,}3 - \frac{1}{8} \cdot 21{,}58\right)} = 4{,}72\,\text{m}$$

Das Absenkziel eines Wasserstandes von 4,6 m wird also im Punkt M nicht erreicht.

Für den Punkt R wird der Wasserstand analog ermittelt, die Abstände zum Punkt R sind in Abb. 5.29 dargestellt, die Summe die Summe der Logarithmen der Abstände wird mit der Tab. 5.3 ermittelt.

Damit beträgt der Wasserstand im Punkt R

$$y_R = \sqrt{6{,}8^2 - \frac{0{,}0057}{\pi \cdot 1{,}2 \cdot 10^{-4}} \cdot \left(\ln 72{,}3 - \frac{1}{8} \cdot 22{,}38\right)} = 4{,}88\,\text{m}$$

Das Absenkziel eines Wasserstandes von 4,6 m wird somit auch im Punkt R nicht erreicht. In der Praxis bedeutet dies, dass der Baugrube Wasser zufließt und somit „nicht trocken" ist. Es stehen mehrere Möglichkeiten hierfür zur Verfügung:

1. Die Brunnen haben bzgl. ihres Fassungsvermögen Reserven. Die Fördermenge könnte soweit erhöht werden, dass die erforderliche Absenkung an den Punkten M und R erreicht werden kann.
2. Die Anzahl der Brunnen kann erhöht und damit der Abstand der Brunnen verkleinert werden.

Für jede Variante müssen die zuvor gezeigten Berechnungen dann mit den neuen Werten wiederholt werden, bis der Nachweis einer ausreichenden Absenkung für jede Stelle der Baugrube geführt werden kann. ◄

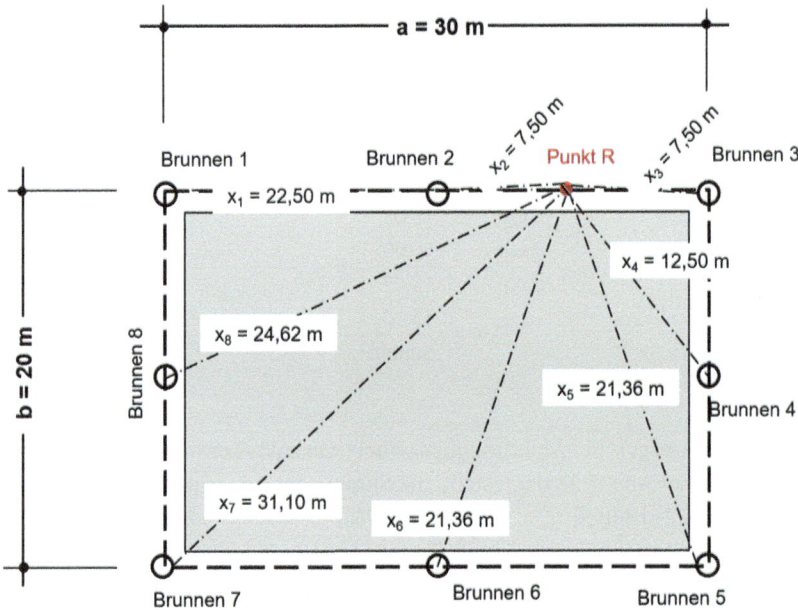

Abb. 5.29 Abstände zum Punkt R

Tab. 5.3 Abstände der Brunnenachsen zum Punkt R / Logarithmus der Abstände

Brunnen	Abstand der Brunnenachsen zum Punkt R [m]	Logarithmus der Abstände
X_{R1}	22,50	3,11
X_{R2}	7,50	2,01
X_{R3}	7,50	2,01
X_{R4}	12,50	2,53
X_{R5}	21,36	3,06
X_{R6}	21,36	3,06
X_{R7}	30,10	3,40
X_{R8}	24,62	3,20
	Summe	22,38

5.8 Sickerschlitze, Dränagerohre und Gräben

Die Zuströmung des Grundwassers zu offenen Gräben, Dränagerohren oder Sickerschlitzen ist nicht mehr radialsymmetrisch, wie es in der Brunnengleichung von Dupuit-Thiem vorausgesetzt wird, sondern linienförmig. Daher können die bisher beschriebenen Gleichungen zum Wasserzustrom, zur Reichweite etc. bei solchen linienförmigen Wasserhaltungen nicht mehr angewendet werden.

5.8 Sickerschlitze, Dränagerohre und Gräben

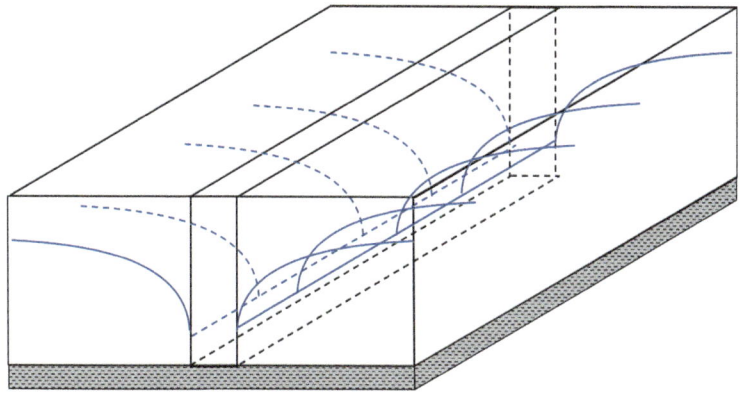

Abb. 5.30 Graben in einem freien Aquifer

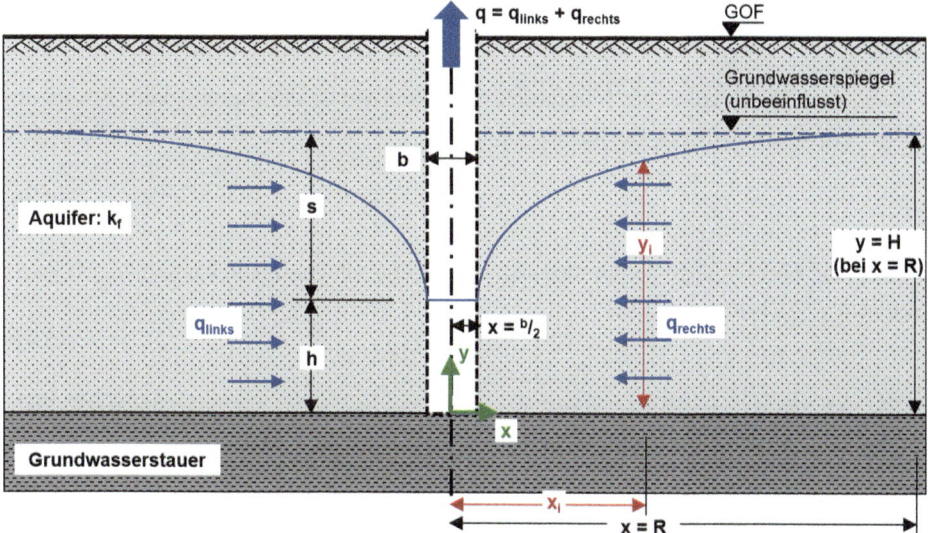

Abb. 5.31 Modell zur Herleitung der Grabenströmung

Die grundsätzlichen Überlegungen zum Wasserzustrom zu einem Graben können aber übertragen werden. Dies soll mit Hilfe eines Vertikalschnittes durch einen Graben erläutert werden (s. Abb. 5.30 und 5.31). Betrachtet wird ein Aquifer mit freier Grundwasseroberfläche. Unter dem Aquifer steht in einiger Tiefe eine Bodenschicht aus wasserundurchlässigem Boden (Grundwasserstauer) an. Der Abstand zwischen der Grundwasseroberfläche und der Oberfläche des Grundwasserstauers wird als Höhe des unbeeinflussten Grundwasserstandes H bezeichnet. Die Sohle des Grabens liegt auf dem Grundwasserstauer (vollkommener Graben).

Die Absenkung des Grundwasserspiegels am Rand des Brunnens wird als Absenkung s bezeichnet. Die Höhe des Grundwasserspiegels am Rand des Brunnens, d. h. der Abstand zwischen der abgesenkten Grundwasseroberfläche am Rand des Brunnens und der Oberfläche des Grundwasserstauers, wird als Höhe des Grundwasserspiegels am Brunnenrand h definiert.

Für die Herleitung der Anströmung des Grabens gelten die gleichen Voraussetzungen wie für die Brunnenanströmung (s. Abschn. 5.5).

Es wird der Volumenstrom des Grundwassers in einer beliebigen Entfernung x von der Brunnenachse (aber innerhalb der Reichweite R der Absenkung) betrachtet. Da das System linienförmig ist, handelt es sich um einen Volumenstrom durch eine Rechteckfläche. Die Höhe des Rechtecks ist y, die Länge l wird durch die Länge des Grabens bestimmt. Für die Herleitung wird die Einheitslänge l = 1 m (lfd. Meter) eingeführt. Der Volumenstrom wird durch die allgemeine Gleichung

$$q = v_f \cdot A \tag{5.39}$$

beschrieben. Darin ist v_f die Filtergeschwindigkeit und A die durchströmte Fläche des Rechtecks. Die Fläche des Rechtecks beträgt

$$A = y \cdot l \tag{5.40}$$

Wobei l die Einheitslänge des Grabens ist. Die Filtergeschwindigkeit kann mit dem Gesetz von Darcy beschrieben werden

$$v_f = k_f \cdot i \tag{5.41}$$

Darin ist k_f der Wasserdurchlässigkeitsbeiwert des Bodens und i der hydraulische Gradient an der Stelle x. Werden die Gln. (5.40) und (5.41) in die Gl. (5.39) eingesetzt, erhält man

$$q = k_f \cdot i \cdot y \cdot l \tag{5.42}$$

Der hydraulische Gradient an der Stelle x kann auch hier wieder als die Steigung der Absenkkurve aufgefasst werden (vgl. auch Abb. 5.4).

$$i = \frac{dy}{dx} \tag{5.43}$$

Wird Gl. (5.43) in der Gl. (5.42) für den hydraulischen Gradienten eingesetzt, ergibt sich

$$q = k_f \cdot \frac{dy}{dx} \cdot y \cdot l \tag{5.44}$$

5.8 Sickerschlitze, Dränagerohre und Gräben

Wird die Gleichung nach y bzw. dy und x bzw. dx umgestellt, so erhält man

$$dx = \frac{1}{q} \cdot k_f \cdot l \cdot y \cdot dy \qquad (5.45)$$

Die Gleichung kann durch Integration beider Seiten gelöst werden

$$\frac{q}{l \cdot k_f} \cdot \int_{x_1}^{x_2} dx = \int_{y_1}^{y_2} y \cdot d_y \qquad (5.46)$$

Die Integrale reichen von x_1 bis x_2, und von y_1 bis y_2. Nach Lösen der Integrale ergibt sich

$$\frac{q}{l \cdot k_f} \cdot (x_2 - x_1) = \frac{1}{2} \cdot (y_2^2 - y_1^2)$$

$$q = \frac{1}{2} \cdot l \cdot k_f \cdot \frac{(y_2^2 - y_1^2)}{x_2 - x_1} \qquad (5.47)$$

Ersetzt man für die bekannten Ränder des Systems, also an den Stellen $x_1 = b/2$ und $x_2 = R$, die jeweiligen Höhen des Grundwassers bei $(x_1 = b/2)$: $y_1 = h$ und bei $(x_2 = R)$: $y_2 = H$, so erhält man die Anströmung zum Graben

$$q = \frac{1}{2} \cdot l \cdot k_f \cdot \frac{(H^2 - h^2)}{R - b/2} \qquad (5.48)$$

Für die Reichweite R wurde, ebenfalls wieder empirisch, folgende Lösung für sandigkiesige Grundwasserleiter gefunden.

$$R = 1500 \text{ bis } 2000 \cdot s \cdot \sqrt{k_f} \qquad (5.49)$$

Mit diesen Gleichungen kann der Zustrom zu einem Graben ermittelt werden. Zu beachten ist, dass die Gleichung

1. für den Einheitsmeter (lfd. Meter) und
2. für den Zustrom von einer Seite

gilt. Soll der Zustrom über die Länge des Grabens und von zwei Seiten ermittelt werden, muss der ermittelte Wert für q daher mit der Länge des Grabens multipliziert und verdoppelt werden.

Den vollkommenen Sickerschlitz, dessen Sohle auf einem undurchlässigen Horizont liegt, gibt es, im Gegensatz zu Brunnen, in der Praxis allerdings kaum. Das bedeutet, das

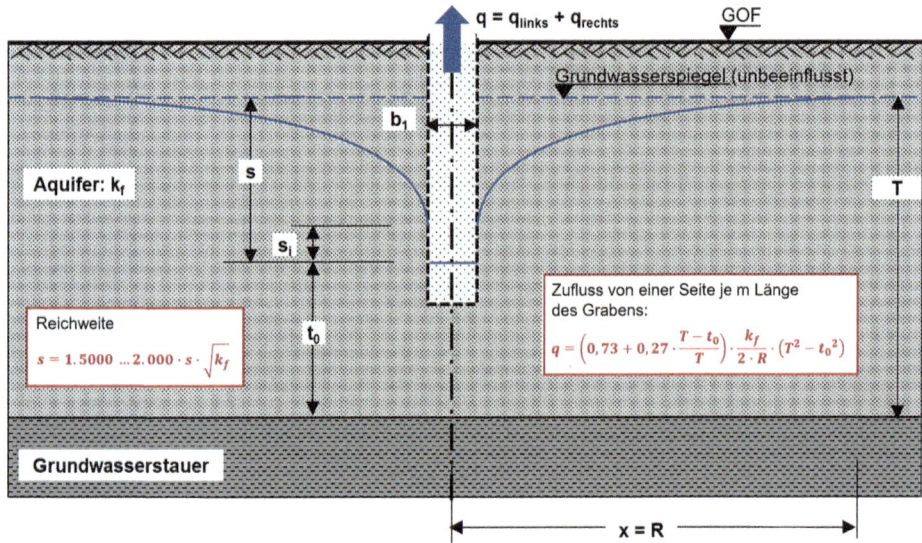

Abb. 5.32 Grabenzuströmung (unvollkommener Sickerschlitz) nach Chapman

dem Graben auch von unten Wasser zuströmt. Zur Lösung des Problems hat Chapman 1956 [13] Modellversuche durchgeführt und daraus empirische Formeln zur Berechnung der Wasserströmung q für unvollkommene Sickerschlitze abgeleitet. Die Lösung ist in Abb. 5.32 dargestellt.

Nach dieser Lösung beträgt die Zuströmung q zu einem Sickerschitz (von einer Seite, je lfd. Meter Länge)

$$q = \left(0{,}73 + 0{,}27 \cdot \frac{T - t_0}{T}\right) \cdot \frac{k_f}{2 \cdot R} \cdot (T^2 - t_0^2) \qquad (5.50)$$

Diese Gleichung gilt für ein Verhältnis

$$\frac{R}{T} \geq 3 \qquad (5.51)$$

Das heißt, bei größerer Dicke des Aquifers sollte T nicht größer als R/3 angesetzt werden. Für die Reichweite R gilt Gl. (5.49).

Für die Berechnung von mehreren parallelen Sickerschlitzen oder Sickerschlitzen in gespannten Grundwasserleitern wird auf weiterführende Literatur (s. [2]) verwiesen.

Beispiel 5.7

Die Berechnung der Zuströmung zu einem Dränagerohr nach der Lösung von Chapman wird an einem Beispiel erläutert. Es wird ein 50 m langes Dränagerohr mit einem Durchmesser von d = 200 mm betrachtet. Der Grundwasserspiegel soll um 3,3 m abgesenkt werden. Die Höhe des Aquifers beträgt T = 14,2 m. Die Wasserdurchlässigkeit des Baugrundes beträgt $k_f = 1{,}8 \times 10^{-4}$ m/s. Das System ist in Abb. 5.33 dargestellt. Es soll der Zustrom von zwei Seiten ermittelt werden.

Die Reichweite R beträgt

$$R = 1500 \cdot s \cdot \sqrt{k_f} = 1500 \cdot 3{,}3 \cdot \sqrt{1{,}8 \cdot 10^{-4}} = 66{,}4 \,\text{m}$$

Das Verhältnis R/T beträgt

$$\frac{R}{T} = \frac{66{,}4}{14{,}2} = 4{,}7 \geq 3$$

Die Lösung von Chapman kann mit den in der Abb. 5.33 dargestellt Werten für den Aquifer angewendet werden. Der Zustrom q je Meter Länge von einer Seite beträgt nach Gl. (5.50)

$$q = \left(0{,}73 + 0{,}27 \cdot \frac{14{,}2 - 10{,}9}{14{,}2}\right) \cdot \frac{1{,}8 \cdot 10^{-4}}{2 \cdot 66{,}4} \cdot \left(14{,}2^2 - 10{,}9^2\right) = 0{,}000089 \,\frac{\text{m}^3}{\text{s}}$$
$$= 0{,}32 \,\frac{\text{m}^3}{\text{h}}$$

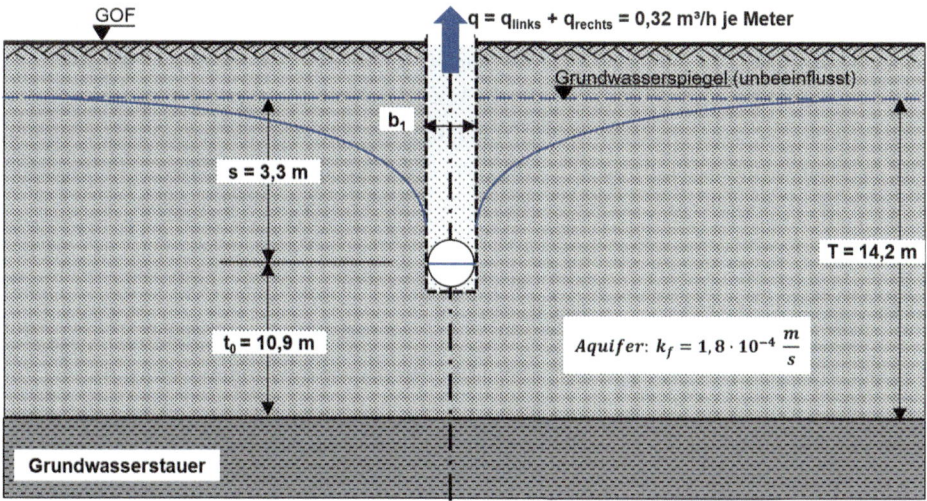

Abb. 5.33 Systemskizze (unmaßstäblich)

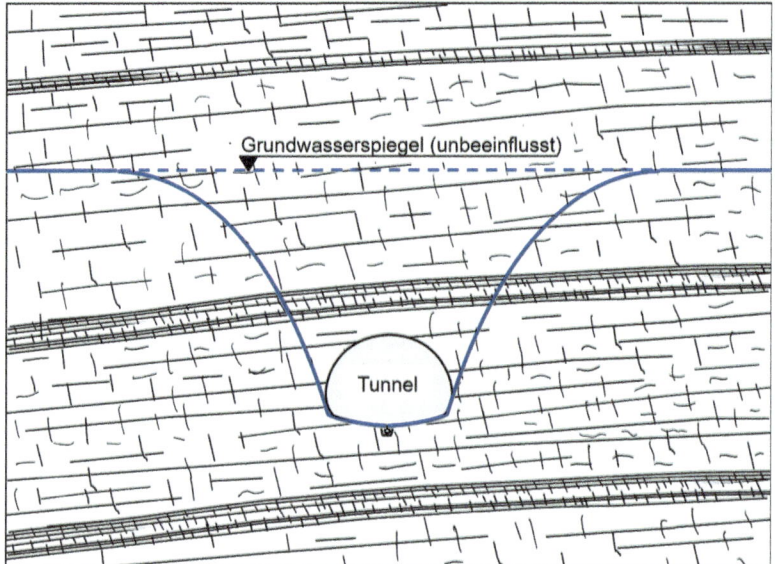

Abb. 5.34 Grundwasserzustrom bei einem Tunnelvortrieb

Der gesamte Zustrom Q für die Länge von 50 m von zwei Seiten beträgt

$$Q = 0{,}000089 \cdot 2 \cdot 50 = 0{,}0089 \, \frac{m^3}{s} = 32{,}0 \, \frac{m^3}{h} \blacktriangleleft$$

Die Lösung von Chapman kann z. B. auch für die Abschätzung des Zustroms von Grundwasser zu einem Tunnelvortrieb, z. B. zur Abschätzung der Restwassermenge nach DIN 18312, eingesetzt werden (s. Abb. 5.34). Es wird wiederholt betont, dass es sich hierbei um, insbesondere unter Berücksichtigung der Schwierigkeiten der Abschätzung der Wasserdurchlässigkeit von Festgesteinen, eine Abschätzung handelt. Für genauere Ergebnisse sind numerische, hydrogeologische Modellierungen unerlässlich.

5.9 Offene Wasserhaltungen

Für die Abschätzung der Wassermenge, die einer Baugrube zufließt, die mit einer offenen Wasserhaltung oder auch einer Dränageleitung trocken gehalten wird, fand Davidenkoff [14] eine Lösung. Die Randbedingungen sind in Abb. 5.35 im Schnitt und in Abb. 5.36 im Grundriss dargestellt.

Für die Abschätzung der Wassermenge gilt

$$q = k_f \cdot H^2 \cdot \left[\left(1 + \frac{T}{H}\right) \cdot m + \frac{L_1}{R}\left(1 + \frac{T}{H} \cdot n\right) \right] \quad (5.52)$$

5.9 Offene Wasserhaltungen

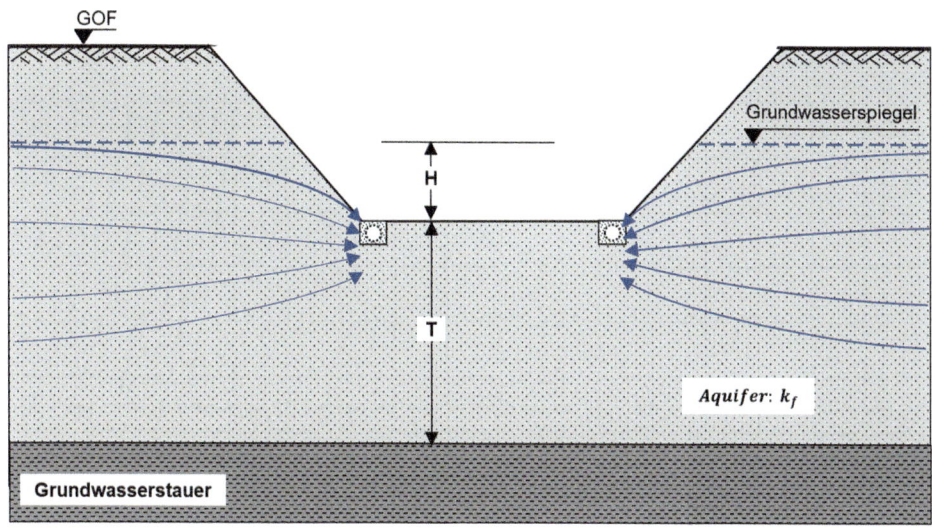

Abb. 5.35 Zuströmung zu einer Baugrube mit offener Wasserhaltung/Graben (Schnitt)

Abb. 5.36 Zuströmung zu einer Baugrube mit offener Wasserhaltung/Graben (Grundriss)

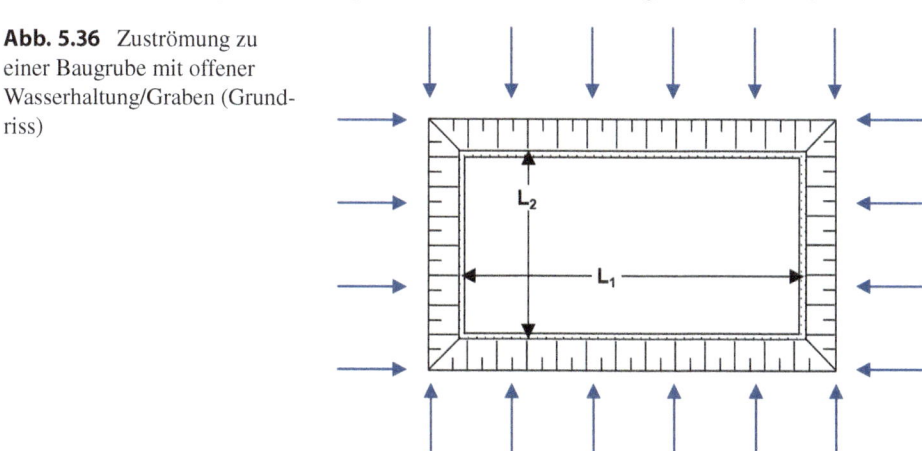

Für die Abschätzung gilt

$T = H$, wenn $T > H$
$T = T$, wenn $T < H$

Die Reichweite R kann für langgestreckte Baugruben (Gräben) nach Gl. (5.49) und für gedrungene Baugruben nach Gl. (5.11) abgeschätzt werden. Die Beiwerte n und m können nach den Diagrammen in Abb. 5.37 ermittelt werden.

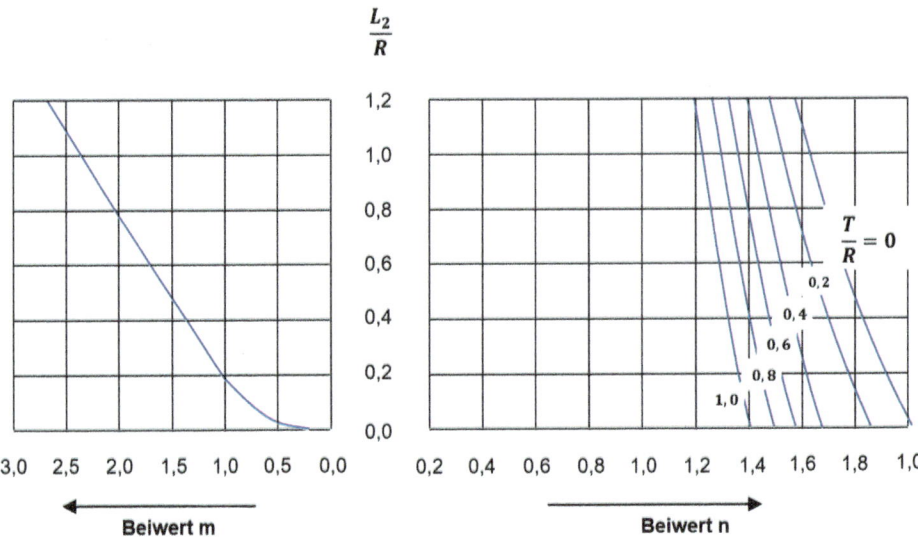

Abb. 5.37 Beiwerte n und m für die Gleichung nach Davidenkoff

5.10 Entspannungsanlagen

Wenn Baugruben in der mehr oder weniger wasserundurchlässigen Bodenschicht oberhalb eines gespannten Aquifers hergestellt werden, verringert sich durch den Aushub das Eigengewicht G dieser Baugrundschicht. Ab einer bestimmten Aushubtiefe wird das Eigengewicht kleiner als die Auftriebskraft. Es kommt zu einem Aufschwimmen, d. h. zu einem Aufbrechen der verbleibenden Baugrundschicht. Wenn eine Baugrubensicherung vorhanden ist, stellt diese Schicht gleichzeitig aber auch durch den Erdwiderstand das horizontale Widerlager hierfür da. Es kommt dann zu einem vollständigen Versagen dieses Widerlagers und folglich zum Kollaps der Baugrubensicherung.

Das Verhältnis von

- Baugrundeigengewicht, bestimmt durch die Wichte des Baugrundes γ und die nach Aushub verbleibende Dicke d der wasserundurchlässigen Bodenschicht und
- Auftriebskraft, bestimmt durch die Druckhöhe h und die Wichte des Wassers $\gamma_{Wasser} = 10\,kN/m^3$

bestimmt die Sicherheit der Baugrubensohle gegen Aufbrechen. Das Prinzip ist in Abb. 5.38 dargestellt.

Das Standardverfahren zur Herstellung der Sicherheit der Baugrube besteht darin, sog. Entspannungsbrunnen in der wasserundurchlässigen Bodenschicht herzustellen. Dazu werden Bohrungen mit einem Durchmesser i. d. R. zwischen 20 und 50 cm abgeteuft und diese mit einem wasserdurchlässigen Boden (Sand/Kies) gefüllt. Das Wasser fließt

5.10 Entspannungsanlagen

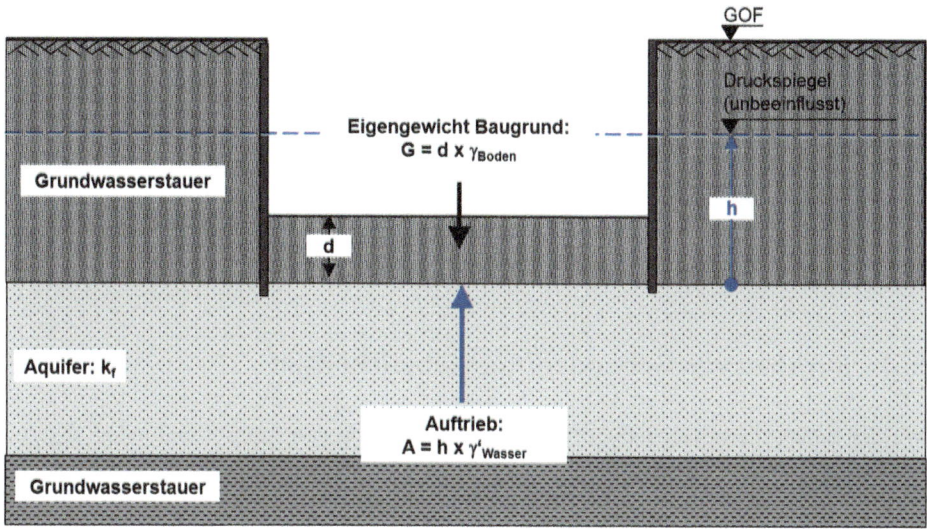

Abb. 5.38 Aufbrechen der Baugrubensohle bei gespannten Aquiferen

vertikal durch die Entspannungsbrunnen der Baugrube zu. Dadurch wird der Druckspiegel des Grundwassers bis auf die Höhe der Baugrubensohle abgesenkt. Zwischen den Bohrungen kommt es zu einem geringen Druckgewölbe. Die Auftriebskraft A wird dadurch deutlich verringert, so dass die Eigengewichtskraft des Baugrundes G wieder deutlich größer ist (s. Abb. 5.39). Die Höhe des Druckgewölbes wird durch den Abstand

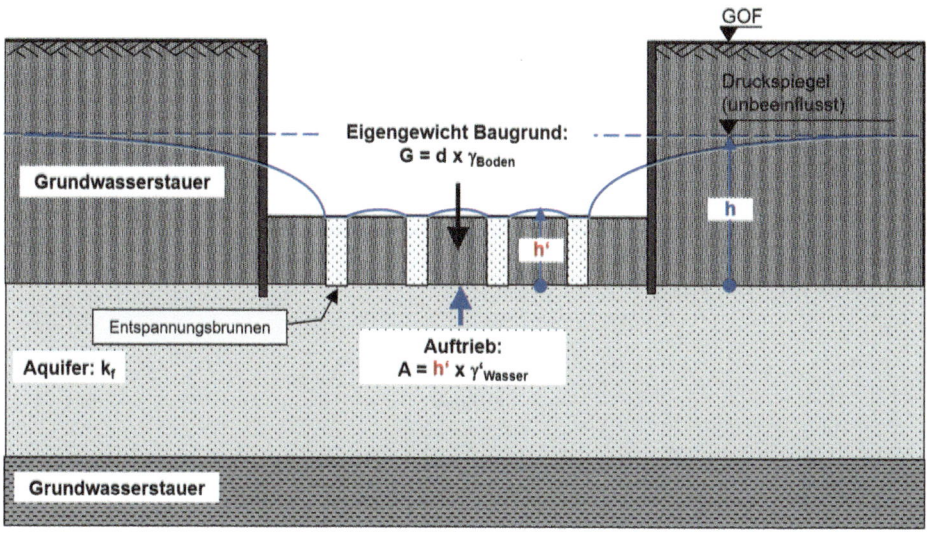

Abb. 5.39 Entspannungsbrunnen in der Baugrubensohle

der Entspannungsbohrungen und die Wasserdurchlässigkeit des Aquifers bestimmt. Die Gewährleistung der Auftriebssicherheit wird also im Wesentlichen durch den Abstand der Entspannungsbrunnen gesteuert.

Die Planung solcher Entspannungsbrunnen muss auch die Erosionssicherheit (Füllung der Entspannungsbrunnen) des Aquifers berücksichtigen.

Die aus dem Baugrund ausfließende Wassermenge ist allerdings im Vergleich zu Wasserhaltungen in freien Aquiferen deutlich geringer, da nicht der Porenraum das Aquifers entleert, sondern lediglich der Druckspiegel gesenkt wird.

5.11 Rückbau von Gebäuden/Auftriebssicherheit

Werden unterkellerte Gebäude, deren Untergeschosse in den Aquifer einbinden abgerissen/zurückgebaut, wird durch den Abriss das Eigengewicht des Gebäudes verringert. Ab einen bestimmten Rückbauzustand ist das Eigengewicht des Gebäudes geringer als die Auftriebskraft. Das verbleibende Gebäude schwimmt dann auf (s. Abb. 5.40). Ähnlich wie bei Baugruben in gespannten Aquiferen (s. Abschn. 5.10) kommt es zu einem Kollaps des umgebenden Baugrundes.

In solchen Fällen muss eine Absenkung des Grundwasserspiegels durch eine Wasserhaltung vorgenommen werden, um die Auftriebskräfte zu verringern bzw. keine Auftriebs-

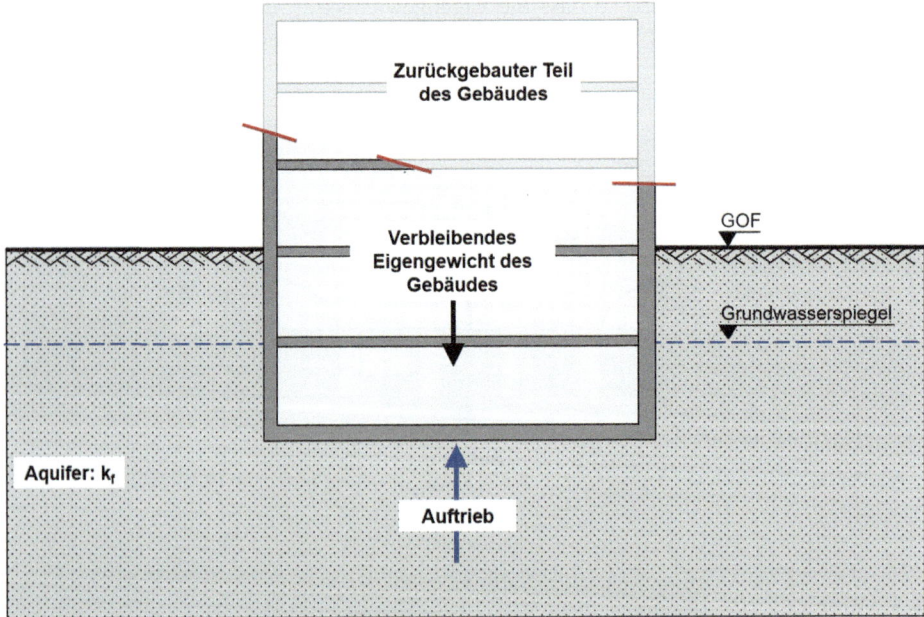

Abb. 5.40 Auftrieb auf Gebäude im Rückbauzustand

kräfte einwirken zu lassen. Sollen die Untergeschosse erhalten und in das neue Gebäude integriert werden, kann die Auftriebssicherheit durch

- eine Absenkung des Grundwasserspiegels, d. h. durch eine Wasserhaltung,
- ein Verfüllen der Untergeschosse,
- das Fluten der Untergeschosse (Verfüllen mit Wasser),
- durch Entspannungsbrunnen in der Bodenplatte (vgl. Abschn. 5.10)

gewährleistet werden.

5.12 Wassermengen und Wirtschaftlichkeitsbetrachtungen

Im Folgenden wird gezeigt, dass der Wasserdurchlässigkeitsbeiwert k_f der wesentlich bestimmende Parameter auf die Wassermengen, die zur Absenkung des Grundwasserspiegels erforderlich sind, ist.

Betrachtet wird eine Baugrube, die mittels Schwerkraftbrunnen trocken gehalten werden soll. Die Fläche, die von den Brunnen umschlossen wird, beträgt 18 × 25 m. Die unbeeinflusste Höhe des Grundwasserspiegels H beträgt 11 m. Das Grundwasser soll um 3 m abgesenkt werden. Die Höhe h des Grundwasserspiegels innerhalb des Ersatzbrunnens beträgt demnach 8 m. Die Wasserhaltung wird nach den Überlegungen in Abschn. 5.7 berechnet.

In Abb. 5.41 und 5.42 sind die Wassermengen Q in Abhängigkeit des Durchlässigkeitsbeiwertes k_f dargestellt. Es ist deutlich zu erkennen, dass die Wassermenge Q exponentiell mit dem Durchlässigkeitsbeiwert ansteigt.

Das geförderte Wasser muss, wie bereits erwähnt, abgeleitet und ggf. auch gereinigt werden. Hierfür entstehen Kosten, die die Gesamtkosten für die Herstellung und den Betrieb der Baugrube bestimmen. Ab einer bestimmten Wassermenge in Verbindung mit den Einleitungs- und ggf. Reinigungskosten wird die Herstellung einer wasserdichten Baugrube mit lediglich einer Restwasserhaltung wirtschaftlich.

Mit diesen Darstellungen wird deutlich, dass die grundsätzlichen Überlegungen bzgl. des Baugrubenkonzeptes wesentlich von der Wassermenge und damit vom Durchlässigkeitsbeiwert abhängen.

▶ Die für eine Trockenhaltung einer Baugrube zu fördernde Wassermenge steigt mit zunehmender Wasserdurchlässigkeit des Baugrundes exponentiell an. Der sorgfältigen Bestimmung der Wasserdurchlässigkeit kommt damit eine entscheidende Bedeutung für die Wirtschaftlichkeit des Baugrubenentwurfes zu.

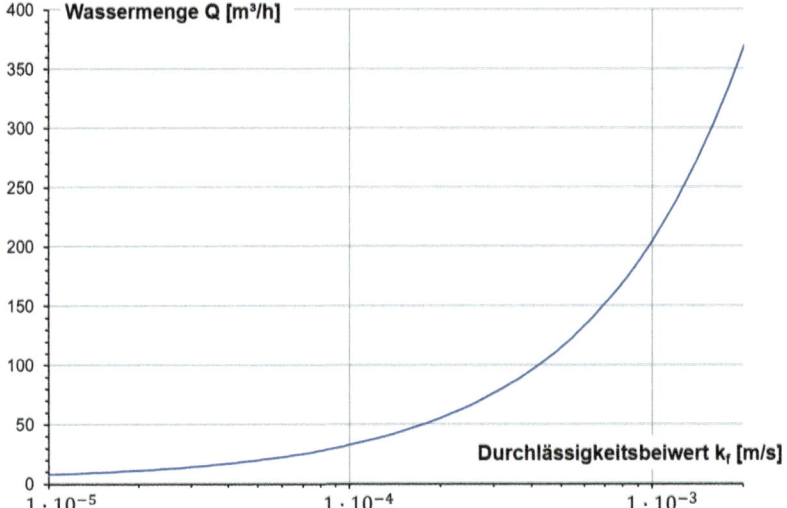

Abb. 5.41 Wassermenge vs. Durchlässigkeit ($k_f = 1 \times 10^{-5} \ldots 1 \times 10^{-3}$ m/s)

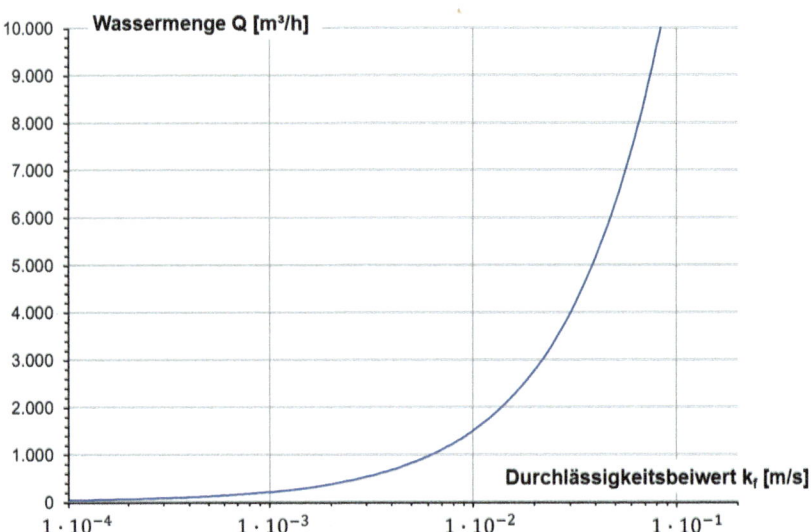

Abb. 5.42 Wassermenge vs. Durchlässigkeit ($k_f = 1 \times 10^{-4} \ldots 1 \times 10^{-1}$ m/s)

5.13 Normen und Empfehlungen

- Europäische Gemeinschaft (2000): Richtlinie 2000/60/EG („Wasserrahmenrichtlinie") vom 23. Oktober 2000, Amtsblatt der Europäischen Gemeinschaften.
- Wasserhaushaltsgesetz (WHG) vom 31. Juli 2009 (BGBl. I S. 2585), zuletzt geändert durch Artikel 4 des Gesetzes vom 7. August 2013 (BGBl. I S. 3154).
- Verordnung über die Qualität von Wasser für den menschlichen Gebrauch (Trinkwasserverordnung – TrinkwV 2001) in der Fassung der Bekanntmachung vom 2. August 2013 (BGBl. I S. 2977), zuletzt geändert durch Artikel 4 des Gesetzes vom 7. August 2013 (BGBl. I S. 3154).
- Verordnung über Anlagen zum Umgang mit wassergefährdenden Stoffen und über Fachbetriebe (Anlagenverordnung – VAwS) vom 16. September 1993, zuletzt geändert durch Verordnung vom 24. Oktober 2011 (GVBl. I S. 689)
- Verordnung zum Schutz des Grundwassers (Grundwasserverordnung – GrwV) vom 9. November 2010 (BGBl. I S. 1513).
- Verordnung über das Einleiten von Grundwasser und Abwasser in öffentliche Abwasseranlagen (Indirekteinleiterverordnung – IndV) vom 20. Juni 2023 (GVBl. I S. 484).
- Verwaltungsvorschrift zur Erfassung, Bewertung und Sanierung von Grundwasserverunreinigungen (GWS-VwV) vom 18.07.2021 (StAnz. 2021 S. 1046).

Literatur

1. Langguth, H.-R.; Voigt, R. (2004): Hydrogeologische Methoden (2. Auflage), Springer-Verlag.
2. Herth, W.; Arndts, E. (1995): Theorie und Praxis der Grundwasserabsenkung (3. Auflage), Ernst & Sohn Verlag.
3. Prinz, H.; Strauß, R. (2018): Abriss der Ingenieurgeologie (6. Auflage), Springer Spektrum.
4. Thiem, G. (1906): Hydrologische Methoden, Leipzig (Gebhardt).
5. Dupuit, J. (1863): Ètudes théoriques et pratiques sur le mouvement des eaux dans le canaux découverts at a travers les terrains perméables avec des considerations relatives au regime des grandes eaux, au débouché al leur donner, et a la marche des alluvions dans le rivieres a fond mobile, 2nd Edn., Dunod, Paris.
6. Sichardt, W. (1928) : Das Fassungsvermogen von Rohrbrunnen und seine Bedeutung fur die Grundwasserabsenkung, insbesondere fur größere Absenkungstiefen, Julius Springer Verlag, Berlin.
7. Darcy, H. (1856) : Les fontaines publiques de la ville de Dijon : Exposition et application des principes à suivre et des formules à employer dans les questions de distribution d'eau, Paris, Victor Dalmont.
8. Hölting, B.; Coldewey, W. G. (2019): Hydrogeologie: Einführung in die Allgemeine und Angewandte Hydrogeologie (8. Auflage), Springer Spektrum.
9. Kussakin, I.P. (1935): Künstliche Erniedrigung von Grundwasserniveaus, Ontario.
10. Weber, H. (1928): Die Reichweite von Grundwasserabsenkungen mittels Rohrbrunnen: Ein Beitrag zur Theorie und praktischen Berechnung der Absenkungsanlagen. Springer, Berlin Heidelberg.
11. Bear, J. (2007): Hydraulics of Groundwater, Dover Publications Inc.

12. Forchheimer, P. (1898): Grundwasserspiegel bei Brunnenanlagen, Zeitschrift des Oesterreichischen Ingenieur- und Architekten-Vereins, Nr. 44, 1. Jahrgang, 04.11.1898, S. 629–635.
13. Chapman, S. (1939): International Union of Geodesy and Geophysics, Nature, 144, S. 717–718.
14. Davidenkoff, R. (1956): Angenäherte Ermittlung des Grundwasserzuflusses zu einer in einem durchlässigen Boden ausgehobenen Baugrube, Mitteilungen der Bundesanstalt für Wasserbau, Heft 7.

Weiterführende Literatur

15. Sterret, R. J. (2007): Groundwater and Wells (3. Auflage), Smyth Co Inc.
16. Scheffer, F.; Schachtschnabel, P. (2018): Lehrbuch der Bodenkunde (17. Auflage), Springer Spektrum.
17. Zunker, F. (1930): Das Verhalten des Bodens zum Wasser, In: Densch, A. [Hrsg.]: Die Physikalische Beschaffenheit des Bodens, Springer-Verlag Berlin, S. 66–220.
18. Busch, K.-F.; Luckner, L.; Tiemer, K. (1993): Geohydraulik (3. Auflage), Gebrüder Borntraeger Verlag, Berlin.
19. Forchheimer, P. (1901): Wasserbewegung durch Boden, Zeitschrift des Vereines Deutscher Ingenieure, 45, S. 1736–1741 und 50, S. 1781–1788.
20. Weyrauch, F. ; Schöffel, G. (2004): Dimensionierung von Grundwasserabsenkungen – Probleme und Lösungen. Bautechnik 81, Heft 7, S. 516–522.

Stützbauwerke

6.1 Begriffe und Grundlagen

Stützbauwerke sichern Geländesprünge, wie z. B. bei Einschnitten und Anschüttungen, falls eine standsichere Abböschung nicht möglich oder im Hinblick auf den hohen Geländewert wirtschaftlich nicht vertretbar ist. Stützbauwerke werden durch Erddruck belastet und müssen diesem widerstehen.

Der EC 7 Teil 1 unterscheidet folgende drei Hauparten von Stützbauwerken:

- Gewichtsstützwände,
- im Boden einbindende Wände,
- zusammengesetzte Stützkonstruktionen.

Zu den Gewichtsstützwänden zählen

- Trockenmauern,
- Gabionen,
- Schwergewichtsmauern,
- Winkelstützwände.

Unter im Boden eingespannten Wände (vgl. Kap. 1) werden z. B.

- Trägerbohlwände,
- Spundwände,
- Bohrpfahlwände,
- Schlitzwände

verstanden.

Beispiele für zusammengesetzte Stützkonstruktionen sind

- Raumgitter Stützkonstruktionen,
- Bewehrte Erde Stützkonstruktionen,
- Geokunststoffbewerte Stützkonstruktionen,
- Bodenvernagelungen,
- Nagelwände,
- Ankerwände,
- Rippenwände.

Stützbauwerke sind einer Geotechnischen Kategorie (vgl. Teil 1) zuzuordnen. Nach DIN 1054, A 9.1.3 fallen in die Geotechnische Kategorie GK 1 Stützbauwerke mit einer Höhe bis zu 2 m unter der Bedingung, dass hinter den Wänden keine hohen Auflasten wirken. In die Geotechnische Kategorie GK 2 werden Stützbauwerke bis 10 m Geländesprung eingeordnet. Bei mehr als 10 m Geländesprung fallen Stützbauwerke in die Geotechnische Kategorie GK 3. Dies gilt ebenso bei Stützbauwerken neben dicht angrenzenden, verschiebungs- oder setzungsempfindlichen Bauwerken.

6.2 Gewichtsstützwände

6.2.1 Begriffe und Ausbildungsformen

In Abb. 6.1 sind verschiedene Arten von Gewichtsstützwänden dargestellt. Nach Ausbildung und Form wird unterschieden in Trocken- und Schwergewichtsmauern sowie Winkelstützwände. Sonderformen sind z. B. Stützwände mit Kragplatten.

Die einfachste Variante der Gewichtsstützwände ist die Trockenmauer (vgl. Abb. 6.1a und Abb. 6.2), deren großer Vorteil die hohe Durchlässigkeit ist. Der Nachteil bei Trockenmauern ist, dass sich diese nur für geringe Höhen eignen. Die Trockenmauer kann als Variante auch mit Gabionen (Abb. 6.3) ausgeführt werden, so dass größere Höhen bis 6 m ausführbar sind.

Bei Schwergewichtsmauern (s. Abb. 6.1b–d und Abb. 6.4) wird die Vorderseite im Verhältnis Höhe zu Breite von ca. 4 : 1 bis 8 : 1 geneigt ausgeführt. Die Rückseite kann senkrecht, geneigt, gebrochen oder in Stufen abgetreppt verlaufen. Eine Unterscheidung im unteren Teil der Mauer verringert den Erddruck und die erforderliche Querschnittsfläche meist beträchtlich (s. Abb. 6.1c). Es ist jedoch zu beachten, dass die Standsicherheit der nicht hinterfüllten Mauer gewährleistet bleibt. Schwergewichtsmauern werden i. d. R. aus unbewehrtem Beton erstellt. Falls erforderlich erhalten sie eine leichte Zugbewehrung an der Mauerrückseite. Diese nimmt ggf. auftretende Zugkräfte auf und verhindert hier eine Rissbildung. Schwergewichtsmauern, die für das benötigte Standmoment ein hohes Eigengewicht aufweisen, erfordern hohe Materialkosten. Der für die Baugrube erforderliche Erdaushub ist im Vergleich zu einer Winkelstützwand gering.

6.2 Gewichtsstützwände

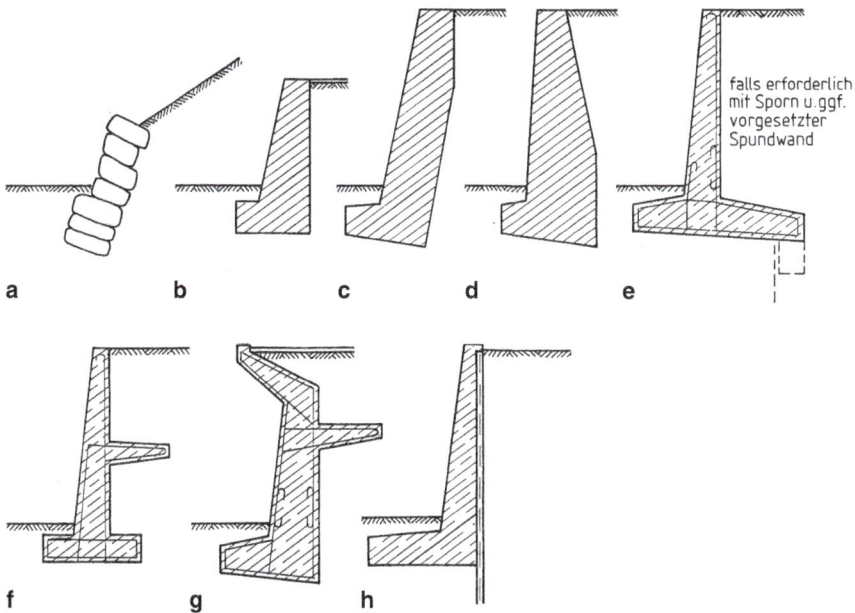

Abb. 6.1 Gewichtsstützwände. **a** Trockenmauer, **b, c, d** Schwergewichtsmauern, **e** Winkelstützwand, **f, g** Stützwände mit rückwärtigen Kragplatten, **h** durch Spundwand verankerte Gewichtsstützwand

Abb. 6.2 Trockenmauer

Winkelstützwände (vgl. Abb. 6.1e) eignen durch die i. d. R. meist große Grundfläche besonders als Stützbauwerk auf wenig tragfähigem Baugrund. Die Eigenlast der Stahlbetonwand ist im Vergleich zur Schwergewichtsmauer gering und wird durch die Eigenlast der Hinterfüllung vergrößert. Die Dicke der eigentlichen Stützwand nimmt entsprechend der Belastung durch den Erddruck nach oben ab. Die Neigung der aufgehenden Wand

Abb. 6.3 Gabionenwand

Abb. 6.4 Schwergewichtsmauer aus vermörteltem Mauerwerk und Auslassöffnungen für Entwässerung

liegt bei ca. 6 : 1 bis 12 : 1. Die statisch erforderliche Bewehrung liegt jeweils an der Erdseite. An der Außenseite wird eine konstruktive Schwindbewehrung angeordnet. Bei hohen Belastungen können die Verformungen der Stützwand und ihre Schnittkräfte durch Aussteifungsrippen begrenzt werden. Diese werden i. d. R. zwischen Wand und hinterer Sohlplatte mit ca. 2 bis 3 m Abstand angeordnet. Nachteilig bei Winkelstützwänden sind die größere Baugrube und Hinterfüllung in tiefen Einschnitten. Daher kommen Winkelstützwände bevorzugt bei Anschüttungen und bei kleinen Einschnitten zum Einsatz. Besonders zum Abstützen kleinerer Geländesprünge eignen sich Fertigteil-Winkelstützwände. Diese sind meist L-förmig und werden auf eine Sauberkeitsschicht gesetzt.

Bei Stützwänden mit Kragplatten (Rucksackmauern) (vgl. Abb. 6.1f und Abb. 6.1g) wird durch die Kragplatte der Erddruck auf die Wand verringert (s. Teil 1, Kap. 10). Die Auflast auf der Kragplatte verlagert die Resultierende und bewirkt einen teilweisen Momentenausgleich in der Wand. Gleichzeitig vergrößert die Erdauflast die Vertikalkräfte und damit die Sohlspannungen. Diese Wände erfordern daher einen tragfähigen Baugrund.

6.2.2 Entwurf und Bemessung von Gewichtsstützwänden

Beim Entwurf einer Gewichtsstützwand sind zunächst der Typ der Wand und die Abmessungen festzulegen. Für die einzelnen Typen der Gewichtsstützwand gibt es keine scharf abgegrenzten Anwendungsbereiche. Einen ersten Anhalt bieten die in Abschn. 6.2.1 gegebenen Erläuterungen. Zur Gewinnung optimaler Lösungen sollten jeweils mehrere technisch und örtlich mögliche Ausführungsmöglichkeiten vergleichend gegenübergestellt werden.

Das Festlegen der Abmessungen und die Nachweise der Standsicherheit und der Gebrauchstauglichkeit erfolgt grundsätzlich in mehreren Rechengängen. Ein zunächst gewählter Querschnitt wird nach dem Ergebnis der Standsicherheitsberechnungen verbessert bzw. optimiert.

Als erster Anhalt für die Wahl der Abmessungen von Gewichtsstützwände dienen aus Erfahrungswerten abgeleitete Berechnungsansätze:

- obere Breite je nach Höhe: 0,40 bis 0,60 m,
- untere Breite (sowohl in Fundamentsohle als auch in Fundamentoberkante): 0,30 bis $0{,}35 \cdot H$ (je nach Reibungswinkel φ' der Hinterfüllung).

Dabei ergibt sich die horizontale Belastung „H" aus dem aktiven Erddruck, der unter Berücksichtigung der Auflast, der Geländeneigung β und der Neigung der Wandrückseite α zu ermitteln ist.

Bei Gewichtsstützwänden mit rückwärtigen Kragplatten wird die Breite b von Vorderkante der Wand bis zur Hinterkante der Kragplatte berechnet.

Der Fundamentvorsprung sollte $\leq 0{,}6$ der Fundamenthöhe sein.

Als Anhaltswert für Winkelstützwände in waagerechtem Gelände kann die Breite über die Wandhöhe h und dem Beiwert des aktiven Erddruck K_a mit $0{,}87 \cdot h \cdot \sqrt{K_a}$ abgeschätzt werden.

Für die geotechnische Bemessung von Gewichtsstützwänden sind, wie für Flach- und Flächengründungen, die Beanspruchungen in der Sohlfuge zu ermitteln und die folgenden Nachweise (s. a. Teil 1, Kap. 9) zu führen:

Nachweise der Tragfähigkeit (ULS)

- Nachweis der Kippsicherheit (EQU)
- Nachweis der Grundbruchsicherheit (GEO-2)
- Nachweis der Gleitsicherheit (GEO-2)
- Nachweis der Aufschwimmsicherheit (UPL)
- Ggf. Gesamtstandsicherheit (GEO-3)

Nachweise der Gebrauchstauglichkeit (SLS)

- Fundamentverdrehung und Begrenzung der klaffenden Fuge
- Verschiebungen in der Sohlfläche
- Setzungen

Beispiel 6.1

Für eine Schwergewichtsmauer mit senkrechter Rückwand (s. Abb. 6.5) sollen folgende Nachweise der Tragfähigkeit (ULS)

- Nachweis der Kippsicherheit
- Nachweis der Grundbruchsicherheit
- Nachweis der Gleitsicherheit

und folgende Nachweise der Gebrauchstauglichkeit (SLS)

- Fundamentverdrehung und Begrenzung der klaffenden Fuge
- Horizontale Verschiebung in der Sohlfläche

geführt werden.

Berechnungsgrundlagen

- Bemessungssituation BS-P ($\gamma_G = 1{,}35$; $\gamma_Q = 1{,}50$; $\gamma_{G,stb} = 0{,}90$; $\gamma_{G,dst} = 1{,}10$; $\gamma_{R,v} = 1{,}40$; $\gamma_{R,h} = 1{,}10$)
- Boden und Hinterfüllung: Sand
- Bodenkennwerte: $\gamma_k = 18\,\text{kN/m}^3$; $\varphi'_k = 32{,}5°$; $c'_k = 0\,\text{kN/m}^2$; $\delta_{a,k} = 2/3\,\varphi'_k = 21{,}67°$
- Kennwerte Stützmauer: $\gamma_{Stm,k} = 23\,\text{kN/m}^3$
- Erddruckbeiwert: K_{agh} ($\delta_{a,k} = 21{,}67°$, $\beta = 20°$) = $K_{aph} = 0{,}399$ (ebene Gleitfläche)

Ermittlung Erddruck:

$$e_{agh,k\,(0\,m)} = 0\,\text{kN/m}^2$$
$$e_{agh,k\,(-3\,m)} = \gamma_k \cdot h \cdot K_{agh} = 18 \cdot 3{,}00 \cdot 0{,}399 = 21{,}55\,\text{kN/m}^2$$
$$e_{aph,k\,(0\,m)} = e_{aph,k\,(-3\,m)} = p \cdot K_{aph} = 10 \cdot 0{,}399 = 3{,}99\,\text{kN/m}^2$$

Erddruckkräfte:

$$E_{agh,k} = (0 + 21{,}55) \cdot 0{,}5 \cdot 3{,}00 = 32{,}32\,\text{kN/m}$$
$$E_{agv,k} = E_{agh,k} \cdot \tan \delta_{a,k} = 32{,}32 \cdot \tan 21{,}67° = 12{,}84\,\text{kN/m}$$
$$E_{aph,k} = 3{,}99 \cdot 3{,}00 = 11{,}97\,\text{kN/m}$$
$$E_{apv,k} = E_{aph,k} \cdot \tan \delta_{a,k} = 11{,}97 \cdot \tan 21{,}67° = 4{,}76\,\text{kN/m}$$

6.2 Gewichtsstützwände

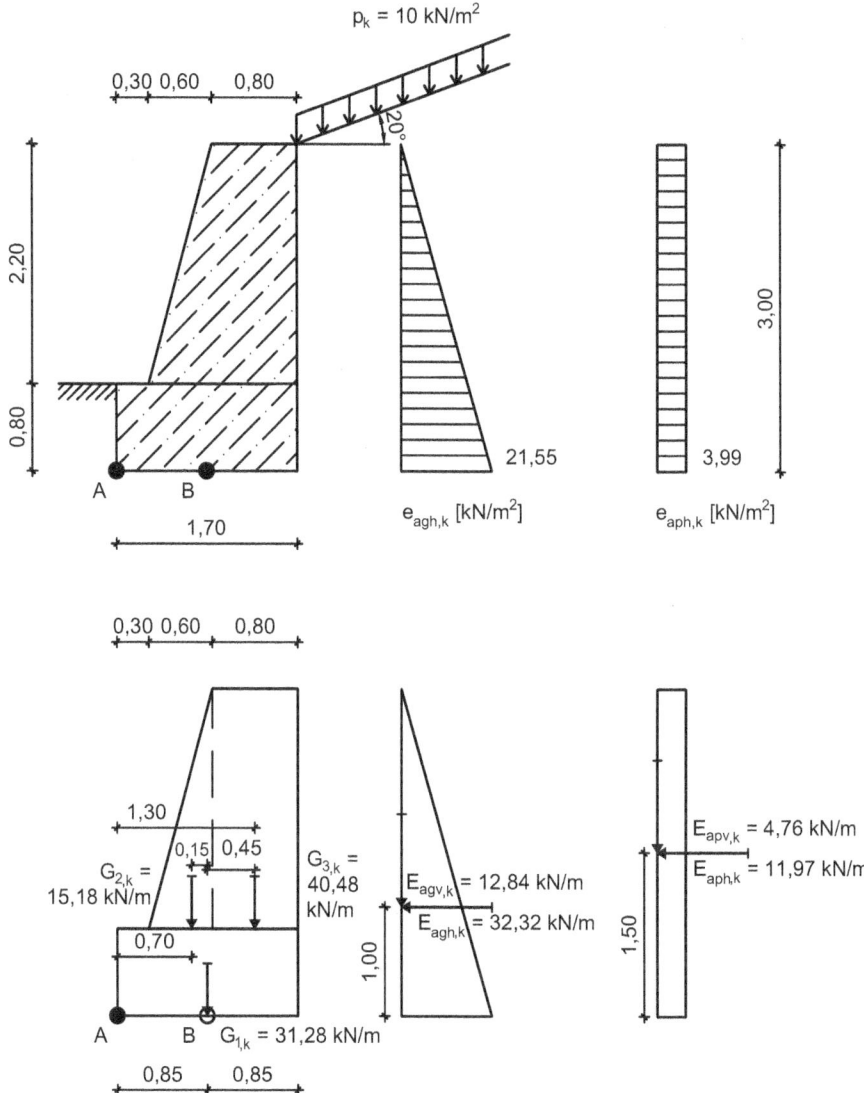

Abb. 6.5 Schwergewichtsmauer mit senkrechter Rückwand

Gewichtskräfte Stützmauer:

$$G_{1,k} = 0{,}80 \cdot 1{,}70 \cdot 23 = 31{,}28 \, \text{kN/m}$$
$$G_{2,k} = 2{,}20 \cdot 0{,}60 \cdot 1/2 \cdot 23 = 15{,}18 \, \text{kN/m}$$
$$G_{3,k} = 2{,}20 \cdot 0{,}80 \cdot 23 = 40{,}48 \, \text{kN/m}$$

Hebelarme bezogen auf den Kipppunkt A:

$$x_{G1,A} = 1/2 \cdot 1{,}70 = 0{,}85 \,\text{m}$$
$$x_{G2,A} = 0{,}30 + 2/3 \cdot 0{,}60 = 0{,}70 \,\text{m}$$
$$x_{G3,A} = 0{,}30 + 0{,}60 + 1/2 \cdot 0{,}80 = 1{,}30 \,\text{m}$$
$$x_{Eagv,A} = x_{Eapv,A} = 1{,}70 \,\text{m}$$
$$y_{Eagh,A} = 1/3 \cdot 3{,}00 = 1{,}00 \,\text{m}$$
$$y_{Eaph,A} = 1/2 \cdot 3{,}00 = 1{,}50 \,\text{m}$$

Hebelarme bezogen auf den Mittelpunkt B:

$$x_{G1,B} = 0 \,\text{m}$$
$$x_{G2,B} = 0{,}30 + 2/3 \cdot 0{,}60 - 1/2 \cdot 1{,}70 = -0{,}15 \,\text{m}$$
$$x_{G3,B} = 0{,}30 + 0{,}60 + 1/2 \cdot 0{,}80 - 1/2 \cdot 1{,}70 = 0{,}45 \,\text{m}$$
$$x_{Eagv,B} = x_{Eapv,B} = 1/2 \cdot 1{,}65 = 0{,}83 \,\text{m}$$
$$y_{Eagh,B} = 1/3 \cdot 3{,}00 = 1{,}00 \,\text{m}$$
$$y_{Eaph,B} = 1/2 \cdot 3{,}00 = 1{,}50 \,\text{m}$$

Nachweis der Kippsicherheit: Für den Nachweis der Kippsicherheit muss

$$M_{dst,d} \leq M_{stb,d}$$

erfüllt sein.

Entsprechend DIN 1054 darf die veränderliche Auflast p_k mit $10 \,\text{kN/m}^2$ mit dem Teilsicherheitsbeiwert für ständige Einwirkungen angesetzt werden, auch falls diese nicht dauerhaft wirkt.

Für die Bemessungswerte der Momentenbeanspruchung ergibt sich für den Kipppunkt A

$$M_{dst,d} = M_{dst,k} \cdot \gamma_{G,dst} = (32{,}32 \cdot 1{,}00 + 11{,}97 \cdot 1{,}50) \cdot 1{,}10 = 55{,}30 \,\text{kNm/m}$$

$$M_{stb,d} = M_{stb,k} \cdot \gamma_{G,stb}$$
$$= (31{,}28 \cdot 0{,}85 + 15{,}18 \cdot 0{,}70 + 40{,}48 \cdot 1{,}30 + 12{,}84 \cdot 1{,}70 + 4{,}76 \cdot 1{,}70) \cdot 0{,}9$$
$$= 107{,}78 \,\text{kNm/m}$$

Nachweis:
$$M_{dst,d} = 55{,}30 \,\text{kNm/m} < 107{,}78 \,\text{kNm/m} = M_{stb,d}$$

Nachweis der Grundbruchsicherheit: Der Ansatz einer Bodenreaktion B_k wird vernachlässigt.

6.2 Gewichtsstützwände

Ermittlung Grundbruchwiderstand: Für den Grundbruchwiderstand entfällt der Anteil aus Kohäsion. Die Geländeneigungs- und Sohlneigungsbeiwerte betragen 1,0. Da die Stützmauer in Längsrichtung eine große Ausdehnung aufweist und damit einem Streifenfundament gleichzusetzen ist, können auch die Formbeiwerte mit 1,0 berücksichtigt werden. Damit ergibt sich die vereinfachte Gleichung für den Grundbruchwiderstand:

$$R_{n,k} = a' \cdot b' \cdot (\gamma_2 \cdot b' \cdot N_{b0} \cdot i_b + \gamma_1 \cdot d \cdot N_{d0} \cdot i_d)$$

Ermittlung der Grundwerte der Tragfähigkeitsbeiwerte:

$$N_{d0} = \tan^2\left(45° + \frac{\varphi}{2}\right) \cdot e^{\pi \cdot \tan \varphi} = \tan^2\left(45° + \frac{32,5°}{2}\right) \cdot e^{\pi \cdot \tan 32,5°} = 25$$

$$N_{b0} = (N_{d0} - 1) \cdot \tan \varphi = (25 - 1) \cdot \tan 32,5° = 15$$

Ermittlung der Lastneigungsbeiwerte:

$$\delta = \arctan\left(\frac{32,32 + 11,97}{31,28 + 15,18 + 40,48 + 12,84 + 4,76}\right) = 22,96°$$

$$\delta = 22,96° < 32,5° = \varphi$$

Bei Streifenfundamenten beträgt der Exponent m immer 1,0.

$$i_b = (1 - \tan \delta)^{m+1} = (1 - \tan 22,96°)^{2+1} = 0,19$$

$$i_d = (1 - \tan \delta)^m = (1 - \tan 22,96°)^2 = 0,33$$

Rechnerische Breite b' bezogen auf den Drehpunkt B:

$$e = \frac{M_{k,B}}{N_{k,B}}$$

$$= \frac{|31,28 \cdot 0 - 15,18 \cdot 0,15 + 40,48 \cdot 0,45 - 32,32 \cdot 1,00 - 11,97 \cdot 1,50 + 12,84 \cdot 0,85 + 4,76 \cdot 0,85|}{31,28 + 15,18 + 40,48 + 12,84 + 4,76}$$

$$= 0,19 \, \text{m} < 0,57 \, \text{m} = \frac{1,70}{3} = \frac{b}{3}$$

$$b' = b - 2 \cdot e = 1,70 - 2 \cdot 0,19 = 1,32 \, \text{m}$$

Bemessungswert Grundbruchwiderstand:

$$R_{n,d} = \frac{R_{n,k}}{\gamma_{R,v}} = \frac{1,0 \cdot 1,32 \cdot (18 \cdot 1,32 \cdot 15 \cdot 0,19 + 18 \cdot 0,8 \cdot 25 \cdot 0,33)}{1,40}$$

$$= 175,86 \, \text{kN/m}$$

Bemessungswert Einwirkungen:

$$N_d = N_{G,k} \cdot \gamma_G + N_{Q,k} \cdot \gamma_Q$$
$$= (31{,}28 + 15{,}18 + 40{,}48 + 12{,}84) \cdot 1{,}35 + 4{,}76 \cdot 1{,}35$$
$$= 141{,}13 \, \text{kN/m}$$

Nachweis:
$$N_d = 141{,}13 \, \text{kN/m} < 175{,}86 \, \text{kN/m} = R_{n,d}$$

Nachweis der Gleitsicherheit: Bemessungswert Gleitwiderstand:

$$R_{t,d} = \frac{R_{t,k}}{\gamma_{R,h}} = \frac{N_k \cdot \tan \delta_{s,k}}{\gamma_{R,h}}$$
$$= \frac{(31{,}28 + 15{,}18 + 40{,}48 + 12{,}84 + 4{,}76) \cdot \tan 32{,}5°}{1{,}10}$$
$$= 60{,}54 \, \text{kN/m}$$

mit $\delta_{s,k} = \varphi'_k \leq 35°$ für Ortbetonfundamente

Der Ansatz einer Bodenreaktion B_k wird vernachlässigt.

Bemessungswert der Einwirkungen:

$$T_d = T_{G,k} \cdot \gamma_G + T_{Q,k} \cdot \gamma_Q = 32{,}32 \cdot 1{,}35 + 11{,}97 \cdot 1{,}35 = 59{,}79 \, \text{kN/m}$$

Nachweis:
$$T_d = 59{,}79 \, \text{kN/m} < 60{,}54 \, \text{kN/m} = R_{t,d}$$

Nachweis der Fundamentverdrehung und Begrenzung der klaffenden Fuge: Für die charakteristischen ständigen Einwirkungen muss die Sohldruckresultierende innerhalb der 1. Kernweite liegen.

$$e = \frac{M_{k,B}}{N_{k,B}}$$
$$= \frac{|31{,}28 \cdot 0 - 15{,}18 \cdot 0{,}15 + 40{,}48 \cdot 0{,}45 - 32{,}32 \cdot 1{,}00 + 12{,}84 \cdot 0{,}85|}{31{,}28 + 15{,}18 + 40{,}48 + 12{,}84}$$
$$= 0{,}05 \, \text{m} < 0{,}28 \, \text{m} = \frac{1{,}70}{6} = \frac{b}{6}$$

Für die charakteristischen ständigen und veränderlichen Einwirkungen muss die Sohldruckresultierende innerhalb der 2. Kernweite liegen. Entsprechend DIN 1054 darf die veränderliche Auflast p_k mit $10\,kN/m^2$ mit dem Teilsicherheitsbeiwert für ständige Einwirkungen angesetzt werden, auch falls diese nicht dauerhaft wirkt (s. o.). Für den Nachweis der Fundamentverdrehung und Begrenzung der klaffenden Fuge ist allerdings eine getrennte Betrachtung erforderlich, so dass die veränderliche Auflast p_k bei der Betrachtung der Sohldruckresultierenden bzgl. der 1. Kernweite nicht berücksichtigt bzw. bei der Betrachtung der Sohldruckresultierenden bzgl. der 2. Kernweite berücksichtigt wird.

Bei der Bestimmung der rechnerischen Breite b' bezogen auf den Drehpunkt B für den Nachweis der Grundbruchsicherheit (s. o.) wurde bereits indirekt die Lage der Sohldruckresultierenden bzgl. der 2. Kernweite betrachtet.

$$e = \frac{M_{k,B}}{N_{k,B}} = 0{,}19\,m < 0{,}57\,m = \frac{1{,}70}{3} = \frac{b}{3}$$

Nachweis Horizontale Verschiebung in der Sohlfläche: Da beim Nachweis der Gleitsicherheit (s. o.) keine Bodenreaktion berücksichtigt wurde, gilt der Nachweis der horizontalen Verschiebung in der Sohlfläche bereits als erbracht. ◄

Entsprechend DIN 4085 wird bei Schwergewichtsmauern i. d. R. der aktive Erddruck angesetzt, da hier eine nachgiebige Stützkonstruktion unterstellt wird. Ist dies nicht der Fall, so ist ein erhöhter aktiver Erddruck nach DIN 4085 zu berücksichtigen.

Bei den auf Winkelstützwänden wirkenden Erddrücken wird differenziert zwischen den Erddrücken für die geotechnische Bemessung und den Erddrücken für die Materialbemessung der Wand. Für die Schnittkraftermittlung zur Bemessung der Wand ist im Normalfall nach DIN 4085 ein erhöhter aktiver Erddruck mit

$$E'_{ah} = 0{,}5 \cdot E_{ah} + 0{,}5 \cdot E_{0h}$$

und in Ausnahmefällen mit

$$E'_{ah} = 0{,}25 \cdot E_{ah} + 0{,}75 \cdot E_{0h}$$

zu berücksichtigen (s. a. Teil 1, Kap. 10).

Bei der Bewegung einer Winkelstützwand um den hinteren oberen Wandfußpunkt entsteht ein Gleitkeil. Je nach Länge des Schenkels der Winkelstützwand kann es sein, dass der Gleitkeil die Wand der Winkelstützwand schneidet bzw. der hinter der Wand liegende Erdkörper unbeeinflusst ist und es so zu einer unterschiedlichen Belastung der Wand kommt, die durch entsprechende Ansätze zu berücksichtigen ist (s. Teil 1, Kap. 10).

Beispiel 6.2

Für eine Winkelstützwand (s. Abb. 6.6) sollen folgende Nachweise der Tragfähigkeit (ULS)

- Nachweis der Kippsicherheit
- Nachweis der Grundbruchsicherheit
- Nachweis der Gleitsicherheit

und folgende Nachweise der Gebrauchstauglichkeit (SLS)

- Fundamentverdrehung und Begrenzung der klaffenden Fuge
- Horizontale Verschiebung in der Sohlfläche

geführt werden.

Berechnungsgrundlagen

- Bemessungssituation BS-P (γ_G = 1,35; γ_Q = 1,50; $\gamma_{G,stb}$ = 0,90; $\gamma_{G,dst}$ = 1,10; $\gamma_{R,v}$ = 1,40; $\gamma_{R,h}$ = 1,10)
- Boden und Hinterfüllung: Sand
- Bodenkennwerte: γ_k = 18 kN/m³; φ'_k = 32,5°; c'_k = 0 kN/m²
- Kennwerte Winkelstützwand: $\gamma_{Wsw,k}$ = 24 kN/m³
- Erddruckbeiwert: K_{agh} ($\delta_{a,k}$ = 0°) = K_{aph} = 0,301 (ebene Gleitfläche)

Ermittlung Erddruck: Für die Erddruckermittlung wird nach DIN 4085 vereinfacht mit einer fiktiven, senkrechten Gleitfläche (Ersatzwand) gerechnet (s. a. Teil 1, Kap. 10).

$$e_{agh,k\ (0\,m)} = 0\,\text{kN/m}^2$$
$$e_{agh,k\ (-3\,m)} = \gamma_k \cdot h \cdot K_{agh} = 18 \cdot 3,00 \cdot 0,301 = 16,25\,\text{kN/m}^2$$
$$e_{aph,k\ (0\,m)} = e_{aph,k\ (-3\,m)} = p \cdot K_{aph} = 10 \cdot 0,301 = 3,01\,\text{kN/m}^2$$

Erddruckkräfte:

$$E_{agh,k} = (0 + 16,25) \cdot 0,5 \cdot 3,00 = 24,38\,\text{kN/m}$$
$$E_{aph,k} = 3,01 \cdot 3,00 = 9,03\,\text{kN/m}$$

Gewichtskräfte Winkelstützwand:

$$G_{1,k} = 0,50 \cdot 2,00 \cdot 24 = 24,00\,\text{kN/m}$$
$$G_{2,k} = (0,40 + 0,50)/2 \cdot 2,50 \cdot 24 = 27,00\,\text{kN/m}$$
$$G_{3,k} = 2,50 \cdot 1,00 \cdot 18 = 45,00\,\text{kN/m}$$

Resultierende Kraft veränderliche Auflast p_k

$$P_k = 1,00 \cdot 10 = 10,00\,\text{kN/m}$$

6.2 Gewichtsstützwände

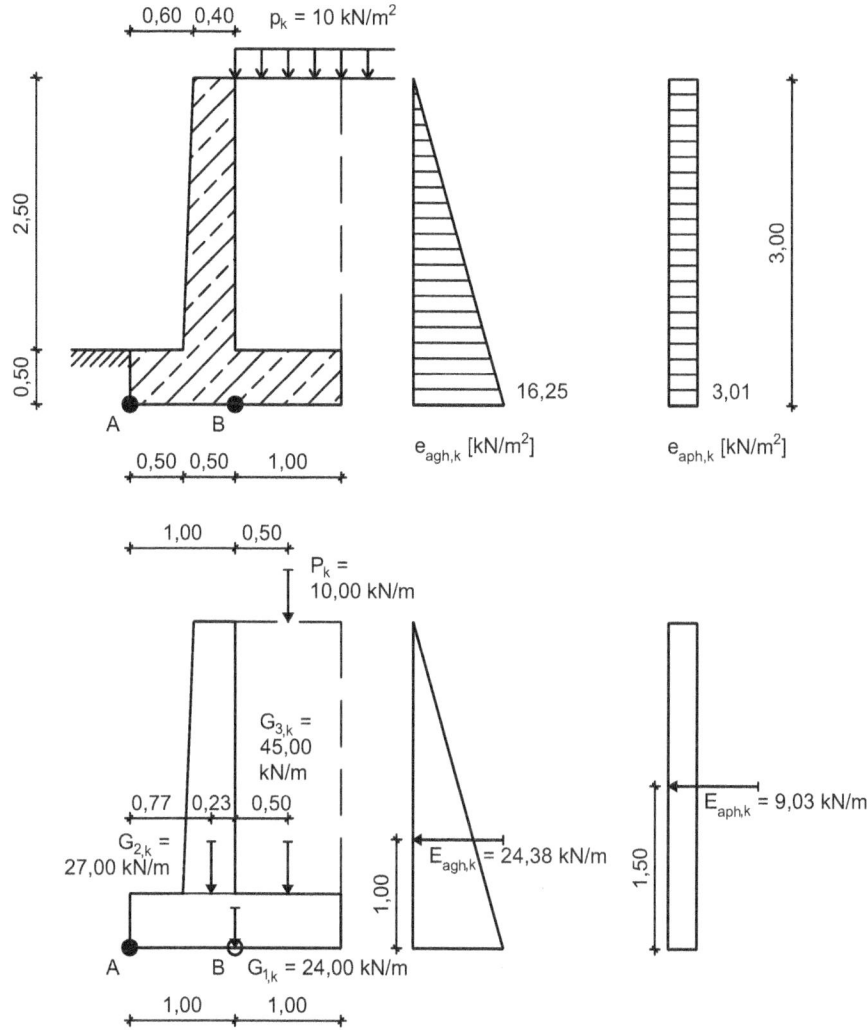

Abb. 6.6 Winkelstützwand

Hebelarme bezogen auf den Kipppunkt A:

$$x_{G1,A} = 1/2 \cdot 2{,}00 = 1{,}00\,\text{m}$$
$$x_{G2,A} = 0{,}50 + 0{,}50 - (0{,}40 + 0{,}50)/2 \cdot 1/2 = 0{,}78\,\text{m}$$
$$x_{G3,A} = x_{P,A} = 0{,}50 + 0{,}50 + 1/2 \cdot 1{,}00 = 1{,}50\,\text{m}$$
$$y_{Eagh,A} = 1/3 \cdot 3{,}00 = 1{,}00\,\text{m}$$
$$y_{Eaph,A} = 1/2 \cdot 3{,}00 = 1{,}50\,\text{m}$$

Hebelarme bezogen auf den Mittelpunkt B:

$$x_{G1,B} = 0 \, \text{m}$$
$$x_{G2,B} = -(0{,}40 + 0{,}50)/2 \cdot 1/2 = -0{,}23 \, \text{m}$$
$$x_{G3,B} = 1/2 \cdot 1{,}00 = 0{,}50 \, \text{m}$$
$$y_{Eagh,B} = 1/3 \cdot 3{,}00 = 1{,}00 \, \text{m}$$
$$y_{Eaph,B} = 1/2 \cdot 3{,}00 = 1{,}50 \, \text{m}$$

Nachweis der Kippsicherheit: Für den Nachweis der Kippsicherheit muss

$$M_{dst,d} \leq M_{stb,d}$$

erfüllt sein.

Entsprechend DIN 1054 darf die veränderliche Auflast p_k mit $10 \, \text{kN/m}^2$ mit dem Teilsicherheitsbeiwert für ständige Einwirkungen angesetzt werden, auch falls diese nicht dauerhaft wirkt.

Für die Bemessungswerte der Momentenbeanspruchung ergibt sich für den Kipppunkt A

$$M_{dst,d} = M_{dst,k} \cdot \gamma_{G,dst} = (24{,}38 \cdot 1{,}00 + 9{,}03 \cdot 1{,}50) \cdot 1{,}10 = 41{,}72 \, \text{kNm/m}$$

$$M_{stb,d} = M_{stb,k} \cdot \gamma_{G,stb} = (24{,}00 \cdot 1{,}00 + 27{,}00 \cdot 0{,}78 + 45{,}00 \cdot 1{,}50) \cdot 0{,}9$$
$$= 101{,}30 \, \text{kNm/m}$$

Nachweis:
$$M_{dst,d} = 41{,}72 \, \text{kNm/m} < 101{,}30 \, \text{kNm/m} = M_{stb,d}$$

Nachweis der Grundbruchsicherheit: Der Ansatz einer Bodenreaktion B_k wird vernachlässigt.

Ermittlung Grundbruchwiderstand: Für den Grundbruchwiderstand entfällt der Anteil aus Kohäsion. Die Geländeneigungs- und Sohlneigungsbeiwerte betragen 1,0. Da die Winkelstützwand in Längsrichtung eine große Ausdehnung aufweist und damit einem Streifenfundament gleichzusetzen ist, können auch die Formbeiwerte mit 1,0 berücksichtigt werden. Damit ergibt sich die vereinfachte Gleichung für den Grundbruchwiderstand:

$$R_{n,k} = a' \cdot b' \cdot \left(\gamma_2 \cdot b' \cdot N_{b0} \cdot i_b + \gamma_1 \cdot d \cdot N_{d0} \cdot i_d \right)$$

6.2 Gewichtsstützwände

Ermittlung der Grundwerte der Tragfähigkeitsbeiwerte:

$$N_{d0} = \tan^2\left(45° + \frac{\varphi}{2}\right) \cdot e^{\pi \cdot \tan \varphi} = \tan^2\left(45° + \frac{32{,}5°}{2}\right) \cdot e^{\pi \cdot \tan 32{,}5°} = 25$$

$$N_{b0} = (N_{d0} - 1) \cdot \tan \varphi = (25 - 1) \cdot \tan 32{,}5° = 15$$

Ermittlung der Lastneigungsbeiwerte:

$$\delta = \arctan\left(\frac{24{,}38 + 9{,}03}{24{,}00 + 27{,}00 + 45{,}00 + 10{,}00}\right) = 17{,}49°$$

$$\delta = 22{,}96° < 32{,}5° = \varphi$$

Bei Streifenfundamenten beträgt der Exponent m immer 1,0.

$$i_b = (1 - \tan \delta)^{m+1} = (1 - \tan 17{,}49°)^{2+1} = 0{,}32$$

$$i_d = (1 - \tan \delta)^m = (1 - \tan 17{,}49°)^2 = 0{,}47$$

Rechnerische Breite b' bezogen auf den Drehpunkt B:

$$e = \frac{M_{k,B}}{N_{k,B}}$$

$$= \frac{|24{,}00 \cdot 0 - 27{,}00 \cdot 0{,}23 + 45{,}00 \cdot 0{,}50 + 10{,}00 \cdot 0{,}50 - 24{,}38 \cdot 1{,}00 - 9{,}03 \cdot 1{,}50|}{24{,}00 + 27{,}00 + 45{,}00 + 10{,}00}$$

$$= 0{,}16\,\mathrm{m} < 0{,}67\,\mathrm{m} = \frac{2{,}00}{3} = \frac{b}{3}$$

$$b' = b - 2 \cdot e = 2{,}00 - 2 \cdot 0{,}16 = 1{,}68\,\mathrm{m}$$

Bemessungswert Grundbruchwiderstand:

$$R_{n,d} = \frac{R_{n,k}}{\gamma_{R,v}} = \frac{1{,}0 \cdot 1{,}69 \cdot (18 \cdot 1{,}69 \cdot 15 \cdot 0{,}32 + 18 \cdot 0{,}5 \cdot 25 \cdot 0{,}47)}{1{,}40}$$

$$= 303{,}92\,\mathrm{kN/m}$$

Bemessungswert Einwirkungen:

$$N_d = N_{G,k} \cdot \gamma_G + N_{Q,k} \cdot \gamma_Q = (24{,}00 + 27{,}00 + 45{,}00) \cdot 1{,}35 + 10{,}00 \cdot 1{,}35$$
$$= 143{,}10\,\mathrm{kN/m}$$

Nachweis:

$$N_d = 143{,}10\,\mathrm{kN/m} < 303{,}92\,\mathrm{kN/m} = R_{n,d}$$

Nachweis der Gleitsicherheit: Bemessungswert Gleitwiderstand:

$$R_{t,d} = \frac{R_{t,k}}{\gamma_{R,h}} = \frac{N_k \cdot \tan \delta_{s,k}}{\gamma_{R,h}} = \frac{(24{,}00 + 27{,}00 + 45{,}00) \cdot \tan 32{,}5°}{1{,}10} = 55{,}60\,\text{kN/m}$$

mit $\delta_{s,k} = \varphi'_k \leq 35°$ für Ortbetonfundamente
Der Ansatz einer Bodenreaktion B_k wird vernachlässigt.
Bemessungswert der Einwirkungen:

$$T_d = T_{G,k} \cdot \gamma_G + T_{Q,k} \cdot \gamma_Q = 24{,}38 \cdot 1{,}35 + 9{,}03 \cdot 1{,}35 = 45{,}10\,\text{kN/m}$$

Nachweis:
$$T_d = 45{,}10\,\text{kN/m} < 55{,}60\,\text{kN/m} = R_{t,d}$$

Nachweis der Fundamentverdrehung und Begrenzung der klaffenden Fuge: Für die charakteristischen ständigen Einwirkungen muss die Sohldruckresultierende innerhalb der 1. Kernweite liegen.

$$e = \frac{M_{k,B}}{N_{k,B}} = \frac{|24{,}00 \cdot 0 - 27{,}00 \cdot 0{,}23 + 45{,}00 \cdot 0{,}50 - 24{,}38 \cdot 1{,}00|}{24{,}00 + 27{,}00 + 45{,}00}$$
$$= 0{,}08\,\text{m} < 0{,}33\,\text{m} = \frac{2{,}00}{6} = \frac{b}{6}$$

Für die charakteristischen ständigen und veränderlichen Einwirkungen muss die Sohldruckresultierende innerhalb der 2. Kernweite liegen. Entsprechend DIN 1054 darf die veränderliche Auflast p_k mit $10\,\text{kN/m}^2$ mit dem Teilsicherheitsbeiwert für ständige Einwirkungen angesetzt werden, auch falls diese nicht dauerhaft wirkt (s. o.). Für den Nachweis der Fundamentverdrehung und Begrenzung der klaffenden Fuge ist allerdings eine getrennte Betrachtung erforderlich, so dass die veränderliche Auflast p_k bei der Betrachtung der Sohldruckresultierenden bzgl. der 1. Kernweite nicht berücksichtigt bzw. bei der Betrachtung der Sohldruckresultierenden bzgl. der 2. Kernweite berücksichtigt wird.

Bei der Bestimmung der rechnerischen Breite b' bezogen auf den Drehpunkt B für den Nachweis der Grundbruchsicherheit (s. o.) wurde bereits indirekt die Lage der Sohldruckresultierenden bzgl. der 2. Kernweite betrachtet.

$$e = \frac{M_{k,B}}{N_{k,B}} = 0{,}16\,\text{m} < 0{,}67\,\text{m} = \frac{2{,}00}{3} = \frac{b}{3}$$

Nachweis Horizontale Verschiebung in der Sohlfläche: Da beim Nachweis der Gleitsicherheit (s. o.) keine Bodenreaktion berücksichtigt wurde, gilt der Nachweis der horizontalen Verschiebung in der Sohlfläche bereits als erbracht. ◄

6.2.3 Ausbildung von Stützwänden

6.2.3.1 Entwässerung

Sowohl Grundwasser als auch Oberflächenwasser kann die Standsicherheit von Stützbauwerken gefährden. So ist es wichtig, dass nicht nur anstehende Wässer, welchen einen hydrostatischen Druck auf das Bauwerk ausüben, abgeleitet werden, sondern auch böschungsparallele Wasserströmungen, welche die Standsicherheit verringern. Das gezielte Entwässern von Oberflächenwasser ist wichtig, um Erosionen an der Geländeoberfläche zu vermeiden.

Der Entwässerung der Mauerrückwand kommt einer besonderen Bedeutung zu. Fehlt eine Entwässerung oder schlämmt diese infolge unsachgemäßer Ausführung oder Ausbildung zu, so muss mit Schäden an der Stützwand gerechnet werden. Diese können hierbei als Folge der erhöhten Belastung der Stützwand durch Wasserdruck oder infolge von Veränderungen im Baugrund unterhalb der Stützwand durch Stauwasser auftreten.

Das Wasser tritt i. d. R. durch eine Filterschicht in die Sammelleitung ein. Das erforderliche Filtermaterial errechnet sich aus der Körnungslinie. Falls erforderlich, ist der Filter abzustufen. Steinpackungen ohne jegliche Filterschicht sind nur bei sehr grobkörniger Hinterfüllung wie z. B. im Gebirge anwendbar. Bei Hinterfüllung mit Boden schlämmen diese erfahrungsgemäß schnell zu und sind damit unwirksam.

Der Einbau der Filter erfolgt i. d. R. senkrecht hinter der Mauerrückwand. Nach den ZTV E-StB ist bei der Hinterfüllung eine mindestens 1 m dicke Filterschicht aus gemischtkörnigen Böden einzubauen. Dies erfordert arbeitstechnisch einen hohen Aufwand (z. B. Einbau mit Ziehblechen) und erschwert die Verdichtung der Hinterfüllung. Auch der Einbau von Schrägfiltern auf der Böschung der Baugrube ist nicht wesentlich einfacher. Zudem schützt diese eine bindige Hinterfüllung nicht gegen Aufweichen.

Nach [1] stellt eine keilförmige Hinterfüllung mit nichtbindigem Boden, sowohl im Hinblick auf die Verdichtung als auch auf die Entwässerung, die technisch optimale und zugleich einfachste Lösung dar.

Bei vertikalen Filterschichten ist es erforderlich, dass bei der Bemessung von Sickerrohrleitungen eine ausreichende Dimensionierung für starke Niederschläge erfolgt, um zu verhindern, dass sich in der Filterschicht ein hydrostatischer Druck, der zusätzlich auf die Stützwand wirkt, aufbaut.

Das den Stützwänden an Hanganschnitten zufließende Oberflächenwasser muss spätestens hinter der Stützwand gefasst und abgeleitet werden, damit es nicht in nennenswertem Umfang hinter der Stützwand durch die Filterschicht versickert. Zur Ableitung können Rasenmulden, bei starkem Zufluss auch betonierte Abflussrinnen oder Betonhalbschalen angeordnet werden.

6.2.3.2 Hinterfüllung

Die Hinterfüllung eines Stützbauwerks weist spezifische Anforderungen auf, die sicherstellen sollen, dass die Standsicherheit und Funktion des Bauwerks gewährleistet sind.

Das Hinterfüllmaterial muss aus einem nichtbindigem Material mit einen hohen Reibungswinkel bestehen. Das Hinterfüllmaterial sollte in Schichten von maximal 30 cm Dicke eingebaut werden und mit einem leichten Verdichtungsgerät verdichtet werden. Bei der Verdichtung des Hinterfüllmaterials ist es wichtig, keine zu starke Verdichtung in unmittelbarer Nähe zur Stützwand vorzunehmen, da dies zu einer Erhöhung des Erddrucks führen kann. Die Verdichtung sollte in einem Abstand von ca. einem Meter von der Wand erfolgen und von dort wegführend durchgeführt werden. Der oberste Meter der Hinterfüllung sollte bis zur Wand verdichtet werden, um eine gleichmäßige Verdichtung sicherzustellen. Die Hinterfüllung sollte etwa 10 cm unterhalb der Oberkante der Stützwand enden, um Überströmungen der Wand bei Regenfällen zu vermeiden. Ebenso sollte die Oberfläche der Hinterfüllung eine Schicht mit einer geringeren Durchlässigkeit aufweisen, um das Eindringen von Sickerwasser zu minimieren.

Diese Maßnahmen sind entscheidend, um sicherzustellen, dass die Hinterfüllung ihre Funktion bei der Stabilisierung des Stützbauwerks effektiv erfüllt und gleichzeitig die langfristige Stabilität und Sicherheit gewährleistet.

Zusätzliche Regelungen bzgl. der Hinterfüllung sind in den ZTV E-StB 17 und im Merkblatt über den Einfluss der Hinterfüllung auf Bauwerke M HifüBau enthalten.

6.2.3.3 Fugen

Bei den Fugen ist zu unterscheiden zwischen Dehnungs-, Schein- und Arbeitsfugen.

Bei Stützwänden aus Beton ändert sich die Länge bei Temperaturänderungen und infolge Schwindens. Diese Längenänderungen können auf 10 m ca. 2,5 bis 6 mm betragen. Um Risse zu begrenzen, werden die Stützwände in Blöcke unterteilt, deren Länge kleiner als 10 m sein sollten. Ist es, z. B. aus architektonischen Gründen, nicht zulässig, dass sich die Blöcke gegeneinander bewegen, werden sie verzahnt. Die Dehnungsfugen werden i. d. R. durch Fugenbänder abgedichtet.

Scheinfugen dienen zur Unterteilung großer Flächen und werden meist an Schalungsstößen angeordnet.

Arbeitsfugen sollten vermieden werden. Diese stellen, besonders bei unbewehrtem Beton, eine Schwachstelle in der Konstruktion dar. Lassen sich diese nicht vermeiden, ist die Fläche vor Arbeitsbeginn sorgfältig zu säubern. Ferner sollten die Fugen verzahnt (z. B. abgetreppt) und durch Steckeisen gesichert werden.

6.3 Zusammengesetzte Stützkonstruktionen

6.3.1 Raumgitter-Stützkonstruktionen

Durch das kraftschlüssige Aufeinanderstapeln von stabförmigen Elementen und Verfüllung der Zwischenbereiche entsteht eine räumliche Gitterstruktur. Nahezu jedes Material (Stahlbeton, Stahl, Holz, Recyclingmaterial) kann zur Herstellung der Elemente verwendet werden. So wurden früher Holzkrainerwände als eine Form der Raumgitter-Stützkon-

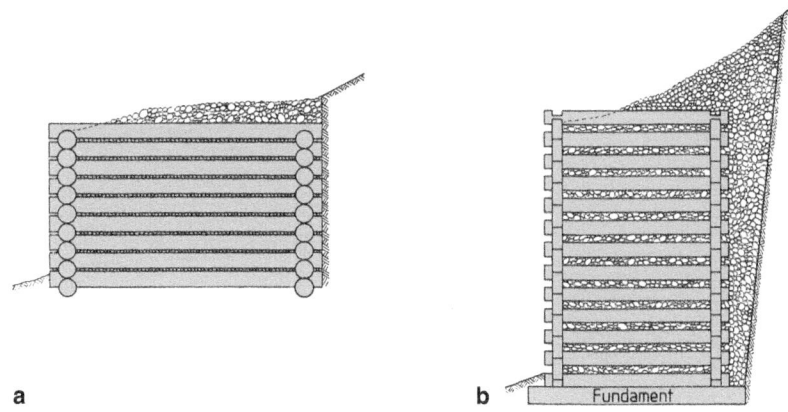

Abb. 6.7 Verfüllte Stützkörper. **a** Holzkrainerwand, **b** Raumgitterwand aus Stahlbeton-Fertigteilen

struktion zur Sicherung hergestellt (s. Abb. 6.7a). Da solche Holzkonstruktionen feuchteanfällig sind und nach geraumer Zeit vermodern, werden Raumgitter-Stützkonstruktionen für dauerhafte Zwecke z. B. aus Betonfertigteilen hergestellt (s. Abb. 6.7b).

Dank der Flexibilität von Raumgitter-Stützkonstruktionen können diese sehr gut an die örtlich vorgegebenen geometrischen Randbedingungen anpasst werden.

Für die Nachweisführung wird die Raumgitter-Stützkonstruktion als eine Schwergewichtsmauer betrachtet und das Eigengewicht des Bodens im Zwischenbereich zur Erreichung der Standsicherheit mit herangezogen.

Bei wenig tragfähigem Baugrund ruht die unterste Lage auf einer Fundamentplatte. Diese kann auch zum Sammeln des Sickerwassers dienen.

Bei den genannten Konstruktionen übernehmen Zugelemente die gegenseitige Abstützung der durch Silodruck belasteten Wände. Dem Erddruck bzw. dem Böschungsschub widersteht die Eigenlast des gefüllten Kastens.

Bei weit in das seitliche Erdreich einbindenden Zugelementen in ausreichender Zahl kann auf die rückwärtige Wand verzichtet werden. Hier reicht in der Regel die Mantelreibung des im Erdreich eingebetteten Zuggliedes zur Aufnahme der erforderlichen Ankerkraft aus.

6.3.2 Bewehrte Erde Stützkonstruktionen

Bei der Bauweise Bewehrte Erde (La terre armée), die vom französischen Ingenieur Henri Vidal entwickelt wurde, werden Wandelemente aufeinandergesetzt, anschließend lagenweise hinterfüllt und die Hinterfüllung verdichtet. Die Verankerung der Wandelemente übernehmen vergleichsweise eng liegende, verzinkte Stahlbänder (s. Abb. 6.8). Diese werden jeweils mittels verzinkter Schrauben an den Wandelementen befestigt, auf das i. d. R.

Abb. 6.8 Stützkörper aus bewehrter Erde mit Stahlprofilschalen als Wandelemente

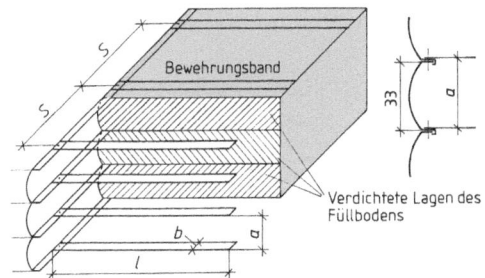

in gleicher Höhe liegende Zwischenplanum der verdichteten Hinterfüllung verlegt und überschüttet.

Als Wandelemente dienen Stahlprofilschalen (s. Abb. 6.8), halbelliptische Bleche, die in der Verbindungsebene geankert werden und kreuzförmige Stahlbeton-Fertigteilplatten mit je 4 Ankeranschlüssen (s. Abb. 6.9 und 6.10) sowie Stahlgittermatten (s. Abb. 6.11).

Bewehrte Erde Stützkonstruktionen werden i. d. R. auf Streifenfundamenten gegründet.

Die Dimensionierung von Bewehrte Erde Stützkonstruktionen kann entsprechend dem Merkblatt über Stützkonstruktionen aus stahlbewehrten Erdkörpern M SASE erfolgen.

Abb. 6.9 Wandelemente aus Stahlbeton

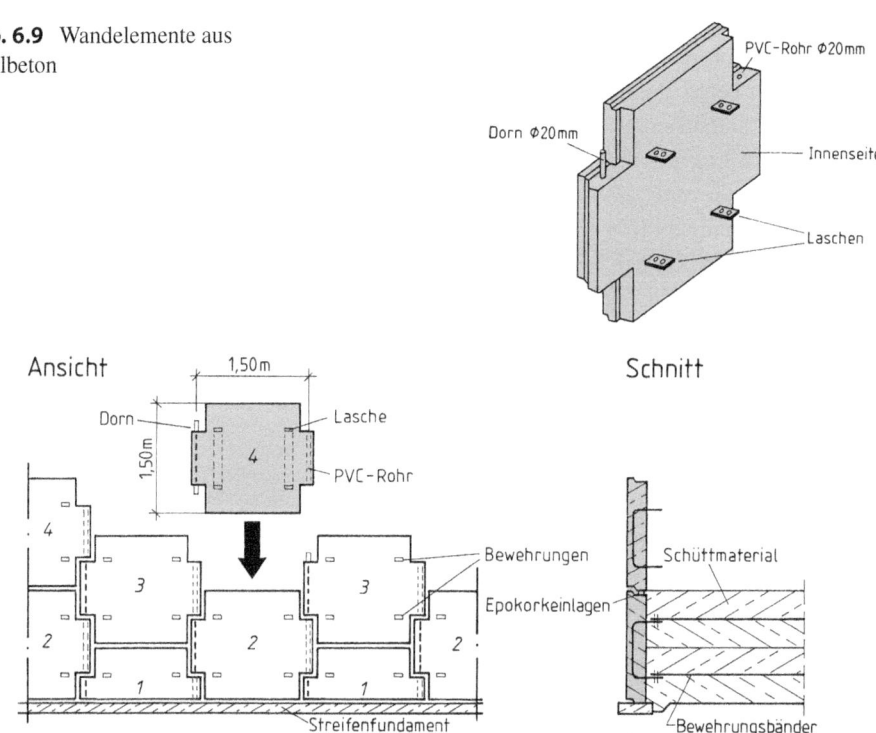

Abb. 6.10 Montageschema für Stahlbetonelemente

Abb. 6.11 Bewehrte Erde
Stützkonstruktion

Entsprechend M SASE ist i. A. von folgenden geometrischen Abmessungen und Einbindetiefe für eine Höhe H der Konstruktion auszugehen:

- Mindestbandlänge L in Höhe der Ausstandfläche: $L = 0{,}4 \cdot H$,
- Mindestbandlänge L: $L = 0{,}5 \cdot H$,
- Mindesteinbindetiefe t: $t = 0{,}1 \cdot H$ für horizontales Gelände (min 0,4 m) / $t = 0{,}2 \cdot H$ für geneigtes Gelände.

Für die Nachweise der äußeren Standsicherheit wird angenommen, dass die Bewehrte Erde Konstruktion wie ein monolithischer Körper wirkt (s. Abb. 6.12) und die Nachweisführung wie für eine Gewichtsstützwand erfolgt (s. Abschn. 6.2.2).

Die Nachweise für die innere Standsicherheit umfassen

- Nachweis der Sicherheit gegen Herausziehen der Bewehrungsbänder,
- Nachweis der Sicherheit gegen Materialversagen der Bewehrungsbänder,
- Nachweis des Anschlusses der Bewehrungsbänder an die Außenhaut.

Ebenso sind im Rahmen des Nachweises der Geländebruchsicherheit Bruchmechanismen zu untersuchen, bei denen mögliche Gleitflächen durch den monolithischen Körper verlaufen.

Für die Nachweise der inneren Standsicherheit kann der aktive Erddruck mit einer ebenen Gleitfläche nach der Theorie von Coulomb hinter der Außenhaut angesetzt werden

Abb. 6.12 Geometrie des bewehrten Erdkörpers und Bezeichnungen. *1* Bewehrter Erdkörper, *2* Hinterfüllbereich, *3* Überschüttbereich

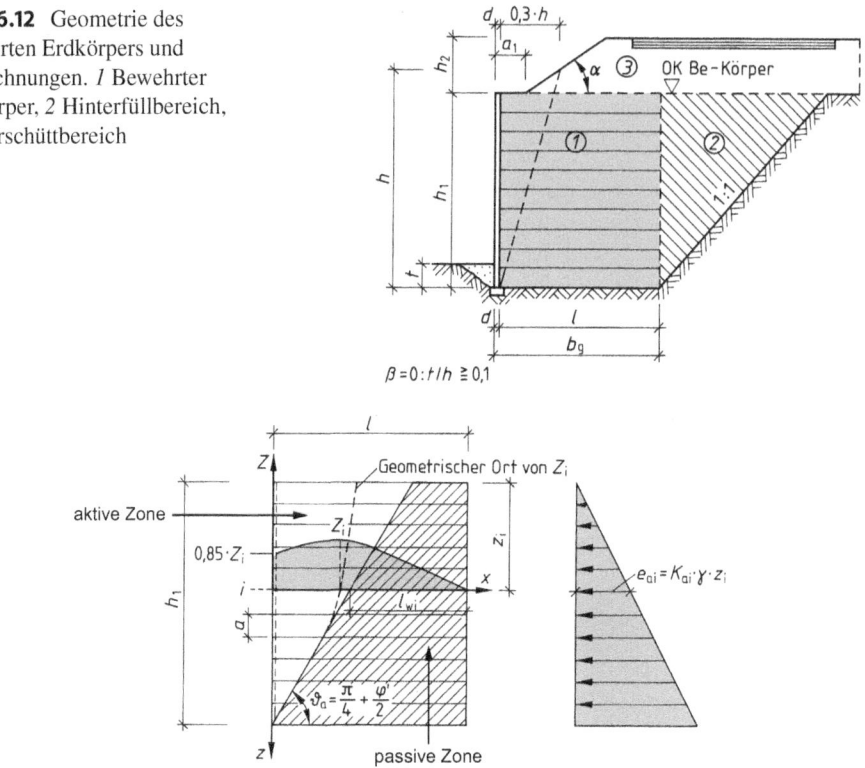

Abb. 6.13 Aktive/passive Zone Bewehrte Erde Stützkonstruktion

(s. Abb. 6.13). Dadurch ergibt sich für die Bewehrungsbänder eine Zugbeanspruchung, die hinter der ebenen Gleitfläche über Reibung in den Boden eingeleitet wird.

Ein Berechnungsbeispiel zur Dimensionierung einer Bewehrten Erde Stützkonstruktion ist im M SASE enthalten.

6.3.3 Geokunststoffbewehrte Stützkonstruktionen

Bei Geokunststoffbewehrten Stützkonstruktionen (Beispiel s. Abb. 6.14b), die eine Form der Bewehrten Erde Stützkonstruktion darstellen, werden anstatt Stahlbänder zug- und reißfeste Geotextilien, Geogitter und Kunststoffbahnen verwendet. Für die Außenhaut kommen z. B. Betonfertigteile, Natursteine, Gabionen oder Geokunststoffe zum Einsatz.

Der Vorteil bei Geokunststoffbewehrten Stützkonstruktionen ist, dass die Geokunststoffe ein duktiles Materialverhalten aufweisen und somit unempfindlicher gegenüber Setzungsdifferenzen sind.

6.3 Zusammengesetzte Stützkonstruktionen

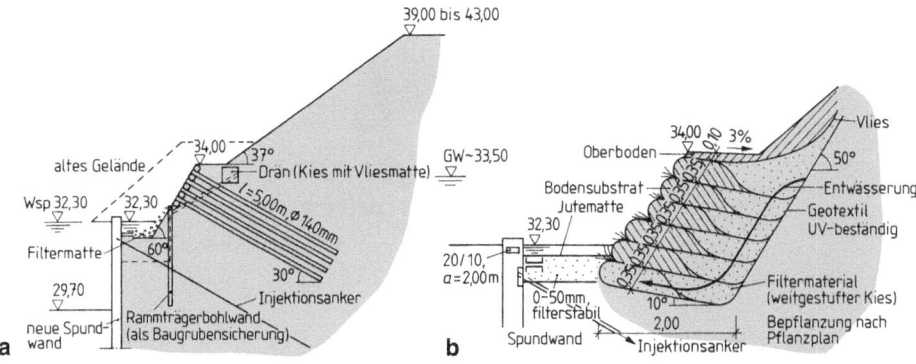

Abb. 6.14 Sicherung eines Hangfußes. **a** Ausgeschriebene klassische Lösung, **b** gewählte Lösung (Polsterwand)

Im Gegensatz zur Bewehrte Erde Stützkonstruktionen benötigen Geokunststoffbewehrte Stützkonstruktionen keine Gründung auf Streifenfundamente.

Die Dimensionierung von Geokunststoffbewehrten Stützkonstruktionen erfolgt nach den Empfehlungen für den Entwurf und die Berechnung von Erdkörpern mit Bewehrungen aus Geokunststoffen (EBGEO).

Die Bemessung der äußeren Standsicherheit erfolgt analog der Bewehrte Erde Stützkonstruktionen (s. Abschn. 6.3.2). Als Wandreibungswinkel δ_a wird ein Wert von $2/3\varphi'$ bzw. φ' angenommen. Als überschlägige Werte für die Bewehrungslänge kann für eine Vorberechnung 70 % der Höhe der Bewehrten Erde Stützkonstruktion angenommen werden. Der vertikale Abstand der Bewehrungslagen liegt zwischen 0,3 bis 0,6 m (s. EBGEO).

Die Nachweise für die innere Standsicherheit umfassen

- Nachweis der Sicherheit gegen Herausziehen der Bewehrungsbänder,
- Nachweis der Sicherheit gegen Materialversagen der Bewehrungsbänder,
- Nachweis des Anschlusses der Bewehrungsbänder an die Außenhaut,
- Nachweis der Bewehrungsanschlüsse und der Bewehrungsstöße.

Entsprechend EBGEO sind für die äußere bzw. innere Standsicherheit alle möglichen Bruchmechanismen und Gleitlinien, die die Bewehrungslagen nicht schneiden bzw. schneiden, zu untersuchen.

Bei der Bemessung der Geogitter sind für die Ermittlung der Einwirkungen auf die Außenhaut bzw. Oberflächensicherung und die Bewehrung zwei Ansätze zu betrachten. Maßgebend ist für jedes einzelne Zugglied der Höchstwert der Einwirkung aus den zwei Ansätzen. Der erste Ansatz geht davon aus, dass der aktive Erddruck von der Oberflächensicherung auf die Bewehrungsbänder wirkt und eine Einleitung in den Boden stattfindet. Über die Lasteinzugsfläche wird entsprechend der Lage und der Erddruckverteilung die Einwirkung auf die Bewehrungsbänder bestimmt. Für den zweiten Ansatz wird eine Gleichgewichtsbetrachtung an einem Bruchkörper durchgeführt, dessen Gleitlinie die

Abb. 6.15 Beispiel Bruchkörper zweiter Ansatz

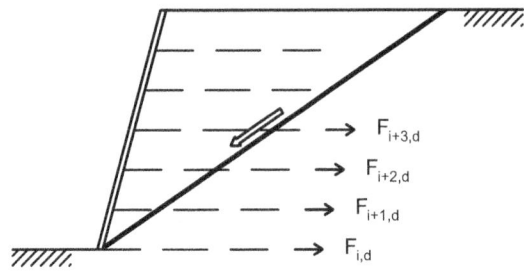

Bewehrungsbänder schneidet. Der Anteil bzw. Bereich der Bewehrungsbänder, der sich außerhalb des Bruchkörpers befindet, muss die Zugkraft, die notwendig ist, um das System im Gleichgewicht zu halten, aufnehmen (s. Abb. 6.15). Dabei ist der Herauszieh- und Materialwiderstand nachzuweisen. Sollte der zweite Ansatz maßgebend werden, so ist auch der Erddruck auf die Oberflächensicherung zu erhöhen.

Nach EBGEO sind für die Nachweise der Tragfähigkeit die Grenzgleichgewichtsbedingung Gl. (6.1) zu erfüllen.

$$\sum E_{i,d} \leq \min\left(\sum R_{Ai,d}; \sum R_{Bi,d}\right) \qquad (6.1)$$

mit

$E_{i,d}$ Bemessungsbeanspruchung der Bewehrungslage i
$R_{Ai,d}$ Bemessungswert der Herausziehwiderstandskraft der Bewehrungslage i
$R_{Bi,d}$ Bemessungsfestigkeit der Bewehrungslage i

Die Bemessungswerte der Herausziehwiderstandkraft wird anhand Gl. (6.2) bestimmt.

$$R_{Ai,d} = \frac{1}{\gamma_a} \cdot \sigma_{vi,k} \cdot L_{Ai} \cdot f_{sg,k} \cdot n \qquad (6.2)$$

mit

γ_a Teilsicherheitsbeiwert für den Herausziehwiderstand der Bewehrung nach DIN 1054
$\sigma_{vi,k}$ charakteristischer Wert der Normalspannung in der Bewehrungsebene
L_{Ai} Verankerungslänge der Bewehrung hinter der betrachteten Bruchfuge
$f_{sg,k}$ charakteristischer Wert des mittleren Reibungskoeffizienten zwischen Füllboden und der vom Geokunstoff und dem dazwischenliegenden Erdreich gebildeten Fläche
n   Anzahl der ansetzbaren Reibungsfläche

Der charakteristische Wert des mittleren Reibungskoeffizienten zwischen Füllboden und der vom Geokunstoff und dem dazwischenliegenden Erdreich gebildeten Fläche wird üblicherweise durch Laborversuche ermittelt. Falls keine Ergebnisse aus Versuchen oder

6.3 Zusammengesetzte Stützkonstruktionen

Messungen vorliegen, kann der Wert nach EBGEO für eine Vorbemessung über Gl. (6.3) bestimmt werden.

$$f_{sg,k} = 0,5 \cdot \tan \varphi'_k \qquad (6.3)$$

Die Bemessungsfestigkeit kann über Gl. (6.4) berechnet werden.

$$R_{Bi,d} = \frac{R_{Bi,k}}{\gamma_M} \qquad (6.4)$$

mit

$R_{Bi,k}$ charakteristischer Wert der Langzeitfestigkeit der Geokunststoffbewehrung
γ_m Teilsicherheitsbeiwert für den Materialwiderstand flexibler Bewehrungselemente nach DIN 1054

Die Langzeitfestigkeit wird aus der Kurzzeitfestigkeit und fünf geokunststoffspezifischen Abminderungsfaktoren nach Gl. (6.5) ermittelt.

$$R_{Bi,k} = \frac{R_{Bi,k0}}{A_1 \cdot A_2 \cdot A_3 \cdot A_4 \cdot A_5} \qquad (6.5)$$

mit

$R_{Bi,k0}$ charakteristischer Wert der Kurzzeitfestigkeit des Geokunststoffes (5%-Quantil)
A_1 Abminderungsfaktor zur Berücksichtigung der Kriechdehnung
A_2 Abminderungsfaktor zur Berücksichtigung einer Beschädigung bei Einbau, Transport und Verdichtung
A_3 Abminderungsfaktor zur Berücksichtigung der Verarbeitung (z. B. Nahtstellen, Anschlüsse, Verbindungen)
A_4 Abminderungsfaktor zur Berücksichtigung von Umwelteinflüssen (z. B. Witterungsbeständigkeit, Beständigkeit gegen Chemikalien)
A_5 Abminderungsfaktor zur Berücksichtigung von dynamischen Einwirkungen

Die Abminderungsfaktoren sind vom eingesetzten Produkt abhängig. Angaben hierzu sind bei den einzelnen Herstellern zu erfragen.

Für den Nachweis des Anschlusses der Bewehrungsbänder an die Außenhaut darf der Bemessungserddruck nach EBGEO entsprechend Gl. (6.6) reduziert werden.

$$e_{Front,i,d}^{red} = \eta_g \cdot K_{agh,k} \cdot \gamma_k \cdot H_i \cdot \gamma_G + \eta_q \cdot K_{aqh,k} \cdot q \cdot \gamma_Q \qquad (6.6)$$

mit

η_g, η_q Anpassungsfaktoren in Abhängigkeit der Nachgiebigkeit und der Höhenlage der Frontelemente nach EBGEO, Tab. 7.2 (s. Tab. 6.1)

Tab. 6.1 Anpassungsfaktoren in Abhängigkeit der Nachgiebigkeit und der Höhenlage der Frontelemente nach EBGEO, Tab. 7.2

	Anpassungsfaktor			Neigungswinkel Erddruck
	η_g		η_q	δ
	$0 < h \leq 0{,}4\,H$	$0{,}4\,H < h \leq H$		
Nicht verformbare Frontelemente	1,0	1,0	1,0	Entspr. DIN 4085
Bedingt verformbare Frontelemente	1,0	0,7	1,0	$1/3\,\varphi'$ bis φ'
Verformbare Frontelemente	1,0	0,5	1,0	0

H Tiefe von Oberkante Konstruktion, h Höhenlage Bewehrung

Beispiel 6.3

Für eine Geokunststoffbewehrte Stützkonstruktion (s. Abb. 6.16) sollen die folgenden Nachweise für die innere Standsicherheit erbracht werden:

- Nachweis der Sicherheit gegen Herausziehen der Bewehrungsbänder,
- Nachweis der Sicherheit gegen Materialversagen der Bewehrungsbänder,
- Nachweis des Anschlusses der Bewehrungsbänder an die Außenhaut.

Berechnungsgrundlagen

- Bemessungssituation BS-P (GEO-2: $\gamma_G = 1{,}35$; $\gamma_Q = 1{,}50$; $\gamma_M = 1{,}40$ / GEO-3: $\gamma_G = 1{,}00$; $\gamma_Q = 1{,}30$; $\gamma_\Phi = 1{,}25$)
- Kennwerte Füllboden: $\gamma_k = 18\,\text{kN/m}^3$; $\varphi'_k = 32{,}5°$; $c'_k = 0\,\text{kN/m}^2$; $\delta_{a,k} = 2/3\,\varphi'_k = 21{,}67°$

Bemessungsbeanspruchung der Bewehrungslagen: Für den oben beschriebenen ersten Ansatz wird der aktive Erddruck von der Oberflächensicherung auf die einzelnen Bewehrungsbänder bestimmt (s. Tab. 6.2).

Erddruckbeiwert: K_{agh} ($\delta_{a,k} = 21{,}67°$, $\alpha = -10°$, $\beta = 0°$) $= K_{aph} = 0{,}200$ (ebene Gleitfläche) Ermittlung Erddruck in den einzelnen Lagen der Bewehrungsbänder über die Gleichung:

$$e_{\text{Front},i,d} = K_{agh,k} \cdot \gamma_k \cdot H_i \cdot \gamma_G + K_{aph,k} \cdot p_k \cdot \gamma_Q$$

Der resultierende Erddruck $E_{\text{Front},i,d}$ (s. Tab. 6.2) auf das jeweiligen Frontelement der Oberflächensicherung wird über

$$E_{\text{Front},i,d} = \frac{e_{\text{Front},i+1,d} + e_{\text{Front},i,d}}{2} \cdot l_v$$

mit dem vertikalen Abstand l_v der Bewehrungsbänder bestimmt.

6.3 Zusammengesetzte Stützkonstruktionen

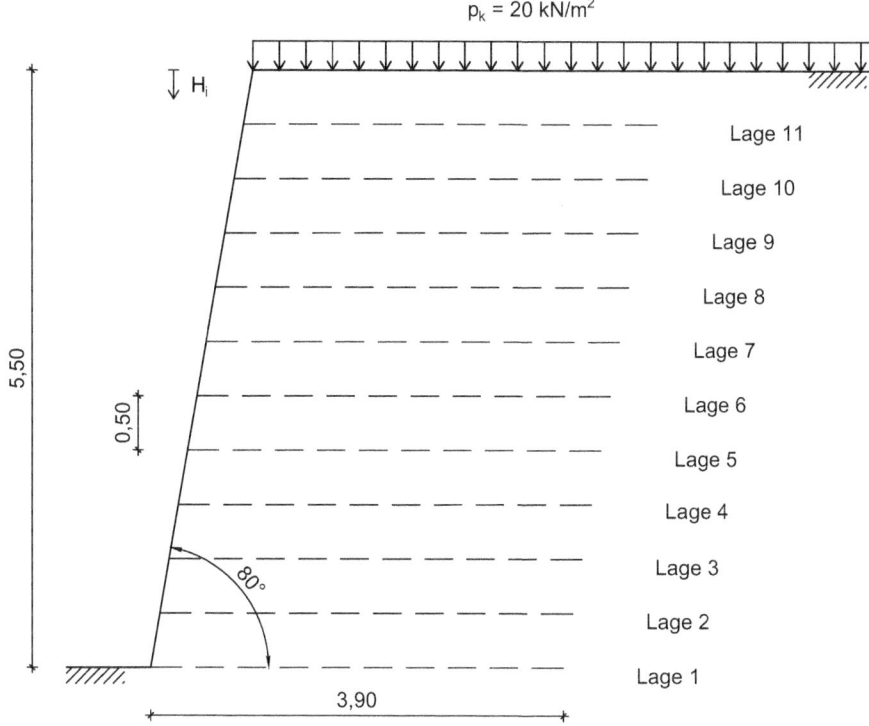

Abb. 6.16 System Geokunststoffbewehrte Stützkonstruktion

Tab. 6.2 Bemessungserddrücke Oberflächensicherung

Lage	H_i [m]	$e_{agh,d}$ [kN/m²]	$e_{aph,d}$ [kN/m²]	$e_{Front,i,d}$ [kN/m²]	$E_{Front,i,d}$ [kN/m]
1	5,50	26,73	4,00	30,73	14,76
2	5,00	24,30	4,00	28,30	13,54
3	4,50	21,87	4,00	25,87	12,33
4	4,00	19,44	4,00	23,44	11,11
5	3,50	17,01	4,00	21,01	9,90
6	3,00	14,58	4,00	18,58	8,68
7	2,50	12,15	4,00	16,15	7,47
8	2,00	9,72	4,00	13,72	6,25
9	1,50	7,29	4,00	11,29	5,04
10	1,00	4,86	4,00	8,86	3,82
11	0,50	2,43	4,00	6,43	2,61

Bemessungswert der Herausziehwiderstandskraft der Bewehrungslagen: Für den Herausziehwiderstand der Bewehrungslagen werden, da dies in der EBGEO nicht geregelt ist, zwei Situationen betrachtet. Es wird zum einen der Herausziehwiderstand $R_{Ai,d}$ überprüft, bei dem die gesamte Länge des Geogitters angesetzt wird (s. Tab. 6.3) und

Tab. 6.3 Lagenweise Überprüfung Tragfähigkeit Geogitter bzgl. des Herausziehwiderstandes

Lage	$E_{Front,i,d}$ [kN/m]	$R_{Ai,d}{}^a$ [kN/m]	$L_{Ai}{}^b$ [m]	$R_{Ai,d}{}^b$ [kN/m]
1	14,76	175,69	3,90	175,69
2	13,54	159,72	3,62	148,24
3	12,33	143,75	3,34	123,07
4	11,11	127,78	3,06	100,21
5	9,90	111,81	2,78	79,64
6	8,68	95,83	2,50	61,37
7	7,47	79,86	2,22	45,40
8	6,25	63,89	1,94	31,73
9	5,04	47,92	1,66	20,35
10	3,82	31,94	1,38	11,27
11	2,61	15,97	1,10	4,49

[a] Ansatz der gesamten Geogitterlänge
[b] Ansatz der Geogitterlänge hinter dem abrutschenden Erdblock

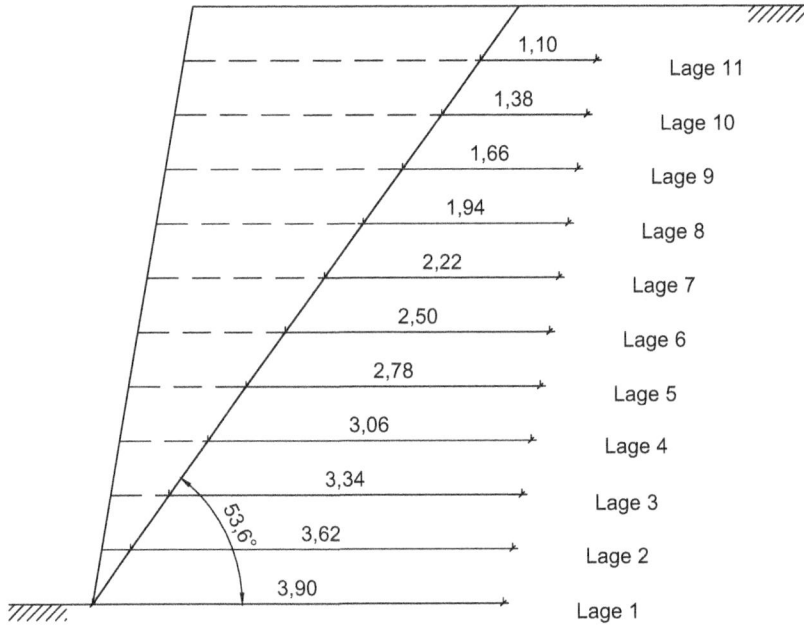

Abb. 6.17 System Geokunststoffbewehrte Stützkonstruktion unter dem Bruchwinkel $\vartheta = 53{,}6°$ abrutschender Erdblock

zum anderen wird der Herausziehwiderstand $R_{Ai,d}$ ermittelt (s. Tab. 6.3), der sich bei Ansatz einer reduzierten Geogitterlänge L_{Ai} aufgrund der Betrachtung hinter dem unter dem Bruchwinkel $\vartheta = 53{,}6°$ abrutschenden Erdblock ergibt (s. Abb. 6.17).

Exemplarisch ergibt sich bei Anwendung der Gln. (6.2) und (6.3) ein Herausziehwiderstand für die Lage 4 bei Ansatz der gesamten Länge des Geogitters von

$$R_{Ai,d} = \frac{1}{1,4} \cdot 4,00 \cdot 18 \cdot 3,90 \cdot 0,5 \cdot \tan 32,5° \cdot 2 = 127,78 \, \text{kN/m}$$

Bemessungswert des Materialwiderstandes des Geotextils: Für das dargestellte Beispiel wird ein fiktiver Wert für die Kurzzeitfestigkeit von $R_{B,k0}$ = 100 kN/m zugrunde gelegt. Die Abminderungsfaktoren A_1 bis A_5 werden ebenso fiktiv mit A_1 = 1,5, A_2 = 1,05 und $A_3 = A_4 = A_5$ = 1,0 berücksichtigt.

$$R_{Bi,d} = \frac{1}{1,40} \cdot \frac{100}{1,5 \cdot 1,05 \cdot 1,0 \cdot 1,0 \cdot 1,0} = 45,35 \, \text{kN/m}$$

Beim Vergleich der Herausziehwiderstände für jede Geogitterlage $R_{Ai,d}^1$ sowie $R_{Ai,d}^2$ (s. Tab. 6.3) und dem Materialwiderstand $R_{Bi,d}$ des Geotextils mit den wirkenden Erddruckkräften auf die Oberflächensicherung $E_{Front,i,d}$ (s. Tab. 6.3) zeigt sich, dass die Geokunststoffbewehrte Stützkonstruktion für den oben beschriebenen ersten Ansatz ausreichend dimensioniert ist.

Für den oben beschriebenen zweiten Ansatz ist für die Bemessungsbeanspruchung der Geogitter ein Bruchmechanismus zugrunde zu legen, bei dem die Gleitlinie die Bewehrungsbänder schneidet. Für das Beispiel wird exemplarisch ein 2-Körper-Bruchmechanismus (s. Abb. 6.18) untersucht.

Die Fläche des Gleitkörpers beträgt

$$A = 5,50 \cdot 3,90 - \frac{1}{2} \cdot 3,90 \cdot 3,00 = 15,60 \, \text{m}^2$$

Das Eigengewicht des Gleitkörpers ergibt sich damit zu

$$G_d = 1,00 \cdot 15,60 \cdot 18 = 280,80 \, \text{kN/m}$$

Die resultierende Verkehrslast auf den Gleitkörper beträgt

$$P_d = 1,30 \cdot 20 \cdot 3,90 = 101,40 \, \text{kN/m}$$

Für die Ermittlung des Erddrucks müssen für den Grenzzustand GEO-3 die um die Teilsicherheitsbeiwerte reduzierten Scherparameter berücksichtigt werden.

Der Bemessungswert für den Reibungswinkel beträgt

$$\varphi_d = \arctan \frac{\tan 32,5°}{1,25} = 27°$$

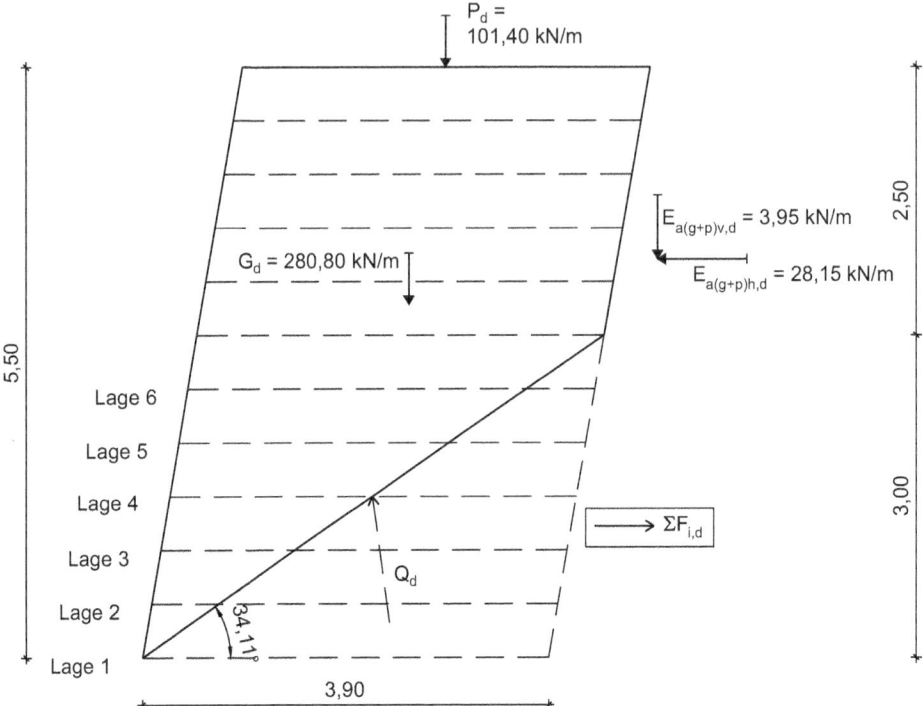

Abb. 6.18 System Geokunststoffbewehrte Stützkonstruktion 2-Körper-Bruchmechanismus

Für einen Wandreibungswinkel δ_a von $2/3\varphi'$ ergeben sich Erddruckbeiwerte von

$$K_{agh} = K_{aph} = \left[\frac{\cos(27° - (-10°))}{\cos(-10°) \cdot \left(1 + \sqrt{\frac{\sin\left(27° \cdot \frac{5}{3}\right) \cdot \sin 27°}{\cos(-10°) \cdot \cos\left(-10° + \frac{2}{3} \cdot 27°\right)}}\right)}\right]^2 = 0{,}265$$

Ermittlung Erddruck:

$$e_{agh,d(0\,m)} = 0\,kN/m^2$$
$$e_{agh,d(-2,5\,m)} = \gamma_k \cdot h \cdot K_{agh} = 18 \cdot 2{,}50 \cdot 0{,}265 = 11{,}92\,kN/m^2$$
$$e_{aph,d(0\,m)} = e_{aph,d(-2,5\,m)} = p \cdot K_{aph} = 20 \cdot 0{,}265 = 5{,}30\,kN/m^2$$

6.3 Zusammengesetzte Stützkonstruktionen

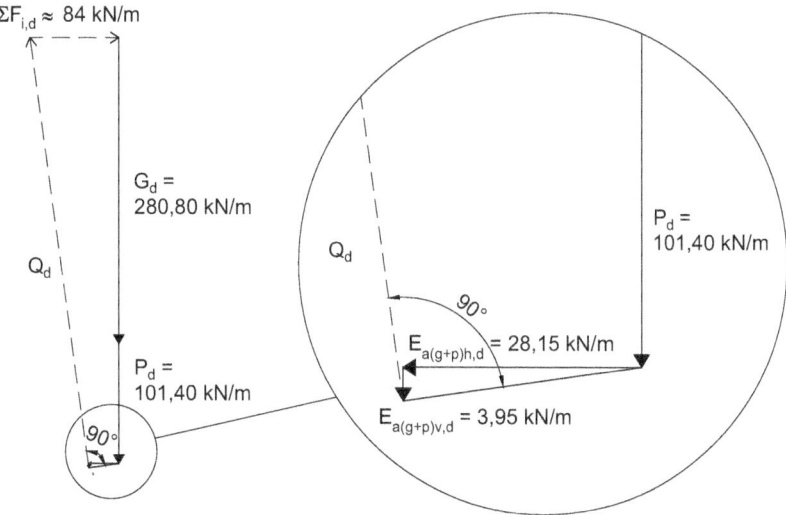

Abb. 6.19 System Geokunststoffbewehrte Stützkonstruktion Kräftegleichgewicht am Krafteck

Erddruckkräfte:

$$E_{agh,d} = (0 + 11{,}92) \cdot 0{,}5 \cdot 2{,}50 = 14{,}90 \, \text{kN/m}$$
$$E_{agv,d} = E_{agh,k} \cdot \tan(\delta_{a,k} + \alpha) = 14{,}90 \cdot \tan(2/3 \cdot 27° - 10°) = 2{,}09 \, \text{kN/m}$$
$$E_{aph,d} = 5{,}30 \cdot 2{,}50 = 13{,}25 \, \text{kN/m}$$
$$E_{apv,d} = E_{aph,k} \cdot \tan(\delta_{a,k} + \alpha) = 13{,}25 \cdot \tan(2/3 \cdot 27° - 10°) = 1{,}86 \, \text{kN/m}$$
$$E_{a(g+p)h,d} = 14{,}90 + 13{,}25 = 28{,}15 \, \text{kN/m}$$
$$E_{a(g+p)v,d} = 2{,}09 + 1{,}86 = 3{,}95 \, \text{kN/m}$$

Über die Betrachtung des Kräftegleichgewichts an einem Krafteck (s. Abb. 6.19) können über den Ansatz des Eigengewichtes des Gleitkörpers, der resultierende Verkehrslast auf den Gleitkörper und den ermittelten Erddruckkräften eine Zugkraft von $\sum F_i = 84 \, \text{kN/m}$ bestimmt werden, die über die geschnittenen Geogitter abgetragen werden muss.

Die Zugkraft $\sum F_i$ muss dem Materialwiderstand $R_{Bi,d}$ bzw. Herausziehwiderstand $R_{Ai,d}$ bei Ansatz der Geogitterlänge L_{Ai} (s. Abb. 6.20) hinter dem abrutschenden Erdblock gegenübergestellt werden. Für das vorliegende Beispiel wird der über die 6 Lagen aufsummierte Materialwiderstand von $R_{Bi,d} = 272{,}10 \, \text{kN/m}$ aufgrund des geringen Wertes im Vergleich zum Herausziehwiderstand $R_{Ai,d} = 521{,}76 \, \text{kN/m}$ maßgebend (vgl. Tab. 6.4). Der Materialwiderstand $R_{Bi,d}$ ist größer als die Zugkraft $\sum F_i$. Damit ist der Nachweis erfüllt.

Abb. 6.20 System Geokunststoffbewehrte Stützkonstruktion unter dem Bruchwinkel $\vartheta = 34{,}11°$ abrutschender Erdblock

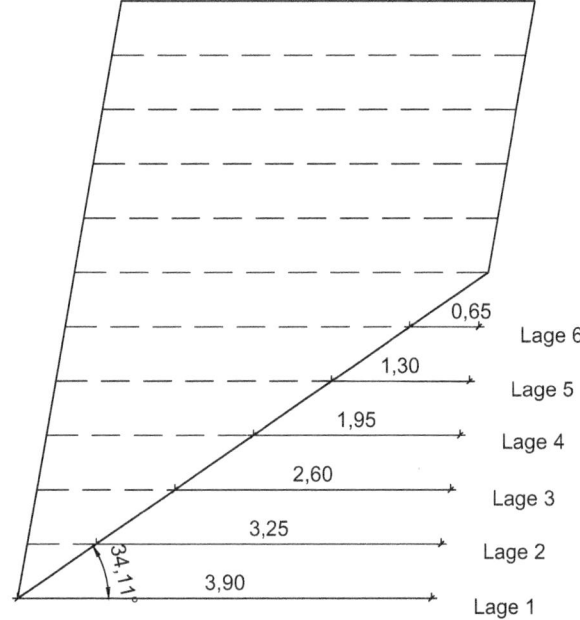

Tab. 6.4 Bestimmung der Summe für die maßgebenden Widerstände: Materialwiderstand $R_{Bi,d}$/Herausziehwiderstand $R_{Ai,d}$ bei Ansatz der Geogitterlänge L_{Ai} hinter dem abrutschenden Erdblock

Lage	$R_{Bi,d}$ [kN/m]	L_{Ai} [m]	$R_{Ai,d}$ [kN/m]
1	45,35	3,90	175,69
2	45,35	3,25	133,10
3	45,35	2,60	95,83
4	45,35	1,95	63,89
5	45,35	1,30	37,27
6	45,35	0,65	15,97
Σ	272,10		521,76

Nachweis des Anschlusses der Bewehrungsbänder an die Außenhaut: Für den Nachweis darf der Bemessungserddruck nach EBGEO reduziert werden. Für die Frontausbildung wird angenommen, dass diese aus bedingt verformbaren Frontelementen besteht.

Ermittlung reduzierter Erddruck (s. Tab. 6.5) in den einzelnen Lagen der Bewehrungsbänder über die Gleichung:

$$e^{red}_{Front,i,d} = \eta_g \cdot K_{agh,k} \cdot \gamma_k \cdot H_i \cdot \gamma_G + \eta_q \cdot K_{aqh,k} \cdot q \cdot \gamma_Q$$

Als Bemessungswert für die Anschlussfestigkeit wird ein Wert von $R_{Bi,d} = 15$ kN/m angenommen. Für jede Lage des Geogitters ist der reduzierte resultierende Erddruck $E^{red}_{Front,i,d}$ geringer als die Anschlussfestigkeit $R_{Bi,d}$. Somit ist der Nachweis erfüllt. ◄

Tab. 6.5 Ermittlung reduzierter Erddruck für bedingt verformbare Frontelemente entsprechend EBGEO

Lage	H_i [m]	$e_{agh,d}$ [kN/m²]	η_g [–]	$e_{aqh,d}$ [kN/m²]	η_q [–]	$e_{Front,i,d}^{red}$ [kN/m²]	$E_{Front,i,d}^{red}$ [kN/m]
1	5,50	26,73	0,7	4,00	1,0	22,71	10,93
2	5,00	24,30	0,7	4,00	1,0	21,01	10,08
3	4,50	21,87	0,7	4,00	1,0	19,31	9,23
4	4,00	19,44	0,7	4,00	1,0	17,61	8,38
5	3,50	17,01	0,7	4,00	1,0	15,91	7,53
6	3,00	14,58	0,7	4,00	1,0	14,21	6,68
7	2,50	12,15	0,7	4,00	1,0	12,51	6,56
8	2,00	9,72	1,0	4,00	1,0	13,72	6,25
9	1,50	7,29	1,0	4,00	1,0	11,29	5,04
10	1,00	4,86	1,0	4,00	1,0	8,86	3,82
11	0,50	2,43	1,0	4,00	1,0	6,43	1,61

6.3.4 Bodenvernagelungen (Nagelwände)

Angewendet wird die Bodenvernagelung zur Sicherung der durch Abgrabungen (wie z. B. bei Baugruben oder Hanganschnitten) entstehenden Böschungen oder Wände. Mit Hilfe der Bodenvernagelung können Bruch- und Rutschflächen standsicher verdübelt werden (s. Abb. 6.21b). Ebenso kann durch eine Vernagelung des Untergrundes (s. Abb. 6.21c) die Tragfähigkeit erhöht und die zu erwartenden Setzungen verringert werden.

Ab einem Neigungswinkel von 70° wird von einer Nagelwand (s. Abb. 6.21a) gesprochen.

Die Nagelwand (s. Abb. 6.22) besteht aus den folgenden drei Elementen

- der anstehende Untergrund (Boden, Fels),
- Nägel,
- Außenhaut an der Vorderseite der Wand (Spritzbeton, Fertigteile, Maschendraht, Gabionen usw.).

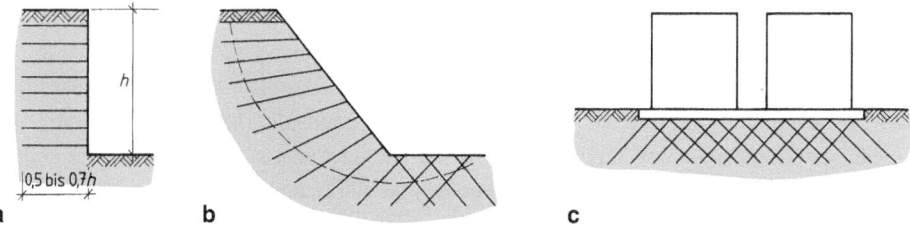

Abb. 6.21 Bodenvernagelung. **a** Vernagelte Wand (Nagelwand), **b** Verdübelung möglicher Rutschflächen, **c** Untergrundvernagelung

Abb. 6.22 Nagelwand mit Nägeln aus GEWI-Stählen und Geogitter als Außenhaut

Als Nägel dienen meist GEWI-Stähle (⌀ 16 bis 40 mm) oder Injektionsbohranker (IBO-Anker). Ebenso ist es möglich, Kunststoffnägel aus glasfaserverstärkten Kunststoffen (GFK-Anker) zu verwenden.

Im Gegensatz zur Bewehrten Erde Stützkonstruktion erfolgt die Herstellung einer Nagelwand abschnittsweise von oben nach unten mit Höhen von ca. 1 bis 1,5 m in Abhängigkeit von der Kurzzeitstandfestigkeit des Untergrundes. Der freistehende Untergrund wird mit der Außenhaut gesichert. Dann werden die Bohrungen für die Nägel hergestellt. Die Nägel werden eingebaut und mit Ringmörtel verpresst und danach mit der Außenhaut kraftschlüssig verbunden. Die Nägel werden nicht vorgespannt.

Für die Bemessung von Bodenvernagelungen existiert keine Bemessungsnorm. In der DIN EN 14490 sind Angaben zur Ausführung von Bodenvernagelungen enthalten. In den einzelnen bauaufsichtlichen Zulassungen der Hersteller für Bodenvernagelungen z. B. [2] sind Angaben zur Bemessung enthalten, die beim jeweiligen System einzuhalten sind.

Für die Nachweise der Standsicherheit wird wie bei Bewehrte Erde Stützkonstruktionen (s. Abschn. 6.3.2) zwischen äußerer und innerer Standsicherheit unterschieden.

Für die Nachweise der äußeren Standsicherheit wird angenommen, dass die Nagelwand-Konstruktion wie ein monolithischer Körper wirkt und die Nachweisführung wie für eine Gewichtsstützwand erfolgt (s. Abschn. 6.2.2). Auf den Nachweis der Kippsicherheit (EQU) kann entsprechend DIN 1054 verzichtet werden.

6.3 Zusammengesetzte Stützkonstruktionen

Die Nachweise für die innere Standsicherheit umfassen

- Nachweis der Sicherheit gegen Herausziehen der Nägel,
- Nachweis der Sicherheit gegen Materialversagen der Nägel,
- Nachweis bzw. Bemessung der Außenhaut.

Der Nachweis für die innere Standsicherheit bzw. die Bemessung der Nägel wird i. d. R. für gebrochene oder kreisförmige Gleitflächen geführt. Die Lage der Gleitfläche mit der geringsten Sicherheit ist zunächst unbekannt und muss iterativ ermittelt werden. Nägel, die die Gleitfläche schneiden, werden auf Schub senkrecht zur Nagelachse (Dübelwirkung) und Zug parallel zur Nagelachse (Zugglied) beansprucht. Die durch den Gleitkörper eingetragenen Zugkräfte werden hinter der Gleitfläche über Schubspannungen parallel zur Nagelachse in den Boden abgeleitet. Voraussetzung für die Einleitung der Kräfte infolge Dübel- und Zugwirkung in den Boden, d. h. für die Standsicherheit, ist der kraftschlüssige Verbund zwischen dem Nagel, der Ringraumverfüllung z. B. aus Zement und dem Boden.

Nachzuweisen ist, dass die Nageldichte, d. h. die Anzahl der gewählten Nägel, und die gewählte Nagellänge ausreichend sind. Hierzu wird der Bruchzustand des vernagelten Geländesprunges betrachtet. Beim Bruch bilden sich ebene Gleitflächen aus, die Bruchkörper werden als starr betrachtet und besitzen einen Freiheitsgrad. Für den Nachweis werden die Summen der vorhandenen und der erforderlichen Nagelkräfte benötigt.

Die Summe der vorhandenen Nagelkräfte ist die Summe aller im rückwärtigen, unbewegten Erdreich mobilisierten axialen Kräfte $N_{i,vorh}$ der an der Gleitfuge geschnittenen Nägel i mit der Länge l_i. Da die Nägel verpresst werden, kann hier, im Unterschied zu den Bewehrungsbändern bei der Bauweise Bewehrte Erde, mit einer über die Höhe des vernagelten Erdkörpers und über die Länge der Nägel konstanten mittleren Grenzschubkraft T_m längs der Nägel gerechnet werden.

Die Summe der erforderlichen Nagelkräfte wird mit Hilfe des Kraftecks für den betrachteten Bruchmechanismus ermittelt. Üblicherweise werden, wie in Abb. 6.23 dargestellt, zwei Gleitkörper angesetzt und damit aus dem Krafteck die erforderliche Nagelkraft N_{erf} ermittelt. Dies ist mit großem Aufwand verbunden, da dafür die Gleitflächenwinkel ϑ_1, ϑ_2 und ϑ_{12} zu variieren sind.

Bei der Bemessung von Konstruktionen für dauerhafte Zwecke darf der Scherwiderstand (Dübelwirkung) nur in Rechnung gestellt werden, wenn der Korrosionsschutz nicht gefährdet ist.

Hinsichtlich der Frontausbildung bzw. der Außenhaut an der Böschung wird im Wesentlichen zwischen der unnachgiebigen und der nachgiebigen Ausführung unterschieden. Mit einer unnachgiebigen Außenhaut, z. B. aus bewehrtem Spritzbeton, wird der zwischen den Nagelköpfen auftretende Erddruck aufgenommen und auf die Nägel übertragen. Die Außenhaut wirkt als biegesteife Schale. Bei ausreichender Festigkeit des anstehenden Bodens bzw. entsprechender Böschungsneigung kann auch eine nachgiebige Außenhaut

Abb. 6.23 Bruchmechanismus, Kräfte und Krafteck für eine vernagelte Wand nach [3]

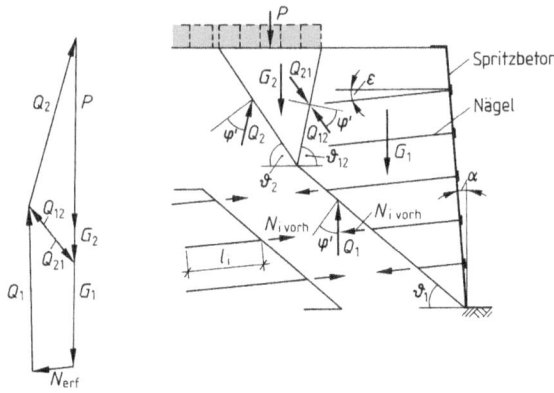

gewählt werden. Diese Außenhaut weist eine vernachlässigbar geringe Biegesteifigkeit auf und trägt erst dann, wenn ausreichend hohe Durchbiegungen aufgetreten sind, so dass die Außenhaut z. B. ein Geotextil (s. Abb. 6.22) auf Zug beansprucht wird. Bei der nachgiebigen Frontausbildung besteht daher die vordringliche Funktion in der Erosionsregulierung und dem Schutz vor fallenden oder rutschenden Steinen, ohne eine große Möglichkeit der Stabilisierung der Wand oder Böschung zwischen den Nägeln.

6.3.5 Ankerwände

Ankerwände setzen sich zusammen aus Stahlbetonplatten und vorgespannten Ankern (s. Abb. 4.53). Es wird unterschieden in geschlossene oder aufgelöste Ankerwände. Bei geschlossenen Ankerwänden sitzen die Stahlbetonplatte direkt nebeneinander. Bei aufgelösten Ankerwänden werden die Stahlbetonplatten in einem Raster angeordnet. Dabei können die freien Zwischenbereiche ungesichert bleiben oder z. B. mit Spritzbeton gesichert werden.

Ankerwände weisen i. d. R. Neigungen von ca. 10 : 1 auf. Die Stahlbetonplatten werden aus Ortbeton hergestellt bzw. können auch Fertigteile verwendet werden.

Die Nachweise sind wie bei andere Stützwänden (vgl. Abschn. 6.2.2) zu führen. Darüber hinaus ist der Nachweis der tiefen Gleitfuge zu erbringen.

Für die Erddruckverteilung wird eine rechteckige Verteilung angenommen.

Bei aufgelösten Ankerwänden erfolgt zusätzlich eine Überprüfung der einzelne Plattenbereiche auf Gleit- und Grundbruchsicherheit sowie auf die Sicherheit gegen Ausbrechen lokaler Bruchschollen. Für letzteres existieren Bemessungsdiagramme (s. [4]).

Ebenso sind die Materialnachweise für die Stahlbetonplatten und die Verankerungen zu erbringen.

6.3.6 Rippenwände

Rippenwände (s. Abb. 4.53) sind in einem bestimmten Abstand aneinander gereihte Stahlbeton-Rippen, welche zusätzlich verankert werden. Eine wichtige Voraussetzung ist, dass bei Hanganschnitten eine kurzzeitige Standsicherheit während der Bauausführung gegeben ist.

In Abhängigkeit von den Baugrundverhältnissen, der Wandhöhe, der Wandneigung und dem Abstand der Rippen sind die dazwischenliegenden Felder zu sichern. Im einfachsten Fall kann bei wenig verwitterungsanfälligen Fels auf eine Sicherung verzichtet werden. Andernfalls kann eine Sicherung mittels z. B. bewehrtem Spritzbeton, unbewehrtem Spritzbeton, Spritzbetongewölbe, Spritzbetongewölbe mit Vernagelungen oder Ankerrippen kombiniert mit Nagelwänden bzw. Raumgitterelementen erfolgen (vgl. [5]).

Die Dicke des aufgetragenen Spritzbeton beträgt nach [5] bei Versiegelungen bei unbewehrter Ausfachung ≥ 5 cm und bei bewehrter Ausfachung zwischen 7,5 bis 10 cm. Bei tragenden Gewölben beträgt die Dicke des Spritzbetons nach [5] bei zweilagig bewehrten Spritzbeton 20 bis 30 cm.

6.4 Normen, Richtlinien und Empfehlungen

- DIN EN 1997-1:2014-03: Eurocode 7 – Entwurf, Berechnung und Bemessung in der Geotechnik – Teil 1: Allgemeine Regeln; Deutsche Fassung EN 1997-1:2004+AC: 2009+A1:2013.
- DIN EN 1997-1/NA:2010-12: Nationaler Anhang – National festgelegte Parameter – Eurocode 7: Entwurf, Berechnung und Bemessung in der Geotechnik – Teil 1: Allgemeine Regeln.
- DIN EN 14490:2010-11: Ausführung von Arbeiten im Spezialtiefbau – Bodenvernagelung; Deutsche Fassung EN 14490:2010.
- DIN 1054:2021-04: Baugrund – Sicherheitsnachweise im Erd- und Grundbau – Ergänzende Regelungen zu DIN EN 1997-1.
- DIN 4085:2017-08: Baugrund – Berechnung des Erddrucks.
- Zusätzliche Technische Vertragsbedingungen und Richtlinien für Erdarbeiten im Straßenbau – ZTV E-StB 17, Forschungsgesellschaft für Straßen- und Verkehrswesen e. V., Arbeitsgruppe Erd- und Grundbau, Köln, Ausgabe 2017.
- Merkblatt über den Einfluss der Hinterfüllung auf Bauwerke – M HifüBau, Forschungsgesellschaft für Straßen- und Verkehrswesen e. V., Arbeitsgruppe Erd- und Grundbau, Köln, Ausgabe 2017.
- Merkblatt über Stützkonstruktionen aus stahlbewehrten Erdkörpern – M SASE, Forschungsgesellschaft für Straßen- und Verkehrswesen e. V., Arbeitsgruppe Erd- und Grundbau, Köln, Ausgabe 2010.

- Deutsche Gesellschaft für Geotechnik e. V. (2010): Empfehlungen für den Entwurf und die Berechnung von Erdkörpern mit Bewehrungen aus Geokunststoffen (EBGEO), 2. Auflage, Ernst & Sohn Verlag, Berlin.

Literatur

1. Floss, R. (1969): Hinterfüllung und Entwässerung von Brückenwiderlagern und Stützmauern, Straße und Autobahn (1969), Heft 12, S. 428–438.
2. Deutsches Institut für Bautechnik: Allgemeine bauaufsichtliche Zulassung / Allgemeine Bauartgenehmigung, Nummer: Z-20.1-106, DYWIDAG-Systems International GmbH, Bodenvernagelung System „DYWIDAG".
3. Stocker, M.; Gäßler, G. (1979): Ergebnisse von Großversuchen über eine neuartige Baugrubenwand-Vernagelung. Tiefbau Ingenieurbau Straßenbau, Heft 9.
4. Noll, T.; Heckötter, C. (2003): Böschungssicherung als aufgelöste Elementwand, Bautechnik, 80 (2003), Heft 2, S. 109–112.
5. Witt, K. J. (2017): Baugrubensicherung in: Grundbau-Taschenbuch, Teil 3: Gründungen und geotechnische Bauwerke, 8. Auflage, Ernst & Sohn Verlag, Berlin.

7 Schutz und Abdichtung von Grundbauwerken

7.1 Begriffe und Grundlagen

Grundbauwerke sind aufgrund von schädlichen Stoffen im Grundwasser und im Boden vor Zerstörung zu schützen. Dies kann z. B. durch eine geeignete Betonrezeptur oder eine Abdichtung erreicht werden.

Wässer mit einem pH-Wert kleiner als 7 wirken lösend auf den Zementstein und auf carbonathaltige Gesteinskörnungen. Die Zerstörung durch diese Wässer, die freie Säuren enthalten, ist umso wirkungsvoller, je mehr die angreifenden Stoffe in das Innere des Betons eindringen können. Wässer mit einem pH-Wert kleiner als 6,5 gelten als betonangreifend.

Die DIN 4030-1 definiert die folgenden betonangreifenden Stoffe und ihre Wirkungen:

- Mineralsäuren sind sehr starke Säuren (z. B. Schwefel-, Salz- und Salpetersäure) und wirken lösend auf den Zementstein und auf carbonathaltige Gesteinskörnungen.
- Schwefelwasserstoff (Dihydrogensulfid) wirkt als schwache Säure schwächer auf den Beton ein. Er kann gasförmig in den Boden eintreten und durch Kontakt mit Sauerstoff und Wasser Schwefelsäure und Sulfate bilden. Schwefelwasserstoff ist am fauligen Geruch erkennbar.
- Schwefeldioxid (z. B. in Verbrennungsgasen enthalten) bildet mit Sauerstoff und Wasser ebenfalls Schwefelsäure und Sulfate.
- Chlorwasserstoff bildet mit Sauerstoff und Wasser Salzsäure.
- Kalklösende Kohlensäure löst Calciumhydroxid und greift wie andere schwache Säuren den Beton an. Da nur ein Teil der vorhandenen Kohlensäure betonangreifend wirkt, muss dieser Gehalt als Kalklösekapazität gesondert ermittelt werden.
- Organische Säuren (z. B. Essig-, Milch- und Buttersäure) lösen Calcium aus den Bestandteilen des Zementsteins unter Bildung des entsprechenden Salzes heraus. Ihr Angriff wirkt geringer stark als der der Mineralsäuren. Organische Säuren, die praktisch

- unlösliche Kalksalze bilden, wie Oxalsäure und Weinsäure, wirken nicht betonangreifend, da Schutzschichten entstehen.
- Huminsäuren sind für erhärtetem Beton weitgehend ungefährlich, können aber den Erstarrungsvorgang des frischen Betons beeinträchtigen. Die Huminsäuren tauschen in besonderen Fällen ihre Wasserstoffionen gegen die Kationen neutraler Salze aus und bilden dann Säuren.
- Sulfate (schwefelsaure Salze) setzen sich mit einigen Calcium- und Aluminiumverbindungen des Zementsteins zu Calciumaluminatsulfathydraten oder Gips um. Dies kann zu einem Treiben führen.
- Wasserlösliche Sulfide wie z. B. Pyrit oder Markasit können unter anderem bei Zutritt von Sauerstoff und Feuchte zu Sulfaten und Schwefelsäure oxidieren.
- Magnesiumsalze (z. B. Magnesiumsulfat und -chlorid) lösen Calciumhydroxid aus dem Zementstein, wobei sich unter anderem Magnesiumhydroxid als weiche, galleartige Masse bildet.
- Die Ammoniumsalze lösen mit Ausnahme von Ammoniumcarbonat, -oxalat und -fluorid vorwiegend Calciumhydroxid aus dem Zementstein, wobei Ammoniak frei wird und sich in Wasser löst. Das freiwerdende Ammoniak greift den Beton nicht an.
- Weiche Wässer mit < 30 mg CaO je Liter, d. h. Wässer, die wenige bis keine gelöste Calcium- und Magnesiumsalze enthalten, können Calciumhydroxid des Zementsteins lösen. Wasserundurchlässiger Beton wird größtenteils nicht angegriffen. Niederschlagswasser greift in der Regel den Beton nicht an.
- Fette und Öle können je nach Herkunft, chemischer Zusammensetzung und physikalischen Eigenschaften verschieden wirken. Pflanzliche Fette und Öle können den Beton angreifen, da sie als Ester der Fettsäuren mit dem Zementstein Kalkseifen bilden. Steinkohlenteeröle enthalten i. Allg. Phenol und greifen den Beton unter Bildung von Phenolaten an. Bei wasserundurchlässigem Beton ist bei beiden das Angriffsvermögen vernachlässigbar. Mineralöle und -fette greifen den Beton nicht an, wenn sie frei von Säuren sind.

Weiter beschreibt die DIN 4030-1 das Vorkommen der zuvor genannten schädlichen Stoffe:

- Das Meerwasser enthält als betonangreifende Bestandteile vor allem Magnesiumverbindungen und Sulfate. Die Menge der schädlichen Stoffe hängt von dem Meeresteil ab, dem das Wasser entstammt. Richtwerte der Zusammensetzung von Meerwasser sind in der DIN 4030-1 dargestellt. Das Meerwasser aus der Nordsee (entnommen auf Helgoland) besitzt etwa doppelt so viel Salz wie das Meerwasser aus der Ostsee (entnommen an der Kieler Bucht). Natrium zum Beispiel ist in der Nordsee mit 11.000 mg/l und in der Ostsee mit 5000 mg/l vorhanden.
- Bei Meerwasser in Mündungsbereichen und Brackwasser kann die Zusammensetzung stark von den Richtwerten abweichen. Ist eine Abschätzung des Salzgehalts nicht möglich, so sind die Wässer als stark angreifend einzustufen.

7.1 Begriffe und Grundlagen

- Gebirgs- und Quellwässer enthalten i. d. R. keine betonangreifenden Stoffe, gelegentlich jedoch kalklösende Kohlensäure und Sulfate.
- Moorwässer enthalten oft kalklösende Kohlensäure, Sulfate sowie Huminsäuren als betonangreifende Bestandteile.
- Grundwasser und andere Bodenwässer enthalten oft kalklösende Kohlensäure, Sulfate und Magnesiumverbindungen.
- Flusswässer können sehr rein sein, können aber auch die oben aufgezählten Stoffe enthalten.
- Industrieabwässer können je nach Art des Betriebs einen sehr hohen Anteil an betonangreifenden Stoffen enthalten. Auch das Grundwasser in der Nähe von Deponien oder Halden kann betonangreifende Stoffe enthalten.
- Böden können als betonangreifende Stoffe Eisensulfide (Pyrit, Markasit) und säurebildende Bestandteile enthalten. Eisensulfidhaltige Böden sind in Tonsteinen und -mergeln des Jura, Kreide und Tertiärs, in kohleführenden Schichten des Karbons und Tertiärs, in Tonschiefern des Rhenoherzynikums sowie im Bereich sulfidischer Vererzungen (insbesondere des Grundgebirges) zu finden.
- Abgase aus Verbrennungs- und industriellen Prozessen können gas- und staubförmige Bestandteile sowie Aerosole enthalten. Diese lösen sich ganz oder teilweise im Kondensat beim Unterschreiten des Wassertaupunktes. Dadurch entstehen je nach Art und Menge der gelösten Bestandteile Mineralsäuren, organische Säuren oder Salzlösungen unterschiedlicher Konzentration. Gase in Abwasserkanälen und -leitungen sowie Faulbehältern können Schwefelwasserstoff enthalten, aus dem durch bakterielle Oxidation Schwefelsäure entstehen kann.

Für die Beurteilung der Betonaggressivität des Baugrundes genügt i. d. R. die Entnahme und Prüfung einer Wasserprobe. Falls der Verdacht besteht, dass der Boden betonangreifende Stoffe enthält und eine Wasserentnahme nicht möglich ist, so ist eine Bodenprobe zu untersuchen.

Hinweise auf betonangreifende Wässer können eine charakteristische dunkle Färbung, Salzausscheidungen, ein fauliger Geruch, das Aufsteigen von Gasblasen oder eine saure Reaktion sein. Betonangreifende Böden sind meist an ihrer Farbe zu erkennen. Schwarze bis graue Böden sind verdächtig. Lichtgrau bis weiß gebleichte Schichten unter dunkelbraunen bis schwarzen Humusböden weisen auf einen sauren Boden hin (vgl. DIN 4030-1).

Die genaue Entnahme der Proben sowie die Untersuchungsverfahren sind in der DIN 4030-2 beschrieben. In Tab. 7.1 sind die Grenzwerte für Wässer und Böden enthalten.

Der schärfste Wert in der Tab. 7.1 bestimmt dabei die Expositionsklasse. Sind mehr als zwei Werte einer Spalte erreicht, so ist die nächsthöhere Expositionsklasse anzunehmen.

Die Einordnung in eine Expositionsklasse (Betonangriff durch chemischen Angriff der Umgebung) ist für die Betonzusammensetzung, die Betondeckung und die zulässige Rissbreite ausschlaggebend.

Tab. 7.1 Grenzwerte für die Expositionsklassen bei chemischem Angriff durch natürliche Böden und Grundwasser nach DIN 4030-1

Chemisches Merkmal	Einheit	XA1 (Schwach angreifend)	XA2 (Stark angreifend)	XA3 (Sehr stark angreifend)
Grundwasser				
Sulfat	mg/l	200 bis 600	600 bis 3000	3000 bis 6000
pH-Wert	–	6,5 bis 5,5	5,5 bis 4,5	4,5 bis 4,0
Kalklösende Kohlensäure	mg/l	15 bis 40	40 bis 100	Über 100
Ammonium	mg/l	15 bis 30	30 bis 60	60 bis 100
Magnesium	mg/l	300 bis 1000	1000 bis 3000	Über 3000
Boden (häufig durchfeuchtet)				
Sulfat	mg/kg^3	2000 bis 3000	3000 bis 12.000	12.000 bis 24.000
Säuregrad	–	Über 200	In der Praxis nicht anzutreffen	

7.2 Schutz- und Abdichtungsverfahren

Die Lebensdauer und Unterhaltungskosten eines Bauwerks sind vor allem von der Qualität und Dauerhaftigkeit seines Schutzes sowie seiner Abdichtung abhängig.

D. h. im Einzelnen sind folgende Punkte zu betrachten:

- den verwendeten Zementen,
- den Zusätzen des Betons,
- der Mischung und Verarbeitung des Betons,
- dem Bilden einer zusätzlichen Schutzschicht,
- der Ummantelung des Bauwerks.

Durch die Kombination der zuvor genannten Punkte ist es möglich, das Bauwerk nahezu komplett vor Schäden infolge unbeabsichtigten Wassereintritts, vor Gefährdung durch aggressive Wässer oder Böden sowie vor Chemikalienangriff zu schützen.

7.2.1 Zement

Die Auswahl der Zemente nimmt maßgeblichen Einfluss auf den Schutz vor betonangreifenden Wässern und Böden. Durch die Verwendung kalkarmer Zemente wie Portlandhüttenzement, Hochofenzement oder Trasszement wird der Kalküberschuss verringert, der durch Säuren, Basen und Salze angegriffen wird. Für Salzwasser ausgesetzte Bauwerke eignet sich ein hüttensandreicher Hochofenzement. Tonerdezement oder Tonerdeschmelzzement ist widerstandsfähig gegen Sulfate, weniger gegen Laugen (in Deutschland aber für tragende Bauteile verboten) (vgl. [1]). Außerdem ist es möglich, durch Beimischung von Zusätzen von Puzzolanen wie Trass oder Hochofenschlacke (kalkbindend) die Eigenschaften zu beeinflussen (vgl. [1]).

7.2.2 Beton

Die Widerstandsfähigkeit des Betons gegen chemischen Angriff ist vor allem von seiner Festigkeit und der Dichtheit abhängig.

In Tab. 7.2 ist auszugsweise dargestellt, welche Mindestanforderungen an den Beton für die unterschiedlichen Expositionsklassen (XC = Bewehrungskorrosion durch Karbonatisierung, XD/XS = Bewehrungskorrosion durch Chloride, XA = Betonkorrosion durch aggressive chemische Umgebung) sind (vgl. DIN 1045-2).

Durch eine zweckmäßige Wahl der Bindemittel sowie einer sorgfältigen Auswahl der Zuschlagstoffe, der richtigen Bemessung des Wasserzusatzes (s. a. Tab. 7.2) und der entsprechenden Wahl des Mischungsverhältnisses wird der Beton widerstandsfähig.

Neben den zuvor genannten Faktoren zur Mischung gilt es auch einige Punkte bei der Verarbeitung zu beachten.

Um eine Entmischung des Betons zu verhindern, sind die Art der Förderung und die des Einbringens auf die Betonzusammensetzung abzustimmen. Beim Transport ist ebenfalls ein Entmischen durch beispielsweise ein Rührwerk zu vermeiden. Um die erforderlichen Festbetoneigenschaften zu erhalten, sind außerdem eine genaue Schalung für die spätere Oberfläche und ein sehr sorgfältiges Verdichten notwendig. Durch das Verdichten wird die Bewehrung dicht mit Beton umhüllt und Hohlräume in den Ecken und Kanten der Schalung ausgefüllt. Schwachstellen wie Arbeitsfugen sind, soweit es möglich ist, zu verhindern. Durch die Nachbehandlung (Feuchthalten der Oberfläche des Betons) werden

Tab. 7.2 Grenzwerte für Zusammensetzung und Eigenschaften von Beton nach DIN 1045-2

	Bewehrungskorrosion durch						Betonkorrosion durch		
	Karbonatisierung			Chloride			Aggressive chemische Umgebung		
Expositionsklasse	XC1/XC2	XC3	XC4	XD1/XS1	XD2/XS2	XD3/XS3	XA1	XA2	XA3
Höchstzulässiger w/z-Wert	0,75	0,65	0,60	0,55	0,50	0,45	0,60	0,50	0,45
Mindestdruckfestigkeitsklasse [N/mm^2]	C16/20	C20/25	C25/30	C30/37	C35/45	C35/45	C25/30	C35/45	C35/45
Mindestzementgehalt in [kg/m^3]	240	260	280	300	320	320	280	320	320
Mindestzementgehalt bei Anrechnung von Zusatzstoffen in [kg/m^3]	240	240	270	270	270	270	270	270	270

frühzeitige Rissbildungen infolge von Schwinden vermieden und eine spätere hohe Dichtheit erreicht. Außerdem muss junger Beton (Beton in der Anfangsphase des Erhärtens) vor allen schädigenden Einflüssen geschützt werden (vgl. [1]).

Besonders dichte Betone, Betone mit hohem Wassereindringwiderstand, sind wasserundurchlässige Betone. Eine „weiße Wanne" ist ein Bauwerk, bei dem neben dem Beton auch die Fugen, die Risse und die Einbauteile die Eigenschaften des hohen Wassereindringwiderstands besitzen (vgl. [2]).

7.2.3 Dichtungsmittel

Dichtungsmittel verhindern die kapillare Wasseraufnahme respektive das Eindringen von Wasser in den Beton. Allerdings ist ihre Wirkung erheblich geringer als die in Abschn. 7.2.2 dargestellten Faktoren. Außerdem mindern sie die Betonfestigkeit und ihre Wirkung kann nach längerer Zeit nachlassen (vgl. [1]).

7.2.4 Schutzschicht

Schutzschichten können entweder durch die Verwendung einer Chemikalie als Anstrich oder mit einem schichtbildenden Deckaufstrich ausgebildet werden. Dabei wird zwischen Silicofluoriden (Bildung von unlöslichen Salzen durch die Umwandlung des freien Kalks im Beton in eine wasserunlösliche Kalkverbindung) und Wasserglas (Verstopfung der Poren durch Bildung von gallertartiger Kieselsäure und Bildung von unlöslichen Salzen) unterschieden. Beide Anstriche bilden aber nur eine sehr dünne Schutzschicht. Außerdem bieten sie keinen ausreichenden Schutz gegen fließendes Wasser oder stärkerem Wasserdruck, weswegen diese Anstriche nur zusätzlich bei der Herstellung dichten Betons angewandt werden können.

Der schichtbildende Deckaufstrich ist ein Aufstrich auf Bitumenbasis. Hierbei wird zwischen Heiß- und Kaltaufstrich unterschieden.

7.2.5 Putz

Die DIN 18550-1 beschreibt u. a. die Beständigkeit von Putz gegen das Eindringen von Regenwasser. Hierbei wird zwischen den Beanspruchungsgruppen I (geringe), II (mittlere) und III (starke Schlagregenbeanspruchung) differenziert. Die Beanspruchungsgruppe ist von der Jahresniederschlagsmenge abhängig. Für die Beanspruchungsgruppe I ist ein wasserhemmender Außenputz ausreichend und ab der Beanspruchungsgruppe II ist ein wasserabweisender Außenputz erforderlich. Da die Putzabdichtung keine Bauwerksabdichtung nach DIN 18533 darstellt, wird sie an dieser Stelle nicht weiter beschrieben.

7.3 Abdichtung von Bauwerken

Die Abdichtung von Bauwerken wird in einer Normenreihe, in der folgenden Normen enthalten sind, geregelt:

- DIN 18195: Abdichtung von Bauwerken – Begriffe,
- DIN 18531: Abdichtung von Dächern,
- DIN 18532: Abdichtung von befahrbaren Verkehrsflächen aus Beton,
- DIN 18533: Abdichtung von erdberührten Bauteilen,
- DIN 18534: Abdichtung von Innenräumen,
- DIN 18535: Abdichtung von Behältern und Becken.

Für die Abdichtung von Grundbauwerken ist die DIN 18533 maßgebend, die aus folgenden drei Teilen besteht:

- Teil 1: Anforderungen, Planungs- und Ausführungsgrundsätze,
- Teil 2: Abdichtung mit bahnenförmigen Abdichtungsstoffen,
- Teil 3: Abdichtung mit flüssig zu verarbeitenden Abdichtungsstoffen.

7.3.1 Anforderungen

Um die Funktionalität des gesamtes Abdichtungssystems eines Bauwerks zu gewährleisten, werden an den Untergrund, die Abdichtung, die Übergänge, die An- und Abschlüsse, die Abdichtung von Bewegungsfugen und den Schutz der Abdichtung zahlreiche Anforderungen gestellt (vgl. DIN 18533-1).

7.3.1.1 Untergrund

Bauwerksflächen, auf die die Abdichtung aufgebracht wird, müssen frostfrei, fest, eben, frei von Nestern und klaffenden Rissen, Graten und frei von schädigenden Verunreinigungen sein. Der für das jeweilige Abdichtungssystem zulässige Feuchtegehalt des Untergrundes darf nicht überschritten werden.

Kehlen sind ausgerundet und Kanten gefast auszubilden. Dadurch sollen 90°-Winkel vermieden werden. Vor- und Rücksprünge der abzudichtenden Flächen sind auf das notwendige Maß zu begrenzen. Veränderungen vorhandener Risse des Untergrunds und neu zu erwartende Risse müssen in Abhängigkeit von der Rissüberbrückungsklasse des auszuführenden Abdichtungssystems bewertet werden.

7.3.1.2 Abdichtung

An die Abdichtung, die als zentrales Element des gesamten Systems dient, sind ebenfalls Anforderungen gestellt. Sie schützt als bautechnische Maßnahme das Bauteil oder Bauwerk vor dem Eintritt von Wasser oder Feuchte. Neben ihrer Dichtheit muss sie beständig, dauerhaft und zuverlässig sein. Die Eigenschaften und die Funktion der Abdichtung müssen während der geplanten Nutzungsdauer erfüllt sein.

In der Regel ist die Abdichtung der wasserzugewandten Seite anzuordnen. Bei Bodenplatten aus Beton darf sie auch oberseitig ausgeführt sein. Die Abdichtung darf ihre Schutzwirkung auch durch erwartende Bewegungen der Bauteile (z. B. durch Schwinden oder Setzungen) nicht verlieren. Außerdem muss die Abdichtung in Abhängigkeit ihrer Rissüberbrückungsklasse vorhandene Risse und Rissbildungen überbrücken können.

7.3.1.3 Übergänge, An- und Abschlüsse

Die Übergänge, An- und Abschlüsse müssen die gleiche abdichtende Funktion wie die Abdichtung selbst haben. Erforderlichenfalls ist das Hinter- und Unterlaufen mit der Hilfe von Einbauteilen zu verhindern, welche auf die zu erwartende Wassereinwirkung anzupassen sind. Der Abschluss der Abdichtung darf nicht verrutschen oder sich ablösen. Dies ist durch Zuhilfenahme von Einbauteilen möglich.

7.3.1.4 Abdichtung von Bewegungsfugen

Die Bewegungsfugen sind so abzudichten, dass das Eindringen von Wasser durch die Fugen in das Bauwerksinnere verhindert wird. Auch bei Fugenbewegungen infolge von Setzungen, Temperaturänderungen, Schwinden oder gegebenenfalls Wasserdruck dürfen die Fugen ihre Schutzwirkung nicht verlieren.

7.3.1.5 Schutz der Abdichtung

Schutzschichten (z. B. Estrich oder Beton) dienen dazu, die Abdichtung vor äußeren schädigenden Einwirkungen mechanischer oder thermischer Art dauerhaft zu schützen. Auch während der Bauzeit ist die Abdichtungsschicht durch temporäre oder dauerhafte Schutzlagen oder -schichten zu schützen. Die Schutzschicht ist durch eine Trennlage von der Abdichtungsschicht zu entkoppeln. An gleicher Stelle der Bauwerksfugen sind auch die Fugen der Schutzschicht anzuordnen. Außerdem ist die Schutzschicht durch Fugen in Felder aufzuteilen.

7.3.2 Einwirkungen und Nutzungsklassen

Auf die Abdichtung kann neben Wasser auch eine Last, UV-Strahlung oder eine Veränderung durch Temperaturschwankung einwirken.

7.3.2.1 Wassereinwirkung

Entscheidend für die Auswahl einer Abdichtung ist der Bemessungswasserstand am geplanten Bauwerksstandort. Dieser ist abhängig von dem durch Witterung schwankenden Grundwasserstand, aber auch von anderen wasserwirtschaftlichen Einflussgrößen. Der Bemessungswasserstand ist entweder der Bemessungsgrundwasserstand (HGW), der sich einstellen kann oder der Bemessungshochwasserstand (HHW), wobei der höhere Wert

7.3 Abdichtung von Bauwerken

maßgebend ist. Der Bemessungsgrundwasserstand kann nach Merkblatt BWK-M8 „Ermittlung des Bemessungsgrundwasserstandes für Bauwerksabdichtungen" ermittelt werden. Falls keine objektbezogene Feststellung des Bemessungsgrundwasserstandes möglich ist, ist dieser bis zur Geländeoberkante oder bei örtlichen Hochwasserrisiken auf Höhe des höchst anzunehmenden Bemessungshochwasserstandes anzusetzen.

Die Wassereinwirkung wird in die in Tab. 7.3 und in Abb. 7.1 dargestellten Wassereinwirkungsklassen eingeteilt. Dabei haben die Wassereinwirkungsklassen grundsätzlichen Charakter.

Tab. 7.3 Wassereinwirkungsklassen nach DIN 18533-1

Klasse	Art der Einwirkung
W1-E	Bodenfeuchte und nichtdrückendes Wasser
W1.1-E	Bodenfeuchte und nichtdrückendes Wasser bei Bodenplatten und erdberührten Wänden
W1.2-E	Bodenfeuchte und nichtdrückendes Wasser bei Bodenplatten und erdberührten Wänden mit Dränung
W2-E	Drückendes Wasser
W2.1-E	Mäßige Einwirkung von drückendem Wasser ≤ 3 m Eintauchtiefe
W2.2-E	Hohe Einwirkung von drückendem Wasser > 3 m Eintauchtiefe
W3-E	Nichtdrückendes Wasser auf erdüberschütteten Decken
W4-E	Spritzwasser und Bodenfeuchte am Wandsockel sowie Kapillarwasser in und unter Wänden

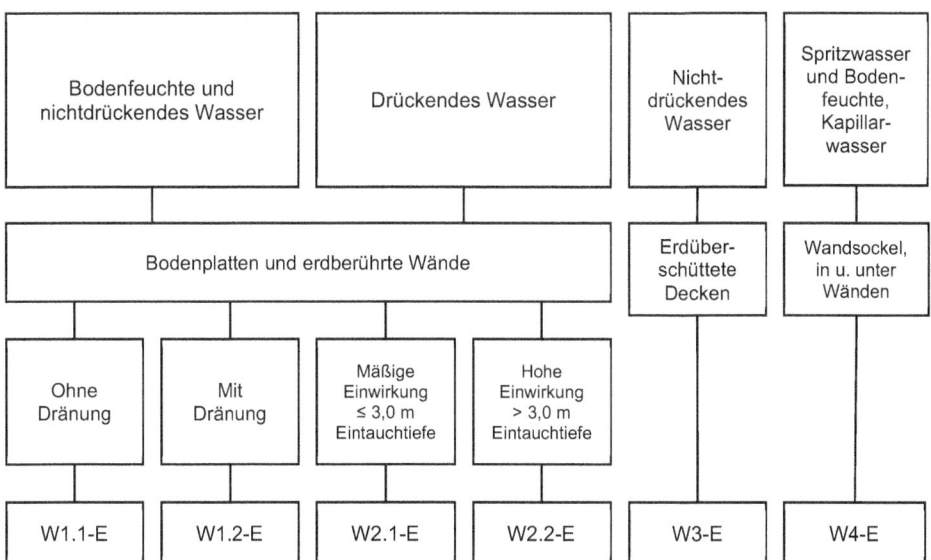

Abb. 7.1 Wasserarten, Anwendungsbereiche und Wassereinwirkungsklassen bei der Abdichtung von erdberührten Bauteilen nach DIN 18533-1

7.3.2.1.1 W1-E – Bodenfeuchte und nichtdrückendes Wasser

Unter Bodenfeuchte ist nach DIN 18533-1 kapillargebundenes und durch Kapillarkräfte auch entgegen der Schwerkraft transportiertes Wasser (z. B. Saugwasser, Haftwasser oder Kapillarwasser) definiert. Mit Bodenfeuchte ist im Baugrund immer zu rechnen.

Nichtdrückendes Wasser ist in tropfbar flüssiger Form anfallendes Wasser, das von der Oberfläche des Geländes bis zum freien Grundwasserstand absickern kann und sich auch bei starken Niederschlägen aufstauen kann. Dabei müssen der Baugrund bis zu einer ausreichenden Tiefe und das Verfüllmaterial aus stark durchlässigen Böden (k > 10^{-4} m/s nach DIN 18130-1) bestehen und die Unterkante der Abdichtungsebene mindestens 50 cm oberhalb des Bemessungswasserstandes liegen. Eine ausreichende Tiefe liegt dann vor, wenn eine Stauwasserbildung durch wasserundurchlässige Böden sicher vermieden wird. Wenn der Mindestabstand von 50 cm zum Bemessungswasserstand unterschritten ist, so ist die Abdichtung nach W2.1-E (Abdichtung unter Bodenplatte) auszubilden. Darüber kann im Wandbereich eine Abdichtung nach W1-E ausgeführt werden.

Bei wenig durchlässigen Böden (k < 10^{-4} m/s) muss mit drückendem Wasser gerechnet werden. Wird die Einwirkung mit einer auf Dauer funktionsfähigen Dränung nach DIN 4095 (Erfordernis von filterfesten Dränschichten vor den zu schützenden Bauteilen, funktionsfähigen, fluchtgerecht verlegten formstabilen Dränleitungen, Spül- und Kontrollvorrichtungen und eine rückstausichere Ableitung des anfallenden Wassers in eine zuverlässige Vorflut) verhindert, tritt auch bei wenig durchlässigem Baugrund nur nichtdrückendes Wasser und an Bodenplatten nur Bodenfeuchte auf.

In der Tab. 7.4 sind die Wasserdurchlässigkeitsbeiwerte, die Durchlässigkeitsbereiche und die dazugehörigen Beispielbodenarten dargestellt.

7.3.2.1.2 W1.1-E – Bodenfeuchte und nichtdrückendes Wasser bei Bodenplatten und erdberührten Bauteilen

Bei Bodenplatten wird zwischen zwei Situationen unterschieden. In der Situation 1 ist bei Bodenplatten ohne Unterkellerung die Einwirkung auf Bodenfeuchte beschränkt, wenn die Abdichtungsebene mindestens 50 cm oberhalb des Bemessungswasserstandes auf

Tab. 7.4 Wasserdurchlässigkeitsbeiwerte

Bodenart	Durchlässigkeitsbeiwert	Durchlässigkeitsbereich nach DIN 18130-1	Definition nach DIN 18533
Reiner Kies	10^{-1} bis 10^{-2} m/s	Sehr stark durchlässig	Stark wasserdurchlässig
Grobkörniger Sand	Um 10^{-3} m/s	Stark durchlässig	
Mittelkörniger Sand	10^{-3} bis 10^{-4} m/s	Durchlässig	
Feinkörniger Sand	10^{-4} bis 10^{-5} m/s	Schwach durchlässig	Wenig wasserdurchlässig
Schluffiger Sand	10^{-5} bis 10^{-7} m/s	Sehr schwach durchlässig	
Toniger Schluff	10^{-6} bis 10^{-9} m/s	Nahezu völlig wasserundurchlässig	
Ton	10^{-7} bis 10^{-12} m/s	Wasserundurchlässig	

stark wasserdurchlässigem Baugrund oder Bodenaustausch ($k > 10^{-4}$ m/s) liegt. Sind der Baugrund und die Verfüllung stark wasserdurchlässig ($k > 10^{-4}$ m/s) und liegt die unterste Abdichtungsebene mindestens 50 cm oberhalb des Bemessungswasserstands, so liegt die Situation 2 vor.

7.3.2.1.3 W1.2-E – Bodenfeuchte und nichtdrückendes Wasser bei Bodenplatten und erdberührten Wänden mit Dränung

Bei wenig wasserdurchlässigem Baugrund ($k < 10^{-4}$ m/s) sind erdberührte Wände und Bodenplatten W1.2-E zuzuordnen, wenn Stauwasser durch eine auf Dauer funktionsfähige Dränung nach DIN 4095 zuverlässig vermieden wird. Wird der wenig wasserdurchlässige Boden nicht gedränt, wirkt das aufstauende Wasser als drückendes Wasser (W2.1-E oder W2.2-E) auf die Abdichtung ein.

7.3.2.1.4 W2-E – Drückendes Wasser

Grundwasser, Hochwasser oder Stauwasser können als von außen drückendes Wasser einwirken. Diese Wässer üben einen hydrostatischen Druck auf die Abdichtung aus. Je nach Höhe des Bemessungswasserstandes wird drückendes Wasser weiter unterschieden.

7.3.2.1.5 W2.1-E – Mäßige Einwirkung von drückendem Wasser

W2.1-E kann von drei typischen Situationen herbeigeführt werden. Dabei wirkt durch Stauwasser, Grundwasser oder Hochwasser eine bis zu 3 m hohe Wassersäule auf die Abdichtung erdberührter Bauteile ein.

Die Situation 1 liegt vor, wenn die unterste Abdichtungsebene bis zu 3 m unter GOK und oberhalb des HGW/HHW liegt und der nicht drainierte Baugrund wenig wasserdurchlässig ist. In diesem Fall ist der Bemessungswasserstand bis auf GOK anzusetzen.

In der Situation 2 wirkt das Grundwasser bis zu 3 m auf die Abdichtung ein. Die unterste Abdichtungsebene liegt bis zu 3 m unterhalb des Bemessungswasserstands.

Bei der Situation 3 wirkt Hochwasser bis zu 3 m auf die Abdichtung ein. Die Abdichtungsebene liegt im Bereich des Hochwassers oberirdischer Gewässer.

7.3.2.1.6 W2.2-E – hohe Einwirkung von drückendem Wasser

Eine hohe Einwirkung von drückendem Wasser liegt vor, wenn auf die Abdichtung erdberührter Bauteile drückendes Wasser mit über 3 m Wassersäule einwirkt. Dabei wird zwischen zwei typischen Situationen unterschieden.

Situation 1 liegt vor, wenn in wenig wasserdurchlässigen nicht drainierten Böden Stauwasser mit mehr als 3 m auf die Abdichtung wirkt. Die unterste Abdichtungsebene liegt mehr als 3 m unter GOK. Der Bemessungswasserstand ist auf GOK anzusetzen.

In der Situation 2 wirkt Grundwasser oder Hochwasser mit mehr als 3 m auf die Abdichtung erdberührter Bauteile ein.

7.3.2.1.7 W3-E – Nichtdrückendes Wasser auf erdüberschütteten Decken

Bei der Wassereinwirkungsklasse W3-E wirkt Niederschlagswasser auf eine erdüberschüttete Decke ein. Dieses Wasser sickert durch den Boden bis zur Abdichtung und muss dort abgeleitet werden. Der tiefste Punkt der Deckenfläche muss mindestens 30 cm über HHW/HGW liegen und die Anstauhöhe von 10 cm darf nicht überschritten werden, andernfalls ist die Abdichtung nach W2-E auszubilden.

7.3.2.1.8 W4-E – Spritzwasser am Wandsockel sowie Kapillarwasser in und unter erdberührten Wänden

Sockeloberflächen, Bodenplatten und Fundamente am Wandsockel sind von Spritz- und Sickerwasser zu schützen. Diese Einwirkungen machen eine Wandsockel- und Querschnittsabdichtung erforderlich, falls nicht mit W2-E zu rechnen ist. Die Abdichtung ist bis ca. 30 cm oberhalb GOK und 20 cm unterhalb GOK auszuführen.

7.3.2.2 Lasteinwirkung

Auf die Abdichtung wirken i. d. R. nur Flächenlasten. Auf annähernd waagrechter Deckenflächen können Lasten aus Wasserdruck, Überlagerungsdruck der Überschüttung, Begehung und Befahrung der Flächen, aus Nutzung oder darüber befindlicher Bauwerke einwirken. Auf annähernd senkrechte Bauteile wirkt Erddruck aus Eigengewicht des Bodens, aus benachbarter Bebauung und Verkehrslasten ein. Der Baugrund wirkt neben seiner horizontalen Kraftkomponente auch mit Kräften in der Abdichtungsebene nach unten oder oben ein. In der Wassereinwirkungsklasse W2-E ist für das abzudichtende Bauwerk ein statischer Nachweis gegen Auftrieb und Wasserdruck erforderlich.

7.3.2.3 Sonstige äußere Einwirkungen

Neben den Wasser- und Lasteinwirkungen gibt es weitere äußere Einwirkungen. Vor solchen Einwirkungen wie beispielsweise aus UV-Strahlung oder Temperaturschwankungen ist die Abdichtung, entsprechend ihrer Empfindlichkeit zu schützen.

Im Sockelbereich über GOK oder über OK Erdüberschüttung können die Abschlüsse der Abdichtung, ggf. auch während der geplanten Nutzungsdauer, erhöhten sonstigen äußeren Einwirkungen ausgesetzt sein. Diese Einwirkungen sind bei der Wahl der Abdichtungsart und Detailgestaltung zu berücksichtigen.

Ebenfalls bei der Wahl der Abdichtung ist die Einwirkung von Wurzelwachstum bei erdüberschüttenden Decken oder erdberührten Wänden zu beachten.

7.3.3 Rissklassen/Rissüberbrückungsklassen

Risse sind i. d. R. bei den Bauteilen, die den Abdichtungsuntergrund bilden, nicht vollständig vermeidbar. Aus diesem Grund müssen Rissbreitenänderungen und Rissbildungen, die nach dem Aufbringen der Abdichtung entstehen, bei der Wahl der Abdichtungsart

Tab. 7.5 Riss- und Rissüberbrückungsklassen nach DIN 18533-1

Riss-klasse	Rissbildung/Rissbreitenänderung bzw. Rissüberbrückung	Typischer Abdichtungsuntergrund	Rissüberbrückungsklasse
R1-E	≤ 0,2 mm	Stahlbeton ohne rissverursachende Zwang- und Biegeinwirkung, Mauerwerk im Sockelbereich, Untergründe für Querschnittsabdichtungen	RÜ1-E (geringe Rissüberbrückung)
R2-E	≤ 0,5 mm	Geschlossene Fugen von flächigen Bauteilen (z. B. bei Fertigteilen), unbewehrter Beton, Stahlbeton mit rissverursachender Zwang-, Zug oder Biegeinwirkung, erddruckbelastetes Mauerwerk, Fugen an Materialübergängen	RÜ2-E (mäßige Rissüberbrückung)
R3-E	≤ 1,0 mm – Rissversatz ≤ 0,5 mm (z. B. durch Erschütterung durch Bauarbeiten in der Nachbarschaft)	Fugen von Abdichtungsrücklagen, Aufstandsfugen von erddruckbelasteten Wänden	RÜ3-E (hohe Rissüberbrückung)
R4-E	≤ 5,0 mm – Rissversatz ≤ 2,0 mm (z. B. durch Erschütterungen oder Erdbeben)	–	RÜ4-E (Sehr hohe Rissüberbrückung)

berücksichtigt werden. Vorhandene Risse, welche sich nicht verändern, werden nicht berücksichtigt. Rissbreitenänderungen und Rissbildungen werden durch Kriechen, Setzen, Schwinden, thermische Längenänderung oder Form- und Volumenänderung verursacht.

Die Art der Abdichtung muss die Rissbreitenänderung und Rissbildung des Abdichtungsuntergrunds überbrücken können. Die Rissüberbrückung des jeweiligen Abdichtungssystems ist dabei von den Eigenschaften des Abdichtungsstoffs, ggf. vorhandener Einlage, der Schichtdicke, der Lagenzahl und der Art des Haftverbunds zu Abdichtungsuntergrund abhängig. Für die Wahl der Abdichtungsart definiert die DIN 18533-1 in Abhängigkeit der Rissbildung oder Rissbreitenänderung die in der Tab. 7.5 dargestellten Rissklassen.

7.3.4 Raumnutzungsklassen

Um unterschiedlich hohe Anforderungen an die Trockenheit der Raumluft von erdseitig abgedichteten Räumen und die Zuverlässigkeit der Abdichtungsbauart unterscheiden zu können, definiert die DIN 18533-1 drei Raumnutzungsklassen RN1-E bis RN3-E (s. Tab. 7.6).

Tab. 7.6 Raumnutzungsklassen nach DIN 18533-1

Raumnutzungsklasse	Anforderung	Beispielräume
RN1-E	Geringe Anforderung an Trockenheit	Offene Werk- oder Lagerhalle, Tiefgarage
RN2-E	Übliche Anforderung an Trockenheit und Zuverlässigkeit	Aufenthaltsräume, Räume zur Lagerung feuchteempfindlicher Güter (Keller- und Lagernutzung in üblichen Wohn- und Bürogebäuden)
RN3-E	Hohe Anforderung an Trockenheit und Zuverlässigkeit	Magazin zur Lagerung unersetzlicher Kulturgüter, Raum für den Zentralrechner

7.3.5 Bauliche Erfordernisse

Die abzudichtenden Bauteile müssen so gestaltet werden, dass eine Abdichtung fachgerecht angeordnet und ausgeführt werden kann. Die Bauteile müssen in der Verbindung mit dem Abdichtungssystem in dem Nutzungszeitraum dauerhaft und funktional sein. Die Entstehung von Rissen, die nicht durch die Abdichtungsbauart überbrückbar sind, ist durch weitere konstruktive Maßnahmen (z. B. Anordnung von Bewehrung, ausreichender Wärmedämmung oder Fugen) zu verhindern.

Nicht geschlossene Vertiefungen größer als 5 mm sind mit geeignetem Mörtel zu schließen (z. B. Mörteltaschen, offene Stoß- und Lagerfugen oder Ausbrüche). Mauerwerksoberflächen, offene Stoßfugen kleiner als 5 mm, Oberflächenprofilierung oder Unebenheiten von Steinen müssen durch Verputzen (Dünn- oder Ausgleichsputz), Vermörteln, durch Dichtungsschlämmen oder durch eine Kratzspachtelung verschlossen und egalisiert werden. Bei Abdichtungen mit überdeckenden Eigenschaften wie Bitumen- oder Kunststoffbahnen ist dies nicht notwendig. Falls gegen die Abdichtungsschicht gemauert oder betoniert wird, sind Hohlräume zu vermeiden. Hierbei sind insbesondere Kiesnester unzulässig. Dies gilt für alle Abdichtungsbauarten, die in der DIN 18533-1 behandelt werden.

Ebenfalls bei der Planung zu berücksichtigen ist die Temperatureinwirkung auf die Abdichtungsschicht.

Bei der Wassereinwirkungsklasse W3-E (nichtdrückendes Wasser auf erdüberschütteten Decken) ist durch bauliche Maßnahmen dafür zu sorgen, dass das auf die Abdichtung wirkende Wasser keinen oder nur geringen hydrostatischen Druck ausüben kann. Es muss so abgeführt werden, dass eine Anstauhöhe von 10 cm nicht überschritten wird, ansonsten muss die Abdichtungsart für die Wassereinwirkungsklasse W2-E (drückendes Wasser) ausgelegt sein.

Die Planung und Ausführung der Entwässerung von erdüberschütteten Decken ist in DIN EN 12056-3 und DIN 1986-100 geregelt. Die Entwässerung kann entweder als Außenentwässerung über die Dränung ins Erdreich oder als Innenentwässerung mit Abläufen erfolgen. Dabei sind die Abläufe einer Innenentwässerung an den tiefsten Stellen der zu entwässernden Fläche anzuordnen. Die Abläufe müssen so geplant und eingebaut sein, dass sie für Wartungszwecke zugänglich sind, und wenn sie die Abdichtungsschicht durchdringen, eine dauerhafte Entwässerung der Oberfläche und der Abdichtungsebene sichergestellt ist.

Wenn der anstehende Baugrund und die Baugrubenverfüllung nicht nachweislich stark wasserdurchlässig sind und die Ableitung des Wassers über eine Dränung erfolgen soll, muss diese der DIN 4095 entsprechen.

7.3.6 Planungsgrundsätze

Bereits bei der Planung eines Bauwerks, seiner Bauteile und des Abdichtungssystems müssen die Einwirkungs- und Einflussgrößen, die für die Funktion und den Bestand der Abdichtung von Bedeutung sind, berücksichtigt werden. Dabei muss auch die Wechselwirkung zwischen Abdichtungsschicht und darunter-/darüberliegenden Schichten berücksichtigt werden. Außerdem darf die Abdichtung nur bei geeigneten Witterungsverhältnissen ausgeführt werden. Die Witterung darf sich nicht negativ auf die Abdichtung auswirken, außer es werden besondere Vorkehrungen getroffen, die schädigende Einwirkungen verhindern.

Zur Vermeidung unnötig hoher Wassereinwirkung definiert die DIN 18533-1 folgende Planungsgrundsätze:

- Gezielte Anordnung des Bauwerks und Gestaltung des umgehenden Geländes, sodass die Wassereinwirkung auf die erdberührten Bauteile und den Sockel möglichst gering ist,
- Bauwerksöffnungen und Durchdringungen sollten oberhalb des Bemessungswasserstandes liegen,
- Gezielte Wegleitung von Niederschlagswasser,
- Reduzierung von eindringendem Oberflächenwasser bei Rändern und Abdeckungen von Lichtschächten und Lichtgräben,
- Verhindern von aus offen endenden Regenfallrohren und Speiern fallendes Wasser auf den Wandsockel,
- Keine zusätzliche Einwirkung durch Versickerungseinrichtungen auf die Abdichtungsschicht.

Des Weiteren ist das Bauteil so zu dimensionieren und die Abdichtungsbauart so zu wählen, dass einwirkende Lasten die Abdichtungsschicht nicht schädigen. Je nach Abdichtungsbauart sind die senkrecht zur Abdichtungsebene zulässigen Druckspannungen einzuhalten. Bei Lasten parallel zur Abdichtungsebene sind besondere Vorkehrungen zu treffen (Abdichtungsschicht mit ausreichendem Scherwiderstand oder zusätzliche konstruktive Maßnahmen).

Tab. 7.7 Rissüberbrückungsklasse der Abdichtungsbauart in Abhängigkeit von der Wassereinwirkung nach DIN 18533-1

Wassereinwirkung	Rissüberbrückungsklasse
W1-E	Mind. RÜ1-E
W2.1-E und W3-E	Mind. RÜ3-E
W2.2-E	Mind. RÜ4-E
W4-E	Mind. RÜ1-E

Die Tab. 7.7 zeigt, welche Rissüberbrückungsklasse bei der Wassereinwirkung mindestens erforderlich ist, um aus Gründen der Zuverlässigkeit ein Bauwerk funktional und dauerhaft abzudichten. Dieser Mindestwert gilt, falls sich aus den Rissklassen des Untergrunds keine höheren Rissüberbrückungsklassen ergeben.

Die Wahl des Abdichtungssystems erfolgt unter Berücksichtigung von Wassereinwirkungsklasse, Rissklasse und Rissüberbrückungsklasse, sonstigen Einwirkungen (zusätzliche, mechanische und thermische Einwirkungen), Anforderungen an die Dauerhaftigkeit und an die Zuverlässigkeit sowie der Raumnutzungsklasse.

Dabei ist die Abdichtung für eine wirtschaftliche Nutzungsdauer zu planen. Zu der Wirtschaftlichkeit zählen die Kosten für Entwurf, Bau und Nutzung, Kosten für Nutzungsausfall infolge eines Versagens und Kosten für Instandhaltung.

7.3.7 Geeignete Abdichtungsbauarten in Abhängigkeit der Wassereinwirkungsklasse

Die DIN 18533-1 definiert geeignete Abdichtungsbauarten in Abhängigkeit der Wassereinwirkungsklasse, die nachfolgend in Tab. 7.8 kurz aufgeführt sind.

7.3.8 Abdichtung in Abhängigkeit der Wassereinwirkungsklasse

Die DIN 18533-1 definiert für jede Wassereinwirkungsklasse neben den in Abschn. 7.3.8 dargestellten Abdichtungsbauarten auch typische Schichtenfolgen sowie zu beachtende Besonderheiten.

7.3.8.1 Abdichtung von erdberührten Bauteilen bei W1-E

Bei der Wassereinwirkungsklasse W1-E kann z. B. bei allen Raumnutzungsklassen für Bodenplatten auf eine Abdichtung nach Tab. 7.8 verzichtet werden, falls unter oder auf der Bodenplatte vollflächig in Heißbitumen verklebte Schaumglasdämmplatten mit lückenlos verschlossenen Fugen angeordnet werden kann. Dabei ist die Querschnittsabdichtung mindestens 10 cm mit der Wärmedämmschicht zu überlappen. In Abb. 7.2 sind typische Schichtfolgen für die Abdichtung von erdberührten Wänden bei W1-E dargestellt.

7.3 Abdichtung von Bauwerken

Tab. 7.8 Abdichtungsbauarten erdberührter Bauteile in Abhängigkeit der Wassereinwirkungsklasse nach DIN 18533-1

Wassereinwirkungsklasse/ Anwendungsbereich	Abdichtungsbauart
W1-E Bodenplatte	Bitumen- und Polymerbitumenbahnen
	Kunststoff- oder Elastomerbahnen
	PMBC, Asphaltmastix, Gussasphalt, MDS
	Keine Abdichtung
W1-E Erdberührte Wand	Bitumen- und Polymerbitumenbahnen
	Kunststoff- oder Elastomerbahnen
	PMBC
	MDS
W2.1-E Erdberührte Bauteile	Bitumen- und Polymerbitumenbahnen
	Kunststoff- oder Elastomerbahnen
	PMBC
W2.2-E Erdberührte Bauteile	Bitumen- und Polymerbitumenbahnen
	Kunststoff- oder Elastomerbahnen
W3-E Erdüberschüttete Deckenfläche	Asphaltmastix in Verbindung mit Gussasphalt
	Bitumen- und Polymerbitumenbahnen
	FLK
	Polymerbitumen-Schweißbahn in Verbindung mit Gussasphalt
	Kunststoff- oder Elastomerbahnen
	PMBC
W4-E Abdichtung an Wandsockeln Abdichtung in und unter Wänden	Bitumen- und Polymerbitumenbahnen
	Kunststoff- oder Elastomerbahnen
	Rissüberbrückende MDS
	FLK
	PMBC (nicht als Querschnittsabdichtung)

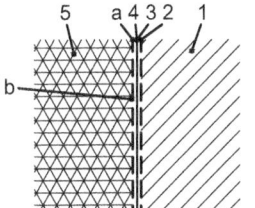
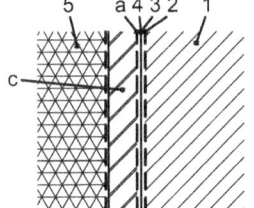
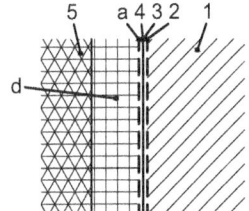

Abb. 7.2 Typische Schichtenfolgen für die Abdichtung von erdberührten Wänden bei W1-E nach DIN 18533-1 (*1* Wand, *2* ggf. Untergrundvorbehandlung, *3* ggf. Ausgleichsschicht, *4* Abdichtungsschicht, *5* Verfüllmaterial, *a* weitere Funktionsschicht, *b* Schutzlage mit Gleitschicht, *c* Drän- und Filterschicht mit Gleitschicht, *d* Perimeterdämmung ggf. mit Gleitschicht)

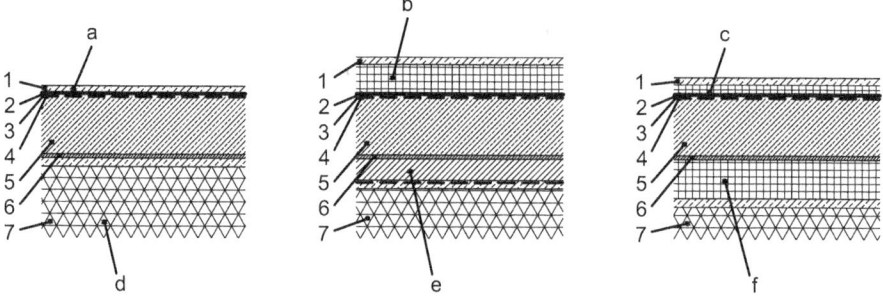

Abb. 7.3 Typische Schichtenfolgen für die Abdichtung von erdberührten Bodenplatten bei W1-E nach DIN 18533-1 (*1* Schutzschicht und sonstige Nutz-/Funktionsschicht oberhalb der Abdichtungsschicht, *2* Abdichtungsschicht, *3* ggf. Ausgleichsschicht, *4* ggf. Untergrundbehandlung, *5* Bodenplatte, ggf. Trennlage, *7* Baugrund/Bodenaustausch, *a* Nutzschicht auf Trennlage (Asphaltestrich etc.), *b* Wärmedämmschicht und Nutzschicht, Schwimmender Estrich, *d* Sauberkeitsschicht, *e* Dränschicht mit Filtervlies auf Ausgleichsschicht, *f* Perimeterdämmung auf Sauberkeitsschicht)

Im Bereich der Bodenplatte ist das Bauwerk gegen aufsteigende Feuchte abzudichten. Die Abb. 7.3 stellt die typischen Schichtenfolgen der Abdichtung von erdberührten Bodenplatten bei W1-E dar.

Mit einer mindestens 15 cm dicken kapillarbrechenden Schüttung ($k > 10^{-4}$ m/s) unter der Bodenplatte wird der Wassertransport durch die Bodenplatte vermindert und so kann bei der Raumnutzungsklasse RN1-E eine Abdichtung entfallen. Hierbei muss der Bemessungswasserstand mindestens 50 cm unterhalb der Bodenplatte liegen.

Auf eine Abdichtung oder kapillarbrechende Schüttung kann bei befahrbaren Bodenplatten aus Beton, bei denen der Eintrag von Schleppwasser von außen möglich ist, verzichtet werden.

7.3.8.2 Abdichtung von erdberührten Bauteilen bei W2-E

Für die Wassereinwirkungsklassen W2.1-E und W2.2-E wird zwischen der Bauweise auf Rücklage und der Bauweise auf Bauwerksuntergrund in offener Baugrube unterschieden.

Die Abdichtungsschicht in wenig wasserdurchlässigem Baugrund ($k \leq 10^{-4}$ m/s) ist mindestens 15 cm über GOK zu führen, um eine Stauwasserbildung zu vermeiden.

Bei stark wasserdurchlässigem Baugrund ($k > 10^{-4}$ m/s) ist die Abdichtungsschicht mindestens 30 cm über den Bemessungswasserstand zu führen. Darüber kann das Bauteil im Wandbereich entweder mit einem für W1-E geeigneten Abdichtungssystem oder bei anschließenden erdüberschütteten Decken mit einem für W3-E geeigneten Abdichtungssystem geschützt werden.

7.3.8.3 Abdichtung an Wandsockeln sowie in und unter Wänden bei W4-E

Der im erdberührten Wandbereich eingesetzte Abdichtungsstoff sollte auch für den Sockelbereich erdberührter Wände eingesetzt werden. In Abhängigkeit der Bauart der aufgehenden Außenwand ist auch der Einsatz anderer Abdichtungsstoffe oder Feuchteschutzmaßnahmen möglich.

Die Abdichtungsschicht ist im Bauzustand mindestens 30 cm über GOK hochzuführen. Dieser Wert sollte im Regelfall im Endzustand nicht weniger als 15 cm betragen. Auf das Hochführen der Abdichtungsschicht über GOK kann verzichtet werden, falls im Sockelbereich ausreichend wasserabweisende Stoffe verwendet werden und die Abdichtungsschicht nicht hinterlaufen werden kann.

Der Wandsockelabschluss ist so auszuführen, dass auf den Abdichtungsrand möglichst kein oder nur geringfügig Wasser einwirkt und dass der Abschluss, folglich das Abdichtungsende, vor mechanischen Beschädigungen geschützt ist.

Die Abdichtungsschicht ist bei Wandsockeln mit Bekleidungen wie Verblendmauerwerk oder einem Wärmedämmverbundsystem hinter der Bekleidung auf der Wand anzuordnen. Dabei ist die Bekleidung so zu befestigen, dass die Abdichtung im wassereinwirkenden Bereich nicht perforiert wird. Andernfalls ist die Verankerung der Bekleidung abzudichten.

Bei unverputztem zweischaligem Mauerwerk am Gebäudesockel ist die Abdichtungsschicht unter dem Verblendmauerwerk und auf der Außenseite der Innenschale hochzuführen.

Bei verputzten Außenwänden, bei denen der Putz bis zum Geländeanschluss reichen soll, kann die Abdichtungsschicht im Sockelbereich der erdberührten Wand 5 bis 20 cm unter GOK hinterlaufsicher auf die Wandsockelabdichtung geführt werden.

Eine waagrechte Abdichtung schützt Bauteile gegen aufsteigende Feuchte. Diese Querschnittsabdichtung ist für Außenwände im Sockelbereich und Innenwände aus kapillar leitfähigen Baustoffen oder aus Baustoffen, die durch kapillar transportiertes Wasser geschädigt werden können, erforderlich, falls sie auf kapillar leitfähigen Bauteilen wie einem Streifenfundament oder einer nicht wasserundurchlässige Bodenplatte gegründet sind. Ein schadensfreier Abtrag der auf das Wandbauteil einwirkenden Lasten ist durch geeignete Wahl, Anordnung und Ausführung sicherzustellen.

Auch an den Anschlüssen ist ein kapillarer Wassertransport zu verhindern. Bei einer oberseitigen abgedichteten Bodenplatte muss die Abdichtungsschicht der Bodenplatte so an die Querschnittsabdichtung herangeführt, überlappt oder verklebt werden, dass am Anschluss kein Schaden durch kapillaren Wassertransport entstehen kann. Das gilt auch für den Anschluss der Bodenplatte an eine vertikale abgedichtete erdberührte Außenwand. Hier muss die vertikale Abdichtungsschicht die Stirnseite der Bodenplatte mindestens 10 cm überlappen.

Allgemein sollte eine Detailausbildung mit einer Dichtungskehle der bündigen Ausführung vorgezogen werden. Soll die aufgehende Wand in einer Flucht mit der Stirnseite der Bodenplatte verlaufen, so sind durch eine hohe Maßgenauigkeit etwaige Mauerwerksüberstände zu vermeiden.

7.3.9 Übergang zwischen Boden- und Wandabdichtung

Bei der Wassereinwirkungsklasse W2-E (drückendes Wasser) muss die gesamte Abdichtung eine geschlossene Wanne bilden. Dabei erfolgt die Abdichtung entweder von außen auf die Bauwerkswände oder im inneren Wandeinbau auf eine Wandrücklage aus Mauerwerk oder aus Fertigteilen.

Bei einer Bodenplatte aus wasserundurchlässigem Beton (WU-Beton) ist die Abdichtung der aufgehenden Wand mindestens 15 cm auf die Stirnseite der Bodenplatte zu führen. Bei der Wassereinwirkungsklasse W1-E sind keine gesonderten konstruktiven Maßnahmen erforderlich. Bei der Wassereinwirkungsklasse W2-E hingegen werden zusätzliche Anforderungen gestellt.

Sind die unter Abschn. 7.3.8.3 dargestellten Anforderungen an die Aufkantungshöhe nicht herstellbar, beispielsweise bei einem barrierefreien Hauseingang oder einer Terrassentür, sind an diesen Übergängen durch besondere Maßnahmen das Eindringen von Wasser oder das Hinterlaufen der Abdichtung zu verhindern. Die Türschwellen, Türpfosten oder Rollladenführungsschienen sind von der Abdichtungsschicht zu hinterfahren oder mit Klemmprofilen wasserdicht anzuschließen. Des Weiteren ist durch eine gute Planung zu gewährleisten, dass die werkseitigen Anschlussstreifen an Türen oder Schwellen mit der Abdichtungsschicht verträglich und die Anschlüsse dicht sind. Schwellenanschlüsse ohne oder mit nur geringer Aufkantung sind durch zusätzliche Maßnahmen wie ausreichend große Vordächer, Fassadenrücksprünge oder unmittelbar entwässerten Rinnen mit Gitterrosten, vor starker Wassereinwirkung zu schützen. Dabei darf das Gefälle der Oberfläche nicht zur Tür hin gerichtet sein.

7.3.10 Abdichtung von Durchdringungen

Für Durchdringungen wie Rohrdurchführungen, Abläufe oder Verankerungen, die bei Grundbauwerken nötig sind, beschreibt die DIN 18533-1 mehrere Anforderungen an die Abdichtung und an die Durchdringung sowie Ausführungshinweise. Nachfolgend sind diese dargestellt:

- Reduzieren der Durchdringungen auf die absolut notwendige Anzahl,
- Anwenden von Gruppendurchführungen,
- Gezieltes Anordnen der Durchdringungen, damit die Abdichtungsschicht fachgerecht angeschlossen werden kann,
- Durchstoßen des Baukörpers möglichst rechtwinklig und auf kürzestem Weg,
- Abstimmen der Art der Durchdringung auf den Baukörper, die Art der Flächenabdichtung und die Bauart der durchdringenden Leitung,
- Leitungsdurchdringungen von Drittfirmen (beispielsweise Versorgungsunternehmen) sind so abzudichten, dass bei Undichtheiten eine klare Verantwortungszuordnung möglich ist,

- Bauseitiges Verwenden von Futterrohren, an welche die Bauwerksabdichtung angeschlossen ist,
- Dichtes Durchführen der Leitungen durch das Futterrohr von den Drittfirmen,
- Abgestimmtes Herstellen der Öffnung für die Durchdringung auf das Durchdringungssystem,
- Bei Wassereinwirkungsklasse W2-E: Anordnung der Durchdringungen möglichst oberhalb des Bemessungswasserstandes (Beachtung der Mindestverlegetiefen und Mindestdeckung der durchzuführenden Leitungen).

Weiter definiert die DIN 18533-1 Mindestabstände für Klebeflansche, Anschweißflansche und Manschetten untereinander und zu anderen Bauteilen wie Bauwerkskanten und -kehlen sowie Wandanschlüssen. Dieser Mindestabstand beträgt in der Regel 15 cm. Bei Bewegungsfugen ist ein Mindestabstand von 30 cm einzuhalten. Für eine Los- und Festflanschkonstruktion gilt ein Mindestabstand von ihren Auskanten zu Bauwerkskanten und -kehlen von 30 cm und zu Bauwerksfugen 50 cm.

Maßgebend ist jeweils die äußere Begrenzung des Flansches oder der Manschette. Falls die Mindestabstände nicht eingehalten werden können, so ist für die Abdichtung eine Sonderkonstruktion erforderlich.

Für zu wartende Bauteile wie Abläufe bei der Abdichtung gegen nichtdrückendes Wasser in erdüberschüttenden Deckenflächen muss eine einfache Zugänglichkeit gewährleistet sein.

7.3.10.1 Ausführung von Durchdringungen bei W1-E

Bei der Wassereinwirkungsklasse W1-E sind die Anschlüsse an Einbauteile oder Durchdringungen bei flüssig zu verarbeitenden Abdichtungsstoffen direkt oder mit Manschetten auszuführen.

An erdberührten Wandflächen sind die Abdichtungsbahnen entweder mit Klebeflansch, Anschweißflansch, mit Manschette und Schelle oder flüssig zu verarbeitenden Stoffen anzuschließen.

Bei einer erdberührten Bodenplatte, bei der die Abdichtung nur durch Kapillarwasser beansprucht ist, ist die Abdichtungsschicht so an das durchdringende Bauteil, wie beispielsweise ein Fallrohr, heranzuführen, dass keine Feuchtebrücken entstehen.

7.3.10.2 Ausführung von Durchdringungen bei W2-E

Anschlüsse an Einbauteile oder Durchdringungen bei drückendem Wasser sind mit Los- und Festflanschkonstruktion auszuführen. Weitere Anforderungen und Ausführungshinweise sind in der DIN 18533-1 im Anhang A aufgeführt.

7.3.10.3 Ausführung von Durchdringungen bei W3-E

Bei nichtdrückendem Wasser auf erdüberschüttenden Decken sind die Anschlüsse an Einbauteile oder Durchdringungen durch Klebeflansch, Anschweißflansch, Manschette, Manschette mit Schellen oder durch eine Los- und Festflanschkonstruktion auszuführen.

7.3.11 Abdichtung von Bewegungsfugen

Die DIN 18533-1 beschreibt Grundsätze, Einwirkungen aus Bewegungen, Stoffe und bauliche Erfordernisse sowie die Ausführung der Abdichtung bei Bewegungsfugen.

Bewegungsfugen sind Fugen, die eine Bewegung zwischen zwei Bauteilen oder Bauwerken zulassen. Baugrund, Bauablauf, Umgebungsbedingungen, Bauwerk, die Bauteile selbst und die Bauwerksnutzung haben Einfluss auf die Lage, die Ausbildung und den Verlauf von Bewegungsfugen sowie die Größe und Richtung der Bewegung. Dabei müssen die Einflüsse bereits während der Planung berücksichtigt werden und die Fugenausbildung in der Bauwerkskonstruktion muss auf die Fugenabdichtung abgestimmt sein.

Dabei wird zwischen den zwei Fugentypen Typ 1 und Typ 2 differenziert. Für langsam ablaufende und einmalige oder nur selten wiederholte Bewegungen wie Setzungsbewegungen oder Längenänderung durch jahreszeitliche Temperaturschwankungen werden Fugen des Typs 1 eingesetzt. Für schnell ablaufende oder häufig wiederholende Bewegungen wie Bewegungen durch wechselnde Verkehrslasten oder Längenänderung durch tageszeitliche Temperaturschwankungen werden Fugen des Typs 2 eingesetzt. Eine weitere mögliche Einwirkung kann eine Bewegung aus einem Erdbeben sein.

Die Fugenbewegung kann in verschiedenen Richtungen auftreten. Dabei kann die Bewegung nur in einer Richtung oder auch in mehreren Richtungen auftreten. Die DIN 18533-1 definiert die folgenden drei Richtungen:

v_x Fugenbewegung senkrecht zur Abdichtungsebene (Scherung)
v_y Fugenbewegung in Abdichtungsebene (Dehnung oder Stauchung)
v_z Fugenbewegung in Abdichtungsebene (Verzerrung)

Mithilfe der Gl. (7.1) kann die maßgebende resultierende Verformung v_r der Abdichtung ermittelt werden:

$$v_r = \sqrt{v_x^2 + v_y^2 + v_z^2} \qquad (7.1)$$

Die DIN 18533-1 definiert die in der Tab. 7.9 aufgeführten Verformungsklassen, die von der einachsigen Verformung oder von der nach Gl. (7.1) ermittelten mehrachsigen Verformung abhängig sind.

Tab. 7.9 Verformungsklassen nach DIN 18533-1

Verformungs-klasse VK	Resultierende Verformung v_r [mm]	Maximale Einzelverformung entweder in x- oder y-Richtung	
		v_x [mm]	v_y [mm]
VK1-E	≤ 5	–	–
VK2-E	≤ 10	10	10
VK3-E	≤ 15	20	20
VK4-E	≤ 20	30	30
VK5-E	≤ 25	40	–

7.3 Abdichtung von Bauwerken

Alle die Verformung beeinflussenden Bewegungen sind bereits bei der Planung zu berücksichtigen. Für den Fall, dass nur eine Bewegung aus einer Einzelverformung berücksichtigt wird, müssen durch konstruktive Maßnahmen wie Queranker in andere Richtungen auftretende Fugenbewegungen verhindert werden.

Die Art sowie die Ausbildung der Fugenabdichtung sind neben der resultierenden Verformung auch von der vorliegenden Wassereinwirkung nach Abschn. 7.3.2.1 abhängig.

Die DIN 18533-2 sowie die DIN 18533-3 beschreiben stoffbezogene Regeln zur Fugenabdichtung. Zur Verstärkung oder Stützung der Abdichtungsschicht dürfen folgende Stoffe verwendet werden:

- Bitumen- und Polymerbitumenbahnen mit Polyestervlieseinlage oder Kombinationsträgereinlage (KTP) nach DIN EN 13969,
- Kunststoff- oder Elastomerbahnen nach DIN EN 13967, auch vlies- oder gewebekaschiert,
- Fugenbänder aus thermoplastischen Kunststoffen nach DIN 18541-2,
- Elastomer-Fugenbänder nach DIN 7865-2,
- Kupferband nach DIN EN 1652,
- Edelstahlband nach DIN EN 10088-2,
- Flüssigkunststoffe mit Einlage nach ETAG 005,
- Fugenabdichtungsprodukte mit einem allgemeinen bauaufsichtlichen Prüfzeugnis,
- Bleche.

Die Bewegungsfugen sind auf die konstruktiv notwendige Anzahl zu beschränken. Sie sind so anzuordnen, dass deren Abdichtung handwerksgerecht erfolgen kann.

Die Fugen sollten in einer Linie und nicht durch Bauteilkanten verlaufen. Der Winkel des Schnitts der Fugen untereinander sowie mit Kehlen und Kanten sollte möglichst rechtwinklig sein. Die Breite der Bewegungsfuge sollte mindestens 20 mm betragen.

Bei einer Bewegungsfuge über mehrere Bauteile ist sicherzustellen, dass der Bauteilübergang dicht ist. Die angrenzenden Bauteile und Schutzschichten sind so zu gestalten und auszuführen, dass die zu erwartende Fugenbewegung nicht zu Schäden führt. An freien Enden ist die Bewegungsfuge mindestens 30 cm über den Bemessungswasserstand zu führen und dicht zu verschließen. Die Abdichtung der Fuge muss dauerhaft dicht mit der Flächenabdichtung sein.

Die Fugen sind mit einem Abstand von mindestens 30 cm zu parallel verlaufenden Kehlen, Kanten und Durchdringungen auszuführen. Bei den Wassereinwirkungsklassen W1-E und W3-E, bei den der Mindestabstand nicht eingehalten werden kann, sind zusätzliche Maßnahmen wie Winkelstützbleche oder ein Wandanschluss-Fugenprofil erforderlich.

7.3.12 Abdichtung von Lichtschächten und Gebäudeaußentreppen

Bei Lichtschächten und Gebäudeaußentreppen ist darauf zu achten, dass die Geländeentwässerung nicht über den Lichtschacht respektive den Treppenlauf erfolgt. Die Höhenlage der Fensterbank über der Lichtschachtsohle und die Türschwelle am Treppenpodest sind so zu wählen, dass ein Überstauen an der jeweiligen Fensterbank oder Türschwelle sicher vermieden wird.

Bei der Wassereinwirkungsklasse W1-E sind die vorgefertigten Lichtschächte und Außentreppenbauteile erst nach Fertigstellung der erdberührten Wände und der eventuell anzubringenden äußeren Perimeterdämmung einzubauen.

Bei drückendem Wasser ist die Unterkante der Bauwerksöffnung mindestens 30 cm oberhalb des Bemessungswasserstandes anzuordnen. Falls eine Anordnung oberhalb des Bemessungswasserstandes nicht möglich ist, ist die Bauwerksöffnung wie Kellerfenster oder der Kellerzugänge durch vorgesetzte druckwasserdichte bauliche Maßnahmen zu schützen.

7.4 Bahnenförmige und flüssig zu verarbeitende Abdichtungsstoffe

Die DIN 18533 unterscheidet zwei Arten von Abdichtungen. Die DIN 18533-2 beschreibt bahnenförmige und die DIN 18533-3 flüssig zu verarbeitende Abdichtungsstoffe.

7.4.1 Abdichtung mit bahnenförmigen Abdichtungsstoffen

Die DIN 18533-2 beschreibt Abdichtungen, die bahnenförmig auf das Bauwerk aufgetragen werden. Die Abdichtungen werden i. d. R. auf Rollen auf die Baustelle geliefert und mithilfe der in Abschn. 7.4.1.3 aufgeführten Verarbeitungsmethoden auf das Bauteil aufgebracht.

7.4.1.1 Bahnenförmige Abdichtungsstoffe

Bahnenförmige Abdichtungen sind aus verschiedenen Materialien wie Bitumen oder Kunststoff erhältlich. Die unterschiedlichen Materialien verleihen der Abdichtung bestimmte Eigenschaften und werden nachfolgend kurz dargestellt.

Bitumen ist ein dunkles Gemisch verschiedener Kohlenwasserstoffe und Kohlenwasserstoffderivate. Es ist stark temperaturabhängig. Bei tiefen Temperaturen erscheint es spröde und hart, bei höheren Temperaturen wird es weicher und bei Temperaturen zwischen 150 und 200 °C wird es flüssig. Bitumen besitzt eine klebrige und haftende Wirkung. Es gilt als wasserunlöslich und wasserundurchlässig, weshalb es auch sehr gut als Abdichtungsstoff geeignet ist. Es ist praktisch resistent gegenüber Chemikalien und schwer entflammbar (vgl. [3]).

7.4 Bahnenförmige und flüssig zu verarbeitende Abdichtungsstoffe

Bei Polymerbitumenbahnen werden dem Bitumen Kunststoffe beigemischt. Diese beeinflussen Lebensdauer und die oben genannte technische Beschaffenheit positiv.

Kalottengeriffelte Metallbänder kommen bei hochbeanspruchten Bauwerken zum Einsatz (vgl. [4]).

Neben den Bitumen gibt es auch Kunststoffbahnen, die aus verschiedenen Kunststoffen bestehen. Sie können thermoplastisch oder elastisch sein. Sie sind zugfest, flexibel, hoch beständig und weisen eine leichte Verarbeitbarkeit auf (vgl. [3]).

Klebemassen dienen dazu, die einzelnen Lagen untereinander und den Untergrund zu verkleben. Sie bestehen meist auch aus Bitumen und müssen mit dem jeweiligen Abdichtungsstoff kompatibel und verträglich sein. Deckaufstrichmittel, eine einfache Art der Abdichtung, dürfen nur durch Streichen verarbeitet werden.

Hilfsstoffe sind Stoffe für Voranstriche, Grundierungen, Versiegelungen oder Kratzspachtelungen. Sie sind Stoffe auf Bitumenbasis als Lösung oder Emulsion, auf Reaktionsharzbasis oder silikatischer Basis. Stoffe für Trennschichten oder Trennlagen sind Ölpapier (mind. $50\,g/m^2$), Rohglasvlies, Vliese aus synthetischen Fasern (mind. $150\,g/m^2$), Polyethylenfolie (Dicke $\geq 0{,}15$ mm), einseitig grob besandete Lochglasvlies-Bitumenbahn oder Glasvliesenbitumendachbahn.

7.4.1.2 Verarbeitung der Stoffe – Allgemeines

Die Bauteiltemperatur und Umgebungstemperatur müssen beide mindestens +5 °C betragen, um die flüssigen Massen verarbeiten zu können.

Voranstriche können durch Rollen, Streichen oder Spritzen verarbeitet werden. Der Voranstrich muss ausreichend durchgetrocknet und abgelüftet sein, bevor andere oder weitere Schichten aufgebracht werden. Voranstriche auf Bitumenbasis sollten gleichmäßig mit einer Menge von 200 bis $300\,g/m^2$ aufgebracht sein.

Klebemassen und Deckaufstrichmittel müssen so warm sein, dass sie verarbeitbar sind. Dabei sind Temperaturen über 230 °C zu vermeiden.

7.4.1.3 Verarbeitung der Stoffe von Bitumen- und Polymerbitumenbahnen sowie Metallbändern

Bitumen- und Polymerbitumenbahnen und Metallbänder sind in der Regel in einer Richtung und innerhalb einer Lage sowie von Lage zu Lage versetzt zueinander einzubauen. Dabei sind folgende Mindestbreiten an der Überlappung der Längs- und Quernähte sowie an Anschlüssen einzuhalten:

- Bitumen- und Polymerbitumenbahnen, kaltselbstklebende Polymerbitumenbahnen und kaltselbstklebende Bitumen-Dichtungsbahnen: an Längs- und Quernähten 80 mm und an Anschlüssen 100 mm,
- Polymerbitumendichtungsbahnen mit Aluminiumverbundträgereinlage für die Abdichtung von Bodenplatten: an Längs- und Quernähten sowie an Anschlüssen 100 mm,

- Metallbänder in Verbindung mit Bitumenwerkstoffen: an Längsnähten, Anschlüssen und Einbauteilen 100 mm und an Quernähten, Stößen, Anschlüssen bei Arbeitsunterbrechung 200 mm.

Bei mehrlagiger Verlegung sind Bitumen- und Polymerbitumenbahnen vollflächig miteinander zu verkleben und nach einem der nachfolgenden aufgeführten Verfahren zu verarbeiten:

- Bürstenstreichverfahren,
- Gießverfahren,
- Gieß- und Einwalzverfahren,
- Flämmverfahren,
- Schweißverfahren,
- Kaltklebeverfahren bei kaltselbstklebenden Bitumen-Dichtungsbahnen (KSK),
- Kaltklebeverfahren bei kaltselbstklebenden Polymerbitumenbahnen mit Trägereinlage (KSP),
- Verlegung von Polymerbitumenbahnen mit Aluminiumverbundträgereinlage für die Abdichtung von Bodenplatten.

Metallbänder sind im Gieß- und Einwalzverfahren zu verarbeiten. Das Flämmverfahren darf nicht bei nackten Bitumenbahnen und das beschriebene Schweißverfahren darf nur für Schweißbahnen angewendet werden.

7.4.1.4 Verarbeitung der Stoffe von Kunststoff- und Elastomerbahnen

Kunststoff- und Elastomerbahnen werden nach einem der nachfolgend aufgeführten Verfahren verarbeitet:

- Selbstklebeverfahren,
- Schweißverfahren,
- Klebeverfahren mit Klebstoff,
- Klebeverfahren mit Bitumenklebemasse,
- Bürstenstreichverfahren,
- Gießverfahren,
- Flämmverfahren,
- Lose Verlegung,
- Fügeverfahren.

Hierbei sind die Mindestbreiten der Überlappung von 40 mm an Längs- und Quernähten sowie an Anschlüssen einzuhalten. Bei An- und Abschlüssen sowie Einbauteilen kann die Überlappung der Bahnen auch gegen den Wasserlauf ausgeführt werden.

7.4.1.5 Planungsgrundsätze bei der Abdichtung mit Bitumen- und Polymeterbahnen und mit Metallbändern

Die in der DIN 18533-1 und bereits in Abschn. 7.3 dargestellten Planungsgrundsätze sowie Abdichtungsbauarten werden in der DIN 18533-2 für die bahnenförmigen Abdichtungen genauer definiert.

Die Tab. 7.10 stellt auszugsweise Abdichtungsbauarten verschiedener Anwendungsbereiche für Bitumen- und Polymerbitumenbahnen dar. In der DIN 18533-2 sind für jede Wassereinwirkungsklasse mehrere verschiedene geeignete Abdichtungsbauarten dargestellt.

Weiter stellt die DIN 18533-2 Ausführungshinweise, Verarbeitung der Abdichtungsstoffe, Kombination von Stoffen bei mehrlagiger Verlegung, maximal zulässige Druckbelastung auf die Abdichtungen, Mindesteinpressung der Abdichtungsschichten, Anforderungen an das Gefälle sowie Anforderungen an Anschlüsse dar.

Tab. 7.10 Beispiele für geeignete Bitumen- und Polymerbitumenbahnen in Anlehnung an DIN 18533-2

Anwendungs-bereich	Raumnutzungsklasse	Wassereinwirkungsklasse	Rissklasse	Beispiel einer geeigneter Abdichtungsbahn gemäß DIN 18533-2, Tab. 9
Erdberührte Wände und Wandsockel	RN1-E bis RN3-E	W1.1-E, W1.2-E, W4-E	R1-E bis R4-E	Mindestens eine Lage einer Bitumen-Schweißbahn V 60 S4 im Schweißverfahren
		W2.1-E, W4-E		Mindestens zwei Lagen einer Polymer-Bitumenschweißbahn PYE-G 200 S5 im Schweißverfahren
		W2.2-E, W4-E		Bei einer Eintauchtiefe von 5 m 4 Lagen einer nackten Bitumenbahn R 500 N im Gieß- und Einwalzverfahren
Erdberührte Bodenplatten		W1.1-E W1.2-E		Mindestens eine Lage einer Bitumendachbahn mit Rohfilzeinlage R 500 im Bürstenstreich- und Gießverfahren
		W2.1-E		Mindestens zwei Lagen einer Bitumen-Schweißbahn PYE-KTG S4 im Schweißverfahren
		W2.2-E		Bei einer Eintauchtiefe von 3 m 3 Lagen einer nackten Bitumenbahn R 500 N im Gieß- und Einwalzverfahren
Erdüberschüttete Deckenflächen		W3-E		Zwei Lagen einer Bitumenbahn G 200 DD und die Oberlage aus Polymerbitumenbahn im Bürstenstreich- und Gießverfahren
In und unter Wänden		W4-E		Unter einer seitlich druckbelasteten Wand eine Lage einer Bitumendachabdichtungsbahn PV 200 DD mit Querkraftübertragung in der Abdichtungsebene

7.4.1.6 Planungsgrundsätze bei der Abdichtung mit Kunststoff- oder Elastomerbahnen

Kunststoff- und Elastomerbahnen werden einlagig verlegt und sind der Rissüberbrückungsklasse RÜ4-E zuzuordnen. Diese sind bis zur Rissüberbrückungsklasse R4 anwendbar. Sie sind mit Ausnahme von dem Anwendungsbereich „in und unter Wänden" den Raumnutzungsklassen RN1-E bis RN3-E zuzuordnen.

Auch für die Abdichtung mit Kunststoff- und Elastomerbahnen definiert die DIN 18533-2 die Planungsgrundsätze sowie Abdichtungsbauarten präziser (vgl. DIN 18533-2).

In Tab. 7.11 sind für verschiedene Anwendungsbereiche auszugsweise Abdichtungsbauarten mit Kunststoff- und Elastomerbahnen dargestellt. Die DIN 18533-2 führt für

Tab. 7.11 Beispiel für geeignete Kunststoff- und Elastomerbahnen in Anlehnung an DIN 18533-2

Anwendungs-bereich	Raum-nutzungs-klasse	Wasserein-wirkungs-klasse	Riss-klasse	Beispiel einer geeigneter Abdichtungsbahn gemäß DIN 18533-2, Tab. 17
Erdberührte Wände und Wandsockel	RN1-E bis RN3-E	W1.1-E, W1.2-E, W4-E	R1-E bis R4-E	Lose verlegtes, bitumenverträgliches Polyisobutylen mit Kaschierung (PIB-Bahn)
		W2.1-E, W4-E		Verklebtes, weiches, nicht bitumenverträgliches Polyvinylchlorid mit Kaschierung mit einer Mindestdicke von 1,5 mm (PVC-P-Bahn)
		W2.2-E, W4-E		Bei einer Eintauchtiefe von 6 m im Flämmverfahren aufgebrachtes bitumenverträgliches Ethylencopolymerisat-Bitumen mit Einlage und Kaschierung mit einer Mindestdicke von 2,0 mm (ECB-Bahn)
Erdberührte Bodenplatten		W1.1-E W1.2-E		Lose verlegtes, weiches, homogenes, nicht bitumenverträgliches Polyvinylchlorid (PVC-P-Bahn)
		W2.1-E		Lose verlegtes bitumenverträgliches flexibles Polyolefin mit Verstärkung und Kaschierung mit einer Mindestdicke von 1,5 mm (FPO-Bahn)
		W2.2-E		Bei einer Eintauchtiefe von 3 m verklebtes, homogenes, bitumenverträgliches Ethylen-Propylen-Dien-Terpolymer mit einer Mindestdicke von 1,5 mm (EPDM-Bahn)
Erdüber-schüttete Deckenflächen		W3-E		Lose verlegtes, weiches, homogenes, bitumenverträgliches Polyvinylchlorid (PVC-P-Bahn) mit einer Mindestdicke von 1,5 mm
In und unter Wänden		W4-E		Unter einer seitlich nicht druckbelasteten Wand homogenes bitumenverträgliches Polyisobutylen (PIB-Bahn) ohne Querkraftübertragung in der Abdichtungsebene

jede Wassereinwirkungsklasse weitere geeignete Abdichtungsbahnen sowie deren Verarbeitung und weitere Ausführungshinweise auf.

Des Weiteren beschreibt die DIN 18533-2 Mindestdicken der verschiedenen Abdichtungsbauarten, maximal zulässige Druckbelastung auf die Abdichtungen und Anforderungen an Anschlüsse.

7.4.2 Abdichtung mit flüssig zu verarbeitbaren Abdichtungsstoffen

Flüssig zu verarbeitbare Abdichtungsstoffe sind flüssige Stoffe, die erst auf der Baustelle erhärten.

7.4.2.1 Flüssig zu verarbeitbare Abdichtungsstoffe und Stoffe für den Schutz der Abdichtung

Flüssig zu verarbeitbare Abdichtungsstoffe und Stoffkombinationen nach DIN 18533-3 sind:

- Kunststoffmodifizierte Bitumendickbeschichtungen (PMBC),
- Rissüberbrückende mineralische Dichtungsschlämmen (MDS),
- Flüssigkunststoffe (FLK),
- Gussasphalt,
- Asphaltmastix,
- Asphaltmastix und Gussasphalt,
- Bitumen-Schweißbahn und Gussasphalt.

Die flüssig zu verarbeitbaren Abdichtungsstoffe sind sicher mithilfe von Schutzschichten oder Schutzlagen vor Beschädigungen zu schützen. Die Schutzschichten oder Schutzlagen können auch die Funktion einer Wärmedämmung und/oder Dränung übernehmen. Die DIN 18533-3 beschreibt folgende geeignete Stoffe für die Schutzschichten oder Schutzlagen:

- Bautenschutzmatten und -platten aus Gummi- oder Polyethylengranulat mit einer Dicke ≥ 6 mm,
- Vliese aus synthetischen Fasern respektive Geotextilien aus Chemiefasern mit einem Flächengewicht von 300 g/m^2 und einer Dicke von ≥ 2 mm,
- Kunststoff- oder Elastomerbahnen nach DIN 18533-2, Tab. 3,
- Beton mit einer Mindestdruckfestigkeit C 8/10 nach DIN EN 206 mit einer Dicke von ≥ 50 mm,
- Mörtel mit einer Druckfestigkeit von $\geq 3,5$ N/mm^2 CS III nach DIN EN 998-1 mit einer Dicke von ≥ 20 mm,
- Zementestrich nach DIN 18560,
- Mauerwerk mit einer Dicke von ≥ 115 mm,

- Betonplatten mit einer Dicke von ≥ 50 mm,
- Gussasphalt mit einer Dicke von ≥ 25 mm,
- Platten aus Hartschaum oder Schaumglas mit einer Dicke von ≥ 25 mm,
- Bitumen- und Polymerbitumenbahnen,
- Noppenbahnen mit Gleit-, Schutz- und Lastverteilungsschicht mit einer Dicke von ≥ 0,8 mm,
- Dränmatten/-platten mit einer Dicke von ≥ 25 mm.

7.4.2.2 Anforderungen an flüssig zu verarbeitbare Abdichtungsstoffe

Abdichtungsschichten aus flüssig zu verarbeitbaren Abdichtungsstoffen (mit Ausnahme von Gussasphalt oder Asphaltmastix) müssen die Mindesttrockenschichtdicke d_{min} überall auf der abgedichteten Fläche aufweisen. Diese Mindesttrockenschichtdicke ist abhängig von der Abdichtungsschicht und der Wassereinwirkungsklasse. Produkte mit einem allgemeinen bauaufsichtlichen Prüfungszeugnis besitzen eine produktspezifische Mindesttrockenschichtdicke, die maßgebend ist, falls ihr Wert größer ist als der in der DIN 18533-3 geforderte Wert.

Um verarbeitungsbedingte Schwankungen d_V und den Mehrverbrauch für die Egalisierung des Untergrundes d_U zu berücksichtigen, ist ein Schichtdickenzuschlag d_Z erforderlich. Bei einer separaten Egalisierung des Untergrundes entfällt d_U.

Der Schichtdickenzuschlag wird vom Produkthersteller für die jeweilige Anwendung angegeben. d_U ist in Abhängigkeit von der Struktur respektive der Rauigkeit des jeweiligen Untergrundes und d_V entsprechend den verarbeitungsbedingten Schichtdickenschwankungen festzulegen. Wenn keine Angaben seitens des Herstellers vorliegen, sollte der Schichtdickenzuschlag mindestens 25 % der Mindesttrockenschichtdicke betragen.

Die Mindestmenge des Abdichtungsstoffes beträgt im Mittel der Summe aus Mindesttrockenschichtdicke d_{min} und dem Schichtdickenzuschlag d_Z. Daraus ergeben sich die aufzubringende Nassschichtdicke und die hierfür erforderliche Auftragsmenge je m^2.

Ein möglicher Materialschwund infolge Trocknung des flüssig aufgebrachten Produktes ist durch einen Nassschichtdickenzuschlag zu berücksichtigen. Die Höhe des Nassschichtdickenzuschlags wird von den Produktherstellern angegeben.

Durch Kontrollen der Auftragsmenge je m^2 und der Nassschichtdicken ist die Einhaltung der Schichtdickenanforderung sicher zu stellen.

Bei fehlender Ausführungsdokumentation oder bei begründeten Zweifeln bzgl. der vorhandenen Mindesttrockenschichtdicke kann eine Bestätigungsprüfung durchgeführt werden. Mithilfe der Bestätigungsprüfung kann nachgewiesen werden, dass die Mindesttrockenschichtdicke der ausgeführten Abdichtungsschicht überall eingehalten ist. Die Prüfung kann durch die Messung der Trockenschichtdicken nach DIN EN ISO 2808 erfolgen.

Dabei sind mindestens zehn gleichmäßig verteilte Einzelmessungen über eine repräsentative Fläche vorzunehmen. Die Prüfung ist einmal pro 100 m^2 zu wiederholen. In besonderen Bereichen, wie Ecken, Kanten, Durchdringungen oder Anschlüssen, können zusätzliche Prüfungen sinnvoll sein.

Die ermittelten Einzelwerte sind auf 0,1 mm genau anzugeben und der kleinste ermittelte Einzelwert darf die Mindesttrockenschichtdicke maximal um 10 % unterschreiten. Der Mittelwert aus den Einzelwerten darf nicht die Mindesttrockenschichtdicke unterschreiten. Falls die Anforderungen nicht erreicht werden, ist der Bereich mit unzureichender Schichtdicke durch weitere Messungen einzugrenzen und nachzubessern. Die Prüfstellen sind unverzüglich nach der Prüfung fachgerecht zu verschließen, falls die Schichtdickenmessungen durch Perforation der Dichtungsschicht oder Entnahme von Proben vorgenommen wird.

Bei der Kombination von verschiedenen Abdichtungsstoffen bei beispielsweise Übergängen ist sicherzustellen, dass die verschiedenen Abdichtungsstoffe verträglich untereinander sind. Dies kann etwa durch Herstellernachweise oder -erklärungen vor der Ausführung erfolgen.

7.4.2.3 Anforderungen an den Abdichtungsuntergrund

Der Abdichtungsuntergrund muss eine ausreichende Oberflächenfestigkeit aufweisen. Außerdem darf er den maximal zulässigen produktabhängigen Feuchtegehalt nicht überschreiten. Bei Zweifelsfällen ist eine Haftzug- oder Feuchtegehaltsprüfung erforderlich.

Durch Tauwasser kann auf den Untergrund ein trennend wirkender Wasserfilm entstehen. Bei dagegen empfindlichen Abdichtungsstoffen muss zum Zeitpunkt der Verarbeitung die Oberflächentemperatur des Abdichtungsuntergrundes mindestens 3 K über der Taupunkttemperatur der umgebenden Luft liegen.

Während der Bauphase ist das auf die Rückseite eines flüssig aufzubringenden Abdichtungsstoffes einwirkende Wasser von der Haftseite der Abdichtungsschicht fernzuhalten. Ansonsten ist eine Zwischenabdichtung aus nicht rissüberbrückender oder rissüberbrückender mineralische Dichtungsschlämme (MDS) anzuordnen.

Der Abdichtungsuntergrund ist durch Reinigung der Oberfläche und Entfernung trennender Substanzen vorzubereiten. Öffnungen wie Lunker, Grate, Steinkantenversätze und nicht bündig vermörtelte Mauerwerksfugen sind vor dem Aufbringen der Abdichtungsschicht zu verschließen und/oder auszugleichen. Die Ausgleichsschicht muss vor der Verarbeitung des flüssig zu verarbeitenden Abdichtungsstoffes soweit trocken und fest sein, dass sie durch den Auftrag der nachfolgenden Abdichtungsschicht nicht mehr beschädigt werden kann.

Weiter ist der Untergrund durch Verwendung zusätzlicher Stoffe wie einer Grundierung so zu behandeln, dass ein vollflächiger Verbund zwischen Untergrund und Abdichtungsschicht entsteht.

7.4.2.4 Planungsgrundsätze bei der Abdichtung mit flüssig zu verarbeitenden Abdichtungsstoffe

Für die Planung gelten die unter Abschn. 7.3.6 dargestellten allgemeinen Planungsgrundsätze. Die Anwendungsbereiche für flüssig zu verarbeitende Abdichtungsstoffe, die Wassereinwirkungsklassen und Rissklassen der Abdichtungsuntergründe sind in Tab. 7.12 dargestellt.

Tab. 7.12 Anwendungsbereiche der Abdichtungsbauarten in Anlehnung an DIN 18533-3

Anwendungsbereich	Raumnutzungsklasse	Wassereinwirkungsklasse	Rissklasse	Abdichtungsbauart mit
Erdberührte Wände und Wandsockel	RN1-E bis RN3-E	W1-E, W2.1-E und W4-E	R1-E bis R3-E	PMBC
	RN1-E bis RN3-E	W4-E	R1-E bis R3-E	FLK
	RN1-E bis RN2-E	W1-E und W4-E	R1-E	Rissüberbrückende MDS (nur auf Beton)
Erdberührte Bodenplatten	RN1-E bis RN2-E	W1-E	R1-E	Rissüberbrückende MDS (nur auf Beton)
	RN1-E bis RN3-E		R1-E bis R3-E	Asphaltmastix
			R1-E bis R3-E	Gussasphalt
			R1-E bis R3-E	Asphaltmastix und Gussasphalt
	RN1-E bis RN3-E		R1-E bis R3-E	Bitumen-Schweißbahn und Gussasphalt
	RN1-E bis RN3-E	W1-E und W2.1-E	R1-E bis R3-E	PMBC
Erdüberschüttete Deckenplatten	RN1-E bis RN3-E	W3-E	R1-E bis R3-E	PMBC
	RN1-E bis RN3-E		R1-E bis R3-E	FLK
	RN1-E bis RN2-E		R1-E bis R3-E	Asphaltmastix und Gussasphalt
	RN1-E bis RN3-E	W3-E	R1-E bis R3-E	Bitumen-Schweißbahn mit Gussasphalt

PMBC = Kunststoffmodifizierte Bitumendickbeschichtung, MDS = Mineralische Dichtungsschlämme, FLK = Flüssigkunststoff

7.5 Schutz der Abdichtung

Bauwerksabdichtungen sind sowohl während des Baus durch Schutzmaßnahmen als auch im fertigen Zustand für den dauerhaften Schutz durch Schutzschichten zu schützen. Die DIN 18533-1 beschreibt Schutzmaßnahmen sowie Schutzschichten, welche nachfolgend kurz dargestellt werden.

Neben den in der DIN 18533 geregelten Ausführungshinweisen sind auch immer die Ausführungshinweise der Hersteller zu beachten. Häufig nennen Hersteller bereits in Produktdatenblättern geeignete und verträgliche Schutzschichten und Schutzlagen.

7.5.1 Schutzmaßnahmen für den vorübergehenden Schutz

Eine Schutzmaßnahme dient während der Bauarbeiten dem vorübergehenden Schutz der Abdichtungsschicht gegen schädigende Einflüsse.

Die Abdichtungsschicht ist vor folgenden Einflüssen zu schützen (vgl. DIN 18533):

- Schutz vor der Lagerung von Lasten wie Baustoffe auf die Abdichtungsschicht,
- Schutz vor schädigenden Beanspruchungen durch Grund-, Stau- und Oberflächenwasser sowie eine ausreichende Sicherung gegen Auftrieb,
- Schutz vor Beschädigung und schädlicher Wasseraufnahme der Abdichtungsanschlüsse,
- Schutz der Abdichtung gegen Einwirkung schädigender Stoffe (z. B. Schmier- und Treibstoffe, Lösungsmittel oder Schalungsöl),
- Schutz von senkrechten und stark geneigten Abdichtungsschichten gegen Wärmeeinwirkung, damit die Gefahr des Abrutschens vermieden wird,
- Schutz vor Beschädigung der Abdichtung durch Bewehrungen im Zuge vorzunehmender Betonarbeiten.

Dabei ist die Abdichtung bis zur Fertigstellung des Bauwerks gegen mögliche schädigende Einwirkungen zu schützen. Außerdem ist darauf zu achten, dass auch durch die Schutzmaßnahmen keine Beschädigungen auf die Abdichtung auftritt.

7.5.2 Schutzschichten für den dauerhaften Schutz

Schutzschichten dienen im Gegensatz zu Schutzmaßnahmen dem dauerhaften Schutz von Bauwerksabdichtungen gegen schädigende mechanische, thermische und chemische Einflüsse. Dabei ist darauf zu achten, dass die Schutzschichten mit der Abdichtung verträglich sind und sie nicht durch Bewegungen oder Verformungen beschädigen.

Die Wahl der Schutzschicht ist abhängig von den zu erwartenden Einwirkungen sowie den örtlichen Gegebenheiten. Die Schutzschicht ist bei bahnenförmigen Abdichtungen unmittelbar nach Fertigstellung und bei einer flüssig aufgebrachten Abdichtung nach der vollständigen Durchtrocknung respektive Aushärtung einzubauen.

Eine waagrechte oder schwach geneigte Schutzschicht darf nur dann mit Lasten oder losen Massen belastet werden, wenn die Schutzschicht belastbar und erforderlichenfalls gesichert ist. Eine eventuelle Dränfunktion der Schutzschicht muss den Anforderungen nach DIN 4095 entsprechen.

Die DIN 18533-1 führt folgende Schutzschichten auf:

- Schutzschicht aus Beton,
- Schutzschicht aus Estrich,
- Schutzschicht aus Mauerwerk,

- Schutzschicht aus Gussasphalt,
- Schutzschicht aus Schaumkunststoffplatten und Schaumglasplatten.

Eine Schutzschicht aus Beton muss eine Dicke von mindestens 50 mm aufweise. Die Mindestdruckfestigkeitsklasse ist C 8/10 und bei Anordnung von Bewehrung C 12/15. Bei einem Neigungswinkel von größer 18° (33 %) ist die Schutzschicht aus Beton zu bewehren. Auf waagrechten oder schwach geneigten Flächen ist sie auf einer Trenn- oder Dränschicht herzustellen.

Eine Schutzschicht aus Estrich ist nach der Normenreihe DIN 18560 herzustellen. Für die Trennschicht sind die in der DIN 18533-2 geregelten Stoffe zu verwenden.

Eine Schutzschicht aus Mauerwerk muss eine Mindestdicke von 115 mm aufweisen und ist unter Verwendung von Normalmauermörtel nach DIN EN 1996-1-1/NA herzustellen. Eine senkrechte Schutzschicht ist durch Fugen mit Einlagen von einer waagrechten oder geneigten Fläche zu trennen. Weitere Ausführungshinweise sind in der DIN 18533-1 aufgeführt.

Eine Schutzschicht aus Gussasphalt muss eine Nenndicke von 25 mm besitzen. Die Zusammensetzung des Gussasphalts ist auf die Einwirkungen abzustimmen. Eine geeignete Trennlage ist zwischen der Schutzschicht aus Gussasphalt und der Abdichtungsschicht aus Bitumenwerkstoffen oder aus Bitumen verklebten bitumenverträglichen Kunststoff- oder Elastomerbahnen hergestellte Abdichtungsschicht anzuordnen. Dies gilt nicht für Abdichtungsschichten aus Bitumen-Schweißbahnen in Verbindung mit Gussasphalt.

Eine Schutzschicht aus Schaumkunststoffplatten und Schaumglasplatten muss eine Mindestdicke von 25 mm aufweisen. Bei einer Verklebung mit der Abdichtungsschicht ist die Verträglichkeit untereinander sicherzustellen. Bei einer Abdichtungsschicht vor Außenwänden, die eine Erpressung erfordern, ist eine Schutzschicht aus Schaumkunststoffplatten und Schaumglasplatten nicht zulässig.

7.5.3 Schutzlagen für den dauerhaften Schutz

Neben den zuvor genannten Schutzschichten sind in der DIN 18533-1 auch Schutzlagen aus bahnenförmigen Stoffen aufgeführt. Diese schützen die Abdichtungsschicht auch vor mechanischen, thermischen oder chemischen Einwirkungen.

Folgende Stoffe können nach DIN 18533-1 für Schutzlagen verwendet werden:

- PVC-Schutzbahn mit einer Dicke ≥ 1 mm,
- Bautenschutzmatte und -platte aus Gummi- oder Polyethylengranulat mit einer Dicke ≥ 6 mm,
- Vlies aus synthetischen Fasern bzw. Geotextilien aus Chemiefasern; ≥ 300 g/m^2,
- Kunststoff- und Elastomerbahnen nach DIN 18533-2,
- Bitumen- und Polymerbitumenbahnen nach DIN 18533-2,
- Noppenbahn mit integrierter Gleit-, Schutz- und Lastverteilungsschicht,
- Dränmatten und Dränplatten.

7.6 Normen, Richtlinien und Empfehlungen

- DIN EN 12056-3:2001-01: Schwerkraftentwässerungsanlagen innerhalb von Gebäuden – Teil 3: Dachentwässerung, Planung und Bemessung; Deutsche Fassung EN 12056-3:2000.
- DIN 1045-2:2008-08: Tragwerke aus Beton, Stahlbeton und Spannbeton – Teil 2: Beton – Festlegung, Eigenschaften, Herstellung und Konformität – Anwendungsregeln zu DIN EN 206-1.
- DIN 1986-100:2016-12: Entwässerungsanlagen für Gebäude und Grundstücke – Teil 100: Bestimmungen in Verbindung mit DIN EN 752 und DIN EN 12056
- DIN 4030-1:2008-06: Beurteilung betonangreifender Wässer, Böden und Gase – Teil 1: Grundlagen und Grenzwerte.
- DIN 4030-2:2008-06: Beurteilung betonangreifender Wässer, Böden und Gase – Teil 2: Entnahme und Analyse von Wasser- und Bodenproben.
- DIN 4095:1990-06: Baugrund; Dränung zum Schutz baulicher Anlagen; Planung, Bemessung und Ausführung.
- DIN 18130-1:1998-05: Baugrund, Untersuchung von Bodenproben, Bestimmung des Wasserdurchlässigkeitsbeiwerts, Teil 1: Laborversuche (nicht mehr gültig).
- DIN 18550-1:2018-01: Planung, Zubereitung und Ausführung von Außen- und Innenputzen – Teil 1: Ergänzende Festlegungen zu DIN EN 13914-1:2016-09 für Außenputze.
- DIN 18533-1:2017-07: Abdichtung von erdberührten Bauteilen – Teil 1: Anforderungen, Planungs- und Ausführungsgrundsätze.
- DIN 18533-2:2017-07: Abdichtung von erdberührten Bauteilen – Teil 2: Abdichtung mit bahnenförmigen Abdichtungsstoffen.
- DIN 18533-3:2017-07: Abdichtung von erdberührten Bauteilen – Teil 3: Abdichtung mit flüssig zu verarbeitenden Abdichtungsstoffen.
- Merkblatt BWK-M8: Ermittlung des Bemessungsgrundwasserstandes für Bauwerksabdichtungen, September 2009.

Literatur

1. Scholz, W.; Knoblauch, H.; Hiese, W.; Möhring, R. (2016): Baustoffkenntnis, 18. Auflage, Bundesanzeiger Verlag, Köln.
2. Bosold, D.; Bose, T. (2019): Zement-Merkblatt Hochbau H 10, 5.2019, Wasserundurchlässige Bauwerke, InformationsZentrum Beton GmbH, Erkrath.
3. Neroth, G.; Vollenschaar, D. (2011): Wendehorst Baustoffkunde – Grundlagen – Baustoffe – Oberflächenschutz, 27. Auflage, Vieweg+Teubner Verlag, Wiesbaden.
4. Hestermann, U.; Rongen, L. (2015): Frick/Knöll Baukonstruktionslehre 1, 36. Auflage, Springer Vieweg Verlag, Wiesbaden.

Sicherung von gefährdeten Bauwerken 8

8.1 Sicherung der durch Baugruben gefährdeten Bauwerke

Beim Ausschachten neben einem bestehenden Gebäude (s. Abb. 8.1, 8.2 und 8.3), findet eine Veränderung der Kräfteverhältnisse im Boden statt. Durch die Ausschachtung entfällt der seitliche Erddruck auf das Fundament und die Wandfläche. Die seitliche Auflast neben dem bestehenden Fundament verringert sich und ein Versagen durch einen Grundbruch (s. Teil 1, Kap. 9) könnte die Folge sein.

Abb. 8.1 Ausschachtung vor einer bestehenden Gründung

Abb. 8.2 Ansicht Baugrube vor einem bestehenden Gebäude

Abb. 8.3 Arbeiten im Gründungsbereich eines bestehenden Gebäudes

Um diese Gefährdung zu vermeiden, wurden in der DIN 4123 bestimmte Regeln definiert, die die Standsicherheit von Gebäuden oder Gebäudeteilen, die dem Anwendungsbereich der Norm entsprechen, sicherstellen soll. Auch beim Einhalten der definierten Regeln nach der DIN 4123 können z. B. kleine Rissbildungen bei Stahlbetonteilen oder geringfügige Bewegungen der unterfangenen Gebäudeteile nicht völlig ausgeschlossen werden.

Nach der erforderlichen Sicherung wird unterschieden in Gründung in Höhe der bestehenden Fundamente und Gründung in größerer Tiefe (Unterfangung).

8.1.1 Sicherungen bei Gründungen in gleicher Gründungstiefe

Zur Sicherung bestehender Fundamente gegen Grundbruch müssen die Bodenaushubgrenzen entsprechend Abb. 8.4 eingehalten werden. Der Aushub für die in Tiefe der Nachbarfundamente zu gründenden neuen Fundamente erfolgt abschnittsweise. Begonnen wird an dem am höchsten belasteten Abschnitt des bestehenden Gebäudes. Dies ist in den meisten Fällen unter den belasteten Querwänden.

Falls der Erdblock entsprechend Abb. 8.4 aufgrund der geplanten Gründung oder Unterfangung abgetragen wird, so darf dies, um einen Grundbruch zu vermeiden, nur durch abschnittsweise höchstens 1,25 m breite Schächte oder schmale Stichgräben erfolgen (s. Abb. 8.5). Weitere Schächte oder Stichgräben dürfen jeweils erst dann ausgeführt werden, wenn die vorhergehenden neue Fundamentabschnitte oder Unterfangungen eine ausreichende Festigkeit haben. Nach DIN 4123 ist zu beachten, dass die Graben- oder Schachtwände annähernd senkrecht sein müssen.

Ausschachtungen werden nach DIN 4123 der Geotechnischen Kategorie GK 1 zugeordnet.

Für Ausschachtungsmaßnahmen sind nach DIN 4123 die folgenden Voraussetzungen zu beachten:

- Es müssen mindestens mitteldicht gelagerte nichtbindige oder mindestens steife bindige Böden im Einflussbereich der Bestandsfundamente bzw. im stehen bleibenden Erdblock vorhanden sein.
- Im Bauzustand, in dem bis zur vorgesehenen Bermenoberfläche (vgl. Abb. 8.4) ausgehoben worden ist, muss die Standsicherheit des Bestandsgebäudes nachgewiesen sein.

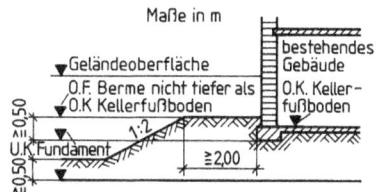

Abb. 8.4 Bodenaushubgrenzen nach DIN 4123

Abb. 8.5 Gründung neben einem bestehenden Gebäude nach DIN 4123

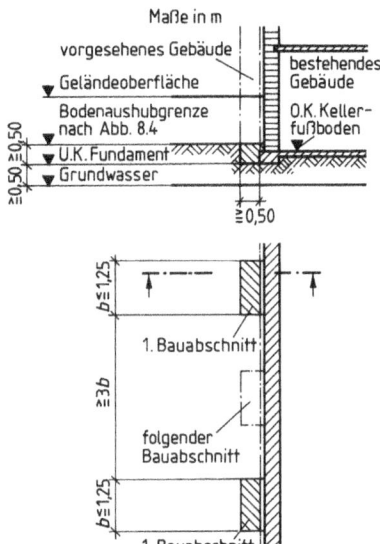

- Während der Bauausführung muss der Grundwasserspiegel im Bereich des stehen bleibenden Erdblocks, der Bestandsfundamente und des Kellerfußbodens mindestens 0,5 m unter der geplanten Aushubsohle liegen.

8.1.2 Unterfangungen

Liegt die Gründungstiefe des Neubaus tiefer als die des bestehenden Bauwerks, wird eine Unterfangung des Bestandbauwerks erforderlich. Nach dem Baustoff erfolgt eine Unterscheidung in einen Unterfangungskörper aus Mauerwerk oder Beton bzw. einer Unterfangung mit einer Bodenverfestigung.

Unterfangungen werden nach DIN 4123 je nach Schwierigkeitsgrad der Geotechnischen Kategorie GK 2 bzw. GK 3 zugeordnet.

Zusätzlich zu den in Abschn. 8.1.1 aufgeführten nach DIN 4123 erforderlichen Voraussetzungen muss bei Unterfangungen darauf geachtet, dass während der Ausführung des Unterfangungsarbeiten keine Erschütterungen wirken, die das bestehende Gebäude oder die Unterfangungsarbeiten beeinträchtigen könnten.

8.1.2.1 Unterfangungen mit Mauerwerk oder Beton nach DIN 4123

Die erforderliche Tiefe der Unterfangung ergibt sich aus der Gründungstiefe. Wird das Gebäude auf Stahlbetonfundamenten gegründet, so ist die Unterfangung $\geq 0,5$ m tiefer zu führen, da das Stahlbetonfundament erst nach Fertigstellung des unbewehrten Fundaments auf diesem aufbetoniert wird. Der Unterfangungskörper muss eine ausreichende Festigkeit aufweisen.

8.1 Sicherung der durch Baugruben gefährdeten Bauwerke

In der DIN 4123 werden für die herkömmlichen Unterfangungskörper als verwendbaren Baustoffe Mauerwerk als Vollziegel bzw. Vollsteinen mit mindestens einer Steindruckfestigkeitsklasse 12 in Mörtelgruppe 3 oder Beton bzw. Stahlbeton mit mindestens der Festigkeitsklasse C12/15 vorgegeben. Dabei wird in der Praxis häufig Lieferbeton verwendet.

Die erforderliche Wanddicke ist abhängig von ihrer Belastung (Wandlast und Erddruck), von der Festigkeit des Baustoffes (s. DIN 1053-100 bzw. DIN EN 1992-1-1) und von der zulässigen Belastung des Baugrundes (s. DIN 1054). Die Dicke der Unterfangungswand ist mindestens mit der Dicke des zu unterfangenden alten Fundaments herzustellen.

Vor der Herstellung der Unterfangung wird zunächst bis zu den Bodenaushubgrenzen entsprechend Abb. 8.6 ausgeschachtet. Die Ausschachtung für die Unterfangung erfolgt abschnittsweise durch Stichgräben oder Schächte mit $b \leq 1{,}25\,\text{m}$ (vgl. Abb. 8.6). Der gegenseitige Abstand muss $\geq 3\,b$ sein. Stichgräben oder Schächte sind entsprechend DIN 4124 (s. Kap. 1) zu sichern.

Begonnen wird, wie auch in Abschn. 8.1.1 beschrieben, an den am höchsten belasteten Abschnitten (z. B. unter belasteten Querwänden). Falls erforderlich, sind auch die Querwände (z. B. entsprechend dem natürlichen Böschungswinkel des anstehenden Bodens) abgetreppt zu unterfangen. Die neuen Fundamente (Breite $\geq 0{,}5\,\text{m}$, Höhe $\geq 0{,}5\,\text{m}$) werden ebenfalls abschnittsweise gleichzeitig mit den einzelnen Unterfangungsabschnitten erstellt. Diese können durch Fugen von den Unterfangungskörpern getrennt werden.

Der Unterfangungskörper muss dicht an den Untergrund unter dem Altbau anschließen. Eventuelle Hohlräume sind mit Magerbeton zu verfüllen (auch beim späteren Vorpressen).

Zur Verringerung der Setzungen werden die Unterfangungskörper nach ihrer Erhärtung vorbelastet und kraftschlüssig mit dem alten Fundament verbunden. Die Verspannung kann mit großflächigen Stahldoppelkeilen oder mit hydraulischen Pressen erfolgen. Die Pressenkraft ist abhängig von der Größe der Wandlast und der Lastverteilung. Die erforderliche Lasteinleitungsfläche ist abhängig von der zulässigen Belastung der Baustoffe.

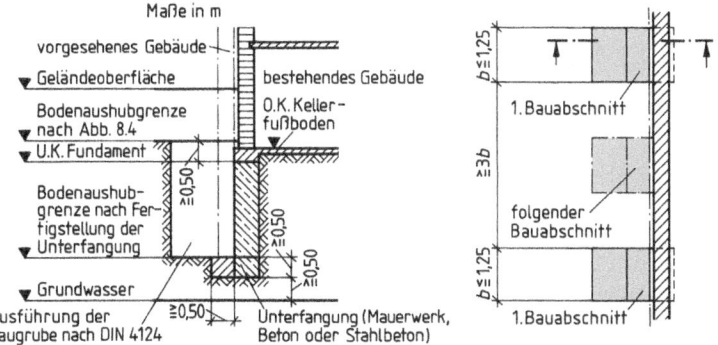

Abb. 8.6 Unterfangung einer Wand nach DIN 4123

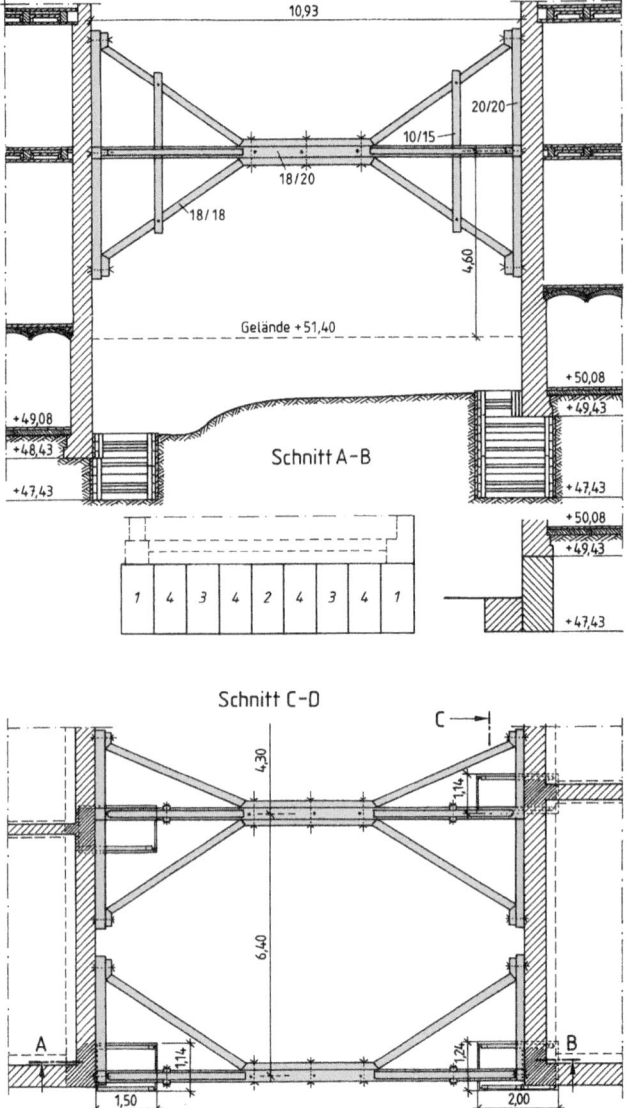

Abb. 8.7 Zusätzliche Sicherung der Nachbarhäuser durch Absteifen

Zur zusätzlichen Sicherung können die Nachbargebäude in Baulücken gegeneinander abgesteift (s. Abb. 8.7) bzw. bei einseitiger Anschlussbebauung schräg abgestützt werden (s. Abb. 8.8). Bei älteren Bestandsgebäuden sind diese zusätzlichen Sicherungen stets zu empfehlen.

8.1 Sicherung der durch Baugruben gefährdeten Bauwerke

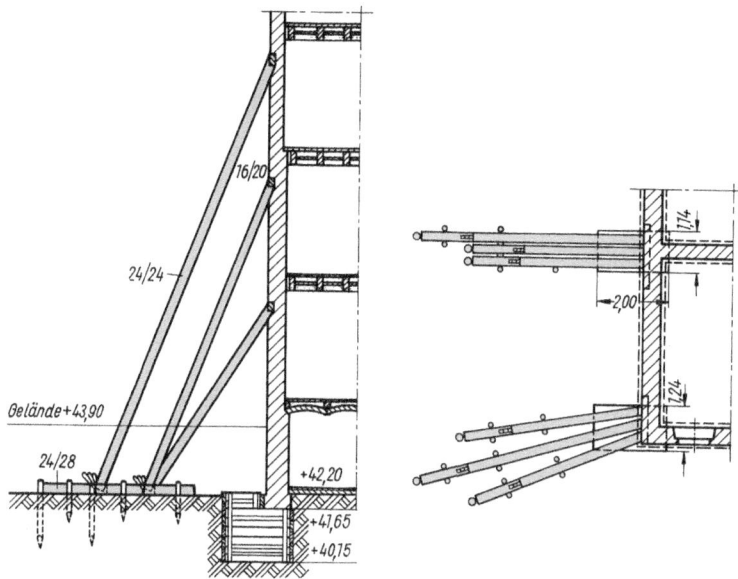

Abb. 8.8 Zusätzliche Sicherung eines Hauses durch Schrägabstützung

8.1.2.2 Unterfangung mit einer Bodenverfestigung

Im Unterschied zur konventionellen scheibenweisen Unterfangung wird bei der Unterfangung mit einer Bodenverfestigung der Baugrund unter dem Fundament stabilisiert oder verfestigt (s. Abb. 8.9). Mit den Einpress- und Verfestigungsverfahren können sowohl Ein-

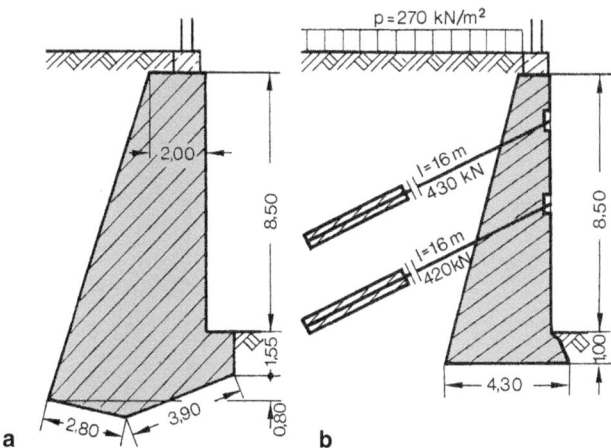

Abb. 8.9 Unterfangung durch verfestigte Erdkörper. **a** Schwergewichtskonstruktion, **b** verankerte Konstruktion

zelfundamente unterfangen als auch Gründungen verstärkt und gesichert werden. Voraussetzung hierfür ist jedoch ein massives Fundament und eine festgelegte Aufstandsfläche. Ein besonderes Merkmal ist, dass mit diesen Verfahren auch wasserdichte Baugrubenwände ausgeführt werden können.

Für die Bodenverfestigung eignen sich das Düsenstrahlverfahren (s. Abb. 8.10), Injektionen oder eine Vereisung (s. a. Teil 1, Kap. 11). Sehr häufig wird die Verfestigung mit dem Düsenstrahlverfahren verwendet, da es in nichtbindigen und bindigen Böden eingesetzt werden kann. Dagegen kommt eine Vereisung i. d. R. nur bei Projekten zum Einsatz, bei denen kurze Bauzeiten geplant sind, da eine Vereisung sehr kostenintensiv ist. Ebenso ist eine Vereisung bei Sonderfällen von Vorteil, z. B. falls eine Verfestigung nicht dauerhaft sein darf.

Die erforderlichen Abmessungen des verfestigten Erdkörpers sind abhängig von der Belastung, der mechanischen Festigkeit des verfestigten Bodens und gegebenenfalls von der Stützung. Bei kleineren Höhen werden meist Schwergewichtskonstruktionen gewählt (s. Abb. 8.9a), bei großen Höhen sind abgesteifte oder rückwärts verankerte Konstruktionen (s. Abb. 8.9b) i. d. R. wirtschaftlicher.

Die Standsicherheit der Unterfangungen ist durch Nachweis der Spannungen, der Sicherheiten gegen Gleiten, Grundbruch und Geländebruch und gegebenenfalls der Sicherheit der Verankerung rechnerisch nachzuweisen.

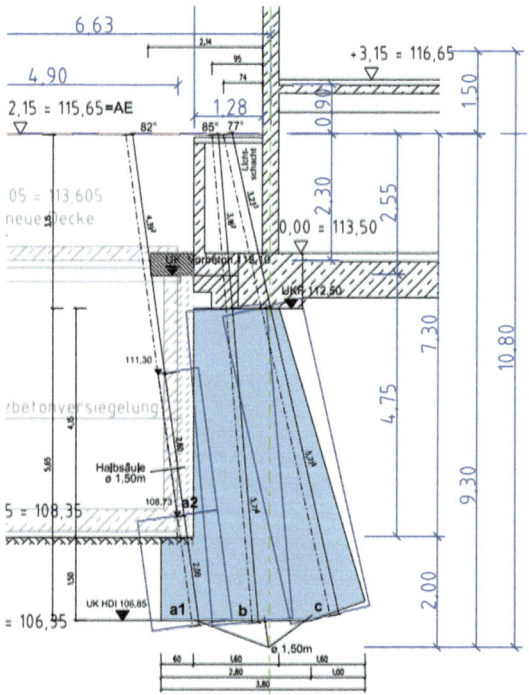

Abb. 8.10 Unterfangung mittels Düsenstrahlverfahren

Bei der Bauausführung ist darauf zu achten, dass die Form und die Größe des verfestigten Unterfangungskörpers demjenigen entsprechen, der der statischen Berechnung zugrunde gelegt wurde. In die Baugrube reichende Überdicken sind zu vermeiden, da diese zusätzliche kostspielige Stemm- oder Fräsarbeiten erfordern.

8.2 Sicherung der durch Setzungen gefährdeten Bauwerke

Setzungen können auch zu einer Gefährdung von Bauwerken führen. Ursache der Gefährdung kann z. B. eine unzulässige zu hohe Belastung (z. B. als Folge von Umbauten bzw. falscher Beurteilung des Baugrundverhaltens) oder eine Schwächung bzw. Zerstörung der alten Gründung sein. Nach der Methode der Sicherung wird unterschieden in Nachgründung durch Fundamentverbreiterung, Unterfangung durch Tiefgründung und Sicherung durch Verbesserung des Baugrundes. Ausreichend steife Bauwerke können nach erfolgter Sicherung des derzeitigen Zustandes, zumindest teilweise, durch Heben in die Ausgangslage zurückgeführt werden.

8.2.1 Nachgründung durch Fundamentverbreiterung

Die Fundamentverbreiterung von vorhandenen Fundamenten wird größtenteils als Umbaumaßnahme bei antiken historischen Bauwerken ausgeführt. Diese Bauwerke wurden auf der Grundlage von Erfahrungswerten dimensioniert und können nach dem aktuellen Stand der Normung zu hoch beansprucht sein.

Zur Vergrößerung der Fundamentfläche werden die Fundamente seitlich verbreitert. Bei engstehenden Fundamenten, wie z. B. unter Glockentürmen, bilden alle Verbreiterungen oft eine gemeinsame Gründungsplatte. Damit die Verbreiterung statisch wirksam ist, müssen in den Anschlussstellen Querkräfte und Momente übertragen werden.

Bei kleineren Kräften wird i. d. R. eine schlaffe Bewehrung angeordnet (s. Abb. 8.11). Zur Aufnahme der Querkräfte dienen Schrägeisen, die bei ausreichender Festigkeit des alten Fundaments in den entsprechenden Bohrlöchern verankert werden. Zur Aufnahme der Biegezugspannung dient eine untere Bewehrung. Sie sollte durch das gesamte Fundament verlaufen.

Abb. 8.11 Fundamentverbreiterung Anschluss mit schlaffer Bewehrung

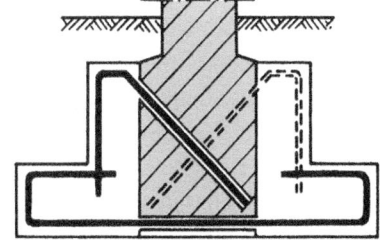

Bei der Verstärkungsmaßnahme mit unbewehrten Banketten ist eine explizite Umlastung durch Vorpressen der Streichbalken zulässig. Liegen beschädigte Fundamentbereiche vor, ist eine Spritzbetonversiegelung oder eine Vermörtelung der Fundamentfugen von losen Natursteinfundamenten ratsam.

Die zu den Anschlussflächen senkrecht verlaufenden Vorspannglieder sind am effizientesten, erfordern jedoch eine Vielzahl an Durchbohrungen im alten Fundament. Dies kann durch abschnittsweise Umschließungen mit gekrümmten Spanngliedern vermieden werden. Die dadurch auftretende Umlenkkraft bewirkt einen zur Kraftübertragung erforderlichen Anpressdruck, der jedoch nur einen Bruchteil der aufgebrachten Vorspannkraft beträgt.

Die Sicherheit gegen Grundbruch muss bei den durchgeführten Arbeiten stets sichergestellt sein. Zunächst übertragen die zusätzlichen Fundamentteile nur ihre Eigenlast. Die Sohlnormalspannung erhöht sich erst mit zunehmenden Setzungen des Gesamtfundaments. Mithilfe einer Unterpressung kann die Sohlnormalspannung bereits früher aktiviert und somit größere Spannungen übertragen werden.

8.2.2 Unterfangung durch Tiefgründung

Besitzt der anstehende Baugrund keine ausreichende Tragfähigkeit oder kommt es zu stark unterschiedlichen Setzungen eines bestehenden Bauwerks, kann eine nachträgliche Unterfangung durch eine Tiefgründung erfolgen.

Für die Unterfangung werden dabei i. d. R. Pfähle in den Baugrund eingebracht (s. Kap. 3). Bei der Herstellung der Pfähle sind Erschütterungen zu vermeiden. Angewendet werden daher Bohrpfähle, eingepresste Pfähle und Verpresspfähle.

Die Pfähle müssen die Gebäudelasten aufnehmen. Hierzu können die Pfähle in die belasteten Bauteile einbinden oder die Lasten über Unterfangungsbalken übertragen werden.

Das Einbinden der Pfähle in die Gründung (s. Abb. 8.12) kann bei Flachgründungen (z. B. bei Gründungsplatten, Widerlagern) angewendet werden. Vor der Herstellung der Pfähle wird der Gründungskörper durchstemmt bzw. durchbohrt. Die Verankerung der fertigen Pfähle erfolgt im durchstemmten bzw. durchbohrten Bereich. Zur Verbesserung der Lasteinleitung können die Löcher aufgeraut, verzahnt oder konisch gestaltet werden. Unter Wänden werden die Pfähle in entsprechenden Arbeitsöffnungen erstellt.

Bei Lasteinleitung über Unterfangungsbalken (s. Abb. 8.13) wird nach der Länge in kurze und lange Unterfangungsbalken unterschieden.

Kurze Unterfangungsbalken (s. Abb. 8.13) dienen zur Abstützung einzelner Bauteile (Wände und Stützen) und linienförmiger Bauwerke (z. B. Widerlager und Stützmauern).

Bei der Unterfangung von Wänden werden zunächst auf beiden Seiten der Wand Pfähle erstellt. Die Pfähle tragen die Unterfangungsbalken (s. Abb. 8.13a). Über den Pfahlreihen angeordnete Längsbalken erlauben eine freie Einteilung und gegebenenfalls den Einbau zusätzlicher Unterfangungsbalken (s. Abb. 8.13d). Können die Pfähle nur auf einer Seite

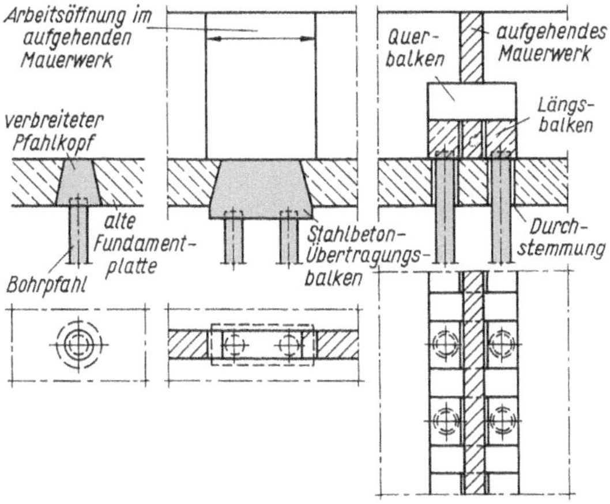

8.2 Sicherung der durch Setzungen gefährdeten Bauwerke

Abb. 8.12 Einzelausbildung bei Unterfangung flach gegründeter Bauwerke

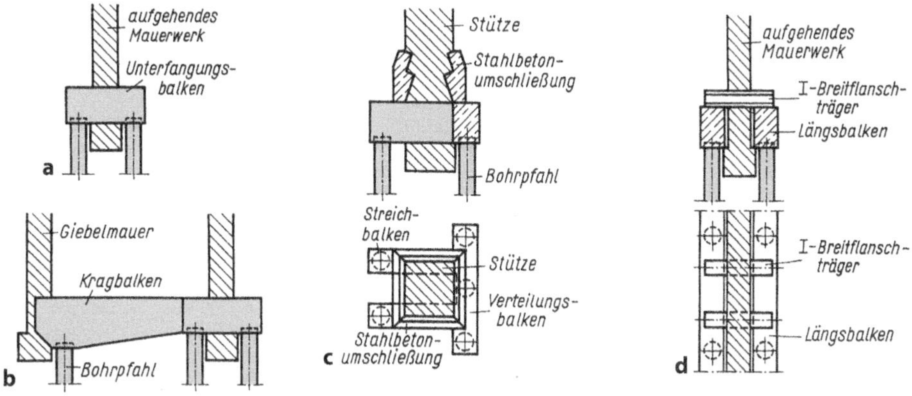

Abb. 8.13 Einzelausbildung bei Unterfangungen mittels Unterfangungsbalken

einer Wand erstellt werden, so sind die Unterfangungsträger als Kragträger auszubilden (s. Abb. 8.13b).

Zur vorübergehenden Abstützung dienen Stahlträger, für Dauerzwecke Stahlbetonträger, bei großen Lasten auch betonummantelte Stahlträger. Diese werden durch Vorspannung kraftschlüssig mit dem aufgehenden Mauerwerk verbunden. Der Abstand der Träger ist abhängig von der Tragfähigkeit, der Größe der Belastung und von der Druckausbreitung in der Wand.

Bei Stützen binden die Unterfangungsbalken seitlich ein. Da der Stützenquerschnitt nur wenig geschwächt werden kann, ist meist eine zusätzliche, verzahnt ausgebildete Stahlbetonumschließung zur Kraftübertragung erforderlich (s. Abb. 8.13c).

In Abb. 8.14 ist die Unterfangung von Reihenhäusern dargestellt. Diese setzten sich während der Bauausführung max 24 cm. Zur Unterfangung dienten Wurzelpfähle. Nach

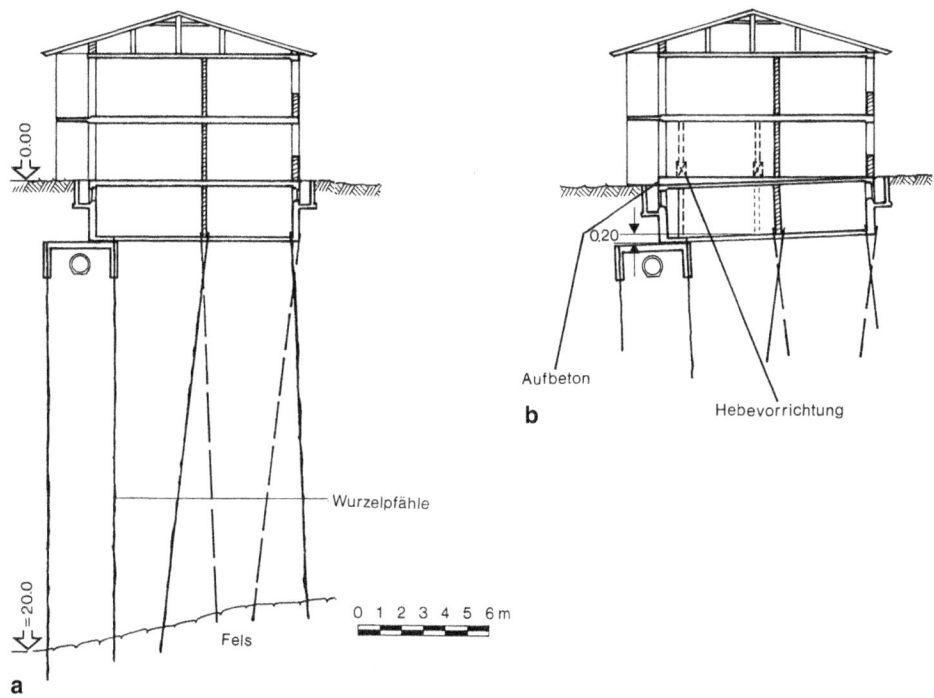

Abb. 8.14 Unterfangung von Reihenhäusern mit Wurzelpfählen. **a** Anordnung der Pfähle, **b** Hebung der Gebäude

Abschluss der Unterfangung wurden die oberen Stockwerke durch Anheben mittels hydraulischer Pressen in horizontale Lage gebracht und die Öffnungsfugen ausbetoniert (s. Abb. 8.14b und [1]).

Lange Unterfangungsbalken verlaufen i. d. R. senkrecht zur Längsrichtung des Gebäudes und stützen sich außerhalb des Bauwerks auf Großbohrpfählen ab.

8.2.3 Sicherung durch Verbesserung des Baugrundes

Eine weitere Möglichkeit bestehende Bauwerke zu sichern, besteht in der Möglichkeit der Verbesserung des Baugrundes (z. B. Injektionen). In Teil 1, Kap. 9 sind verschiedene Verfahren und Anwendungen zur Verbesserung des Baugrundes beschrieben.

8.3 Sicherung der durch Verschiebung gefährdeten Bauwerke

Falls eine Uferwand nicht ausreichend standsicher erstellt wurde, durch höhere Verkehrslasten beansprucht wird oder nach einer Vertiefung der Hafen- bzw. Gewässersohle erhöhten Erddruck aufnehmen muss, kann eine zusätzliche Sicherung erforderlich werden. Ebenso kann auch bei einem Widerlager aus ähnlichen Gründen die Gefahr einer Verschiebung bestehen.

Die Sicherung erfolgt durch rückwärtige Verankerung oder durch Schrägabsteifung. In Sonderfällen kann auch eine Verbesserung des Baugrundes die Standsicherheit erhöhen.

Ufermauern werden rückwärts verankert (eine Schrägabsteifung würde die Schifffahrt behindern). Die Ankerkräfte können durch Ankerplatten, Pfahlböcke, Ankerpfähle oder Injektionsanker aufgenommen werden.

Die Abb. 8.15 zeigt die Verankerung an Pfahlböcken. Die Abschirmplatte in Abb. 8.15a dient zur Verkleinerung des Erddrucks.

Durch die flache Neigung ergeben sich bei gleicher Ankerkraft geringere Pfahlkräfte als bei steil geneigten Pfählen. Die Ufermauer in Abb. 8.16 wurde nachträglich durch Verankerungspfähle (Neigung 1 : 1) verstärkt. Diese übernehmen einen Teil der Horizontalkraft auf und sichern das Bauwerk gegen Geländebruch.

Für die Sicherung von Stützmauern (denkmalschonend) können verschiedene Konzepte zum Einsatz kommen.

Abb. 8.15 Spundwandverankerungen (schematisch nach [2])

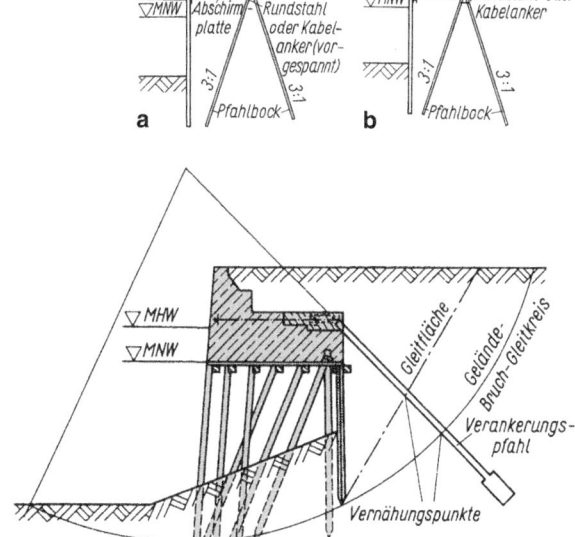

Abb. 8.16 Sicherung einer Ufermauer durch unmittelbare Verbindung mit einem Verankerungspfahl (schematisch nach [2])

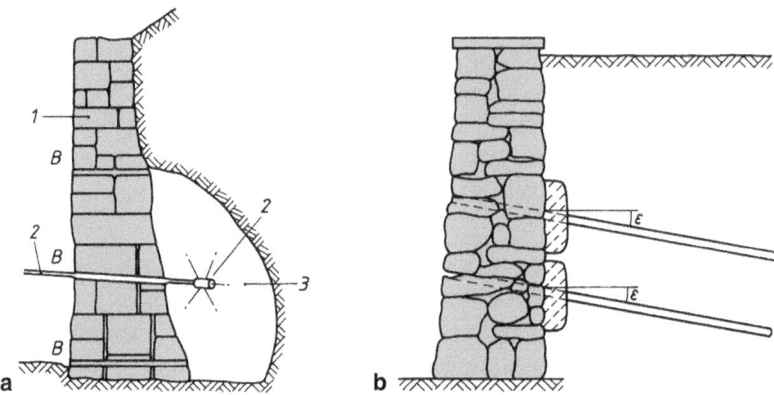

Abb. 8.17 Sanierung von Stützmauern. **a** Sanierung durch Vergrößern des Querschnitts, **b** Sanierung durch Bodenvernagelung

Die Abb. 8.17a zeigt die Sanierung einer Stützmauer mit ungenügendem Querschnitt. Hierzu wird die Mauer 2- bis 3 mal durchbohrt, durch die mittlere Bohrung eine drehbare Spüldüse eingeführt und hinter der Mauer ein Hohlraum mittels Hochdruckwasserstrahlen ausgespült. Das gelöste Feinmaterial fließt durch die untere Ablaufbohrung ab. Nach Kontrolle der Größe des geschaffenen Hohlraumes (z. B. durch Vermessung) wird dieser durch Einpressen von Mörtel gefüllt. Das Austreten des Mörtels an der oberen Kontrollbohrung zeigt an, dass der gesamte Hohlraum verfüllt wurde. Nach Erhärten des Mörtels kann die Standsicherheit für den verstärkten Mauerquerschnitt nachgewiesen werden.

Die Sanierung historisch bedeutsamer Stützmauern mit Bodennägeln zeigt Abb. 8.17b (s. a. [3]). Da die Nagelköpfe hier im Regelfall nicht sichtbar sein dürfen, können diese bei gutem oder saniertem Mauerwerk ausziehsicher mit diesem verbunden werden (vgl. [4]). Sicherer ist die Aufnahme der Erddrucklast durch hinter der Mauer angeordnete, vermörtelte Ankerköpfe (s. Abb. 8.17b). Der erforderliche kreisförmige Hohlraum $\varnothing \approx 70\,\text{cm}$ wird mittels Düsenstrahlinjektion hergestellt (vgl. [3]).

Widerlager, die durch Verschiebung gefährdet sind, können durch Schrägabsteifungen gesichert werden. Das z. B. in Abb. 8.18 dargestellt Widerlager hatte sich, wahrscheinlich infolge zu geringer Einbindetiefe der Pfähle, im Laufe der Jahre horizontal verschoben. Die angeordnete, auf Pfahlböcken gegründete Stützenkonstruktion sichert das Widerlager gegen weitere Verschiebungen.

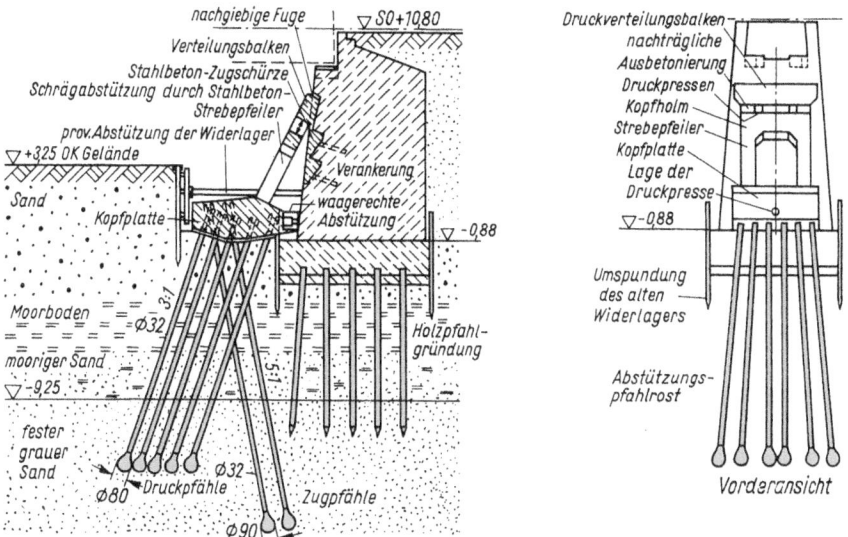

Abb. 8.18 Schrägabstützung eines Brückenwiderlagers

8.4 Sicherung der durch untertägigen Bergbau gefährdeten Bauwerke

Die in den vorherigen Kapiteln beschriebenen Sicherungsmaßnahmen thematisierten die Verhinderung von Bewegungen bei Bauwerken. Dabei liegt der Schwerpunkt der Thematik nicht auf der Verhinderung von Bewegungen, sondern darin, dass die bestehenden Gebäude durch die weiteren, auftretenden Belastungen bei der Verformung der Erdoberfläche möglichst schadensfrei bleiben. Der untertägige Bergbau dient i. d. R. dazu, Rohstoffe wie z. B. Salz, Kohle, Erz zu gewinnen. Dabei senken sich die hangenden Gebirgsschichten über dem Abbauhohlraum, so dass es an den Tagesoberflächen zu Senkungsmulden, zu Horizontalverschiebungen, zu graben- und trichterförmigen Einbrüchen, zu Senkungen, zu Erdspalten und Erdstufen kommen kann. Diese können zu Bergschäden führen, die sich an Gebäuden und an der Infrastruktur, wie z. B. Ver- und Entsorgungseinrichtungen sowie Verkehrseinrichtungen oder an forst- und landwirtschaftlichen genutzten Flächen, bemerkbar machen. Besonders gefährdet für solche Schäden sind z. B. die dichtbesiedelten Steinkohlereviere an der Ruhr und an der Saar.

8.4.1 Entstehung der Senkungen und die dadurch hervorgerufenen Kräfte

Durch den Abbau der Flöze (Flözdicke z. B. im Ruhrgebiet 0,6 bis 2,5 m) entstehen unterirdische Hohlräume. Diese brechen im Laufe der Jahre zusammen und verursachen ein Absinken der darüberliegenden Erdschichten.

Die Senkungen an der Erdoberfläche betragen beim Bruchbau (das abgestützte Gebirge bricht nach dem Abbau der Kohle) ca. 90 % der Flözdicke. Diese verringern sich auf etwa 40 bis 60 % der Flözdicke, wenn die beim Abbau der Kohle geschaffenen Hohlräume verfüllt (versetzt) werden. Durch markscheiderische Berechnungen kann die Größenordnung der zu erwartenden Bodenbewegungen und ihren zeitlichen Verlauf hinreichend genau ermittelt werden. Der mittlere zeitliche Verlauf kann nach [5] für das Ruhrgebiet entsprechend Tab. 8.1 als Anhaltswerte angenommen werden.

Bei tiefliegenden Abbauen zerbrechen die unteren Deckschichten beim Absenken. Höherliegende bildsame Schichten sinken im Allgemeinen bruchlos nach. Der Bruchwinkel (s. Abb. 8.19) kann überschläglich wie folgt angenommen werden:

- nichtbindige Deckschichten $\approx$ 40 bis 50°
- verfestigte Schichten (Mergel, Schiefertone) $\approx$ 50 bis 80°
- Sandstein $\approx$ 80 bis 90°

Die äußere Grenze des beeinflussten Bereichs wird durch den Grenzwinkel festgelegt. Dieser ist etwa 20° kleiner als der Bruchwinkel.

Bei oberflächennahen Abbauen mit lehmiger Überdeckung können sich im Lehm Hohlräume bilden, die durch die üblichen Berechnungen nicht erfasst werden. Ermittelte Hohlräume können verpresst werden. Soll jedoch ein Risiko ausgeschlossen werden, so ist eine Tiefgründung in standfeste Schichten erforderlich.

Tab. 8.1 Zeitlicher Verlauf der Senkungen und der übrigen Bewegungskomponenten der Senkungsmulde nach [5]

Jahr	1	2	3	4	5
Gesamtsenkung [%]	75	15	5	3	2

Abb. 8.19 Zerrungen, Senkungen und Pressungen über dem Abbau nach [6]

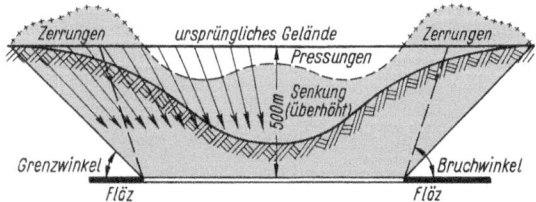

8.4 Sicherung der durch untertägigen Bergbau gefährdeten Bauwerke

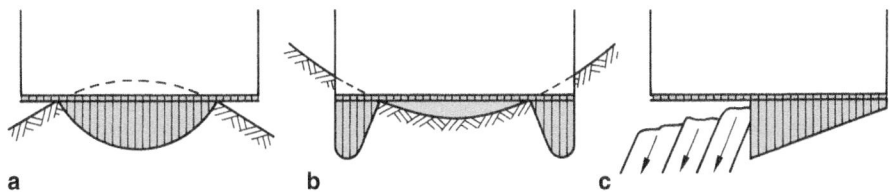

Abb. 8.20 Mögliche Auflagerungen. a Sattellage, b Muldenlage, c Abbruch

Die bei der Absenkung entstehende Mulde ist größer als der Abbau. Jeder Punkt der Mulde bewegt sich in Richtung zum Abbauschwerpunkt. Es ergibt sich sowohl eine horizontale als auch eine vertikale Verschiebung. Als Folge der Längenänderungen wirken an den Rändern Zerrungen und in der Mitte Pressungen. Die in Verbindung mit den Absenkungen auftretenden Krümmungen führen zu Schiefstellungen und zu einer Änderung der Auflagerung der Gebäude.

Hierbei wirken auf das Bauwerk waagerechte Zerrungs- und Pressungskräfte, Kräfte aus der Schiefstellung des Bauwerks sowie Biegekräfte als Folge der geänderten Auflagerung.

Die als Folge der Zerrungen und Pressungen auftretenden Kräfte werden an den in Richtung der Längenänderungen liegenden Stirnflächen durch Erddruck (Erdwiderstand), in den Sohlflächen und in sonstigen Außenflächen durch Reibung auf das Bauwerk übertragen.

Kräfte aus der Schiefstellung werden durch eine zusätzliche, beliebig gerichtete, waagerechte Kraft berücksichtigt.

In Abb. 8.20 sind mögliche Auflagerungsarten, bei denen entsprechende Biegekräfte auftreten können, dargestellt. Im Bereich eines Sattels ist das Gebäude überwiegend mittig (s. Abb. 8.20a), im Bereich einer Mulde überwiegend an den Rändern (s. Abb. 8.20b) und im Bereich eines Abbruchs meist nur einseitig (Abb. 8.20c) gelagert. Zur Abschätzung der Abstützung kann der Krümmungshalbmesser in Sattellagen mit 2000 m und in Muldenlagen mit 5000 m angenommen werden.

Hohllagen kommen i. d. R. nur bei biegesteifen Bauwerken vor. Elastische Bauwerke verformen sich. Über Abtreppungen können auch elastische Bauwerke hohl liegen. Sind Abtreppungen zu erwarten, so sollte ein nachgiebiger Baukörper gewählt werden. Ebenso kann der Baukörper stärker unterteilt, eine Polsterschicht eingebaut oder eine Vollsicherung anwendet werden.

Muldenlage und Pressung (im mittleren Bereich) beeinflussen sich günstig, so dass schräge Risse nur selten auftreten. Anders hingegen bei Sattellage und Zerrung. Dabei wird das ganze Gebäude stark beansprucht. Insbesondere werden Decken und Sohlen auf Zug beansprucht.

8.4.2 Planung, Anordnung und Sicherheitsmaßnahmen

Vor Errichten eines Bauwerks im Bergbaugebiet ist es erforderlich, sich über die Abbauverhältnisse zu orientieren.

Die von den Bergverwaltungen erbetene Auskunft sollte enthalten:

- die Hauptrichtung des Abbauvorganges
- das größte zu erwartende Maß der Schräglage in %
- den kleinsten auftretenden Krümmungshalbmesser in Sattel- wie Muldenlage
- das Maß der Zerrungen und Pressungen in % der Längen
- Lagen oberflächennaher Abbaue

Anzustreben sind einfache Baukörper mit möglichst geringer Gliederung. An- und Verbindungsbauten sind durch Fugen zu trennen. Bauwerke mit Längen bzw. Breiten > 30 bis 35 m (bei Stahlskelettbauten > 50 m) sollten durch Fugen unterteilt werden, soweit diese nicht eine Vollsicherung besitzen. Im Allgemeinen sind Flachgründungen vorzuziehen, da Tiefgründungen den Boden verzahnen. Bei Gründung auf harten Böden und Fels wird nach [5] der Einbau einer Polsterschicht empfohlen. Dadurch können sich in der Polsterschicht Spannungsspitzen abbauen.

Da im Bergbaugebiet die Untergrundverhältnisse unsicher sind, werden statisch bestimmte Konstruktionen bevorzugt. Bei allen Bauwerken, bei denen eine spätere Schrägstellung oder ein Absinken unzulässig ist, sind Vorrichtungen vorzusehen, um sie wieder anheben zu können. Bei der statischen Berechnung ist von vornherein auf eine hierdurch bedingte Erhöhung des Bauwerks und Vergrößerung der Lasten Rücksicht zu nehmen.

Die anzuwendenden Sicherheitsmaßnahmen müssen die Standsicherheit und die Betriebssicherheit ausreichend gewährleisten. Bei lebenswichtigen Anlagen muss deren Betriebssicherheit ständig erhalten bleiben.

Eine Vollsicherung kann durch Einflächen-, Zweiflächen- bzw. Dreipunktlagerung oder durch Unterteilung des Bauwerks in einzelne vollgesicherte Abschnitte erfolgen.

Die Einflächenlagerung eignet sich für Bauwerke mit großer Eigensteifigkeit und kleiner Grundfläche. In Sonderfällen wurden auch gewölbeartig ausgebildete Einflächenlagerungen angewendet und Bauwerke mit größerer Querschnittsfläche auf einer wesentlich kleineren Fläche gegründet.

Zweiflächenlagerung kann bei langgestreckten Bauwerken angewendet werden (s. Abb. 8.21). Durch eine Zweiflächenlagerung sind die Beanspruchungen in der Querrichtung bei Sattel- und Muldenlage gleich. Eine Stützenreihe kann hierbei als Pendelstütze wirken.

Die Dreipunktlagerung ist statisch bestimmt. Sie erfordert eine Abstützung des Bauwerks auf im Dreieckverband angeordnete Träger (s. Abb. 8.22).

Die Teilsicherung schützt im Wesentlichen gegen Bauwerksschäden aus Längenänderungen des Baugrundes. Bei Baubreiten > 12 m ist nachzuweisen, dass die auftretenden

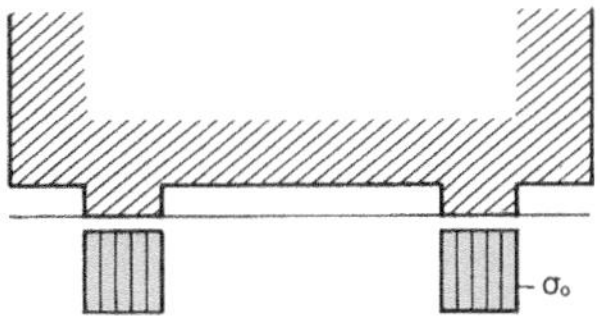

Abb. 8.21 Zweiflächenlagerung

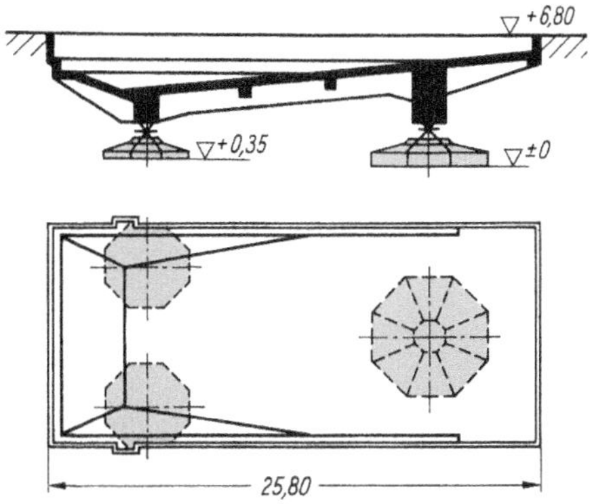

Abb. 8.22 Dreipunktlagerung eines Schwimmbeckens

Längskräfte aus Zerrungen und Pressungen vom Bauwerk ohne Überschreitung der zulässigen Spannungen aufgenommen werden.

8.4.3 Ausbildung der Bauwerke

Bei Hochbauten werden die bei Teilsicherungen aufzunehmenden Zerrungs- und Pressungskräfte i. d. R. in der Gründungsebene aufgenommen. Stahlbetongründungsplatten übertragen die Bauwerkslasten und nehmen gleichzeitig die Längskräfte auf (s. Abb. 8.23a). Platten, die keine lotrechten Lasten übertragen, stützen sich auf Streifenfundamenten ab, die durch eine Gleitlage (Bitumenbahn) getrennt sind (s. Abb. 8.23b).

Bei Mauerwerksbauten ist die untere Decke aus fugenlosem Stahlbeton auszubilden. In Bauwerken mit ≥ 3 Vollgeschossen sind, mit Ausnahme von Bauwerken mit fugenlos durchlaufenden Stahlbetondecken, in allen Umfassungs-, deckentragenden Innen- und aussteifenden Querwänden Ankerbalken (i. d. R. aus Stahlbeton) anzuordnen. Diese sind an den Decken zu verankern und an ihren Schnittstellen zug- und druckfest zu verbinden.

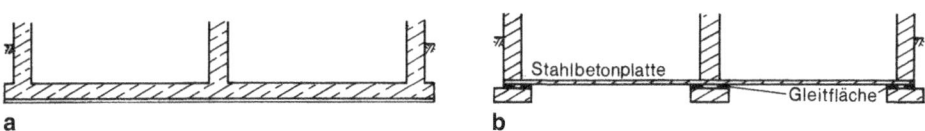

Abb. 8.23 Aufnahme der Zerrungskräfte in der Gründungsebene. **a** Stahlbetongründungsplatte mit zusätzlicher Bewehrung, **b** auf Streifenfundamenten gelagerte Zerrplatte

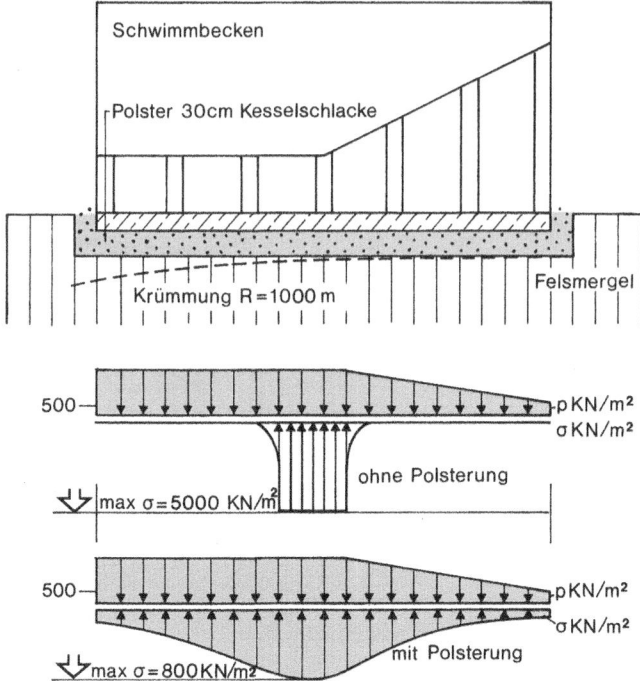

Abb. 8.24 Bergschadensicherung eines Schwimmbeckens nach [5]

Bei erhöhter Sicherheit sind Mauerwerksbauten mit frei aufliegenden Decken unzulässig. In diesen Fällen werden Skelettbauten gewählt.

Rohrleitungen werden durch Zerrungs- bzw. Pressungskräfte und durch ungleiche Senkungen zusätzlich beansprucht. Rohrleitungen (wie z. B. Abwasser- und Wasserversorgungsleitungen) müssen daher ausreichende Festigkeit und bewegliche Muffen besitzen. Trotzdem können Muffen bei sehr großen Pressungen zerstört oder bei Zerrungen undicht werden.

Tief in der Erde liegende Pumpwerke werden als starre Bauwerke ausgebildet.

Unter Bauwerken, die auf Fels bzw. hartem Baugrund gegründet sind, treten bei Sattellage hohe Spannungsspitzen auf. Das Schwimmbecken in Abb. 8.24 wurde daher auf einer 30 cm starken Polsterschicht (Kesselschlacke) gegründet. Dadurch verringerte sich die maximale Sohlnormalspannung von ca. 5000 kN/m² auf ca. 800 kN/m².

Der Wasserbehälter (s. Abb. 8.25) ist auf einem Rost mit wesentlich kleinerer Fläche gegründet. Die hierbei auftretenden höheren Sohlnormalspannungen wirken sich bei Senkungen günstig aus.

Maschinenfundamente werden ebenfalls voll gesichert. Diese sind so starr auszubilden, dass Verformungen der Erdoberfläche (Sattel- bzw. Muldenlagen) keine Verformungen des Maschinenfundaments und damit der Maschinenteile bewirken. Zur Aufnahme der Zerrungskräfte wird dicht über der Sohle eine Bewehrung angeordnet.

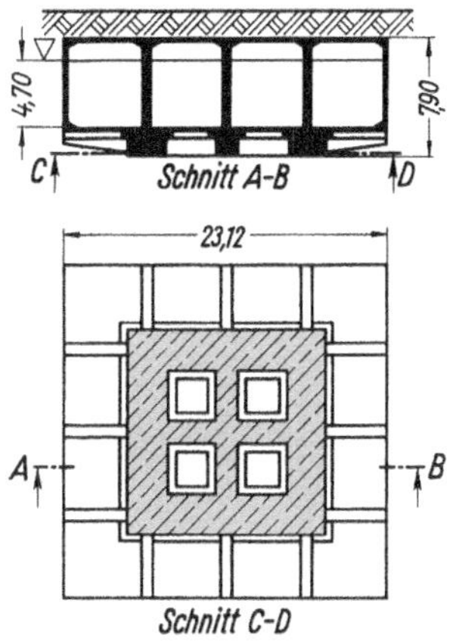

Abb. 8.25 Einschränkung der Gründungssohle eines Wasserbehälters

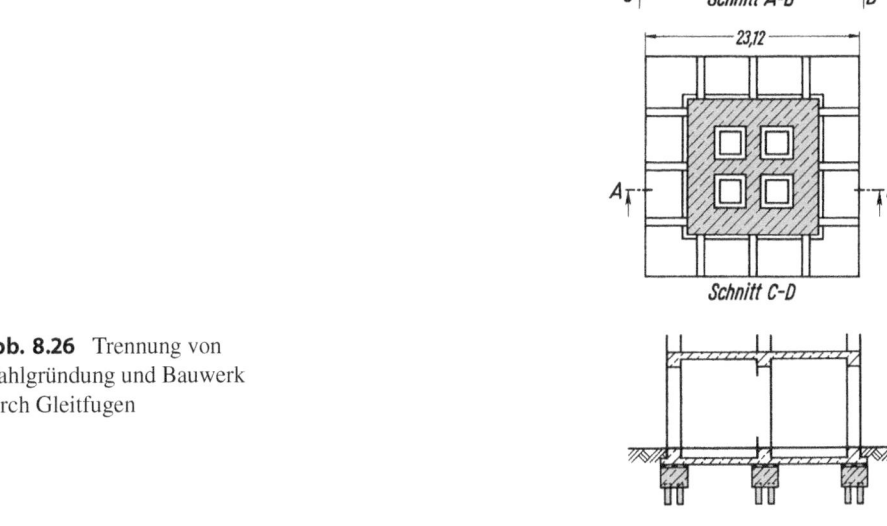

Abb. 8.26 Trennung von Pfahlgründung und Bauwerk durch Gleitfugen

Bei Tiefgründungen ist zwischen dem Bauwerk und der Gründungskonstruktion eine Gleitfuge anzuordnen. Diese ist so auszubilden, dass ihre Gleitfähigkeit auf Dauer erhalten bleibt. Abb. 8.26 zeigt die Trennung einer Pfahlgründung von dem Bauwerk durch eine Gleitfuge. Diese ermöglicht eine Verschiebung des Grundkörpers gegenüber dem Bauwerk. Das Bauwerk muss den Beanspruchungen durch die waagerechten Reibungskräfte und den dann ausmittig angreifenden Stützkräften gewachsen sein. Hierzu ist i. d. R. in der Sohlfuge eine Stahlbetonplatte mit zusätzlicher Bewehrung erforderlich.

8.5 Sicherung der durch Tunnelbau gefährdeten Bauwerke

Wird ein Bauwerk von einem Tunnel unterfahren, so muss bei anstehenden Lockergesteinen mit Setzungen des Gebäudes gerechnet werden. Gefährden diese Setzungen die Standsicherheit des Gebäudes, so ist das Gebäude zu unterfangen. Die tragenden Bauteile (Pfähle, Pfahlwände, verfestigte Erdkörper oder Kleinbohrpfähle mit durchgehender Verfestigung der Erdkörper) verlaufen hier seitlich des zu errichtenden Tunnels. Bei zweigleisigen Tunneln sind zusätzliche Mittelpfeiler möglich. Die Lastübertragung erfolgt durch lange Unterfangungskonstruktionen. Neben Unterfangungsbalken werden bevorzugt plattenartige Unterfangungskonstruktionen angewendet. Diese bieten die Möglichkeit, dass die Tunnelröhre nach Abschluss der Unterfangung in einer offenen Baugrube hergestellt werden kann.

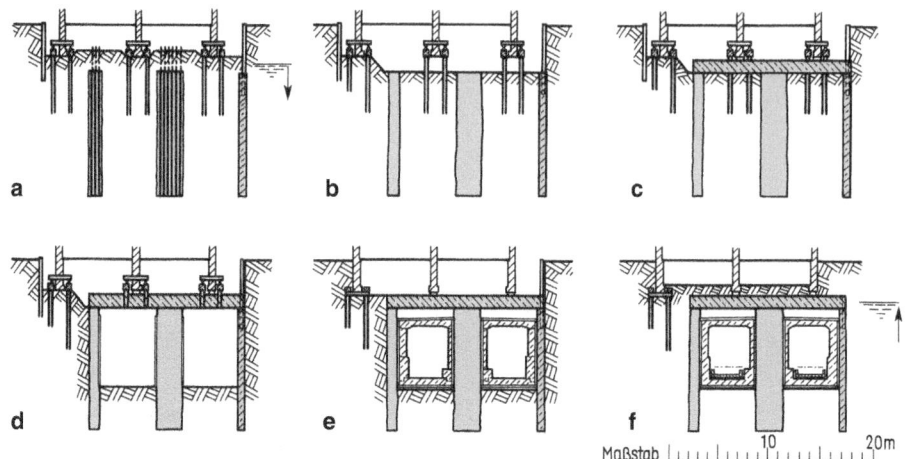

Abb. 8.27 Unterfangung durch Verpresspfähle und Ortbetonplatte

In Abb. 8.27 ist als Beispiel der Arbeitsablauf für eine Unterfangung durch Verpresspfähle und Ortbetonplatte dargestellt. Der Arbeitsablauf ist wie folgt gegliedert:

- Vorübergehende Unterfangung des Gebäudes durch eine Pfahlgründung und Herstellen der tragenden Wände und ggf. der Mittelpfeiler der endgültigen Unterfangung (s. Abb. 8.27a); (falls erforderlich, nach vorhergehender Vertiefung des Kellers).
- Vertiefung der Kellersohle. Die Pfähle werden hierbei im oberen Bereich freigelegt (s. Abb. 8.27b).
- Einbau einer Ortbetonplatte unter dem Gebäude. Diese liegt auf den tragenden Wänden und ggf. den Mittelpfeilern auf. Nach Erhärten des Betons kraftschlüssige Verbindung der Fundamente des Gebäudes mit der Platte (s. Abb. 8.27c).
- Aushub unter der Deckenplatte und Einbau ggf. erforderlicher Verankerungen der tragenden Wände (s. Abb. 8.27d).
- Ausbau der Pfähle der vorübergehenden Unterfangung und Einbau des Tunnelrahmens (s. Abb. 8.27e).
- Verfüllen des freigebliebenen Baugrubenraumes und Betonieren des Kellerfußbodens (s. Abb. 8.27f).

Als Alternative zur Unterfangung besteht auch die Möglichkeit durch Hebungsinjektionen (s. Teil 1, Kap. 11) ein Bestandsbauwerk anzuheben, so dass sich dieses nach dem Tunnelvortrieb durch die eingetretenen Setzungen wieder in der ursprünglichen Lage befindet (vgl. [7]).

8.6 Sicherung von durch Unterspülung gefährdeten Bauwerken

In fließendem und in durch Wellenschlag bewegtem Wasser stehende Bauwerke (z. B. Brückenpfeiler und Wehre) werden durch Unterspülung gefährdet. Diese sind deshalb tief unter der Gewässersohle zu gründen. Brückenpfeiler werden daher oft auf Druckluftsenkkästen tiefgegründet (s. Abschn. 2.3.3). Bei Bauwerken, die weniger tief gegründet sind, ist ein zusätzlicher Schutz erforderlich.

In rammfähigem Boden kann das Bauwerk durch eine tiefreichende Spundwand umschlossen werden. Wichtig ist, dass Erosionen in nicht rammfähigen Böden vermieden werden, indem Steinschüttungen verwendet werden. Dabei ist die erforderliche Größe der Steinschüttungen so zu wählen, dass diese nicht durch das Wasser bewegt werden können. Sollte es nicht möglich sein, ausreichend große Steine beschaffen zu können, stellen Senkfaschinen oder Drahtnetzkörper eine gute Alternative dar. Im Falle, dass die größeren Steine beim feinsandigen Untergrund einsinken, kann die Sohle vorübergehend durch Sinkstücke, Filter, Filtervliese (Geotextilien) oder Ähnlichem gesichert werden.

Eine ungenügende Sicherung wirkt sich häufig erst nach Jahren, manchmal nach Jahrzehnten aus, wie z. B. der Einsturz einer größeren Wehranlage nach dreißigjährigem Bestehen gezeigt hat (vgl. [8]).

Werden bei einem Bauwerk Kolkbildungen festgestellt, so sind diese sofort durch die oben genannten Maßnahmen zu sichern. Bereits unter die Gründungssohle greifende Kolke können in Sonderfällen durch Steinpackungen verfüllt und nachträglich vermörtelt werden. Meistens ist jedoch eine kostspielige Unterfangung erforderlich.

8.7 Sicherung von Bauwerken gegen Erschütterungen

8.7.1 Begriffe und Grundlagen

Erschütterungen sind Schwingungseinwirkungen, die z. B. durch Maschinen in Produktionshallen, Fahrzeugen auf Verkehrswegen, Baumaschinen und Rammen auf Baustellen sowie Sprengungen entstehen. Die Übertragung erfolgt über den Boden und/oder das Bauwerk. Unter Erschütterungen werden sowohl Schwingungsimmissionen als auch Schwingungsemissionen erfasst. Frequenzen bis etwa 80 bis 100 Hz können dabei wahrgenommen werden, wobei das Schallempfinden jedoch überwiegt.

Die maßgebende Norm für Erschütterungen im Bauwesen ist die DIN 4150, Teile 1 bis 3.

Bei der Bewertung von Erschütterungen wird in drei Kategorien unterschieden:

- Einwirkungen auf den Menschen (am Arbeitsplatz, in Wohnungen),
- Einwirkungen auf Maschinen und Geräte aller Art,
- Einwirkungen auf das Gebäude und seine Bauteile.

Unter Schwingungen werden nicht monotone, zeitliche Veränderungen physikalischer Größen verstanden.

Im Regelfall kann die Energie eines schwingungsfähigen Systems zwei verschiedene Formen annehmen. Eine dem System von außen zugeführter Energie pendelt (bei der harmonischen Schwingung periodisch) zwischen beiden Formen (z. B. beim Pendel zwischen potenzieller und kinetischer Energie).

Verursacht werden die Erschütterungen der Bauwerke durch dynamische (zeitlich veränderliche) Kräfte.

Wirkt die Kraft nur kurzzeitig auf das schwingungsfähige System (wie z. B. bei einer Sprengung), so ist ihre Wirkung nur vom eingeleiteten Impuls abhängig. Schwingungen werden im Hinblick auf die Regelmäßigkeit des Vorganges in harmonische, periodische, stationäre und transiente Schwingungen und im Hinblick auf die Art der Schwingung in Eigenschwingung und erzwungene Schwingung unterteilt.

Die durch die Erschütterungsquelle in den Untergrund eingeleitete Schwingungsenergie breitet sich im Untergrund durch verschiedene Wellenarten aus. Es wird unterschieden in Raumwellen (Kompressions- und Scherwellen) und Oberflächenwellen (Rayleighwellen).

Die Ausbreitung von Kompressionswellen wird durch Grundwasser begünstigt. Bei Rayleighwellen kommt es nur zu einer geringfügigen Beeinflussung durch Grundwasser.

8.7.2 Einwirkungen der Erschütterungen auf bauliche Anlagen

Für die Beurteilung der Erschütterung auf bzw. in baulichen Anlagen sieht die DIN 4150-3 Schwingungsmessungen vor, bei denen die Erschütterungen mittels Weg-, Geschwindigkeits- oder Beschleunigungsaufnehmern direkt erfasst werden. Für die Beurteilung werden Betragsmaximalwerte der Schwinggeschwindigkeit herangezogen. Es erfolgt eine Differenzierung zwischen kurzzeitigen (z. B. Sprengen, fallende Massen) und Dauererschütterungen (z. B. Verdichtungs- und Rammarbeiten). Für die Beurteilung stellt die DIN 4150-3 Anhaltswerte für Schwinggeschwindigkeiten zur Verfügung, die auf umfangreiche Messungen aus Projekten beruhen. Beim Überschreiten dieser Anhaltswerte sind weitergehende Untersuchungen z. B. Spannungsermittlung und -beurteilung erforderlich, um auszuschließen, dass Schäden auftreten (vgl. DIN 4150-3).

Für die Beurteilung bei kurzzeitigen Erschütterungen unterscheidet die DIN 4150-3 in drei Kategorien:

- Beurteilung von Gebäuden,
- Beurteilung von massiven Bauteilen und unterirdischen Bauwerken,
- Beurteilung von erdverlegten Rohrleitungen.

Für die Beurteilung des Gesamtbauwerkes sind entsprechend DIN 4150-3 die horizontalen Schwinggeschwindigkeiten in der obersten Deckenebene entscheidend. Alternativ dazu

Tab. 8.2 Anhaltswerte $v_{i,max}$ zur Beurteilung der Wirkung von kurzzeitigen Erschütterungen auf Gebäude entsprechend DIN 4150-3

Gebäudeart	Anhaltswerte $v_{i,max}$ [mm/s]				
	Fundament, alle Richtungen, i = x, y, z			Oberste Deckenebene, horizontal i = x, y	Decken, vertikal, i = z
	1 bis 10 Hz	10 bis 50 Hz	50 bis 100 Hz[a]	Alle Frequenzen	Alle Frequenzen
Gewerblich genutzte Bauten, Industriebauten und ähnlich strukturierte Bauten	20	20 bis 40	40 bis 50	40	20
Wohngebäude und in ihrer Konstruktion und/oder Nutzung gleichartige Bauten	5	5 bis 15	15 bis 20	15	20
Bauten, die wegen ihrer besonderen Erschütterungsempfindlichkeit nicht denen Bauten aus den oberen beiden Zeilen entsprechen und besonders erhaltenswert (z. B. unter Denkmalschutz stehend) sind	3	3 bis 8	8 bis 10	8	20

[a] Bei Frequenzen über 100 Hz dürfen mindestens die Anhaltswerte für 100 Hz angesetzt werden.

ist es auch möglich am Gebäudefundament direkt zu messen. Dabei wird zur Beurteilung der maximale Wert $v_{i,max}$ der Einzelkomponenten i = x, y, z der Schwinggeschwindigkeit am Fundament berücksichtigt. In Tab. 8.2 sind die Anhaltswerte $v_{i,max}$ zur Beurteilung der Wirkung von kurzzeitigen Erschütterungen auf Gebäude entsprechend DIN 4150-3 aufgeführt.

Für die Beurteilung von Ingenieurbauwerken in massiver Bauweise z. B. Blockfundamente ist nach DIN 4150-3 als Anhaltwert 80 mm/s bei kurzzeitigen Erschütterungen anzusetzen. Für unterirdische Bauwerke wie z. B. Tunnel gelten für die Auskleidung z. B. Tübbinge Anhaltswerte aus Tab. 8.3. Für Einbauten der unterirdischen Bauwerke dürfen die Anhaltswerte nicht angesetzt werden. Auch ist nach DIN 4150-3 zu beachten, dass die Auskleidung einen Zustand dem Stand der Technik aufweist. Ist dies nicht gegeben, so sind die Anhaltswerte zu reduzieren.

Tab. 8.3 Anhaltswerte $v_{i,max}$ zur Beurteilung der Wirkung von kurzzeitigen Erschütterungen auf die Auskleidung von unterirdischen Hohlräumen entsprechend DIN 4150-3

Baustoffe Auskleidung	Anhaltswerte $v_{i,max}$ rechtwinklig zur Auskleidungsfläche [mm/s]
Stahl- und Spritzbeton, Tübbinge	80
Beton, Naturstein	60
Mauerwerk	40

Tab. 8.4 Anhaltswerte $v_{i,max}$ zur Beurteilung der Wirkung von kurzzeitigen Erschütterungen auf erdverlegte Rohrleitungen entsprechend DIN 4150-3

Baustoffe Auskleidung	Anhaltswerte $v_{i,max}$ auf der Rohrleitung [mm/s]
Stahl, geschweißt	100
Steinzeug, Beton, Stahlbeton, Spannbeton, Metall mit oder ohne Flansche	80
Mauerwerk, Kunststoff	50

Tab. 8.4 ist für die Beurteilung von erdverlegten Rohrleitungen bei kurzzeitigen Erschütterungen heranzuziehen. Hier ist ebenso wie bei unterirdischen Hohlräumen zu berücksichtigen, dass die Anhaltswerte nur gelten, wenn die Leitungen dem heutigen Stand der Technik entsprechen. Andernfalls sind gesonderte Betrachtungen durchzuführen. Bei Gastransportleitungen ist die DIN EN 1594 zu beachten.

Bei der Beurteilung von Dauererschütterungen wird in der DIN 4150-3 nur in zwei Kategorien Beurteilung von Gebäuden bzw. von erdverlegten Rohrleitungen unterteilt.

Wie bei kurzzeitigen Erschütterungen werden auch bei Dauererschütterungen zur Beurteilung des Gesamtbauwerkes die horizontalen Schwinggeschwindigkeiten in der obersten Deckenebene als entscheidend angesehen. Entsprechend der DIN 4150-3 kann bei länger andauernden Erschütterungsmessungen auch im Bereich des Fundamentes gemessen werden. Allerdings muss dann das Übertragungsverhalten von Fundament auf die oberste Deckenebene ausreichend bestimmt worden sein und bei der Beurteilung berücksichtigt werden. In Tab. 8.5 sind die Anhaltswerte für Gebäude bei Dauererschütterungen dargestellt.

Für die Beurteilung von erdverlegten Rohrleitungen bei Dauererschütterungen dürfen die Anhaltwerte nach Tab. 8.4 mit einer Reduzierung auf 50 % verwendet werden.

Tab. 8.5 Anhaltswerte $v_{i,max}$ zur Beurteilung der Wirkung von Dauererschütterungen auf Gebäude entsprechend DIN 4150-3

Gebäudeart	Anhaltswerte $v_{i,max}$ [mm/s]	
	Oberste Deckenebene, alle Frequenzen	Decken vertikal, alle Frequenzen
Gewerblich genutzte Bauten, Industriebauten und ähnlich strukturierte Bauten	10	10
Wohngebäude und in ihrer Konstruktion und/oder Nutzung gleichartige Bauten	5	10
Bauten, die wegen ihrer besonderen Erschütterungsempfindlichkeit nicht denen Bauten aus den oberen beiden Zeilen entsprechen und besonders erhaltenswert (z. B. unter Denkmalschutz stehend) sind	205	10

8.7.3 Maßnahmen zur Verringerung der Schwingungseinwirkung auf Bauwerke

Bei der Sicherung der Gebäude gegen Schwingungseinwirkungen wird unterschieden in Maßnahmen, die die Ausbreitung von Schwingungswellen am Ort ihrer Entstehung unterbinden (Aktiv-Isolierung) und Maßnahmen vor und in dem Gebäude, die die Einwirkung der Schwingungen auf das Gebäude verringern (Passiv-Isolierung).

8.7.3.1 Maßnahmen am Ort der Entstehung (Aktiv-Isolierung)

Erschütterungen durch Verkehr lassen sich durch ruhigen Antrieb, entsprechende Fahrdynamik und eine ebene Fahrbahn wesentlich verringern.

Bei Straßen müssen die Schachtabdeckungen in der Fahrbahnebene liegen. Ferner ist der Unterbau entsprechend der Verkehrsbelastung auszubilden.

Bei Bahnen stehen verschiedene Möglichkeiten zur Verfügung, um Erschütterungen zu reduzieren. Dabei wird der Fahrweg elastisch gelagert. Mögliche Maßnahmen sind hierbei der Einbau von Masse-Feder-Systemen oder Unterschottermatten. Ebenso ist, möglich durch spezielle Schwellenschuhe oder Zwischenplatten an der Befestigung der Schienen eine Verringerung der Erschütterungen zu erreichen.

Im Rahmen von Sprengungen lassen sich Erschütterungen reduzieren, indem kleinere Sprengladungen angeordnet werden, die nacheinander in vorher ermittelten günstigsten Zeitintervallen (meist in Millisekundenabstand) zur Detonation gebracht werden. Bei Sprengungen in offenem Wasser können Erschütterungen durch zusätzliche Unterwasser-Luftschleier verringert werden. Im Grundwasser ist Vorsicht geboten. Sprengungen im Grundwasserbereich sind in bebauten Gebieten zu vermeiden.

8.7.3.2 Maßnahmen unmittelbar vor und in dem Gebäude (Passiv-Isolierung)

Vor dem Gebäude können die Erschütterungswellen durch Gräben gedämmt werden. Offene Schlitze sind hierbei so abzustützen, dass sich die Stützwände nicht gegenseitig berühren. Bei der Sicherung durch Schlitze muss das Gebäude im Schwingungsschatten des Grabens liegen. Niederfrequente Erregungen in einem dichten Medium erfordert eine große Grabentiefe, höhere Erregerfrequenzen in einem weniger dichten Medium eine geringere Grabentiefe. Überschläglich kann für die erforderliche Grabentiefe die Hälfte der Wellenlänge der Schwingung angesetzt werden. Der Abstand darf nicht zu groß sein, da sonst die Wellen um den Graben herum zum Gebäude gelangen. Ebenso können nach [9] massive Einbauten mit rechteckigem Querschnitt eine Abschirmwirkung erreichen.

Auf Gebäude einwirkende Schwingungswellen werden durch eine elastische Lagerung gedämpft. Die elastischen Materialien sind so zu wählen, dass diese die Eigenfrequenz des Gebäudes gegenüber der Eigenfrequenz des Erdreichs (die z. B. durch den Verkehr ausgelöst wurde) verstimmen. Zu unterscheiden sind Maßnahmen gegen Körperschall und Maßnahmen zur Schwingungsisolierung.

In aufsteigendem Mauerwerk und in Trägerauflagern erfolgt die Körperschallisolierung durch Dämmplatten. Unter Maschinenfundamenten bzw. -grundplatten eingebaute Dämmplatten verhindern die Übertragung von Geräuschen durch Körperschall auf das Bauwerk bzw. in den Baugrund und umgekehrt. Eine gute Isolierwirkung wird ca. bei Frequenzen > 50 Hz erzielt.

Maßnahmen zur Schwingungsisolierung sind allgemein kostspielig und werden nur in Sonderfällen, wie z. B. bei Gebäuden mit empfindlichen Geräten und bei Gebäuden, die bei gleichzeitiger Forderung nach weitgehendem Schwingungsschutz höheren Schwingungsbelastungen ausgesetzt sind, angewendet. Die Einwirkungen können durch Abstimmungsänderungen vermindert werden. Hierzu kann man die Eigenschwingungszahl des Bauwerks durch Versteifen und Zusatzmassen ändern oder das Gebäude auf Federn lagern.

Eine Möglichkeit, die Schwingungen der Gebäude erheblich zu reduzieren, bietet die gesteuerte Gegenbewegung von Massen (z. B. je ein Block für die Torsions- und für die Biegeschwingungen). Nachteilig ist, dass diese „aktiven" Schwingungsdämpfer für die Steuerung und Bewegung der Massen auf die Stromversorgung angewiesen sind.

8.7.4 Abdämmen von Erschütterungen infolge Maschinenbetriebs

Maschinen und ihre Fundamente werden durch Kräfte und Drehmomente (Erregerkräfte) in Schwingungen versetzt. Die hierbei in die Unterlage (federnde Zwischenmittel, Geschoßdecken, Baugrund, Pfähle usw.) geleitete Erschütterung ist einerseits abhängig von der Größe und dem zeitlichen Verlauf der Erregerkräfte, andererseits von der Masse des schwingenden Körpers sowie von der elastischen Nachgiebigkeit (Federung) der Unterlage und ihrer Dämpfungsfähigkeit, d. h. von ihrer Fähigkeit, Schwingungsenergie zu verzehren.

Am sinnvollsten ist es, die Erregerkräfte möglichst klein zu halten, das bedeutet umlaufende Maschinen möglichst auszuwuchten und bei solchen mit hin- und hergehenden Massen einen möglichst weitgehenden Massenausgleich anzustreben.

Des Weiteren wird eine Schwingungsisolierung (s. Abb. 8.28) angestrebt, um einen ausreichenden Abstand zu Resonanzphänomen zu erhalten.

Bei periodischen Erregerkräften, wie sie bei hin- und hergehenden oder umlaufenden Maschinen vorkommen (Kolbenmaschinen, Turbinen u. a.) ist auf eine resonanzfreie Gründung zu achten. Hierbei ist eine tiefe Abstimmung oder aber eine hohe Abstimmung möglich.

Eine tiefe Abstimmung liegt vor, wenn die Eigenschwingzahl des Gesamtsystems (Fundament und Maschine) weit unter der Erregerschwingzahl liegt. Beim Anfahren und Abstellen der Maschine wird der Eigenfrequenzbereich des Gesamtsystems durchfahren. Dies muss schnell geschehen. Besteht die Gefahr einer Resonanz, so ist eine zusätzliche Dämpfung erforderlich. Die tiefe Abstimmung wird bei hohen und mittleren Erregerschwingzahlen angewendet. Diese ist gekennzeichnet durch hohes Fundamentge-

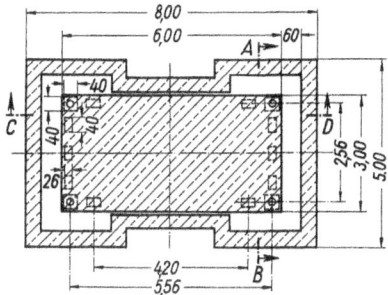

Abb. 8.28 Schwingungsisoliertes Fundament für eine Presse

wicht und eine weiche Federung. Die Schwingungsausschläge kann i. Allg. klein gehalten werden.

Eine hohe Abstimmung ist empfehlenswert, wenn die Erregerschwingzahlen sehr niedrig sind (< 5 Hz), wenn Rohre oder dgl. starr an die Maschine oder das Fundament angeschlossen werden müssen und wenn die Erregerkräfte so stark sind, dass die Schwingungsausschläge eines tief abgestimmten, d. h. weich abgefederten Fundamentes zu groß bzw. die Resonanz beim Durchfahren des Eigenfrequenzbereichs des Gesamtsystems zu groß werden würden.

Auf Maschinenfundamenten sollten grundsätzlich keine weiteren Bauteile wie z. B. Decken abgestützt werden. Bei der Ausführung der Maschinenfundamente ist darauf zu achten, dass keine Wellenbrücken entstehen.

Auf Geschoßdecken sollen möglichst nur Maschinen ohne nennenswerte Erregerkräfte aufgestellt werden. Hierbei ist die Verwendung weichfedernder Unterlagen zweckmäßig. Bei stärkeren Erregerkräften ist eine tiefe Abstimmung erforderlich.

8.8 Normen, Richtlinien und Empfehlungen

- DIN EN 1594:2013-12: Gasinfrastruktur – Rohrleitungen für einen maximal zulässigen Betriebsdruck über 16 bar – Funktionale Anforderungen; Deutsche Fassung EN 1594:2013.
- DIN 4123:2013-04: Ausschachtungen, Gründungen und Unterfangungen im Bereich bestehender Gebäude.
- DIN 4124:2012-01: Baugruben und Gräben – Böschungen, Verbau, Arbeitsraumbreiten.
- DIN 4150-1:2022-12: Erschütterungen im Bauwesen – Teil 1: Vorermittlung von Schwingungsgrößen.
- DIN 4150-2:1999-06: Erschütterungen im Bauwesen, Teil 2: Einwirkungen auf Menschen in Gebäuden.
- DIN 4150-3:2016-12: Erschütterungen im Bauwesen – Teil 3: Einwirkungen auf bauliche Anlagen.

Literatur

1. Frank, A. (1970): Tragfähigkeit von Wurzelpfählen mit Anwendungsbeispielen, Baugrundtagung 1970, Düsseldorf, S. 143–164.
2. Schenk, W. (1954): Der flachgeneigte Verankerungspfahl, Die Bautechnik 31 (1954), Heft 5.
3. Gudehus, G.; Schwing, F. (1987): Sicherung alter Stützmauern, Sonderforschungsbereich 315, Universität Karlsruhe, Jahrbuch 1987.
4. Nitzsche, WM.; Wolff, F. (1989): Sanierung einer historischen Stützmauer mit Bodennägeln, Der Bauingenieur 64 (1989), Heft 8, S. 357–362.
5. Schmidbauer, J. (1962): Gründungen im Bergsenkungsgebiet, Baugrundtagung 1962, Essen, S. 209–244.
6. Niemczyk, O. (1923): Die tektonische Absenkung des Beuthener Erz- und Steinkohlenbeckens und ihre Bedeutung für die Beurteilung von Bergschäden, Zeitschrift Glückauf 59.
7. Rodatz, W; Maybaum, G. (1999): Kontinuierliche Beobachtung von Gebäudebewegungen im Zuge des Vortriebes der 4. Röhre des Elbtunnels durch geotechnische Meßsysteme, STUVA-Tagung 20.11.–01.12.1999, Frankfurt, S. 136–142.
8. Härtung, F., Häusler, E. (1969): Wasserbauliche Modellversuche und hydraulische Untersuchungen zum Wiederaufbau des Isarwehres VI in München, Der Bauingenieur 44 (1969), H. 1, S. 11–21.
9. Haupt, W. (1980): Abschirmung von Gebäuden gegen Erschütterungen im Boden, Baugrundtagung 1980, Mainz.

Stichwortverzeichnis

A
Abdichtung, 239
Abdichtung mit bahnenförmigen Abdichtungsstoffen, 564
Abdichtung mit flüssig zu verarbeitbaren Abdichtungsstoffen, 569
Abdichtung von Bauwerken, 547
Abhebeversuche, 437
Abnahmeprüfung, 427, 436
Abstandhalter, 408
Absteifen, 94
aggressive Baugrundverhältnisse, 399
Aktiv-Isolierung, 603
Ammonium, 399
Anhaltswerte für die Gebrauchsmantelreibung von Felsankern, 424
Anker, 389
Ankerkeile, 411
Ankerkopf, 411
Ankerkräfte, 419
Ankerprüfungen, 427, 436
Ankerstahl, 398
Ankerversagen, 398
Ankerwände, 538
Anströmung von Brunnen, 454
Anwendungsmöglichkeiten, 438
Arbeitsraumbreite, 4, 5
Atlaspfahl, 280
Aufschwimmsicherheit, 163
Auftriebssicherheit, 498
Ausfachung, 54, 56
Außenhaut, 535
Aussteifung, 57
Aussteifungsrippen, 506
Auswertung der Eignungsprüfung, 441
axiale Pfahlwiderstände aus Erfahrungswerten, 318

B
Baugruben und Gräben mit geböschten Wänden, 21
Baugrubensicherung, 390, 438
Baugrubenumschließung im Grundwasserbereich, 160
Baugrubenverbau, 3
Baugrundbedingungen, 451
Becherfundament, 184
Bemessung eines Ankers, 441
Bemessung von Ankern, 419
Bemessungswert der Ankerkraft, 420
Bemessungswert des Herausziehwiderstandes, 421
Bemessungswert des Widerstandes des Stahlzuggliedes, 420
Beobachtungszeit, 445
Berechnung der Wassermenge, 476
Berechnung von Wasserhaltungen, 475
Berechnungsverfahren nach Blum, 118
Berliner Verbau, 58
Berme, 26
Betonaggressivität, 543
betonangreifende Stoffe, 541
Bettungsmodul, 211
Bettungsmodulverfahren, 211
bewehrte Erde Stützkonstruktionen, 521
Bewehrungskorrosion, 545
BIM, 414
Bodennägel, 393
Bodenverfestigung, 583
Bodenvernagelungen, 535

Bohlträger, 52
Bohreimer, 285
Bohrpfähle, 282, 339
Bohrpfahlwand, 11, 127, 438
Bohrschablone, 130
Bohrschnecke, 285
Böschungssicherung, 441
Brunnenformel, 458
Brunnenformel von Dupuit-Thiem, 454, 455
Brunnengründung, 179, 248
Brunnenkennlinie, 460
Building Information Modelling, 414
Bündelanker, 399

C
Caissons, 256
Carbonsäuren, 399

D
Daueranker, 400, 406
Dichtwände, 140
Dränagegräben, 471
Dränagerohre, 488
Dränung, 239
Drehbohrgerät, 284
druckbelastete Pfahlgruppen, 371
druckbelasteter Einzelpfahl, 357
Drucklufsenkkästen, 256
Druckrohranker, 400, 403
Dübel, 390
duktile Rammpfähle, 277
Durchlässigkeitsbeiwert, 399
Düsenstrahlverfahren, 584
dynamische Pfahlprobebelastung, 316

E
Eignungsprüfung, 427, 435, 441
Einbindelänge, 102
Einbindetiefe, 62, 64
Einstabanker, 399, 400
Einwirkungen und Nutzungsklassen, 548
Einzelfundamente, 182
Einzelpfahl, 294
elastische Länge, 213
Elektroosmose, 471
Entspannungsanlagen, 496

Entwässerung, 519
Erddruck, 17
erdgestützte Bohrpfähle, 288
Erfahrungswerte, 307
erforderliche Ankerlänge, 424
erhöhter aktiver Erddruck, 18
erosionsstabiler Zement, 417
Ersatzwand, 514
Erschütterungen, 599
Essener Verbau, 58
Expositionsklassen bei chemischem Angriff, 544

F
Fangedämme, 168
Fassungsvermögen eines Brunnens, 459
Felsanker, 424
Fertigpfahl, 274, 293
Fertigrammpfähle, 272, 320
Fertigteilschlitzwand, 140
Festgesteine, 451
Festlegekraft, 419
Filtereintrittsfläche, 459
Filterpressversuch, 149
Flächengründung, 179
Flachgründung, 179, 180
FMI-Dichtwände, 142
Frankipfahl, 277, 328
Fugen, 263, 520
Fugenabdichtung, 563
Fundamentverbreiterung, 585
Fundexpfahl, 281
Fußaufweitung, 268

G
Gabionen, 504, 524, 535
Geogitter, 524
geokunststoffbewehrte Stützkonstruktionen, 524
geotechnische Kategorie, 179
Geotextilien, 524
Gesetz von Darcy, 454
gespannten Grundwasserleiter, 461
Gewichtsstützwände, 504
GEWI-Pfahl, 292
Gräben, 488
Grabenverbau, 3, 26

Grabenverbaugeräte, 11, 48
Grenzlast von Ankern in feinkörnigen (bindigen) Böden, 423
Grenzlast von Ankern in feinkörnigen (bindigen) Böden mit Nachverpressung, 423
Grenzlast von Ankern in grobkörnigen (rolligen) Böden, 422
Grundsatzprüfungen, 436
Gründungsplatten, 204
Gründungsstreifen, 204
Grundwasser, 416
Gruppenprüfungen, 437

H
Hamburger Verbau, 59
Hangsicherung, 440
Heilquellenschutzgebiete, 450
Hinterfüllung, 519
Holzpfähle, 273
Holzspundwände, 78
horizontal belastete Pfahlgruppen, 376
horizontal belasteter Einzelpfahl, 364
Huminsäuren, 399

I
Injektionen, 584

K
kalklösende Kohlensäure, 399
Keilträger, 411
Köcherfundament, 184
Kolkbildung, 599
kombinierte Pfahl-Plattengründung, 295, 379
kombinierte Stahlspundwände, 90
kombinierte Verfahren, 227
Kragplatte, 506
Kugelharfengerät, 147
Kunststoffspundwände, 90
Kurzzeitanker, 400, 406
Kurzzeitfestigkeit, 531
Kussakin, 459

L
Langzeitfestigkeit, 527
Leistungsfähigkeit eines Brunnens, 459
Litzenanker, 399, 400

M
Magnesium, 399
massive Verbauarten, 127
Maste, 238
Materialwiderstand des Zuggliedes, 420
Mehrbrunnenformel von Forchheimer, 479
Mikropfähle, 289, 344
Mikropfahlgruppen, 376
Mixed-in-Place-Wände, 141

N
nachverpressbare Anker, 400
Nachverpressung, 397
Nachweis der Abtragung von Vertikalkräfte, 66, 103, 105, 112
Nachweis der tiefen Gleitfuge, 424
Nachweis der Vertikalkomponente des mobilisierten Erdwiderstandes, 66, 102, 112
Nachweis des Gleichgewichts der Horizontalkräfte, 64
Nägel, 389, 390, 399, 400, 536
Nagelwände, 535
negative Mantelreibung, 302, 365, 376
nicht nachverpressbare Anker, 400
nichtverbaute Baugruben und Gräben, 14
Norm-Rammarbeit, 329
Normverbau, 2, 28, 40

O
Oberflächensicherung, 531
offene Senkkästen, 248
offene Wasserhaltung, 471, 494
optimaler Betriebspunkt, 460
Ortbeton-Mikropfahl, 291
Ortbetonrammpfähle, 277, 327
Ortbeton-Schlitzwände, 139

P
Passiv-Isolierung, 603
Pendelgerät, 147
Pfahlböcke, 589
Pfahlgruppe, 295, 345
Pfahl-Integritätsprüfungen, 383
Pfahlmantelreibung, 267
Pfahl-Platten-Koeffizient, 382
Pfahlprobebelastung, 307
Pfahlrost, 294, 377
Pfahlspitzendruck, 267
Pfahlsysteme, 271
Pfeilergründung, 179, 243
Pfropfen, 323
Pilgerschrittverfahren, 130
Prüflast, 428
Prüfverfahren, 428
Prüfverfahren 1, 428

R
Raumgitter-Stützkonstruktionen, 520
Raumnutzungsklassen, 554
rechtliche Rahmenbedingungen, 450
Reichweite, 459
Reichweite der Absenkung, 458
Restwasserhaltung, 453
Rippenwände, 539
Riss- und Rissüberbrückungsklassen, 553
Rissüberbrückungsklasse, 556
Rückbau von Gebäuden, 498
Rüttelinjektionspfähle, 281, 333

S
Salpetersäure, 399
Salzsäure, 399
Scherverbund, 396
Schlaffstahlanker, 399
Schlitzwand, 11, 133
Schlitzwandtone, 143
Schmalwände, 142
Schraubpfähle, 280, 331
Schutz der Abdichtung, 572
Schutz des Grundwassers vor Verunreinigung, 449
Schwefelsäure, 399
Schwergewichtsmauer, 504, 508
Schwerkraftbrunnen, 471, 472

Schwimmkästen, 260
Schwingungen, 600
Seitendruck, 304
Selbstbohranker, 407
Senkkästen, 179
Senkkastengründung, 248
senkrechter Grabenverbau, 11, 37
Setzungsverhalten von Bohrpfahlgruppenpfählen, 350
Sichardt, 458
Sicherheit gegen Geländebruch, 426
Sickerschlitze, 488
Simplexpfahl, 279, 327
Spannungstrapezverfahren, 187, 189
Spannungszustand, 394
Spundwand, 11, 77
Stahlbetonfundament, 184
Stahlbetonspundwände, 80
Stahlspundwände, 82
Stahlzugglieder, 389
statische Pfahlprobebelastung, 309
Steifemodulverfahren, 227
Stiefelfundament, 202
Streifenfundament, 202
Sulfat, 399
sulfatbeständige Zementsorte, 399
Suspensionen, 144
suspensionsgestützte Bohrpfähle, 287

T
Tagwasserhaltung, 452
Temporäranker, 400
thixotrope Flüssigkeit, 143
Tiefgründung, 179, 243, 586
tiefliegende Dränagegräben, 471
TITAN-Pfahl, 293
Trägerbohlverbau, 438
Trägerbohlwand, 11, 52
Tragprinzip eines Vorspannankers, 393
Trinkwasserschutzgebiete, 450
Trinkwasserverordnung, 451
Trockenmauer, 504
Tunnelbau, 597
Tunnelvortrieb, 441
Türme, 238

U

Überwachungssysteme, 437
ungestützte Bohrpfähle, 286
Unterfangung, 580, 597
Unterfangungsbalken, 586
Unterspülung, 599
Untersuchungsprüfung, 427, 429
untertägiger Bergbau, 591
Unterwasserbeton, 241
unvollkommene Brunnen, 465

V

Vakuumbrunnen, 471, 473
Verbaumethode, 3
verbaute Baugruben und Gräben, 15
Verbundanker, 400, 403
Verbundpfahl, 291
Verdrängungspfähle, 272, 320
Verdrängungspfahlgruppen, 376
Vereisung, 584
verformungsarmer Verbau, 56
Verpressanker, 393
Verpressmörtelpfähle, 281, 333
verpresste Verdrängungspfähle, 281, 333
verrohrte Bohrpfähle, 286
Versickerungsbrunnen, 464
Vorbelastung, 429
vorgespannte Anker, 389
Vorspannanker, 393, 399

W

waagerechter Grabenverbau, 11, 26
Wandreibungswinkel, 18, 61, 100, 143
wasserdichte Baugrube, 453, 499
wasserdichte Wand, 161
Wasserdurchlässigkeitsbeiwerte, 550
Wassereinwirkung, 548
Wassereinwirkungsklasse, 549, 557
Wasserhaltung, 239, 449
Wasserhaltungen in Festgesteinen, 451
Wasserhaltungen in Lockerböden, 451
Wasserrahmenrichtlinie, 450
weiße Wanne, 239, 546
Wellpoint, 473
Wellpointbrunnen, 471
Widerstände von Bohrpfahlgruppen, 346
Widerstands-Hebungs-Linie, 307
Widerstands-Setzungs-Linie, 307, 320, 327, 331, 339
Winkelstützwand, 504, 514
Wirtschaftlichkeitsbetrachtungen, 499
Wurzelpfähle, 289
WU-Wanne, 239

Z

zementaggressive Baugrund- und Grundwasserverhältnisse, 398
zugbelastete Pfahlgruppen, 371
zugbelasteter Einzelpfahl, 363
Zugkräfte, 396
Zugpfähle, 393
zusammengesetzte Stützkonstruktionen, 520